시대에듀

위험물기능사
기초화학 특강
무료 제공!

" 초보자도 쏙쏙 쉽게 이해하는 기초화학 "

화학 초보자도 합격한다!

01

기초화학특강 1교시

02

기초화학특강 2교시

03

기초화학특강 3교시

04

기초화학특강 4교시

05

기초화학특강 5교시

시대에듀

위험물 기능사
필기+실기

한권으로 끝내기

시대에듀

위험물기능사 필기+실기 한권으로 끝내기

편·저·자·약·력

조현욱

現 서산공업고등학교 화학공업과 교사
前 한국석유관리원 검사팀, 시험분석팀 근무
　 모아소방전기학원 위험물 강사

[자격사항]
산업안전기사
위험물산업기사 · 위험물기능장
직업능력개발훈련교사 2급
화재감식평가기사

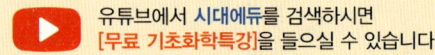
유튜브에서 시대에듀를 검색하시면
[무료 기초화학특강]을 들으실 수 있습니다.

끝까지 책임진다! 시대에듀!
QR코드를 통해 도서 출간 이후 발견된 오류나 개정법령, 변경된 시험 정보, 최신기출문제, 도서 업데이트 자료 등이 있는지 확인해 보세요! 시대에듀 합격 스마트 앱을 통해서도 알려 드리고 있으니 구글 플레이나 앱 스토어에서 다운받아 사용하세요.
또한, 파본 도서인 경우에는 구입하신 곳에서 교환해 드립니다.

편집진행 윤진영 · 김지은 | **표지디자인** 권은경 · 길전홍선 | **본문디자인** 정경일

머리말

예전부터 지금까지 끊임없이 위험물과 관련된 사고가 발생하고 있습니다. 위험물에 대한 전문적인 지식이 부족하여 작은 사고가 큰 사고로 이어지기도 합니다. 대량의 위험물을 다루는 현장에서 위험물을 다루는 방법과 화재 시 적절한 소화방법을 알고 있다면 사고를 예방하거나 최소화할 수 있습니다.

위험물기능사를 취득하면 위험물의 제조 및 저장하는 취급소에서 각 유별 위험물의 규모에 따라 위험물과 시설물을 점검하고, 일반 작업자를 지시·감독하며 재해 발생 시 응급조치와 안전관리업무를 수행하게 됩니다.

본 도서는 최신 화재와 소화, 위험물질, 위험물안전관리법에 대한 내용을 충실히 반영하였으며, 위험물에 관한 내용을 처음 접하는 수험자도 알기 쉽게 이해할 수 있도록 구성하였습니다.

이 한 권의 책이 수험생 여러분들에게 위험물 국가자격증 취득을 위한 합격의 이정표가 되어줄 것입니다.

마지막으로 이 책을 출간하기까지 많은 도움을 주신 시대에듀 임직원분들, 특히 편집을 도와주신 직원분들께 감사드립니다.

편저자 씀

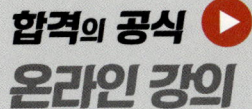

보다 깊이 있는 학습을 원하는 수험생들을 위한
시대에듀의 동영상 강의가 준비되어 있습니다.
www.sdedu.co.kr ➜ 회원가입(로그인) ➜ 강의 살펴보기

시험안내

개요

위험물 취급은 위험물안전관리법 규정에 의거하여 위험물을 제조 및 저장하는 취급소에서 각 유별 위험물 규모에 따라 위험물과 시설물을 점검하고, 일반 작업자를 지시·감독하며 재해 발생 시 응급조치와 안전관리 업무를 수행한다.

진로 및 전망

- 위험물 제조, 저장, 취급 전문업체, 도료 제조, 고무 제조, 금속제련, 유기합성물 제조, 염료 제조, 화장품 제조, 인쇄잉크 제조 등 지정 수량 이상의 위험물 취급 업체 및 위험물안전관리 대행기관에 종사할 수 있다.
- 상위직으로 승진하기 위해서는 관련 분야의 상위자격을 취득하거나 기능을 인정받을 수 있는 경험이 있어야 한다.
- 유사직종의 자격을 취득하여 독극물 취급, 소방설비, 열관리, 보일러 환경 분야로 전직할 수 있다.

시험일정

구 분	필기원서접수 (인터넷)	필기시험	필기합격 (예정자)발표	실기원서접수	실기시험	최종 합격자 발표일
제1회	1.6~1.9	1.21~1.25	02.06	2.10~2.13	3.15~4.02	4.18
제2회	3.17~3.21	4.5~4.10	04.16	4.21~4.24	5.31~6.15	7.4
제3회	6.9~6.12	6.28~7.3	07.16	7.28~7.31	8.30~9.17	9.30
제4회	8.25~8.28	9.20~9.25	10.15	10.20~10.23	11.22~02.10	12.24

※ 상기 시험일정은 시행처의 사정에 따라 변경될 수 있으니, www.q-net.or.kr에서 확인하시기 바랍니다.

시험요강

❶ 시행처 : 한국산업인력공단
❷ 시험과목
  ㉠ 필기 : 화재예방과 소화방법, 위험물의 화학적 성질 및 취급
  ㉡ 실기 : 위험물 취급 실무
❸ 검정방법
  ㉠ 필기 : 객관식 4지 택일형, 60문항(60분)
  ㉡ 실기 : 필답형(1시간 30분)
❹ 합격기준(필기·실기) : 100점 만점에 60점 이상 득점자

합격의 공식 Formula of pass | 시대에듀 www.sdedu.co.kr

출제기준(필기)

과목명	주요항목	세부항목	세세항목	
위험물의 성질 및 안전관리	화재 및 소화	물질의 화학적 성질	• 물질의 상태 및 성질 • 유·무기화합물의 특성	• 화학의 기초법칙
		화재 및 소화이론의 이해	• 연소이론의 이해 • 폭발 종류 및 특성	• 화재분류 및 특성 • 소화이론의 이해
		소화약제 및 소방시설의 기초	• 화재예방의 기초 • 소화약제의 종류 • 소화기 원리 및 사용법 • 소화설비의 적응 및 사용	• 화재발생 시 조치방법 • 소화약제별 소화원리 • 소화, 경보, 피난설비의 종류
	제1류~제6류 위험물 취급	성상 및 특성	제1류~제6류 위험물의 종류/성상/위험성·유해성	
		저장 및 취급방법의 이해	• 제1류~제6류 위험물의 저장방법 • 제1류~제6류 위험물의 취급방법	
		소화방법	제1류~제6류 위험물의 소화원리/화재예방 및 진압대책	
	위험물 운송·운반	위험물 운송기준	• 위험물운송자의 자격 및 업무 • 위험물 운송 안전조치 및 준수사항	• 위험물 운송방법 • 위험물 운송차량 위험성 경고 표지
		위험물 운반기준	• 위험물운반자의 자격 및 업무 • 위험물 운반방법 • 위험물 운반차량 위험성 경고 표지	• 위험물 용기기준, 적재방법 • 위험물 운반 안전조치 및 준수사항
	위험물 제조소 등의 유지관리	위험물 제조소	• 제조소의 위치기준 • 제조소의 설비기준	• 제조소의 구조기준 • 제조소의 특례기준
		위험물 저장소	옥내저장소/옥외탱크저장소/옥내탱크저장소/지하탱크저장소/간이탱크저장소/이동탱크저장소/옥외저장소/암반탱크저장소의 위치, 구조, 설비기준	
		위험물 취급소	주유취급소/판매취급소/이송취급소/일반취급소의 위치, 구조, 설비기준	
		제조소 등의 소방시설 점검	• 소화난이도 등급 • 소요단위 및 능력단위 산정 • 옥외소화전설비 점검 • 물분무소화설비 점검 • 불활성가스 소화설비 점검 • 분말소화설비 점검 • 경보설비 점검	• 소화설비 적응성 • 옥내소화전설비 점검 • 스프링클러설비 점검 • 포소화설비 점검 • 할로젠화물소화설비 점검 • 수동식소화기설비 점검 • 피난설비 점검
	위험물 저장·취급	위험물 저장기준	• 위험물 저장의 공통기준 • 제조소 등에서의 저장기준	• 위험물 유별 저장의 공통기준
		위험물 취급기준	• 위험물 취급의 공통기준 • 제조소 등에서의 취급기준	• 위험물 유별 취급의 공통기준
	위험물안전관리 감독 및 행정처리	위험물시설 유지관리감독	• 위험물시설 유지관리 감독 • 정기검사 및 정기점검	• 예방규정 작성 및 운영 • 자체소방대 운영 및 관리
		위험물안전관리법상 행정사항	• 제조소 등의 허가 및 완공검사 • 제조소 등의 지위승계 및 용도폐지 • 과징금, 벌금, 과태료, 행정명령	• 탱크안전 성능검사 • 제조소 등의 사용정지, 허가취소

시험안내

출제기준(실기)

과목명	주요항목	세부항목
위험물 취급 실무	제4류/제1류, 제6류/제2류, 제5류/제3류 위험물	성상 및 특성
		저장방법 확인하기
		취급방법 파악하기
		소화방법 수립하기
	위험물 운송·운반시설 기준 파악	운송기준 파악하기
		운송시설 파악하기
		운반기준 파악하기
	위험물 저장	저장기준 조사하기
		탱크저장소에 저장하기
		옥내저장소/옥외저장소에 저장하기
	위험물 취급	취급기준 조사하기
		제조소/저장소/취급소에서 취급하기
	위험물 제조소/저장소/취급소 유지관리	제조소/저장소/취급소의 시설기술기준 조사하기
		제조소/저장소/취급소의 위치 점검하기
		제조소/저장소/취급소의 구조/설비 점검하기
		제조소/저장소/취급소의 소방시설 점검하기

※ 상기 출제기준의 전문은 www.q-net.or.kr에서 확인하시기 바랍니다.

표준주기율표
Periodic Table of the Elements

1	2	3	4	5	6	7	8	9	10	11	12	13	14	15	16	17	18
1 **H** 수소 hydrogen 1.008 [1.0078, 1.0082]																	2 **He** 헬륨 helium 4.0026
3 **Li** 리튬 lithium 6.94 [6.938, 6.997]	4 **Be** 베릴륨 beryllium 9.0122											5 **B** 붕소 boron 10.81 [10.806, 10.821]	6 **C** 탄소 carbon 12.011 [12.009, 12.012]	7 **N** 질소 nitrogen 14.007 [14.006, 14.008]	8 **O** 산소 oxygen 15.999 [15.999, 16.000]	9 **F** 플루오린 fluorine 18.998	10 **Ne** 네온 neon 20.180
11 **Na** 소듐 sodium 22.990	12 **Mg** 마그네슘 magnesium 24.305 [24.304, 24.307]											13 **Al** 알루미늄 aluminium 26.982	14 **Si** 규소 silicon 28.085 [28.084, 28.086]	15 **P** 인 phosphorus 30.974	16 **S** 황 sulfur 32.06 [32.059, 32.076]	17 **Cl** 염소 chlorine 35.45 [35.446, 35.457]	18 **Ar** 아르곤 argon 39.95 [39.792, 39.963]
19 **K** 포타슘 potassium 39.098	20 **Ca** 칼슘 calcium 40.078(4)	21 **Sc** 스칸듐 scandium 44.956	22 **Ti** 타이타늄 titanium 47.867	23 **V** 바나듐 vanadium 50.942	24 **Cr** 크로뮴 chromium 51.996	25 **Mn** 망가니즈 manganese 54.938	26 **Fe** 철 iron 55.845(2)	27 **Co** 코발트 cobalt 58.933	28 **Ni** 니켈 nickel 58.693	29 **Cu** 구리 copper 63.546(3)	30 **Zn** 아연 zinc 65.38(2)	31 **Ga** 갈륨 gallium 69.723	32 **Ge** 저마늄 germanium 72.630(8)	33 **As** 비소 arsenic 74.922	34 **Se** 셀레늄 selenium 78.971(8)	35 **Br** 브로민 bromine 79.904 [79.901, 79.907]	36 **Kr** 크립톤 krypton 83.798(2)
37 **Rb** 루비듐 rubidium 85.468	38 **Sr** 스트론튬 strontium 87.62	39 **Y** 이트륨 yttrium 88.906	40 **Zr** 지르코늄 zirconium 91.224(2)	41 **Nb** 나이오븀 niobium 92.906	42 **Mo** 몰리브데넘 molybdenum 95.95	43 **Tc** 테크네튬 technetium	44 **Ru** 루테늄 ruthenium 101.07(2)	45 **Rh** 로듐 rhodium 102.91	46 **Pd** 팔라듐 palladium 106.42	47 **Ag** 은 silver 107.87	48 **Cd** 카드뮴 cadmium 112.41	49 **In** 인듐 indium 114.82	50 **Sn** 주석 tin 118.71	51 **Sb** 안티모니 antimony 121.76	52 **Te** 텔루륨 tellurium 127.60(3)	53 **I** 아이오딘 iodine 126.90	54 **Xe** 제논 xenon 131.29
55 **Cs** 세슘 caesium 132.91	56 **Ba** 바륨 barium 137.33	57-71 란타넘족 lanthanoids	72 **Hf** 하프늄 hafnium 178.49(2)	73 **Ta** 탄탈럼 tantalum 180.95	74 **W** 텅스텐 tungsten 183.84	75 **Re** 레늄 rhenium 186.21	76 **Os** 오스뮴 osmium 190.23(3)	77 **Ir** 이리듐 iridium 192.22	78 **Pt** 백금 platinum 195.08	79 **Au** 금 gold 196.97	80 **Hg** 수은 mercury 200.59	81 **Tl** 탈륨 thallium 204.38 [204.38, 204.39]	82 **Pb** 납 lead 207.2	83 **Bi** 비스무트 bismuth 208.98	84 **Po** 폴로늄 polonium	85 **At** 아스타틴 astatine	86 **Rn** 라돈 radon
87 **Fr** 프랑슘 francium	88 **Ra** 라듐 radium	89-103 악티늄족 actinoids	104 **Rf** 러더포듐 rutherfordium	105 **Db** 두브늄 dubnium	106 **Sg** 시보귬 seaborgium	107 **Bh** 보륨 bohrium	108 **Hs** 하슘 hassium	109 **Mt** 마이트너륨 meitnerium	110 **Ds** 다름슈타튬 darmstadtium	111 **Rg** 뢴트게늄 roentgenium	112 **Cn** 코페르니슘 copernicium	113 **Nh** 니호늄 nihonium	114 **Fl** 플레로븀 flerovium	115 **Mc** 모스코븀 moscovium	116 **Lv** 리버모륨 livermorium	117 **Ts** 테네신 tennessine	118 **Og** 오가네손 oganesson

표기법:
원자 번호
기호
원소명(국문)
원소명(영문)
일반 원자량
표준 원자량

57 **La** 란타넘 lanthanum 138.91	58 **Ce** 세륨 cerium 140.12	59 **Pr** 프라세오디뮴 praseodymium 140.91	60 **Nd** 네오디뮴 neodymium 144.24	61 **Pm** 프로메튬 promethium	62 **Sm** 사마륨 samarium 150.36(2)	63 **Eu** 유로퓸 europium 151.96	64 **Gd** 가돌리늄 gadolinium 157.25(3)	65 **Tb** 터븀 terbium 158.93	66 **Dy** 디스프로슘 dysprosium 162.50	67 **Ho** 홀뮴 holmium 164.93	68 **Er** 어븀 erbium 167.26	69 **Tm** 툴륨 thulium 168.93	70 **Yb** 이터븀 ytterbium 173.05	71 **Lu** 루테튬 lutetium 174.97
89 **Ac** 악티늄 actinium	90 **Th** 토륨 thorium 232.04	91 **Pa** 프로트악티늄 protactinium 231.04	92 **U** 우라늄 uranium 238.03	93 **Np** 넵투늄 neptunium	94 **Pu** 플루토늄 plutonium	95 **Am** 아메리슘 americium	96 **Cm** 퀴륨 curium	97 **Bk** 버클륨 berkelium	98 **Cf** 캘리포늄 californium	99 **Es** 아인슈타이늄 einsteinium	100 **Fm** 페르뮴 fermium	101 **Md** 멘델레븀 mendelevium	102 **No** 노벨륨 nobelium	103 **Lr** 로렌슘 lawrencium

참조: 표준 원자량은 2011년 IUPAC에서 결정한 새로운 형식을 따른 것으로 [ ] 안에 표시된 숫자는 2 종류 이상의 안정한 동위원소가 존재하는 경우에 지각 시료에서 발견되는 자연 존재비의 분포를 고려한 표준 원자량의 범위를 나타낸 것임. 자세한 내용은 https://iupac.org/what-we-do/periodic-table-of-elements/을 참조하기 바람.

© 대한화학회, 2018

목 차

빨리보는 간단한 키워드

PART 01 | 필기

CHAPTER 01	화재예방과 소화방법	003
	적중예상문제	024
CHAPTER 02	위험물의 화학적 성질 및 취급	030
	적중예상문제	063
CHAPTER 03	소방시설 및 위험물 안전관리기준	076
	적중예상문제	129
CHAPTER 04	필기 기출복원문제	
	2014년~2016년 과년도 기출문제	142
	2017년~2024년 과년도 기출복원문제	293

PART 02 | 실기

CHAPTER 01	위험물 취급 및 실무 I	477
CHAPTER 02	위험물 취급 및 실무 II	483
CHAPTER 03	적중예상문제	491
CHAPTER 04	실기 기출복원문제	
	2014년~2024년 과년도 기출복원문제	562

PART 03 | 최근 기출복원문제

| CHAPTER 01 | 2025년 필기 최근 기출복원문제 | 885 |
| CHAPTER 02 | 2025년 실기 최근 기출복원문제 | 913 |

빨리보는 간단한 키워드

빨간키

#합격비법 핵심 요약집   #최다 빈출키워드   #시험장 필수 아이템

CHAPTER 01 화재예방 및 소화방법

▌ **연소의 3요소** : 가연물, 산소공급원, 점화원

▌ **가연물의 조건**
- 열전도율이 적을 것
- 발열량이 클 것
- 표면적이 넓을 것
- 활성화에너지가 작을 것

▌ **가연물이 될 수 없는 조건**
- 주기율표에서 0족 원소
- 질소 또는 질소산화물
- 산소와 더 이상 반응하지 않는 물질(예 CO_2, H_2O 등)

▌ **인화점** : 점화원을 접촉했을 때 불이 붙을 수 있는 최저의 온도(유증기를 발생시키는 최저의 온도)

▌ **연소점** : 점화원을 제거해도 연소가 계속 이루어질 수 있는 온도로 인화점보다 약 10℃ 정도 높다.

▌ **발화점(착화점)** : 점화원 없이도 스스로 연소가 시작되는 최저의 온도

▌ **고체의 연소형태** : 표면연소, 분해연소, 증발연소, 자기연소

▌ **기체의 연소형태** : 예혼합연소, 확산연소, 폭발연소

■ 폭굉유도거리(DID)가 짧아지는 요인
- 관경이 작을수록
- 관속에 장애물이 있을 경우
- 압력이 높을수록
- 점화원의 에너지가 클수록
- 연소속도가 큰 혼합물일수록

■ 분진폭발을 일으키는 물질 : 알루미늄분, 마그네슘분, 그 외 금속분, 플라스틱분, 밀가루, 전분, 담배분, 황, 석탄 등

■ 화재 : 사람의 의도에 반하여 발생해 확대되거나, 또는 방화에 의하여 발생해 소화할 필요가 있는 연소현상

■ 화재의 종류와 급수

급수	종류	표시색
A급	일반화재	백색
B급	유류화재	황색
C급	전기화재	청색
D급	금속화재	무색

■ 소화 : 연소의 3요소 중 하나 이상을 제거하여 불을 끄는 방법

■ 소화의 종류 : 냉각소화, 질식소화, 제거소화, 부촉매소화 등

■ 분말소화약제

종류	주성분	적응화재	분말의 색
제1종 분말	$NaHCO_3$	B, C급	백색
제2종 분말	$KHCO_3$	B, C급	담회색
제3종 분말	$NH_4H_2PO_4$	A, B, C급	담홍색
제4종 분말	$KHCO_3 + (NH_2)_2CO$	B, C급	회백색

CHAPTER 02 위험물의 유별 특성

▌ 제1류 위험물(산화성 고체)의 일반적인 성질

- 모두 무기화합물, 대부분 무색 결정 또는 백색 분말이다.
- 강산화성 물질이며 불연성 고체이다.
- 가열, 충격, 마찰 등에 의해 분해하여 산소를 방출하여 다른 가연물의 연소를 돕는다(조연성).
- 비중은 1보다 크며 물에 녹는 것도 있고, 질산염류와 같이 조해성이 있는 물질도 있다.

▌ 제1류 위험물의 위험성

- 가열 또는 제6류 위험물과 혼합하면 산화성이 증대된다.
- NH_4NO_3, NH_4ClO_3은 가연물과 접촉, 혼합으로 인해 분해·폭발한다.
- 무기과산화물은 물과 반응하여 산소를 방출하고 심하게 발열한다.
- 유기물과 혼합하면 폭발의 위험이 있다.
- 삼산화크로뮴(CrO_3)은 물과 반응하여 강산이 되며 심하게 발열한다.

▌ 제1류 위험물의 저장 및 취급

- 가열, 충격, 마찰을 피한다.
- 환원제인 제2류 위험물(가연성 고체)과의 접촉을 피한다.
- 조해성 물질은 수분을 피한다.
- 무기과산화물은 물과의 접촉을 피한다.
- 용기를 옮길 때에는 밀봉용기를 사용한다.

▌ 제1류 위험물의 소화방법

- 공통적인 소화방법은 냉각소화이다.
- 알칼리금속의 과산화물 : 마른모래, 팽창질석, 팽창진주암, 탄산수소염류 분말소화약제로 소화한다.

■ 제2류 위험물(가연성 고체)의 일반적인 성질
- 가연성 고체로서 비교적 낮은 온도에서 착화하기 쉬운 가연성, 속연성 물질이다.
- 비중은 1보다 크고 물에 불용성이며 강력한 환원성 물질이다.
- 산소와 결합이 용이하며 산화속도가 매우 빠르다.
- 연소 시 연소열이 크고 연소온도가 높다.

■ 제2류 위험물의 위험성
- 착화 온도가 낮아 저온에서 발화가 쉽다.
- 연소속도가 매우 빠르고 연소 시 다량의 빛과 열을 발생한다.
- 철분, 금속분, 마그네슘은 수분과 접촉하면 수소를 방출하고, 분진은 폭발 위험이 있다.
- 산화제(제1류, 제6류)와 혼합한 것은 가열, 충격, 마찰 등에 의해 발화·폭발 위험이 있다.

■ 제2류 위험물의 저장 및 취급
- 화기를 피하고 불티, 불꽃, 고온체와의 접촉을 피한다.
- 산화제와의 혼합 또는 접촉을 피한다.
- 철분, 금속분, 마그네슘은 물, 습기, 산과의 접촉을 피한다.
- 통풍이 잘되는 냉암소에 보관·저장한다.
- 황은 물에 의한 냉각소화를 한다.

■ 제2류 위험물의 소화방법
- 기본적으로 주수소화를 한다. 황화인은 질식소화한다.
- 철분, 마그네슘, 금속분은 물 사용 불가이므로 마른모래, 탄산수소염류 분말소화약제로 소화한다.
- 인화성 고체는 알코올용 포말, 질식소화한다.

■ 제3류 위험물(자연발화성 및 금수성 물질)의 일반적인 성질
- 대부분 무기화합물이며 고체 또는 액체이다.
- 칼륨, 나트륨, 알킬알루미늄, 알킬리튬은 물보다 가볍고 나머지는 물보다 무겁다.
- 칼륨, 나트륨, 황린, 알킬알루미늄은 연소하고 나머지는 연소하지 않는다.

▌ 제3류 위험물의 위험성
- 황린을 제외한 금수성 물질은 물과 반응하여 가연성 가스(H_2, C_2H_2, PH_3, CH_4 등)를 발생한다.
- 자연발화성 물질은 공기 또는 물질에 따라서 물과 접촉하면 폭발적으로 연소한다.
- 일부는 물과 접촉에 의해 발열한다.
- 가열, 강산화성 물질 또는 강산류와 접촉에 의해 위험성이 증대된다.

▌ 제3류 위험물의 저장 및 취급
- 저장용기는 공기, 수분과의 접촉을 차단한다.
- 칼륨, 나트륨, 알칼리 금속은 등유, 경유, 유동파라핀에 저장한다.
- 자연발화성 물질의 경우는 불티, 불꽃, 고온체와 접촉을 피한다.
- 황린은 주수소화 가능하나 나머지는 물에 의한 소화가 불가하다.

▌ 제3류 위험물의 소화방법 : 황린만 주수소화하고, 나머지는 마른모래, 팽창질석, 팽창진주암 또는 탄산수소염류분말의 소화약제로 소화한다.

▌ 제4류 위험물(인화성 액체)의 일반적인 성질
- 대단히 인화하기 쉽다.
- 물보다 가볍고 대부분 물에 녹지 않는다(수용성 제외).
- 증기비중은 대부분 공기보다 무겁기 때문에 낮은 곳에 체류하여 연소 또는 폭발의 위험성이 있다.
- 연소범위 하한이 낮기 때문에 공기 중 소량 누출되어서 연소가 가능하다.

▌ 제4류 위험물의 위험성
- 인화 위험이 높기 때문에 화기의 접근을 피해야 된다.
- 증기는 공기와 약간만 혼합되어도 연소한다.
- 연소범위 하한이 낮다.
- 발화점이 낮다.
- 정전기 발생으로 점화될 수 있으므로 주의한다.

▌ 제4류 위험물의 저장 및 취급
- 증기 누출 방지를 위하여 밀폐용기에 저장한다.
- 점화원을 제거 또는 차단한다.
- 환기가 잘되는 냉암소에 저장한다.

▌제4류 위험물의 소화방법
- 포말, 이산화탄소, 할로젠화합물, 분말소화약제로 질식소화한다.
- 수용성은 알코올용포소화약제를 사용할 수 있다.

▌제5류 위험물(자기반응성 물질)의 일반적인 성질
- 외부로부터 산소공급 없이 가열, 충격 등에 의해 폭발을 일으킬 수 있는 물질이다.
- 모두 가연성의 액체 또는 고체이며, 연소 시 다량의 가스를 발생한다.
- 시간의 경과에 따라 자연발화의 위험성이 있다.

▌제5류 위험물의 위험성
- 산소공급이 없어도 연소하며 연소속도가 폭발적이다.
- 아조화합물, 다이아조화합물, 하이드라진유도체는 고농도의 경우 충격에 의해 폭발로 이어질 수 있다.
- 나이트로화합물은 화기, 가열, 충격, 마찰에 민감하며 폭발 위험성이 있다.
- 강산화제, 강산류와 혼합한 것은 발화를 촉진시키고 위험성을 증대시킨다.

▌제5류 위험물의 저장 및 취급
- 점화원 엄금 및 가열, 충격, 마찰, 타격 등을 피한다.
- 강산화제, 강산류 등 기타 물질이 혼입되지 않도록 한다.
- 소분하여 저장하고 용기의 파손 및 위험물의 누출을 방지한다.

▌제5류 위험물의 소화방법
- 일반적으로 대량 주수소화한다.
- 그러나 폭발이 시작되면 소화하기 어렵다.

▌제6류 위험물(산화성 액체)의 일반적인 성질
- 무기화합물로 이루어진 액체이다.
- 무색투명, 비중은 1보다 크고, 표준상태(0℃, 1기압)에서 모두 액체이다.
- 과산화수소를 제외하고 나머지는 강산성 물질이다.
- 물에 녹기 쉽다.
- 불연성 물질이며 가연물, 유기물 등과 혼합하면 발화 위험이 있다.
- 증기는 유독하며 피부와 접촉 시 점막을 부식시킨다.

■ 제6류 위험물의 위험성
- 불연성이지만 산화성이 커서 다른 물질의 연소를 돕는다(조연성).
- 강환원제, 가연물과 혼합한 것은 접촉 발화하거나 가열 등에 의해 발화 위험성이 있다.
- 과산화수소를 제외한 나머지(과염소산, 질산)는 물과 접촉하면 심하게 발열한다.

■ 제6류 위험물의 저장 및 취급
- 염, 물과의 접촉을 피한다.
- 직사광선 차단, 강환원제, 유기물질, 가연성 물질과 접촉을 피해서 저장한다.
- 저장용기는 내산성 용기를 사용한다.

■ 제6류 위험물의 소화방법
- 일반적으로 주수소화한다.
- 과염소산은 다량의 물로 분무주수(분무상) 또는 분말소화약제로 소화한다.

CHAPTER 03 소방시설 및 위험물 안전관리기준

■ **전기설비의 소화설비** : 제조소 등에 전기설비가 설치된 경우에는 해당 장소의 면적 $100m^2$ 마다 소형수동식소화기를 1개 이상 설치한다.

■ **소요단위 및 능력단위**
- 소요단위 : 소화설비의 설치대상이 되는 건축물 그 밖의 공작물의 규모 또는 위험물 양의 기준단위
- 능력단위 : 소요단위에 대응하는 소화설비의 소화능력 기준단위

■ **소요단위 계산방법** : 위험물은 지정수량의 10배를 1소요단위로 한다.

1소요단위 기준	외벽이 내화구조인 것	외벽이 내화구조가 아닌 것
제조소 또는 취급소	$100m^2$	$50m^2$
저장소	$150m^2$	$75m^2$

■ **소화설비의 능력단위**

소화설비	용량	능력단위
소화전용물통	8L	0.3
수조(물통 3개 포함)	80L	1.5
수조(물통 6개 포함)	190L	2.5
마른모래(삽 1개 포함)	50L	0.5
팽창질석, 팽창진주암(삽 1개 포함)	160L	1.0

▌ 소화전설비

항목	방수량	방수압력	토출량	수원	비상전원
옥내소화전설비	260L/min	0.35MPa	N(최대 5개)×260L/min	N(최대 5개)×7.8m³(260L/min×30min)	45분
옥외소화전설비	450L/min	0.35MPa	N(최대 4개)×450L/min	N(최대 4개)×13.5m³(450L/min×30min)	45분
스프링클러설비	80L/min	0.1MPa	헤드수×80L/min	헤드수×2.4m³(80L/min×30min)	45분

▌ 제조소의 안전거리

사용전압이 7,000V 초과 35,000V 이하의 특고압가공전선	3m 이상
사용전압이 35,000V를 초과하는 특고압가공전선	5m 이상
건축물 그 밖의 공작물로서 주거용으로 사용되는 것	10m 이상
고압가스, 액화석유가스 또는 도시가스를 저장 또는 취급하는 시설	20m 이상
학교, 병원, 극장 그 밖에 다수인을 수용하는 시설	30m 이상
지정문화유산 및 천연기념물 등	50m 이상

▌ 제조소의 보유공지

지정수량의 10배 이하	3m 이상
지정수량의 10배 초과	5m 이상

▌ 제조소의 표지 및 게시판 : 한 변의 길이가 0.3m 이상, 0.6m 이상인 직사각형 형태. 백색바탕에 흑색문자

▌ 제조소의 주의사항 게시판

제1류 위험물 중 알칼리금속의 과산화물, 제3류 위험물 중 금수성 물질	물기엄금	청색바탕 백색문자
제2류 위험물(인화성 고체 제외)	화기주의	적색바탕 백색문자
제2류 위험물 중 인화성 고체, 제3류 위험물 중 자연발화성 물질, 제4류·제5류 위험물	화기엄금	적색바탕 백색문자

▌급기구

바닥면적	급기구의 면적
60m² 미만	150cm² 이상
60m² 이상 90m² 미만	300cm² 이상
90m² 이상 120m² 미만	450cm² 이상
120m² 이상 150m² 미만	600cm² 이상
150m² 이상	800cm² 이상

▌옥내저장소의 보유공지

최대수량	벽·기둥 및 바닥이 내화구조로 된 건축물	그 밖의 건축물
지정수량의 5배 이하	–	0.5m 이상
지정수량의 5배 초과 10배 이하	1m 이상	1.5m 이상
지정수량의 10배 초과 20배 이하	2m 이상	3m 이상
지정수량의 20배 초과 50배 이하	3m 이상	5m 이상
지정수량의 50배 초과 200배 이하	5m 이상	10m 이상
지정수량의 200배 초과	10m 이상	15m 이상

▌옥외탱크저장소의 보유공지

최대수량	공지의 너비
지정수량의 500배 이하	3m 이상
지정수량의 500배 초과 1,000배 이하	5m 이상
지정수량의 1,000배 초과 2,000배 이하	9m 이상
지정수량의 2,000배 초과 3,000배 이하	12m 이상
지정수량의 3,000배 초과 4,000배 이하	15m 이상
지정수량의 4,000배 초과	해당 탱크의 수평 단면의 최대지름과 높이 중 큰 것과 같은 거리 이상(단, 30m 초과의 경우에는 30m 이상으로 15m 미만인 경우에는 15m 이상으로)

▌제6류 외의 위험물을 동일한 방유제 안에 2개 이상 인접하는 경우 : 1/3 이상(최소 3m 이상)

- 제6류 위험물을 저장·취급하는 옥외저장탱크의 경우 : 1/3 이상(최소 1.5m 이상)
- 제6류 위험물을 동일한 방유제 안에 2개 이상 인접하는 경우 : 1/3×1/3 이상(최소 1.5m 이상)

옥외저장소의 보유공지

최대수량	공지의 너비
지정수량의 10배 이하	3m 이상
지정수량의 10배 초과 20배 이하	5m 이상
지정수량의 20배 초과 50배 이하	9m 이상
지정수량의 50배 초과 200배 이하	12m 이상
지정수량의 200배 초과	15m 이상

※ 제4류 위험물 중 제4석유류와 제6류 위험물은 보유공지의 1/3 이상으로 할 수 있다.

위험등급 I

- 제1류 위험물 중 염소산염류, 아염소산염류, 과염소산염류, 무기과산화물 등(지정수량 50kg)
- 제3류 위험물 중 칼륨, 나트륨, 알킬알루미늄, 알킬리튬 등(지정수량 10kg) + 황린(지정수량 20kg)
- 제4류 위험물 중 특수인화물(지정수량 50L)
- 제5류 위험물 중 위험등급 I (지정수량 10kg)
- 제6류 위험물 전체(지정수량 300kg)

위험등급 II

- 제1류 위험물 중 브로민산염류, 질산염류, 아이오딘산염류 등(지정수량 300kg)
- 제2류 위험물 중 황화인, 적린, 황 등(지정수량 100kg)
- 제3류 위험물 중 알칼리금속 및 알칼리토금속, 유기금속화합물 등(지정수량 50kg)
- 제4류 위험물 중 제1석유류(비수용성 200L, 수용성 400L) 및 알코올류(지정수량 400L)
- 제5류 위험물 중 위험등급 I 이외의 나머지

위험등급 III : 위험등급 I, II에 있는 이외의 나머지

소화난이도등급 I

- 제조소 및 일반취급소 : 연면적 1,000m^2 이상, 지정수량의 100배 이상
- 옥내저장소 : 연면적 150m^2 초과, 지정수량의 150배 이상, 처마높이가 6m 이상인 단층 건물
- 이송취급소 : 모든 대상

소화난이도등급 Ⅱ
- 제조소 및 일반 취급소 : 연면적 600㎡ 이상, 지정수량 10배 이상
- 옥내저장소 : 연면적 150㎡ 초과, 지정수량 10배 이상, 단층 건물 외의 것
- 옥내주유취급소, 제2종 판매취급소

소화난이도등급 Ⅲ
- 제조소 및 일반취급소, 옥내저장소 : 위에 언급한 것 이외의 것
- 주유취급소 : 옥내주유취급소 외의 것
- 제1종 판매취급소

위험물안전관리자
- 안전관리자가 해임 또는 퇴직한 날부터 30일 이내에 다시 안전관리자 선임
- 안전관리자가 해임 또는 퇴직한 때에는 14일 이내에 소방본부장 또는 소방서장에게 신고
- 안전관리자를 바로 선임하지 못하는 경우에는 대리자 지정 가능, 대리자는 위험물의 취급에 관한 자격 취득자 또는 위험물안전에 관한 기본지식과 경험이 있는 자
- 대리자의 대행 기간은 30일을 초과할 수 없음

운송책임자의 감독, 지원을 받아 운송해야 하는 위험물
- 알킬알루미늄
- 알킬리튬
- 알킬알루미늄 또는 알킬리튬의 물질을 함유하는 위험물

복수성상물품
- 산화성 고체의 성상 및 가연성 고체의 성상을 가지는 경우 : 제2류 위험물
- 산화성 고체의 성상 및 자기반응성 물질의 성상을 가지는 경우 : 제5류 위험물
- 가연성 고체 + 자연발화성 + 금수성 물질의 성상을 가지는 경우 : 제3류 위험물
- 자연발화성 + 금수성 + 인화성 액체의 성상을 가지는 경우 : 제3류 위험물
- 인화성 액체 + 자기반응성 물질의 성상을 가지는 경우 : 제5류 위험물

■ 탱크안전성능검사의 내용

- 기초·지반검사
- 충수(充水)·수압검사
- 용접부검사
- 암반탱크검사

■ 위험물취급자의 자격

위험물기능장, 위험물산업기사, 위험물기능사의 자격을 취득한 사람	모든 위험물
안전관리자교육 이수자	제4류 위험물
소방공무원 경력자(3년 이상)	제4류 위험물

■ 자체소방대에 두는 화학소방자동차 및 인원(제4류 위험물을 취급하는 제조소 또는 일반취급소)

취급장소	지정수량	화학소방자동차	자체소방대원의 수
제조소 또는 일반취급소	3천배 이상 12만배 미만	1	5
	12만배 이상 24만배 미만	2	10
	24만배 이상 48만배 미만	3	15
	48만배 이상	4	20
옥외탱크저장소	50만배 이상	2	10

※ 포수용액을 방사하는 화학소방자동차의 대수는 2/3 이상이다.

■ 유별을 달리하는 위험물의 혼재기준(운반 시)

유별	제1류	제2류	제3류	제4류	제5류	제6류
제1류		×	×	×	×	○
제2류	×		×	○	○	×
제3류	×	×		○	×	×
제4류	×	○	○		○	×
제5류	×	○	×	○		×
제6류	○	×	×	×	×	

※ 다만, 지정수량의 1/10 이하의 위험물에 대하여는 적용하지 않는다.

▌위험물 운반 시 주의사항 표시

- 제1류 위험물
  - 알칼리금속의 과산화물 또는 이를 함유한 것 : 화기·충격주의, 물기엄금, 가연물접촉주의
  - 그 밖의 것 : 화기·충격주의, 가연물접촉주의
- 제2류 위험물
  - 철분, 금속분, 마그네슘 : 화기주의, 물기엄금
  - 인화성 고체 : 화기엄금
  - 그 밖의 것 : 화기주의
- 제3류 위험물
  - 자연발화성 물질 : 화기엄금, 공기접촉엄금
  - 금수성 물질 : 물기엄금
- 제4류 위험물 : 화기엄금
- 제5류 위험물 : 화기엄금, 충격주의
- 제6류 위험물 : 가연물접촉주의

▌운반용기의 수납률

- 고체위험물 : 내용적의 95% 이하
- 액체위험물 : 내용적의 98% 이하

▌유별을 달리하는 위험물끼리 저장 가능한 경우(1m 이상 간격 유지 시)

- 제1류 위험물(무기과산화물 제외)과 제5류 위험물
- 제1류 위험물과 제6류 위험물
- 제1류 위험물과 제3류 위험물 중 자연발화성 물질(황린)
- 제2류 위험물 중 인화성 고체와 제4류 위험물
- 제3류 위험물 중 알킬알루미늄 등과 제4류 위험물 중 알킬알루미늄 등을 함유한 것에 한함
- 제4류 위험물 중 유기과산화물 또는 이를 함유한 것과 제5류 위험물 중 유기과산화물 또는 이를 함유한 것

경보설비

- 자동화재탐지설비만을 설치해야 되는 경우
  - 제조소 및 취급소
    ⓐ 연면적 500m² 이상인 것
    ⓑ 옥내에서 지정수량의 100배 이상을 취급하는 것
    ⓒ 일반취급소로 사용되는 부분 외의 부분이 있는 건축물에 설치된 일반취급소(일반취급소와 일반취급소 외의 부분이 내화구조의 바닥 또는 벽으로 개구부 없이 구획된 것은 제외한다)
  - 옥내저장소
    ⓐ 지정수량의 100배 이상을 저장 또는 취급하는 것
    ⓑ 저장창고의 연면적이 150m² 초과하는 것
    ⓒ 처마 높이가 6m 이상인 단층 건물의 것
    ⓓ 옥내저장소로 사용되는 부분 외의 부분이 있는 건축물에 설치된 옥내저장소[옥내저장소와 옥내저장소 외의 부분이 내화구조의 바닥 또는 벽으로 개구부 없이 구획된 것과 제2류(인화성 고체는 제외한다) 또는 제4류의 위험물(인화점이 70℃ 미만인 것은 제외한다)만을 저장 또는 취급하는 것은 제외한다]
  - 단층 건물 외의 건축물에 설치된 옥내탱크저장소로서 소화난이도등급Ⅰ에 해당하는 것
  - 옥내주유취급소
- 자동화재탐지설비, 비상경보설비, 비상방송설비, 확성장치 중 1종 이상 설치하면 되는 경우
  - 지정수량의 10배 이상을 저장 또는 취급하는 것

교육은 우리 자신의 무지를 점차 발견해 가는 과정이다.

– 윌 듀란트 –

교육이란 사람이 학교에서 배운 것을 잊어버린 후에 남은 것을 말한다.

– 알버트 아인슈타인 –

PART 01

위험물기능사 필기

CHAPTER 01 화재예방 및 소화방법
적중예상문제

CHAPTER 02 위험물의 화학적 성질 및 취급
적중예상문제

CHAPTER 03 소방시설 및 위험물 안전관리기준
적중예상문제

CHAPTER 04 필기 기출복원문제

위험물기능사
www.sdedu.co.kr

CHAPTER 01 화재예방 및 소화방법

제1절 화재예방 및 소화방법

1 화학의 이해

1. 물질의 상태 및 성질

(1) 물질

① 정의 : 공간의 일부를 차지하고, 질량의 일부를 가지는 것

② 물질의 상태 : 고체, 액체, 기체의 3가지 상태로 존재한다.
  ㉠ 고체 : 부피와 모양이 일정한 형태
  ㉡ 액체 : 부피는 일정하나 모양은 바뀔 수 있는 형태
  ㉢ 기체 : 부피와 모양이 일정하지 않은 형태
  ㉣ 일반적으로 온도가 올라갈수록 고체 → 액체 → 기체 형태로 바뀐다.

③ 물질의 변화
  ㉠ 물리적 변화 : 물질의 상태, 부피가 변하는 것
  ㉡ 화학적 변화 : 화학반응을 통해 다른 물질로 변하는 것
    • 화학물질의 변화를 표시한 식을 반응식을 화학반응식이라고 한다.
    • 화학반응의 종류
      - 화합 : 두 가지 이상의 화학물질이 결합하여 새로운 물질을 만드는 반응
        예) $S + O_2 \rightarrow SO_2$
      - 분해 : 어떠한 화학물질이 분해하여 두 가지 이상의 물질이 되는 반응
        예) $2NaHCO_3 \rightarrow Na_2CO_3 + CO_2 + H_2O$
      - 치환 : 어떠한 화학물질이 다른 화학물질 자리에 들어가고 그 물질을 떼어놓는 반응
        예) $Mg + H_2SO_4 \rightarrow MgSO_4 + H_2$
      - 복분해 : 두 가지의 화학물질이 서로 자리를 바꾸어 결합하는 반응
        예) $HCl + NaOH \rightarrow NaCl + H_2O$

④ 물과 열의 관계
　㉠ 물의 비열 : 1g의 물을 1℃ 올리는 데 필요한 열은 1cal이다.
　㉡ 물의 융해잠열 : 0℃의 얼음 1g을 0℃의 물로 만드는 데 필요한 열은 약 80cal이다.
　㉢ 물의 증발잠열 : 100℃의 물 1g을 100℃의 수증기로 만드는 데 필요한 열은 약 539cal이다.
　　예 0℃, 1g의 얼음을 100℃의 수증기로 만들기 위해서는 80 + 100 + 539 = 719cal가 필요하다.
　㉣ 물의 증발잠열이 매우 크기 때문에 소화약제로 쓰일 때 효과적이다.

(2) 원자와 분자

① **원자** : 물질을 구성하는 기본 입자이다. 원자는 원자핵과 전자로 구성되어 있고, 원자핵은 양성자와 중성자로 구성되어 있다.
　㉠ 원자번호는 양성자수이다.
　㉡ 질량수는 양성자수 + 중성자수이다.

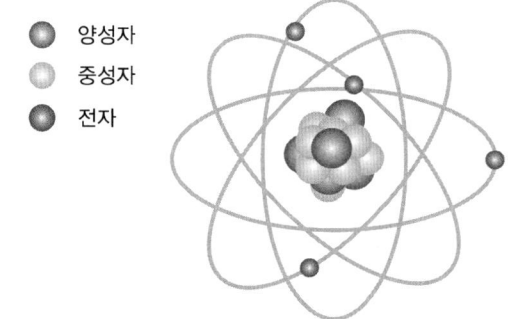

② **분자** : 원자로 이루어진 물질을 말하며 물질의 성질을 잃기 전의 최소 단위이다.
③ 원자와 분자는 원소의 수로 구분하면 된다.
　예 산소(O)가 1개면 산소 원자라고 하면 되고 산소가 2개(O_2)면 산소 분자라고 하면 된다. 단, 0족은 원자 자체가 분자가 된다.

(3) 원자량과 분자량

① **원자량** : 원자의 질량은 매우 작아서 한 원소를 기준으로 하여 다른 원소들의 질량을 상대적으로 표기한 양이다. 현재 탄소 원자의 질량 12를 기준으로 하여 다른 원자들의 상대적인 양을 구하여 계산한다.
　예 수소(H)의 원자량 : 1, 산소의 원자량(O) : 16, 질소의 원자량(N) : 14, 탄소(C)의 원자량 : 12

② 분자량 : 분자의 질량, 분자를 이루는 원자들의 개수대로 원자량을 더해주면 된다.

예 물분자(H_2O)의 분자량 : $(1 \times 2) + 16 = 18$

※ 공기의 평균분자량 : 약 29

공기 중 질소(N_2)는 약 78%를 차지하고, 산소(O_2)는 약 21%, 아르곤(Ar)은 약 1%를 차지한다.

(4) 화학식

원소기호를 사용하여 물질을 나타낸 식을 말하며 화학식은 실험식, 시성식, 분자식, 구조식으로 구분할 수 있다.

① 실험식 : 화합물의 원자의 조성을 가장 간단하게 나타낸 식이다. 어떤 물질을 이루는 원자들의 수를 가장 간단한 정수비로 나타낸 것이다.

예 벤젠(C_6H_6)의 실험식 : CH

② 시성식 : 분자의 특성을 나타내는 식으로 작용기를 기록한 식이다.

예 에틸알코올의 시성식 : C_2H_5OH

③ 분자식 : 분자를 이루는 원자의 수를 나타낸 식이다.

예 에틸알코올의 분자식 : C_2H_6O

④ 구조식 : 분자를 구성하는 원자 사이의 결합이나 배열을 선으로 나타낸 식이다.

예 벤젠의 구조식 :

⑤ 이온식 : 이온을 구성하는 원자의 종류와 수를 표시한 식이다.

(5) 단위

① 몰(mole) : 몰질량의 단위로 원자나 분자를 세는 단위이다. 국제단위계(SI)의 기본단위 중 하나이며, 1몰은 6.02×10^{23}개이다.

② 온도 : 어떤 물체의 차고 뜨거운 정도를 나타내는 물리량이며, 흔히 섭씨온도(℃)로 나타낸다.

※ 화씨온도(°F)
- 물의 어는점을 32, 끓는점을 212로 하여 그 사이를 180 등분한 온도이다.
- °F = (℃ × 1.8) + 32

③ 절대온도(K) : 열역학적으로 정의된 온도이며, -273.15℃는 0K이다.

④ 압력 : 두 물체의 접촉면 사이에서 작용하는 수직으로 미는 힘이다.
  ※ 1atm = 760mmHg = 101.325kPa = 10.332mH$_2$O

⑤ 밀도 : 질량을 부피로 나눈 값이다. 밀도 = $\dfrac{질량}{부피}$

(6) 화학결합의 기본이론

① 주기율표 : 자연계에 존재하는 모든 원소를 원자번호와 화학적 특성에 따라 나열한 표
  ㉠ 1족 원소 : 알칼리금속이라고 부르며 최외각에 1개의 전자를 가지는 원소
    예 리튬(Li), 나트륨(Na), 칼륨(K), 루비듐(Rb), 세슘(Cs) 등
  ㉡ 2족 원소 : 알칼리토금속이라고 부르며 최외각에 2개의 전자를 가지는 원소
    예 베릴륨(Be), 마그네슘(Mg), 칼슘(Ca), 스트론튬(Sr) 등
  ㉢ 17족 원소 : 할로젠이라고 부르며 최외각에 7개의 전자를 가지고 있다. 다른 원소로부터 하나의 전자를 받아 결합하는 성질이 강해 1족 원소와 격렬히 반응한다.
    예 플루오린(F), 염소(Cl), 브로민(Br), 아이오딘(I) 등
  ㉣ 불활성 기체 : 주기율표 18족에 해당하는 원소로 화학적 활성이 거의 없는 기체
    예 헬륨(He), 네온(Ne), 아르곤(Ar) 등

② 화학결합 : 원자 또는 원자단의 집합체에서 그 구성 원자들 간에 작용하여, 이를 하나의 단위체로 간주할 수 있게 하는 힘 혹은 결합이다.
  ㉠ 화학결합에는 여러 가지(이온결합, 공유결합, 수소결합, 배위결합, 금속결합 등)가 있다.
  ㉡ 옥텟규칙 : 분자를 이루는 각각의 원자를 최외각에 전자가 8개가 있어야 안정된 상태가 된다.
  ※ 1족 원소와 할로젠은 1 : 1로 반응하고 2족 원소와 할로젠은 1 : 2로 반응한다. 그리고 불활성 기체는 반응하지 않는다.

③ 이온결합 : 양이온과 음이온 혹은 금속과 비금속 사이에서 정전기적 인력으로 결합하는 것
  예 나트륨(Na)과 염소(Cl)가 만나 염화나트륨(NaCl)이 생성되는 것

④ 원자단
  ㉠ 화합물의 분자 내에서 공유결합을 통해 두 가지 이상의 원자가 포함된 집단

ⓛ 위험물에서 나오는 중요한 원자단

원자단	이온식	원자단	이온식
황산기	SO_4^{2-}	사이안화기	CN^-
질산기	NO_3^-	아세트산기	CH_3COO^-
탄산기	CO_3^{2-}	과망가니즈산기	MnO_4^-
인산기	PO_4^{3-}	다이크로뮴산기	$Cr_2O_7^{2-}$
수산화기	OH^-	염소산기	ClO_3^-

(7) 산과 염기

① 산 : 물에 녹아 수소이온(H^+)을 내는 물질로 pH 값이 0에 가까울수록 산성이 세진다.
② 염기 : 물에 녹아 수산화이온(OH^-)을 내는 물질로 pH 값이 14에 가까울수록 염기성이 세진다.
③ 중성 : pH 값이 7인 상태(순수한 상태의 물)이다.

(8) 산화와 환원

① 산화와 환원의 관계

관계 \ 구분	산화	환원	관계 \ 구분	산화	환원
산소	결합	잃음	전자	잃음	결합
수소	잃음	결합	산화수	증가	감소

② 산화제와 환원제
　㉠ 산화제 : 다른 물질을 산화시키는 물질
　　예 제1류 위험물, 제6류 위험물, 산소 등
　㉡ 환원제 : 다른 물질로부터 산소를 받아 자신이 산화하는 물질
　　예 가연물
　※ 산화와 산화제, 환원과 환원제는 반대의 개념이다.

2. 화학의 기초법칙

(1) 질량보존의 법칙

화학반응에서 반응물의 질량 총합과 생성물의 질량 총합은 같다.

(2) 일정성분비의 법칙

화합물 내에서 원소들의 질량비는 항상 동일하다.

(3) 배수비례의 법칙

두 원소가 반응하여 화합물을 생성할 때 첫 번째 원소와 결합하는 다른 원소의 질량비는 간단한 정수로 나타낼 수 있다.

예 N과 O가 반응하여 생성되는 화합물 : N_2O, NO, NO_2 등

(4) 보일의 법칙

온도가 일정할 때 기체의 부피는 압력에 반비례한다.

(5) 샤를의 법칙

① $\dfrac{V_1}{T_1} = \dfrac{V_2}{T_2}$

② 압력이 일정할 때 기체의 부피는 절대온도(T)에 비례한다.

(6) 보일-샤를의 법칙

① $\dfrac{P_1 V_1}{T_1} = \dfrac{P_2 V_2}{T_2}$

② 기체의 부피는 압력에 반비례하고, 절대온도에 비례한다.

③ 온도와 압력에 따른 부피를 구하는 식 : $V_2 = V_1 \times \dfrac{T_2}{T_1} \times \dfrac{P_1}{P_2}$

(7) 이상기체 상태방정식

① $PV = nRT$

여기서, P : 압력, V : 부피, n : 기체의 몰수, R : 기체상수(0.08205atm·L/mol·K), T : 절대온도(K), W : 무게, M : 분자량

② 부피를 구할 때 쓰이는 식 : $V = \dfrac{WRT}{PM}$

$n = \dfrac{W}{M}$ 으로 구하므로, $PV = \dfrac{WRT}{M}$ → $V = \dfrac{WRT}{PM}$ 이 된다.

③ 밀도 구할 때 쓰이는 식 : $\dfrac{W}{V} = \dfrac{PM}{RT}$

(8) 그레이엄의 확산속도법칙

① $\dfrac{v_2}{v_1} = \sqrt{\dfrac{M_1}{M_2}} = \sqrt{\dfrac{d_1}{d_2}}$

② 기체의 확산속도는 일정한 온도와 압력에서 분자량의 제곱근에 반비례, 밀도의 제곱근에 반비례 한다.

3. 유기·무기화합물의 특성

(1) 유기화합물

① 정의 : 탄소의 화합물을 말한다. C-H, C-H-O, C-H-N, C-H-O-N이 유기화합물의 주를 이루며, 그 외 탄소와 S, P, B, Si 등의 화합물을 말한다.
  ※ 탄소의 산화물과 탄산염은 유기화합물에서 제외한다.

② 성질
  ㉠ 대부분의 유기화합물은 물에 녹지 않는다.
  ㉡ 에탄올, 벤젠, 에터 등의 유기용매에 잘 녹는다.
  ㉢ 휘발성을 가진 물질이 많다.
  ㉣ 연소하는 물질이 많다.

③ 분류
  ㉠ 지방족탄화수소 : 벤젠고리가 없는 탄화수소
   • 알케인 : sp^3 결합, C-C 단일 결합, C_nH_{2n+2}
     예 CH_4(메테인)
   • 알켄 : sp^2 결합, C=C 이중결합, C_nH_{2n}
     예 C_2H_4(에틸렌)
   • 알카인 : sp 결합, C≡C 삼중 결합, C_nH_{2n-2}
     예 C_2H_2(아세틸렌)
  ㉡ 지방족탄화수소의 유도체
   • 알코올류(R-OH) : 탄화수소의 H 원자를 OH기로 치환한 물질
     예 C_2H_5OH(에틸알코올)은 에테인의 H 원자를 OH기로 치환한 물질이다.
   • 케톤류(R-CO-R′) : CO의 양쪽으로 알킬기가 붙어있는 물질
     예 CH_3COCH_3(아세톤)
   • 에터류(R-O-R′) : O의 양쪽으로 알킬기가 붙어있는 물질
     예 $C_2H_5OC_2H_5$(다이에틸에터)

- 에스터류(R-COO-R′) : COO의 양쪽으로 알킬기가 붙어있는 물질
  - 예 $CH_3COOC_2H_5$(초산에틸)
- 알데하이드류(R-CHO) : 알킬기에 -CHO가 붙어있는 물질
  - 예 CH_3CHO(아세트알데하이드)

※ 알킬기

알케인에서 H 원자 하나가 떨어진 형태(C_nH_{2n+1})이며, 대부분 다른 작용기나 원소와 결합하여 존재한다.

ⓒ 방향족탄화수소 : 벤젠고리가 있는 탄화수소
- 벤젠(C_6H_6)
- 톨루엔($C_6H_5CH_3$)
- 자일렌[$C_6H_4(CH_3)_2$]
- 페놀(C_6H_5OH) : 물에 약간 녹아 약산성을 띠는 방향족 물질이다. 벤젠을 가지고 알칼리용융법, 큐멘법으로 제조한다.

※ 벤젠, 톨루엔, 자일렌을 묶어 BTX로 부르며, 필기 이론의 CHAPTER 02 제4류 위험물에서 자세히 다룹니다.

(2) 무기화합물

① 정의 : 유기화합물을 제외한 모든 화합물을 무기화합물이라 한다.

② 분류

ⓒ 알칼리금속(1족 원소)
- 최외각 전자수는 1개이다.
- 이온화에너지가 작다.
- 원자번호가 증가하면 융점이 낮아지고 반지름은 커진다.
- 원자번호가 증가하면 반응성이 커진다.
  - 예 Li, Na, K, Rb, Cs, Fr

ⓒ 알칼리토금속(2족 원소)
- 최외각 전자수는 2개이다.
  - 예 Be, Mg, Ca, Sr, Ba, Ra

ⓒ 할로젠족(7족 원소)
- 최외각 전자수는 7개이다.
- 원자번호가 작을수록 전기음성도가 크다.
  - 예 F, Cl, Br, I

② 산소족(6족 원소) : 최외각 전자수는 6개이다.
⑩ 불활성 기체(8족 원소)
- 최외각 전자수는 8개이므로 매우 안정적이고 반응성이 거의 없다.
  예 He, Ne, Ar, Kr, Xe, Rn

2 화재 및 소화

1. 연소이론

(1) 연소

가연성 물질이 공기 중의 산소와 결합하여 열과 빛을 내는 현상이다.

(2) 연소의 3요소

연소되기 위해 필요한 조건으로 가연물, 산소공급원, 점화원을 말한다. 연소의 3요소 중 하나라도 빠지면 연소가 이루어지지 않는다.

※ 연소의 4요소 : 연소의 3요소에서 순조로운 연쇄반응(화학적 결합)을 추가해서 4요소라고 한다.

(3) 가연물

① 정의 : 산화되어 연소하기 쉬운 물질을 말하며, 쉽게 말해서 잘 타는 물질이라고 생각하면 된다.

예 종이, 석유, 나무, 칼륨, 나트륨, 폭탄 등

② 조건
  ㉠ 열전도율이 작을 것   ㉡ 발열량이 클 것
  ㉢ 표면적이 넓을 것   ㉣ 활성화에너지가 작을 것

③ 가연물이 될 수 없는 것
  ㉠ 주기율표에서 0족 원소
  ㉡ 질소 또는 질소산화물
  ㉢ 산소와 더 이상 반응하지 않는 물질
    예 CO_2, H_2O 등
    ※ 철이 녹슨 경우와 질소산화물이 생기는 경우는 산소와 결합은 하지만 열을 내지 않으므로 연소라고 볼 수 없다.

(4) 산소공급원

공기 중의 산소나 산소를 포함한 화합물이다.

예 공기 중의 산소, 과산화물, 산화제 등

(5) 점화원

가연물에 불을 붙일 수 있는 근원이다.

예 불꽃, 스파크, 마찰열, 정전기 등

※ 연소 온도별 색깔의 종류

색깔	담암적색	암적색	적색	휘적색	황적색	백적색	휘백색
온도(℃)	520	700	850	950	1,100	1,300	1,500

(6) 인화점

점화원을 접촉했을 때 불이 붙을 수 있는 최저의 온도(유증기를 발생시키는 최저의 온도)이다.

(7) 연소점

점화원을 제거해도 연소가 계속 이루어질 수 있는 온도로 인화점보다 약 10℃ 정도 높다.

(8) 발화점(착화점)

점화원 없이도 스스로 연소가 시작되는 최저의 온도이다.

(9) 자연발화

① 조건
  ㉠ 주위의 온도가 높을 것
  ㉡ 열전도율이 작을 것
  ㉢ 발열량이 클 것
  ㉣ 표면적이 넓을 것

② 방지법
  ㉠ 온도를 낮출 것
  ㉡ 환기를 잘 시킬 것
  ㉢ 습도를 낮출 것
  ㉣ 불활성 가스 등을 주입하여 산소와의 접촉을 막을 것

③ 형태 : 산화열, 분해열, 미생물, 흡착열, 중합열

2. 연소의 형태

(1) 고체의 연소 형태
① **표면연소** : 가연성 가스를 발생하지 않고 물질 자체가 연소하는 현상이다.
  예 목탄, 코크스, 숯, 금속분 등
② **분해연소** : 열분해에 의해 발생된 가연성 가스가 연소하는 현상이다.
  예 종이, 석탄, 목재, 플라스틱
③ **증발연소** : 가열한 고체가 액체를 거쳐서 기체로 변화하여, 그 기체가 연소하는 현상이다.
  예 황, 나프탈렌, 왁스, 파라핀 등
④ **자기연소** : 물질 자체에 산소를 포함하고 있는 물질이 연소하는 현상이다.
  예 제5류 위험물 등

(2) 액체의 연소 형태
① **증발연소** : 가열한 액체가 증기가 되고, 그 증기가 연소하는 현상
  예 휘발유, 등유, 경유, 아세톤 등 제4류 위험물
② **액적연소** : 액체의 입자를 안개상으로 분출하여 연소하는 현상
  예 벙커 C유 등
③ **분해연소** : 인화점이 높은 액체위험물 중 열분해에 의해 생성된 기체가 연소하는 현상

(3) 기체의 연소 형태
① **확산연소** : 연료가스와 공기가 혼합되면서 연소하는 형태
  예 가스레인지
② **예혼합연소** : 밀폐된 장소에 산소와 가연성 가스가 혼합되어 있을 때 점화원에 의해 점화되어 폭발적으로 연소하는 현상
  예 LPG 차량 엔진실에서의 연소
③ **폭발연소** : 가연성 가스와 산소가 미리 혼합된 상태에서 연소하는 현상
  예 가스폭발

3. 폭발의 종류와 특성

(1) 기본이론

① 폭발
  ㉠ 급속히 진행되는 화학반응에서, 반응에 관여하는 물체의 용적이 현저하게 증가하는 반응이다. 반응 조건은 연소하고 있으며, 폭발 물질이 산소와 화합하는 가연성 물질이고, 산소화합물이 혼합되어 있어야 한다.
  ㉡ 물리적 폭발과 화학적 폭발
    • 물리적 폭발 : 화산폭발, 진공용기 폭발 등 화학반응을 동반하지 않는 폭발
    • 화학적 폭발 : 연소폭발, 중합폭발 등 화학반응을 통한 다량의 가스 생성이 원인이 되는 폭발

② 폭굉 : 격렬한 폭발 중 화염의 전파속도가 음속(약 350m/s)보다 빨라지는 경우

③ 폭발과 폭굉의 연소속도
  ㉠ 폭발 : 약 0.1~10m/s
  ㉡ 폭굉 : 약 1,000~3,500m/s

④ 폭굉유도거리(DID)가 짧아지는 요인
  ㉠ 관경이 작을수록
  ㉡ 관속에 장애물이 있을 경우
  ㉢ 압력이 높을수록
  ㉣ 점화원의 에너지가 클수록
  ㉤ 연소속도가 큰 혼합물일수록

⑤ 분진폭발
  ㉠ 가연성 고체가 미세한 입자 상태로 있을 때 공기 중에 부유하여 점화원에 의해 폭발하는 현상
  ㉡ 분진폭발을 일으키는 물질 : 알루미늄분, 마그네슘분, 그 외 금속분, 플라스틱분, 밀가루, 전분, 담배분, 황, 석탄 등
  ㉢ 분진폭발은 가스폭발에 비하여 연소속도는 느리나 폭발에너지는 크다.

⑥ 폭발범위 : 가연성 가스가 공기와 혼합하여 일정 농도 범위 내에서 연소가 일어나는 범위
  ㉠ 폭발하한계 : 연소가 계속되는 최저의 용량비
  ㉡ 폭발상한계 : 연소가 계속되는 최대의 용량비
  ㉢ 폭발범위(연소범위) : 하한계~상한계 사이
    • 아세틸렌 : 2.5~81%
    • 수소 : 4.0~75%
    • 다이에틸에터 : 1.7~48%
    • 가솔린(휘발유) : 1.2~7.6%
    • 메테인 : 5.0~15.0%
    • 에테인 : 3.0~12.4%
    • 프로페인 : 2.1~9.5%

⑦ 폭발범위와 화재와의 상관성
  ㉠ 하한계가 낮을수록 위험하다.
  ㉡ 상한계가 높을수록 위험하다.
  ㉢ 연소범위가 넓을수록 위험하다.
⑧ 위험도(H)

$$H = \frac{U - L}{L}$$

여기서, U : 폭발 상한계(%), L : 폭발 하한계(%)

4. 유류탱크 및 건축물에서 발생하는 현상

(1) 유류탱크에서 발생하는 현상

① 보일오버(Boil Over) : 중질유탱크에서 장시간 조용히 연소하다가 탱크의 잔존기름이 갑자기 분출하는 현상이다.
② 슬롭오버(Slop Over) : 중질유 탱크에서 연소유의 뜨거운 표면에 물이 들어갈 때 기름 표면에서 끓는 현상이다. 이 경우 갑작스러운 팽창으로 인해 주변의 기름을 밖으로 밀어낸다.
③ 프로스오버(Froth Over) : 물이 뜨거운 기름 표면 아래에서 끓을 때 화재를 수반하지 않고 용기에서 넘쳐흐르는 현상이다.
④ 블레비(BLEVE ; Boiling Liquid Expanding Vapour Explosion) : 고압 상태인 액화가스 용기가 가열되어 온도가 임계점을 넘어갈 때, 순간적으로 비등하며 폭발로 이어지는 현상이다.

(2) 건축물에서 발생하는 현상

① 백드래프트(Back Draft) : 화재 발생 시 건축물에 다량의 가연성 가스가 축적되어 있다가 출입문을 개방하였을 때, 많은 공기가 유입되어 폭발적인 연소로 화염이 외부로 분출되는 현상이다.
② 플래시오버(Flash Over) : 화재로 인해 가연성 가스를 동반하는 연기와 유독가스가 방출하여 실내의 급격한 온도 상승으로 인해 실내 전체로 확산되어 연소하는 현상이다.

5. 화재의 분류 및 특성

(1) 정의
사람의 의도에 반하여 발생해 확대되거나 또는 방화에 의해 발생해 소화할 필요가 있는 연소현상을 말한다.

(2) 화재의 종류
① **일반화재** : 일반가연물의 화재이며 목재, 종이, 천 등 연소 후 재를 남기는 화재를 말한다.
　예 종이, 목재, 섬유류 등
② **유류화재** : 유류(휘발유, 등유 등)의 화재로 연소 후 재를 남기지 않는 화재를 말한다.
　예 제4석유류, 기름 등
③ **전기화재** : 전기적 원인에 의한 화재이며 단락, 접촉불량, 과부하, 혼촉 등이 원인이다.
　예 합선, 과전, 누전, 전기 불꽃 등
④ **금속화재** : 금속의 화재이며 일반적으로 칼륨, 나트륨 등과 자연발화하는 금속, 마그네슘, 알루미늄 등 금속 분말의 폭발로 인한 화재를 말한다.

(3) 분류에 따른 특성

급수	종류	표시색
A급	일반화재	백색
B급	유류화재	황색
C급	전기화재	청색
D급	금속화재	무색

제2절 소화약제 및 소화기

1 소화의 정의 및 원리

1. 소화

연소의 3요소 중 하나 이상을 제거하여 불을 끄는 방법

(1) 냉각소화

물을 사용하여 발화점 이하로 온도를 낮추어 소화하는 방법

(2) 질식소화

공기 중 산소의 농도를 낮추어 소화하는 방법

(3) 제거소화

가연물을 없애서 소화하는 방법
예 산불화재 시 맞불작전, 가스밸브 잠그기 등

(4) 부촉매소화(화학소화)

연쇄반응을 차단하여 소화하는 방법
예 할로젠화화합물 소화약제

(5) 희석소화

가연성 액체 중 수용성 물질의 경우 물을 섞어 농도를 낮추어 소화시키는 방법
예 알코올 도수가 높은 양주는 불이 붙지만, 도수가 낮은 술은 불이 붙지 않는다.

(6) 유화효과

유류 화재의 경우 물을 분무상으로 방사하는 경우 화재면에 유화층을 만들어 소화하는 방법

(7) 피복효과

① 이산화탄소소화약제 등이 화재 시 가연물을 피복하여 소화하는 방법
② 이산화탄소소화약제의 주 소화효과는 질식효과이나 피복효과도 있다.

2 소화약제와 소화기

1. 물 소화약제와 물을 이용한 소화기

(1) 특성

물을 이용하여 소화한다.
① 일반적으로 안정하고 인체에 무해하다.
② 다른 약제와 혼합하여 수용액으로 사용 가능하다.
③ 가격이 저렴하고 장기간 보존할 수 있다.
④ 냉각효과가 우수하고 잠열이 크다.
⑤ 온도가 영하 이하로 내려가면 얼어버린다.
⑥ 물에 의한 2차 피해가 있다.
   예 가구, 가전제품 등
⑦ C, D급 화재에는 적응성이 없다.
⑧ B급 화재 시 물을 사용하면 화재면 확대로 인해 더 큰 피해가 발생할 가능성이 있다.

(2) 방사방법

① 봉상 : 옥내·옥외소화전에서 물을 방사하는 방법
② 적상 : 스프링클러에서 물을 방사하는 방법
③ 무상 : 물분무헤드에서 물을 안개상으로 방사하는 방법으로 냉각뿐만 아니라 질식, 희석, 유화 효과도 있다.

2. 포소화약제와 포소화기

(1) 특성

포(거품)를 이용하여 소화한다.
① 인체에 무해하고 방사 후 독성가스 발생 우려가 적다.
② 질식·냉각소화한다.
③ 기온이 낮을 때 유동성이 낮아져 소화 효과가 저하된다.
④ 단백포의 경우 부패의 우려로 인해 정기적인 교체가 필요하다.
⑤ 소화 후 포 잔유물 처리가 곤란하다.

(2) 소화약제의 종류
① 화학포소화약제
㉠ 외약제(A제) : $NaHCO_3$, 기포안정제
㉡ 내약제(B제) : $[Al_2(SO_4)_3]$
㉢ 반응식 : $6NaHCO_3 + Al_2(SO_4)_3 \cdot 18H_2O \rightarrow 3Na_2SO_4 + 2Al(OH)_3 + 6CO_2 + 18H_2O$
② 기계포소화약제
㉠ 물에 포액을 혼합하여 펌프 등으로 포를 만든 다음 화재면에 뿌려 소화한다.
㉡ 단백포소화약제, 합성계면활성제포소화약제, 수성막포소화약제, 내알코올용포소화약제 등이 있다.

3. 분말소화약제와 분말소화기

(1) 특성

열에 의해 분해되는 분말을 이용하여 소화한다.

(2) 분말소화기의 종류
① 축압식 : 압력원으로 고압의 질소가스를 사용하며 압력지시계가 부착되어 있다.
   예 녹색이 정상
② 가압식 : 본체 내부 또는 외부에 질소 또는 이산화탄소를 저장하는 용기에 부착해 압력원으로 사용한다.

[분말소화기]

(3) 분말소화약제의 종류

종류	주성분	적응화재	분말의 색
제1종 분말	$NaHCO_3$	B, C급	백색
제2종 분말	$KHCO_3$	B, C급	담회색
제3종 분말	$NH_4H_2PO_4$	A, B, C급	담홍색
제4종 분말	$KHCO_3 + (NH_2)_2CO$	B, C급	회백색

(4) 각종 분말소화약제의 열분해반응식

① 제1종 분말소화약제

㉠ 분해반응식
- 1차 분해반응식(270℃) : $2NaHCO_3 \rightarrow Na_2CO_3 + CO_2 + H_2O$
- 2차 분해반응식(850℃) : $2NaHCO_3 \rightarrow Na_2O + 2CO_2 + H_2O$

② 제2종 분말소화약제

㉠ 분해반응식
- 1차 분해반응식(190℃) : $2KHCO_3 \rightarrow K_2CO_3 + CO_2 + H_2O$
- 2차 분해반응식(590℃) : $2KHCO_3 \rightarrow K_2O + 2CO_2 + H_2O$

㉡ 제1종, 제2종 분말소화약제의 분해반응식 문제에서 온도에 대한 언급이 없으면 1차를 쓰도록 한다.

③ 제3종 분말소화약제

㉠ 분해반응식
- 1차 분해반응식(190℃) : $NH_4H_2PO_4 \rightarrow NH_3 + H_3PO_4$
- 2차 분해반응식(215℃) : $2H_3PO_4 \rightarrow H_2O + H_4P_2O_7$
- 3차 분해반응식(300℃) : $H_4P_2O_7 \rightarrow H_2O + 2HPO_3$
- ∴ 최종 반응식 : $NH_4H_2PO_4 \rightarrow HPO_3 + NH_3 + H_2O$

㉡ 제3종 분해반응식 문제에서 온도에 대한 언급이 없으면 합산반응식을 쓰도록 한다.

㉢ 제3종 분말소화약제에서 열분해에 의해 생성된 메타인산(HPO_3)은 부착성이 좋은 막을 형성하여 질식효과로 인해 소화를 하고 물(H_2O)은 냉각효과로 인해 소화를 한다.

④ 제4종 분말소화약제

㉠ 분해반응식
- $2KHCO_3 + (NH_2)_2CO \rightarrow K_2CO_3 + 2NH_3 + 2CO_2$

4. 강화액 소화약제 및 소화기

(1) 특성

물에 탄산칼륨을 녹여 어는점을 낮춘 소화약제이며, 기본적으로 물소화기와 소화원리는 동일하다.

① 물의 어는점은 0℃이지만, 탄산칼륨을 이용해 −25 ~ −30℃까지 낮춘 소화약제로 추운 지방에서 사용할 수 있다.

② 물이 주성분이므로 유류화재에 적응성이 없다.

③ 소화약제는 강한 알칼리성이다.

5. 산·알칼리 소화기

(1) 특성

탄산수소나트륨을 녹인 물에 황산을 가하면 이산화탄소와 물이 생성되는데 이때 생성되는 이산화탄소의 압력을 이용해 물을 방출하는 원리이다.

① A급 화재에 적응성이 있고, B, C급 화재에는 적응성이 없다.

② 반응식 : $2NaHCO_3 + H_2SO_4 \rightarrow Na_2SO_4 + 2CO_2 + 2H_2O$

6. 이산화탄소 소화약제 및 소화기

(1) 특성

고압으로 액화시킨 이산화탄소 소화약제를 사용하는 소화기로 약제가 방출하면서 냉각 및 질식 효과에 의해 소화하는 것이다.

① 이산화탄소는 무색·무취의 기체이며 화학적으로 안정한 물질이다.

② 공기보다 약 1.52배 무거워 심부화재에 적응성이 좋다.

③ 화재 현장을 훼손시키지 않아 현장 보존에 유리하다.

④ 사람이 있는 곳에 사용하면 질식의 위험이 크기 때문에 사용하면 안 된다.

⑤ B, C급 화재에 적응성이 있다.

(2) 약제의 구성

① 소화약제에서 탄산가스의 함량 : 99.5% 이상

② 수분의 함량 : 0.05wt% 이하

※ 줄-톰슨 효과 : 압축한 기체를 가느다란 구멍으로 분출시킬 때 온도가 변하는 현상이다. 이산화탄소소화기에 수분이 있을 경우, 약제가 방출되면서 급격한 온도 저하로 인해 노즐이 얼어버릴 수가 있다. 따라서 수분의 함량을 최소화해야 한다.

[이산화탄소소화기]

7. 할로젠화합물 소화기

(1) 특성

할로젠화합물을 소화약제로 사용하는 소화기로 할론 1301, 할론 2402 등이 있다.
① 부촉매효과에 의해 소화된다(질식, 냉각의 효과도 있다).
② 독성이 있는 물질도 있기 때문에 밀폐된 곳에서 장시간 사용하면 위험하다.
③ 전기 부도체이므로 전기화재에 적응성이 있다.

(2) 할론번호 표시방법

할론 ○○○○의 화학식을 쓰는 문제가 많이 나오므로 각각 원자의 순서를 알고 있어야 한다. 나오는 숫자대로 원자의 수를 채우면 된다.
① 첫 번째 자리 : 탄소(C)
② 두 번째 자리 : 플루오린(F)
③ 세 번째 자리 : 염소(Cl)
④ 네 번째 자리 : 브로민(Br)

할론번호	Halon 1301	Halon 2402	Halon 1211	Halon 104
화학식	CF_3Br	$C_2F_4Br_2$	CF_2ClBr	CCl_4

※ 메테인(CH_4), 에테인(C_2H_6)에 할로젠 물질을 치환한 소화약제로 탄소가 1개이면 4자리, 2개이면 6자리가 채워져야 된다. 할로젠 원소가 들어가지 않은 자리에는 그대로 H가 있다.
예 할론 1011의 화학식은 CH_2ClBr이다.

(3) 종류

① 할론 1301 : 공기보다 약 5.1배 무겁고 소화 효과가 우수하다.
② 할론 104 : 1040으로도 표기하며, 독성이 심하다.

[할론소화기]

8. 할로젠화합물 및 불활성 기체소화약제

(1) 불활성 기체소화약제의 구성

① IG-01 : Ar 100%

② IG-100 : N_2 100%

③ IG-55 : N_2 50%, Ar 50%

④ IG-541 : N_2 52%, Ar 40%, CO_2 8%

9. 기타 소화약제

(1) 간이소화약제

마른모래, 팽창질석, 팽창진주암 등이 있다. 이 3가지 소화약제는 제1류~제6류 위험물에 적응성이 있는 소화약제이다.

[팽창진주암]

10. 소화기의 취급방법

(1) 적응 화재에만 사용해야 한다.

(2) 바람을 등지고 풍상에서 풍하의 방향으로 사용해야 한다.

(3) 비로 쓸 듯이 양옆으로 사용해야 한다.

(4) 성능에 따라 불 가까이에 접근하여 사용해야 한다.

11. 소화기구의 능력단위

예 A-2 : A급 화재에 2의 능력단위가 있는 소화기
  B-5 : B급 화재에 5의 능력단위가 있는 소화기

적중예상문제

PART 01 위험물기능사 필기

01 수증기에서 물로 바뀌는 변화로 옳은 것은?
① 액화 ② 기화
③ 승화 ④ 응고

해설
기체에서 액체로 변하는 것을 액화라고 한다. 기화는 액체에서 기체로 바뀌는 것을 말한다.

02 탄소(원자번호 6번)의 양성자수는 몇 개인가?
① 5 ② 6
③ 7 ④ 8

해설
원소의 양성자수는 원자번호와 같다. 따라서 탄소의 원자번호는 6번이므로 양성자수는 6개이다. 탄소의 중성자수는 6개이고 원자량은 12이다.

03 메테인(CH_4)의 분자량은 약 얼마인가?
① 12 ② 14
③ 16 ④ 18

해설
탄소의 원자량은 12이고 수소의 원자량은 1이다. 메테인의 화학식이 CH_4이므로 12 + 4를 하면 16이 된다.

04 탄소 약 12g에는 탄소 원자가 약 몇 개쯤 들어 있는가?
① 6.02×10^{23}개
② 3.01×10^{23}개
③ 6.02×10^{22}개
④ 3.01×10^{22}개

해설
1mol의 개수는 6.02×10^{23}개이다. 탄소 12g은 탄소 1mol에 해당하므로 ①번이 정답이 된다.

05 수소 2g과 산소 20g이 반응하면 물이 몇 g 생성되는가?
① 9 ② 18
③ 36 ④ 72

해설
수소와 산소가 반응하여 물이 생성되는 반응식
$2H_2 + O_2 \rightarrow 2H_2O$
반응을 통해 4g의 수소와 32g의 산소가 반응하여 36g의 물을 생성하게 된다. 문제의 조건은 수소가 2g이므로 산소는 16g이 반응하게 된다. 따라서, 생성되는 물의 양은 18g이 된다.

06 불활성 기체의 최외각 전자의 수는 몇 개인가?
① 1개 ② 2개
③ 7개 ④ 8개

해설
불활성 기체(0족)는 최외각에 8개의 전자가 다 채워져있는 안정한 형태이다.

정답 1① 2② 3③ 4① 5② 6④

07 27℃의 온도의 기체 1L는 온도가 327℃로 변하면 부피가 몇 배로 증가하는가? (단, 압력의 변화는 없다)

① 2배　　② 3배
③ 273배　④ 변화 없다.

해설
압력이 일정할 때, 온도에 따른 부피에 대한 식은
$V_2 = V_1 \times \dfrac{T_2}{T_1}$ 이고
여기서, 섭씨온도에 273을 더해서 구한 절대온도를 대입해서 계산한다.
$\therefore V_2 = 1 \times \dfrac{327+273}{27+273} = 1 \times \dfrac{600}{300} = 2$

08 다음 중 분자가 가지는 에너지가 가장 큰 상태는 어느 것인가?

① 고체　　② 액체
③ 기체　　④ 전부 동일하다.

해설
분자의 운동이 가장 자유로운 기체 상태일 때 에너지가 가장 크다.

09 다음 반응식과 같은 화학반응을 무엇이라 하는가?

$$AgNO_3 + HCl \rightarrow AgCl + HNO_3$$

① 치환반응　② 분해반응
③ 복분해반응　④ 화합반응

10 메테인 1mol이 완전 연소할 때 생성되는 물질의 몰수의 총합은 얼마인가?

① 2mol　　② 3mol
③ 4mol　　④ 5mol

해설
메테인의 완전 연소반응식
$CH_4 + 2O_2 \rightarrow CO_2 + 2H_2O$
메테인 1mol이 완전 연소할 때 2mol의 산소와 반응하여 1mol의 이산화탄소, 2mol의 물을 만든다. 따라서 생성물질의 몰수의 총합은 3mol이다.

11 그레이엄의 확산속도법칙에 따르면 기체의 확산속도는 분자량과 어떤 관계를 갖는가?

① 비례
② 반비례
③ 제곱근에 비례
④ 제곱근에 반비례

해설
그레이엄의 확산속도법칙 : 기체의 확산속도는 일정한 온도와 압력에서 분자량의 제곱근에 반비례, 밀도의 제곱근에 반비례 한다.
$\dfrac{v_2}{v_1} = \sqrt{\dfrac{M_1}{M_2}} = \sqrt{\dfrac{d_1}{d_2}}$

12 0℃의 얼음 1g을 100℃의 수증기로 만드는 데 필요한 열량은 약 몇 cal인가?

① 539　　② 100
③ 719　　④ 639

해설
• 물의 융해잠열 : 80cal/g
• 물의 비열 : 1cal/g·℃
• 물의 증발잠열 : 539cal/g
$\therefore (80\text{cal/g} \times 1\text{g}) + \{(1\text{cal/g}\cdot℃ \times 1\text{g} \times 100℃) + (539\text{cal/g} \times 1\text{g})\} = 719\text{g}$

정답 7 ① 8 ③ 9 ③ 10 ② 11 ④ 12 ③

13 다음 중 산화에 해당하는 것은?

① 산소를 잃는다.
② 전자를 잃는다.
③ 산화수가 감소한다.
④ 수소를 얻는다.

해설
산화는 산소와 결합할 때, 전자를 잃을 때, 수소를 잃을 때, 산화수가 증가할 때이다.

14 산의 성질로 옳지 않은 것은?

① 붉은색 리트머스 종이를 푸른색으로 변화시킨다.
② pH 값이 7 미만이다.
③ 수용액 속에서 H^+ 이온을 낸다.
④ pH 값이 7에 가까울수록 약산이다.

해설
산은 푸른색 리트머스 종이를 붉은색으로 변화시킨다. 반대로 염기는 붉은색 리트머스 종이를 푸른색으로 변화시킨다.

15 페놀프탈레인 용액은 염기성에서 무슨 색을 띠는가?

① 푸른색   ② 무색
③ 붉은색   ④ 오렌지색

해설
지시약으로 쓰이는 페놀프탈레인 용액은 염기성에서 붉은색을 띤다.

16 불활성 기체의 특징으로 옳지 않은 것은?

① 최외각 전자의 수는 8개이다.
② 0족에 속하는 원소이다.
③ 가연성 기체로 불꽃을 조심해야 한다.
④ 단원자분자이다.

해설
불활성 기체는 반응성이 없어 연소하지 않고, 다른 물질과도 거의 반응하지 않는다. 따라서 소화약제로 쓰이는 물질도 있다.

17 알칼리금속의 특징으로 옳은 것은?

① K, Na, Ca 등이 있다.
② 물과 반응하여 수소를 발생시킨다.
③ 자연 상태에서 흔히 볼 수 있는 물질이다.
④ 공유결합을 한다.

해설
② 알칼리금속은 반응성이 매우 커서 자연 상태에서는 다른 물질과 결합한 화합물의 형태로 존재하고, 특히 물과 반응성이 뛰어나 수소(H_2)를 발생시킨다.
① 알칼리금속에는 Li, Na, K, Rb 등이 있으며 Ca는 알칼리토금속에 속한다.
③ 공유결합은 비금속의 결합방식이다.

18 다음 중 메틸기는 어느 것인가?

① $-NH_2$ ② $-CH_3$
③ $-C_2H_5$ ④ $-CHO$

해설
① 아미노기
③ 에틸기
④ 알데하이드기

정답 13 ② 14 ① 15 ③ 16 ③ 17 ② 18 ②

19 BTX를 구성하는 물질이 아닌 것은?
① 벤젠 ② 톨루엔
③ 자일렌 ④ 페놀

20 가연성 물질이 산소와 결합하여 열과 빛을 내는 반응을 무엇이라 하는가?
① 연소반응 ② 착화반응
③ 분해반응 ④ 소화반응

> [해설]
> 연소는 가연물이 산소와 결합하여 열과 빛을 내는 산화 현상이다.

21 다음 중 가연물에 해당하지 않는 것은?
① 이산화탄소
② 칼륨
③ 나이트로글리세린
④ 종이

> [해설]
> 이산화탄소(CO_2)는 이미 산화반응이 완결된 화합물이다.

22 다음 중 연소의 3요소가 전부 포함되어 있는 것은?
① 성냥불, 종이, 나무
② 헬륨, 휘발유, 라이터불
③ 공기, 등유, 모닥불
④ 질소, 산소, 아세틸렌

> [해설]
> 연소의 3요소(가연물, 산소공급원, 점화원)가 고루 갖춰져야 한다.

23 좋은 가연물의 조건으로 옳지 않은 것은?
① 발열량이 클 것
② 표면적이 넓을 것
③ 열전도율이 클 것
④ 활성화에너지가 작을 것

> [해설]
> 열전도율은 작을수록 좋은 가연물이 된다.

24 다음 연소의 불꽃색을 보고 가장 높은 상태로 옳은 것은?
① 암적색 ② 황적색
③ 적색 ④ 휘백색

> [해설]
> 암적색(700℃), 황적색(1,100℃), 적색(850℃), 휘백색(1,500℃)

25 금속, 코크스의 연소 형태는 어느 것인가?
① 표면연소 ② 분해연소
③ 증발연소 ④ 자기연소

> [해설]
> 물질 자체가 연소하는 형태인 표면연소이다.

정답 19 ④ 20 ① 21 ① 22 ③ 23 ③ 24 ④ 25 ①

26 연소점은 인화점보다 대략 몇 ℃ 정도 높은 상태인가?

① 5℃ ② 10℃
③ 15℃ ④ 20℃

해설
연소점은 인화점보다 약 10℃ 정도 높은 온도로, 연소가 지속적으로 이루어질 수 있는 온도이다.

27 폭굉유도거리(DID)가 짧아지는 요인으로 잘못된 것은?

① 관경이 좁을수록
② 압력이 클수록
③ 관속에 장애물이 없는 깨끗한 상태일 때
④ 정상 연소속도가 클수록

해설
장애물이 있으면 폭굉유도거리(DID)가 짧아진다.

28 가연물이 점화원없이 스스로 발화하는 것을 무엇이라 하는가?

① 자연인화 ② 자연발화
③ 폭발 ④ 중합폭발

29 액화석유가스를 저장하는 탱크 내에 이상 현상으로 인해 증기압이 상승하여 폭발하는 현상을 무엇이라 하는가?

① 보일오버 ② 슬롭오버
③ 플래시오버 ④ 블레비

30 차량에 주유 중 휘발유에 불이 붙어 화재가 발생하였다. 화재의 급수는 무엇인가?

① A급 화재 ② B급 화재
③ C급 화재 ④ D급 화재

해설
유류(제4류 위험물)는 B급 화재에 해당한다.

31 공기 중 산소의 농도를 21%에서 15% 이하로 낮추어 소화하는 방법은?

① 냉각소화 ② 부촉매소화
③ 질식소화 ④ 제거소화

해설
공기 중 산소의 농도는 21%이며, 농도를 15% 이하로 낮추어 소화하는 방법을 질식소화라 한다. 질식소화는 이산화탄소, 불활성 기체 등을 이용하여 농도를 낮추어 소화한다.

32 물의 어는점을 강화하여 추운 지방에서 사용할 수 있도록 만든 소화기는?

① 이산화탄소 소화기
② 강화액 소화기
③ 산·알칼리 소화기
④ 마른 모래

해설
강화액 소화기는 물에 탄산칼륨을 녹여 어는점을 −25℃ 이하로 낮추어 한랭지역에서 사용할 수 있게 만든 소화기이다.

정답 26 ② 27 ③ 28 ② 29 ④ 30 ② 31 ③ 32 ②

33 분말소화약제 중에서 A, B, C급에 적응성이 있는 소화약제는?

① 제1종 분말소화약제
② 제2종 분말소화약제
③ 제3종 분말소화약제
④ 제4종 분말소화약제

해설
제3종 분말소화약제는 A, B, C급 화재에 적응성이 있고, 나머지는 B, C급 화재에 적응성이 있다.

34 이산화탄소 소화약제의 특징이 아닌 것은?

① 인체에 무해하다.
② 전기 화재에 적응성이 있다.
③ 공기보다 무거워 심부화재 소화에 적합하다.
④ 소화 후 잔유물을 남기지 않는다.

해설
이산화탄소 소화약제는 농도가 높아지면 사람을 사망하게 할 수 있으므로 사용 시 주의해야 한다.

35 연쇄반응을 차단하여 소화하는 방법은?

① 질식소화   ② 냉각소화
③ 부촉매소화   ④ 피복소화

36 할론소화약제 중 CF_3Br의 할론번호는?

① 할론 2402   ② 할론 1301
③ 할론 1211   ④ 할론 1001

37 표준상태에서 이산화탄소 1kg을 공기 중으로 방출시키면 부피는 약 몇 L가 되는가?

① 414   ② 509
③ 22.4   ④ 112

해설
이상기체 상태방정식을 이용
$PV = nRT \rightarrow V = \dfrac{WRT}{PM}$

표준상태는 0℃, 1atm이므로
$\therefore V = \dfrac{1,000 \times 0.082 \times 273}{1 \times 44} = 508.77$

38 25℃, 750mmHg에서 CO_2 100g의 부피는 몇 L가 되는가?

① 56.28   ② 67.42
③ 55.54   ④ 61.49

해설
이상기체 상태방정식을 이용
$PV = nRT \rightarrow V = \dfrac{WRT}{PM}$

온도는 25℃이므로 절대온도로 환산하면 298K가 된다. 압력은 750mmHg이므로 atm 단위로 환산하면 $\dfrac{750}{760} \times 1(atm)$이 된다.

따라서, $V = \dfrac{100 \times 0.082 \times 298}{\dfrac{750}{760} \times 1 \times 44} = 56.277$

CHAPTER 02 위험물의 화학적 성질 및 취급

제1절 위험물의 종류 및 성질

1 제1류 위험물

1. 제1류 위험물의 종류

성질	품명	지정수량	위험등급
산화성 고체	아염소산염류	50kg	I
	염소산염류		
	과염소산염류		
	무기과산화물		
	브로민산염류	300kg	II
	질산염류		
	아이오딘산염류		
	과망가니즈산염류	1,000kg	III
	다이크로뮴산염류		
	그 밖에 행정안전부령으로 정하는 것	50kg, 300kg, 1,000kg	I, II, III

2. 제1류 위험물의 특성

(1) 정의

산화성 고체라 함은 고체[액체(1기압 및 20℃에서 액상인 것 또는 20℃ 초과 40℃ 이하에서 액상인 것을 말한다) 또는 기체(1기압 및 20℃에서 기상인 것을 말한다) 외의 것을 말한다]로서 산화력의 잠재적인 위험성 또는 충격에 대한 민감성을 판단하기 위하여 소방청장이 정하여 고시하는 시험에서 고시로 정하는 성질과 상태를 나타내는 것을 말한다. 이 경우 "액상"이라 함은 수직으로 된 시험관(안지름 30mm, 높이 120mm의 원통형유리관을 말한다)에 시료를 55mm까지 채운 다음 해당 시험관을 수평으로 하였을 때 시료 액면의 선단이 30mm를 이동하는 데 걸리는 시간이 90초 이내에 있는 것을 말한다.

(2) 일반적인 성질
① 대부분 무색 또는 흰색을 띠며, 결정 또는 분말 상태이다.
② 자신은 불연성이나 다른 물질의 연소를 돕는 조연성 물질이다(강산화성).
③ 가열, 충격, 마찰 등의 요인으로 산소를 방출할 수 있다.
④ 대부분 비중이 1보다 크므로 물에 가라앉고, 일부 물질은 수용성 또는 조해성의 성질을 가진다.

(3) 취급 및 소화방법
① 조해성이 있는 물질은 습기에 주의하여 보관한다.
   ※ 조해성 : 고체가 수분을 흡수하여 녹는 현상
      예 제습제
② 가열, 충격, 마찰 등을 피하여 보관한다.
③ 가연물과 접촉 시 매우 위험하므로 주의해야 한다.
④ 무기과산화물은 물과 반응하여 산소를 발생시키고 심하게 발열하므로 주의해야 한다.
⑤ 공통적인 소화방법은 주수소화 한다(무기과산화물 제외).
⑥ 무기과산화물은 마른모래, 팽창질석, 팽창진주암, 탄산수소염류 분말소화약제로 소화한다.

3. 제1류 위험물질

(1) 아염소산염류 – 지정수량 50kg
① 아염소산칼륨($KClO_2$) – 분자량 106.5
   ㉠ 무색의 분말이다.
   ㉡ 조해성이 있다.
② 아염소산나트륨($NaClO_2$) – 분자량 90.5
   ㉠ 무색의 결정성 분말로 조해성이 있다.
   ㉡ 분해온도는 약 350℃이며, 수분을 함유하면 약 120~130℃에서 분해된다.
   ㉢ 산과 접촉하면 이산화염소(ClO_2)가 생성된다.
   ㉣ 아염소산나트륨과 염산의 반응식 : $3NaClO_2 + 2HCl \rightarrow 3NaCl + 2ClO_2 + H_2O_2$

(2) 염소산염류 - 지정수량 50kg

① 염소산칼륨($KClO_3$) - 분자량 122.5
  ㉠ 무색의 결정 또는 백색 분말 상태이다.
  ㉡ 산과 접촉하면 이산화염소(ClO_2)가 생성된다.
  ㉢ 온수, 글리세린에는 녹으나 냉수, 알코올 등에는 녹지 않는다.
  ㉣ 가연물, 환원제 등과 접촉 시 폭발 위험이 있으므로 주의해야 한다.
  ㉤ 이산화망가니즈(MnO_2)와 접촉 시 분해되어 산소를 방출한다.
  ㉥ 염소산칼륨의 분해반응식
    • 400℃에서 분해 : $2KClO_3 \rightarrow KCl + KClO_4 + O_2$
    • 550℃에서 분해 : $KClO_4 \rightarrow KCl + 2O_2$
    • 최종 분해 : $2KClO_3 \rightarrow 2KCl + 3O_2$
  ㉦ 산과 반응하면 이산화염소(ClO_2)를 발생시킨다.

② 염소산나트륨($NaClO_3$) - 분자량 106.5
  ㉠ 조해성과 흡수성이 있다.
  ㉡ 산과 접촉하면 이산화염소(ClO_2)가 생성된다.
  ㉢ 습기에 주의하여 저장한다.

③ 염소산암모늄(NH_4ClO_3) - 분자량 101.5
  ㉠ 조해성이 있다.
  ㉡ 분해반응식 : $2NH_4ClO_3 \rightarrow N_2 + Cl_2 + O_2 + 4H_2O$

(3) 과염소산염류 - 지정수량 50kg

① 과염소산칼륨($KClO_4$) - 분자량 138.5, 분해온도 약 400℃
  ㉠ 물, 알코올에 녹지 않는다.
  ㉡ 가연물과 혼합하면 충격에 의해 폭발할 수 있다.
  ㉢ 과염소산칼륨의 분해반응식 : $KClO_4 \rightarrow KCl + 2O_2$

② 과염소산나트륨($NaClO_4$) - 분자량 122.5, 분해온도 약 400℃
  ㉠ 무색 또는 백색의 결정이다.
  ㉡ 조해성이 있으니 습기에 주의해야 한다.
  ㉢ 물, 에틸알코올, 아세톤에 녹는다.
  ㉣ 에터에는 녹지 않는다.
  ㉤ 과염소산나트륨의 분해반응식 : $NaClO_4 \rightarrow NaCl + 2O_2$

③ 과염소산암모늄(NH_4ClO_4) – 분자량 117.5
  ㉠ 분해온도가 약 130℃ 정도로 비교적 낮은 온도에서 분해한다.
  ㉡ 물, 에틸알코올, 아세톤에 녹고 에터에는 녹지 않는다.
  ㉢ 과염소산암모늄의 분해반응식
    • 130℃에서의 분해반응식 : $NH_4ClO_4 \rightarrow NH_4Cl + 2O_2$
    • 300℃에서의 분해반응식 : $2NH_4ClO_4 \rightarrow N_2 + Cl_2 + 2O_2 + 4H_2O$

(4) 무기과산화물 – 지정수량 50kg

물과 접촉 시 산소를 발생하며, 발열한다. 많은 양의 물과 접촉 시에는 폭발 위험이 있다. 알칼리금속의 무기과산화물로는 과산화칼륨, 과산화나트륨이 있다.

① 과산화나트륨(Na_2O_2) – 분자량 78
  ㉠ 순수한 것은 백색 분말이며, 보통은 황백색 분말이다.
  ㉡ 물에는 녹고 알코올에 녹지 않는다.
  ㉢ 과산화나트륨과 염산의 반응식 : $Na_2O_2 + 2HCl \rightarrow 2NaCl + H_2O_2$
  ㉣ 과산화나트륨의 열분해 반응식 : $2Na_2O_2 \rightarrow 2Na_2O + O_2$
  ㉤ 과산화나트륨과 물의 반응식 : $2Na_2O_2 + 2H_2O \rightarrow 4NaOH + O_2$ + 발열

② 과산화칼륨(K_2O_2) – 분자량 110
  ㉠ 무색 또는 오렌지 색의 분말 형태이다.
  ㉡ 에탄올에 녹는다.
  ㉢ 피부에 접촉하면 부식의 위험이 있어 취급에 주의를 요한다.
  ㉣ 과산화칼륨의 분해반응식 : $2K_2O_2 \rightarrow 2K_2O + O_2$
  ㉤ 과산화칼륨과 물의 반응식 : $2K_2O_2 + 2H_2O \rightarrow 4KOH + O_2$ + 발열
  ㉥ 과산화칼륨과 염산의 반응식 : $K_2O_2 + 2HCl \rightarrow 2KCl + H_2O_2$

③ 과산화마그네슘(MgO_2)
  ㉠ 백색의 분말이다.
  ㉡ 물에 녹지 않는다.
  ㉢ 과산화마그네슘의 분해반응식 : $2MgO_2 \rightarrow 2MgO + O_2$

④ 과산화바륨(BaO_2)
  ㉠ 물에 약간 녹는다.
  ㉡ 에탄올, 에터에는 녹지 않는다.
  ㉢ 분해하면 산소를 방출한다.

⑤ 과산화칼슘(CaO₂)
  ㉠ 물, 에터, 에탄올에 녹지 않는다.
  ㉡ 분해하면 산소를 발생한다.
  ㉢ 물과 반응하여 산소를 발생한다.

(5) 질산염류 - 지정수량 300kg
  ① 질산칼륨(KNO₃) - 분자량 101
    ㉠ 무색, 백색의 결정 또는 분말 형태이다.
    ㉡ 물, 글리세린에 녹는다.
    ㉢ 알코올에는 녹지 않는다.
    ㉣ 가연물과의 접촉은 매우 위험하다.
    ㉤ 흑색화약(황, 숯가루, 질산칼륨을 혼합), 유리 청정제 등에 쓰인다.
    ㉥ 질산칼륨의 분해반응식 : $2KNO_3 \rightarrow 2KNO_2 + O_2$
  ② 질산나트륨(NaNO₃) - 분자량 85
    ㉠ 무색, 백색의 분말이며 칠레초석이라고도 불린다.
    ㉡ 물, 글리세린에 녹는다.
    ㉢ 알코올에 녹지 않는다.
    ㉣ 조해성이 있다.
    ㉤ 질산나트륨의 분해반응식 : $2NaNO_3 \rightarrow 2NaNO_2 + O_2$
  ③ 질산은(AgNO₃)
    ㉠ 무색의 판상 결정이다.
    ㉡ 물, 글리세린, 알코올에 녹는다.
    ㉢ 감광제, 은거울 제조에 쓰인다.
  ④ 질산암모늄(NH₄NO₃)
    ㉠ 무색의 결정이다.
    ㉡ 물, 알코올에 녹는다.
    ㉢ 물에 녹을 때 흡열반응을 한다.
      ※ 흡열반응 : 반응이 일어나면 주위의 열을 흡수하는 반응으로, 반응 시 주변의 온도가 낮아진다.
    ㉣ 분해반응식
      • 가열 시 : $NH_4NO_3 \rightarrow N_2O + 2H_2O$
      • 폭발분해 시 : $2NH_4NO_3 \rightarrow 2N_2 + O_2 + 4H_2O$

(6) 브로민산염류 - 지정수량 300kg
  ① 브로민산칼륨($KBrO_3$)
    ㉠ 분해하면 산소를 발생한다.
    ㉡ 분해반응식 : $2KBrO_3 \rightarrow 2KBr + 3O_2$
  ② 브로민산나트륨($NaBrO_3$)

(7) 아이오딘산염류 - 지정수량 300kg
  ① 아이오딘산칼륨(KIO_3)
  ② 아이오딘산암모늄(NH_4IO_3)

(8) 과망가니즈산염류 - 지정수량 1,000kg
  ① 과망가니즈산칼륨($KMnO_4$) - 분자량 158
    ㉠ 흑자색의 결정이다.
    ㉡ 물에 녹으며, 용해하면 진한 보라색을 띤다.
    ㉢ 3%의 수용액은 살균제로 쓰인다.
    ㉣ 분해반응식 : $2KMnO_4 \rightarrow K_2MnO_4 + MnO_2 + O_2$
    ㉤ 묽은황산과의 반응식 : $4KMnO_4 + 6H_2SO_4 \rightarrow 2K_2SO_4 + 4MnSO_4 + 6H_2O + 5O_2$
    ㉥ 진한황산과의 반응식 : $2KMnO_4 + H_2SO_4 \rightarrow K_2SO_4 + 2HMnO_4$
    ㉦ 목탄, 황 등과 접촉 시 폭발·발화의 위험이 있다.
  ② 과망가니즈산나트륨($NaMnO_4$)
    ㉠ 적자색의 결정이다.
    ㉡ 조해성이 있다.

(9) 다이크로뮴산염류 - 지정수량 1,000kg
  ① 다이크로뮴산칼륨($K_2Cr_2O_7$)
    ㉠ 등적색의 결정이다.
    ㉡ 열분해반응식 : $4K_2Cr_2O_7 \rightarrow 2Cr_2O_3 + 4K_2CrO_4 + 3O_2$
  ② 다이크로뮴산나트륨($Na_2Cr_2O_7$) : 등적색의 결정이다.
  ③ 다이크로뮴산암모늄[$(NH_4)_2Cr_2O_7$] : 오렌지색의 분말이다.

(10) 그 밖의 행정안전부령으로 정하는 것
　① 과아이오딘산염류
　② 과아이오딘산
　③ 크로뮴, 납 또는 아이오딘의 산화물
　④ 아질산염류
　⑤ 차아염소산염류
　⑥ 염소화아이소사이아누르산
　⑦ 퍼옥소이황산염류
　⑧ 퍼옥소붕산염류

(11) 삼산화크로뮴(CrO_3) - 지정수량 300kg
　① 조해성이 있는 결정 형태이다.
　② 물, 알코올, 에터에 녹는다.
　③ 산화성의 크기 : $CrO < Cr_2O_3 < CrO_3$
　④ 유기물과 접촉 시 격렬히 반응하며, 폭발의 위험이 있다.
　⑤ 분해반응식 : $4CrO_3 \rightarrow 2Cr_2O_3 + 3O_3$

2 제2류 위험물

1. 제2류 위험물의 종류

성질	품명	지정수량	위험등급
가연성 고체	황화인, 적린, 황	100kg	II
	철분, 금속분, 마그네슘	500kg	III
	인화성 고체	1,000kg	III
	그 밖에 행정안전부령이 정하는 것	100kg, 500kg	II, III

2. 제2류 위험물의 특성

(1) 정의
고체로서 화염에 의한 발화의 위험성 또는 인화의 위험성을 판단하기 위하여 고시로 정하는 시험에서 고시로 정하는 성질과 상태를 나타내는 것이다.

(2) 제2류 위험물이 되는 조건
① 황 : 순도가 60wt% 이상인 것을 말한다. 이 경우 순도측정에 있어서 불순물은 활석 등 불연성 물질과 수분에 한한다.
② 철분 : 철의 분말로서 53μm의 표준체를 통과하는 것이 50wt% 미만인 것은 제외한다.
③ 금속분 : 알칼리금속·알칼리토금속·철 및 마그네슘 외의 금속의 분말(구리분·니켈분 제외)로서 150μm의 체를 통과하는 것이 50wt% 미만인 것은 제외
④ 마그네슘 : 2mm의 체를 통과하지 않는 덩어리 상태의 것이거나 직경 2mm 이상의 막대 모양의 것은 제외한다.
⑤ 인화성 고체 : 고형알코올, 그 밖에 1기압에서 인화점이 40℃ 미만인 고체를 말한다.

(3) 일반적인 성질
① 비교적 낮은 온도에서 착화하기 쉬운 가연성 물질이다.
② 산소와의 결합 속도가 매우 빨라 연소속도가 빠르다(속연성).
③ 연소 시 연소열이 크고 연소 온도가 매우 높다.
④ 대부분의 물질 비중이 1보다 크고 물에 녹지 않는다.
⑤ 철분, 금속분, 마그네슘은 수분과 접촉 시 수소를 발생시킨다.

(4) 취급 및 소화방법
① 화기, 산화제, 점화원의 접촉을 피해야 한다.
② 철분, 마그네슘, 금속분은 물과 만나 수소를 발생하므로 물의 접촉을 피해야 한다.
③ 통풍이 잘되는 냉암소에 보관한다.
④ 기본적으로 주수소화를 한다. 그러나 철분, 금속분, 마그네슘은 마른모래, 팽창질석, 팽창진주암, 탄산수소염류 분말소화약제로 소화해야 한다.

3. 제2류 위험물질

(1) 황화인 - 지정수량 100kg

① 삼황화인(P_4S_3)
  ㉠ 황색의 결정이고 조해성은 없다.
  ㉡ 이황화탄소, 질산, 알칼리에 녹고 물, 염산, 황산에 녹지 않는다.
  ㉢ 발화점은 약 100℃이고, 자연발화의 위험이 있다.
  ㉣ 연소반응식 : $P_4S_3 + 8O_2 \rightarrow 2P_2O_5 + 3SO_2$

② 오황화인(P_2S_5)
  ㉠ 담황색의 결정이고 조해성이 있다.
  ㉡ 이황화탄소와 알코올에 녹는다.
  ㉢ 물에 의한 분해반응식 : $P_2S_5 + 8H_2O \rightarrow 5H_2S + 2H_3PO_4$
  ㉣ 연소반응식 : $2P_2S_5 + 15O_2 \rightarrow 2P_2O_5 + 10SO_2$

③ 칠황화인(P_4S_7)
  ㉠ 담황색의 결정이고 조해성이 있다.
  ㉡ 이황화탄소에 약간 녹는다.

(2) 적린(P) - 지정수량 100kg

① 황린(제3류 위험물, P_4)과는 동소체이다.
② 착화점은 260℃이다.
③ 물, 알코올, 이황화탄소, 에터, 암모니아 등에 녹지 않는다.
④ 산화제와 혼합하면 발화의 위험이 있다.
⑤ 연소반응식 : $4P + 5O_2 \rightarrow 2P_2O_5$

※ 적린과 황린

물질명	적린(P)	황린(P_4)
유별	제2류	제3류
특성	가연성 고체	자연발화성
발화점(착화점)	약 260℃	약 34℃
연소생성물	P_2O_5	P_2O_5

(3) 황(S) - 지정수량 100kg

① 종류 : 결정 상태에 따라 단사황, 사방황, 고무상황으로 분류한다.
② 황색의 분말 또는 결정 상태이다.
③ 물에 녹지 않고 알코올에 약간 녹는다.
④ 이황화탄소에 녹는다(고무상황은 녹지 않는다).
⑤ 분말 상태일 때 분진 폭발의 위험성이 있다.
⑥ 전기 부도체이므로 정전기에 주의해야 한다.
⑦ 연소반응식 : $S + O_2 \rightarrow SO_2$

(4) 철분(Fe) - 지정수량 500kg

① 은백색의 분말이며, 산화되면 황갈색으로 변한다.
② 산소와 친화력이 강해 쉽게 산화한다.
  예 철이 녹슨다.
③ 물 또는 산과 반응하여 수소가스를 발생한다.
  ㉠ 철분과 물의 반응식 : $2Fe + 6H_2O \rightarrow 2Fe(OH)_3 + 3H_2$
  ㉡ 철분과 산의 반응식 : $Fe + 2HCl \rightarrow FeCl_2 + H_2$
④ 비중은 약 7.0, 녹는점은 약 1,530℃이다.

(5) 금속분 - 지정수량 500kg

① 종류 : Al분, Zn분, Ti분, Co분 등
② 알루미늄분(Al) - 원자량 27
  ㉠ 은백색의 무른 금속으로 연성과 전성이 크다.
  ㉡ 양쪽성 물질로 산, 알칼리와 반응하여 수소를 발생한다.
    • $2Al + 6HCl \rightarrow 2AlCl_3 + 3H_2$
    • $2Al + 2KOH + 2H_2O \rightarrow 2KAlO_2 + 3H_2$
  ㉢ 온수와의 반응식 : $2Al + 6H_2O \rightarrow 2Al(OH)_3 + 3H_2$
  ㉣ 분진 폭발의 위험이 있다.
  ㉤ 연소반응식 : $4Al + 3O_2 \rightarrow 2Al_2O_3$
③ 아연분(Zn)
  ㉠ 은백색의 분말이다.
  ㉡ 물 또는 산과 반응하며 수소를 발생한다.
    • $Zn + 2H_2O \rightarrow Zn(OH)_2 + H_2$
    • $Zn + 2HCl \rightarrow ZnCl_2 + H_2$

(6) 마그네슘(Mg) - 지정수량 500kg

① 은백색의 경금속이다.
② 분말 상태의 경우 분진폭발 위험이 있다.
③ 상온 상태의 물에서는 안정한 편이나 온수와 반응하여 수소를 발생한다.
   $Mg + 2H_2O \rightarrow Mg(OH)_2 + H_2$
④ 연소 시 폭발반응식 : $2Mg + O_2 \rightarrow 2MgO$
⑤ 이산화탄소와 반응하므로 소화약제로 사용할 수 없다.
   $Mg + CO_2 \rightarrow MgO + CO$
   ※ 일산화탄소(CO)
   - 탄소를 포함한 물질이 불완전 연소할 때 주로 생성되는 물질이다.
   - 가연성·독성 가스이다.
   - 인체 내의 헤모글로빈(Hb)과 결합하여 산소의 운반을 막아 수분 내 사람을 사망하게 만든다.

(7) 인화성 고체 - 지정수량 1,000kg

인화성 고체는 고형알코올 그 밖에 1기압에서 인화점이 40℃ 미만인 고체를 말한다.

3 제3류 위험물

1. 제3류 위험물의 종류

성질	품명	지정수량	위험등급
자연발화성 및 금수성 물질	칼륨, 나트륨	10kg	I
	알킬알루미늄, 알킬리튬		
	황린	20kg	
	알칼리금속(칼륨 및 나트륨 제외) 및 알칼리토금속	50kg	II
	유기금속화합물(알킬알루미늄 및 알킬리튬 제외)		
	금속의 수소화물	300kg	III
	금속의 인화물		
	칼슘 또는 알루미늄의 탄화물		
	그 밖에 행정안전부령이 정하는 것	10kg, 20kg, 50kg, 300kg	I, II, III

2. 제3류 위험물의 특성

(1) 정의
"자연발화성 물질 및 금수성 물질"이라 함은 고체 또는 액체로서 공기 중에서 발화의 위험성이 있거나 물과 접촉하여 발화하거나 가연성 가스를 발생하는 위험성이 있는 것을 말한다.
① 자연발화성 물질 : 공기 중에서 발화하여 연소를 하는 물질
② 금수성 물질 : 물과 접촉하여 발화하거나 가연성 가스를 발생하는 물질

(2) 일반적인 성질
① 고체 또는 액체 상태로 존재한다.
② 자연발화성·금수성의 성질을 함께 가지고 있는 물질도 있다.

(3) 취급 및 소화방법
① 성질에 따라 공기 또는 수분의 접촉을 금한다.
② 칼륨, 나트륨은 석유류에 보관하여 공기, 물의 접촉을 막는다.
③ 점화원과 화기의 접촉을 금한다.
④ 반응성이 매우 크므로 되도록 소분하여 저장한다.
⑤ 마른모래, 팽창질석, 팽창진주암 또는 탄산수소염류 분말소화약제로 소화한다.
⑥ 황린은 주수소화가 가능하다.

3. 제3류 위험물질

(1) 칼륨(K, Potassium) - 원자량 39, 지정수량 10kg
① 은백색의 광택이 있는 무른 경금속이다.
② 불꽃색은 보라색이다.
③ 석유 속에 넣어 저장한다(산소, 수분의 접촉방지).
④ 물과의 반응식 : $2K + 2H_2O \rightarrow 2KOH + H_2$
⑤ 연소반응식 : $4K + O_2 \rightarrow 2K_2O$
⑥ 에탄올과의 반응식 : $2K + 2C_2H_5OH \rightarrow 2C_2H_5OK + H_2$
⑦ 이산화탄소(CO_2)와 반응하므로 소화약제로 사용할 수 없다.
$4K + 3CO_2 \rightarrow 2K_2CO_3 + C$

(2) 나트륨(Na, Sodium) - 원자량 23, 지정수량 10kg

① 칼륨과 같은 1족에 속하는 알칼리금속이다.
② 은백색의 무른 경금속이다.
③ 불꽃색은 노란색이다.
④ 석유 속에 저장한다.
⑤ 물과의 반응식 : $2Na + 2H_2O \rightarrow 2NaOH + H_2$
⑥ 에탄올과의 반응식 : $2Na + 2C_2H_5OH \rightarrow 2C_2H_5ONa + H_2$
⑦ 연소반응식 : $4Na + O_2 \rightarrow 2Na_2O$

(3) 알킬알루미늄 - 지정수량 10kg

① 알킬기(C_nH_{2n+1})와 알루미늄(Al)의 화합물이다.
② 공기, 물과 접촉하면 자연발화의 위험이 있다(탄소의 수가 1개부터 4개까지).
③ 저장 시 불연성 가스를 봉입해야 한다.
④ 알킬알루미늄과 물의 반응식
   ㉠ 트라이메틸알루미늄[$(CH_3)_3Al$] : $(CH_3)_3Al + 3H_2O \rightarrow Al(OH)_3 + 3CH_4$
   ㉡ 트라이에틸알루미늄[$(C_2H_5)_3Al$] : $(C_2H_5)_3Al + 3H_2O \rightarrow Al(OH)_3 + 3C_2H_6$
   ㉢ 트라이프로필알루미늄[$(C_3H_7)_3Al$] : $(C_3H_7)_3Al + 3H_2O \rightarrow Al(OH)_3 + 3C_3H_8$
   ㉣ 트라이부틸알루미늄[$(C_4H_9)_3Al$] : $(C_4H_9)_3Al + 3H_2O \rightarrow Al(OH)_3 + 3C_4H_{10}$

(4) 알킬리튬 - 지정수량 10kg

① 알킬기와 리튬의 화합물이다.
② 메틸리튬(CH_3Li)과 물의 반응식 : $CH_3Li + H_2O \rightarrow LiOH + CH_4$

(5) 황린(P_4) - 지정수량 20kg

① 순수한 것은 백색, 일반적으로 담황색의 고체로 존재한다.
② 증기는 공기보다 무겁고 맹독성이다.
③ 물에 녹지 않아 물속에 저장한다(pH 9인 물속에 저장).
④ 공기를 차단한 상태에서 260℃로 가열하면 적린(P)으로 변한다.
⑤ 발화점이 34℃로 낮아 자연발화의 위험이 있다.
⑥ 연소반응식 : $P_4 + 5O_2 \rightarrow 2P_2O_5$
⑦ 알칼리용액과 반응하여 포스핀 가스를 발생할 위험이 있다.
   $P_4 + 3KOH + 3H_2O \rightarrow 3KH_2PO_2 + PH_3$
   ※ 포스핀 가스(PH_3) : 가연성, 맹독성 기체로 인화수소라고도 불린다.
⑧ 백린이라고도 부르며, 매우 위험한 살상력을 지닌다(취급주의).

(6) 알칼리금속(K, Na 제외) 및 알칼리토금속 - 지정수량 50kg

① 리튬(Li) - 비점 약 1,336℃
  ㉠ 은백색의 연한 금속이다.
  ㉡ 불꽃색은 빨간색이다.
  ㉢ 2차 전지의 주원료로 쓰인다.
  ㉣ 물과 반응하여 수소를 발생한다.
    $2Li + 2H_2O \rightarrow 2LiOH + H_2$
② 루비듐(Rb), 세슘(Cs), 프란슘(Fr)
③ 칼슘(Ca)
  ㉠ 은백색의 연한 금속이다.
  ㉡ 물과 반응하여 수소를 발생한다.
    $Ca + 2H_2O \rightarrow Ca(OH)_2 + H_2$

(7) 유기금속화합물 - 지정수량 50kg

고체 또는 액체 상태로 존재하며 취급에 주의한다.

(8) 금속의 수소화물 - 지정수량 300kg

① 수소화칼륨(KH) : 물과 반응하여 수소가스를 발생한다.
   $KH + H_2O \rightarrow KOH + H_2$
② 수소화나트륨(NaH) : 물과 반응하여 수소가스를 발생한다.
   $NaH + H_2O \rightarrow NaOH + H_2$
③ 수소화리튬(LiH) : 물과 반응하여 수소가스를 발생한다.
   $LiH + H_2O \rightarrow LiOH + H_2$
④ 수소화칼슘(CaH$_2$) : 물과 반응하여 수소가스를 발생한다.
   $CaH_2 + 2H_2O \rightarrow Ca(OH)_2 + 2H_2$
⑤ 수소화알루미늄리튬(LiAlH$_4$) : 분해반응을 하여 수소가스를 발생한다.
   $LiAlH_4 \rightarrow Li + Al + 2H_2$
⑥ 펜타보레인(B$_5$H$_9$)
  ㉠ 액체이며, 인화점은 약 30℃이다.
  ㉡ 연소범위는 약 0.42~98%이다.

(9) 금속의 인화물 - 지정수량 300kg

① 인화칼슘(Ca_3P_2) - 인화석회
  ㉠ 적갈색의 괴상 고체(덩어리상태)이다.
  ㉡ 알코올과 에터에는 녹지 않는다.
  ㉢ 물, 산과 반응하여 유독성의 포스핀 가스를 발생한다.
    $Ca_3P_2 + 6H_2O \rightarrow 3Ca(OH)_2 + 2PH_3$

② 인화알루미늄(AlP)
  ㉠ 물과 반응하여 포스핀 가스를 발생한다.
    $AlP + 3H_2O \rightarrow Al(OH)_3 + PH_3$

③ 인화아연(Zn_3P_2)
  ㉠ 물과 반응하며 포스핀 가스를 발생한다.
    $Zn_3P_2 + 6H_2O \rightarrow 3Zn(OH)_2 + 2PH_3$

(10) 칼슘 또는 알루미늄의 탄화물 - 지정수량 300kg

① 탄화칼슘(CaC_2)
  ㉠ 카바이드라고도 부른다.
  ㉡ 회색의 괴상 고체이다
  ㉢ 물과 반응하여 아세틸렌가스를 발생한다.
    $CaC_2 + 2H_2O \rightarrow Ca(OH)_2 + C_2H_2$
  ※ 아세틸렌은 구리와 반응하여 폭발성인 금속아세틸레이트를 생성하므로 주의해야 한다.
    $C_2H_2 + 2Cu \rightarrow Cu_2C_2 + H_2$
  ※ 아세틸렌의 연소반응식
    $2C_2H_2 + 5O_2 \rightarrow 4CO_2 + 2H_2O$

② 탄화알루미늄(Al_4C_3)
  ㉠ 황색의 결정 또는 분말이다.
  ㉡ 물과 반응하여 메테인가스를 발생한다.
    $Al_4C_3 + 12H_2O \rightarrow 4Al(OH)_3 + 3CH_4$

③ 탄화망가니즈(Mn_3C) : 물과 반응하여 2종류의 가연성 가스를 생성한다.
    $Mn_3C + 6H_2O \rightarrow 3Mn(OH)_2 + CH_4 + H_2$

(11) 그 밖에 행정안전부령으로 정하는 것(염소화규소화합물)

4 제4류 위험물

1. 제4류 위험물의 종류

성질	품명	지정수량	위험등급
인화성 액체	특수인화물	50L	Ⅰ
	제1석유류	200L(비수용성)	Ⅱ
		400L(수용성)	
	알코올류	400L	
	제2석유류	1,000L(비수용성)	Ⅲ
		2,000L(수용성)	
	제3석유류	2,000L(비수용성)	
		4,000L(수용성)	
	제4석유류	6,000L	
	동식물유류	10,000L	

2. 제4류 위험물의 특성

(1) 정의

"인화성 액체"라 함은 액체(제3석유류, 제4석유류 및 동식물유류의 경우 1기압과 20℃에서 액체인 것만 해당한다)로서 인화의 위험성이 있는 것을 말한다.

(2) 제4류 위험물의 조건

① 특수인화물 : 이황화탄소, 다이에틸에터 그 밖에 1기압에서 발화점이 100℃ 이하인 것 또는 인화점이 영하 20℃ 이하이고 비점이 40℃ 이하인 것
② 제1석유류 : 아세톤, 휘발유 그 밖에 1기압에서 인화점이 21℃ 미만인 것
③ 알코올류 : 1분자를 구성하는 탄소 원자의 수가 1개부터 3개까지인 포화1가 알코올(변성알코올을 포함한다). 다만, 다음에 해당하는 것은 제외한다.
  ㉠ 1분자를 구성하는 탄소원자의 수가 1개 내지 3개의 포화1가 알코올의 함유량이 60wt% 미만인 수용액
  ㉡ 가연성 액체량이 60wt% 미만이고 인화점 및 연소점(태그개방식인화점측정기에 의한 연소점을 말한다)이 에틸알코올 60wt% 수용액의 인화점 및 연소점을 초과하는 것
④ 제2석유류 : 등유, 경유 그 밖에 1기압에서 인화점이 21℃ 이상 70℃ 미만인 것. 다만, 도료류 그 밖의 물품에 있어서 가연성 액체량이 40wt% 이하이면서 인화점이 40℃ 이상인 동시에 연소점이 60℃ 이상인 것은 제외한다.

⑤ **제3석유류** : 중유, 클레오소트유 그 밖에 1기압에서 인화점이 70℃ 이상 200℃ 미만인 것. 다만, 도료류 그 밖의 물품은 가연성 액체량이 40wt% 이하인 것은 제외한다.

⑥ **제4석유류** : 기어유, 실린더유 그 밖에 1기압에서 인화점이 200℃ 이상 250℃ 미만의 것. 다만 도료류 그 밖의 물품은 가연성 액체량이 40wt% 이하인 것은 제외한다.

⑦ **동식물유류** : 동물의 지육 등 또는 식물의 종자나 과육으로부터 추출한 것으로서 1기압에서 인화점이 250℃ 미만인 것을 말한다.

※ 인화점 기준에 따른 분류

품명	기준
제1석유류	1기압에서 인화점이 21℃ 미만인 것
제2석유류	1기압에서 인화점이 21℃ 이상 70℃ 미만인 것
제3석유류	1기압에서 인화점이 70℃ 이상 200℃ 미만인 것
제4석유류	1기압에서 인화점이 200℃ 이상 250℃ 미만인 것

(3) 일반적인 성질

① 인화성이 매우 뛰어나므로 유증기 발생에 주의한다.
② 대부분 물에 녹지 않고 물보다 가볍다.
③ 대부분 증기비중은 공기보다 무거워 누출 시 바닥으로 가라앉아 폭발 또는 연소의 위험이 있다.
④ 소량 누출 시에도 연소 폭발의 위험이 있다.

(4) 취급 및 소화방법

① 직접적으로 불을 붙이지 않더라고 화재의 위험이 크기 때문에 화기의 접근을 피해야 한다.
② 정전기, 담뱃불 등 비교적 약한 점화원에 의해서도 화재 위험이 있으므로 취급에 주의해야 한다.
③ 유증기 누출을 방지하기 위하여 저장 시 밀폐하여 보관해야 한다.
④ 기본적으로 질식소화를 한다(포, 이산화탄소, 할로젠화합물 등).
⑤ 수용성 물질은 알코올용포소화약제를 사용할 수 있다.
⑥ 수용성 물질에 따라 무상주수로 소화효과를 기대할 수 있다.

3. 제4류 위험물질

(1) 특수인화물 - 지정수량 50L

① 다이에틸에터($C_2H_5OC_2H_5$, 에터)

분자량	비점	인화점	착화점	증기비중	연소범위
약 74	34℃	-40℃	180℃	2.55	1.7~48%

㉠ 휘발성이 높고 무색 투명한 액체이다.
㉡ 물에는 잘 녹지 않으며 알코올에 녹는다.
㉢ 증기는 향기를 풍기며, 마취성이 있다.
㉣ 전기 불량 도체로 정전기 발생에 주의한다.
㉤ 공기와 장기간 접촉 시 과산화물을 생성하므로 갈색병에 저장해야 한다.
  ※ 과산화물 생성 방지법 : 40mesh의 구리망을 넣어준다.
㉥ 과산화물의 검출 방법은 10% 아이오딘화칼륨(KI) 용액을 이용한다. 검출 시에는 황색으로 변한다.
㉦ 과산화물 제거 시약으로는 황산제일철 또는 환원철을 사용한다.
㉧ 다이에틸에터의 구조식

```
    H   H       H   H
    |   |       |   |
H — C — C — O — C — C — H
    |   |       |   |
    H   H       H   H
```

② 이황화탄소(CS_2)

분자량	비점	인화점	비중	착화점	연소범위
76	46℃	-30℃	1.26	90℃	1.0~50%

㉠ 무색, 투명한 액체, 불순물이 있을 시 황색을 띤다.
㉡ 물에 녹지 않는다.
㉢ 알코올, 벤젠, 에터 등 유기용매에 녹는다.
㉣ 증기는 유독하다.
㉤ 물에 녹지 않고 비중이 1보다 커서 물속에 저장한다.
㉥ 연소반응식 : 연소 시 파란 불꽃을 낸다.
  $CS_2 + 3O_2 \rightarrow CO_2 + 2SO_2$
㉦ 물(고온, 약 150℃ 이상)과의 반응식
  $CS_2 + 2H_2O \rightarrow CO_2 + 2H_2S$

③ 아세트알데하이드(CH_3CHO)

분자량	비점	인화점	착화점	증기비중	연소범위
44	21℃	-40℃	185℃	0.78	4~60%

㉠ 무색, 투명, 자극성의 액체이다.
㉡ 산화하면 아세트산이 된다.
　※ 산화 순서 : 에틸알코올 → 아세트알데하이드 → 아세트산(초산)
㉢ 구리, 은, 수은, 마그네슘과 접촉 시 폭발성 물질인 아세틸라이드를 생성하므로 취급 시 주의해야 한다.
㉣ 비점이 매우 낮아(21℃) 상온에서 취급에 주의해야 한다.
㉤ 펠링반응, 은거울반응을 한다.
㉥ 아세트알데하이드의 구조식

$$\begin{array}{c} H \quad\quad O \\ | \quad\quad \| \\ H-C-C \\ | \quad\quad | \\ H \quad\quad H \end{array}$$

④ 산화프로필렌(CH_3CHCH_2O)

분자량	비점	인화점	착화점	비중
58	35℃	-37℃	약 449℃	0.82

㉠ 무색의 휘발성 액체이다.
㉡ 물, 알코올, 벤젠 등에 잘 녹는다.
㉢ 구리, 은, 수은, 마그네슘과 접촉 시 폭발성 물질인 아세틸라이드를 생성하므로 취급 시 주의해야 한다.
㉣ 산화프로필렌의 구조식

$$\begin{array}{c} H \quad H \quad H \\ | \quad | \quad | \\ H-C-C-C-H \\ | \quad \backslash / \quad | \\ H \quad O \end{array}$$

⑤ 노말펜테인[$CH_3(CH_2)_3CH_3$] : 인화점 -57℃
⑥ 아이소펜테인[$CH_3CH_2CH(CH_3)_2$] : 인화점 -51℃
⑦ 아이소프로필아민[$(CH_3)_2CHNH_2$] : 인화점 -28℃

(2) 제1석유류 - 지정수량(비수용성 200L, 수용성 400L)

① 아세톤(CH_3COCH_3) - 수용성, 지정수량 400L

분자량	인화점	비중	증기비중	연소범위
58	-18.5℃	0.79	2	2.5~12.8%

㉠ 무색의 휘발성 액체이다.
㉡ 물에 매우 잘 녹는다.
㉢ 피부에 접촉하면 탈지작용을 한다.
㉣ 공기와 접촉하면 과산화물을 생성하므로 갈색병에 저장한다.
㉤ 아이오딘폼 반응을 한다.
㉥ 아세톤의 구조식

```
    H O H
    | ‖ |
H - C - C - C - H
    | |
    H H
```

② 가솔린(휘발유) - 지정수량 200L

화학식	인화점	비중	연소범위
$C_5H_{12} \sim C_9H_{20}$	-43℃	0.7~0.8	1.2~7.6%

㉠ 휘발유는 탄화수소의 혼합물이다.
㉡ 인화성이 매우 강하므로 유증기 발생에 주의해야 한다.
㉢ 정전기에 의해 폭발할 수 있으니 취급 시 주의해야 한다.
㉣ 가솔린의 제조 방법으로는 직류법, 분해증류법, 접촉 개질법이 있다.
㉤ 화기에 특히 주의해야 한다.
㉥ 증기비중이 커서 누출 시 낮은 곳에 체류하기 때문에 환기에 주의를 기울여야 한다.
㉦ 옥테인가 : 가솔린이 연소할 때 이상폭발을 일으키지 않는 정도를 나타낸 수치

$$※ \text{옥테인가} = \frac{\text{아이소옥테인}}{\text{아이소옥테인} + \text{노말헵테인}} \times 100$$

③ 벤젠(C_6H_6) - 지정수량 200L

분자량	인화점	융점	비점	연소범위
78	-11℃	7.0℃	79℃	1.4~8.0%

㉠ 무색, 투명의 방향성 액체이다.
㉡ 유독성 물질이다(발암물질).
㉢ 물에 녹지 않는다.
㉣ 대부분의 유기용매와 유지, 고무 등을 녹인다.
㉤ 톨루엔, 자일렌과 함께 BTX라고 불리며 독성은 벤젠 > 톨루엔 > 자일렌 순서이다.
㉥ 정전기 발생에 주의해야 한다.
㉦ 벤젠의 구조식

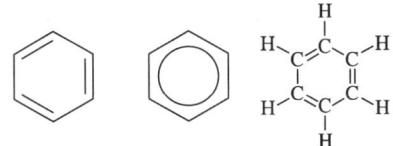

④ 톨루엔(C_6H_5CH_3) - 지정수량 200L

분자량	인화점	비중	비점
92	4℃	0.86	110℃

㉠ 무색, 투명한 방향성 액체이다(벤젠과 특성 비슷).
㉡ 벤젠에 메틸기가 붙어 있는 형태이다(메틸벤젠으로도 불린다).
㉢ 증기는 마취성이 있다.
㉣ TNT의 원료로 쓰인다.
㉤ 톨루엔의 구조식

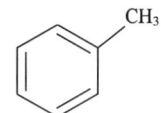

⑤ 메틸에틸케톤(CH_3COC_2H_5, MEK) - 지정수량 200L
㉠ 무색의 액체로 휘발성이 강하다.
㉡ 인화점은 -7℃이다.
㉢ 물, 알코올, 에터 등에 녹는다.
　※ 물에 어느 정도 녹으나 위험성에 따라 비수용성으로 분류한다.
㉣ 피부에 닿으면 탈지작용을 하므로 취급 시 주의해야 한다.
㉤ 메틸에틸케톤의 구조식

$$H-\underset{H}{\overset{H}{C}}-\underset{}{\overset{O}{C}}-\underset{H}{\overset{H}{C}}-\underset{H}{\overset{H}{C}}-H$$

⑥ 피리딘(C_5H_5N) - 수용성, 지정수량 400L
㉠ 무색의 액체이다.
㉡ 물에 녹아 수용액 상태에서도 인화의 위험이 있으므로 취급 시 주의해야 한다.
㉢ 독성이 있다.
㉣ 인화점은 16℃이다.
㉤ 피리딘의 구조식

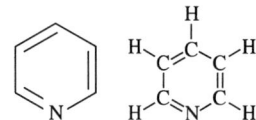

⑦ 사이안화수소(HCN) - 수용성, 지정수량 400L
㉠ 증기비중이 약 0.93 정도로 제4류 위험물 중 유일하게 공기보다 가볍다.
㉡ 맹독성의 기체로 청산이라고도 한다.
㉢ 인화점은 -17℃이다.

㉹ 사이안화수소의 구조식

$H-C\equiv N$

⑧ 초산메틸(CH_3COOCH_3) - 지정수량 200L

㉠ 무색, 투명한 액체로 독성 및 마취성이 있다.

㉡ 물, 알코올, 에터 등에 녹는다.

㉢ 인화점은 -10℃이다.

㉣ 초산과 메탄올의 축합물로 가수분해하면 초산과 메탄올이 생성된다.

$CH_3COOCH_3 + H_2O \rightarrow CH_3COOH + CH_3OH$

㉤ 초산메틸의 구조식

$$\begin{array}{ccc} H & O & H \\ | & \| & | \\ H-C-C-O-C-H \\ | & & | \\ H & & H \end{array}$$

⑨ 초산에틸($CH_3COOC_2H_5$) - 지정수량 200L

㉠ 과일향이 나는 무색의 액체이다.

㉡ 물, 알코올, 에터 등에 녹는다.

㉢ 초산과 에탄올의 축합물이다.

㉣ 인화점은 -3℃이다.

㉤ 초산에틸의 구조식

$$\begin{array}{ccccc} H & O & & H & H \\ | & \| & & | & | \\ H-C-C-O-C-C-H \\ | & & & | & | \\ H & & & H & H \end{array}$$

⑩ 의산메틸($HCOOCH_3$) - 수용성, 지정수량 400L, 인화점 -19℃

㉠ 럼주향이 나는 무색의 액체이다.

㉡ 증기는 마취성과 독성이 있다.

㉢ 의산메틸이 가수분해하면 의산과 메탄올로 분해된다.

$HCOOCH_3 + H_2O \rightarrow HCOOH + CH_3OH$

㉣ 의산메틸의 구조식

$$\begin{array}{ccc} O & & H \\ \| & & | \\ H-C-O-C-H \\ & & | \\ & & H \end{array}$$

⑪ 의산에틸($HCOOC_2H_5$) - 지정수량 200L

㉠ 물, 알코올, 에터에 녹는다.

㉡ 가수분해하면 의산과 에탄올로 분해된다.

$HCOOC_2H_5 + H_2O \rightarrow HCOOH + C_2H_5OH$

⑫ 노말헥세인[$CH_3(CH_2)_4CH_3$] – 지정수량 200L, 인화점 -20℃

⑬ 사이클로헥세인(C_6H_{12}) – 지정수량 200L, 인화점 -18℃

⑭ 아세토나이트릴(CH_3CN) – 수용성, 지정수량 400L, 인화점 20℃

⑮ 에틸벤젠, 아크롤레인, 염화아세틸 등 – 지정수량 200L

(3) 알코올류 – 지정수량 400L

① 메틸알코올(CH_3OH) – 목정, 인화점 약 11℃
  ㉠ 무색, 투명한 액체 상태이고 휘발성이 있다.
  ㉡ 물, 에터 등에 잘 녹는다.
  ㉢ 독성이 있어 흡입 시(약 20g) 실명하거나 생명을 잃을 수도 있다(약 30g 이상 흡입 시).
  ㉣ 산화하면 폼알데하이드가 되고 최종적으로 산화하면 폼산이 된다.
    $CH_3OH \rightarrow HCHO \rightarrow HCOOH$
  ㉤ 메탄올의 구조식

$$H-\underset{\underset{H}{|}}{\overset{\overset{H}{|}}{C}}-O-H$$

② 에틸알코올(C_2H_5OH) – 주정, 인화점 약 13℃
  ㉠ 무색, 투명한 액체 상태이고 휘발성이 있다.
  ㉡ 물, 에터 등에 잘 녹는다.
  ㉢ 메탄올과 달리 독성은 없다.
  ㉣ 산화하면 아세트알데하이드가 되고 최종적으로 산화하면 아세트산이 된다.
    $C_2H_5OH \rightarrow CH_3CHO \rightarrow CH_3COOH$

③ 아이소프로필알코올(C_3H_7OH) – 인화점 12℃
  ㉠ 독성은 메탄올과 에탄올의 사이이다.
  ㉡ 에터, 아세톤에 녹는다.
  ㉢ 산화하면 아세톤이 된다.
    $C_3H_7OH \rightarrow CH_3COCH_3$

(4) 제2석유류 – 지정수량(비수용성 1,000L, 수용성 2,000L)

① 등유(케로신) – 지정수량 1,000L, 인화점 약 39℃ 이상
  ㉠ 무색의 액체이며 취기가 있다.
  ㉡ 물에 녹지 않고 유지를 녹인다.

② 경유(디젤유) - 지정수량 1,000L, 인화점 약 41℃ 이상
  ㉠ C₁₅~C₂₀개의 탄화수소 혼합물이다.
  ㉡ 품질은 세탄값으로 정한다.

③ 초산(CH₃COOH, 아세트산) - 수용성, 지정수량 2,000L, 인화점 40℃
  ㉠ 무색, 투명한 액체 상태이고 자극성 향이 난다.
  ㉡ 물에 잘 녹으며 융점(어는점)이 16.2℃로 고체상태가 되면 빙초산이라고 한다.
  ㉢ 초산의 3~5%의 수용액을 식초라고 한다.
  ㉣ 피부와 접촉하면 화상의 위험이 있으므로 취급 시 주의해야 한다.
  ㉤ 저장용기는 내산성 용기를 사용한다.

④ 의산(HCOOH, 개미산, 폼산) - 수용성, 지정수량 2,000L, 인화점 55℃
  ㉠ 무색, 투명한 액체 상태이다.
  ㉡ 초산보다 강한 산성이므로 피부에 닿을 시 화상에 주의해야 한다.
  ㉢ 저장 시에는 내산성 용기를 사용한다.

⑤ 자일렌[C₆H₄(CH₃)₂] - 지정수량 1,000L
  ㉠ 물에 녹지 않고 유기용제에 녹는다.
  ㉡ 방향성을 띠며 독성은 BTX 중에서 가장 낮다.
  ㉢ 자일렌은 메틸기(-CH₃) 결합 위치에 따라 o-자일렌, m-자일렌, p-자일렌 3가지로 구분한다.
  ㉣ 자일렌의 구조식

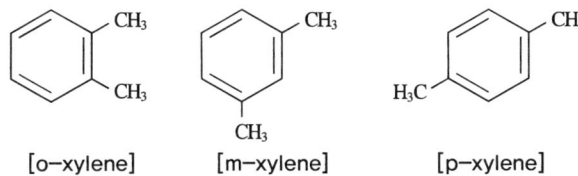

  [o-xylene]   [m-xylene]   [p-xylene]

⑥ 테레핀유(C₁₀H₁₆) - 지정수량 1,000L, 인화점 35℃
  ㉠ 소나무 송진에 함유되어 있는 테레핀유를 추출하여 얻어 송정유라고도 부른다.
  ㉡ 물에 녹지 않고, 알코올, 에터 등에 녹는다.
  ㉢ 자연발화의 위험이 있다.

⑦ 스타이렌(C₆H₅CHCH₂) - 지정수량 1,000L, 인화점 32℃
  ㉠ 무색의 액체 상태이고 독특한 냄새를 가진다.
  ㉡ 물에 거의 녹지 않고, 에탄올, 에터, 이황화탄소 등에 녹는다.
  ㉢ 폴리스타이렌수지, 합성수지 등의 원료로 쓰인다.

⑧ 클로로벤젠(C_6H_5Cl) - 지정수량 1,000L, 인화점 27℃
  ㉠ 물에 녹지 않고 유기용제에 녹는다.
  ㉡ 클로로벤젠의 구조식

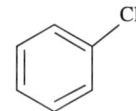

⑨ n-부탄올[$CH_3(CH_2)_3OH$] - 지정수량 1,000L, 인화점 35℃
  ※ 알코올의 한 종류지만 탄소의 수가 4개이므로 알코올류에 속하지 않는다.
⑩ 하이드라진(N_2H_4) - 수용성, 지정수량 2,000L, 인화점 38℃
  ㉠ 맹독성의 가연성 액체이다.
  ㉡ 물, 알코올에 녹는다.
  ㉢ 각종 유도체, 시약, 농약, 로켓연료 등 다양하게 사용된다.
  ㉣ 약 180℃로 가열하면 분해한다.
    $2N_2H_4 \rightarrow 2NH_3 + N_2 + H_2$
  ㉤ 하이드라진의 구조식

$$H\diagdown_{N-N}\diagup H$$
$$H\diagup \quad \diagdown H$$

⑪ 아크릴산($CH_2CHCOOH$) - 수용성, 지정수량 2,000L, 인화점 46℃
⑫ 벤즈알데하이드(C_6H_5CHO) - 비수용성, 지정수량 1,000L

(5) 제3석유류 - 지정수량(비수용성 2,000L, 수용성 4,000L)

① 중유 - 지정수량 2,000L
  ㉠ 원유에서 휘발유, 등유, 경유 등을 뽑아낸 후 얻은 물질이다.
  ㉡ 등유나 경유에 비해 증발하기 어려워 분무상으로 분출시켜 연소시킨다.
  ㉢ 중유의 한 종류로 벙커 C유가 있다.
② 크레오소트유(타르유) - 지정수량 2,000L
  ㉠ 증기는 유독하다.
  ㉡ 물에 녹지 않고 유기용제에 녹는다.
  ㉢ 용기는 내산성 용기를 사용한다.
③ 글리세린[$C_3H_5(OH)_3$] - 수용성, 지정수량 4,000L

분자량	비중	인화점	비점	착화점
92	1.26	160℃	182℃	370℃

㉠ 3가 알코올이다.
㉡ 무색 또는 엷은 노란색, 무취이며 점성이 있다.
㉢ 물에 녹고 이황화탄소, 벤젠, 에터에 녹지 않는다.
㉣ 독성이 없고 가소제, 감미료, 화장품 제조, 과자 제조, 약물 제조 등 다양하게 쓰인다.
㉤ 글리세린의 구조식

```
    H  H  H
    |  |  |
H - C - C - C - H
    |  |  |
    OH OH OH
```

④ 에틸렌글라이콜(CH_2OHCH_2OH) - 수용성, 지정수량 4,000L

분자량	비중	인화점	비점	착화점
62	1.1	120℃	198℃	398℃

㉠ 2가 알코올이다.
㉡ 물, 알코올, 아세톤 등에 녹는다.
㉢ 이황화탄소, 사염화탄소, 벤젠에 녹지 않는다.
㉣ 부동액, 냉매의 원료로 사용된다.
㉤ 단맛이 나며 독성이 있다.
㉥ 에틸렌글라이콜의 구조식

```
    H  H
    |  |
H - C - C - H
    |  |
    OH OH
```

⑤ 아닐린($C_6H_5NH_2$) - 지정수량 2,000L, 인화점 70℃
㉠ 무색 또는 갈색을 띠며 기름성의 액체이다.
㉡ 독성이 있으므로 취급에 주의한다.
㉢ 물에는 약간 녹고 알코올, 벤젠, 에터 등에 녹는다.
㉣ 아닐린의 구조식

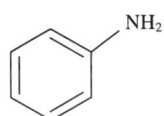

⑥ 나이트로벤젠($C_6H_5NO_2$) - 지정수량 2,000L
㉠ 아닐린의 제조 원료이다.
㉡ 독성이 강하므로 취급에 주의한다.
㉢ 나이트로벤젠의 구조식

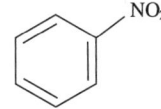

⑦ m-크레졸($C_6H_4CH_3OH$) - 지정수량 2,000L
  ㉠ 3가지의 이성질체를 가진다(o-크레졸, m-크레졸, p-크레졸).
  ㉡ m-크레졸만 위험물에 속하고, 나머지는 비위험물이다.
⑧ 하이드라진모노하이드레이트 - 수용성, 지정수량 4,000L
  ㉠ 제2석유류에 속하는 하이드라진의 수화물이다.
⑨ 벤질알코올($C_6H_5CH_2OH$) - 지정수량 2,000L

(6) 제4석유류 - 지정수량 6,000L
① 윤활유 : 엔진오일, 기계유, 실린더유 등

(7) 동식물유류 - 지정수량 10,000L
① 동식물유류는 아이오딘값에 따라 건성유, 반건성유, 불건성유로 구분한다.
  ※ 아이오딘값 : 유지 100g에 부가되는 아이오딘의 g수를 말한다.
② 동식물유류의 성질
  ㉠ 화재 시 액온이 매우 높아 소화하기 어렵다.
  ㉡ 아이오딘값이 클수록 자연발화의 위험이 있다.
③ 동식물유류의 종류

구분	아이오딘값	불포화도	종류
건성유	130 이상	크다.	해바라기유, 들기름, 정어리기름, 아마인유 등
반건성유	100~130	보통	참기름, 쌀겨기름, 콩기름, 옥수수기름 등
불건성유	100 이하	작다.	피마자유, 야자유, 올리브유 등

※ 건성유는 공기 중에서 굳어지기 쉽고 불건성유는 공기 중에서 굳어지기 어렵다.

5 제5류 위험물

1. 제5류 위험물의 종류

성질	품명		지정수량	위험등급
자기반응성 물질	유기과산화물	제2종	100kg	Ⅱ
	질산에스터류	제1종	10kg	Ⅰ
		제2종	100kg	Ⅱ
	하이드록실아민	제2종	100kg	Ⅱ

성질	품명		지정수량	위험등급
자기반응성 물질	하이드록실아민염류	제2종	100kg	II
	나이트로화합물	제1종	10kg	I
	나이트로소화합물	제1종	10kg	I
		제2종	100kg	II
	아조화합물	제2종	100kg	II
	다이아조화합물	제2종	종 판단 필요	-
	하이드라진 유도체	제2종	100kg	II
	그밖에 행정안전부령이 정하는 것	금속의 아자이드화합물(제1종)	10kg	I
		질산구아니딘[$C(NH_2)_3NO_3$]	자료없음	-

2. 제5류 위험물의 특성

(1) 정의

자기반응성 물질이란 고체 또는 액체로서 폭발의 위험성 또는 가열분해의 격렬함을 판단하기 위하여 고시로 정하는 시험에서 고시로 정하는 성질과 상태를 나타내는 것을 말한다.

(2) 일반적인 성질

① 물질 자체에 산소를 포함하기 때문에 외부로부터 산소공급 없이 연소·폭발한다.
② 연소속도가 매우 빠르다.
③ 연소 시 다량의 가스를 발생시킨다.
④ 장기간 저장 시 자연발화의 위험이 있다.

(3) 취급 및 소화방법

① 화기, 점화원 등의 접촉을 피해야 한다.
② 충격, 마찰 등으로 인하여 폭발의 위험이 있다.
③ 강산화제, 강산류 등의 접촉을 피해야 한다.
④ 저장 시 소분하여 저장한다.
⑤ 화재 초기에 대량의 주수소화가 효과적이다.
⑥ 질식소화는 효과가 없다.

3. 제5류 위험물질

(1) 유기과산화물

① 과산화벤조일[$(C_6H_5CO)_2O_2$, 벤조일퍼옥사이드, BPO]
  ㉠ 무색, 무취의 결정 상태이다.
  ㉡ 물에 녹지 않고 알코올에 약간 녹으며, 벤젠에 녹는다.
  ㉢ 융점이 약 105℃이며, 융점 이상이 되면 흰 연기를 내며 분해 위험이 있다.
  ㉣ 희석제로 프탈산다이메틸($C_{10}H_{10}O_4$), 프탈산다이부틸($C_{16}H_{22}O_4$)을 사용한다.
  ㉤ 산화제와 혼합을 피하고 건조 상태에서 위험성이 증가하므로 수분이 10% 이하가 되지 않게 보관한다.
  ㉥ 과산화벤조일의 구조식

② 과산화메틸에틸케톤($C_8H_{18}O_6$, MEKPO) – 인화점 59℃
  ㉠ 무색의 톡쏘는 냄새가 나는 액체 상태이다.
  ㉡ 상온에서는 안정한 편이지만, 40℃에서 분해하기 시작해 110℃ 이상에서는 급격하게 분해한다.

③ 과산화초산(CH_3COOOH) – 인화점 56℃
  자극성의 역한 냄새를 낸다.

(2) 질산에스터류

① 나이트로글리세린[$C_3H_5(ONO_2)_3$] – 분자량 227, 융점 2.8℃
  ㉠ 무색, 투명한 액체 상태이다.
  ㉡ 글리세린에 진한 질산과 황산의 혼산을 반응시켜 제조한다.
  ㉢ 고체 상태에서는 둔감하나(융점 약 14℃), 액체 상태에서는 충격·마찰에 위험하다.
  ㉣ 다공성 물질에 흡수시켜 다이너마이트 제조에 쓰인다.
  ㉤ 독성이 있으므로 취급에 주의해야 한다.
  ㉥ 분해반응식 : $4C_3H_5(ONO_2)_3 \rightarrow 12CO_2 + 10H_2O + 6N_2 + O_2$

② 나이트로셀룰로스($C_{24}H_{36}N_8O_{38}$)
  ㉠ 물에 녹지 않고 아세톤에 녹는다.
  ㉡ 건조 상태에 있으면 발화의 위험이 있다.
  ㉢ 물 또는 알코올로 습윤시켜서 저장한다(알코올 30%).
  ㉣ 셀룰로스에 진한 질산과 황산의 혼산을 반응시켜 제조한다.

⑩ 질화도에 따라 강면약과 약면약으로 구분한다.
　　※ 질화도 : 나이트로셀룰로스 안의 질소의 함유 비율
　　　• 강면약 : 질화도가 약 12.76% 이상
　　　• 약면약 : 질화도가 10.18~12.76% 사이
③ 나이트로글라이콜($C_2H_4N_2O_6$) : 무색, 무취의 액체 상태이다.
④ 셀룰로이드[($C_6H_7O_2(ONO_2)_3)_n$] : 무색의 고체 상태이다.
⑤ 질산메틸[CH_3ONO_2] : 액체이며, 메틸알코올과 질산을 반응하여 제조한다.
⑥ 질산에틸[$C_2H_5ONO_2$] : 액체이며, 에틸알코올과 질산을 반응하여 제조한다.

(3) 나이트로화합물

① 트라이나이트로톨루엔[$C_6H_2CH_3(NO_2)_3$]
　㉠ 담황색의 주상 결정이다.
　㉡ 물에 녹지 않고 가열하면 알코올에는 녹는다. 벤젠, 에터, 아세톤에 녹는다.
　㉢ 충격에는 둔감하나 타격에 의해 폭발한다.
　㉣ 톨루엔에 질산과 황산의 혼산을 반응시켜 제조한다.
　㉤ 분해반응식 : $2C_6H_2CH_3(NO_2)_3 \rightarrow 12CO + 3N_2 + 5H_2 + 2C$
　㉥ 트라이나이트로톨루엔의 구조식

② 트라이나이트로페놀($C_6H_2OH(NO_2)_3$, 피크르산)
　㉠ 순수한 것은 백색이나, 공업용은 황색의 침상 결정이다.
　㉡ 독성이 있으므로 주의해야 한다.
　㉢ 냉수에 조금 녹고 온수에 잘 녹는다. 알코올, 에터 등 유기용제에 녹는다.
　㉣ 단독으로 있을 경우 안정하나 가연물의 혼합물은 폭발 위험이 있다.
　㉤ 폭약, 살충제, 로켓연료의 산화제 등에 쓰인다.
　㉥ 피크르산의 구조식

③ 테트릴($C_7H_5N_5O_8$)
　㉠ 담황색 주상결정 형태이고, 순수한 것은 백색을 띤다.
　㉡ 물에 녹지 않고, 아세톤, 벤젠 등 유기용제에 녹는다.
④ 다이나이트로톨루엔($C_6H_3CH_3(NO_2)_2$) : 황색의 결정상태이다.

(4) 나이트로소화합물

① 종류 : 쿠페론, 다이나이트로소펜타메틸렌 테트라민 등

(5) 아조화합물, 다이아조화합물, 하이드라진 유도체

① 하이드라진 유도체의 종류
- ㉠ 염산하이드라진
- ㉡ 황산하이드라진
- ㉢ 메틸하이드라진
- ㉣ 페닐하이드라진

(6) 하이드록실아민

무색의 투명한 액체이다.

(7) 하이드록실아민염류

① 종류
- ㉠ 황산하이드록실아민
- ㉡ 염산하이드록실아민

(8) 그 밖의 행정안전부령으로 정하는 것

① 금속의 아지화합물
② 질산구아니딘[$C(NH_2)_3NO_3$]

6 제6류 위험물

1. 제6류 위험물의 종류

성질	품명		지정수량	위험등급
산화성 액체	과염소산		300kg	I
	과산화수소			
	질산			
	그 밖에 행정안전부령으로 정하는 것			

2. 제6류 위험물의 특성

(1) 정의
산화성 액체란 액체로서 산화력의 잠재적인 위험성을 판단하기 위하여 고시로 정하는 시험에서 고시로 정하는 성질과 상태를 나타내는 것을 말한다.
① 과산화수소는 그 농도가 36wt% 이상인 것
② 질산은 그 비중이 1.49 이상인 것

(2) 일반적인 성질
① 모두 무기화합물이며, 연소하지는 않는다.
② 다른 물질의 연소를 돕는 조연성의 성질을 가지고 있다.
③ 가연물과 혼합하면 발화의 위험이 있다.

(3) 취급 및 소화방법
① 과산화수소를 제외한 나머지 물질은 물과 만나면 심하게 발열하므로 주의해야 한다.
② 과산화수소를 제외한 나머지 물질은 강산류이기 때문에 취급에 주의해야 한다.
③ 유기물과 가연물의 접촉을 피한다.
④ 소화는 주수소화를 한다.

3. 제6류 위험물질

(1) 과염소산($HClO_4$) - 지정수량 300kg

분자량	융점	비중	비점
100.5	-112℃	1.76	39℃

① 무색의 액체로 유동성이 있다.
② 염소산염류 중에서 산성이 가장 세다.
③ 물과 접촉하면 심하게 발열한다.
④ 흡습성이 우수하여 탈수제로 사용된다.
⑤ 공기 중에 방치하면 분해한다.
⑥ 용기는 내산성 용기를 사용한다.
⑦ 가연물과 격리하여 저장해야 한다.
⑧ 물과 작용하여 6종의 고체 수화물을 만든다.
⑨ 분해반응식 : $HClO_4 \rightarrow HCl + 2O_2$

(2) 과산화수소(H_2O_2) - 지정수량 300kg

① 무색의 액체 상태이고 점성이 있다.
② 물에 매우 잘 녹으며 알코올, 에터에 녹는다.
③ 벤젠에 녹지 않는다.
④ 정촉매인 이산화망가니즈(MnO_2) 하에 분해하여 H_2O와 O_2를 생성한다.
⑤ 농도가 60wt% 이상일 경우 충격에 의해 폭발적으로 분해한다.
⑥ 안정제로 인산(H_3PO_4), 요산($C_5H_4N_4O_3$) 등을 사용한다.
⑦ 분해반응식 : $2H_2O_2 \rightarrow 2H_2O + O_2$
⑧ 하이드라진과 반응하면 분해폭발한다.
   $2H_2O_2 + N_2H_4 \rightarrow 4H_2O + N_2$
⑨ 일광에 의해 분해하므로 갈색병에 넣어 보관한다.
⑩ 분해력이 뛰어나므로 용기는 구멍이 뚫린 마개를 사용해야 한다.
⑪ 3% 농도의 수용액은 소독제로 사용한다.

(3) 질산(HNO_3) - 300kg

분자량	융점	비중	비점
63	-42℃	1.49 이상	122℃

① 휘발성의 액체이다.
② 부식성이 크고 강한 산화성을 지닌다.
③ 물과 접촉하면 심하게 발열한다.
④ 황, 목탄분, 탄소 등의 물질과 혼합하면 폭발의 위험이 있다.
⑤ 피부에 접촉하면 화상을 입으므로 취급 시 주의해야 한다.
⑥ 직사광선에 의해 분해하므로 빛을 차단하여 보관한다.
⑦ 금(Au), 백금(Pt) 등을 제외한 대부분의 금속을 부식시킨다.
⑧ 분해하면 적갈색의 증기(이산화질소, NO_2)가 생성된다.
⑨ 분해반응식 : $4HNO_3 \rightarrow 4NO_2 + 2H_2O + O_2$
⑩ 질산은 Fe, Co, Ni, Al 등을 부동태화 시킨다.
   ※ 부동태 : 금속 표면에 산화피막을 입혀 내식성을 높이는 일
⑪ 단백질과 반응하면 황색(노란색)으로 변한다(크산토프로테인 반응).
   ※ 크산토프로테인 반응 : 단백질 검출 반응이며, 단백질에 진한 질산을 가한 후 가열하면 황색이 된다.
⑫ 발연질산(제6류 위험물 중 질산에 속하는 위험물) : 진한 질산에 이산화질소를 녹인 물질

(4) 그 밖에 행정안전부령으로 정하는 것[할로젠간화합물(BrF_5, IF_5) 등]

CHAPTER 02 적중예상문제

PART 01 위험물기능사 필기

01 다음 중 제1류 위험물에 속하지 않는 것은?
① 아염소산칼륨 ② 질산메틸
③ 질산나트륨   ④ 과산화칼륨

해설
질산메틸은 제5류 위험물 중 질산에스터류에 속한다.

02 제1류 위험물의 특징으로 옳지 않은 것은?
① 다른 물질의 연소를 돕는 산화성 물질이다.
② 소화 시 주수소화를 해야 한다.
③ 연소의 위험성이 없다.
④ 연소의 위험성이 있다.

해설
제1류 위험물은 자기 자신은 연소하지 않으나 다른 위험물의 연소를 도와주는 조연성 물질이다.

03 다음 제1류 위험물 중 물과 접촉해서 위험을 발생시키는 물질은?
① 질산칼륨
② 염소산나트륨
③ 과산화나트륨
④ 과망가니즈산칼륨

해설
무기과산화물은 물과 접촉하여 산소를 방출하고 발열한다.

04 다음 중 물에 녹을 때 주위의 온도를 낮추는 역할을 하는 물질은?
① 질산암모늄
② 과염소산암모늄
③ 다이크로뮴산나트륨
④ 과산화칼륨

05 제1류 위험물의 취급방법으로 틀린 것은?
① 환기가 잘 되는 곳에 저장한다.
② 적당한 습기는 화재를 예방한다.
③ 가열, 충격, 마찰 등을 피한다.
④ 가연물과는 격리하여 저장한다.

해설
조해성이 있는 물질은 수분을 흡수하여 녹기 때문에 부적절하다. 또한 무기과산화물은 물과 반응하여 산소를 방출하고 발열하므로 습기를 피하는 것이 좋다.

06 다음 물질 중 산화성 고체에 해당하지 않는 것은?
① $KMnO_4$ ② $NaNO_3$
③ HNO_3 ④ $KClO_3$

해설
HNO_3(질산)은 제6류 위험물이다.

정답 1 ② 2 ④ 3 ③ 4 ① 5 ② 6 ③

07 제1류 위험물의 공통적인 소화방법으로 적절한 것은?

① 주수소화　② 질식소화
③ 부촉매소화　④ 제거소화

08 위험물안전관리법령상 과산화칼륨(K₂O₂)은 제 몇 류 위험물에 속하는가?

① 제1류 위험물
② 제2류 위험물
③ 제3류 위험물
④ 제4류 위험물

해설
무기과산화물은 제1류 위험물에 속한다. 지정수량은 50kg, 위험등급은 Ⅰ이다.

09 염소산칼륨의 성질로 옳지 않은 것은?

① 지정수량은 50kg이다.
② 상온에서 고체상태이다.
③ 환원력이 강하다.
④ 물에 잘 녹지 않는다.

해설
제1류 위험물의 공통적인 성질로 산화력이 강하다는 특징이 있다(환원력이 강한 물질은 제2류 위험물이다).

10 과산화나트륨에 화재가 발생하였을 때 물을 사용하면 위험한 이유로 옳은 것은?

① 흡열 반응을 하기 때문이다.
② 발열 반응을 하고 수소가스를 발생시킨다.
③ 발열 반응을 하고 산소가스를 발생시킨다.
④ 물과 반응하여 수산화나트륨을 발생시킨다.

해설
과산화나트륨(Na_2O_2)은 물과 반응하여 수산화나트륨과 산소를 발생시키고 발열한다. 조연성 가스인 산소를 발생시키고 발열하기 때문에 화재를 증폭시킬 위험이 있다.

11 다음 중 지정수량이 300kg이 아닌 것은?

① 질산칼륨
② 브로민산칼륨
③ 과망가니즈산칼륨
④ 삼산화크로뮴

해설
과망가니즈산칼륨($KMnO_4$)은 지정수량이 1,000kg인 제1류 위험물이다.

12 질산암모늄의 특징으로 옳은 것은?

① 상온에서 액체 상태이다.
② 물과 반응하여 흡열반응을 한다.
③ 알코올에 녹지 않는다.
④ 상온에서 오렌지 색을 띤다.

해설
질산암모늄(NH_4NO_3)은 무색·무취의 고체이고, 물에 녹을 때 흡열반응을 한다.

13 다음 중 황화인에 해당하지 않는 것은?
① 삼황화인   ② 사황화인
③ 오황화인   ④ 칠황화인

14 위험물안전관리법령상 제2류 위험물에는 없는 위험등급은?
① Ⅰ
② Ⅱ
③ Ⅲ
④ 해당사항 없음

15 다음 중 주수소화를 하면 오히려 위험성이 증가하는 물질은?
① 황   ② 철분
③ 적린   ④ 인화성 고체

해설
철분은 물과 반응하여 가연성 가스인 수소를 발생시킨다.

16 다음 중 제2류 위험물에 속하지 않는 물질은?
① 적린   ② 칠황화인
③ 황린   ④ 황

해설
황린은 제3류 위험물에 속한다.

17 철분, 칼륨, 나트륨이 물과 반응했을 때 공통적으로 생성되는 가스의 명칭은?
① 산소   ② 수소
③ 질소   ④ 염소

18 제2류 위험물의 공통적인 특성으로 옳은 것은?
① 산화성   ② 환원성
③ 수용성   ④ 인화성

해설
제2류 위험물은 환원력이 매우 강한 물질로서 산소와 결합력이 우수한 가연성 물질이다.

19 삼황화인과 적린이 연소할 때 공통적으로 생성되는 물질은 무엇인가?
① 이산화황   ② 이산화탄소
③ 오산화인   ④ 육불화황

해설
공통적으로 생성되는 물질은 오산화인(P_2O_5)이다.
- 삼황화인(P_4S_3)의 연소반응식
  $P_4S_3 + 8O_2 \rightarrow 2P_2O_5 + 3SO_2$
- 적린(P)의 연소반응식
  $4P + 5O_2 \rightarrow 2P_2O_5$

정답 13 ② 14 ① 15 ② 16 ③ 17 ② 18 ② 19 ③

20 적린의 성질로 옳지 않은 것은?

① 지정수량은 100kg이다.
② 황린보다 위험성이 크다.
③ 붉은색을 띤다.
④ 발화점은 황린보다 높다.

해설
적린의 발화점(약 260℃)보다 황린의 발화점(약 34℃)이 더 낮으므로 황린이 더욱 위험하다.

21 다음 물질 중 화재 시 주수소화가 불가능한 물질은 무엇인가?

① 적린   ② 황
③ 알루미늄분   ④ 삼황화인

해설
알루미늄분은 물과 반응하여 가연성 가스인 수소를 발생시킨다.

22 다음 중 분진폭발의 위험이 없는 물질은?

① 황 분말   ② 석회 분말
③ 철 분말   ④ 알루미늄 분말

23 제2류 위험물은 마그네슘의 화재 시 소화약제로 사용할 수 없는 것은?

① 마른모래   ② 이산화탄소
③ 팽창질석   ④ 팽창진주암

해설
마그네슘과 이산화탄소는 반응하여 일산화탄소를 낸다.
$Mg + CO_2 \rightarrow MgO + CO$
CO는 가연성이자 유독성 가스이다.

24 고형알코올, 그 밖에 1기압에서 인화점이 40℃ 미만인 고체를 무엇이라 하는가?

① 산화성 고체
② 인화성 고체
③ 자연발화성 물질
④ 발화성고체

해설
제2류 위험물 중 인화성 고체에 대한 설명이다.

25 염소화규소화합물은 제 몇 류 위험물에 속하는 위험물인가?

① 제1류 위험물
② 제2류 위험물
③ 제3류 위험물
④ 제4류 위험물

26 다음 중 지정수량이 10kg이 아닌 것은?

① 칼륨
② 트라이에틸알루미늄
③ 황린
④ 메틸리튬

해설
황린은 지정수량이 20kg, 위험등급이 Ⅰ인 품명에 속한다.

정답 20 ② 21 ③ 22 ② 23 ② 24 ② 25 ③ 26 ③

27 제3류 위험물에 대한 성질로 옳지 않은 것은?

① 대부분 물과 반응하여 가연성 가스를 발생시킨다.
② 상온에서 고체 또는 액체의 형태로 존재한다.
③ 모두 무기화합물으로만 구성되어 있다.
④ 주수소화는 적응성이 없다.

해설
대부분 무기화합물이지만, 유기화합물도 존재한다.

28 제3류 위험물의 저장방법으로 옳지 않은 것은?

① 칼륨은 석유 속에 보관한다.
② 나트륨은 석유 속에 보관한다.
③ 황린은 물속에 보관한다.
④ 탄화칼슘은 물속에 보관한다.

해설
탄화칼슘은 물과 반응하여 아세틸렌 가스를 발생시키므로 소화약제로 적절하지 않다.

29 다음 중 제3류 위험물이 물과 반응하였을 때 발생시키는 가연성 가스와 옳게 연결된 것은?

① 칼륨 – 메테인
② 나트륨 – 수소
③ 탄화알루미늄 – 수소
④ 수소화리튬 – 메테인

해설
- 칼륨은 물과 반응하여 수소를 발생시킨다.
- 탄화알루미늄은 물과 반응하여 메테인을 발생시킨다.
- 수소화리튬은 물과 반응하여 수소를 발생시킨다.

30 제3류 위험물인 칼륨(K)에 대한 설명으로 옳지 않은 것은?

① 무른 금속이라서 칼로 자를 수 있다.
② 불꽃색은 보라색이다.
③ 공기 중에 노출되면 발화의 위험이 있다.
④ 석유와 반응하기 때문에 접촉해서는 안 된다.

해설
칼륨과 나트륨은 공기와 물의 접촉을 막기 위해 석유(등유, 경유, 유동파라핀) 속에 보관한다.

정답 27 ③ 28 ④ 29 ② 30 ④

31 다음 제3류 위험물 중 물과 반응하여 에테인(C_2H_6)을 발생시키는 물질은 무엇인가?

① 탄화칼슘
② 트라이에틸알루미늄
③ 탄화망가니즈
④ 황린

> **해설**
> 트라이에틸알루미늄(TEA)과 물의 반응식
> $(C_2H_5)_3Al + 3H_2O \rightarrow Al(OH)_3 + 3C_2H_6$

32 황린과 동소체이며 연소 시 오산화인을 발생시키는 물질은?

① 삼황화인   ② 황
③ 적린   ④ 아세틸렌

> **해설**
> 적린(P)과 황린(P_4)은 한가지 원소로 이루어진 동소체 관계이다.

33 다음 위험물 중 물과 반응하여도 안전한 물질은 무엇인가?

① 철분   ② 황린
③ 칼륨   ④ 인화칼슘

> **해설**
> 황린은 물과 반응하지 않아 물속에 저장한다.

34 다음 물질 중 물과 반응하여 가연성 가스인 아세틸렌을 발생시키는 물질은?

① 탄화알루미늄
② 탄화칼슘
③ 인화칼슘
④ 수소화알루미늄리튬

> **해설**
> 탄화칼슘은 물과 반응하여 아세틸렌 가스를 생성한다.
> • 탄화칼슘과 물의 반응식
> $CaC_2 + 2H_2O \rightarrow Ca(OH)_2 + C_2H_2$
> • 아세틸렌의 연소반응식
> $2C_2H_2 + 5O_2 \rightarrow 4CO_2 + 2H_2O$
> • 아세틸렌의 연소범위 : 2.5~81%

35 다음 중 물과 반응하여 2종류의 가연성 가스를 발생시키는 물질은?

① Al_4C_3 ② Ca_3P_2
③ Mn_3C ④ CaC_2

> **해설**
> 탄화망가니즈와 물의 반응식
> $Mn_3C + 6H_2O \rightarrow 3Mn(OH)_2 + CH_4 + H_2$

36 제3류 위험물 중 탄화칼슘의 지정수량으로 옳은 것은?

① 50kg   ② 100kg
③ 300kg   ④ 500kg

37 다음 품명에 대한 지정수량이 옳게 짝지어진 것은?

① 특수인화물 – 50kg
② 알코올류 – 400L
③ 제2석유류 – 200L
④ 제4석유류 – 1,000L

38 위험물안전관리법령상 제1석유류에 속하지 않는 것은?

① 아세트알데하이드
② 아세톤
③ 초산메틸
④ 벤젠

39 피리딘에 대한 설명 중 틀린 것은?

① 물보다 가벼운 액체이다.
② 인화점은 25℃ 이하이다.
③ 제1석유류에 속한다.
④ 지정수량은 200L이다.

> **해설**
> 피리딘은 제1석유류 수용성 물질이므로 지정수량은 400L이다.

40 다음 위험물 중 인화점이 가장 높은 것은?

① 메탄올　② 이황화탄소
③ 아닐린　④ 사이안화수소

> **해설**
> 제3석유류의 인화점 기준이 70℃ 이상 200℃ 미만으로 다른 품명에 속한 위험물보다 인화점이 상당히 높다.

41 벤젠에 대한 설명으로 틀린 것은?

① 연소 시 검은 연기를 발생시킨다.
② 제2석유류에 속하는 물질이다.
③ 톨루엔, 자일렌과 함께 BTX로 불린다.
④ 물에 녹지 않는다.

> **해설**
> 벤젠은 제1석유류 비수용성 물질이다. 탄소의 수에 비해 수소의 수가 적어서 불완전 연소를 일으킬 수 있다.

42 다음 제4류 위험물 중 누출 시 공기보다 가벼워서 위로 뜨는 물질로 옳은 것은?

① HCN
② CH_3COCH_3
③ CS_2
④ CH_3CHO

> **해설**
> 사이안화수소의 분자량은 27이므로 공기의 평균분자량(29)보다 작아 누출 시 위로 뜨게 된다.

43 다음 물질 중 지정수량이 다른 것은?

① 아세트산　② 의산
③ 클로로벤젠　④ 중유

> **해설**
> • 아세트산, 의산은 제2석유류 중 수용성에 해당하므로 지정수량은 2,000L이다.
> • 클로로벤젠은 제2석유류 비수용성에 해당하므로 지정수량은 1,000L이다.
> • 중유는 제3석유류 비수용성에 해당하므로 지정수량은 2,000L이다.

정답 37 ② 38 ① 39 ④ 40 ③ 41 ② 42 ① 43 ③

44 이황화탄소는 물속에 저장한다. 그 이유를 물리적으로 가장 적절히 설명한 것은?

① 물보다 가볍기 때문이다.
② 물보다 무겁고 물에 녹지 않기 때문이다.
③ 물에 녹아 위험성이 낮아지기 때문이다.
④ 물과 반응하여 안정한 물질로 바뀌기 때문이다.

해설
이황화탄소는 물에 녹지 않으며, 비중은 1.26으로 물보다 크기 때문에 가라앉는다.

45 제4류 위험물의 공통적인 소화방법으로 가장 적절한 것은?

① 냉각소화   ② 질식소화
③ 화학소화   ④ 제거소화

해설
제4류 위험물(유류)에 가장 적합한 소화방법은 질식소화이다. 이산화탄소, 포, 분말 등을 이용하여 질식소화한다.

46 다이에틸에터 중 과산화물을 검출하는 시약으로 옳은 것은?

① 황산제일철
② 10% 아이오딘화칼륨 용액
③ 페놀프탈레인 용액
④ 진한황산

47 이황화탄소 1mol이 완전 연소할 때 생성되는 기체의 총 몰수는?

① 1   ② 2
③ 3   ④ 4

해설
총 3몰의 기체가 발생한다.
이황화탄소의 연소반응식
$CS_2 + 3O_2 \rightarrow CO_2 + 2SO_2$

48 아세트알데하이드와 산화프로필렌의 공통적인 연소생성물로 옳게 짝지어진 것은?

① CO_2, NO_2
② H_2O, NO_2
③ N_2O, CO_2
④ CO_2, H_2O

해설
탄화수소의 완전 연소생성물은 이산화탄소와 물이다.

49 다음 위험물 중 인화점이 가장 높은 것은?

① 벤젠   ② 아세톤
③ 톨루엔   ④ 이황화탄소

해설
톨루엔의 인화점은 4℃로 인화점이 가장 높다.

50 다음 중 지정수량이 다른 것은?

① 휘발유 ② MEK
③ 톨루엔 ④ 아세톤

해설
- 아세톤은 제1석유류 중 수용성 물질에 해당하며 지정수량은 400L이다.
- 나머지 물질은 제1석유류 중 비수용성 물질에 해당하며 지정수량은 200L이다.

51 제1, 2, 3 석유류를 구분하는 기준으로 옳은 것은?

① 인화점 ② 연소점
③ 발화점 ④ 수용성

해설
인화점을 기준으로 제1, 2, 3 석유류를 구분한다.

52 에틸알코올이 최종적으로 산화될 때 생성되는 물질의 품명으로 옳은 것은?

① 특수인화물
② 제1석유류
③ 제2석유류
④ 동식물유류

해설
에틸알코올의 산화순서
에틸알코올(알코올류) → 아세트알데하이드(특수인화물) → 아세트산(제2석유류)

53 알코올류에 해당하는 메탄올과 에탄올의 공통적인 특징이 아닌 것은?

① 독성이 있다.
② -OH기를 가지고 있다.
③ 지정수량은 400L이다.
④ 연소생성물이 같다.

해설
메탄올은 독성이 있고 에탄올은 독성이 없다.

54 다음 중 제2석유류에 해당하지 않는 물질인 것은?

① 초산 ② 경유
③ 아닐린 ④ 등유

해설
아닐린은 제3석유류에 해당한다.

55 에틸렌글라이콜에 대한 설명으로 옳지 않은 것은?

① 알코올의 한 종류이다.
② 독성이 없어 화장품이나 식품 제조에 사용된다.
③ 부동액의 원료로 쓰인다.
④ 물에 녹는다.

해설
에틸렌글라이콜은 독성이 있다. 반면, 글리세린은 독성이 없어 화장품이나 식품 제조 등에 사용된다.

정답 50 ④ 51 ① 52 ③ 53 ① 54 ③ 55 ②

56 제4석유류의 지정수량에 해당하는 것은?
① 2,000L ② 4,000L
③ 6,000L ④ 8,000L

57 다음 중 아이오딘값이 가장 큰 물질인 것은?
① 동백유 ② 참기름
③ 들기름 ④ 올리브유

58 식초의 원료로 쓰이고 융점이 낮아 빙초산으로 불리는 제4류 위험물로 옳은 것은?
① 개미산 ② 아세트산
③ 아크릴산 ④ 초산메틸

> **해설**
> 초산(아세트산)의 융점은 약 16℃로 그 이하에서는 고체 상태로 존재하며, 빙초산이라고도 한다.

59 글리세린은 몇 가 알코올에 해당하는가?
① 1가 ② 2가
③ 3가 ④ 4가

> **해설**
> 글리세린[$C_3H_5(OH)_3$]의 OH 수가 3개이므로 3가 알코올에 해당한다.

60 다음 중 위험등급 I 에 해당하는 품명은?
① 나이트로화합물
② 질산에스터류
③ 질산염류
④ 제1석유류

61 자기반응성 물질의 특성으로 옳은 것은?
① 표면연소를 한다.
② 분해연소를 한다.
③ 증발연소를 한다.
④ 자기연소를 한다.

> **해설**
> 물질 자체에 산소를 포함하고 있어서 외부로부터의 산소공급 없이 연소가 가능한 자기연소 물질이다.

62 제5류 위험물의 소화방법으로 가장 효과적인 것은?
① 냉각소화
② 질식소화
③ 이산화탄소에 의한 피복소화
④ 부촉매소화

> **해설**
> 대량의 주수소화가 효과가 있다.

정답 56 ③ 57 ③ 58 ② 59 ③ 60 ② 61 ④ 62 ①

63 제5류 위험물의 위험등급으로 적합하지 않은 것은?

① Ⅰ
② Ⅱ
③ Ⅲ
④ Ⅰ, Ⅱ

해설
제5류 위험물에 위험등급Ⅲ은 없다.

64 유기과산화물의 저장방법으로 옳은 것은?

① 제1류 위험물과 반응하지 않으므로 동일 공간에 보관해도 된다.
② 일광이 드는 장소에 보관한다.
③ 냉암소에 보관한다.
④ 환원제와 함께 보관한다.

65 나이트로셀룰로스의 저장방법으로 옳은 것은?

① 질산에 습윤시켜 저장한다.
② 알코올에 습윤시켜 저장한다.
③ 물과 반응하므로 격리시켜 저장한다.
④ 건조한 상태를 유지한다.

해설
나이트로셀룰로스는 건조 시 위험성이 증가하므로 물 또는 알코올에 습윤시켜 저장한다.

66 트라이나이트로톨루엔의 화학식은 무엇인가?

① $C_6H_5CH_3$
② C_5H_5N
③ $C_6H_2CH_3(NO_2)_3$
④ $C_6H_5NO_2$

해설
- $C_6H_5CH_3$: 톨루엔
- C_5H_5N : 피리딘
- $C_6H_5NO_2$: 나이트로벤젠

67 나이트로글리세린이 분해될 때 생성되는 기체가 아닌 것은?

① 이산화탄소
② 질소
③ 염소
④ 산소

해설
나이트로글리세린의 분해반응식
$4C_3H_5(ONO_2)_3 \rightarrow 12CO_2 + 10H_2O + 6N_2 + O_2$

68 다음 중 지정수량이 다른 하나는?

① 황화인
② 하이드록실아민
③ 적린
④ 피크르산

정답 63 ③ 64 ③ 65 ② 66 ③ 67 ③ 68 ④

69 제6류 위험물의 지정수량으로 옳은 것은?

① 100kg   ② 300kg
③ 500kg   ④ 1,000kg

70 제6류 위험물의 성질로 옳지 않은 것은?

① 모두 강산이다.
② 모두 불연성이다.
③ 모두 산화성이다.
④ 모두 무기화합물이다.

해설
과산화수소는 강산성 물질이 아니다.

71 질산의 성질에 대한 설명으로 틀린 것은?

① 물과 반응하여 발열한다.
② 물과 반응하여 흡열한다.
③ 물에 녹아 강산이 된다.
④ 유기물을 산화시킨다.

72 과염소산의 취급방법으로 틀린 것은?

① 가연물의 접촉을 피한다.
② 취급 시 보호구를 착용한다.
③ 적당한 습기는 위험성을 줄여준다.
④ 분해 시 생성되는 가스는 유독성이므로 취급에 주의한다.

해설
물과 반응하면 발열하기 때문에 수분의 접촉을 가급적 피해야 한다.

73 다음 위험물 중 제6류 위험물과 유사한 성질을 갖는 유별은?

① 제1류 위험물
② 제2류 위험물
③ 제3류 위험물
④ 제5류 위험물

해설
제1류 위험물과 제6류 위험물은 산화성 성질을 가지고 있다.

정답 69 ② 70 ① 71 ② 72 ③ 73 ①

74 제6류 위험물에 속하지 않는 물질은?

① 과염소산
② 과산화수소
③ 질산
④ 황산

해설
황산은 비위험물이다.

75 다음 중 제6류 위험물에 속하지 않는 것은?

① HNO_3 ② IF_5
③ K_2O_2 ④ H_2O_2

해설
과산화칼륨(K_2O_2)은 제1류 위험물 중 무기과산화물에 속하는 물질이다.

76 과염소산과 질산의 공통적인 특징으로 옳은 것은?

① 분해하여 염화수소를 만든다.
② 물과 만나면 발열한다.
③ 잔토프로테인 반응을 한다.
④ 가연성이다.

77 과산화수소의 저장방법에 대한 설명으로 옳지 않은 것은?

① 직사광선을 피해서 저장한다.
② 용기는 밀봉해야 한다.
③ 용기는 구멍이 있는 마개를 사용한다.
④ 갈색병에 저장한다.

해설
과산화수소는 분해력이 뛰어나므로 용기의 폭발을 방지하기 위해 구멍이 있는 마개를 사용한다.

정답 74 ④ 75 ③ 76 ② 77 ②

CHAPTER 03 소방시설 및 위험물 안전관리기준

1 위험물 안전관리기준

1. 위험물 저장·취급·운반·운송기준

(1) 총칙

① 용어
  ㉠ 위험물 : 인화성 또는 발화성 등의 성질을 가지는 것으로서 대통령령이 정하는 물품
  ㉡ 지정수량 : 위험물의 종류별로 위험성을 고려하여 대통령령이 정하는 수량으로서 제조소 등의 설치허가 등에 있어서 최저의 기준이 되는 수량
  ㉢ 제조소 : 위험물을 제조할 목적으로 지정수량 이상의 위험물을 취급하기 위하여 허가를 받은 장소
  ㉣ 저장소 : 지정수량 이상의 위험물을 저장하기 위한 대통령령이 정하는 장소
  ㉤ 취급소 : 지정수량 이상의 위험물을 제조 외의 목적으로 취급하기 위한 대통령령이 정하는 장소
  ㉥ 제조소 등 : 제조소·저장소·취급소
  ※ 적용제외 : 항공기·선박·철도·궤도에 의한 위험물의 저장·취급 및 운반의 경우

② 제조소 등이 아닌 장소에서 지정수량 이상의 위험물을 취급할 수 있는 경우
  ㉠ 군부대가 군사 목적으로 위험물을 임시로 저장 또는 취급하는 경우
  ㉡ 소방서장의 승인을 받아 90일 이내의 기간동안 임시로 저장 또는 취급하는 경우
  ※ 지정수량 미만인 위험물의 저장 또는 취급 : 시·도의 조례로 정한다.

(2) 위험물시설의 설치 및 변경

① 제조소 등을 설치하고자 하는 자 : 시·도지사의 허가를 받아야 한다.
② 제조소 등의 위치·구조 또는 설비의 변경 없이 위험물의 품명, 수량 또는 지정수량의 배수를 변경 여부 : 변경하고자 하는 날의 1일 전까지 시·도지사에게 신고
③ 탱크안전성능검사
  ㉠ 제조소 등의 설치 또는 그 위치·구조 또는 설비의 변경에 관하여 허가를 받은 자가 위험물 탱크의 설치 또는 그 위치·구조 또는 설비의 변경공사를 하는 때에는 완공검사를 받기 전에 시·도지사가 실시하는 탱크안전성능검사를 받아야 한다.

ⓒ 탱크안전성능검사의 대상이 되는 탱크 등(위험물안전관리법 시행령 제8조)
- 기초·지반검사 : 옥외탱크저장소의 액체위험물탱크 중 그 용량이 100만L 이상인 탱크
- 충수·수압검사 : 액체위험물을 저장 또는 취급하는 탱크
- 용접부검사 : 기초·지반검사에 따른 탱크
- 암반탱크검사 : 액체위험물을 저장 또는 취급하는 암반내의 공간을 이용한 탱크

④ 제조소 등의 폐지 : 용도를 폐지한 날부터 14일 이내에 시·도지사에게 신고

⑤ 제조소 등 설치허가의 취소와 사용정지 등(위험물안전관리법 제12조) : 다음에 해당하는 때에는 허가를 취소하거나 6월 이내의 기간을 정하여 제조소 등의 전부 또는 일부의 사용정지를 명할 수 있다.
  ㉠ 변경허가를 받지 않고 제조소 등의 위치·구조 또는 설비를 변경한 때
  ㉡ 완공검사를 받지 않고 제조소 등을 사용한 때
  ㉢ 안전조치 이행명령을 따르지 않은 때
  ㉣ 수리·개조 또는 이전 명령을 위반한 때
  ㉤ 위험물안전관리자를 선임하지 않은 때
  ㉥ 대리자를 지정하지 않은 때
  ㉦ 정기점검을 하지 않은 때
  ㉧ 정기검사를 받지 않은 때
  ㉨ 저장·취급기준 준수명령을 위반한 때

(3) 위험물시설의 안전관리

① 위험물안전관리자
  ㉠ 선임권자 : 제조소 등의 관계인
  ㉡ 해임하거나 퇴직 시 : 30일 이내에 다시 선임해야 한다.
  ㉢ 선임신고 : 선임한 날부터 14일 이내에 소방본부장 또는 소방서장에게 신고
  ㉣ 대리자 지정 : 30일을 초과할 수 없다.
  ※ 대리자의 지정사유
    - 안전관리자가 여행·질병 그 밖의 사유로 일시적으로 직무를 수행할 수 없는 경우
    - 안전관리자의 해임 또는 퇴직 시 다른 안전관리자를 선임하지 못한 경우
  ㉤ 안전관리자의 직무 : 위험물의 취급에 관한 관리·감독
  ㉥ 안전관리자 미선임 : 1천500만원 이하의 벌금
  ㉦ 선임신고 기간 이내 하지 않거나 허위로 한 자 : 500만원 이하의 과태료

② 1인의 안전관리자를 중복하여 선임할 수 있는 경우(위험물안전관리법 시행령 제12조)
  ㉠ 보일러·버너 또는 이와 비슷한 것으로서 위험물을 소비하는 장치로 이루어진 7개 이하의 일반취급소와 그 일반취급소에 공급하기 위한 위험물을 저장하는 저장소[일반취급소 및 저장소가 모두 동일구내에 있는 경우에 한한다]를 동일인이 설치한 경우

ⓒ 위험물을 차량에 고정된 탱크 또는 운반용기에 옮겨 담기 위한 5개 이하의 일반취급소[일반취급소간의 거리가 300m 이내인 경우에 한한다]와 그 일반취급소에 공급하기 위한 위험물을 저장하는 저장소를 동일인이 설치한 경우
ⓒ 동일구내에 있거나 상호 100m 이내의 거리에 있는 저장소로서 저장소의 규모, 저장하는 위험물의 종류 등을 고려하여 행정안전부령이 정하는 저장소를 동일인이 설치한 경우
　※ 행정안전부령이 정하는 저장소(위험물안전관리법 시행규칙 제56조)
　　• 10개 이하의 옥내저장소, 옥외저장소, 암반탱크저장소
　　• 30개 이하의 옥외탱크저장소
　　• 옥내탱크저장소, 지하탱크저장소, 간이탱크저장소
　※ 위험물취급자격자의 자격(위험물안전관리법 시행령 별표 5)

위험물취급자격자의 구분	취급할 수 있는 위험물
위험물기능장, 위험물산업기사, 위험물기능사의 자격을 취득한 사람	모든 위험물
안전관리자교육이수자	제4류 위험물
소방공무원 경력자(소방공무원으로 근무한 경력이 3년 이상인 자)	제4류 위험물

③ **예방규정** : 제조소 등의 관계인은 해당 제조소 등의 화재예방과 화재 등 재해발생 시의 비상조치를 위하여 행정안전부령이 정하는 바에 따라 예방규정을 정하여 해당 제조소 등의 사용을 시작하기 전에 시·도지사에게 제출해야 한다. 예방규정을 변경한 때에도 또한 같다. 소방청장은 대통령령으로 정하는 제조소 등에 대하여 행정안전부령으로 정하는 바에 따라 예방규정의 이행 실태를 정기적으로 평가할 수 있다.
　㉠ 예방규정을 정해야 하는 제조소 등(위험물안전관리법 시행령 제15조)

지정수량 배수	제조소 등
10배 이상	제조소, 일반취급소
100배 이상	옥외저장소
150배 이상	옥내저장소
200배 이상	옥외탱크저장소
전 대상	암반탱크저장소, 이송취급소

　㉡ 예방규정 작성내용(위험물안전관리법 시행규칙 제63조)
　　• 위험물의 안전관리업무를 담당하는 자의 직무 및 조직에 관한 사항
　　• 안전관리자가 여행·질병 등으로 인하여 그 직무를 수행할 수 없을 경우 그 직무의 대리자에 관한 사항
　　• 자체소방대를 설치해야 하는 경우에는 자체소방대의 편성과 화학소방자동차의 배치에 관한 사항
　　• 위험물의 안전에 관계된 작업에 종사하는 자에 대한 안전교육 및 훈련에 관한 사항
　　• 위험물시설 및 작업장에 대한 안전 순찰에 관한 사항
　　• 위험물시설·소방시설 그 밖의 관련 시설에 대한 점검 및 정비에 관한 사항

- 위험물시설의 운전 또는 조작에 관한 사항
- 위험물 취급작업의 기준에 관한 사항
- 이송취급소에 있어서는 배관공사 현장책임자의 조건 등 배관공사 현장에 대한 감독체제에 관한 사항과 배관 주위에 있는 이송취급소 시설 외의 공사를 하는 경우 배관의 안전확보에 관한 사항
- 재난 그 밖의 비상시의 경우에 취해야 하는 조치에 관한 사항
- 위험물의 안전에 관한 기록에 관한 사항
- 제조소 등의 위치ㆍ구조 및 설비를 명시한 서류와 도면의 정비에 관한 사항
- 그 밖에 위험물의 안전관리에 관하여 필요한 사항

④ **정기점검 및 정기검사**(위험물안전관리법 시행령 제16조, 제17조)
  ㉠ 정기점검의 대상인 제조소 등 : 정기점검의 횟수는 <u>연 1회 이상 정기점검</u>을 실시해야 한다.
    - 예방규정을 정해야 하는 제조소 등
    - 지하탱크저장소
    - 이동탱크저장소
    - 위험물을 취급하는 탱크로서 지하에 매설된 탱크가 있는 제조소ㆍ주유취급소 또는 일반취급소
  ㉡ 정기검사의 대상인 제조소 등 : 액체위험물을 저장 또는 취급하는 50만L 이상의 옥외탱크저장소

⑤ **자체소방대**(위험물안전관리법 시행령 제18조)
  ㉠ 설치해야 하는 사업소 : 제4류 위험물을 취급하는 최대수량의 합이 <u>지정수량 3천배 이상인 제조소 또는 일반취급소</u>, 제4류 위험물을 저장하는 최대수량이 지정수량의 50만배 이상인 옥외탱크저장소
  ㉡ 자체소방대에 두는 화학소방자동차 및 인원(위험물안전관리법 시행령 별표 8)

사업소의 구분	화학소방자동차	자체소방대원의 수
제조소 또는 일반취급소에서 취급하는 제4류 위험물의 최대수량의 합이 지정수량의 3천배 이상 12만배 미만인 사업소	1대	5인
제조소 또는 일반취급소에서 취급하는 제4류 위험물의 최대수량의 합이 지정수량의 12만배 이상 24만배 미만인 사업소	2대	10인
제조소 또는 일반취급소에서 취급하는 제4류 위험물의 최대수량의 합이 지정수량의 24만배 이상 48만배 미만인 사업소	3대	15인
제조소 또는 일반취급소에서 취급하는 제4류 위험물의 최대수량의 합이 지정수량의 48만배 이상인 사업소	4대	20인
옥외탱크저장소에 저장하는 제4류 위험물의 최대수량이 지정수량의 50만배 이상인 사업소	2대	10인

비고 : 화학소방자동차에는 행정안전부령으로 정하는 소화능력 및 설비를 갖추어야 하고, 소화활동에 필요한 소화약제 및 기구(방열복 등 개인장구를 포함한다)를 비치해야 한다.

ⓒ 화학소방자동차에 갖추어야 하는 소화능력 및 설비의 기준(위험물안전관리법 시행규칙 별표 23)

화학소방자동차의 구분	소화능력 및 설비의 기준
포수용액 방사차	포수용액의 방사능력이 매분 2,000L 이상일 것
	소화약액탱크 및 소화약액혼합장치를 비치할 것
	10만L 이상의 포수용액을 방사할 수 있는 양의 소화약제를 비치할 것
분말 방사차	분말의 방사능력이 매초 35kg 이상일 것
	분말탱크 및 가압용가스설비를 비치할 것
	1,400kg 이상의 분말을 비치할 것
할로젠화합물 방사차	할로젠화합물의 방사능력이 매초 40kg 이상일 것
	할로젠화합물탱크 및 가압용가스설비를 비치할 것
	1,000kg 이상의 할로젠화합물을 비치할 것
이산화탄소 방사차	이산화탄소의 방사능력이 매초 40kg 이상일 것
	이산화탄소저장용기를 비치할 것
	3,000kg 이상의 이산화탄소를 비치할 것
제독차	가성소다 및 규조토를 각각 50kg 이상 비치할 것

※ 포수용액을 방사하는 화학소방자동차의 대수는 화학소방자동차의 대수의 3분의 2 이상으로 해야 한다.

⑥ 운송책임자의 감독·지원을 받아 운송해야 하는 위험물(위험물안전관리법 시행령 제19조)
  ㉠ 알킬알루미늄
  ㉡ 알킬리튬
  ㉢ ㉠ 또는 ㉡의 물질을 함유하는 위험물

(4) 벌칙(위험물안전관리법 제33조~제39조)

① 1년 이상 10년 이하의 징역 : 제조소 등 또는 허가를 받지 않고 지정수량 이상의 위험물을 저장 또는 취급하는 장소에서 위험물을 유출·방출 또는 확산시켜 사람의 생명·신체 또는 재산에 대하여 위험을 발생시킨 자

② 무기 또는 5년 이상의 징역 : 제조소 등 또는 허가를 받지 않고 지정수량 이상의 위험물을 저장 또는 취급하는 장소에서 위험물을 유출·방출 또는 확산시켜 사람을 사망에 이르게 한 때

③ 무기 또는 3년 이상의 징역 : 제조소 등 또는 허가를 받지 않고 지정수량 이상의 위험물을 저장 또는 취급하는 장소에서 위험물을 유출·방출 또는 확산시켜 사람을 상해(傷害)에 이르게 한 때,

④ 10년 이하의 징역 또는 금고나 1억원 이하의 벌금 : 업무상 과실로 제조소 등 또는 허가를 받지 않고 지정수량 이상의 위험물을 저장 또는 취급하는 장소에서 위험물을 유출·방출 또는 확산시켜 사람을 사상(死傷)에 이르게 한 자

⑤ 7년 이하의 금고 또는 7천만원 이하의 벌금 : 업무상 과실로 제조소 등 또는 허가를 받지 않고 지정수량 이상의 위험물을 저장 또는 취급하는 장소에서 위험물을 유출·방출 또는 확산시켜 사람의 생명·신체 또는 재산에 대하여 위험을 발생시킨 자
⑥ 5년 이하의 징역 또는 1억원 이하의 벌금 : 제조소 등의 설치허가를 받지 않고 제조소 등을 설치한 자
⑦ 3년 이하의 징역 또는 3천만원 이하의 벌금 : 저장소 또는 제조소 등이 아닌 장소에서 지정수량 이상의 위험물을 저장 또는 취급한 자
⑧ 1천500만원 이하의 벌금
  ㉠ 위험물의 저장 또는 취급에 관한 중요기준에 따르지 않은 자
  ㉡ 변경허가를 받지 않고 제조소 등을 변경한 자
  ㉢ 제조소 등의 완공검사를 받지 않고 위험물을 저장·취급한 자
  ㉣ 안전조치 이행명령을 따르지 않은 자
  ㉤ 제조소 등의 사용정지명령을 위반한 자
  ㉥ 수리·개조 또는 이전의 명령에 따르지 않은 자
  ㉦ 안전관리자를 선임하지 않은 관계인
  ㉧ 대리자를 지정하지 않은 관계인
  ㉨ 업무정지명령을 위반한 자
  ㉩ 탱크안전성능시험 또는 점검에 관한 업무를 허위로 하거나 그 결과를 증명하는 서류를 허위로 교부한 자
  ㉪ 예방규정을 제출하지 않거나 규정에 따른 변경명령을 위반한 관계인
  ㉫ 정지지시를 거부하거나 국가기술자격증, 교육수료증·신원확인을 위한 증명서의 제시 요구 또는 신원확인을 위한 질문에 응하지 않은 사람
  ㉬ 명령을 위반하여 보고 또는 자료제출을 하지 않거나 허위의 보고 또는 자료 제출을 한 자 및 관계공무원의 출입 또는 조사·검사를 거부·방해 또는 기피한 자
  ㉭ 탱크시험자에 대한 감독상 명령에 따르지 않은 자
  ㉮ 무허가장소의 위험물에 대한 조치명령에 따르지 않은 자
  ㉯ 저장·취급기준 준수명령 또는 응급조치명령을 위반한 자
⑨ 1천만원 이하의 벌금
  ㉠ 위험물의 취급에 관한 안전관리와 감독을 하지 않은 자
  ㉡ 안전관리자 또는 그 대리자가 참여하지 않은 상태에서 위험물을 취급한 자
  ㉢ 예방규정을 위반하여 변경한 예방규정을 제출하지 않은 관계인
  ㉣ 위험물의 운반에 관한 중요기준에 따르지 않은 자와 요건을 갖추지 않은 위험물운반자
  ㉤ 규정을 위반한 위험물운송자
  ㉥ 관계인의 정당한 업무를 방해하거나 출입·검사 등을 수행하면서 알게 된 비밀을 누설한 자

⑩ 500만원 이하의 과태료
- ㉠ 승인을 받지 않은 자
- ㉡ 위험물의 저장 또는 취급에 관한 세부기준을 위반한 자
- ㉢ 품명 등의 변경신고를 기간 이내에 하지 않거나 허위로 한 자
- ㉣ 지위승계신고를 기간 이내에 하지 않거나 허위로 한 자
- ㉤ 제조소 등의 폐지신고 또는 안전관리자의 선임신고를 기간 이내에 하지 않거나 허위로 한 자
- ㉥ 사용 중지신고 또는 재개신고를 기간 이내에 하지 않거나 거짓으로 한 자
- ㉦ 등록사항의 변경신고를 기간 이내에 하지 않거나 허위로 한 자
- ㉧ 예방규정을 준수하지 않은 자
- ㉨ 점검결과를 기록·보존하지 않은 자 또는 기간 이내에 점검결과를 제출하지 않은 자
- ㉩ 기간 이내에 점검결과를 제출하지 않은 자
- ㉪ 위험물의 운반에 관한 세부기준을 위반한 자
- ㉫ 위험물의 운송에 관한 기준을 따르지 않은 자
- ㉬ 제조소 등 지정된 장소가 아닌 곳에서 흡연을 할 경우

2. 위험물제조소 등의 저장·취급기준(위험물안전관리법 시행규칙 별표 18)

(1) 저장 및 취급의 공통기준

① 저장·취급의 공통기준
- ㉠ 제조소 등에서 품명 외의 위험물 또는 이러한 허가 및 신고와 관련되는 수량 또는 지정수량의 배수를 초과하는 위험물을 저장 또는 취급하지 않아야 한다.
- ㉡ 위험물을 저장 또는 취급하는 건축물 그 밖의 공작물 또는 설비는 해당 위험물의 성질에 따라 차광 또는 환기를 실시해야 한다.
- ㉢ 위험물은 온도계, 습도계, 압력계 그 밖의 계기를 감시하여 해당 위험물의 성질에 맞는 적정한 온도, 습도 또는 압력을 유지하도록 저장 또는 취급해야 한다.
- ㉣ 위험물을 저장 또는 취급하는 경우에는 위험물의 변질, 이물의 혼입 등에 의하여 해당 위험물의 위험성이 증대되지 않도록 필요한 조치를 강구해야 한다.
- ㉤ 위험물이 남아 있거나 남아 있을 우려가 있는 설비, 기계·기구, 용기 등을 수리하는 경우에는 안전한 장소에서 위험물을 완전하게 제거한 후에 실시해야 한다.
- ㉥ 위험물을 용기에 수납하여 저장 또는 취급할 때에는 그 용기는 해당 위험물의 성질에 적응하고 파손·부식·균열 등이 없는 것으로 해야 한다.
- ㉦ 가연성의 액체·증기 또는 가스가 새거나 체류할 우려가 있는 장소 또는 가연성의 미분이 현저하게 부유할 우려가 있는 장소에서는 전선과 전기기구를 완전히 접속하고 불꽃을 발하는 기계·기구·공구·신발 등을 사용하지 않아야 한다.

◎ 위험물을 보호액 중에 보존하는 경우에는 해당 위험물이 보호액으로부터 노출되지 않도록 해야 한다.

② 유별 저장·취급의 공통기준
  ㉠ 제1류 위험물은 가연물과의 접촉·혼합이나 분해를 촉진하는 물품과의 접근 또는 과열·충격·마찰 등을 피하는 한편, 알칼리금속의 과산화물 및 이를 함유한 것에 있어서는 물과의 접촉을 피해야 한다.
  ㉡ 제2류 위험물은 산화제와의 접촉·혼합이나 불티·불꽃·고온체와의 접근 또는 과열을 피하는 한편, 철분·금속분·마그네슘 및 이를 함유한 것에 있어서는 물이나 산과의 접촉을 피하고 인화성 고체에 있어서는 함부로 증기를 발생시키지 않아야 한다.
  ㉢ 제3류 위험물 중 자연발화성 물질에 있어서는 불티·불꽃 또는 고온체와의 접근·과열 또는 공기와의 접촉을 피하고, 금수성 물질에 있어서는 물과의 접촉을 피해야 한다.
  ㉣ 제4류 위험물은 불티·불꽃·고온체와의 접근 또는 과열을 피하고, 함부로 증기를 발생시키지 않아야 한다.
  ㉤ 제5류 위험물은 불티·불꽃·고온체와의 접근이나 과열·충격 또는 마찰을 피해야 한다.
  ㉥ 제6류 위험물은 가연물과의 접촉·혼합이나 분해를 촉진하는 물품과의 접근 또는 과열을 피해야 한다.

③ 저장의 기준
  ㉠ 옥내저장소 또는 옥외저장소에 있어서 서로 1m 이상의 간격을 두는 경우에는 유별을 달리하는 위험물을 저장한 경우
    • 제1류 위험물(알칼리금속의 과산화물 또는 이를 함유한 것을 제외한다)과 제5류 위험물을 저장하는 경우
    • 제1류 위험물과 제6류 위험물을 저장하는 경우
    • 제1류 위험물과 제3류 위험물 중 자연발화성 물질(황린 또는 이를 함유한 것에 한한다)을 저장하는 경우
    • 제2류 위험물 중 인화성 고체와 제4류 위험물을 저장하는 경우
    • 제3류 위험물 중 알킬알루미늄 등과 제4류 위험물(알킬알루미늄 또는 알킬리튬을 함유한 것)을 저장하는 경우
    • 제4류 위험물 중 유기과산화물 또는 이를 함유하는 것과 제5류 위험물 중 유기과산화물 또는 이를 함유한 것을 저장하는 경우
  ㉡ 제3류 위험물 중 황린 그 밖에 물속에 저장하는 물품과 금수성 물질은 동일한 저장소에서 저장하지 않아야 한다.
  ㉢ 옥내저장소에서 동일 품명의 위험물이더라도 자연발화할 우려가 있는 위험물 또는 재해가 현저하게 증대할 우려가 있는 위험물을 다량 저장하는 경우에는 지정수량의 10배 이하마다 구분하여 상호간 0.3m 이상의 간격을 두어 저장해야 한다.

② 옥내저장소에서 위험물을 저장하는 경우에는 다음의 규정에 의한 높이를 초과하여 용기를 겹쳐 쌓지 않아야 한다.
- 기계에 의하여 하역하는 구조로 된 용기만을 겹쳐 쌓는 경우 : 6m
- 제4류 위험물 중 제3석유류, 제4석유류 및 동식물유류를 수납하는 용기만을 겹쳐 쌓는 경우 : 4m
- 그 밖의 경우 : 3m

⑪ 옥내저장소에서는 용기에 수납하여 저장하는 위험물의 온도가 55℃를 넘지 않도록 필요한 조치를 강구해야 한다.

⑫ 이동저장탱크에는 해당 탱크에 저장 또는 취급하는 위험물의 위험성을 알리는 표지를 부착하고 잘 보일 수 있도록 관리해야 한다.

⑭ 컨테이너식 이동탱크저장소 외의 이동탱크저장소에 있어서는 위험물을 저장한 상태로 이동저장탱크를 옮겨 싣지 않아야 한다.

⑯ 이동탱크저장소에는 해당 이동탱크저장소의 완공검사합격확인증 및 정기점검기록을 비치해야 한다.

㉓ 알킬알루미늄 등을 저장 또는 취급하는 이동탱크저장소에는 긴급 시 연락처, 응급조치에 관하여 필요한 사항을 기재한 서류, 방호복, 고무장갑, 밸브 등을 죄는 결합공구 및 휴대용 확성기를 비치해야 한다.

㉔ 옥외저장소에서 위험물을 수납한 용기를 선반에 저장하는 경우에는 6m를 초과하여 저장하지 않아야 한다.

㉕ 황을 용기에 수납하지 않고 저장하는 옥외저장소에서는 황을 경계표시의 높이 이하로 저장하고, 황이 넘치거나 비산하는 것을 방지할 수 있도록 경계표시 내부의 전체를 난연성 또는 불연성의 천막 등으로 덮고 해당 천막 등을 경계표시에 고정해야 한다.

㉗ 이동저장탱크에 알킬알루미늄 등을 저장하는 경우에는 20kPa 이하의 압력으로 불활성의 기체를 봉입하여 둘 것

㉚ 옥외저장탱크·옥내저장탱크 또는 지하저장탱크 중 압력탱크 외의 탱크에 저장 시 온도
- 산화프로필렌·다이에틸에터 : 30℃ 이하
- 아세트알데하이드 : 15℃ 이하

㉛ 옥외저장탱크·옥내저장탱크 또는 지하저장탱크 중 압력탱크에 저장 시 온도 : 아세트알데하이드, 다이에틸에터 등 : 40℃ 이하

㉜ 보냉장치가 있는 이동저장탱크에 저장 시 온도 : 비점 이하

㉝ 보냉장치가 없는 이동저장탱크에 저장 시 온도 : 40℃ 이하

④ **취급의 기준**
  ㉠ 제조에 관한 기준
  - 증류공정에 있어서는 위험물을 취급하는 설비의 내부압력의 변동 등에 의하여 액체 또는 증기가 새지 않도록 할 것

- 추출공정에 있어서는 추출관의 내부압력이 비정상으로 상승하지 않도록 할 것
- 건조공정에 있어서는 위험물의 온도가 부분적으로 상승하지 않는 방법으로 가열 또는 건조할 것
- 분쇄공정에 있어서는 위험물의 분말이 현저하게 부유하고 있거나 위험물의 분말이 현저하게 기계·기구 등에 부착하고 있는 상태로 그 기계·기구를 취급하지 않을 것

ⓒ 주유취급소·판매취급소·이송취급소 또는 이동탱크저장소에서의 위험물의 취급기준
- 주유취급소(항공기주유취급소·선박주유취급소 및 철도주유취급소를 제외한다)의 취급기준
  - 자동차 등에 주유할 때에는 고정주유설비를 사용하여 직접 주유할 것
  - 자동차 등에 <u>인화점 40℃ 미만의 위험물을 주유할 때에는 자동차 등의 원동기를 정지시킬 것</u>
  - 이동저장탱크에 급유할 때에는 고정급유설비를 사용하여 직접 급유할 것
  - 주유원간이대기실 내에서는 화기를 사용하지 않을 것
- 전기자동차 충전설비를 사용하는 때에는 다음의 기준을 준수할 것
  - 충전기기와 전기자동차를 연결할 때에는 연장코드를 사용하지 않을 것
  - 전기자동차의 전지·인터페이스 등이 충전기기의 규격에 적합한지 확인한 후 충전을 시작할 것
  - 충전 중에는 자동차 등을 작동시키지 않을 것
- 고객이 직접 주유하는 주유취급소에서의 기준 : 셀프용고정주유설비 및 셀프용고정급유설비 외의 고정주유설비 또는 고정급유설비를 사용하여 고객에 의한 주유 또는 용기에 옮겨 담는 작업을 행하지 않을 것
- 판매취급소에서의 취급기준 : 판매취급소에서는 도료류, 제1류 위험물 중 염소산염류 및 염소산염류만을 함유한 것. 황 또는 인화점이 38℃ 이상인 제4류 위험물을 배합실에서 배합하는 경우 외에는 위험물을 배합하거나 옮겨 담는 작업을 하지 않을 것
- 이동탱크저장소(컨테이너식 이동탱크저장소를 제외한다)의 취급기준
  - 이동저장탱크로부터 위험물을 저장 또는 취급하는 탱크에 인화점이 40℃ 미만인 위험물을 주입할 때에는 이동탱크저장소의 원동기를 정지시킬 것
  - 휘발유·벤젠 그 밖에 정전기에 의한 재해발생의 우려가 있는 액체의 위험물을 이동저장탱크에 주입하거나 이동저장탱크로부터 배출하는 때에는 도선으로 이동저장탱크와 접지전극 등과의 사이를 긴밀히 연결하여 해당 이동저장탱크를 접지할 것
  - 휘발유·벤젠·그 밖에 정전기에 의한 재해발생의 우려가 있는 액체의 위험물을 이동저장탱크의 상부로 주입하는 때에는 주입관을 사용하되, 해당 주입관의 끝부분을 이동저장탱크의 밑바닥에 밀착할 것
  - 이동저장탱크의 상부로부터 위험물을 주입할 때에는 위험물의 액표면이 주입관의 끝부분을 넘는 높이가 될 때까지 그 주입관 내의 유속을 초당 1m 이하로 할 것

ⓒ 알킬알루미늄 및 아세트알데하이드 등의 취급 기준
- 알킬알루미늄 등의 제조소 또는 일반취급소에 있어서 알킬알루미늄 등을 취급하는 설비에는 불활성의 기체를 봉입할 것
- 알킬알루미늄 등의 이동탱크저장소에 있어서 이동저장탱크로부터 알킬알루미늄 등을 꺼낼 때에는 동시에 <u>200kPa 이하의 압력</u>으로 불활성의 기체를 봉입할 것
- 아세트알데하이드 등의 제조소 또는 일반취급소에 있어서 아세트알데하이드 등을 취급하는 설비에는 연소성 혼합기체의 생성에 의한 폭발의 위험이 생겼을 경우에 불활성의 기체 또는 수증기를 봉입할 것
- 아세트알데하이드 등의 이동탱크저장소에 있어서 이동저장탱크로부터 아세트알데하이드 등을 꺼낼 때에는 동시에 <u>100kPa 이하의 압력</u>으로 불활성의 기체를 봉입할 것

3. 위험물의 운반·운송기준

(1) 위험물의 운반기준(위험물안전관리법 시행규칙 별표 19)

① 운반용기의 재질 : 강판·알루미늄판·양철판·유리·금속판·종이·플라스틱·섬유판·고무류·합성섬유·삼·짚·나무

② 운반용기의 수납률
  ⓐ 고체위험물 : 운반용기 내용적의 <u>95% 이하의 수납률</u>
  ⓑ 액체위험물 : 운반용기 내용적의 <u>98% 이하의 수납률</u>로 수납하되, 55℃에서 누설되지 않도록 충분한 공간용적을 유지하도록 할 것
  ⓒ 액체위험물 중 알킬알루미늄 등 : 운반용기의 내용적의 90% 이하의 수납률로 수납하되, 50℃의 온도에서 5% 이상의 공간용적을 유지하도록 할 것

③ 적재하는 위험물의 성질에 따른 조치
  ⓐ 차광성이 있는 것으로 피복
    - 제1류 위험물
    - 제3류 위험물 중 자연발화성 물질
    - 제4류 위험물 중 특수인화물
    - 제5류 위험물
    - 제6류 위험물
  ⓑ 방수성이 있는 것으로 피복
    - 제1류 위험물 중 알칼리금속의 과산화물
    - 제2류 위험물 중 철분·금속분·마그네슘
    - 제3류 위험물 중 금수성 물질

④ 운반용기를 겹쳐 쌓는 경우 : 높이를 3m 이하로 한다.
⑤ 운반용기 외부의 표시사항
　㉠ 품명·위험등급·화학명 및 수용성(제4류 위험물 중 수용성인 것에 한함)
　㉡ 위험물의 수량
　㉢ 주의사항
　　• 제1류 위험물
　　　- 알칼리금속의 과산화물 : 화기·충격주의, 물기엄금, 가연물접촉주의
　　　- 그 밖의 것 : 화기·충격주의, 가연물접촉주의
　　• 제2류 위험물
　　　- 철분·금속분·마그네슘 : 화기주의, 물기엄금
　　　- 인화성 고체 : 화기엄금
　　　- 그 밖의 것 : 화기주의
　　• 제3류 위험물
　　　- 자연발화성 물질 : 화기엄금, 공기접촉엄금
　　　- 금수성 물질 : 물기엄금
　　• 제4류 위험물 : 화기엄금
　　• 제5류 위험물 : 화기엄금, 충격주의
　　• 제6류 위험물 : 가연물접촉주의
　　※ 문제 보기에 물기주의, 충격엄금, 가연물접촉엄금 등 주의사항에 없는 것들이 나오므로 답 선택에 유의한다.
⑥ 지정수량 이상의 위험물을 차량으로 운반하는 경우, 해당 위험물에 적응성이 있는 소형수동식 소화기를 해당 위험물의 소요단위에 상응하는 능력단위 이상으로 갖추어야 한다.
⑦ 위험물의 위험등급
　㉠ 위험등급 Ⅰ의 위험물
　　• 제1류 위험물 중 아염소산염류, 염소산염류, 과염소산염류, 무기과산화물, 그 밖에 지정수량이 50kg인 위험물
　　• 제3류 위험물 중 칼륨, 나트륨, 알킬알루미늄, 알킬리튬, 황린, 그 밖에 지정수량이 10kg 또는 20kg인 위험물
　　• 제4류 위험물 중 특수인화물
　　• 제5류 위험물 중 지정수량이 10kg인 위험물
　　• 제6류 위험물

ⓒ 위험등급Ⅱ의 위험물
- 제1류 위험물 중 브로민산염류, 질산염류, 아이오딘산염류, 그 밖에 지정수량이 300kg인 위험물
- 제2류 위험물 중 황화인, 적린, 황, 그 밖에 지정수량이 100kg인 위험물
- 제3류 위험물 중 알칼리금속(칼륨 및 나트륨을 제외한다) 및 알칼리토금속, 유기금속화합물(알킬알루미늄 및 알킬리튬을 제외한다), 그 밖에 지정수량이 50kg인 위험물
- 제4류 위험물 중 제1석유류 및 알코올류
- 제5류 위험물 중 ㉠에서 정하는 위험물 외의 것

ⓒ 위험등급Ⅲ의 위험물 : ㉠ 및 ㉡에서 정하지 않은 위험물

⑧ 유별을 달리하는 위험물의 혼재기준(운반 시)

위험물의 구분	제1류	제2류	제3류	제4류	제5류	제6류
제1류		×	×	×	×	○
제2류	×		×	○	○	×
제3류	×	×		○	×	×
제4류	×	○	○		○	×
제5류	×	○	×	○		×
제6류	○	×	×	×	×	

비고
- "×" 표시는 혼재할 수 없음을 표시한다.
- "○" 표시는 혼재할 수 있음을 표시한다.
- 이 표는 지정수량의 $\frac{1}{10}$ 이하의 위험물에 대하여는 적용하지 않는다.

※ 학습 시 245, 34, 61로 암기한다. 같이 있는 숫자끼리 혼재 가능하다.

(2) 운송책임자의 기준(위험물안전관리법 시행규칙 별표 21)

① 운송책임자의 감독 또는 지원의 방법

㉠ 운송책임자가 이동탱크저장소에 동승하여 운송 중인 위험물의 안전확보에 관하여 운전자에게 필요한 감독 또는 지원을 하는 방법. 다만, 운전자가 운송책임자의 자격이 있는 경우에는 운송책임자의 자격이 없는 자가 동승할 수 있다.

㉡ 운송의 감독 또는 지원을 위하여 마련한 별도의 사무실에 운송책임자가 대기하면서 다음의 사항을 이행하는 방법
- 운송경로를 미리 파악하고 관할 소방관서 또는 관련 업체에 대한 연락체계를 갖추는 것
- 이동탱크저장소의 운전자에 대하여 수시로 안전확보 상황을 확인하는 것
- 비상 시 응급처치에 관하여 조언을 하는 것
- 그 밖에 위험물의 운송 중 안전확보에 관하여 필요한 정보를 제공하고 감독 또는 지원하는 것

② 이동탱크저장소에 의한 위험물의 운송 시 준수해야 하는 기준
　㉠ 위험물운송자는 운송의 개시 전에 이동저장탱크의 배출밸브 등의 밸브와 폐쇄장치, 맨홀 및 주입구의 뚜껑, 소화기 등의 점검을 충분히 실시할 것
　㉡ 위험물운송자는 장거리(고속국도에 있어서는 340km 이상, 그 밖의 도로에 있어서는 200km 이상을 말한다)에 걸치는 운송을 하는 때에는 2명 이상의 운전자로 할 것. 다만, 다음에 해당하는 경우에는 그렇지 않다.
　　• 운송책임자를 동승시킨 경우
　　• 운송하는 위험물이 제2류 위험물·제3류 위험물(칼슘 또는 알루미늄의 탄화물과 이것만을 함유한 것에 한한다) 또는 제4류 위험물(특수인화물을 제외한다)인 경우
　　• 운송 도중에 2시간 이내마다 20분 이상씩 휴식하는 경우
　㉢ 위험물운송자는 이동탱크저장소를 휴식·고장 등으로 일시 정차시킬 때에는 안전한 장소를 택하고 해당 이동탱크저장소의 안전을 위한 감시를 할 수 있는 위치에 있는 등 운송하는 위험물의 안전확보에 주의할 것
　㉣ 위험물운송자는 이동저장탱크로부터 위험물이 현저하게 새는 등 재해 발생의 우려가 있는 경우에는 재난을 방지하기 위한 응급조치를 강구하는 동시에 소방관서 그 밖의 관계기관에 통보할 것
　㉤ 위험물(제4류 위험물에 있어서는 특수인화물 및 제1석유류에 한한다)을 운송하게 하는 자는 위험물안전카드를 위험물운송자로 하여금 휴대하게 할 것
　㉥ 위험물운송자는 위험물안전카드를 휴대하고 해당 카드에 기재된 내용에 따를 것. 다만, 재난 그 밖의 불가피한 이유가 있는 경우에는 해당 기재된 내용에 따르지 않을 수 있다.

(3) 운반용기의 최대용적 또는 중량(위험물안전관리법 시행규칙 별표 19)

① 고체위험물

운반용기				수납위험물의 종류									
내장용기		외장용기		제1류			제2류		제3류			제5류	
용기의 종류	최대용적 또는 중량	용기의 종류	최대용적 또는 중량	I	II	III	II	III	I	II	III	I	II
유리용기 또는 플라스틱 용기	10L	나무상자 또는 플라스틱상자 (필요에 따라 불활성의 완충재를 채울 것)	125kg	○	○	○	○	○	○	○	○	○	○
			225kg		○	○		○		○	○		○
		파이버판상자(필요에 따라 불활성의 완충재를 채울 것)	40kg	○	○	○	○	○	○	○	○	○	○
			55kg		○	○		○		○	○		○
금속제용기	30L	나무상자 또는 플라스틱상자	125kg	○	○	○	○	○	○	○	○	○	○
			225kg		○	○		○		○	○		○
		파이버판상자	40kg	○	○	○	○	○	○	○	○	○	○
			55kg		○	○		○		○	○		○
플라스틱 필름포대 또는 종이포대	5kg	나무상자 또는 플라스틱상자	50kg	○	○	○	○	○		○	○	○	○
	50kg		50kg	○	○	○	○	○					○
	125kg		125kg		○	○	○	○					
	225kg		225kg			○		○					
	5kg	파이버판상자	40kg	○	○	○	○	○		○	○	○	○
	40kg		40kg	○	○	○	○	○					○
	55kg		55kg			○		○					
–		금속제용기(드럼 제외)	60L	○	○	○	○	○	○	○	○	○	○
–		플라스틱용기(드럼 제외)	10L		○	○	○	○		○	○		○
			30L			○		○					○
–		금속제드럼	250L	○	○	○	○	○	○	○	○	○	○
–		플라스틱드럼 또는 파이버드럼(방수성이 있는 것)	60L	○	○	○	○	○	○	○	○	○	○
			250L		○	○		○		○	○		○
–		합성수지포대(방수성이 있는 것), 플라스틱필름포대, 섬유대(방수성이 있는 것) 또는 종이포대(여러겹으로서 방수성이 있는 것)	50kg		○	○	○	○		○	○		○

비고
- "○" 표시는 수납위험물의 종류별 각란에 정한 위험물에 대하여 해당 각란에 정한 운반용기가 적응성이 있음을 표시한다.
- 내장용기는 외장용기에 수납해야 하는 용기로서 위험물을 직접 수납하기 위한 것을 말한다.
- 내장용기의 용기의 종류란이 빈칸인 것은 외장용기에 위험물을 직접 수납하거나 유리용기, 플라스틱용기, 금속제용기, 폴리에틸렌포대 또는 종이포대를 내장용기로 할 수 있음을 표시한다.

② 액체위험물

운반용기				수납위험물의 종류								
내장용기		외장용기		제3류			제4류			제5류		제6류
용기의 종류	최대용적 또는 중량	용기의 종류	최대용적 또는 중량	I	II	III	I	II	III	I	II	I
유리용기	5L	나무 또는 플라스틱상자(불활성의 완충재를 채울 것)	75kg	○	○	○	○	○	○	○	○	○
	10L		125kg		○	○		○	○		○	
			225kg						○			
	5L	파이버판상자(불활성의 완충재를 채울 것)	40kg	○	○	○	○	○	○	○	○	○
	10L		55kg						○			
플라스틱 용기	10L	나무 또는 플라스틱상자(필요에 따라 불활성의 완충재를 채울 것)	75kg	○	○	○	○	○	○	○	○	○
			125kg		○	○		○	○		○	
			225kg						○			
		파이버판상자(필요에 따라 불활성의 완충재를 채울 것)	40kg	○	○	○	○	○	○	○	○	○
			55kg						○			
금속제용기	30L	나무 또는 플라스틱상자	125kg	○	○	○	○	○	○	○	○	○
			225kg						○			
		파이버판상자	40kg	○	○	○	○	○	○	○	○	○
			55kg					○	○			
–		금속제용기(금속제드럼 제외)	60L		○	○		○	○		○	
–		플라스틱용기(플라스틱드럼 제외)	10L		○	○		○	○		○	
			20L					○	○		○	
			30L					○	○		○	
–		금속제드럼(뚜껑고정식)	250L	○	○	○	○	○	○	○	○	○
–		금속제드럼(뚜껑탈착식)	250L					○	○			
–		플라스틱 또는 파이버드럼(플라스틱내 용기 부착의 것)	250L		○	○				○	○	

비고
- "○" 표시는 수납위험물의 종류별 각 란에 정한 위험물에 대하여 해당 각란에 정한 운반용기가 적응성이 있음을 표시한다.
- 내장용기는 외장용기에 수납해야 하는 용기로서 위험물을 직접 수납하기 위한 것을 말한다.
- 내장용기의 용기의 종류란이 빈칸인 것은 외장용기에 위험물을 직접 수납하거나 유리용기, 플라스틱용기 또는 금속제용기를 내장용기로 할 수 있음을 표시한다.

(4) 탱크의 용량 계산방법(위험물안전관리에 관한 세부기준 제25조, 별표 1)

① <u>탱크의 용량</u> : 내용적 − 공간용적

② 공간용적 : 내용적의 $\dfrac{5}{100}$ 이상 $\dfrac{10}{100}$ 이하

③ 일반탱크의 용량 구하기

   ㉠ 타원형 탱크의 내용적

      • 양쪽이 볼록한 탱크 : 내용적 $= \dfrac{\pi ab}{4}\left(l + \dfrac{l_1 + l_2}{3}\right)$

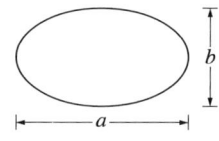 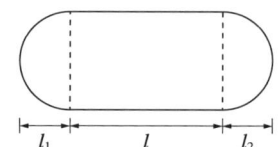

      • 한쪽이 오목한 탱크 : 내용적 $= \dfrac{\pi ab}{4}\left(l + \dfrac{l_1 - l_2}{3}\right)$

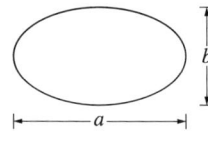 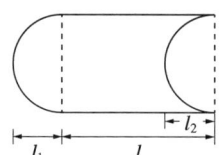

   ㉡ 원통형 탱크의 내용적

      • 횡으로 설치된 원통형 탱크 : 내용적 $= \pi r^2 \left(l + \dfrac{l_1 + l_2}{3}\right)$

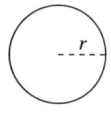 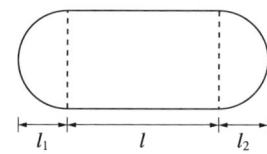

      • 종으로 설치한 탱크 : 내용적 $= \pi r^2 l$

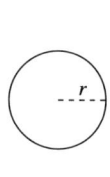 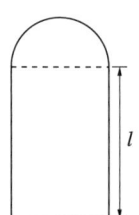

④ <u>암반탱크저장소의 용량 구하기</u> : 7일간의 지하수의 양에 상당하는 용적과 해당 암반저장탱크의 내용적의 $\dfrac{1}{100}$ 의 용적 중에서 보다 큰 용적을 공간용적으로 하여 탱크의 용량을 구한다.

2 제조소 등의 위치 · 구조 · 설비기준

1. 제조소의 위치 · 구조 및 설비의 기준(위험물안전관리법 시행규칙 별표 4)

(1) 제조소의 안전거리

제조소는 건축물의 외벽 또는 이에 상당하는 공작물의 외측으로부터 해당 제조소의 외벽 또는 이에 상당하는 공작물의 외측까지의 사이에 수평거리(이하 "안전거리"라 한다)를 두어야 한다.

① 사용전압이 7,000V 초과 35,000V 이하의 특고압가공전선 : 3m 이상
② 사용전압이 35,000V를 초과하는 특고압가공전선 : 5m 이상
③ 건축물 그 밖의 공작물로서 주거용으로 사용되는 것 : 10m 이상
④ 고압가스, 액화석유가스 또는 도시가스를 저장 또는 취급하는 시설 : 20m 이상
⑤ 학교 · 병원 · 극장, 그 밖에 다수인을 수용하는 시설 : 30m 이상
⑥ 지정문화유산 및 천연기념물 등 : 50m 이상

(2) 방화상 유효한 담을 설치한 경우의 안전거리

방화상 유효한 담의 높이는 다음에 의하여 산정한 높이 이상으로 한다.

① $H \leq pD^2 + a$ 인 경우, $h = 2$
② $H > pD^2 + a$ 인 경우, $h = H - p(D^2 - d^2)$
③ ① 및 ②에서 D, H, a, d, h 및 p는 다음과 같다.

   여기서, D : 제조소 등과 인근 건축물 또는 공작물과의 거리(m)
   H : 인근 건축물 또는 공작물의 높이(m)
   a : 제조소 등의 외벽의 높이(m)
   d : 제조소 등과 방화상 유효한 담과의 거리(m)
   h : 방화상 유효한 담의 높이(m)
   p : 상수

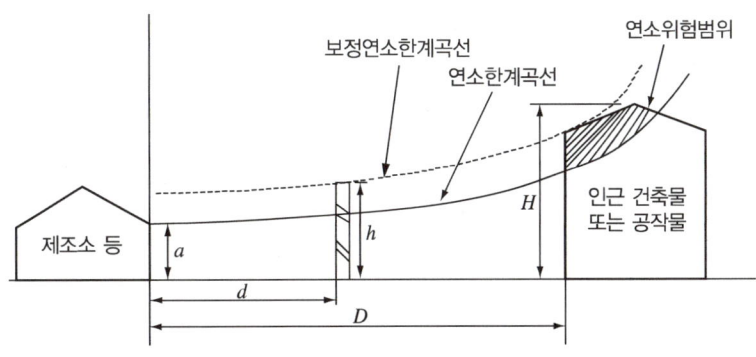

(3) 하이드록실아민 등을 취급하는 제조소의 특례(안전거리)

지정수량 이상의 하이드록실아민 등을 취급하는 제조소의 안전거리는 다음 식에 의해 구할 것

$D = 51.1 \sqrt[3]{N}$

여기서, D : 거리(m)

N : 해당 제조소에서 취급하는 하이드록실아민 등의 지정수량 배수

(4) 보유공지

위험물을 취급하는 건축물 그 밖의 시설의 주위에는 그 취급하는 위험물의 최대수량에 따라 다음 표에 의한 너비의 공지를 보유해야 한다.

취급하는 위험물의 최대수량	공지의 너비
지정수량의 10배 이하	3m 이상
지정수량의 10배 초과	5m 이상

(5) 표지 및 게시판

① 제조소에는 보기 쉬운 곳에 "위험물 제조소"라는 표시를 한 표지를 설치해야 한다.
  ㉠ 표지는 한 변의 길이가 <u>0.3m 이상</u>, 다른 한 변의 길이가 <u>0.6m 이상</u>인 직사각형으로 할 것
  ㉡ 표지의 바탕은 백색으로, 문자는 흑색으로 할 것

② 제조소에는 보기 쉬운 곳에 방화에 관하여 필요한 사항을 게시한 게시판을 설치해야 한다.
  ㉠ 게시판은 한 변의 길이가 0.3m 이상, 다른 한 변의 길이가 0.6m 이상인 직사각형으로 할 것
  ㉡ 게시판에는 저장 또는 취급하는 위험물의 유별·품명 및 저장 최대수량 또는 취급 최대수량, 지정수량의 배수 및 안전관리자의 성명 또는 직명을 기재할 것
  ㉢ 게시판의 바탕은 백색으로, 문자는 흑색으로 할 것
  ㉣ 게시판 외에 저장 또는 취급하는 위험물에 따라 주의사항을 표시한 게시판을 설치할 것
    • 제1류 위험물 중 알칼리금속의 과산화물과 이를 함유한 것 또는 제3류 위험물 중 금수성 물질에 있어서는 "물기엄금"
    • 제2류 위험물(인화성 고체는 제외)에 있어서는 "화기주의"
    • 제2류 위험물 중 인화성 고체, 제3류 위험물 중 자연발화성 물질, 제4류 위험물 또는 제5류 위험물에 있어서는 "화기엄금"
  ㉤ "물기엄금"을 표시하는 것에 있어서는 청색바탕에 백색문자로, "화기주의" 또는 "화기엄금"을 표시하는 것에 있어서는 적색바탕에 백색문자로 할 것

(6) 건축물의 구조

① 지하층이 없도록 해야 한다.
② 벽·기둥·바닥·보·서까래 및 계단 : 불연재료
③ 연소의 우려가 있는 외벽 : 출입구 외의 개구부가 없는 내화구조의 벽
④ 지붕은 폭발력이 위로 방출될 정도의 가벼운 불연재료로 덮어야 한다.
⑤ 출입구와 비상구 : 60분+방화문·60분 방화문 또는 30분 방화문
⑥ 연소의 우려가 있는 외벽 : 출입구에 수시로 열 수 있는 자동폐쇄식의 60분+방화문 또는 60분 방화문을 설치할 것
⑦ 건축물의 창 및 출입구에 유리를 이용하는 경우 : 망입유리
⑧ 액체의 위험물을 취급하는 건축물의 바닥 : 위험물이 스며들지 못하는 재료를 사용하고, 적당한 경사를 두어 그 최저부에 집유설비를 설치해야 한다.

(7) 채광·조명 및 환기설비

① **채광설비** : 채광설비는 불연재료로 하고, 연소의 우려가 없는 장소에 설치하되 채광 면적을 최소로 할 것
② **조명설비**
  ㉠ 가연성 가스 등이 체류할 우려가 있는 장소의 조명등은 방폭등으로 할 것
  ㉡ 전선은 내화·내열전선으로 할 것
  ㉢ 점멸스위치는 출입구 바깥 부분에 설치할 것. 다만, 스위치의 스파크로 인한 화재·폭발의 우려가 없을 경우에는 그렇지 않다.
③ **환기설비**
  ㉠ 자연배기방식으로 할 것
  ㉡ 급기구는 해당 급기구가 설치된 실의 바닥면적 150m^{2}마다 1개 이상으로 하되, 급기구의 크기는 800cm^2 이상으로 할 것. 다만 바닥면적이 150m^2 미만인 경우에는 다음의 크기로 해야 한다.

바닥면적	급기구의 면적
60m^2 미만	150cm^2 이상
60m^2 이상 90m^2 미만	300cm^2 이상
90m^2 이상 120m^2 미만	450cm^2 이상
120m^2 이상 150m^2 미만	600cm^2 이상

  ㉢ <u>급기구는 낮은 곳에 설치하고 가는 눈의 구리망 등으로 인화방지망을 설치할 것</u>
  ㉣ 환기구는 지붕 위 또는 지상 2m 이상의 높이에 회전식 고정벤틸레이터 또는 루프팬 방식으로 설치할 것

(8) 배출설비

① 국소방식으로 설치해야 한다.
② 배풍기·배출덕트·후드 등을 이용하여 강제적으로 배출하는 것으로 해야 한다.
③ 배출능력은 1시간당 배출장소 용적의 20배 이상인 것. 다만, 전역방식의 경우에는 바닥면적 $1m^2$당 $18m^3$ 이상으로 할 수 있다.
④ 급기구는 높은 곳에 설치하고, 가는 눈의 구리망 등으로 인화방지망을 설치할 것
⑤ 배출구는 지상 2m 이상의 연소의 우려가 없는 장소에 설치하고 화재 시 자동으로 폐쇄되는 방화댐퍼를 설치할 것
⑥ 배풍기는 강제배기방식으로 해야 한다.

(9) 제조소에 설치해야 하는 설비 및 장치

① 누출·비산방지
② 가열·냉각설비 등의 온도측정장치
③ 가열건조설비
④ 압력계 및 안전장치
    ㉠ 자동적으로 압력의 상승을 정지시키는 장치
    ㉡ 감압측에 안전밸브를 부착한 감압밸브
    ㉢ 안전밸브를 병용하는 경보장치
    ㉣ 파괴판

(10) 옥외설비의 바닥

① 바닥의 둘레에 높이 0.15m 이상의 턱을 설치할 것
② 바닥은 콘크리트 등 위험물이 스며들지 않는 재료로 사용하고, 턱이 있는 쪽이 낮게 경사지게 설치하고 최저부에 집유설비를 해야 한다.
③ 위험물(온도 20℃의 물 100g에 용해되는 양이 1g 미만인 것)을 취급하는 설비에 있어서는 해당 위험물이 직접 배수구에 흘러들어가지 않도록 집유설비에 유분리장치를 설치할 것

(11) 정전기 제거설비★★

① 접지에 의한 방법
② 공기 중의 상대습도를 70% 이상으로 하는 방법
③ 공기를 이온화하는 방법

(12) 피뢰설비

지정수량의 10배 이상의 위험물을 취급하는 제조소(제6류 위험물을 취급하는 위험물제조소를 제외한다)에는 피뢰침을 설치해야 한다.

(13) 위험물 취급탱크(위험물제조소)

① 옥외에 있는 위험물 취급탱크로서 액체위험물(이황화탄소 제외)을 취급하는 것의 주위에는 방유제를 설치할 것
  ㉠ 하나의 취급탱크 주위에 설치하는 방유제의 용량은 해당 탱크 용량의 50% 이상
  ㉡ 2 이상의 취급탱크 주위에 하나의 방유제를 설치하는 경우, 방유제의 용량은 탱크 중 용량이 최대인 것의 50%에 나머지 탱크용량 합계의 10%를 가산한 양 이상
② 옥내에 있는 위험물 취급탱크(용량이 지정수량의 1/5 미만인 것은 제외)
  ㉠ 탱크에 수납하는 위험물의 양을 전부 수용할 수 있어야 함
  ㉡ 하나의 방유턱 안에 2 이상의 탱크가 있는 경우 : 최대인 탱크의 용량

(14) 배관

① 배관의 재질은 강관, 유리섬유강화플라스틱, 고밀도폴리에틸렌, 폴리우레탄
② 배관에 걸리는 최대상용압력의 1.5배 이상의 압력으로 내압시험을 실시할 것

(15) 위험물의 성질에 따른 제조소의 특례

① 알킬알루미늄 등을 취급하는 제조소의 특례
  ㉠ 누설범위를 국한시킬 수 있는 설비와 누설된 알킬알루미늄 등을 안전한 장소에 설치된 저장실에 유입시킬 수 있는 설비를 갖출 것
  ㉡ 불활성 기체를 봉입하는 장치를 갖출 것
② 아세트알데하이드 등을 취급하는 제조소의 특례
  ㉠ 은·수은·동·마그네슘 또는 이들을 성분으로 하는 합금으로 만들지 않을 것
  ㉡ 불활성 기체 또는 수증기를 봉입하는 장치를 갖출 것
  ㉢ 취급하는 탱크에는 냉각장치 또는 보냉장치 및 연소성 혼합기체의 생성에 의한 폭발을 방지하기 위한 불활성 기체를 봉입하는 장치를 갖출 것
  ※ 고인화점 위험물 : 인화점이 100℃ 이상인 제4류 위험물

2. 옥내저장소의 위치·구조 및 설비의 기준(위험물안전관리법 시행규칙 별표 5)

(1) 옥내저장소의 안전거리
제조소와 동일하다.

(2) 안전거리 제외대상
① 최대수량이 지정수량의 20배 미만 : 제4석유류 또는 동식물유류의 위험물을 저장·취급하는 옥내저장소
② 제6류 위험물을 저장·취급하는 옥내저장소
③ 지정수량의 20배 이하의 위험물을 저장 또는 취급하는 옥내저장소로서 다음 기준에 적합한 경우
　㉠ 저장창고의 벽·기둥·바닥·보 및 지붕이 내화구조인 것
　㉡ 출입구에 수시로 열 수 있는 자동폐쇄방식의 60분+방화문 또는 60분 방화문이 설치되어 있을 것
　㉢ 저장창고에 창을 설치하지 않을 것

(3) 옥내저장소의 보유공지

저장·취급하는 위험물의 최대수량	공지의 너비	
	벽·기둥 및 바닥이 내화구조	그 밖의 건축물
지정수량의 5배 이하	-	0.5m 이상
지정수량의 5배 초과 10배 이하	1m 이상	1.5m 이상
지정수량의 10배 초과 20배 이하	2m 이상	3m 이상
지정수량의 20배 초과 50배 이하	3m 이상	5m 이상
지정수량의 50배 초과 200배 이하	5m 이상	10m 이상
지정수량의 200배 초과	10m 이상	15m 이상

다만, 지정수량의 20배를 초과하는 옥내저장소와 동일한 부지 내에 있는 다른 옥내저장소와의 사이에는 동표에 정하는 공지의 너비의 1/3(해당 수치가 3m 미만인 경우에는 3m)의 공지를 보유할 수 있다.

(4) 옥내저장소의 게시판
제조소와 동일하다.

(5) 옥내저장소의 저장창고
① 위험물의 저장을 전용으로 하는 독립된 건축물로 할 것
② 지면에서 처마까지의 높이는 6m 미만인 단층 건물로 하고 바닥은 지면보다 높아야 한다.

③ 제2류 또는 제4류의 위험물만을 저장하는 창고로서 다음 기준에 적합한 창고의 경우에는 20m 이하로 할 수 있다.
  ㉠ 벽·기둥·보 및 바닥을 내화구조로 할 것
  ㉡ 출입구에 60분+방화문 또는 60분 방화문을 설치할 것
  ㉢ 피뢰침을 설치할 것(다만, 안전상 지장이 없는 경우에는 설치 예외)
  ㉣ 하나의 저장창고의 바닥면적★★

위험을 저장하는 창고의 종류	기준면적
ⓐ 제1류 위험물 중 지정수량 50kg인 위험물(아염소산염류, 염소산염류, 과염소산염류, 무기과산화물) ⓑ 제3류 위험물 중 지정수량 10kg(칼륨, 나트륨, 알킬알루미늄, 알킬리튬)인 위험물과 황린 ⓒ 제4류 위험물 중 특수인화물, 제1석유류, 알코올류 ⓓ 제5류 위험물 중 지정수량 10kg인 위험물 ⓔ 제6류 위험물	1,000m² 이하
ⓐ~ⓔ외의 위험물을 저장하는 창고	2,000m² 이하
위의 전부에 해당하는 위험물을 내화구조의 격벽으로 완전히 구획된 실에 각각 저장하는 창고(ⓐ~ⓔ의 위험물을 저장하는 실의 면적은 500m²를 초과할 수 없다)	1,500m² 이하

  ㉤ 저장창고의 벽·기둥 및 바닥 : 내화구조
  ㉥ 보와 서까래 : 불연재료
    ※ 다만, 지정수량의 10배 이하의 위험물의 저장창고, 제2류 위험물(인화성 고체 제외), 제4류 위험물(인화점이 70℃ 미만 제외)일 경우 벽·기둥 및 바닥 : 불연재료
  ㉦ 저장창고의 지붕 : 폭발력이 위로 방출될 정도의 가벼운 불연재료로 하고 천장을 만들지 않는다.
    • 내화구조로 할 수 있는 경우 : 제2류 위험물(인화성 고체 제외), 제6류 위험물
    • 난연재료 또는 불연재료로 할 수 있는 경우 : 제5류 위험물
  ㉧ 저장창고의 출입구 : 60분+방화문·60분 방화문 또는 30분 방화문을 설치하되, 연소의 우려가 있는 외벽에 있는 출입구에는 수시로 열 수 있는 자동폐쇄식의 60분+방화문 또는 60분 방화문을 설치할 것
  ㉨ 저장창고의 창 또는 출입구의 유리 : 망입유리
  ㉩ 바닥을 물이 스며 나오거나 스며들지 않는 구조로 해야 할 경우

유별	품명
제1류 위험물	알칼리금속의 과산화물 또는 이를 함유한 것
제2류 위험물	철분, 금속분, 마그네슘 또는 이중 어느 하나 이상을 함유한 것
제3류 위험물	금수성 물질
제4류 위험물	전부

ⓒ 액상의 위험물 : 저장창고의 바닥은 위험물이 스며들지 않는 구조로 하고, 적당하게 경사지게 하여 그 최저부에 집유설비를 해야 한다.
ⓔ 피뢰침 : 지정수량의 10배 이상의 저장창고(제6류 제외)

(6) 다층건물의 옥내저장소의 기준(인화성 고체, 제4류 위험물 중 인화점이 70℃ 미만인 것은 제외)

① 저장창고는 각층의 바닥을 지면보다 높게 하고, 바닥면으로부터 상층의 바닥까지의 높이를 6m 미만으로 해야 한다.
② 하나의 저장창고의 바닥면적 합계는 1,000m² 이하로 해야 한다.
③ 저장창고의 벽·기둥·바닥 및 보는 내화구조, 계단은 불연재료, 연소의 우려가 있는 외벽은 출입구 외의 개구부를 갖지 않는 벽으로 해야 한다.
④ 2층 이상의 층의 바닥에는 개구부를 두지 않아야 한다.
※ 다만, 내화구조의 벽과 60분+방화문·60분 방화문 또는 30분 방화문으로 구획된 계단실은 그렇지 않다.

(7) 지정과산화물(제5류 위험물 중 유기과산화물 또는 지정수량이 10kg인 것)에 따른 옥내저장소의 특례

① 저장창고는 <u>150m²</u> 이내마다 격벽으로 완전하게 구획할 것
② 출입구에는 60분+방화문 또는 60분 방화문을 설치할 것
③ 창은 바닥면으로부터 2m 이상의 높이에 두되, 하나의 벽면에 두는 창의 면적의 합계를 해당 벽면의 면적의 1/80 이내로 하고, 하나의 창의 면적을 0.4m² 이내로 할 것
  ※ 격벽
  • 두께 30cm 이상의 철근콘크리트조 또는 철골철근콘크리트조
  • 두께 40cm 이상의 보강콘크리트블록조
  • 저장창고 양측의 외벽으로부터 1m 이상, 지붕으로부터 50cm 이상 돌출하게 할 것
  ※ 외벽
  • 두께 20cm 이상의 철근콘크리트조나 철골철근콘크리트조
  • 두께 30cm 이상의 보강콘크리트블록조

3. 옥내탱크저장소의 위치·구조 및 설비의 기준(위험물안전관리법 시행규칙 별표 7)

(1) 설치기준(단층 건축물에 설치하는 경우)

① 옥내탱크는 단층 건축물에 설치된 탱크전용실에 설치할 것

② 옥내저장탱크와 탱크전용실의 벽과의 사이 및 옥내저장탱크의 상호간에는 <u>0.5m 이상의 간격</u>을 유지할 것
③ 옥내탱크저장소에는 "위험물 옥내탱크저장소"라는 표시를 한 표지와 방화에 관하여 필요한 사항을 게시한 게시판을 설치할 것
④ 옥내저장탱크의 용량(동일한 탱크전용실에 옥내저장탱크를 2 이상 설치하는 경우에는 각 탱크의 용량의 합계를 말한다)은 지정수량의 40배(제4석유류 및 동식물유류 외의 제4류 위험물에 있어서 해당 수량이 20,000L를 초과할 때에는 20,000L) 이하일 것

(2) 옥내저장탱크의 기준

① 옥내저장탱크의 외면에는 녹을 방지하기 위한 도장을 할 것
② 옥내저장탱크 중 압력탱크(최대상용압력이 부압 또는 정압 5kPa을 초과하는 탱크를 말한다) 외의 탱크(제4류 위험물의 옥내저장탱크로 한정한다)에 있어서는 밸브 없는 통기관 또는 대기밸브 부착 통기관을 설치할 것
  ㉠ 밸브 없는 통기관 : 통기관의 끝부분은 건축물의 창·출입구 등의 개구부로부터 1m 이상 떨어진 옥외의 장소에 지면으로부터 4m 이상의 높이로 설치할 것
  ㉡ 통기관은 가스 등이 체류할 우려가 있는 굴곡이 없도록 할 것
  ㉢ 액체위험물의 옥내저장탱크에는 위험물의 양을 자동적으로 표시하는 장치를 설치할 것
③ **탱크전용실의 지붕** : 불연재료, 천장을 설치하지 않을 것
④ **창 및 출입구** : 60분+방화문·60분 방화문 또는 30분 방화문을 설치하는 동시에 연소의 우려가 있는 외벽에 두는 출입구에는 수시로 열 수 있는 자동폐쇄식의 60분+방화문 또는 60분 방화문을 설치할 것
⑤ **유리** : 망입유리
⑥ **액상의 위험물** : 바닥은 위험물이 침투하지 않는 구조로 하고 적당한 경사를 두며 집유설비를 할 것
  ※ 펌프 설비 : 탱크전용실에 설치하는 경우에는 0.2m 이상의 턱을 설치할 것

(3) (1) 외의 설치기준(옥내탱크저장소 중 탱크전용실을 단층 건물 외의 건축물에 설치하는 경우)

제2류 위험물 중 황린·적린 및 덩어리 황, 제3류 위험물 중 황린, 제6류 위험물 중 질산 및 제4류 위험물 중 인화점이 38℃ 이상인 위험물
① 옥내저장탱크는 탱크전용실에 설치할 것
② 옥내저장탱크의 주입구 부근에는 해당 옥내저장탱크의 위험물의 양을 표시하는 장치를 설치할 것(다만, 해당 위험물의 양을 쉽게 확인할 수 있는 경우에는 설치×).

③ 다층 건물의 옥내저장탱크의 용량
  ㉠ 1층 이하의 층에 있어서는 지정수량의 40배(제4석유류 및 동식물유류 외의 제4류 위험물에 있어서 해당 수량이 2만L를 초과할 때에는 2만L) 이하일 것
  ㉡ 2층 이상의 층에 있어서는 지정수량의 10배(제4석유류 및 동식물유류 외의 제4류 위험물에 있어서 해당 수량이 5천L를 초과할 때에는 5천L) 이하일 것

4. 옥외탱크저장소의 위치 · 구조 및 설비의 기준(위험물안전관리법 시행규칙 별표 6)

(1) 옥외탱크저장소의 안전거리
제조소와 동일하다.

(2) 옥외탱크저장소의 보유공지

저장 또는 취급하는 위험물의 최대수량	공지의 너비
지정수량의 500배 이하	3m 이상
지정수량의 500배 초과 1,000배 이하	5m 이상
지정수량의 1,000배 초과 2,000배 이하	9m 이상
지정수량의 2,000배 초과 3,000배 이하	12m 이상
지정수량의 3,000배 초과 4,000배 이하	15m 이상
지정수량의 4,000배 초과	해당 탱크의 수평단면의 최대지름(횡형인 경우에는 긴변)과 높이 중에서 큰 것과 같은 거리 이상. 다만, 30m 초과인 경우에는 30m 이상으로 할 수 있고, 15m 미만인 경우에는 15m 이상으로 해야 한다.

① 제6류 위험물 외의 위험물을 저장 또는 취급하는 옥외저장탱크(지정수량의 4,000배를 초과하여 저장 또는 취급하는 옥외저장탱크를 제외)를 동일한 방유제 안에 2개 이상 인접하여 설치하는 경우 : 보유공지의 1/3 이상(최소 3m 이상)
② 제6류 위험물을 저장 또는 취급하는 옥외저장탱크 : 보유공지의 1/3 이상(최소 1.5m 이상)
③ 제6류 위험물을 저장 또는 취급하는 옥외저장탱크를 동일구내에 2개 이상 인접하여 설치하는 경우 : 보유공지의 1/3×1/3(최소 1.5m 이상)
④ 물분무설비로 방호조치를 하는 경우 : 보유공지의 1/2(최소 3m 이상)로 할 수 있다. 이 경우 다음의 방호 조치를 함께해야 한다.
  ㉠ 탱크의 표면에 방사하는 물의 양 : 탱크 원주길이 1m에 대하여 분당 37L 이상
  ㉡ 수원의 양 : 20분 이상 방사할 수 있는 수량

(3) 옥외탱크저장소의 표지 및 게시판
보기 쉬운 곳에 "위험물 옥외탱크저장소"라는 표시를 한 표지와 나머지는 제조소와 동일하다.

(4) 특정옥외저장탱크
저장 또는 취급하는 액체위험물의 최대수량이 100만L 이상

(5) 준특정옥외저장탱크
저장 또는 취급하는 액체위험물의 최대수량이 50만L 이상 100만L 미만

(6) 옥외저장탱크의 두께
① 3.2mm 이상의 강철판 또는 이와 동등 이상의 기계적 성질이 있는 것
② 성능시험
　㉠ 압력탱크 외의 탱크 : 충수시험
　㉡ 압력탱크 : 최대상용압력의 1.5배 압력으로 10분간 수압시험에서 새거나 변형되지 않아야 한다.

(7) 옥외저장탱크 중 압력탱크 외의 탱크
밸브없는 통기관 또는 대기밸브 부착 통기관을 설치할 것
① 통기관의 직경은 30mm 이상일 것
② 끝부분은 수평면보다 45° 이상 구부려 빗물 등의 침투를 막는 구조일 것
③ 40메시(mesh) 이상의 구리망으로 인화방지장치를 설치할 것
④ 대기밸브부착 통기관은 5kPa 이하의 압력 차이로 작동할 수 있을 것

(8) 옥외저장탱크 중 압력탱크
제조소에 적용되는 안전장치(제조소의 설치기준 참조)를 설치해야 한다.

(9) 인화점이 21℃ 미만인 위험물의 옥외저장탱크의 주입구
① 게시판의 크기 : 제조소와 동일
② 기재사항 : "옥외저장탱크 주입구"라고 표시, 유별, 품명, 주의사항을 기재

(10) 옥외저장탱크의 펌프설비
① 펌프설비의 주위에는 3m 이상의 공지를 보유할 것
② 펌프설비로부터 옥외저장탱크까지의 사이에는 해당 옥외저장탱크의 보유공지 너비의 1/3 이상의 거리를 유지할 것
③ 벽·기둥·바닥 및 보 : 불연재료

④ 지붕 : 폭발력이 위로 방출될 정도의 가벼운 불연재료
⑤ 창 및 출입구 : 60분+방화문·60분 방화문 또는 30분 방화문
⑥ 유리 : 망입유리
⑦ 턱의 높이 : 0.2m 이상의 턱
⑧ 최저부에는 집유설비를 설치할 것
⑨ 필요한 채광, 조명 및 환기설비를 설치할 것
⑩ 펌프실 외의 장소에 설치하는 펌프설비 : 0.15m 이상의 턱
  ※ 이황화탄소의 옥외저장탱크 : 벽 및 바닥의 두께가 0.2m 이상인 철근콘크리트 수조에 넣어 보관한다(이 경우 보유공지·통기관 및 자동계량장치는 생략할 수 있다).

(11) 옥외저장탱크의 방유제(이황화탄소는 제외)

① 탱크가 하나인 때 : 탱크 용량의 110% 이상[인화성이 없는 액체위험물일 경우 100%(제6류 위험물)]
② 2기 이상인 때 : 둘 중 용량이 최대인 것의 110% 이상[인화성이 없는 액체위험물일 경우 100%(제6류 위험물)]
③ 방유제의 높이 : 0.5m 이상, 3m 이하, 두께 0.2m 이상, 지하매설 깊이 1m 이상으로 할 것
④ 방유제 내의 면적은 8만m^2 이하로 할 것
⑤ 방유제 내에 설치하는 옥외저장탱크의 수는 10(방유제 내에 설치하는 모든 옥외저장탱크의 용량이 20만L 이하이고, 해당 옥외저장탱크에 저장 또는 취급하는 위험물의 인화점이 70℃ 이상 200℃ 미만인 경우에는 20) 이하로 할 것. 다만, 인화점이 200℃ 이상인 위험물을 저장 또는 취급하는 옥외저장탱크에 있어서는 그렇지 않다.
⑥ 방유제 외면의 1/2 이상은 자동차 등이 통행할 수 있는 3m 이상의 노면폭을 확보한 구내도로에 직접 접하도록 할 것
⑦ 방유제는 옥외저장탱크의 지름에 따라 탱크 옆판으로부터 다음에 정하는 거리를 유지
  ㉠ 지름이 15m 미만인 경우에는 탱크 높이의 1/3 이상
  ㉡ 지름이 15m 이상인 경우에는 탱크 높이의 1/2 이상
⑧ 방유제는 철근콘크리트로 한다.
⑨ 방유제 내부에 고인 물을 외부로 배출하기 위한 배수구를 설치하고, 이를 개폐하는 밸브 등을 방유제의 외부에 설치할 것
⑩ 계단 및 경사로 : 높이가 1m를 넘는 방유제 및 간막이 둑의 안팎에는 방유제 내에 출입하기 위한 계단 또는 경사로를 50m마다 설치할 것

(12) 위험물의 성질에 따른 옥외탱크저장소의 특례
  ① 알킬알루미늄 등 : 불활성 기체 봉입장치를 설치할 것
  ② 아세트알데하이드 등
    ㉠ 옥외저장탱크의 설비는 동, 마그네슘, 은, 수은 또는 이들을 성분으로 하는 합금으로 만들지 않을 것
    ㉡ 냉각장치 또는 보냉장치 그리고 불활성 기체를 봉입하는 장치를 설치
  ③ 하이드록실아민 등 : 온도의 상승을 방지하기 위한 조치를 강구할 것

5. 지하탱크저장소의 위치·구조 및 설비의 기준(위험물안전관리법 시행규칙 별표 8)

(1) 지하탱크저장소의 설치기준
  ① 지면하에 설치된 탱크전용실에 설치할 것
  ② 탱크전용실은 지하의 가장 가까운 벽·피트·가스관 등의 시설물 및 대지경계선으로부터 0.1m 이상 떨어진 곳에 설치할 것
  ③ 지하저장탱크와 탱크전용실의 안쪽과의 사이는 0.1m 이상의 간격을 유지할 것
  ④ 해당 탱크의 주위에 마른모래 또는 습기 등에 의하여 응고되지 않는 입자지름 5mm 이하의 마른자갈분을 채워야 한다.
  ⑤ 지하저장탱크의 윗부분은 지면으로부터 0.6m 이상 아래에 있어야 한다.
  ⑥ 지하저장탱크를 2 이상 인접해 설치하는 경우에는 그 상호간에 1m(해당 2 이상의 지하저장탱크의 용량의 합계가 지정수량의 100배 이하인 때에는 0.5m) 이상의 간격을 유지해야 한다.

(2) 지하저장탱크의 두께
  3.2mm 이상의 강철판으로 할 것

(3) 탱크 수압시험
  ① 압력탱크 외의 탱크 : 70kPa의 압력으로 10분간 수압시험
  ② 압력탱크 : 최대상용압력의 1.5배의 압력으로 10분간 수압시험

(4) 밸브 없는 통기관
  지하저장탱크의 윗부분에 연결

(5) 배관
지하저장탱크의 윗부분에 설치

(6) 액체위험물의 지하저장탱크에는 위험물의 양을 자동적으로 표시하는 장치 및 계량구를 설치해야 한다.

(7) 지하저장탱크의 주위에는 해당 탱크로부터 액체위험물의 누설을 검사하기 위한 관을 4개소 이상 설치해야 한다.

(8) 탱크전용실의 벽·바닥 및 뚜껑의 두께
0.3m 이상으로 할 것

(9) 과충전 방지장치
① 탱크용량을 초과하는 위험물이 주입될 때 자동으로 그 주입구를 폐쇄하거나 위험물의 공급을 자동으로 차단하는 방법
② 탱크용량의 90%가 찰 때 경보음을 울리는 방법

6. 이동탱크저장소의 위치·구조 및 설비의 기준(위험물안전관리법 시행규칙 별표 10)

(1) 이동탱크저장소의 상치장소
① 옥외 : 인근의 건축물로부터 5m 이상(건축물이 1층인 경우에는 3m)
② 옥내 : 벽·바닥·보·서까래 및 지붕이 내화구조 또는 불연재료로 된 건축물의 1층에 설치할 것

(2) 이동저장탱크의 구조
① 이동저장탱크의 두께 : 3.2mm 이상의 강철판
② 압력탱크 외의 탱크 : 70kPa의 압력으로 10분간 수압시험
③ 압력탱크 : 최대상용압력의 1.5배의 압력으로 10분간 수압시험
④ 내부에 4,000L 이하마다 3.2mm 이상의 강철판으로 칸막이를 설치해야 한다.
⑤ 칸막이로 구획된 각 부분마다 맨홀과 안전장치 및 방파판을 설치해야 한다.
㉠ 방파판
• 두께 1.6mm 이상의 강철판

- 하나의 구획 부분에 2개 이상의 방파판을 이동탱크저장소의 진행 방향과 평행으로 설치할 것

⑥ 측면틀 및 방호틀을 설치해야 한다.
  ㉠ 측면틀
   - 이동저장탱크가 사고 등으로 인해 전도할 경우 이동저장탱크 및 부속장치의 손상을 막을 수 있게 하는 장치
   - 탱크상부의 네 모퉁이에 해당 탱크의 전단 또는 후단으로부터 각각 1m 이내의 위치에 설치할 것
   - 탱크 뒷부분의 입면도에 있어서 측면틀의 최외측과 탱크의 최외측을 연결하는 직선의 수평면에 대한 내각이 75° 이상이 되도록 한다.
  ㉡ 방호틀
   - 이동저장탱크가 전복하게 될 경우 탱크 상부 또는 부속장치가 손상되는 것을 방지하기 위한 장치
   - <u>두께 2.3mm 이상의 강철판</u>으로 할 것
   - 정상부분은 부속장치보다 50mm 이상 높게 하거나 이와 동등 이상의 성능이 있는 것으로 할 것

(3) 이동저장탱크의 수동폐쇄장치

탱크의 배출구에 밸브를 설치하고 비상 시 직접 폐쇄할 수 있는 레버를 설치해야 한다. 레버의 길이는 15cm 이상으로 할 것

(4) 이동저장탱크의 주입설비

주입설비의 길이는 50m 이내, 분당 토출량은 200L 이하로 할 것

(5) 이동저장탱크의 표지 및 상치장소 표시

① 이동탱크저장소에는 소방청장이 정하여 고시하는 바에 따라 저장하는 위험물의 위험성을 알리는 표지를 설치하여야 한다.
② 이동탱크저장소의 탱크외부에는 도장 등을 하여 쉽게 식별할 수 있도록 하고, 보기 쉬운 곳에 상치장소의 위치를 표시하여야 한다.
③ 이동탱크저장소에는 보기 쉬운 곳에 해당 이동탱크저장소가 금연구역임을 알리는 표지를 설치해야 한다.

(6) 이동저장탱크의 접지도선
제4류 위험물 중 특수인화물, 제1석유류, 제2석유류에는 접지도선을 설치해야 한다.

(7) 위험물의 성질에 따른 이동저장탱크저장소의 특례
① 알킬알루미늄 등
　㉠ 두께 10mm 이상의 강판
　㉡ 1MPa 이상의 압력으로 10분간 수압시험
　㉢ <u>용량은 1,900L 미만일 것</u>
　㉣ 맨홀 및 주입구의 뚜껑은 두께 10mm 이상의 강판
　㉤ 불활성 기체를 봉입할 수 있는 구조로 할 것
② 아세트알데하이드 등
　㉠ 불활성 기체를 봉입할 수 있는 구조로 할 것
　㉡ 은·수은·동·마그네슘 또는 이들을 성분으로 하는 합금으로 만들지 않을 것

(8) 컨테이너식 이동탱크저장소의 특례
① 이동저장탱크, 맨홀, 주입구의 뚜껑은 두께 6mm 이상의 강판
② 칸막이는 두께 3.2mm 이상의 강판
③ 부속장치는 상자틀의 최외측과 50mm 이상의 간격을 유지할 것

7. 옥외저장소의 위치·구조 및 설비의 기준(위험물안전관리법 시행규칙 별표 11)

(1) 옥외저장소의 안전거리
제조소와 동일하다.

(2) 옥외저장소의 보유공지

저장 또는 취급하는 위험물의 최대수량	공지의 너비
지정수량의 10배 이하	3m 이상
지정수량의 10배 초과 20배 이하	5m 이상
지정수량의 20배 초과 50배 이하	9m 이상
지정수량의 50배 초과 200배 이하	12m 이상
지정수량의 200배 초과	15m 이상

다만, 제4류 위험물 중 제4석유류와 제6류 위험물을 저장 또는 취급할 경우 보유공지의 1/3 이상의 너비로 할 수 있다.

(3) 옥외저장소의 게시판
제조소와 동일하다.

(4) 옥외저장소에 선반을 설치하는 경우
① 선반은 불연재료로 만들 것
② 선반의 높이는 6m를 초과하지 않을 것
③ 선반에는 위험물을 수납한 용기가 쉽게 낙하하지 않는 조치를 강구할 것

(5) 옥외저장소에 덩어리 상태의 황만을 지반면에 설치한 경계표시 안쪽에서 저장 또는 취급하는 것
① 하나의 경계표시의 내부 면적 : <u>100m² 이하</u>
② 2 이상의 경계표시를 설치하는 경우에 각각의 경계표시 내부의 면적을 합산한 면적 : 1,000m² 이하
③ **경계표시** : 불연재료로 하고 높이는 1.5m 이하로 할 것
④ 경계표시에는 황이 넘치거나 비산하는 것을 방지하기 위한 천막 등을 고정하는 장치를 설치하되, 장치는 경계표시의 길이 2m마다 1개 이상 설치할 것

(6) 옥외저장소에 저장할 수 있는 위험물(위험물안전관리법 시행령 별표 2)
① 제2류 위험물 중 황, 인화성 고체(인화점이 0℃ 이상인 것에 한함)
② 제4류 위험물 중 제1석유류(<u>인화점이 0℃ 이상인 것에 한함</u>), 알코올류, 제2석유류, 제3석유류, 제4석유류, 동식물유류
③ 제6류 위험물
④ 제2류 위험물 및 제4류 위험물 중 특별시·광역시·특별자치시·도 또는 특별자치도의 조례로 정하는 위험물(관세법 제154조의 규정에 의한 보세구역 안에 저장하는 경우에 한한다)
⑤ 국제해사기구에 관한 협약에 의하여 설치된 국제해사기구가 채택한 국제해상위험물규칙(IMDG Code)에 적합한 용기에 수납된 위험물

8. 간이탱크저장소의 위치·구조 및 설비의 기준(위험물안전관리법 시행규칙 별표 9)

(1) 간이탱크저장소의 설치위치
옥외에 설치해야 한다. 다만, 탱크전용실이 다음 기준에 적합할 경우 전용실 안에 설치할 수 있다.
① **지붕** : 불연재료, 천장을 설치하지 않을 것

② 창 및 출입구 : 60분+방화문·60분 방화문 또는 30분 방화문을 설치하는 동시에, 연소의 우려가 있는 외벽에 두는 출입구에는 수시로 열 수 있는 자동폐쇄식의 60분+방화문 또는 60분 방화문을 설치할 것
③ 유리 : 망입유리
④ 벽·기둥 및 바닥 : 내화구조
⑤ 보 : 불연재료

(2) 간이탱크저장소의 설치기준
① 하나의 간이탱크저장소에 설치하는 간이저장탱크의 수 : 3기 이하
② 동일한 품질의 위험물의 간이저장탱크의 수 : 2 이상 설치하지 않는다.
③ 표지 및 게시판 : "위험물간이탱크저장소"라는 표시와 나머지는 제조소의 기준과 동일
④ 탱크의 주위에 너비 1m 이상의 공지를 둔다. 전용실 안에 설치하는 경우에는 탱크와 전용실 벽과의 사이에 0.5m 이상의 간격 유지
⑤ 간이저장탱크의 용량 : 600L 이하
⑥ 두께 : 3.2mm 이상의 강판
⑦ 수압시험 : 70kPa의 압력으로 10분간의 수압시험
⑧ 밸브 없는 통기관
  ㉠ 지름 : 25mm 이상
  ㉡ 통기관은 옥외에 설치, 선단(끝부분)의 높이는 지상 1.5m 이상
  ㉢ 선단은 수평면에 대하여 아래로 45° 이상 구부려 빗물 등이 침투하지 않도록 할 것
  ㉣ 가는 눈의 구리망 등으로 인화방지장치를 할 것

9. 암반탱크저장소의 위치·구조 및 설비의 기준(위험물안전관리법 시행규칙 별표 12)

(1) 암반탱크저장소의 설치조건
① 암반탱크는 암반투수계수가 1초당 10만분의 1m 이하인 천연암반내에 설치
② 암반탱크는 저장할 위험물의 증기압을 억제할 수 있는 지하수면하에 설치
③ 암반탱크의 내벽은 암반균열에 의한 낙반을 방지할 수 있도록 볼트·콘크리트 등으로 보강할 것

10. 주유취급소의 위치·구조 및 설비의 기준(위험물안전관리법 시행규칙 별표 13)

(1) 주유취급소의 주유공지
① 주유공지 : 너비 15m 이상, 길이 6m 이상의 콘크리트 등으로 포장한 공지
② 공지의 바닥 : 주위 지면보다 높게 하고, 새어나온 액체가 외부로 유출되지 않도록 배수구·집유설비 및 유분리장치를 해야 한다.

(2) 주유취급소의 표지 및 게시판
① "위험물 주유취급소"라는 표시를 한 표지
② 황색바탕에 흑색문자로 "주유 중 엔진정지"라는 표시를 한 게시판
③ 규격은 제조소와 동일

(3) 주유취급소의 탱크
① 자동차 등에 주유하기 위한 고정주유설비에 직접 접속하는 전용탱크로서 50,000L 이하의 것
② 고정급유설비에 직접 접속하는 전용탱크로서 50,000L 이하의 것
③ 보일러 등에 직접 접속하는 전용탱크로서 10,000L 이하의 것
④ 폐유·윤활유 등의 위험물을 저장하는 탱크로서 용량 2,000L 이하인 탱크
⑤ 고정주유설비 또는 고정급유설비에 직접 접속하는 3기 이하의 간이탱크

(4) 주유취급소의 고정주유설비
① 토출량
  ㉠ 제1석유류 : 분당 50L 이하
  ㉡ 경유 : 분당 180L 이하
  ㉢ 등유 : 분당 80L 이하
  ㉣ 고정급유설비의 펌프기기 : 분당 300L 이하

(5) 고정주유설비 및 고정급유설비의 주유관의 길이
5m 이내로 하고, 선단(끝부분)에는 정전기를 제거할 수 있는 장치를 설치

(6) 고정주유설비 및 고정급유설비의 설치위치
① 고정주유설비의 중심선 기점인 경우
  ㉠ 도로경계선까지 : 4m 이상
  ㉡ 부지경계선·담 및 건축물의 벽까지 : 2m 이상(개구부가 없는 벽까지는 1m)

② 고정급유설비의 중심선 기점인 경우
- ㉠ 도로경계선까지 : 4m 이상
- ㉡ 부지경계선 및 담까지 : 1m 이상
- ㉢ 건축물의 벽까지 : 2m 이상(개구부가 없는 벽까지는 1m)

(7) 주유취급소의 건축물 제한 등

주유취급소에는 주유 또는 그에 부대하는 업무를 위하여 사용되는 다음의 건축물 또는 시설 외에는 다른 건축물 그 밖의 공작물을 설치할 수 없다.
① 주유 또는 등유·경유를 옮겨 담기 위한 작업장
② 주유취급소의 업무를 행하기 위한 사무소
③ 자동차 등의 점검 및 간이정비를 위한 작업장
④ 자동차 등의 세정을 위한 작업장
⑤ 주유취급소에 출입하는 사람을 대상으로 한 점포·휴게음식점 또는 전시장
⑥ 주유취급소의 관계자가 거주하는 주거시설
⑦ 전기자동차용 충전설비(전기를 동력원으로 하는 자동차에 직접 전기를 공급하는 설비를 말한다)
⑧ 그 밖의 소방청장이 정하여 고시하는 건축물 또는 시설

(8) 주유취급소의 건축물 등의 구조

① 벽·기둥·바닥·보 및 지붕 : 내화구조 또는 불연재료
② 창 및 출입구 : 방화문 또는 불연재료로 된 문
③ 유리 : 망입유리 또는 강화유리(창에는 8mm, 출입구에는 12mm 이상)
   ※ 주유취급소에서 자동차 등의 점검·정비를 행하는 설비
   - 고정주유설비로부터 4m 이상 떨어지게 할 것
   - 도로경계선으로부터 2m 이상 떨어지게 할 것
   ※ 주유원 간이대기실의 기준 : 바닥면적이 $2.5m^2$ 이하

(9) 주유취급소의 담 또는 벽

① 자동차 등이 출입하는 쪽 외의 부분에 높이 2m 이상의 내화구조 또는 불연재료의 담 또는 벽을 설치
② 유리를 부착할 수 있는 경우
   - ㉠ 유리를 부착하는 위치는 주입구, 고정주유설비 및 고정급유설비로부터 4m 이상 이격
   - ㉡ 지반면으로부터 70cm를 초과하는 부분에 한하여 유리를 부착
   - ㉢ 하나의 유리판의 가로의 길이는 2m 이내일 것

㉣ 유리를 부착하는 범위는 전체의 담 또는 벽의 길이의 2/10를 초과하지 않을 것

(10) 주유취급소의 펌프실 등의 구조

① 바닥은 위험물이 침투하지 않는 구조로 하며, 집유설비를 설치할 것
② 채광·조명 및 환기설비를 할 것
③ 가연성 증기가 체류할 우려가 있는 펌프실 등에는 증기를 옥외에 배출하는 설비를 설치할 것
④ 고정주유설비 또는 고정급유설비중 펌프기기를 호스기기와 분리하여 설치하는 경우에는 펌프실의 출입구를 주유공지 또는 급유공지에 접하도록 하고, 자동폐쇄식의 60분+방화문 또는 60분 방화문을 설치할 것
⑤ 출입구에는 바닥으로부터 0.1m 이상의 턱을 설치할 것

(11) 고속국도주유취급소의 특례

탱크의 용량을 60,000L까지 할 수 있다.

(12) 셀프용 고정주유설비의 기준

① 1회의 연속주유량 및 주유시간
  ㉠ 휘발유(가솔린) : 100L 이하, 4분 이하
  ㉡ 경유 : 600L 이하, 12분 이하

11. 판매취급소의 위치·구조 및 설비의 기준(위험물안전관리법 시행규칙 별표 14)

(1) 판매취급소의 구분

① 제1종 판매취급소 : 저장 또는 취급하는 위험물의 수량이 20배 이하
② 제2종 판매취급소 : 저장 또는 취급하는 위험물의 수량이 40배 이하

(2) 판매취급소의 기준(제1종 판매취급소)

① 제1종 판매취급소는 건축물의 1층에 설치할 것
② 게시판 : "위험물 판매취급소"라는 표시를 한 표지, 그 외는 제조소와 동일
③ 제1종 판매취급소의 용도로 사용되는 건축물의 부분은 내화구조 또는 불연재료로 하고, 판매취급소로 사용되는 부분과 다른 부분과의 격벽은 내화구조로 할 것
④ 보·천장 : 불연재료
⑤ 제1종 판매취급소의 용도로 사용하는 부분에 상층이 있는 경우에 있어서는 그 상층의 바닥을 내화구조로 하고, 상층이 없는 경우에 있어서는 지붕을 내화구조 또는 불연재료로 할 것

⑥ 제1종 판매취급소의 용도로 사용하는 부분의 창 및 출입구에는 60분+방화문·60분 방화문 또는 30분 방화문을 설치할 것

⑦ 제1종 판매취급소의 용도로 사용하는 부분의 창 또는 출입구에 유리를 이용하는 경우에는 망입유리로 할 것

⑧ 위험물을 배합하는 실의 기준
　㉠ 바닥면적은 $6m^2$ 이상 $15m^2$ 이하로 할 것
　㉡ 내화구조 또는 불연재료로 된 벽으로 구획할 것
　㉢ 바닥은 위험물이 침투하지 않는 구조로 하여 적당한 경사를 두고 집유설비를 할 것
　㉣ 출입구에는 수시로 열 수 있는 자동폐쇄식의 60분+방화문 또는 60분 방화문을 설치할 것
　㉤ 출입구 문턱의 높이 : 0.1m 이상으로 할 것
　㉥ 내부에 체류한 가연성의 증기 또는 가연성의 미분을 지붕 위로 방출하는 설비를 할 것

(3) 판매취급소의 기준(제2종 판매취급소)

① 벽·기둥·바닥 및 보 : 내화구조

② 천장 : 불연재료

③ 판매취급소로 사용되는 부분과 다른 부분과의 격벽 : 내화구조

④ 제2종 판매취급소의 용도로 사용하는 부분에 상층이 있는 경우에 있어서 상층의 바닥은 내화구조로 하는 동시에 상층으로의 연소를 방지하기 위한 조치를 강구하고, 상층이 없는 경우에는 지붕을 내화구조로 한다.

⑤ 제2종 판매취급소의 용도로 사용하는 부분 중 연소의 우려가 없는 부분에 한하여 창을 두되, 창에는 60분+방화문·60분 방화문 또는 30분 방화문을 설치할 것

⑥ 제2종 판매취급소의 용도로 사용하는 부분의 출입구에는 60분+방화문·60분 방화문 또는 30분 방화문을 설치할 것. 다만, 해당 부분 중 연소의 우려가 있는 벽 또는 창의 부분에 설치하는 출입구에는 수시로 열 수 있는 자동폐쇄식의 60분+방화문 또는 60분 방화문을 설치해야 한다.

12. 이송취급소의 위치·구조 및 설비의 기준(위험물안전관리법 시행규칙 별표 15)

(1) 이송취급소의 설치장소(다음 장소 외의 장소에 설치)

① 철도 및 도로의 터널 안

② 고속국도 및 자동차전용도로의 차도·갓길 및 중앙분리대

③ 호수·저수지 등으로서 수리의 수원이 되는 곳

④ 급경사지역으로서 붕괴의 위험이 있는 지역

(2) 이송취급소의 배관
  ① 지하매설 : 배관은 다음의 규정에 의한 안전거리를 둘 것
    ㉠ 건축물 : 1.5m 이상
    ㉡ 지하가 및 터널 : 10m 이상
    ㉢ 수도법에 의한 수도시설 : 300m 이상
    ㉣ 배관은 그 외면으로부터 다른 공작물에 대하여 0.3m 이상의 거리를 보유할 것
    ㉤ 배관은 적절한 깊이로 매설
    ㉥ 배관의 외면과 지표면과의 거리는 산이나 들에 있어서 0.9m 이상, 그 밖의 지역에 있어서는 1.2m 이상
  ② 도로 밑 매설
    ㉠ 배관은 그 외면으로부터 도로의 경계에 대하여 1m 이상의 안전거리를 둘 것
    ㉡ 배관은 그 외면으로부터 다른 공작물에 대하여 0.3m 이상의 거리를 보유할 것
  ③ 지상설치
    ㉠ 철도 또는 도로의 경계선 : 25m 이상
    ㉡ 병원, 영화관, 복지시설 등 : 45m 이상
    ㉢ 천연기념물 : 65m 이상
    ㉣ 가스시설 : 35m 이상
    ㉤ 도시공원 : 45m 이상
    ㉥ 판매시설, 숙박시설, 위락시설(연면적 1,000m^2 이상) : 45m 이상
    ㉦ 1일 평균 20,000명 이상 이용하는 기차역 또는 버스터미널 : 45m 이상
    ㉨ 수도법에 의한 수도시설 : <u>300m 이상</u>
    ㉩ 주택 : 25m 이상

(3) 이송취급소의 기타설비
  ① 비파괴시험 : 전체 용접부의 20% 이상을 발췌하여 시험할 수 있다.
  ② 지진감지장치 등 : 25km 거리마다 지진감지장치 및 강진계를 설치할 것
  ③ 경보설비 : 이송기지에 비상벨장치 및 확성장치를 설치할 것

13. 일반취급소의 위치·구조 및 설비의 기준(위험물안전관리법 시행규칙 별표 16)

(1) 일반취급소의 위치·구조 및 설비기준

제조소와 동일하다.

(2) 일반취급소의 특례

① 분무도장작업 등의 일반취급소 : 도장, 인쇄 또는 도포를 위하여 제2류 위험물 또는 제4류 위험물(특수인화물을 제외한다)을 취급하는 일반취급소로서 지정수량의 30배 미만의 것

② 세정작업의 일반취급소 : 세정을 위하여 위험물(인화점이 40℃ 이상인 제4류 위험물에 한한다)을 취급하는 일반취급소로서 지정수량의 30배 미만의 것

③ 열처리작업 등의 일반취급소 : 열처리작업 또는 방전가공을 위하여 위험물(인화점이 70℃ 이상인 제4류 위험물에 한한다)을 취급하는 일반취급소로서 지정수량의 30배 미만의 것

④ 보일러 등으로 위험물을 소비하는 일반취급소 : 보일러, 버너 그 밖의 이와 유사한 장치로 위험물(인화점이 38℃ 이상인 제4류 위험물에 한한다)을 소비하는 일반취급소로서 지정수량의 30배 미만의 것

⑤ 충전하는 일반취급소 : 이동저장탱크에 액체위험물(알킬알루미늄 등, 아세트알데하이드 등 및 하이드록실아민 등을 제외한다)을 주입하는 일반취급소

⑥ 옮겨 담는 일반취급소 : 고정급유설비에 의하여 위험물(인화점이 38℃ 이상인 제4류 위험물에 한한다)을 용기에 옮겨 담거나 4,000L 이하의 이동저장탱크(용량이 2,000L를 넘는 탱크에 있어서는 그 내부를 2,000L 이하마다 구획한 것에 한한다)에 주입하는 일반취급소로서 지정수량의 40배 미만인 것

⑦ 유압장치 등을 설치하는 일반취급소 : 위험물을 이용한 유압장치 또는 윤활유 순환장치를 설치하는 일반취급소(고인화점 위험물만을 100℃ 미만의 온도로 취급하는 것에 한한다)로서 지정수량의 50배 미만의 것

⑧ 절삭장치 등을 설치하는 일반취급소 : 절삭유의 위험물을 이용한 절삭장치, 연삭장치 그 밖의 이와 유사한 장치를 설치하는 일반취급소(고인화점 위험물만을 100℃ 미만의 온도로 취급하는 것에 한한다)로서 지정수량의 30배 미만의 것

⑨ 열매체유 순환장치를 설치하는 일반취급소 : 위험물 외의 물건을 가열하기 위하여 위험물(고인화점 위험물에 한한다)을 이용한 열매체유(열전달에 이용하는 합성유) 순환장치를 설치하는 일반취급소로서 지정수량의 30배 미만의 것(위험물을 취급하는 설비를 건축물에 설치하는 것)

⑩ 화학실험의 일반취급소 : 화학실험을 위하여 위험물을 취급하는 일반취급소로서 지정수량의 30배 미만의 것

14. 흡연장소의 지정(위험물안전관리법 시행령 18조의2)

(1) 제조소 등에서 흡연장소를 지정할 필요가 있다고 인정하는 경우 다음의 기준에 따라 흡연장소를 지정해야 한다.

① 흡연장소는 폭발위험장소 외의 장소에 지정하는 등 위험물을 저장·취급하는 건축물, 공작물 및 기계·기구, 그 밖의 설비로부터 안전 확보에 필요한 일정한 거리를 둘 것

② 흡연장소는 옥외로 지정할 것. 다만, 부득이한 경우에는 건축물 내에 지정할 수 있다.

(2) 제조소 등의 관계인은 흡연장소를 지정하는 경우에는 다음의 방법에 따른 화재예방 조치를 해야 한다.
① 흡연장소는 구획된 실로 하되, 가연성의 증기 또는 미분이 실내에 체류하거나 실내로 유입되는 것을 방지하기 위한 구조 또는 설비를 갖출 것
② 소형수동식소화기를 1개 이상 비치할 것

3 제조소 등의 소화설비 · 경보설비 및 피난설비의 기준

1. 소화설비의 종류

(1) 소화설비

소화기구, 자동소화장치, 옥내소화전설비, 옥외소화전설비, 스프링클러설비, 물분무등소화설비

※ 물분무등소화설비 : 물분무소화설비, 미분무소화설비, 포소화설비, 이산화탄소소화설비, 할론소화설비, 할로젠화합물 및 불활성 기체 소화설비, 분말소화설비, 강화액소화설비, 고체에어로졸소화설비

(2) 경보설비

단독경보형감지기, 비상경보설비, 자동화재탐지설비, 시각경보기, 화재알림설비, 비상방송설비, 자동화재속보설비, 통합감시시설, 누전경보기, 가스누설경보기

(3) 피난설비

피난기구(피난사다리, 구조대, 완강기, 간이완강기), 인명구조기구(방열복, 방화복, 공기호흡기, 인공소생기), 유도등, 비상조명등 및 휴대용비상조명등

(4) 소화용수설비

상수도 소화용수설비, 소화수조 · 저수조, 그 밖의 소화용수설비

(5) 소화활동설비

제연설비, 연결송수관설비, 연결살수설비, 비상콘센트설비, 무선통신보조설비, 연소방지설비

2. 소화설비의 설치기준(위험물안전관리법 시행규칙 별표 17)

(1) 소화난이도등급 Ⅰ

① 소화난이도등급 Ⅰ에 해당하는 제조소 등

제조소 등의 구분	제조소 등의 규모, 저장 또는 취급하는 위험물의 품명 및 최대수량 등
제조소 일반취급소	연면적 1,000m² 이상인 것
	지정수량의 100배 이상인 것(고인화점 위험물만을 100℃ 미만의 온도에서 취급하는 것 및 제48조의 위험물을 취급하는 것은 제외)
	지반면으로부터 6m 이상의 높이에 위험물 취급설비가 있는 것(고인화점 위험물만을 100℃ 미만의 온도에서 취급하는 것은 제외)
	일반취급소로 사용되는 부분 외의 부분을 갖는 건축물에 설치된 것(내화구조로 개구부 없이 구획된 것, 고인화점 위험물만을 100℃ 미만의 온도에서 취급하는 것 및 별표 16 X의 2의 화학실험의 일반취급소는 제외)
주유취급소	별표 13 V 제2호에 따른 면적의 합이 500m²를 초과하는 것
옥내저장소	지정수량의 150배 이상인 것(고인화점 위험물만을 저장하는 것 및 제48조의 위험물을 저장하는 것은 제외)
	연면적 150m²를 초과하는 것(150m² 이내마다 불연재료로 개구부 없이 구획된 것 및 인화성 고체 외의 제2류 위험물 또는 인화점 70℃ 이상의 제4류 위험물만을 저장하는 것은 제외)
	처마높이가 6m 이상인 단층 건물의 것
	옥내저장소로 사용되는 부분 외의 부분이 있는 건축물에 설치된 것(내화구조로 개구부 없이 구획된 것 및 인화성 고체 외의 제2류 위험물 또는 인화점 70℃ 이상의 제4류 위험물만을 저장하는 것은 제외)
옥외탱크저장소	액표면적이 40m² 이상인 것(제6류 위험물을 저장하는 것 및 고인화점 위험물만을 100℃ 미만의 온도에서 저장하는 것은 제외)
	지반면으로부터 탱크 옆판의 상단까지 높이가 6m 이상인 것(제6류 위험물을 저장하는 것 및 고인화점 위험물만을 100℃ 미만의 온도에서 저장하는 것은 제외)
	지중탱크 또는 해상탱크로서 지정수량의 100배 이상인 것(제6류 위험물을 저장하는 것 및 고인화점 위험물만을 100℃ 미만의 온도에서 저장하는 것은 제외)
	고체위험물을 저장하는 것으로서 지정수량의 100배 이상인 것
옥내탱크저장소	액표면적이 40m² 이상인 것(제6류 위험물을 저장하는 것 및 고인화점 위험물만을 100℃ 미만의 온도에서 저장하는 것은 제외)
	바닥면으로부터 탱크 옆판의 상단까지 높이가 6m 이상인 것(제6류 위험물을 저장하는 것 및 고인화점 위험물만을 100℃ 미만의 온도에서 저장하는 것은 제외)
	탱크전용실이 단층 건물 외의 건축물에 있는 것으로서 인화점 38℃ 이상 70℃ 미만의 위험물을 지정수량의 5배 이상 저장하는 것(내화구조로 개구부 없이 구획된 것은 제외한다)
옥외저장소	덩어리 상태의 황을 저장하는 것으로서 경계표시 내부의 면적(2 이상의 경계표시가 있는 경우에는 각 경계표시의 내부의 면적을 합한 면적)이 100m² 이상인 것
	별표 11 Ⅲ의 위험물을 저장하는 것으로서 지정수량의 100배 이상인 것
암반탱크저장소	액표면적이 40m² 이상인 것(제6류 위험물을 저장하는 것 및 고인화점 위험물만을 100℃ 미만의 온도에서 저장하는 것은 제외)
	고체위험물만을 저장하는 것으로서 지정수량의 100배 이상인 것
이송취급소	모든 대상

② 소화난이도등급Ⅰ의 제조소 등에 설치해야 하는 소화설비

제조소 등의 구분			소화설비
제조소 및 일반취급소			옥내소화전설비, 옥외소화전설비, 스프링클러설비 또는 물분무등소화설비(화재발생 시 연기가 충만할 우려가 있는 장소에는 스프링클러설비 또는 이동식 외의 물분무등소화설비에 한한다)
주유취급소			스프링클러설비(건축물에 한정한다), 소형수동식소화기 등(능력단위의 수치가 건축물 그 밖의 공작물 및 위험물의 소요단위의 수치에 이르도록 설치할 것)
옥내 저장소	처마높이가 6m 이상인 단층 건물 또는 다른 용도의 부분이 있는 건축물에 설치한 옥내저장소		스프링클러설비 또는 이동식 외의 물분무등소화설비
	그 밖의 것		옥외소화전설비, 스프링클러설비, 이동식 외의 물분무등소화설비 또는 이동식 포소화설비(포소화전을 옥외에 설치하는 것에 한한다)
옥외탱크 저장소	지중탱크 또는 해상탱크 외의 것	황만을 저장·취급하는 것	물분무소화설비
		인화점 70℃ 이상의 제4류 위험물만을 저장·취급하는 것	물분무소화설비 또는 고정식 포소화설비
		그 밖의 것	고정식 포소화설비(포소화설비가 적응성이 없는 경우에는 분말소화설비)
	지중탱크		고정식 포소화설비, 이동식 이외의 불활성가스소화설비 또는 이동식 이외의 할로젠화합물소화설비
	해상탱크		고정식 포소화설비, 물분무소화설비, 이동식 이외의 불활성가스소화설비 또는 이동식 이외의 할로젠화합물소화설비
옥내탱크 저장소	황만을 저장·취급하는 것		물분무소화설비
	인화점 70℃ 이상의 제4류 위험물만을 저장·취급하는 것		물분무소화설비, 고정식 포소화설비, 이동식 이외의 불활성가스소화설비, 이동식 이외의 할로젠화합물소화설비 또는 이동식 이외의 분말소화설비
	그 밖의 것		고정식 포소화설비, 이동식 이외의 불활성가스소화설비, 이동식 이외의 할로젠화합물소화설비 또는 이동식 이외의 분말소화설비
옥외저장소 및 이송취급소			옥내소화전설비, 옥외소화전설비, 스프링클러설비 또는 물분무등소화설비(화재발생 시 연기가 충만할 우려가 있는 장소에는 스프링클러설비 또는 이동식 이외의 물분무등소화설비에 한한다)
암반탱크 저장소	황만을 저장·취급하는 것		물분무소화설비
	인화점 70℃ 이상의 제4류 위험물만을 저장·취급하는 것		물분무소화설비 또는 고정식 포소화설비
	그 밖의 것		고정식 포소화설비(포소화설비가 적응성이 없는 경우에는 분말소화설비)

(2) 소화난이도등급 Ⅱ

① 소화난이도등급Ⅱ에 해당하는 제조소 등

제조소 등의 구분	제조소 등의 규모, 저장 또는 취급하는 위험물의 품명 및 최대수량 등
제조소 일반취급소	연면적 600m² 이상인 것
	지정수량의 10배 이상인 것(고인화점 위험물만을 100℃ 미만의 온도에서 취급하는 것 및 제48조의 위험물을 취급하는 것은 제외)
	별표 16 Ⅱ·Ⅲ·Ⅳ·Ⅴ·Ⅷ·Ⅸ·Ⅹ 또는 Ⅹ의 2의 일반취급소로서 소화난이도등급Ⅰ의 제조소 등에 해당하지 않는 것(고인화점 위험물만을 100℃ 미만의 온도에서 취급하는 것은 제외)
옥내저장소	단층 건물 이외의 것
	별표 5 Ⅱ 또는 Ⅳ 제1호의 옥내저장소
	지정수량의 10배 이상인 것(고인화점 위험물만을 저장하는 것 및 제48조의 위험물을 저장하는 것은 제외)
	연면적 150m² 초과인 것
	별표 5 Ⅲ의 옥내저장소로서 소화난이도등급Ⅰ의 제조소 등에 해당하지 않는 것
옥외탱크저장소 옥내탱크저장소	소화난이도등급Ⅰ의 제조소 등 외의 것(고인화점 위험물만을 100℃ 미만의 온도로 저장하는 것 및 제6류 위험물만을 저장하는 것은 제외)
옥외저장소	덩어리 상태의 황을 저장하는 것으로서 경계표시 내부의 면적(2 이상의 경계표시가 있는 경우에는 각 경계표시의 내부의 면적을 합한 면적)이 5m² 이상 100m² 미만인 것
	별표 11 Ⅲ의 위험물을 저장하는 것으로서 지정수량의 10배 이상 100배 미만인 것
	지정수량의 100배 이상인 것(덩어리 상태의 황 또는 고인화점 위험물을 저장하는 것은 제외)
주유취급소	옥내주유취급소로서 소화난이도등급Ⅰ의 제조소 등에 해당하지 않는 것
판매취급소	제2종 판매취급소

② 소화난이도등급Ⅱ의 제조소 등에 설치해야 하는 소화설비

제조소 등의 구분	소화설비
제조소 옥내저장소 옥외저장소 주유취급소 판매취급소 일반취급소	방사능력범위 내에 해당 건축물, 그 밖의 공작물 및 위험물이 포함되도록 대형수동식소화기를 설치하고, 해당 위험물의 소요단위의 1/5 이상에 해당되는 능력단위의 소형수동식소화기등을 설치할 것
옥외탱크저장소 옥내탱크저장소	**대형수동식소화기 및 소형수동식소화기 등을 각각 1개 이상 설치할 것**

(3) 소화난이도등급 Ⅲ

① 소화난이도등급Ⅲ에 해당하는 제조소 등

제조소 등의 구분	제조소 등의 규모, 저장 또는 취급하는 위험물의 품명 및 최대수량 등
제조소 일반취급소	제48조의 위험물을 취급하는 것
	제48조의 위험물 외의 것을 취급하는 것으로서 소화난이도등급 Ⅰ 또는 소화난이도등급 Ⅱ의 제조소 등에 해당하지 않는 것
옥내저장소	제48조의 위험물을 취급하는 것
	제48조의 위험물 외의 것을 취급하는 것으로서 소화난이도등급 Ⅰ 또는 소화난이도등급 Ⅱ의 제조소 등에 해당하지 않는 것
지하탱크저장소 간이탱크저장소 이동탱크저장소	모든 대상
옥외저장소	덩어리 상태의 황을 저장하는 것으로서 경계표시 내부의 면적(2 이상의 경계표시가 있는 경우에는 각 경계표시의 내부의 면적을 합한 면적)이 $5m^2$ 미만인 것
	덩어리 상태의 황 외의 것을 저장하는 것으로서 소화난이도등급 Ⅰ 또는 소화난이도등급 Ⅱ의 제조소 등에 해당하지 않는 것
주유취급소	옥내주유취급소 외의 것으로서 소화난이도등급 Ⅰ의 제조소 등에 해당하지 않는 것
제1종 판매취급소	모든 대상

② 소화난이도등급Ⅲ의 제조소 등에 설치해야 하는 소화설비

제조소 등의 구분	소화설비	설치기준	
지하탱크 저장소	소형수동식소화기 등	능력단위의 수치가 3 이상	2개 이상
이동탱크저장소	자동차용소화기	무상의 강화액 8L 이상	2개 이상
		이산화탄소 3.2kg 이상	
		브로모클로로다이플루오로메테인(CF_2ClBr) 2L 이상	
		브로모트라이플루오로메테인(CF_3Br) 2L 이상	
		다이브로모테트라플루오로에테인($C_2F_4Br_2$) 1L 이상	
		소화분말 3.3kg 이상	
	마른 모래 및 팽창질석 또는 팽창진주암	마른모래 150L 이상	
		팽창질석 또는 팽창진주암 640L 이상	
그 밖의 제조소 등	소형수동식소화기 등	능력단위의 수치가 건축물 그 밖의 공작물 및 위험물의 소요단위의 수치에 이르도록 설치할 것. 다만, 옥내소화전설비, 옥외소화전설비, 스프링클러설비, 물분무등소화설비 또는 대형수동식소화기를 설치한 경우에는 해당 소화설비의 방사능력 범위내의 부분에 대하여는 수동식소화기 등을 그 능력단위의 수치가 해당 소요단위의 수치의 1/5 이상이 되도록 하는 것으로 족하다.	

(4) 소화설비의 적응성

소화설비의 구분			건축물·그 밖의 공작물	전기설비	제1류 위험물		제2류 위험물			제3류 위험물		제4류 위험물	제5류 위험물	제6류 위험물
					알칼리금속 과산화물 등	그 밖의 것	철분·금속분·마그네슘 등	인화성 고체	그 밖의 것	금수성물품	그 밖의 것			
옥내소화전 또는 옥외소화전설비			○			○		○	○		○		○	○
스프링클러설비			○			○		○	○		○	△	○	○
물분무등 소화설비	물분무소화설비		○	○		○		○	○		○	○	○	○
	포소화설비		○			○		○	○		○	○	○	○
	불활성가스소화설비			○				○				○		
	할로젠화합물소화설비			○				○				○		
	분말 소화 설비	인산염류 등	○	○		○		○	○			○		○
		탄산수소염류 등		○	○		○	○		○		○		
		그 밖의 것			○		○			○				
대형·소형 수동식 소화기	봉상수(棒狀水)소화기		○			○		○	○		○		○	○
	무상수(霧狀水)소화기		○	○		○		○	○		○		○	○
	봉상강화액소화기		○			○		○	○		○		○	○
	무상강화액소화기		○	○		○		○	○		○	○	○	○
	포소화기		○			○		○	○		○	○	○	○
	이산화탄소소화기			○				○				○		△
	할로젠화합물소화기			○				○				○		
	분말 소화기	인산염류소화기	○	○		○		○	○			○		○
		탄산수소염류소화기		○	○		○	○		○		○		
		그 밖의 것			○		○			○				
기타	물통 또는 수조		○			○		○	○		○		○	○
	건조사				○	○	○	○	○	○	○	○	○	○
	팽창질석 또는 팽창진주암				○	○	○	○	○	○	○	○	○	○

(5) 전기설비 및 소요단위

① 전기설비의 소화설비 : 제조소 등에 전기설비(전기배선, 조명기구 등은 제외한다)가 설치된 경우에는 해당 장소의 면적 $100m^2$마다 소형수동식소화기를 1개 이상 설치할 것

② 소요단위 및 능력단위

　㉠ 소요단위 : 소화설비의 설치대상이 되는 건축물 그 밖의 공작물의 규모 또는 위험물의 양의 기준단위

ⓒ 능력단위 : ㉠의 소요단위에 대응하는 소화설비의 소화능력의 기준단위
③ 1소요단위의 기준
㉠ 제조소 또는 취급소
- 외벽이 내화구조 : 연면적 $100m^2$
- 외벽이 내화구조가 아닌 것 : 연면적 $50m^2$
㉡ 저장소
- 외벽이 내화구조 : 연면적 $150m^2$
- 외벽이 내화구조가 아닌 것 : 연면적 $75m^2$
㉢ 위험물 : 지정수량의 10배
④ 소화설비의 능력단위

소화설비	용량	능력단위
소화전용(轉用)물통	8L	0.3
수조(소화전용물통 3개 포함)	80L	1.5
수조(소화전용물통 6개 포함)	190L	2.5
마른 모래(삽 1개 포함)	50L	0.5
팽창질석 또는 팽창진주암(삽 1개 포함)	160L	1.0

3. 소화전설비의 설치기준

(1) 옥내소화전의 기준(세부기준 제129조)

① 가압송수장치의 설치기준

㉠ 고가수조를 이용한 가압송수장치

$H = h_1 + h_2 + 35m$

여기서, H : 필요낙차(m)
h_1 : 방수용 호스의 마찰손실수두(m)
h_2 : 배관의 마찰손실수두(m)

㉡ 압력수조를 이용한 가압송수장치

$P = p_1 + p_2 + p_3 + 0.35MPa$

여기서, P : 필요한 압력(MPa)
p_1 : 소방용 호스의 마찰손실수두압(MPa)
p_2 : 배관의 마찰손실수두압(MPa)
p_3 : 낙차의 환산수두압(MPa)

ⓒ 펌프를 이용한 가압송수장치

$H = h_1 + h_2 + h_3 + 35\text{m}$

여기서, H : 펌프의 전양정(m)

　　　　h_1 : 소방용 호스의 마찰손실수두(m)

　　　　h_2 : 배관의 마찰손실수두(m)

　　　　h_3 : 낙차(m)

(2) 옥외소화전의 기준(세부기준 제130조)

가압송수장치의 설치기준은 옥내소화전과 동일하다.

(3) 스프링클러설비의 기준(세부기준 제131조)

① 개방형 스프링클러헤드의 설치기준 : 하방으로 0.45m, 수평방향으로 0.3m의 공간 보유

② 폐쇄형 스프링클러헤드의 설치기준

　ⓐ 헤드의 반사판과 헤드의 부착면과의 거리 : 0.3m 이하

　ⓑ 하방으로 0.9m, 수평방향으로 0.4m의 공간 보유

　ⓒ 개구부에 설치하는 헤드 : 개구부의 상단으로부터 높이 0.15m 이내의 벽면에 설치

※ 비교표(위험물안전관리법 시행규칙 별표 17)★★

구분	수평거리	방수압력	방수량(1분당)	수원의 수량
옥내소화전	25m 이하	350kPa	260L	설치개수×7.8m³ (설치개수가 5개 이상인 경우는 5개)
옥외소화전	40m 이하	350kPa	450L	설치개수×13.5m³ (설치개수가 4개 이상인 경우는 4개)
스프링클러	1.7m 이하	100kPa	80L	설치개수×2.4m³

(4) 물분무소화설비의 기준(위험물안전관리법 시행규칙 별표 17)

① 방호대상물의 모든 표면을 유효하게 소화할 수 있도록 설치

② 방사구역 : 150m² 이상(방호대상물의 표면적이 150m² 미만인 경우에는 해당 표면적)

③ 수원의 수량 : 표면적 1m²당 1분당 20L 비율로 계산한 것이며 30분간 방사할 수 있는 양

④ 방사압력 : 350kPa 이상

(5) 포소화설비의 기준(세부기준 제133조)

① 고정식 방출구의 종류

　ⓐ Ⅰ형 : 고정지붕구조의 탱크에 상부포주입법

ⓒ Ⅱ형 : 고정지붕구조 또는 부상덮개부착 고정지붕구조의 탱크에 상부포주입법
　　　ⓒ 특형 : 부상지붕구조의 탱크에 상부포주입법
　　　② Ⅲ형 : 고정지붕구조의 탱크에 저부포주입법(탱크의 액면하에 설치된 포방출구로부터 포를 탱크 내에 주입하는 방법)을 이용하는 것으로 송포관으로부터 포를 방출하는 포방출구
　　　⑩ Ⅳ형 : 고정지붕구조의 탱크에 저부포주입법을 이용하는 것으로 평상 시 탱크의 액면하의 저부에 있는 격납통에 수납되어 있는 특수호스 등이 송포관의 말단에 접속되어 있다가 포를 보내어 액면까지 도달한 후 포를 방출하는 포방출구
　② 포소화약제 혼합장치
　　　㉠ 펌프프로포셔너 방식
　　　ⓒ 라인프로포셔너 방식
　　　ⓒ 프레셔프로포셔너 방식
　　　② 프레셔사이드프로포셔너 방식
　　　⑩ 압축공기포 믹싱챔버방식

(6) 불활성가스소화설비의 기준(세부기준 제134조)

① 분사헤드

구분	전역방출방식			국소방출방식 (이산화탄소)
	이산화탄소		불활성가스	
	고압식	저압식		
방사압력	2.1MPa 이상	1.05MPa 이상	1.9MPa 이상	동일
방사시간	60초 이내		95% 이상을 60초 이내	30초 이내

② 이산화탄소 저압용기의 기준
　　㉠ 저장용기에 액면계 및 압력계를 설치할 것
　　ⓒ 저장용기에 2.3MPa 이상의 압력 및 1.9MPa 이하의 압력에서 작동하는 압력경보장치를 설치할 것
　　ⓒ 저장용기 내부 온도를 -20℃ 이상 -18℃ 이하로 유지

(7) 할로젠화합물소화설비의 기준(세부기준 제135조)

① 방사압력
　　㉠ 할론 2402 : 0.1MPa 이상
　　ⓒ 할론 1211 : 0.2MPa 이상
　　ⓒ 할론 1301 : 0.9MPa 이상

② 방사시간
　　㉠ 할론 2402, 1211, 1301 : 30초 이내

(8) 분말소화설비의 기준(세부기준 제136조)
　① 소화약제 종별 충전비의 범위
　　㉠ 제1종 분말 : 0.85 이상 1.45 이하
　　㉡ 제2종·제3종 분말 : 1.05 이상 1.75 이하
　　㉢ 제4종 분말 : 1.50 이상 2.50 이하

(9) 소화기구의 설치기준(위험물안전관리법 시행규칙 별표 17)
　① 대형수동식소화기 : 방호대상물의 각 부분으로부터 하나의 대형수동식소화기까지의 보행거리가 30m 이하가 되도록 설치
　② 소형수동식소화기의 설치기준 : 소형수동식소화기 또는 그 밖의 소화설비는 지하탱크저장소, 간이탱크저장소, 이동탱크저장소, 주유취급소 또는 판매취급소에서는 유효하게 소화할 수 있는 위치에 설치해야 하며, 그 밖의 제조소 등에서는 방호대상물의 각 부분으로부터 하나의 소형수동식소화기까지의 보행거리가 20m 이하가 되도록 설치할 것. 다만, 옥내소화전설비, 옥외소화전설비, 스프링클러설비, 물분무등소화설비 또는 대형수동식소화기와 함께 설치하는 경우에는 그렇지 않다.
　③ 이산화탄소 분사헤드 설치제외 장소
　　㉠ 사람이 상시 근무하는 장소
　　㉡ 다수인이 출입·통행하는 곳
　　㉢ 자기연소성 물질 또는 활성금속물질 등을 저장하는 장소

4. 경보설비 및 피난설비의 설치기준(위험물안전관리법 시행규칙 별표 17)

(1) 제조소 등 별로 설치해야 하는 경보설비의 종류

제조소 등의 구분	제조소 등의 규모, 저장 또는 취급하는 위험물의 종류 및 최대수량 등	경보설비
① 제조소 및 일반취급소	• 연면적 500m² 이상인 것 • 옥내에서 지정수량의 100배 이상을 취급하는 것(고인화점 위험물만을 100℃ 미만의 온도에서 취급하는 것을 제외한다) • 일반취급소로 사용되는 부분 외의 부분이 있는 건축물에 설치된 일반취급소(일반취급소와 일반취급소 외의 부분이 내화구조의 바닥 또는 벽으로 개구부 없이 구획된 것을 제외한다)	자동화재탐지 설비
② 옥내저장소	• 지정수량의 100배 이상을 저장 또는 취급하는 것(고인화점 위험물만을 저장 또는 취급하는 것을 제외한다) • 저장창고의 연면적이 150m²를 초과하는 것[해당 저장창고가 연면적 150m² 이내마다 불연재료의 격벽으로 개구부 없이 완전히 구획된 것과 제2류 또는 제4류의 위험물(인화성 고체 및 인화점이 70℃ 미만인 제4류 위험물을 제외한다)만을 저장 또는 취급하는 것에 있어서는 저장창고의 연면적이 500m² 이상의 것에 한한다] • 처마높이가 6m 이상인 단층 건물의 것 • 옥내저장소로 사용되는 부분 외의 부분이 있는 건축물에 설치된 옥내저장소[옥내저장소와 옥내저장소 외의 부분이 내화구조의 바닥 또는 벽으로 개구부 없이 구획된 것과 제2류 또는 제4류의 위험물(인화성 고체 및 인화점이 70℃ 미만인 제4류 위험물을 제외한다)만을 저장 또는 취급하는 것을 제외한다]	
③ 옥내탱크 저장소	단층 건물 외의 건축물에 설치된 옥내탱크저장소로서 소화난이도등급 Ⅰ에 해당하는 것	
④ 주유취급소	옥내주유취급소	
⑤ 옥외탱크저장소	특수인화물, 제1석유류 및 알코올류를 저장 또는 취급하는 탱크의 용량이 1,000만L 이상인 것	자동화재탐지설비, 자동화재속보설비
① 내지 ⑤의 자동화재탐지설비 설치 대상에 해당하지 않는 제조소 등	지정수량의 10배 이상을 저장 또는 취급하는 것	자동화재 탐지설비, 비상경보설비, 확성장치 또는 비상방송설비 중 1종 이상

(2) 자동화재탐지설비의 설치기준

① 자동화재탐지설비의 경계구역은 건축물 그 밖의 공작물의 2 이상의 층에 걸치지 않도록 할 것. 다만, 하나의 경계구역의 면적이 500m² 이하이면서 해당 경계구역이 2개의 층에 걸치는 경우이거나 계단·경사로·승강기의 승강로 그 밖에 이와 유사한 장소에 연기감지기를 설치하는 경우에는 그렇지 않다.

② 하나의 경계구역의 면적 : 600m² 이하(다만, 해당 건축물 그 밖의 공작물의 주요한 출입구에서 그 내부의 전체를 볼 수 있는 경우에 있어서는 그 면적을 1,000m² 이하)

③ 한 변의 길이 : 50m 이하(광전식분리형 감지기를 설치할 경우에는 100m 이하)

④ 자동화재탐지설비의 감지기는 지붕 또는 벽의 옥내에 면한 부분에 유효하게 화재의 발생을 감지할 수 있도록 설치할 것

⑤ 자동화재탐지설비에는 비상전원을 설치할 것

(3) 피난설비

① 주유취급소 중 건축물의 2층 이상의 부분을 점포·휴게음식점 또는 전시장의 용도로 사용하는 것에 있어서는 해당 건축물의 2층 이상으로부터 주유취급소의 부지 밖으로 통하는 출입구와 해당 출입구로 통하는 통로·계단 및 출입구에 유도등을 설치해야 한다.

② 옥내주유취급소에 있어서는 해당 사무소 등의 출입구 및 피난구와 해당 피난구로 통하는 통로·계단 및 출입구에 유도등을 설치해야 한다.

③ 유도등에는 비상전원을 설치해야 한다.

CHAPTER 03 적중예상문제

PART 01 위험물기능사 필기

01 다음 중 위험물저장소에 해당하지 않는 것은?

① 옥내저장소
② 일반저장소
③ 옥외탱크저장소
④ 암반탱크저장소

해설
위험물저장소는 8가지가 있다.
옥내저장소, 옥내탱크저장소, 옥외저장소, 옥외탱크저장소, 지하탱크저장소, 이동탱크저장소, 간이탱크저장소, 암반탱크저장소

02 위험물안전관리자가 퇴직할 시에는 며칠 이내에 재선임을 해야 하는가?

① 1일   ② 14일
③ 30일 ④ 60일

해설
위험물시설의 안전관리(위험물안전관리법 제15조)
• 위험물안전관리자
 - 선임권자 : 제조소 등의 관계인
 - 해임하거나 퇴직 시 : 30일 이내에 다시 선임해야 한다.
 - 선임신고 : 선임한 날부터 14일 이내에 소방본부장 또는 소방서장에게 신고
 - 대리자 지정 : 30일을 초과할 수 없다.
 - 안전관리자의 직무 : 위험물의 취급에 관한 관리·감독
 - 안전관리자 미선임 : 1천500만원 이하의 벌금
 - 선임신고 기간 이내 하지 않거나 허위로 한 자 : 500만원 이하의 과태료

03 위험물제조소는 주택과 안전거리를 얼마 이상 두어야 하는가?

① 3m 이상   ② 5m 이상
③ 10m 이상 ④ 20m 이상

해설
제조소의 안전거리(위험물안전관리법 시행규칙 별표 4)
제조소는 건축물의 외벽 또는 이에 상당하는 공작물의 외측으로부터 해당 제조소의 외벽 또는 이에 상당하는 공작물의 외측까지의 사이에 수평거리(이하 "안전거리"라 한다)를 두어야 한다.
• 사용전압이 7,000V 초과 35,000V 이하의 특고압가공전선 : 3m
• 사용전압이 35,000V를 초과하는 특고압가공전선 : 5m
• 건축물 그 밖의 공작물로서 주거용으로 사용되는 것 : 10m
• 고압가스, 액화석유가스 또는 도시가스를 저장 또는 취급하는 시설 : 20m
• 학교·병원·극장 그 밖에 다수인을 수용하는 시설 : 30m
• 지정문화유산 및 천연기념물 등 : 50m

04 위험물제조소의 안전거리 기준에서 안전거리가 50m 이상으로 해야 하는 곳은?

① 가스시설
② 병원
③ 사용전압이 35,000V를 초과하는 것
④ 천연기념물

해설
문제 3번 참조

정답 1 ② 2 ③ 3 ③ 4 ④

05 위험물제조소의 환기구에 설치하는 급기구의 크기는 얼마 이상으로 해야 하는가? (단, 바닥면적이 150m² 이상인 경우이다)

① 300cm² ② 450cm²
③ 600cm² ④ 800cm²

해설
환기설비(위험물안전관리법 시행규칙 별표 4)
- 자연배기방식
- 급기구는 해당 급기구가 설치된 실의 바닥면적 150m²마다 1개 이상으로 하되, 급기구의 크기는 800cm² 이상으로 할 것. 다만 바닥면적이 150m² 미만인 경우에는 다음의 크기로 해야 한다.

바닥면적	급기구의 면적
60m² 미만	150cm² 이상
60m² 이상 90m² 미만	300cm² 이상
90m² 이상 120m² 미만	450cm² 이상
120m² 이상 150m² 미만	600cm² 이상

- 급기구는 낮은 곳에 설치하고 가는 눈의 구리망 등으로 인화방지망을 설치
- 환기구는 지붕 위 또는 지상 2m 이상의 높이에 회전식 고정벤틸레이터 또는 루프팬 방식으로 설치

06 제조소에서 피뢰설비를 설치하고자 할 때, 지정수량의 몇 배 이상인 경우에 설치해야 하는가?

① 2배 ② 5배
③ 10배 ④ 20배

해설
피뢰설비(위험물안전관리법 시행규칙 별표 4)
지정수량의 10배 이상의 위험물을 취급하는 제조소(제6류 위험물을 취급하는 위험물제조소를 제외한다)에는 피뢰침을 설치해야 한다.

07 위험물제조소의 관계인은 해당 제조소 등에 대하여 정기점검을 연간 몇 회 이상 실시해야 하는가?

① 1회 ② 2회
③ 3회 ④ 분기마다 1회

해설
연 1회 이상 정기점검을 실시해야 한다.

08 위험물안전관리법령상 제조소에서 지정수량의 몇 배 이상을 취급할 때 자체소방대를 두어야 하는가? (단, 제4류 위험물을 취급하는 경우이다)

① 1,000배 ② 2,000배
③ 3,000배 ④ 4,000배

해설
자체소방대를 설치해야 하는 사업소(위험물안전관리법 시행령 제18조)
제4류 위험물을 취급하는 최대수량의 합이 지정수량 3천배 이상인 제조소 또는 일반취급소, 제4류 위험물을 저장하는 최대수량이 지정수량의 50만배 이상인 옥외탱크저장소

09 위험물안전관리법령상 에틸렌글라이콜과 혼재하여 운반할 수 없는 위험물은? (단, 지정수량의 10배일 경우이다)

① 황
② 과망가니즈산나트륨
③ 알루미늄분
④ 트라이나이트로톨루엔

해설
에틸렌글라이콜은 제4류 위험물로 제2, 3, 5류 위험물과 혼재 가능하다. 과망가니즈산나트륨은 제1류 위험물이다.

10 다음 중 위험등급 I의 위험물질이 아닌 것은?

① 황린
② 에틸렌글라이콜
③ 과산화수소
④ 과염소산칼륨

해설
에틸렌글라이콜은 제4류 위험물 제3석유류이다. 따라서 위험등급은 III이다.

11 알칼리금속의 과산화물을 저장할 때 표시해야 하는 주의사항은?

① 물기엄금
② 물기주의
③ 화기엄금
④ 화기주의

해설
위험물제조소에서 저장 또는 취급하는 위험물에 따라 주의사항을 표시한 게시판을 설치할 것
- 제1류 위험물 중 알칼리금속의 과산화물과 이를 함유한 것 또는 제3류 위험물 중 금수성 물질에 있어서는 "물기엄금"
- 제2류 위험물(인화성 고체는 제외)에 있어서는 "화기주의"
- 제2류 위험물 중 인화성 고체, 제3류 위험물 중 자연발화성 물질, 제4류 위험물 또는 제5류 위험물에 있어서는 "화기엄금"
- "물기엄금"을 표시하는 것에 있어서는 청색바탕에 백색문자로, "화기주의" 또는 "화기엄금"을 표시하는 것에 있어서는 적색바탕에 백색문자로 할 것

12 위험물제조소 옥외에 있는 탱크 용량이 $50m^3$, $100m^3$, $200m^3$일 때, 방유제의 용량은 몇 m^3 이상으로 해야 하는가?

① $85m^3$
② $95m^3$
③ $115m^3$
④ $135m^3$

해설
위험물 취급 탱크(위험물제조소)
- 옥외에 있는 위험물취급탱크로서 액체위험물(이황화탄소 제외)을 취급하는 것의 주위에는 방유제를 설치할 것
  - 하나의 취급탱크 주위에 설치하는 방유제의 용량은 해당 탱크 용량의 50% 이상
  - 2 이상의 취급탱크 주위에 하나의 방유제를 설치하는 경우에 방유제의 용량은 탱크 중 용량이 최대인 것의 50%에 나머지 탱크용량 합계의 10%를 가산한 양
- 옥내에 있는 위험물취급탱크(용량이 지정수량의 5분의 1 미만인 것은 제외)
  - 탱크에 수납할 수 있는 위험물의 양을 전부 수용할 수 있어야 함
  - 하나의 방유턱 안에 2 이상의 탱크가 있는 경우 : 최대인 탱크의 용량

따라서, $200m^3$의 1/2과 나머지의 10%를 가산하면 $115m^3$가 된다.

13 정전기 제거방법으로 적절치 않은 것은?

① 유속을 빠르게 할 것
② 접지할 것
③ 공기를 이온화할 것
④ 상대습도를 70% 이상으로 할 것

해설
정전기 제거설비(위험물안전관리법 시행규칙 별표 4)
- 접지에 의한 방법
- 공기 중의 상대습도를 70% 이상으로 하는 방법
- 공기를 이온화하는 방법

14 고체위험물을 운반할 때, 운반용기 수납률은?

① 90% 이하
② 95% 이하
③ 98% 이하
④ 99% 이하

해설
운반용기의 수납률
- 고체위험물 : 운반용기 내용적의 95% 이하의 수납률
- 액체위험물 : 운반용기 내용적의 98% 이하의 수납률로 수납하되, 55℃에서 누설되지 않도록 충분한 공간용적을 유지하도록 할 것

15 옥외저장소에서 위험물을 수납한 용기를 선반에 저장하는 경우에는 몇 m를 초과하지 말아야 하는가?

① 3m
② 4m
③ 5m
④ 6m

해설
옥외저장소에서 위험물을 수납한 용기를 선반에 저장하는 경우에는 6m를 초과하여 저장하지 말아야 한다.

16 위험물제조소에서 제1류 위험물을 제조한다. 게시판에 '물기엄금'이라고 쓰여 있다면, 여기서 제조하는 물질은?

① 염소산칼륨
② 다이크로뮴산칼륨
③ 과망가니즈산나트륨
④ 과산화칼륨

해설
위험물 제조소에서 저장 또는 취급하는 위험물에 따라 다음의 규정에 의한 주의사항을 표시한 게시판을 설치할 것
- 제1류 위험물 중 알칼리금속의 과산화물과 이를 함유한 것 또는 제3류 위험물 중 금수성 물질에 : 물기엄금
- 제2류 위험물(인화성 고체는 제외) : 화기주의
- 제2류 위험물 중 인화성 고체, 제3류 위험물 중 자연발화성 물질, 제4류 위험물 또는 제5류 위험물 : 화기엄금

17 마른모래(삽 1개 포함)의 능력단위 1은 용량이 몇 L인가?

① 50L
② 100L
③ 150L
④ 160L

해설
소화설비의 능력단위(위험물안전관리법 시행규칙 별표 17)

소화설비	용량	능력단위
소화전용(轉用)물통	8L	0.3
수조(소화전용물통 3개 포함)	80L	1.5
수조(소화전용물통 6개 포함)	190L	2.5
마른모래(삽 1개 포함)	50L	0.5
팽창질석 또는 팽창진주암 (삽 1개 포함)	160L	1.0

18 간이저장탱크의 재질은 두께가 얼마 이상인 강철판으로 해야 하는가?

① 2.3mm   ② 3.0mm
③ 3.2mm   ④ 5.0mm

해설
지하저장탱크, 간이저장탱크, 이동저장탱크, 옥외저장탱크(특정, 준특정 제외)의 두께는 3.2mm 이상의 강철판으로 한다.

19 다음 중 위험물 저장탱크의 용량을 구하는 식으로 알맞은 것은?

① 탱크의 공간용적 − 탱크의 내용적
② 탱크의 내용적 × 0.05
③ 탱크의 내용적 − 탱크의 공간용적
④ 탱크의 공간용적 × 0.95

해설
탱크의 용량은 탱크의 내용적에서 공간용적을 뺀 값으로 한다.

20 옥내저장소에서 위험물 용기를 겹쳐 쌓는 경우에 있어서 제4석유류만을 수납하는 용기를 겹쳐 쌓을 수 있는 높이는 최대 몇 m인가?

① 2   ② 3
③ 4   ④ 6

해설
저장의 기준(위험물안전관리법 시행규칙 별표 18)
옥내저장소에서 위험물을 저장하는 경우에는 다음 각목의 규정에 의한 높이를 초과하여 용기를 겹쳐 쌓지 않아야 한다.
• 기계에 의하여 하역하는 구조로 된 용기만을 겹쳐 쌓는 경우 : 6m
• 제4류 위험물 중 제3석유류, 제4석유류 및 동식물유류를 수납하는 용기만을 겹쳐 쌓는 경우 : 4m
• 그 밖의 경우 : 3m

21 하나의 간이탱크저장소에 설치하는 간이탱크는 몇 기 이하로 해야 하는가?

① 3   ② 5
③ 7   ④ 9

해설
간이탱크저장소 설비기준(위험물안전관리법 시행규칙 별표 9)
• 하나의 간이탱크저장소에 설치하는 간이저장탱크의 수 : 3기 이하
• 동일한 품질의 위험물의 간이저장탱크의 수 : 2 이상 설치하지 않는다.

22 자연발화할 우려가 있는 위험물을 옥내저장소에서 저장할 때, 지정수량의 몇 배 이하마다 구분하여 상호간 몇 m 이상의 간격을 두어야 하는가?

① 5배, 0.1m
② 10배, 0.3m
③ 20배, 0.5m
④ 50배, 1m

해설
저장의 기준(위험물안전관리법 시행규칙 별표 18)
옥내저장소에서 동일 품명의 위험물이더라도 자연발화할 우려가 있는 위험물 또는 재해가 현저하게 증대할 우려가 있는 위험물을 다량 저장하는 경우에는 지정수량의 10배 이하마다 구분하여 상호간 0.3m 이상의 간격을 두어 저장해야 한다.

23 화학소방자동차에 갖추어야 하는 소화능력 및 설비의 기준에서, 포수용액 방사차는 분당 얼마 이상을 방사할 수 있어야 하는가?

① 500L   ② 1,000L
③ 1,500L   ④ 2,000L

해설
화학소방자동차 소화능력 설비기준(위험물안전관리법 시행규칙 별표 23)

화학소방자동차의 구분	소화능력 및 설비의 기준
포수용액 방사차	포수용액의 방사능력이 매분 2,000L 이상일 것
	소화약액탱크 및 소화약액혼합장치를 비치할 것
	10만L 이상의 포수용액을 방사할 수 있는 양의 소화약제를 비치할 것

24 다음 중 1천500만원 이하의 벌금에 처해지는 항목이 아닌 것은?

① 안전관리자 또는 그 대리자가 참여하지 않은 상태에서 위험물을 취급한 자
② 수리·개조 또는 이전의 명령에 따르지 않은 자
③ 무허가장소의 위험물에 대한 조치명령에 따르지 않은 자
④ 변경허가를 받지 않고 제조소 등을 변경한 자

해설
안전관리자 또는 그 대리자가 참여하지 않은 상태에서 위험물을 취급한 자는 1천만원 이하의 벌금에 처해진다.

25 탱크안전성능검사의 항목에 해당하지 않는 것은?

① 기초·지반검사
② 용접부검사
③ 초음파비파괴검사
④ 암반탱크검사

해설
탱크안전성능검사 항목(위험물안전관리법 시행령 제8조)
- 기초·지반검사 : 옥외탱크저장소의 액체위험물탱크 중 그 용량이 100만L 이상인 탱크
- 충수·수압검사 : 액체위험물을 저장 또는 취급하는 탱크
- 용접부검사 : 기초·지반검사에 따른 탱크
- 암반탱크검사 : 액체위험물을 저장 또는 취급하는 암반내의 공간을 이용한 탱크

26 주유취급소에서 자동차 등에 주유할 때, 인화점이 몇 ℃ 미만의 위험물을 주유할 때 자동차 등의 원동기를 정지시켜야 하는가?

① 20℃   ② 30℃
③ 40℃   ④ 50℃

해설
자동차 등에 인화점 40℃ 미만의 위험물을 주유할 때에는 자동차 등의 원동기를 정지시킬 것

27 위험물운송자는 장거리에 걸치는 운송을 하는 때에는 2명 이상의 운전자로 운송해야 하지만 1명이 운전할 수 있는 경우가 있다. 다음 중 1명의 운전자가 운송할 수 있는 경우에 해당하지 않는 것은?

① 고속국도를 이용하여 400km를 운송하는 경우
② 2시간 이내마다 20분 이상씩 휴식하는 경우
③ 운송책임자를 동승시킨 경우
④ 탄화알루미늄을 운송하는 경우

해설
위험물 운송 시 준수 기준(위험물안전관리법 시행규칙 별표 21)
위험물운송자는 장거리(고속국도에 있어서는 340km 이상, 그 밖의 도로에 있어서는 200km 이상을 말한다)에 걸치는 운송을 하는 때에는 2명 이상의 운전자로 할 것. 다만, 다음에 해당하는 경우에는 그렇지 않다.
• 운송책임자를 동승시킨 경우
• 운송하는 위험물이 제2류 위험물·제3류 위험물(칼슘 또는 알루미늄의 탄화물과 이것만을 함유한 것에 한한다) 또는 제4류 위험물(특수인화물을 제외한다)인 경우
• 운송도중에 2시간 이내마다 20분 이상씩 휴식하는 경우

28 옥내저장소에서 지정수량의 20배의 위험물을 저장하고자 할 때 보유공지는 얼마 이상으로 해야 하는가?(단, 저장소는 내화구조가 아니다)

① 1m   ② 1.5m
③ 2m   ④ 3m

해설
옥내저장소의 보유공지(위험물안전관리법 시행규칙 별표 5)

저장 또는 취급하는 위험물의 최대수량	공지의 너비	
	벽·기둥 및 바닥이 내화구조	그 밖의 건축물
지정수량의 5배 이하	–	0.5m 이상
지정수량의 5배 초과 10배 이하	1m 이상	1.5m 이상
지정수량의 10배 초과 20배 이하	2m 이상	3m 이상
지정수량의 20배 초과 50배 이하	3m 이상	5m 이상
지정수량의 50배 초과 200배 이하	5m 이상	10m 이상
지정수량의 200배 초과	10m 이상	15m 이상

29 옥내탱크저장소의 탱크전용실에 펌프설비를 설치하고자 한다. 출입구 턱의 높이는 얼마 이상으로 해야 하는가?

① 0.1m   ② 0.15m
③ 0.2m   ④ 0.3m

해설
펌프 설비 : 탱크전용실에 설치하는 경우에는 0.2m 이상의 턱을 설치할 것

30 옥외탱크저장소에서 지정수량의 1,500배의 위험물을 저장하고자 할 때의 보유공지는 얼마 이상으로 해야 하는가?

① 3m ② 5m
③ 9m ④ 12m

해설

옥외탱크저장소의 보유공지(위험물안전관리법 시행규칙 별표 6)

저장 또는 취급하는 위험물의 최대수량	공지의 너비
지정수량의 500배 이하	3m 이상
지정수량의 500배 초과 1,000배 이하	5m 이상
지정수량의 1,000배 초과 2,000배 이하	9m 이상
지정수량의 2,000배 초과 3,000배 이하	12m 이상
지정수량의 3,000배 초과 4,000배 이하	15m 이상
지정수량의 4,000배 초과	해당 탱크의 수평단면의 최대지름(횡형인 경우에는 긴변)과 높이 중에서 큰 것과 같은 거리 이상. 다만, 30m 초과인 경우에는 30m 이상으로 할 수 있고, 15m 미만인 경우에는 15m 이상으로 해야 한다.

31 옥외탱크저장소에 탱크 3개가 있다. 용량이 10만L, 5만L, 3만L일 때 방유제의 용량은 얼마 이상으로 해야 하는가?(단, 제6류 위험물을 저장하는 경우가 아니다)

① 5만L ② 5만8천L
③ 10만L ④ 11만L

해설

옥외저장탱크의 방유제(이황화탄소는 제외)(위험물안전관리법 시행규칙 별표 6)
- 탱크가 하나인 때 : 탱크 용량의 110% 이상[인화성이 없는 액체위험물일 경우 100%(제6류 위험물)]
- 2기 이상인 때 : 둘 중 용량이 최대인 것의 110% 이상[인화성이 없는 액체위험물일 경우 100%(제6류 위험물)]

32 다음 중 경보설비로 옳은 것은?

① 유도등
② 무선통신보조설비
③ 자동화재탐지설비
④ 스프링클러설비

해설

경보설비의 종류 : 단독경보형감지기, 비상경보설비, 시각경보기, 자동화재탐지설비, 비상방송설비, 자동화재속보설비, 통합감시시설, 누전경보기, 가스누설경보기

33 소화설비 소요단위 산정방법으로 잘못된 것은?

① 위험물은 지정수량의 100배를 1소요단위로 한다.
② 제조소의 외벽이 내화구조일 때 $100m^2$를 1소요단위로 한다.
③ 제조소의 외벽이 내화구조가 아닐 때 $50m^2$를 1소요단위로 한다.
④ 저장소의 외벽이 내화구조일 때 $150m^2$를 1소요단위로 한다.

해설
1소요단위의 기준
- 제조소 또는 취급소
  - 외벽이 내화구조 : 연면적 $100m^2$
  - 외벽이 내화구조가 아닌 것 : 연면적 $50m^2$
- 저장소
  - 외벽이 내화구조 : 연면적 $150m^2$
  - 외벽이 내화구조가 아닌 것 : 연면적 $75m^2$
- 위험물 : 지정수량의 10배

34 위험물의 제조공정 중 설비 내의 압력 및 온도에 직접적 영향을 받지 않는 것은?

① 추출공정
② 건조공정
③ 분쇄공정
④ 증류공정

해설
분쇄공정은 고체물질을 분쇄하여 분말로 만드는 공정이기 때문에 압력·온도에 직접적 영향을 받지는 않는다.

35 위험물의 저장·취급에 관한 기준으로 틀린 것은?

① 다이에틸에터 : 화기의 접근을 피하고 증기 발생을 주의한다.
② 이황화탄소 : 유증기 발생을 억제하기 위해 물속에 보관한다.
③ 아세트알데하이드 : 저장용기는 구리로 된 재질을 사용한다.
④ 산화프로필렌 : 저장탱크에 불활성 기체 또는 수증기를 봉입하여 저장한다.

해설
아세트알데하이드 등은 은, 구리, 수은, 마그네슘과 반응하여 폭발성 물질을 만들기 때문에 이 금속이나 금속이 들어있는 재질을 사용해서는 안 된다.

36 운송책임자의 감독·지원을 받아 운송해야 하는 위험물은?

① 아세트알데하이드
② 탄화알루미늄
③ 트라이에틸알루미늄
④ 칼륨

해설
알킬알루미늄·알킬리튬은 운송책임자의 감독·지원을 받아 운송해야 하는 위험물이다.

37 제1종 판매취급소의 소화난이도등급은?

① Ⅰ
② Ⅱ
③ Ⅲ
④ Ⅳ

정답 33 ① 34 ③ 35 ③ 36 ③ 37 ③

38 다음 중 포소화설비의 고정식 포방출구의 종류에 해당하지 않는 것은?

① 특형
② Ⅰ형
③ Ⅳ형
④ 지붕형

해설
고정식 포방출구의 종류 : Ⅰ형, Ⅱ형, 특형, Ⅲ형, Ⅳ형

39 소화기구의 설치기준에서 대형소화기는 특정소방대상물의 각 부분으로부터 소화기까지의 보행거리가 몇 m 이내가 되도록 배치해야 하는가?

① 10m
② 20m
③ 30m
④ 40m

해설
- 대형수동식소화기의 설치기준 : 방호대상물의 각 부분으로부터 하나의 대형수동식소화기까지의 보행거리가 30m 이하가 되도록 설치
- 소형소화기는 20m 이하가 되도록 설치

40 고속국도의 도로변에 설치한 주유취급소의 탱크용량은 얼마까지 할 수 있는가?

① 10,000L
② 20,000L
③ 50,000L
④ 60,000L

해설
주유취급소에서는 5만L까지 할 수 있지만, 고속도로 주유취급소는 특례기준에 따라 탱크의 용량을 6만L까지 할 수 있다.

41 주유취급소에 설치하는 주유 중 엔진정지의 게시판 색상으로 올바른 것은?

① 흑색 바탕에 황색 문자
② 백색 바탕에 흑색 문자
③ 황색 바탕에 흑색 문자
④ 적색 바탕에 백색 문자

해설
주유취급소의 표지 및 게시판
- "위험물 주유취급소"라는 표시를 한 표지
- 황색 바탕에 흑색 문자로 "주유 중 엔진정지"라는 표시를 한 게시판
- 규격은 제조소와 동일(0.3m × 0.6m)

42 이동탱크저장소의 표지에서 '위험물'이라고 쓰여있는 표지를 부착해야 하는데 이때 게시판의 색상으로 옳은 것은?

① 흑색 바탕에 황색의 반사도료
② 백색 바탕에 흑색의 반사도료
③ 황색 바탕에 흑색의 반사도료
④ 적색 바탕에 백색의 반사도료

43 이동저장탱크는 그 내부에 칸막이를 설치해야 한다. 용량 얼마 이하마다 설치해야 하는가?

① 1,000L   ② 2,000L
③ 3,000L   ④ 4,000L

> **해설**
> **이동저장탱크의 구조(위험물안전관리법 시행규칙 별표 10)**
> • 이동저장탱크의 두께 : 3.2mm 이상의 강철판
> • 압력탱크 외의 탱크 : 70kPa의 압력으로 10분간 수압시험
> • 최대상용압력의 1.5배의 압력으로 10분간 수압시험
> • 내부에 4,000L 이하마다 3.2mm 이상의 강철판으로 칸막이를 설치해야 한다.
> • 칸막이로 구획된 각 부분마다 맨홀과 안전장치 및 방파판을 설치해야 한다.

44 지하저장탱크의 윗부분은 지면으로부터 몇 m 이상 아래에 설치해야 하는가?

① 0.3m   ② 0.5m
③ 0.6m   ④ 0.9m

> **해설**
> **지하탱크저장소의 설치기준(위험물안전관리법 시행규칙 별표 8)**
> • 지면하에 설치된 탱크전용실에 설치한다.
> • 탱크전용실은 지하의 가장 가까운 벽·피트·가스관 등의 시설물 및 대지경계선으로부터 0.1m 이상 떨어진 곳에 설치한다.
> • 지하저장탱크와 탱크전용실의 안쪽과의 사이는 0.1m 이상의 간격을 유지한다.
> • 해당 탱크의 주위에 마른모래 또는 습기 등에 의하여 응고되지 않는 입자지름 5mm 이하의 마른자갈분을 채워야 한다.
> • 지하저장탱크의 윗부분은 지면으로부터 0.6m 이상 아래에 있어야 한다.
> • 지하저장탱크를 2 이상 인접해 설치하는 경우에는 그 상호간에 1m(해당 2 이상의 지하저장탱크의 용량의 합계가 지정수량의 100배 이하인 때에는 0.5m) 이상의 간격을 유지해야 한다.
> • 지하저장탱크의 두께 : 3.2mm 이상의 강판

45 제조소 건축물의 구조로 옳은 것은?

① 지하 1층까지 지을 수 있다.
② 지하층이 없도록 해야 한다.
③ 유리를 설치하는 경우 강화유리로 해야 한다.
④ 출입구에는 60분+방화문 또는 60분 방화문만을 설치해야 한다.

해설
제조소 건축물의 구조(위험물안전관리법 시행규칙 별표 4)
- 지하층이 없도록 해야 한다.
- 벽·기둥·바닥·보·서까래 및 계단 : 불연재료
- 연소의 우려가 있는 외벽 : 출입구 외의 개구부가 없는 내화구조의 벽
- 지붕은 폭발력이 위로 방출될 정도의 가벼운 불연재료로 덮어야 한다.
- 출입구와 비상구 : 60분+방화문·60분 방화문 또는 30분 방화문
- 연소의 우려가 있는 외벽 : 출입구에 수시로 열 수 있는 자동폐쇄식의 60분+방화문 또는 60분 방화문을 설치
- 건축물의 창 및 출입구에 유리를 이용하는 경우 : 망입유리
- 액체의 위험물을 취급하는 건축물의 바닥 : 위험물이 스며들지 못하는 재료를 사용하고, 적당한 경사를 두어 그 최저부에 집유설비를 설치해야 한다.

46 제조소에 옥외소화전 4개가 설치되어 있다면 수원의 수량은 얼마로 해야 하는가?

① $13.5m^3$ ② $54m^3$
③ $15.6m^3$ ④ $27m^3$

해설
옥외소화전은 450L/min을 30분(min)간 방사할 수 있는 수원의 양을 보유해야 한다.
1개의 양이 $13.5m^3$이므로 $13.5 \times 4 = 54$가 나온다.

47 위험물운송자는 운송하는 위험물의 종류에 따라 위험물안전카드를 휴대해야 하는데, 운송 시 위험물안전카드를 휴대하지 않아도 되는 경우는?

① 다이에틸에터를 운송하는 경우
② 초산을 운송하는 경우
③ 톨루엔을 운송하는 경우
④ 피리딘을 운송하는 경우

해설
초산은 제2석유류이다.
위험물(제4류 위험물에 있어서는 특수인화물 및 제1석유류에 한한다)을 운송하게 하는 자는 위험물안전카드를 위험물운송자로 하여금 휴대하게 할 것

48 할로젠화합물소화설비에서 할론 1211의 방사압력은 얼마인가?

① 0.1MPa ② 0.2MPa
③ 0.7MPa ④ 0.9MPa

해설
할로젠화합물소화설비
- 방사압력
  - 할론 2402 : 0.1MPa 이상
  - 할론 1211 : 0.2MPa 이상
  - 할론 1301 : 0.9MPa 이상
- 방사시간
  - 할론 2402, 1211, 1301 : 30초 이내

49 제1종 판매취급소의 배합실 바닥면적 기준으로 옳은 것은?

① 1m² 이상 3m² 이하일 것
② 3m² 이상 9m² 이하일 것
③ 5m² 이상 10m² 이하일 것
④ 6m² 이상 15m² 이하일 것

해설
위험물을 배합하는 실의 기준(위험물안전관리법 시행규칙 별표 14)
• 바닥면적은 6m² 이상 15m² 이하
• 내화구조 또는 불연재료로 된 벽으로 구획할 것
• 바닥은 위험물이 침투하지 않는 구조로 하여 적당한 경사를 두고 집유설비를 할 것
• 출입구에는 수시로 열 수 있는 자동폐쇄식의 60분 +방화문 또는 60분 방화문을 설치할 것
• 출입구 문턱의 높이 : 0.1m 이상
• 내부에 체류한 가연성의 증기 또는 가연성의 미분을 지붕 위로 방출하는 설비를 할 것

50 자동화재탐지설비의 설치기준에 따르면 하나의 경계구역 면적은 얼마 이하로 해야 하는가?

① 100m² 이하
② 300m² 이하
③ 600m² 이하
④ 1,000m² 이하

해설
자동화재탐지설비의 설치기준(위험물안전관리법 시행규칙 별표 17)
• 자동화재탐지설비의 경계구역은 건축물 그 밖의 공작물의 2 이상의 층에 걸치지 않도록 할 것. 다만, 하나의 경계구역의 면적이 500m² 이하이면서 해당 경계구역이 2개의 층에 걸치는 경우이거나 계단·경사로·승강기의 승강로 그 밖에 이와 유사한 장소에 연기감지기를 설치하는 경우에는 그렇지 않다.
• 하나의 경계구역의 면적 : 600m² 이하(단, 해당 건축물 그 밖의 공작물의 주요한 출입구에서 그 내부의 전체를 볼 수 있는 경우에 있어서는 그 면적을 1,000m² 이하)
• 한 변의 길이 : 50m 이하(광전식분리형 감지기를 설치할 경우에는 100m 이하)
• 자동화재탐지설비의 감지기는 지붕 또는 벽의 옥내에 면한 부분에 유효하게 화재의 발생을 감지할 수 있도록 설치할 것
• 자동화재탐지설비에는 비상전원을 설치할 것

CHAPTER 04

2014년 제1회

과년도 기출문제

PART 01 위험물기능사 필기

---

01 위험물제조소 등에 설치하는 옥외소화전설비의 기준에서 옥외소화전함은 옥외소화전으로부터 보행거리 몇 m 이하의 장소에 설치해야 하는가?

① 1.5 ② 5
③ 7.5 ④ 10

02 다음 중 질식소화 효과를 주로 이용하는 소화기는?

① 포소화기
② 강화액소화기
③ 수(물)소화기
④ 할론소화기

해설
포소화기는 거품을 이용하여 질식소화를 한다.

03 위험물의 품명·수량 또는 지정수량 배수의 변경신고에 대한 설명으로 옳은 것은?

① 허가청과 협의하여 설치한 군용위험물시설의 경우에도 적용된다.
② 변경신고는 변경한 날로부터 7일 이내에 완공검사합격확인증을 첨부하여 신고해야 한다.
③ 위험물의 품명이나 수량의 변경을 위해 제조소 등의 위치·구조 또는 설비를 변경하는 경우에 신고한다.
④ 위험물의 품명·수량 및 지정수량의 배수를 모두 변경한 때에는 신고를 할 수 없고 허가를 신청해야 한다.

해설
군용위험물시설의 설치 및 변경에 대한 특례(위험물안전관리법 제7조)
군사목적 또는 군부대시설을 위한 제조소 등을 설치하거나 그 위치·구조 또는 설비를 변경하고자 하는 군부대의 장은 대통령령이 정하는 바에 따라 미리 제조소 등의 소재지를 관할하는 시·도지사와 협의해야 한다.

정답 1 ② 2 ① 3 ①

04 제조소에서 취급하는 제4류 위험물의 최대수량의 합이 지정수량의 24만배 이상 48만배 미만인 사업소의 자체소방대에 두는 화학소방자동차수와 소방대원의 인원기준으로 옳은 것은?

① 2대, 4인　② 2대, 12인
③ 3대, 15인　④ 3대, 24인

해설

자체소방대에 두는 화학소방자동차 및 인원(위험물안전관리법 시행령 별표 8)

사업소의 구분	화학소방 자동차	자체소방대원의 수
제조소 또는 일반취급소에서 취급하는 제4류 위험물의 최대수량의 합이 지정수량의 3천배 이상 12만배 미만인 사업소	1대	5인
제조소 또는 일반취급소에서 취급하는 제4류 위험물의 최대수량의 합이 지정수량의 12만배 이상 24만배 미만인 사업소	2대	10인
제조소 또는 일반취급소에서 취급하는 제4류 위험물의 최대수량의 합이 지정수량의 24만배 이상 48만배 미만인 사업소	3대	15인
제조소 또는 일반취급소에서 취급하는 제4류 위험물의 최대수량의 합이 지정수량의 48만배 이상인 사업소	4대	20인
옥외탱크저장소에 저장하는 제4류 위험물의 최대수량이 지정수량의 50만배 이상인 사업소	2대	10인

05 주유취급소 중 건축물의 2층에 휴게음식점의 용도로 사용하는 것에 있어 해당 건축물의 2층으로부터 직접 주유취급소의 부지 밖으로 통하는 출입구와 해당 출입구로 통하는 통로·계단에 설치해야 하는 것은?

① 비상경보설비
② 유도등
③ 비상조명등
④ 확성장치

해설

피난설비

- 주유취급소 중 건축물의 2층 이상의 부분을 점포·휴게음식점 또는 전시장의 용도로 사용하는 것에 있어서는 해당 건축물의 2층 이상으로부터 주유취급소의 부지 밖으로 통하는 출입구와 해당 출입구로 통하는 통로·계단 및 출입구에 유도등을 설치해야 한다.
- 옥내주유취급소에 있어서는 해당 사무소 등의 출입구 및 피난구와 해당 피난구로 통하는 통로·계단 및 출입구에 유도등을 설치해야 한다.
- 유도등에는 비상전원을 설치해야 한다.

06 높이 15m, 지름 20m인 옥외저장탱크에 보유공지의 단축을 위해서 물분무설비로 방호조치를 하는 경우 수원의 양은 약 몇 L 이상으로 해야 하는가?

① 46,496　② 58,090
③ 70,259　④ 95,880

해설

물분무소화설비의 수원의 수량

$$수원의 양 = 2\pi r \times 37 L/min \cdot m \times 20 min$$
$$= (2\pi \times 10m) \times 37 \times 20$$
$$= 46,496 L$$

07 위험물제조소 등에 설치해야 하는 각 소화설비의 설치기준에 있어서 각 노즐 또는 헤드 끝부분의 방사압력기준이 나머지 셋과 다른 설비는?

① 옥내소화전설비
② 옥외소화전설비
③ 스프링클러설비
④ 물분무소화설비

> [해설]
> - 옥내소화전, 옥외소화전, 물분무소화설비의 방사압력 : 350kPa 이상
> - 스프링클러설비 : 100kPa 이상

08 아세톤의 위험도를 구하면 얼마인가? (단, 아세톤의 연소범위는 2.5~12.8vol% 이다)

① 0.846
② 1.23
③ 4.12
④ 7.5

> [해설]
> 위험도(H) = $\dfrac{U-L}{L} = \dfrac{12.8-2.5}{2.5} = 4.12$

09 위험물제조소 등에 설치하는 불활성 기체소화설비의 소화약제 저장용기 설치 장소로 적합하지 않은 곳은?

① 방호구역 외의 장소
② 온도가 40℃ 이하이고 온도변화가 적은 장소
③ 빗물이 침투할 우려가 적은 장소
④ 직사일광이 잘 들어오는 장소

10 위험물안전관리법령에 따른 옥외소화전설비의 설치기준에 대해 다음 ( ) 안에 알맞은 수치를 차례대로 나타낸 것은?

> 옥외소화전설비는 모든 옥외소화전(설치 개수가 4개 이상인 경우는 4개의 옥외소화전)을 동시에 사용할 경우에 각 노즐 선단(끝부분)의 방수압력이 ( )kPa 이상이고, 방수량이 1분당 ( )L 이상의 성능이 되도록 할 것

① 350, 260
② 300, 260
③ 350, 450
④ 300, 450

11 알루미늄 분말 화재 시 주수해서는 안 되는 가장 큰 이유는?

① 수소가 발생하여 연소가 확대되기 때문에
② 유독가스가 발생하여 연소가 확대되기 때문에
③ 산소의 발생으로 연소가 확대되기 때문에
④ 분말의 독성이 강하기 때문에

[해설]
알루미늄은 물과 반응하여 수소를 발생시킨다. 수소는 가연성 가스이다.

12 위험물별로 설치하는 소화설비 중 적응성이 없는 것과 연결된 것은?

① 제3류 위험물 중 금수성 물질 이외의 것 - 할로젠화합물소화설비, 불활성 기체소화설비
② 제4류 위험물 - 물분무소화설비, 불활성 기체소화설비
③ 제5류 위험물 - 포소화설비, 스프링클러설비
④ 제6류 위험물 - 옥내소화전설비, 물분무소화설비

[해설]
제3류 위험물 중 금수성 물질 그 밖의 것에는 불활성 가스소화설비, 할로젠화합물소화설비는 적응성이 없다. 옥내·옥외소화전설비, 스프링클러설비 등이 소화적응성을 갖는다.

13 전기화재의 급수와 표시색상을 옳게 나타낸 것은?

① C급 - 백색
② D급 - 백색
③ C급 - 청색
④ D급 - 청색

[해설]
화재의 분류에 따른 표시색상

급수	종류	표시색
A급	일반화재	백색
B급	유류화재	황색
C급	전기화재	청색
D급	금속화재	무색

14 탄화알루미늄이 물과 반응하여 폭발의 위험이 있는 것은 어떤 가스가 발생하기 때문인가?

① 수소
② 메테인
③ 아세틸렌
④ 암모니아

[해설]
- 탄화알루미늄은 물과 반응하여 메테인을 발생시킨다.
- 반응식 : $Al_4C_3 + 12H_2O \rightarrow 4Al(OH)_3 + 3CH_4$

정답 11 ① 12 ① 13 ③ 14 ②

15 과산화리튬의 화재현장에서 주수소화가 불가능한 이유는?

① 수소가 발생하기 때문에
② 산소가 발생하기 때문에
③ 이산화탄소가 발생하기 때문에
④ 일산화탄소가 발생하기 때문에

해설
무기과산화물은 물과 반응하여 산소를 발생시키고 발열한다.

16 위험물제조소에 설치하는 분말소화설비의 기준에서 분말소화약제의 가압용 가스로 사용할 수 있는 것은?

① 헬륨 또는 산소
② 네온 또는 염소
③ 아르곤 또는 산소
④ 질소 또는 이산화탄소

해설
소화약제의 가압용 가스로는 이산화탄소 및 불활성 기체를 사용한다.

17 제6류 위험물을 저장하는 제조소 등에 적응성이 없는 소화설비는?

① 옥외소화전설비
② 탄산수소염류 분말소화설비
③ 스프링클러설비
④ 포소화설비

해설
제6류 위험물에는 수계(물)소화설비가 적응성이 있다.

18 소화난이도등급 I 에 해당하는 위험물제조소 등이 아닌 것은?(단, 원칙적인 경우에 한하며 다른 조건은 고려하지 않는다)

① 모든 이송취급소
② 연면적 600m^2의 제조소
③ 지정수량의 150배인 옥내저장소
④ 액표면적이 40m^2인 옥외탱크저장소

해설
소화난이도등급 I 에 해당하는 제조소 등의 연면적 기준은 1,000m^2이다.

19 나이트로셀룰로스의 자연발화는 일반적으로 무엇에 기인한 것인가?

① 산화열
② 중합열
③ 흡착열
④ 분해열

해설
제5류 위험물은 물질 자체에 산소를 함유하고 있으므로 분해·폭발(연소)한다.

15 ② 16 ④ 17 ② 18 ② 19 ④

20 인화점 70℃ 이상의 제4류 위험물을 저장하는 암반탱크저장소에 설치해야 하는 소화설비들로만 이루어진 것은?(단, 소화난이도등급 I 에 해당한다)

① 물분무소화설비 또는 고정식 포소화설비
② 불활성 기체소화설비 또는 물분무소화설비
③ 할로젠화합물소화설비 또는 불활성 기체소화설비
④ 고정식 포소화설비 또는 할로젠화합물소화설비

해설
소화난이도등급 I 의 제조소 등에 설치해야 하는 소화설비

암반탱크 저장소	황만을 저장·취급하는 것	물분무소화설비
	인화점 70℃ 이상의 제4류 위험물만을 저장·취급하는 것	물분무소화설비 또는 고정식 포소화설비
	그 밖의 것	고정식 포소화설비(포소화설비가 적응성이 없는 경우에는 분말소화설비)

21 제1종 판매취급소에 설치하는 위험물 배합실의 기준으로 틀린 것은?

① 바닥면적은 6m² 이상, 15m² 이하일 것
② 내화구조 또는 불연재료로 된 벽으로 구획할 것
③ 출입구는 수시로 열 수 있는 자동폐쇄식의 60분+방화문 또는 60분 방화문으로 설치할 것
④ 출입구 문턱의 높이는 바닥면으로부터 0.2m 이상일 것

해설
제1종 판매취급소의 출입구 문턱의 높이는 바닥면으로부터 0.1m 이상으로 한다.

22 규조토에 흡수시켜 다이너마이트를 제조할 때 사용되는 위험물은?

① 다이나이트로톨루엔
② 질산에틸
③ 나이트로글리세린
④ 나이트로셀룰로스

해설
나이트로글리세린을 규조토에 흡수시켜 만든 물질이 다이너마이트이다.

23 NaClO₂을 수납하는 운반용기의 외부에 표시해야 할 주의사항으로 옳은 것은?

① "화기엄금" 및 "충격주의"
② "화기주의" 및 "물기엄금"
③ "화기·충격주의" 및 "가연물접촉주의"
④ "화기엄금" 및 "공기접촉엄금"

[해설]
제1류 위험물 중 알칼리금속의 과산화물 외부에 표시해야 할 주의사항 : 화기·충격주의, 가연물접촉주의, 물기엄금

24 이황화탄소 저장 시 물속에 저장하는 이유로 가장 옳은 것은?

① 공기 중 수소와 접촉하여 산화되는 것을 방지하기 위하여
② 공기와 접촉 시 환원하기 때문에
③ 가연성 증기의 발생을 억제하기 위해서
④ 불순물을 제거하기 위하여

[해설]
이황화탄소(CS_2)는 비중이 1.26이고 물에 녹지 않아 물속에 보관하면 유증기를 발생시키지 못한다.

25 알루미늄분의 위험성에 대한 설명 중 틀린 것은?

① 할로젠 원소와 접촉 시 자연발화의 위험성이 있다.
② 산과 반응하여 가연성 가스인 수소를 발생한다.
③ 발화하면 다량의 열이 발생한다.
④ 뜨거운 물과 격렬히 반응하여 수산화알루미늄을 발생한다.

[해설]
알루미늄은 물과 반응하여 수산화알루미늄[$Al(OH)_3$]과 수소를 발생시킨다.

26 위험물제조소에서 다음과 같이 위험물을 취급하고 있는 경우 각각의 지정수량 배수의 총합은 얼마인가?

- 브로민산나트륨 300kg
- 과산화나트륨 150kg
- 다이크로뮴산나트륨 500kg

① 3.5 ② 4.0
③ 4.5 ④ 5.0

[해설]
- 브로민산나트륨의 지정수량 : 300kg
- 과산화나트륨의 지정수량 : 50kg
- 다이크로뮴산나트륨의 지정수량 : 1,000kg
∴ 1 + 3 + 0.5 = 4.5

27 오황화인과 칠황화인이 물과 반응했을 때 공통으로 나오는 물질은?

① 이산화황 ② 황화수소
③ 인화수소 ④ 삼산화황

28 과산화벤조일의 일반적인 성질로 옳은 것은?

① 비중은 약 0.33이다.
② 무미, 무취의 고체이다.
③ 물에는 잘 녹지만 다이에틸에터에는 녹지 않는다.
④ 녹는점은 약 300℃이다.

해설
과산화벤조일의 녹는점(융점)은 약 105℃로 이 온도 이상에서 흰 연기를 내며 분해하기 시작한다.

29 메틸알코올의 위험성에 대한 설명으로 틀린 것은?

① 겨울에는 인화의 위험이 여름보다 작다.
② 증기밀도는 가솔린보다 크다.
③ 독성이 있다.
④ 연소범위는 에틸알코올보다 넓다.

해설
메틸알코올(CH_3OH)의 분자량은 32로 휘발유(옥테인을 기준 C_8H_{18})에 비해 분자량이 한참 낮으므로 증기밀도는 가솔린보다 작다.

30 위험물안전관리법령은 위험물의 유별에 따른 저장·취급상의 유의사항을 규정하고 있다. 이 규정에서 특히 과열, 충격, 마찰을 피해야 할 류(類)에 속하는 위험물 품명을 옳게 나열한 것은?

① 하이드록실아민, 금속의 아지화합물
② 금속의 산화물, 칼슘의 탄화물
③ 무기금속화합물, 인화성 고체
④ 무기과산화물, 금속의 산화물

해설
제5류 위험물은 자기반응성 물질로 특히 과열, 충격, 마찰을 피해야 한다.

31 제3류 위험물에 대한 설명으로 옳지 않은 것은?

① 황린은 공기 중에 노출되면 자연발화하므로 물속에 저장해야 한다.
② 나트륨은 물보다 무거우며 석유 등의 보호액 속에 저장해야 한다.
③ 트라이에틸알루미늄은 상온에서 액체 상태로 존재한다.
④ 인화칼슘은 물과 반응하여 유독성의 포스핀을 발생한다.

해설
나트륨(Na)의 비중은 0.97로 물보다 약간 가볍다.

정답 27 ② 28 ② 29 ② 30 ① 31 ②

32 과산화벤조일 100kg을 저장하려 한다. 지정수량의 배수는 얼마인가?

① 5배 ② 7배
③ 10배 ④ 15배

해설
과산화벤조일의 지정수량은 100kg이다(유기과산화물).

33 순수한 것은 무색, 투명한 기름상의 액체이고 공업용은 담황색인 위험물로 충격·마찰에는 매우 예민하고 겨울철에는 동결할 우려가 있는 것은?

① 펜트리트
② 트라이나이트로벤젠
③ 나이트로글리세린
④ 질산메틸

해설
나이트로글리세린의 융점은 2.8℃로 이 온도 이하에서는 응고된다.

34 과산화칼륨이 물 또는 이산화탄소와 반응할 경우 공통적으로 발생하는 물질은?

① 산소 ② 과산화수소
③ 수산화칼륨 ④ 수소

해설
과산화칼륨은 물 또는 이산화탄소와 반응할 때 공통적으로 산소를 발생시킨다.

35 위험물안전관리법령에서 정한 물분무소화설비의 설치기준으로 적합하지 않은 것은?

① 고압의 전기설비가 있는 장소에는 해당 전기설비와 분무헤드 및 배관과 사이에 전기절연을 위하여 필요한 공간을 보유한다.
② 스트레이너 및 일제개방밸브는 제어밸브의 하류측 부근에 스트레이너, 일제개방밸브의 순으로 설치한다.
③ 물분무소화설비에 2 이상의 방사구역을 두는 경우에는 화재를 유효하게 소화할 수 있도록 인접하는 방사구역이 상호 중복되도록 한다.
④ 수원의 수위가 수평회전식펌프보다 낮은 위치에 있는 가압송수장치의 물올림장치는 타설비와 겸용하여 설치한다.

해설
물분무소화설비의 기준
- 물분무소화설비에 2 이상의 방사구역을 두는 경우에는 화재를 유효하게 소화할 수 있도록 인접하는 방사구역이 상호 중복되도록 할 것
- 고압의 전기설비가 있는 장소에는 해당 전기설비와 분무헤드 및 배관과 사이에 전기절연을 위하여 필요한 공간을 보유할 것
- 물분무소화설비에는 각층 또는 방사구역마다 제어밸브, 스트레이너 및 일제개방밸브 또는 수동식 개방밸브를 다음에 정한 것에 의하여 설치할 것
  - 제어밸브 및 일제개방밸브 또는 수동식 개방밸브는 스프링클러설비의 기준의 예에 의할 것
  - 스트레이너 및 일제개방밸브 또는 수동식 개방밸브는 제어밸브의 하류측 부근에 스트레이너, 일제개방밸브 또는 수동식 개방밸브의 순으로 설치할 것
- 물올림장치에는 전용의 물올림탱크를 설치할 것

36 과산화수소의 운반용기 외부에 표시해야 하는 주의사항은?

① 화기주의　② 충격주의
③ 물기엄금　④ 가연물접촉주의

> **해설**
> 제6류 위험물 운반용기 외부에 표시해야 하는 주의사항 : 가연물접촉주의

37 액체위험물을 운반용기에 수납할 때 내용적의 몇 % 이하의 수납률로 수납해야 하는가?

① 95　　② 96
③ 97　　④ 98

38 다음 중 위험물안전관리법령에서 정한 지정수량이 500kg인 것은?

① 황화인　② 금속분
③ 인화성 고체　④ 황

> **해설**
> 제2류 위험물의 지정수량
> • 황화인, 적린, 황 : 100kg
> • 철분, 금속분, 마그네슘 : 500kg
> • 인화성 고체 : 1,000kg

39 건성유에 해당되지 않는 것은?

① 들기름　② 동유
③ 아마인유　④ 피마자유

> **해설**
> • 건성유 : 아마인유, 들기름, 정어리기름, 동유(오동유), 해바라기유
> • 불건성유 : 올리브유, 야자유, 동백유, 피마자유, 낙화생유

정답 36 ④　37 ④　38 ②　39 ④

40 위험물안전관리법령상 제5류 위험물의 위험등급에 대한 설명 중 틀린 것은?

① 유기과산화물과 질산에스터류는 위험등급 I 에 해당한다.
② 지정수량 100kg인 하이드록실아민과 하이드록실아민염류는 위험등급 II 에 해당한다.
③ 지정수량 200kg에 해당되는 품명은 모두 위험등급 III 에 해당한다.
④ 지정수량 10kg인 품명만 위험등급 I 에 해당한다.

해설
제5류 위험물에 위험등급 III는 없다.
※ 지정수량 개정으로 인해 출제기준 맞지 않음

41 제5류 위험물에 관한 내용으로 틀린 것은?

① $C_2H_5ONO_2$: 상온에서 액체이다.
② $C_6H_2OH(NO_2)_3$: 공기 중 자연분해가 매우 잘된다.
③ $C_6H_3(NO_2)_2CH_3$: 담황색의 결정이다.
④ $C_3H_5(ONO_2)_3$: 혼산 중에 글리세린을 반응시켜 제조한다.

해설
트라이나이트로페놀은 공기 중에서 자연분해되지 않는다. 단독으로 있을 경우 가열, 마찰, 충격에 비교적 안정한 편이다.

42 다음 중 제4류 위험물에 대한 설명으로 가장 옳은 것은?

① 물과 접촉하면 발열하는 것
② 자기연소성 물질
③ 많은 산소를 함유하는 강산화제
④ 상온에서 액상인 가연성 액체

해설
제4류 위험물(인화성 액체)은 상온에서 액체이다.

43 위험물운송책임자의 감독 또는 지원의 방법으로 운송의 감독 또는 지원을 위하여 마련한 별도의 사무실에 운송책임자가 대기하면서 이행하는 사항에 해당하지 않는 것은?

① 운송 후에 운송경로를 파악하여 관할 경찰관서에 신고하는 것
② 이동탱크저장소의 운전자에 대하여 수시로 안전확보 상황을 확인하는 것
③ 비상 시의 응급처치에 관하여 조언을 하는 것
④ 위험물의 운송 중 안전확보에 관하여 필요한 정보를 제공하고 감독 또는 지원하는 것

해설
운송경로를 미리 파악하고 관할 소방관서에 대한 연락체계를 갖추어야 한다.

44 제조소 등에 있어서 위험물의 저장하는 기준으로 잘못된 것은?

① 황린은 제3류 위험물이므로 물기가 없는 건조한 장소에 저장해야 한다.
② 덩어리 상태의 황은 위험물 용기에 수납하지 않고 옥내저장소에 저장할 수 있다.
③ 옥내저장소에서는 용기에 수납하여 저장하는 위험물의 온도가 55℃를 넘지 않도록 필요한 조치를 강구해야 한다.
④ 이동저장탱크에는 저장 또는 취급하는 위험물의 유별·품명·최대수량 및 적재중량을 표시하고 잘 보일 수 있도록 관리해야 한다.

해설
황린은 발화점(34℃)이 매우 낮으므로 자연발화의 위험이 큰 물질이다. 따라서 물속에 저장한다.

45 아이오딘산아연의 성질에 대한 설명으로 가장 거리가 먼 것은?

① 결정성 분말이다.
② 유기물과 혼합 시 연소 위험이 있다.
③ 환원력이 강하다.
④ 제1류 위험물이다.

해설
제1류 위험물은 산화력이 강하다.

46 1mol의 에틸알코올이 완전 연소하였을 때 생성되는 이산화탄소는 몇 몰인가?

① 1mol   ② 2mol
③ 3mol   ④ 4mol

해설
에틸알코올의 연소반응식
$C_2H_5OH + 3O_2 \rightarrow 2CO_2 + 3H_2O$

47 이송취급소의 교체밸브, 제어밸브 등의 설치기준으로 틀린 것은?

① 밸브는 원칙적으로 이송기지 또는 전용부지 내에 설치할 것
② 밸브는 그 개폐상태를 설치장소에서 쉽게 확인할 수 있도록 할 것
③ 밸브를 지하에 설치하는 경우에는 점검상자 안에 설치할 것
④ 밸브는 해당 밸브의 관리에 관계하는 자가 아니면 수동으로만 개폐할 수 있도록 할 것

해설
긴급차단밸브의 기능
- 원격조작 및 현지조작에 의하여 폐쇄되는 기능
- 누설검지장치에 의하여 이상이 검지된 경우에 자동으로 폐쇄되는 기능
- 긴급차단밸브는 그 개폐상태가 해당 긴급차단밸브의 설치장소에서 용이하게 확인될 수 있을 것
- 긴급차단밸브를 지하에 설치하는 경우에는 긴급차단밸브를 점검상자 안에 유지할 것. 다만, 긴급차단밸브를 도로 외의 장소에 설치하고 해당 긴급차단밸브의 점검이 가능하도록 조치하는 경우에는 그렇지 않다.
- 긴급차단밸브는 해당 긴급차단밸브의 관리에 관계하는 자 외의 자가 수동으로 개폐할 수 없도록 할 것

48 과염소산에 대한 설명으로 틀린 것은?

① 물과 접촉하면 발열한다.
② 불연성이지만 유독성이 있다.
③ 증기비중은 약 3.5이다.
④ 산화제이므로 쉽게 산화할 수 있다.

해설
과염소산은 산화제이고 자신이 산화하는 것이 아니라 다른 물질을 산화시킨다.

49 알킬알루미늄의 저장 및 취급방법으로 옳은 것은?

① 용기는 완전 밀봉하고 CH_4, C_3H_8 등을 봉입한다.
② C_6H_6 등의 희석제를 넣어준다.
③ 용기의 마개에 다수의 미세한 구멍을 뚫는다.
④ 통기구가 달린 용기를 사용하여 압력 상승을 방지한다.

[해설]
벤젠, 헥센 등의 희석제를 넣어준다.

50 제조소 등 또는 허가를 받지 않고 지정수량 이상의 위험물을 저장 또는 취급하는 장소에서 위험물을 유출시켜 사람의 신체 또는 재산에 대하여 위험을 발생시킨 자에 대한 벌칙 기준으로 옳은 것은?

① 1년 이상 3년 이하의 징역
② 1년 이상 5년 이하의 징역
③ 1년 이상 7년 이하의 징역
④ 1년 이상 10년 이하의 징역

[해설]
- 1년 이상 10년 이하의 징역 : 제조소 등 또는 허가를 받지 않고 지정수량 이상의 위험물을 저장 또는 취급하는 장소에서 위험물을 유출시켜 사람의 신체 또는 재산에 대하여 위험을 발생시킨 자
- 무기 또는 5년 이상의 징역 : 제조소 등 또는 허가를 받지 않고 지정수량 이상의 위험물을 저장 또는 취급하는 장소에서 위험물을 유출시켜 사람을 사망에 이르게 한 자
- 무기 또는 3년 이상의 징역 : 제조소 등 또는 허가를 받지 않고 지정수량 이상의 위험물을 저장 또는 취급하는 장소에서 위험물을 유출시켜 사람을 상해에 이르게 한 자

51 고정 지붕 구조를 가진 높이 15m의 원통종형 옥외위험물저장탱크 안의 탱크 상부로부터 아래로 1m 지점에 고정식 포 방출구가 설치되어 있다. 이 조건의 탱크를 신설하는 경우 최대허가량은 얼마인가?(단, 탱크의 내부 단면적은 $100m^2$이고, 탱크 내부에는 별다른 구조물이 없으며, 공간용적 기준은 만족하는 것으로 가정한다)

① $1,400m^3$ ② $1,370m^3$
③ $1,350m^3$ ④ $1,300m^3$

[해설]
소화설비(소화약제 방출구를 탱크 안의 윗부분에 설치하는 것에 한한다)를 설치하는 탱크의 공간용적은 해당 소화설비 소화약제방출구 아래의 0.3m 이상 1m 미만 사이의 면으로부터 윗부분의 용적으로 한다.
따라서, 탱크의 높이는 15m이고 아래로 1m 지점에 포 방출구가 설치되어 있으므로 14m 지점에 설치되어 있는 것이다. 공간용적은 0.3m 이상 1m 미만 사이의 면이고 최대허가량을 구하려고 하면 0.3m 지점으로 잡아야 한다. 따라서 $13.7m \times 100m^2 = 1,370m^2$이 된다.

52 염소산나트륨의 저장 및 취급 시 주의할 사항으로 틀린 것은?

① 철제용기에 저장은 피해야 한다.
② 열분해 시 이산화탄소가 발생하므로 질식에 유의한다.
③ 조해성이 있으므로 방습에 유의한다.
④ 용기에 밀전(密栓)하여 보관한다.

[해설]
염소산나트륨은 열분해하여 산소를 발생시킨다.

정답 49 ② 50 ④ 51 ② 52 ②

53 제4류 위험물의 옥외저장탱크에 대기밸브부착 통기관을 설치할 때 몇 kPa 이하의 압력차이로 작동해야 하는가?

① 5kPa 이하
② 10kPa 이하
③ 15kPa 이하
④ 20kPa 이하

56 이황화탄소에 관한 설명으로 틀린 것은?

① 비교적 무거운 무색의 고체이다.
② 인화점이 0℃ 이하이다.
③ 약 90℃에서 발화할 수 있다.
④ 이황화탄소의 증기는 유독하다.

해설
이황화탄소는 제4류 위험물로 액체 상태이다.

54 비중은 0.86이고 은백색의 무른 경금속으로 보라색 불꽃을 내면서 연소하는 제3류의 위험물은?

① 칼슘
② 나트륨
③ 칼륨
④ 리튬

해설
칼륨의 불꽃색은 보라색이다. 나트륨은 노란색, 리튬은 빨간색이다.

55 위험물안전관리법령상 제3류 위험물에 속하는 담황색의 고체로서 물속에 보관해야 하는 것은?

① 황린
② 적린
③ 황
④ 나이트로글리세린

해설
황린은 자연발화성으로 물과 반응하지 않아 물속에 보관한다.

57 다음은 위험물안전관리법령에 따른 이동탱크저장소에 대한 기준이다. ( ) 안에 알맞은 수치를 차례대로 나열한 것은?

> 이동저장탱크는 그 내부에 ( )L 이하마다 ( )mm 이상의 강철판 또는 이와 동등 이상의 강도·내열성 및 내식성이 있는 금속성의 것으로 칸막이를 설치해야 한다.

① 2,500, 3.2
② 2,500, 4.8
③ 4,000, 3.2
④ 4,000, 4.8

정답 53 ① 54 ③ 55 ① 56 ① 57 ③

58 위험물안전관리법령에서 규정하고 있는 사항으로 틀린 것은?

① 법정의 안전교육을 받아야 하는 사람은 안전관리자로 선임된 자, 탱크시험자의 기술인력으로 종사하는 자, 위험물운송자로 종사하는 자이다.
② 지정수량의 150배 이상의 위험물을 저장하는 옥내저장소는 관계인이 예방규정을 정해야 하는 제조소 등에 해당한다.
③ 정기검사의 대상이 되는 것은 액체위험물을 저장 또는 취급하는 10만L 이상의 옥외탱크저장소, 암반탱크저장소, 이송취급소이다.
④ 법정의 안전관리자교육이수자와 소방공무원으로 근무한 경력이 3년 이상인 자는 제4류 위험물에 대한 위험물 취급 자격자가 될 수 있다.

[해설]
정기점검 대상인 옥외탱크저장소 : 액체위험물을 저장 또는 취급하는 50만L 이상

59 인화점이 상온 이상인 위험물은?

① 중유
② 아세트알데하이드
③ 아세톤
④ 이황화탄소

[해설]
중유는 제3석유류로 인화점 기준이 70℃ 이상이다.

60 위험물제조소의 연면적이 몇 m² 이상이 되면 경보설비 중 자동화재탐지설비를 설치해야 하는가?

① 400
② 500
③ 600
④ 800

CHAPTER 04
2014년 제2회 과년도 기출문제

PART 01 위험물기능사 필기

---

01 화재 원인에 대한 설명으로 틀린 것은?

① 연소대상물의 열전도율이 좋을수록 연소가 잘 된다.
② 온도가 높을수록 연소 위험이 높아진다.
③ 화학적 친화력이 클수록 연소가 잘 된다.
④ 산소와 접촉이 잘 될수록 연소가 잘 된다.

해설
열전도율이 작아야 연소가 잘 된다.

02 다음 고온체의 색깔을 낮은 온도부터 옳게 나열한 것은?

① 암적색 < 황적색 < 백적색 < 휘적색
② 휘적색 < 백적색 < 황적색 < 암적색
③ 휘적색 < 암적색 < 황적색 < 백적색
④ 암적색 < 휘적색 < 황적색 < 백적색

해설
연소 온도별 색깔의 종류

색깔	온도(℃)
담암적색	520
암적색	700
적색	850
휘적색	950
황적색	1,100
백적색	1,300
휘백색	1,500

03 화재 시 이산화탄소를 사용하여 공기 중 산소의 농도를 21vol%에서 13vol%로 낮추려면 공기 중 이산화탄소의 농도는 몇 vol%가 되어야 하는가?

① 34.3 ② 38.1
③ 42.5 ④ 45.8

해설
$\dfrac{21-13}{21} \times 100(\%) = 38.1$

04 [보기]에서 소화기의 사용 방법을 옳게 설명한 것을 모두 나열한 것은?

[보기]
㉠ 적응화재에만 사용할 것
㉡ 불과 최대한 멀리 떨어져서 사용할 것
㉢ 바람을 마주보고 풍하에서 풍상 방향으로 사용할 것
㉣ 양옆으로 비로 쓸 듯이 골고루 사용할 것

① ㉠, ㉡   ② ㉠, ㉢
③ ㉠, ㉣   ④ ㉠, ㉢, ㉣

해설
소화기 사용법
• 적응화재에 맞는 소화기를 사용할 것
• 바람을 등지고 사용할 것
• 화재면에 최대한 가까이 분사할 것
• 양옆으로 비로 쓸듯이 골고루 분사할 것

정답 1 ① 2 ④ 3 ② 4 ③

05 폭발 시 연소파의 전파속도 범위에 가장 가까운 것은?

① 0.1~10m/s
② 100~1,000m/s
③ 2,000~3,500m/s
④ 5,000~10,000m/s

해설
- 연소파 : 0.1~10m/s
- 폭굉파 : 1,000~3,500m/s
※ 음속 : 350m/s

06 위험물제조소의 안전거리 기준으로 틀린 것은?

① 초·중등교육법 및 고등교육법에 의한 학교 – 20m 이상
② 의료법에 의한 병원급 의료기관 – 30m 이상
③ 지정문화유산 및 천연기념물 등 – 50m 이상
④ 사용전압이 35,000V를 초과하는 특고압가공전선 – 5m 이상

해설
학교, 병원, 극장과의 안전거리는 30m 이상이다.

07 위험물안전관리법령상 위험물제조소 등에서 전기설비가 있는 곳에 적응하는 소화설비는?

① 옥내소화전설비
② 스프링클러설비
③ 포소화설비
④ 할로젠화합물소화설비

해설
전기설비에 적응성이 있는 소화설비 : 물분무소화설비, 불활성가스소화설비, 할로젠화합물소화설비, 분말소화설비, 이산화탄소소화설비, 무상수소화설비 등

08 제5류 위험물의 화재 시 소화방법에 대한 설명으로 옳은 것은?

① 가연성 물질로서 연소속도가 빠르므로 질식소화가 효과적이다.
② 할로젠화합물소화기가 적응성이 있다.
③ CO_2 및 분말소화기가 적응성이 있다.
④ 다량의 주수에 의한 냉각소화가 효과적이다.

해설
제5류 위험물은 물질 자체에 산소를 포함하고 있으므로 질식소화는 적응성이 없으며, 대량의 주수소화가 효과적이다.

09 Halon 1301 소화약제에 대한 설명으로 틀린 것은?

① 저장 용기에 액체상으로 충전한다.
② 화학식은 CF_3Br이다.
③ 비점이 낮아서 기화가 용이하다.
④ 공기보다 가볍다.

해설
할론 1301의 화학식 : CF_3Br, 공기보다 약 5배 무겁다.

10 스프링클러설비의 장점이 아닌 것은?

① 화재의 초기 진압에 효율적이다.
② 사용 약제를 쉽게 구할 수 있다.
③ 자동으로 화재를 감지하고 소화할 수 있다.
④ 다른 소화설비보다 구조가 간단하고 시설비가 적다.

해설
스프링클러설비는 물을 이용한 소화설비로 화재 초기 진압에 효과적이나, 설치비가 많이 든다.

11 다음의 위험물 중에서 이동탱크저장소에 의하여 위험물을 운송할 때 운송책임자의 감독·지원을 받아야 하는 위험물은?

① 알킬리튬
② 아세트알데하이드
③ 금속의 수소화물
④ 마그네슘

12 산화제와 환원제를 연소의 4요소와 연관 지어 연결한 것으로 옳은 것은?

① 산화제 - 산소공급원, 환원제 - 가연물
② 산화제 - 가연물, 환원제 - 산소공급원
③ 산화제 - 연쇄반응, 환원제 - 점화원
④ 산화제 - 점화원, 환원제 - 가연물

해설
산화제는 산소를 공급해주고 환원제는 산소와 결합을 잘하는 물질이다.

13 포소화약제에 의한 소화방법으로 다음 중 가장 주된 소화효과는?

① 희석소화
② 질식소화
③ 제거소화
④ 자기소화

해설
포소화약제의 주된 소화효과는 질식효과이다.

정답 9 ④ 10 ④ 11 ① 12 ① 13 ②

14 다음 중 증발연소를 하는 물질이 아닌 것은?

① 황   ② 석탄
③ 파라핀   ④ 나프탈렌

> **해설**
> 석탄은 분해연소를 한다.

15 위험물안전관리법령상 옥내주유취급소의 소화난이도등급은?(단, 면적이 500m² 이하이다)

① Ⅰ   ② Ⅱ
③ Ⅲ   ④ Ⅳ

16 위험물안전관리법령의 소화설비 설치기준에 의하면 옥외소화전설비의 수원의 수량은 옥외소화전 설치개수(설치개수가 4 이상인 경우에는 4)에 몇 m³을 곱한 양 이상이 되도록 해야 하는가?

① 7.5m³
② 13.5m³
③ 20.5m³
④ 25.5m³

> **해설**
> 옥외소화전설비는 450L/min × 30min = 13,500L = 13.5m³를 방사할 수 있어야 한다.

17 1mol의 이황화탄소와 고온의 물이 반응하여 생성되는 독성기체 물질의 부피는 표준상태에서 얼마인가?

① 22.4L   ② 44.8L
③ 67.2L   ④ 134.4L

> **해설**
> 이황화탄소와 물(고온, 약 150℃ 이상)과의 반응식
> $CS_2 + 2H_2O \rightarrow CO_2 + 2H_2S$
> 독성물질은 황화수소(H_2S)이다. 이황화탄소 1mol이 물과 반응할 때 2mol의 황화수소가 발생하고 표준상태에서 기체 1mol의 부피는 22.4이다. 따라서 2mol의 부피는 44.8L가 된다.

18 알킬리튬에 대한 설명으로 틀린 것은?

① 제3류 위험물이고 지정수량은 10kg이다.
② 가연성의 액체이다.
③ 이산화탄소와는 격렬하게 반응한다.
④ 소화방법으로 주수는 불가하여 할로젠화합물소화약제를 사용해야 한다.

> **해설**
> 금수성 물질에 할로젠화합물소화약제는 소화적응성이 없다.

19 국소방출방식의 불활성 기체소화설비의 분사헤드에서 방출되는 소화약제의 방사기준은?

① 10초 이내에 균일하게 방사할 수 있을 것
② 15초 이내에 균일하게 방사할 수 있을 것
③ 30초 이내에 균일하게 방사할 수 있을 것
④ 60초 이내에 균일하게 방사할 수 있을 것

20 다음 위험물의 화재 시 주수소화가 가능한 것은?

① 철분   ② 마그네슘
③ 나트륨 ④ 황

> **해설**
> 황의 화재 시에는 주수소화한다.

21 황화인에 대한 설명 중 옳지 않은 것은?

① 삼황화인은 황색 결정으로 공기 중 약 100℃에서 발화할 수 있다.
② 오황화인은 담황색 결정으로 조해성이 있다.
③ 오황화인은 물과 접촉하여 유독성 가스를 발생할 위험이 있다.
④ 삼황화인은 연소하여 황화수소가스를 발생할 위험이 있다.

> **해설**
> • 삼황화인의 연소반응식
> $P_4S_3 + 8O_2 \rightarrow 2P_2O_5 + 3SO_2$
> • 연소하여 오산화인과 이산화황을 발생한다.

22 위험물안전관리법령상 제조소 등의 정기점검 대상에 해당하지 않는 것은?

① 지정수량 15배의 제조소
② 지정수량 40배의 옥내탱크저장소
③ 지정수량 50배의 이동탱크저장소
④ 지정수량 20배의 지하탱크저장소

> **해설**
> 옥내탱크저장소는 해당 사항이 아니다.

정답 19 ③ 20 ④ 21 ④ 22 ②

23 제조소 등의 소화설비 설치 시 소요단위 산정에 관한 내용으로 다음 ( ) 안에 알맞은 수치를 차례대로 나열한 것은?

> 제조소 또는 취급소의 건축물은 외벽이 내화구조인 것은 연면적 ( )m^2를 1소요단위로 하며, 외벽이 내화구조가 아닌 것은 연면적 ( )m^2를 1소요단위로 한다.

① 200, 100 ② 150, 100
③ 150, 50   ④ 100, 50

해설
제조소 또는 취급소의 1소요단위 기준
• 내화구조 : 100m^2
• 내화구조가 아닐 때 : 50m^2
저장소의 1소요단위 기준
• 내화구조 : 150m^2
• 내화구조가 아닐 때 : 75m^2

24 탄화칼슘의 취급방법에 대한 설명으로 옳지 않은 것은?

① 물, 습기와의 접촉을 피한다.
② 건조한 장소에 밀봉·밀전하여 보관한다.
③ 습기와 작용하여 다량의 메테인이 발생하므로 저장 중에 메테인가스의 발생유무를 조사한다.
④ 저장용기에 질소가스 등 불활성가스를 충전하여 저장한다.

해설
탄화칼슘은 물과 반응하여 아세틸렌 가스를 발생시킨다.

25 등유의 지정수량에 해당하는 것은?

① 100L   ② 200L
③ 1,000L ④ 2,000L

26 위험물저장소에 해당하지 않는 것은?

① 옥외저장소
② 지하탱크저장소
③ 이동탱크저장소
④ 판매저장소

해설
저장소의 종류 : 옥내저장소, 옥내탱크저장소, 옥외저장소, 옥외탱크저장소, 지하탱크저장소, 이동탱크저장소, 간이탱크저장소, 암반탱크저장소

27 벤젠 1mol을 충분한 산소가 공급되는 표준상태에서 완전 연소시켰을 때 발생하는 이산화탄소의 양은 몇 L인가?

① 22.4   ② 134.4
③ 168.8 ④ 224.0

해설
벤젠의 연소반응식
$2C_6H_6 + 15O_2 \rightarrow 12CO_2 + 6H_2O$
벤젠 2mol 연소 시에 이산화탄소 12mol이 나오므로 1mol 연소 시에는 6mol이 나온다. 표준상태에서 기체 1mol의 부피는 22.4L, 따라서 22.4×6 = 134.4가 된다.

정답 23 ④ 24 ③ 25 ③ 26 ④ 27 ②

28 지정과산화물을 저장 또는 취급하는 위험물 옥내저장소의 저장창고 기준에 대한 설명으로 틀린 것은?

① 서까래의 간격은 30cm 이하로 할 것
② 저장창고의 출입구에는 60분+방화문 또는 60분 방화문을 설치할 것
③ 저장창고의 외벽을 철근콘크리트조로 할 경우 두께를 10cm 이상으로 할 것
④ 저장창고의 창은 바닥면으로부터 2m 이상의 높이에 둘 것

해설
지정과산화물(제5류 위험물 중 유기과산화물)에 따른 옥내저장소의 특례
- 저장창고는 150m² 이내마다 격벽으로 완전하게 구획
- 격벽
 – 두께 30cm 이상의 철근콘크리트조 또는 철골철근콘크리트조
 – 두께 40cm 이상의 보강콘크리트블록조
 – 저장창고 양측의 외벽으로부터 1m 이상, 지붕으로부터 50cm 이상 돌출하게 할 것
- 외벽
 – 두께 20cm 이상의 철근콘크리트조나 철골철근콘크리트조
 – 두께 30cm 이상의 보강콘크리트블록조

29 물과 접촉 시, 발열하면서 폭발 위험성이 증가하는 것은?

① 과산화칼륨
② 과망가니즈산나트륨
③ 아이오딘산칼륨
④ 과염소산칼륨

해설
무기과산화물은 물과 반응하여 산소를 발생시키고 발열한다.

30 다음 중 벤젠 증기의 비중에 가장 가까운 값은?

① 0.7 ② 0.9
③ 2.7 ④ 3.9

해설
벤젠(C_6H_6)의 분자량은 78이고, 증기비중은 78/29 = 2.69이다.

31 다음 중 나이트로글리세린을 다공질의 규조토에 흡수시켜 제조한 물질은?

① 흑색화약
② 나이트로셀룰로스
③ 다이너마이트
④ 연화약

32 아염소산염류의 운반용기 중 적응성 있는 내장용기의 종류와 최대용적이나 중량을 옳게 나타낸 것은?(단, 외장용기의 종류는 나무상자 또는 플라스틱 상자이고, 외장용기의 최대중량은 125kg으로 한다)

① 금속제용기 : 20L
② 종이포대 : 55kg
③ 플라스틱 필름 포대 : 60kg
④ 유리용기 : 10L

해설
외장용기가 나무상자 또는 플라스틱 상자이고 아염소산염류는 위험등급이 Ⅰ이다. 또한 외장용기의 최대중량은 125kg으로 해야 하니, 유리용기 또는 플라스틱용기 10L, 금속제용기는 30L로 할 수 있다.

33 아세트알데하이드의 저장·취급 시 주의사항으로 틀린 것은?

① 강산화제와의 접촉을 피한다.
② 취급설비에는 구리합금의 사용을 피한다.
③ 수용성이기 때문에 화재 시 물로 희석소화가 가능하다.
④ 옥외저장탱크에 저장 시 조연성 가스를 주입한다.

해설
옥외저장탱크에 저장 시 불활성 기체를 봉입해야 한다.

34 위험물 분류에서 제1석유류에 대한 설명으로 옳은 것은?

① 아세톤, 휘발유 그 밖에 1기압에서 인화점이 21℃ 미만인 것
② 등유, 경유 그 밖의 액체로서 인화점이 21℃ 이상 70℃ 미만인 것
③ 중유, 도료류로서 인화점이 70℃ 이상 200℃ 미만의 것
④ 기계유, 실린더유 그 밖의 액체로서 인화점이 200℃ 이상 250℃ 미만인 것

해설
① 제1석유류
② 제2석유류
③ 제3석유류
④ 제4석유류

35 제2류 위험물의 일반적 성질에 대한 설명으로 가장 거리가 먼 것은?

① 가연성 고체 물질이다.
② 연소 시 연소열이 크고 연소속도가 빠르다.
③ 산소를 포함하여 조연성 가스의 공급 없이 연소가 가능하다.
④ 비중이 1보다 크고 물에 녹지 않는다.

해설
산소를 포함하여 조연성 가스의 공급 없이 연소가 가능한 유별은 제5류 위험물이다.

36 위험물안전관리법령상 동식물유류의 경우 1기압에서 인화점은 몇 ℃ 미만으로 규정하고 있는가?

① 150℃   ② 250℃
③ 450℃   ④ 600℃

37 과염소산칼륨과 아염소산나트륨의 공통 성질이 아닌 것은?

① 지정수량이 50kg이다.
② 열분해 시 산소를 방출한다.
③ 강산화성 물질이며 가연성이다.
④ 상온에서 고체의 형태이다.

해설
제1류 위험물은 가연물이 아니다.

38 제5류 위험물의 일반적 성질에 관한 설명으로 옳지 않은 것은?

① 화재발생 시 소화가 곤란하므로 적은 양으로 나누어 저장한다.
② 운반용기 외부에 충격주의, 화기엄금의 주의사항을 표시한다.
③ 자기연소를 일으키며 연소속도가 대단히 빠르다.
④ 가연성 물질이므로 질식소화하는 것이 가장 좋다.

해설
제5류 위험물은 물질 자체에 산소를 포함하고 있어 질식소화는 소화효과가 없다.

39 다음 중 자연발화의 위험성이 가장 큰 물질은?

① 아마인유   ② 야자유
③ 올리브유   ④ 피마자유

해설
동식물유류 중에서 건성유는 자연발화의 위험이 있다. 아마인유는 건성유에 해당한다.

40 운반을 위하여 위험물을 적재하는 경우에 차광성이 있는 피복으로 가려주어야 하는 것은?

① 특수인화물   ② 제1석유류
③ 알코올류   ④ 동식물유류

해설
차광성이 있는 것으로 피복
• 제1류 위험물
• 제3류 위험물 중 자연발화성 물질
• 제4류 위험물 중 특수인화물
• 제5류 위험물
• 제6류 위험물

41 위험물제조소 등에 옥내소화전설비를 설치할 때 옥내소화전이 가장 많이 설치된 층의 소화전의 개수가 4개일 때 확보해야 할 수원의 수량은?

① $10.4m^3$ ② $20.8m^3$
③ $31.2m^3$ ④ $41.6m^3$

해설
옥내소화전은 260L/min×30min=7,800L=$7.8m^3$을 방사할 수 있어야 하며, 소화전의 개수가 4개이므로
∴ $7.8m^3 \times 4 = 31.2m^3$

42 황린의 저장방법으로 옳은 것은?

① 물속에 저장한다.
② 공기 중에 보관한다.
③ 벤젠 속에 저장한다.
④ 이황화탄소 속에 보관한다.

정답 38 ④ 39 ① 40 ① 41 ③ 42 ①

43 위험물안전관리법령상 지정수량이 다른 하나는?

① 인화칼슘
② 루비듐
③ 칼슘
④ 차아염소산칼륨

[해설]
- 인화칼슘의 지정수량 : 300kg
- 나머지 물질의 지정수량 : 50kg

44 과염소산나트륨에 대한 설명으로 옳지 않은 것은?

① 가열하면 분해하여 산소를 방출한다.
② 환원제이며 수용액은 강한 환원성이 있다.
③ 수용성이며 조해성이 있다.
④ 제1류 위험물이다.

[해설]
과염소산나트륨은 제1류 위험물로 산화제이다.

45 질산메틸의 성질에 대한 설명으로 틀린 것은?

① 비점은 약 66℃이다.
② 증기는 공기보다 가볍다.
③ 무색 투명한 액체이다.
④ 자기반응성 물질이다.

[해설]
질산메틸(CH_3ONO_2)의 분자량은 77로 공기보다 무겁다.

46 옥외탱크저장소의 소화설비를 검토 및 적용할 때에 소화난이도등급 I 에 해당되는지를 검토하는 탱크높이의 측정기준으로서 적합한 것은?

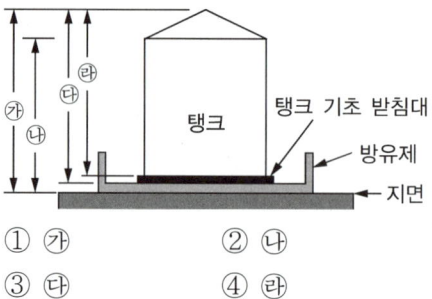

① 가
② 나
③ 다
④ 라

[해설]
종형 탱크의 지붕 부분은 높이에서 제외한다.

47 다음에서 설명하는 위험물에 해당하는 것은?

- 지정수량은 300kg이다.
- 산화성 액체위험물이다.
- 가열하면 분해하여 유독성 가스를 발생한다.
- 증기비중은 약 3.5이다.

① 브로민산칼륨
② 클로로벤젠
③ 질산
④ 과염소산

[해설]
제6류 위험물 중 과염소산에 대한 설명이다. 과염소산($HClO_4$)의 분자량은 100.5로 증기비중은 약 3.5이다.

48 금속나트륨에 대한 설명으로 옳지 않은 것은?

① 물과 격렬히 반응하여 발열하고 수소가스를 발생한다.
② 에틸알코올과 반응하여 나트륨에틸레이트와 수소가스를 발생한다.
③ 할로젠화합물소화약제는 사용할 수 없다.
④ 은백색의 광택이 있는 중금속이다.

해설
나트륨(Na)은 비중이 0.97로 경금속에 해당한다.

49 옥내저장소의 저장창고에 150m² 이내마다 일정 규격의 격벽을 설치하여 저장해야 하는 위험물은?

① 제5류 위험물 중 지정과산화물
② 알킬알루미늄 등
③ 아세트알데하이드 등
④ 하이드록실아민 등

50 염소산나트륨의 저장 및 취급방법으로 옳지 않은 것은?

① 철제용기에 저장한다.
② 습기가 없는 찬 장소에 보관한다.
③ 조해성이 크므로 용기는 밀전한다.
④ 가열, 충격, 마찰을 피하고 점화원의 접근을 금한다.

해설
염소산나트륨은 철제용기를 부식시키므로 저장용기로 부적합하다.

51 위험물제조소 등의 허가에 관계된 설명으로 옳은 것은?

① 제조소 등을 변경하고자 하는 경우에는 언제나 허가를 받아야 한다.
② 위험물의 품명을 변경하고자 하는 경우에는 언제나 허가를 받아야 한다.
③ 농예용으로 필요한 난방시설을 위한 지정수량 20배 이하의 저장소는 허가대상이 아니다.
④ 저장하는 위험물의 변경으로 지정수량의 배수가 달라지는 경우는 언제나 허가대상이 아니다.

해설
허가제외대상
- 주택의 난방시설을 위한 저장소 또는 취급소
- 농예용·축산용 또는 수산용으로 필요한 난방시설 또는 건조시설을 위한 지정수량 20배 이하의 저장소

52 황의 성질에 대한 설명 중 틀린 것은?

① 물에 녹지 않으나 이황화탄소에 녹는다.
② 공기 중에서 연소하여 아황산가스를 발생한다.
③ 전도성 물질이므로 정전기 발생에 유의해야 한다.
④ 분진폭발의 위험성에 주의해야 하다.

해설
황은 비전도성 물질이므로 정전기 발생에 유의해야 한다.

53 다음 중 증기의 밀도가 가장 큰 것은?

① 다이에틸에터
② 벤젠
③ 가솔린(옥테인 100%)
④ 에틸알코올

해설
분자량이 가장 큰 물질이 증기밀도도 가장 크다.

물질의 화학식	$C_2H_5OC_2H_5$	C_6H_6	C_8H_{18}	C_2H_5OH
분자량	74	78	114	46

54 과산화수소의 위험성으로 옳지 않은 것은?

① 산화제로서 불연성 물질이지만 산소를 함유하고 있다.
② 이산화망가니즈 촉매 하에서 분해가 촉진된다.
③ 분해를 막기 위해 하이드라진을 안정제로 사용할 수 있다.
④ 고농도의 것은 피부에 닿으면 화상의 위험이 있다.

해설
과산화수소는 하이드라진과 혼촉하면 발화·폭발한다.
반응식 : $2H_2O_2 + N_2H_4 \rightarrow N_2 + 4H_2O$

55 위험물안전관리법령상 제조소 등에 대한 긴급 사용정지 명령 등을 할 수 있는 권한이 없는 자는?

① 시·도지사
② 소방본부장
③ 소방서장
④ 소방청장

해설
제조소 등에 대한 긴급 사용정지 명령 등(위험물안전관리법 제25조)
시·도지사, 소방본부장 또는 소방서장은 공공의 안전을 유지하거나 재해의 발생을 방지하기 위하여 긴급한 필요가 있다고 인정하는 때에는 제조소 등의 관계인에 대하여 해당 제조소 등의 사용을 일시 정지하거나 그 사용을 제한할 것을 명할 수 있다.

56 위험물제조소 등에서 위험물안전관리법령상 안전거리 규제대상이 아닌 것은?

① 제6류 위험물을 취급하는 제조소를 제외한 모든 제조소
② 주유취급소
③ 옥외저장소
④ 옥외탱크저장소

해설
주유취급소는 안전거리 규제대상이 아니다.

57 위험물안전관리법령에서 규정하고 있는 사항으로 옳지 않은 것은?

① 위험물저장소를 경매에 의해 시설의 전부를 인수한 경우에는 30일 이내에, 저장소의 용도를 폐지한 경우에는 14일 이내에 시·도지사에게 그 사실을 신고해야 한다.
② 제조소 등의 위치·구조 및 설비기준을 위반하여 사용한 때에는 시·도지사는 허가취소, 전부 또는 일부의 사용정지를 명할 수 있다.
③ 경유 20,000L를 수산용 건조시설에 사용하는 경우에는 위험물법의 허가를 받지 않고 저장소를 설치할 수 있다.
④ 위치·구조 또는 설비의 변경 없이 저장소에서 저장하는 위험물 지정수량의 배수를 변경하고 하는 경우에는 변경하고자 하는 날의 1일 전까지 시·도지사에게 신고해야 한다.

[해설]
위험물시설의 유지·관리(위험물안전관리법 제14조)
규정에 따른 기술기준에 부적합하다고 인정하는 때에는 그 기술기준에 적합하도록 제조소 등의 위치·구조 및 설비의 수리·개조 또는 이전을 명할 수 있다.

58 제5류 위험물의 나이트로화합물에 속하지 않는 것은?

① 나이트로벤젠
② 테트릴
③ 트라이나이트로톨루엔
④ 피크르산

[해설]
나이트로벤젠은 제4류 위험물 중 제3석유류에 해당한다.

59 과산화나트륨 78g과 충분한 양의 물이 반응하여 생성되는 기체의 종류와 생성량을 옳게 나타낸 것은?

① 수소, 1g
② 산소, 16g
③ 수소, 2g
④ 산소, 32g

[해설]
• 과산화나트륨과 물의 반응식
 $2Na_2O_2 + 2H_2O \rightarrow 4NaOH + O_2 + 발열$
• 과산화나트륨의 분자량 : 78
따라서, 과산화나트륨 1mol이 반응할 때 산소 0.5mol이 생성되므로 16g의 산소가 생성된다.

60 옥내탱크저장소 중 탱크전용실을 단층건물 외의 건축물에 설치하는 경우 탱크전용실을 건축물의 1층 또는 지하층에만 설치해야 하는 위험물이 아닌 것은?

① 제2류 위험물 중 덩어리 황
② 제3류 위험물 중 황린
③ 제4류 위험물 중 인화점이 38℃ 이상인 위험물
④ 제6류 위험물 중 질산

[해설]
옥내저장탱크는 탱크전용실에 설치할 것. 이 경우 제2류 위험물 중 황화인·적린 및 덩어리 황, 제3류 위험물 중 황린, 제6류 위험물 중 질산의 탱크전용실은 건축물의 1층 또는 지하층에 설치해야 한다.

[정답] 57 ② 58 ① 59 ② 60 ③

CHAPTER 04 · 2014년 제4회 과년도 기출문제

PART 01 위험물기능사 필기

01 다음 중 화재발생 시 물을 이용한 소화가 효과적인 물질은?

① 트라이메틸알루미늄
② 황린
③ 나트륨
④ 인화칼슘

해설
황린은 물속에 저장하므로 물을 이용한 소화가 가능하다.

02 위험물안전관리법령에 따른 대형수동식소화기의 설치기준에서 방호대상물의 각 부분으로부터 하나의 대형수동식소화기까지의 보행거리는 몇 m 이하가 되도록 설치해야 하는가?(단, 옥내소화전설비, 옥외소화전설비, 스프링클러설비 또는 물분무 등 소화설비와 함께 설치하는 경우는 제외한다)

① 10
② 15
③ 20
④ 30

03 위험물안전관리법령상 스프링클러설비가 제4류 위험물에 대하여 적응성을 갖는 경우는?

① 연기가 충만할 우려가 없는 경우
② 방사밀도(살수밀도)가 일정 수치 이상인 경우
③ 지하층의 경우
④ 수용성 위험물인 경우

해설
제4류 위험물에는 스프링클러설비는 적응성이 없으나, 살수기준 면적에 따라 일정 수치 이상이면 사용 가능한 경우도 있다.

04 위험물안전관리법령상 위험물의 품명이 다른 하나는?

① CH_3COOH
② C_6H_5Cl
③ $C_6H_5CH_3$
④ C_6H_5Br

해설
• 제1석유류 : 톨루엔($C_6H_5CH_3$)
• 제2석유류 : 초산(CH_3COOH), 클로로벤젠(C_6H_5Cl), 브로모벤젠(C_6H_5Br)

정답 1 ② 2 ④ 3 ② 4 ③

05 어떤 소화기에 "ABC"라고 표시되어 있다. 다음 중 사용할 수 없는 화재는?

① 금속화재 ② 유류화재
③ 전기화재 ④ 일반화재

해설
금속화재의 급수는 'D급'이다.

06 위험물안전관리법령에서 정한 소화설비의 소요단위 산정방법에 대한 설명 중 옳은 것은?

① 위험물은 지정수량의 100배를 1소요단위로 한다.
② 저장소용 건축물로 외벽이 내화구조인 것은 연면적 $100m^2$를 1소요단위로 한다.
③ 제조소용 건축물로 외벽이 내화구조가 아닌 것은 연면적 $50m^2$를 1소요단위로 한다.
④ 저장소용 건축물로 외벽이 내화구조가 아닌 것은 연면적 $25m^2$를 1소요단위로 한다.

해설
위험물은 지정수량의 10배를 1소요단위로 한다.
소요단위(위험물안전관리법 시행규칙 별표 17)
- 제조소 및 취급소의 1소요단위 기준
  - 내화구조일 때 : $100m^2$
  - 내화구조가 아닐 때 : $50m^2$
- 저장소의 1소요단위 기준
  - 내화구조일 때 : $150m^2$
  - 내화구조가 아닐 때 : $75m^2$

07 다음 중 기체연료가 완전 연소하기에 유리한 이유로 가장 거리가 먼 것은?

① 활성화에너지가 크다.
② 공기 중에서 확산되기 쉽다.
③ 산소를 충분히 공급받을 수 있다.
④ 분자의 운동이 활발하다.

해설
기체연료는 활성화에너지가 작기 때문에 연소에 유리하다.

08 위험물의 소화방법으로 적합하지 않은 것은?

① 적린은 다량의 물로 소화한다.
② 황화인의 소규모 화재 시에는 모래로 질식소화한다.
③ 알루미늄은 다량의 물로 소화한다.
④ 황의 소규모 화재 시에는 모래로 질식소화한다.

해설
알루미늄은 물과 반응하여 가연성 가스인 수소를 발생시킨다.

09 위험물안전관리법령에서 정한 위험물의 유별 성질을 잘못 나타낸 것은?

① 제1류 : 산화성
② 제4류 : 인화성
③ 제5류 : 자기반응성
④ 제6류 : 가연성

해설
제6류 위험물은 산화성 액체이고 불연성이다.

정답 5 ① 6 ③ 7 ① 8 ③ 9 ④

10 주된 연소의 형태가 나머지 셋과 다른 하나는?

① 아연분 ② 양초
③ 코크스 ④ 목탄

> **해설**
> 양초의 연소형태는 증발연소이다.

11 금속은 덩어리 상태보다 분말상태일 때 연소위험성이 증가하기 때문에 금속분을 제2류 위험물로 분류하고 있다. 연소위험성이 증가하는 이유로 잘못된 것은?

① 비표면적이 증가하여 반응면적이 증대되기 때문에
② 비열이 증가하여 열의 축적이 용이하기 때문에
③ 복사열의 흡수율이 증가하여 열의 축적이 용이하기 때문에
④ 대전성이 증가하여 정전기가 발생되기 때문에

> **해설**
> 물질의 표면적과 비열과는 관련이 없다. 비열은 물질의 고유한 특성이다.

12 영하 20℃ 이하의 겨울철이나 한랭지에서 사용하기에 적합한 소화기는?

① 분무주수소화기
② 봉상주수소화기
③ 물주수소화기
④ 강화액소화기

> **해설**
> 강화액소화기는 물에 탄산칼륨(K_2CO_3)을 녹인 물질로 물의 어는점을 $-25℃$ 이하로 낮추어 추운 지방에서도 사용할 수 있게 만든 소화기이다.

13 다음 중 알칼리금속의 과산화물 저장창고에 화재가 발생하였을 때 가장 적합한 소화약제는?

① 마른모래
② 물
③ 이산화탄소
④ 할론 1211

> **해설**
> 마른모래는 제1류~제6류 위험물에 적응성이 있다.

14 위험물안전관리법령상 제5류 위험물에 적응성이 있는 소화설비는?

① 포소화설비
② 불활성 기체소화설비
③ 할로젠화합물소화설비
④ 탄산수소염류소화설비

> **해설**
> 제5류 위험물은 주수소화가 효과적이며 수계소화설비인 포소화설비가 적응성이 있다.

15 화재 시 이산화탄소를 방출하는 산소의 농도를 13vol%로 낮추어 소화를 하려면 공기 중의 이산화탄소는 몇 vol%가 되어야 하는가?

① 28.1　② 38.1
③ 42.86　④ 48.36

해설
$\dfrac{21-13}{21} \times 100(\%) = 38.1$

16 소화전용물통 3개를 포함한 수조 80L의 능력단위는?

① 0.3　② 0.5
③ 1.0　④ 1.5

17 탄화칼슘과 물이 반응하였을 때 발생하는 가연성 가스의 연소범위에 가장 가까운 것은?

① 2.1~9.5vol%
② 2.5~81vol%
③ 4.1~74.2vol%
④ 15.0~28vol%

해설
아세틸렌(C_2H_2) : 비위험물, 가연성 가스, 연소범위 2.5~81%

18 위험물제조소 등에 옥외소화전을 6개 설치할 경우 수원의 수량은 몇 m^3 이상이어야 하는가?

① 48m^3 이상　② 54m^3 이상
③ 60m^3 이상　④ 81m^3 이상

해설
옥외소화전(설치개수가 4개 이상은 경우는 4개)의 수량은 13.5m^3에 4를 곱한 양을 수원의 수량으로 하면 된다.

19 위험물안전관리법령상 제조소 등의 관계인은 제조소 등의 화재예방과 재해발생 시의 비상조치에 필요한 사항을 서면으로 작성하여 허가청에 제출해야 한다. 이는 무엇에 관한 설명인가?

① 예방규정
② 소방계획서
③ 비상계획서
④ 화재영향평가서

정답 15 ② 16 ④ 17 ② 18 ② 19 ①

20 위험물안전관리법령상 압력수조를 이용한 옥내소화전설비의 가압송수장치에서 압력수조의 최소압력(MPa)은?(단, 소방용 호스의 마찰손실수두압은 3MPa, 배관의 마찰손실수두압은 1MPa, 낙차의 환산수두압은 1.35MPa이다)

① 5.35   ② 5.70
③ 6.00   ④ 6.35

해설
$P = p_1 + p_2 + p_3 + 0.35\text{MPa}$
여기서, P : 필요한 압력(MPa)
  p_1 : 소방용 호스의 마찰손실수두압(MPa)
  p_2 : 배관의 마찰손실수두압(MPa)
  p_3 : 낙차의 환산수두압(MPa)
∴ $P = 3 + 1 + 1.35 + 0.35 = 5.70\text{MPa}$

21 등유의 성질에 대한 설명 중 틀린 것은?

① 증기는 공기보다 가볍다.
② 인화점이 상온보다 높다.
③ 전기에 대한 불량도체이다.
④ 물보다 가볍다.

해설
등유의 증기비중은 3 이상으로 공기보다 무겁다.

22 다음 위험물 중 지정수량이 가장 작은 것은?

① 나이트로글리세린
② 과산화수소
③ 트라이나이트로톨루엔
④ 피크르산

해설
※ 지정수량 개정으로 인해 출제기준 맞지 않음

23 적린의 일반적인 성질에 대한 설명으로 틀린 것은?

① 비금속 원소이다.
② 암적색의 분말이다.
③ 승화 온도가 약 260℃이다.
④ 이황화탄소에 녹지 않는다.

해설
적린은 260℃에서 발화하고, 400℃ 이상에서 승화한다.

24 이황화탄소 기체는 수소 기체보다 20℃ 1기압에서 몇 배 더 무거운가?

① 11   ② 22
③ 32   ④ 38

해설
• 이황화탄소(CS_2)의 분자량 : 76
• 수소(H_2)의 분자량 : 2
∴ $76 \div 2 = 38$

25 다음 중 물과 반응하여 가연성 가스를 발생하지 않는 것은?

① 리튬　② 나트륨
③ 황　　④ 칼슘

해설
황은 물에 의한 냉각소화를 한다.

26 벤젠에 대한 설명으로 옳은 것은?

① 휘발성이 강한 액체이다.
② 물에 매우 잘 녹는다.
③ 증기의 비중은 1.5이다.
④ 순수한 것의 융점은 30℃이다.

해설
벤젠의 분자량은 78이고, 증기비중은 약 2.7이다.

27 위험물안전관리법에서 정의하는 다음 용어는 무엇인가?

> 인화성 또는 발화성 등의 성질을 가지는 것으로서 대통령령이 정하는 물품을 말한다.

① 위험물
② 인화성 물질
③ 자연발화성 물질
④ 가연물

28 다음 물질 중에서 위험물안전관리법상 위험물의 범위에 포함되는 것은?

① 농도가 40wt%인 과산화수소 350kg
② 비중이 1.40인 질산 350kg
③ 지름 2.5mm의 막대 모양인 마그네슘 500kg
④ 순도가 55wt%인 황 50kg

해설
- 과산화수소의 지정수량 : 300kg, 농도가 36wt% 이상일 때 위험물에 해당
- 질산의 지정수량 : 300kg, 비중이 1.49 이상인 것은 위험물에 해당
- 마그네슘의 지정수량 : 500kg, 2mm 체를 통과해야 위험물에 해당
- 황의 지정수량 : 100kg, 순도가 60wt% 이상인 것은 위험물에 해당

29 질화면을 강면약과 약면약으로 구분하는 기준은?

① 물질의 경화도
② 수신기의 수
③ 질산기의 수
④ 탄소 함유량

해설
나이트로셀룰로스의 질소함유량에 따라 강면약과 약면약으로 구분한다.

정답 25 ③　26 ①　27 ①　28 ①　29 ③

30 위험물 운반에 관한 사항 중 위험물안전관리법령에서 정한 내용과 틀린 것은?

① 운반용기에 수납하는 위험물이 다이에틸에터라면 운반용기 중 최대용적이 1L 이하라 하더라도 규정에 따른 품명, 주의사항 등 표시사항을 부착해야 한다.
② 운반용기에 담아 적재하는 물품이 황린이라면 파라핀, 경유 등 보호액으로 채워 밀봉한다.
③ 운반용기에 담아 적재하는 물품이 알킬알루미늄이라면 운반용기의 내용적의 90% 이하의 수납률을 유지해야 한다.
④ 기계에 의하여 하역하는 구조로 된 경질플라스틱제 운반용기는 제조된 때로부터 5년 이내의 것이어야 한다.

해설
황린은 자연발화성 물질이므로 물속에 저장해야 한다.

31 비스코스레이온 원료로서, 비중이 약 1.3, 인화점이 약 -30°C이고, 연소 시 유독한 아황산가스를 발생시키는 위험물은?

① 황린   ② 이황화탄소
③ 테레빈유 ④ 장뇌유

해설
이황화탄소의 연소반응식
$CS_2 + 3O_2 \rightarrow CO_2 + 2SO_2$(이산화황, 아황산가스)

32 위험물안전관리법령상 위험물 운송 시 제1류 위험물과 혼재 가능한 위험물은? (단, 지정수량의 10배를 초과하는 경우이다)

① 제2류 위험물
② 제3류 위험물
③ 제5류 위험물
④ 제6류 위험물

해설
245, 34, 16끼리는 혼재 가능하다. 따라서, 제1류 위험물은 제6류 위험물과 혼재 가능하다.
혼재 가능한 위험물(위험물안전관리법 시행규칙 별표 19)
• 제1류 위험물(산화성 고체) : 제6류 위험물(산화성 액체)
• 제4류 위험물(인화성 액체) : 제2류 위험물(가연성 고체), 제3류 위험물(자연발화성 물질 및 금수성 물질), 제5류 위험물(자기반응성 물질)
• 제5류 위험물(자기반응성 물질) : 제2류 위험물(가연성 고체), 제4류 위험물(인화성 액체)

33 위험물 옥외저장탱크 중 압력탱크에 저장하는 다이에틸에터 등의 저장온도는 몇 °C 이하이어야 하는가?

① 60   ② 40
③ 30   ④ 15

34 주유취급소의 고정주유설비에서 펌프기기의 주유관 끝부분에서 최대배출량으로 틀린 것은?

① 휘발유는 분당 50L 이하
② 경유는 분당 180L 이하
③ 등유는 분당 80L 이하
④ 제1석유류(휘발유 제외)는 분당 100L 이하

35 에틸렌글라이콜의 성질로 옳지 않은 것은?

① 갈색의 액체로 방향성이 있고 쓴맛이 난다.
② 물, 알코올 등에 잘 녹는다.
③ 분자량은 약 62이고, 비중은 약 1.1이다.
④ 부동액의 원료로 사용된다.

해설
에틸렌글라이콜은 무색의 액체로 2가 알코올이며, 약간 단맛이 난다.

36 제2류 위험물의 종류에 해당되지 않는 것은?

① 마그네슘
② 고형알코올
③ 칼슘
④ 안티몬분

해설
칼슘은 알칼리토금속으로 제3류 위험물에 해당한다.
칼슘(Ca) : 제3류 위험물 중 알칼리토금속, 지정수량 50kg

37 위험물저장소에서 다음과 같이 제3류 위험물을 저장하고 있는 경우 지정수량의 몇 배가 보관되어 있는가?

- 칼륨 : 20kg
- 황린 : 40kg
- 칼슘의 탄화물 : 300kg

① 4 ② 5
③ 6 ④ 7

해설
- 칼륨의 지정수량 : 10kg
- 황린의 지정수량 : 20kg
- 칼슘의 탄화물의 지정수량 : 300kg
∴ 2 + 2 + 1 = 5

38 다음 중 제5류 위험물이 아닌 것은?

① 나이트로글리세린
② 나이트로톨루엔
③ 나이트로글라이콜
④ 트라이나이트로톨루엔

해설
나이트로톨루엔($C_6H_4CH_3NO_2$)
- 제4류 위험물 중 제3석유류 비수용성, 지정수량 2,000L
- 인화점은 106℃이다.
- 비중은 1.16이다.

정답 34 ④ 35 ① 36 ③ 37 ② 38 ②

39 위험물을 저장할 때 필요한 보호물질을 옳게 연결한 것은?

① 황린 – 석유
② 금속칼슘 – 에탄올
③ 이황화탄소 – 물
④ 금속나트륨 – 산소

해설
이황화탄소는 비중이 1.26이고 물에 섞이지 않아 물 속에 가라앉는다. 따라서 유증기의 발생이 억제되기 때문에 이황화탄소를 저장할 때에는 수조에 넣어 저장한다.

40 다음 중 "인화점 50℃"의 의미를 가장 옳게 설명한 것은?

① 주변의 온도가 50℃ 이상이 되면 자발적으로 점화원 없이 발화한다.
② 액체의 온도가 50℃ 이상이 되면 가연성 증기를 발생하여 점화원에 의해 인화한다.
③ 액체를 50℃ 이상으로 가열하면 발화한다.
④ 주변의 온도가 50℃일 경우 액체가 발화한다.

해설
인화점이란 가연성 증기를 발생시키는 최저의 온도이다.

41 제1류 위험물 중의 과산화칼륨을 다음과 같이 반응시켰을 때 공통적으로 발생되는 기체는?

- 물과 반응을 시켰다.
- 가열하였다.
- 탄산가스와 반응시켰다.

① 수소   ② 이산화탄소
③ 산소   ④ 이산화황

해설
- 과산화칼륨의 분해반응식 : $2K_2O_2 \rightarrow 2K_2O + O_2$
- 과산화칼륨과 물의 반응식 : $2K_2O_2 + 2H_2O \rightarrow 4KOH + O_2 + 발열$
- 과산화칼륨과 이산화탄소의 반응식 : $2K_2O_2 \rightarrow 2CO_2 + 2K_2CO_3 + O_2$

42 위험물 이동저장탱크의 외부도장 색상으로 적합하지 않은 것은?

① 제2류 – 적색   ② 제3류 – 청색
③ 제5류 – 황색   ④ 제6류 – 회색

해설
이동저장탱크의 외부도장 색상

유별	색상
제1류	회색
제2류	적색
제3류	청색
제4류	없음(적색 권장)
제5류	황색
제6류	청색

39 ③ 40 ② 41 ③ 42 ④ **정답**

43 과망가니즈산칼륨의 위험성에 대한 설명 중 틀린 것은?

① 진한 황산과 접촉하면 폭발적으로 반응한다.
② 알코올, 에터, 글리세린 등 유기물과 접촉을 금한다.
③ 가열하면 약 60℃에서 분해하여 수소를 방출한다.
④ 목탄, 황과 접촉 시 충격에 의해 폭발할 위험성이 있다.

해설
- 제1류 위험물은 열분해하여 산소를 발생시킨다.
- 과망가니즈산의 분해반응식
  $2KMnO_4 \rightarrow K_2MnO_4 + MnO_2 + O_2$

44 다음 중 제1류 위험물에 속하지 않는 것은?

① 질산구아니딘
② 과아이오딘산
③ 납 또는 아이오딘의 산화물
④ 염소화아이소사이아누르산

해설
질산구아니딘은 제5류 위험물이다.

45 질산의 비중이 1.5일 때, 1소요단위는 몇 L인가?

① 150   ② 200
③ 1,500   ④ 2,000

해설
위험물의 1소요단위 기준은 지정수량의 10배이다. 질산의 지정수량은 300kg이고, 10배를 해주면 3,000kg이 된다.
비중 = 질량/부피, 부피 = 질량/밀도
∴ 3,000kg/1.5 = 2,000L

46 질산메틸에 대한 설명 중 틀린 것은?

① 액체 형태이다.
② 물보다 무겁다.
③ 알코올에 녹는다.
④ 증기는 공기보다 가볍다.

해설
질산메틸(CH_3ONO_2)의 분자량은 77이고, 증기비중은 약 2.66이다.

47 삼황화인의 연소 시 발생하는 가스에 해당하는 것은?

① 이산화황
② 황화수소
③ 산소
④ 인산

해설
삼황화인의 연소반응식
$P_4S_3 + 8O_2 \rightarrow 2P_2O_5 + 3SO_2$

정답 43 ③ 44 ① 45 ④ 46 ④ 47 ①

48 다음 위험물 중 발화점이 가장 낮은 것은?

① 피크르산
② TNT
③ 과산화벤조일
④ 나이트로셀룰로스

해설

물질명	발화점
피크르산	300℃
TNT	300℃
과산화벤조일	80℃
나이트로셀룰로스	160℃

49 건축물 외벽이 내화구조이며 연면적 300m² 인 위험물 옥내저장소의 건축물에 대하여 소화설비의 소화능력단위는 최소한 몇 단위 이상이 되어야 하는가?

① 1단위 ② 2단위
③ 3단위 ④ 4단위

해설
저장소의 1소요단위 기준 : 내화구조일 때 150m²

50 위험물안전관리법령상 위험물의 운반에 관한 기준에 따르면 알코올류의 위험등급은 얼마인가?

① 위험등급 Ⅰ
② 위험등급 Ⅱ
③ 위험등급 Ⅲ
④ 위험등급 Ⅳ

해설
제1석유류, 알코올류 : 위험등급 Ⅱ

51 다음 ( ) 안에 알맞은 수치를 차례대로 옳게 나열한 것은?

> 위험물 암반탱크의 공간용적은 해당 탱크 내에 용출하는 ( )일간의 지하수 양에 상당하는 용적과 해당 탱크 내용적의 100분의 ( )의 용적 중에서 보다 큰 용적을 공간용적으로 한다.

① 1, 1   ② 7, 1
③ 1, 5   ④ 7, 5

52 HNO_3에 대한 설명으로 틀린 것은?

① Al, Fe은 진한 질산에서 부동태를 생성해 녹지 않는다.
② 질산과 염산을 3:1 비율로 제조한 것을 왕수라고 한다.
③ 부식성에 강하고 흡습성이 있다.
④ 직사광선에서 분해하여 NO_2를 발생한다.

해설
왕수는 염산 3, 질산 1의 비율로 제조한다.

53 지정수량 20배 이상의 제1류 위험물을 저장하는 옥내저장소에서 내화구조로 하지 않아도 되는 것은?(단, 원칙적인 경우에 한한다)

① 바닥　　② 보
③ 기둥　　④ 벽

> [해설] 보, 서까래, 계단, 지붕은 불연재료로 한다.

54 위험물안전관리법령상 다음 ( ) 안에 알맞은 수치는?

> 옥내저장소에서 위험물을 저장하는 경우 기계에 의하여 하역하는 구조로 된 용기만을 겹쳐 쌓는 경우에 있어서는 ( )m 높이를 초과하여 용기를 겹쳐쌓지 않아야 한다.

① 2　　② 4
③ 6　　④ 8

55 칼륨의 화재 시 사용 가능한 소화제는?

① 물　　② 마른모래
③ 이산화탄소　　④ 사염화탄소

> [해설] 칼륨은 물과 반응하여 수소를 발생시키고, 이산화탄소, 사염화탄소와는 반응하여 탄소를 발생시킨다.

56 위험물안전관리법령에 따른 제3류 위험물에 대한 화재예방 또는 소화의 대책으로 틀린 것은?

① 이산화탄소, 할로젠화합물, 분말소화약제를 사용하여 소화한다.
② 칼륨은 석유, 등유 등의 보호액 속에 저장한다.
③ 알킬알루미늄은 헥세인, 톨루엔 등 탄화수소용제를 희석제로 사용한다.
④ 알킬알루미늄, 알칼리튬을 저장하는 탱크에는 불활성가스의 봉입장치를 설치한다.

> [해설] 제3류 위험물의 화재 시에는 마른모래, 팽창질석, 팽창진주암, 탄산수소염류 분말소화약제를 사용한다.

57 위험물안전관리법령에 따라 위험물 운반을 위해 적재하는 경우 제4류 위험물과 혼재가 가능한 액화석유가스 또는 압축천연가스의 용기 내용적은 몇 L 미만인가?

① 120　　② 150
③ 180　　④ 200

> [해설] 위험물과 혼재할 수 있는 고압가스의 내용적은 120L 미만이다.

[정답] 53 ② 54 ③ 55 ② 56 ① 57 ①

58 위험물을 유별로 정리하여 상호 1m 이상의 간격을 유지하는 경우에도 동일한 옥내저장소에 저장할 수 없는 것은?

① 제1류 위험물(알칼리금속의 과산화물 또는 이를 함유한 것을 제외한다)과 제5류 위험물
② 제1류 위험물과 제6류 위험물
③ 제1류 위험물과 제3류 위험물 중 황린
④ 인화성 고체를 제외한 제2류 위험물과 제4류 위험물

해설
저장의 기준(위험물안전관리법 시행규칙 별표 18)
옥내저장소 또는 옥외저장소에 있어서 서로 1m 이상의 간격을 두는 경우에는 유별을 달리하는 위험물을 저장한 경우
- 제1류 위험물(알칼리금속의 과산화물 또는 이를 함유한 것을 제외한다)과 제5류 위험물을 저장하는 경우
- 제1류 위험물과 제6류 위험물을 저장하는 경우
- 제1류 위험물과 제3류 위험물 중 자연발화성 물질(황린 또는 이를 함유한 것에 한한다)을 저장하는 경우
- 제2류 위험물 중 인화성 고체와 제4류 위험물을 저장하는 경우
- 제3류 위험물 중 알킬알루미늄 등과 제4류 위험물(알킬알루미늄 또는 알킬리튬을 함유한 것에 한한다)을 저장하는 경우
- 제4류 위험물 중 유기과산화물 또는 이를 함유하는 것과 제5류 위험물 중 유기과산화물 또는 이를 함유한 것을 저장하는 경우

59 위험물의 지정수량이 틀린 것은?

① 과산화칼륨 : 50kg
② 질산나트륨 : 50kg
③ 과망가니즈산나트륨 : 1,000kg
④ 다이크로뮴산암모늄 : 1,000kg

해설
질산염류의 지정수량은 300kg이다.

60 공기 중에서 산소와 반응하여 과산화물을 생성하는 물질은?

① 다이에틸에터
② 이황화탄소
③ 에틸알코올
④ 과산화나트륨

해설
다이에틸에터는 공기 중에서 과산화물을 생성시키므로 갈색병에 저장해야 한다.
- 과산화물의 생성을 방지하기 위해 40mesh의 구리망을 넣어준다.
- 과산화물 검출 시약으로는 10% 아이오딘화칼륨 용액을 사용한다(검출 시 황색).
- 과산화물 제거 시약으로는 황산제일철 또는 환원철을 사용한다.

2014년 제5회 과년도 기출문제

PART 01 위험물기능사 필기

01 다음 중 분말소화약제를 방출시키기 위해 주로 사용되는 가압용 가스는?

① 산소   ② 질소
③ 헬륨   ④ 아르곤

[해설]
분말소화약제의 방출에 사용되는 가스는 질소(N_2)이다.

02 제2류 위험물인 마그네슘에 대한 설명으로 옳지 않은 것은?

① 2mm 체를 통과한 것만 위험물에 해당된다.
② 화재 시 이산화탄소소화약제로 소화가 가능하다.
③ 가연성 고체로 산소와 반응하여 산화반응을 한다.
④ 주수소화를 하면 가연성의 수소가스가 발생한다.

[해설]
마그네슘은 이산화탄소와 반응하여 일산화탄소를 생성시키므로 사용할 수 없다.
일산화탄소(CO) : 가연성, 독성가스

03 다음 중 알킬알루미늄의 소화방법으로 가장 적합한 것은?

① 팽창질석에 의한 소화
② 알코올포에 의한 소화
③ 주수에 의한 소화
④ 산알칼리소화약제에 의한 소화

04 다음은 어떤 화합물의 구조식인가?

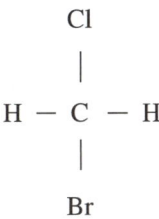

① 할론 1301
② 할론 1201
③ 할론 1011
④ 할론 2402

[해설]
화학식이 CH_2ClBr이므로 할론 1011에 해당한다.

정답 1 ② 2 ② 3 ① 4 ③

05 제조소 등의 소요단위 산정 시 위험물은 지정수량의 몇 배를 1소요단위로 하는가?

① 5배
② 10배
③ 20배
④ 50배

06 양초, 고급알코올 등과 같은 연료의 가장 일반적인 연소형태는?

① 분무연소
② 증발연소
③ 표면연소
④ 분해연소

해설
양초는 증발연소를 한다.

07 다음은 위험물안전관리법령에 따른 판매취급소에 대한 정의이다. ( )에 알맞은 말은?

> 판매취급소라 함은 점포에서 위험물을 용기에 담아 판매하기 위하여 지정수량의 (㉮)배 이하의 위험물을 (㉯)하는 장소

① ㉮ 20 ㉯ 취급
② ㉮ 40 ㉯ 취급
③ ㉮ 20 ㉯ 저장
④ ㉮ 40 ㉯ 저장

해설
판매하기 위하여 지정수량의 40배 이하의 위험물을 취급하는 장소 : 판매취급소
• 지정수량 20배 이하를 취급 : 제1종 판매취급소
• 지정수량 40배 이하를 취급 : 제2종 판매취급소

08 위험물안전관리법령상 위험등급 I 의 위험물로 옳은 것은?

① 무기과산화물
② 황화인, 적린, 황
③ 제1석유류
④ 알코올류

해설
• 무기과산화물 : 위험등급 I
• 나머지 품명 전부 : 위험등급 II

09 위험물안전관리법령상 자동화재탐지설비를 설치하지 않고 비상경보설비로 대신할 수 있는 것은?

① 일반취급소로서 연면적 600m²인 것
② 지정수량 20배를 저장하는 옥내저장소로서 처마높이가 8m인 단층 건물
③ 단층 건물 외에 건축물이 설치된 지정수량 15배의 옥내탱크저장소로서 소화난이도등급 II에 속하는 것
④ 지정수량 20배를 저장·취급하는 옥내주유취급소

해설
옥내탱크저장소의 경우 소화난이도등급 II에 해당하는 것에는 자동화재탐지설비 대신에 비상경보설비, 확성장치, 비상방송설비 중 1종 이상으로 대체 가능하다.

정답 5 ② 6 ② 7 ② 8 ① 9 ③

10 위험물안전관리법령상 제5류 위험물의 화재발생 시 적응성이 있는 소화설비는?

① 분말소화설비
② 물분무소화설비
③ 불활성 기체소화설비
④ 할로젠화합물소화설비

> 해설
> 제5류 위험물은 주수소화를 한다. 따라서 물분무소화설비가 적응성이 있다.

11 BCF(Bromochlorodifluoromethane) 소화약제의 화학식으로 옳은 것은?

① CCl_4
② CH_2ClBr
③ CF_3Br
④ CF_2ClBr

> 해설
> BCF 소화약제는 할론 1211을 말한다.

12 다음 중 제4류 위험물의 화재에 적응성이 없는 소화기는?

① 포소화기
② 봉상수소화기
③ 인산염류소화기
④ 이산화탄소소화기

> 해설
> 제4류 위험물의 화재 시 물을 방사하면 화재면을 확대시키기 때문에 소화약제로 부적합하다.

13 위험물안전관리법령상 자동화재탐지설비의 경계구역 하나의 면적은 몇 m^2 이하이어야 하는가?(단, 원칙적인 경우에 한한다)

① 250   ② 300
③ 400   ④ 600

14 플래시오버(Flash Over)에 대한 설명으로 옳은 것은?

① 대부분 화재 초기(발화기)에 발생한다.
② 대부분 화재 종기(쇠퇴기)에 발생한다.
③ 내장재의 종류와 개구부의 크기에 영향을 받는다.
④ 산소의 공급이 주요 요인이 되어 발생한다.

> 해설
> 플래시오버는 성장기에서 최성기로 넘어가는 시점에 발생한다. 연료지배형 화재로 내장재의 종류와 개구부의 크기에 영향을 받는다.

15 연소의 연쇄반응을 차단 및 억제하여 소화하는 방법은?

① 냉각소화   ② 부촉매소화
③ 질식소화   ④ 제거소화

정답 10 ② 11 ④ 12 ② 13 ④ 14 ③ 15 ②

16 취급하는 제4류 위험물의 수량이 지정수량의 30만배인 일반취급소가 있는 사업장에 자체소방대를 설치함에 있어서 전체 화학소방차 중 포수용액을 방사하는 화학소방차는 몇 대 이상 두어야 하는가?

① 필수적인 것은 아니다.
② 1
③ 2
④ 3

> **해설**
> 제조소 또는 일반취급소에서 취급하는 제4류 위험물의 최대수량의 합이 24만배 이상 48만배 미만일 경우 화학소방자동차는 3대, 자체소방대원의 수는 15명을 두어야 한다. 이 중 포수용액을 방사하는 화학소방차의 수는 2/3 이상으로 한다.

17 충격이나 마찰에 민감하고 가수분해 반응을 일으키는 단점을 가지고 있어 이를 개선하여 다이너마이트를 발명하는 데 주원료로 사용한 위험물은?

① 셀룰로이드
② 나이트로글리세린
③ 트라이나이트로톨루엔
④ 트라이나이트로페놀

> **해설**
> • 다이너마이트의 원료 : 나이트로글리세린
> • 나이트로글리세린을 규조토에 흡수시켜 다이너마이트를 제조한다.

18 위험물안전관리법령상 제4류 위험물을 지정수량의 3,000배 초과 4,000배 이하로 저장하는 옥외탱크저장소의 보유공지는 얼마인가?

① 6m 이상
② 9m 이상
③ 12m 이상
④ 15m 이상

> **해설**
> 옥외탱크저장소의 보유공지(위험물안전관리법 시행규칙 별표 6)
>
> | 저장 또는 취급하는 위험물의 최대수량 | 공지의 너비 |
> |---|---|
> | 지정수량의 500배 이하 | 3m 이상 |
> | 지정수량의 500배 초과 1,000배 이하 | 5m 이상 |
> | 지정수량의 1,000배 초과 2,000배 이하 | 9m 이상 |
> | 지정수량의 2,000배 초과 3,000배 이하 | 12m 이상 |
> | 지정수량의 3,000배 초과 4,000배 이하 | 15m 이상 |
> | 지정수량의 4,000배 초과 | 해당 탱크의 수평단면의 최대지름(횡형인 경우에는 긴변)과 높이 중에서 큰 것과 같은 거리 이상. 다만, 30m 초과인 경우에는 30m 이상으로 할 수 있고, 15m 미만인 경우에는 15m 이상으로 해야 한다. |
>
> • 제6류 위험물 외의 위험물을 저장 또는 취급하는 옥외저장탱크(지정수량의 4,000배를 초과하여 저장 또는 취급하는 옥외저장탱크를 제외)를 동일한 방유제 안에 2개 이상 인접하여 설치하는 경우 : 보유공지의 1/3 이상(최소 3m 이상)
> • 제6류 위험물을 저장 또는 취급하는 옥외저장탱크 : 보유공지의 1/3 이상(최소 1.5m 이상)
> • 제6류 위험물을 저장 또는 취급하는 옥외저장탱크를 동일구 내에 2개 이상 인접하여 설치하는 경우 : 보유공지의 1/3 × 1/3(최소 1.5m 이상)
> • 물분무설비로 방호조치를 하는 경우 : 보유공지의 1/2(최소 3m 이상)로 할 수 있다. 이 경우 다음의 방호 조치를 함께해야 한다.
> – 탱크의 표면에 방사하는 물의 양 : 탱크 원주길이 1m에 대하여 분당 37L 이상
> – 수원의 양 : 20분 이상 방사할 수 있는 수량

19 다음 물질 중 분진폭발의 위험이 가장 낮은 것은?

① 마그네슘가루
② 아연가루
③ 밀가루
④ 시멘트가루

해설
시멘트가루는 가연물이 아니다.

20 소화기 속에 압축되어 있는 이산화탄소 1.1kg을 표준상태에서 분사하였다. 이산화탄소의 부피는 몇 m^3가 되는가?

① 0.56
② 5.6
③ 11.2
④ 24.6

해설
표준상태에서 기체 1mol의 부피는 22.4L이다. 단위를 보정하여 kg 단위로 대응하면 부피는 m^3이 된다.
이산화탄소 1mol의 무게 : 44kg,
따라서 $\frac{1.1}{44} = 0.025$ mol
∴ $22.4m^3 \times 0.025 = 0.56m^3$

21 위험물의 품명이 질산염류에 속하지 않는 것은?

① 질산메틸
② 질산칼륨
③ 질산나트륨
④ 질산암모늄

해설
질산메틸은 제5류 위험물 중 질산에스터류에 속한다.

22 질산암모늄의 일반적 성질에 대한 설명 중 옳은 것은?

① 불안정한 물질이고 물에 녹을 때는 흡열반응을 나타낸다.
② 물에 대한 용해도 값이 매우 작아 물에 거의 불용이다.
③ 가열 시 분해하여 수소를 발생한다.
④ 과일향의 냄새가 나는 적갈색 비결정체이다.

해설
질산암모늄은 물에 녹아 흡열반응을 하여 주위의 온도를 낮춘다. 또한 가열 시 분해·폭발의 위험이 있다.

23 다음 중 황 분말과 혼합했을 때 가열 또는 충격에 의해서 폭발할 위험이 가장 높은 것은?

① 질산암모늄
② 물
③ 이산화탄소
④ 마른모래

해설
제2류 위험물은 제1류 위험물과 혼재 시 발화·폭발의 위험이 있다.

24 제2석유류에 해당하는 물질로만 짝지어진 것은?

① 등유, 경유
② 등유, 중유
③ 글리세린, 기계유
④ 글리세린, 장뇌유

정답 19 ④ 20 ① 21 ① 22 ① 23 ① 24 ①

25 삼황화인의 연소 생성물을 옳게 나열한 것은?

① P_2O_5, SO_2 ② P_2O_5, H_2S
③ H_3PO_4, SO_2 ④ H_3PO_4, H_2S

해설
삼황화인의 연소반응식
$P_4S_3 + 8O_2 \rightarrow 2P_2O_5 + 3SO_2$

26 아염소산염류 500kg과 질산염류 3,000kg을 함께 저장하는 경우 위험물의 소요단위는 얼마인가?

① 2 ② 4
③ 6 ④ 8

해설
위험물은 지정수량의 10배를 1소요단위로 한다.
- 아염소산염류의 지정수량 : 50kg
- 질산염류의 지정수량 : 300kg

27 경유에 대한 설명으로 틀린 것은?

① 물에 녹지 않는다.
② 비중은 1 이하이다.
③ 발화점이 인화점보다 높다.
④ 인화점은 상온 이하이다.

해설
경유의 인화점은 41℃ 이상이다.

28 위험물의 저장 및 취급방법에 대한 설명으로 틀린 것은?

① 적린은 화기와 멀리하고 가열, 충격이 가해지지 않도록 한다.
② 이황화탄소는 발화점이 낮으므로 물속에 저장한다.
③ 마그네슘은 산화제와 혼합되지 않도록 취급한다.
④ 알루미늄분은 분진폭발의 위험이 있으므로 분무 주수하여 저장한다.

해설
알루미늄은 물과 반응하여 수소를 발생시키므로 접촉하며 위험성이 커진다.

29 다음 ( ) 안에 적합한 숫자를 차례대로 나열한 것은?

자연발화성 물질 중 알킬알루미늄 등은 운반용기의 내용적의 ( )% 이하의 수납률로 수납하되, 50℃의 온도에서 ( )% 이상의 공간용적을 유지하도록 할 것

① 90, 5 ② 90, 10
③ 95, 5 ④ 95, 10

30 위험물안전관리법령에서 정한 제5류 위험물 이동저장탱크의 외부도장 색상은?

① 황색   ② 회색
③ 적색   ④ 청색

해설
이동저장탱크의 외부도장 색상

유별	색상
제1류	회색
제2류	적색
제3류	청색
제4류	없음(적색 권장)
제5류	황색
제6류	청색

31 다음 중 위험물안전관리법령에서 정한 제3류 위험물 금수성 물질의 소화설비로 적응성이 있는 것은?

① 불활성 기체소화설비
② 할로젠화합물소화설비
③ 인산염류 등 분말소화설비
④ 탄산수소염류 등 분말소화설비

32 자기반응성 물질인 제5류 위험물에 해당하는 것은?

① $CH_3(C_6H_6)NO_2$
② CH_3COCH_3
③ $C_6H_2(NO_2)_3OH$
④ $C_6H_5NO_2$

해설
트라이나이트로페놀($C_6H_2(NO_2)_3OH$, 피크르산) : 제5류 위험물 중 나이트로화합물

33 나이트로셀룰로스 5kg과 트라이나이트로페놀을 함께 저장하려고 한다. 이때 지정수량 1배로 저장하려면 트라이나이트로페놀을 몇 kg 저장해야 하는가?

① 5   ② 10
③ 50   ④ 100

해설
나이트로셀룰로스의 양이 5kg이므로 지정수량의 0.5배에 해당한다. 따라서 트라이나이트로페놀 0.5배를 저장하면 지정수량 배수가 1배가 된다.
※ 지정수량 개정으로 인해 출제기준 맞지 않음

34 위험물안전관리법령상 염소화아이소사이아누르산은 제 몇 류 위험물인가?

① 제1류   ② 제2류
③ 제5류   ④ 제6류

35 나이트로셀룰로스의 저장방법으로 올바른 것은?

① 물이나 알코올로 습윤시킨다.
② 에탄올과 에터 혼액에 침윤시킨다.
③ 수은염을 만들어 저장한다.
④ 산에 용해시켜 저장한다.

해설
나이트로셀룰로스는 건조하면 위험성이 증가하므로 물 또는 알코올에 습윤시켜 저장한다.

36 과망가니즈산칼륨의 위험성에 대한 설명으로 틀린 것은?

① 황산과 격렬하게 반응한다.
② 유기물과 혼합 시 위험성이 증가한다.
③ 고온으로 가열하면 분해하여 산소와 수소를 방출한다.
④ 목탄, 황 등 환원성 물질과 격리하여 저장해야 한다.

해설
- 분해하여 망가니즈산칼륨, 이산화망가니즈, 산소를 발생시킨다.
- 과망가니즈산칼륨의 열분해반응식
  $2KMnO_4 \rightarrow K_2MnO_4 + MnO_2 + O_2$

37 유별을 달리하는 위험물을 운반할 때 혼재할 수 있는 것은?(단, 지정수량의 1/10을 넘는 양을 운반하는 경우이다)

① 제1류와 제3류
② 제2류와 제4류
③ 제3류와 제5류
④ 제4류와 제6류

해설
유별을 달리하는 위험물의 혼재기준(위험물안전관리법 시행규칙 별표 19)

위험물의 구분	제1류	제2류	제3류	제4류	제5류	제6류
제1류		×	×	×	×	○
제2류	×		×	○	○	×
제3류	×	×		○	×	×
제4류	×	○	○		○	×
제5류	×	○	×	○		×
제6류	○	×	×	×	×	

비고
- "×"표시는 혼재할 수 없음을 표시한다.
- "○"표시는 혼재할 수 있음을 표시한다.
- 이 표는 지정수량의 $\frac{1}{10}$ 이하의 위험물에 대하여는 적용하지 않는다.

38 과산화벤조일(벤조일퍼옥사이드)에 대한 설명 중 틀린 것은?

① 환원성 물질과 격리하여 저장한다.
② 물에 녹지 않으나 유기용매에 녹는다.
③ 희석제로 묽은 질산을 사용한다.
④ 결정성의 분말 형태이다.

해설
희석제로 프탈산다이메틸, 프탈산다이부틸을 사용한다.

정답 35 ① 36 ③ 37 ② 38 ③

39 황에 대한 설명으로 옳지 않은 것은?

① 연소 시 황색불꽃을 보이며 유독한 이황화탄소를 발생한다.
② 미세한 분말 상태에서 부유하면 분진폭발의 위험이 있다.
③ 마찰에 의해 정전기가 발생할 우려가 있다.
④ 고온에서 용융된 황은 수소와 반응한다.

해설
- 황은 연소 시 이산화황을 발생한다.
- 연소반응식 : $S + O_2 \rightarrow SO_2$

40 정전기로 인한 재해 방지대책 중 틀린 것은?

① 접지를 한다.
② 실내를 건조하게 유지한다.
③ 공기 중의 상대습도를 70% 이상으로 유지한다.
④ 공기를 이온화한다.

해설
건조하면 정전기 발생 위험이 증가한다(겨울철은 건조하고 정전기가 많이 발생한다).

41 제4류 위험물에 속하지 않는 것은?

① 아세톤
② 실린더유
③ 트라이나이트로톨루엔
④ 나이트로벤젠

해설
트라이나이트로톨루엔(TNT)은 제5류 위험물 중 나이트로화합물에 속한다.

42 제5류 위험물 중 나이트로화합물의 지정수량을 옳게 나타낸 것은?

① 10kg ② 100kg
③ 150kg ④ 200kg

해설
※ 지정수량 개정으로 인해 정답 없음. 제1종, 제2종에 따라 달라짐

43 다음 중 지정수량이 나머지 셋과 다른 물질은?

① 황화인 ② 적린
③ 칼슘   ④ 황

해설
제2류 위험물의 지정수량
- 황화인, 적린, 황 : 100kg
- 철분, 금속분, 마그네슘 : 500kg
- 인화성 고체 : 1,000kg
※ 칼슘은 제3류 위험물 중 알칼리토금속에 속하고 지정수량은 50kg이다.

정답 39 ① 40 ② 41 ③ 42 정답 없음 43 ③

44 과염소산칼륨의 성질에 대한 설명 중 틀린 것은?

① 무색, 무취의 결정으로 물에 잘 녹는다.
② 화학식은 $KClO_4$이다.
③ 에탄올, 에터에는 녹지 않는다.
④ 화약, 폭약, 섬광제 등에 쓰인다.

해설
과염소산칼륨은 물에 녹지 않는다.

45 경유 2,000L, 글리세린 2,000L를 같은 장소에 저장하려 한다. 지정수량의 배수의 합은 얼마인가?

① 2.5   ② 3.0
③ 3.5   ④ 4.0

해설
- 경유 : 제2석유류 비수용성, 지정수량 1,000L
- 글리세린 : 제3석유류 수용성, 지정수량 4,000L
∴ 2 + 0.5 = 2.5

46 0.99atm, 55℃에서 이산화탄소의 밀도는 약 몇 g/L인가?

① 0.62   ② 1.62
③ 9.65   ④ 12.65

해설
이상기체 상태방정식을 이용
$$PV = nRT = \frac{WRT}{M}$$
여기서, 압력(P) : 0.99atm
　　　　온도(T) : (273 + 55)K
　　　　CO_2의 분자량(M) : 44
∴ 밀도 $\frac{W}{V} = \frac{PM}{RT} = \frac{0.99 \times 44}{0.082 \times 328} = 1.62$

※ 식 변형 방법
- W만 남기고 나머지 항을 없애 준다.
- 양변에 $\frac{M}{RT}$를 곱해준다.
- $W = \frac{PVM}{RT}$가 되고, 양변에 $\frac{1}{V}$를 곱해준다.

47 다음 중 인화점이 0℃보다 작은 것은 모두 몇 개인가?

$C_2H_5OC_2H_5$, CS_2, CH_3CHO

① 0개   ② 1개
③ 2개   ④ 3개

해설
위 물질은 전부 특수인화물로 인화점이 −20℃ 이하이다.

48 다음은 위험물안전관리법령상 이동탱크저장소에 설치하는 게시판의 설치기준에 관한 내용이다. ( ) 안에 해당하지 않는 것은?

> 이동저장탱크의 뒷면 중 보기 쉬운 곳에는 해당 탱크에 저장 또는 취급하는 위험물의 ( ) 및 적재중량을 게시한 게시판을 설치해야 한다.

① 최대수량　② 품명
③ 유별　　　④ 관리자명

49 위험물과 그 보호액 또는 안정제의 연결이 틀린 것은?

① 황린 – 물
② 인화석회 – 물
③ 금속칼륨 – 등유
④ 알킬알루미늄 – 헥세인

해설
- 물과 반응하여 포스핀 가스를 발생시키므로 보호액으로 쓸 수 없다.
- 인화석회(인화칼슘, Ca_3P_2)와 물의 반응식
  $Ca_3P_2 + 6H_2O \rightarrow 3Ca(OH)_2 + 2PH_3$

50 다음 설명 중 제2석유류에 해당하는 것은?(단, 1기압 상태이다)

① 착화점이 21℃ 미만인 것
② 착화점이 30℃ 이상 50℃ 미만인 것
③ 인화점이 21℃ 이상 70℃ 미만인 것
④ 인화점이 21℃ 이상 90℃ 미만인 것

51 위험물안전관리법령상 제5류 위험물의 공통된 취급방법으로 옳지 않은 것은?

① 용기의 파손 및 균열에 주의한다.
② 저장 시 과열, 충격, 마찰을 피한다.
③ 운반용기 외부에 주의사항으로 "화기주의" 및 "물기엄금"을 표기한다.
④ 불티, 불꽃, 고온체와의 접근을 피한다.

해설
제5류 위험물의 운반용기 외부에 표시해야 할 주의사항 : 화기엄금, 충격주의

52 위험물안전관리법령상 옥내소화전설비의 설치기준에서 옥내소화전은 제조소 등의 건축물의 층마다 해당 층의 각 부분에서 하나의 호스접속구까지의 수평거리가 몇 m 이하가 되도록 설치해야 하는가?

① 5　　② 10
③ 15　　④ 25

정답 48 ④　49 ②　50 ③　51 ③　52 ④

53 위험물안전관리법령에 따른 위험물의 운송에 관한 설명 중 틀린 것은?

① 알킬리튬과 알킬알루미늄 또는 이 중 어느 하나 이상을 함유한 것은 운송책임자의 감독·지원을 받아야 한다.
② 이동탱크저장소에 의하여 위험물을 운송할 때의 운송책임자에는 법정의 교육을 이수하고 관련 업무에 2년 이상 경력이 있는 자도 포함된다.
③ 서울에서 부산까지 금속의 인화물 300kg을 1명의 운전자가 휴식 없이 운송해도 규정위반이 아니다.
④ 운송책임자의 감독 또는 지원 방법에는 동승하는 방법과 별도의 사무실에서 대기하면서 규정된 사항을 이행하는 방법이 있다.

해설
위험물운송자는 장거리(고속국도에 있어서는 340km 이상, 그 밖의 도로에 있어서는 200km 이상을 말한다)에 걸치는 운송을 하는 때에는 2명 이상의 운전자로 할 것. 다만, 다음에 해당하는 경우에는 그렇지 않다.
- 운송책임자를 동승시킨 경우
- 운송하는 위험물이 제2류 위험물·제3류 위험물(칼슘 또는 알루미늄의 탄화물과 이것만을 함유한 것에 한한다) 또는 제4류 위험물(특수인화물을 제외한다)인 경우
- 운송 도중에 2시간 이내마다 20분 이상씩 휴식하는 경우

54 다음은 위험물안전관리법령에서 정한 내용이다. ( ) 안에 알맞은 용어는?

( )라 함은 고형알코올 그 밖에 1기압에서 인화점이 40℃ 미만인 고체를 말한다.

① 가연성 고체
② 산화성 고체
③ 인화성 고체
④ 자기반응성 고체

55 유기과산화물의 저장 또는 운반 시 주의사항으로서 옳은 것은?

① 일광이 드는 건조한 곳에 저장한다.
② 가능한 한 대용량으로 저장한다.
③ 알코올류 등 제4류 위험물과 혼재하여 운반할 수 있다.
④ 산화제이므로 다른 강산화제와 같이 저장해도 좋다.

해설
제5류 위험물은 운반 시 제2류, 제4류 위험물과 혼재 가능하다. 강산화제와 같이 저장할 경우 발화·폭발의 위험성이 증가한다.

53 ③ 54 ③ 55 ③

56 제3류 위험물에 해당하는 것은?
① 황
② 적린
③ 황린
④ 삼황화인

해설
- 삼황화인, 적린, 황 : 제2류 위험물, 지정수량 100kg, 위험등급 Ⅱ
- 황린 : 제3류 위험물, 지정수량 20kg, 위험등급 Ⅰ

57 제조소 등의 관계인이 예방규정을 정해야 하는 제조소 등이 아닌 것은?
① 지정수량 100배의 위험물을 저장하는 옥외탱크저장소
② 지정수량 150배의 위험물을 저장하는 옥내저장소
③ 지정수량 10배의 위험물을 취급하는 제조소
④ 지정수량 5배의 위험물을 취급하는 이송취급소

해설
예방규정을 정해야 하는 제조소 등에 해당하는 것
- 지정수량의 10배 이상의 위험물을 취급하는 제조소・일반취급소
- 지정수량의 100배 이상의 위험물을 취급하는 옥외저장소
- 지정수량의 150배 이상의 위험물을 취급하는 옥내저장소
- 지정수량의 200배 이상의 위험물을 취급하는 옥외탱크저장소
- 암반탱크저장소, 이송취급소

58 황린의 위험성에 대한 설명으로 틀린 것은?
① 공기 중에서 자연발화의 위험성이 있다.
② 연소 시 발생되는 증기는 유독하다.
③ 화학적 활성이 커서 CO_2, H_2O와 격렬히 반응한다.
④ 강알칼리 용액과 반응하여 독성가스를 발생한다.

해설
황린은 물과 반응하지 않아 물속에 저장한다.

59 그림의 원통형 종으로 설치된 탱크에서 공간용적을 내용적의 10%라고 하면 탱크용량(허가용량)은 약 얼마인가?

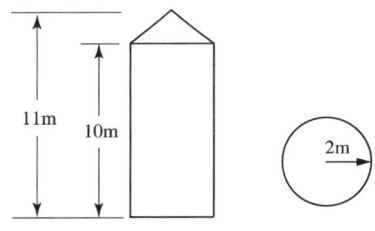

① 113.04
② 124.34
③ 129.06
④ 138.16

해설
종으로 설치한 탱크의 내용적을 구하는 공식

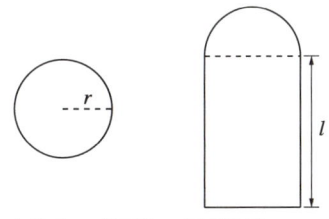

- 탱크의 용량 = 내용적 − 공간용적
- 내용적 = $\pi r^2 l$

$\pi \times 2^2 \times 10 = 125.66$이 되고 공간용적이 10%이므로
∴ $125.66 \times 0.9 = 113.10$

60 지하탱크저장소에 대한 설명으로 옳지 않은 것은?

① 탱크전용실 벽의 두께는 0.3m 이상 이어야 한다.
② 지하저장탱크의 윗부분은 지면으로부터 0.6m 이상 아래에 있어야 한다.
③ 지하저장탱크와 탱크전용실 안쪽과의 간격은 0.1m 이상의 간격을 유지한다.
④ 지하저장탱크에는 두께 0.1m 이상의 철근콘크리트조로 된 뚜껑을 설치한다.

해설
지하저장탱크에는 두께 0.3m 이상의 철근콘크리트조로 된 뚜껑을 설치한다.

CHAPTER 04

2015년 제1회

PART 01 위험물기능사 필기

과년도 기출문제

01 제3종 분말소화약제의 열분해반응식을 옳게 나타낸 것은?

① $NH_4H_2PO_4 \rightarrow HPO_3 + NH_3 + H_2O$
② $2KNO_3 \rightarrow 2KNO_2 + O_2$
③ $KClO_4 \rightarrow KCl + 2O_2$
④ $2CaHCO_3 \rightarrow 2CaO + H_2CO_3$

해설
- 제3종 분말소화약제의 최종 열분해반응식
  $NH_4H_2PO_4 \rightarrow HPO_3 + NH_3 + H_2O$
- 과염소산의 열분해반응식
  $KClO_4 \rightarrow KCl + 2O_2$
- 질산칼륨의 열분해반응식
  $2KNO_3 \rightarrow 2KNO_2 + O_2$

02 위험물안전관리법령상 제2류 위험물 중 지정수량이 500kg인 물질에 의한 화재는?

① A급 화재   ② B급 화재
③ C급 화재   ④ D급 화재

해설
- 제2류 위험물 중 지정수량이 500kg인 품명은 철분, 금속분, 마그네슘이다.
- 금속화재는 D급 화재이다.

03 위험물제조소 등의 용도폐지신고에 대한 설명으로 옳지 않은 것은?

① 용도폐지 후 30일 이내에 신고해야 한다.
② 완공검사합격확인증을 첨부한 용도폐지신고서를 제출하는 방법으로 신고한다.
③ 전자문서로 된 용도폐지신고서를 제출하는 경우에도 완공검사합격확인증을 제출해야 한다.
④ 신고의무의 주체는 해당 제조소 등의 관계인이다.

해설
용도폐지는 폐지한 날부터 14일 이내에 시·도지사에게 신고해야 한다.

04 할로젠화합물의 소화약제 중 할론 2402의 화학식은?

① $C_2Br_4F_2$
② $C_2Cl_4F_2$
③ $C_2Cl_4Br_2$
④ $C_2F_4Br_2$

정답 1 ① 2 ④ 3 ① 4 ④

05 위험물제조소 등에 설치해야 하는 자동화재탐지설비의 설치기준에 대한 설명 중 틀린 것은?

① 자동화재탐지설비의 경계구역은 건축물 그 밖의 공작물의 2 이상의 층에 걸치도록 할 것
② 하나의 경계구역에서 그 한 변의 길이는 50m(광전식분리형 감지기를 설치할 경우에는 100m) 이하로 할 것
③ 자동화재탐지설비의 감지기는 지붕 또는 벽의 옥내에 면한 부분에 유효하게 화재의 발생을 감지할 수 있도록 설치할 것
④ 자동화재탐지설비에는 비상전원을 설치할 것

해설
경계구역은 2 이상에 층에 걸치지 않을 것

06 다음 중 수소, 아세틸렌과 같은 가연성 가스가 공기 중 누출되어 연소하는 형식에 가장 가까운 것은?

① 확산연소 ② 증발연소
③ 분해연소 ④ 표면연소

해설
가스를 흘려주면서 연소하는 확산연소이다.

07 알코올류 20,000L에 대한 소화설비 설치 시 소요단위는?

① 5   ② 10
③ 15   ④ 20

해설
알코올류의 지정수량은 400L이고, 위험물은 지정수량의 10배가 1소요단위이다. 따라서 4,000L가 1소요단위이므로 20,000L는 5단위이다.

08 위험물안전관리법령상 분말소화설비의 기준에서 규정한 전역방출방식 또는 국소방출방식 분말소화설비의 가압용 또는 축압용 가스에 해당하는 것은?

① 네온가스
② 아르곤가스
③ 수소가스
④ 이산화탄소가스

09 과산화칼륨의 저장창고에서 화재가 발생하였다. 다음 중 가장 적합한 소화약제는?

① 물
② 이산화탄소
③ 마른모래
④ 염산

해설
마른모래는 제1류~제6류 위험물에 소화적응성이 있다.

10 위험물안전관리법령에 의해 옥외저장소에 저장을 허가받을 수 없는 위험물은?

① 제2류 위험물 중 황(금속제드럼에 수납)
② 제4류 위험물 중 가솔린(금속제드럼에 수납)
③ 제6류 위험물
④ 국제해상위험물규칙(IMDG Code)에 적합한 용기에 수납된 위험물

해설
- 옥외저장소에서는 인화점이 0℃ 이상인 위험물을 저장할 수 있다.
- 휘발유(가솔린)의 인화점 : −43℃

11 플래시오버에 대한 설명으로 틀린 것은?

① 국소화재에서 실내의 가연물들이 연소하는 대화재로의 전이
② 환기지배형 화재에서 연료지배형 화재로의 전이
③ 실내의 천장 쪽에 축적된 미연소 가연성 증기나 가스를 통한 화염의 급격한 전파
④ 내화건축물의 실내화재 온도 상황으로 보아 성장기에서 최성기로의 진입

해설
플래시오버는 연료지배형 화재이다. 플래시오버 이후 연소가 진행되고 나서 환기지배형 화재가 된다.

12 위험물안전관리법령상 제3류 위험물 중 금수성 물질의 화재에 적응성이 있는 소화설비는?

① 탄산수소염류의 분말소화설비
② 불활성 기체소화설비
③ 할로젠화합물소화설비
④ 인산염류의 분말소화설비

13 제1종, 제2종, 제3종 분말소화약제의 주성분에 해당하지 않는 것은?

① 탄산수소나트륨
② 황산마그네슘
③ 탄산수소칼륨
④ 인산이수소암모늄

해설
- 제1종 분말소화약제 : 탄산수소나트륨(중탄산나트륨)
- 제2종 분말소화약제 : 탄산수소칼륨(중탄산칼륨)
- 제3종 분말소화약제 : 제1인산암모늄(인산이수소암모늄)

14 가연성 액화가스의 탱크 주위에서 화재가 발생한 경우에 탱크의 가열로 인하여 그 부분의 강도가 약해져 탱크가 파열됨으로 내부의 가열된 액화가스가 급속히 팽창하면서 폭발하는 현상은?

① 블레비(BLEVE) 현상
② 보일오버(Boil Over) 현상
③ 플래시백(Flash Back) 현상
④ 백드래프트(Back Draft) 현상

정답 10 ② 11 ② 12 ① 13 ② 14 ①

15 소화효과에 대한 설명으로 틀린 것은?

① 기화잠열이 큰 소화약제를 사용할 경우 냉각소화 효과를 기대할 수 있다.
② 이산화탄소에 의한 소화는 주로 질식소화로 화재를 진압한다.
③ 할로젠화합물소화약제는 주로 냉각소화를 한다.
④ 분말소화약제는 질식효과와 부촉매효과 등으로 화재를 진압한다.

해설
할로젠화합물소화약제는 부촉매효과가 주된 소화효과이다.

16 건조사와 같은 불연성 고체로 가연물을 덮는 것은 어떤 소화에 해당하는가?

① 제거소화
② 질식소화
③ 냉각소화
④ 억제소화

해설
마른모래로 화재표면을 덮어 질식소화한다.

17 금속칼륨과 금속나트륨은 어떻게 보관해야 하는가?

① 공기 중에 노출하여 보관
② 물속에 넣어서 밀봉하여 보관
③ 석유 속에 넣어서 밀봉하여 보관
④ 그늘지고 통풍이 잘되는 곳에 산소 분위기에서 보관

해설
습기와 공기를 둘 다 차단시켜야 하므로 석유 속에 넣어서 보관한다.

18 위험물제조소 등에 설치하는 고정식의 포 소화설비의 기준에서 포헤드방식의 포헤드는 방호대상물의 표면적 몇 m^2당 1개 이상의 헤드를 설치해야 하는가?

① 3
② 9
③ 15
④ 30

19 위험물안전관리법령에 따른 스프링클러헤드의 설치방법에 대한 설명으로 옳지 않은 것은?

① 개방형 헤드는 반사판으로부터 하방으로 0.45m, 수평방향으로 0.3m 공간을 보유할 것
② 폐쇄형 헤드는 가연성 물질 수납부분에 설치 시 반사판으로부터 하방으로 0.9m, 수평방향으로 0.4m의 공간을 확보할 것
③ 폐쇄형 헤드 중 개구부에 설치하는 것은 해당 개구부의 상단으로부터 높이 0.15m 이내의 벽면에 설치할 것
④ 폐쇄형 헤드 설치 시 급배기용 덕트의 긴 변의 길이가 1.2m를 초과하는 것이 있는 경우에는 해당 덕트의 윗부분에만 헤드를 설치할 것

해설
급배기용 덕트 등의 긴 변의 길이가 1.2m를 초과하는 것이 있는 경우에는 해당 덕트 등의 아래 면에도 스프링클러헤드를 설치할 것

정답 15 ③ 16 ② 17 ③ 18 ② 19 ④

20 Mg, Na의 화재에 이산화탄소소화기를 사용하였다. 화재현장에서 발생되는 현상은?

① 이산화탄소가 부착면을 만들어 질식 소화된다.
② 이산화탄소가 방출되어 냉각소화된다.
③ 이산화탄소가 Mg, Na과 반응하여 화재가 확대된다.
④ 부촉매효과에 의해 소화된다.

해설
탄소와 일산화탄소는 가연물이므로 오히려 화재가 확대된다.
- 마그네슘과 이산화탄소의 반응식
  $Mg + CO_2 \rightarrow MgO + CO$
- 나트륨과 이산화탄소의 반응식
  $4Na + 3CO_2 \rightarrow 2Na_2CO_3 + C$

21 위험물안전관리법령의 제3류 위험물 중 금수성 물질에 해당하는 것은?

① 황린 ② 적린
③ 마그네슘 ④ 칼륨

해설
황린과 칼륨은 제3류 위험물이다. 황린은 자연발화성 물질이고 칼륨은 금수성·자연발화성 물질이다.

22 다음 중 위험성이 더욱 증가하는 경우는?

① 황린을 수산화칼슘 수용액에 넣었다.
② 나트륨을 등유 속에 넣었다.
③ 트라이에틸알루미늄 보관용기 내에 불활성 가스를 봉입시켰다.
④ 나이트로셀룰로스를 알코올 수용액에 넣었다.

해설
황린은 알칼리용액과 반응하여 포스핀(PH_3)을 생성한다.

23 적린의 성질에 대한 설명 중 옳지 않은 것은?

① 황린과 성분 원소가 같다.
② 발화온도는 황린보다 낮다.
③ 물, 이황화탄소에 녹지 않는다.
④ 브로민화인에 녹는다.

해설
- 적린의 발화점 : 260℃
- 황린의 발화점 : 34℃

24 과산화칼륨과 과산화마그네슘이 염산과 각각 반응했을 때 공통으로 나오는 물질의 지정수량은?

① 50L ② 100kg
③ 300kg ④ 1,000L

해설
과산화수소 : 제6류 위험물, 지정수량 300kg

정답 20 ③ 21 ④ 22 ① 23 ② 24 ③

25 트라이메틸알루미늄이 물과 반응 시 생성되는 물질은?

① 산화알루미늄 ② 메테인
③ 메틸알코올 ④ 에테인

26 소화설비의 기준에서 용량 160L 팽창질석의 능력단위는?

① 0.5 ② 1.0
③ 1.5 ④ 2.5

27 위험물안전관리법령상 위험물 운반 시 차광성이 있는 피복으로 덮지 않아도 되는 것은?

① 제1류 위험물
② 제2류 위험물
③ 제3류 위험물 중 자연발화성 물질
④ 제5류 위험물

해설
차광성이 있는 것으로 피복
- 제1류 위험물
- 제3류 위험물 중 자연발화성 물질
- 제4류 위험물 중 특수인화물
- 제5류 위험물
- 제6류 위험물

28 이동탱크저장소에 의한 위험물의 운송 시 준수해야 하는 기준에서 다음 중 어떤 위험물을 운송할 때 위험물운송자는 위험물안전카드를 휴대해야 하는가?

① 특수인화물 및 제1석유류
② 알코올류 및 제2석유류
③ 제3석유류 및 동식물유류
④ 제4석유류

해설
위험물(제4류 위험물에 있어서는 특수인화물 및 제1석유류에 한한다)을 운송하게 하는 자는 위험물안전카드를 위험물운송자로 하여금 휴대하게 할 것

29 위험물안전관리법령상 행정안전부령으로 정하는 제1류 위험물에 해당하지 않는 것은?

① 과아이오딘산
② 질산구아니딘
③ 차아염소산염류
④ 염소화아이소사이아누르산

해설
질산구아니딘은 제5류 위험물이다.

30 흑색화약의 원료로 사용되는 위험물의 유별을 옳게 나타낸 것은?

① 제1류, 제2류 ② 제1류, 제4류
③ 제2류, 제4류 ④ 제4류, 제5류

해설
흑색화약의 원료 : 질산칼륨(제1류), 황(제2류), 숯가루(비위험물)

31 다음 물질 중 제1류 위험물이 아닌 것은?

① Na_2O_2 ② $NaClO_3$
③ NH_4ClO_4 ④ $HClO_4$

해설
$HClO_4$(과염소산) : 제6류 위험물, 지정수량 300kg, 위험등급 I

32 소화난이도등급 I의 옥내저장소에 설치해야 하는 소화설비에 해당하지 않는 것은?

① 옥외소화전설비
② 연결살수설비
③ 스프링클러설비
④ 물분무소화설비

해설
소화난이도등급 I의 제조소 등에 설치해야 하는 소화설비

옥내 저장소	처마높이가 6m 이상인 단층 건물 또는 다른 용도의 부분이 있는 건축물에 설치한 옥내저장소	스프링클러설비 또는 이동식 외의 물분무등소화설비
	그 밖의 것	옥외소화전설비, 스프링클러설비, 이동식 외의 물분무등소화설비 또는 이동식 포소화설비(포소화전을 옥외에 설치하는 것에 한한다)

33 적린의 위험성에 관한 설명 중 옳은 것은?

① 공기 중에 방치하면 폭발한다.
② 산소와 반응하여 포스핀 가스를 발생한다.
③ 연소 시 적색의 오산화인이 발생한다.
④ 강산화제와 혼합하면 충격·마찰에 의해 발화할 수 있다.

해설
• 적린의 연소반응식 : $4P + 5O_2 \rightarrow 2P_2O_5$(흰 연기)
• 제2류 위험물은 산화제와 혼합 시 발화·폭발의 위험이 있다.

34 다이에틸에터에 대한 설명으로 옳은 것은?

① 연소하면 아황산가스를 발생하고, 마취제로 사용한다.
② 증기는 공기보다 무거우므로 물속에 보관한다.
③ 에탄올과 진한 황산을 이용해 축합 반응시켜 제조할 수 있다.
④ 제4류 위험물 중 연소범위가 좁은 편에 속한다.

해설
• 에탄올(C_2H_5OH) 2분자를 축합반응하여 제조한다.
• 반응식
$C_2H_5OH + C_2H_5OH \rightarrow C_2H_5OC_2H_5 + H_2O$
(다이에틸에터)

35 위험물제조소에 설치하는 안전장치 중 위험물의 성질에 따라 안전밸브의 작동이 곤란한 가압설비에 한하여 설치하는 것은?

① 파괴판
② 안전밸브를 겸하는 경보장치
③ 감압측에 안전밸브를 부착한 감압밸브
④ 연성계

36 트라이나이트로톨루엔의 성질에 대한 설명 중 옳지 않은 것은?

① 담황색의 결정이다.
② 폭약으로 사용된다.
③ 자연분해의 위험성이 적어 장기간 저장이 가능하다.
④ 조해성과 흡습성이 매우 크다.

[해설]
TNT는 물에 녹지 않는다.

37 과산화나트륨이 물과 반응하면 어떤 물질과 산소를 발생하는가?

① 수산화나트륨
② 수산화칼륨
③ 질산나트륨
④ 아염소산나트륨

[해설]
과산화나트륨과 물의 반응식
$2Na_2O_2 + 2H_2O \rightarrow 4NaOH + O_2 +$ 발열

38 다음 중 물에 녹고 물보다 가벼운 물질로 인화점이 가장 낮은 것은?

① 아세톤   ② 이황화탄소
③ 벤젠   ④ 산화프로필렌

[해설]
수용성 물질은 아세톤과 산화프로필렌이다.
• 아세톤의 인화점 : -18.5℃
• 산화프로필렌의 인화점 : -37℃

39 과염소산칼륨과 가연성 고체 위험물이 혼합되는 것은 위험하다. 그 주된 이유는 무엇인가?

① 전기가 발생하고 자연 가열되기 때문이다.
② 중합반응을 하여 열이 발생되기 때문이다.
③ 혼합하면 과염소산칼륨이 연소하기 쉬운 액체로 변하기 때문이다.
④ 가열, 충격 및 마찰에 의하여 발화·폭발 위험이 높아지기 때문이다.

[해설]
제1류 위험물과 제2류 위험물을 혼합하면 발화·폭발의 위험이 커진다.

40 황의 성질을 설명한 것으로 옳은 것은?
① 전기의 양도체이다.
② 물에 잘 녹는다.
③ 연소하기 어려워 분진폭발의 위험성은 없다.
④ 높은 온도에서 탄소와 반응하여 이황화탄소가 생긴다.

해설
황과 탄소의 반응식 : C + 2S → CS_2

41 위험물의 품명 분류가 잘못된 것은?
① 제1석유류 : 휘발유
② 제2석유류 : 경유
③ 제3석유류 : 폼산
④ 제4석유류 : 기어유

해설
폼산(의산, 개미산, HCOOC) : 제2석유류 수용성, 지정수량 2,000L

42 다음 중 발화점이 가장 낮은 것은?
① 이황화탄소 ② 산화프로필렌
③ 휘발유   ④ 메탄올

해설
이황화탄소의 발화점은 90℃이다.

43 제5류 위험물의 위험성에 대한 설명으로 옳지 않은 것은?
① 가연성 물질이다.
② 대부분 외부의 산소 없이도 연소하며 연소속도가 빠르다.
③ 물에 잘 녹지 않으며 물과의 반응 위험성이 크다.
④ 가열, 충격, 타격 등에 민감하며 강산화제 또는 강산류와 접촉 시 위험하다.

해설
물과 반응하지 않기 때문에 제5류 위험물의 소화약제로 쓰인다.

44 질산칼륨에 대한 설명 중 옳은 것은?
① 유기물 및 강산에 보관할 때 매우 안정하다.
② 열에 안정하여 1,000℃를 넘는 고온에서도 분해되지 않는다.
③ 알코올에는 잘 녹으나 물, 글리세린에는 잘 녹지 않는다.
④ 무색, 무취의 결정 또는 분말로서 화약 원료로 사용된다.

해설
질산칼륨은 흑색화약의 원료로 사용되는 물질이다. 또한 물, 글리세린에 잘 녹으나 알코올에는 녹지 않는다.

정답 40 ④ 41 ③ 42 ① 43 ③ 44 ④

45 [보기]에서 설명하는 물질은 무엇인가?

> [보기]
> - 살균제 및 소독제로도 사용된다.
> - 분해할 때 발생하는 발생기산소 [O]는 난분해성 유기물질을 산화시킬 수 있다.

① $HClO_4$ ② CH_3OH
③ H_2O_2 ④ H_2SO_4

해설
과산화수소(H_2O_2) : 제6류 위험물, 지정수량 300kg

46 [보기]의 위험물 중 비중이 물보다 큰 것은 모두 몇 개인가?

> [보기]
> 과염소산, 과산화수소, 질산

① 0 ② 1
③ 2 ④ 3

해설
제6류 위험물의 비중은 전부 1보다 크다.

47 다음 중 위험물안전관리법령상 위험물제조소와의 안전거리가 가장 먼 것은?

① 고등교육법에서 정하는 학교
② 의료법에 따른 병원급 의료기관
③ 고압가스 안전관리법에 의하여 허가를 받은 고압가스제조시설
④ 지정문화유산 및 천연기념물 등

해설
제조소의 안전거리(위험물안전관리법 시행규칙 별표 4)
제조소는 건축물의 외벽 또는 이에 상당하는 공작물의 외측으로부터 해당 제조소의 외벽 또는 이에 상당하는 공작물의 외측까지의 사이에 수평거리(이하 "안전거리"라 한다)를 두어야 한다.
- 사용전압이 7,000V 초과 35,000V 이하의 특고압가공전선 : 3m
- 사용전압이 35,000V를 초과하는 특고압가공전선 : 5m
- 건축물 그 밖의 공작물로서 주거용으로 사용되는 것 : 10m
- 고압가스, 액화석유가스 또는 도시가스를 저장 또는 취급하는 시설 : 20m
- 학교·병원·극장 그 밖에 다수인을 수용하는 시설 : 30m
- 지정문화유산 및 천연기념물 등 : 50m

48 칼륨을 물에 반응시키면 격렬한 반응이 일어난다. 이때 발생하는 기체는 무엇인가?

① 산소
② 수소
③ 질소
④ 이산화탄소

해설
칼륨과 물의 반응식
$2K + 2H_2O \rightarrow 2KOH + H_2$

49 위험물안전관리법령상의 위험물 운반에 관한 기준에서 액체위험물은 운반용기 내용적의 몇 % 이하의 수납률로 수납해야 하는가?

① 80 ② 85
③ 90 ④ 98

해설
- 고체위험물의 운반용기 수납률 : 95% 이하
- 액체위험물의 운반용기 수납률 : 98% 이하

50 메틸알코올의 위험성으로 옳지 않은 것은?

① 나트륨과 반응하여 수소 기체를 발생한다.
② 휘발성이 강하다.
③ 연소범위가 알코올류 중 가장 좁다.
④ 인화점이 상온(25℃)보다 낮다.

해설
메틸알코올(CH_3OH) : 목정, 인화점 약 11℃
- 무색, 투명한 액체 상태이고 휘발성이 있다.
- 물, 에터 등에 잘 녹는다.
- 독성이 있어 실명하거나(약 20g 흡입 시), 생명을 잃을 수도 있다(약 30g 이상 흡입 시).
- 산화하면 폼알데하이드가 되고 최종적으로 산화하면 폼산이 된다.
  $CH_3OH \rightarrow HCHO \rightarrow HCOOH$
- 메탄올의 연소범위 : 6.0~36%
※ 에탄올의 연소범위 : 3.1~27.7%, 아이소프로필알코올의 연소범위 : 2.0~12%

51 위험물제조소의 건축물 구조기준 중 연소의 우려가 있는 외벽은 출입구 외의 개구부가 없는 내화구조의 벽으로 해야 한다. 이때 연소의 우려가 있는 외벽은 제조소가 설치된 부지의 경계선에서 몇 m 이내에 있는 외벽을 말하는가?(단, 단층 건물일 경우이다)

① 3 ② 4
③ 5 ④ 6

52 다음 중 위험물안전관리법령상 제6류 위험물에 해당하는 것은?

① 황산
② 염산
③ 질산염류
④ 할로젠간화합물

해설
제6류 위험물 : 과염소산, 과산화수소, 질산, 할로젠간화합물

정답 49 ④ 50 ③ 51 ① 52 ④

53 질산이 직사일광에 노출될 때 어떻게 되는가?

① 분해되지는 않으나 붉은색으로 변한다.
② 분해되지는 않으나 녹색으로 변한다.
③ 분해되어 질소를 발생한다.
④ 분해되어 이산화질소를 발생한다.

해설
질산의 분해반응식
$4HNO_3 \rightarrow 4NO_2(이산화질소) + 2H_2O + O_2$

54 위험물안전관리법령상 제2류 위험물의 위험등급에 대한 설명으로 옳은 것은?

① 제2류 위험물은 위험등급 I 에 해당되는 품명이 없다.
② 제2류 위험물은 위험등급Ⅲ에 해당되는 품명은 지정수량이 500kg인 품명만 해당된다.
③ 제2류 위험물 중 황화인, 적린, 황 등 지정수량이 100kg인 품명은 위험등급 I 에 해당한다.
④ 제2류 위험물 중 지정수량이 1,000kg인 인화성 고체는 위험등급Ⅱ에 해당한다.

해설
제2류 위험물의 종류
- 황화인, 적린, 황 : 지정수량 100kg, 위험등급Ⅱ
- 철분, 금속분, 마그네슘 : 지정수량 500kg, 위험등급Ⅲ
- 인화성 고체 : 지정수량 1,000kg, 위험등급Ⅲ

55 위험물 저장탱크의 공간용적은 탱크 내용적의 얼마 이상, 얼마 이하로 하는가?

① 2/100 이상, 3/100 이하
② 2/100 이상, 5/100 이하
③ 5/100 이상, 10/100 이하
④ 10/100 이상, 20/100 이하

56 칼륨이 에틸알코올과 반응할 때 나타나는 현상은?

① 산소가스를 생성한다.
② 칼륨에틸레이트를 생성한다.
③ 칼륨과 물이 반응할 때와 동일한 생성물이 나온다.
④ 에틸알코올이 산화되어 아세트알데하이드를 생성한다.

해설
칼륨과 에탄올의 반응식
$2K + 2C_2H_5OH \rightarrow 2C_2H_5OK + H_2$
(칼륨에틸레이트)(수소)

57 지정수량 20배의 알코올류를 저장하는 옥외탱크저장소의 경우 펌프실 외의 장소에 설치하는 펌프설비의 기준으로 옳지 않은 것은?

① 펌프설비 주위에는 3m 이상의 공지를 보유한다.
② 펌프설비 그 직하의 지반면 주위에 높이 0.15m 이상의 턱을 만든다.
③ 펌프설비 그 직하의 지반면의 최저부에는 집유설비를 만든다.
④ 집유설비에는 위험물이 배수구에 유입되지 않도록 유분리장치를 만든다.

58 제5류 위험물 중 유기과산화물 30kg과 하이드록실아민 500kg을 함께 보관하는 경우 지정수량의 몇 배인가?

① 3배 ② 8배
③ 10배 ④ 18배

[해설]
※ 지정수량 개정으로 인해 출제기준 맞지 않음

59 위험물안전관리법령상 품명이 금속분에 해당하는 것은?(단, 150μm의 체를 통과하는 것이 50wt% 이상인 경우이다)

① 니켈분
② 마그네슘분
③ 알루미늄분
④ 구리분

[해설]
금속분에 해당하는 금속 : 알루미늄분, 아연분 등

60 아세톤의 성질에 대한 설명으로 옳은 것은?

① 자연발화성 때문에 유기용제로서 사용할 수 없다.
② 무색, 무취이고 겨울철에 쉽게 응고한다.
③ 증기비중은 약 0.79이고 아이오딘폼 반응을 한다.
④ 물에 잘 녹으며 끓는점이 60℃보다 낮다.

[해설]
아세톤은 자연발화하지 않고, 녹는점이 -94℃로 쉽게 응고되지 않는다.

정답 57 ④ 58 ② 59 ③ 60 ④

CHAPTER 04 2015년 제2회 과년도 기출문제

01 위험물안전관리법에서 정한 정전기를 유효하게 제거할 수 있는 방법에 해당하지 않는 것은?

① 위험물 이송 시 배관 내 유속을 빠르게 하는 방법
② 공기를 이온화하는 방법
③ 접지에 의한 방법
④ 공기 중의 상대습도를 70% 이상으로 하는 방법

해설
유속이 증가하면 정전기 발생확률도 올라간다.

02 다음 중 물이 소화약제로 쓰이는 이유로 가장 거리가 먼 것은?

① 쉽게 구할 수 있다.
② 제거소화가 잘 된다.
③ 취급이 간편하다.
④ 기화잠열이 크다.

해설
물은 냉각소화를 한다. 제거소화는 아니다.

03 위험물안전관리법령상 전기설비에 적응성이 없는 소화설비는?

① 포소화설비
② 불활성 기체소화설비
③ 할로젠화합물소화설비
④ 물분무소화설비

해설
포소화설비는 전기설비에 적응성이 없다. 포소화설비는 특히 제4류 위험물에 소화효과가 있다.

04 다음 중 가연물이 고체 덩어리보다 분말 가루일 때 화재 위험성이 큰 이유로 가장 옳은 것은?

① 공기와 접촉면적이 크기 때문이다.
② 열전도율이 크기 때문이다.
③ 흡열반응을 하기 때문이다.
④ 활성에너지가 크기 때문이다.

정답 1① 2② 3① 4①

05 B, C급 화재뿐만 아니라 A급 화재까지도 사용이 가능한 분말소화약제는?

① 제1종 분말소화약제
② 제2종 분말소화약제
③ 제3종 분말소화약제
④ 제4종 분말소화약제

해설
- 제1종, 제2종, 제4종 : B, C급 화재에 적응성이 있다.
- 제3종 : A, B, C급 화재에 적응성이 있다.

06 위험물안전관리법령에서 정한 자동화재탐지설비에 대한 기준으로 틀린 것은? (단, 원칙적인 경우에 한한다)

① 경계구역은 건축물 그 밖의 공작물의 2 이상의 층에 걸치지 않도록 할 것
② 하나의 경계구역의 면적은 $600m^2$ 이하로 할 것
③ 하나의 경계구역의 한 변의 길이는 30m 이하로 할 것
④ 자동화재탐지설비에는 비상전원을 설치할 것

해설
하나의 경계구역의 한 변의 길이는 50m 이하로 할 것(광전식분리형감지기를 설치할 경우 100m 이하로 할 것)

07 할론 1301의 증기 비중은?(단, 플루오린의 원자량은 19, 브로민의 원자량은 80, 염소의 원자량은 35.5이고 공기의 분자량은 29이다)

① 2.14
② 4.15
③ 5.14
④ 6.15

해설
할론 1301의 화학식 : CF_3Br
분자량은 $12 + (19 \times 3) + 80 = 149$
∴ $\frac{149}{29} ≒ 5.138$

08 나이트로셀룰로스의 저장 및 취급방법으로 틀린 것은?

① 직사광선을 피해 저장한다.
② 되도록 장기간 보관하여 안정화된 후에 사용한다.
③ 유기과산화물류, 강산화제와의 접촉을 피한다.
④ 건조 상태에 이르면 위험하므로 습한 상태를 유지한다.

해설
자연발화의 위험이 크기 때문에 장기간 보관 시 발화·폭발의 위험이 있다.

09 위험물안전관리법령상 제3류 위험물의 금수성 물질 화재 시 적응성이 있는 소화약제는?

① 탄산수소염류분말
② 물
③ 이산화탄소
④ 할로젠화합물

10 위험물안전관리법령에 따라 다음 ( ) 안에 알맞은 용어는?

> 주유취급소 중 건축물의 2층 이상의 부분을 점포·휴게음식점 또는 전시장의 용도로 사용하는 것에 있어서는 해당 건축물의 2층 이상으로부터 주유취급소의 부지 밖으로 통하는 출입구와 해당 출입구로 통하는 통로·계단 및 출입구에 ( )을(를) 설치해야 한다.

① 피난사다리   ② 경보기
③ 유도등   ④ CCTV

11 제5류 위험물의 화재 시 적응성이 있는 소화설비는?

① 분말소화설비
② 할로젠화합물소화설비
③ 물분무소화설비
④ 불활성 기체소화설비

[해설]
제5류 위험물은 물에 의한 냉각소화를 한다. 물분무소화설비가 효과적이다.

12 가연성 물질과 주된 연소 형태의 연결이 틀린 것은?

① 종이, 섬유 – 분해연소
② 셀룰로이드, TNT – 자기연소
③ 목재, 석탄 – 표면연소
④ 황, 알코올 – 증발연소

[해설]
목재는 분해연소를 한다.

13 20℃의 물 100kg이 100℃ 수증기로 증발하면 몇 kcal의 열량을 흡수할 수 있는가?(단, 물의 증발잠열은 540cal/g이다)

① 540   ② 7,800
③ 62,000   ④ 108,000

[해설]
1g의 물을 1℃ 올리는 데 1cal가 필요하다. 단위를 보정하면 1kg의 물을 1℃ 올리는 데 1kcal가 필요하고, 100kg의 물을 데워야 하기 때문에 20℃에서 100℃로 올리는 데 80kcal×100, 증발잠열은 540kcal×100, 합하면 62,000이 나오게 된다.

정답 9 ① 10 ③ 11 ③ 12 ③ 13 ③

14 물과 접촉하면 열과 산소가 발생하는 것은?

① $NaClO_2$ ② $NaClO_3$
③ $KMnO_4$ ④ Na_2O_2

해설
과산화나트륨과 물의 반응식
$2Na_2O_2 + 2H_2O \rightarrow 4NaOH + O_2 +$ 발열

15 유류화재 시 발생하는 이상현상인 보일오버(Boil Over)의 방지대책으로 가장 거리가 먼 것은?

① 탱크하부에 배수관을 설치하여 탱크 저면의 수층을 방지한다.
② 적당한 시기에 모래나 팽창질석, 비등석을 넣어 물의 과열을 방지한다.
③ 냉각수를 대량 첨가하여 유류와 물의 과열을 방지한다.
④ 탱크 내용물의 기계적 교반을 통하여 에멀션 상태로 하여 수층형성을 방지한다.

해설
중질유 탱크에 화재가 발생하였을 때 물을 집어넣으면 슬롭오버가 발생한다.

16 위험물제조소에서 국소방식의 배출설비 배출능력은 1시간당 배출장소 용적의 몇 배 이상인 것으로 해야 하는가?

① 5   ② 10
③ 15 ④ 20

17 다음 중 산화성 물질이 아닌 것은?

① 무기과산화물
② 과염소산
③ 질산염류
④ 마그네슘

해설
제2류 위험물(마그네슘)은 대표적인 환원성 물질이다.

18 소화약제로 사용할 수 없는 물질은?

① 이산화탄소
② 인산이수소암모늄(제1인산암모늄)
③ 탄산수소나트륨
④ 브로민산암모늄

해설
브로민산암모늄은 제1류 위험물 중 브로민산염류에 해당한다.

정답 14 ④ 15 ③ 16 ④ 17 ④ 18 ④

19 위험물안전관리법령상 간이탱크저장소에 대한 설명 중 틀린 것은?

① 간이저장탱크의 용량은 600L 이하이어야 한다.
② 하나의 간이탱크저장소에 설치하는 간이저장탱크는 5개 이하이어야 한다.
③ 간이저장탱크는 두께 3.2mm 이상의 강판으로 흠이 없도록 제작해야 한다.
④ 간이저장탱크는 70kPa의 압력으로 10분간의 수압시험을 실시하여 새거나 변형되지 않아야 한다.

해설
하나의 간이탱크저장소에 설치하는 간이저장탱크는 3개 이하이어야 한다.

20 식용유 화재 시 제1종 분말소화약제를 이용하여 화재의 제어가 가능하다. 이때의 소화원리에 가장 가까운 것은?

① 촉매효과에 의한 질식소화
② 비누화 반응에 의한 질식소화
③ 아이오딘화에 의한 냉각소화
④ 가수분해 반응에 의한 냉각소화

21 다음 위험물의 지정수량 배수의 총합은 얼마인가?

- 질산 150kg
- 과산화수소 420kg
- 과염소산 300kg

① 2.5 ② 2.9
③ 3.4 ④ 3.9

해설
제6류 위험물의 지정수량 : 300kg
$$\therefore \frac{150 + 420 + 300}{300} = 2.9$$

22 위험물안전관리법령상 해당하는 품명이 나머지 셋과 다른 것은?

① 트라이나이트로페놀
② 트라이나이트로톨루엔
③ 나이트로셀룰로스
④ 테트릴

해설
나이트로셀룰로스는 질산에스터류에 속한다.

23 위험물에 대한 설명으로 틀린 것은?

① 적린은 연소하면 유독성 물질이 발생한다.
② 마그네슘은 연소하면 가연성 수소가스가 발생한다.
③ 황은 분진폭발의 위험이 있다.
④ 황화인에는 P_4S_3, P_2S_5, P_4S_7 등이 있다.

해설
- 마그네슘이 연소하면 산화마그네슘이 생성된다.
- 반응식 : $2Mg + O_2 \rightarrow 2MgO$

24 위험물안전관리법령상 혼재할 수 없는 위험물은?(단, 위험물은 지정수량의 1/10을 초과하는 경우이다)

① 적린과 황린
② 질산염류와 질산
③ 칼륨과 특수인화물
④ 유기과산화물과 황

해설
제2류와 제3류는 혼재 불가능하다.

25 질산과 과염소산의 공통성질에 해당하지 않는 것은?

① 산소를 함유하고 있다.
② 불연성 물질이다.
③ 강산이다.
④ 비점이 상온보다 낮다.

해설
과염소산의 비점은 39℃, 질산의 비점은 122℃로 둘 다 상온보다 높다.

26 위험물안전관리법령에서 정한 메틸알코올의 지정수량을 kg 단위로 환산하면 얼마인가?(단, 메틸알코올의 비중은 0.8이다)

① 200 ② 320
③ 400 ④ 460

해설
메틸알코올의 지정수량은 400L이다.
비중 = 질량/부피, 질량(kg) = 부피 × 비중
∴ 400 × 0.8 = 320이 된다.

27 다음 반응식과 같이 벤젠 1kg이 연소할 때 발생되는 CO_2의 양은 약 몇 m^3인가? (단, 27℃, 750mmHg 기준이다)

$$C_6H_6 + 7.5O_2 \rightarrow 6CO_2 + 3H_2O$$

① 0.72 ② 1.22
③ 1.92 ④ 2.42

해설
벤젠의 분자량은 78이다. 위 반응식에 따라 벤젠 1mol이 연소할 경우 산소는 6mol이 발생한다.
비례식을 이용하여, 78kg : 6 × 44kg = 1kg : $x$kg
∴ x = 3.38kg
이제 이상기체 상태방정식을 이용하여 부피를 구한다.
$PV = \frac{W}{M}RT$, $V = \frac{WRT}{PM}$
여기서, 무게(W) : 3.38kg
압력(P) : $\frac{750}{760}$
온도(T) : 300K
CO_2의 분자량(M) : 44kg
∴ $V = \dfrac{3.38 \times 0.082 \times 300}{\frac{750}{760} \times 44} = 1.917$

28 다이에틸에터의 성질에 대한 설명으로 옳은 것은?

① 발화온도는 400℃이다.
② 증기는 공기보다 가볍고, 액상은 물보다 무겁다.
③ 알코올에 용해되지 않지만 물에 잘 녹는다.
④ 연소범위는 1.7~48% 정도이다.

해설
다이에틸에터의 발화점은 180℃이고, 증기는 공기보다 무겁고 비중은 물보다 작아 물 위에 뜬다. 알코올에는 잘 녹고 물에는 약간만 녹는다.

29 과염소산암모늄에 대한 설명으로 옳은 것은?

① 물에 용해되지 않는다.
② 청록색의 침상결정이다.
③ 130℃에서 분해하기 시작하여 CO_2 가스를 방출한다.
④ 아세톤, 알코올에 용해된다.

해설
과염소산암모늄은 물에 녹는다.

30 위험물의 품명과 지정수량이 잘못 짝지어진 것은?

① 황화인 – 50kg
② 마그네슘 – 500kg
③ 알킬알루미늄 – 10kg
④ 황린 – 20kg

해설
황화인의 지정수량 : 100kg

31 위험물안전관리법령상 특수인화물의 정의에 관한 내용이다. ( )에 알맞은 수치를 차례대로 나타낸 것은?

> "특수인화물"이라 함은 이황화탄소, 다이에틸에터 그 밖에 1기압에서 발화점이 100℃ 이하인 것 또는 인화점이 영하 ( )℃ 이하이고 비점이 ( )℃ 이하인 것을 말한다.

① 40, 20   ② 20, 40
③ 20, 100 ④ 40, 100

32 동식물유류에 대한 설명 중 틀린 것은?

① 아이오딘값이 클수록 자연발화의 위험이 크다.
② 동식물유류는 제4류 위험물에 속한다.
③ 아마인유는 불건성유이므로 자연발화의 위험이 낮다.
④ 아이오딘값이 130 이상인 것이 건성유이므로 저장할 때 주의한다.

해설
아마인유는 건성유로 자연발화의 위험이 있다.

33 제4류 위험물을 저장 및 취급하는 위험물제조소에 설치한 "화기엄금" 게시판의 색상으로 올바른 것은?

① 적색바탕에 흑색문자
② 흑색바탕에 적색문자
③ 백색바탕에 적색문자
④ 적색바탕에 백색문자

[해설]
화기엄금, 화기주의 게시판의 색상은 적색바탕에 백색문자이다.

34 위험물안전관리법령에서 정한 아세트알데하이드 등을 취급하는 제조소의 특례에 관한 내용이다. ( ) 안에 해당하는 물질이 아닌 것은?

> 아세트알데하이드 등을 취급하는 설비는 ( )·( )·( )·( ) 또는 이들을 성분으로 하는 합금으로 만들지 않을 것

① 동
② 은
③ 금
④ 마그네슘

[해설]
은, 동(구리), 수은, 마그네슘

35 1분자 내에 포함된 탄소의 수가 가장 많은 것은?

① 아세톤
② 톨루엔
③ 아세트산
④ 이황화탄소

[해설]

물질명	화학식
아세톤	CH_3COCH_3
톨루엔	$C_6H_5CH_3$
아세트산	CH_3COOH
이황화탄소	CS_2

36 휘발유의 일반적인 성질에 관한 설명으로 틀린 것은?

① 인화점이 0℃보다 낮다.
② 위험물안전관리법령상 제1석유류에 해당한다.
③ 전기에 대해 비전도성 물질이다.
④ 순수한 것은 청색이나 안전을 위해 검은색으로 착색해서 사용해야 한다.

[해설]
휘발유(가솔린)의 색상은 무색이나 구분을 위하여 노란색(황색)으로 착색하여 판매한다.

[정답] 33 ④ 34 ③ 35 ② 36 ④

37 페놀을 황산과 질산의 혼산으로 나이트로화하여 제조하는 제5류 위험물은?

① 아세트산
② 피크르산
③ 나이트로글라이콜
④ 질산에틸

해설
페놀(C_6H_5OH)에 황산과 질산을 반응시켜(나이트로화) 만든 물질은 피크르산(트라이나이트로페놀)이다.

38 과산화수소의 성질에 대한 설명으로 옳지 않은 것은?

① 산화성이 강한 무색투명한 액체이다.
② 위험물안전관리법령상 일정 비중 이상일 때 위험물로 취급한다.
③ 가열에 의해 분해하면 산소가 발생한다.
④ 소독약으로 사용할 수 있다.

해설
과산화수소는 농도가 36wt% 이상일 때 위험물로 간주한다. 제6류 위험물 중 질산은 비중이 1.49 이상일 때 위험물에 해당한다.

39 금속염을 불꽃반응 실험을 한 결과 노란색의 불꽃이 나타났다. 이 금속염에 포함된 금속은 무엇인가?

① Cu
② K
③ Na
④ Li

해설
- 리튬(Li)의 불꽃색 : 빨간색
- 칼륨(K)의 불꽃색 : 보라색
- 나트륨(Na)의 불꽃색 : 노란색

40 나이트로셀룰로스의 안전한 저장을 위해 사용하는 물질은?

① 페놀
② 황산
③ 에탄올
④ 아닐린

해설
나이트로셀룰로스는 건조하면 위험하므로 물 또는 알코올에 습윤시켜 저장한다.

41 등유에 관한 설명으로 틀린 것은?

① 물보다 가볍다.
② 녹는점은 상온보다 높다.
③ 발화점은 상온보다 높다.
④ 증기는 공기보다 무겁다.

해설
등유는 상온에서 액체이다.

37 ② 38 ② 39 ③ 40 ③ 41 ②

42 벤조일퍼옥사이드에 대한 설명으로 틀린 것은?

① 무색, 무취의 투명한 액체이다.
② 가급적 소분하여 저장한다.
③ 제5류 위험물에 해당한다.
④ 품명은 유기과산화물이다.

해설
벤조일퍼옥사이드(과산화벤조일)는 고체이다.

43 그림과 같이 횡으로 설치한 원형탱크의 용량은 약 몇 m³인가?(단, 공간용적은 내용적의 10/100이며, r은 5m, l은 10m l_1, l_2는 3m이다)

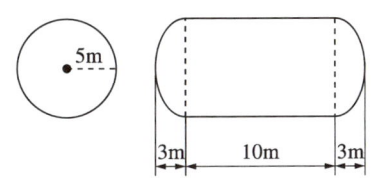

① 848.23   ② 895.36
③ 1001.23 ④ 942.48

해설
횡으로 설치된 원통형 탱크의 내용적을 구하는 공식

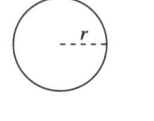 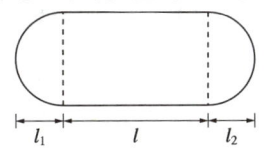

• 내용적 = $\pi r^2 \left(l + \dfrac{l_1 + l_2}{3} \right)$

$= \pi \times 5^2 \times \left(10 + \dfrac{3+3}{3} \right) = 942.48$

• 용량 = 내용적 − 공간용적
   = 942.48 − 942.48 × (10/100)
   = 848.23

44 다음 물질 중 위험물 유별에 따른 구분이 나머지 셋과 다른 하나는?

① 질산은   ② 질산메틸
③ 무수크로뮴산 ④ 질산암모늄

해설
질산메틸은 제5류 위험물이다.

45 [보기]에서 나열한 위험물의 공통 성질을 옳게 설명한 것은?

[보기]
나트륨, 황린, 트라이에틸알루미늄

① 상온, 상압에서 고체의 형태를 나타낸다.
② 상온, 상압에서 액체의 형태를 나타낸다.
③ 금수성 물질이다.
④ 자연발화의 위험이 있다.

해설
나트륨, 황린은 고체이고 트라이에틸알루미늄은 액체이다. 나트륨, 트라이에틸알루미늄은 자연발화성, 금수성의 성질을 가지고 있고, 황린은 자연발화성의 성질을 가지고 있다.

46 2가지 물질을 섞었을 때 수소가 발생하는 것은?

① 칼륨과 에탄올
② 과산화마그네슘과 염화수소
③ 과산화칼륨과 탄산가스
④ 오황화인과 물

해설
칼륨과 에탄올의 반응식
$2K + 2C_2H_5OH \rightarrow 2C_2H_5OK + H_2$

47 다음 물질 중 인화점이 가장 낮은 것은?

① CH_3COCH_3 ② $C_2H_5OC_2H_5$
③ $CH_3(CH_2)_3OH$ ④ CH_3OH

해설
- 아세톤(CH_3COCH_3)의 인화점 : −18.5℃
- 다이에틸에터($C_2H_5OC_2H_5$)의 인화점 : −40℃
- 부틸알코올($CH_3(CH_2)_3OH$)의 인화점 : 약 29℃
- 메틸알코올(CH_3OH)의 인화점 : 11℃

48 위험물안전관리법령에 의한 위험물에 속하지 않는 것은?

① CaC_2 ② S
③ P_2O_5 ④ K

해설
오산화인은 인의 연소생성물이고 위험물은 아니다.

49 톨루엔에 대한 설명으로 틀린 것은?

① 휘발성이 있고 가연성 액체이다.
② 증기는 마취성이 있다.
③ 알코올, 에터, 벤젠 등과 잘 섞인다.
④ 노란색 액체로 냄새가 없다.

해설
방향족 물질들은 향긋한 냄새가 난다. 톨루엔은 방향족 탄화수소에 속한다.

50 위험물안전관리법령상 지정수량 10배 이상의 위험물을 저장하는 제조소에 설치해야 하는 경보설비의 종류가 아닌 것은?

① 자동화재탐지설비
② 자동화재속보설비
③ 휴대용 확성기
④ 비상방송설비

해설
지정수량 10배 이상의 위험물을 저장하는 제조소에 설치해야 하는 경보설비 : 자동화재탐지설비, 비상방송설비, 비상경보설비, 확성장치

46 ① 47 ② 48 ③ 49 ④ 50 ②

51 위험물안전관리법령상 위험등급 I의 위험물에 해당하는 것은?

① 무기과산화물
② 황화인, 적린, 황
③ 제1석유류
④ 알코올류

해설
- 무기과산화물 : 위험등급 I
- 황화인, 적린, 황, 제1석유류, 알코올류 : 위험등급 II

52 위험물안전관리법령상 제3류 위험물에 해당하지 않는 것은?

① 적린   ② 나트륨
③ 칼륨   ④ 황린

해설
적린(P)은 제2류 위험물이다.

53 위험물안전관리법령상 옥내저장탱크와 탱크전용실의 벽과의 사이 및 옥내저장탱크의 상호 간에는 몇 m 이상의 간격을 유지해야 하는가?

① 0.5   ② 1
③ 1.5   ④ 2

54 위험물안전관리법령상 제4류 위험물운반용기의 외부에 표시해야 하는 사항이 아닌 것은?

① 규정에 의한 주의사항
② 위험물의 품명 및 위험등급
③ 위험물의 관리자 및 지정수량
④ 위험물의 화학명

해설
운반용기 외부의 표시사항
- 품명 · 위험등급 · 화학명 및 수용성(제4류 위험물 중 수용성인 것에 한함)
- 위험물의 수량
- 주의사항

55 산화성 액체인 질산의 분자식으로 옳은 것은?

① HNO_2 ② HNO_3
③ NO_2 ④ NO_3

56 제4류 위험물의 옥외저장탱크에 설치하는 밸브 없는 통기관은 지름이 얼마 이상인 것으로 설치해야 되는가?(단, 압력탱크는 제외한다)

① 10mm   ② 20mm
③ 30mm   ④ 40mm

정답 51 ① 52 ① 53 ① 54 ③ 55 ② 56 ③

57 다음 중 위험물안전관리법령에 따라 정한 지정수량이 나머지 셋과 다른 것은?

① 황화인
② 적린
③ 황
④ 철분

해설
- 황화인, 적린, 황의 지정수량 : 100kg
- 철분, 금속분, 마그네슘의 지정수량 : 500kg

58 벤젠(C_6H_6)의 일반 성질로서 틀린 것은?

① 휘발성이 강한 액체이다.
② 인화점은 가솔린보다 낮다.
③ 물에 녹지 않는다.
④ 화학적으로 공명구조를 이루고 있다.

해설
벤젠의 인화점은 -11℃로 휘발유의 인화점(-43℃)보다 높다.

59 위험물안전관리법령상 제1류 위험물의 질산염류가 아닌 것은?

① 질산은
② 질산암모늄
③ 질산섬유소
④ 질산나트륨

해설
질산섬유소는 나이트로셀룰로스(제5류 위험물 중 질산에스터류)를 말한다.

60 위험물안전관리법령상 운송책임자의 감독·지원을 받아 운송해야 하는 위험물은?

① 알킬리튬
② 과산화수소
③ 가솔린
④ 경유

해설
운송책임자의 감독·지원을 받아 운송해야 하는 위험물 : 알킬알루미늄, 알킬리튬

과년도 기출문제

CHAPTER 04 — PART 01 위험물기능사 필기
2015년 제4회

01 과산화나트륨의 화재 시 물을 사용한 소화가 위험한 이유는?

① 수소와 열을 발생하므로
② 산소와 열을 발생하므로
③ 수소를 발생하고 이 가스가 폭발적으로 연소하므로
④ 산소를 발생하고 이 가스가 폭발적으로 연소하므로

해설
과산화나트륨과 물의 반응식
$2Na_2O_2 + 2H_2O \rightarrow 4NaOH + O_2 +$ 발열

02 위험물안전관리법령상 경보설비로 자동화재탐지설비로 설치해야 할 위험물 제조소의 규모의 기준에 대한 설명으로 옳은 것은?

① 연면적 $500m^2$ 이상인 것
② 연면적 $1,000m^2$ 이상인 것
③ 연면적 $1,500m^2$ 이상인 것
④ 연면적 $2,000m^2$ 이상인 것

03 $NH_4H_2PO_4$이 열분해하여 생성되는 물질 중 암모니아와 수증기의 부피 비율은?

① 1 : 1   ② 1 : 2
③ 2 : 1   ④ 3 : 2

해설
제3종 분말소화약제의 최종 분해반응식
$NH_4H_2PO_4 \rightarrow HPO_3 + NH_3 + H_2O$

04 위험물안전관리법령에서 정한 탱크안전성능검사의 구분에 해당하지 않는 것은?

① 기초·지반검사
② 충수·수압검사
③ 용접부검사
④ 배관검사

해설
탱크안전성능검사 항목
· 기초·지반검사
· 충수·수압검사
· 용접부검사
· 암반탱크검사

정답 1 ② 2 ② 3 ① 4 ④

05 제3류 위험물 중 금수성 물질에 적응성이 있는 소화설비는?

① 할로젠화합물소화설비
② 포소화설비
③ 불활성 기체소화설비
④ 탄산수소염류 등 분말소화설비

해설
제3류 중 금수성 물질과 제2류 중 철분, 금속분, 마그네슘의 화재 시에는 탄산수소염류 분말소화설비가 소화에 효과적이다.

06 제5류 위험물을 저장 또는 취급하는 장소에 적응성이 있는 소화설비는?

① 포소화설비
② 분말소화설비
③ 불활성 기체소화설비
④ 할로젠화합물소화설비

해설
제5류 위험물은 물을 이용한 냉각소화가 효과적이므로 수계소화설비가 효과적이다. 포소화설비는 물+포(거품)이다.

07 화재의 종류와 가연물이 옳게 연결된 것은?

① A급 – 플라스틱
② B급 – 섬유
③ A급 – 페인트
④ B급 – 나무

해설
A급은 일반화재로 종이, 나무, 플라스틱 등의 화재이고, B급은 유류화재로 기름, 제4류 위험물의 화재이다.

08 팽창진주암(삽 1개 포함)의 능력단위 1은 용량이 몇 L인가?

① 70 ② 100
③ 130 ④ 160

09 위험물안전관리법령상 위험물을 유별로 정리하여 저장하면서 서로 1m 이상의 간격을 두면 동일한 옥내저장소에 저장할 수 있는 경우는?

① 제1류 위험물과 제3류 위험물 중 금수성 물질을 저장하는 경우
② 제1류 위험물과 제4류 위험물을 저장하는 경우
③ 제1류 위험물과 제6류 위험물을 저장하는 경우
④ 제2류 위험물 중 금속분과 제4류 위험물 중 동식물유류를 저장하는 경우

해설
저장의 기준(위험물안전관리법 시행규칙 별표 18)
옥내저장소 또는 옥외저장소에 있어서 서로 1m 이상의 간격을 두는 경우에는 유별을 달리하는 위험물을 저장한 경우
- 제1류 위험물(알칼리금속의 과산화물 또는 이를 함유한 것을 제외한다)과 제5류 위험물을 저장하는 경우
- 제1류 위험물과 제6류 위험물을 저장하는 경우
- 제1류 위험물과 제3류 위험물 중 자연발화성 물질(황린 또는 이를 함유한 것에 한한다)을 저장하는 경우
- 제2류 위험물 중 인화성 고체와 제4류 위험물을 저장하는 경우
- 제3류 위험물 중 알킬알루미늄 등과 제4류 위험물(알킬알루미늄 또는 알킬리튬을 함유한 것에 한한다)을 저장하는 경우
- 제4류 위험물 중 유기과산화물 또는 이를 함유하는 것과 제5류 위험물 중 유기과산화물 또는 이를 함유한 것을 저장하는 경우

10 제6류 위험물을 저장하는 장소에 적응성이 있는 소화설비가 아닌 것은?

① 물분무소화설비
② 포소화설비
③ 불활성 기체소화설비
④ 옥내소화전설비

해설
제6류 위험물은 냉각소화를 한다. 불활성 기체소화설비는 소화효과가 없다.

11 피난설비를 설치해야 하는 위험물제조소 등에 해당하는 것은?

① 건축물의 2층 부분을 자동차 정비소로 사용하는 주유취급소
② 건축물의 2층 부분을 전시장으로 사용하는 주유취급소
③ 건축물의 1층 부분을 주유사무소로 사용하는 주유취급소
④ 건축물의 1층 부분을 관계자의 주거시설로 사용하는 주유취급소

해설
피난설비
- 주유취급소 중 건축물의 2층 이상의 부분을 점포·휴게음식점 또는 전시장의 용도로 사용하는 것에 있어서는 해당 건축물의 2층 이상으로부터 주유취급소의 부지 밖으로 통하는 출입구와 해당 출입구로 통하는 통로·계단 및 출입구에 유도등을 설치해야 한다.
- 옥내주유취급소에 있어서는 해당 사무소 등의 출입구 및 피난구와 해당 피난구로 통하는 통로·계단 및 출입구에 유도등을 설치해야 한다.
- 유도등에는 비상전원을 설치해야 한다.

12 제1종 분말소화약제의 적응화재 종류는?

① A급
② B, C급
③ A, B급
④ A, B, C급

해설
- 제1종, 제2종, 제4종 : B, C급
- 제3종 : A, B, C급

13 연소의 3요소를 모두 포함하는 것은?

① 과염소산, 산소, 불꽃
② 마그네슘분말, 연소열, 수소
③ 아세톤, 수소, 산소
④ 불꽃, 아세톤, 질산암모늄

해설
- 연소의 3요소 : 가연물, 산소공급원, 점화원
  - 가연물 : 마그네슘분말, 아세톤, 수소
  - 산소공급원 : 과염소산, 산소, 질산암모늄
  - 점화원 : 불꽃, 연소열

14 액화 이산화탄소 1kg이 25℃, 2atm에서 방출되어 모두 기체가 되었다. 방출된 기체상의 이산화탄소 부피는 약 몇 L인가?

① 238
② 278
③ 308
④ 340

해설
이상기체 상태방정식을 이용하여 계산한다.
$$V = \frac{WRT}{PM}$$
여기서, 무게(W) : 1,000g(1kg)
압력(P) : 2atm
이산화탄소의 분자량(M) : 44g
온도(T) : 298K
∴ $V = \dfrac{1{,}000 \times 0.082 \times 298}{2 \times 44} = 277.68$

15 소화약제에 따른 주된 소화효과로 틀린 것은?

① 수성막포소화약제 : 질식효과
② 제2종 분말소화약제 : 탈수탄화효과
③ 이산화탄소소화약제 : 질식효과
④ 할로젠화합물소화약제 : 화학억제효과

해설
- 포소화약제 : 질식효과
- 분말소화약제 : 질식, 냉각, 부촉매
- 이산화탄소소화약제 : 질식효과
- 할로젠화합물소화약제 : 부촉매효과(억제효과)

16 위험물안전관리법령에서 정한 "물분무 등 소화설비"의 종류에 속하지 않는 것은?

① 스프링클러설비
② 포소화설비
③ 분말소화설비
④ 불활성 기체소화설비

해설
물분무 등 소화설비에 해당하는 소화설비
- 물분무소화설비
- 미분무소화설비
- 포소화설비
- 이산화탄소소화설비
- 할론소화설비
- 할로젠화합물 및 불활성 기체소화설비
- 분말소화설비
- 강화액소화설비
- 고체에어로졸소화설비

17 혼합물인 위험물이 복수의 성상을 가지는 경우에 적용하는 품명에 관한 설명으로 틀린 것은?

① 산화성 고체의 성상 및 가연성 고체의 성상을 가지는 경우 : 산화성 고체의 품명
② 산화성 고체의 성상 및 자기반응성 물질의 성상을 가지는 경우 : 자기반응성 물질의 품명
③ 가연성 고체의 성상과 자연발화성 물질의 성상 및 금수성 물질의 성상을 가지는 경우 : 자연발화성 물질 및 금수성 물질의 품명
④ 인화성 액체의 성상 및 자기반응성 물질의 성상을 가지는 경우 : 자기반응성 물질의 품명

해설
복수성상위험물의 품명 구분방법 : 더 위험한 품명으로 간주한다.
- 제1류와 제2류 : 제2류로 적용
- 제1류와 제5류 : 제5류로 적용
- 제2류와 제3류 : 제3류로 적용
- 제4류와 제5류 : 제5류로 적용

18 위험물시설에 설비하는 자동화재탐지설비의 하나의 경계구역 면적과 그 한 변의 길이의 기준으로 옳은 것은?(단, 광전식 분리형 감지기를 설치하지 않은 경우이다)

① $300m^2$ 이하, 50m 이하
② $300m^2$ 이하, 100m 이하
③ $600m^2$ 이하, 50m 이하
④ $600m^2$ 이하, 100m 이하

19 다음 위험물의 저장창고에 화재가 발생하였을 때 주수(注水)에 의한 소화가 오히려 더 위험한 것은?

① 염소산칼륨
② 과염소산나트륨
③ 질산암모늄
④ 탄화칼슘

해설
탄화칼슘과 물의 반응식
$CaC_2 + 2H_2O \rightarrow Ca(OH)_2 + C_2H_2$

20 옥외저장소에 덩어리 상태의 황만을 지반면에 설치한 경계표시의 안쪽에서 저장할 경우 하나의 경계표시의 내부면적은 몇 m^2 이하이어야 하는가?

① 75
② 100
③ 150
④ 300

21 황의 성상에 관한 설명으로 틀린 것은?

① 연소할 때 발생하는 가스는 냄새를 가지고 있으나 인체에 무해하다.
② 미분이 공기 중에 떠 있을 때 분진폭발의 우려가 있다.
③ 용융된 황을 물에서 급랭하면 고무상황을 얻을 수 있다.
④ 연소할 때 아황산가스를 발생한다.

해설
황이 연소할 때 발생시키는 이산화황은 유독가스이다.

22 과산화수소의 성질에 대한 설명 중 틀린 것은?

① 알칼리성 용액에 의해 분해될 수 있다.
② 산화제로 사용할 수 있다.
③ 농도가 높을수록 안정하다.
④ 열, 햇빛에 의해 분해될 수 있다.

해설
과산화수소는 농도가 높을 경우(60wt% 이상)에 단독으로 폭발위험이 있다.

23 위험물안전관리법령상 위험물의 운송에 있어서 운송책임자의 감독 또는 지원을 받아 운송해야 하는 위험물에 속하지 않는 것은?

① $Al(CH_3)_3$
② CH_3Li
③ $Cd(CH_3)_2$
④ $Al(C_4H_9)_3$

해설
운송책임자의 감독 또는 지원을 받아 운송해야 하는 위험물 : 알킬알루미늄, 알킬리튬

24 무색의 액체로 융점이 −112℃이고 물과 접촉하면 심하게 발열하는 제6류 위험물은?

① 과산화수소
② 과염소산
③ 질산
④ 오불화아이오딘

25 위험물안전관리법령에서 정한 특수인화물의 발화점 기준으로 옳은 것은?

① 1기압에서 100℃ 이하
② 0기압에서 100℃ 이하
③ 1기압에서 25℃ 이하
④ 0기압에서 25℃ 이하

26 알킬알루미늄 등 또는 아세트알데하이드 등을 취급하는 제조소의 특례기준으로서 옳은 것은?

① 알킬알루미늄 등을 취급하는 설비에는 불활성 기체 또는 수증기를 봉입하는 장치를 설치한다.
② 알킬알루미늄 등을 취급하는 설비에는 은·수은·동·마그네슘을 성분으로 하는 것으로 만들지 않는다.
③ 아세트알데하이드 등을 취급하는 탱크에는 냉각장치 또는 보냉장치 및 불활성 기체 봉입장치를 설치한다.
④ 아세트알데하이드 등을 취급하는 설비의 주위에는 누설범위를 국한하기 위한 설비와 누설되었을 때 안전한 장소에 설치된 저장실에 유입시킬 수 있는 설비를 갖춘다.

> **해설**
> **위험물의 성질에 따른 제조소의 특례**
> • 알킬알루미늄 등을 취급하는 제조소의 특례
>   – 누설범위를 국한시킬 수 있는 설비와 누설된 알킬알루미늄 등을 안전한 장소에 설치된 저장실에 유입시킬 수 있는 설비를 갖출 것
>   – 불활성 기체를 봉입하는 장치를 갖출 것
> • 아세트알데하이드 등을 취급하는 제조소의 특례
>   – 은·수은·동·마그네슘 또는 이들을 성분으로 하는 합금으로 만들지 않을 것
>   – 불활성 기체 또는 수증기를 봉입하는 장치를 갖출 것
>   – 취급하는 탱크에는 보냉장치 및 연소성 혼합기체의 생성에 의한 폭발을 방지하기 위한 불활성 기체를 봉입하는 장치를 갖출 것

27 그림의 시험장치는 제 몇 류 위험물의 위험성 판정을 위한 것인가?(단, 고체 물질의 위험성 판정이다)

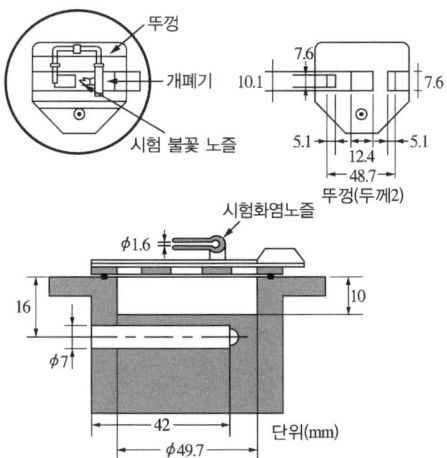

① 제1류　　② 제2류
③ 제3류　　④ 제4류

해설
고체 물질의 연소성을 시험하는 방법이기 때문에 제2류 위험물의 위험성 판정을 위한 것이다.

28 다이에틸에터의 보관·취급에 관한 설명으로 틀린 것은?

① 용기는 밀봉하여 보관한다.
② 환기가 잘되는 곳에 보관한다.
③ 정전기가 발생하지 않도록 취급한다.
④ 저장용기에 빈 공간이 없게 가득 채워 보관한다.

해설
액체위험물은 내용적의 98% 이하로 채워 보관한다.

29 과산화나트륨에 대한 설명 중 틀린 것은?

① 순수한 것은 백색이다.
② 상온에서 물과 반응하여 수소 가스를 발생한다.
③ 화재 발생 시 주수소화는 위험할 수 있다.
④ CO 및 CO_2 제거제를 제조할 때 사용된다.

해설
과산화나트륨은 물과 반응하여 산소를 발생시킨다.

30 위험물안전관리법령상 품명이 "유기과산화물"인 것으로만 나열된 것은?

① 과산화벤조일, 과산화메틸에틸케톤
② 과산화벤조일, 과산화마그네슘
③ 과산화마그네슘, 과산화메틸에틸케톤
④ 과산화초산, 과산화수소

해설
유기과산화물 : 벤조일퍼옥사이드(과산화벤조일), 과산화메틸에틸케톤(메틸에틸케톤퍼옥사이드)

31 염소산염류 250kg, 아이오딘산염류 600kg, 질산염류 900kg을 저장하고 있는 경우 지정수량의 몇 배가 보관되어 있는가?

① 5배　② 7배
③ 10배　④ 12배

해설
- 염소산염류의 지정수량 : 50kg
- 아이오딘산염류, 질산염류의 지정수량 : 300kg

∴ $\frac{250}{50} + \frac{600+900}{300} = 10$

32 옥외저장소에서 저장 또는 취급할 수 있는 위험물이 아닌 것은?(단, 국제해상위험물규칙에 적합한 용기에 수납된 위험물의 경우는 제외한다)

① 제2류 위험물 중 황
② 제1류 위험물 중 과염소산염류
③ 제6류 위험물
④ 제2류 위험물 중 인화점이 10℃인 인화성 고체

해설
옥외저장소에 저장할 수 있는 위험물
- 제2류 위험물 중 황, 인화성 고체(인화점이 0℃ 이상인 것에 한함)
- 제4류 위험물 중 제1석유류(인화점이 0℃ 이상인 것에 한함), 알코올류, 제2석유류, 제3석유류, 제4석유류 및 동식물유류
- 제6류 위험물
- 제2류 위험물 및 제4류 위험물 중 특별시·광역시·특별자치시·도 또는 특별자치도의 조례로 정하는 위험물(관세법 제154조의 규정에 의한 보세구역 안에 저장하는 경우에 한한다)
- 국제해사기구에 관한 협약에 의하여 설치된 국제해사기구가 채택한 국제해상위험물규칙(IMDG Code)에 적합한 용기에 수납된 위험물

※ 제1류 위험물은 저장할 수 없다.

33 하이드라진에 대한 설명으로 틀린 것은?

① 외관은 물과 같이 무색투명하다.
② 가열하면 분해하여 가스를 발생한다.
③ 위험물안전관리법령상 제4류 위험물에 해당한다.
④ 알코올, 물 등의 비극성 용매에 잘 녹는다.

해설
하이드라진은 알코올, 물에 잘 녹는다. 단, 알코올, 물은 극성 용매이다.

34 다음 중 제2석유류만으로 짝지어진 것은?

① 사이클로헥세인 – 피리딘
② 염화아세틸 – 휘발유
③ 사이클로헥세인 – 중유
④ 아크릴산 – 폼산

해설
- 사이클로헥세인, 피리딘, 염화아세틸, 휘발유 : 제1석유류
- 아크릴산, 폼산(의산) : 제2석유류
- 중유 : 제3석유류

35 시약(고체)의 명칭이 불분명한 시약병의 내용물을 확인하려고 뚜껑을 열어 시계접시에 소량을 담아놓고 공기 중에서 햇빛을 받는 곳에 방치하던 중 시계접시에서 갑자기 연소현상이 일어났다. 다음 물질 중 이 시약의 명칭으로 예상할 수 있는 것은?

① 황   ② 황린
③ 적린   ④ 질산암모늄

해설
황린(P_4)의 발화점은 약 34℃로 자연발화성 물질이다.

36 위험물제조소 및 일반취급소에 설치하는 자동화재탐지설비의 설치기준으로 틀린 것은?

① 하나의 경계구역은 $600m^2$ 이하로 하고, 한 변의 길이는 50m 이하로 한다.
② 주요한 출입구에서 내부 전체를 볼 수 있는 경우 경계 구역은 $1,000m^2$ 이하로 할 수 있다.
③ 광전식분리형 감지를 설치할 경우에는 하나의 경계구역이 $1,000m^2$ 이하로 할 수 있다.
④ 비상전원을 설치해야 한다.

해설
광전식분리형 감지기를 설치할 경우, 하나의 경계구역은 $600m^2$ 이하로 하고 한 변의 길이는 100m 이하로 할 수 있다.

37 무기과산화물의 일반적인 성질에 대한 설명으로 틀린 것은?

① 과산화수소의 수소가 금속으로 치환된 화합물이다.
② 산화력이 강해 스스로 쉽게 산화한다.
③ 가열하면 분해되어 산소를 발생한다.
④ 물과의 반응성이 크다.

해설
산화력이 강해 다른 물질을 산화시킨다.

38 다음 중 물과의 반응성이 가장 낮은 것은?

① 인화알루미늄
② 트라이에틸알루미늄
③ 오황화인
④ 황린

해설
황린은 물속에 저장한다.

39 다음 위험물 중 비중이 물보다 큰 것은?

① 다이에틸에터
② 아세트알데하이드
③ 산화프로필렌
④ 이황화탄소

해설
이황화탄소의 비중은 1.26으로 물에 녹지 않아 물속에 저장한다.

정답 35 ② 36 ③ 37 ② 38 ④ 39 ④

40 위험물안전관리자를 해임할 때에는 해임한 날로부터 며칠 이내에 위험물안전관리자를 다시 선임해야 하는가?

① 7   ② 14
③ 30   ④ 60

41 황린에 관한 설명 중 틀린 것은?

① 물에 잘 녹는다.
② 화재 시 물로 냉각소화할 수 있다.
③ 적린에 비해 불안정하다.
④ 적린과 동소체이다.

> 해설
> 황린은 물에 녹지 않고 물과 반응하지 않아 물 속에 저장한다.

42 위험물 옥내저장소에 과염소산 300kg, 과산화수소 300kg을 저장하고 있다. 저장창고에는 지정수량 및 몇 배의 위험물을 저장하고 있는가?

① 4   ② 3
③ 2   ④ 1

> 해설
> 과염소산과 과산화수소는 제6류 위험물로 지정수량이 300kg이다.

43 금속나트륨, 금속칼륨 등을 보호액 속에 저장하는 이유를 가장 옳게 설명한 것은?

① 온도를 낮추기 위하여
② 승화하는 것을 막기 위하여
③ 공기와의 접촉을 막기 위하여
④ 운반 시 충격을 적게 하기 위하여

> 해설
> 자연발화성이자 금수성 물질이므로 공기, 물(습기)과의 접촉을 막기 위하여 석유 속에 보관한다.

44 위험물안전관리법령에서 정한 품명이 서로 다른 물질을 나열한 것은?

① 이황화탄소, 다이에틸에터
② 에틸알코올, 고형알코올
③ 등유, 경유
④ 중유, 크레오소트유

> 해설
> - 이황화탄소, 다이에틸에터 : 특수인화물
> - 에틸알코올 : 알코올류
> - 고형알코올 : 제2류 위험물
> - 등유, 경유 : 제2석유류
> - 중유, 크레오소트유 : 제3석유류

정답 40 ③ 41 ① 42 ③ 43 ③ 44 ②

45 위험물안전관리법령에 의한 위험물 운송에 관한 규정으로 틀린 것은?

① 이동탱크저장소에 의하여 위험물을 운송하는 자는 위험물 분야의 자격을 취득하거나 또는 안전교육을 받은 자이어야 한다.
② 안전관리자·탱크시험자·위험물운반자·위험물운송자 등 위험물의 안전관리와 관련된 업무를 수행하는 자는 시·도지사가 실시하는 안전교육을 받아야 한다.
③ 운송책임자의 범위, 감독 또는 지원의 방법 등에 관한 구체적인 기준은 행정안전부령으로 정한다.
④ 위험물운송자는 이동탱크저장소에 의하여 위험물을 운송하는 때에는 행정안전부령으로 정하는 기준을 준수하는 등 해당 위험물의 안전확보를 위해 세심한 주의를 기울여야 한다.

해설
안전관리자·탱크시험자·위험물운반자·위험물운송자 등 위험물의 안전관리와 관련된 업무를 수행하는 자로서 대통령령이 정하는 자는 해당 업무에 관한 능력의 습득 또는 향상을 위하여 소방청장이 실시하는 교육을 받아야 한다.

46 다음 아세톤의 완전 연소반응식에서 ( )에 알맞은 계수를 차례대로 옳게 나타낸 것은?

$$CH_3COCH_3 + (\quad)O_2 \rightarrow (\quad)CO_2 + 3H_2O$$

① 3, 4
② 4, 3
③ 6, 3
④ 3, 6

해설
아세톤의 완전 연소반응식
$CH_3COCH_3 + 4O_2 \rightarrow 3CO_2 + 3H_2O$

47 위험물탱크의 용량은 탱크의 내용적에서 공간용적을 뺀 용적으로 한다. 이 경우 소화약제 방출구를 탱크 안의 윗부분에 설치하는 탱크의 공간용적은 해당 소화설비의 소화약제방출구 아래의 어느 범위의 면으로부터 윗부분의 용적으로 하는가?

① 0.1m 이상 0.5m 미만 사이의 면
② 0.3m 이상 1m 미만 사이의 면
③ 0.5m 이상 1m 미만 사이의 면
④ 0.5m 이상 1.5m 미만 사이의 면

48 위험물의 지정수량이 잘못된 것은?

① $(C_2H_5)_3Al$: 10kg
② Ca : 50kg
③ LiH : 300kg
④ Al_4C_3 : 500kg

해설
탄화알루미늄(Al_4C_3)은 알루미늄의 탄화물로 지정수량이 300kg이다.

49 위험물안전관리법령상 에틸렌글라이콜과 혼재하여 운반할 수 없는 위험물은?(단, 지정수량의 10배일 경우이다)

① 황
② 과망가니즈산나트륨
③ 알루미늄분
④ 트라이나이트로톨루엔

해설
에틸렌글라이콜은 제4류 위험물로 제2, 3, 5류 위험물과 혼재 가능하다. 과망가니즈산트륨은 제1류 위험물이다.

50 다음 중 위험등급Ⅰ의 위험물이 아닌 것은?

① 무기과산화물
② 적린
③ 나트륨
④ 과산화수소

해설
황화인, 적린, 황은 위험등급Ⅱ이다.

51 탄소 80%, 수소 14%, 황 6%인 물질 1kg이 완전 연소하기 위해 필요한 이론공기량은 약 몇 kg인가?(단, 공기 중 산소는 23wt%이다)

① 3.31
② 7.05
③ 11.62
④ 14.41

해설
이론산소량을 구하는 식

$$O = \frac{32C}{12} + \frac{16\left(H - \frac{O}{8}\right)}{2} + \frac{32S}{S}$$

$= 2.67C + 8H - O + S$
$= [(2.67 \times 0.8) + (8 \times 0.14) + (1 \times 0.06)]$
$= 3.316$

공기 중의 산소의 양(무게)은 23wt%이니 나온 값을 0.23으로 나누어준다.
∴ $3.316/0.23 = 14.41$

52 다음 중 아이오딘값이 가장 낮은 것은?

① 해바라기유
② 오동유
③ 아마인유
④ 낙화생유

해설
- 건성유 : 아마인유, 들기름, 정어리기름, 동유(오동유), 해바라기유
- 불건성유 : 야자유, 올리브유, 동백유, 피마자유, 낙화생유

53 사이클로헥세인에 관한 설명으로 가장 거리가 먼 것은?

① 고리형 분자구조를 가진 방향족 탄화수소 화합물이다.
② 화학식은 C_6H_{12}이다.
③ 비수용성 위험물이다.
④ 제4류 제1석유류에 속한다.

해설
사이클로헥세인(C_6H_{12})은 지방족 탄화수소이다.

54 제6류 위험물을 저장하는 옥내탱크저장소로서 단층 건물에 설치된 것의 소화난이도등급은?

① Ⅰ등급
② Ⅱ등급
③ Ⅲ등급
④ 해당 없음

55 이황화탄소를 화재예방상 물속에 저장하는 이유는?

① 불순물을 물에 용해시키기 위해
② 가연성 증기의 발생을 억제하기 위해
③ 상온에서 수소가스를 발생시키기 때문에
④ 공기와 접촉하면 즉시 폭발하기 때문에

해설
이황화탄소는 비중이 1보다 크고 물에 녹지 않기 때문에 물속에 저장한다. 그러면 유증기의 발생을 막을 수 있다.

56 위험물안전관리법령상 판매취급소에 관한 설명으로 옳지 않은 것은?

① 건축물의 1층에 설치해야 한다.
② 위험물을 저장하는 탱크시설을 갖추어야 한다.
③ 건축물의 다른 부분과는 내화구조의 격벽으로 구획해야 한다.
④ 제조소와 달리 안전거리 또는 보유공지에 관한 규제를 받지 않는다.

해설
위험물저장탱크시설을 필수적으로 갖출 필요는 없다.

57 $C_6H_2CH_3(NO_2)_3$을 녹이는 용제가 아닌 것은?

① 물 ② 벤젠
③ 에터 ④ 아세톤

해설
트라이나이트로톨루엔은 물에 녹지 않는다.

58 질산의 저장 및 취급법이 아닌 것은?

① 직사광선을 차단한다.
② 분해방지를 위해 요산, 인산 등을 가한다.
③ 유기물과 접촉을 피한다.
④ 갈색병에 넣어 보관한다.

해설
분해방지를 위하여 요산, 인산 등을 가하여 저장하는 위험물은 과산화수소이다.

59 다음 중 위험물 운반용기의 외부에 "제4류"와 "위험등급Ⅱ"의 표시만 보이고 품명이 잘 보이지 않을 때 예상할 수 있는 수납위험물의 품명은?

① 제1석유류
② 제2석유류
③ 제3석유류
④ 제4석유류

해설
제1석유류의 위험등급은 Ⅱ이고, 제2, 3, 4석유류의 위험등급은 Ⅲ이다.

60 과염소산의 성질로 옳지 않은 것은?

① 산화성 액체이다.
② 무기화합물이며 물보다 무겁다.
③ 불연성 물질이다.
④ 증기는 공기보다 가볍다.

해설
과염소산의 분자량은 100.5로 증기는 공기보다 무겁다.

CHAPTER 04
2015년 제5회 과년도 기출문제

PART 01 위험물기능사 필기

01 제조소의 옥외에 모두 3기의 휘발유 취급탱크를 설치하고 그 주위에 방유제를 설치하고자 한다. 방유제 안에 설치하는 각 취급탱크의 용량이 5만L, 3만L, 2만L일 때 필요한 방유제의 용량은 몇 L 이상인가?

① 66,000
② 60,000
③ 33,000
④ 30,000

해설
제조소 옥외의 방유제 용량 : 용량이 가장 큰 탱크의 50%, 나머지 탱크의 용량 합계의 10%를 가산한다.

02 위험물안전관리법령에 따라 위험물을 유별로 정리하여 서로 1m 이상의 간격을 두었을 때 옥내저장소에서 함께 저장하는 것이 가능한 경우가 아닌 것은?

① 제1류 위험물(알칼리금속의 과산화물 또는 이를 함유한 것을 제외한다)과 제5류 위험물을 저장하는 경우
② 제3류 위험물 중 알킬알루미늄과 제4류 위험물(알킬알루미늄 또는 알킬리튬을 함유한 것에 한한다)을 저장하는 경우
③ 제1류 위험물과 제3류 위험물 중 금수성 물질을 저장하는 경우
④ 제2류 위험물 중 인화성 고체와 제4류 위험물을 저장하는 경우

해설
저장의 기준(위험물안전관리법 시행규칙 별표 18)
옥내저장소 또는 옥외저장소에 있어서 서로 1m 이상의 간격을 두는 경우에는 유별을 달리하는 위험물을 저장한 경우
- 제1류 위험물(알칼리금속의 과산화물 또는 이를 함유한 것을 제외한다)과 제5류 위험물을 저장하는 경우
- 제1류 위험물과 제6류 위험물을 저장하는 경우
- 제1류 위험물과 제3류 위험물 중 자연발화성 물질(황린 또는 이를 함유한 것에 한한다)을 저장하는 경우
- 제2류 위험물 중 인화성 고체와 제4류 위험물을 저장하는 경우
- 제3류 위험물 중 알킬알루미늄 등과 제4류 위험물(알킬알루미늄 또는 알킬리튬을 함유한 것에 한한다)을 저장하는 경우
- 제4류 위험물 중 유기과산화물 또는 이를 함유하는 것과 제5류 위험물 중 유기과산화물 또는 이를 함유한 것을 저장하는 경우

정답 1 ④ 2 ③

03 다음 중 스프링클러설비의 소화작용으로 가장 거리가 먼 것은?

① 질식작용 ② 희석작용
③ 냉각작용 ④ 억제작용

> **해설**
> 스프링클러는 물을 무상으로 방사하기 때문에 냉각, 유화, 질식의 소화작용을 한다.

04 금속화재를 옳게 설명한 것은?

① C급 화재이고, 표시색상은 청색이다.
② C급 화재이고, 별도의 표시색상은 없다.
③ D급 화재이고, 표시색상은 청색이다.
④ D급 화재이고, 별도의 표시색상은 없다.

> **해설**
> 화재의 분류에 따른 표시색상
>
> | 급수 | 종류 | 표시색 |
> |---|---|---|
> | A급 | 일반화재 | 백색 |
> | B급 | 유류화재 | 황색 |
> | C급 | 전기화재 | 청색 |
> | D급 | 금속화재 | 무색 |

05 위험물안전관리법령상 개방형 스프링클러헤드를 이용하는 스프링클러설비에서 수동식 개방밸브를 개방 조작하는 데 필요한 힘은 얼마 이하가 되도록 설치해야 하는가?

① 5kg   ② 10kg
③ 15kg ④ 20kg

06 과산화바륨과 물이 반응하였을 때 발생하는 것은?

① 수소   ② 산소
③ 탄산가스 ④ 수성가스

> **해설**
> 무기과산화물은 물과 반응하여 산소를 발생시킨다.

07 트라이에틸알루미늄의 화재 시 사용할 수 있는 소화약제(설비)가 아닌 것은?

① 마른모래   ② 팽창질석
③ 팽창진주암 ④ 이산화탄소

> **해설**
> 트라이에틸알루미늄은 건조사, 포말 CO_2 등으로 소화시킨다.

정답 3 ④ 4 ④ 5 ③ 6 ② 7 ④

08 다음 중 할로젠화합물소화약제의 주된 소화효과는?
① 부촉매효과 ② 희석효과
③ 파괴효과 ④ 냉각효과

09 가연물이 되기 쉬운 조건이 아닌 것은?
① 산소가 친화력이 클 것
② 열전도율이 클 것
③ 발열량이 클 것
④ 활성화에너지가 작을 것

해설
열전도율은 작아야 좋은 가연물이다.

10 위험물안전관리법령상 옥내주유취급소에 있어서 해당 사무소 등의 출입구 및 피난구와 해당 피난구로 통하는 통로·계단 및 출입구에 무엇을 설치해야 하는가?
① 화재감지기
② 스프링클러설비
③ 자동화재탐지설비
④ 유도등

11 철분, 금속분, 마그네슘의 화재에 적응성이 있는 소화약제는?
① 탄산수소염류분말
② 할로젠화합물
③ 물
④ 이산화탄소

해설
물과 만나 가연성 가스를 발생하는 물질에는 탄산수소염류 분말소화약제가 효과적이다.

12 제1종 분말소화약제의 주성분으로 사용되는 것은?
① $KHCO_3$ ② H_2PO_4
③ $NaHCO_3$ ④ $NH_4H_2PO_4$

해설
- 제1종 분말소화약제 : 탄산수소나트륨($NaHCO_3$)
- 제2종 분말소화약제 : 탄산수소칼륨($KHCO_3$)
- 제3종 분말소화약제 : 제1인산암모늄($NH_4H_2PO_4$)

정답 8 ① 9 ② 10 ④ 11 ① 12 ③

13 소화설비의 설치기준에서 유기과산화물 1,000kg은 몇 소요단위에 해당하는가?

① 10
② 20
③ 100
④ 200

[해설]
유기과산화물의 지정수량은 10kg이고 위험물은 지정수량의 10배를 1소요단위로 한다.
※ 지정수량 개정으로 인해 출제기준 맞지 않음

14 위험물안전관리법령상 주유취급소에서의 위험물 취급기준으로 옳지 않은 것은?

① 자동차에 주유할 때에는 고정주유설비를 이용하여 직접 주유할 것
② 자동차에 경유 위험물을 주유할 때에는 자동차의 원동기를 반드시 정지시킬 것
③ 고정주유설비에는 해당 주유설비에 접속한 전용탱크 또는 간이탱크의 배관 외의 것을 통해서는 위험물을 공급하지 않을 것
④ 고정주유설비에 접속하는 탱크에 위험물을 주입할 때에는 해당 탱크에 접속된 고정주유설비의 사용을 중지할 것

[해설]
인화점이 40℃가 넘는 위험물을 주입할 때에는 원동기를 반드시 정지시킬 필요는 없다.

15 위험물안전관리자에 대한 설명 중 옳지 않은 것은?

① 이동탱크저장소는 위험물안전관리자 선임대상에 해당하지 않는다.
② 위험물안전관리자가 퇴직한 경우 퇴직한 날부터 30일 이내에 다시 안전관리자를 선임해야 한다.
③ 위험물안전관리자를 선임한 경우에는 선임한 날로부터 14일 이내에 소방본부장 또는 소방서장에게 신고해야 한다.
④ 위험물안전관리자가 일시적으로 직무를 수행할 수 없는 경우에는 안전교육을 받고 6개월 이상 실무경력이 있는 사람을 대리자로 지정할 수 있다.

[해설]
실무경력 유무는 해당사항이 아니다.
대리자로 지정할 수 있는 자
- 안전교육을 받은 자
- 제조소 등의 위험물 안전관리업무에 있어서 안전관리자를 지휘·감독하는 직위에 있는 자

16 Halon 1211에 해당하는 물질의 분자식은?

① CBr_2FCl
② CF_2ClBr
③ CCl_2FBr
④ FC_2BrCl

17 주유취급소의 벽(담)에 유리를 부착할 수 있는 기준에 대한 설명으로 옳은 것은?

① 유리 부착위치는 주입구, 고정주유설비로부터 2m 이상 거리를 두어야 한다.
② 지반면으로부터 50cm를 초과하는 부분에 한하여 설치해야 한다.
③ 하나의 유리판 가로의 길이는 2m 이내로 한다.
④ 유리의 구조는 기준에 맞는 강화유리로 해야 한다.

해설
지반면으로부터 70cm를 초과하는 부분에 한하여 설치해야 한다.

18 다음 중 위험물안전관리법령에서 정한 지정수량이 나머지 셋과 다른 물질은?

① 아세트산   ② 하이드라진
③ 클로로벤젠   ④ 나이트로벤젠

해설
- 아세트산(초산), 하이드라진 : 제2석유류 수용성, 지정수량 2,000L
- 클로로벤젠 : 제2석유류 비수용성, 지정수량 1,000L
- 나이트로벤젠 : 제3석유류 비수용성, 지정수량 2,000L

19 제3류 위험물을 취급하는 제조소는 300명 이상을 수용할 수 있는 극장으로부터 몇 m 이상의 안전거리를 유지해야 하는가?

① 5   ② 10
③ 30   ④ 70

해설
학교, 병원, 극장과 제조소와의 안전거리는 30m 이상으로 해야 한다.

20 표준상태에서 탄소 1mol이 완전히 연소하면 몇 L의 이산화탄소가 생성되는가?

① 11.2   ② 22.4
③ 44.8   ④ 56.8

해설
- 탄소의 연소반응식 : $C + O_2 \rightarrow CO_2$
- 탄소 1mol이 연소할 때 이산화탄소 1mol이 발생한다. 표준상태에서 기체 1mol의 부피는 22.4L이다.

21 위험물안전관리법령에서 정한 알킬알루미늄 등을 저장 또는 취급하는 이동탱크저장소에 비치해야 하는 물품이 아닌 것은?

① 방호복   ② 고무장갑
③ 비상조명등   ④ 휴대용 확성기

해설
알킬알루미늄 등을 저장 또는 취급하는 이동탱크저장소에는 긴급시의 연락처, 응급조치에 관하여 필요한 사항을 기재한 서류, 방호복, 고무장갑, 밸브 등을 죄는 결합공구 및 휴대용 확성기를 비치해야 한다.

정답 17 ③ 18 ③ 19 ③ 20 ② 21 ③

22 제4류 위험물에 대한 일반적인 설명으로 옳지 않은 것은?

① 대부분 연소 하한값이 낮다.
② 발생증기는 가연성이며 대부분 공기보다 무겁다.
③ 대부분 무기화합물이므로 정전기 발생에 주의한다.
④ 인화점이 낮을수록 화재 위험성이 높다.

해설
제4류 위험물은 유기화합물로 가연물이다.

23 위험물안전관리법령에서 정한 아세트알데하이드 등을 취급하는 제조소의 특례에 따라 다음 ( )에 해당하지 않는 것은?

> 아세트알데하이드 등을 취급하는 설비는 ( )·( )·동·( ) 또는 이들을 성분으로 하는 합금으로 만들지 않을 것

① 금   ② 은
③ 수은   ④ 마그네슘

해설
은, 구리(동), 수은, 마그네슘

24 위험물안전관리법령상 이동탱크저장소에 의한 위험물의 운송 시 장거리에 걸친 운송을 하는 때에는 2명 이상의 운전자로 하는 것이 원칙이다. 다음 중 예외적으로 1명의 운전자가 운송하여도 되는 경우의 기준으로 옳은 것은?

① 운송 도중에 2시간 이내마다 10분 이상씩 휴식하는 경우
② 운송 도중에 2시간 이내마다 20분 이상씩 휴식하는 경우
③ 운송 도중에 4시간 이내마다 10분 이상씩 휴식하는 경우
④ 운송 도중에 4시간 이내마다 20분 이상씩 휴식하는 경우

25 나트륨에 관한 설명으로 옳은 것은?

① 물보다 무겁다.
② 융점이 100℃보다 높다.
③ 물과 격렬히 반응하여 산소를 발생시키고 발열한다.
④ 등유는 반응이 일어나지 않아 저장에 사용된다.

해설
• 나트륨은 물과 격렬히 반응하여 수소를 발생시킨다.
• 반응식 : $2Na + 2H_2O \rightarrow 2NaOH + H_2$

26 다음은 위험물을 저장하는 탱크의 공간용적 산정기준이다. ( )에 알맞은 수치로 옳은 것은?

> 암반탱크에 있어서는 해당 탱크 내에 용출하는 ( )일 간의 지하수의 양에 상당하는 용적과 해당 탱크의 내용적의 ( )의 용적 중에서 보다 큰 용적을 공간용적으로 한다.

① 7, 1/100   ② 7, 5/100
③ 10, 1/100   ④ 10, 5/100

27 위험물안전관리법령상 예방규정을 정해야 하는 제조소 등의 관계인은 위험물제조소 등에 대하여 기술기준에 적합한지의 여부를 정기적으로 점검해야 한다. 법적 최소 점검주기에 해당하는 것은?(단, 100만L 이상의 옥외탱크저장소는 제외한다)

① 월 1회 이상
② 6개월 1회 이상
③ 연 1회 이상
④ 2년 1회 이상

28 $CH_3COC_2H_5$의 명칭 및 지정수량을 옳게 나타낸 것은?

① 메틸에틸케톤, 50L
② 메틸에틸케톤, 200L
③ 메틸에틸에터, 50L
④ 메틸에틸에터, 200L

해설
- R-CO-R'을 케톤이라 부르고, CH_3은 메틸, C_2H_5은 에틸이므로 $CH_3COC_2H_5$의 명칭은 메틸에틸케톤이 된다.
- 메틸에틸케톤($CH_3COC_2H_5$) : 제1석유류 비수용성, 지정수량 200L

29 위험물안전관리법령상 제4석유류를 저장하는 옥내저장탱크의 용량은 지정수량의 몇 배 이하이어야 하는가?

① 20   ② 40
③ 100   ④ 150

해설
옥내저장탱크의 용량은 지정수량의 40배(제4석유류 및 동식물유류 외의 제4류 위험물에 있어서 해당 수량이 20,000L를 초과할 때에는 20,000L) 이하로 한다.

정답 26 ① 27 ③ 28 ② 29 ②

30 위험물제조소의 환기설비 중 급기구는 급기구가 설치된 실의 바닥면적 몇 m²마다 1개 이상으로 설치해야 하는가?

① 100 ② 150
③ 200 ④ 800

[해설]
급기구는 해당 급기구가 설치된 실의 바닥면적 150m²마다 1개 이상으로 하되, 급기구의 크기는 800cm² 이상으로 할 것. 다만 바닥면적이 150m² 미만인 경우에는 다음의 크기로 해야 한다.

바닥면적	급기구의 면적
60m² 미만	150cm² 이상
60m² 이상 90m² 미만	300cm² 이상
90m² 이상 120m² 미만	450cm² 이상
120m² 이상 150m² 미만	600cm² 이상

31 위험물제조소 등의 종류가 아닌 것은?

① 간이탱크저장소
② 일반취급소
③ 이송취급소
④ 이동판매취급소

[해설]
이동판매취급소는 없다.

32 공기를 차단하고 황린을 약 몇 ℃로 가열하면 적린이 생성되는가?

① 60 ② 100
③ 150 ④ 260

33 위험물안전관리법령상 정기점검대상인 제조소 등의 조건이 아닌 것은?

① 예방규정 작성대상인 제조소 등
② 지하탱크저장소
③ 이동탱크저장소
④ 지정수량 5배의 위험물을 취급하는 옥외탱크를 둔 제조소

[해설]
예방규정 작성대상인 제조소 등은 전부 정기점검대상이 되고, 제조소는 지정수량 10배를 저장·취급할 때 예방규정 작성대상이다.

34 다음 중 지정수량이 가장 큰 것은?

① 과염소산칼륨
② 트라이나이트로톨루엔
③ 황린
④ 황

[해설]
※ 지정수량 개정으로 인해 출제기준에 맞지 않음

35 제2류 위험물에 대한 설명으로 옳지 않은 것은?

① 대부분 물보다 가벼우므로 주수소화는 어려움이 있다.
② 점화원으로부터 멀리하고 가열을 피한다.
③ 금속분은 물과의 접촉을 피한다.
④ 용기 파손으로 인한 위험물의 누설에 주의한다.

해설
대부분 비중이 1보다 크고 물에 의한 주수소화를 한다. 단, 철분, 금속분, 마그네슘은 주수소화 시 수소를 발생시키므로 금한다.

36 다음 물질 중 물에 대한 용해도가 가장 낮은 것은?

① 아크릴산
② 아세트알데하이드
③ 벤젠
④ 글리세린

해설
벤젠은 물에 녹지 않는다.

37 분자량이 약 110인 무기과산화물로 물과 접촉하여 발열하는 것은?

① 과산화마그네슘
② 과산화벤젠
③ 과산화칼슘
④ 과산화칼륨

해설
과산화칼륨(K_2O_2)의 분자량은 110이다.

38 1차 알코올에 대한 설명으로 가장 적절한 것은?

① OH기의 수가 하나이다.
② OH기가 결합된 탄소 원자에 붙은 알킬기의 수가 하나이다.
③ 가장 간단한 알코올이다.
④ 탄소의 수가 하나인 알코올이다.

해설
1차 알코올은 알킬기의 수가 1개이고, 1가 알코올은 OH기의 수가 1개이다. 따라서, 2차 알코올은 알킬기가 2개인 알코올을 말하고 2가 알코올은 OH기가 2개인 알코올을 말한다.

정답 35 ① 36 ③ 37 ④ 38 ②

39 위험물안전관리법령상 산화성 액체에 대한 설명으로 옳은 것은?

① 과산화수소는 농도와 밀도가 비례한다.
② 과산화수소는 농도가 높을수록 끓는점이 낮아진다.
③ 질산은 상온에서 불연성이지만 고온으로 가열하면 스스로 발화한다.
④ 질산을 황산과 일정 비율로 혼합하여 왕수를 제조할 수 있다.

[해설]
과산화수소의 비중은 1.463으로 농도가 높아지면 밀도 역시 높아지게 된다.

40 위험물안전관리법령상 제4류 위험물운반용기의 외부에 표시해야 하는 주의사항을 모두 옳게 나타낸 것은?

① 화기엄금 및 충격주의
② 가연물접촉주의
③ 화기엄금
④ 화기주의 및 충격주의

[해설]
제4류 위험물과 제2류 위험물 중 인화성 고체는 '화기엄금'의 주의사항을 표시해야 한다.

41 알루미늄분이 염산과 반응하였을 경우 생성되는 가연성 가스는?

① 산소   ② 질소
③ 메테인   ④ 수소

[해설]
알루미늄과 염산의 반응식
$2Al + 6HCl \rightarrow 2AlCl_3 + 3H_2$(수소)

42 휘발유의 성질 및 취급 시의 주의사항에 관한 설명 중 틀린 것은?

① 증기가 모여 있지 않도록 통풍을 잘 시킨다.
② 인화점이 상온이므로 상온 이상에서는 취급 시 각별한 주의가 필요하다.
③ 정전기 발생에 주의해야 한다.
④ 강산화제 등과 혼촉 시 발화할 위험이 있다.

[해설]
휘발유의 인화점은 −43℃이다.

43 위험물안전관리법령에서 정한 주유취급소의 고정주유설비 주위에 보유해야 하는 주유공지의 기준은?

① 너비 10m 이상, 길이 6m 이상
② 너비 15m 이상, 길이 6m 이상
③ 너비 10m 이상, 길이 10m 이상
④ 너비 15m 이상, 길이 10m 이상

44 위험물안전관리법령상 벌칙의 기준이 나머지 셋과 다른 하나는?

① 제조소 등에 대한 긴급 사용정지 제한명령을 위반한 자
② 탱크시험자로 등록하지 않고 탱크시험자의 업무를 한 자
③ 저장소 또는 제조소 등이 아닌 장소에서 지정수량 이상의 위험물을 저장 또는 취급한 자
④ 제조소 등의 완공검사를 받지 않고 위험물을 저장·취급한 자

해설
①·② : 1년 이하의 징역 또는 1천만원 이하의 벌금
③ : 3년 이하의 징역 또는 3천만원 이하의 벌금
④ : 1,500만원 이하의 벌금
※ 법 개정으로 인해 현재 법령으로는 정답 없음

45 위험물안전관리법령에서 정하는 위험등급 Ⅱ에 해당하지 않는 것은?

① 제1류 위험물 중 질산염류
② 제2류 위험물 중 적린
③ 제3류 위험물 중 유기금속화합물
④ 제4류 위험물 중 제2석유류

해설
제2석유류의 위험등급은 Ⅲ이다.

46 나이트로셀룰로스의 위험성에 대하여 옳게 설명한 것은?

① 물과 혼합하면 위험성이 감소된다.
② 공기 중에서 산화되지만 자연발화의 위험은 없다.
③ 건조할수록 발화의 위험성이 낮다.
④ 알코올과 반응하여 발화한다.

해설
나이트로셀룰로스는 건조하면 위험성이 증대되므로 물 또는 알코올에 습윤시켜 저장한다.

47 $C_6H_2(NO_2)_3OH$와 CH_3NO_3의 공통성질에 해당하는 것은?

① 나이트로화합물이다.
② 인화성과 폭발성이 있는 액체이다.
③ 무색의 방향성 액체이다.
④ 에탄올에 녹는다.

해설
트라이나이트로페놀(고체)과 질산메틸(액체)은 알코올에 녹는다.

정답 44 정답 없음 45 ④ 46 ① 47 ④

48 위험물안전관리법령에서 정한 소화설비의 설치기준에 따라 다음 ( )에 알맞은 숫자를 차례대로 나타낸 것은?

> 제조소 등에 전기설비(전기배선, 조명기구 등은 제외한다)가 설치된 경우에는 해당 장소의 면적 ( )m²마다 소형수동식소화기를 ( )개 이상 설치할 것

① 50, 1 ② 50, 2
③ 100, 1 ④ 100, 2

49 알루미늄분말의 저장방법 중 옳은 것은?

① 에틸알코올 수용액에 넣어 보관한다.
② 밀폐 용기에 넣어 건조한 곳에 보관한다.
③ 폴리에틸렌병에 넣어 수분이 많은 곳에 보관한다.
④ 염산 수용액에 넣어 보관한다.

해설
알루미늄분말은 물과 반응하여 가연성 가스인 수소를 발생시키므로 건조한 곳에 보관한다.

50 다음 중 산을 가하면 이산화염소를 발생시키는 물질로 분자량이 약 90.5인 것은?

① 아염소산나트륨
② 브로민산나트륨
③ 옥소산칼륨(아이오딘산칼륨)
④ 다이크로뮴산나트륨

해설
아염소산나트륨($NaClO_2$)은 염화수소(HCl)와 반응하여 이산화염소(ClO_2)를 발생시킨다.

51 나이트로글리세린에 관한 설명으로 틀린 것은?

① 상온에서 액체 상태이다.
② 물에는 잘 녹지만 유기 용매에는 녹지 않는다.
③ 충격 및 마찰에 민감하므로 주의해야 한다.
④ 다이너마이트의 원료로 쓰인다.

해설
나이트로글리세린은 알코올, 에터, 벤젠 등의 유기용제에 잘 녹는다.

52 아세트산에틸의 일반 성질 중 틀린 것은?

① 과일 냄새를 가진 휘발성 액체이다.
② 증기는 공기보다 무거워 낮은 곳에 체류한다.
③ 강산화제와의 혼촉은 위험하다.
④ 인화점은 -20℃ 이하이다.

해설
초산에틸($CH_3COOC_2H_5$)
- 제1석유류 비수용성, 지정수량 200L
- 과일향이 나는 무색의 액체이다.
- 물, 알코올, 에터 등에 녹는다(물에 녹으나 위험성 판정에 따라 비수용성으로 분류한다).
- 초산과 에탄올의 축합물이다.
- 인화점은 -3℃

53 위험물안전관리법령상 운송책임자의 감독, 지원을 받아 운송해야 하는 위험물에 해당하는 것은?

① 알킬알루미늄, 산화프로필렌, 알킬리튬
② 알킬알루미늄, 산화프로필렌
③ 알킬알루미늄, 알킬리튬
④ 산화프로필렌, 알킬리튬

54 위험물안전관리법령상 다음 ( )에 알맞은 수치를 모두 합한 값은?

- 과염소산의 지정수량은 ( )kg이다.
- 과산화수소는 농도가 ( )wt% 미만인 것은 위험물에 해당하지 않는다.
- 질산은 비중이 ( ) 이상인 것만 위험물로 규정한다.

① 349.36 ② 549.36
③ 337.49 ④ 537.49

해설
- 과염소산의 지정수량은 300kg이다.
- 과산화수소는 농도가 36wt% 이상일 때 위험물로 간주한다.
- 질산은 비중이 1.49 이상인 것만 위험물로 간주한다.
∴ 300 + 36 + 1.49 = 337.49

55 살충제 원료로 사용되기도 하는 암회색 물질로 물과 반응하여 포스핀 가스를 발생할 위험이 있는 것은?

① 인화아연
② 수소화나트륨
③ 칼륨
④ 나트륨

해설
위 물질 중 물과 반응하여 포스핀(PH_3)을 발생시키는 물질은 인화아연(Zn_3P_2)이다. 인이 들어간 물질은 인화아연뿐이다.

정답 52 ④ 53 ③ 54 ③ 55 ①

56 황의 특성 및 위험성에 대한 설명 중 틀린 것은?

① 산화성 물질이므로 환원성 물질과 접촉을 피해야 한다.
② 전기의 부도체이므로 전기 절연체로 쓰인다.
③ 공기 중 연소 시 유해가스를 발생한다.
④ 분말 상태인 경우 분진폭발의 위험성이 있다.

해설
황은 환원성 물질이다.

57 과산화벤조일 취급 시 주의사항에 대한 설명 중 틀린 것은?

① 수분을 포함하고 있으면 폭발하기 쉽다.
② 가열, 충격, 마찰을 피해야 한다.
③ 저장용기는 차고 어두운 곳에 보관한다.
④ 희석제를 첨가하여 폭발성을 낮출 수 있다.

해설
벤조일퍼옥사이드(과산화벤조일)는 물로 소화를 하기 때문에 수분을 포함하고 있으면 안정된다. 또한 건조 상태에서는 위험하고 프탈산다이메틸, 프탈산다이부틸의 희석제를 사용한다.

58 과염소산칼륨의 성질에 관한 설명 중 틀린 것은?

① 무색, 무취의 결정이다.
② 알코올, 에터에 잘 녹는다.
③ 진한 황산과 접촉하면 폭발할 위험이 있다.
④ 400℃ 이상으로 가열하면 분해하여 산소가 발생할 수 있다.

해설
과염소산칼륨은 물, 알코올, 에터에 녹지 않는다.

59 분말의 형태로서 150μm의 체를 통과하는 것이 50wt% 이상인 것만 위험물로 취급되는 것은?

① Zn   ② Fe
③ Ni   ④ Cu

해설
금속분에 해당하는 물질 : 알루미늄분, 아연분 등

60 다음 물질 중 인화점이 가장 높은 것은?

① 아세톤   ② 다이에틸에터
③ 메탄올   ④ 벤젠

해설

물질명	인화점
아세톤	−18.5℃
다이에틸에터	−40℃
메탄올	11℃
벤젠	−11℃

정답 56 ① 57 ① 58 ② 59 ① 60 ③

CHAPTER 04
2016년 제1회 과년도 기출문제

PART 01 위험물기능사 필기

01 위험물제조소의 경우 연면적이 최소 몇 m²이면 자동화재탐지설비를 설치해야 하는가?(단, 원칙적인 경우에 한한다)

① 100　　② 300
③ 500　　④ 1,000

해설
위험물제조소의 경우 연면적이 최소 500m² 이상일 때 경보설비 중에서 자동화재탐지설비를 설치해야 한다.

02 메틸알코올 8,000L에 대한 소화능력으로 삽을 포함한 마른모래를 몇 L 설치해야 하는가?

① 100　　② 200
③ 300　　④ 400

해설
마른모래(삽 1개 포함) 50L의 능력단위는 0.5이다. 메틸알코올의 지정수량은 400L이고 지정수량의 10배를 1소요단위로 하니 4,000L가 1소요단위가 된다. 8,000L는 2소요단위이고 마른모래 200L를 설치해야 된다.

03 지정수량의 몇 배 이상의 위험물을 취급하는 제조소에는 화재발생 시 이를 알릴 수 있는 경보설비를 설치해야 하는가?

① 5　　② 10
③ 20　　④ 100

04 피크르산의 위험성과 소화방법에 대한 설명으로 틀린 것은?

① 금속과 화합하여 예민한 금속염이 만들어질 수 있다.
② 운반 시 건조한 것보다는 물에 젖게 하는 것이 안전하다.
③ 알코올과 혼합된 것은 충격에 의한 폭발위험이 있다.
④ 화재 시에는 질식소화가 효과적이다.

해설
제5류 위험물은 주수소화한다. 질식소화는 효과가 없다.

정답 1 ③　2 ②　3 ②　4 ④

05 단층 건물에 설치하는 옥내탱크저장소의 탱크전용실에 비수용성의 제2석유류 위험물을 저장하는 탱크 1개를 설치할 경우, 설치할 수 있는 탱크의 최대용량은?

① 10,000L ② 20,000L
③ 40,000L ④ 80,000L

해설
옥내저장탱크의 용량은 제4석유류 및 동식물유류 외의 제4류 위험물에 있어서 해당 수량이 20,000L를 초과할 때에는 20,000L 이하로 한다.

06 위험물안전관리법령상 제6류 위험물에 적응성이 없는 것은?

① 스프링클러설비
② 포소화설비
③ 불활성 기체소화설비
④ 물분무소화설비

해설
제6류 위험물은 수계소화설비가 적응성이 있다.

07 위험물안전관리법령상 위험물옥외탱크저장소에 방화에 관하여 필요한 사항을 게시한 게시판에 기재해야 하는 내용이 아닌 것은?

① 위험물의 지정수량의 배수
② 위험물의 저장최대수량
③ 위험물의 품명
④ 위험물의 성질

해설
게시판에는 저장 또는 취급하는 위험물의 유별·품명 및 저장최대수량 또는 취급최대수량, 지정수량의 배수 및 안전관리자의 성명 또는 직명을 기재할 것

08 주된 연소형태가 증발연소인 것은?

① 나트륨
② 코크스
③ 양초
④ 나이트로셀룰로스

해설
- 나트륨, 코크스 : 표면연소
- 양초 : 증발연소
- 나이트로셀룰로스 : 자기연소

09 금속화재에 마른모래를 피복하여 소화하는 방법은?
① 제거소화 ② 질식소화
③ 냉각소화 ④ 억제소화

10 위험물안전관리법령상 위험등급 I 의 위험물에 해당하는 것은?
① 무기과산화물 ② 황화인
③ 제1석유류 ④ 황

[해설]
황화인, 제1석유류, 황 : 위험등급 II

11 위험물안전관리법령상 옥내저장소에서 기계에 의하여 하역하는 구조로 된 용기만을 겹쳐 쌓아 위험물을 저장하는 경우 그 높이는 몇 m를 초과하지 않아야 하는가?
① 2 ② 4
③ 6 ④ 8

12 연소가 잘 이루어지는 조건으로 거리가 먼 것은?
① 가연물의 발열량이 클 것
② 가연물의 열전도율이 클 것
③ 가연물과 산소와의 접촉표면적이 클 것
④ 가연물의 활성화에너지가 작을 것

[해설]
열전도율이 크면 연소가 잘 이루어지지 않는다.

13 위험물안전관리법령상 위험물의 운반에 관한 기준에서 적재 시 혼재가 가능한 위험물을 옳게 나타낸 것은?(단, 각각 지정수량의 10배 이상인 경우이다)
① 제1류와 제4류
② 제3류와 제6류
③ 제1류와 제5류
④ 제2류와 제4류

[해설]
혼재 가능한 위험물(위험물안전관리법 시행규칙 별표 19)
• 제1류 위험물(산화성 고체) : 제6류 위험물(산화성 액체)
• 제4류 위험물(인화성 액체) : 제2류 위험물(가연성 고체), 제3류 위험물(자연발화성 물질 및 금수성 물질), 제5류 위험물(자기반응성 물질)
• 제5류 위험물(자기반응성 물질) : 제2류 위험물(가연성 고체), 제4류 위험물(인화성 액체)

[정답] 9 ② 10 ① 11 ③ 12 ② 13 ④

14 위험물제조소 표지 및 게시판에 대한 설명이다. 위험물안전관리법령상 옳지 않은 것은?

① 표지는 한 변의 길이가 0.3m, 다른 한 변의 길이가 0.6m 이상으로 해야 한다.
② 표지의 바탕은 백색, 문자는 흑색으로 해야 한다.
③ 취급하는 위험물에 따라 규정에 의한 주의사항을 표시한 게시판을 설치해야 한다.
④ 제2류 위험물(인화성 고체 제외)은 "화기엄금" 주의사항 게시판을 설치해야 한다.

해설
제2류 위험물(인화성 고체는 제외)은 "화기주의"를 표시해야 한다.

15 석유류가 연소할 때 발생하는 가스로 강한 자극적인 냄새가 나며 취급하는 장치를 부식시키는 것은?

① H_2 ② CH_4
③ NH_3 ④ SO_2

16 그림과 같이 횡으로 설치한 원통형 위험물탱크에 대하여 탱크의 용량을 구하면 약 몇 m³인가?(단, 공간용적은 탱크 내용적의 5/100로 한다)

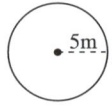 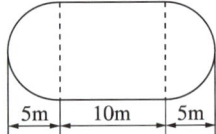

① 52.4 ② 261.6
③ 994.8 ④ 1,047.2

해설
횡으로 설치된 원통형 탱크의 내용적을 구하는 식

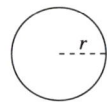 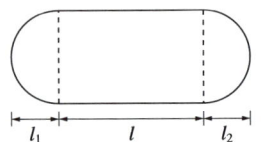

• 내용적 $= \pi r^2 \left(l + \dfrac{l_1 + l_2}{3} \right)$
$= \pi \times 5^2 \times \left(10 + \dfrac{5+5}{3} \right) = 1,047.20$

• 탱크의 용량 = 탱크의 용적 – 탱크의 공간용적
  = 1,047.20 – 1,047.20 × (5/100)
  = 994.84

17 위험물을 취급함에 있어서 정전기를 유효하게 제거하기 위한 설비를 설치하고자 한다. 위험물안전관리법령상 공기 중의 상대습도를 몇 % 이상 되게 해야 하는가?

① 50 ② 60
③ 70 ④ 80

정답 14 ④ 15 ④ 16 ③ 17 ③

18 제3종 분말소화약제의 열분해 시 생성되는 메타인산의 화학식은?

① H_3PO_4
② HPO_3
③ $H_4P_2O_7$
④ $CO(NH_2)_2$

해설
제3종 분말소화약제의 최종 분해반응식
$NH_4H_2PO_4 \rightarrow NH_3 + HPO_3 + H_2O$
(암모니아)(메타인산)(물)

19 위험물안전관리법령상 제조소 등의 관계인은 예방규정을 정하여 누구에게 제출해야 하는가?

① 소방청장 또는 행정자치부장관
② 소방청장 또는 소방서장
③ 시·도지사 또는 소방서장
④ 한국소방안전원장 또는 소방청장

해설
제조소 등의 관계인은 해당 제조소 등의 화재예방과 화재 등 재해발생 시의 비상조치를 위하여 행정안전부령이 정하는 바에 따라 예방규정을 정하여 해당 제조소 등의 사용을 시작하기 전에 시·도지사에게 제출해야 한다.

20 다음 중 연소의 3요소를 모두 갖춘 것은?

① 휘발유 + 공기 + 수소
② 적린 + 수소 + 성냥불
③ 성냥불 + 황 + 염소산암모늄
④ 알코올 + 수소 + 염소산암모늄

해설
3요소 : 가연물, 산소, 점화원
• 가연물 : 휘발유, 수소, 적린, 황, 알코올
• 산소공급원 : 공기, 염소산암모늄
• 점화원 : 성냥불

21 위험물의 저장방법에 대한 설명으로 옳은 것은?

① 황화인은 알코올 또는 과산화물 속에 저장하여 보관한다.
② 마그네슘은 건조하면 분진폭발의 위험성이 있으므로 물에 습윤하여 저장한다.
③ 적린은 화재예방을 위해 할로젠 원소와 혼합하여 저장한다.
④ 수소화리튬은 저장용기에 아르곤과 같은 불활성 기체를 봉입한다.

해설
• 황화인은 산소공급원과의 접촉을 피해야 한다.
• 마그네슘은 물과 반응하여 가연성 가스인 수소를 발생시킨다.

22 다음은 P_2S_5와 물의 화학반응이다. ( )에 알맞은 숫자를 차례대로 나열한 것은?

$P_2S_5 + ( )H_2O \rightarrow ( )H_2S + ( )H_3PO_4$

① 2, 8, 5
② 2, 5, 8
③ 8, 5, 2
④ 8, 2, 5

23 위험물안전관리법령상 제조소에서 취급하는 제4류 위험물의 최대수량의 합이 지정수량의 12만배 미만인 사업소에 두어야 하는 화학소방자동차 및 자체소방대원의 수의 기준으로 옳은 것은?

① 1대 − 5인 ② 2대 − 10인
③ 3대 − 15인 ④ 4대 − 20인

해설
자체소방대에 두는 화학소방자동차 및 인원(위험물안전관리법 시행령 별표 8)

사업소의 구분	화학소방자동차	자체소방대원의 수
제조소 또는 일반취급소에서 취급하는 제4류 위험물의 최대수량의 합이 지정수량의 3천배 이상 12만배 미만인 사업소	1대	5인
제조소 또는 일반취급소에서 취급하는 제4류 위험물의 최대수량의 합이 지정수량의 12만배 이상 24만배 미만인 사업소	2대	10인
제조소 또는 일반취급소에서 취급하는 제4류 위험물의 최대수량의 합이 지정수량의 24만배 이상 48만배 미만인 사업소	3대	15인
제조소 또는 일반취급소에서 취급하는 제4류 위험물의 최대수량의 합이 지정수량의 48만배 이상인 사업소	4대	20인
옥외탱크저장소에 저장하는 제4류 위험물의 최대수량이 지정수량의 50만배 이상인 사업소	2대	10인

24 위험물안전관리법령상 위험물 운반용기의 외부에 표시해야 하는 사항에 해당하지 않는 것은?

① 위험물에 따라 규정된 주의사항
② 위험물의 지정수량
③ 위험물의 수량
④ 위험물의 품명

해설
운반용기 외부의 표시사항
- 품명 · 위험등급 · 화학명 및 수용성(제4류 위험물 중 수용성인 것에 한함)
- 위험물의 수량
- 주의사항

25 염소산칼륨의 성질에 대한 설명으로 옳은 것은?

① 가연성 고체이다.
② 강력한 산화제이다.
③ 물보다 가볍다.
④ 열분해하면 수소를 발생한다.

해설
제1류 위험물은 불연성이다.

26 저장하는 위험물의 최대수량이 지정수량의 15배일 경우, 건축물의 벽·기둥 및 바닥이 내화구조로 된 위험물 옥내저장소의 보유공지는 몇 m 이상이어야 하는가?

① 0.5
② 1
③ 2
④ 3

해설
옥내저장소의 보유공지(위험물안전관리법 시행규칙 별표 5)

저장 또는 취급하는 위험물의 최대수량	공지의 너비	
	벽·기둥 및 바닥이 내화구조	그 밖의 건축물
지정수량의 5배 이하	–	0.5m 이상
지정수량의 5배 초과 10배 이하	1m 이상	1.5m 이상
지정수량의 10배 초과 20배 이하	2m 이상	3m 이상
지정수량의 20배 초과 50배 이하	3m 이상	5m 이상
지정수량의 50배 초과 200배 이하	5m 이상	10m 이상
지정수량의 200배 초과	10m 이상	15m 이상

27 위험물안전관리법령상 운반차량에 혼재해서 적재할 수 없는 것은?(단, 각각의 지정수량은 10배인 경우이다)

① 염소화규소화합물 – 특수인화물
② 고형알코올 – 나이트로화합물
③ 염소산염류 – 질산
④ 질산구아니딘 – 황린

해설
제3류와 제5류는 혼재 불가능하다.
• 염소화규소화합물, 황린 : 제3류 위험물
• 특수위험물 : 제4류 위험물
• 고형알코올 : 제2류 위험물
• 나이트로화합물, 질산구아니딘 : 제5류 위험물
• 염소산염소 : 제1류 위험물
• 질산 : 제6류 위험물

28 가솔린의 연소범위(vol%)에 가장 가까운 것은?

① 1.2~7.6
② 8.3~11.4
③ 12.5~19.7
④ 22.3~32.8

29 위험물의 저장방법에 대한 설명 중 틀린 것은?

① 황린은 공기와의 접촉을 피해 물속에 저장한다.
② 황은 정전기의 축적을 방지하여 저장한다.
③ 알루미늄 분말은 건조한 공기 중에서 분진폭발의 위험이 있으므로 정기적으로 분무상의 물을 뿌려야 한다.
④ 황화인은 산화제와의 혼합을 피해 격리해야 한다.

[해설]
알루미늄 분말은 물과 반응하여 가연성 가스인 수소를 발생시킨다.

30 제4류 위험물의 화재예방 및 취급방법으로 옳지 않은 것은?

① 이황화탄소는 물속에 저장한다.
② 아세톤은 일광에 의해 분해될 수 있으므로 갈색병에 보관한다.
③ 초산은 내산성 용기에 저장해야 한다.
④ 건성유는 다공성 가연물과 함께 보관한다.

[해설]
건성유는 다공성 물질과 같이 보관하면 자연발화의 위험이 있다.

31 위험물안전관리법령상 품명이 나머지 셋과 다른 하나는?

① 트라이나이트로톨루엔
② 나이트로글리세린
③ 나이트로글라이콜
④ 셀룰로이드

[해설]
트라이나이트로톨루엔은 나이트로화합물이고 나머지는 질산에스터류이다.

32 부틸리튬(n-Butyl Lithium)에 대한 설명으로 옳은 것은?

① 무색의 가연성 고체이며 자극성이 있다.
② 증기는 공기보다 가볍고 점화원에 의해 산화의 위험이 있다.
③ 화재발생 시 불활성 기체소화설비는 적응성이 없다.
④ 탄화수소나 다른 극성의 액체에 용해가 잘되며 휘발성은 없다.

[해설]
제3류 위험물은 마른모래 등으로 소화한다.

29 ③ 30 ④ 31 ① 32 ③

33 나이트로글리세린은 여름철(30℃)과 겨울철(0℃)에 어떤 상태인가?

① 여름 – 기체, 겨울 – 액체
② 여름 – 액체, 겨울 – 액체
③ 여름 – 액체, 겨울 – 고체
④ 여름 – 고체, 겨울 – 고체

해설
융점이 2.8℃이므로 겨울철에는 응고되어 고체상태로 존재한다.

34 정기점검 대상 제조소 등에 해당하지 않는 것은?

① 이동탱크저장소
② 지정수량 120배의 위험물을 저장하는 옥외저장소
③ 지정수량 120배의 위험물을 저장하는 옥내저장소
④ 이송취급소

해설
옥내저장소는 지정수량 150배 이상일 경우 정기점검 대상이다.

35 위험물안전관리법령상 자동화재탐지설비의 설치기준으로 옳지 않은 것은?

① 경계구역은 건축물의 최소 2개 이상의 층에 걸치도록 할 것
② 하나의 경계구역의 면적은 600m² 이하로 할 것
③ 감지기는 지붕 또는 벽의 옥내에 면한 부분에 유효하게 화재의 발생을 감지할 수 있도록 설치할 것
④ 비상전원을 설치할 것

해설
자동화재탐지설비의 경계구역은 건축물 그 밖의 공작물의 2 이상의 층에 걸치지 않도록 할 것. 다만, 하나의 경계구역의 면적이 500m² 이하이면서 해당 경계구역이 2개의 층에 걸치는 경우이거나 계단·경사로·승강기의 승강로 그 밖에 이와 유사한 장소에 연기감지기를 설치하는 경우에는 그렇지 않다.

36 위험물에 대한 설명으로 틀린 것은?

① 과산화나트륨은 산화성이 있다.
② 과산화나트륨은 인화점이 매우 낮다.
③ 과산화바륨과 염산을 반응시키면 과산화수소가 생긴다.
④ 과산화바륨의 비중은 물보다 크다.

해설
과산화나트륨은 고체이고 가연성 물질이 아니므로 인화점이 없다.

정답 33 ③ 34 ③ 35 ① 36 ②

37 위험물안전관리법령상 지정수량이 50kg인 것은?

① KMnO₄ ② KClO₂
③ NaIO₃ ④ NH₄NO₃

38 적린이 연소하였을 때 발생하는 물질은?

① 인화수소 ② 포스겐
③ 오산화인 ④ 이산화황

해설
적린의 연소반응식
4P + 5O₂ → 2P₂O₅(오산화인)

39 상온에서 액체인 물질로만 조합된 것은?

① 질산메틸, 나이트로글리세린
② 피크르산, 질산메틸
③ 트라이나이트로톨루엔, 다이나이트로벤젠
④ 나이트로글라이콜, 테트릴

해설
피크르산, 트라이나이트로톨루엔, 다이나이트로벤젠, 테트릴은 고체이다.

40 제3류 위험물 중 금수성 물질을 제외한 위험물에 적응성이 있는 소화설비가 아닌 것은?

① 분말소화설비
② 스프링클러설비
③ 옥내소화전설비
④ 포소화설비

41 나이트로화합물, 나이트로소화합물, 질산에스터류, 하이드록실아민을 각각 50kg씩 저장하고 있을 때 지정수량의 배수가 가장 큰 것은?

① 나이트로화합물
② 나이트로소화합물
③ 질산에스터류
④ 하이드록실아민

해설
질산에스터류의 지정수량은 10kg으로 50kg을 저장할 경우 5배가 된다.
※ 지정수량 개정으로 인해 출제기준 맞지 않음

37 ② 38 ③ 39 ① 40 ① 41 ③   **정답**

42 위험물안전관리법령상 운송책임자의 감독·지원을 받아 운송해야 하는 위험물에 해당하는 것은?

① 특수인화물
② 알킬리튬
③ 질산구아니딘
④ 하이드라진 유도체

해설
운성책임자의 감독·지원을 받아 운송해야 하는 위험물 : 알킬알루미늄, 알킬리튬

43 질산암모늄에 대한 설명으로 옳은 것은?

① 물에 녹을 때 발열반응을 한다.
② 가열하면 폭발적으로 분해하여 산소와 암모니아를 생성한다.
③ 소화방법으로 질식소화가 좋다.
④ 단독으로도 급격한 가열, 충격으로 분해·폭발할 수 있다.

해설
질산암모늄(NH_4NO_3)
• 제1류 위험물 중 질산염류, 지정수량 300kg
• 물에 용해할 때 흡열반응을 한다.
• 급격한 가열에 의해 분해되어 질소, 산소, 물(수증기)을 발생시킨다.

44 다음 중 위험물안전관리법에서 정의한 "제조소"의 의미로 가장 옳은 것은?

① "제조소"라 함은 위험물을 제조할 목적으로 지정수량 이상의 위험물을 취급하기 위하여 허가를 받은 장소임
② "제조소"라 함은 지정수량 이상의 위험물을 제조할 목적으로 위험물을 취급하기 위하여 허가를 받은 장소임
③ "제조소"라 함은 지정수량 이상의 위험물을 제조할 목적으로 지정수량 이상의 위험물을 취급하기 위하여 허가를 받은 장소임
④ "제조소"라 함은 위험물을 제조할 목적으로 위험물을 취급하기 위하여 허가를 받은 장소임

45 탄화칼슘의 성질에 대하여 옳게 설명한 것은?

① 공기 중에서 아르곤과 반응하여 불연성 기체를 발생한다.
② 공기 중에서 질소와 반응하여 유독한 기체를 낸다.
③ 물과 반응하면 탄소가 생성된다.
④ 물과 반응하여 아세틸렌가스가 생성된다.

해설
• 탄화칼슘(CaC_2)과 물의 반응식
  $CaC_2 + 2H_2O \rightarrow Ca(OH)_2 + C_2H_2$
• 물과 반응하여 아세틸렌가스를 만들어낸다.

정답 42 ② 43 ④ 44 ① 45 ④

46 위험물안전관리법령상 "연소의 우려가 있는 외벽"은 기산점이 되는 선으로부터 3m(2층 이상의 층에 대해서는 5m) 이내에 있는 제조소 등의 외벽을 말하는데 이 기산점이 되는 선에 해당하지 않는 것은?

① 동일 부지 내의 다른 건축물과 제조소 부지 간의 중심선
② 제조소 등에 인접한 도로의 중심선
③ 제조소 등이 설치된 부지의 경계선
④ 제조소 등의 외벽과 동일 부지 내의 다른 건축물의 외벽 간의 중심선

47 위험물안전관리법령에 명기된 위험물의 운반용기 재질에 포함되지 않는 것은?

① 고무류 ② 유리
③ 도자기 ④ 종이

48 특수인화물 200L와 제4석유류 12,000L를 저장할 때 각각의 지정수량 배수의 합은 얼마인가?

① 3 ② 4
③ 5 ④ 6

[해설]
- 특수인화물의 지정수량 : 50L
- 제4석유류의 지정수량 : 6,000L

∴ $\frac{200}{50} + \frac{12,000}{6,000} = 6$

49 다음 위험물 중 착화온도가 가장 높은 것은?

① 이황화탄소
② 다이에틸에터
③ 아세트알데하이드
④ 산화프로필렌

[해설]

물질명	착화점
다이에틸에터	180℃
이황화탄소	90℃
아세트알데하이드	175℃
산화프로필렌	449℃

50 동식물유류에 대한 설명 중 틀린 것은?

① 연소하면 열에 의해 액온이 상승하여 화재가 커질 위험이 있다.
② 아이오딘값이 낮을수록 자연발화의 위험이 높다.
③ 동유는 건성유이므로 자연발화의 위험이 있다.
④ 아이오딘값이 100~130인 것을 반건성유라고 한다.

[해설]
건성유(아이오딘값 130 이상)는 자연발화의 위험이 있다.

46 ① 47 ③ 48 ④ 49 ④ 50 ②

51 위험물안전관리법령상 위험물 운반 시 방수성 덮개를 하지 않아도 되는 위험물은?

① 나트륨
② 적린
③ 철분
④ 과산화칼륨

해설
방수성이 있는 것으로 피복해야 하는 위험물
• 제1류 위험물 중 알칼리금속의 과산화물
• 제2류 위험물 중 철분·금속분·마그네슘
• 제3류 위험물 중 금수성 물질

52 연소할 때 연기가 거의 나지 않아 밝은 곳에서 연소상태를 잘 느끼지 못하는 물질로 독성이 매우 강해, 먹으면 실명 또는 사망에 이를 수 있는 것은?

① 메틸알코올 ② 에틸알코올
③ 등유   ④ 경유

해설
메틸알코올을 20g 정도 섭취하면 실명의 위험이 있고, 30g 이상 섭취하면 사망에 이를 수 있다.

53 질산과 과산화수소의 공통적인 성질을 옳게 설명한 것은?

① 물보다 가볍다.
② 물에 녹는다.
③ 점성이 큰 액체로서 환원제이다.
④ 연소가 매우 잘 된다.

해설
제6류 위험물은 산화성 액체이다. 불연성이고 다른 물질의 연소를 도와준다. 또한, 제6류 위험물은 물에 녹는다.

54 제조소 등의 위치·구조 또는 설비의 변경 없이 해당 제조소 등에서 저장하거나 취급하는 위험물의 품명·수량 또는 지정수량의 배수를 변경하고자 하는 자는 변경하고자 하는 날의 며칠 전까지 행정안전부령이 정하는 바에 따라 시·도지사에게 신고해야 하는가?

① 1일   ② 14일
③ 21일   ④ 30일

55 과산화벤조일과 과염소산의 지정수량의 합은 몇 kg인가?

① 310   ② 350
③ 400   ④ 500

해설
• 과산화벤조일의 지정수량 : 100kg(제5류 위험물 중 유기과산화물)
• 과염소산의 지정수량 : 300kg

정답 51 ② 52 ① 53 ② 54 ① 55 ③

56 황가루가 공기 중에 떠 있을 때의 주된 위험성에 해당하는 것은?

① 수증기 발생
② 전기감전
③ 분진폭발
④ 인화성 가스 발생

> **해설**
> 황의 분말은 분진폭발을 일으킬 수 있다.

57 위험물의 인화점에 대한 설명으로 옳은 것은?

① 톨루엔이 벤젠보다 낮다.
② 피리딘이 톨루엔보다 낮다.
③ 벤젠이 아세톤보다 낮다.
④ 아세톤이 피리딘보다 낮다.

> **해설**
> • 톨루엔의 인화점 : 4℃
> • 벤젠의 인화점 : −11℃
> • 피리딘의 인화점 : 16℃
> • 아세톤의 인화점 : −18.5℃

58 저장 또는 취급하는 위험물의 최대수량이 지정수량의 500배 이하일 때 옥외저장탱크의 측면으로부터 몇 m 이상의 보유공지를 유지해야 하는가?(단, 제6류 위험물은 제외한다)

① 1   ② 2
③ 3   ④ 4

59 위험물안전관리법령상 옥내저장소 저장창고의 바닥은 물이 스며나오거나 스며들지 않는 구조로 해야 한다. 다음 중 반드시 이 구조로 하지 않아도 되는 위험물은?

① 제1류 위험물 중 알칼리금속의 과산화물
② 제4류 위험물
③ 제5류 위험물
④ 제2류 위험물 중 철분

60 다음 중 산화성 고체 위험물에 속하지 않는 것은?

① Na_2O_2 ② $HClO_4$
③ NH_4ClO_4 ④ $KClO_3$

> **해설**
> 과염소산($HClO_4$)은 제6류 위험물(산화성 액체)이다.

정답 56 ③ 57 ④ 58 ③ 59 ③ 60 ②

과년도 기출문제

CHAPTER 04 PART 01 위험물기능사 필기
2016년 제2회

01 다음 중 제4류 위험물의 화재 시 물을 이용한 소화를 시도하기 전에 고려해야 하는 위험물의 성질로 가장 옳은 것은?
① 수용성, 비중
② 증기비중, 끓는점
③ 색상, 발화점
④ 분해온도, 녹는점

해설
물에 섞이는지 여부(수용성), 물속에 가라앉는지 여부(비중이 1 이상)를 고려해야 한다.

02 다음 점화 에너지 중 물리적 변화에서 얻어지는 것은?
① 압축열   ② 산화열
③ 중합열   ④ 분해열

해설
산화열, 중합열, 분해열은 화학물질이 변화하는 화학적 변화이다.

03 금속분의 연소 시 주수소화하면 위험한 원인으로 옳은 것은?
① 물에 녹아 산이 된다.
② 물과 작용하여 유독가스를 발생한다.
③ 물과 작용하여 수소가스를 발생한다.
④ 물과 작용하여 산소가스를 발생한다.

해설
금속분은 물과 반응하여 금속의 수산화물과 수소(H_2)를 만든다.

04 다음 중 유류저장 탱크화재에서 일어나는 현상으로 거리가 먼 것은?
① 보일오버
② 플래시오버
③ 슬롭오버
④ BLEVE

해설
플래시오버(Flash Over)는 건축물에서 발생하는 현상이다.

정답 1 ① 2 ① 3 ③ 4 ②

05 다음 중 정전기 방지대책으로 가장 거리가 먼 것은?

① 접지를 한다.
② 공기를 이온화한다.
③ 21% 이상의 산소농도를 유지하도록 한다.
④ 공기의 상대습도를 70% 이상으로 한다.

해설
정전기 제거설비(위험물안전관리법 시행규칙 별표 4)
- 접지할 것
- 공기를 이온화할 것
- 공기 중의 상대습도를 70% 이상으로 할 것

06 폭발의 종류에 따른 물질이 잘못 짝지어진 것은?

① 분해폭발 – 아세틸렌, 산화에틸렌
② 분진폭발 – 금속분, 밀가루
③ 중합폭발 – 사이안화수소, 염화비닐
④ 산화폭발 – 하이드라진, 과산화수소

해설
하이드라진과 과산화수소는 분해폭발의 위험이 있다.

07 착화온도가 낮아지는 원인과 가장 관계가 있는 것은?

① 발열량이 적을 때
② 압력이 높을 때
③ 습도가 높을 때
④ 산소와의 결합력이 나쁠 때

해설
압력이 높으면 착화온도가 낮아지는 원인이다. 압력이 높으면 연소가 더 잘되기 때문이다.

08 제5류 위험물의 화재예방상 유의사항 및 화재 시 소화방법에 관한 설명으로 옳지 않은 것은?

① 대량의 주수에 의한 소화가 좋다.
② 화재초기에는 질식소화가 효과적이다.
③ 일부 물질의 경우 운반 또는 저장 시 안정제를 사용해야 한다.
④ 가연물과 산소공급원이 같이 있는 상태이므로 점화원의 방지에 유의해야 한다.

해설
제5류 위험물은 물질 자체에 산소를 포함하고 있기 때문에 질식소화는 의미가 없다.

09 과염소산의 화재예방에 요구되는 주의사항에 대한 설명으로 옳은 것은?

① 유기물과 접촉 시 발화의 위험이 있기 때문에 가연물과 접촉시키지 않는다.
② 자연발화의 위험이 높으므로 냉각시켜 보관한다.
③ 공기 중 발화하므로 공기와의 접촉을 피해야 한다.
④ 액체상태는 위험하므로 고체상태로 보관한다.

해설
과염소산은 산화성 물질이므로 가연물과의 접촉을 피해야 한다.

10 15℃의 기름 100g에 8,000J의 열량을 주면 기름의 온도는 몇 ℃가 되겠는가? (단, 기름의 비열은 2J/g·℃이다)

① 25   ② 45
③ 50   ④ 55

해설
기름 1g을 1℃ 올리는 데 필요한 열량이 2J이므로 100g을 1℃ 올릴 경우 200J을 필요로 한다.
$\frac{8,000}{200}$ = 40이므로, 15℃에서 40℃가 상승하면 55℃가 된다.

11 제6류 위험물의 화재에 적응성이 없는 소화설비는?

① 옥내소화전설비
② 스프링클러설비
③ 포소화설비
④ 불활성 기체소화설비

해설
제6류 위험물의 소화에는 수계소화설비가 적응성이 있다.

12 소화약제로서 물의 단점인 동결현상을 방지하기 위하여 주로 사용되는 물질은?

① 에틸알코올
② 글리세린
③ 에틸렌글라이콜
④ 탄산칼슘

해설
에틸렌글라이콜은 부동액으로 쓰인다.

13 다음 중 D급 화재에 해당하는 것은?

① 플라스틱화재
② 나트륨화재
③ 휘발유화재
④ 전기화재

해설
D급 화재는 금속화재이다.

14 위험물안전관리법령상 철분, 금속분, 마그네슘에 적응성이 있는 소화설비는?

① 불활성 기체소화설비
② 할로젠화합물소화설비
③ 포소화설비
④ 탄산수소염류소화설비

해설
철분, 금속분, 마그네슘의 화재에는 탄산수소염류소화설비, 마른모래 등으로 소화한다.

15 위험물안전관리법령상 제4류 위험물에 적응성이 없는 소화설비는?

① 옥내소화전설비
② 포소화설비
③ 불활성 기체소화설비
④ 할로젠화합물소화설비

해설
제4류 위험물은 질식소화가 기본이다. 물은 적응성이 없다.

16 물은 냉각소화가 주된 대표적인 소화약제이다. 물의 소화효과를 높이기 위하여 무상주수를 함으로써 부가적으로 작용하는 소화효과로 이루어진 것은?

① 질식소화작용, 제거소화작용
② 질식소화작용, 유화소화작용
③ 타격소화작용, 유화소화작용
④ 타격소화작용, 피복소화작용

해설
물을 무상(분무상)으로 방사하면 표면을 덮어 질식효과와 표면에서 일시적으로 섞여 보이는 현상인 유화효과를 기대할 수 있다.

17 다음 중 소화약제 강화액의 주성분에 해당하는 것은?

① K_2CO_3 ② K_2O_2
③ CaO_2 ④ $KBrO_3$

해설
강화액은 물에 탄산칼륨(K_2CO_3)을 녹인 물질이다.

18 위험물안전관리법령상 소화설비의 적응성에 관한 내용이다. 옳은 것은?

① 마른모래는 대상물 중 제1류~제6류 위험물에 적응성이 있다.
② 팽창질석은 전기설비를 포함한 모든 대상물에 적응성이 있다.
③ 분말소화약제는 셀룰로이드류의 화재에 가장 적당하다.
④ 물분무소화설비는 전기설비에 사용할 수 없다.

해설
마른모래, 팽창질석, 팽창진주암은 제1류~제6류 위험물에 적응성이 있다.

19 다음 중 공기포소화약제가 아닌 것은?

① 단백포소화약제
② 합성계면활성제포소화약제
③ 화학포소화약제
④ 수성막포소화약제

20 분말 소화약제 중 제1종과 제2종 분말이 각각 열분해 될 때 공통적으로 생성되는 물질은?

① N_2, CO_2
② N_2, O_2
③ H_2O, CO_2
④ H_2O, N_2

해설
- 제1종 분말소화약제의 열분해반응식
  $2NaHCO_3 \rightarrow Na_2CO_3 + CO_2 + H_2O$
- 제2종 분말소화약제의 열분해반응식
  $2KHCO_3 \rightarrow K_2CO_3 + CO_2 + H_2O$

21 폼산에 대한 설명으로 옳지 않은 것은?

① 물, 알코올, 에터에 잘 녹는다.
② 개미산이라고도 한다.
③ 강한 산화제이다.
④ 녹는점이 상온보다 낮다.

해설
- 폼산(의산, 개미산, HCOOH) : 제4류 위험물 중 제2석유류 수용성, 지정수량 2,000L
- 제4류 위험물은 가연물로 강한 환원제이다.

22 제3류 위험물에 해당하는 것은?

① NaH
② Al
③ Mg
④ P_4S_3

해설
NaH(수소화나트륨) : 제3류 위험물 중 금속의 수소화물, 지정수량 300kg, 위험등급Ⅲ

23 지방족 탄화수소가 아닌 것은?

① 톨루엔
② 아세트알데하이드
③ 아세톤
④ 다이에틸에터

해설
벤젠, 톨루엔, 자일렌 등은 대표적인 방향족 탄화수소이다.

정답 18 ① 19 ③ 20 ③ 21 ③ 22 ① 23 ①

24 위험물안전관리법령상 위험물의 지정수량으로 옳지 않은 것은?

① 나이트로셀룰로스 : 10kg
② 하이드록실아민 : 100kg
③ 아조벤젠 : 50kg
④ 트라이나이트로페놀 : 200kg

해설
※ 지정수량 개정으로 인해 출제기준에 맞지 않음

25 셀룰로이드에 대한 설명으로 옳은 것은?

① 질소가 함유된 무기물이다.
② 질소가 함유된 유기물이다.
③ 유기의 염화물이다.
④ 무기의 염화물이다.

해설
셀룰로이드
• 제5류 위험물 중 질산에스터류, 위험등급 Ⅱ
• 무색의 고체이다.
• 화학식 : $[C_6H_7O_2(ONO_2)_3]_n$과 $C_{10}H_{16}O$의 혼합물
∴ 질소가 함유된 유기물이다.

26 에틸알코올의 증기비중은 약 얼마인가?

① 0.72   ② 0.91
③ 1.13   ④ 1.59

해설
에틸알코올(C_2H_5OH)의 분자량 : 46
∴ 46/29 = 1.59

27 과염소산나트륨의 성질이 아닌 것은?

① 물과 급격히 반응하여 산소를 발생한다.
② 가열하면 분해되어 조연성 가스를 방출한다.
③ 융점은 400℃보다 높다.
④ 비중은 물보다 무겁다.

해설
물에 녹긴 하나 물과 반응하지는 않는다.

28 인화칼슘이 물과 반응할 경우에 대한 설명 중 틀린 것은?

① 발생가스는 가연성이다.
② 포스겐 가스가 발생한다.
③ 발생가스는 독성이 강하다.
④ $Ca(OH)_2$가 생성된다.

해설
• 인화칼슘(Ca_3P_2)은 물과 반응하여 유독성이자 가연성 가스인 포스핀(PH_3)을 생성한다.
• 인화칼슘과 물의 반응식
$Ca_3P_2 + 6H_2O \rightarrow 3Ca(OH)_2 + 2PH_3$

29 화학적으로 알코올을 분류할 때 3가 알코올에 해당하는 것은?

① 에탄올
② 메탄올
③ 에틸렌글라이콜
④ 글리세린

해설
• OH기가 3개인 알코올은 3가 알코올이라고 한다.
• 글리세린의 화학식 : $C_3H_5(OH)_3$

정답 24 ③ 25 ② 26 ④ 27 ① 28 ② 29 ④

30 위험물안전관리법령상 품명이 다른 하나는?

① 나이트로글라이콜
② 나이트로글리세린
③ 셀룰로이드
④ 테트릴

해설
테트릴은 나이트로화합물이다. 나머지 물질은 질산에스터류에 속한다.

31 주수소화를 할 수 없는 위험물은?

① 금속분 ② 적린
③ 황   ④ 과망가니즈산칼륨

해설
금속분은 물과 반응하여 수소를 발생시킨다.

32 제1류 위험물 중 흑색화약의 원료로 사용되는 것은?

① KNO_3 ② $NaNO_3$
③ BaO_2 ④ NH_4NO_3

해설
질산칼륨(KNO_3)과 황가루, 숯을 섞어 흑색화약을 제조한다.

33 다음 중 제6류 위험물에 해당하는 것은?

① IF_5 ② $HClO_3$
③ NO_3 ④ H_2O

해설
제6류 위험물에는 $HClO_4$, H_2O_2, HNO_3, 그 밖에 IF_5, BrF_3가 있다.

34 다음 중 제4류 위험물에 해당하는 것은?

① $Pb(N_3)_2$ ② CH_3ONO_2
③ N_2H_4 ④ NH_2OH

해설
하이드라진(N_2H_4) : 제4류 위험물 중 제2석유류 수용성

35 다음의 분말은 모두 150μm의 체를 통과하는 것이 50wt% 이상이 된다. 이들 분말 중 위험물안전관리법령상 품명이 "금속분"으로 분류되는 것은?

① 철분   ② 구리분
③ 알루미늄분 ④ 니켈분

해설
금속분 : 알칼리금속·알칼리토금속·철 및 마그네슘 외의 금속의 분말(구리분·니켈분 제외)로서 150μm의 체를 통과하는 것이 50wt% 미만인 것은 제외
※ 금속분에 속하는 대표적인 물질로 알루미늄분, 아연분 등이 있다.

정답 30 ④ 31 ① 32 ① 33 ① 34 ③ 35 ③

36 다음 중 분자량이 가장 큰 위험물은?

① 과염소산 ② 과산화수소
③ 질산   ④ 하이드라진

> **해설**
> • 과염소산($HClO_4$) : 분자량 100.5
> • 과산화수소(H_2O_2) : 분자량 34
> • 질산(HNO_3) : 분자량 63
> • 하이드라진(N_2H_4) : 분자량 32

37 인화칼슘, 탄화알루미늄, 나트륨이 물과 반응하였을 때 발생하는 가스에 해당하지 않는 것은?

① 포스핀가스
② 수소
③ 이황화탄소
④ 메테인

> **해설**
> • 인화칼슘과 물의 반응 시 생성되는 가스 : 포스핀
> • 탄화알루미늄과 물의 반응 시 생성되는 가스 : 메테인
> • 나트륨과 물의 반응 시 생성되는 가스 : 수소

38 연소 시 발생하는 가스를 옳게 나타낸 것은?

① 황린 – 황산가스
② 황 – 무수인산가스
③ 적린 – 아황산가스
④ 삼황화인– 아황산가스

> **해설**
> **삼황화인의 연소반응식**
> $P_4S_3 + 8O_2 \rightarrow 2P_2O_5 + 3SO_2$(이산화황 = 아황산가스)

39 염소산나트륨에 대한 설명으로 틀린 것은?

① 조해성이 크므로 보관용기는 밀봉하는 것이 좋다.
② 무색, 무취의 고체이다.
③ 산과 반응하여 유독성인 이산화나트륨 가스가 발생한다.
④ 물, 알코올, 글리세린에 녹는다.

> **해설**
> 산과 반응하여 이산화염소(ClO_2)를 발생한다.

40 질산칼륨을 약 400℃에서 가열하여 열분해시킬 때 주로 생성되는 물질은?

① 질산과 산소
② 질산과 칼륨
③ 아질산칼륨과 산소
④ 아질산칼륨과 질소

해설
질산칼륨의 열분해반응식
$2KNO_3 \rightarrow 2KNO_2(아질산칼륨) + O_2(산소)$

41 위험물안전관리법령에서 정한 피난설비에 관한 내용이다. ( )에 알맞은 것은?

> 주유취급소 중 건축물의 2층 이상의 부분을 점포·휴게음식점 또는 전시장의 용도로 사용하는 것에 있어서는 해당 건축물의 2층 이상으로부터 주유취급소의 부지 밖으로 통하는 출입구와 해당 출입구로 통하는 통로·계단 및 출입구에 ( )을(를) 설치해야 한다.

① 피난사다리
② 유도등
③ 공기호흡기
④ 시각경보기

해설
피난설비
- 주유취급소 중 건축물의 2층 이상의 부분을 점포·휴게음식점 또는 전시장의 용도로 사용하는 것에 있어서는 해당 건축물의 2층 이상으로부터 주유취급소의 부지 밖으로 통하는 출입구와 해당 출입구로 통하는 통로·계단 및 출입구에 유도등을 설치해야 한다.
- 옥내주유취급소에 있어서는 해당 사무소 등의 출입구 및 피난구와 해당 피난구로 통하는 통로·계단 및 출입구에 유도등을 설치해야 한다.
- 유도등에는 비상전원을 설치해야 한다.

42 옥내저장소에 제3류 위험물인 황린을 저장하면서 위험물안전관리법령에 의한 최소한의 보유공지로 3m를 옥내저장소 주위에 확보하였다. 이 옥내저장소에 저장하고 있는 황린의 수량은?(단, 옥내저장소의 구조는 벽·기둥 및 바닥이 내화구조로 되어 있고 그 외의 다른 사항은 고려하지 않는다)

① 100kg 초과 500kg 이하
② 400kg 초과 1,000kg 이하
③ 500kg 초과 5,000kg 이하
④ 1,000kg 초과 40,000kg 이하

해설
황린의 지정수량은 20kg이다.
옥내저장소의 보유공지(위험물안전관리법 시행규칙 별표 5)

저장 또는 취급하는 위험물의 최대수량	공지의 너비	
	벽·기둥 및 바닥이 내화구조	그 밖의 건축물
지정수량의 5배 이하	–	0.5m 이상
지정수량의 5배 초과 10배 이하	1m 이상	1.5m 이상
지정수량의 10배 초과 20배 이하	2m 이상	3m 이상
지정수량의 20배 초과 50배 이하	3m 이상	5m 이상
지정수량의 50배 초과 200배 이하	5m 이상	10m 이상
지정수량의 200배 초과	10m 이상	15m 이상

내화구조이고 보유공지가 3m일 경우 지정수량의 20배 초과 50배 이하가 된다.
따라서 20kg × 20배 초과 = 400kg 초과, 20kg × 50배 이하 = 1,000kg 이하가 된다.

정답 40 ③ 41 ② 42 ②

43 위험물안전관리법령상 이동탱크저장소에 의한 위험물운송 시 위험물운송자는 장거리에 걸치는 운송을 하는 때에는 2명 이상의 운전자로 해야 한다. 다음 중 그러하지 않아도 되는 경우가 아닌 것은?

① 적린을 운송하는 경우
② 알루미늄의 탄화물을 운송하는 경우
③ 이황화탄소를 운송하는 경우
④ 운송 도중에 2시간 이내마다 20분 이상씩 휴식하는 경우

해설
위험물운송자는 장거리(고속국도에 있어서는 340km 이상, 그 밖의 도로에 있어서는 200km 이상을 말한다)에 걸치는 운송을 하는 때에는 2명 이상의 운전자로 할 것. 다만, 다음에 해당하는 경우에는 그렇지 않다.
• 운송책임자를 동승시킨 경우
• 운송하는 위험물이 제2류 위험물·제3류 위험물(칼슘 또는 알루미늄의 탄화물과 이것만을 함유한 것에 한한다) 또는 제4류 위험물(특수인화물을 제외한다)인 경우
• 운송도중에 2시간 이내마다 20분 이상씩 휴식하는 경우
※ 특수인화물은 제외이다.

44 각각 지정수량의 10배인 위험물을 운반할 경우 제5류 위험물과 혼재 가능한 위험물에 해당하는 것은?

① 제1류 위험물 ② 제2류 위험물
③ 제3류 위험물 ④ 제6류 위험물

해설
제5류 위험물은 제2류, 제4류 위험물과 혼재 가능하다.

45 위험물안전관리법령상 옥외탱크저장소의 기준에 따라 다음의 인화성 액체위험물을 저장하는 옥외저장탱크 1~4호를 동일의 방유제 내에 설치하는 경우 방유제에 필요한 최소 용량으로서 옳은 것은?(단, 암반탱크 또는 특수액체위험물탱크의 경우는 제외한다)

• 1호 탱크 – 등유 1,500kL
• 2호 탱크 – 가솔린 1,000kL
• 3호 탱크 – 경유 500kL
• 4호 탱크 – 중유 250kL

① 1,650kL   ② 1,500kL
③ 500kL   ④ 250kL

해설
옥외탱크저장소의 방유제 용량은 용량이 가장 큰 탱크의 110%로 한다.

46 위험물안전관리법령상 사업소의 관계인이 자체소방대를 설치해야 할 제조소 등의 기준으로 옳은 것은?

① 제4류 위험물을 지정수량의 3천배 이상 취급하는 제조소 또는 일반취급소
② 제4류 위험물을 지정수량의 5천배 이상 취급하는 제조소 또는 일반취급소
③ 제4류 위험물 중 특수인화물을 지정수량의 3천배 이상 취급하는 제조소 또는 일반취급소
④ 제4류 위험물 중 특수인화물을 지정수량의 5천배 이상 취급하는 제조소 또는 일반취급소

47 소화난이도등급 Ⅱ의 제조소에 소화설비를 설치할 때 대형수동식소화기와 함께 설치해야 하는 소형수동식소화기 등의 능력단위에 관한 설명으로 옳은 것은?

① 위험물의 소요단위에 해당하는 능력단위의 소형수동식소화기 등을 설치할 것
② 위험물의 소요단위의 1/2 이상에 해당하는 능력단위의 소형수동식소화기 등을 설치할 것
③ 위험물의 소요단위의 1/5 이상에 해당하는 능력단위의 소형수동식소화기 등을 설치할 것
④ 위험물의 소요단위의 10배 이상에 해당하는 능력단위의 소형수동식소화기 등을 설치할 것

해설
소화난이도등급 Ⅱ의 제조소 등에 설치해야 하는 소화설비

제조소 등의 구분	소화설비
제조소 옥내저장소 옥외저장소 주유취급소 판매취급소 일반취급소	방사능력범위 내에 해당 건축물, 그 밖의 공작물 및 위험물이 포함되도록 대형수동식소화기를 설치하고, 해당 위험물의 소요단위의 1/5 이상에 해당되는 능력단위의 소형수동식소화기 등을 설치할 것
옥외탱크저장소 옥내탱크저장소	대형수동식소화기 및 소형수동식소화기 등을 각각 1개 이상 설치할 것

48 다음 중 위험물안전관리법이 적용되는 영역은?

① 항공기에 의한 대한민국 영공에서의 위험물의 저장, 취급 및 운반
② 궤도에 의한 위험물의 저장, 취급 및 운반
③ 철도에 의한 위험물의 저장, 취급 및 운반
④ 자가용승용차에 의한 지정수량 이하의 위험물의 저장, 취급 및 운반

해설
항공기, 선박, 철도 및 궤도에 의한 운반은 위험물안전관리법 적용 제외 대상이다.

49 위험물안전관리법령상 위험물의 운반 시 운반용기는 다음의 기준에 따라 수납 적재해야 한다. 다음 중 틀린 것은?

① 수납하는 위험물과 위험한 반응을 일으키지 않아야 한다.
② 고체위험물은 운반용기 내용적의 95% 이하로 수납해야 한다.
③ 액체위험물은 운반용기 내용적의 95% 이하로 수납해야 한다.
④ 하나의 외장용기에는 다른 종류의 위험물을 수납하지 않는다.

해설
• 고체위험물의 수납율 : 95% 이하
• 액체위험물의 수납율 : 98% 이하

정답 47 ③ 48 ④ 49 ③

50 위험물안전관리법령상 위험물을 운반하기 위해 적재할 때 예를 들어 제6류 위험물은 1가지 유별(제1류 위험물)하고만 혼재할 수 있다. 다음 중 가장 많은 유별과 혼재가 가능한 것은?(단, 지정수량의 $\frac{1}{10}$을 초과하는 위험물이다)

① 제1류 ② 제2류
③ 제3류 ④ 제4류

> **해설**
> 제4류 위험물이 가장 많은 유별과 혼재가 가능하다.
> 유별을 달리하는 위험물의 혼재기준(위험물안전관리법 시행규칙 별표 19)

위험물의 구분	제1류	제2류	제3류	제4류	제5류	제6류
제1류		×	×	×	×	○
제2류	×		×	○	○	×
제3류	×	×		○	×	×
제4류	×	○	○		○	×
제5류	×	○	×	○		×
제6류	○	×	×	×	×	

비고
- "×"표시는 혼재할 수 없음을 표시한다.
- "○"표시는 혼재할 수 있음을 표시한다.
- 이 표는 지정수량의 $\frac{1}{10}$ 이하의 위험물에 대하여는 적용하지 않는다.

51 다음 위험물 중에서 옥외저장소에서 저장·취급할 수 없는 것은?(단, 특별시·광역시 또는 도의 조례에서 정하는 위험물과 IMDG Code에 적합한 용기에 수납된 위험물의 경우는 제외한다)

① 아세트산 ② 에틸렌글라이콜
③ 크레오소트유 ④ 아세톤

> **해설**
> 옥외저장소에서는 인화점이 0℃ 이상인 물질만 저장할 수 있다. 아세톤의 인화점은 −18.5℃이다.

52 다이에틸에터에 대한 설명으로 틀린 것은?

① 일반식은 R−CO−R′이다.
② 연소범위는 약 1.7~48%이다.
③ 증기비중값이 비중값보다 크다.
④ 휘발성이 높고 마취성을 가진다.

> **해설**
> 다이에틸에터($C_2H_5OC_2H_5$) : R−O−R′의 형태를 가진다.

53 위험물안전관리법령상 지하탱크저장소 탱크전용실의 안쪽과 지하저장탱크와의 사이는 몇 m 이상의 간격을 유지해야 하는가?

① 0.1
② 0.2
③ 0.3
④ 0.5

54 다음 ( ) 안에 들어갈 수치를 순서대로 올바르게 나열한 것은?(단, 제4류 위험물에 적응성을 갖기 위한 살수밀도기준을 적용하는 경우를 제외한다)

> 위험물제조소 등에 설치하는 폐쇄형 헤드의 스프링클러설비는 30개의 헤드를 동시에 사용할 경우 각 끝부분의 방사압력이 ( )kPa 이상이고, 방수량이 1분당 ( )L 이상이어야 한다.

① 100, 80
② 120, 80
③ 100, 100
④ 120, 100

해설
스프링클러설비는 규정에 의한 개수의 스프링클러 헤드를 동시에 사용할 경우에 각 끝부분의 방사압력이 100kPa 이상이고, 방수량이 1분당 80L 이상의 성능이 되도록 할 것

55 위험물안전관리법령상 제조소 등의 위치·구조 또는 설비 가운데 행정안전부령이 정하는 사항을 변경허가를 받지 않고 제조소 등의 위치·구조 또는 설비를 변경한 때 1차 행정처분기준으로 옳은 것은?

① 사용정지 15일
② 경고 또는 사용정지 15일
③ 사용정지 30일
④ 경고 또는 업무정지 30일

해설
- 1차 : 경고 또는 사용정지 15일
- 2차 : 사용정지 60일
- 3차 : 허가취소

56 위험물안전관리법령상 제조소 등의 관계인이 정기적으로 점검해야 할 대상이 아닌 것은?

① 지정수량의 10배 이상의 위험물을 취급하는 제조소
② 지하탱크저장소
③ 이동탱크저장소
④ 지정수량의 100배 이상의 위험물을 저장하는 옥외탱크저장소

해설
정기점검 대상인 제조소 등 : 옥외탱크저장소는 지정수량 200배 이상 저장할 경우

정답 53 ① 54 ① 55 ② 56 ④

57 위험물안전관리법령상 위험물제조소의 옥외에 있는 하나의 액체위험물 취급탱크 주위에 설치하는 방유제의 용량은 해당 탱크용량의 몇 % 이상으로 해야 하는가?

① 50%   ② 60%
③ 100% ④ 110%

해설
제조소 옥외에 있는 액체위험물 취급탱크 주위에 설치해야 하는 방유제의 용량
- 하나일 경우 : 탱크 용량의 50% 이상
- 2 이상일 경우 : 최대인 것의 50%에 나머지 탱크용량 합계의 10%를 가산

58 위험물안전관리법령상 이송취급소에 설치하는 경보설비의 기준에 따라 이송기지에 설치해야 하는 경보설비로만 이루어진 것은?

① 확성장치, 비상벨장치
② 비상방송설비, 비상경보설비
③ 확성장치, 비상방송설비
④ 비상방송설비, 자동화재탐지설비

해설
이송기지에는 비상벨장치 및 확성장치를 설치할 것. 또한, 배관의 경로에는 25km의 거리마다 지진감지장치 및 강진계를 설치해야 한다.

59 위험물안전관리법령상 위험물의 탱크 내용적 및 공간용적에 관한 기준으로 틀린 것은?

① 위험물을 저장 또는 취급하는 탱크의 용량은 해당 탱크의 내용적에서 공간용적을 뺀 용적으로 한다.
② 탱크의 공간용적은 탱크의 내용적의 5/100 이상 10/100 이하의 용적으로 한다.
③ 소화설비(소화약제 방출구를 탱크 안의 윗부분에 설치하는 것에 한한다)를 설치하는 탱크의 공간용적은 해당 소화설비의 소화약제방출구 아래의 0.3m 이상 1m 미만 사이의 면으로부터 윗부분의 용적으로 한다.
④ 암반탱크에 있어서는 해당 탱크 내에 용출하는 30일 간의 지하수의 양에 상당하는 용적과 해당 탱크의 내용적의 1/100의 용적 중에서 보다 큰 용적을 공간용적으로 한다.

해설
암반탱크의 공간용적은 탱크 내에 용출하는 7일간의 지하수의 양과 탱크 내용적의 1/100의 용적중에서 보다 큰 용적은 공간용적으로 한다.

60 위험물안전관리법령상 위험등급의 종류가 나머지 셋과 다른 하나는?

① 제1류 위험물 중 다이크로뮴산염류
② 제2류 위험물 중 인화성 고체
③ 제3류 위험물 중 금속의 인화물
④ 제4류 위험물 중 알코올류

해설
알코올류는 위험등급Ⅱ이다.

CHAPTER 04

2016년 제 4 회 과년도 기출문제

PART 01 위험물기능사 필기

---

01 다음과 같은 반응에서 5m³의 탄산가스를 만들기 위해 필요한 탄산수소나트륨의 양은 약 몇 kg인가? (단, 표준상태이고 나트륨의 원자량은 23이다)

$$2NaHCO_3 \rightarrow Na_2CO_3 + CO_2 + H_2O$$

① 18.75 ② 37.5
③ 56.25 ④ 75

해설
- 탄산수소나트륨의 분자량 : 84
- 표준상태에서 기체 1몰의 부피 : 22.4
무게의 단위가 kg이므로 부피의 단위를 m³로 맞춰준다. 2mol의 탄산수소나트륨이 분해했을 때 1mol의 이산화탄소가 발생한다.
2×84kg : 22.4m³ $= x$kg : 5m³
$22.4x = 840$
$\therefore x = 37.5$

02 연소에 대한 설명으로 옳지 않은 것은?

① 산화되기 쉬운 것일수록 타기 쉽다.
② 산소와의 접촉면적이 큰 것일수록 타기 쉽다.
③ 충분한 산소가 있어야 타기 쉽다.
④ 열전도율이 큰 것일수록 타기 쉽다.

해설
열전도율이 작아야 좋은 가연물이다.

03 위험물의 자연발화를 방지하는 방법으로 가장 거리가 먼 것은?

① 통풍을 잘 시킬 것
② 저장실의 온도를 낮출 것
③ 습도가 높은 곳에 저장할 것
④ 정촉매 작용을 하는 물질과의 접촉을 피할 것

해설
자연발화를 방지하려면 습도가 낮은 곳에 저장해야 한다.

04 탄화칼슘은 물과 반응 시 위험성이 증가하는 물질이다. 주수소화 시 물과 반응하면 어떤 가스가 발생하는가?

① 수소 ② 메테인
③ 에테인 ④ 아세틸렌

해설
탄화칼슘과 물의 반응식
$CaC_2 + 2H_2O \rightarrow Ca(OH)_2 + C_2H_2$

05 위험물안전관리법령상 제3류 위험물 중 금수성 물질의 제조소에 설치하는 주의사항 게시판의 바탕색과 문자색을 옳게 나타낸 것은?

① 청색바탕에 황색문자
② 황색바탕에 청색문자
③ 청색바탕에 백색문자
④ 백색바탕에 청색문자

해설
제조소에 설치하는 주의사항
- 제1류 위험물 중 알칼리금속의 과산화물과 이를 함유한 것 또는 제3류 위험물 중 금수성 물질에 있어서는 "물기엄금"
- 제2류 위험물(인화성 고체는 제외)에 있어서는 "화기주의"
- 제2류 위험물 중 인화성 고체, 제3류 위험물 중 자연발화성 물질, 제4류 위험물 또는 제5류 위험물에 있어서는 "화기엄금"
- "물기엄금"을 표시하는 것에 있어서는 청색바탕에 백색문자로, "화기주의" 또는 "화기엄금"을 표시하는 것에 있어서는 적색바탕에 백색문자로 할 것

06 다음 중 제5류 위험물의 화재 시에 가장 적당한 소화방법은?

① 물에 의한 냉각소화
② 질소에 의한 질식소화
③ 사염화탄소에 의한 부촉매소화
④ 이산화탄소에 의한 질식소화

해설
제5류 위험물은 대량의 주수소화가 효과적이다.

07 공기 중의 산소농도를 한계산소량 이하로 낮추어 연소를 중지시키는 소화방법은?

① 냉각소화
② 제거소화
③ 억제소화
④ 질식소화

08 폭굉유도거리(DID)가 짧아지는 경우는?

① 정상연소속도가 작은 혼합가스일수록 짧아진다.
② 압력이 높을수록 짧아진다.
③ 관지름이 넓을수록 짧아진다.
④ 점화원 에너지가 약할수록 짧아진다.

해설
점화원의 에너지는 강해야 DID가 짧아진다.

09 연소의 3요소인 산소의 공급원이 될 수 없는 것은?

① H_2O_2
② KNO_3
③ HNO_3
④ CO_2

해설
이산화탄소(CO_2)는 산화반응이 완결된 물질로 다른 물질에 산소를 공급해주지 않는다.

10 인화칼슘이 물과 반응하였을 때 발생하는 가스는?

① 수소
② 포스겐
③ 포스핀
④ 아세틸렌

해설
인화칼슘과 물의 반응식
$Ca_3P_2 + 6H_2O \rightarrow 3Ca(OH)_2 + 2PH_3$(포스핀)

11 수성막포소화약제에 사용되는 계면활성제는?

① 염화단백포 계면활성제
② 산소계 계면활성제
③ 황산계 계면활성제
④ 플루오린계 계면활성제

해설
수성막포소화약제에는 플루오린계통의 습윤제에 합성 계면활성제가 첨가되어 있다.

12 질소와 아르곤과 이산화탄소의 용량비가 52대 40대 8인 혼합물 소화약제에 해당하는 것은?

① IG-541
② HCFC BLEND A
③ HFC-125
④ HFC-23

해설
• IG-541의 구성성분 : N_2 52%, Ar 40%, CO_2 8%
• IG-55의 구성성분 : N_2 50% Ar 50%

13 위험물안전관리법령상 알칼리금속과산화물에 적응성이 있는 소화설비는?

① 할로젠화합물소화설비
② 탄산수소염류분말소화설비
③ 물분무소화설비
④ 스프링클러설비

해설
알칼리금속의 과산화물은 물과 반응하여 산소를 방출하고 발열하므로 수계소화설비는 사용할 수 없다.

정답 10 ③ 11 ④ 12 ① 13 ②

14 이산화탄소소화약제에 관한 설명 중 틀린 것은?

① 소화약제에 의한 오손이 없다.
② 소화약제 중 증발잠열이 가장 크다.
③ 전기 절연성이 있다.
④ 장기간 저장이 가능하다.

> **해설**
> 소화약제 중 증발잠열이 가장 큰 물질은 물(H_2O)이다.

15 Halon 1001의 화학식에서 수소원자의 수는?

① 0   ② 1
③ 2   ④ 3

> **해설**
> 할론번호 맨 앞자리는 탄소의 자리이다. 탄소가 1개면 메테인(CH_4)에 할로젠 물질들이 치환된 상태이다. 할로젠 물질이 1개만 치환되었으므로 남아있는 수소의 수는 3이다.

16 다음 중 강화액 소화약제의 주된 소화원리에 해당하는 것은?

① 냉각소화   ② 절연소화
③ 제거소화   ④ 발포소화

> **해설**
> 강화액 소화약제의 소화원리는 기본적으로 물과 같다.

17 다음 중 탄산칼륨을 물에 용해시킨 강화액 소화약제의 pH에 가장 가까운 값은?

① 1   ② 4
③ 7   ④ 12

> **해설**
> 탄산칼륨은 물에 녹아 알칼리(염기)성을 띤다.

18 불활성 기체소화약제의 기본 성분이 아닌 것은?

① 헬륨   ② 질소
③ 플루오린   ④ 아르곤

> **해설**
> 플루오린는 할로젠(17족) 원소이다.

정답 14 ② 15 ④ 16 ① 17 ④ 18 ③

19 위험물안전관리법령상 제4류 위험물에 적응성이 있는 소화기가 아닌 것은?

① 이산화탄소소화기
② 봉상강화액소화기
③ 포소화기
④ 인산염류분말소화기

해설
제4류 위험물에 수계(봉상)소화설비는 적응성이 없다.

20 물과 친화력이 있는 수용성 용매의 화재에 보통의 포소화약제를 사용하면 포가 파괴되기 때문에 소화효과를 잃게 된다. 이와 같은 단점을 보완한 소화약제로 가연성인 수용성 용매의 화재에 유효한 효과를 가지고 있는 것은?

① 알코올용포소화약제
② 단백포소화약제
③ 합성계면활성제포소화약제
④ 수성막포소화약제

해설
수용성 물질에는 알코올용포소화약제를 사용한다.

21 알루미늄분의 성질에 대한 설명으로 옳은 것은?

① 금속 중에서 연소열량이 가장 작다.
② 끓는 물과 반응해서 수소를 발생한다.
③ 수산화나트륨 수용액과 반응해서 산소를 발생한다.
④ 안전한 저장을 위해 할로젠 원소와 혼합한다.

해설
- 알루미늄분은 물(온수)과 반응하여 수소를 발생한다.
- 반응식 : $2Al + 6H_2O \rightarrow 2Al(OH)_3 + 3H_2$

22 위험물안전관리법령에서는 특수인화물을 1기압에서 발화점이 100℃ 이하인 것 또는 인화점은 얼마 이하이고 비점이 40℃ 이하인 것으로 정의하는가?

① −10℃   ② −20℃
③ −30℃   ④ −40℃

해설
특수인화물 : 이황화탄소, 다이에틸에터 그 밖에 1기압에서 발화점이 100℃ 이하인 것 또는 인화점이 영하 20℃ 이하이고 비점이 40℃ 이하인 것

23 트라이나이트로톨루엔의 작용기에 해당하는 것은?

① $-NO$ ② $-NO_2$
③ $-NO_3$ ④ $-NO_4$

24 위험물의 성질에 대한 설명 중 틀린 것은?

① 황린은 공기 중에서 산화할 수 있다.
② 적린은 $KClO_3$와 혼합하면 위험하다.
③ 황은 물에 매우 잘 녹는다.
④ 황화인은 가연성 고체이다.

> 해설
> 황은 물에 녹지 않고 소화 시 주수소화한다.

25 피리딘의 일반적인 성질에 대한 설명 중 틀린 것은?

① 순수한 것은 무색 액체이다.
② 약알칼리성을 나타낸다.
③ 물보다 가볍고, 증기는 공기보다 무겁다.
④ 흡습성이 없고, 비수용성이다.

> 해설
> 피리딘(C_5H_5N) : 제4류 위험물 중 제1석유류 수용성, 지정수량 400L, 위험등급Ⅱ

26 나이트로글리세린에 대한 설명으로 옳은 것은?

① 물에 매우 잘 녹는다.
② 공기 중에서 점화하면 연소하나 폭발의 위험은 없다.
③ 충격에 대하여 민감하여 폭발을 일으키기 쉽다.
④ 제5류 위험물의 나이트로화합물에 속한다.

> 해설
> • 나이트로글리세린은 제5류 위험물로 자기반응성 물질이다.
> • 점화원과 접촉 시 폭발하므로 주의를 기울여야 한다.
> • 나이트로글리세린을 다공성 물질에 흡수한 것을 다이너마이트라 한다.

27 다음 물질 중 과염소산칼륨과 혼합했을 때 발화폭발의 위험이 가장 높은 것은?

① 석면 ② 금
③ 유리 ④ 목탄

> 해설
> 목탄은 가연물이다.

28 메틸리튬과 물의 반응 생성물로 옳은 것은?

① 메테인, 수소화리튬
② 메테인, 수산화리튬
③ 에테인, 수소화리튬
④ 에테인, 수산화리튬

> **해설**
> **메틸리튬과 물의 반응식**
> $CH_3Li + H_2O \rightarrow LiOH(수산화리튬) + CH_4(메테인)$

29 다음 위험물 중 물보다 가벼운 것은?

① 메틸에틸케톤
② 나이트로벤젠
③ 에틸렌글라이콜
④ 글리세린

> **해설**
>
> | 물질명 | 비 중 |
> | --- | --- |
> | 메틸에틸케톤 | 0.8 |
> | 나이트로벤젠 | 1.2 |
> | 에틸렌글라이콜 | 1.11 |
> | 글리세린 | 1.26 |

30 제4류 위험물의 일반적인 성질에 대한 설명 중 틀린 것은?

① 대부분 유기화합물이다.
② 액체 상태이다.
③ 대부분 물보다 가볍다.
④ 대부분 물에 녹기 쉽다.

> **해설**
> 제4류 위험물은 대부분 물에 불용성이다.
> ※ 수용성 물질은 따로 암기해야 한다.

31 질산과 과염소산의 공통성질이 아닌 것은?

① 가연성이며 강산화제이다.
② 비중이 1보다 크다.
③ 가연물과 혼합으로 발화의 위험이 있다.
④ 물과 접촉하면 발열한다.

> **해설**
> 제6류 위험물은 자신은 불연성이고 다른 물질의 연소를 돕는다.

정답 28 ② 29 ① 30 ④ 31 ①

32 과산화나트륨에 대한 설명으로 틀린 것은?

① 알코올에 잘 녹아서 산소와 수소를 발생시킨다.
② 상온에서 물과 격렬하게 반응한다.
③ 비중이 약 2.8이다.
④ 조해성 물질이다.

해설
과산화나트륨(Na_2O_2)과 메탄올의 반응식
$Na_2O_2 + 2CH_3OH \rightarrow 2CH_3ONa + H_2O_2$

33 다음 중 제5류 위험물로만 나열되지 않은 것은?

① 과산화벤조일, 질산메틸
② 과산화초산, 다이나이트로벤젠
③ 과산화요소, 나이트로글라이콜
④ 아세토나이트릴, 트라이나이트로톨루엔

해설
아세토나이트릴 : 제4류 위험물 중 제1석유류 수용성

34 아조화합물 800kg, 하이드록실아민 300kg, 유기과산화물 40kg의 총 양은 지정수량의 몇 배에 해당하는가?

① 7배   ② 9배
③ 10배 ④ 11배

해설
※ 지정수량 개정으로 인해 출제기준에 맞지 않음

35 물과 반응하여 가연성 가스를 발생하지 않는 것은?

① 칼륨
② 과산화칼륨
③ 탄화알루미늄
④ 트라이에틸알루미늄

해설
과산화칼륨은 물과 반응하여 산소를 발생시킨다. 산소는 조연성 가스이다.

36 다음 중 인화점이 가장 높은 것은?
① 등유
② 벤젠
③ 아세톤
④ 아세트알데하이드

해설
제2석유류인 등유의 인화점이 위 물질 중에서는 가장 높다.

37 다음 중 제6류 위험물이 아닌 것은?
① 할로젠간화합물
② 과염소산
③ 아염소산
④ 과산화수소

해설
아염소산은 위험물이 아니다.

38 제4류 위험물인 클로로벤젠의 지정수량으로 옳은 것은?
① 200L ② 400L
③ 1,000L ④ 2,000L

해설
클로로벤젠(C_6H_5Cl) : 제2석유류 비수용성, 지정수량 1,000L

39 다음 중 제1류 위험물에 해당되지 않는 것은?
① 염소산칼륨
② 과염소산암모늄
③ 과산화바륨
④ 질산구아니딘

해설
질산구아니딘은 제5류 위험물이다.

40 다음 위험물 중 지정수량이 나머지 셋과 다른 하나는?
① 마그네슘
② 금속분
③ 철분
④ 황

해설
• 철분, 금속분, 마그네슘의 지정수량 : 500kg
• 황화인, 적린, 황의 지정수량 : 100kg

41 아염소산나트륨의 저장 및 취급 시 주의 사항으로 가장 거리가 먼 것은?
① 물속에 넣어 냉암소에 저장한다.
② 강산류와의 접촉을 피한다.
③ 취급 시 충격, 마찰을 피한다.
④ 가연성 물질과 접촉을 피한다.

해설
수용액은 강한 산성을 띠기 때문에 물속에 보관하면 안 된다.

정답 36 ① 37 ③ 38 ③ 39 ④ 40 ④ 41 ①

42 위험물안전관리법령상 연면적이 450m²인 저장소의 건축물 외벽이 내화구조가 아닌 경우 이 저장소의 소화기 소요단위는?

① 3　　② 4.5
③ 6　　④ 9

해설
저장소의 1소요단위 기준 : 75m²(내화구조일 경우 150m²)

43 위험물안전관리법령상 주유취급소에 설치·운영할 수 없는 건축물 또는 시설은?

① 주유취급소를 출입하는 사람을 대상으로 하는 그림 전시장
② 주유취급소를 출입하는 사람을 대상으로 하는 일반음식점
③ 주유원 주거시설
④ 주유취급소를 출입하는 사람을 대상으로 하는 휴게음식점

해설
휴게음식점은 가능하나 일반음식점은 불가능하다.

44 위험물안전관리법령상 옥외저장소 중 덩어리 상태의 황만을 지반면에 설치한 경계표시의 안쪽에서 저장 또는 취급할 때 경계표시의 높이는 몇 m 이하로 해야 하는가?

① 1　　② 1.5
③ 2　　④ 2.5

45 위험물옥외저장탱크의 통기관에 관한 사항으로 옳지 않은 것은?

① 밸브 없는 통기관의 지름은 30mm 이상으로 한다.
② 대기밸브부착 통기관은 항시 열려 있어야 한다.
③ 밸브 없는 통기관의 끝부분은 수평면보다 45° 이상 구부려 빗물 등의 침투를 막는 구조로 한다.
④ 대기밸브부착 통기관은 5kPa 이하의 압력 차이로 작동할 수 있어야 한다.

해설
통기관은 닫혀 있어야 이물질이 들어가지 않는다.

46 위험물안전관리법령상 주유취급소 중 건축물의 2층을 휴게음식점의 용도로 사용하는 것에 있어 해당 건축물의 2층으로부터 직접 주유취급소의 부지 밖으로 통하는 출입구와 해당 출입구로 통하는 통로·계단에 설치해야 하는 것은?

① 비상경보설비 ② 유도등
③ 비상조명등   ④ 확성장치

47 위험물안전관리법령상 소화전용물통 8L의 능력단위는?

① 0.3   ② 0.5
③ 1.0   ④ 1.5

48 위험물안전관리법령상 위험물제조소에 설치하는 배출설비에 대한 내용으로 틀린 것은?

① 배출설비는 예외적인 경우를 제외하고는 국소방식으로 해야 한다.
② 배출설비는 강제배출 방식으로 한다.
③ 급기구는 낮은 장소에 설치하고 인화방지망을 설치한다.
④ 배출구는 지상 2m 이상 높이에 연소의 우려가 없는 곳에 설치한다.

[해설]
급기구는 높은 곳에 설치한다(환기설비의 급기구는 낮은 곳에 설치한다).

49 위험물안전관리법령상 옥내소화전설비의 기준에 따르면 펌프를 이용한 가압송수장치에서 펌프의 토출량은 옥내소화전의 설치개수가 가장 많은 층에 대해 해당 설치개수(5개 이상인 경우에는 5개)에 얼마를 곱한 양 이상이 되도록 해야 하는가?

① 260L/min   ② 360L/min
③ 460L/min   ④ 560L/min

[해설]
- 옥내소화전 : 260L/min
- 옥외소화전 : 450L/min

50 위험물의 운반에 관한 기준에서 다음 ( )에 알맞은 온도는 몇 ℃인가?

> 적재하는 제5류 위험물 중 ( )℃ 이하의 온도에서 분해될 우려가 있는 것은 보냉 컨테이너에 수납하는 등 적정한 온도관리를 유지해야 한다.

① 40   ② 50
③ 55   ④ 60

[정답] 46 ② 47 ① 48 ③ 49 ① 50 ③

51 위험물안전관리법령상 제4류 위험물의 품명에 따른 위험등급과 옥내저장소 하나의 저장창고 바닥면적 기준을 옳게 나열한 것은?(단, 전용의 독립된 단층 건물에 설치하며, 구획된 실이 없는 하나의 저장창고인 경우에 한한다)

① 제1석유류 : 위험등급 I, 최대바닥면적 1,000m^2
② 제2석유류 : 위험등급 I, 최대바닥면적 2,000m^2
③ 제3석유류 : 위험등급 II, 최대바닥면적 2,000m^2
④ 알코올류 : 위험등급 II, 최대바닥면적 1,000m^2

해설
위험등급 I과 제1석유류, 알코올류의 저장창고 바닥면적 기준은 1,000m^{2}이다. 제1석유류, 알코올류의 위험등급은 II이다.

52 인화점이 21℃ 미만인 액체위험물의 옥외저장탱크 주입구에 설치하는 "옥외저장탱크 주입구"라고 표시한 게시판의 바탕 및 문자색을 옳게 나타낸 것은?

① 백색바탕 – 적색문자
② 적색바탕 – 백색문자
③ 백색바탕 – 흑색문자
④ 흑색바탕 – 백색문자

53 위험물안전관리법령상 위험물안전관리자의 책무에 해당하지 않는 것은?

① 화재 등의 재난이 발생한 경우 소방관서 등에 대한 연락업무
② 화재 등의 재난이 발생한 경우 응급조치
③ 위험물의 취급에 관한 일지의 작성·기록
④ 위험물안전관리자의 선임·신고

해설
위험물안전관리자의 선임·신고는 관계인이 한다.

54 위험물안전관리법령상 옥내탱크저장소의 기준에서 옥내저장탱크 상호 간에는 몇 m 이상의 간격을 유지해야 하는가?

① 0.3
② 0.5
③ 0.7
④ 1.0

55 제2류 위험물 중 인화성 고체의 제조소에 설치하는 주의사항 게시판에 표시할 내용을 옳게 나타낸 것은?

① 적색바탕에 백색문자로 "화기엄금" 표시
② 적색바탕에 백색문자로 "화기주의" 표시
③ 백색바탕에 적색문자로 "화기엄금" 표시
④ 백색바탕에 적색문자로 "화기주의" 표시

해설

제조소에 저장 또는 취급하는 위험물에 따라 주의사항을 표시한 게시판을 설치할 것

- 제1류 위험물 중 알칼리금속의 과산화물과 이를 함유한 것 또는 제3류 위험물 중 금수성 물질에 있어서는 "물기엄금"
- 제2류 위험물(인화성 고체는 제외)에 있어서는 "화기주의"
- 제2류 위험물 중 인화성 고체, 제3류 위험물 중 자연발화성 물질, 제4류 위험물 또는 제5류 위험물에 있어서는 "화기엄금"
- "물기엄금"을 표시하는 것에 있어서는 청색바탕에 백색문자로, "화기주의" 또는 "화기엄금"을 표시하는 것에 있어서는 적색바탕에 백색문자로 할 것

56 위험물안전관리법령상 배출설비를 설치해야 하는 옥내저장소의 기준에 해당하는 것은?

① 가연성 증기가 액화할 우려가 있는 장소
② 모든 장소의 옥내저장소
③ 가연성 미분이 체류할 우려가 있는 장소
④ 인화점이 70℃ 미만인 위험물의 옥내저장소

해설

저장창고에는 제조소의 기준 규정에 준하여 채광·조명 및 환기의 설비를 갖추어야 하고, 인화점이 70℃ 미만인 위험물의 저장창고에 있어서는 내부에 체류한 가연성의 증기를 지붕 위로 배출하는 설비를 갖추어야 한다.

57 이동저장탱크에 알킬알루미늄을 저장하는 경우에 불활성 기체를 봉입하는데 이 때의 압력은 몇 kPa 이하이어야 하는가?

① 10 ② 20
③ 30 ④ 40

해설

- 이동저장탱크에 알킬알루미늄 등을 저장하는 경우에는 20kPa 이하의 압력으로 불활성의 기체를 봉입하여 둘 것
- 알킬알루미늄 등의 이동탱크저장소에 있어서 이동 저장탱크로부터 알킬알루미늄 등을 꺼낼 때에는 동시에 200kPa 이하의 압력으로 불활성의 기체를 봉입할 것

58 다음 중 위험물안전관리법령상 지정수량의 $\frac{1}{10}$을 초과하는 위험물을 운반할 때 혼재할 수 없는 경우는?

① 제1류 위험물과 제6류 위험물
② 제2류 위험물과 제4류 위험물
③ 제4류 위험물과 제5류 위험물
④ 제5류 위험물과 제3류 위험물

해설
245, 34, 16끼리는 혼재 가능하다. 따라서, 제5류 위험물은 제3류 위험물은 혼재 불가능하다.
혼재 가능한 위험물(위험물안전관리법 시행규칙 별표 19)
- 제1류 위험물(산화성 고체) : 제6류 위험물(산화성 액체)
- 제4류 위험물(인화성 액체) : 제2류 위험물(가연성 고체), 제3류 위험물(자연발화성 물질 및 금수성 물질), 제5류 위험물(자기반응성 물질)
- 제5류 위험물(자기반응성 물질) : 제2류 위험물(가연성 고체), 제4류 위험물(인화성 액체)

59 그림과 같은 위험물 저장탱크의 내용적은 약 몇 m³인가?

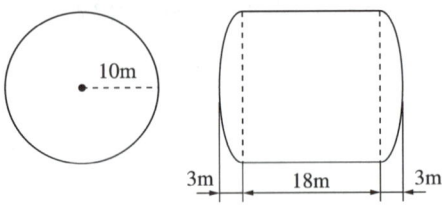

① 4,681   ② 5,482
③ 6,283   ④ 7,080

해설
횡으로 설치된 원통형 탱크의 내용적을 구하는 공식

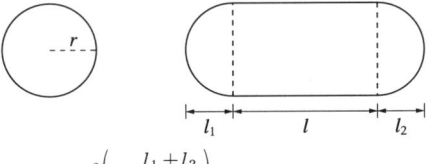

$$내용적 = \pi r^2 \left(l + \frac{l_1 + l_2}{3} \right)$$
$$= \pi \times 10^2 \times \left(18 + \frac{3+3}{3} \right) = 6,283.19$$

60 위험물 옥외저장소에서 지정수량 200배 초과의 위험물을 저장할 경우 경계표시 주위의 보유공지 너비는 몇 m 이상으로 해야 하는가?(단, 제4류 위험물과 제6류 위험물이 아닌 경우이다)

① 0.5   ② 2.5
③ 10   ④ 15

해설
옥외저장소에서 지정수량의 200배 초과의 위험물을 저장 또는 취급할 경우에는 보유공지를 15m 이상 두어야 한다. 단, 제4석유류와 제6류 위험물일 경우 보유공지의 1/3 이상으로 할 수 있다.

CHAPTER 04

2017년 제1회 과년도 기출복원문제

PART 01 위험물기능사 필기

01 다음 중 산소공급원이 될 수 없는 것은?
① 공기 ② 과염소산
③ 질소 ④ 산소

해설
- 산소공급원은 산소를 공급해줄 수 있는 물질이어야 한다.
- 종류 : 공기, 산소, 제1류 위험물, 제6류 위험물 등

02 위험물제조소에서 정전기를 유효하게 제거할 수 있는 방법으로 맞지 않은 것은?
① 공기를 이온화한다.
② 접지를 한다.
③ 습도는 낮추어 건조하게 한다.
④ 공기 중의 상대습도를 70% 이상으로 한다.

해설
정전기 제거설비(위험물안전관리법 시행규칙 별표 4)
- 접지할 것
- 공기를 이온화할 것
- 공기 중의 상대습도를 70% 이상으로 할 것

03 다음 중 점화원이 될 수 없는 것은?
① 그라인더 불꽃
② 고온표면
③ 마찰열
④ 흡열반응

해설
흡열반응은 화학반응 후 주위의 온도를 낮추기 때문에 점화원으로 작용할 수 없다.

04 다음 중 분진폭발의 위험이 없는 물질은?
① 생석회 ② 알루미늄분
③ 밀가루 ④ 황 분말

해설
생석회(CaO)는 칼슘의 산화반응 완결물로 더 이상 연소하지 않는다.

05 가연성 증기를 발생시키기 시작하는 최저의 온도를 무엇이라 하는가?
① 착화점 ② 인화점
③ 연소점 ④ 비등점

해설
인화점은 가연성 증기를 발생시키는 최저의 온도로, 점화원을 접촉하였을 때 불이 붙기 시작하는 최저의 온도를 말한다.

정답 1 ③ 2 ③ 3 ④ 4 ① 5 ②

06 중질유탱크의 화재 시에 바닥에 있던 물이 끓어 올라 화염을 밖으로 분출하는 현상을 무엇이라 하는가?

① 플래시오버 ② 보일오버
③ 슬롭오버 ④ 프로스오버

해설

유류탱크에서 발생하는 현상
- 보일오버(Boil Over) : 중질유탱크에서 장시간 조용히 연소하다가 탱크의 잔존 기름이 갑자기 분출하는 현상
- 슬롭오버(Slop Over) : 중질유 탱크에서 연소유의 뜨거운 표면에 물이 들어갈 때 기름 표면에서 끓는 현상. 이 경우 갑작스러운 팽창으로 인해 주변의 기름을 밖으로 밀어낸다.
- 프로스오버(Froth Over) : 물이 뜨거운 기름 표면 아래서 끓을 때 화재를 수반하지 않고 용기에서 넘쳐흐르는 현상

07 탄화칼슘 64g이 물과 완전히 반응할 때 생성되는 기체의 부피(L)는 얼마인가? (단, 표준상태이다)

① 22.4L ② 44.8L
③ 11.2L ④ 5.6L

해설
- 탄화칼슘(CaC_2)의 분자량 : 64g
- 탄화칼슘과 물의 반응식
  $CaC_2 + 2H_2O \rightarrow Ca(OH)_2 + C_2H_2$

탄화칼슘 1mol(64g)이 물과 반응하면 생성되는 기체(아세틸렌, C_2H_2)는 1mol이 나온다. 표준상태에서 기체 1mol의 부피는 22.4L이다.

08 제3종 분말소화약제의 화학식으로 맞는 것은?

① $NaHCO_3$ ② NH_3
③ $NH_4H_2PO_4$ ④ $KHCO_3$

해설

분말소화약제의 종류

종류	주성분	적응화재	분말의 색
제1종 분말	$NaHCO_3$	B, C급	백색
제2종 분말	$KHCO_3$	B, C급	담회색
제3종 분말	$NH_4H_2PO_4$	A, B, C급	담홍색
제4종 분말	$KHCO_3 + (NH_2)_2CO$	B, C급	회백색

09 다음 물질 중 지정수량이 50kg이 아닌 것은?

① $NaClO_3$ ② Li
③ KNO_3 ④ $KClO_4$

해설

질산칼륨(KNO_3) : 제1류 위험물 중 질산염류, 지정수량 300kg

10 제1류 위험물의 가장 큰 특성을 올바르게 표현한 것은?

① 환원성 ② 산화성
③ 가연성 ④ 조해성

해설

제1류 위험물은 산화성 고체로 다른 물질을 산화시키는 성질이 강하다. 제1류 위험물 중 일부 물질은 조해성을 가지고 있으나 대표하는 성질은 아니다.

11 질산암모늄에 대한 설명으로 옳은 것은?
① 물에 녹지 않는다.
② 조해성이 없다.
③ 물에 녹아 흡열반응을 한다.
④ 지정수량은 50kg이다.

해설
질산암모늄(NH_4NO_3)
- 제1류 위험물 중 질산염류, 지정수량 300kg, 위험등급 Ⅱ
- 물, 알코올에 녹는다.
- 물에 녹을 때 흡열반응을 한다.
- 조해성이 있기 때문에 저장 시 수분과 격리한다.
- 무색, 무취의 결정 상태이다.

12 과망가니즈산칼륨에 대한 설명으로 옳지 않은 것은?
① 물에 녹으면 보라색을 나타낸다.
② 열을 받아 분해하면 수소가스를 방출한다.
③ 살균소독제, 산화제 등으로 이용된다.
④ 목탄과 접촉 시 발화·폭발의 위험이 있다.

해설
과망가니즈산칼륨($KMnO_4$)
- 제1류 위험물 중 과망가니즈산염류, 지정수량 1,000kg
- 과망가니즈산칼륨의 열분해반응식
  $2KMnO_4 \rightarrow K_2MnO_4 + MnO_2 + O_2$
- 분해하여 산소를 방출한다.

13 다음 중 건성유에 해당하지 않는 것은?
① 올리브유   ② 아마인유
③ 동유   ④ 들기름

해설
건성유에 해당하는 물질 : 아마인유, 들기름, 정어리기름, 동유, 해바라기유
※ 올리브유는 불건성유에 해당한다.

14 다음 제4류 위험물 중 품명이 나머지 셋과 다른 하나는?
① 아세톤   ② 초산
③ 피리딘   ④ 초산에틸

해설
- 초산(아세트산, CH_3COOH) : 제4류 위험물 중 제2석유류 수용성, 지정수량 2,000L
- 나머지 물질 : 제1석유류

15 다음 중 지정수량이 다른 하나는?
① 의산   ② 아닐린
③ 글리세린   ④ 하이드라진

해설
- 의산, 하이드라진 : 제2석유류 수용성, 지정수량 2,000L
- 아닐린 : 제3석유류 비수용성, 지정수량 2,000L
- 글리세린 : 제3석유류 수용성, 지정수량 4,000L

정답 11 ③ 12 ② 13 ① 14 ② 15 ③

16 금속칼륨, 금속나트륨에 화재가 발생하였다. 적합한 소화약제는?

① 물
② 이산화탄소소화약제
③ 마른모래
④ 할로젠화합물소화약제

해설
칼륨, 나트륨은 물, 이산화탄소, 할로젠화합물과 반응하기 때문에 소화약제로 사용할 수 없다. 마른모래, 탄산수소염류 분말소화약제 등으로 소화한다.

17 다음 중 물과 반응하여 아세틸렌을 생성시키는 물질은?

① 수소화리튬   ② 탄화칼슘
③ 탄화알루미늄 ④ 인화칼슘

해설
탄화칼슘과 물의 반응식
$CaC_2 + 2H_2O \rightarrow Ca(OH)_2 + C_2H_2$(아세틸렌)

18 에탄올을 지정수량 1배 저장하고 있을 경우 무게는 몇 kg인가?(단, 에탄올의 비중은 0.79이다)

① 400kg   ② 316kg
③ 200kg   ④ 158kg

해설
- 비중 = 질량/부피
- 무게(질량) = 비중 × 부피
∴ 0.79 × 400 = 316

19 1기압에서 인화점이 200℃ 이상 250℃ 미만인 위험물의 품명은?

① 제1석유류   ② 제2석유류
③ 제3석유류   ④ 제4석유류

해설
- 제1석유류의 인화점 기준 : 1기압에서 인화점 21℃ 미만
- 제2석유류의 인화점 기준 : 1기압에서 인화점 21℃ 이상 70℃ 미만
- 제3석유류의 인화점 기준 : 1기압에서 인화점 70℃ 이상 200℃ 미만
- 제4석유류의 인화점 기준 : 1기압에서 인화점 200℃ 이상 250℃ 미만

20 다음 중 3가 알코올에 속하는 물질은?

① 에틸알코올   ② 에틸렌글라이콜
③ 부틸알코올   ④ 글리세린

해설
3가 알코올은 OH기가 3개인 알코올을 말한다. 글리세린[$C_3H_5(OH)_3$]은 OH기가 3개이다.

21 다음 물질 중 제6류 위험물에 속하지 않는 물질은?

① IF_5 ② HNO_3
③ $HClO_3$ ④ H_2O_2

해설
염소산($HClO_3$)은 비위험물이다.

16 ③ 17 ② 18 ② 19 ④ 20 ④ 21 ③

22 다음 중 소화약제로 사용할 수 없는 것은?

① CO_2 ② N_2
③ P_4S_3 ④ $NaHCO_3$

해설
삼황화인(P_4S_3)은 제2류 위험물로 지정수량 100kg이다.

23 가연물 연소에 필요한 산소공급원을 단절하는 것은 소화이론 중 어떤 작용을 이용한 것인가?

① 질식작용 ② 제거작용
③ 냉각작용 ④ 희석작용

해설
산소공급원을 차단하는 것을 질식효과를 이용하여 소화하는 원리이다. 산소의 농도를 15% 이하로 낮추어 주면 연소가 멈추게 된다.

24 제1류부터 제6류 위험물에 모두 소화가 가능한 소화약제는?

① 할로젠화합물소화약제
② 물
③ 마른모래
④ 중탄산칼륨

해설
마른모래, 팽창질석, 팽창진주암은 제1류~제6류 위험물의 소화에 적응성이 있다.

25 옥내소화전설비의 비상전원은 몇 분 이상 유효하게 작동해야 하는가?

① 15분 ② 30분
③ 45분 ④ 60분

해설
옥내소화전, 옥외소화전, 스프링클러설비의 비상전원은 45분 이상 작동해야 한다.

26 다음 중 벤젠의 일반적인 성질로 틀린 것은?

① 증기는 유독하다.
② 유지, 고무 등을 잘 녹인다.
③ 휘발성이 있는 황색의 액체이다.
④ 인화점은 -11℃이다.

해설
벤젠은 휘발성이 있는 무색의 방향성 액체이다.

27 제1석유류 중에서 인화점이 약 -18℃ 정도이고 물에 잘 녹는 물질은 무엇인가?

① 벤젠 ② 휘발유
③ 사이안화수소 ④ 아세톤

해설
아세톤(CH_3COCH_3)
• 제1석유류 수용성, 지정수량 400L
• 인화점 : -18.5℃

정답 22 ③ 23 ① 24 ③ 25 ③ 26 ③ 27 ④

28
규조토에 이 물질을 흡수시켜 다이너마이트를 만든다. 이 물질의 화학식은?

① $C_3H_5(OH)_3$　② $C_3H_5(ONO_2)_3$
③ $C_6H_5CH_3$　④ $C_6H_5NO_2$

해설
나이트로글리세린[$C_3H_5(ONO_2)_3$]
- 제5류 위험물 중 질산에스터류
- 나이트로글리세린을 규조토에 흡수시켜 다이너마이트를 만든다.

29
제조소 또는 취급소용 건축물로서 외벽이 내화구조로 된 200m²의 소요단위는?

① 1　② 2
③ 3　④ 4

해설
제조소 또는 취급소의 1소요단위 기준
- 외벽이 내화구조일 때 : 100m²
- 내화구조가 아닐 때 : 50m²

30
고압가스시설과 제조소와의 안전거리는 몇 m 이상으로 해야 하는가?

① 10m　② 20m
③ 30m　④ 50m

해설
제조소의 안전거리(위험물안전관리법 시행규칙 별표 4)
제조소는 건축물의 외벽 또는 이에 상당하는 공작물의 외측으로부터 해당 제조소의 외벽 또는 이에 상당하는 공작물의 외측까지의 사이에 수평거리(이하 "안전거리"라 한다)를 두어야 한다.
- 사용전압이 7,000V 초과 35,000V 이하의 특고압가공전선 : 3m
- 사용전압이 35,000V를 초과하는 특고압가공전선 : 5m
- 건축물 그 밖의 공작물로서 주거용으로 사용되는 것 : 10m
- 고압가스, 액화석유가스 또는 도시가스를 저장 또는 취급하는 시설 : 20m
- 학교·병원·극장 그 밖에 다수인을 수용하는 시설 : 30m
- 지정문화유산 및 천연기념물 등 : 50m

31
소화기의 적절한 사용방법으로 옳지 않은 것은?

① 적응화재에 맞는 소화기를 사용할 것
② 바람이 부는 방향을 향해 약제를 방사할 것
③ 풍상에서 풍하의 방향으로 약제를 골고루 방사할 것
④ 화재면에 최대한 가까이 방사할 것

해설
바람이 부는 방향을 향해 약제를 방사하면 소화약제가 화재면에 도달하기 어렵다.

32 자연발화의 조건으로 옳지 않은 것은?

① 주위의 온도가 높을 것
② 열전도율이 클 것
③ 표면적이 넓을 것
④ 발열량이 클 것

해설
열전도율은 작아야 열축적이 잘 되어 자연발화를 일으킬 수 있다.

33 할론 1301의 화학식으로 옳은 것은?

① CF_2ClBr
② CCl_4
③ CH_2ClBr
④ CF_3Br

해설
할론번호 표시방법 : 할론 ○○○○의 화학식을 쓰라고 하는 문제가 많이 나오므로 각각 원자의 순서를 알고 있어야 한다. 나오는 숫자대로 원자의 수를 채우면 된다.
- 첫 번째 자리 : 탄소(C)
- 두 번째 자리 : 플루오린(F)
- 세 번째 자리 : 염소(Cl)
- 네 번째 자리 : 브로민(Br)

할론번호	화학식
Halon 1301	CF_3Br
Halon 2402	$C_2F_4Br_2$
Halon 1211	CF_2ClBr
Halon 104(0)	CCl_4

34 옥내저장소에 황린 20kg, 적린 100kg, 황 200kg을 저장하고 있다. 지정수량 배수의 총합은 얼마인가?

① 1
② 2
③ 3
④ 4

해설
- 황린의 지정수량 : 20kg
- 적린, 황의 지정수량 : 100kg
따라서, 총 4배를 저장하고 있다.

35 마른모래(삽 1개 포함) 100L의 능력단위는 얼마인가?

① 1
② 2
③ 3
④ 4

해설
마른모래 50L의 능력단위는 0.5이므로 100L의 능력단위는 1이다.
소화설비의 능력단위

소화설비	용량	능력단위
소화전용(轉用)물통	8L	0.3
수조(소화전용물통 3개 포함)	80L	1.5
수조(소화전용물통 6개 포함)	190L	2.5
마른모래(삽 1개 포함)	50L	0.5
팽창질석 또는 팽창진주암(삽 1개 포함)	160L	1.0

36 다음 중 위험물안전관리법상 위험물에 해당하지 않는 것은?

① 금속분
② 다이아조화합물
③ 하이드록실아민
④ 황산

해설
황산(H_2SO_4)은 비위험물이다.

37 다음 중 공기를 이루는 주요 구성 성분에 포함되지 않은 것은?

① 질소　　② 산소
③ 황화수소　④ 아르곤

해설
공기를 이루는 주요 구성 성분은 질소 78%, 산소 21%, 아르곤 1%이고, 나머지 기체들도 공기 중에 존재하지만 매우 적은 양만 존재한다.

38 위험물안전관리법에 따른 인화성 고체의 인화점 기준으로 올바른 것은?(단, 1기압 기준이다)

① 40℃ 이하인 것
② 40℃ 미만인 것
③ 70℃ 이하인 것
④ 70℃ 미만인 것

해설
인화성 고체 : 고형알코올, 그 밖에 1기압에서 인화점이 40℃ 미만인 고체를 말한다.

39 옥외탱크저장소에 설치하는 통기관은 직경이 얼마 이상인 것으로 설치해야 하는가?(단, 압력탱크는 제외한다)

① 25mm　② 30mm
③ 40mm　④ 45mm

해설
옥외저장탱크 중 압력탱크 외의 탱크 : 밸브없는 통기관 또는 대기밸브부착 통기관을 설치
- 통기관의 직경은 30mm 이상
- 선단(끝부분)은 수평면보다 45° 이상 구부려 빗물 등의 침투를 막는 구조
- 가는 눈의 구리망으로 인화방지장치 설치
- 대기밸브부착 통기관은 5kPa 이하의 압력 차이로 작동할 수 있을 것

40 제4류 위험물 화재에 주수소화는 적당하지 않은 방법이다. 그 이유에 대한 설명으로 옳은 것은?

① 물과 반응하여 가연성 가스를 발생시키기 때문이다.
② 화재면을 확대시키기 때문이다.
③ 위험물의 인화점이 낮아지기 때문이다.
④ 물과 중합반응을 일으키기 때문이다.

해설
일반적인 제4류 위험물은 비중이 1보다 작아 물 위에 뜨고 물과 섞이지 않아, 화재면에 물을 방사하면 물 위에 떠서 화재면을 확대시키는 효과가 난다. 오히려 화재가 확대된다.

41 제6류 위험물의 공통적인 성질 중 틀린 것은?

① 산소를 함유하고 있다.
② 산화성 액체이다.
③ 대부분 물보다 가볍다.
④ 물에 녹는다.

해설
제6류 위험물들은 비중이 1보다 크다.

42 다음 중 위험물의 화재 시 소화방법으로 잘못 짝지어진 것은?

① 황린 – 물에 의한 냉각소화
② 칼륨 – 마른모래에 의한 질식소화
③ 나트륨 – 이산화탄소소화약제에 의한 질식소화
④ 황 – 물에 의한 냉각소화

해설
나트륨, 칼륨은 이산화탄소와 반응하여 탄산염과 탄소를 생성한다. 탄소는 가연물이기 때문에 오히려 화재가 확대될 수 있다.

43 제2류 위험물인 황의 성질에 대한 설명으로 틀린 것은?

① 전기의 불량도체이다.
② 물에 잘 녹는다.
③ 연소 시 유해한 가스를 발생한다.
④ 연소하기 쉬운 가연성 고체이다.

해설
황은 제2류 위험물로 연소 시 이산화황을 생성한다. 또한 물에 녹지 않고 이황화탄소에 잘 녹는다.

44 제3류 위험물 중 금속의 수소화물의 지정수량은 얼마인가?

① 50kg
② 200kg
③ 300kg
④ 500kg

해설
제3류 위험물 중 금속의 수소화물, 금속의 인화물, 칼슘 또는 알루미늄의 탄화물의 지정수량은 300kg 이다.

45 화재의 종류에 따른 분류 중 유류화재에 해당하는 것은?

① A급
② B급
③ C급
④ D급

해설
화재의 분류에 따른 표시색상

급수	종류	표시색
A급	일반화재	백색
B급	유류화재	황색
C급	전기화재	청색
D급	금속화재	무색

정답 41 ③ 42 ③ 43 ② 44 ③ 45 ②

46 다음 중 산화성 고체의 품명에 해당하는 것이 아닌 것은?

① 아염소산염류
② 다이크로뮴산염류
③ 무기과산화물
④ 고형알코올

해설
고형알코올은 제2류 위험물에 속하고, 지정수량은 1,000kg이다.

47 위험물제조소에 '화기주의'라는 게시판을 설치해야 하는 위험물은?

① 과산화나트륨
② 휘발유
③ 나이트로글리세린
④ 적린

해설
제2류 위험물(인화성 고체 제외)을 취급할 때에는 '화기주의'라는 게시판을 설치해야 한다.

48 고온체의 색깔이 백적색일 경우 온도는 약 몇 ℃ 정도인가?

① 700℃   ② 850℃
③ 1,300℃   ④ 1,500℃

해설
연소 온도별 색깔의 종류

색깔	온도(℃)
담암적색	520
암적색	700
적색	850
휘적색	950
황적색	1,100
백적색	1,300
휘백색	1,500

49 지정수량의 100배 이상을 저장 또는 취급하는 옥내저장소에 설치해야 하는 경보설비는?(단, 고인화점 위험물만을 저장 또는 취급하는 것은 제외한다)

① 비상경보설비
② 확성장치
③ 비상방송설비
④ 자동화재탐지설비

해설
옥내저장소에서 자동화재탐지설비만을 설치해야 하는 경우
- 지정수량의 100배 이상을 저장 또는 취급하는 것(고인화점 위험물만을 저장 또는 취급하는 것은 제외한다)
- 저장창고의 연면적이 150m²를 초과하는 것
- 처마높이가 6m 이상인 단층 건물의 것

50 분진폭발이 대형화되는 경우가 아닌 것은?

① 밀폐된 공간 내 고온, 고압 상태가 유지될 때
② 밀폐된 공간 내 인화성 가스가 존재할 때
③ 분진 자체가 폭발성 물질인 경우
④ 공기 중 질소 농도가 증가된 경우

해설
공기 중 질소 농도가 증가되면 화재의 위험성은 감소된다. 질소는 소화약제로도 쓰인다.

51 다음 중 제2류 위험물만으로 나열된 것이 아닌 것은?

① 철분, 황화인
② 마그네슘, 적린
③ 황, 철분
④ 아연분, 나트륨

해설
나트륨(Na)은 제3류 위험물이고 지정수량은 10kg이다.

52 아마인유에 대한 설명 중 틀린 것은?

① 건성유이다.
② 공기 중 산소와 결합하기 쉽다.
③ 아이오딘값이 올리브유보다 작다.
④ 자연발화의 위험이 있다.

해설
아마인유는 건성유이고 아이오딘값이 130 이상이다. 올리브유는 불건성유로 아이오딘값이 100 이하이다.

53 소화효과에 대한 설명으로 옳지 않은 것은?

① 산소공급 차단에 의한 효과는 제거효과이다.
② 물에 의한 소화는 냉각효과가 대표적이다.
③ 가스화재 시 가연성가스 공급 차단에 의한 소화는 제거효과이다.
④ 소화약제의 증발잠열을 이용한 소화는 냉각효과이다.

해설
산소공급 차단에 의한 효과는 질식효과이다.

정답 50 ④ 51 ④ 52 ③ 53 ①

54
HClO₄, H₂O₂, IF₅의 지정수량을 전부 합하면 몇 kg인가?

① 150kg
② 300kg
③ 900kg
④ 3,000kg

해설
과염소산(HClO₄), 과산화수소(H₂O₂), 오불화아이오딘(IF₅)은 전부 제6류 위험물에 속한다. 제6류 위험물의 지정수량은 300kg으로 동일하기 때문에 위 물질의 지정수량의 합계는 900kg이 된다.

55
다음 제3류 위험물의 지정수량이 잘못 짝지어진 것은?

① NaH – 300kg
② (C₂H₅)₃Al – 10kg
③ CaC₂ – 50kg
④ P₄ – 20kg

해설

물질명	지정수량
수소화나트륨(NaH)	300kg
트라이에틸알루미늄[(C₂H₅)₃Al]	10kg
탄화칼슘(CaC₂)	300kg
황린(P₄)	20kg

56
위험물 저장탱크의 공간용적은 탱크 내용적의 얼마 이상, 얼마 이하로 해야 하는가?

① 3/100 이상, 7/100 이하
② 5/100 이상, 10/100 이하
③ 10/100 이상, 20/100 이하
④ 15/100 이상, 30/100 이하

해설
탱크의 용량 = 탱크의 내용적 – 탱크의 공간용적
- 탱크 내용적의 90% 이상 95% 이하로 한다.
- 탱크의 공간용적은 내용적의 5/100 이상, 10/100 이하로 한다.

57
인화칼슘이 포스핀 가스와 수산화칼슘을 발생하는 경우에 해당하는 것은?

① 햇빛에 노출되었다.
② 가열에 의해 열분해되었다.
③ 수분과 접촉하였다.
④ 충격, 마찰을 가하였다.

해설
인화칼슘과 물의 반응식
Ca₃P₂ + 6H₂O → 3Ca(OH)₂ + 2PH₃

58 다음 중 두 가지 물질을 섞었을 때 수소가 발생하는 경우는?

① 칼륨과 에탄올
② 오황화인과 물
③ 과산화나트륨과 물
④ 과산화수소와 하이드라진

해설

- 칼륨과 에탄올의 반응식
 $2K + 2C_2H_5OH \rightarrow 2C_2H_5OK + H_2(수소)$
- 오황화인과 물의 반응식
 $P_2S_5 + 8H_2O \rightarrow 5H_2S(황화수소) + 2H_3PO_4$
- 과산화나트륨과 물의 반응식
 $2Na_2O_2 + 2H_2O \rightarrow 4NaOH + O_2 + 발열$
- 과산화수소와 하이드라진의 반응식
 $2H_2O_2 + N_2H_4 \rightarrow 4H_2O + N_2$

59 위험물안전관리자가 퇴사한 경우에는 며칠 이내에 위험물 안전관리자를 다시 선임해야 하는가?

① 7일 ② 14일
③ 30일 ④ 60일

해설

위험물안전관리자
- 선임권자 : 제조소 등의 관계인
- 해임하거나 퇴직 시 : 30일 이내에 다시 선임해야 한다.
- 선임신고 : 선임한 날부터 14일 이내에 소방본부장 또는 소방서장에게 신고
- 대리자 지정 : 30일을 초과할 수 없다.
- 안전관리자의 직무 : 위험물의 취급에 관한 관리·감독
- 안전관리자 미선임 : 1천500만원 이하의 벌금
- 선임신고 기간 이내 하지 않거나 허위로 한 자 : 500만원 이하의 과태료

60 과산화수소의 분해방지 안정제로 사용할 수 있는 물질은?

① 이산화망가니즈 ② 벤젠
③ 질산은 ④ 인산

해설

과산화수소는 분해력이 매우 뛰어나 안정제를 사용하여 보관하는데 이때, 안정제로 인산(H_3PO_4), 요산($C_5H_4N_4O_3$) 등을 사용한다.

과년도 기출복원문제

CHAPTER 04
2018년 제 1 회

PART 01 위험물기능사 필기

01 '위험물제조소'라는 표시를 한 표지는 백색바탕에 어떤 색상의 문자를 사용해야 하는가?
① 황색
② 적색
③ 흑색
④ 청색

02 소화기에 'A-2'로 된 표시가 있다면 숫자 2가 의미하는 것은?
① 소화기의 제조번호
② 소화기의 소요단위
③ 소화기의 능력단위
④ 소화기의 사용순위

03 다음 물질 중 증발연소를 하는 것은?
① 목탄
② 나무
③ 나이트로셀룰로스
④ 양초

해설
양초, 황, 파라핀 등은 증발연소를 한다.

04 다음 중 자연발화의 위험성이 가장 낮은 조건은?
① 표면적이 넓을 것
② 열전도율이 작은 것
③ 주위온도가 높을 것
④ 습도가 낮을 것

해설
습도가 높을 때 자연발화의 위험성이 증가한다.

05 산화성 액체위험물에 적응성이 있는 소화설비가 아닌 것은?
① 스프링클러설비
② 포소화설비
③ 할로젠화합물소화설비
④ 물분무설비

해설
제6류 위험물(산화성 액체)의 소화방법은 주수소화이다. 수계소화설비가 아닌 할로젠화합물소화설비는 적응성이 없다.

정답 1 ③ 2 ③ 3 ④ 4 ④ 5 ③

06 다음 중 위험물과 그 보호액으로 잘못 짝지어진 것은?

① 황린 – 물
② 칼륨 – 에탄올
③ 이황화탄소 – 물
④ 나트륨 – 유동파라핀

> **해설**
> 칼륨과 에탄올의 반응식
> $2K + 2C_2H_5OH \rightarrow 2C_2H_5OK + H_2$

07 표준상태에서 탄소 1mol이 완전 연소할 때 발생하는 CO_2의 부피(L)는 얼마인가?

① 11.2L   ② 22.4L
③ 112L   ④ 224L

> **해설**
> - 탄소 1mol이 연소하면 이산화탄소 1mol이 발생된다. 표준상태에서 기체 1mol의 부피는 22.4L이다.
> - 연소반응식 : $C + O_2 \rightarrow CO_2$

08 다음 중 분말소화약제를 방출시키기 위해 주로 사용되는 가압용 가스는?

① 산소   ② 질소
③ 헬륨   ④ 아르곤

09 부채를 이용하여 촛불을 바람으로 끄는 경우에 해당하는 소화원리는?

① 억제효과
② 가연물 제거
③ 산소공급원 차단
④ 냉각효과

> **해설**
> 촛불은 증발연소를 하고, 가연성 가스를 날려버려 소화하는 원리이기 때문에 제거소화에 해당한다.

10 제조소 등의 소요단위 산정 시 위험물은 지정수량의 몇 배를 1소요단위로 하는가?

① 1배   ② 5배
③ 10배   ④ 100배

11 할론 1211 소화약제에 해당하는 화학식은?

① CF_2ClBr ② CF_3Br
③ CCl_4 ④ CH_2ClBr

> **해설**
> 할론번호에 해당하는 원소
> - 1번째 자리 : 탄소(C)
> - 2번째 자리 : 플루오린(F)
> - 3번째 자리 : 염소(Cl)
> - 4번째 자리 : 브로민(Br)
>
> 자리수에 맞는 원소를 숫자만큼 채워준다. 따라서 할론 1211의 화학식은 CF_2ClBr이다.

정답 6 ② 7 ② 8 ② 9 ② 10 ③ 11 ①

12 다음 위험물의 화재 시 질식소화가 가장 효과적인 것은?

① 질산메틸 ② 염소산칼륨
③ 나이트로벤젠 ④ 과염소산

해설
나이트로벤젠
- 제4류 위험물 중 제3석유류
- 제4류 위험물은 질식소화가 가장 효과적이다.

13 과염소산나트륨의 성질 중 가장 거리가 먼 것은?

① 물에 녹지 않는다.
② 알코올에 녹는다.
③ 조해성이 있다.
④ 지정수량은 50kg이다.

해설
과염소산나트륨($NaClO_4$)
- 제1류 위험물 중 과염소산염류, 지정수량 50kg
- 물, 알코올, 아세톤에 잘 녹는다.
- 에터에 녹지 않는다.
- 조해성이 있다.

14 제6류 위험물의 공통적인 성질로 옳은 것은?

① 물보다 가볍다.
② 물에 녹는다.
③ 점성이 큰 액체로서 환원제이다.
④ 연소가 매우 잘 된다.

해설
제6류 위험물은 산화성 액체로, 강력한 산화제이며, 비중은 1보다 커서 물보다 무겁다.

15 나이트로셀룰로스의 저장방법으로 옳은 것은?

① 건조한 상태로 보관해야 한다.
② 물 또는 알코올을 첨가하여 습윤한다.
③ 물기와 접촉하면 자연발화의 위험이 있으므로 주의를 요한다.
④ 알코올과는 반응하여 가연성의 가스를 생성하므로 접근을 피해야 한다.

해설
나이트로셀룰로스
- 제5류 위험물 중 질산에스터류
- 건조하면 위험성이 증가하기 때문에 물 또는 알코올에 습윤시켜 저장한다.

16 과망가니즈산칼륨의 일반적인 성질에 관한 설명 중 틀린 것은?

① 강한 살균력과 산화력이 있다.
② 금속성 광택이 있는 무색 결정이다.
③ 가열 분해시키면 산소를 방출한다.
④ 비중은 약 2.7이다.

해설
과망가니즈산칼륨($KMnO_4$)
- 제1류 위험물 중 과망가니즈산염류, 지정수량 1,000kg, 위험등급Ⅲ
- 흑자색의 결정이다.
- 물에 녹으면 보라색을 띤다.
- 살균제, 산화제로 이용된다.

정답 12 ③ 13 ① 14 ② 15 ② 16 ②

17 황의 성질을 설명한 것으로 옳은 것은?

① 전기의 양도체이다.
② 물에 잘 녹는다.
③ 연소하기 어려워 분진 폭발의 위험은 없다.
④ 높은 온도에서 탄소와 반응하여 CS_2를 만든다.

해설
- 황은 고온에서 탄소와 직접 반응하여 이황화탄소를 만든다.
- 반응식 : $C + 2S \rightarrow CS_2$

18 벤젠의 증기비중은 약 얼마인가?

① 0.72 ② 0.95
③ 2.69 ④ 3.76

해설
벤젠(C_6H_6)의 분자량은 78이다. 따라서 증기비중은 $\frac{78}{29} = 2.69$가 나온다.

19 이산화탄소가 소화약제로 사용되는 이유에 대한 설명으로 가장 옳은 것은?

① 산소와의 반응이 느리기 때문이다.
② 산소와 반응하지 않기 때문이다.
③ 착화되어도 불이 곧 꺼지기 때문이다.
④ 산화반응이 되어도 열 발생이 없기 때문이다.

해설
이산화탄소(CO_2)는 산소와의 반응이 이미 종결된 물질로 더 이상 산소와 반응하지 않는다. 공기 중에 방사할 경우 산소의 농도를 낮추는 효과(질식효과)로 소화를 한다.

20 다음 위험물 중 물보다 가벼운 물질은 어느 것인가?

① 메틸에틸케톤
② 나이트로벤젠
③ 에틸렌글라이콜
④ 글리세린

해설

물질명	비중
메틸에틸케톤	0.8
나이트로벤젠	1.2
에틸렌글라이콜	1.11
글리세린	1.26

정답 17 ④ 18 ③ 19 ② 20 ①

21 과산화벤조일의 지정수량은 얼마인가?

① 10kg ② 50L
③ 100kg ④ 200L

해설
과산화벤조일(벤조일퍼옥사이드) : 제5류 위험물 중 유기과산화물

22 다음 위험물 중 발화점이 가장 낮은 것은?

① 휘발유 ② 아세톤
③ 이황화탄소 ④ 황린

해설

물질명	발화점
휘발유	280℃
아세톤	465℃
이황화탄소	90℃
황린	34℃

23 다음 중 질산염류에 속하지 않는 것은?

① 질산메틸 ② 질산나트륨
③ 질산칼륨 ④ 질산암모늄

해설
질산메틸은 제5류 위험물 중 질산에스터류에 속한다.

24 가연물의 종류에 따른 화재의 분류에서 목재에 의한 화재에 해당하는 것은?

① A급 ② B급
③ C급 ④ D급

해설
종이, 목재, 플라스틱 등은 A급(일반화재) 화재에 속한다.

25 다이에틸에터의 안전관리에 대한 설명 중 틀린 것은?

① 증기는 마취성이 있으므로 증기흡입에 주의해야 한다.
② 폭발성의 과산화물 생성은 아이오딘화칼륨 용액으로 확인한다.
③ 물에 잘 녹으므로 화재 시 집중주수하여 소화한다.
④ 정전기 불꽃에 의한 발화에 주의해야 한다.

해설
다이에틸에터는 약간 녹으나 비중이 0.7로 물 위에 뜨며 잘 섞이지 않으므로 주수소화 시 오히려 화재면을 확대시켜 화재가 번질 위험이 커진다.

정답 21 ③ 22 ④ 23 ① 24 ① 25 ③

26 다음 물질 중 반건성유에 해당하는 것은?

① 야자유　　② 참기름
③ 아마인유　④ 동유

해설
동식물유류의 종류

구분	아이오딘값	불포화도	종류
건성유	130 이상	크다.	해바라기유, 동유, 들기름, 정어리기름, 아마인유 등
반건성유	100~130	보통	참기름, 쌀겨기름, 콩기름, 옥수수기름 등
불건성유	100 이하	작다.	피마자유, 야자유, 올리브유, 동백유 등

27 콜로디온의 일반적인 제조 방법에 해당되는 것은?

① 질화면을 질산과 황산 혼합액에 녹인다.
② 목탄분을 질산과 황산 혼합액에 녹인다.
③ 질화면을 에탄올과 에터의 혼합액에 녹여 만든다.
④ 목탄분을 에탄올과 에터의 혼합액에 녹여 만든다.

해설
콜로디온
- 제1석유류
- 질화도가 낮은 질화면에 부피비로 에탄올 3과 에터 1의 혼합용액으로 녹여 만든다.

28 질산칼륨의 성질에 대한 설명으로 틀린 것은?

① 비중은 1보다 작다.
② 열분해하면 산소를 발생한다.
③ 물에 잘 녹는다.
④ 분해온도는 약 400℃이다.

해설
질산칼륨의 비중은 2.1이다.

29 다음 위험물의 화재 시 주수소화에 의한 위험성이 증가하는 것은?

① 황　　　　② 염소산칼륨
③ 인화칼슘　④ 질산칼륨

해설
- 인화칼슘은 물과 반응하여 가연성이자 유독성의 포스핀 가스를 생성한다.
- 반응식 : $Ca_3P_2 + 6H_2O \rightarrow 3Ca(OH)_2 + 2PH_3$

30 다음 중 제5류 위험물의 품명에 속하지 않는 것은?

① 질산에스터류
② 하이드록실아민염류
③ 나이트로화합물
④ 아이오딘산염류

해설
아이오딘산염류 : 제1류 위험물, 지정수량 300kg, 위험등급 Ⅱ

정답　26 ②　27 ③　28 ①　29 ③　30 ④

31 질산암모늄을 취급하는 과정에서 화재나 폭발의 위험성이 가장 낮아지는 경우는?

① 황과 혼합하는 경우
② 물에 용해시키는 경우
③ 가열시키는 경우
④ 마찰을 가하는 경우

해설
질산암모늄(NH_4NO_3)
- 제1류 위험물 중 질산염류, 지정수량 300kg, 위험등급 Ⅱ
- 물에 용해할 때 흡열반응을 한다.
- 조해성이 강하다.
- 유기물과 혼합하여 열을 가하면 폭발의 위험이 있다.

32 적린의 저장 및 취급에 대한 설명 중 틀린 것은?

① 산화제와의 접촉을 피한다.
② 인화성 물질과 격리하여 저장한다.
③ 강알칼리 용액과는 반응하지 않으므로 함께 저장한다.
④ 황과는 같은 유별일지라도 함께 저장하면 안 된다.

해설
적린(P)
- 제2류 위험물, 지정수량 100kg, 위험등급 Ⅱ
- 황린(제3류 위험물, P_4)과는 동소체이다.
- 착화점은 260℃이다.
- 물, 알코올, 이황화탄소, 에터, 암모니아 등에 녹지 않는다.
- 산화제와 혼합하면 발화의 위험이 있다.
- 연소반응식 : $4P + 5O_2 \rightarrow 2P_2O_5$
- 이황화탄소, 황, 암모니아 등과 접촉하면 발화의 위험이 있다.
- 강알칼리와 반응하여 포스핀을 발생한다.

33 위험물 판매취급소에 관한 설명 중 옳지 않은 것은?

① 배합실의 바닥면적은 $6m^2$ 이상 $15m^2$ 이하여야 한다.
② 제1종 판매취급소는 건축물의 1층에 설치한다.
③ 일반적으로 페인트점, 화공약품점이 판매취급소에 해당한다.
④ 취급하는 위험물의 종류에 따라 제1종과 제2종으로 구분한다.

해설
- 제1종 판매취급소 : 취급하는 위험물의 수량이 지정수량 20배 이하
- 제2종 판매취급소 : 취급하는 위험물의 수량이 지정수량 40배 이하

34 다음 위험물 중에서 제3석유류로만으로 짝지어진 것은?

① 중유, 테레핀유
② 중유, 아세트산
③ 크레오소트유, 에틸렌글라이콜
④ 크레오소트유, 윤활유

해설
- 테레핀유, 아세트산 : 제2석유류
- 윤활유 : 제4석유류

35 다음 중 제3종 분말소화약제의 주성분은?

① 탄산수소나트륨
② 인산암모늄
③ 탄산수소나트륨과 수소
④ 탄산수소칼륨

해설
- 제3종 분말소화약제($NH_4H_2PO_4$) : 제1인산암모늄 (인산암모늄)
- 탄산수소나트륨은 제1종 분말, 탄산수소칼륨은 제2종 분말소화약제이다.

36 분말소화약제 중 제1종과 제2종 분말이 열분해할 때 공통적으로 생성되는 가스의 화학식은 무엇인가?

① CO_2 ② NH_3
③ NO_2 ④ NO_2

해설
각종 분말소화약제의 열분해반응식
- 제1종 분말소화약제
  - 1차 분해반응식(270℃)
    $2NaHCO_3 \rightarrow Na_2CO_3 + CO_2 + H_2O$
  - 2차 분해반응식(850℃)
    $2NaHCO_3 \rightarrow Na_2O + 2CO_2 + H_2O$
- 제2종 분말소화약제
  - 1차 분해반응식(190℃)
    $2KHCO_3 \rightarrow K_2CO_3 + CO_2 + H_2O$
  - 2차 분해반응식(590℃)
    $2KHCO_3 \rightarrow K_2O + 2CO_2 + H_2O$
∴ 공통적으로 CO_2와 H_2O가 생성된다.

37 다음 중 연소반응이 일어날 수 있는 가능성이 가장 큰 물질은 어느 것인가?

① 산소와 친화력이 작고, 활성화에너지가 작은 물질
② 산소와 친화력이 크고, 열전도율이 큰 물질
③ 활성화에너지는 크고, 발열량이 작은 물질
④ 활성화에너지는 작고, 열전도율이 작은 물질

해설
연소가 잘 일어나는 조건
- 산소와의 친화력이 좋을 것
- 활성화에너지가 작을 것
- 열전도율이 작을 것
- 발열량이 클 것

38 화재 시 주수에 의해 오히려 위험성이 증대되는 것은?

① 황린   ② 적린
③ 황화인   ④ 탄화알루미늄

해설
- 물과 반응하며 가연성의 메테인을 생성한다.
- 탄화알루미늄과 물의 반응식
  $Al_4C_3 + 12H_2O \rightarrow 4Al(OH)_3 + 3CH_4$

정답 35 ② 36 ① 37 ④ 38 ④

39 위험물제조소에서 국소방식의 배출설비의 배출능력은 1시간당 배출장소 용적의 몇 배 이상인 것으로 해야 하는가?

① 5배　　② 10배
③ 20배　　④ 50배

40 다음 중 위험물 품명이 나머지 셋과 다른 것은?

① 산화프로필렌　② 이황화탄소
③ 아세톤　　　　④ 다이에틸에터

해설
- 아세톤(CH_3COCH_3) : 제4류 위험물 중 제1석유류 수용성, 지정수량 400L
- 나머지 물질 : 특수인화물

41 제조소 등에 있어서 경보설비는 지정수량의 몇 배 이상의 위험물을 저장 또는 취급할 때 설치해야 하는가?

① 10배　　② 20배
③ 30배　　④ 40배

42 제3류 위험물을 취급하는 제조소는 300명 이상을 수용할 수 있는 극장으로부터 몇 m 이상의 안전거리를 유지해야 하는가?

① 5m　　② 10m
③ 20m　　④ 30m

해설
제조소의 안전거리(위험물안전관리법 시행규칙 별표 4)
제조소는 건축물의 외벽 또는 이에 상당하는 공작물의 외측으로부터 해당 제조소의 외벽 또는 이에 상당하는 공작물의 외측까지의 사이에 수평거리(이하 "안전거리"라 한다)를 두어야 한다.
- 사용전압이 7,000V 초과 35,000V 이하의 특고압가공전선 : 3m
- 사용전압이 35,000V를 초과하는 특고압가공전선 : 5m
- 건축물 그 밖의 공작물로서 주거용으로 사용되는 것 : 10m
- 고압가스, 액화석유가스 또는 도시가스를 저장 또는 취급하는 시설 : 20m
- 학교·병원·극장 그 밖에 다수인을 수용하는 시설 : 30m
- 지정문화유산 및 천연기념물 등 : 50m

43 다음 물질 중 인화점이 가장 높은 것은?

① 톨루엔　　② 이황화탄소
③ 초산　　　④ 글리세린

해설
석유류의 숫자가 높아지면 인화점도 높아진다. 따라서 각 물질의 인화점을 모르더라도 제3석유류에 속한 글리세린의 인화점이 가장 높은 것을 알 수 있다.

44. KClO₄의 지정수량과 KNO₃의 지정수량의 합계는?

① 100kg ② 250kg
③ 300kg ④ 350kg

해설
- 과염소산칼륨($KClO_4$) : 제1류 위험물 중 과염소산염류, 지정수량 50kg
- 질산칼륨(KNO_3) : 제1류 위험물 중 질산염류, 지정수량 300kg

45. 경유의 성질에 대한 설명 중 틀린 것은?

① 물에 녹기 어려운 물질이다.
② 비중은 1 이하이다.
③ 인화점은 중유보다 높다.
④ 다른 물질을 산화시킨다.

해설
- 경유 : 제2석유류
- 중유 : 제3석유류
따라서 인화점은 경유보다 중유가 더 높다.

46. 오황화인이 물과 반응할 때 발생하는 유독성의 기체는?

① 이황화탄소   ② 황화수소
③ 암모니아   ④ 이산화황

해설
오황화인과 물의 반응식
$P_2S_5 + 8H_2O \rightarrow 5H_2S$(황화수소) $+ 2H_3PO_4$(인산)

47. 다음 중 제2류 위험물인 황의 종류에 해당하지 않는 것은?

① 단사황   ② 사방황
③ 고무상황   ④ 이산화황

해설
황은 결정상태에 따라 단사황, 사방황, 고무상황으로 구분한다. 고무상황을 제외하고는 CS_2에 잘 녹는다.

48. 고체위험물의 수납률은 운반용기 내용적의 얼마 이하여야 하는가?

① 90%   ② 95%
③ 98%   ④ 99%

해설
운반용기의 수납률
- 고체 : 95% 이하
- 액체 : 98% 이하

정답 44 ④ 45 ③ 46 ② 47 ④ 48 ②

49 다음 제4류 위험물 중 착화온도가 가장 낮은 것은?

① 이황화탄소
② 다이에틸에터
③ 아세트알데하이드
④ 산화프로필렌

해설

물질명	착화점
이황화탄소	90℃
다이에틸에터	180℃
아세트알데하이드	175℃
산화프로필렌	449℃

50 다음 중 위험물 저장탱크의 용량을 구하는 식으로 알맞은 것은?

① 탱크의 공간용적 − 탱크의 내용적
② 탱크의 내용적 × 0.05
③ 탱크의 내용적 − 탱크의 공간용적
④ 탱크의 공간용적 × 0.95

해설
탱크의 용량은 탱크의 내용적에서 공간용적을 뺀 값으로 한다.

51 알루미늄분의 성질에 대한 설명 중 틀린 것은?

① 대부분의 산과 반응하여 수소를 발생한다.
② 끓는 물과의 반응은 비교적 안전한 편이다.
③ 산화제와 혼합시키면 착화의 위험이 있다.
④ 은백색의 광택이 있고, 물보다 무거운 금속이다.

해설
알루미늄분은 물과 반응하여 가연성 가스인 수소를 발생시킨다.

52 다음 중 지정수량이 다른 하나는?

① K
② Na
③ $C_3H_5(ONO_2)_3$
④ Li

해설
- 칼륨(K), 나트륨(Na) : 제3류 위험물
- 나이트로글리세린[$C_3H_5(ONO_2)_3$] : 제5류 위험물 중 질산에스터류
- 리튬(Li) : 제3류 위험물 중 알칼리금속

53 질산의 위험성에 대해서 가장 옳게 설명한 것은?

① 산화성 물질과의 접촉을 피하고, 환원성 물질과 혼합해야 안정하다.
② 물과 반응하여 흡열반응을 한다.
③ 불연성이지만 산화력이 강하다.
④ 부식성이 매우 강해, 금, 백금도 부식시킨다.

해설
질산
- 자신은 불연성이고 강산화제이다.
- 물에 녹일 때 심한 발열반응을 한다. 따라서 묽은 질산을 만들기 위해서는 다량의 물에 진한질산을 조금씩 첨가하여 제조한다.
- 금, 백금을 부식시키지 못한다.

54 제2류 위험물인 마그네슘의 성질에 대한 설명 중 틀린 것은?

① 뜨거운 물과 반응하여 수소를 발생한다.
② 강산과 반응하여 수소를 발생한다.
③ 은백색의 경금속이다.
④ 화재 시 이산화탄소소화기가 효과적이다.

해설
마그네슘은 이산화탄소와 반응하여 일산화탄소(CO)를 발생시킨다.

55 제5류 위험물인 피크르산 제조에 사용되는 물질은?

① 톨루엔   ② 페놀
③ 글리세린   ④ 에틸알코올

해설
트라이나이트로페놀(피크르산)은 페놀에 진한질산과 황산의 혼산을 이용하여 나이트로화시켜 제조한다.
※ 페놀은 비위험물이다.

56 위험물 옥내저장소의 피뢰설비는 지정수량의 몇 배 이상인 경우 설치해야 하는가?

① 10배 이상   ② 20배 이상
③ 30배 이상   ④ 40배 이상

해설
피뢰설비는 지정수량의 10배 이상일 때 설치한다.

정답 53 ③ 54 ④ 55 ② 56 ①

57 옥내저장소에서 제4석유류를 수납하는 용기만을 겹쳐 쌓는 경우에 높이는 얼마를 초과할 수 없는가?

① 2m　　② 3m
③ 4m　　④ 6m

해설
옥내저장소에서 위험물을 저장하는 경우
- 기계에 의하여 하역하는 구조로 된 용기만을 겹쳐 쌓는 경우 : 6m
- 제4류 위험물 중 제3석유류, 제4석유류 및 동식물유류를 수납하는 용기만을 겹쳐 쌓는 경우 : 4m
- 그 밖의 경우 : 3m

58 옥외저장탱크의 저장하는 위험물 중 방유제를 설치하지 않아도 되는 것은?

① 질산　　② 이황화탄소
③ 톨루엔　　④ 아세트알데하이드

해설
이황화탄소는 수조 속에 보관하므로 방유제를 설치할 필요가 없다.

59 지하저장탱크의 재질은 두께가 얼마 이상인 강철판으로 해야 하는가?

① 2.3mm　　② 3.0mm
③ 3.2mm　　④ 5.0mm

해설
지하저장탱크, 간이저장탱크, 이동저장탱크, 옥외저장탱크(특정, 준특정 제외)의 두께는 3.2mm 이상의 강철판으로 한다.

60 위험물 옥외탱크저장소에 설치하는 방유제의 면적은 얼마 이하까지 할 수 있는가?

① 30,000m² 　② 50,000m²
③ 80,000m² 　④ 100,000m²

해설
- 방유제의 높이 : 0.5m 이상, 3m 이하, 두께 0.2m 이상, 지하매설 깊이 1m 이상으로 할 것
- 방유제 내의 면적은 8만m² 이하로 할 것

57 ③　58 ②　59 ③　60 ③

CHAPTER 04

2019년 제1회 과년도 기출복원문제

PART 01 위험물기능사 필기

---

01 다음 중 화재의 종류와 분류를 옳게 짝지은 것은?

① A급 화재 – 유류화재
② B급 화재 – 전기화재
③ C급 화재 – 목재화재
④ D급 화재 – 금속화재

해설
화재의 분류에 따른 표시색상

급수	종류	표시색
A급	일반화재	백색
B급	유류화재	황색
C급	전기화재	청색
D급	금속화재	무색

02 연소범위가 약 1.2~7.6% 정도이고, 낮은 농도의 혼합증기에서 점화원에 의해 연소가 일어나는 제4류 위험물의 명칭은?

① 가솔린 ② 톨루엔
③ 아세톤 ④ 피리딘

해설
가솔린의 연소범위는 약 1.2~7.6%로 연소범위 하한이 매우 낮다.

03 염소산칼륨에 대한 설명으로 옳은 것은?

① 흑색의 분말 상태이다.
② 비중은 4.3이다.
③ 글리세린과 에터에 녹는다.
④ 열에 의해 분해하여 산소를 방출한다.

해설
제1류 위험물은 열에 의해 분해하여 산소를 방출한다.

04 다음 중 질산칼륨에 대한 설명 중 틀린 것은?

① 물에 잘 녹는다.
② 흑색화약의 원료로 사용한다.
③ 가열하면 분해하여 산소를 방출한다.
④ 단독 폭발을 방지하기 위해 유기물 중에 보관시킨다.

해설
제1류 위험물은 유기물과 혼합하면 발화·폭발의 위험이 있으므로 격리하여 보관한다.

정답 1 ④ 2 ① 3 ③ 4 ④

05 다음 물질 중 제5류 위험물에 해당하는 것은?

① 초산에틸 ② 질산에틸
③ 의산에틸 ④ 아세트산메틸

> [해설]
> 질산에틸 : 제5류 위험물 중 질산에스터류, 위험등급 Ⅰ

06 제2류 위험물의 일반적인 성질에 대한 설명으로 가장 거리가 먼 것은?

① 대부분 비중이 1보다 크다.
② 대부분 연소하기 쉽다.
③ 대부분 산화되기 쉽다.
④ 대부분 물에 잘 녹는다.

> [해설]
> 제2류 위험물은 가연성 고체로 대부분 비중이 1보다 크고 산소와의 결합력이 커서 연소가 매우 잘 되는 물질이다.

07 할로젠화합물 소화약제 중 할론 2402의 화학식은?

① CF_2ClBr ② CF_3Br
③ $C_2F_4Br_2$ ④ CCl_4

> [해설]
> 할론번호 표시방법 : 할론 ○○○○의 화학식을 쓰라고 하는 문제가 많이 나오므로 각각 원자의 순서를 알고 있어야 한다. 나오는 숫자대로 원자의 수를 채우면 된다.
> • 첫 번째 자리 : 탄소(C)
> • 두 번째 자리 : 플루오린(F)
> • 세 번째 자리 : 염소(Cl)
> • 네 번째 자리 : 브로민(Br)
>
> | 할론번호 | 화학식 |
> |---|---|
> | Halon 1301 | CF_3Br |
> | Halon 2402 | $C_2F_4Br_2$ |
> | Halon 1211 | CF_2ClBr |
> | Halon 104(0) | CCl_4 |

08 이황화탄소의 성질에 대한 설명 중 틀린 것은?

① 연소할 때 주로 황화수소를 발생한다.
② 물보다 무겁다.
③ 보호액으로 물을 사용한다.
④ 인화점은 약 -30℃이다.

> [해설]
> 이황화탄소(CS_2)
> • 제4류 위험물 중 특수인화물, 지정수량 50L
> • 비중이 1.26이고 물에 녹지 않아 물속에 저장한다.
> • 연소반응식 : $CS_2 + 3O_2 \rightarrow CO_2 + 2SO_2$
> ∴ 주로, 이산화황을 발생시킨다.

09 산화성 고체에 속하지 않는 위험물은?

① $KClO_3$ ② $NaClO_3$
③ HNO_3 ④ $NaClO_2$

해설
- 질산(HNO_3) : 제6류 위험물(산화성 액체)에 속한 위험물
- 나머지 물질 : 제1류 위험물

10 다음 중 안전을 위해 운반 시 물 또는 알코올을 첨가하여 습윤하는 물질은?

① 질산에틸
② 나이트로셀룰로스
③ 나이트로글리세린
④ 피크르산

해설
나이트로셀룰로스는 건조하면 위험성이 증가하기 때문에 물 또는 알코올에 습윤하여 저장해야 한다.

11 다음 물질 중 분진폭발의 위험이 가장 낮은 것은?

① 마그네슘 가루
② 알루미늄 분말
③ 담배잎가루
④ 시멘트가루

해설
시멘트가루는 가연물이 아니므로 연소하지 않는다.

12 고정주유설비는 주유설비의 중심선을 기점으로 하여 도로 경계선까지 몇 m 이상의 거리를 유지해야 하는가?

① 3m ② 4m
③ 5m ④ 10m

13 '특정옥외탱크저장소'라 함은 옥외탱크저장소 중 저장 또는 취급하는 액체위험물의 최대수량이 몇 L 이상인 것을 말하는가?

① 10만L ② 50만L
③ 100만L ④ 1,000만L

해설
- 특정옥외탱크저장소 : 100만L 이상
- 준특정옥외탱크저장소 : 50만L 이상 100만L 미만

14 펌프를 이용한 가압송수장치에서 옥내소화전이 가장 많이 설치된 층의 소화전의 수가 3개일 경우 수원의 수량으로 적절한 것은?

① $7.8m^3$ ② $15.6m^3$
③ $23.4m^3$ ④ $31.2m^3$

해설
옥내소화전은 개당 $7.8m^3$의 수원을 가지고 있어야 하고 최대 5개까지는 5개까지의 양을 곱해주면 된다. 문제에서 소화전의 수가 3개라고 하였으니, $7.8m^3 \times 3 = 23.4m^3$의 양을 보유해야 한다.

정답 9 ③ 10 ② 11 ④ 12 ② 13 ③ 14 ③

15 다음 중 경보설비에 해당하는 것은?

① 자동화재속보설비
② 옥내소화전설비
③ 유도등설비
④ 비상콘센트설비

해설
- 옥내소화전설비 : 소화설비
- 유도등설비 : 피난구조설비
- 비상콘센트설비 : 소화활동설비

16 할로젠화합물소화기의 사용금지 장소가 아닌 곳은?

① 지하층
② 바닥면적이 15m² 인 밀폐된 거실
③ 옥외에 위험물을 적재한 장소
④ 무창층

17 위험물의 운반용기 외부에 표시해야 하는 주의사항이 옳게 연결된 것은?

① 제2류 위험물 – 화기엄금
② 제3류 위험물 – 화기주의
③ 제6류 위험물 – 가연물접촉주의
④ 제1류 위험물 – 물기주의

해설
운반용기 외부의 표시사항
- 품명·위험등급·화학명 및 수용성(제4류 위험물 중 수용성인 것에 한함)
- 위험물의 수량
- 주의사항
  - 제1류 위험물
    ⓐ 알칼리금속의 과산화물 : 화기·충격주의, 물기엄금, 가연물접촉주의
    ⓑ 그 밖의 것 : 화기·충격주의, 가연물접촉주의
  - 제2류 위험물
    ⓐ 철분·금속분·마그네슘 : 화기주의, 물기엄금
    ⓑ 인화성 고체 : 화기엄금
    ⓒ 그 밖의 것 : 화기주의
  - 제3류 위험물
    ⓐ 자연발화성 물질 : 화기엄금, 공기접촉엄금
    ⓑ 금수성 물질 : 물기엄금
  - 제4류 위험물 : 화기엄금
  - 제5류 위험물 : 화기엄금, 충격주의
  - 제6류 위험물 : 가연물접촉주의

18 다음 위험물 품명에서 지정수량이 200kg이 아닌 것은?

① 하이드록실아민
② 하이드라진유도체
③ 나이트로화합물
④ 아조화합물

해설
※ 지정수량 개정으로 인해 출제기준 맞지 않음

정답 15 ① 16 ③ 17 ③ 18 ①

19 다음 중 알코올류에 속하지 않는 것은?

① 메틸알코올
② 아이소프로필알코올
③ 변성알코올
④ 부틸알코올

해설
부틸알코올(C_4H_9OH)은 제2석유류에 속한 물질이다. 탄소의 수가 4개이므로 알코올류에 속하지 않는다.

20 알코올용포소화약제로 소화하기 힘든 위험물은 어느 것인가?

① 아세톤 ② 피리딘
③ 가솔린 ④ 에탄올

해설
알코올용포소화약제는 수용성 물질에 적응성이 있는 소화약제이다. 가솔린은 비수용성이므로 적응성이 없다.

21 제1석유류의 소화방법으로 가장 적절한 것은?

① 인화점이 비교적 낮으므로 냉각소화가 효과적이다.
② 질식소화가 효과적이다.
③ 분말소화약제는 적응성이 없다.
④ 산·알칼리소화기가 적합한 소화기이다.

해설
제1석유류는 제4류 위험물이므로 질식소화가 가장 효과적이다.

22 다음 위험물 중 지정수량이 같은 것끼리 짝지어지지 않은 것은?

① 염소산칼륨 - 리튬
② 나이트로글리세린 - 질산칼륨
③ 인화칼슘 - 질산나트륨
④ 과염소산 - 탄화알루미늄

23 다음 중 일반적으로 분해연소를 하는 물질은?

① 코크스 ② 파라핀
③ 목재   ④ 금속칼륨

해설
종이, 목재 등은 분해연소를 한다.
• 코크스, 칼륨 : 표면연소
• 파라핀 : 증발연소

정답 19 ④ 20 ③ 21 ② 22 ② 23 ③

24 초산에틸의 성질에 대한 설명 중 틀린 것은?

① 적갈색의 휘발성 물질이다.
② 비중이 약 0.9 정도로 물보다 가볍다.
③ 증기비중은 약 3 정도로 공기보다 무겁다.
④ 인화점은 0℃보다 낮다.

> **해설**
> 초산에틸($CH_3COOC_2H_5$)
> • 제4류 위험물 중 제1석유류, 지정수량 200L
> • 과일향이 나는 무색의 액체이다.
> • 물, 알코올, 에터 등에 녹는다.
> • 초산과 에탄올의 축합물이다.
> • 인화점은 -3℃, 비중은 0.9이다.
> • 분자량은 88로 증기비중은 약 3.03이다.

25 제3종 분말소화약제를 사용할 수 있는 모든 화재의 급수를 옳게 나타낸 것은?

① A, B급
② B, C급
③ A, B, C급
④ A, B, C, D급

> **해설**
> 제1종, 제2종, 제4종 분말소화약제는 B, C급 화재에 적응성이 있고, 제3종 분말소화약제는 A, B, C급 화재에 적응성이 있다.

26 인화성 액체의 증기가 공기보다 무겁다면 어떠한 위험성과 관계가 있는가?

① 인화점이 낮아져서 위험하다.
② 물에 의한 소화가 어려워진다.
③ 발화점이 낮아져서 위험하다.
④ 예측하지 못한 장소에서 화재가 발생할 수 있다.

> **해설**
> 증기가 공기보다 무거우면 바닥으로 가라앉게 되어 심부 곳곳에 가연성 증기가 들어가게 된다. 따라서 예측하지 못한 곳에서 화재가 발생할 수 있다.

27 다음 중 pH가 중성일 때의 값으로 알맞은 것은?

① 1   ② 5
③ 7   ④ 12

> **해설**
> pH는 값이 7일 때 중성이고 7보다 낮아지면 산성, 7보다 높아지면 알칼리성(염기성)이라고 한다.

28 다음 중 열의 이동방식 3가지에 해당하지 않는 것은?

① 복사   ② 대류
③ 산화   ④ 전도

> **해설**
> 열은 전도, 대류, 복사에 의해서 전달된다.

29 어떤 위험물의 분자식이 C_2H_6O이다. 이 물질로 추정되는 것은?

① 메탄올
② 에탄올
③ 다이에틸에터
④ 벤젠

해설
분자식은 원소가 같은 것끼리 모아서 정리한 식이다. 에탄올(C_2H_5OH)의 화학식을 분자식으로 정리하면 C_2H_6O가 된다.

30 다음 중 제4석유류에 해당하는 것은?

① 크레오소트유
② 터빈유
③ 페닐하이드라진
④ 염화벤조일

해설
터빈유, 기계유 등은 제4석유류에 해당한다. 나머지는 제3석유류에 해당한다.

31 위험물안전관리법령에서 정하는 제2석유류의 인화점 범위를 옳게 나타낸 것은?(단, 1기압을 기준으로 한다)

① 21℃ 미만
② 21℃ 이상 70℃ 미만
③ 70℃ 이상 200℃ 미만
④ 200℃ 이상 250℃ 미만

해설
- 제1석유류의 기준 : 21℃ 미만
- 제2석유류의 기준 : 21℃ 이상 70℃ 미만
- 제3석유류의 기준 70℃ 이상 200℃ 미만
- 제4석유류의 기준 : 200℃ 이상 250℃ 미만

32 위험물의 저장방법에 대한 다음 설명 중 가장 잘못된 방법은?

① 황은 정전기의 축적이 없도록 저장한다.
② 나이트로셀룰로스는 건조하면 발화위험이 있으므로 물 또는 알코올에 습윤시켜 저장한다.
③ 칼륨은 유동파라핀속에 저장한다.
④ 마그네슘은 차고 건조하면 위험하므로 온수에 저장한다.

해설
- 마그네슘은 물과 반응하여 가연성 가스인 수소를 발생시킨다.
- 반응식 : $Mg + 2H_2O \rightarrow Mg(OH)_2 + H_2$

정답 29 ② 30 ② 31 ② 32 ④

33 다음 중 물과 반응 시 독성이 강한 가연성 가스가 생성되는 적갈색의 고체 위험물은?

① 탄산나트륨　② 탄산칼슘
③ 인화칼슘　　④ 수산화칼륨

해설
인화칼슘(Ca_3P_2)
- 적갈색의 괴상 고체(덩어리 상태)이다.
- 알코올과 에터에는 녹지 않는다.
- 물, 산과 반응하여 유독성의 포스핀 가스를 발생한다.
- 반응식 : $Ca_3P_2 + 6H_2O \rightarrow 3Ca(OH)_2 + 2PH_3$

34 알루미늄 분말의 저장방법으로 가장 옳은 것은?

① 에틸알코올 수용액에 넣어서 보관한다.
② 밀폐용기에 넣어 건조한 곳에서 저장한다.
③ 폴리에틸렌병에 넣어 수분이 많은 곳에 보관한다.
④ 염산 수용액에 넣어 보관한다.

해설
알루미늄분은 물 또는 산과 반응하여 가연성 가스인 수소를 발생시키므로, 수분 또는 산과 접촉해서는 안 된다.

35 다음 중 위험물 취급소에 해당하지 않는 것은?

① 판매취급소　② 주유취급소
③ 옥내취급소　④ 이송취급소

해설
위험물 취급소의 종류 : 주유취급소, 판매취급소, 이송취급소, 일반취급소

36 트라이나이트로톨루엔을 녹이는 용제가 아닌 것은?

① 물　　　　② 벤젠
③ 에터　　　④ 아세톤

해설
트라이나이트로톨루엔($C_6H_2CH_3(NO_2)_3$)
- 담황색의 주상 결정이다.
- 물에 녹지 않고 가열하면 알코올에는 녹는다. 벤젠, 에터, 아세톤에 녹는다.
- 충격에는 둔감하나 타격에 의해 폭발한다.
- 톨루엔에 질산과 황산의 혼산을 반응시켜 제조한다.
- 분해반응식
  $2C_6H_2CH_3(NO_2)_3 \rightarrow 12CO + 3N_2 + 5H_2 + 2C$

37 과산화칼륨에 대한 설명으로 틀린 것은?

① 융점은 약 490℃이다.
② 가연성 물질이며, 격렬히 연소한다.
③ 비중은 약 2.9로 물보다 무겁다.
④ 물과 접촉하면 수산화칼륨을 발생시킨다.

해설
과산화칼륨(K_2O_2)
- 제1류 위험물 중 무기과산화물, 지정수량 50kg, 위험등급 Ⅰ
- 물과의 반응식
  $2K_2O_2 + 2H_2O \rightarrow 4KOH$(수산화칼륨) $+ O_2 +$ 발열
- 제1류 위험물은 불연성이다.

38 다음 중 황린이 완전 연소할 때 발생하는 가스의 화학식은?

① SO_2 ② P_2O_5
③ H_2S ④ H_3PO_4

해설
황린의 연소반응식 : $P_4 + 5O_2 \rightarrow 2P_2O_5$

39 질소가 가연물이 될 수 없는 이유를 가장 잘 설명한 것은?

① 산소와 반응하지만 반응 시 열을 방출하기 때문에
② 산소와 반응하지만 반응 시 열을 흡수하기 때문에
③ 산소와 반응하지 않고 열의 변화가 없기 때문에
④ 산소와 반응하지 않고 열을 방출하기 때문에

해설
질소는 산소와 반응하여 다양한 질소산화물을 만든다. 하지만 이때 주위의 열을 흡수하는(흡열반응) 반응을 하기 때문에 가연물이 될 수 없다.
※ 연소란 가연물이 열과 빛을 내는 산화반응이다.

40 다음 물질 중 제1류 위험물에 해당하지 않는 것은?

① Na_2O_2 ② $K_2Cr_2O_7$
③ $HClO_4$ ④ KIO_3

해설
과염소산($HClO_4$)은 제6류 위험물이다. KIO_3는 아이오딘산칼륨으로 제1류 위험물에 속한다.

정답 37 ② 38 ② 39 ② 40 ③

41 황화인에 대한 설명 중 옳지 않은 것은?
① 삼황화인은 황색의 결정으로 발화점이 약 100℃이다.
② 오황화인은 조해성이 있다.
③ 오황화인의 화재 시에는 물에 의한 냉각소화가 가장 효과적이다.
④ 삼황화인은 통풍이 잘 되는 냉암소에 저장한다.

해설
- 오황화인은 물과 반응하여, 유독성이자 가연성의 황화수소를 발생한다.
- 반응식 : $P_2S_5 + 8H_2O \rightarrow 5H_2S + 2H_3PO_4$

42 다음 위험물에 대한 설명 중 틀린 것은?
① 염소산나트륨은 조해성이 있다.
② 과산화수소는 분해가 어려운 물질이다.
③ 질산나트륨의 열분해 온도는 약 380℃이다.
④ 질산칼륨은 화약류 제조에 쓰인다.

해설
과산화수소는 분해력이 매우 뛰어나 안정제로 인산, 요산을 넣어 보관한다.

43 가연성 고체 위험물의 저장 및 취급방법으로 가장 옳지 않은 것은?
① 환원성 물질이므로 산화제와 혼합하여 저장할 것
② 점화원으로부터 멀리하고 가열을 피할 것
③ 금속분은 물과의 접촉을 피할 것
④ 용기 파손으로 인한 위험물의 누설에 주의할 것

해설
제2류 위험물(가연성 고체)은 환원성 물질이므로 산화제와 혼합하여 저장하면 위험성이 증대된다.

44 제거소화의 방법으로 잘못된 것은?
① 유전의 화재 시 다량의 물을 이용하였다.
② 가스화재 시 밸브 및 콕을 잠갔다.
③ 산불화재 시 벌목을 하였다.
④ 촛불을 바람으로 불어 껐다.

해설
제거소화는 가연물을 제거하여 소화하는 원리이다. 다량의 물을 이용한 방법은 냉각의 효과로 불을 끄는 방법이므로 제거소화의 원리는 아니다.

정답 41 ③ 42 ② 43 ① 44 ①

45 다음 위험물이 물과 반응하였을 때 발생하는 가스로 잘못 연결된 것은?

① 인화알루미늄 – 포스핀
② 칼슘 – 수소
③ 칼륨 – 수소
④ 메틸리튬 – 수소

해설
메틸리튬(CH_3Li)과 물의 반응식
$CH_3Li + H_2O \rightarrow LiOH + CH_4$(메테인)

46 고속도로 주유취급소의 특례기준에 따르면 고속국도 도로변에 설치된 주유취급소에 있어서 고정주유설비에 직접 접속하는 탱크의 용량은 최대 몇 L까지 할 수 있는가?

① 3만L   ② 5만L
③ 6만L   ④ 8만L

해설
주유취급소에서는 5만L까지 할 수 있지만, 고속도로 주유취급소는 특례기준에 따라 탱크의 용량을 6만L까지 할 수 있다.

47 비스코스레이온의 원료로서, 비중이 약 1.3, 인화점이 약 –30℃이고, 연소 시 유독한 아황산가스를 발생시키는 위험물질은?

① 황린   ② 이황화탄소
③ 삼황화인 ④ 적린

해설
위 물질 중 연소 시 아황산가스(이산화황)를 발생시키는 물질은 이황화탄소, 삼황화인이고, 인화점을 가지는 물질은 이황화탄소(제4류 위험물)이다.

48 다음 물질 중 상온에서 고체 상태인 것은?

① 질산메틸
② 질산에틸
③ 나이트로글리세린
④ 과산화벤조일

해설
과산화벤조일은 무색 또는 백색의 결정으로 융점이 105℃이라서 상온에서 고체이다.
※ 나이트로글리세린의 융점은 2.8℃로 추운 날에는 고체 상태가 된다.

정답 45 ④ 46 ③ 47 ② 48 ④

49 이산화탄소소화기에서 수분의 중량은 일정량 이하여야 하는데 그 이유를 가장 잘 설명한 것은?

① 줄-톰슨 효과 때문에 수분이 동결되어 관이 막히므로
② 수분이 이산화탄소와 반응하여 폭발하기 때문에
③ 에너지보존법칙 때문에 압력 상승으로 관이 파손되므로
④ 액화이산화탄소는 승화성이 있어서 관이 팽창하여 방사압력이 급격히 떨어지므로

> **해설**
> 이산화탄소소화기에서 약제를 방출할 때 기화되면서 주위의 온도를 급격히 떨어뜨리는 효과가 나타난다. 이것을 줄-톰슨 효과라고 하고, 이 현상 때문에 수분의 함량이 많으면 관이 막혀버려 약제가 방출되지 못한다.

50 팽창진주암(삽 1개 포함)의 능력단위 1은 용량이 몇 L인가?

① 50L ② 100L
③ 150L ④ 160L

> **해설**
> 소화설비의 능력단위
>
> | 소화설비 | 용량 | 능력단위 |
> |---|---|---|
> | 소화전용(轉用)물통 | 8L | 0.3 |
> | 수조(소화전용물통 3개 포함) | 80L | 1.5 |
> | 수조(소화전용물통 6개 포함) | 190L | 2.5 |
> | 마른모래(삽 1개 포함) | 50L | 0.5 |
> | 팽창질석 또는 팽창진주암(삽 1개 포함) | 160L | 1.0 |

51 이산화탄소소화약제의 특징으로 볼 수 없는 것은?

① 소화약제에 의한 오손이 없다.
② 소화약제 중에서 증발잠열이 가장 크다.
③ 전기 절연성이 있다.
④ 장기간 저장해도 무리가 없다.

> **해설**
> 증발잠열이 가장 큰 물질은 물이다.

52 물의 소화능력을 강화시키기 위해 개발된 것으로 한랭지 또는 겨울철에 사용하는 소화기에 해당하는 것은?

① 산·알칼리 소화기
② 포소화기
③ 강화액소화기
④ 분말소화기

> **해설**
> 물의 어는점을 탄산칼륨을 이용하여 낮춘 소화기이다.

정답 49 ① 50 ④ 51 ② 52 ③

53 다음 중 화학포소화약제의 구성 성분이 아닌 것은?

① 탄산수소나트륨
② 황산알루미늄
③ 기포안정제
④ 제1인산암모늄

해설
화학포소화약제
- 외약제(A제) : $NaHCO_3$, 기포안정제
- 내약제(B제) : $[Al_2(SO_4)_3]$
- ※ 반응식
  $6NaHCO_3 + Al_2(SO_4)_3 \cdot 18H_2O \rightarrow 3Na_2SO_4 + 2Al(OH)_3 + 6CO_2 + 18H_2O$

54 다음 중 '물분무 등 소화설비'의 종류에 해당하지 않는 것은?

① 스프링클러설비
② 포소화설비
③ 분말소화설비
④ 이산화탄소소화설비

해설
물분무 등 소화설비
- 물분무소화설비
- 미분무소화설비
- 포소화설비
- 이산화탄소소화설비
- 할론소화설비
- 할로젠화합물 및 불활성 기체 소화설비
- 분말소화설비
- 강화액소화설비
- 고체에어로졸소화설비

55 다음 위험물 중 산·알칼리 수용액에 모두 반응해 수소를 발생시키는 양쪽성 원소에 해당하는 위험물은?

① Pt
② Au
③ Al
④ Rb

해설
알루미늄은 양쪽성 물질로 산, 알칼리와 반응하여 수소를 발생한다.
- 산과의 반응식
  $2Al + 6HCl \rightarrow 2AlCl_3 + 3H_2$
- 염기와의 반응식
  $2Al + 2KOH + 2H_2O \rightarrow 2KAlO_2 + 3H_2$

56 위험물제조소에서 제1류 위험물을 제조한다. 게시판에 '물기엄금'이라고 쓰여 있다면, 여기서 제조하는 물질은?

① 염소산나트륨
② 아이오딘산칼륨
③ 과망가니즈산칼륨
④ 과산화나트륨

해설
제조소에서 저장 또는 취급하는 위험물에 따라 주의사항을 표시한 게시판을 설치할 것
- 제1류 위험물 중 알칼리금속의 과산화물과 이를 함유한 것 또는 제3류 위험물 중 금수성 물질에 있어서는 "물기엄금"
- 제2류 위험물(인화성 고체는 제외)에 있어서는 "화기주의"
- 제2류 위험물 중 인화성 고체, 제3류 위험물 중 자연발화성 물질, 제4류 위험물 또는 제5류 위험물에 있어서는 "화기엄금"

57 칼륨에 물을 가했을 때 일어나는 반응은?

① 발열반응
② 흡열반응
③ 나이트로화반응
④ 에스터화반응

해설
칼륨은 물과 폭발적으로 반응하여 수소를 발생시킨다. 이때 발화의 위험도 상당히 크다.

58 수소화리튬의 물과 반응할 때 생성되는 물질을 모두 고른 것은?

① LiOH, O_2
② LiOH, H_2
③ Li(OH)$_2$, O_2
④ Li(OH)$_2$, H_2

해설
수소화리튬(LiH)과 물의 반응식
$LiH + H_2O \rightarrow LiOH + H_2$

59 메틸에틸케톤에 대한 설명 중 틀린 것은?

① 냄새가 있는 휘발성의 액체이다.
② 연소범위는 약 1.8~10%이다.
③ 탈지작용이 있으므로 피부 접촉을 금해야 한다.
④ 인화점은 0℃보다 높다.

해설
메틸에틸케톤(MEK, $CH_3COC_2H_5$)
- 제4류 위험물 중 제1석유류, 지정수량 200L
- 무색의 액체로 휘발성이 강하다.
- 인화점은 -7℃이다.
- 물, 알코올, 에터 등에 녹는다(물에 어느 정도 녹으나 위험성에 따라 비수용성으로 분류한다).
- 피부에 닿으면 탈지작용을 하므로 취급 시 주의해야 한다.

60 대형수동식소화기의 설치기준에서, 방호대상물의 각 부분으로부터 하나의 대형수동식소화기까지의 보행거리는 몇 m 이하가 되도록 설치해야 하는가?

① 10m
② 20m
③ 30m
④ 50m

해설
대형수동식소화기의 설치기준 : 방호대상물의 각 부분으로부터 하나의 대형수동식소화기까지의 보행거리가 30m 이하가 되도록 설치

정답 57 ① 58 ② 59 ④ 60 ③

CHAPTER 04

2020년 제1회 과년도 기출복원문제

PART 01 위험물기능사 필기

---

01 질화면을 강질화면과 약질화면으로 구분할 때 무엇을 기준으로 하는가?
① 분자 크기에 의한 차이
② 질소함유량에 의한 차이
③ 질화할 때 온도에 의한 차이
④ 입자 모양에 의한 차이

해설
질화도 : 나이트로셀룰로스 안의 질소의 함유비율
- 강면약 : 질화도가 약 12.76% 이상
- 약면약 : 질화도가 10.18~12.76% 사이

02 과산화수소가 이산화망가니즈(MnO_2) 촉매하에 분해가 촉진될 때 발생하는 가스는?
① 산소 ② 수소
③ 질소 ④ 염소

해설
과산화수소(H_2O_2)
- 지정수량 300kg
- 정촉매인 이산화망가니즈(MnO_2)하에 분해하여 H_2O와 O_2를 생성한다.
- 분해반응식 : $2H_2O_2 \rightarrow 2H_2O + O_2$

03 제4류 위험물의 일반적 성질에 대한 설명 중 틀린 것은?
① 물보다 무거운 것이 많으며, 대부분 물에 녹는다.
② 상온에서 액체 상태로 존재한다.
③ 가연성 물질이다.
④ 증기는 대부분 공기보다 무겁다.

해설
제4류 위험물은 인화성 액체이고, 대부분 물에 녹지 않고 물보다 가벼워 물 위에 뜨게 된다.

04 탄소가 12g 있을 때 입자 개수로 치면 몇 개가 있는 것인가?
① 6.02×10^{22}개
② 6.02×10^{23}개
③ 3.01×10^{22}개
④ 3.01×10^{23}개

해설
탄소 12g이면 탄소 1mol에 해당한다. 몰(mol)은 수의 단위이고, 1몰의 개수는 6.02×10^{23}개가 된다.

정답 1 ② 2 ① 3 ① 4 ②

05 다음 물질 중에서 실험식이 같은 것으로 짝지어진 것은?

① 에탄올, 메탄올
② 글리세린, 에틸렌글라이콜
③ 벤젠, 아세틸렌
④ 아세톤, 메틸에틸케톤

해설
실험식이란 화합물의 원자의 조성을 가장 간단하게 나타낸 식이다. 어떤 물질을 이루는 원자들의 수를 가장 간단한 정수비로 나타낸 것이다. 따라서 벤젠(C_6H_6)과 아세틸렌(C_2H_2)을 이루는 원자의 비가 같기 때문에 두 물질의 실험식은 같다.

06 다음 중 같은 족에 속한 원소끼리 짝지어지지 않은 것은?

① 산소, 황
② 칼륨, 나트륨
③ 붕소, 알루미늄
④ 아르곤, 질소

해설
아르곤은 비활성기체(8족)에 속하고, 질소는 질소족(5족)에 속해서 서로 같은 족이 아니다.
- 산소, 황 : 산소족(8족)
- 칼륨, 나트륨 : 알칼리금속(1족)
- 붕소, 알루미늄 : 3족

07 다음 물질 중 이성질체를 가지고 있는 물질은?

① 글리세린
② 크레졸
③ 장뇌유
④ 트라이나이트로톨루엔

해설
메타크레졸은 제4류 위험물 중 제3석유류이다. 크레졸[$C_6H_4CH_3OH$]은 3가지 이성질체가 있으며, 그 중 메타크레졸은 위험물이다.

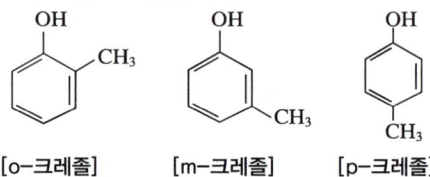

[o-크레졸]　　[m-크레졸]　　[p-크레졸]

08 다음 중 연소의 3요소에 해당하지 않는 것은?

① 가연물　　② 점화원
③ 연쇄반응　④ 산소공급원

해설
연소의 3요소는 가연물, 산소공급원, 점화원이다.

09 제3류 위험물에 해당하지 않는 물질은?

① 인화알루미늄
② 질산구아니딘
③ 트라이에틸알루미늄
④ 수소화리튬

해설
질산구아니딘은 제5류 위험물이다.

10
제조소의 보유공지에서 위험물 지정수량의 10배를 취급하고 있다면 공지의 너비는 몇 m 이상으로 해야 하는가?

① 1m ② 3m
③ 5m ④ 7m

해설
제조소의 보유공지

취급하는 위험물의 최대수량	공지의 너비
지정수량의 10배 이하	3m 이상
지정수량의 10배 초과	5m 이상

11
이동저장탱크 내부의 칸막이 기준에 대해 알맞게 연결된 것은?

① 내부에 4,000L 이하마다 3.2mm 이상의 강철판으로 한다.
② 내부에 2,000L 이하마다 3.2mm 이상의 강철판으로 한다.
③ 내부에 4,000L 이하마다 1.6mm 이상의 강철판으로 한다.
④ 내부에 2,000L 이하마다 1.6mm 이상의 강철판으로 한다.

해설
이동저장탱크의 구조
- 이동저장탱크의 두께 : 3.2mm 이상의 강철판
- 압력탱크 외의 탱크 : 70kPa의 압력으로 10분간 수압시험
- 최대상용압력의 1.5배의 압력으로 10분간 수압시험
- 내부에 4,000L 이하마다 3.2mm 이상의 강철판으로 칸막이를 설치해야 한다.
- 칸막이로 구획된 각 부분마다 맨홀과 안전장치 및 방파판을 설치해야 한다.
- 측면틀 및 방호틀을 설치해야 한다.
- ※ 방파판
  - 두께 1.6mm 이상의 강철판
  - 하나의 구획 부분에 2개 이상의 방파판을 이동탱크저장소 진행방향과 평행으로 설치

12
다음 중 전기설비에 적응성이 없는 소화설비는?

① 불활성 기체소화설비
② 물분무소화설비
③ 포소화설비
④ 이산화탄소소화설비

해설
전기설비에 적응성이 있는 소화설비 : 물분무소화설비, 불활성 기체소화설비, 할로젠화합물소화설비, 분말소화설비, 이산화탄소소화설비 등

13
다음 중 2가 알코올로 독성이 있는 물질은?

① 글리세린
② 메탄올
③ 에틸렌글라이콜
④ 페놀

해설
2가 알코올은 OH기가 2개 있는 물질을 말한다. 에틸렌글라이콜은 OH기가 2개가 있는 제3석유류 수용성 물질이다.

14
과산화나트륨이 염산과 반응할 때 발생하는 물질은?

① 산소   ② 과산화수소
③ 이산화염소 ④ 포스겐

해설
- 과산화나트륨과 염산의 반응식
  $Na_2O_2 + 2HCl \rightarrow 2NaCl + H_2O_2$(과산화수소)
- 각 물질의 화학식
  이산화염소(ClO_2), 포스겐($COCl_2$)

정답 10 ② 11 ① 12 ③ 13 ③ 14 ②

15 다음 위험물 중에서 물에 가장 잘 녹는 물질은?

① 다이에틸에터 ② 가솔린
③ 톨루엔 ④ 아세트알데하이드

> [해설]
> • 가솔린, 톨루엔은 물에 녹지 않는다.
> • 다이에틸에터는 물에 약간 녹는다.
> • 아세트알데하이드는 물에 잘 녹는다.

16 다음 중 아이오딘값이 가장 낮은 것은?

① 해바라기유 ② 오동유
③ 아마인유 ④ 동백유

> [해설]
> 동유(오동유)는 건성유, 동백유는 불건성유에 해당한다.
>
> **동식물유류의 종류**
>
> | 구분 | 아이오딘값 | 불포화도 | 종류 |
> |---|---|---|---|
> | 건성유 | 130 이상 | 크다. | 해바라기유, 동유, 들기름, 정어리기름, 아마인유 등 |
> | 반건성유 | 100~130 | 보통 | 참기름, 쌀겨기름, 콩기름, 옥수수기름 등 |
> | 불건성유 | 100 이하 | 작다. | 피마자유, 야자유, 올리브유, 동백유 등 |

17 다음 중 나이트로화합물에 속한 물질은?

① 나이트로글리세린
② 트라이나이트로톨루엔
③ 질산메틸
④ 나이트로글라이콜

> [해설]
> • 트라이나이트로톨루엔 : 제5류 위험물 중 나이트로화합물
> • 나머지 물질 : 질산에스터류

18 철분과 아연분이 물과 반응하였을 때 공통적으로 발생되는 기체는?

① 질소 ② 메테인
③ 산소 ④ 수소

> [해설]
> • 철분과 물의 반응식
> $2Fe + 6H_2O \rightarrow 2Fe(OH)_3 + 3H_2 \uparrow$
> • 아연분과 물의 반응식
> $Zn + 2H_2O \rightarrow Zn(OH)_2 + H_2 \uparrow$

15 ④ 16 ④ 17 ② 18 ④

19 어떤 물질을 비커에 넣고 알코올램프로 가열하였더니 어느 순간 비커 안에 있는 물질에 불이 붙었다. 이 때의 온도를 무엇이라고 하는가?

① 발화점 ② 인화점
③ 연소점 ④ 비점

해설
가열하여 온도가 올라가고 어느 순간 불이 붙었다. 직접 가열한 부분은 비커이고 점화원과 물질이 직접적으로 접촉하지는 않았으므로 온도가 올라가서 자연적으로 불이 붙은 발화점에 해당한다.

20 소화약제의 종별 구분 중 인산염류를 주성분으로 한 분말소화약제는 제 몇 종에 해당하는가?

① 제1종 ② 제2종
③ 제3종 ④ 제4종

해설
제3종 분말의 주성분은 제1인산암모늄이다.
분말소화약제의 종류

종류	주성분	적응화재	분말의 색
제1종 분말	$NaHCO_3$	B, C급	백색
제2종 분말	$KHCO_3$	B, C급	담회색
제3종 분말	$NH_4H_2PO_4$	A, B, C급	담홍색
제4종 분말	$KHCO_3 +$ $(NH_2)_2CO$	B, C급	회백색

21 소화난이도등급 I 의 옥내탱크저장소에 황만을 저장할 경우 설치해야 하는 소화설비는?

① 포소화설비
② 이산화탄소소화설비
③ 물분무소화설비
④ 스프링클러설비

해설
소화난이도등급 I 의 옥내탱크저장소에 설치해야 할 소화설비

	황만을 저장·취급하는 것	물분무소화설비
옥내탱크저장소	인화점 70℃ 이상의 제4류 위험물만을 저장·취급하는 것	물분무소화설비, 고정식 포소화설비, 이동식 이외의 불활성가스소화설비, 이동식 이외의 할로겐화합물소화설비 또는 이동식 이외의 분말소화설비
	그 밖의 것	고정식 포소화설비, 이동식 이외의 불활성가스소화설비, 이동식 이외의 할로겐화합물소화설비 또는 이동식 이외의 분말소화설비

22 포소화약제의 혼합방식에 해당하지 않는 것은?

① 펌프프로포셔너방식
② 라인프로포셔너방식
③ 프레셔사이드프로포셔너방식
④ 팽창공기포방식

해설
포소화약제의 혼합방식
• 펌프프로포셔너방식(펌프혼합방식)
• 라인프로포셔너방식(관로혼합방식)
• 프레셔프로포셔너방식(차압혼합방식)
• 프레셔사이드프로포셔너방식(압입혼합방식)
• 압축공기포믹싱챔버방식

23 옥내소화전설비의 방수압력 기준에 해당하는 값은?

① 100kPa ② 350kPa
③ 450kPa ④ 1MPa

해설
옥내소화전설비, 옥외소화전설비, 물분무소화설비의 방수압력은 350kPa(= 0.35MPa) 이상으로 해야 한다.

24 이산화탄소소화설비에 있어 저압식일 경우 충전비는 얼마 이상 얼마 이하로 해야 하는가?

① 1.5 이상 1.9 이하
② 1.1 이상 1.4 이하
③ 16 이상 32 이하
④ 0.2 이상 0.9 이하

해설
이산화탄소소화설비의 충전비
- 고압식 : 1.5 이상 1.9 이하
- 저압식 : 1.1 이상 1.4 이하

25 메틸알코올과 에틸알코올의 공통점이 아닌 것은?

① 물에 녹는다.
② 독성이 없다.
③ 알코올류에 해당한다.
④ 지정수량은 400L이다.

해설
메틸알코올과 에틸알코올은 제4류 위험물 중 알코올류에 속하며, 지정수량은 400L이다. 메탄올은 독성이 있고, 에탄올은 독성이 없다.

26 TNT가 분해할 때 발생하는 가스가 아닌 것은?

① 이산화탄소 ② 일산화탄소
③ 질소   ④ 수소

해설
TNT의 분해반응식
$2C_6H_2CH_3(NO_2)_3 \rightarrow 12CO + 3N_2 + 5H_2 + 2C$

27 담황색의 주상 결정이며 일광에 의해 갈색으로 변하고, 가열·타격에 의해 폭발하는 물질은?

① 피크르산
② 셀룰로이드
③ 과산화메틸에틸케톤
④ TNT

정답 23 ② 24 ② 25 ② 26 ① 27 ④

28 위험물 취급 장소에서 정전기가 발생시킬 수 있는 위험에 대해 가장 옳게 설명한 것은?

① 정전기로 인해 인화점이 낮아진다.
② 정전기로 인해 제1류 위험물이 분해되어 산소를 방출한다.
③ 정전기로 인해 가연성 증기가 폭발할 위험이 있다.
④ 정전기로 인해 위험물을 저장한 용기에 틈새가 생겨 누설될 수 있다.

해설
정전기가 가진 에너지로는 고체 가연물을 점화시키기는 쉽지 않으나, 기체 가연물은 점화시킬 수 있다.

29 다음 중 조연성 가스에 해당하는 것은?

① 염소   ② 아르곤
③ 질소   ④ 수소

해설
조연성 가스는 연소를 도와주는 가스이다.
예 산소, 공기, 염소, 이산화질소 등

30 다음 중 물리적 폭발에 해당하지 않는 것은?

① 압력 증가로 인한 용기 파손
② 나이트로글리세린의 분해 폭발
③ 액화석유탱크에서의 BLEVE
④ 지하저장탱크에서 과충전에 의한 탱크파열

해설
화학적 폭발은 화학물질의 변화로 인한 폭발이 발생하는 것이다.
나이트로글리세린
• 분해반응식
$4C_3H_5(ONO_2)_3 \rightarrow 12CO_2 + 10H_2O + 6N_2 + O_2$
• 분해하여 다량의 가스가 발생하므로 화학적 폭발에 해당한다.

31 염소산칼륨 122.5g이 완전분해 했을 때 발생하는 산소의 무게는 몇 g이 되는가? (단, 표준상태이다)

① 32   ② 48
③ 96   ④ 22.4

해설
• 염소산칼륨
  – 분해반응식 : $2KClO_3 \rightarrow 2KCl + 3O_2$
  – 분자량 : 122.5g/mol
• 산소(O_2)
  – 분자량 : 32g/mol
2mol의 염소산칼륨이 분해할 때 3mol의 산소가 생성되고, 그 양은 96g이 된다. 따라서 122.5g의 염소산칼륨은 1mol에 해당하는 양이 되므로 1mol의 염소산칼륨이 분해할 때 1.5mol의 산소가 생성된다.
∴ 1.5mol × 32g/mol = 48g

32 다음 기체 중 역할이 다른 하나는?

① 질소　② 산소
③ 아르곤　④ 이산화탄소

해설

불활성소화약제를 구성하는 물질 : 질소(N_2), 아르곤(Ar), 이산화탄소(CO_2)
- IG-01 : Ar 100%
- IG-100 : N_2 100%
- IG-55 : N_2 50%, Ar 50%
- IG-541 : N_2 52%, Ar 40%, CO_2 8%

33 다음 중 연소와 가장 관계가 없는 반응은?

① 발열반응　② 결합반응
③ 복분해반응　④ 화학반응

해설

복분해반응 : 두 가지의 화학물질이 서로 자리를 바꾸어 결합하는 반응
예 HCl + NaOH → NaCl + H_2O

34 다음 중 자연발화의 형태가 아닌 것은?

① 산화열에 의한 발화
② 분해열에 의한 발화
③ 흡착열에 의한 발화
④ 잠열에 의한 발화

해설

자연발화의 형태 : 산화열, 분해열, 미생물, 흡착열, 중합열

35 지정과산화물 옥내저장소의 저장창고 출입구 및 창의 설치기준으로 틀린 것은?

① 창은 바닥면으로부터 2m 이상의 높이에 설치한다.
② 하나의 창의 면적을 $0.4m^2$ 이내로 한다.
③ 하나의 벽면에 두는 창의 면적의 합계를 해당 벽면의 면적의 1/80이 초과되도록 한다.
④ 출입구에는 60분+방화문 또는 60분 방화문을 설치한다.

해설

- 지정과산화물(제5류 위험물 중 유기과산화물)에 따른 옥내저장소의 특례
  - 저장창고는 150m^2 이내마다 격벽으로 완전하게 구획
  - 출입구에는 60분+방화문 또는 60분 방화문 설치
  - 창은 바닥면으로부터 2m 이상의 높이에 두되, 하나의 벽면에 두는 창의 면적의 합계를 해당 벽면의 면적의 1/80 이내로 하고, 하나의 창의 면적을 $0.4m^2$ 이내로 할 것
- 격벽
  - 두께 30cm 이상의 철근콘크리트조 또는 철골철근콘크리트조
  - 두께 40cm 이상의 보강콘크리트블록조
  - 저장창고 양측의 외벽으로부터 1m 이상, 지붕으로부터 50cm 이상 돌출하게 할 것
- 외벽
  - 두께 20cm 이상의 철근콘크리트조나 철골철근콘크리트조
  - 두께 30cm 이상의 보강콘크리트블록조

36 다음 중 증기밀도가 가장 큰 것은?

① 다이에틸에터
② 휘발유(옥테인 100%)
③ 에탄올
④ 벤젠

해설
옥테인(C_8H_{18})의 분자량이 가장 크기 때문에 증기밀도도 가장 크다.

37 브로민산칼륨과 아이오딘산나트륨의 공통적인 성질에 해당하는 것은?

① 갈색의 결정이다.
② 물에 녹지 않는다.
③ 열분해하면 산소를 방출한다.
④ 지정수량은 50kg이다.

해설
제1류 위험물은 열분해하여 산소를 방출한다. 브로민산칼륨과 아이오딘산나트륨의 지정수량은 300kg이다.

38 다음 위험물 중 제3석유류에 속하고 지정수량이 2,000L인 것은?

① 에틸렌글라이콜
② 글리세린
③ 클로로벤젠
④ 아닐린

해설
아닐린($C_6H_5NH_2$)
• 제4류 위험물 중 제3석유류, 지정수량 2,000L, 인화점 70℃
• 무색 또는 갈색을 띠며 기름성의 액체이다.
• 독성이 있으므로 취급에 주의한다.
• 물에는 약간 녹고 알코올, 벤젠, 에터 등에 녹는다.

39 위험물제조소 옥내에 위험물 취급탱크 2기가 있다. 하나의 용량은 3만L이고, 다른 하나의 용량은 2만L이다. 이때 방유턱의 용량은 얼마 이상으로 해야 하는가?

① 30,000L ② 17,000L
③ 33,000L ④ 50,000L

해설
위험물제조소의 옥내에 있는 탱크 : 하나의 방유턱 안에 2 이상의 탱크가 있는 경우에는 둘 중 최대인 탱크의 용량 이상으로 한다.

40 고인화점위험물이란 인화점이 몇 ℃ 이상인 위험물을 말하는가?

① 40℃ ② 70℃
③ 100℃ ④ 200℃

해설
고인화점위험물 : 인화점이 100℃ 이상인 제4류 위험물

41 지하저장탱크에는 과충전방지장치를 설치해야 하는데 용량의 몇 % 이상일 때 경보음을 울려야 하는가?

① 80% ② 85%
③ 90% ④ 95%

해설
과충전방지장치
• 탱크용량을 초과하는 위험물이 주입될 때 자동으로 그 주입구를 폐쇄하거나 위험물의 공급을 자동으로 차단하는 방법
• 탱크용량의 90%가 찰 때 경보음을 울리는 방법

정답 36 ② 37 ③ 38 ④ 39 ① 40 ③ 41 ③

42 간이저장탱크의 밸브 없는 통기관의 지름은 얼마 이상으로 해야 하는가?

① 20mm   ② 25mm
③ 30mm   ④ 40mm

해설
간이탱크저장소의 설치기준
- 하나의 간이탱크저장소에 설치하는 간이저장탱크의 수 : 3기 이하
- 동일한 품질의 위험물의 간이저장탱크의 수 : 2 이상 설치하지 않는다.
- 표지 및 게시판 : "위험물간이탱크저장소"라는 표시와 나머지는 제조소의 기준과 동일
- 탱크의 주위에 너비 1m 이상의 공지를 둔다. 전용실 안에 설치하는 경우에는 탱크와 전용실 벽과의 사이에 0.5m 이상의 간격 유지
- 간이저장탱크의 용량 : 600L 이하
- 두께 : 3.2mm 이상의 강판
- 수압시험 : 70kPa의 압력으로 10분간의 수압시험
- 밸브 없는 통기관
  - 지름 : 25mm 이상
  - 통기관은 옥외에 설치, 선단(끝부분)의 높이는 지상 1.5m 이상
  - 선단(끝부분)은 수평면에 대하여 아래로 45° 이상 구부려 빗물 등이 침투하지 않도록 할 것
  - 가는 눈의 구리망 등으로 인화방지장치를 할 것

43 셀프용 고정주유설비의 기준에서 휘발유의 1회 연속주유량과 주유시간의 상한으로 옳은 것은?

① 200L 이하, 4분 이하
② 100L 이하, 4분 이하
③ 200L 이하, 2분 이하
④ 100L 이하, 2분 이하

해설
1회의 연속주유량 및 주유시간
- 휘발유(가솔린) : 100L 이하, 4분 이하
- 경유 : 600L 이하, 12분 이하

44 다음 중 피뢰설비를 반드시 갖출 필요가 없는 곳은?

① 지정수량이 10배인 제2류 위험물 저장소
② 지정수량이 20배인 제3류 위험물 저장소
③ 지정수량이 10배인 제4류 위험물 저장소
④ 지정수량이 20배인 제6류 위험물 저장소

해설
피뢰설비 : 지정수량의 10배 이상의 위험물을 취급하는 제조소(제6류 위험물을 취급하는 위험물제조소를 제외한다)에는 피뢰침을 설치해야 한다.

45 하이드록실아민 200kg을 취급하는 제조소의 안전거리로 옳은 것은?

① 22.74m 이상   ② 53.48m 이상
③ 64.38m 이상   ④ 94.32m 이상

해설
하이드록실아민 등을 취급하는 제조소의 특례(안전거리) : 지정수량 이상의 하이드록실아민 등을 취급하는 제조소의 안전거리는 다음 식을 이용하여 구할 것
$D = 51.1\sqrt[3]{N}$
여기서, D : 거리(m)
N : 해당 제조소에서 취급하는 하이드록실아민 등의 지정수량 배수
하이드록실아민의 지정수량은 100kg이고, 200kg은 2배에 해당한다. $N = 2$를 대입하면,
∴ $51.1 \times \sqrt[3]{N} = 64.38$m

46 옥외탱크저장소에서 지정수량의 1,500배의 위험물을 저장 또는 취급할 때, 보유공지의 너비는 얼마 이상으로 해야 하는가? (단, 제4류 위험물만을 저장하고 있다)

① 3m 이상
② 5m 이상
③ 9m 이상
④ 12m 이상

해설

옥외탱크저장소의 보유공지(위험물안전관리법 시행규칙 별표 6)

저장 또는 취급하는 위험물의 최대수량	공지의 너비
지정수량의 500배 이하	3m 이상
지정수량의 500배 초과 1,000배 이하	5m 이상
지정수량의 1,000배 초과 2,000배 이하	9m 이상
지정수량의 2,000배 초과 3,000배 이하	12m 이상
지정수량의 3,000배 초과 4,000배 이하	15m 이상
지정수량의 4,000배 초과	해당 탱크의 수평단면의 최대지름(횡형인 경우에는 긴변)과 높이 중에서 큰 것과 같은 거리 이상. 다만, 30m 초과인 경우에는 30m 이상으로 할 수 있고, 15m 미만인 경우에는 15m 이상으로 해야 한다.

47 자연발화할 우려가 있는 위험물을 옥내저장소에 저장하려고 할 때에는 지정수량의 몇 배 이하마다 상호 간 몇 m 이상의 간격을 두어야 하는가?

① 10배 이하, 3m
② 10배 이하, 0.3m
③ 5배 이하, 3m
④ 5배 이하, 0.3m

해설

옥내저장소에서 동일 품명의 위험물이더라도 자연발화할 우려가 있는 위험물 또는 재해가 현저하게 증대할 우려가 있는 위험물을 다량 저장하는 경우에는 지정수량의 10배 이하마다 구분하여 상호 간 0.3m 이상의 간격을 두어 저장해야 한다.

48 이동탱크저장소의 표지에서 '위험물'이라는 표지를 부착해야 하는데, 표지의 색상을 올바르게 표현한 것은?

① 백색바탕에 흑색문자
② 황색바탕에 흑색문자
③ 흑색바탕에 황색의 반사도료
④ 적색바탕에 백색문자

정답 46 ③ 47 ② 48 ③

49 주유취급소에 설치해야 하는 '주유 중 엔진정지'의 게시판 색상은?

① 백색바탕에 흑색문자
② 황색바탕에 흑색문자
③ 흑색바탕에 황색의 반사도료
④ 적색바탕에 백색문자

> **해설**
> 주유취급소의 표지 및 게시판(규격은 제조소와 동일)
> • "위험물 주유취급소" : 백색바탕에 흑색문자
> • "주유 중 엔진정지" : 황색바탕에 흑색문자
> • "화기엄금" : 적색바탕에 백색문자

50 에터가 공기와 장시간 접촉 시 생성되는 것으로 불안정한 폭발성 물질에 해당하는 것은?

① 수산화물
② 황화합물
③ 질소화합물
④ 과산화물

> **해설**
> 다이에틸에터($C_2H_5OC_2H_5$)
> • 특수인화물, 지정수량 50L
> • 공기와 장기간 접촉 시 과산화물을 생성하므로 갈색병에 저장해야 한다.
> • 과산화물의 검출 방법은 10% 아이오딘화칼륨(KI) 용액을 이용한다. 검출 시에는 황색으로 변한다.
> • 과산화물 제거 시약으로는 황산제일철 또는 환원철을 사용한다.
> ※ 과산화물 생성 방지법 : 40mesh의 구리망을 넣어준다.

51 다음 중 다이크로뮴산암모늄의 색상에 가장 가까운 것은?

① 청색
② 담황색
③ 등적색
④ 백색

> **해설**
> 다이크로뮴산암모늄[$(NH_4)_2Cr_2O_7$]
> • 다이크로뮴산염류, 지정수량 1,000kg
> • 오렌지색(등적색)의 분말

52 알킬리튬의 지정수량은 얼마인가?

① 10kg
② 50kg
③ 100kg
④ 300kg

> **해설**
> 알킬리튬
> • 제3류 위험물, 지정수량 10kg, 위험등급 I
> • 알킬기와 리튬의 화합물이다.
> • 메틸리튬(CH_3Li)과 물의 반응식
> $CH_3Li + H_2O \rightarrow LiOH + CH_4$

53. 인화칼슘을 저장한 창고에 비가 스며든 상태에서 근로자가 작업을 하다가 쓰러졌다. 그 원인을 설명한 것으로 가장 적합한 것은?

① 인화칼슘이 물과 반응하여 심하게 연소를 하였다.
② 인화칼슘이 물과 폭발적으로 반응하여 저장창고가 무너졌다.
③ 인화칼슘의 물과 반응하여 독성가스가 생성되었다.
④ 인화칼슘이 물과 반응하여 산소를 방출하였다.

해설
인화칼슘(Ca_3P_2)
- 금속의 인화물, 지정수량 300kg, 위험등급Ⅲ
- 적갈색의 괴상 고체(덩어리 상태)이다.
- 알코올과 에터에는 녹지 않는다.
- 물, 산과 반응하여 유독성의 포스핀 가스를 발생한다.
- 반응식 : $Ca_3P_2 + 6H_2O \rightarrow 3Ca(OH)_2 + 2PH_3$

54. 다음 중 제1류 위험물에 속하는 것은?

① 염소화아이소사이아누르산
② 염소화규소화합물
③ 질산구아니딘
④ 금속의 아지화합물

해설
- 염소화규소화합물 : 제3류 위험물
- 펜타보레인 : 제3류 위험물 중 금속의 수소화물
- 금속의 아지화합물, 질산구아니딘 : 제5류 위험물
- ※ 행정안전부령으로 정하는 제1류 위험물의 종류 : 과아이오딘산염류, 과아이오딘산, 크로뮴, 납 또는 아이오딘의 산화물, 아질산염류, 염소화아이소사이아누르산, 퍼옥소이황산염류, 퍼옥소붕산염류, 차아염소산염류

55. 할론소화약제의 공통적인 특성이 아닌 것은?

① 잔유물이 남지 않는다.
② 전기전도성이 우수하다.
③ 유류화재에 적응성이 있다.
④ 침투성이 우수하다.

해설
할론소화약제는 전기부도체이므로 전기전도성이 불량하다.

56. 제5류 위험물의 소화에 가장 효과적인 것은 무엇인가?

① 분말소화설비
② 이산화탄소소화설비
③ 옥내소화전설비
④ 할로젠화합물소화설비

해설
제5류 위험물은 대량의 주수가 효과적이다. 따라서 수계소화설비인 옥내소화전설비가 가장 효과가 좋다.

57. 위험물 포방출구의 종류에 해당하지 않는 것은?

① Ⅰ형
② Ⅲ형
③ 특형
④ 방사형

해설
포방출구의 종류 : Ⅰ형, Ⅱ형, Ⅲ형, Ⅳ형, 특형

정답 53 ③ 54 ① 55 ② 56 ③ 57 ④

58 전역방출방식의 할로젠화합물소화설비의 분사헤드에서 할론 1301을 방사할 때의 방사압력은?

① 0.1MPa 이상 ② 0.2MPa 이상
③ 0.5MPa 이상 ④ 0.9MPa 이상

해설
할로젠화합물소화설비
• 방사압력
  – 할론 2402 : 0.1MPa 이상
  – 할론 1211 : 0.2MPa 이상
  – 할론 1301 : 0.9MPa 이상
• 방사시간
  – 할론 2402, 1211, 1301 : 30초 이내

59 제조소 등 또는 허가를 받지 않고 지정수량 이상의 위험물을 저장 또는 취급하는 장소에서 위험물을 유출·방출 또는 확산을 시켜 사람을 상해에 이르게 한 때의 처벌 규정은?

① 5,000만원 이하의 벌금
② 무기 또는 1년 이상의 징역
③ 무기 또는 3년 이상의 징역
④ 무기 또는 5년 이상의 징역

해설
벌칙(위험물안전관리법 제33조)
• 제조소 등 또는 허가를 받지 않고 지정수량 이상의 위험물을 저장 또는 취급하는 장소에서 위험물을 유출·방출 또는 확산시켜 사람의 생명·신체 또는 재산에 대하여 위험을 발생시킨 자는 1년 이상 10년 이하의 징역에 처한다.
• 위의 규정에 따른 죄를 범하여 사람을 상해(傷害)에 이르게 한 때에는 무기 또는 3년 이상의 징역에 처하며, 사망에 이르게 한 때에는 무기 또는 5년 이상의 징역에 처한다.

60 다음 중 1,500만원 이하의 벌금형에 처해지는 항목이 아닌 것은?

① 변경허가를 받지 않고 제조소 등을 변경한 자
② 위험물의 운송에 관한 기준을 따르지 않은 자
③ 대리자를 지정하지 않은 관계인으로서 허가를 받은 자
④ 무허가장소의 위험물에 대한 조치명령을 따르지 않은 자

해설
위험물의 운송에 관한 기준을 따르지 않은 자는 500만원 이하의 과태료 대상이다.
1천500만원 이하의 벌금(위험물안전관리법 제36조)
• 위험물의 저장 또는 취급에 관한 중요기준에 따르지 않은 자
• 변경허가를 받지 않고 제조소 등을 변경한 자
• 제조소 등의 완공검사를 받지 않고 위험물을 저장·취급한 자
• 안전조치 이행명령을 따르지 않은 자
• 제조소 등의 사용정지 명령을 위반한 자
• 수리·개조 또는 이전의 명령에 따르지 않은 자
• 안전관리자를 선임하지 않은 관계인
• 대리자를 지정하지 않은 관계인
• 업무정지 명령을 위반한 자
• 탱크안전성능시험 또는 점검에 관한 업무를 허위로 하거나 그 결과를 증명하는 서류를 허위로 교부한 자
• 예방규정을 제출하지 않거나 변경명령을 위반한 관계인
• 정지지시를 거부하거나 국가기술자격증, 교육수료증·신원확인을 위한 증명서의 제시 요구 또는 신원확인을 위한 질문에 응하지 않은 사람
• 명령을 위반하여 보고 또는 자료제출을 하지 않거나 허위의 보고 또는 자료제출을 한 자 및 관계공무원의 출입 또는 조사·검사를 거부·방해 또는 기피한 자
• 탱크시험자에 대한 감독상 명령에 따르지 않은 자
• 무허가장소의 위험물에 대한 조치명령에 따르지 않은 자
• 저장·취급기준 준수명령 또는 응급조치명령을 위반한 자

CHAPTER 04 2021년 제1회 과년도 기출복원문제

01 과산화나트륨에 의한 화재 시 주수소화가 적합하지 않은 이유는?

① 산소가스를 발생하기 때문에
② 수소가스를 발생하기 때문에
③ 수산화나트륨이 가연성이기 때문에
④ 과산화수소가 발생하기 때문에

해설
과산화나트륨과 물의 반응식
$2Na_2O_2 + 2H_2O \rightarrow 4NaOH + O_2 + 발열$

02 화재를 잘 일으킬 수 있는 일반적인 경우에 대한 설명 중 틀린 것은?

① 산소와 친화력이 클수록 연소가 잘된다.
② 온도가 상승하면 연소가 잘된다.
③ 연소범위가 넓을수록 연소가 잘된다.
④ 발화점이 높을수록 연소가 잘된다.

해설
발화점이 낮아지면 자연발화의 위험이 높아지고 화재의 위험성도 커진다.

03 옥내탱크전용실에 설치하는 탱크 상호 간에는 얼마의 간격을 두어야 하는가?

① 0.1m 이상   ② 0.3m 이상
③ 0.5m 이상   ④ 0.7m 이상

해설
옥내탱크저장소의 설치기준(위험물안전관리법 시행규칙 별표 7)
- 옥내탱크는 단층 건축물에 설치된 탱크전용실에 설치할 것
- 옥내저장탱크와 탱크전용실의 벽과의 사이 및 옥내저장탱크의 상호간에는 0.5m 이상의 간격을 유지할 것
- 옥내탱크저장소에는 "위험물 옥내탱크저장소"라는 표시를 한 표지와 방화에 관하여 필요한 사항을 게시한 게시판을 설치할 것
- 옥내저장탱크의 용량(동일한 탱크전용실에 옥내저장탱크를 2 이상 설치하는 경우에는 각 탱크의 용량의 합계를 말한다)은 지정수량의 40배(제4석유류 및 동식물유류 외의 제4류 위험물에 있어서 해당 수량이 20,000L를 초과할 때에는 20,000L) 이하로 한다.

정답 1 ① 2 ④ 3 ③

04 다음 중 화재 시 물을 사용할 경우 가장 위험한 물질은?

① 염소산칼륨   ② 인화칼슘
③ 황린   ④ 과산화수소

> **해설**
> - 염소산칼륨, 과산화수소, 황린의 화재 시 물을 이용한 소화가 가능하다.
> - 인화칼슘과 물의 반응식
> $Ca_3P_2 + 6H_2O \rightarrow 3Ca(OH)_2 + 2PH_3$(포스핀)

05 질식소화와 가장 거리가 먼 것은?

① 이산화탄소화기
② 포소화기
③ 산·알칼리소화기
④ 분말소화기

> **해설**
> 산·알칼리소화기의 주된 소화효과는 냉각효과이다.

06 자연발화가 일어날 수 있는 조건으로 가장 옳은 것은?

① 주위의 온도가 낮을 것
② 표면적이 작을 것
③ 열전도율이 작을 것
④ 발열량이 작을 것

> **해설**
> 열전도율이 작으면 다른 곳에 열을 전도시키지 않고 물질 자체에 열이 축적되므로 자연발화에 유리하다.

07 제3종 분말소화약제의 색상과 적응화재를 옳게 고른 것은?

① B, C급 – 백색
② B, C급 – 담홍색
③ A, B, C급 – 회색
④ A, B, C급 – 담홍색

> **해설**
> **분말소화약제의 종류**
>
> | 종류 | 주성분 | 적응화재 | 분말의 색 |
> |---|---|---|---|
> | 제1종 분말 | $NaHCO_3$ | B, C급 | 백색 |
> | 제2종 분말 | $KHCO_3$ | B, C급 | 담회색 |
> | 제3종 분말 | $NH_4H_2PO_4$ | A, B, C급 | 담홍색 |
> | 제4종 분말 | $KHCO_3 + (NH_2)_2CO$ | B, C급 | 회백색 |

정답 4 ② 5 ③ 6 ③ 7 ④

08 위험물안전관리법령에 따라, 제조소에서 예방규정을 작성해야 할 때 기준이 되는 위험물 지정수량 배수는?

① 1배 ② 10배
③ 50배 ④ 100배

해설
예방규정(위험물안전관리법 제17조)
- 제조소 등의 관계인은 해당 제조소 등의 화재예방과 화재 등 재해발생 시의 비상조치를 위하여 행정안전부령이 정하는 바에 따라 예방규정을 정하여 해당 제조소 등의 사용을 시작하기 전에 시·도지사에게 제출해야 한다. 예방규정을 변경한 때에도 또한 같다.
- 예방규정을 정해야 하는 제조소 등(위험물안전관리법 시행령 제15조)
  - 지정수량의 10배 이상의 위험물을 취급하는 제조소
  - 지정수량의 100배 이상의 위험물을 저장하는 옥외저장소
  - 지정수량의 150배 이상의 위험물을 저장하는 옥내저장소
  - 지정수량의 200배 이상의 위험물을 저장하는 옥외탱크저장소
  - 암반탱크저장소
  - 이송취급소
  - 지정수량의 10배 이상의 위험물을 취급하는 일반취급소. 다만, 제4류 위험물(특수인화물을 제외한다)만을 지정수량의 50배 이하로 취급하는 일반취급소(제1석유류·알코올류의 취급량이 지정수량의 10배 이하인 경우에 한한다)로서 다음의 어느 하나에 해당하는 것을 제외한다.
    ⓐ 보일러·버너 또는 이와 비슷한 것으로서 위험물을 소비하는 장치로 이루어진 일반취급소
    ⓑ 위험물을 용기에 옮겨 담거나 차량에 고정된 탱크에 주입하는 일반취급소

09 나이트로셀룰로스의 화재 시에 가장 적합한 소화약제는?

① 사염화탄소 ② 이산화탄소
③ 물 ④ 인산염류

해설
제5류 위험물의 소화에는 물에 의한 냉각소화가 가장 효과적이다.

10 할로젠화합물 소화약제의 구비조건으로 틀린 것은?

① 전기절연성이 우수할 것
② 공기보다 가벼울 것
③ 증발 잔류물이 없을 것
④ 인화성이 없을 것

해설
공기보다 무거워야 화재면 곳곳에 침투할 수 있다.

11 고체위험물은 운반용기 내용적의 몇 % 이하의 수납률로 수납해야 하는가?

① 90% ② 95%
③ 98% ④ 99%

해설
운반용기의 수납률
- 고체위험물 : 운반용기 내용적의 95% 이하의 수납률
- 액체위험물 : 운반용기 내용적의 98% 이하의 수납률로 수납하되, 55℃에서 누설되지 않도록 충분한 공간용적을 유지하도록 할 것
- 액체위험물 중 알킬알루미늄 등 : 운반용기의 내용적의 90% 이하의 수납률로 수납하되, 50℃의 온도에서 5% 이상의 공간용적을 유지하도록 할 것

12 위험물안전관리법령상 다음 ( ) 안에 알맞은 수치는?

> 이동저장탱크로부터 위험물을 저장 또는 취급하는 탱크에 인화점이 ( )℃ 미만인 위험물을 주입할 때에는 이동탱크저장소의 원동기를 정지시킬 것

① 40 ② 50
③ 70 ④ 200

해설
주유취급소(항공기주유취급소·선박주유취급소 및 철도주유취급소를 제외)에서의 취급기준(위험물안전관리법 시행규칙 별표 18)
- 자동차 등에 주유할 때에는 고정주유설비를 사용하여 직접 주유할 것
- 자동차 등에 인화점 40℃ 미만의 위험물을 주유할 때에는 자동차 등의 원동기를 정지시킬 것
- 이동저장탱크에 급유할 때에는 고정급유설비를 사용하여 직접 급유할 것

13 물보다 무겁고 물에 녹지 않아 콘크리트 수조 속에 저장하는 위험물질은?

① 다이에틸에터
② 이황화탄소
③ 아세트알데하이드
④ 산화프로필렌

해설
이황화탄소의 비중은 1.26으로 물보다 무겁고 물에 녹지 않기 때문에 물(수조)속에 저장한다.

14 제2류 위험물과 제4류 위험물의 공통적인 성질에 해당하는 것은?

① 산화제이므로 다른 물질의 연소를 돕는다.
② 상온에서 고체 상태인 가연물이다.
③ 착화가 매우 쉬운 물질이다.
④ 산소를 포함하고 있다.

해설
제2류 위험물(가연성 고체)과 제4류 위험물(인화성 액체)은 불이 붙기 쉬운 가연물이다.

15 취급하는 위험물의 최대수량이 지정수량의 10배를 초과할 때, 제조소 주위에 보유해야 하는 공지의 너비는 얼마인가?

① 1m 이상 ② 3m 이상
③ 5m 이상 ④ 10m 이상

해설
제조소의 보유공지

취급하는 위험물의 최대수량	공지의 너비
지정수량의 10배 이하	3m 이상
지정수량의 10배 초과	5m 이상

16 제4류 위험물 중 BTX에 해당하지 않는 물질은?

① 벤젠 ② 페놀
③ 톨루엔 ④ 자일렌

해설
Benzene, Toluene, Xylene을 BTX라 부른다. 페놀(Phenol)은 비위험물이다.

17 간이저장탱크의 수압시험 기준으로 옳은 것은?

① 30kPa의 압력으로 10분간 수압시험
② 50kPa의 압력으로 10분간 수압시험
③ 70kPa의 압력으로 10분간 수압시험
④ 90kPa의 압력으로 10분간 수압시험

해설

간이탱크저장소의 설치기준
- 하나의 간이탱크저장소에 설치하는 간이저장탱크의 수 : 3기 이하
- 동일한 품질의 위험물의 간이저장탱크의 수 : 2 이상 설치하지 않는다.
- 표지 및 게시판 : "위험물간이탱크저장소"라는 표시와 나머지는 제조소의 기준과 동일
- 탱크의 주위에 너비 1m 이상의 공지를 둔다. 전용실 안에 설치하는 경우에는 탱크와 전용실 벽과의 사이에 0.5m 이상의 간격 유지
- 간이저장탱크의 용량 : 600L 이하
- 두께 : 3.2mm 이상의 강판
- 수압시험 : 70kPa의 압력으로 10분간의 수압시험
- 밸브 없는 통기관
  - 지름 : 25mm 이상
  - 통기관은 옥외에 설치, 선단(끝부분)의 높이는 지상 1.5m 이상
  - 선단(끝부분)은 수평면에 대하여 아래로 45° 이상 구부려 빗물 등이 침투하지 않도록 할 것
  - 가는 눈의 구리망 등으로 인화방지장치를 할 것

18 다음 중 연소범위가 가장 넓은 물질은?

① 가솔린   ② 에탄올
③ 아세틸렌 ④ 이황화탄소

해설

아세틸렌의 연소범위 : 2.5~81%로 연소범위가 매우 넓다.

19 과산화벤조일에 대한 설명으로 틀린 것은?

① 착화점이 약 380℃로 상온에서는 안정한 편이다.
② 자기연소를 한다.
③ 지정수량은 100kg이다.
④ 물과 혼합할 경우 안전해진다.

해설

과산화벤조일은 제5류 위험물로 발화점은 약 80℃이다. 따라서 비교적 낮은 온도에서 착화하기 쉬운 물질이다.

20 과산화수소의 분해를 방지하기 위한 방법으로 가장 잘못된 것은?

① 분해방지를 위하여 햇빛을 가린다.
② 분해방지를 위하여 이산화망가니즈를 넣는다.
③ 분해방지를 위하여 인산을 넣는다.
④ 분해방지를 위하여 요산을 넣는다.

해설

이산화망가니즈(MnO_2)는 정촉매 역할을 하기 때문에 오히려 과산화수소의 분해를 촉진시킨다.

21 염소산칼륨이 고온으로 가열되었을 때의 현상으로 가장 거리가 먼 것은?

① 염화칼륨이 생성된다.
② 수산화칼륨이 생성된다.
③ 산소가 생성된다.
④ 화학적인 변화가 일어난다.

해설
염소산칼륨($KClO_3$)
- 제1류 위험물 중 염소산염류, 지정수량 50kg, 위험등급 Ⅰ
- 열분해반응식 : $2KClO_3 \rightarrow 2KCl + 3O_2$

22 다음 중 제2류 위험물이 아닌 것은?

① 황린 ② 칠황화인
③ 적린 ④ 황

해설
황린은 제3류 위험물이고, 지정수량은 20kg이다.

23 휘발유 4,000L를 저장하고 있을 때, 소요단위를 계산하면 얼마인가?

① 1 ② 2
③ 3 ④ 4

해설
위험물은 지정수량 10배를 1소요단위로 한다. 휘발유의 지정수량은 200L이고, 지정수량의 10배인 2,000L가 1소요단위이다.

24 위험물안전관리법령상 다이에틸에터 화재발생 시 적응성이 없는 소화기는?

① 이산화탄소소화기
② 포소화기
③ 봉상강화액소화기
④ 할로젠화합물소화기

해설
제4류 위험물의 화재 시에는 주수소화는 화재면을 확대시키므로 적응성이 없다.

25 위험물안전관리법령상 지정수량의 3,000배 초과 4,000배 이하의 위험물을 저장하는 옥외탱크저장소에 확보해야 하는 보유공지는 얼마인가?

① 3m 이상 ② 9m 이상
③ 12m 이상 ④ 15m 이상

해설
옥외탱크저장소의 보유공지(위험물안전관리법 시행규칙 별표 6)

저장 또는 취급하는 위험물의 최대수량	공지의 너비
지정수량의 500배 이하	3m 이상
지정수량의 500배 초과 1,000배 이하	5m 이상
지정수량의 1,000배 초과 2,000배 이하	9m 이상
지정수량의 2,000배 초과 3,000배 이하	12m 이상
지정수량의 3,000배 초과 4,000배 이하	15m 이상
지정수량의 4,000배 초과	해당 탱크의 수평단면의 최대지름(횡형인 경우에는 긴변)과 높이 중에서 큰 것과 같은 거리 이상. 다만, 30m 초과인 경우에는 30m 이상으로 할 수 있고, 15m 미만인 경우에는 15m 이상으로 해야 한다.

정답 21 ② 22 ① 23 ② 24 ③ 25 ④

26
제조소에 배출설비를 해야 할 경우, 배출능력은 1시간당 배출장소 용적의 몇 배 이상인 것으로 해야 하는가?(단, 국소방식일 경우이다)

① 10배 이상 ② 20배 이상
③ 30배 이상 ④ 40배 이상

해설
배출설비
- 국소방식으로 설치
- 배풍기·배출덕트·후드 등을 이용하여 강제적으로 배출
- 배출능력은 1시간당 배출장소 용적의 20배 이상. 단, 전역방식의 경우에는 바닥면적 $1m^2$당 $18m^3$ 이상
- 배출설비의 급기구는 높은 곳에 설치, 구리망 등으로 인화방지망 설치
- 배출설비의 배출구는 지상 2m 이상의 연소의 우려가 없는 장소에 설치하고 화재 시 자동으로 폐쇄되는 방화댐퍼를 설치
- 배풍기는 강제배기방식

27
다음 중 발화점에 대한 설명으로 가장 옳은 것은?

① 연소가 지속될 수 있는 최저의 온도이다.
② 점화원과 접촉했을 때 불이 붙는 최저의 온도이다.
③ 외부의 점화원 없이 발화하는 최저의 온도이다.
④ 가연물에서 증기가 발생하는 최저의 온도이다.

해설
① 연소점에 대한 설명이다.
②·④ 인화점에 대한 설명이다.

28
포소화약제의 주된 소화효과를 모두 고른 것은?

① 질식효과와 부촉매효과
② 냉각효과와 질식효과
③ 부촉매효과와 냉각효과
④ 억제효과와 질식효과

해설
포소화약제는 물에 포액을 섞어 거품을 만들어 질식소화를 한다. 물이 들어가기 때문에 냉각의 효과도 있다.

29
할론 1011에 포함되지 않은 원소는?

① C ② F
③ Cl ④ Br

해설
할론 1011의 화학식 : CH_2ClBr

30
고체의 연소형태에 해당하지 않는 것은?

① 증발연소 ② 표면연소
③ 확산연소 ④ 자기연소

해설
- 고체의 연소형태 : 표면연소, 분해연소, 증발연소, 자기연소
- 기체의 연소형태 : 확산연소, 폭발연소, 예혼합연소

정답 26 ② 27 ③ 28 ② 29 ② 30 ③

31 제5류 위험물 중 나이트로화합물에 붙는 나이트로기를 옳게 나타낸 것은?

① −NO ② −NO$_2$
③ −N$_2$O ④ −N$_2$O$_3$

32 다음 중 은, 구리, 마그네슘과 접촉 시 폭발성 물질을 만들고, 연소범위가 2.8~37%에 해당하는 특수인화물은?

① 다이에틸에터
② 이황화탄소
③ 산화프로필렌
④ 아세트알데하이드

해설
산화프로필렌(CH$_3$CHCH$_2$O)

분자량	비점	인화점	착화점	비중
58	약 35℃	−37℃	약 449℃	0.82

- 제4류 위험물 중 특수인화물, 지정수량 50L
- 무색의 휘발성 액체이다.
- 물, 알코올, 벤젠 등에 잘 녹는다.
- 구리, 은, 수은, 마그네슘과 접촉 시 폭발성 물질인 아세틸라이드를 생성하므로 취급 시 주의해야 한다.

33 다음 중 적린과 황린의 공통적인 성질로 옳은 것은?

① 연소생성물이 같다.
② 위험물안전관리법상 유별이 같다.
③ 지정수량이 같다.
④ 연소반응식의 반응 몰수가 같다.

해설
적린(제2류 위험물)과 황린(제3류 위험물)은 동일한 연소생성물(오산화인, P$_2$O$_5$)을 생성한다.

34 다음 물질 중 물에 가장 잘 녹는 것은?

① P$_4$ ② CH$_3$CHO
③ P$_4$S$_3$ ④ C$_6$H$_6$

해설
아세트알데하이드는 무색, 투명한 자극성 액체로 물에 녹는다.

35 제4류 위험물의 성질 및 취급 시 주의사항에 대한 설명 중 가장 거리가 먼 것은?

① 액체의 비중은 1보다 작은 것이 많다.
② 기체의 비중은 공기보다 큰 것이 많다.
③ 정전기 발생에 주의하여 취급해야 한다.
④ 석유류의 구분은 비점을 기준으로 한다.

해설
제1~4석유류의 구분은 인화점을 기준으로 한다.

정답 31 ② 32 ③ 33 ① 34 ② 35 ④

36 옥내저장소에서 위험물 용기를 겹쳐 쌓는 경우에 있어서 제2석유류만을 수납하는 용기를 겹쳐 쌓을 수 있는 높이는 최대 몇 m인가?

① 2
② 3
③ 4
④ 6

해설
제2석유류는 그 밖의 경우에 해당한다.
옥내저장소에서 위험물을 저장하는 경우에는 다음에 의한 높이를 초과하여 용기를 겹쳐 쌓지 않아야 한다.
- 기계에 의하여 하역하는 구조로 된 용기만을 겹쳐 쌓는 경우 : 6m
- 제4류 위험물 중 제3석유류, 제4석유류 및 동식물유류를 수납하는 용기만을 겹쳐 쌓는 경우 : 4m
- 그 밖의 경우 : 3m

37 적린이 공기 중에서 연소할 때 생성되는 물질은?

① PH_3
② P_2O_5
③ H_3PO_4
④ P_4S_3

해설
적린의 연소반응식 : $4P + 5O_2 \rightarrow 2P_2O_5$

38 다음 각 위험물을 저장할 때 사용하는 보호액으로 잘못 짝지어진 것은?

① 나이트로셀룰로스 – 알코올
② 이황화탄소 – 알코올
③ 금속칼륨 – 등유
④ 황린 – 물

해설
황린, 이황화탄소는 물속에 저장해야 한다.

39 메틸알코올의 성질로 옳은 것은?

① 인화점 이하가 되면 밀폐된 상태에서 연소하여 폭발한다.
② 비점은 물보다 높다.
③ 물에 녹기 어렵다.
④ 증기비중은 공기보다 크다.

해설
메틸알코올(CH_3OH)의 분자량은 32이므로 공기의 평균분자량(29)보다 크기 때문에 증기비중은 공기보다 크다.

40 이산화탄소소화기 사용 중 소화기 방출구에서 생길 수 있는 물질은?

① 포스겐
② 일산화탄소
③ 드라이아이스
④ 수소가스

해설
이산화탄소소화기 사용 중 방출구에서 줄—톰슨 효과 때문에 온도가 낮아지는 현상이 발생한다. 따라서 이산화탄소가 얼어 드라이아이스(고체 CO_2)가 생길 수 있다.

41 전기설비에 화재가 발생하였을 때 적응성이 있는 소화설비는?

① 이산화탄소소화설비
② 포소화기
③ 봉상강화액소화설비
④ 마른모래

해설
전기설비에는 이산화탄소소화설비, 할론소화기 등이 적응성이 있다.

42 오황화인의 저장 및 취급방법으로 틀린 것은?

① 산화제와의 접촉을 피한다.
② 안전을 위하여 물속에 저장한다.
③ 점화원과의 접촉이나 가열을 피한다.
④ 용기의 파손, 누출에 주의한다.

해설
오황화인은 물과 반응하여 황화수소(H_2S)를 발생시키므로 물속에 저장해서는 안 된다.

43 제3종 분말소화약제의 여러 가지 소화 효과 중 방진효과를 낼 수 있는 물질은?

① 암모니아
② 물
③ 메타인산
④ 인산암모늄

해설
메타인산(HPO_3)
• 방진작용을 한다.
• 열분해반응식
$NH_4H_2PO_4 \rightarrow HPO_3 + NH_3 + H_2O$

44 다음 중 산소와 화합하지 않는 원소는?

① 인 ② 황
③ 철 ④ 헬륨

해설
헬륨(He)은 불활성 기체로 다른 물질과 반응하지 않는다.

45 유기과산화물의 화재예방 시 주의사항으로 틀린 것은?

① 열원으로부터 멀리한다.
② 직사광선을 피한다.
③ 용기의 파손 여부를 정기적으로 점검한다.
④ 가급적 환원제와 접촉하고 산화제는 멀리한다.

해설
유기과산화물은 제5류 위험물로 강력한 환원제이자 산화제의 성질도 가지고 있다. 그러므로 다른 가연물(환원제)과 접촉은 가급적 피하는 것이 좋다.

46 위험물안전관리법령상 지정수량의 몇 배 이상의 제4류 위험물을 취급하는 제조소에는 자체소방대를 두어야 하는가?

① 1,000배 ② 2,000배
③ 3,000배 ④ 4,000배

해설
자체소방대를 설치해야 하는 사업소(위험물안전관리법 시행령 제18조)
• 제4류 위험물을 취급하는 제조소 또는 일반취급소 : 최대수량의 합이 지정수량의 3천배 이상
• 제4류 위험물을 저장하는 옥외탱크저장소 : 최대수량이 지정수량의 50만배 이상

47 폭굉유도거리(DID)가 짧아지는 요인에 해당하지 않는 사항은?

① 정상연소속도가 큰 혼합가스일 경우
② 관 속에 방해물이 없거나 관경이 큰 경우
③ 압력이 높을 경우
④ 점화원의 에너지가 클 경우

해설
폭굉유도거리(DID)가 짧아지는 경우
• 관경이 작을수록
• 관 속에 장애물이 있을 경우
• 압력이 높을수록
• 점화원의 에너지가 클수록
• 연소속도가 큰 혼합물일수록

정답 44 ④ 45 ④ 46 ③ 47 ②

48 위험물제조소 등의 안전거리의 단축기준과 관련해서 $H \leq pD^2 + a$인 경우 방화상 유효한 담의 높이는 2m 이상으로 한다. 다음 중 a에 해당되는 것은?

① 인근 건축물의 높이
② 제조소 등의 외벽의 높이
③ 제조소 등과 공작물과의 거리
④ 제조소 등과 방화상 유효한 담과의 거리

> **해설**
> 방화상 유효한 담을 설치한 경우의 안전거리
> $H \leq pD^2 + a$
> 여기서, H : 인근 건축물 또는 공작물의 높이(m)
> a : 제조소 등의 외벽의 높이(m)
> d : 제조소 등과 방화상 유효한 담과의 거리(m)
> h : 방화상 유효한 담의 높이(m)
> p : 상수

49 위험물안전관리법령상 위험물의 운반에 관한 기준에 따라 차광성이 있는 피복으로 가리는 조치를 해야 하는 위험물에 해당하지 않는 것은?

① 특수인화물
② 제1석유류
③ 제1류 위험물
④ 제6류 위험물

> **해설**
> 차광성이 있는 것으로 피복해야 하는 위험물의 종류 (위험물안전관리법 시행규칙 별표 19)
> • 제1류 위험물
> • 제3류 위험물 중 자연발화성 물질
> • 제4류 위험물 중 특수인화물
> • 제5류 위험물
> • 제6류 위험물

50 옥내저장소의 안전거리 기준을 적용하지 않을 수 있는 조건으로 틀린 것은?

① 지정수량의 20배 미만의 제4석유류를 저장하는 경우
② 제6류 위험물을 저장하는 경우
③ 지정수량의 20배 미만의 동식물유류를 저장하는 경우
④ 지정수량의 20배 이하를 저장하는 것으로서 창은 망입유리로 할 경우

> **해설**
> 창은 설치하지 않은 경우에 안전거리 제외 대상이다.
> **옥내저장소의 안전거리 제외대상(위험물안전관리법 시행규칙 별표 5)**
> • 지정수량의 20배 미만 : 제4석유류 또는 동식물유류의 위험물을 저장·취급
> • 제6류 위험물을 저장·취급
> • 지정수량의 20배 이하의 위험물을 저장 또는 취급하는 옥내저장소로서 다음 기준에 적합한 경우
>   – 저장창고의 벽·기둥·바닥·보 및 지붕이 내화구조인 것
>   – 출입구에 수시로 열 수 있는 자동폐쇄방식의 60분+방화문 또는 60분 방화문이 설치되어 있을 것
>   – 창을 설치하지 않을 것

51 휘발유를 저장하던 이동저장탱크의 상부로부터 등유나 경유를 주입할 때 액표면이 주입관의 선단(끝부분)을 넘는 높이가 될 때까지 그 주입관 내의 유속을 몇 m/s 이하로 해야 하는가?

① 1m/s
② 2m/s
③ 3m/s
④ 4m/s

52 다음 ( ) 안에 알맞은 수치는?(단, 인화점이 200℃ 이상인 위험물은 제외한다)

> 옥외저장탱크의 지름이 15m 미만인 경우에 방유제는 탱크의 옆판으로부터 탱크 높이의 ( ) 이상 이격해야 한다.

① 1/3배　　② 1/2배
③ 2/3배　　④ 1배

해설
방유제는 옥외저장탱크의 지름에 따라 탱크 옆판으로부터 다음의 거리를 유지
- 지름이 15m 미만인 경우에는 탱크 높이의 1/3 이상
- 지름이 15m 이상인 경우에는 탱크 높이의 1/2 이상

53 위험물안전관리법령상의 동식물유류에 대한 설명으로 옳은 것은?

① 피마자유는 건성유이다.
② 아이오딘값이 130 이하인 것이 건성유이다.
③ 건성유는 자연발화의 위험이 있다.
④ 동식물유류의 지정수량은 20,000L이다.

해설
피마자유는 불건성유에 해당하고, 건성유는 아이오딘값이 130 이상이다. 또한 건성유는 자연발화의 위험이 있다.

54 다이에틸에터를 가장 잘 설명한 것은?

① 청색의 액체
② 무색, 무취의 액체
③ 휘발성 액체
④ 불연성 액체

해설
다이에틸에터는 제4류 위험물 중 특수인화물로 인화성이 뛰어난 액체위험물이다.

55 TNT가 폭발·분해하였을 때 생성되는 가스가 아닌 것은?

① CO　　② N_2
③ SO_2　　④ H_2

해설
트라이나이트로톨루엔(TNT)의 분해반응식
$2C_6H_2CH_3(NO_2)_3 \rightarrow 12CO + 3N_2 + 5H_2 + 2C$

56 다음 중 과망가니즈산칼륨과 혼촉하였을 때 위험성이 가장 낮은 물질은?

① 물　　② 에터
③ 글리세린　　④ 염산

해설
과망가니즈산칼륨은 소화할 때 물로 소화한다. 따라서 물과 혼촉하였을 때는 위험성이 없다.

정답　52 ①　53 ③　54 ③　55 ③　56 ①

57 적린에 관한 설명 중 틀린 것은?

① 황린의 동소체이고, 황린에 비해 안정하다.
② 성냥, 화약 등에 이용된다.
③ 연소생성물은 황린과 동일하다.
④ 자연발화를 막기 위해 물속에 저장해야 한다.

해설
적린은 자연발화의 위험이 없고, 건조하고 통풍이 잘 되는 장소에 보관한다.

58 다음 물질이 연소할 때 같은 생성물을 만들지 않는 물질은?

① P_4S_3 ② P
③ P_4 ④ S

해설
①·②·③은 공통적으로 오산화인을 생성하지만, ④는 이산화황만 만든다.
- 삼황화인의 연소반응식
  $P_4S_3 + 8O_2 \rightarrow 2P_2O_5 + 3SO_2$
- 적린의 연소반응식 : $4P + 5O_2 \rightarrow 2P_2O_5$
- 황린의 연소반응식 : $P_4 + 5O_2 \rightarrow 2P_2O_5$
- 황의 연소반응식 : $S + O_2 \rightarrow SO_2$

59 위험물안전관리법령상의 지정수량이 나머지 셋과 다른 하나는?

① 질산에스터류
② 다이아조화합물
③ 하이드라진유도체
④ 나이트로화합물

해설
전부 제5류 위험물에 해당한다.
※ 지정수량 개정으로 인해 출제기준 맞지 않음

60 드라이아이스 44g이 완전히 기화될 때 생성되는 기체의 부피는 몇 L가 되겠는가?(단, 표준상태이다)

① 11.2 ② 22.4
③ 112 ④ 224

해설
드라이아이스(고체 CO_2) 44g은 1mol에 해당하는 양이다. 표준상태에서 기체 1mol의 부피는 22.4L가 된다.

CHAPTER 04
2021년 제2회 과년도 기출복원문제

01 수성가스의 주성분을 옳게 나타낸 것은?

① CO_2, CH_4
② CO, H_2
③ CO_2, H_2, O_2
④ H_2, H_2O

해설
수성가스(Water Gas)는 CO, H_2를 주성분으로 하는 가스이다.

02 지시약으로 사용되는 페놀프탈레인 용액은 염기성에서 어떤 색을 띠는가?

① 적색
② 무색
③ 오렌지색
④ 청색

해설
페놀프탈레인 용액은 산성에서 무색, 염기성에서 적색을 띤다. 메틸오렌지 용액은 산성에서 적색, 염기성에서 오렌지색을 띤다.

03 위험물안전관리법령상 위험물제조소와의 안전거리 기준이 20m 이상이어야 하는 것은?

① 사용전압 35,000V 초과의 특고압가공전선
② 주거용으로 사용되는 것
③ 고압가스, 액화석유가스, 도시가스를 저장 또는 취급하는 시설
④ 지정문화유산 및 천연기념물 등

해설
제조소의 안전거리(위험물안전관리법 시행규칙 별표 4)
제조소는 건축물의 외벽 또는 이에 상당하는 공작물의 외측으로부터 해당 제조소의 외벽 또는 이에 상당하는 공작물의 외측까지의 사이에 수평거리(이하 "안전거리"라 한다)를 두어야 한다.
- 사용전압이 7,000V 초과 35,000V 이하의 특고압가공전선 : 3m 이상
- 사용전압이 35,000V를 초과하는 특고압가공전선 : 5m 이상
- 건축물 그 밖의 공작물로서 주거용으로 사용되는 것 : 10m 이상
- 고압가스, 액화석유가스 또는 도시가스를 저장 또는 취급하는 시설 : 20m 이상
- 학교·병원·극장 그 밖에 다수인을 수용하는 시설 : 30m 이상
- 지정문화유산 및 천연기념물 등 : 50m 이상

정답 1 ② 2 ① 3 ③

04 프로페인 2m³이 완전 연소할 때 필요한 이론공기량은 약 몇 m³인가?(단, 공기 중의 산소의 농도는 21vol%이다)

① 23.81
② 35.72
③ 47.62
④ 71.43

해설

프로페인(C_3H_8)의 완전 연소반응식
$C_3H_8 + 5O_2 \rightarrow 3CO_2 + 4H_2O$
프로페인 1mol이 연소할 때 산소 5mol을 필요로 한다. 기체 1mol의 부피는 22.4m³이다.
$22.4 : 5 \times 22.4 = 2 : x$
$x = \dfrac{5 \times 22.4 \times 2}{22.4} = 10$
10m³은 필요한 산소의 양(m³)이고, 공기 중 산소의 농도는 21%이므로,
∴ 10 ÷ 0.21 = 47.62

05 다음은 위험물안전관리법령에서 정한 제조소 등에서의 위험물의 저장 및 취급에 관한 기준 중 위험물의 유별·저장 취급 공통기준의 일부이다. ( ) 안에 알맞은 위험물 유별은?

> ( ) 위험물은 가연물과의 접촉·혼합이나 분해를 촉진하는 물품과의 접근 또는 과열을 피해야 한다.

① 제1류
② 제2류
③ 제5류
④ 제6류

해설

유별 저장·취급의 공통기준(위험물안전관리법 시행규칙 별표 18)
- 제1류 위험물은 가연물과의 접촉·혼합이나 분해를 촉진하는 물품과의 접근 또는 과열·충격·마찰 등을 피하는 한편, 알칼리 금속의 과산화물 및 이를 함유한 것에 있어서는 물과의 접촉을 피해야 한다.
- 제2류 위험물은 산화제와의 접촉·혼합이나 불티·불꽃·고온체와의 접근 또는 과열을 피하는 한편, 철분·금속분·마그네슘 및 이를 함유한 것에 있어서는 물이나 산과의 접촉을 피하고 인화성 고체에 있어서는 함부로 증기를 발생시키지 않아야 한다.
- 제3류 위험물 중 자연발화성 물질에 있어서는 불티·불꽃 또는 고온체와의 접근·과열 또는 공기와의 접촉을 피하고, 금수성 물질에 있어서는 물과의 접촉을 피해야 한다.
- 제4류 위험물은 불티·불꽃·고온체와의 접근 또는 과열을 피하고, 함부로 증기를 발생시키지 않아야 한다.
- 제5류 위험물은 불티·불꽃·고온체와의 접근이나 과열·충격 또는 마찰을 피해야 한다.
- 제6류 위험물은 가연물과의 접촉·혼합이나 분해를 촉진하는 물품과의 접근 또는 과열을 피해야 한다.

06 가연물의 주된 연소형태에 대한 설명으로 옳지 않은 것은?

① 황의 연소형태는 증발연소이다.
② 목재의 연소형태는 분해연소이다.
③ 에터의 연소형태는 표면연소이다.
④ 숯의 연소형태는 표면연소이다.

해설
에터는 제4류 위험물, 즉 액체위험물이므로 증발연소를 한다.

07 제5류 위험물은 자기반응성 물질에 포함되지 않는 것은?

① CH_3ONO_2
② $C_6H_2CH_3(NO_2)_3$
③ $C_6H_2OH(NO_2)_3$
④ $C_6H_5NH_2$

해설
아닐린($C_6H_5NH_2$) : 제4류 위험물 중 제3석유류 비수용성, 지정수량 2,000L

08 다음 물질의 화재 시 내알코올포를 쓰지 못하는 것은?

① 아세트알데하이드
② 알킬리튬
③ 아세톤
④ 에탄올

해설
내알코올포는 수용성 액체위험물에 적응성이 있는 소화약제이다. 제3류 위험물의 소화에는 적응성이 없다.

09 염소산나트륨의 성질에 대한 내용 중 잘못된 것은?

① 환원력이 강하다.
② 무색의 결정상태이다.
③ 주수소화가 가능하다.
④ 강산과 혼합하면 폭발의 위험이 있다.

해설
염소산나트륨($NaClO_3$)은 제1류 위험물로 산화력이 강한 물질이다.

10 위험물안전관리법령상 지정수량이 나머지 셋과 다른 하나는?

① 적린
② 황
③ 오황화인
④ 알루미늄

해설
적린, 황, 황화인의 지정수량은 100kg이고 금속분의 지정수량은 500kg이다.

정답 6 ③ 7 ④ 8 ② 9 ① 10 ④

11 정전기를 유효하게 제거할 수 있는 설비를 설치하고자 할 때 위험물안전관리법령에서 정한 정전기 제거방법의 기준으로 옳은 것은?

① 공기 중의 상대습도를 70% 이상으로 하는 방법
② 공기 중의 상대습도를 70% 이하로 하는 방법
③ 공기 중의 절대습도를 70% 이상으로 하는 방법
④ 공기 중의 절대습도를 70% 이하로 하는 방법

해설
정전기 제거설비(위험물안전관리법 시행규칙 별표 4)
- 접지할 것
- 공기를 이온화할 것
- 공기 중의 상대습도를 70% 이상으로 할 것

12 할로젠화합물인 Halon 1301의 분자식은?

① CH_3Br
② CCl_4
③ CF_2Br_2
④ CF_3Br

해설
할론 번호에 따른 원소는 C, F, Cl, Br 순서이다. 할론 1301이므로 C가 1개 F가 3개, Br이 1개가 있는 분자이다.

13 분말소화기의 각 종별 소화약제 주성분이 옳게 연결된 것은?

① 제1종 분말 : $KHCO_3$
② 제2종 분말 : $NaHCO_3$
③ 제3종 분말 : HPO_3
④ 제4종 분말 : $KHCO_3 + (NH_2)_2CO$

해설
분말소화약제의 종류

종류	주성분	적응화재	분말의 색
제1종 분말	$NaHCO_3$	B, C급	백색
제2종 분말	$KHCO_3$	B, C급	담회색
제3종 분말	$NH_4H_2PO_4$	A, B, C급	담홍색
제4종 분말	$KHCO_3 + (NH_2)_2CO$	B, C급	회백색

14 다음 중 물과 반응할 때 위험성이 가장 큰 것은?

① 과산화수소
② 과산화칼륨
③ 과산화메틸에틸케톤
④ 과산화벤조일

해설
과산화칼륨은 물과 반응하여 산소를 방출하고 발열한다. 나머지 물질은 주수소화를 한다.

15 위험물안전관리법령에 따라 운반할 때 혼재가 가능한 유별끼리 짝지어진 것은?

① 제1류 – 제5류
② 제2류 – 제3류
③ 제4류 – 제5류
④ 제3류 – 제1류

해설
유별을 달리하는 위험물의 혼재기준(위험물안전관리법 시행규칙 별표 19)

위험물의 구분	제1류	제2류	제3류	제4류	제5류	제6류
제1류		×	×	×	×	○
제2류	×		×	○	○	×
제3류	×	×		○	×	×
제4류	×	○	○		○	×
제5류	×	○	×	○		×
제6류	○	×	×	×	×	

16 다음 물질 중 물과 접촉하였을 때 메테인이 발생되는 물질은?

① CH_3Li
② C_2H_2
③ C_2H_5OH
④ Ca_3P_2

해설
메틸리튬(CH_3Li)과 물의 반응식
$CH_3Li + H_2O \rightarrow LiOH + CH_4$

17 위험물별 저장방법에 대한 설명으로 옳지 않은 것은?

① 황린은 물속에 저장한다.
② 칼륨은 석유 속에 저장한다.
③ 질화면은 물 또는 알코올에 적셔서 저장한다.
④ 알루미늄분은 분진폭발을 방지하기 위해 물속에 저장한다.

해설
알루미늄
• 물과 반응하여 수소를 발생한다.
• 반응식 : $2Al + 6H_2O \rightarrow 2Al(OH)_3 + 3H_2$

18 제1류 위험물 중 알칼리금속의 과산화물을 저장하는 창고에 표시해야 하는 주의사항은?

① 화기엄금
② 물기엄금
③ 물기주의
④ 화기주의

해설
위험물제조소에 부착해야 할 주의사항
제1류 위험물 중 알칼리금속의 과산화물, 제3류 위험물 중 금수성 물질 : 물기엄금

정답 15 ③ 16 ① 17 ④ 18 ②

19 위험물 이동탱크저장소 관계인은 해당 제조소 등에 대하여 연간 몇 회 이상 정기점검을 실시해야 하는가?

① 1
② 2
③ 3
④ 4

[해설]
위험물제조소 등의 정기점검은 연 1회 이상 실시한다.

20 위험물제조소에 설치하는 옥외소화전설비의 법정 방수량은 얼마인가?

① 300L/min 이상
② 350L/min 이상
③ 400L/min 이상
④ 450L/min 이상

21 다음 중 점화원이 될 수 없는 것은?

① 마찰열
② 전기에너지
③ 증발잠열
④ 분해열

22 위험물안전관리법령상 저장소에 해당하지 않는 것은?

① 옥내저장소
② 일반저장소
③ 간이탱크저장소
④ 이동탱크저장소

[해설]
제조소 등에 일반저장소는 없다.

23 피리딘에 대한 설명 중 틀린 것은?

① 물보다 가벼운 액체이다.
② 인화점은 30℃보다 낮다.
③ 비수용성이다.
④ 비중은 1보다 작다.

[해설]
피리딘(C_5H_5N) : 제1석유류 수용성 물질, 지정수량은 400L

정답 19 ① 20 ④ 21 ③ 22 ② 23 ③

24 화재의 분류에 따른 표시색상 연결이 잘못된 것은?

① 일반화재 – 백색
② 전기화재 – 청색
③ 유류화재 – 흑색
④ 금속화재 – 무색

해설
화재의 분류에 따른 표시색상

급수	종류	표시색
A급	일반화재	백색
B급	유류화재	황색
C급	전기화재	청색
D급	금속화재	무색

25 다음 작용기 중에서 에틸(Ethyl)기에 해당하는 것은?

① $-C_2H_5$
② $-NO_2$
③ $-NH_2$
④ $-CH_3$

해설
에틸기($-C_2H_5$), 나이트로기($-NO_2$), 아미노기($-NH_2$), 메틸기($-CH_3$)

26 질산암모늄이 분해·폭발할 때 발생되는 가스가 아닌 것은?

① 수소
② 산소
③ 질소
④ 수증기

해설
질산암모늄의 분해·폭발반응식
$2NH_4NO_3 \rightarrow 2N_2 + O_2 + 4H_2O$

27 가솔린에 대한 설명 중 틀린 것은?

① 비중은 물보다 작다.
② 증기비중은 공기보다 크다.
③ 전기에 대한 도체이므로 정전기 발생을 주의해야 한다.
④ 물에는 불용이지만 유기 용제에 녹는다.

해설
가솔린은 전기부도체이므로 정전기 발생에 주의해야 한다.

28 자체소방대에 두어야 하는 화학소방자동차 중 포수용액을 방사하는 화학소방자동차는 법정 화학소방자동체 대수의 얼마 이상이어야 하는가?

① 1/2대
② 2/3대
③ 3/4대
④ 4/5대

해설
포수용액을 방사하는 화학소방자동차의 대수는 화학소방자동차의 대수의 2/3 이상으로 해야 한다.

29 마그네슘의 화재 시에는 CO_2 소화약제로는 소화가 불가능하다. 그 이유를 가장 잘 설명한 것은?

① 마그네슘은 자기반응성 물질이라서 질식소화가 의미가 없기 때문이다.
② 마그네슘은 이산화탄소와 반응하여 산소를 발생시키기 때문이다.
③ 마그네슘은 이산화탄소와 반응하여 가연성 가스를 발생시키기 때문이다.
④ 마그네슘은 이산화탄소와 반응하여 산화마그네슘을 만들기 때문이다.

해설
- 가연성 가스인 CO 때문에 위험성이 증가한다. 산화마그네슘은 화재 확대와 관련이 없다.
- 마그네슘과 이산화탄소의 반응식
  $Mg + CO_2 \rightarrow MgO + CO$

30 과산화수소를 저장하고 있는 창고에 화재가 발생하였을 때 소화방법으로 가장 적절한 것은?

① 이산화탄소소화설비로 소화를 한다.
② 다량의 물을 사용하여 소화를 한다.
③ 할로젠화합물 소화설비를 이용한다.
④ 팽창질석을 사용하여 소화를 한다.

해설
제6류 위험물의 경우 대량의 주수소화가 효과적이다.

31 다음 중 $KMnO_4$에서 Mn의 산화수는 얼마인가?

① +3
② +5
③ +6
④ +7

해설
칼륨의 산화수는 +1, 산소의 산화수는 -2이므로, Mn의 산화수가 +7이어야, 전체의 합이 0이 된다.

32 자연발화가 일어나는 조건이 아닌 것은?

① 열전도율이 클 것
② 습도가 높을 것
③ 주위의 온도가 높을 것
④ 물질의 표면적이 넓을 것

해설
자연발화의 조건
- 주위의 온도가 높을 것
- 열전도율이 작을 것
- 발열량이 클 것
- 표면적이 넓을 것

33 제3류 위험물의 일반적인 성질에 대한 설명으로 옳은 것은?

① 질식소화가 효과적이다.
② 유증기 발생에 유의해야 한다.
③ 물과 접촉하여 가연성 가스를 발생시키므로 물기엄금해야 한다.
④ 다른 물질의 연소를 돕는다.

해설
제3류 위험물은 자연발화성 및 금수성 물질이고, 대부분의 물질이 금수성 물질에 해당한다. 따라서 물과의 접촉은 금해야 한다.

34 다음 중 자연발화의 위험성이 가장 큰 것은?

① 들기름
② 동백유
③ 올리브유
④ 참기름

해설
건성유는 자연발화의 위험이 있다.
동식물유류의 종류

구분	아이오딘값	불포화도	종류
건성유	130 이상	크다.	해바라기유, 동유, 들기름, 정어리기름, 아마인유 등
반건성유	100~130	보통	참기름, 쌀겨기름, 콩기름, 옥수수기름 등
불건성유	100 이하	작다.	피마자유, 야자유, 올리브유, 동백유 등

35 금속칼륨에 대한 설명 중 잘못된 것은?

① 물과 반응하여 수산화칼륨을 생성한다.
② 물에 가라앉는 중금속이다.
③ 석유속에 보관하면 안전하다.
④ 제3류 위험물에 속한다.

해설
칼륨은 비중이 1보다 작은 경금속에 해당한다.

36 제2류 위험물 중 철분 1,000kg, 삼황화인 200kg, 적린 100kg을 함께 저장하고 있을 때, 지정수량 배수의 총합은?

① 3   ② 4
③ 5   ④ 6

해설
- 철분의 지정수량 : 500kg
- 황화인, 적린의 지정수량 : 100kg
∴ (1,000 ÷ 500) + (200 ÷ 100) + (100 ÷ 100) = 5

37 인화알루미늄이 물과 반응할 때 생성되는 기체의 명칭은?

① 수소
② 메테인
③ 포스핀
④ 아세틸렌

해설
인화알루미늄과 물의 반응식
$AlP + 3H_2O \rightarrow Al(OH)_3 + PH_3$

정답 33 ③ 34 ① 35 ② 36 ③ 37 ③

38 제2류 위험물과 제5류 위험물의 공통적인 성질은?

① 가연성의 액체이다.
② 다른 물질을 산화시킨다.
③ 강력한 환원제이다.
④ 산소를 포함하고 있다.

해설
제2류 위험물(가연성 고체)과 제5류 위험물(자기반응성 물질)의 공통적인 성질은 가연물이라는 점이다. 가연물은 환원제이다.

39 산, 알칼리와 반응하고 비중이 약 2.7인 금속은?

① 나트륨
② 칼륨
③ 리튬
④ 알루미늄

40 아염소산나트륨이 완전 열분해하였을 때 생성되는 기체는?

① 수소
② 산소
③ 포스겐
④ 이산화염소

해설
아염소산나트륨의 열분해반응식
$NaClO_2 \rightarrow NaCl + O_2$

41 다음 물질 중 인화점이 가장 높은 것은?

① 이황화탄소
② 가솔린
③ 메탄올
④ 글리세린

해설
제3석유류에 속한 글리세린의 인화점이 가장 높다.

42 폭발범위에 대한 설명으로 잘못된 것은?

① 연소범위 하한이 낮을수록 위험하다.
② 연소범위 상한이 높을수록 위험하다.
③ 연소범위가 좁을수록 폭발의 위험이 커진다.
④ 연소범위가 넓을수록 폭발의 위험이 커진다.

해설
연소범위는 하한이 낮을수록, 상한이 높을수록 위험하다. 즉, 연소범위는 넓을수록 위험하다.

43 다이에틸에터의 화재 시 주수소화를 하면 위험한 이유로 가장 옳게 설명한 것은?

① 화재면을 확대시키기 때문이다.
② 물과 반응하여 가연성 가스를 발생시키기 때문이다.
③ 에터의 저장탱크에 물이 들어가면 슬롭오버 현상을 일으키기 때문이다.
④ 물과 반응하여 독성가스를 방출하기 때문이다.

해설
다이에틸에터는 물과 반응하지 않고 물 위에 뜨기 때문에, 다이에틸에터의 화재 시 물을 사용하면 화재면을 확대시키는 현상이 발생한다.
※ 슬롭오버 현상은 중질유를 저장하는 탱크에서 발생한다.

44 강화액소화약제는 물에 어떤 물질을 첨가시킨 것인가?

① 인산암모늄
② 질소
③ 탄산칼륨
④ 아르곤

해설
물에 탄산칼륨을 넣어 어는점은 -30℃ 정도로 낮춘 소화약제를 강화액소화약제라고 한다.

45 물이 소화약제로 쓰이는 이유로 옳지 않은 것은?

① 소화능력이 우수하다.
② 값이 싸다.
③ 증발잠열이 크다.
④ 모든 화재에 적응성이 있다.

해설
물은 금속의 분말, 금수성 물질 등에는 소화적응성이 없다.

46 벤젠과 톨루엔의 공통적인 성질이 아닌 것은?

① 증기는 공기보다 무겁다.
② 무색, 무취이다.
③ 물에 불용이다.
④ 지정수량이 같다.

해설
벤젠과 톨루엔은 방향족 물질로 특유의 향이 있다.

47 가솔린 40,000L의 소요단위는?

① 10
② 15
③ 20
④ 25

해설
위험물은 지정수량의 10배를 1소요단위로 한다. 가솔린의 지정수량은 200L이고, 10배는 2,000L가 된다. 따라서 40,000L의 소요단위는 20단위가 된다.

정답 43 ① 44 ③ 45 ④ 46 ② 47 ③

48 다음 물질 중 벤젠고리를 함유하고 있지 않은 것은?

① 자일렌
② 페놀
③ 산화프로필렌
④ 아닐린

해설
산화프로필렌은 사슬형 탄화수소에 해당하며 벤젠고리를 가지고 있지 않다.

49 외부의 산소공급이 없는 상태에서도 연소가 가능한 물질은?

① 이황화탄소
② 벤조일퍼옥사이드
③ 나이트로벤젠
④ 하이드라진

해설
제5류 위험물은 자기반응성 물질로 외부의 산소공급 없이 물질 자체에 포함하고 있는 산소로 연소가 가능하다. 위 물질 중 제5류 위험물에 속한 것은 벤조일퍼옥사이드로 제5류 위험물 중 유기과산화물에 속한다.

50 위험물안전관리법령에 따른 제3석유류에 해당하지 않는 물질은?

① 에틸렌글라이콜
② 하이드라진
③ 중유
④ 나이트로벤젠

해설
하이드라진(N_2H_4) : 제2석유류 수용성 물질, 지정수량 2,000L

51 인화점이 70℃ 이상인 제4류 위험물을 저장·취급하는 소화난이도등급 I의 옥외탱크저장소(지중탱크 또는 해상탱크 외의 것)에 설치하는 소화설비는?

① 스프링클러설비
② 물분무소화설비
③ 간이스프링클러설비
④ 분말소화설비

해설
소화난이도등급 I인 옥외탱크저장소에 설치해야 하는 소화설비

옥외탱크저장소	지중탱크 또는 해상탱크 외의 것	황만을 저장·취급하는 것	물분무소화설비
		인화점 70℃ 이상의 제4류 위험물만을 저장·취급하는 것	물분무소화설비 또는 고정식 포소화설비
		그 밖의 것	고정식 포소화설비(포소화설비가 적응성이 없는 경우에는 분말소화설비)
	지중탱크		고정식 포소화설비, 이동식 이외의 불활성가스소화설비 또는 이동식 이외의 할로젠화합물소화설비
	해상탱크		고정식 포소화설비, 물분무소화설비, 이동식 이외의 불활성가스소화설비 또는 이동식 이외의 할로젠화합물소화설비

52 다음의 소화설비 중 능력단위가 가장 큰 것은?

① 팽창진주암 160L(삽 1개 포함)
② 수조 80L(소화전용물통 3개 포함)
③ 마른모래 50L(삽 1개 포함)
④ 팽창질석 160L(삽 1개 포함)

[해설]
소화설비의 능력단위

소화설비	용량	능력단위
소화전용(轉用)물통	8L	0.3
수조(소화전용물통 3개 포함)	80L	1.5
수조(소화전용물통 6개 포함)	190L	2.5
마른모래(삽 1개 포함)	50L	0.5
팽창질석 또는 팽창진주암(삽 1개 포함)	160L	1.0

53 소화약제 제조 시 사용되는 물질이 아닌 것은?

① 탄산칼륨
② 인화칼슘
③ 인산암모늄
④ 요소

[해설]
인화칼슘(Ca_3P_2)은 제3류 위험물 중 금수성 물질에 해당한다.

54 다음 중 증기비중이 가장 큰 물질은?

① 톨루엔
② 메탄올
③ 다이에틸에터
④ 이황화탄소

[해설]
분자량이 가장 큰 물질이 증기비중도 가장 크다. 위 물질 중 톨루엔의 분자량이 92로 가장 크기 때문에 증기비중도 약 3.17로 가장 크다.

55 연소점, 인화점, 발화점을 온도의 크기가 작은 것부터 큰 것의 순으로 바르게 나타낸 것은?

① 연소점 < 인화점 < 발화점
② 발화점 < 연소점 < 인화점
③ 인화점 < 연소점 < 발화점
④ 연소점 < 발화점 < 인화점

[해설]
연소점은 인화점보다 약 10℃ 정도 높은 온도로 연소가 지속될 수 있는 온도이다. 발화점은 인화점에 비해 상당히 높다.

56 위험물안전관리법령에 따른 제6류 위험물에 해당하지 않는 것은?

① 과산화수소
② 과염소산
③ 과아이오딘산
④ 오불화아이오딘

[해설]
과아이오딘산(HIO_4)은 제1류 위험물에 해당한다.

정답 52 ② 53 ② 54 ① 55 ③ 56 ③

57 염소산칼륨이 고온에서 열분해하였을 때 생성되는 물질을 나열한 것은?

① 수산화칼륨, 산소
② 염화칼륨, 산소
③ 수산화칼륨, 수소
④ 염화칼륨, 염소

해설
염소산칼륨($KClO_3$)의 열분해반응식
$2KClO_3 \rightarrow 2KCl$(염화칼륨) $+ 3O_2$(산소)

59 화재 시 공기를 차단하여 질식소화를 하는 것이 가장 효과가 있는 유별은?

① 제1류 위험물
② 제2류 위험물
③ 제4류 위험물
④ 제5류 위험물

해설
제4류 위험물은 질식소화가 가장 효과적이다. 제1류, 제2류, 제5류, 제6류 위험물은 주수소화가 효과적이다.

58 TNT에 포함된 탄소원자의 수는 총 몇 개인가?

① 5
② 7
③ 9
④ 11

해설
TNT(트라이나이트로톨루엔)의 화학식 [$C_6H_2CH_3(NO_2)_3$]이며, 탄소는 총 7개 존재한다.

60 표준상태에서 산소 22.4L에 들어있는 산소의 무게는 약 몇 g이 되겠는가?

① 16g
② 32g
③ 48g
④ 64g

해설
표준상태에서 기체 1mol의 부피는 22.4L가 된다. 산소 1mol의 무게는 32g이다.

57 ② 58 ② 59 ③ 60 ②

CHAPTER 04

2022년 제1회 과년도 기출복원문제

PART 01 위험물기능사 필기

---

01 제4류 위험물을 제조하는 일반취급소에 지정수량의 몇 배 이상일 때 자체소방대를 설치해야 하는가?

① 1,000배
② 2,000배
③ 3,000배
④ 4,000배

해설
자체소방대를 설치해야 하는 사업소(위험물안전관리법 시행령 제18조)
- 제4류 위험물을 취급하는 최대수량의 합이 지정수량 3천배 이상인 제조소 또는 일반취급소
- 제4류 위험물을 저장하는 최대수량이 지정수량의 50만배 이상인 옥외탱크저장소

02 질산암모늄에 대한 설명 중 틀린 것은?

① 강력한 산화제이다.
② 물에 녹을 때는 발열반응을 한다.
③ 조해성이 있다.
④ 화학의 재료로 쓰인다.

해설
질산암모늄의 가장 큰 특징 중 하나는 물에 용해 시 흡열반응을 하는 것이다.

03 탄화칼슘이 물과 반응하였을 때 발생되는 가스는?

① 포스겐
② 포스핀
③ 아세틸렌
④ 에틸렌

해설
탄화칼슘과 물의 반응식
$CaC_2 + 2H_2O \rightarrow Ca(OH)_2 + C_2H_2$(아세틸렌)

04 2mol의 메탄올을 완전히 연소시키는 데 필요한 산소의 몰수는?

① 2
② 3
③ 4
④ 5

해설
메탄올의 완전 연소반응식
$2CH_3OH + 3O_2 \rightarrow 2CO_2 + 4H_2O$

정답 1 ③ 2 ② 3 ③ 4 ②

05 다음 중 제4류 위험물에 속한 물질을 보호액으로 사용하는 위험물은?

① 황
② 이황화탄소
③ 나트륨
④ 질산메틸

해설
나트륨은 석유(등유, 경유, 유동파라핀) 속에 보관한다.

06 물과 접촉하였을 때 수산화나트륨과 산소를 발생시키고 발열하는 물질은?

① 질산나트륨
② 염소산나트륨
③ 아염소산나트륨
④ 과산화나트륨

해설
과산화나트륨과 물의 반응식
$2Na_2O_2 + 2H_2O \rightarrow 4NaOH + O_2 +$ 발열

07 인화성 물질 400L를 간이탱크저장소에 저장하려고 할 때 필요한 탱크의 최소 개수는?

① 1   ② 2
③ 3   ④ 4

해설
하나의 간이저장탱크의 용량 : 600L 이하
따라서 400L를 저장하려고 할 때는 탱크 1개만 있으면 된다.

08 1기압에서 인화점이 200℃인 것은 제 몇 석유류에 해당하는가?

① 제1석유류
② 제2석유류
③ 제3석유류
④ 제4석유류

해설
인화점이 200℃인 것은 제4석유류에 해당한다.

인화점 기준에 따른 분류

품명	기준
제1석유류	1기압에서 인화점이 21℃ 미만인 것
제2석유류	1기압에서 인화점이 21℃ 이상 70℃ 미만인 것
제3석유류	1기압에서 인화점이 70℃ 이상 200℃ 미만인 것
제4석유류	1기압에서 인화점이 200℃ 이상 250℃ 미만인 것

09 위험물의 유별 구분이 나머지 셋과 다른 하나는?

① 나이트로벤젠
② 과산화벤조일
③ 질산메틸
④ 과산화메틸에틸케톤

해설
나이트로벤젠($C_6H_5NO_2$)은 제4류 위험물 중 제3석유류이다.

10 산화성 액체위험물의 일반적인 성질로 옳은 것은?

① 비중이 1보다 작다.
② 낮은 온도에서 인화한다.
③ 물에 녹기 어렵다.
④ 자신은 불연성이다.

해설
제6류 위험물(산화성 액체)은 물에 잘 녹고 비중은 1보다 크다. 제1류 위험물과 마찬가지로 자신은 불연성이며 다른 물질의 연소를 돕는다.

11 오황화인이 물과 반응하여 발생하는 가스는?

① SO_2
② P_2O_5
③ H_2S
④ H_2SO_4

해설
오황화인과 물의 반응식
$P_2S_5 + 8H_2O \rightarrow 5H_2S + 2H_3PO_4$

12 다음 위험물 중 상온에서 액체인 것은?

① 염소산나트륨
② 산화프로필렌
③ 피크르산
④ 나이트로셀룰로스

해설
산화프로필렌은 제4류 위험물(인화성 액체)이므로 상온에서 액체 상태로 존재한다.

13 다음 [보기]에서 설명하는 위험물질의 명칭은 무엇인가?

[보기]
• 지정수량은 4,000L이다.
• 3가 알코올이다.
• 점성이 있는 액체이다.

① 에틸렌글라이콜
② 글리세린
③ 아이소프로필알코올
④ 페놀

해설
글리세린[$C_3H_5(OH)_3$]

분자량	비중	인화점	비점	착화점
92	1.26	160℃	182℃	370℃

• 제4류 위험물 중 제3석유류 수용성, 지정수량 4,000L
• 3가 알코올이다.
• 무색 또는 엷은 노란색, 무취이며 점성이 있다.
• 물에 녹고 이황화탄소, 벤젠, 에터에 녹지 않는다.
• 독성이 없고 가소제, 감미료, 화장품제조, 과자제조, 약물제조 등 다양하게 쓰인다.

14 과산화수소 2mol의 무게는 몇 g인가?

① 32g
② 34g
③ 68g
④ 92g

해설
과산화수소(H_2O_2)의 분자량은 34g이다. 2mol의 무게는 분자량×2를 해주면 된다.

정답 10 ④ 11 ③ 12 ② 13 ② 14 ③

15 소방공무원경력자가 취급할 수 있는 위험물은?(단, 소방공무원으로 근무한 경력이 3년 이상인 자이다)

① 제1류 위험물
② 제2류 위험물
③ 제3류 위험물
④ 제4류 위험물

해설

위험물취급자격자의 자격(위험물안전관리법 시행령 별표 5)

위험물취급자격자의 구분	취급할 수 있는 위험물
위험물기능장, 위험물산업기사, 위험물기능사의 자격을 취득한 사람	모든 위험물
안전관리자교육이수자	제4류 위험물
소방공무원 경력자(소방공무원으로 근무한 경력이 3년 이상인 자)	제4류 위험물

16 다음 중 아염소산의 화학식은?

① HClO
② HClO₂
③ HClO₃
④ HClO₄

해설
- 과염소산 : HClO₄
- 염소산 : HClO₃
- 아염소산 : HClO₂
- 차아염소산 : HClO

17 다음 중 과산화수소의 분해를 막기 위한 안정제로 사용되는 것은?

① 이산화망가니즈
② 인산
③ 인산암모늄
④ 암모니아

해설
과산화수소는 분해력이 뛰어나 물과 산소로 분해된다. 이를 방지하기 위하여 인산, 요산을 가하여 보관한다.

18 다음 중 자연발화성 및 금수성 물질에 해당하는 품명은?

① 금속의 아지화합물
② 질산구아니딘
③ 할로젠간화합물
④ 염소화규소화합물

해설
염소화규소화합물은 제3류 위험물에 해당한다.
- 금속의 아지화합물, 질산구아니딘 : 제5류 위험물
- 할로젠간화합물 : 제6류 위험물

19 전기의 부도체이고 황산이나 화약을 만드는 원료로 사용되며, 연소하면 푸른색을 나타내는 것은?

① 황
② 적린
③ 마그네슘
④ 알루미늄분

해설
황산의 화학식은 H₂SO₄이므로 황으로 만들 수 있다. 황은 연소할 때 푸른빛을 낸다.

정답 15 ④ 16 ② 17 ② 18 ④ 19 ①

20 위험물안전관리법령상 위험물의 종류에 따라 적절한 주의사항을 부착해야 하는데, 이에 해당하지 않는 문구는?

① 물기엄금
② 물기주의
③ 화기엄금
④ 화기주의

해설
위험물안전관리법령에 '물기주의'라는 주의사항은 없다.

21 위험물안전관리법령상 운반에 관한 기준에서 운반용기의 재질에 해당하지 않는 것은?

① 유리
② 섬유판
③ 짚
④ 도자기

해설
위험물의 운반에 관한 기준(위험물안전관리법 시행규칙 별표 19)
운반용기의 재질은 강판·알루미늄판·양철판·유리·금속판·종이·플라스틱·섬유판·고무류·합성섬유·삼·짚·나무 등이다.

22 제4류 위험물 중 제1석유류의 일반적인 특성이 아닌 것은?

① 증기의 연소 하한값이 비교적 낮다.
② 대부분 비중이 물보다 작다.
③ 다른 석유류보다 화재 시 보일오버나 슬롭오버 현상이 일어나기 쉽다.
④ 대부분 증기밀도가 공기보다 크다.

해설
보일오버, 슬롭오버 같은 현상은 중질유(인화점이 높은 석유류)에서 나타나는 현상이다.

23 위험물안전관리법령상 아세트알데하이드 등을 이동저장탱크로부터 꺼낼 때에는 얼마 이하의 압력으로 불활성 기체를 봉입해야 하는가?

① 24kPa
② 100kPa
③ 200kPa
④ 350kPa

해설
알킬알루미늄 등 및 아세트알데하이드 등의 취급기준(위험물안전관리법 시행규칙 별표 18)
아세트알데하이드 등의 이동탱크저장소에 있어서 이동저장탱크로부터 아세트알데하이드 등을 꺼낼 때에는 동시에 100kPa 이하의 압력으로 불활성의 기체를 봉입할 것

정답 20 ② 21 ④ 22 ③ 23 ②

24 위험물안전관리법령상 옥내저장소의 저장창고 바닥면적을 1,000m² 이하로 해야 하는 위험물에 해당하는 것은?

① 인화칼슘
② 경유
③ 메틸알코올
④ 트라이나이트로톨루엔

해설
메틸알코올은 알코올류이므로 바닥면적을 1,000m² 이하로 해야 한다.
하나의 저장창고의 바닥면적(위험물안전관리법 시행규칙 별표 5)

위험물을 저장하는 창고의 종류	기준면적
① 제1류 위험물 중 지정수량 50kg인 위험물(아염소산염류, 염소산염류, 과염소산염류, 무기과산화물) ② 제3류 위험물 중 지정수량 10kg(칼륨, 나트륨, 알킬알루미늄, 알킬리튬)인 위험물과 황린 ③ 제4류 위험물 중 특수인화물, 제1석유류, 알코올류 ④ 제5류 위험물 중 지정수량 10kg인 위험물 ⑤ 제6류 위험물	1,000m² 이하
①~⑤ 외의 위험물을 저장하는 창고	2,000m² 이하
위의 전부에 해당하는 위험물을 내화구조의 격벽으로 완전히 구획된 실에 각각 저장하는 창고(①~⑤의 위험물을 저장하는 실의 면적은 500m²를 초과할 수 없다)	1,500m² 이하

25 다이에틸에터를 저장하는 용기에서 과산화물이 생성되었는지는 검사하려고 한다. 다음 중 검출 시약으로 쓰이는 물질은 무엇인가?

① 이산화망가니즈
② 아이오딘화칼륨
③ 황산제일철
④ 황산알루미늄

해설
- 다이에틸에터의 과산화물 검출 방법은 10% 아이오딘화칼륨(KI) 용액을 이용한다. 검출 시에는 황색으로 변한다.
- 과산화물 생성 방지법 : 40mesh의 구리망을 넣어준다.
- 과산화물 제거시약으로는 황산제일철 또는 환원철을 사용한다.

26 다음 중 크산토프로테인 반응을 하는 물질은?

① 황산
② 질산
③ 염산
④ 폼산

해설
- 질산은 크산토프로테인(잔토프로테인) 반응을 한다.
- 크산토프로테인 반응 : 단백질검출반응, 단백질에 진한 질산을 가해 가열하면 황색이 된다.

27 ANFO 폭약을 제조하기 위해 경유에 혼합하는 제1류 위험물은?

① 염소산나트륨
② 과망가니즈산칼륨
③ 다이크로뮴산나트륨
④ 질산암모늄

해설
ANFO 폭약은 질산암모늄 94%에 경유 6%를 혼합하여 만든 폭약이다.

28 의산의 지정수량은 얼마인가?

① 1,000L
② 2,000L
③ 4,000L
④ 6,000L

해설
의산(폼산, 개미산, HCOOH)은 제2석유류 수용성이며, 지정수량은 2,000L이다.

29 다음 물질 중 품명이 나머지 셋과 다른 하나는?

① 아세트산
② 아크릴산
③ 아닐린
④ 등유

해설
아닐린은 제3석유류 비수용성 물질이고, 아세트산, 아크릴산은 제2석유류의 수용성 물질이다.

30 다음 중 물과 반응하여 두 종류의 가연성 가스를 발생시키는 물질은?

① Mn_3C
② Al_4C_3
③ CaC_2
④ Ca_3P_2

해설
탄화망가니즈(Mn_3C)와 물의 반응식
$Mn_3C + 6H_2O \rightarrow 3Mn(OH)_2 + CH_4 + H_2$

정답 27 ④ 28 ② 29 ③ 30 ①

31 옥내저장소에서 황린을 600kg 저장하고자 한다. 보유공지는 얼마 이상으로 해야 하는가?(단, 벽·기둥 및 바닥은 내화구조이다)

① 1m 이상
② 2m 이상
③ 3m 이상
④ 5m 이상

해설
황린의 지정수량은 20kg이고, 600kg의 황린은 지정수량의 30배이다. 옥내저장소에서 지정수량의 20배 초과 50배 이하의 범위에 들어가기 때문에 보유공지는 3m 이상으로 해야 한다.

옥내저장소의 보유공지(위험물안전관리법 시행규칙 별표 5)

저장 또는 취급하는 위험물의 최대수량	공지의 너비	
	벽·기둥 및 바닥이 내화구조	그 밖의 건축물
지정수량의 5배 이하	–	0.5m 이상
지정수량의 5배 초과 10배 이하	1m 이상	1.5m 이상
지정수량의 10배 초과 20배 이하	2m 이상	3m 이상
지정수량의 20배 초과 50배 이하	3m 이상	5m 이상
지정수량의 50배 초과 200배 이하	5m 이상	10m 이상
지정수량의 200배 초과	10m 이상	15m 이상

32 위험물안전관리법령상 간이저장탱크, 지하저장탱크의 두께는 얼마 이상으로 해야 하는가?

① 1.5mm 이상
② 2.3mm 이상
③ 3.2mm 이상
④ 4.0mm 이상

33 지하탱크저장소의 지하탱크전용실은 지하의 가장 가까운 벽, 피트, 가시관 등의 시설물로부터 몇 m 이상 떨어진 곳에 설치해야 하는가?

① 0.1m 이상
② 0.2m 이상
③ 0.3m 이상
④ 0.4m 이상

해설
지하탱크저장소의 설치기준(위험물안전관리법 시행규칙 별표 8)
- 지면하에 설치된 탱크전용실에 설치
- 탱크전용실은 지하의 가장 가까운 벽·피트·가스관 등의 시설물 및 대지경계선으로부터 0.1m 이상 떨어진 곳에 설치
- 지하저장탱크와 탱크전용실의 안쪽과의 사이는 0.1m 이상의 간격을 유지
- 해당 탱크의 주위에 마른모래 또는 습기 등에 의하여 응고되지 않는 입자지름 5mm 이하의 마른 자갈분을 채워야 한다.
- 지하저장탱크의 윗부분은 지면으로부터 0.6m 이상 아래에 있어야 한다.
- 지하저장탱크를 2 이상 인접해 설치하는 경우에는 그 상호간에 1m(해당 2 이상의 지하저장탱크의 용량의 합계가 지정수량의 100배 이하인 때에는 0.5m) 이상의 간격을 유지해야 한다.

34 마그네슘이 고온에서 질소와 반응할 때, 생성되는 물질은 무엇인가?

① MgO
② Mg_3N_2
③ $Mg(OH)_2$
④ MgO_2

해설
마그네슘과 질소의 반응식
$3Mg + N_2 \rightarrow Mg_3N_2$

35 인화성 고체의 지정수량은?

① 50kg
② 200L
③ 500kg
④ 1,000kg

해설
제2류 위험물의 종류

성질	품명	지정수량	위험등급
가연성 고체	황화인, 적린, 황	100kg	II
	철분, 금속분, 마그네슘	500kg	III
	인화성 고체	1,000kg	III
	그 밖에 행정안전부령이 정하는 것	100kg, 500kg	II, III

36 이황화탄소의 위험도는 얼마인가?(단, 이황화탄소의 연소범위는 1.0~50%이다)

① 43%
② 45%
③ 49%
④ 50%

해설
위험도$(H) = \dfrac{U-L}{L}$

여기서, U : 폭발 상한계(%), L : 폭발 하한계(%)

$\therefore \dfrac{50-1}{1} = 49$

37 다음 중 포화탄화수소에 해당하는 것은?

① 벤젠
② 프로페인
③ 아세틸렌
④ 톨루엔

해설
포화탄화수소는 C_nH_{2n+2}인 물질이다. 종류로는 메테인, 에테인, 프로페인, 뷰테인 등이 있다.

38 중유의 주된 연소형태는?

① 표면연소
② 증발연소
③ 분해연소
④ 자기연소

해설
중유는 인화점이 높은 물질이므로 분해연소를 한다.

정답 34 ② 35 ④ 36 ③ 37 ② 38 ③

39 인화석회가 물과 반응할 때 발생하는 기체의 명칭은?

① 포스겐
② 포스핀
③ 수산화칼슘
④ 수소

해설
인화석회
- 인화칼슘을 말한다.
- 인화칼슘과 물의 반응식
  $Ca_3P_2 + 6H_2O \rightarrow 3Ca(OH)_2 + 2PH_3$(포스핀)

40 제1류 위험물의 공통적인 성질이 아닌 것은?

① 유기화합물로 구성되어 있다.
② 불연성 물질들의 집합이다.
③ 산화성 고체라고 한다.
④ 물질에 산소를 포함하고 있다.

해설
제1류 위험물은 무기화합물이고 불연성인 물질들이다.

41 가열하면 분해하여 적갈색의 유독한 가스를 발생하는 물질은?

① 과염소산
② 질산
③ 과염소산나트륨
④ 질산메틸

해설
- 질산은 분해하면 적갈색의 증기(이산화질소, NO_2)가 생성된다.
- 질산의 분해반응식
  $4HNO_3 \rightarrow 4NO_2 + 2H_2O + O_2$

42 불연성기체로, 액화가 용이하고 C급 화재에 적응성이 좋아 소화약제로 사용되는 물질은?

① Ar
② He
③ CO_2
④ O_2

해설
이산화탄소소화약제는, 액화시켜 사용하고 B, C급 화재에 적응성이 있다.

43 위험물안전관리법령상 옥외소화전설비에서 옥외소화전함은 보행거리 몇 m 이하의 장소에 설치해야 하는가?

① 1m
② 3m
③ 5m
④ 10m

해설
옥외소화전함은 옥외소화전으로부터 보행거리 5m 이하의 장소에 설치해야 한다.

44 다음 중 단원자 분자에 해당하는 것은?

① 산소
② 질소
③ 아르곤
④ 염소

해설
단원자 분자는 원자가 1개인 분자를 말한다. 불활성 기체는 다른 물질과 반응하지 않거나 반응성이 거의 없기 때문에 원자 자체가 분자가 된다.

45 다이크로뮴산칼륨($K_2Cr_2O_7$)에서 크로뮴(Cr)의 산화수는 얼마인가?

① +3
② +4
③ +5
④ +6

해설
- 칼륨의 산화수는 +1이고 2개가 있기 때문에 +2가 된다.
- 산소의 산화수는 -2이고 7개가 있기 때문에 -14가 된다.
- Cr_2의 산화수는 전체 합이 0이 되어야 되기 때문에 +12가 된다.
- ∴ Cr 하나의 산화수는 +6이 된다.

46 다음 중 제5류 위험물의 화재발생 시에 가장 효과적인 소화방법은?

① 이산화탄소소화기를 이용한 질식소화를 한다.
② 대량의 주수를 이용한 냉각소화를 한다.
③ 할로젠화합물소화설비를 이용한 부촉매소화를 한다.
④ 분말소화설비를 이용하여 질식소화를 한다.

해설
제5류 위험물은 대량의 주수가 가장 효과적이다.

정답 43 ③ 44 ③ 45 ④ 46 ②

47 어떤 소화기가 전기화재에 적응성이 있다고 한다. 소화기의 표시색상은 무슨 색으로 해야 하는가?

① 백색   ② 황색
③ 청색   ④ 무색

해설
전기화재는 C급 화재이고 표시색은 청색이다.
화재의 분류에 따른 표시색상

급수	종류	표시색
A급	일반화재	백색
B급	유류화재	황색
C급	전기화재	청색
D급	금속화재	무색

48 주성분이 탄산수소칼륨인 소화약제는 제 몇 종 분말소화약제인가?

① 제1종 분말소화약제
② 제2종 분말소화약제
③ 제3종 분말소화약제
④ 제4종 분말소화약제

해설
분말소화약제의 종류

종류	주성분	적응화재	분말의 색
제1종 분말	$NaHCO_3$	B, C급	백색
제2종 분말	$KHCO_3$	B, C급	담회색
제3종 분말	$NH_4H_2PO_4$	A, B, C급	담홍색
제4종 분말	$KHCO_3+(NH_2)_2CO$	B, C급	회백색

49 아세트알데하이드 100L, 등유 500L, 가솔린 200L를 함께 저장하고 있을 때 지정수량 배수의 총합은 얼마인가?

① 3배
② 3.5배
③ 4배
④ 4.5배

해설
- 아세트알데하이드의 지정수량 : 50L
- 등유의 지정수량 : 1,000L
- 가솔린의 지정수량 : 200L

50 다음 물질 중에서 인화점이 가장 낮은 것은?

① 산화프로필렌
② 아세톤
③ 벤젠
④ 초산

해설
특수인화물의 인화점이 제일 낮은 편이다.

물질명	인화점
산화프로필렌	−37℃
아세톤	−18.5℃
벤젠	−11℃
초산	40℃

47 ③ 48 ② 49 ② 50 ①

51 위험물을 저장하는 탱크의 용량 산정방법은?

① 탱크의 내용적으로 한다.
② 탱크의 공간용적으로 한다.
③ 탱크의 내용적에서 공간용적을 뺀 용적으로 한다.
④ 탱크의 공간용적에서 내용적을 뺀 용적으로 한다.

해설
탱크의 용량 계산방법
- 탱크의 용량 : 내용적 − 공간용적
- 공간용적 : 내용적의 $\frac{5}{100}$ 이상 $\frac{10}{100}$ 이하

52 가솔린의 화재 시 적응성이 없는 소화기는?

① 봉상강화액소화기
② 이산화탄소소화기
③ 포소화기
④ 무상강화액소화기

해설
제4류 위험물은 주수소화는 적응성이 없다. 단, 무상(분무상)일 경우 적응성이 있다.

53 위험물제조소의 표지 규격은 얼마인가?

① 0.3m × 0.3m
② 0.3m × 0.4m
③ 0.3m × 0.5m
④ 0.3m × 0.6m

해설
게시판의 크기는 0.3m × 0.6m이다.

54 위험물안전관리법령상 제1석유류에 해당하지 않는 위험물은?

① CH_3COCH_3
② $C_6H_5CH_3$
③ $C_6H_5NO_2$
④ $CH_3COC_2H_5$

해설
- 나이트로벤젠($C_6H_5NO_2$) : 제3석유류 비수용성
- 아세톤(CH_3COCH_3), 톨루엔($C_6H_5CH_3$), MEK($CH_3COC_2H_5$) : 제1석유류

55 제1종 판매취급소의 배합실 바닥면적 기준으로 옳은 것은?

① $2m^2$ 이상 $5m^2$ 이하일 것
② $3m^2$ 이상 $9m^2$ 이하일 것
③ $5m^2$ 이상 $10m^2$ 이하일 것
④ $6m^2$ 이상 $15m^2$ 이하일 것

56 옥외탱크저장소의 옥외저장탱크에서 압력탱크 외의 탱크에 설치하는 대기밸브 부착 통기관은 얼마 이하의 압력 차이로 작동할 수 있어야 하는가?

① 3kPa
② 5kPa
③ 10kPa
④ 15kPa

정답 51 ③ 52 ① 53 ④ 54 ③ 55 ④ 56 ②

57 다음 중 제2석유류에 해당하지 않는 물질은?

① 에틸셀로솔브
② 스타이렌
③ 테레핀유
④ 메타크레졸

해설
메타크레졸(m-Cresol)은 제3석유류 비수용성에 해당하는 물질이다. 화학식은 $C_6H_4OHCH_3$이다.

58 포소화약제의 혼합방식 중 펌프의 토출관에 압입기를 설치하여 혼합하는 방식은?

① 라인프로포셔너 방식
② 프레셔프로포셔너 방식
③ 펌프프로포셔너 방식
④ 프레셔사이드프로포셔너 방식

해설
포소화약제 혼합장치
- 펌프프로포셔너 방식
- 라인프로포셔너 방식
- 프레셔프로포셔너 방식
- 프레셔사이드프로포셔너 방식
- 압축공기포 믹싱챔버 방식

※ 프레셔사이드 프로포셔너 방식 : 펌프의 토출관에 압입기를 설치하여 포소화약제 압입용 펌프로 포소화약제를 압입시켜 혼합하는 방식

59 다음 중 소화활동설비에 포함되지 않은 것은?

① 비상콘센트설비
② 상수도소화용수설비
③ 무선통신보조설비
④ 제연설비

해설
상수도소화용수설비는 소화용수설비에 해당한다.
소화활동설비
- 제연설비
- 연결송수관설비
- 연결살수설비
- 연소방지설비
- 비상콘센트설비
- 무선통신보조설비

60 에탄올의 1차 산화물로, 위험물안전관리법령상 지정수량이 50L인 물질은?

① 초산
② 산화프로필렌
③ 아세트알데하이드
④ 아이소프렌

해설
에탄올의 산화순서 : 에탄올(알코올류) - 아세트알데하이드(특수인화물) - 초산(제2석유류)
※ 특수인화물의 지정수량은 50L이다.

정답 57 ④ 58 ④ 59 ② 60 ③

CHAPTER 04

2022년 제2회

과년도 기출복원문제

PART 01 위험물기능사 필기

01 고체위험물은 운반용기 내용적의 몇 % 이하의 수납률로 수납해야 하는가?

① 90%
② 95%
③ 98%
④ 99%

해설
운반용기의 수납률
- 고체위험물 : 운반용기 내용적의 95% 이하의 수납률
- 액체위험물 : 운반용기 내용적의 98% 이하의 수납률로 수납하되, 55℃에서 누설되지 않도록 충분한 공간용적을 유지하도록 할 것
- 액체위험물 중 알킬알루미늄 등 : 운반용기의 내용적의 90% 이하의 수납률로 수납하되, 50℃의 온도에서 5% 이상의 공간용적을 유지하도록 할 것

02 위험물안전관리법령상 제6류 위험물에 적응성이 있는 소화설비는?

① 불활성가스소화설비
② 옥내소화전설비
③ 이산화탄소소화설비
④ 탄산수소염류 분말소화설비

해설
제6류 위험물은 주수소화가 효과적이다.

03 다음 각 위험물의 저장소에서 화재가 발생하였을 때 물을 사용하여 소화할 수 있는 물질은?

① Al_4C_3
② P
③ CaC_2
④ K

해설
적린은 제2류 위험물로 주수소화가 가능하다. 나머지 물질은 전부 금수성 물질에 해당하기 때문에 물에 의한 소화는 불가능하다.

04 화학반응속도를 증가시키는 방법으로 옳지 않은 것은?

① 온도를 높인다.
② 표면적을 넓게한다.
③ 부촉매를 넣는다.
④ 농도를 높인다.

해설
부촉매는 화학반응속도를 느리게 하는 물질이다.

정답 1 ② 2 ② 3 ② 4 ③

05 연소의 3요소를 구성하는 요소에 해당하는 물질이 아닌 것은?

① 과산화칼륨
② 등유
③ 피크르산
④ 산화칼슘

해설
연소의 3요소는 가연물, 산소공급원, 점화원이다. 산화칼슘은 칼슘의 산화 완결물이므로 더 이상 연소하지 않기 때문에 가연물이 아니다.

06 할로젠화합물소화설비에서 할론 1301의 방사압력은 얼마인가?

① 0.1MPa
② 0.2MPa
③ 0.7MPa
④ 0.9MPa

해설
할로젠화합물소화설비
- 방사압력
  - 할론 2402 : 0.1MPa 이상
  - 할론 1211 : 0.2MPa 이상
  - 할론 1301 : 0.9MPa 이상
- 방사시간
  - 할론 2402, 1211, 1301 : 30초 이내

07 과염소산칼륨 1mol이 완전열분해 하였을 때 생성되는 산소의 부피는 표준상태에서 몇 L가 되는가?

① 11.2L
② 22.4L
③ 44.8L
④ 67.2L

해설
과염소산칼륨의 열분해반응식
$KClO_4 \rightarrow KCl + 2O_2$
과염소산칼륨 1mol이 분해하면 산소 2mol이 생성된다. 표준상태에서 기체 1mol의 부피는 22.4L이므로 2mol의 부피는 44.8L가 된다.

08 다음 고체 물질 중 분해연소를 하는 것은?

① 코크스
② 칼륨
③ 목재
④ 숯

해설
고체의 연소형태
- 표면연소 : 가연성 가스를 발생하지 않고 물질 자체가 연소하는 현상
  예 목탄, 코크스, 숯, 금속분 등
- 분해연소 : 열분해에 의해 발생된 가연성 가스가 연소하는 현상
  예 종이, 석탄, 목재, 플라스틱
- 증발연소 : 고체를 가열하여 고체가 액체로, 그 액체가 계속 가열되어 기체로 변화하여 그 기체가 연소하는 현상
  예 황, 나프탈렌, 왁스, 파라핀 등
- 자기연소 : 물질 자체에 산소를 포함하고 있는 물질이 연소하는 현상
  예 제5류 위험물 등

09 위험물안전관리법령상 위험등급 Ⅱ에 해당하지 않는 위험물은?

① 에탄올
② 질산나트륨
③ 인화칼슘
④ 트라이나이트로톨루엔

해설
인화칼슘은 제3류 위험물에 속하고 지정수량은 300kg이다. 제3류 위험물 중 지정수량이 300kg인 물질은 위험등급이 Ⅲ이다.

10 다음 물질 중 소화방법이 칼륨과 동일하지 않은 것은?

① 나트륨
② 알루미늄분
③ 황분
④ 철분

해설
칼륨은 금수성 물질이므로 마른모래 또는 탄산수소염류 분말소화약제 등으로 소화한다. 황은 물로 소화가 가능하다.

11 다음 중 예방규정을 정해야 하는 제조소 등에 해당하지 않는 것은?

① 지정수량의 20배 이상의 위험물을 취급하는 제조소
② 지정수량의 100배 이상의 위험물을 저장하는 옥외저장소
③ 지정수량의 150배 이상의 위험물을 저장하는 옥외탱크저장소
④ 이송취급소

해설
예방규정을 정해야 하는 제조소 등

지정수량 배수	제조소 등
10배 이상	제조소, 일반취급소
100배 이상	옥외저장소
150배 이상	옥내저장소
200배 이상	옥외탱크저장소
전 대상	암반탱크저장소, 이송취급소

12 적재위험물에 따른 조치방법 중 방수성이 있는 것으로 피복하지 않아도 되는 품명은?

① 철분
② 마그네슘
③ 알칼리금속
④ 염소산염류

해설
방수성이 있는 것으로 피복
- 제1류 위험물 중 알칼리금속의 과산화물
- 제2류 위험물 중 철분·금속분·마그네슘
- 제3류 위험물 중 금수성 물질
※ 염소산염류는 제1류 위험물이지만 알칼리금속의 과산화물은 아니기 때문에 방수성이 있는 것으로 피복할 필요는 없다.

13 다음 중 분자식 $C_2F_4Br_2$에 해당하는 할론 소화약제는?

① 할론 1301
② 할론 1211
③ 할론 2402
④ 할론 1011

해설

할론번호 표시방법 : 할론 ○○○○의 화학식을 쓰라고 하는 문제가 많이 나오므로 각각 원자의 순서를 알고 있어야 한다. 나오는 숫자대로 원자의 수를 채우면 된다.

- 첫 번째 자리 : 탄소(C)
- 두 번째 자리 : 플루오린(F)
- 세 번째 자리 : 염소(Cl)
- 네 번째 자리 : 브로민(Br)

할론번호	화학식
Halon 1301	CF_3Br
Halon 2402	$C_2F_4Br_2$
Halon 1211	CF_2ClBr
Halon 104(0)	CCl_4

14 포소화약제의 장점에 해당하지 않는 것은?

① 인체에 무해하다.
② 잔유물을 남기지 않는다.
③ 질식, 냉각의 효과가 있다.
④ 유류화재에 적응성이 좋다.

해설

포소화약제는 물에 포액을 넣고 거품을 만들어 질식소화를 하는 것이 주소화효과이다. 화재면에 부착성이 좋은 것이 소화효과가 좋다. 단점으로는 화재표면을 포(거품)로 덮기 때문에 잔유물 처리가 곤란하다.

15 피리딘의 대한 설명 중 옳지 않은 것은?

① 무색의 액체물질이다.
② 독성이 없어 취급이 용이하다.
③ 물에 잘 녹는다.
④ 인화점은 0℃ 이상이다.

해설

피리딘(C_5H_5N)
- 제1석유류 수용성물질, 지정수량 400L
- 무색의 액체이다.
- 물에 녹아 수용액 상태에서도 인화의 위험이 있으므로 취급 시 주의해야 한다.
- 독성이 있다.
- 인화점은 16℃이다.

16 트라이에틸알루미늄(TEA)이 공기 중에서 연소할 때 생성될 수 있는 물질이 아닌 것은?

① 에테인
② 이산화탄소
③ 물
④ 산화알루미늄

해설

트라이에틸알루미늄과 연소반응식
$2(C_2H_5)_3Al + 21O_2 \rightarrow Al_2O_3 + 12CO_2 + 15H_2O$
※ TEA이 물과 반응할 때 에테인이 생성된다.

17 수소, 아세틸렌 등이 연소하는 형태는?

① 증발연소
② 확산연소
③ 폭발연소
④ 분해연소

해설

수소, 아세틸렌, 프로페인 등은 역화의 위험이 없는 확산연소를 한다.

18 다음 중 이온화경향이 가장 큰 금속은?

① Ca   ② Na
③ Fe   ④ Zn

해설
이온화경향 : 원자 또는 분자가 이온화되는 성질이 센 것부터 낮은 순으로 나타낸 것
K > Ca > Na > Mg > Al > Zn > Fe > Ni > Sn > Pb > (H) > Cu > Hg > Ag > Pt > Au

19 위험물안전관리법령상 위험물의 지정수량이 잘못 연결된 것은?

① 금속분 – 500kg
② 제4석유류 – 6,000L
③ 과망가니즈산염류 – 1,000kg
④ 알칼리금속 및 알칼리토금속 – 300kg

해설
알칼리금속(K, Na 제외) 및 알칼리토금속 : 지정수량 50kg

20 다음 물질 중 물에 가장 잘 녹는 것은?

① 이황화탄소   ② 황린
③ 초산   ④ 등유

해설
초산은 수용성 물질이므로 물에 잘 녹는다.

21 적린 1,000kg의 소요단위는 얼마인가?

① 1   ② 2
③ 3   ④ 4

해설
위험물은 지정수량의 10배를 1소요단위로 한다. 적린의 지정수량은 100kg이고 1,000kg이 1소요단위가 된다.

22 위험물안전관리법령상 옥외소화전이 3개 설치되어 있을 경우 수원의 수량은 몇 m^3 이상 되어야 하는가?

① $13.5m^3$ ② $27m^3$
③ $40.5m^3$ ④ $54m^3$

해설
옥외소화전의 분당 방수량은 450L이다(450L/min). 30min간 방사할 수 있는 양은 13,500L이고, 단위를 m^3으로 바꾸면 $13.5m^3$이 된다. 3개 설치되어 있다고 했기 때문에 $13.5m^3 \times 3 = 40.5m^3$이 된다.

23 질식소화효과를 주 효과로 사용하는 소화기는?

① 산·알칼리 소화기
② 이산화탄소소화기
③ 강화액소화기
④ 봉상강화액소화기

정답 18 ① 19 ④ 20 ③ 21 ① 22 ③ 23 ②

24 기름 100g에 부가되는 아이오딘의 g 수는 무엇을 설명한 말인가?

① 비누화
② 옥테인가
③ 아이오딘값
④ 부동태

해설
아이오딘값 : 유지 100g에 첨가되는 아이오딘의 g 수를 말한다.
※ 아이오딘값이 130 이상이면 건성유에 해당한다.

25 다이에틸에터의 증기비중은 약 얼마인가?

① 4.43
② 2.55
③ 1.59
④ 1.32

해설
다이에틸에터($C_2H_5OC_2H_5$)의 분자량은 약 74이다.
∴ 증기비중 $\frac{74}{29} = 2.55$

26 위험물안전관리법령상 제2류 위험물인 철분에 적응성이 있는 소화설비는?

① 스프링클러설비
② 할로젠화합물소화설비
③ 탄산수소염류 분말소화설비
④ 포소화설비

해설
철분은 물과 반응하여 가연성 가스를 발생시키기 때문에 수계소화설비는 사용 불가능하다.

27 가연성의 증기 또는 미분이 체류할 우려가 있는 건축물에는 배출설비를 해야 한다. 전역방식일 경우 배출능력은 얼마 이상으로 해야 하는가?

① 바닥면적 $1m^2$당 $15m^3$ 이상
② 바닥면적 $1m^2$당 $18m^3$ 이상
③ 바닥면적 $1m^2$당 $20m^3$ 이상
④ 바닥면적 $1m^2$당 $25m^3$ 이상

해설
배출설비
- 국소방식으로 설치
- 배풍기·배출덕트·후드 등을 이용하여 강제적으로 배출
- 배출능력은 1시간당 배출장소 용적의 20배 이상. 단, 전역방식의 경우에는 바닥면적 $1m^2$당 $18m^3$ 이상
- 배출설비의 급기구는 높은 곳에 설치, 구리망 등으로 인화방지망 설치
- 배출설비의 배출구는 지상 2m 이상의 연소의 우려가 없는 장소에 설치하고 화재 시 자동으로 폐쇄되는 방화댐퍼를 설치
- 배풍기는 강제배기방식

28 위험물안전관리법령상 옥외저장소에 저장할 수 없는 위험물은?(단, 국제해성위험물 규칙에 적합한 용기에 수납된 위험물인 경우를 제외한다)

① 황
② 아세톤
③ 톨루엔
④ 폼산

해설
아세톤의 인화점은 −18.5℃이므로 옥외저장소에 저장할 수 없다.
옥외저장소에 저장할 수 있는 위험물
- 제2류 위험물 중 황, 인화성 고체(인화점이 0℃ 이상인 것에 한함)
- 제4류 위험물 중 제1석유류(인화점이 0℃ 이상인 것에 한함), 알코올류, 제2석유류, 제3석유류, 제4석유류 및 동식물유류
- 제6류 위험물
- 제2류 위험물 및 제4류 위험물 중 특별시·광역시·특별자치시·도 또는 특별자치도의 조례로 정하는 위험물(관세법 제154조의 규정에 의한 보세구역 안에 저장하는 경우에 한한다)
- 국제해사기구에 관한 협약에 의하여 설치된 국제해사기구가 채택한 국제해상위험물규칙(IMDG Code)에 적합한 용기에 수납된 위험물

29 다음 중 자기연소가 가능한 물질은?

① $KClO_4$
② CH_3ONO_2
③ $C_2H_5OC_2H_5$
④ HNO_3

해설
제5류 위험물은 자기연소를 한다. 질산메틸(CH_3ONO_2)은 제5류 위험물이다.

30 물과 반응하면 발열하는 물질은?

① $NaClO_3$
② NH_4NO_3
③ K_2O_2
④ $KMnO_4$

해설
알칼리금속의 과산화물은 물과 반응하여 산소를 방출하고 발열한다.

31 주유취급소에서 고정급유설비에 직접 접속하는 전용탱크의 최대용량은?

① 2,000L
② 10,000L
③ 20,000L
④ 50,000L

해설
주유취급소의 탱크
- 자동차 등에 주유하기 위한 고정주유설비에 직접 접속하는 전용탱크로서 50,000L 이하
- 고정급유설비에 직접 접속하는 전용탱크로서 50,000L 이하
- 보일러 등에 직접 접속하는 전용탱크로서 10,000L 이하
- 폐유·윤활유 등의 위험물을 저장하는 탱크로서 용량 2,000L 이하
- 고정주유설비 또는 고정급유설비에 직접 접속하는 3기 이하의 간이탱크

정답 28 ② 29 ② 30 ③ 31 ④

32 이송취급소의 배관은 수도법에 의한 수도시설과 얼마 이상의 안전거리를 두어야 하는가?(단, 지하에 매설할 경우이다)

① 10m
② 50m
③ 100m
④ 300m

해설
이송취급소의 배관
- 지하매설 : 배관은 다음 규정에 의한 안전거리를 둘 것
  - 건축물 : 1.5m 이상
  - 지하가 및 터널 : 10m 이상
  - 수도법에 의한 수도시설 : 300m 이상
  - 배관은 그 외면으로부터 다른 공작물에 대하여 0.3m 이상의 거리를 보유
  - 배관은 적절한 깊이로 매설
  - 배관의 외면과 지표면과의 거리는 산이나 들에 있어서는 0.9m 이상, 그 밖의 지역에 있어서는 1.2m 이상
- 도로 밑 매설
  - 배관은 그 외면으로부터 도로의 경계에 대하여 1m 이상의 안전거리를 둘 것
  - 배관은 그 외면으로부터 다른 공작물에 대하여 0.3m 이상의 거리를 보유
- 지상설치
  - 철도 또는 도로의 경계선 : 25m 이상
  - 병원, 영화관 복지시설 등 : 45m 이상
  - 문화재 : 65m 이상
  - 가스시설 : 35m 이상
  - 도시공원 : 45m 이상
  - 연면적 1,000m² 이상 숙박, 위락시설 : 45m 이상
  - 1일 평균 20,000명 이상 이용하는 기차역 또는 버스터미널 : 45m 이상
  - 수도법에 의한 수도시설 : 300m 이상
  - 주택 : 25m 이상

33 소화난이도등급Ⅲ인 이동탱크저장소에 설치하는 마른모래의 설치기준은 몇 L 이상이어야 하는가?

① 50L 이상
② 100L 이상
③ 150L 이상
④ 200L 이상

해설
소화난이도등급Ⅲ의 제조소 등에 설치해야 하는 소화설비

제조소 등의 구분	소화설비	설치기준	
지하탱크저장소	소형수동식 소화기 등	능력단위의 수치가 3 이상	2개 이상
이동탱크저장소	자동차용 소화기	무상의 강화액 8L 이상	2개 이상
		이산화탄소 3.2kg 이상	
		일브로민화일염화이불화메테인 (CF_2ClBr) 2L 이상	
		일브로민화삼불화메테인 (CF_3Br) 2L 이상	
		이브로민화사불화에테인 ($C_2F_4Br_2$) 1L 이상	
		소화분말 3.3kg 이상	
	마른모래 및 팽창질석 또는 팽창진주암	마른모래 150L 이상	
		팽창질석 또는 팽창진주암 640L 이상	
그 밖의 제조소 등	소형수동식 소화기 등	능력단위의 수치가 건축물 그 밖의 공작물및 위험물의 소요단위의 수치에 이르도록 설치할 것. 다만, 옥내소화전설비, 옥외소화전설비, 스프링클러설비, 물분무등소화설비 또는 대형수동식소화기를 설치한 경우에는 해당 소화설비의 방사능력범위 내의 부분에 대하여는 수동식소화기 등을 그 능력단위의 수치가 해당 소요단위의 수치의 1/5 이상이 되도록 하는 것으로 족하다.	

32 ④ 33 ③

34 위험물운송자는 운송하는 위험물의 종류에 따라 위험물안전카드를 휴대해야 하는데, 운송 시 위험물안전카드를 휴대하지 않아도 되는 경우는?

① 이황화탄소를 운송하는 경우
② 글리세린을 운송하는 경우
③ 휘발유를 운송하는 경우
④ 초산에틸을 운송하는 경우

해설
위험물(제4류 위험물에 있어서는 특수인화물 및 제1석유류에 한한다)을 운송하게 하는 자는 위험물안전카드를 위험물운송자로 하여금 휴대하게 할 것

35 금속칼륨, 금속나트륨은 이산화탄소소화설비로는 소화할 수 없다. 그 이유를 가장 잘 설명한 것은?

① 이산화탄소와 반응하여 가연성 가스를 생성하기 때문이다.
② 이산화탄소와 반응하여 탄소를 생성하기 때문이다.
③ 이산화탄소와 반응하면 발화점이 낮아지기 때문이다.
④ 이산화탄소와 접촉 시 폭발성의 아세틸레이트를 생성하기 때문이다.

해설
• 가연물인 탄소를 만들기 때문에 불이 꺼지지 않는다.
• 칼륨과 이산화탄소의 반응식
  $4K + 3CO_2 \rightarrow 2K_2CO_3 + C$
※ 탄소의 연소반응식 : $C + O_2 \rightarrow CO_2$

36 다음 중 지정수량이 다른 하나는?

① 초산에틸
② 초산메틸
③ 의산에틸
④ 의산메틸

해설
• 의산메틸($HCOOCH_3$) : 제1석유류 수용성 물질, 지정수량이 400L
• 나머지 물질 : 제1석유류 비수용성

37 나이트로글리세린이 분해반응할 때 발생하는 기체가 아닌 것은?

① 질소
② 일산화탄소
③ 이산화탄소
④ 산소

해설
나이트로글리세린의 분해반응식
$4C_3H_5(ONO_2)_3 \rightarrow 12CO_2 + 10H_2O + 6N_2 + O_2$

정답 34 ② 35 ② 36 ④ 37 ②

38 제2류 위험물에 해당하지 않는 조건은?
① 황의 순도가 80wt% 이상이다.
② 1기압에서 인화점이 30℃인 인화성 고체이다.
③ 크기가 4mm인 마그네슘이다.
④ 알루미늄분이 150μm의 체를 통과하는 것이 절반 이상이다.

해설
제2류 위험물이 되는 조건
- 황 : 순도가 60wt% 이상인 것을 말한다. 이 경우 순도측정에 있어서 불순물은 활석 등 불연성 물질과 수분에 한한다.
- 철분 : 철의 분말로서 53μm의 표준체를 통과하는 것이 50wt% 미만인 것은 제외한다.
- 금속분 : 알칼리금속·알칼리토금속·철 및 마그네슘 외의 금속의 분말(구리분·니켈분 제외)로서 150μm 체를 통과하는 것이 50wt% 미만인 것은 제외
- 마그네슘 : 2mm의 체를 통과하지 않는 덩어리 상태의 것이거나 직경 2mm 이상의 막대 모양의 것은 제외한다.
- 인화성 고체 : 고형알코올, 그 밖에 1기압에서 인화점이 40℃ 미만인 고체를 말한다.

39 다음 물질 중 위험등급이 다른 하나는?
① TNT
② 황린
③ 과산화나트륨
④ 과산화수소

해설
- 트라이나이트로톨루엔 : 제5류 위험물 중 나이트로화합물, 위험등급 Ⅱ
- 나머지 물질 : 위험등급 Ⅰ
※ 지정수량 개정으로 인해 출제기준 맞지 않음

40 소화 시 연쇄반응을 차단시켜 불을 끄는 것을 무엇이라 하는가?
① 질식소화
② 부촉매소화
③ 냉각소화
④ 희석소화

41 어떤 소화기 겉표면에 C-2라고 쓰여 있다면, 이것은 무엇을 의미하는가?
① 탄소(C) 2kg이 들어있다.
② C급 화재에 2의 능력단위를 가진 소화기이다.
③ C급 화재의 소화시에 2분 이상 약제를 방사해야 한다.
④ C급 화재에는 적응성이 없다.

해설
화재의 급수와 능력단위를 표시한다.
소화기구의 능력단위
- A-2 : A급 화재에 2의 능력단위가 있는 소화기
- B-5 : B급 화재에 5의 능력단위가 있는 소화기

42. 제2종 분말소화약제의 1차 열분해 반응식으로 옳은 것은?

① $2KHCO_3 \rightarrow K_2O + 2CO_2 + H_2O$
② $2KHCO_3 \rightarrow K_2CO_3 + CO_2 + H_2O$
③ $2NaHCO_3 \rightarrow Na_2O + 2CO_2 + H_2O$
④ $2NaHCO_3 \rightarrow Na_2CO_3 + CO_2 + H_2O$

해설

각 종 분말소화약제의 열분해반응식
- 제1종 분말소화약제
  - 1차 분해반응식(270℃)
    $2NaHCO_3 \rightarrow Na_2CO_3 + CO_2 + H_2O$
  - 2차 분해반응식(850℃)
    $2NaHCO_3 \rightarrow Na_2O + 2CO_2 + H_2O$
- 제2종 분말소화약제
  - 1차 분해반응식(190℃)
    $2KHCO_3 \rightarrow K_2CO_3 + CO_2 + H_2O$
  - 2차 분해반응식(590℃)
    $2KHCO_3 \rightarrow K_2O + 2CO_2 + H_2O$
- ※ 제1종, 제2종 분말소화약제의 분해반응식 문제에서 온도에 대한 언급이 없으면 1차를 쓰도록 한다.
- 제3종 분말소화약제
  - 1차 분해반응식(190℃)
    $NH_4H_2PO_4 \rightarrow NH_3 + H_3PO_4$
  - 2차 분해반응식(215℃)
    $2H_3PO_4 \rightarrow H_2O + H_4P_2O_7$
  - 3차 분해반응식(300℃)
    $H_4P_2O_7 \rightarrow H_2O + 2HPO_3$
- ∴ 최종 분해반응식
  $NH_4H_2PO_4 \rightarrow HPO_3 + NH_3 + H_2O$이 나오게 된다.
- ※ 제3종 분해반응식 문제에서 온도에 대한 언급이 없으면 합산반응식을 쓰도록 한다.
- 제4종 분말소화약제
  $2KHCO_3 + (NH_2)_2CO \rightarrow K_2CO_3 + 2NH_3 + 2CO_2$

43. 가스폭발에 비해 분진폭발이 가지는 특징으로 옳은 것은?

① 연소속도가 빠르다.
② 발생에너지가 더 크다.
③ 활성화에너지가 더 작다.
④ 1차 폭발만 이루어진다.

해설

분진폭발
- 연소속도가 가스폭발보다 느리다.
- 발생에너지는 가스폭발보다 더 크다.
- 최소점화에너지는 가스폭발보다 더 크다.
- 2차, 3차 폭발이 발생할 수 있다.

44. 옥내저장창고의 바닥을 물이 스며 나오거나 스며들지 않는 구조로 해야 하는 위험물은?

① 질산나트륨
② 질산암모늄
③ 탄화칼슘
④ 다이크로뮴산나트륨

해설

옥내저장소의 바닥을 물이 스며 나오거나 스며들지 않는 구조로 해야 할 경우

유별	품명
제1류 위험물	알칼리금속의 과산화물 또는 이를 함유한 것
제2류 위험물	철분, 금속분, 마그네슘 또는 이중 어느 하나 이상을 함유한 것
제3류 위험물	금수성 물질
제4류 위험물	전부

45 고온체의 색깔과 온도 관계에서 가장 낮은 온도의 색상은?

① 휘적색
② 암적색
③ 휘백색
④ 황적색

해설
연소 온도별 색깔의 종류

색깔	온도(℃)
담암적색	520
암적색	700
적색	850
휘적색	950
황적색	1,100
백적색	1,300
휘백색	1,500

46 브로민산염류와 아이오딘산염류의 공통적인 성질로 옳은 것은?

① 지정수량은 100kg이다.
② 가연성 물질이므로 취급 시 화기에 주의해야 한다.
③ 분해하여 산소를 방출한다.
④ 위험등급은 Ⅲ이다.

해설
제1류 위험물에 해당하므로 열분해하여 산소를 방출하는 것이 특징이다. 브로민산염류, 질산염류, 아이오딘산염류의 지정수량은 300kg이고, 위험등급은 Ⅱ이다.

47 다음 중 이송취급소의 설치금지 장소가 아닌 곳은?

① 철도 및 도로의 터널 안
② 호수·저수지 등으로서 수원이 되는 곳
③ 해발 100m 이상의 산지
④ 급경사 지역으로 붕괴의 위험이 있는 지역

해설
이송취급소의 설치금지 장소
• 철도 및 도로의 터널 안
• 고속국도 및 자동차 전용도로의 차도·갓길 및 중앙분리대
• 호수·저수지 등으로서 수리의 수원이 되는 곳
• 급경사 지역으로서 붕괴의 위험이 있는 지역

48 개방형 스프링클러헤드의 설치기준으로 옳은 것은?

① 하방으로 0.45m, 수평방향으로 0.3m의 공간 보유
② 하방으로 0.65m, 수평방향으로 0.45m의 공간 보유
③ 상방으로 0.45m, 수직방향으로 0.3m의 공간 보유
④ 상방으로 0.65m, 수직방향으로 0.45m의 공간 보유

해설
스프링클러설비
• 개방형 스프링클러헤드의 설치기준 : 하방으로 0.45m, 수평방향으로 0.3m의 공간 보유
• 폐쇄형 스프링클러헤드의 설치기준
 - 헤드의 반사판과 헤드의 부착면과의 거리 : 0.3m 이하
 - 하방으로 0.9m, 수평방향으로 0.4m의 공간 보유
 - 개구부에 설치하는 헤드 : 개구부의 상단으로부터 높이 0.15m 이내의 벽면에 설치

49 위험물안전관리법령상 HCN의 품명은?

① 특수인화물
② 알코올류
③ 제1석유류
④ 제2석유류

해설
사이안화수소(HCN)
- 제4류 위험물 중 제1석유류, 지정수량 400L
- 증기비중이 약 0.94 정도로 제4류 위험물 중 유일하게 공기보다 가볍다.
- 맹독성의 기체로 청산이라고도 한다.
- 인화점은 −17℃이다.

50 원소 주기율표의 번호는 무엇을 기준으로 나열한 것인가?

① 원자의 전자수
② 원자의 양성자수
③ 원자의 반응성
④ 원자핵의 크기

해설
원소번호는 양성자수를 기준으로 정리한다. 예를 들어 탄소의 원소번호는 12번이고, 이는 양성자수가 12개 있다는 것을 의미한다.

51 위험물제조소 등에 설치하는 불활성가스소화설비에 있어서, 이산화탄소를 저장하는 저압식 저장용기에 설치하는 압력경보장치의 작동압력 기준은?

① 0.9MPa 이하, 1.5MPa 이상
② 1.2MPa 이하, 2.0MPa 이상
③ 1.9MPa 이하, 2.3MPa 이상
④ 2.3MPa 이하, 2.8MPa 이상

해설
이산화탄소 저압용기의 기준
- 저장용기에 액면계 및 압력계 설치
- 저장용기에 2.3MPa 이상의 압력 및 1.9MPa 이하의 압력에서 작동하는 압력경보장치 설치
- 저장용기 내부 온도를 −20℃ 이상, −18℃ 이하로 유지

52 소화설비의 설치기준에 있어서 위험물저장소의 외벽이 내화구조로 되어 있을 경우, 연면적 몇 m^2를 1소요단위로 하는가?

① $50m^2$
② $75m^2$
③ $100m^2$
④ $150m^2$

해설
1소요단위의 기준
- 제조소 또는 취급소
  - 외벽이 내화구조 : 연면적 $100m^2$
  - 외벽이 내화구조가 아닌 것 : 연면적 $50m^2$
- 저장소
  - 외벽이 내화구조 : 연면적 $150m^2$
  - 외벽이 내화구조가 아닌 것 : 연면적 $75m^2$
- 위험물 : 지정수량의 10배

정답 49 ③ 50 ② 51 ③ 52 ④

53 스프링클러설비의 장점이 아닌 것은?

① 화재 초기소화에 효과적이다.
② 사람의 조작 없이 작동할 수 있다.
③ 설치비가 저렴하다.
④ 물을 소화약제로 사용하기 때문에 유지비가 적게 든다.

해설
스프링클러설비는 화재 초기진화에 효과적이고 화재 시 자동으로 작동한다. 그러나 초기 설치비가 많이 드는 것이 단점이다.

54 다음 중 물과 반응하여 수소를 방출하는 물질이 아닌 것은?

① 수소화칼륨   ② 철분
③ 칼슘   ④ 황린

해설
황린은 물과 반응하지 않기 때문에 물속에 저장한다.

55 트라이나이트로톨루엔에 대한 설명 중 잘못된 것은?

① 백색의 침상 결정이다.
② 위험물안전관리법령상 나이트로화합물에 속한다.
③ 톨루엔을 원료로 제조한다.
④ 벤젠에 녹는다.

해설
트라이나이트로톨루엔($C_6H_2CH_3(NO_2)_3$)
- 제5류 위험물 중 나이트로화합물
- 담황색의 주상 결정이다.
- 물에 녹지 않고 가열하면 알코올에는 녹는다. 벤젠, 에터, 아세톤에 녹는다.
- 충격에는 둔감하나 타격에 의해 폭발한다.
- 톨루엔에 질산과 황산의 혼산을 반응시켜 제조한다.
- 분해반응식
  $2C_6H_2CH_3(NO_2)_3 \rightarrow 12CO + 3N_2 + 5H_2 + 2C$

56 왕수의 구성성분과 비율을 옳게 나타낸 것은?

① 질산 3, 염산 1의 부피 비율로 제조한다.
② 황산 3, 염산 1의 부피 비율로 제조한다.
③ 염산 3, 질산 1의 부피 비율로 제조한다.
④ 질산 3, 황산 1의 부피 비율로 제조한다.

해설
왕수 : 금, 백금도 녹이는 혼합 강산액으로 진한 염산 3, 진한 질산 1의 부피 비율로 만든 혼합물이다.

57 아이소프로필알코올이 산화할 때 생성되는 물질의 품명은?

① 알코올류
② 특수인화물
③ 제1석유류
④ 제2석유류

해설
- 아이소프로필알코올은 산화하면 아세톤이 된다. 아세톤은 제1석유류이다.
- 산화 형태 : $C_3H_7OH \rightarrow CH_3COCH_3$

58 다음 중 지정수량이 다른 하나는?

① 아세토나이트릴
② 사이클로헥세인
③ 에틸벤젠
④ 아크로레인

해설
위 물질은 전부 제1석유류에 속한 물질이다. 아세토나이트릴(CH_3CN)은 수용성이므로 지정수량 400L이다.

59 탄화칼슘이 물과 반응할 때 생성되는 가스의 연소생성물은?

① NO_2, SO_2
② CO_2, H_2O
③ H_2S, SO_2
④ P_2O_5, SO_2

해설
- 탄화칼슘과 물의 반응식
  $CaC_2 + 2H_2O \rightarrow Ca(OH)_2 + C_2H_2\uparrow$ (아세틸렌)
- 아세틸렌의 연소반응식
  $2C_2H_2 + 5O_2 \rightarrow 4CO_2 + 2H_2O$

60 다음 중 겨울철에 응고될 가능성이 있는 제4류 위험물은?

① 톨루엔
② 이황화탄소
③ 벤젠
④ 휘발유

해설
벤젠의 융점(응고점)은 7℃로 겨울철에 굳어버린다. 고체가 된 상태에서도 인화를 하기 때문에 취급에 유의해야 한다.
벤젠(C_6H_6)

분자량	인화점	융점	비점	연소범위
78	-11℃	7℃	79℃	1.4 ~ 8.0%

- 제1석유류 비수용성, 지정수량 200L
- 무색, 투명의 방향성 액체이다.
- 유독성 물질이다(발암물질).
- 물에 녹지 않는다.
- 대부분의 유기용매와 유지, 고무 등을 녹인다.
- 톨루엔, 자일렌과 함께 BTX라고 불리며 독성은 벤젠 > 톨루엔 > 자일렌 순서이다.
- 정전기 발생에 주의해야 한다.

정답 57 ③ 58 ① 59 ② 60 ③

CHAPTER 04

2023년 제1회 과년도 기출복원문제

01 다음 물질 중 소화약제로 쓰이지 않는 물질은?

① 물
② 이산화탄소
③ 아세틸렌
④ 마른모래

해설
아세틸렌은 가연성 가스로 가연물에 속한다.

02 다음 중 연소의 3요소가 아닌 것은?

① 산소공급원
② 점화원
③ 순조로운 연쇄반응
④ 가연물

해설
순조로운 연쇄반응은 연소의 4요소에 해당한다. 연소의 3요소는 가연물, 산소공급원, 점화원이다.

03 제1종 분말소화약제와 제2종 분말소화약제가 열분해할 때 공통적으로 생성되는 물질은?

① 탄산칼륨
② 탄산나트륨
③ 산소
④ 물

해설
- 제1종 분말소화약제의 열분해반응식
  $2NaHCO_3 \rightarrow Na_2CO_3 + CO_2 + H_2O$
- 제2종 분말소화약제의 열분해반응식
  $2KHCO_3 \rightarrow K_2CO_3 + CO_2 + H_2O$
공통적으로 이산화탄소와 물이 생성된다.

04 다음 중 지정수량이 다른 하나는?

① 질산칼륨
② 황
③ 과산화수소
④ 브로민산칼륨

해설
황의 지정수량은 100kg이다. 나머지 물질은 300kg이다.

05 다음 품명 중 제1류 위험물에 속하는 것은?

① 과망가니즈산염류
② 알칼리금속
③ 아조화합물
④ 제4석유류

정답 1 ③ 2 ③ 3 ④ 4 ② 5 ①

06 적린의 성질 중 잘못된 것은?

① 지정수량은 100kg이다.
② 황화인과 연소생성물이 같다.
③ 황린과 동소체이다.
④ 제2류 위험물이다.

해설
황화인의 연소생성물은 오산화인과 이산화황이고, 적린의 연소생성물은 오산화인이다.

07 제6류 위험물은 상온에서 어떤 상태인가?

① 고체
② 액체
③ 기체
④ 콜로이드

해설
제6류 위험물은 산화성 액체로 상온에서 액체 상태로 존재하는 위험물이다.

08 다음 중 분진폭발을 일으키지 않는 물질은?

① 밀가루
② 알루미늄 분말
③ 시멘트가루
④ 아연 분말

해설
밀가루, 황의 분말, 금속의 분말(알루미늄, 아연, 철 등), 담배잎, 곡식의 분말 등은 분진폭발을 일으키는 물질이다. 시멘트가루는 폭발·연소하지 않는다.

09 제1종 판매취급소의 설치기준으로 옳지 않은 것은?

① 건축물의 1층에 설치할 것
② 위험물을 배합하는 실의 출입구 문턱의 높이는 바닥으로부터 0.1m 이상으로 할 것
③ 위험물을 배합하는 실의 바닥면적은 $5m^2$ 이상 $10m^2$ 이하일 것
④ 저장 또는 취급하는 위험물의 수량이 20배 이하인 판매취급소에 대하여 적용할 것

해설
제1종 판매취급소 배합실의 바닥면적 기준은 $6m^2$ 이상 $15m^2$ 이하로 해야 한다.

10 위험물제조소와 도시가스를 저장 또는 취급하는 시설과의 안전거리는 얼마 이상으로 해야 하는가?

① 3m   ② 5m
③ 10m ④ 20m

해설
제조소의 안전거리 기준(위험물안전관리법 시행규칙 별표 4)
- 사용전압이 7,000V 초과 35,000V 이하의 특고압 가공전선 : 3m
- 사용전압이 35,000V를 초과하는 특고압가공전선 : 5m
- 건축물 그 밖의 공작물로서 주거용으로 사용되는 것 : 10m
- 고압가스, 액화석유가스 또는 도시가스를 저장 또는 취급하는 시설 : 20m
- 학교·병원·극장 그 밖에 다수인을 수용하는 시설 : 30m
- 지정문화유산 및 천연기념물 등 : 50m

정답 6 ② 7 ② 8 ③ 9 ③ 10 ④

11 위험물안전관리 법령상 운반 시 제1류 위험물과 혼재 가능한 유별은?

① 제2류 위험물
② 제4류 위험물
③ 제5류 위험물
④ 제6류 위험물

해설
혼재 가능한 위험물(위험물안전관리법 시행규칙 별표 19)
- 제1류 위험물(산화성 고체) : 제6류 위험물(산화성 액체)
- 제4류 위험물(인화성 액체) : 제2류 위험물(가연성 고체), 제3류 위험물(자연발화성 물질 및 금수성 물질), 제5류 위험물(자기반응성 물질)
- 제5류 위험물(자기반응성 물질) : 제2류 위험물(가연성 고체), 제4류 위험물(인화성 액체)

12 위험물안전관리법령상의 지정수량이 나머지 셋과 다른 하나는?

① 철분
② 아연분
③ 칼륨
④ 마그네슘

해설
- 철분, 아연분(금속분), 마그네슘 : 제2류 위험물(지정수량 500kg)
- 칼륨 : 제3류 위험물(지정수량 10kg)

13 고체의 연소형태에 해당하지 않는 것은?

① 액적연소
② 표면연소
③ 분해연소
④ 자기연소

해설
- 고체의 연소형태 : 표면연소, 분해연소, 증발연소, 자기연소
- 기체의 연소형태 : 확산연소, 폭발연소, 예혼합연소
※ 액적연소는 액체의 연소형태 중 하나이다.

14 주유취급소의 고정주유설비의 설치 위치는 도로경계선으로부터 얼마 이상의 간격을 두어야 하는가?

① 1m
② 2m
③ 3m
④ 4m

해설
고정주유설비 및 고정급유설비의 설치 위치
- 고정주유설비의 중심선을 기점으로 하는 경우
  - 도로경계선까지 : 4m 이상
  - 부지경계선·담 및 건축물의 벽까지 : 2m 이상(개구부가 없는 벽까지는 1m)
- 고정급유설비의 중심선을 기점으로 하는 경우
  - 도로경계선까지 : 4m 이상
  - 부지경계선 및 담까지 : 1m 이상
  - 건축물의 벽까지 : 2m 이상(개구부가 없는 벽까지는 1m)

15 옥내저장소에서 제6류 위험물을 저장하고자 한다. 저장창고의 바닥면적은 얼마 이하로 해야 하는가?

① 500m²
② 1,000m²
③ 1,500m²
④ 2,000m²

해설
하나의 저장창고의 바닥면적

위험물을 저장하는 창고의 종류	기준면적
① 제1류 위험물 중 지정수량 50kg인 위험물(아염소산염류, 염소산염류, 과염소산염류, 무기과산화물) ② 제3류 위험물 중 지정수량 10kg(칼륨, 나트륨, 알킬알루미늄, 알킬리튬)인 위험물과 황린 ③ 제4류 위험물 중 특수인화물, 제1석유류, 알코올류 ④ 제5류 위험물 중 지정수량 10kg인 위험물 ⑤ 제6류 위험물	1,000m² 이하
①~⑤ 외의 위험물을 저장하는 창고	2,000m² 이하
위의 전부에 해당하는 위험물을 내화구조의 격벽으로 완전히 구획된 실에 각각 저장하는 창고(①~⑤의 위험물을 저장하는 실의 면적은 500m²를 초과할 수 없다)	1,500m² 이하

16 제6류 위험물의 지정수량은 얼마인가?

① 50kg
② 100kg
③ 300kg
④ 500kg

17 다음 물질 중 위험물에 해당하는 것은?

① $HClO$
② $HClO_2$
③ $HClO_3$
④ $HClO_4$

해설
위 물질은 염소산에 해당하는 물질들이며 차례대로, 차아염소산, 아염소산, 염소산, 과염소산이라고 한다. 과염소산은 제6류 위험물에 해당하고 나머지 물질은 위험물은 아니다.

18 다음 물질에 대한 지정수량이 잘못 연결된 것은?

① 탄화알루미늄 – 300kg
② 염소산나트륨 – 50kg
③ 아세트산 – 1,000L
④ 질산 – 300kg

해설
아세트산은 제2석유류 수용성 물질이므로 지정수량은 2,000L이다. 제2석유류 비수용성 물질은 지정수량이 1,000L이다.

정답 15 ② 16 ③ 17 ④ 18 ③

19
과산화칼륨의 화재 시 물을 뿌리면 위험성이 증가한다. 그 이유를 옳게 설명한 것은?

① 과산화칼륨이 물과 반응하여 가연성 가스인 수소를 발생시킨다.
② 과산화칼륨이 물과 반응하여 조연성 가스인 산소를 발생시킨다.
③ 과산화칼륨이 물과 반응하여 수산화칼륨을 발생시키기 때문이다.
④ 과산화칼륨이 물과 반응하여 과산화수소를 발생시키기 때문이다.

해설
과산화칼륨은 제1류 위험물 중 무기과산화물로 물과 반응하여 산소를 발생시킨다. 이때 발생한 산소가 화재를 더욱 크게 하고 위험성을 증가시킨다.
※ 과산화칼륨이 물과 반응하면 수산화칼륨을 발생시키지만 화재와는 관련성이 없다.

20
산불의 화재현장에서 화재 진행방향의 나무들을 미리 잘라내어 화재를 진압하는 방법은 소화의 원리 중 어느 것에 해당하는가?

① 제거소화
② 질식소화
③ 냉각소화
④ 억제소화

해설
가연물인 나무를 미리 제거하여 가연물이 없게 만들어 소화시키는 방법이다. 가연물을 제거하였기 때문에 제거소화에 해당한다.

21
소화약제인 Halon 1211의 화학식은?

① CF_3Br
② CF_2ClBr
③ $C_2F_4Br_2$
④ CH_3I

해설

할론번호	화학식
Halon 1301	CF_3Br
Halon 2402	$C_2F_4Br_2$
Halon 1211	CF_2ClBr
Halon 1040	CCl_4

22
위험물안전관리법령상 자동화재탐지설비의 경계구역 하나의 면적은 몇 m^2 이하야 하는가?(단, 원칙적인 경우에 한한다)

① $100m^2$ ② $300m^2$
③ $500m^2$ ④ $600m^2$

해설
자동화재탐지설비의 설치기준
- 자동화재탐지설비의 경계구역은 건축물 그 밖의 공작물의 2 이상의 층에 걸치지 않도록 할 것. 다만, 하나의 경계구역의 면적이 $500m^2$ 이하이면서 해당 경계구역이 2개의 층에 걸치는 경우이거나 계단·경사로·승강기의 승강로 그 밖에 이와 유사한 장소에 연기감지기를 설치하는 경우에는 그렇지 않다.
- 하나의 경계구역의 면적 : $600m^2$ 이하(단, 해당 건축물 그 밖의 공작물의 주요한 출입구에서 그 내부의 전체를 볼 수 있는 경우에 있어서는 그 면적을 $1,000m^2$ 이하)
- 한 변의 길이 : 50m 이하(광전식분리형 감지기를 설치할 경우에는 100m 이하)
- 자동화재탐지설비의 감지기는 지붕 또는 벽의 옥내에 면한 부분에 유효하게 화재의 발생을 감지할 수 있도록 설치할 것
- 자동화재탐지설비에는 비상전원을 설치할 것

23 제조소 등의 소요단위 산정 시 위험물은 지정수량의 몇 배를 1소요단위로 하는가?

① 1배
② 5배
③ 10배
④ 100배

> **해설**
> 1소요단위의 기준
> • 제조소 또는 취급소
>   – 외벽이 내화구조 : 연면적 100m^2
>   – 외벽이 내화구조가 아닌 것 : 연면적 50m^2
> • 저장소
>   – 외벽이 내화구조 : 연면적 150m^2
>   – 외벽이 내화구조가 아닌 것 : 연면적 75m^2
> • 위험물 : 지정수량의 10배

24 물과 반응하여 가연성 가스인 메테인과 수소를 발생시키는 물질은?

① Al_4C_3
② C_2H_2
③ MnC_3
④ Ca_3P_2

> **해설**
> 탄화망가니즈와 물의 반응식
> $Mn_3C + 6H_2O \rightarrow 3Mn(OH)_2 + CH_4 + H_2$
> 반응 시 가연성 가스인 메테인과 수소가 발생한다.

25 제4류 위험물 중 제1석유류에 속하는 것은?

① 글리세린
② 아세톤
③ 아세트산
④ 아마인유

> **해설**
>
> | 물질명 | 품명 |
> | --- | --- |
> | 글리세린 | 제3석유류(수용성) |
> | 아세톤 | 제1석유류(수용성) |
> | 아세트산(초산) | 제2석유류(수용성) |
> | 아마인유 | 동식물유류 |

26 위험물안전관리법에 따른 용어의 정의 중 틀린 것은?

① "저장소"라 함은 지정수량 이상의 위험물을 저장하기 위한 대통령령이 정하는 장소로서 규정에 따른 허가를 받은 장소를 말한다.
② "제조소 등"이라 함은 제조소, 저장소 및 판매소를 말한다.
③ "지정수량"이라 함은 위험물의 종류별로 위험성을 고려하여 대통령령이 정하는 수량으로서 규정에 의한 제조소 등의 설치허가 등에 있어서 최저의 기준이 되는 수량을 말한다.
④ "위험물"이라 함은 인화성 또는 발화성 등의 성질을 가지는 것으로서 대통령령이 정하는 물품을 말한다.

> **해설**
> 제조소 등은 제조소, 저장소, 취급소를 말한다.

정답 23 ③ 24 ③ 25 ② 26 ②

27 제조소 등의 위치·구조 또는 설비의 변경없이 해당 제조소 등에서 취급하는 위험물의 품명을 변경하고자 하는 자는 변경하고자 하는 날의 며칠 전까지 신고해야 하는가?

① 1일
② 3일
③ 5일
④ 10일

해설
위험물시설의 설치 및 변경
- 제조소 등을 설치하고자 하는 자 : 시·도지사의 허가를 받아야 한다.
- 제조소 등의 위치·구조 또는 설비의 변경 없이 위험물의 품명, 수량 또는 지정수량의 배수를 변경 여부 : 변경하고자 하는 날의 1일 전까지 시·도지사에게 신고

28 질산에틸에 대한 설명으로 옳지 않은 것은?

① 지정수량은 10kg이다.
② 위험등급은 Ⅰ이다.
③ 제5류 위험물이다.
④ 자신은 연소하지 않고 다른 물질의 연소를 돕는다.

해설
질산에틸은 제5류 위험물 중 질산에스터류에 속하여 제5류 위험물은 연소한다.
※ 지정수량 개정 중으로 출제기준에 맞지 않음

29 다음 중 산화반응이 일어날 가능성이 가장 큰 물질은?

① 헬륨
② 이산화탄소
③ 일산화탄소
④ 산소

해설
산화반응은 산소와 결합하는 반응이므로 위 물질 중 산소와 결합할 수 있는 물질은 불완전 연소 생성물인 일산화탄소이다. 일산화탄소(CO)는 산소와 결합하여 이산화탄소가 된다.

30 화재 발생 시 물을 사용하여 소화하면 오히려 위험성이 증대되는 것은?

① 탄화알루미늄
② 황린
③ 적린
④ 트라이나이트로톨루엔

해설
탄화알루미늄은 물과 반응하여 메테인을 발생시킨다.
반응식 : $Al_4C_3 + 12H_2O \rightarrow 4Al(OH)_3 + 3CH_4$

31. 제2류 위험물의 화재예방 및 진압대책으로 옳지 않은 것은?

① 강산화제와 혼합을 피한다.
② 적린과 황은 냉각소화 적응성이 있다.
③ 금속분은 물의 접촉을 피한다.
④ 인화성 고체를 제조하는 제조소에는 "화기주의"라고 적힌 게시판을 부착한다.

해설
인화성 고체를 제조하는 제조소에는 "화기엄금"이라고 적힌 게시판을 부착해야 한다.

32. 다음 중 연소에 필요한 산소의 공급원을 차단하는 것은?

① 냉각작용
② 질식작용
③ 희석작용
④ 억제작용

해설
공기 중 산소의 농도를 낮추어 소화하는 것은 질식소화이다.

33. 주유취급소 중 건축물의 2층에 휴게음식점 용도로 사용하는 것에 있어서 해당 건축물의 2층으로부터 주유취급소의 부지 밖으로 통하는 출입구와 해당 출입구로 통하는 통로·계단 및 출입구에 설치해야 하는 것은?

① 유도등
② 확성장치
③ 비상조명등
④ 비상계단

해설
피난설비
- 주유취급소 중 건축물의 2층 이상의 부분을 점포·휴게음식점 또는 전시장의 용도로 사용하는 것에 있어서는 해당 건축물의 2층 이상으로부터 주유취급소의 부지 밖으로 통하는 출입구와 해당 출입구로 통하는 통로·계단 및 출입구에 유도등을 설치해야 한다.
- 옥내주유취급소에 있어서는 해당 사무소 등의 출입구 및 피난구와 해당 피난구로 통하는 통로·계단 및 출입구에 유도등을 설치해야 한다.
- 유도등에는 비상전원을 설치해야 한다.

34. 전기불꽃에 의한 에너지식을 옳게 나타낸 것은?(단, E는 전기불꽃 에너지, C는 전기용량, Q는 전기량, V는 방전전압이다)

① $E = \frac{1}{2}QV$
② $E = \frac{1}{2}QV^2$
③ $E = \frac{1}{2}CV$
④ $E = \frac{1}{2}VQ^2$

해설
전기불꽃 에너지식
$E = \frac{1}{2}CV^2 = \frac{1}{2}QV$

35 다음 중 소화약제가 아닌 것은?

① CF_3Br
② $KClO_3$
③ $NaHCO_3$
④ $Al_2(SO_4)_3$

해설
$KClO_3$는 제1류 위험물이다.

36 질산의 운반용기 외부에 표시해야 할 주의사항은?

① 가연물접촉주의
② 물기엄금
③ 화기엄금
④ 충격주의

해설
질산은 제6류 위험물이다.
운반용기 외부의 표시사항
- 품명·위험등급·화학명 및 수용성(제4류 위험물 중 수용성인 것에 한함)
- 위험물의 수량
- 주의사항
  - 제1류 위험물
    ⓐ 알칼리금속의 과산화물 : 화기·충격주의, 물기엄금, 가연물접촉주의
    ⓑ 그 밖의 것 : 화기·충격주의, 가연물접촉주의
  - 제2류 위험물
    ⓐ 철분·금속분·마그네슘 : 화기주의, 물기엄금
    ⓑ 인화성 고체 : 화기엄금
    ⓒ 그 밖의 것 : 화기주의
  - 제3류 위험물
    ⓐ 자연발화성 물질 : 화기엄금, 공기접촉엄금
    ⓑ 금수성 물질 : 물기엄금
  - 제4류 위험물 : 화기엄금
  - 제5류 위험물 : 화기엄금, 충격주의
  - 제6류 위험물 : 가연물접촉주의

37 자연발화를 방지하기 위한 방법으로 옳지 않은 것은?

① 통풍을 시켜 저장실의 온도를 낮춘다.
② 열의 축적을 막는다.
③ 불활성 기체를 넣어둔다.
④ 저장실의 습도를 높인다.

해설
자연발화 방지법
- 온도를 낮출 것
- 환기를 잘 시킬 것
- 습도를 낮출 것
- 불활성 가스 등을 주입하여 산소의 접촉을 막을 것

38 제2종 분말소화약제는 어느 화재에 적응성이 있는가?

① A, B급
② B, C급
③ C, D급
④ A, D급

해설
제1종, 제2종, 제4종 분말소화약제는 B, C급 화재에 적응성이 있다.

39 제조소에서 정전기를 효과적으로 제거하기 위한 방법으로 적절하지 않은 것은?

① 인화방지망을 설치한다.
② 접지를 한다.
③ 공기를 이온화한다.
④ 상대습도를 70% 이상으로 유지한다.

해설
정전기 제거설비
- 접지에 의한 방법
- 공기 중의 상대습도를 70% 이상으로 하는 방법
- 공기를 이온화하는 방법

40 위험물안전관리법령상 위험등급이 나머지 셋과 다른 하나는?

① 알코올류
② 제2석유류
③ 제3석유류
④ 동식물유류

해설
알코올류는 위험등급이 Ⅱ이고, 나머지는 위험등급이 Ⅲ이다.

41 위험물안전관리법령상 위험물에 해당하는 것은?

① 비중이 1.39인 질산
② 농도가 50wt%인 과산화수소
③ 순도가 50wt%인 황
④ 1기압에서 인화점이 50℃ 미만인 인화성 고체

해설
- 질산은 비중이 1.49 이상인 것을 위험물로 본다.
- 과산화수소는 농도가 36wt% 이상일 때 위험물로 본다.
- 황은 순도가 60wt% 이상일 때 위험물로 본다.
- 인화성 고체는 1기압에서 인화점이 40℃ 미만인 고체이다.

42 제6류 위험물에 대한 일반적인 성질로 잘못된 것은?

① 다른 물질의 연소를 돕는다.
② 물질에 산소를 포함하고 있다.
③ 물과 반응하여 산소를 발생시킨다.
④ 위험등급은 전부 Ⅰ이다.

해설
제6류 위험물 일부는 물과 반응하여 발열은 하지만 산소를 발생시키진 않는다.

43 다음 중 비중이 물보다 큰 물질은?

① 다이에틸에터
② 이황화탄소
③ 산화프로필렌
④ 아세트알데하이드

해설
이황화탄소(CS_2)는 비중이 1.26으로 물보다 무겁다.

44 위험물의 저장방법에 대한 설명 중 잘못된 것은?

① 황린은 물속에 저장해도 된다.
② 알루미늄 분말은 건조하면 위험하므로 물을 뿌려 저장한다.
③ 황화인은 산화제와 격리하여 저장한다.
④ 휘발유는 정전기의 축적을 방지하여 저장한다.

해설
알루미늄 분말은 물과 반응하여 수소를 발생시키므로 물과 격리해야 한다.

45 인화점이 21℃ 미만인 액체위험물의 옥외저장탱크 주입구에 설치하는 "옥외저장탱크 주입구"라고 표시한 게시판의 바탕 및 문자색을 옳게 나타낸 것은?

① 백색 바탕 – 적색 문자
② 흑색 바탕 – 백색 문자
③ 백색 바탕 – 흑색 문자
④ 적색 바탕 – 백색 문자

해설
인화점이 21℃ 미만인 위험물의 옥외저장탱크의 주입구
- 게시판의 크기 및 색상 : 제조소와 동일
- 기재사항 : "옥외저장탱크 주입구"라고 표시, 유별, 품명, 주의사항 기재
※ 제조소와 동일하므로 백색 바탕에 흑색 문자이다.

46 위험물제조소에 옥내소화전을 설치하고자 한다. 가장 많이 설치된 층의 옥내소화전의 개수가 3개일 때 수원의 수량은 몇 m³ 이상으로 해야 하는가?

① 7.8m³ ② 15.6m³
③ 23.4m³ ④ 31.2m³

해설
3개이므로 7.8에 3을 곱해주면 된다.
소화전설비의 비교표

구분	수평거리	방수압력	방수량(1분당)	수원의 수량
옥내소화전	25m 이하	350 kPa	260L	설치개수 × 7.8m³ (설치개수가 5개 이상인 경우는 5개)
옥외소화전	40m 이하	350 kPa	450L	설치개수 × 13.5m³ (설치개수가 4개 이상인 경우는 4개)
스프링클러	1.7m 이하	100 kPa	80L	설치개수 × 2.4m³

47 옥내탱크저장소의 기준에서 옥내저장탱크 상호 간에는 몇 m 이상의 간격을 유지해야 하는가?

① 0.1m ② 0.5m
③ 1.0m ④ 2.0m

해설
옥내탱크저장소의 설치기준(위험물안전관리법 시행규칙 별표 7)
- 옥내탱크는 단층 건축물에 설치된 탱크전용실에 설치할 것
- 옥내저장탱크와 탱크전용실의 벽과의 사이 및 옥내저장탱크의 상호 간에는 0.5m 이상의 간격을 유지
- 옥내탱크저장소에는 "위험물 옥내탱크저장소"라는 표시를 한 표지와 방화에 관하여 필요한 사항을 게시한 게시판을 설치
- 옥내저장탱크의 용량(동일한 탱크전용실에 옥내저장탱크를 2 이상 설치하는 경우에는 각 탱크의 용량의 합계를 말한다)은 지정수량의 40배(제4석유류 및 동식물유류 외의 제4류 위험물에 있어서 해당 수량이 20,000L를 초과할 때에는 20,000L) 이하로 한다.

48 소화설비의 능력단위에서 마른모래(삽 1개 포함) 50L의 능력단위는 얼마인가?

① 0.3 ② 0.5
③ 1.5 ④ 2.5

해설
소화설비의 능력단위

소화설비	용량	능력단위
소화전용(轉用)물통	8L	0.3
수조(소화전용물통 3개 포함)	80L	1.5
수조(소화전용물통 6개 포함)	190L	2.5
마른모래(삽 1개 포함)	50L	0.5
팽창질석 또는 팽창진주암(삽 1개 포함)	160L	1.0

49 제4류 위험물은 클로로벤젠의 지정수량으로 옳은 것은?

① 400L
② 1,000L
③ 2,000L
④ 4,000L

해설
클로로벤젠(C_6H_5Cl)은 제2석유류 비수용성 물질이다.

50 폭굉유도거리(DID)가 짧아지는 요인을 옳게 설명한 것은?

① 압력이 낮을수록 짧아진다.
② 점화원의 에너지가 약할수록 짧아진다.
③ 관지름이 넓을수록 짧아진다.
④ 정상연소속도가 큰 혼합가스일수록 짧아진다.

해설
폭굉유도거리(DID)가 짧아지는 요인
- 관경이 작을수록
- 관 속에 장애물이 있을 경우
- 압력이 높을수록
- 점화원의 에너지가 클수록
- 연소속도가 큰 혼합물일수록

51 인화칼슘이 물과 반응하였을 때 발생하는 가스의 화학식은?

① C_2H_2
② CH_4
③ PH_3
④ H_2

해설
- 인화칼슘(Ca_3P_2)은 물, 산과 반응하여 유독성의 포스핀 가스(PH_3)를 발생한다.
- 인화칼슘과 물의 반응식
  $Ca_3P_2 + 6H_2O \rightarrow 3Ca(OH)_2 + 2PH_3$

52 질소와 아르곤의 용량비가 5 : 5로 혼합된 소화약제는?

① IG-01
② IG-100
③ IG-55
④ IG-541

해설
불활성 기체소화약제의 구성
- IG-01 : Ar 100%
- IG-100 : N_2 100%
- IG-55 : N_2 50%, Ar 50%
- IG-541 : N_2 52%, Ar 40%, CO_2 8%

정답 49 ② 50 ④ 51 ③ 52 ③

53 수성막포소화약제에 사용되는 계면활성제는?

① 염화단백포 계면활성제
② 산소계 계면활성제
③ 황산계 계면활성제
④ 플루오린계 계면활성제

해설
수성막포소화약제에는 플루오린계통의 습윤제에 합성 계면활성제가 첨가되어 있다.

54 다음 중 가연물에 해당하지 않는 것은?

① C
② S
③ P
④ O

해설
산소는 가연물이 아니고 가연물이 산화할 때 필요한 물질이다.

55 제4류 위험물로 물에 잘 녹고 연소 시 연기가 잘 나지 않으며, 먹으면 실명 또는 사망에 이르게 되는 물질의 명칭은?

① 메틸알코올
② 에틸알코올
③ 가솔린
④ 등유

해설
메틸알코올은 독성이 있어 먹거나 증기를 흡입하면 실명 또는 사망에 이르게 된다. 따라서 취급 시 매우 주의를 해야 한다. 반면, 에틸알코올은 독성이 없다.

56 살충제의 원료로 사용되기도 하며, 물과 반응하여 유독성인 포스핀 가스를 발생할 위험이 있는 물질은 무엇인가?

① 질산암모늄
② 인화아연
③ 에틸렌글라이콜
④ 과산화메틸에틸케톤

해설
위 물질 중 물과 반응하여 포스핀(PH_3)을 발생시키는 물질은 인화아연(Zn_3P_2)이다. 인이 들어간 물질은 인화아연뿐이다.

정답 53 ④ 54 ④ 55 ① 56 ②

57 주유취급소에 설치하는 탱크의 최대용량은 얼마인가?(단, 일반국도에 있는 주유소이다)

① 20,000L
② 30,000L
③ 50,000L
④ 60,000L

해설
주유취급소의 탱크
- 자동차 등에 주유하기 위한 고정주유설비에 직접 접속하는 전용탱크로서 50,000L 이하
- 고정급유설비에 직접 접속하는 전용탱크로서 50,000L 이하
- 보일러 등에 직접 접속하는 전용탱크로서 10,000L 이하
- 폐유·윤활유 등의 위험물을 저장하는 탱크로서 용량 2,000L 이하
- 고정주유설비 또는 고정급유설비에 직접 접속하는 3기 이하의 간이탱크

58 위험물안전관리법령상 금속분에 해당하는 것은?(단, 150μm의 체를 통과하는 것이 50wt% 이상이다)

① 니켈분
② 철분
③ 구리분
④ 아연분

해설
금속분: 알칼리금속·알칼리토금속·철 및 마그네슘 외의 금속의 분말(구리분·니켈분 제외)로서 150μm 체를 통과하는 것이 50wt% 미만인 것은 제외

59 위험물안전관리법령상 전기설비에 적응성이 없는 소화설비는?

① 물분무소화설비
② 이산화탄소소화설비
③ 포소화설비
④ 할로젠화합물소화설비

해설
포소화설비는 전기설비에 적응성이 없다.

60 가연물의 상태가 덩어리일 때보다 분말상태일 때 위험성이 커지는 이유를 옳게 설명한 것은?

① 발열량이 커지기 때문이다.
② 공기와 접촉면적이 많아지기 때문이다.
③ 발화점이 낮아지기 때문이다.
④ 산소와의 결합력이 커지기 때문이다.

해설
분말 상태로 되면 표면적이 넓어져서 물질이 발화점까지 금방 도달하기 때문에 쉽게 연소된다. 발열량, 발화점 등은 물질 고유의 성질이기 때문에 일정하다.

정답 57 ③ 58 ④ 59 ③ 60 ②

CHAPTER 04

2023년 제2회 과년도 기출복원문제

PART 01 위험물기능사 필기

01 다음 소화약제 중 부촉매 효과로 소화할 수 있는 약제는?

① 물 소화약제
② 이산화탄소 소화약제
③ 할로젠화합물 소화약제
④ 포소화약제

해설
할로젠화합물 소화약제는 부촉매 효과로 가연물이 산소와 결합하는 것을 방해한다. 화학소화라고도 한다.

02 제4류 위험물에 속하지 않는 것은?

① 아세톤
② 실린더유
③ 과산화벤조일
④ 나이트로벤젠

해설
과산화벤조일은 제5류 위험물 중 유기과산화물에 속한다.

03 질산메틸의 분자량은 얼마인가?

① 46 ② 62
③ 77 ④ 91

해설
질산메틸(CH_3ONO_2)의 분자량은 77이다. 탄소의 원자량이 12, 수소의 원자량이 1, 산소의 원자량이 16, 질소의 원자량이 14이므로 전부 더하면 77이 나온다.

04 저장소의 건축물 중 외벽이 내화구조인 것은 연면적 몇 m^2를 1소요단위로 하는가?

① $50m^2$ ② $75m^2$
③ $100m^2$ ④ $150m^2$

해설
1소요단위의 기준
- 제조소 또는 취급소
  - 외벽이 내화구조 : 연면적 $100m^2$
  - 외벽이 내화구조가 아닌 것 : 연면적 $50m^2$
- 저장소
  - 외벽이 내화구조 : 연면적 $150m^2$
  - 외벽이 내화구조가 아닌 것 : 연면적 $75m^2$
- 위험물 : 지정수량의 10배

정답 1 ③ 2 ③ 3 ③ 4 ④

05 제1종 분말소화약제의 적응화재 급수는?

① B급, C급
② A급, B급, C급
③ C급, D급
④ A급, B급, C급, D급

해설
제1종, 제2종, 제4종 분말소화약제는 B, C급의 화재에 적응성이 있고, 제3종 분말소화약제는 A, B, C급 화재에 적응성이 있다.

06 오황화인이 물과 반응하여 생성되는 유독 가스의 명칭은?

① 이산화탄소
② 일산화탄소
③ 이산화질소
④ 황화수소

해설
오황화인과 물의 반응식
$P_2S_5 + 8H_2O \rightarrow 5H_2S(황화수소) + 2H_3PO_4(인산)$

07 제3류 위험물인 칼륨, 나트륨을 석유 속에 보관하는 이유로 가장 옳은 것은?

① 석유 속에서 불연성 가스인 질소를 발생시키므로
② 인화를 방지하기 위해서
③ 공기 중 수분 또는 산소의 접촉을 방지하기 위하여
④ 공기 중 질소와 반응하면 폭발하는 성질이 있기 때문에 안전상의 이유로

해설
칼륨, 나트륨은 자연발화성이자 금수성의 성질을 가지고 있다. 따라서 공기와 물의 접촉을 동시에 막아야 하기 때문에 석유(등유, 경유, 유동파라핀) 속에 보관한다.

08 다음 중 제5류 위험물이 아닌 것은?

① 나이트로글리세린
② 하이드라진
③ 황산하이드라진
④ 나이트로글라이콜

해설
하이드라진(N_2H_4)은 제4류 위험물 중 제2석유류에 속한다. 황산하이드라진은 하이드라진유도체로 제5류 위험물이다.

정답 5 ① 6 ④ 7 ③ 8 ②

09 자동화재탐지설비 설치기준에 따르면 하나의 경계구역 면적은 몇 m² 이하로 해야 하는가?(단, 일반적인 기준이다)

① 500m²
② 600m²
③ 1,000m²
④ 2,000m²

해설
자동화재탐지설비의 설치기준
- 하나의 경계구역의 면적 : 600m² 이하(단, 해당 건축물 그 밖의 공작물의 주요한 출입구에서 그 내부의 전체를 볼 수 있는 경우에 있어서는 그 면적을 1,000m² 이하)
- 한 변의 길이 : 50m 이하(광전식분리형 감지기를 설치할 경우에는 100m 이하)

10 다음 중 제3류 위험물의 품명에 해당하지 않는 것은?

① 나트륨
② 금속분
③ 황린
④ 금속의 수소화물

해설
금속분은 제2류 위험물에 속하며, 지정수량은 500kg이다.

11 옥내소화전의 개폐밸브 및 호스접속구는 바닥면으로부터 몇 m 이하의 높이에 설치해야 하는가?

① 0.5m
② 1m
③ 1.5m
④ 1.8m

12 다음 중 인화점이 가장 높은 물질은?

① 아세트알데하이드
② 벤젠
③ 에틸알코올
④ 나이트로벤젠

해설
각 물질의 인화점
- 아세트알데하이드 : −40℃
- 벤젠 : −11℃
- 에틸알코올 : 13℃
- 나이트로벤젠 : 88℃
※ 일반적으로 제4류 위험물의 경우 지정수량이 높을수록 인화점도 높아진다.

13 다음 위험물의 화재 시 물을 사용하여 소화하는 것이 적합하지 않은 것은?

① Ca_3P_2
② $NaClO_3$
③ H_2O_2
④ P_4

해설
- 인화칼슘은 물과 반응하여 가연성 가스인 포스핀을 생성한다.
- 반응식 : $Ca_3P_2 + 6H_2O \rightarrow 3Ca(OH)_2 + 2PH_3$

9 ② 10 ② 11 ③ 12 ④ 13 ①

14. 위험물의 저장방법에 대한 설명으로 옳은 것은?

① 마그네슘은 습기와 반응하므로 건조한 냉암소에 보관한다.
② 황화인은 염소산칼륨과 함께 보관한다.
③ 나이트로셀룰로스는 건조한 상태로 저장한다.
④ 칼륨은 물속에 보관한다.

해설
마그네슘은 물과 반응하여 수소를 발생시킬 위험이 있으므로 습기를 피해 저장해야 한다.

15. 할론 2402의 화학식으로 옳은 것은?

① CF_2ClBr
② CCl_4
③ $C_2F_4Br_2$
④ CH_3Br

해설

할론번호	화학식
Halon 1301	CF_3Br
Halon 2402	$C_2F_4Br_2$
Halon 1211	CF_2ClBr
Halon 104(0)	CCl_4

16. 옥내저장소에서 질산 600L를 저장하고 있다. 저장하고 있는 질산은 지정수량의 몇 배인가?(단, 질산의 비중은 1.5이다)

① 1배
② 2배
③ 3배
④ 4배

해설
질산의 지정수량은 300kg이다.
비중 = 질량/부피
$1.5 = x/600$
$\therefore x = 900$kg

17. 질산암모늄의 성질에 대한 설명 중 옳은 것은?

① 속연성 가연물로 화기를 주의해야 한다.
② 물에 녹을 때 흡열반응을 한다.
③ 오렌지색의 결정 상태이다.
④ 알코올에 녹지 않는다.

해설
질산암모늄(NH_4NO_3)
- 무색의 결정이다.
- 물, 알코올에 녹는다.
- 물에 녹을 때 흡열반응을 한다.
  - 흡열반응 : 반응이 일어나면 주위의 열을 흡수하는 반응이며, 반응 시 주변의 온도가 낮아진다.
- 분해반응식
  - 가열 시 : $NH_4NO_3 \rightarrow N_2O + 2H_2O$
  - 폭발분해 시 : $2NH_4NO_3 \rightarrow 2N_2 + O_2 + 4H_2O$

18. 제2류 위험물에 해당하지 않는 것은?

① 알루미늄분
② 철분
③ 나트륨분
④ 마그네슘

해설
나트륨은 제3류 위험물이다.

정답 14 ① 15 ③ 16 ③ 17 ② 18 ③

19 피크르산의 제조에 사용되는 물질과 가장 관계가 있는 것은?

① 페놀
② 톨루엔
③ 에틸알코올
④ 아세톤

해설
트라이나이트로페놀(피르크산)은 페놀에 질산과 황산의 혼산을 반응시켜 제조한다.

20 이산화탄소소화약제의 장점으로 옳은 것은?

① 인체에 무해하다.
② 잔유물을 남기지 않는다.
③ A급 화재에 적응성이 있다.
④ 칼륨의 화재진압에 매우 효과적이다.

해설
이산화탄소소화약제는 기체소화약제로 사용 후 잔유물을 남기지 않는 장점이 있다. 단, 사람이 있는 곳에 사용하면 매우 위험하므로 사용해서는 안 된다.

21 공기 중의 산소의 농도를 15% 이하로 낮추어 소화하는 방법은?

① 부촉매소화
② 냉각소화
③ 질식소화
④ 제거소화

22 알루미늄분이 염산과 반응할 때 생성되는 가연성 기체는?

① 산소
② 포스핀
③ 수소
④ 이산화탄소

해설
알루미늄과 염산의 반응식
$2Al + 6HCl \rightarrow 2AlCl_3 + 3H_2$

23 고체위험물을 저장하는 운반용기의 수납률은 얼마 이하로 해야 하는가?

① 90% 이하
② 95% 이하
③ 98% 이하
④ 99% 이하

해설
운반용기의 수납률
- 고체위험물 : 운반용기 내용적의 95% 이하의 수납률
- 액체위험물 : 운반용기 내용적의 98% 이하의 수납률로 수납하되, 55℃에서 누설되지 않도록 충분한 공간용적을 유지하도록 할 것
- 액체위험물 중 알킬알루미늄 등 : 운반용기의 내용적의 90% 이하의 수납률로 수납하되, 50℃의 온도에서 5% 이상의 공간용적을 유지하도록 할 것

24 다음 중 위험등급Ⅲ에 해당하지 않는 품명은?

① 제2석유류   ② 다이크로뮴산염류
③ 철분   ④ 나이트로화합물

해설
제5류 위험물 중 나이트로화합물은 위험등급Ⅱ이다.
※ 제5류 위험물에는 위험등급Ⅲ이 없다.
  지정수량 개정으로 인해 출제기준에 맞지 않는다.

25 다음 중 운반 시 함께 적재할 수 있는 유별로 짝지어진 것은?

① 제1류 – 제5류
② 제2류 – 제4류
③ 제3류 – 제6류
④ 제4류 – 제1류

해설
혼재 가능한 위험물(위험물안전관리법 시행규칙 별표 19)
- 제1류 위험물(산화성 고체) : 제6류 위험물(산화성 액체)
- 제4류 위험물(인화성 액체) : 제2류 위험물(가연성 고체), 제3류 위험물(자연발화성 물질 및 금수성 물질), 제5류 위험물(자기반응성 물질)
- 제5류 위험물(자기반응성 물질) : 제2류 위험물(가연성 고체), 제4류 위험물(인화성 액체)

26 다음 물질 중 인화점이 가장 높은 것은?

① 아세트알데하이드
② 에틸알코올
③ 에틸렌글라이콜
④ 피리딘

해설

물질명	인화점
아세트알데하이드	-40℃
에틸알코올	13℃
에틸렌글라이콜	120℃
피리딘	16℃

27 다음 중 물과 반응 시 가장 위험성이 커지는 물질은?

① 염소산나트륨
② 탄화칼슘
③ 질산
④ 벤조일퍼옥사이드

해설
탄화칼슘은 물과 반응하여 가연성의 아세틸렌가스를 발생한다.
$CaC_2 + 2H_2O \rightarrow Ca(OH)_2 + C_2H_2$

28 다음 중 운반 시 차광성이 있는 것으로 피복조치를 하지 않아도 되는 것은?

① 아염소산염류
② 특수인화물
③ 과염소산
④ 벤젠

해설
- 차광성이 있는 것으로 피복
  - 제1류 위험물
  - 제3류 위험물 중 자연발화성 물질
  - 제4류 위험물 중 특수인화물
  - 제5류 위험물
  - 제6류 위험물
- 방수성이 있는 것으로 피복
  - 제1류 위험물 중 알칼리금속의 과산화물
  - 제2류 위험물 중 철분·금속분·마그네슘
  - 제3류 위험물 중 금수성 물질
※ 벤젠은 제4류 위험물 중 제1석유류이므로 차광성으로 피복하지 않아도 된다.

29. 소화약제의 종별 구분 중 인산염류를 주성분으로 하는 분말소화약제는 제 몇 종인가?

① 제1종
② 제2종
③ 제3종
④ 제4종

[해설]
분말소화약제의 종류

종류	주성분	적응화재	분말의 색
제1종 분말	$NaHCO_3$	B, C급	백색
제2종 분말	$KHCO_3$	B, C급	담회색
제3종 분말	$NH_4H_2PO_4$	A, B, C급	담홍색
제4종 분말	$KHCO_3 + (NH_2)_2CO$	B, C급	회백색

30. 소화전용물통 8L의 능력단위는 얼마인가?

① 0.1
② 0.3
③ 0.5
④ 1.0

[해설]
소화설비의 능력단위

소화설비	용량	능력단위
소화전용(專用)물통	8L	0.3
수조(소화전용물통 3개 포함)	80L	1.5
수조(소화전용물통 6개 포함)	190L	2.5
마른모래(삽 1개 포함)	50L	0.5
팽창질석 또는 팽창진주암(삽 1개 포함)	160L	1.0

31. 옥내소화전의 압력수조를 이용한 가압송수장치식에서 필요한 압력을 구하기 위해 $p_1 + p_2 + p_3$에 추가로 얼마의 압력(MPa)을 더해줘야 하는가?

① 0.1MPa
② 0.15MPa
③ 0.3MPa
④ 0.35MPa

[해설]
옥내소화전 가압송수장치의 설치기준

- 고가수조를 이용한 가압송수장치
  $H = h_1 + h_2 + 35m$
  여기서, H : 필요한 낙차(m)
  h_1 : 방수용 호스의 마찰손실수두(m)
  h_2 : 배관의 마찰손실수두(m)

- 압력수조를 이용한 가압송수장치
  $P = p_1 + p_2 + p_3 + 0.35MPa$
  여기서, P : 필요한 압력(MPa)
  p_1 : 소방용 호스의 마찰손실수두압(MPa)
  p_2 : 배관의 마찰손실수두압(MPa)
  p_3 : 낙차의 환산수두압(MPa)

- 펌프를 이용한 가압송수장치
  $H = h_1 + h_2 + h_3 + 35m$
  여기서, H : 펌프의 전양정(m)
  h_1 : 소방용 호스의 마찰손실수두(m)
  h_2 : 배관의 마찰손실수두(m)
  h_3 : 낙차(m)

32. 벤젠이 완전 연소하였을 때 생성되는 물질은?

① 이산화탄소, 일산화탄소
② 물, 이산화탄소
③ 산소, 수소
④ 이산화탄소, 수소

[해설]
벤젠의 완전 연소반응식
$2C_6H_6 + 15O_2 \rightarrow 12CO_2 + 6H_2O$

33 다음 중 증기비중이 가장 큰 것은?

① 메테인   ② 에테인
③ 프로페인 ④ 뷰테인

해설

물질명	분자량
메테인(CH_4)	16
에테인(C_2H_6)	30
프로페인(C_3H_8)	44
뷰테인(C_4H_{10})	58

분자량이 가장 큰 물질이 증기비중도 가장 크다.

34 아세틸렌의 위험도는 얼마인가?(단, 아세틸렌의 연소범위는 2.5~81%이다)

① 4.42
② 17.8
③ 31.4
④ 47.78

해설

위험도(H) = $\dfrac{U-L}{L}$

여기서, U : 폭발 상한계(%), L : 폭발 하한계(%)

∴ $\dfrac{81-2.5}{2.5} = 31.4$

35 흑색화약의 원료로 쓰이지 않는 물질은?

① 리튬   ② 질산칼륨
③ 숯가루   ④ 황

해설

흑색화약의 원료 : 질산칼륨(제1류), 황(제2류), 숯가루(비위험물)

36 다음 물질 중 물과 반응하여 생성되는 가스가 다른 물질은?

① 수소화칼륨
② 알루미늄
③ 인화칼슘
④ 칼륨

해설

인화칼슘은 물과 반응하며 포스핀을 생성하고 나머지 물질은 물과 반응하여 수소를 생성한다.

37 마그네슘에 대한 설명으로 옳은 것은?

① 수소와 반응성이 뛰어나며 접촉 시 폭발한다.
② 화재 시 CO_2가 가장 뛰어난 소화작용을 한다.
③ 강산화제와 접촉 시 마찰에 의해 폭발할 수 있다.
④ 알칼리금속이다.

해설

마그네슘(Mg) - 제2류 위험물(금속분 알칼리토금속), 지정수량 500kg, 위험등급 Ⅲ

• 상온 상태의 물에서는 안정한 편이나 온수와 반응 시 수소를 발생한다.
  $Mg + 2H_2O \rightarrow Mg(OH)_2 + H_2$
• 연소 시 폭발한다.
  $2Mg + O_2 \rightarrow 2MgO$
• 이산화탄소와 반응하므로 소화약제로 사용할 수 없다.
  $Mg + CO_2 \rightarrow MgO + CO$
※ 제2류 위험물이므로 제1류 위험물과 접촉 시 연소·폭발의 위험이 있다.

정답 33 ④ 34 ③ 35 ① 36 ③ 37 ③

38 지정수량 얼마 이하의 위험물에 대해서는 유별을 달리하는 위험물의 혼재기준을 적용하지 않아도 되는가?

① 1배
② 1/2배
③ 1/5배
④ 1/10배

해설
지정수량의 1/10 이하의 위험물에 대해서는 혼재기준을 적용하지 않는다.

39 이산화탄소소화기를 저장하는 용기에서 수분이 있을 경우, 약제가 분출될 때 노즐이 얼어서 약제가 나오지 못하는 경우가 발생할 수 있다. 이를 무엇이라 하는가?

① 제벡 효과
② 줄-톰슨 효과
③ 펠티에 효과
④ 광전효과

해설
줄-톰슨 효과는 압축한 기체를 가느다란 구멍으로 분출시킬 때 온도가 변하는 현상을 말한다. 이산화탄소소화약제 저장용기 안에는 액화이산화탄소가 들어 있고 분출 시 기체로 변하면서 주위를 냉각시킨다.

40 다음 중 제3석유류에 속하지 않는 것은?

① 하이드라진
② 아닐린
③ 나이트로벤젠
④ 중유

해설
하이드라진(N_2H_4)은 제2석유류 수용성 물질이다.

41 다음 물질 중 과염소산칼륨과 혼합했을 때 발화·폭발의 위험이 가장 큰 물질은?

① 유리   ② 목탄
③ 석면   ④ 백금

해설
가연물과 혼합하면 충격에 의해 폭발할 수 있다.

42 알칼리금속의 과산화물에 대한 설명 중 옳은 것은 무엇인가?

① 더 이상 분해하지 않는다.
② 물을 가하면 심하게 발열한다.
③ 안정한 물질로 충격에 비교적 안정하다.
④ 주로 환원제로 사용된다.

해설
알칼리금속의 과산화물은 무기과산화물에 속하며, 불안정한 물질로 분해력이 뛰어나다. 물과 반응하여 산소를 방출하고 발열하는 것이 가장 큰 특징이다.

38 ④ 39 ② 40 ① 41 ② 42 ②

43 황화인의 종류에 해당하지 않는 것은?

① P_4S_7
② P_2S_5
③ P_2O_5
④ P_4S_3

[해설]
P_2O_5는 오산화인으로 적린(P)의 연소생성물이다.

44 다음 중 제6류 위험물에 해당하는 것은?

① 과산화벤조일
② 과산화메틸에틸케톤
③ 과산화바륨
④ 과산화수소

[해설]
제6류 위험물에는 과염소산, 과산화수소, 질산이 있다.

45 이동저장탱크에 알킬알루미늄을 저장하는 경우에는 불활성 기체를 봉입해야 한다. 이 때 압력을 몇 kPa 이하로 해야 하는가?

① 10   ② 20
③ 30   ④ 50

[해설]
- 이동저장탱크에 알킬알루미늄 등을 저장하는 경우에는 20kPa 이하의 압력으로 불활성의 기체를 봉입하여 둘 것
- 알킬알루미늄 등의 이동탱크저장소에 있어서 이동저장탱크로부터 알킬알루미늄 등을 꺼낼 때에는 동시에 200kPa 이하의 압력으로 불활성의 기체를 봉입할 것

46 다음 중 물과 반응 시 조연성 가스를 발생시키는 것은?

① 질산칼륨
② 과산화칼륨
③ 염소산칼륨
④ 수소화칼륨

[해설]
조연성 가스는 연소를 돕는 가스로서 대표적인 예로 산소가 있으며, 무기과산화물은 물과 반응하여 산소를 방출한다.

[정답] 43 ③ 44 ④ 45 ② 46 ②

47 탱크안전성능검사 내용의 구분에 해당하지 않는 것은?

① 용접부검사
② 충수·수압검사
③ 배관검사
④ 기초·지반검사

해설
탱크안전성능검사 항목
- 기초·지반검사
- 충수·수압검사
- 용접부검사
- 암반탱크검사

48 옥외저장탱크에 설치하는 밸브 없는 통기관은 직경이 얼마 이상이어야 하는가? (단, 압력탱크는 제외한다)

① 10mm
② 20mm
③ 25mm
④ 30mm

해설
옥외저장탱크 중 압력탱크 외의 탱크 : 밸브없는 통기관 또는 대기밸브 부착 통기관을 설치
- 통기관의 직경은 30mm 이상
- 선단은 수평면보다 45° 이상 구부려 빗물 등의 침투를 막는 구조
- 가는 눈의 구리망으로 인화방지장치를 설치
- 대기밸브부착 통기관은 5kPa 이하의 압력 차이로 작동할 수 있을 것

49 위험물제조소 등의 용도를 폐지한 경우 용도폐지 신고는 폐지한 날부터 며칠 이내에 신고해야 하는가?

① 7일
② 14일
③ 30일
④ 60일

해설
용도폐지는 폐지한 날부터 14일 이내에 시·도지사에게 신고해야 한다.

50 옥내저장소에서 위험물은 용기에 수납하여 저장하는 경우에는 위험물의 온도가 몇 ℃가 넘지 않도록 필요한 조치를 강구해야 하는가?

① 40℃ ② 45℃
③ 50℃ ④ 55℃

해설
옥내저장소에서는 용기에 수납하여 저장하는 위험물의 온도가 55℃를 넘지 않도록 필요한 조치를 강구해야 한다.

51 탱크의 용량 산정 방식으로 옳은 것은?

① 공간용적 − 내용적
② 최대용적 − 최소용적
③ 내용적 − 공간용적
④ 내용적 − 최소용적

52 제조소에 환기설비를 설치하고자 한다. 급기구는 바닥면적 몇 m²마다 1개 이상으로 해야 하는가?

① 100   ② 150
③ 200   ④ 250

해설
급기구는 해당 급기구가 설치된 실의 바닥면적 150m²마다 1개 이상으로 하되, 급기구의 크기는 800cm² 이상으로 할 것. 다만, 바닥면적이 150m² 미만인 경우에는 다음의 크기로 해야 한다.

바닥면적	급기구의 면적
60m² 미만	150cm² 이상
60m² 이상 90m² 미만	300cm² 이상
90m² 이상 120m² 미만	450cm² 이상
120m² 이상 150m² 미만	600cm² 이상

53 이황화탄소의 연소범위로 옳은 것은?

① 4.0~75%
② 1.2~7.6%
③ 4.0~60%
④ 1.0~50%

해설
각 물질의 연소범위
- 수소 : 4.0~75%
- 가솔린 : 1.2~7.6%
- 아세트알데하이드 : 4.0~60%
- 이황화탄소 : 1.0~50%

54 나이트로셀룰로스의 질화도에서 질소 함유 비율이 얼마 이상일 때 강면약으로 구분하는가?

① 9.65%
② 10.18%
③ 12.76%
④ 14.62%

해설
질화도 : 나이트로셀룰로스 안의 질소 함유 비율
- 강면약 : 질화도가 약 12.76% 이상
- 약면약 : 질화도가 10.18~12.76% 사이

정답 51 ③ 52 ② 53 ④ 54 ③

55 제3류 위험물의 소화에 가장 뛰어난 적응성을 보이는 것은?

① 물
② 마른모래
③ 이산화탄소
④ 강화액

해설
마른모래, 팽창질석, 팽창진주암은 제1류~제6류 위험물에 적응성이 있다.

56 다음 중 제1류 위험물에 속하는 것은?

① 염소화아이소사이아누르산
② 할로젠간화합물
③ 질산구아니딘
④ 염소화규소화합물

해설
- 할로젠간화합물 : 제6류 위험물
- 질산구아니딘 : 제5류 위험물
- 염소화규소화합물 : 제3류 위험물
- ※ 행정안전부령으로 정하는 제1류 위험물의 종류 : 과아이오딘산염류, 과아이오딘산, 크로뮴, 납 또는 아이오딘의 산화물, 아질산염류, 차아염소산염류, 염소화아이소사이아누르산, 퍼옥소이황산염류, 퍼옥소붕산염류

57 중질유를 저장하는 옥외저장탱크에서 화재가 발생하였을 때 바닥에 고인 물이 넘쳐흘러 화재를 확대시키는 현상을 무엇이라 하는가?

① 보일오버
② 슬롭오버
③ 프로스오버
④ 플래시오버

해설
- 유류탱크에서 발생하는 현상
  - 보일오버(Boil Over) : 중질유 탱크에서 장시간 조용히 연소하다가 탱크의 잔존 기름이 갑자기 분출하는 현상
  - 슬롭오버(Slop Over) : 중질유 탱크에서 연소유의 뜨거운 표면에 물이 들어갈 때 기름 표면에서 끓는 현상. 이 경우 갑작스러운 팽창으로 인해 주변의 기름을 밖으로 밀어낸다.
  - 프로스오버(Froth Over) : 물이 뜨거운 기름 표면 아래에서 끓을 때 화재를 수반하지 않고 용기에서 넘쳐흐르는 현상
  - 블레비(BLEVE, Boiling Liquid Expanding Vapour Explosion) : 고압 상태인 액화가스용기가 가열되어 물리적 폭발이 순간적으로 화학적 폭발로 이어지는 현상, 액화가스탱크의 폭발
- 건축물에서 발생하는 현상
  - 백드래프트(Back Draft) : 화재 발생 시 건축물에 다량의 가연성 가스가 축적되어 있다가 출입문을 개방하였을 때 많은 공기가 유입되어 폭발적인 연소로 화염이 외부로 분출되는 현상
  - 플래쉬오버(Flash Over) : 화재로 인해 가연성 가스를 동반하는 연기와 유독가스가 방출하여 실내의 급격한 온도 상승으로 인해 실내 전체로 확산되어 연소하는 현상

58 다음 중 알코올류에 해당하지 않는 것은?

① 메틸알코올
② 에틸알코올
③ 아이소프로필알코올
④ 부틸알코올

해설

알코올류 : 1분자를 구성하는 탄소원자의 수가 1개부터 3개까지인 포화1가 알코올(변성알코올을 포함한다) 부틸알코올(C_4H_9OH)은 제2석유류에 속하며, 탄소의 수가 4개이므로 알코올류에 속하지 않는다.

59 간이탱크저장소에 설치하는 간이저장탱크의 용량은 얼마 이하로 해야 하는가?

① 300L
② 600L
③ 900L
④ 1,200L

해설

간이탱크저장소의 설치기준
- 하나의 간이탱크저장소에 설치하는 간이저장탱크의 수 : 3기 이하
- 동일한 품질의 위험물의 간이저장탱크의 수 : 2 이상 설치하지 않는다.
- 표지 및 게시판 : "위험물간이탱크저장소"라는 표시와 나머지는 제조소의 기준과 동일
- 탱크의 주위에 너비 1m 이상의 공지를 둔다. 전용실 안에 설치하는 경우에는 탱크와 전용실 벽과의 사이에 0.5m 이상의 간격 유지
- 간이저장탱크의 용량 : 600L 이하
- 두께 : 3.2mm 이상의 강판
- 수압시험 : 70kPa의 압력으로 10분간의 수압시험
- 밸브 없는 통기관
  - 지름 : 25mm 이상
  - 통기관은 옥외에 설치, 선단(끝부분)의 높이는 지상 1.5m 이상
  - 선단(끝부분)은 수평면에 대하여 아래로 45° 이상 구부려 빗물 등이 침투하지 않도록 할 것
  - 가는 눈의 구리망 등으로 인화방지장치를 할 것

60 제2석유류에 속하는 물질로 3가지의 이성질체를 가지고 있고, BTX중 X에 해당하는 물질의 명칭은?

① 톨루엔
② 페놀
③ 자일렌
④ 크레졸

해설

자일렌[$C_6H_4(CH_3)_2$] - 지정수량 1,000L
- 물에 녹지 않고 유기용제에 녹는다.
- 방향성을 띠며 독성은 BTX 중에서 가장 낮다.
- 자일렌은 메틸기(CH_3) 결합 위치에 따라 o-자일렌, m-자일렌, p-자일렌 3가지로 구분한다.
- 자일렌의 구조식

[o-xylene] [m-xylene] [p-xylene]

정답 58 ④ 59 ② 60 ③

CHAPTER 04

2023년 제4회

과년도 기출복원문제

PART 01 위험물기능사 필기

---

01 A, B, C급에 모두 적용할 수 있는 분말소화약제는?

① 제1종 분말
② 제2종 분말
③ 제3종 분말
④ 제4종 분말

해설
분말소화약제의 종류

종류	주성분	적응화재	분말의 색
제1종 분말	$NaHCO_3$	B, C급	백색
제2종 분말	$KHCO_3$	B, C급	담회색
제3종 분말	$NH_4H_2PO_4$	A, B, C급	담홍색
제4종 분말	$KHCO_3$ + $(NH_2)_2CO$	B, C급	회백색

02 제거소화의 예가 아닌 것은?

① 가스 화재 시 가스 공급을 차단하기 위해 밸브를 잠갔다.
② 연소하는 가연물을 밀폐시켜 공기를 차단시켰다.
③ 촛불 화재 시 입으로 바람을 불어 촛불을 껐다.
④ 산불 화재 시 화재의 진행 방향에 있는 나무를 벌목했다.

해설
공기를 차단시켜 소화하는 방법은 질식소화의 예이다.

03 운송책임자의 감독, 지원을 받아 운송해야 하는 위험물에 해당하는 것으로 짝지어진 것은?

① 칼륨 – 나트륨
② 과산화칼륨 – 과산화나트륨
③ 알킬알루미늄 – 알킬리튬
④ 나이트로글리세린 – 나이트로셀룰로스

04 $HO-CH_2-CH_2-OH$의 지정수량은 몇 L인가?

① 1,000L
② 2,000L
③ 3,000L
④ 4,000L

해설
에틸렌글라이콜(CH_2OHCH_2OH)의 간단한 구조식 표현이다. 제3석유류 수용성 물질이므로 지정수량은 4,000L이다.

05 다음 중 위험등급이 다른 하나는?

① 질산염류
② 아염소산염류
③ 무기과산화물
④ 유기과산화물

해설
질산염류는 위험등급이 Ⅱ이다. 나머지는 전부 위험등급 Ⅰ이다.

정답 1 ③ 2 ② 3 ③ 4 ④ 5 ①

06 제5류 위험물에 대한 설명으로 옳지 않은 것은?

① 대표적인 성질은 자기반응성 물질이다.
② 피크르산은 나이트로화합물이다.
③ 모두 인화성의 성질을 가지고 있다.
④ 고체와 액체로 구성되어 있다.

해설
제5류 위험물 중 액체위험물은 인화성의 성질을 가지는 것도 있지만, 고체위험물의 경우 인화성의 성질이 없는 물질도 있다.

07 0.99atm, 55℃에서 이산화탄소의 밀도는 약 몇 g/L인가?

① 0.62g/L
② 1.62g/L
③ 9.65g/L
④ 12.65g/L

해설
이상기체 상태방정식을 이용
$PV = nRT = \dfrac{WRT}{M}$

여기서, 압력(P) : 0.99atm
온도(T) : (273 + 55)K
CO_2의 분자량(M) : 44

∴ 밀도 $\dfrac{W}{V} = \dfrac{PM}{RT} = \dfrac{0.99 \times 44}{0.082 \times 328} = 1.62\text{g/L}$

※ 식 변형 방법
 - W만 남기고 나머지 항을 없애 준다.
 - 양변에 $\dfrac{M}{RT}$를 곱해준다.
 - $W = \dfrac{PVM}{RT}$가 되고, 양변에 $\dfrac{1}{V}$를 곱해준다.

08 수소화칼슘이 물과 반응하였을 때 생성물을 전부 나열한 것은?

① 칼슘, 수소
② 수산화칼슘, 산소
③ 칼슘, 산소
④ 수산화칼슘, 수소

해설
수소화칼슘(CaH_2)과 물의 반응식
$CaH_2 + 2H_2O \rightarrow Ca(OH)_2 + 2H_2$

09 다음 위험물 중 지정수량이 가장 큰 것은?

① 리튬
② 질산에틸
③ 삼산화크로뮴
④ 오황화인

해설

물질명	지정수량
리튬	50kg
질산에틸	10kg
삼산화크로뮴	300kg
오황화인	100kg

10 위험물안전관리법령에 따라 제조소 등의 관계인은 예방규정을 정해야 한다. 예방규정을 정하지 않아도 되는 제조소 등에 해당하는 것은?

① 지정수량의 200배 이상의 위험물을 저장하는 옥외저장소
② 지하탱크저장소
③ 암반탱크저장소
④ 지정수량의 20배 이상의 위험물을 취급하는 제조소

해설
예방규정을 정해야 하는 제조소 등

지정수량 배수	제조소 등
10배 이상	제조소, 일반취급소
100배 이상	옥외저장소
150배 이상	옥내저장소
200배 이상	옥외탱크저장소
전 대상	암반탱크저장소, 이송취급소

* 지하탱크저장소는 정기점검의 대상이다.

11 화재 시 이산화탄소를 방출하여 산소의 농도를 13vol% 이하로 낮추어 소화를 하려면 공기 중의 이산화탄소는 몇 vol%가 되어야 하는가?

① 32.4vol% ② 38.1vol%
③ 42.2vol% ④ 46.9vol%

해설
$\frac{21-13}{21} \times 100\% = 38.1\text{vol}\%$

12 금속분의 화재 시 주수소화를 해서는 안 되는 이유로 옳은 것은?

① 수소가 발생하기 때문에
② 산소가 발생하기 때문에
③ 이산화탄소가 발생하기 때문에
④ 유독가스가 발생하기 때문에

해설
금속분은 물과 반응하여 수소를 발생시킨다. 가연성 가스인 수소는 화재를 더 크게 만들 위험이 있다.

13 위험물안전관리법령상 품명이 질산에스터류에 속하지 않는 것은?

① 질산에틸
② 나이트로글리세린
③ 나이트로톨루엔
④ 나이트로셀룰로스

해설
나이트로톨루엔은 제4류 위험물 중 제3석유류에 속한다.

14 위험물의 유별과 성질을 잘못 연결한 것은?

① 제1류 – 산화성 액체
② 제2류 – 가연성 고체
③ 제3류 – 자연발화성 및 금수성 물질
④ 제4류 – 인화성 액체

해설
제1류 위험물은 산화성 고체이다. 산화성 액체는 제6류 위험물이다.

15 소화기에 "A-3"이라고 표시되어 있다면 숫자 "3"이 의미하는 것은 무엇인가?

① 소화기의 개수
② 소화기의 소요단위
③ 소화기의 능력단위
④ 소화기의 적응화재

해설
A는 화재의 종류(적응화재)를 의미하고, 숫자는 능력단위를 의미한다.

16 $K_2Cr_2O_7$의 지정수량은 얼마인가?

① 50kg
② 300kg
③ 500kg
④ 1,000kg

해설
다이크로뮴산칼륨은 제1류 위험물 중 다이크로뮴산염류에 해당하고 지정수량은 1,000kg이다.

17 무색 투명한 휘발성 액체로 물에 녹지 않고 무거워서 물속에 보관하는 위험물은?

① 경유
② 이황화탄소
③ 에탄올
④ 다이에틸에터

해설
이황화탄소는 비중이 1.26으로 물보다 무겁고 물에 녹지 않아 수조 속에 넣어 보관한다.

18 다음 중 위험물안전관리법령상 제6류 위험물에 해당하는 것은?

① 염산
② 할로젠간화합물
③ 아세트산
④ 황산

해설
할로젠간화합물은 제6류 위험물이다. 염산, 황산은 비위험물이다.

19 위험물 저장탱크의 공간용적은 탱크 내용적의 얼마 이상, 얼마 이하로 해야 하는가?

① 1/100 이상, 5/100 이하
② 5/100 이상, 7/100 이하
③ 5/100 이상, 10/100 이하
④ 10/100 이상, 20/100 이하

해설
탱크의 공간용적은 탱크 내용적의 5/100 이상, 10/100 이하의 용적으로 한다.

20 위험물제조소에 설치하는 안전장치 중 위험물의 성질에 따라 안전밸브의 작동이 곤란한 가압설비에 한하여 설치하는 것은?

① 안전밸브를 병용하는 경보장치
② 감압측에 안전밸브를 부착한 감압밸브
③ 자동으로 압력 상승을 정지시키는 장치
④ 파괴판

해설
압력계 및 안전장치
• 자동적으로 압력의 상승을 정지시키는 장치
• 감압측에 안전밸브를 부착한 감압밸브
• 안전밸브를 병용하는 경보장치
• 파괴판(위험물의 성질에 따라 안전밸브의 작동이 곤란한 가압설비에 한한다)

21 이동탱크저장소에 의한 위험물의 운송 시 준수해야 하는 기준에서 어떤 위험물을 운송할 때 위험물운송자는 위험물안전카드를 휴대해야 하는가?

① 특수인화물 및 제1석유류
② 제1석유류 및 알코올류
③ 제2석유류 및 제3석유류
④ 제4석유류 및 동식물유류

해설
위험물(제4류 위험물에 있어서는 특수인화물 및 제1석유류에 한한다)을 운송하게 하는 자는 위험물안전카드를 위험물운송자로 하여금 휴대하게 할 것

22 제2류 위험물 중 지정수량이 500kg인 물질에 의한 화재의 급수는?

① A급 ② B급
③ C급 ④ D급

해설
제2류 위험물 중 지정수량이 500kg인 품명은 철분, 금속분, 마그네슘이다. 전부 금속이고, 금속화재의 급수는 D급이다.

23 제3종 분말소화약제의 열분해반응식으로 옳은 것은?

① $2KHCO_3 \rightarrow K_2CO_3 + CO_2 + H_2O$
② $NH_4H_2PO_4 \rightarrow HPO_3 + NH_3 + H_2O$
③ $2NaHCO_3 \rightarrow Na_2O + 2CO_2 + H_2O$
④ $2NaHCO_3 \rightarrow Na_2O + 2CO_2 + H_2O$

해설

각 종 분말소화약제의 열분해반응식
- 제1종 분말소화약제
  - 1차 분해반응식(270℃)
    $2NaHCO_3 \rightarrow Na_2CO_3 + CO_2 + H_2O$
  - 2차 분해반응식(850℃)
    $2NaHCO_3 \rightarrow Na_2O + 2CO_2 + H_2O$
- 제2종 분말소화약제
  - 1차 분해반응식(190℃)
    $2KHCO_3 \rightarrow K_2CO_3 + CO_2 + H_2O$
  - 2차 분해반응식(590℃)
    $2KHCO_3 \rightarrow K_2O + 2CO_2 + H_2O$
- ※ 제1종, 제2종 분말소화약제의 분해반응식 문제에서 온도에 대한 언급이 없으면 1차를 쓰도록 한다.
- 제3종 분말소화약제
  - 1차 분해반응식(190℃)
    $NH_4H_2PO_4 \rightarrow NH_3 + H_3PO_4$
  - 2차 분해반응식(215℃)
    $2H_3PO_4 \rightarrow H_2O + H_4P_2O_7$
  - 3차 분해반응식(300℃)
    $H_4P_2O_7 \rightarrow H_2O + 2HPO_3$
- ∴ 최종 분해반응식
  $NH_4H_2PO_4 \rightarrow HPO_3 + NH_3 + H_2O$이 나오게 된다.
- ※ 제3종 분해반응식 문제에서 온도에 대한 언급이 없으면 합산반응식을 쓰도록 한다.
- 제4종 분말소화약제
  $2KHCO_3 + (NH_2)_2CO \rightarrow K_2CO_3 + 2NH_3 + 2CO_2$

24 황린에 대한 특성 중 옳지 않은 것은?

① 물과 반응하지 않아 물속에 저장할 수 있다.
② 자연발화성이므로 공기의 접촉을 차단한다.
③ 연소 시 오산화인과 이산화황이 발생한다.
④ 위험물 중 유일한 지정수량을 가지고 있다.

해설

황린(P_4)의 연소생성물은 오산화인 하나뿐이다.

25
취급하는 제4류 위험물의 수량이 지정수량의 30만배인 일반취급소에 자체소방대를 설치하고자 한다. 이 때 화학소방자동차는 몇 대 이상 두어야 하는가?

① 1대
② 2대
③ 3대
④ 4대

해설

자체소방대에 두는 화학소방자동차 및 인원(위험물안전관리법 시행령 별표 8)

사업소의 구분	화학소방자동차	자체소방대원의 수
제조소 또는 일반취급소에서 취급하는 제4류 위험물의 최대수량의 합이 지정수량의 3천배 이상 12만배 미만인 사업소	1대	5인
제조소 또는 일반취급소에서 취급하는 제4류 위험물의 최대수량의 합이 지정수량의 12만배 이상 24만배 미만인 사업소	2대	10인
제조소 또는 일반취급소에서 취급하는 제4류 위험물의 최대수량의 합이 지정수량의 24만배 이상 48만배 미만인 사업소	3대	15인
제조소 또는 일반취급소에서 취급하는 제4류 위험물의 최대수량의 합이 지정수량의 48만배 이상인 사업소	4대	20인
옥외탱크저장소에 저장하는 제4류 위험물의 최대수량이 지정수량의 50만배 이상인 사업소	2대	10인

비고 : 화학소방자동차에는 행정안전부령으로 정하는 소화능력 및 설비를 갖추어야 하고, 소화활동에 필요한 소화약제 및 기구(방열복 등 개인장구를 포함한다)를 비치해야 한다.

26
플래시오버에 대한 설명으로 옳은 것은?

① 대부분 화재 초기에 발생한다.
② 대부분 화재 말기에 발생한다.
③ 산소의 공급이 주요인이 되어 발생한다.
④ 내장재의 종류에 영향을 받는다.

해설

플래시오버(Flash Over) : 화재로 인해 가연성 가스를 동반하는 연기와 유독가스가 방출하여 실내의 급격한 온도 상승으로 인해 실내 전체로 확산되어 연소하는 현상이다. 화재의 성장기에서 최성기로 가는 부분에 발생하여, 개구부의 크기 및 내장재의 종류에 영향을 받는다.

27
건축물의 외벽이 내화구조이며, 연면적이 450m²인 위험물 옥내저장소에 대한 소요단위는 얼마인가?

① 1단위
② 2단위
③ 3단위
④ 4단위

해설

1소요단위의 기준
- 제조소 또는 취급소
  - 외벽이 내화구조 : 연면적 100m²
  - 외벽이 내화구조가 아닌 것 : 연면적 50m²
- 저장소
  - 외벽이 내화구조 : 연면적 150m²
  - 외벽이 내화구조가 아닌 것 : 연면적 75m²
- 위험물 : 지정수량의 10배
∴ 저장소의 구조가 내화구조이면 150m²가 1소요단위이다. 450m²은 3소요단위가 나온다.

28 등유의 성질에 대한 설명 중 틀린 것은?

① 증기는 공기보다 가볍다.
② 인화점은 상온보다 높다.
③ 전기에 대한 불량도체이다.
④ 물보다 가볍다.

해설
등유의 인화점은 약 40℃ 이상으로 상온보다 높고, 증기 비중은 약 4~5 정도로 공기보다 무겁다.

29 다음 위험물 중 물에 대한 용해도가 가장 낮은 것은?

① 아세트산
② 개미산
③ 벤젠
④ 글리세린

해설
벤젠은 물에 불용이다. 나머지 물질은 물에 녹으며 수용성 물질로 분류한다.

30 옥외저장소에 덩어리 상태의 황을 지반면에 설치한 경계표시의 안쪽에 저장할 경우, 하나의 경계표시 내부면적은 몇 m² 이하가 되어야 하는가?

① 100m²
② 200m²
③ 300m²
④ 400m²

해설
옥외저장소에 덩어리 상태의 황만을 지반면에 설치한 경계표시 안쪽에서 저장 또는 취급하는 것
- 하나의 경계표시의 내부면적 : 100m² 이하
- 2 이상의 경계표시를 설치하는 경우에 각각의 경계표시 내부의 면적을 합산한 면적 : 1,000m² 이하
- 경계표시 : 불연재료로 하고 높이는 1.5m 이하
- 경계표시에는 황이 넘치거나 비산하는 것을 방지하기 위한 천막 등을 고정하는 장치를 설치, 장치는 경계표시의 길이 2m마다 1개 이상 설치

31 물의 소화능력을 강화시키기 위해 겨울철 또는 한랭지에서도 사용할 수 있는 소화기는 어느 것인가?

① 산・알칼리 소화기
② 강화액소화기
③ 화학포소화기
④ 기계포소화기

해설
강화액소화기는 물에 탄산칼륨을 첨가해 물의 어는점을 낮춰 추운 지방에서도 사용할 수 있게 만든 소화기이다.

32 위험물안전관리자가 질병 또는 휴가로 인해 근무할 수 없게 될 때 대리자를 지정해야 한다. 대리자 지정을 며칠까지 할 수 있는가?

① 10일 이내
② 20일 이내
③ 30일 이내
④ 50일 이내

해설
위험물안전관리자
- 선임권자 : 제조소 등의 관계인
- 해임하거나 퇴직 시 : 30일 이내에 다시 선임해야 한다.
- 선임신고 : 선임한 날부터 14일 이내에 소방본부장 또는 소방서장에게 신고
- 대리자 지정 : 30일을 초과할 수 없다.
- 안전관리자의 직무 : 위험물의 취급에 관한 관리・감독
- 안전관리자 미선임 : 1천500만원 이하의 벌금
- 선임신고 기간 이내 하지 않거나 허위로 한 자 : 500만원 이하의 과태료

정답 28 ① 29 ③ 30 ① 31 ② 32 ③

33 다음 중 제6류 위험물의 운반용기 외부 표시사항으로 옳은 것은?

① 화기엄금
② 물기엄금
③ 가연물접촉주의
④ 공기접촉엄금

해설
운반용기 외부의 표시사항
- 품명 · 위험등급 · 화학명 및 수용성(제4류 위험물 중 수용성인 것에 한함)
- 위험물의 수량
- 주의사항
  - 제1류 위험물
    ⓐ 알칼리금속의 과산화물 : 화기·충격주의, 물기엄금, 가연물접촉주의
    ⓑ 그 밖의 것 : 화기·충격주의, 가연물접촉주의
  - 제2류 위험물
    ⓐ 철분·금속분·마그네슘 : 화기주의, 물기엄금
    ⓑ 인화성 고체 : 화기엄금
    ⓒ 그 밖의 것 : 화기주의
  - 제3류 위험물
    ⓐ 자연발화성 물질 : 화기엄금, 공기접촉엄금
    ⓑ 금수성 물질 : 물기엄금
  - 제4류 위험물 : 화기엄금
  - 제5류 위험물 : 화기엄금, 충격주의
  - 제6류 위험물 : 가연물접촉주의

34 위험물제조소에 피뢰침을 설치하고자 한다. 지정수량의 몇 배 이상을 저장할 때 설치해야 하는가?(단, 제6류 위험물은 취급하지 않는다)

① 1배
② 5배
③ 10배
④ 100배

해설
피뢰침 : 지정수량의 10배 이상의 저장창고(제6류 제외)

35 위험물안전관리법령에 따른 지하탱크저장소의 기준에서 지하저장탱크의 두께는 얼마 이상으로 해야 하는가?

① 1.8mm
② 2.5mm
③ 3.2mm
④ 4.8mm

해설
지하저장탱크, 옥외저장탱크, 이동저장탱크의 두께는 3.2mm 이상의 강철판으로 한다.

36
이동저장탱크의 칸막이는 그 내부에 몇 L 이하마다, 몇 mm 이상의 강철판으로 설치해야 하는가?

① 2,000L, 1.6mm
② 2,000L, 3.2mm
③ 4,000L, 1.6mm
④ 4,000L, 3.2mm

해설
이동저장탱크의 구조
- 이동저장탱크의 두께 : 3.2mm 이상의 강철판
- 압력탱크 외의 탱크 : 70kPa의 압력으로 10분간 수압시험
- 최대상용압력의 1.5배의 압력으로 10분간 수압시험
- 내부에 4,000L 이하마다 3.2mm 이상의 강철판으로 칸막이를 설치해야 한다.
- 칸막이로 구획된 각 부분마다 맨홀과 안전장치 및 방파판을 설치해야 한다.
- 측면틀 및 방호틀을 설치해야 한다.
- 방파판
  - 두께 1.6mm 이상의 강철판
  - 하나의 구획 부분에 2개 이상의 방파판을 이동탱크저장소 진행 방향과 평행으로 설치
- 측면틀
  - 이동저장탱크가 사고 등으로 인해 전도할 경우 이동저장탱크 및 부속장치의 손상을 막을 수 있게 하는 장치
  - 탱크상부의 네 모퉁이에 해당 탱크의 전단 또는 후단으로부터 각각 1m 이내의 위치에 설치할 것
  - 탱크뒷부분의 입면도에 있어서 측면틀의 최외측과 탱크의 최외측을 연결하는 직선의 수평면에 대한 내각이 75° 이상이 되도록 한다.
- 방호틀
  - 이동저장탱크가 전복하게 될 경우 탱크 상부 또는 부속장치가 손상되는 것을 방지하기 위한 장치
  - 두께 2.3mm 이상의 강철판으로 할 것
  - 정상 부분은 부속장치보다 50mm 이상 높게 하거나 이와 동등 이상의 성능이 있는 것으로 할 것

37
다음 중 건성유에 해당하는 것은?

① 올리브유
② 참기름
③ 아마인유
④ 피마자유

해설
동식물유류의 종류

구분	아이오딘값	불포화도	종류
건성유	130 이상	크다.	해바라기유, 동유, 들기름, 정어리기름, 아마인유 등
반건성유	100~130	보통	참기름, 쌀겨기름, 콩기름, 옥수수기름 등
불건성유	100 이하	작다.	피마자유, 야자유, 올리브유, 동백유 등

38
과산화벤조일에 관한 설명 중 틀린 것은?

① 물질에 산소를 포함하고 있다.
② 건조한 상태로 보관한다.
③ 높은 온도에서 흰 연기를 내며 분해한다.
④ 물에 녹지 않는다.

해설
과산화벤조일[$(C_6H_5CO)_2O_2$, 벤조일퍼옥사이드, BPO]
- 무색, 무취의 결정 상태이다.
- 물에 녹지 않고 알코올에 약간 녹으며, 벤젠에 녹는다.
- 융점이 약 105℃로, 융점 이상이 되면 흰 연기를 내며 분해의 위험이 있다.
- 희석제로 프탈산다이메틸($C_{10}H_{10}O_4$), 프탈산다이부틸($C_{16}H_{22}O_4$)을 사용한다.
- 산화제와의 혼합을 피하고 건조 상태에서 위험성이 증가하므로 수분이 10% 이하가 되지 않게 보관한다.

정답 36 ④ 37 ③ 38 ②

39 다음 위험물 중 이산화탄소와 반응하지 않는 물질은?

① K
② Na
③ Mg
④ Ar

해설
칼륨, 나트륨, 마그네슘은 반응성이 뛰어나 이산화탄소와도 반응하므로 화재 시 소화약제로 사용할 수 없다. 반면, 아르곤은 불활성 기체로서 반응성이 낮아 다른 물질과 반응하지 않는다.

40 오황화인에 대한 설명 중 잘못된 것은?

① 지정수량은 300kg이다.
② 물과 반응하여 황화수소를 발생시킨다.
③ 이황화탄소에 녹는다.
④ 조해성이 있다.

해설
오황화인은 황화인의 한 종류로서 지정수량은 100kg이다.

41 폭발범위와 화재의 상관성에 대한 설명 중 옳은 것은?

① 연소 하한계가 낮을수록 안정하다.
② 연소 상한계가 높을수록 안정하다.
③ 연소범위가 넓을수록 위험하다.
④ 압력이 높아지면 하한계가 내려가고, 상한계는 변하지 않는다.

해설
폭발범위와 화재의 상관성
• 하한계가 낮을수록 위험하다.
• 상한계가 높을수록 위험하다.
• 연소범위가 넓을수록 위험하다.
※ 압력이 높아지면 상한계가 높아진다.

42 제1류 위험물인 과산화칼륨이 산과 반응하였을 때 발생하는 제6류 위험물의 화학식은?

① $HClO_4$
② H_2O_2
③ HNO_3
④ H_2SO_4

해설
과산화칼륨과 염산의 반응식
$K_2O_2 + 2HCl \rightarrow 2KCl + H_2O_2$
(과산화수소)

43 다음 중 가연물에 해당하지 않는 것은?

① 나트륨
② 기어유
③ 질소
④ 수소

해설
질소는 산소와 반응하지만 흡열반응을 하기 때문에 가연물에 해당하지 않는다.

44 비전도성 인화성 액체가 관이나 탱크 내에서 움직일 때 정전기가 발생하기 쉬운 조건으로 가장 거리가 먼 것은?

① 흐름의 낙차가 클 때
② 느린 유속으로 흐를 때
③ 심한 와류가 생성될 때
④ 필터를 통과할 때

[해설]
정전기는 두 물체(물질)이 만나거나 떨어질 때 발생하며 속도가 빠를수록 더 잘 발생한다.

45 위험물안전관리자의 책무에 해당하지 않는 것은?

① 화재 등의 재난이 발생한 경우 소방관서 등에 대한 연락 업무
② 위험물안전관리자의 선임·신고
③ 위험물의 취급에 관한 일지 작성·기록
④ 화재 등의 재난이 발생한 경우 응급조치

[해설]
위험물안전관리자의 선임·신고는 해당 제조소 등의 관계인이 하는 업무이다.

46 다음 중 경보설비에 해당하지 않는 것은?

① 자동화재탐지설비
② 비상방송설비
③ 비상콘센트설비
④ 비상경보설비

[해설]
비상콘센트설비는 소화활동설비에 해당한다.
소화활동설비 : 제연설비, 연결송수관설비, 연결살수설비, 연소방지설비, 비상콘센트설비, 무선통신보조설비

47 칼슘과 칼륨의 지정수량을 합한 값은 얼마인가?

① 20kg
② 30kg
③ 60kg
④ 70kg

[해설]
- 칼슘(Ca) – 제3류 위험물 중 알칼리토금속, 지정수량 50kg
- 칼륨(K) – 제3류 위험물 중 칼륨, 지정수량 10kg

48 주유취급소에서 주유 중 휘발유에 화재가 발생하였다. 제일 잘못된 소화방법은?

① 수도를 호스에 연결하여 물을 뿌린다.
② 포소화약제를 사용하여 진압한다.
③ 이산화탄소를 이용하여 질식소화한다.
④ 분말소화기를 사용하여 소화한다.

[해설]
제4류 위험물은 질식소화를 한다. 유류화재(B급)이기 때문에 B급 화재에 적응성이 있는 소화약제를 사용한다.

정답 44 ② 45 ② 46 ③ 47 ③ 48 ①

49 소화설비의 설치기준에서 황린 200kg은 몇 소요단위에 해당하는가?

① 1
② 2
③ 3
④ 4

해설
위험물은 지정수량의 10배를 1소요단위로 한다. 황린의 지정수량은 20kg이므로 10배를 해주면 200kg이 된다.

50 다음 중 증발연소하는 물질의 예로 잘못된 것은?

① 황
② 등유
③ 파라핀
④ 메테인

해설
증발연소는 고체 또는 액체의 연소형태이다. 메테인은 기체 상태이므로 아니다.

51 아연이 산과 반응할 때 발생하는 기체의 명칭은?

① 수소   ② 산소
③ 질소   ④ 염소

해설
아연과 산의 반응식
$Zn + 2HCl \rightarrow ZnCl_2 + H_2$

52 제1류 위험물의 공통적인 소화방법은 무엇인가?

① 질식소화
② 냉각소화
③ 희석소화
④ 화학소화

해설
제1류 위험물의 공통적인 소화방법은 냉각소화이다.

53 과염소산칼륨과 과염소산나트륨의 공통적인 성질이 아닌 것은?

① 열분해하여 산소를 방출한다.
② 물에 녹는다.
③ 지정수량이 같다.
④ 다른 물질의 연소를 돕는다.

해설
- 과염소산칼륨($KClO_4$) – 분자량 138.5, 분해온도 약 400℃
  - 물에 녹지 않는다.
  - 가연물과 혼합하면 충격에 의해 폭발할 수 있다.
  - 과염소산칼륨의 분해반응식
    $KClO_4 \rightarrow KCl + 2O_2$
- 과염소산나트륨($NaClO_4$) – 분자량 122.5, 분해온도 약 400℃
  - 무색 또는 백색의 결정이다.
  - 조해성이 있으니 습기에 주의해야 한다.
  - 물, 에틸알코올, 아세톤에 녹으며, 에터에는 녹지 않는다.
  - 과염소산나트륨의 분해반응식
    $NaClO_4 \rightarrow NaCl + 2O_2$

정답 49 ① 50 ④ 51 ① 52 ② 53 ②

54 제조소 중 위험물을 취급하는 건축물의 구조는 특별한 경우를 제외하고는 어떻게 해야 하는가?

① 지하층은 1층까지만 둘 수 있다.
② 지하층의 층수 제한은 따로 있지 않다.
③ 지하층은 없는 구조로 한다.
④ 지하층은 안전한 구조로 지으면 1층까지 만들 수 있다.

해설
- 위험물제조소 건축물의 구조
  - 지하층이 없도록 해야 한다.
  - 벽·기둥·바닥·보·서까래 및 계단 : 불연재료로 연소의 우려가 있는 외벽 : 출입구 외의 개구부가 없는 내화구조의 벽
  - 지붕은 폭발력이 위로 방출될 정도의 가벼운 불연재료로 덮어야 한다.
  - 출입구와 비상구 : 60분+방화문·60분 방화문 또는 30분 방화문
- 연소의 우려가 있는 외벽 : 출입구에 수시로 열 수 있는 자동폐쇄식의 60분+방화문 또는 60분 방화문을 설치
  - 건축물의 창 및 출입구에 유리를 이용하는 경우 : 망입유리
  - 액체의 위험물을 취급하는 건축물의 바닥 : 위험물이 스며들지 못하는 재료를 사용하고, 적당한 경사를 두어 그 최저부에 집유설비를 설치해야 한다.

55 연소점에 대한 설명으로 옳은 것은?

① 유증기가 발생하는 최저의 온도
② 점화원 없이 스스로 발화하는 최저의 온도
③ 일정 시간 연소상태를 유지할 수 있는 최저의 온도
④ 점화원을 가했을 때 불이 붙는 최저의 온도

해설
연소점은 인화점보다 약 10℃ 정도 높은 온도로 연소가 지속적으로 이루어질 수 있는 온도이다.

56 다음 물질 중 연소범위가 가장 넓은 것은?

① 이황화탄소
② 아세틸렌
③ 에탄
④ 일산화탄소

해설
아세틸렌의 연소범위 : 2.5~81%로 범위가 가장 넓다.
※ 이황화탄소의 위험도는 49로 아세틸렌의 위험도(31.4)보다 크다.

57 물이 소화약제로 쓰이는 가장 적합한 이유는 무엇인가?

① 질식 작용이 탁월해 유류화재 진압에 효과적이다.
② 증발잠열이 매우 크기 때문에 냉각효과가 우수하다.
③ 위험물과 반응하지 않아 안정하기 때문이다.
④ 화재현장 보존에 유리하기 때문이다.

해설
물은 냉각효과로 화재를 진압하지만 일부 위험물과 반응하여 위험한 상황을 초래할 수 있다.

정답 54 ③ 55 ③ 56 ② 57 ②

58 독성이 매우 높은 물질로, 석유제품, 유지 등이 연소할 때 생성되는 제4류 위험물에 해당하는 것은?

① 아세톤
② 클로로벤젠
③ 아크롤레인
④ 산화프로필렌

> **해설**
> 아크롤레인(CH_2CHCHO) – 제4류 위험물 중 제1석유류 비수용성
> • 자극적이며 역겨운 냄새가 나는 독성 물질
> • 유지류, 석유 제품이 연소할 때 발생
> • 인화점 −29℃

59 0℃, 1atm에서 에틸알코올 1mol을 완전 연소시키기 위해 필요한 산소의 부피는 몇 L인가?

① 22.4L
② 44.8L
③ 67.2L
④ 89.6L

> **해설**
> 에틸알코올의 완전 연소반응식
> $C_2H_5OH + 3O_2 \rightarrow 2CO_2 + 3H_2O$
> 에탄올 1mol이 완전 연소하려면 3mol의 산소가 필요하다. 표준상태(0℃, 1atm)에서 기체 1mol의 부피는 22.4L이기 때문에 3mol의 부피는 67.2L가 된다.

60 포소화약제가 갖춰야 할 조건이 아닌 것은?

① 유류와의 부착성이 좋을 것
② 소포성이 우수할 것
③ 유동성이 있을 것
④ 독성이 적을 것

> **해설**
> 포소화기는 물에 포(예 비누액)를 넣고 교반하여 거품을 만들어 질식소화하는 방법이다. 거품이 화재면에 잘 부착되어야 하고 유동성이 좋아야 잘 흘러가야 한다.
> ※ 소포성이 우수하면 포가 잘 파괴되어 소화효과가 저하된다.

정답 58 ③ 59 ③ 60 ②

2024년 제1회 과년도 기출복원문제

CHAPTER 04 | PART 01 위험물기능사 필기

01 Halon 1301 약제에 대한 설명 중 잘못된 것은?

① 공기보다 무겁다.
② 화학식은 CF_2ClBr이다.
③ B급 화재에 적응성이 있다.
④ 기화가 용이하다.

해설
할론 1301의 화학식은 CF_3Br이다. CF_2ClBr은 할론 1211의 화학식이다.

02 다음 위험물 중 물에 의한 냉각소화가 효과적인 것은?

① 칼륨
② 휘발유
③ 황
④ 과산화칼륨

해설
제2류 위험물인 황은 주수에 의한 냉각소화가 효과적이다. 칼륨은 물과 만나 가연성 가스인 수소를 방출하고, 휘발유는 물 위에 뜨기 때문에 화재면을 확대시키고, 과산화칼륨은 물과 만나 산소를 방출하기 때문에 소화가 안 된다.

03 제4류 위험물인 아닐린의 지정수량은?

① 200L
② 1,000L
③ 2,000L
④ 4,000L

해설
아닐린($C_6H_5NH_2$)은 제4류 위험물 중 제3석유류(비수용성)에 속한 위험물질이다.

04 위험물안전관리법령에서 정하는 질산은 비중이 얼마 이상이어야 위험물로 취급하는가?

① 1.0
② 1.49
③ 7.19
④ 12.24

해설
제6류 위험물인 질산은 비중이 1.49 이상일 때 위험물로 취급한다.

05 다음 물질 중 물과 반응하였을 때 산소가 발생하는 것은?

① 칼륨
② 황린
③ 의산
④ 과산화나트륨

해설
제1류 위험물 중 무기과산화물은 물과 반응하면 산소를 방출한다.
과산화나트륨(Na_2O_2)과 물(H_2O)의 반응식
$2Na_2O_2 + 2H_2O \rightarrow 4NaOH + O_2$

정답 1 ② 2 ③ 3 ③ 4 ② 5 ④

06 IG-55 소화약제의 구성성분을 모두 나타낸 것은?

① 질소, 아르곤
② 질소, 이산화탄소
③ 수소, 메테인
④ 아르곤, 플루오린

해설
IG-55 소화약제는 질소 50%와 아르곤 50%를 혼합하여 만든 소화약제이다.

07 고체 위험물은 운반용기 내용적의 몇 % 이하의 수납률로 수납하여야 하는가?

① 90% ② 95%
③ 98% ④ 99%

해설
운반용기의 수납율
- 고체위험물 : 95% 이하
- 액체위험물 : 99% 이하
- 알킬알루미늄 등 : 90% 이하

08 제2류 위험물인 마그네슘에 대한 설명으로 틀린 것은?

① 뜨거운 물과 반응하여 산소를 발생한다.
② 지정수량은 500kg이다.
③ 취급 시 화기주의 하여야 한다.
④ 질소와 직접적으로 반응하기도 한다.

해설
- 마그네슘과 물의 반응식
  $Mg + 2H_2O \rightarrow Mg(OH)_2 + H_2$
  물과 반응하면 수소가 발생한다.
- 마그네슘과 질소의 반응식
  $3Mg + N_2 \rightarrow Mg_3N_2$(질화마그네슘)

09 금속칼륨 10g을 물에 녹였을 때 이론적으로 발생하는 기체의 양(g)은 약 얼마인가?

① 0.12g
② 0.26g
③ 0.32g
④ 0.44g

해설
금속칼륨(K)과 물의 반응식
$2K + 2H_2O \rightarrow 2KOH + H_2$
칼륨의 원자량은 39이므로 78의 칼륨이 36g의 물과 반응할 때 2g의 수소가 발생한다.
비례식을 이용하여 계산하면 78g : 2g = 10g : xg
x = 약 0.256g이 나온다.

10 다음 물질들이 연소 시 발생하는 유독가스 중 이산화황을 발생시키지 않는 물질은?

① 삼황화인
② 황
③ 오황화인
④ 황화인

> **해설**
> 삼황화인, 황, 오황화인은 연소 시 오산화인과 이산화황을 발생시킨다.
> 황린은 연소 시 오산화인을 발생시킨다.

11 위험물안전관리법령상 포소화기가 적응성이 없는 위험물질은?

① Al분말
② 황
③ 아세톤
④ 황린

> **해설**
> **포소화기의 적응성이 없는 위험물**
> • 제1류 위험물 중 무기과산화물
> • 제2류 위험물 중 철분, 금속분, 마그네슘
> • 제3류 위험물(황린 제외)

12 제2류 위험물 중 금속의 분말이 덩어리 상태일 때 보다 분말 상태일 때 위험성이 증가하는 이유로 가장 옳은 것은?

① 유동성이 증가한다.
② 물질의 표면적이 증가한다.
③ 발화점이 낮아진다.
④ 인화점이 낮아진다.

> **해설**
> 어느 물질이 덩어리 상태 일 때 보다 분말 상태로 바뀌게 되면 같은 질량이지만 비표면적이 크게 증가하게 된다. 따라서 산소와의 접촉면적이 넓어지게 되어 연소위험성이 증가하게 된다.

13 다음 물질 중 가장 강한 산성을 띠는 물질은 무엇인가?

① $HClO$
② $HClO_2$
③ $HClO_3$
④ $HClO_4$

> **해설**
> 염소산의 종류 중 산소의 개수가 가장 많은 과염소산($HClO_4$)의 산성이 가장 세다.

14 위험물안전관리법령상 이동탱크저장소에 의한 위험물의 운송 기준에 대한 설명 중 틀린 것은 무엇인가?

① 운송기준에 따른 장거리란 고속국도에 있어서는 340km 이상을 말한다.
② 제4류 위험물 중 특수인화물 및 제1석유류를 운송하게 하는 자는 위험물안전카드를 휴대해야 한다.
③ 장거리 운송에 있어서 1명의 운전자가 운송할 수 있는 경우로 운송 도중에 4시간 이내마다 20분 이상씩 휴식을 하면 가능하다.
④ 위험물운송자는 운송의 개시 전에 이동저장탱크의 배출밸브 등의 밸브와 폐쇄장치, 맨홀 및 주입구의 뚜껑, 소화기 등의 점검을 충분히 실시해야 한다.

해설
위험물운송자는 장거리(고속국도에 있어서는 340km 이상, 그 밖의 도로에 있어서는 200km 이상을 말한다)에 걸치는 운송을 하는 때에는 2명 이상의 운전자로 할 것. 다만, 다음에 해당하는 경우에는 그러하지 아니하다.
- 운송책임자를 동승시킨 경우
- 운송하는 위험물이 제2류 위험물·제3류 위험물(칼슘 또는 알루미늄의 탄화물과 이것만을 함유한 것에 한한다) 또는 제4류 위험물(특수인화물은 제외한다)인 경우
- 운송 도중에 2시간 이내마다 20분 이상씩 휴식하는 경우

15 질산암모늄(NH_4NO_3)에 대한 설명으로 옳지 않은 것은?

① 조해성이 있기 때문에 수분이 포함되지 않도록 보관한다.
② 무색, 무취의 결정으로 알코올에 녹는다.
③ 가열하면 분해하여 다량의 가스를 발생시킨다.
④ 물에 녹을 때 발열반응을 하기 때문에 주의해야 한다.

해설
질산암모늄은 물에 녹을 때 흡열반응을 하는 물질이다.

16 위험물제조소로부터 20m 이상의 안전거리를 유지해야 하는 건축물 또는 공작물은?

① 사용전압 35,000V 초과의 특고압가공전선
② 고압가스, 액화석유가스, 도시가스를 저장 또는 취급하는 시설
③ 지정문화유산 및 천연기념물 등
④ 주거용으로 사용되는 것(제조소가 설치된 부지 내에 있는 것을 제외)

해설
제조소 등의 안전거리
- 사용전압이 7,000V 초과 35,000V 이하의 특고압가공전선 : 3m
- 사용전압이 35,000V를 초과하는 특고압가공전선 : 5m
- 건축물 그 밖의 공작물로서 주거용으로 사용되는 것 : 10m
- 고압가스, 액화석유가스 또는 도시가스를 저장 또는 취급하는 시설 : 20m
- 학교·병원·극장 그 밖에 다수인을 수용하는 시설 : 30m
- 지정문화유산 및 천연기념물 등 : 50m

17 다음 중 물속에 저장해야 하는 위험물은?

① 이황화탄소
② 다이에틸에터
③ 아세트알데하이드
④ 산화프로필렌

해설
이황화탄소(CS_2)는 비중이 1.26이고 물에 녹지 않기 때문에 수조 속에 보관한다.

18 CH_2OHCH_2OH의 화학식을 가지고 있는 위험물은 제 몇 석유류에 속하는가?

① 제1석유류
② 제2석유류
③ 제3석유류
④ 제4석유류

해설
에틸렌글라이콜은 제3석유류(수용성)에 속하는 물질이다.

19 제1종 판매취급소의 배합실의 바닥면적 기준은?

① $5m^2$ 이상 $10m^2$ 이하
② $6m^2$ 이상 $10m^2$ 이하
③ $6m^2$ 이상 $15m^2$ 이하
④ $5m^2$ 이상 $15m^2$ 이하

해설
제1종 판매취급소 - 위험물을 배합하는 실의 기준
- 바닥면적은 $6m^2$ 이상 $15m^2$ 이하
- 내화구조 또는 불연재료로 된 벽으로 구획할 것
- 바닥은 위험물이 침투하지 아니하는 구조로 하여 적당한 경사를 두고 집유설비를 할 것
- 출입구에는 수시로 열 수 있는 자동폐쇄식의 60분+방화문 또는 60분 방화문을 설치할 것
- 출입구 문턱의 높이 : 바닥면으로부터 0.1m 이상
- 내부에 체류한 가연성의 증기 또는 가연성의 미분을 지붕 위로 방출하는 설비를 할 것

20 이산화탄소 소화약제에 대한 설명으로 잘못된 것은?

① 공기보다 약 1.5배 무겁다.
② 임계온도가 약 150℃ 정도이다.
③ 전기화재에 적응성이 있다.
④ 산소와는 반응하지 않는다.

해설
이산화탄소는 연소반응이 완결된 물질로서 산소와는 더이상 반응하지 않는다.
공기보다 약 1.52배 정도 무겁고 임계온도는 31.35℃ 이다. B, C급 화재에 적응성이 있다.

정답 17 ① 18 ③ 19 ③ 20 ②

21 옥외저장소에 선반을 설치하는 경우, 선반의 높이는 몇 m를 초과하지 않아야 하는가?

① 3m ② 4m
③ 5m ④ 6m

해설
옥외저장소에 선반을 설치하는 경우, 선반의 높이는 6m를 초과하지 않아야 한다.

22 다음 중 위험물 취급소에 해당하는 것은?

① 판매취급소 ② 옥외취급소
③ 옥내취급소 ④ 이동취급소

해설
- 위험물 취급소의 종류 : 주유취급소, 판매취급소, 이송취급소, 일반취급소
- 판매취급소는 제1종 판매취급소, 제2종 판매취급소로 구분한다.

23 위험물안전관리법령상 불활성가스소화설비의 분사헤드 설치 기준에서 이산화탄소 소화설비의 방사압력으로 옳은 것은?(단, 전역방출방식이고, 고압식의 경우이다.)

① 1.05MPa 이상
② 1.9MPa 이상
③ 2.1MPa 이상
④ 3.5MPa 이상

해설
이산화탄소 소화설비의 방사압력(전역방출방식)

구분	고압식	저압식
방사압력	2.1MPa 이상	1.05MPa 이상
방사시간	60초 이내	60초 이내

24 제5류 위험물에 화재가 발생하였을 때 실질적으로 소화하기 어려운 이유로 가장 적합한 것은?

① 물과는 반응하여 가연성 가스를 발생시키기 때문이다.
② 대부분의 물질이 인화점이 낮기 때문이다.
③ 내부연소를 하여 폭발적으로 연소하기 때문이다.
④ 물과는 반응하여 산소를 발생시키기 때문이다.

해설
제5류 위험물은 자기연소(내부연소)를 하기 때문에 폭발적으로 연소한다. 연소속도가 매우 빠르기 때문에 화재 초기에 대량의 주수소화를 하지 않는 이상 소화가 어렵다.

25 다음 물질 중 인화점이 상온(약 20℃)에 가장 가까운 물질은 무엇인가?

① 휘발유
② 아세톤
③ 톨루엔
④ 피리딘

해설

물질명	휘발유	아세톤	톨루엔	피리딘
인화점	-43℃	-18.5℃	4℃	16℃

정답 21 ④ 22 ① 23 ③ 24 ③ 25 ④

26 다음 물질 중 물과 반응하지 않은 물질은?

① 철분 ② 금
③ 알루미늄분 ④ 질산

해설
- 금은 반응성이 거의 없어서 온전한 형태로 보존된다.
- 금속은 물과 만나 가연성 가스를 발생시키고, 질산은 물과 발열반응을 일으킨다.

27 다음 중 수소결합을 하지 않는 물질은?

① NH_3 ② H_2O
③ HF ④ CH_3F

해설
수소결합은 F, O, N이 수소와 결합할 때의 결합형태이다. CH_3F는 공유결합이다.

28 원자번호가 19이며, 원자량이 39인 원자의 원자핵 속에 들어 있는 양성자와 중성자의 수는 얼마인가?

① 양성자 19개, 중성자 19개
② 양성자 19개, 중성자 20개
③ 양성자 20개, 중성자 19개
④ 양성자 20개, 중성자 20개

해설
- 양성자의 수는 원자번호이다. 19개
- 중성자의 수는 질량수 − 양성자의 수이다. 따라서 39 − 19 = 20개

29 제2류 위험물인 황의 동소체에 해당하지 않은 물질은?

① 단사황
② 사방황
③ 고무상황
④ 이산화황

해설
이산화황(SO_2)은 황의 연소생성물이다.

30 물 소화약제의 특징으로 볼 수 없는 것은?

① 가격이 저렴하다.
② A, B, C급에 적응성이 있다.
③ 소화효과가 매우 우수하다.
④ 영하의 온도에서 사용하기 힘들다.

해설
물을 소화약제로 사용할 경우 B, C급 화재에는 적응성이 없다.

정답 26 ② 27 ④ 28 ② 29 ④ 30 ②

31. 이동탱크저장소의 접지도선 설치대상이 아닌 품명은?

① 특수인화물
② 제1석유류
③ 알코올류
④ 제2석유류

해설
이동탱크저장소의 접지도선 설치대상 : 특수인화물, 제1석유류, 제2석유류

32. "위험물제조소" 표지의 바탕색과 글자색으로 알맞은 것은?

① 바탕색 : 백색, 글자색 : 적색
② 바탕색 : 백색, 글자색 : 흑색
③ 바탕색 : 적색, 글자색 : 백색
④ 바탕색 : 흑색, 글자색 : 백색

해설
위험물제조소 표지의 색상은 백색 바탕에 흑색 문자이다.

33. 위험물의 1소요단위는 지정수량의 몇 배인가?

① 1배
② 5배
③ 10배
④ 100배

해설
위험물은 지정수량의 10배를 1소요단위로 한다.

34. 나이트로셀룰로스는 질화면이라고도 부른다. 질화면을 강면약, 약면약으로 구분하는 기준은 무엇인가?

① 탄소의 함유량 차이
② 질소의 함유량 차이
③ 수소의 함유량 차이
④ 산소의 함유량 차이

해설
- 강면약 : 질소의 함유량이 12.76% 이상
- 약면약 : 질소의 함유량이 10.18~12.76% 사이
- 질소의 함유량을 가지고 강면약과 약면약으로 구분한다.

35. 금속분, 목탄, 코크스 등의 연소형태에 해당하는 것은?

① 자기연소
② 증발연소
③ 분해연소
④ 표면연소

해설
고체의 연소형태
- 표면연소 : 가연성 가스를 발생하지 않고 물질 자체가 연소하는 현상
  예 목탄, 코크스, 숯, 금속분 등
- 분해연소 : 열분해에 의해 발생된 가연성 가스가 연소하는 현상
  예 종이, 석탄, 목재, 플라스틱
- 증발연소 : 고체를 가열하여 고체가 액체로, 그 액체가 계속 가열되어 기체로 변화하여 그 기체가 연소하는 현상
  예 황, 나프탈렌, 왁스, 파라핀 등
- 자기연소 : 물질 자체에 산소를 포함하고 있는 물질이 연소하는 현상
  예 제5류 위험물 등

정답 31 ③ 32 ② 33 ③ 34 ② 35 ④

36 옥외탱크저장소에 설치하는 방유제의 높이 기준은 얼마인가?

① 0.1m 이상 0.5m 이하
② 0.5m 이상 1m 이하
③ 0.5m 이상 3m 이하
④ 1m 이상 3m 이하

해설
방유제의 높이는 0.5m 이상 3m 이하로 설치한다. 두께는 0.2m 이상, 지하 매설깊이는 1m 이상이다.

37 나트륨과 칼륨의 공통적인 성질로 옳은 것은?

① 물보다 가볍다.
② 물보다 무겁다.
③ 물에 의한 소화가 가능하다.
④ 이산화탄소에 의한 소화가 가능하다.

해설
나트륨과 칼륨은 경금속으로 물보다 가볍다. 물, 이산화탄소, 산소 등과는 반응하기 때문에 소화약제로 사용 불가능하다.

38 제조소 등에 전기설비를 설치하는 경우에는 얼마의 면적마다 소형수동식소화기를 1개 이상 설치해야 하는가?

① $10m^2$
② $50m^2$
③ $100m^2$
④ $150m^2$

해설
제조소 등에 전기설비를 설치하는 경우, 면적 $100m^2$마다 소형수동식소화기를 1개 이상 설치해야 한다.

39 TNT는 어느 물질의 유도체인가?

① 자일렌
② 톨루엔
③ 피크르산
④ 글리세린

해설
트라이나이트로톨루엔(TNT)은 톨루엔을 가지고 나이트로화시켜 제조하는 물질이다.

40 과염소산염류에는 어떠한 소화방법이 효과적인가?

① 주수소화
② 질식소화
③ 제거소화
④ 화학소화

해설
제1류 위험물은 일반적으로 주소소화를 한다(무기과산화물은 주수소화 금지).

정답 36 ③ 37 ① 38 ③ 39 ② 40 ①

41 포소화약제를 사용할 수 없는 화재형태를 고르시오.

① 일반화재
② 유류화재
③ 가스화재
④ 금속화재

해설
포소화약제에는 물이 포함되어 있어 금속화재의 소화에는 부적합하다.

42 위험물안전관리법령상 옥내저장탱크와 탱크전용실 벽과의 사이에는 얼마 이상의 간격을 두어야 하는가?

① 0.1m 이상
② 0.5m 이상
③ 1m 이상
④ 1.2m 이상

해설
옥내저장탱크와 탱크전용실의 벽과의 사이 및 옥내저장탱크의 상호 간에는 0.5m 이상의 간격을 유지해야 한다(다만, 탱크의 점검 및 보수에 지장이 없는 경우에는 그렇지 않다).

43 자동화재탐지설비의 설치 기준 중 하나의 경계구역의 면적은 얼마 이하로 해야 하는가?

① 500m^2 이하
② 600m^2 이하
③ 700m^2 이하
④ 800m^2 이하

해설
자동화재탐지설비의 설치기준
- 자동화재탐지설비의 경계구역은 건축물 그 밖의 공작물의 2 이상의 층에 걸치지 아니하도록 할 것. 다만, 하나의 경계구역의 면적이 500m^2 이하이면서 당해 경계구역이 2개의 층에 걸치는 경우이거나 계단·경사로·승강기의 승강로 그 밖에 이와 유사한 장소에 연기감지기를 설치하는 경우에는 그러하지 아니하다.
- 하나의 경계구역의 면적 : 600m^2 이하(단, 당해 건축물 그 밖의 공작물의 주요한 출입구에서 그 내부의 전체를 볼 수 있는 경우에 있어서는 그 면적을 1,000m^2 이하)
- 한 변의 길이 : 50m 이하(광전식분리형 감지기를 설치할 경우에는 100m 이하)
- 자동화재탐지설비의 감지기는 지붕 또는 벽의 옥내에 면한 부분에 유효하게 화재의 발생을 감지할 수 있도록 설치할 것
- 자동화재탐지설비에는 비상전원을 설치할 것

44 제4류 위험물의 운반용기에 표기해야 하는 주의사항으로 옳은 것은?

① 화기주의
② 물기주의
③ 화기엄금
④ 가연물접촉주의

정답 41 ④ 42 ② 43 ② 44 ③

45 위험물제조소 등에서 예방규정을 작성해야 할 대상이 되는 옥내저장소의 지정수량 기준은 얼마인가?

① 10배 이상
② 100배 이상
③ 150배 이상
④ 200배 이상

해설
예방규정을 정하여야 하는 제조소 등

지정수량 배수	제조소 등
10배 이상	제조소, 일반취급소
100배 이상	옥외저장소
150배 이상	옥내저장소
200배 이상	옥외탱크저장소
전 대상	암반탱크저장소, 이송취급소

46 옥내저장소의 처마 높이 기준으로 올바른 것은?

① 3m 미만
② 4m 미만
③ 5m 미만
④ 6m 미만

해설
옥내저장소의 처마 높이는 6m 미만으로 해야 한다.

47 다음 물질 중 소화약제로 사용할 수 없는 것은?

① H_2O
② CO_2
③ CaC_2
④ $NaHCO_3$

해설
CaC_2는 탄화칼슘으로 제3류 위험물(금수성 물질)에 해당하는 위험물이다. 소화약제로 사용할 수 없다.

48 제6류 위험물의 지정수량을 얼마인가?

① 50kg
② 100kg
③ 300kg
④ 1,000kg

해설
제6류 위험물은 종류에 상관없이 전부 300kg이다. 위험등급은 Ⅰ에 해당한다.

49 에탄올이 아이오도폼 반응을 할 경우에 침전물이 생긴다. 이 침전물의 색상은?

① 무색
② 백색
③ 황색
④ 적색

해설
에틸알코올에 수산화나트륨(NaOH)과 아이오딘(I_2)의 혼합용액을 넣으면 아이오도폼이 생성된다.
$C_2H_5OH + 6NaOH + 4I_2$
→ $CHI_3 + 5NaI + HCOONa + 5H_2O$
(아이오도폼, 황색)

정답 45 ③ 46 ④ 47 ③ 48 ③ 49 ③

50 다음 중 피부에 닿으면 물집이 생기고 자극성 냄새를 풍기는 수용성인 물질은 무엇인가?

① MEK
② 의산
③ 메탄올
④ 클로로벤젠

해설
의산(HCOOH, 개미산, 폼산) - 제2석유류(수용성), 지정수량 2,000L, 인화점 55℃
- 무색, 투명한 액체 상태이다.
- 초산보다 강한 산성이므로 피부에 닿을 시 화상에 주의하여야 한다.
- 저장 시에는 내산성 용기를 사용한다.

51 다음 물질 중 지정수량이 가장 적은 것은?

① 아연분
② 황린
③ 다이크로뮴산나트륨
④ 과산화벤조일

해설

물질명	지정수량
아연분	500kg
황린	20kg
다이크로뮴산나트륨	1,000kg
과산화벤조일	100kg

52 다음 물질 중에서 연소범위가 가장 넓은 것은?

① 가솔린
② 벤젠
③ 아세틸렌
④ 이황화탄소

해설

물질명	연소범위
가솔린	1.2~7.6%
벤젠	1.4~8.0%
아세틸렌	2.5~81%
이황화탄소	1.0~50%

53 다음 중 인화점측정시험 방법의 종류에 해당하지 않는 것은?

① 태그밀폐식
② 신속평형법
③ 클리블랜드 개방컵
④ 시험지법

해설
시험지법은 가스의 누출 유무를 검지하는 방법이다.

54 탄화칼슘 64g이 물과 반응하여 발생하는 가연성의 기체는 표준상태에서 몇 L가 생성되는가?

① 11.2L
② 22.4L
③ 44.8L
④ 67.2L

해설
- 탄화칼슘과 물의 반응식
  $CaC_2 + 2H_2O \rightarrow Ca(OH)_2 + C_2H_2$
- 탄화칼슘 1몰의 분자량은 64g이고 64g이 물과 반응하면 아세틸렌 1몰이 생성된다.
- 표준상태에서 기체 1몰의 부피는 22.4L가 된다.

50 ② 51 ② 52 ③ 53 ④ 54 ②

55 가연성 증기를 발생시키는 최저의 온도를 무엇이라 하는가?

① 인화점
② 연소점
③ 발화점
④ 비등점

해설
인화점에 대한 설명이다. 발화점은 점화원을 접촉하지 않고도 불이 붙는 최저의 온도를 말한다.

56 질산암모늄이 분해 · 폭발할 경우 생성되는 물질이 아닌 것은?

① 질소
② 물
③ 산소
④ 암모니아

해설
질산암모늄의 분해반응식
- 가열 시 : $NH_4NO_3 \rightarrow N_2O + 2H_2O$
- 폭발 · 분해 시 : $2NH_4NO_3 \rightarrow 2N_2 + O_2 + 4H_2O$

57 다음 중 자일렌의 이성질체에 해당하지 않는 것은?

① o-자일렌
② n-자일렌
③ m-자일렌
④ p-자일렌

해설
자일렌은 3가지의 이성질체를 가지고 있다.
o-자일렌, m-자일렌, p-자일렌

58 다음 중 물에 녹지 않는 물질은?

① 아세트알데하이드
② 에틸렌글라이콜
③ 이황화탄소
④ 에틸알코올

해설
이황화탄소는 물에 녹지 않고 비중이 1.26으로 물속에 보관한다.

정답 55 ① 56 ④ 57 ② 58 ③

59 이동탱크저장소의 저장탱크에는 용량 4천L 이하마다 두께 얼마 이상의 칸막이를 설치해야 하는가?

① 1.6mm ② 2.3mm
③ 3.2mm ④ 4.4mm

해설

이동저장탱크의 구조
- 이동저장탱크의 두께 : 3.2mm이상의 강철판
- 압력탱크 외의 탱크 : 70kPa의 압력으로 10분간 수압시험
- 최대상용압력의 1.5배의 압력으로 10분간 수압시험
- 내부에 4,000L 이하마다 3.2mm 이상의 강철판으로 칸막이를 설치하여야 한다.
- 칸막이로 구획된 각 부분마다 맨홀과 안전장치 및 방파판을 설치하여야 한다.
- 방파판
  - 두께 1.6mm 이상의 강철판
  - 하나의 구획 부분에 2개 이상의 방파판을 이동탱크저장소 진행방향과 평행으로 설치
- 측면틀 및 방호틀을 설치하여야 한다.
- 측면틀
  - 이동저장탱크가 사고 등으로 인해 전도할 경우 이동저장탱크 및 부속장치의 손상을 막을 수 있게 하는 장치
  - 탱크상부의 네 모퉁이에 당해 탱크의 전단 또는 후단으로부터 각각 1m 이내의 위치에 설치할 것
  - 탱크뒷부분의 입면도에 있어서 측면틀의 최외측과 탱크의 최외측을 연결하는 직선의 수평면에 대한 내각이 75° 이상이 되도록 한다.
- 방호틀
  - 이동저장탱크가 전복하게 될 경우 탱크 상부 또는 부속장치가 손상되는 것을 방지하기 위한 장치
  - 두께 2.3mm 이상의 강철판으로 할 것
  - 정상 부분은 부속장치보다 50mm 이상 높게 하거나 이와 동등 이상의 성능이 있는 것으로 할 것

60 옥내소화전설비의 표시등의 색상은 무엇인가?

① 백색
② 적색
③ 청색
④ 황색

해설

옥내소화전설비의 표시등은 적색으로 점등되어야 한다.

CHAPTER 04
2024년 제2회 과년도 기출복원문제

01 자연발화가 잘 일어나는 조건에 해당하지 않는 것은 무엇인가?

① 습도가 높을 것
② 주위 온도가 높을 것
③ 표면적이 넓을 것
④ 열전도율이 클 것

해설
자연발화가 발생하는 조건
- 주위 습도가 높아야 한다.
- 주위 온도가 높아야 한다.
- 가연물의 표면적이 넓어야 한다
- 가연물의 열전도율은 작아야 한다.

02 제2류 위험물과 제4류 위험물의 공통적인 성질로 옳은 것은?

① 가연성
② 조연성
③ 불연성
④ 불활성

해설
제2류 위험물은 가연성 고체이고 제4류 위험물은 인화성 고체이다.
둘 다 연소를 하는 가연성 물질에 해당한다.

03 다음 물질 중에서 물에 가장 잘 녹는 것은?

① 이황화탄소
② 벤젠
③ 아세트산
④ 자일렌

해설
아세트산은 제2석유류(수용성) 물질이다. 지정수량은 2,000L이다.

04 제조소 등의 관계인은 제조소 등의 용도 폐지 신고를 제조소 등의 용도를 폐지한 날부터 며칠 이내에 시·도지사에게 신고해야 하는가?

① 1일
② 7일
③ 14일
③ 30일

해설
제조소 등의 용도 폐지 신고는 14일 이내에 시·도지사에게 신고한다.

05 제조소 등에는 지정수량의 몇 배 이상의 위험물을 저장 또는 취급할 때 경보설비를 설치해야 하는가?

① 1배
② 10배
③ 20배
④ 30배

해설
제조소 등에는 지정수량 10배 이상을 취급할 때 경보설비를 설치해야 한다.
설치해야 하는 경보설비의 종류: 자동화재탐지설비, 확성장치, 비상방송설비, 비상경보설비 중 1종 이상

정답 1 ④ 2 ① 3 ③ 4 ③ 5 ②

06
위험물제조소에서 옥외소화전이 가장 많이 설치된 층의 설치개수가 2개이다. 수원의 수량은 얼마 m^3 이상이 되도록 설치해야 하는가?

① 7.8
② 13.5
③ 15.6
④ 27

해설
옥외소화전설비의 분당 방수량은 450L/min이다. 수원의 수량은 30min을 곱한 양, 즉 개당 13,500L를 보유해야 한다. 단위를 바꾸면 $13.5m^3$가 되고, 2개가 설치되어있다고 했으니 13.5×2를 하면 $27m^3$가 나온다.

08
제4류 위험물인 이황화탄소를 저장할 경우 수조 속에 보관하는 이유로 가장 옳은 것을 고르시오.

① 인화를 방지하기 위하여
② 자연발화를 방지하기 위하여
③ 화재가 발생할 경우 물로 소화하기 위하여
④ 물에 용해시키기 위하여

해설
이황화탄소(CS_2)는 특수인화물로 인화점이 $-30°C$로 매우 낮다.
물에는 녹지 않고 비중이 1.26으로 물에 가라앉은 상태에서 안정해지고 인화를 방지하기 때문에 수조(물) 속에 보관한다.

07
다음 물질 중 소화약제로 쓰이지 않은 것은?

① 탄산수소칼륨
② 물
③ 과산화나트륨
④ 황산알루미늄

해설
과산화나트륨(Na_2O_2)은 제1류 위험물(무기과산화물)에 속하는 위험물로 소화약제로 쓰일 수 없다.

09
다음 중 증발연소를 하는 물질은?

① 종이
② 금속분
③ 숯
④ 나프탈렌

해설

물질명	종이	금속분	숯	나프탈렌
연소 형태	분해 연소	표면 연소	표면 연소	증발 연소

10 화학식이 $NH_4H_2PO_4$인 분말소화약제의 착색은?

① 백색
② 담회색
③ 담홍색
④ 회백색

> 해설

종류	주성분	적응화재	분말의 색
제1종 분말	$NaHCO_3$	B, C급	백색
제2종 분말	$KHCO_3$	B, C급	담회색
제3종 분말	$NH_4H_2PO_4$	A, B, C급	담홍색
제4종 분말	$KHCO_3$ + $(NH_2)_2CO$	B, C급	회백색

11 다음 중 수소의 연소범위를 옳게 나타낸 것은?

① 2.5~81%
② 4~75%
③ 3.0~12.4%
④ 6.0~36%

12 황린과 적린의 공통적인 성질이 아닌 것은?

① 같은 원소로 구성되어있다.
② 연소생성물이 같다.
③ 같은 유별에 속한다.
④ 가연성물질이다.

> 해설
황린(P_4)과 적린(P)은 같은 원소로 구성되어있는 동소체이고 연소생성물이 같다.
황린은 제3류 위험물, 적린은 제2류 위험물이다.

13 다음 중 지정수량이 다른 하나는?

① 폼산
② 아닐린
③ 클로로벤젠
④ 나이트로벤젠

> 해설

물질명	품명	지정수량
폼산	제2석유류(수용성)	2,000L
아닐린	제3석유류(비수용성)	2,000L
클로로벤젠	제2석유류(비수용성)	1,000L
나이트로벤젠	제3석유류(비수용성)	2,000L

14 소화약제인 할론 1211의 화학식은?

① CF_3Br
② CH_2ClBr
③ CF_2ClBr
④ CCl_4

> 해설
- 할론 1301 : CF_3Br
- 할론 1011 : CH_2ClBr
- 할론 1211 : CF_2ClBr
- 할론 104 : CCl_4

15 주유취급소에는 주유공지를 보유해야 한다. 공지의 너비는 얼마 이상으로 해야 하는가?

① 너비 6m 이상, 길이 15m 이상
② 너비 15m 이상, 길이 6m 이상
③ 너비 3m 이상, 길이 9m 이상
④ 너비 9m 이상, 길이 3m 이상

해설
고정주유설비의 주위에는 주유를 받으려는 자동차 등이 출입할 수 있도록 너비 15m 이상, 길이 6m 이상의 콘크리트 등으로 포장한 공지(주유공지)를 보유해야 한다.

16 다음 위험물 중 옥외저장소에 저장할 수 없는 것은?

① 인화성 고체(인화점이 0℃ 이상)
② 황
③ 알코올류
④ 제1석유류

해설
옥외저장소에서는 인화점이 0℃ 이상인 물질을 저장할 수 있다.
제1석유류는 인화점이 영하인 물질도 있기 때문에 인화점 범위가 주어지지 않는 경우 저장할 수 없는 경우로 봐야 한다.

17 옥내저장소의 벽, 기둥 및 바닥이 내화구조인 저장소에 지정수량의 10배 초과 20배 이하의 위험물을 저장하려고 한다. 이때 확보해야 하는 공지의 너비는?

① 1m 이상
② 2m 이상
③ 3m 이상
④ 5m 이상

해설
옥내저장소의 보유공지

저장 또는 취급하는 위험물의 최대수량	보유 공지	
	벽·기둥 및 바닥이 내화구조	그 밖의 건축물
지정수량의 5배 이하	–	0.5m 이상
지정수량의 5배 초과 10배 이하	1m 이상	1.5m 이상
지정수량의 10배 초과 20배 이하	2m 이상	3m 이상
지정수량의 20배 초과 50배 이하	3m 이상	5m 이상
지정수량의 50배 초과 200배 이하	5m 이상	10m 이상
지정수량의 200배 초과	10m 이상	15m 이상

18 제3가 알코올로 물, 알코올에 잘 녹고 화장품, 폭약의 원료로 사용되는 물질의 명칭은?

① 에틸렌글라이콜
② 글리세린
③ 아닐린
④ 크레오소트유

해설
글리세린[$C_3H_5(OH)_3$] - 제4류 위험물, 제3석유류 (수용성)

분자량	비중	인화점	비점	착화점
92	1.26	160℃	182℃	370℃

- 3가 알코올이다.
- 무색 또는 엷은 노란색, 무취이며 점성이 있다.
- 물에 녹고 이황화탄소, 벤젠, 에터에 녹지 않는다.
- 독성이 없고 가소제, 감미료, 화장품제조, 과자 제조, 약물제조 등 다양하게 쓰인다.

19 다음 중 알칼리금속에 해당하지 않는 것은?

① 리튬　② 나트륨
③ 루비듐　④ 칼슘

해설
칼슘은 알칼리토금속(2족) 원소에 속한다.

20 위험물제조소 등에 설치하는 물분무소화설비의 방사압력은 얼마 이상이어야 하는가?

① 100kPa 이상
② 100MPa 이상
③ 350kPa 이상
④ 350MPa 이상

해설
물분무소화설비의 방사압력은 350kPa 이상으로 옥내소화전설비, 옥외소화전설비의 방사압력과 같다. 스프링클러설비의 방사압력은 100kPa 이상이다.

21 소방시설법에 따른 소화설비의 종류 중 소화활동설비에 해당하지 않은 것은?

① 연결송수관설비
② 무선통신보조설비
③ 제연설비
④ 자동화재속보설비

해설
소화활동설비의 종류
- 제연설비
- 연결송수관설비
- 연결살수설비
- 비상콘센트설비
- 무선통신보조설비
- 연소방지설비
※ 자동화재속보설비는 경보설비에 해당한다.

정답 18 ② 19 ④ 20 ③ 21 ④

22 옥외저장탱크의 두께 기준은 몇 mm 이상으로 해야 하는가?(단, 특정옥외저장탱크 및 준특정옥외저장탱크는 제외한다)

① 1.6mm
② 2.3mm
③ 3.2mm
④ 4.4mm

해설
옥외저장탱크의 강철판 두께는 3.2mm 이상으로 한다.

23 위험물안전관리법령에서 정한 제1류 위험물이 아닌 것은?

① 질산에틸
② 질산암모늄
③ 질산나트륨
④ 질산칼륨

해설
질산에틸은 제5류 위험물에 속하는 자기반응성 물질이다.

24 다음 중 산소공급원이 될 수 없는 물질은?

① 아세트산
② 질산칼륨
③ 과염소산칼륨
④ 다이크로뮴산나트륨

해설
아세트산은 제4류 위험물로 인화성 액체이다. 가연성 물질로 가연물에 해당한다.

25 다음 물질들은 물과 접촉 했을 때 가연성 가스를 생성한다. 생성되는 가스의 종류가 다른 하나는?

① 수소화칼륨
② 철분
③ 트라이에틸알루미늄
④ 마그네슘

해설
- 수소화칼륨, 철분, 마그네슘은 물과 반응하여 수소(H_2)가스를 생성한다.
- 트라이에틸알루미늄은 물과 반응하여 에테인(C_2H_6) 가스를 생성한다.

26 다음 동식물유류 중 자연발화의 위험성이 가장 높은 것은?

① 들기름
② 야자유
③ 올리브유
④ 동백유

해설
동식물유류의 종류

구분	아이오딘값	불포화도	종류
건성유	130 이상	크다.	해바라기유, 들기름, 정어리기름, 아마인유 등
반건성유	100~130	보통	참기름, 쌀겨기름, 콩기름, 옥수수기름 등
불건성유	100 이하	작다.	피마자유, 야자유, 올리브유 등

※ 건성유는 자연발화의 위험성이 있다.

27 탄화칼슘 900kg을 저장소에 저장하고자 한다. 지정수량의 몇 배인가?

① 1배
② 2배
③ 3배
④ 4배

해설
- 탄화칼슘은 제3류 위험물 중 칼슘 또는 알루미늄의 탄화물에 속한다.
- 지정수량은 300kg, 위험등급은 Ⅲ이다.
- 탄화칼슘 900kg은 지정수량 3배에 해당한다.

28 간이탱크저장소에 설치하는 간이저장탱크의 두께는 얼마 이상이어야 하는가?

① 2.5mm 이상
② 3.2mm 이상
③ 4.8mm 이상
④ 6.4mm 이상

해설
간이저장탱크의 두께는 3.2mm 이상으로 한다.
※ 옥외저장탱크, 이동저장탱크의 두께도 3.2mm 이상이다.

29 이산화탄소의 증기비중은 약 얼마인가?

① 0.52   ② 0.92
③ 1.52   ④ 2.12

해설
증기비중은 어떤 물질의 분자량을 공기의 평균분자량(약 29)으로 나눈 값이다.
이산화탄소(CO_2)의 분자량은 44이고 44를 29로 나누면 약 1.517이 나온다.

30 금수성 물질에 효과적인 소화약제는 무엇인가?

① 포소화설비
② 이산화탄소소화설비
③ 불활성기체소화설비
④ 탄산수소염류 분말소화설비

해설
제2류 위험물 중 금속의 분말들과 제3류 위험물 중 금수성 물질은 탄산수소염류 분말소화약제로 소화하는 것이 효과적이다.

31 가솔린에 대한 설명으로 옳지 않은 것은?

① 정전기에 주의해야 한다.
② 인화점이 매우 낮아 화기의 접근을 피해야 한다.
③ 전기도체이다.
④ 물에 녹지 않는다.

해설
가솔린(휘발유)은 전기부도체로 정전기에 의해 화재가 발생할 우려가 크기 때문에 주의해야 한다. 가솔린은 제1석유류(비수용성)에 속하고 지정수량은 200L이다.

32 다음 중 제6류 위험물이 아닌 것은?

① 질산
② 황산
③ 과산화수소
④ 과염소산

해설
황산(H_2SO_4)은 비위험물이다.

33 다음 [보기]의 위험물의 지정수량 배수의 총 합은 얼마인가?

[보기]
- 철분 : 500kg
- 다이에틸에터 : 100L
- 질산칼륨 : 150kg
- 칼륨 : 15kg

① 4배 ② 4.5배
③ 5배 ④ 5.5배

해설
각 물질의 지정수량

물질명	지정수량
철분	500kg
다이에틸에터	50L
질산칼륨	300kg
칼륨	10kg

따라서, $\frac{500}{500} + \frac{100}{50} + \frac{150}{300} + \frac{15}{10} = 5$

34 과산화나트륨을 취급하다가 화재가 발생하였을 때, 다음 중 소화하기 위해 가장 효과적인 물질은 어느 것인가?

① 물
② 마른모래
③ 황산
④ 이산화탄소

해설
마른모래는 제1류~제6류 위험물에 적응성이 있는 소화약제이다.

35 다음 중 위험등급이 Ⅲ에 해당하는 위험물은?

① 삼황화인
② 인화칼슘
③ 초산에틸
④ 과염소산

해설

물질명	삼황화인	인화칼슘	초산에틸	과염소산
품명	황화인	금속의 인화물	제1석유류	과염소산
위험등급	Ⅱ	Ⅲ	Ⅱ	Ⅰ

36 금속분말로 150μm체를 통과하는 것이 50wt% 이상인 것만 위험물로 취급되는 물질은?

① Fe분   ② Ni분
③ Cu분   ④ Al분

해설
금속분에 해당하는 대표적인 물질로 Al, Zn, Co 등이 있다.

37 pH값이 몇 미만일 때 산성이라고 부르는가?

① 7   ② 8
③ 9   ④ 10

해설
pH값이 7일 때 중성이라고 하고 7 미만으로 갈수록 산성이 세진다고 하고, 7을 초과할 때부터 염기성이 세진다고 한다.

38 0℃의 물 1g을 100℃의 끓는 물로 만들기 위해 필요한 열은 약 몇 cal인가?

① 80cal   ② 100cal
③ 539cal   ④ 719cal

해설
- 물의 융해잠열 : 약 80cal
- 물의 비열 : 1g의 물을 1℃ 올리는 데 필요한 열은 약 1cal이다.
- 물의 증발잠열 : 약 539cal
- 문제에서 물질의 상태변화 없이 액체상태에서 온도만 올라갔기 때문에 비열만 계산하면 된다.

39 삼산화크로뮴(CrO_3)에 열을 가하면 열분해가 일어난다. 이때 발생하는 가스는 무엇인가?

① 수소   ② 산소
③ 염소   ④ 질소

해설
삼산화크로뮴의 열분해 반응식
$4CrO_3 \rightarrow 2Cr_2O_3 + 3O_2$

40 알칼리금속의 최외각 전자의 수는 몇 개인가?

① 1개   ② 2개
③ 7개   ④ 8개

해설
알칼리금속(1족)은 최외각에 1개의 전자를 가지고 있다.
알칼리토금속은 2개, 할로젠원소들은 7개, 불활성기체는 8개를 가지고 있다.

정답 36 ④ 37 ① 38 ② 39 ② 40 ①

41 옥내저장소에서 동일 품명의 위험물이더라도 자연발화할 우려가 있는 위험물을 다량 저장하는 경우에는 지정수량 10배 이하마다 몇 m 이상의 간격을 두어 저장해야 하는가?

① 0.1m   ② 0.3m
③ 0.5m   ④ 1m

해설
옥내저장소에서 동일 품명의 위험물이더라도 자연발화할 우려가 있는 위험물 또는 재해가 현저하게 증대할 우려가 있는 위험물을 다량 저장하는 경우에는 지정수량의 10배 이하마다 구분하여 상호간 0.3m 이상의 간격을 두어 저장하여야 한다.

42 알루미늄분이 물과 반응했을 때 생성되는 가스는 무엇인가?

① 산소
② 수소
③ 메테인
④ 포스핀

해설
알루미늄과 물의 반응식
$2Al + 6H_2O \rightarrow 2Al(OH)_3 + 3H_2$

43 분자량이 약 78인 물질로 물과 반응하여 발열하는 물질의 명칭은?

① 과산화나트륨
② 과염소산나트륨
③ 염소산나트륨
④ 아염소산나트륨

해설
무기과산화물은 물과 반응하여 산소를 방출하고 발열한다.
Na_2O_2의 분자량은 78이다.

44 위험물안전관리자가 퇴사한 경우 제조소 등에서는 대리자를 지정하여 임시로 안전관리자의 업무를 대신할 수 있다. 대리자의 지정을 며칠을 초과할 수 없는가?

① 7일   ② 14일
③ 30일   ④ 60일

해설
위험물시설의 안전관리
• 위험물안전관리자
 – 선임권자 : 제조소 등의 관계인
 – 해임하거나 퇴직 시 : 30일 이내에 다시 선임해야 한다.
 – 선임신고 : 선임한 날부터 14일 이내에 소방본부장 또는 소방서장에게 신고
 – 대리자 지정 : 30일을 초과할 수 없다.
 – 안전관리자의 직무 : 위험물의 취급에 관한 관리·감독
 – 안전관리자 미선임 : 1천 500만원 이하의 벌금
 – 선임신고 기간 이내 하지 아니하거나 허위로 한 자 : 200만원 이하의 과태료

정답 41 ② 42 ② 43 ① 44 ③

45 옥내저장소에서 기계에 의하여 하역하는 구조로 된 용기만을 겹쳐 쌓는 경우 높이는 얼마를 초과할 수 없는가?

① 3m
② 4m
③ 5m
④ 6m

해설
옥내저장소에서 위험물을 저장하는 경우에는 다음 각목의 규정에 의한 높이를 초과하여 용기를 겹쳐 쌓지 아니하여야 한다.
• 기계에 의하여 하역하는 구조로 된 용기만을 겹쳐 쌓는 경우 : 6m
• 제4류 위험물 중 제3석유류, 제4석유류 및 동식물유류를 수납하는 용기만을 겹쳐 쌓는 경우 : 4m
• 그 밖의 경우 : 3m

46 과산화수소의 분해를 촉진시키기 위해서 사용하는 물질은?

① 이산화탄소
② 이산화망가니즈
③ 이산화질소
④ 일산화탄소

해설
이산화망가니즈(MnO_2)는 분해를 촉진시키는 정촉매 역할을 하는 물질이다.

47 다음 중 연소의 3요소에 해당하지 않는 것은?

① 가연물
② 산소공급원
③ 순조로운 연쇄반응
④ 점화원

해설
연소의 3요소는 가연물, 산소공급원, 점화원이다. 연소의 4요소는 위 연소의 3요소에 순조로운 연쇄반응이 추가된다.
※ 연소의 3요소에 가연물, 산소공급원, 점화원 중 1개를 대신하여 순조로운 연쇄반응이 들어가서는 안 된다.

48 물과 반응하여 유독성의 가스를 발생시키는 물질은?

① Ca_3P_2
② Na
③ K_2O_2
④ Al_3C_3

해설
각 물질이 물과 반응하였을 때 생성되는 가스
• 포스핀
• 수소
• 산소
• 메테인
이 중 독성이 있는 가스는 포스핀(PH_3)이다.

정답 45 ④ 46 ② 47 ③ 48 ①

49 다음 중 제3류 위험물만으로 나열된 것은?

① 황린, 황
② 수소화알루미늄리튬, 칼슘
③ 탄화칼슘, 알루미늄
④ 적린, 나트륨

해설
황, 알루미늄, 적린은 제2류 위험물이다.

50 위험물저장탱크의 용량을 산정하는 식으로 올바른 것은?

① 탱크의 내용적 − 공간용적
② 탱크의 내용적 + 공간용적
③ 탱크의 내용적 × 공간용적
④ 탱크의 용적 ÷ 공간용적

해설
탱크의 용량은 탱크의 내용적에서 공간용적을 뺀 값으로 한다. 공간용적은 탱크 내용적의 5/100 이상, 10/100 이하로 한다.

51 다음 중 물질과 지정수량이 잘못 짝지어진 것은?

① P_4 − 20kg
② HNO_3 − 300kg
③ $KMnO_4$ − 300kg
④ Ca − 50kg

해설
과망가니즈산칼륨($KMnO_4$)의 지정수량은 1,000kg이다.

52 다이에틸에터에 대한 설명으로 틀린 것은?

① 휘발성이 높고 증기는 마취성을 가진다.
② 지정수량은 200L이다.
③ R−O−R′의 형태를 가진다.
④ 인화점이 영하이다.

해설
다이에틸에터($C_2H_5OC_2H_5$) − 에터, 특수인화물, 지정수량 50L, 위험등급 Ⅰ

분자량	비점	인화점	착화점	증기비중	연소범위
약 74	34℃	−40℃	180℃	2.55	1.7~4.8%

- 휘발성이 높고 무색투명한 액체이다.
- 물에는 잘 녹지 않으며 알코올에 녹는다.
- 증기는 향기를 풍기며, 마취성이 있다.
- 전기 불량도체로 정전기 발생에 주의한다.
- 공기와 장기간 접촉 시 과산화물을 생성하므로 갈색병에 저장해야 한다.
  − 과산화물 생성 방지법 : 40mesh의 구리망을 넣어 준다.
- 과산화물의 검출 방법은 10% 아이오딘화칼륨(KI) 용액을 이용한다. 검출 시에는 황색으로 변한다.
- 과산화물 제거시약으로는 황산제일철 또는 환원철을 사용한다.
- 다이에틸에터의 구조식

$$H-\underset{\underset{H}{|}}{\overset{\overset{H}{|}}{C}}-\underset{\underset{H}{|}}{\overset{\overset{H}{|}}{C}}-O-\underset{\underset{H}{|}}{\overset{\overset{H}{|}}{C}}-\underset{\underset{H}{|}}{\overset{\overset{H}{|}}{C}}-H$$

53 소화설비의 기준에서 팽창질석 160L의 능력단위는 얼마인가?

① 0.5
② 1.0
③ 1.5
④ 2.0

해설
소화설비의 능력단위

소화설비	용량	능력단위
소화전용(專用)물통	8L	0.3
수조(소화전용물통 3개 포함)	80L	1.5
수조(소화전용물통 6개 포함)	190L	2.5
마른모래(삽 1개 포함)	50L	0.5
팽창질석 또는 팽창진주암(삽 1개 포함)	160L	1.0

54 다음 중 제5류 위험물에 해당하는 것은?

① 나이트로벤젠
② 과산화메틸에틸케톤
③ 질산암모늄
④ n-부탄올

해설
과산화메틸에틸케톤(MEKPO)은 제5류 위험물 중 유기과산화물이다.

55 제1류 위험물의 특성으로 옳지 않은 것은?

① 대부분 무색 또는 백색을 띤다.
② 가열하면 폭발적으로 연소한다.
③ 조해성을 가진 물질도 있으므로 습기에 주의해야 한다.
④ 다른 물질의 연소를 돕는다.

해설
제1류 위험물은 다른 물질의 연소를 돕는 조연성 물질이다. 자기 자신은 연소하지 않는 불연성 물질이다.

56 물의 어는점을 낮춰 추운 날씨에서도 사용할 수 있게 만든 소화기는?

① 포소화기
② 물분무소화기
③ 강화액소화기
④ 분말소화기

해설
강화액 소화약제 및 소화기 : 물에 탄산칼륨을 녹여 어는점을 낮춘 소화약제, 기본적으로 물소화기와 소화원리는 동일
• 특성
 - 물의 어는 점은 0℃이지만, 탄산칼륨을 이용해 -30~-25℃까지 낮춘 소화약제로 추운 지방에서 사용할 수 있다.
 - 물이 주성분이므로 A급 화재에 적응성이 있다.
 - 소화약제는 강한 알칼리성이다.

정답 53 ② 54 ② 55 ② 56 ③

57 다음 위험물 중 운송 시 운송책임자의 감독·지원을 받아 운송해야 하는 위험물은?

① 알킬알루미늄
② 인화알루미늄
③ 탄화알루미늄
④ 알루미늄

58 아세틸렌의 위험도는 약 얼마인가?(단, 아세틸렌의 연소범위는 2.5~81%이다)

① 31.4
② 32.4
③ 78.5
④ 83.5

해설
위험도
위험도$(H) = \dfrac{U-L}{L}$
U : 폭발 상한계(%), L : 폭발 하한계(%)
위 식을 이용하여 계산하면 $\dfrac{81-2.5}{2.5} = 31.4$

59 염소산나트륨이 염화수소(HCl)와 반응하여 발생하는 기체의 명칭은 무엇인가?

① 수소
② 이산화염소
③ 포스겐
④ 포스핀

해설
염소산나트륨($NaClO_3$) - 분자량 106.5
• 조해성과 흡수성이 있다.
• 산과 접촉하면 이산화염소(ClO_2)가 생성된다.
• 습기에 주의하여 저장한다.
※ 포스겐 : $COCl_2$, 포스핀 : PH_3

60 위험물제조소와 고압가스 시설과의 안전거리는 얼마 이상으로 해야 하는가?

① 3m 이상
② 5m 이상
③ 10m 이상
④ 20m 이상

해설
제조소의 안전거리 : 제조소는 건축물의 외벽 또는 이에 상당하는 공작물의 외측으로부터 당해 제조소의 외벽 또는 이에 상당하는 공작물의 외측까지의 사이에 수평거리(이하 "안전거리"라 한다)를 두어야 한다.
• 7,000V 초과 35,000V 이하의 특고압가공전선 : 3m
• 35,000V를 초과하는 특고압가공전선 : 5m
• 주거용으로 사용되는 것 : 10m
• 고압가스, 액화석유가스 또는 도시가스를 저장 또는 취급하는 시설 : 20m
• 학교·병원·극장 그 밖에 다수인을 수용하는 시설 : 30m
• 지정문화유산 및 천연기념물 등 : 50m

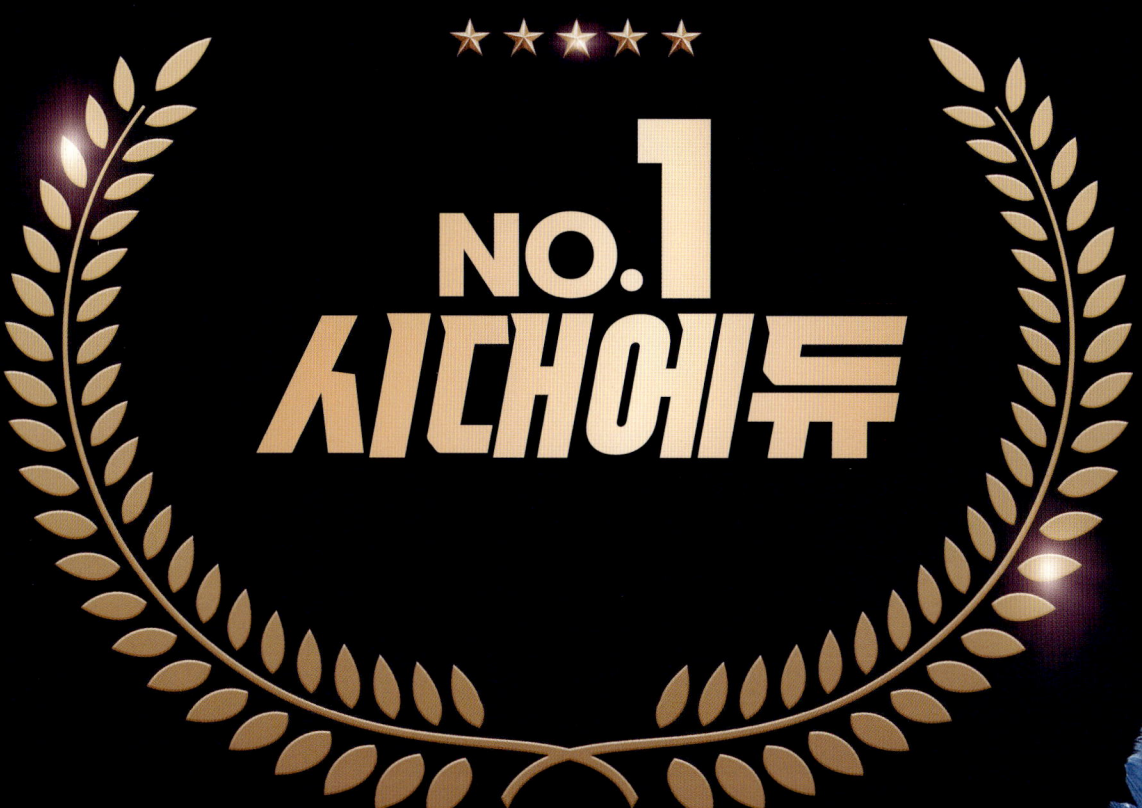

위험물 기능사
필기+실기
한권으로 끝내기

위험물기능사 시험대비 강좌

TV방송일정 안내

강좌과목	방영시간	방영채널	방영일
위험물기능사 시험대비 강좌	본방 08:00~08:30	EBS플러스2	월~금(주5일)

※ 본 프로그램 방영채널 및 방영일시는 "EBS"의 편성정책에 의거, 조정될 수 있음

▶ 방영기간 : 2026년 3월 16일(월)~2026년 3월 27일(금)까지(총 2주)
▶ 방영편수 : 10편
▶ 주 시청대상 : 대학생 및 일반인 등

시대에듀

발행일 2026년 1월 5일 | **발행인** 박영일 | **책임편집** 이해욱
편저 조현욱 | **발행처** (주)시대고시기획
등록번호 제10-1521호 | **대표전화** 1600-3600 | **팩스** (02)701-8823
주소 서울시 마포구 큰우물로 75[도화동 538 성지B/D] 9F
학습문의 www.sdedu.co.kr

※ 이 책은 저작권법에 의해 보호를 받는 저작물이므로 동영상 제작 및 무단전재와 복제를 금합니다.

2026 최신개정판

특별무료제공 ▶ 기초화학특강 · 위험물안전관리법 완벽 반영

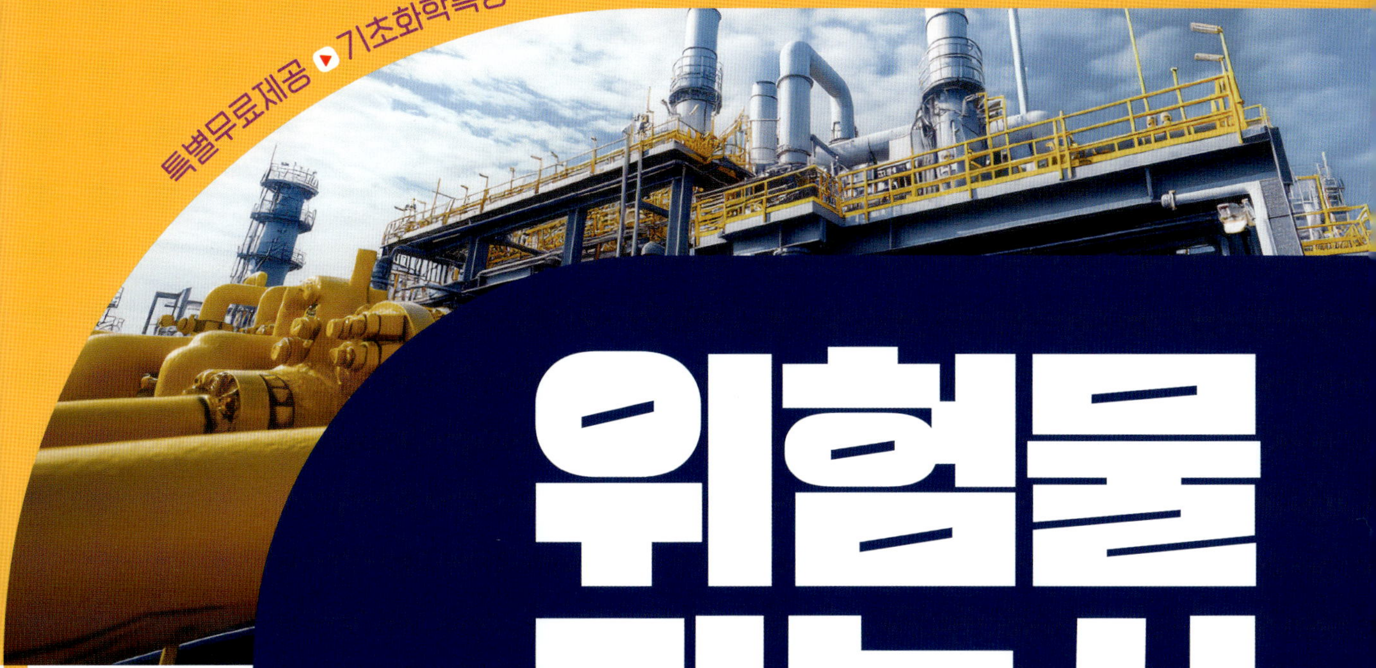

위험물 기능사
실기

한권으로 끝내기

편저 조현욱

≫ 빨리보는 간단한 키워드 수록
≫ 출제기준에 맞춘 엄선된 이론 및 적중예상문제
≫ 과년도 + 최근 기출복원문제 12개년 수록

시대에듀

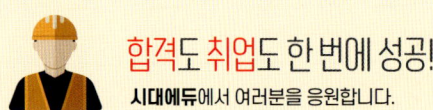

합격도 취업도 한 번에 성공!
시대에듀에서 여러분을 응원합니다.

편·저·자·약·력

조현욱

現 서산공업고등학교 화학공업과 교사
前 한국석유관리원 검사팀, 시험분석팀 근무
　　모아소방전기학원 위험물 강사

[자격사항]
산업안전기사
위험물산업기사 · 위험물기능장
직업능력개발훈련교사 2급
화재감식평가기사

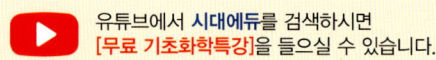

유튜브에서 **시대에듀**를 검색하시면
[무료 기초화학특강]을 들으실 수 있습니다.

끝까지 책임진다! 시대에듀!
QR코드를 통해 도서 출간 이후 발견된 오류나 개정법령, 변경된 시험 정보, 최신기출문제, 도서 업데이트 자료 등이 있는지 확인해 보세요! **시대에듀 합격 스마트 앱**을 통해서도 알려 드리고 있으니 구글 플레이나 앱 스토어에서 다운받아 사용하세요.
또한, 파본 도서인 경우에는 구입하신 곳에서 교환해 드립니다.

편집진행 윤진영 · 김지은　|　**표지디자인** 권은경 · 길전홍선　|　**본문디자인** 정경일

PART 02

위험물기능사 실기

CHAPTER 01 위험물 취급 및 실무 I
CHAPTER 02 위험물 취급 및 실무 II
CHAPTER 03 적중예상문제
CHAPTER 04 실기 기출복원문제

위험물기능사

www.sdedu.co.kr

CHAPTER 01 위험물 취급 및 실무 Ⅰ

PART 02 위험물기능사 실기

1 화재와 연소

1. 용어의 정의와 기본이론

(1) 용어의 정의와 기본이론

① 화재 : 사람의 의도에 반하거나 고의 또는 과실에 의하여 발생하는 연소 현상으로서 소화할 필요가 있는 현상 또는 사람의 의도에 반하여 발생하거나 확대된 화학적 폭발현상

② 연소 : 가연성 물질(가연물)이 공기 중의 산소와 결합하여 열과 빛을 내는 현상
  ㉠ 연소의 3요소 : 가연물, 산소공급원, 점화원
  ㉡ 연소의 4요소 : 연소의 3요소에서 순조로운 연쇄반응(화학적 결합)을 추가해서 4요소라고 한다.

③ 가연물의 종류 : 종이, 나무, 제2류 위험물, 제4류 위험물 등

④ 산소공급원의 종류 : 산소, 공기, 제1류 위험물, 제6류 위험물 등

⑤ 점화원의 종류 : 불꽃, 담뱃불, 정전기, 고온 표면, 마찰열 등

⑥ 인화점 : 점화원을 접촉했을 때 불이 붙을 수 있는 최저의 온도(유증기를 발생시키는 온도)

⑦ 연소점 : 점화원을 제거해도 연소가 계속적으로 이루어질 수 있는 온도로 인화점보다 약 10℃ 정도 높다.

⑧ 발화점(착화점) : 점화원 없이도 스스로 연소가 시작되는 최저의 온도

(2) 연소의 형태

① 고체의 연소형태 : 표면연소, 분해연소, 증발연소, 자기연소

② 액체의 연소형태 : 증발연소, 액적연소, (분해연소)

③ 기체의 연소형태 : 확산연소, 예혼합연소, 폭발연소

(3) 폭발

① 폭발 : 순간적으로 부피팽창이 일어나거나 반응폭주가 일어나는 현상
  ※ 상변화만 있을 경우 물리적 폭발, 연소나 분해 등 화학적 변화가 있으면 화학적 폭발이라고 한다.

② 폭굉 : 격렬한 폭발 중 화염의 전파속도가 음속(약 350m/s)보다 빨라지는 경우

③ **분진폭발** : 가연성 고체가 미세한 입자 상태로 있을 때 공기 중에 부유하여 점화원에 의해 폭발하는 현상

※ 분진폭발을 일으키는 물질 : 알루미늄분, 마그네슘분, 그 외 금속분, 플라스틱분, 밀가루, 전분, 담배분, 황, 석탄 등

④ **폭발범위** : 가연성 가스가 공기와 혼합하여 일정농도 범위 내에서 연소가 일어나는 범위
  ㉠ 폭발하한계 : 연소가 계속되는 최저의 용량비
  ㉡ 폭발상한계 : 연소가 계속되는 최대의 용량비
  ㉢ 폭발범위(연소범위) : 하한계~상한계 사이

※ 주요가스의 폭발범위
- 아세틸렌 : 2.5~81%
- 수소 : 4.0~75%
- 다이에틸에터 : 1.7~48%
- 가솔린(휘발유) : 1.2~7.6%
- 메테인 : 5.0~15.0%
- 에테인 : 3.0~12.4%
- 프로페인 : 2.1~9.5%

⑤ 위험도(H)

$$H = \frac{U - L}{L}$$

여기서, U : 폭발 상한계(%), L : 폭발 하한계(%)

㉮ 가솔린의 연소범위 $H = \dfrac{7.6 - 1.2}{1.2} = 5.33$

아세틸렌의 연소범위 $H = \dfrac{81 - 2.5}{2.5} = 31.4$

(4) 유류탱크 및 건축물에서 발생하는 현상

① **보일오버(Boil Over)** : 중질유 탱크에서 장시간 조용히 연소하다가 탱크의 잔존 기름이 갑자기 분출하는 현상

② **슬롭오버(Slop Over)** : 중질유 탱크에서 연소유의 뜨거운 표면에 물이 들어갈 때 기름 표면에서 끓는 현상

③ **프로스오버(Froth Over)** : 물이 뜨거운 기름 표면 아래서 끓을 때 화재를 수반하지 않고 용기에서 넘쳐흐르는 현상

④ 블레비(BLEVE, Boiling Liquid Expanding Vapour Explosion) : 고압 상태인 액화가스 용기가 가열되어 온도가 임계점을 넘어갈 때, 순간적으로 비등하여 폭발로 이어지는 현상이다.
⑤ 백드래프트(Back Draft) : 화재 발생 시 건축물에 다량의 가연성 가스가 축적되어 있다가 출입문을 개방하였을 때 많은 공기가 유입되어 폭발적인 연소로 화염이 외부로 분출되는 현상
⑥ 플래시오버(Flash Over) : 화재로 인해 가연성 가스를 동반하는 연기와 유독가스가 방출하여 실내의 급격한 온도상승으로 인해 실내 전체로 확산되어 연소하는 현상. 성장기에서 최성기로 넘어갈 때 발생하며, 연료지배형 화재이다.

(5) 화재의 급수와 종류

급수	종류	표시색
A급	일반화재	백색
B급	유류화재	황색
C급	전기화재	청색
D급	금속화재	무색

① 일반화재의 종류 : 종이, 목재, 한옥 등
② 유류화재의 종류 : 제4류 위험물, 유기용제 등
③ 전기화재의 종류 : 단락, 과부하, 반단선, 트래킹, 누전 등 전기적인 원인에 의해 발생된 화재
④ 금속화재의 종류 : 칼륨, 나트륨, 마그네슘 등

2. 소화

(1) 소화이론

① 소화의 정의 : 연소의 3요소 중 하나 이상을 제거하여 불을 끄는 방법
② 소화의 종류 : 냉각소화, 질식소화, 제거소화, 부촉매소화(화학소화)
  ※ 부가적으로 희석소화, 유화효과, 피복효과 등이 있다.

(2) 소화약제와 소화기

① 물소화약제와 소화기 : 잠열이 큰 물을 이용하여 소화효과를 기대한다. 이를 이용한 소화기를 물소화기라 한다.
  ㉠ 종류
    • 강화액 소화약제 : 물에 탄산칼륨을 녹여 어는점을 낮춘 소화약제
    • 산·알칼리 소화기 : 탄산수소나트륨을 녹인 물에 황산을 가하면 이산화탄소와 물이 생성되는데 이때 생성되는 이산화탄소의 압력을 이용해 물을 방출하는 원리이다.
  ㉡ 반응식 : $2NaHCO_3 + H_2SO_4 \rightarrow Na_2SO_4 + 2CO_2 + 2H_2O$

② **포소화약제와 포소화기** : 포액과 물을 섞어 포를 만들어 질식소화를 한다. 포를 내는 방법에 따라 기계포, 화학포 소화기로 구분한다.
  ㉠ 기계포소화약제 : 단백포소화약제, 합성계면활성제포소화약제, 수성막포소화약제, 내알코올용포소화약제 등
  ㉡ 화학포소화약제
   • 반응식 : $6NaHCO_3 + Al_2(SO_4)_3 \cdot 18H_2O \rightarrow 3Na_2SO_4 + 2Al(OH)_3 + 6CO_2 + 18H_2O$
   • Na : 1+가, Al : 3+가, SO_4 : 2-가, OH : 1-가 이므로 +, -가 반응한다. 따라서, Na 2개와 SO_4 1개가 만나서 Na_2SO_4를 만들고 Al 1개와 $6NaHCO_3$ 안에 있는 OH 3개가 만나서 $Al(OH)_3$를 만들게 된다. 그렇게 되면 남은 $6CO_2$는 따로 빠지게 되고 18mol의 물은 그대로 나오게 되기 때문에 위와 같은 반응식이 완성이 된다.

③ **분말소화약제와 분말소화기**
  ㉠ 열에 의해 분해하는 분말을 이용하여 소화, 분말에 따라 A, B, C급으로 구분한다.

종류	주성분	적응화재	분말의 색
제1종 분말	$NaHCO_3$	B, C급	백색
제2종 분말	$KHCO_3$	B, C급	담회색
제3종 분말	$NH_4H_2PO_4$	A, B, C급	담홍색
제4종 분말	$KHCO_3 + (NH_2)_2CO$	B, C급	회백색

  ㉡ 각종 분말소화약제의 열분해반응식★★
   • 제1종 분말소화약제
    - 1차 분해반응식(270℃) : $2NaHCO_3 \rightarrow Na_2CO_3 + CO_2 + H_2O$
    - 2차 분해반응식(850℃) : $2NaHCO_3 \rightarrow Na_2O + 2CO_2 + H_2O$

   열분해반응식은 하나의 화학물질이 여러 개의 물질로 쪼개지는 반응이다. 화재 시 분말소화약제를 화재면에 뿌리면 약제가 열을 흡수하여 분해하게 된다. 탄산염과 이산화탄소, 물로 분해되어 소화효과가 나타난다.
   ※ 1차 열분해반응식은 나트륨 이온(Na^+)과 탄산염[$(CO_3)^{2-}$]이 결합하여 안정한 형태로 가기 위해 Na_2CO_3를 만들고, 남은 1개의 탄소와 2개의 산소가 결합하여 이산화탄소를 만들고, 마지막으로 수소 2개와 산소 하나가 물을 만들어낸다.
   ※ 2차 열분해반응식은 1차 분해반응식의 탄산나트륨에서 이산화탄소가 빠진 형태이다. 따라서 Na_2O와 2분자의 CO_2, 1분자의 H_2O가 나온다.

- 제2종 분말소화약제
  - 1차 분해반응식(190℃) : $2KHCO_3 \rightarrow K_2CO_3 + CO_2 + H_2O$
  - 2차 분해반응식(590℃) : $2KHCO_3 \rightarrow K_2O + 2CO_2 + H_2O$
  ※ 제1종, 제2종 분말소화약제의 분해반응식 문제에서 온도에 대한 언급이 없으면 1차식을 쓰도록 한다. 그리고 제1종과 제2종의 분해반응식에서 Na 대신 K이 들어가는 것 외에는 동일하다.
- 제3종 분말소화약제
  - 1차 분해반응식(190℃) : $NH_4H_2PO_4 \rightarrow NH_3 + H_3PO_4$
  - 2차 분해반응식(215℃) : $2H_3PO_4 \rightarrow H_2O + H_4P_2O_7$
  - 3차 분해반응식(300℃) : $H_4P_2O_7 \rightarrow H_2O + 2HPO_3$
  ∴ 최종 분해반응식 : $NH_4H_2PO_4 \rightarrow HPO_3 + NH_3 + H_2O$
  ※ 제3종 분해반응식 문제에서 온도에 대한 언급이 없으면 합산반응식을 쓰도록 한다.
- 제4종 분말소화약제
  - 반응식 : $2KHCO_3 + (NH_2)_2CO \rightarrow K_2CO_3 + 2NH_3 + 2CO_2$

④ 이산화탄소 소화약제 및 소화기 : CO_2의 분자량은 44이므로 증기비중은 44/29 = 약 1.5이다. 따라서 공기보다 약 1.5배 무겁다.
  ㉠ 소화약제에서 탄산가스의 함량 : 99.5% 이상
  ㉡ 수분의 함량 : 0.05wt% 이하
    ※ 줄-톰슨 효과 : 압축한 기체를 가느다란 구멍으로 분출시킬 때 온도가 변하는 현상이다. 이산화탄소 소화기에 수분이 있을 경우 약제가 방출되면서 급격한 온도 저하로 인해 노즐이 얼어버릴 수가 있다. 따라서 수분의 함량을 최소화해야 한다.
    ※ 이상기체 상태방정식을 이용한 부피 계산★★
      - $PV = nRT$
      - $PV = \dfrac{W}{M}RT$
      - $V = \dfrac{WRT}{PM}$

⑤ 할로젠화합물 소화기

㉠ 할로젠화합물을 소화약제로 사용하는 소화기로 할론 1301, 할론 2402 등이 있다.

㉡ 할론번호 표시방법 : 할론 ○○○○의 화학식을 쓰라고 하는 문제가 많이 나오므로 각각 원자의 순서를 알고 있어야 한다. 나오는 숫자대로 원자의 수를 채우면 된다.

- 첫 번째 자리 : 탄소(C)
- 두 번째 자리 : 플루오린(F)
- 세 번째 자리 : 염소(Cl)
- 네 번째 자리 : 브로민(Br)

가끔 아이오딘(I)이 나오는 경우도 있는데, 5번째 자리를 만들어서 할론번호를 적으면 된다.

예 CH_3I의 할론번호는 할론 10001이 된다.

할론번호	화학식
Halon 1301	CF_3Br
Halon 2402	$C_2F_4Br_2$
Halon 1211	CF_2ClBr
Halon 104(0)	CCl_4

㉢ 메테인(CH_4), 에테인(C_2H_6)에 할로젠 물질을 치환한 소화약제로 탄소가 1개이면 4자리, 2개이면 6자리가 채워져야 된다. 할로젠 원소가 들어가지 않은 자리에는 그대로 H가 있다.

예 할론 1011의 화학식은 CH_2ClBr이다.

⑥ 할로젠화합물 및 불활성 기체 소화약제

㉠ 불활성 기체 소화약제의 구성성분 및 비율

- IG-01 : Ar 100%
- IG-100 : N_2 100%
- IG-55 : N_2 50%, Ar 50%
- IG-541 : N_2 52%, Ar 40%, CO_2 8%

CHAPTER 02 위험물 취급 및 실무 II

※ 위험물질의 특성에 대한 부분은 필기 이론을 참고하도록 한다.

1 위험물의 화학적 성질 및 취급

1. 반응식 이론

(1) 반응식의 기본원리

① 반응물질과 생성물질이 있어야 한다.
② 반응물질과 생성물질의 계수를 맞추어 준다. 반응물질의 개수와 생성물질의 개수가 정확히 맞아야 한다.
③ 계수는 정수를 기본으로 한다. 계산식에서는 편의를 위해 소수로 써서 계산하기도 한다.
④ 일반적으로 불안정한 물질에서 안정한 물질의 형태로 가려고 한다.
⑤ 기체는 분자 상태로 존재하기 때문에 생성물질은 분자로 나타내야 한다(H_2, O_2, N_2, Ar 등).

(2) 화학결합의 종류

① **이온결합** : 금속과 비금속의 결합으로 일반적으로 양이온과 음이온의 합이 0이 되면서 결합한다.
   예 $Na^+ + Cl^- \rightarrow NaCl$
② **공유결합** : 비금속과 비금속의 결합으로 전자를 상호 간 공유하여 안정한 형태를 취한다.
   예 $C + O_2 \rightarrow CO_2$
③ **배위결합** : 공유결합의 한 종류로 한쪽에서 전자쌍을 일방적으로 제공하는 형태를 취한다.
   예 $BF_3 + NH_3 \rightarrow BF_3NH_3$
④ **수소결합** : 수소와 전기음성도가 큰 물질(F, O, N)이 결합하는 반응이다.
   예 $2H_2 + O_2 \rightarrow 2H_2O$
⑤ **금속결합** : 금속의 양이온들이 자유전자가 되고, 정전기적 인력으로 결합하는 반응이다.

(3) 위험물에 나오는 반응식의 종류

① 연소반응식 : 어떤 물질이 산소(O_2)와 결합하는 반응식이다.

예 $S + O_2 \rightarrow SO_2$

② 물과의 반응식 : 위험물질이 물과 반응하여 가연성 가스를 발생하는 반응식이다.

예 $2K + 2H_2O \rightarrow 2KOH + H_2$

③ 분해반응식 : 하나의 화학물질이 쪼개지는 반응식이다.

예 $2NaHCO_3 \rightarrow Na_2CO_3 + CO_2 + H_2O$

2. 유별 위험물의 반응식

(1) 제1류 위험물의 반응식

① 염소산염류의 반응식

㉠ 염소산칼륨의 분해반응식

- $2KClO_3 \rightarrow 2KCl + 3O_2$
- 제1류 위험물들은 기본적으로 분해하여 산소를 방출하여 다른 물질의 연소를 돕는 것이 가장 큰 특징이다. 산소는 대기 중에서 일반적으로 O_2 형태로 존재하기 때문에 염소산칼륨의 분해반응식은 산소와 나머지 부분을 분리하고 생성물 산소는 O_2로 뺀 다음에 계수를 맞추어 준다.

㉡ 염소산나트륨의 분해반응식 : $2NaClO_3 \rightarrow 2NaCl + 3O_2$

㉢ 염소산나트륨과 산의 반응식 : $2NaClO_3 + 2HCl \rightarrow 2NaCl + 2ClO_2 + H_2O_2$

㉣ 염소산암모늄의 분해반응식 : $2NH_4ClO_3 \rightarrow N_2 + Cl_2 + O_2 + 4H_2O$

② 과염소산염류의 반응식

㉠ 과염소산칼륨의 분해반응식 : $KClO_4 \rightarrow KCl + 2O_2$

㉡ 과염소산나트륨의 분해반응식 : $NaClO_4 \rightarrow NaCl + 2O_2$

㉢ 과염소산암모늄의 분해반응식 : $NH_4ClO_4 \rightarrow NH_4Cl + 2O_2$

③ 무기과산화물의 반응식

㉠ 과산화칼륨의 분해반응식

- $2K_2O_2 \rightarrow 2K_2O + O_2$
- 칼륨(K^+)은 산소(O^{2-})와 결합하여 안정한 형태인 K_2O를 만드는데 산소가 과하게 결합된 과산화칼륨(K_2O_2)은 매우 불안정한 물질이므로 산소 하나를 떼어 놓으려는 성질이 강하다. 따라서 산소 하나가 빠지게 되고 분자형태로 존재해야 되므로 O_2로 나오게 되는 것이다.

ⓒ 과산화칼륨과 물의 반응식 : $2K_2O_2 + 2H_2O \rightarrow 4KOH + O_2 + (발열)$
　　ⓒ 과산화칼륨과 이산화탄소의 반응식 : $2K_2O_2 + 2CO_2 \rightarrow 2K_2CO_3 + O_2$
　　ⓔ 과산화칼륨과 염산의 반응 : $K_2O_2 + 2HCl \rightarrow 2KCl + H_2O_2$
　　　※ 과산화나트륨의 반응식은 과산화칼륨과 동일하다.
　　ⓜ 과산화칼슘의 분해반응식 : $2CaO_2 \rightarrow 2CaO + O_2$
　　　※ 과산화바륨, 과산화마그네슘의 분해반응식은 과산화칼슘의 분해반응식과 동일하다.

④ 질산염류의 반응식
　ⓐ 질산칼륨의 분해반응식 : $2KNO_3 \rightarrow 2KNO_2 + O_2$
　ⓑ 질산나트륨의 분해반응식 : $2NaNO_3 \rightarrow 2NaNO_2 + O_2$
　ⓒ 질산암모늄의 분해반응식
　　• 가열 시 : $NH_4NO_3 \rightarrow N_2O + 2H_2O$
　　• 폭발·분해반응식 : $2NH_4NO_3 \rightarrow 2N_2 + O_2 + 4H_2O(수증기)$
　ⓓ 질산은의 분해반응식 : $2AgNO_3 \rightarrow 2Ag + 2NO_2 + O_2$

⑤ 과망가니즈산염류의 반응식
　ⓐ 과망가니즈산칼륨의 분해반응식 : $2KMnO_4 \rightarrow K_2MnO_4 + MnO_2 + O_2$
　ⓑ 과망가니즈산칼륨과 묽은황산의 반응식
　　• $4KMnO_4 + 6H_2SO_4 \rightarrow 2K_2SO_4 + 4MnSO_4 + 6H_2O + 5O_2$
　　• 칼륨(K^+), 망가니즈(Mn^{2+}), 황산이온[$(SO_4)^{2-}$]이 서로 결합하여 이온의 합이 0이 되게 만들면 K_2SO_4, $MnSO_4$가 나오게 된다. 남은 12개의 수소와 16개의 산소가 결합할 때 $6H_2O$를 만들고 나면 수소는 모두 소모되고 남은 10개의 산소는 $5O_2$가 된다.
　ⓒ 과망가니즈산칼륨과 진한황산의 반응식 : $2KMnO_4 + H_2SO_4 \rightarrow K_2SO_4 + 2HMnSO_4$

⑥ 다이크로뮴산염류의 반응식
　ⓐ 다이크로뮴산칼륨의 분해반응식 : $4K_2Cr_2O_7 \rightarrow 2Cr_2O_3 + 4K_2CrO_4 + 3O_2$
　　※ 삼산화크로뮴의 분해반응식 : $4CrO_3 \rightarrow 2Cr_2O_3 + 3O_2$

(2) 제2류 위험물의 반응식

① 황화인의 반응식
　ⓐ 삼황화인의 연소반응식
　　• $P_4S_3 + 8O_2 \rightarrow 2P_2O_5 + 3SO_2$
　　• 제2류 위험물은 가연성 물질이므로 연소반응을 한다. 공기 중의 산소(O_2)와 결합을 하고, 인(P)의 연소생성물은 오산화인(P_2O_5), 황의 연소생성물은 이산화황(SO_2)이 나오게 된다. 따라서 삼황화인의 연소반응식은 인과 황이 각각 산소와 결합하여 연소생성물을 내는 반응이다.

ⓒ 오황화인의 연소반응식
　　　- $2P_2S_5 + 15O_2 \rightarrow 2P_2O_5 + 10SO_2$
　　　- 삼황화인의 연소반응식과 원리가 동일하다.
　　ⓓ 오황화인과 물의 반응식 : $P_2S_5 + 8H_2O \rightarrow 5H_2S + 2H_3PO_4$
② 적린의 연소반응식 : $4P + 5O_2 \rightarrow 2P_2O_5$
③ 황의 연소반응식 : $S + O_2 \rightarrow SO_2$
④ 철분
　ⓐ 철과 물의 반응식
　　- $2Fe + 6H_2O \rightarrow 2Fe(OH)_3 + 3H_2$
　　- 철이 Fe^{3+}로 반응한다.
　ⓑ 철과 염산의 반응식
　　- $Fe + 2HCl \rightarrow FeCl_2 + H_2$
　　- 철이 Fe^{2+}로 반응한다.
　　※ 철, 크로뮴 등의 금속은 반응하는 물질에 따라 이온의 가수가 달라지기도 한다.
⑤ 금속분의 반응식
　ⓐ 알루미늄과 물의 반응식 : $2Al + 6H_2O \rightarrow 2Al(OH)_3 + 3H_2$
　ⓑ 알루미늄과 산의 반응식 : $2Al + 6HCl \rightarrow 2AlCl_3 + 3H_2$
　ⓒ 알루미늄과 염기(알칼리)의 반응식 : $2Al + 2KOH + 2H_2O \rightarrow 2KAlO_2 + 3H_2$
　ⓓ 알루미늄의 연소반응식
　　- $4Al + 3O_2 \rightarrow 2Al_2O_3$
　　- Al^{3+}과 O^{2-}가 결합하면 이온의 합이 0이 되기 위해 알루미늄 2개에 산소 3개가 붙게 된다.
　ⓔ 아연과 물의 반응식 : $Zn + 2H_2O \rightarrow Zn(OH)_2 + H_2$
　ⓕ 아연과 산의 반응식 : $Zn + 2HCl \rightarrow ZnCl_2 + H_2$
⑥ 마그네슘의 반응식
　ⓐ 연소반응식 : $2Mg + O_2 \rightarrow 2MgO$
　ⓑ 물과의 반응식 : $Mg + 2H_2O \rightarrow Mg(OH)_2 + H_2$
　ⓒ 이산화탄소와의 반응식 : $Mg + CO_2 \rightarrow MgO + CO$

(3) 제3류 위험물의 반응식

① 칼륨의 반응식

　㉠ 연소반응식
　　- $4K + O_2 \rightarrow 2K_2O$
　　- 칼륨은 반응성이 매우 큰 금속으로 자연상태에서 순수한 칼륨 자체로 존재하지 않고 다른 물질과 결합하여 존재한다. 칼륨(K^+)과 산소(O^{2-})가 결합하여 안정한 형태인 K_2O를 만든다.

　㉡ 물과의 반응식
　　- $2K + 2H_2O \rightarrow 2KOH + H_2$
　　- 물은 수소이온(H^+)과 수산화이온(OH^-)으로 나뉘어 반응하고 칼륨(K^+)과 수산화이온이 1 : 1로 반응하여 KOH를 만들고 남은 수소는 분자 형태로 나오게 된다.

　㉢ 이산화탄소와의 반응식
　　- $4K + 3CO_2 \rightarrow 2K_2CO_3 + C$
　　- 가연물인 탄소를 만들어내므로 소화약제로 사용할 수 없다.

　㉣ 에탄올과의 반응식 : $2K + 2C_2H_5OH \rightarrow 2C_2H_5OK + H_2$

　㉤ 초산과의 반응식 : $2K + 2CH_3COOH \rightarrow 2CH_3COOK + H_2$

　㉥ 사염화탄소와의 반응식 : $4K + CCl_4 \rightarrow 4KCl + C$

② 나트륨의 반응식 : 칼륨과 동일하다.

③ 알킬알루미늄의 반응식

　㉠ 트라이메틸알루미늄(TMA)과 물의 반응식 : $(CH_3)_3Al + 3H_2O \rightarrow Al(OH)_3 + 3CH_4$(메테인)

　㉡ 트라이에틸알루미늄(TEA)과 물의 반응식
　　- $(C_2H_5)_3Al + 3H_2O \rightarrow Al(OH)_3 + 3C_2H_6$(에테인)
　　- 알루미늄은 수산이온과 결합하고 남은 수소 하나가 에틸(C_2H_5)과 결합하여 에테인(C_2H_6)을 만든다.

　㉢ 트라이부틸알루미늄과 물의 반응식 : $(C_4H_9)_3Al + 3H_2O \rightarrow Al(OH)_3 + 3C_4H_{10}$(뷰테인)

　㉣ 트라이메틸알루미늄의 연소반응식 : $2(CH_3)_3Al + 12O_2 \rightarrow Al_2O_3 + 9H_2O + 6CO_2$

　㉤ 트라이에틸알루미늄의 연소반응식 : $2(C_2H_5)_3Al + 21O_2 \rightarrow Al_2O_3 + 15H_2O + 12CO_2$
　　탄소, 수소, 알루미늄이 각각 따로 산소와 결합하여 연소한다. 연소생성물을 쓰고 계수를 맞추어 주면 된다.

④ 알킬리튬의 반응식

　㉠ 물과의 반응식
　　- $CH_3Li + H_2O \rightarrow LiOH + CH_4$
　　- 알칼리금속인 리튬은 Li^+로 결합하여 수산화이온(OH^-)과 1:1로 결합한다. 남은 수소 하나가 메틸과 결합하여 메테인을 만든다.

⑤ 황린의 반응식
  ㉠ 연소반응식
    - $P_4 + 5O_2 \rightarrow 2P_2O_5$
    - 적린의 연소반응식과 유사하다.
  ㉡ 강알칼리 용액과의 반응식
    - $P_4 + 3KOH + 3H_2O \rightarrow 3KH_2PO_2 + PH_3$(포스핀)
    - 유독성의 포스핀 가스를 생성한다.

⑥ 알칼리금속 및 알칼리토금속의 반응식
  ㉠ 리튬과 물의 반응식
    - $2Li + 2H_2O \rightarrow 2LiOH + H_2$
    - 칼륨과 같은 알칼리족 금속이므로 반응식 형태는 동일하다.
  ㉡ 리튬과 질소의 반응식
    - $6Li + N_2 \rightarrow 2Li_3N$
    - 리튬은 고온에서 질소와 반응한다.
  ㉢ 칼슘과 물의 반응식 : $Ca + 2H_2O \rightarrow Ca(OH)_2 + H_2$

⑦ 금속 수소화물의 반응식
  ㉠ 수소화칼륨과 물의 반응식 : $KH + H_2O \rightarrow KOH + H_2$
  ㉡ 수소화나트륨과 물의 반응식 : $NaH + H_2O \rightarrow NaOH + H_2$
  ㉢ 수소화리튬과 물의 반응식 : $LiH + H_2O \rightarrow LiOH + H_2$
  ㉣ 수소화칼슘과 물의 반응식 : $CaH_2 + 2H_2O \rightarrow Ca(OH)_2 + 2H_2$
  ㉤ 수소화알루미늄리튬과 물의 반응식 : $LiAlH_4 + 4H_2O \rightarrow LiOH + Al(OH)_3 + 4H_2$
  ㉥ 수소화알루미늄리튬의 분해반응식 : $LiAlH_4 \rightarrow Li + Al + 2H_2$

⑧ 금속 인화물의 반응식
  ㉠ 인화칼슘과 물의 반응식
    - $Ca_3P_2 + 6H_2O \rightarrow 3Ca(OH)_2 + 2PH_3$(포스핀)
    - 칼슘(Ca^{2+})이 수산화이온(OH^-)과 반응하고, 인(P^{3-})과 수소이온(H^+)이 반응한다.
  ㉡ 인화칼슘과 산의 반응식 : $Ca_3P_2 + 6HCl \rightarrow 3CaCl_2 + 2PH_3$
  ㉢ 인화알루미늄과 물의 반응식 : $AlP + 3H_2O \rightarrow Al(OH)_3 + PH_3$
  ㉣ 인화아연과 물의 반응식 : $Zn_3P_2 + 6H_2O \rightarrow 3Zn(OH)_2 + 2PH_3$

⑨ 칼슘 또는 알루미늄의 탄화물의 반응식
  ㉠ 탄화칼슘과 물의 반응식
    - $CaC_2 + 2H_2O \rightarrow Ca(OH)_2 + C_2H_2$(아세틸렌)
    - 연소범위가 2.5~81%로 매우 위험한 가연성 가스인 아세틸렌이 생성된다.
    ※ 아세틸렌의 연소반응식 : $2C_2H_2 + 5O_2 \rightarrow 4CO_2 + 2H_2O$

- ⓒ 탄화칼슘과 질소의 반응식
    - $CaC_2 + N_2 \rightarrow CaCN_2 + C$
    - 약 700℃ 이상의 고온에서 반응한다.
- ⓒ 탄화알루미늄과 물의 반응식
    - $Al_4C_3 + 12H_2O \rightarrow 4Al(OH)_3 + 3CH_4$
    - 알루미늄은 수산화이온과 반응하고 탄소는 수소와 공유결합을 하여 포화 탄화수소인 메테인을 만든다.
- ⑩ 기타 물질의 반응식
    - ⊙ 물과 반응 시 아세틸렌을 생성하는 물질
        - Li_2C_2, Na_2C_2, K_2C_2, MgC_2
        - 위험물에 속하지는 않지만 반응식 문제로 드물게 나오는 경우가 있다.
    - ⓒ 물과 반응 시 메테인과 수소를 생성하는 물질
        - $Mn_3C + 6H_2O \rightarrow 3Mn(OH)_2 + CH_4 + H_2$
        - 2종류의 가연성 가스를 발생시키는 물질로 종종 출제된다.

(4) 제4류 위험물의 반응식

제4류 위험물의 기본적인 연소반응식은 원리가 동일하다. 탄소(C)와 수소(H) 또는 탄소, 수소, 산소(O)로 이루어진 물질의 완전 연소반응식은 생성물이 CO_2와 H_2O만 나오게 된다. 연소한다는 것은 공기 중의 산소와 반응하는 것이기 때문에 [가연물질 + O_2 → CO_2 + H_2O]를 적고, 계수만 맞추어 주면 된다.

① 특수인화물의 반응식
- ⊙ 다이에틸에터의 연소반응식
    - $C_2H_5OC_2H_5 + 6O_2 \rightarrow 4CO_2 + 5H_2O$
    - 우선 $C_2H_5OC_2H_5 + O_2 \rightarrow CO_2 + H_2O$를 써주고 양쪽의 계수를 맞추어 준다. 왼쪽의 탄소 총수가 4개이므로 오른쪽의 이산화탄소 부분에 $4CO_2$를 써주고, 왼쪽의 수소의 총수가 10개이므로 오른쪽에 $5H_2O$를 써서 계수를 맞춘다. 다음에 산소의 수가 많은 쪽을 기준으로 잡고 작은 쪽 산소에 계수를 맞추어주면 반응식이 완성된다.
- ⓒ 이황화탄소의 연소반응식
    - $CS_2 + 3O_2 \rightarrow CO_2 + 2SO_2$
    - 탄소의 연소생성물 CO_2, 황의 연소생성물 SO_2를 적고 계수를 맞추어 준다.
- ⓒ 이황화탄소와 물의 반응식
    - $CS_2 + 2H_2O \rightarrow CO_2 + 2H_2S$
    - 이황화탄소는 물속에 저장하지만 고온의 물과는 반응한다.
- ⓔ 아세트알데하이드의 연소반응식 : $2CH_3CHO + 5O_2 \rightarrow 4CO_2 + 4H_2O$

② 제1석유류의 반응식
  ⊙ 아세톤의 연소반응식 : $CH_3COCH_3 + 4O_2 \rightarrow 3CO_2 + 3H_2O$
  ⓒ 벤젠의 연소반응식
    • $2C_6H_6 + 15O_2 \rightarrow 12CO_2 + 6H_2O$
    • 반응식의 계수는 정수가 기본이므로 [$C_6H_6 + 7.5O_2 \rightarrow 6CO_2 + 3H_2O$] 같이 표현한 반응식은 계산식에서만 쓰도록 한다.
③ 알코올류의 반응식
  ⊙ 에탄올의 연소반응식 : $C_2H_5OH + 3O_2 \rightarrow 2CO_2 + 3H_2O$
    ※ 제4류 위험물 대부분이 탄화수소 계열이므로 연소반응식 원리는 동일하기 때문에 적용하여 풀면 된다.

(5) 제5류 위험물의 반응식

① 질산에스터류의 반응식
  ⊙ 나이트로글리세린의 분해반응식
    • $4C_3H_5(ONO_2)_3 \rightarrow 12CO_2 + 10H_2O + 6N_2 + O_2$
    • 제5류 위험물은 외부의 산소공급 없이 자체적으로 연소·폭발하므로 물질 자체가 분해하여 산소랑 결합하는 원리이다. 탄소와 수소의 연소생성물을 적고 연소하지 않는 질소는 질소 분자로, 계수를 맞추다 보면 반응물에서 산소 2개가 남을 것이다. 남은 산소는 산소 분자 하나로 빼주면 된다.
② 나이트로화합물의 반응식
  ⊙ 트라이나이트로톨루엔의 분해반응식
    • $2C_6H_2CH_3(NO_2)_3 \rightarrow 12CO + 3N_2 + 5H_2 + 2C$
    • 탄소와 수소에 비해서 산소의 수가 부족하기 때문에 불완전 연소생성물인 일산화탄소(CO)가 나오는 것이 큰 특징이다. 나머지 물질은 산소와 결합하지 못하고 나오게 된다.

(6) 제6류 위험물의 반응식

① 과염소산의 분해반응식 : $HClO_4 \rightarrow HCl + 2O_2$
② 과산화수소의 분해반응식 : $2H_2O_2 \rightarrow 2H_2O + O_2$
  ※ 과산화수소와 하이드라진의 반응식 : $2H_2O_2 + N_2H_4 \rightarrow 4H_2O + N_2$
③ 질산의 분해반응식 : $4HNO_3 \rightarrow 4NO_2 + 2H_2O + O_2$

CHAPTER 03 적중예상문제

PART 02 위험물기능사 실기

01 트라이에틸알루미늄과 물의 반응식을 쓰시오.

[해설]
트라이에틸알루미늄과 물의 반응식 : $(C_2H_5)_3Al + 3H_2O \rightarrow Al(OH)_3 + 3C_2H_6$
트라이에틸알루미늄은 제3류 위험물 중 알킬알루미늄에 속하며 지정수량은 10kg이다.

[정답] $(C_2H_5)_3Al + 3H_2O \rightarrow Al(OH)_3 + 3C_2H_6$

02 이동탱크저장소의 방호틀에 대한 다음 질문에 답하시오.

(1) 두께는 얼마 이상으로 해야 하는가?

(2) 정상 부분의 높이는 얼마 이상으로 해야 하는가?

[해설]
방호틀
- 이동탱크가 전복하게 될 경우 탱크 상부 또는 부속장치가 손상되는 것을 방지하기 위한 장치
- 두께 2.3mm 이상의 강철판으로 할 것
- 정상 부분은 부속장치보다 50mm 이상 높게 하거나 이와 동등 이상의 성능이 있는 것으로 할 것

[정답] (1) 2.3mm 이상　　　　　　　　(2) 50mm 이상

03 제4류 위험물인 가솔린의 연소범위와 위험도를 구하시오.

(1) 연소범위

(2) 위험도

[해설]
가솔린 – 제4류 위험물 중 제1석유류, 지정수량 200L
인화점 : −43℃, 비중 : 0.7~0.8, 연소범위 : 1.2~7.6%
$$위험도(H) = \frac{U-L}{L} = \frac{7.6-1.2}{1.2} = 5.33$$

[정답] (1) 1.2~7.6%　　　　　　　　(2) 5.33

04 지하저장탱크 주위에 액체위험물의 누설을 검사하기 위한 관은 몇 개 이상 설치해야 하는지 쓰시오.

해설
지하저장탱크의 주위에는 해당 탱크로부터 액체위험물의 누설을 검사하기 위한 관을 4개소 이상 설치해야 한다.

정답 4개소 이상

05 톨루엔의 증기비중을 구하시오.

해설
톨루엔($C_6H_5CH_3$)
C가 7개, H가 8개이므로,
분자량은 $(12 \times 7) + (1 \times 8) = 92$가 나온다.
∴ 증기비중 = $\dfrac{92}{29} = 3.17$

정답 3.17

06 칼륨과 이산화탄소의 반응식을 쓰고, 칼륨의 보호액을 쓰시오.

해설
칼륨과 이산화탄소의 반응식 : $4K + 3CO_2 \rightarrow 2K_2CO_3 + C$
칼륨은 석유(등유, 경유, 유동파라핀 등) 속에 넣어 저장한다.

정답 $4K + 3CO_2 \rightarrow 2K_2CO_3 + C$, 석유

07 과산화나트륨과 물의 반응식을 쓰시오.

해설

과산화나트륨 – 제1류 위험물 중 무기과산화물, 지정수량 50kg, 위험등급 I

과산화나트륨과 물의 반응식 : $2Na_2O_2 + 2H_2O \rightarrow 4NaOH + O_2$

정답 $2Na_2O_2 + 2H_2O \rightarrow 4NaOH + O_2$

08 흑색화약의 원료로 쓰이는 제1류 위험물의 명칭을 쓰시오.

해설

흑색화약은 황, 숯가루, 질산칼륨을 혼합하여 제조한다.

질산칼륨(KNO_3) – 제1류 위험물 중 질산염류, 지정수량 300kg

- 무색 또는 백색의 결정 또는 분말형태이다.
- 물, 글리세린에 녹고 알코올에는 녹지 않는다.
- 열분해반응식 : $2KNO_3 \rightarrow 2KNO_2 + O_2$

정답 질산칼륨

09 위험물제조소의 설치하는 배출설비의 배출능력은 1시간당 배출장소 용적의 몇 배 이상으로 해야 하는지 쓰시오.

해설

제조소 등의 배출설비 : 배출설비는 가연성 증기 및 미분이 체류할 우려가 있는 건축물에 설치한다.

- 국소방식으로 설치할 것
- 배풍기(오염된 공기를 뽑아내는 통풍기), 배출덕트(공기배출통로), 후드 등을 이용하여 강제적으로 배출하는 것으로 해야 한다.
- 배출능력은 1시간당 배출장소 용적의 20배 이상인 것으로 할 것. 단, 전역방식의 경우에는 바닥면적 $1m^2$당 $18m^3$ 이상으로 할 수 있음
- 급기구는 높은 곳에 설치하고, 구리망 등으로 인화방지망을 설치할 것
- 배출구는 지상 2m 이상의 연소의 우려가 없는 장소에 설치하고, 화재 시 자동으로 폐쇄되는 방화댐퍼(화재 시 연기 등을 차단하는 장치)를 설치할 것
- 배풍기는 강제배기방식으로 할 것

정답 20배 이상

10 주유취급소에서 보유해야 할 주유공지의 기준을 쓰시오.

> **해설**
> **주유취급소의 주유공지 및 급유공지**
> - 자동차 등이 출입할 수 있도록 너비 15m 이상, 길이 6m 이상의 콘크리트 등으로 포장한 공지를 보유해야 하고, 고정급유설비를 설치하는 경우에는 고정급유설비의 호스기기의 주위에 필요한 공지를 보유해야 한다.
> - 공지의 바닥은 주위 지면보다 높게 하고, 새어나온 액체가 외부로 유출되지 않도록 배수구·집유설비 및 유분리장치를 해야 한다.
>
> **정답** 너비 15m 이상, 길이 6m 이상

11 제조소는 지정문화유산과의 안전거리를 몇 m 이상 두어야 하는지 쓰시오.

> **해설**
> **제조소의 안전거리** : 제조소는 건축물의 외벽 또는 이에 상당하는 공작물의 외측으로부터 해당 제조소의 외벽 또는 이에 상당하는 공작물의 외측까지의 사이에 수평거리(이하 "안전거리"라 한다)를 두어야 한다.
> - 사용전압이 7,000V 초과 35,000V 이하의 특고압가공전선 : 3m
> - 사용전압이 35,000V를 초과하는 특고압가공전선 : 5m
> - 건축물 그 밖의 공작물로서 주거용으로 사용되는 것 : 10m
> - 고압가스, 액화석유가스 또는 도시가스를 저장 또는 취급하는 시설 : 20m
> - 학교·병원·극장 그 밖에 다수인을 수용하는 시설 : 30m
> - 지정문화유산 및 천연기념물 등 : 50m
>
> **정답** 50m 이상

12 과산화수소에 이산화망가니즈를 넣으면 분해한다. 과산화수소의 분해반응식과 이산화망가니즈의 역할을 쓰시오.

(1) 분해반응식   (2) 이산화망가니즈의 역할

> **해설**
> 과산화수소(H_2O_2)는 정촉매인 이산화망가니즈(MnO_2)하에 격렬히 분해하여 물과 산소를 생성한다.
>
> **정답** (1) $2H_2O_2 \rightarrow 2H_2O + O_2$ (2) 정촉매

13 아세톤, 피리딘, 사이안화수소, 다이에틸에터에 대한 다음 물음에 답하시오.

(1) 위 물질 중 지정수량이 400L인 것을 모두 고르시오.

(2) 위 물질 중 과산화물을 생성시킬 수 있는 물질을 고르시오.

(3) (2)에서 과산화물이 생성되었을 때 검출시약으로는 어떤 물질이 쓰이는지 쓰시오.

해설

물질	아세톤	피리딘	사이안화수소	다이에틸에터
품명	제1석유류	제1석유류	제1석유류	특수인화물
수용성 유무	수용성	수용성	수용성	특수인화물은 수용성 유무를 따지지 않는다.
지정수량	400L	400L	400L	50L

다이에틸에터($C_2H_5OC_2H_5$) - 제4류 위험물 중 특수인화물, 지정수량 50L, 위험등급 I
- 휘발성이 높고, 무색 투명한 액체이다.
- 물에는 잘 녹지 않으며, 알코올에 녹는다.
- 증기는 마취성이 있다.
- 전기불량 도체로 정전기 발생에 주의해야 한다.
- 공기와 장기간 접촉 시 과산화물을 생성하므로 갈색병에 저장해야 한다.
- 과산화물의 검출방법은 10% 아이오딘화칼륨(KI) 용액을 이용한다.
- 산화제와의 혼합하면 매우 위험하다.

정답 (1) 아세톤, 피리딘, 사이안화수소
(2) 다이에틸에터
(3) 10% 아이오딘화칼륨 용액

14 제1종 분말소화약제, 제2종 분말소화약제가 열분해할 때 공통적으로 생성되는 물질을 쓰시오.

해설
- 제1종 분말소화약제($NaHCO_3$)의 열분해반응식 : $2NaHCO_3 \rightarrow Na_2CO_3 + CO_2 + H_2O$
- 제2종 분말소화약제($KHCO_3$)의 열분해반응식 : $2KHCO_3 \rightarrow K_2CO_3 + CO_2 + H_2O$

정답 이산화탄소, 물

15 위험물안전관리법령상 옥외저장탱크의 방유제에 대한 다음 물음에 답하시오.

(1) 높이 기준을 쓰시오.

(2) 면적 기준을 쓰시오.

(3) 방유제의 높이가 1m 이상일 때 경사로를 약 몇 m마다 설치해야 하는지 쓰시오.

해설

옥외저장탱크의 방유제
- 방유제는 높이 0.5m 이상 3m 이하, 두께 0.2m 이상, 지하매설깊이 1m 이상으로 할 것
- 높이가 1m를 넘는 방유제 및 간막이 둑의 안팎에는 방유제 내에 출입하기 위한 계단 또는 경사로를 약 50m마다 설치할 것
- 방유제 내의 면적은 8만m^2 이하로 할 것
- 방유제 외면의 1/2 이상은 자동차 등이 통행할 수 있는 3m 이상의 노면 폭을 확보한 구내도로(옥외저장탱크가 있는 부지 내의 도로를 말한다)에 직접 접하도록 할 것

정답 (1) 0.5m 이상 3m 이하
(2) 8만m^2 이하
(3) 50m마다

16 염소산칼륨에 이산화망가니즈를 넣으니 열분해하였다. 열분해반응식과 이산화망가니즈의 역할을 쓰시오.

(1) 열분해반응식

(2) 이산화망가니즈의 역할

해설

염소산칼륨($KClO_3$) - 제1류 위험물 중 염소산염류, 지정수량 50kg, 위험등급 I

염소산칼륨의 열분해반응식 : $2KClO_3 \rightarrow 2KCl + 3O_2$

정답 (1) $2KClO_3 \rightarrow 2KCl + 3O_2$
(2) 정촉매

17 분말소화약제 중 식용유 화재에 적응성이 있는 약제의 화학식을 쓰시오.

해설

제1종 분말소화약제(NaHCO₃)의 비누화현상 : 식용유의 지방을 가수분해(물을 가하면 분해되는 반응)하면 거품이 생성되는데, 이때 생성된 거품이 질식작용을 하여 질식소화의 효과로 소화를 한다.

정답 NaHCO₃

18 다이에틸에터의 증기비중을 구하시오.

해설

다이에틸에터($C_2H_5OC_2H_5$)

C가 4개, H가 10개, O가 1개이므로,

분자량은 $(12 \times 4) + (1 \times 10) + 16 = 74$가 나온다.

∴ 증기비중 $= \dfrac{74}{29} = 2.55$

정답 2.55

19 지하탱크저장소에 설치된 통기관의 지름과 설치 높이를 쓰시오.

(1) 지름

(2) 설치 높이

해설

지하탱크저장소의 설치기준

- 지름은 30mm 이상으로 한다.
- 끝부분은 수평보다 45° 이상 구부릴 것(빗물 등의 침투를 방지하기 위해)
- 통기관의 끝부분은 건축물의 창·출입구 등의 개구부로부터 1m 이상 떨어진 옥외의 장소에 지면으로부터 4m 이상의 높이로 설치한다.

정답 (1) 30mm 이상
(2) 4m 이상

20 이산화탄소소화기에 수분이 있을 경우 노즐이 얼어버리는 현상이 생길 수 있다. 이러한 현상을 무엇이라 하는지 쓰시오.

해설
이산화탄소 소화기에 수분이 있을 경우 약제가 방출되면서 급격한 온도 저하로 인해 노즐이 얼어버릴 수가 있으므로 수분의 함량을 최소화해야 한다.
줄-톰슨 효과 : 압축한 기체를 가느다란 구멍으로 분출시킬 때 온도가 변하는 현상

정답 줄-톰슨 효과

21 에틸알코올, 물, 벤젠, 다이에틸에터 중 과산화수소에 녹지 않는 물질은 어느 것인지 쓰시오.

해설
과산화수소(H_2O_2) – 제6류 위험물, 지정수량 300kg, 위험등급 Ⅰ

분자량	융점	비중	비점
34	−0.89℃	약 1.465	80.2℃

• 무색의 액체이고, 점성이 있다.
• 물에 매우 잘 녹고, 알코올, 에터에 녹고, 벤젠에는 녹지 않는다.
• 정촉매인 이산화망가니즈(MnO_2)하에 분해하여 H_2O와 O_2를 생성한다.
• 농도가 60wt% 이상일 경우 충격에 의해 폭발적으로 분해한다.
• 안정제로 인산, 요산 등을 사용한다.
• 일광에 의해 분해되므로 갈색병에 넣어 보관한다.
• 3% 농도의 수용액은 소독제로 사용한다.
• 분해반응식 : $2H_2O_2 \rightarrow 2H_2O + O_2$
• 하이드라진과의 반응식 : $2H_2O_2 + N_2H_4 \rightarrow 4H_2O + N_2$

정답 벤젠

22 다음 [보기]의 물질에 대해 다음 물음에 답하시오.

> [보기]
> 과산화바륨, 칼륨, 나트륨, 탄화칼슘

(1) [보기]의 물질 중 유별이 다른 하나는?

(2) 물과 탄화칼슘이 반응할 때 생성되는 가스의 명칭을 쓰시오.

해설
- 과산화바륨 : 제1류 위험물 중 무기과산화물
- 칼륨 : 제3류 위험물
- 나트륨 : 제3류 위험물
- 탄화칼슘 : 제3류 위험물 중 칼슘의 탄화물
- 탄화칼슘과 물의 반응식 : $CaC_2 + 2H_2O \rightarrow Ca(OH)_2 + C_2H_2$
- 아세틸렌(C_2H_2) : 연소범위 2.5~81%인 폭발성 기체

정답 (1) 과산화바륨
(2) 아세틸렌

23 컨테이너식 이동탱크저장소에 대해 다음 물음에 답하시오.

(1) 이동저장탱크·맨홀 및 주입구 뚜껑의 두께는 얼마인가?

(2) 부속장치는 상자틀의 최외각과 얼마 이상의 간격을 유지해야 하는가?

해설
컨테이너식 이동탱크저장소의 특례(위험물안전관리법 시행규칙 별표 10)
- 이동저장탱크를 차량 등에 옮겨 싣는 구조로 된 이동탱크저장소(이하 "컨테이너식 이동탱크저장소"라 한다)에 대하여는 Ⅳ의 규정(결합금속구)을 적용하지 않되, 다음의 기준에 적합해야 한다.
  - 이동저장탱크는 옮겨 싣는 때에 이동저장탱크하중에 의하여 생기는 응력 및 변형에 대하여 안전한 구조로 할 것
  - 컨테이너식 이동탱크저장소에는 이동저장탱크하중의 4배의 전단하중에 견디는 걸고리체결금속구 및 모서리체결금속구를 설치할 것. 다만, 용량이 6,000L 이하인 이동저장탱크를 싣는 이동탱크저장소의 경우에는 이동저장탱크를 차량의 섀시프레임에 체결하도록 만든 구조의 유(U)자 볼트를 설치할 수 있다.
  - 컨테이너식 이동탱크저장소에 주입호스를 설치하는 경우에는 Ⅳ의 기준에 의할 것

- 다음의 기준에 적합한 이동저장탱크로 된 컨테이너식 이동탱크저장소에 대하여는 Ⅱ(이동저장탱크의 구조) 제2호 내지 제4호의 규정을 적용하지 않는다.
  - 이동저장탱크 및 부속장치(맨홀·주입구 및 안전장치 등을 말한다)는 강재로 된 상자형태의 틀(이하 "상자틀"이라 한다)에 수납할 것
  - 상자틀의 구조물 중 이동저장탱크의 이동방향과 평행한 것과 수직인 것은 해당 이동저장탱크·부속장치 및 상자틀의 자중과 저장하는 위험물의 무게를 합한 하중(이하 "이동저장탱크하중"이라 한다)의 2배 이상의 하중에, 그 외 이동저장탱크의 이동방향과 직각인 것은 이동저장탱크하중 이상의 하중에 각각 견딜 수 있는 강도가 있는 구조로 할 것
  - 이동저장탱크·맨홀 및 주입구의 뚜껑은 두께 6mm(해당 탱크의 지름 또는 장축(긴지름)이 1.8m 이하인 것은 5mm) 이상의 강판 또는 이와 동등 이상의 기계적 성질이 있는 재료로 할 것
  - 이동저장탱크에 칸막이를 설치하는 경우에는 해당 탱크의 내부를 완전히 구획하는 구조로 하고, 두께 3.2mm 이상의 강판 또는 이와 동등 이상의 기계적 성질이 있는 재료로 할 것
  - 이동저장탱크에는 맨홀 및 안전장치를 할 것
  - 부속장치는 상자틀의 최외측과 50mm 이상의 간격을 유지할 것
- 컨테이너식 이동탱크저장소에 대하여는 Ⅴ(표지 및 상치장소 표시) 제2호를 적용하지 않되, 이동저장탱크의 보기 쉬운 곳에 가로 0.4m 이상, 세로 0.15m 이상의 백색 바탕에 흑색 문자로 허가청의 명칭 및 완공검사번호를 표시해야 한다.

정답 (1) 6mm 이상
(2) 50mm 이상

24 과산화칼륨의 소화방법으로 물을 쓰면 안 되는 이유를 쓰시오.

해설

과산화칼륨(K_2O_2) – 제1류 위험물 중 무기과산화물, 지정수량 50kg, 위험등급 Ⅰ
과산화칼륨은 무기과산화물로서 물과 반응하여 산소를 방출하고 발열한다.
과산화칼륨과 물의 반응식 : $2K_2O_2 + 2H_2O \rightarrow 4KOH + O_2$

정답 산소를 발생시키고 발열하므로 소화약제로 적합하지 않다.

25 휘발유의 옥테인가를 구하는 식을 쓰시오.

해설

가솔린(휘발유) - 지정수량 200L

화학식	인화점	비중	연소범위
$C_5H_{12} \sim C_9H_{20}$	-43℃	0.7~0.8	1.2~7.6%

- 휘발유는 탄화수소의 혼합물이다.
- 인화성이 매우 강하므로 유증기 발생에 주의해야 한다.
- 정전기에 의해 폭발할 수 있으니 취급 시 주의해야 한다.
- 가솔린의 제조 방법으로는 직류법, 분해증류법, 접촉 개질법이 있다.
- 화기에 특히 주의해야 한다.
- 증기비중이 커서 누출 시 낮은 곳에 체류하기 때문에 환기에 주의를 기울여야 한다.

※ 옥테인가 : 휘발유가 연소할 때 이상폭발을 일으키지 않는 정도를 나타내는 수치

휘발유는 비교적 낮은 온도에서 착화가 가능하기 때문에 연소 과정에서 혼합기가 일찍 폭발하거나 비정상적인 점화가 일어나는 경우가 있다. 이 같은 불완전연소를 노킹현상이라고 한다. 이런 현상을 막아주는 안정성을 안티노크성이라 하고, 이를 수치화한 것이 바로 옥테인가이다. 옥테인가는 노킹이 잘 일어나는 노말헵테인을 옥테인가 0으로 하고, 노킹이 잘 일어나지 않는 아이소옥테인을 옥테인가 100으로 임의 선정하여 기준으로 삼는다.

정답

$$옥테인가 = \frac{아이소옥테인}{아이소옥테인 + 노말헵테인} \times 100$$

26 옥내저장소에서 적린을 저장하고자 한다. 처마의 높이는 최대 몇 m까지 할 수 있는가?(단, 건축물은 내화구조이고, 출입구에는 60분+방화문·60분 방화문 설치, 피뢰침을 설치한 경우이다)

해설
옥내저장소의 저장창고
- 독립된 건축물로 할 것(건물이 저장창고로만 쓰여야 한다)
- 지면에서 처마까지의 높이는 6m 미만인 단층 건물로 하고 바닥은 지면보다 높아야 한다.
※ 처마까지의 높이를 20m 이하로 할 수 있는 경우
  제2류 또는 제4류의 위험물만을 저장하는 창고로 다음 기준에 적합한 경우
  – 벽·기둥·보 및 바닥이 내화구조
  – 출입구에 60분+방화문·60분 방화문 설치
  – 피뢰침 설치. 단, 안전상 지장이 없는 경우에는 설치하지 않을 것
적린(P)은 제2류 위험물이고, 건축물의 조건이 적합한 구조로 설계되었으므로 최대 20m까지 할 수 있다.

정답 20m까지

27 나트륨이 물과 반응할 때의 반응식과 이때 생성되는 가스를 쓰시오.

해설
나트륨과 물의 반응식 : $2Na + 2H_2O \rightarrow 2NaOH + H_2$

정답 $2Na + 2H_2O \rightarrow 2NaOH + H_2$, 수소

28 다음 탱크의 내용적(m^3)을 구하시오(단, 탱크의 높이(㉠)는 6m, 탱크의 직경(㉡)은 3m이다).

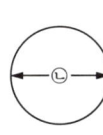 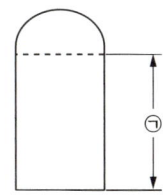

해설

원통형 탱크의 내용적 구하는 공식

$$\text{내용적} = \pi \times r^2 \times l$$
$$= \pi \times (1.5m)^2 \times 6m = 42.41m^3$$

정답 $42.41m^3$

29 특수인화물을 차량으로 운반할 경우의 조치사항으로 무엇으로 피복하여 운반해야 하는지 쓰시오.

해설

적재 위험물에 따른 조치

※ 차광성이 있는 것으로 피복해야 하는 위험물
- 제1류 위험물
- 제3류 위험물 중 자연발화성 물질
- 제4류 위험물 중 특수인화물
- 제5류 위험물
- 제6류 위험물

정답 차광성이 있는 것

30 제2류 위험물만을 저장하는 옥내저장소의 바닥면적은 몇 m² 이하로 해야 하는가?

> **해설**

위험물을 저장하는 창고의 종류	기준면적
① 제1류 위험물 중 지정수량 50kg인 위험물 ② 제3류 위험물 중 지정수량 10kg인 위험물과 황린 ③ 제4류 위험물 중 특수인화물, 제1석유류, 알코올류 ④ 제5류 위험물 중 지정수량 10kg인 위험물 ⑤ 제6류 위험물	1,000m² 이하
①~⑤ 외의 위험물을 저장하는 창고	2,000m² 이하
위의 전부에 해당하는 위험물을 내화구조의 격벽으로 완전히 구획된 실에 각각 저장하는 창고 (①~⑤의 위험물을 저장하는 실의 면적은 500m²를 초과할 수 없다)	1,500m² 이하

> **정답** 2,000m² 이하

---

31 질산칼륨, 황, 숯을 혼합하여 흑색화약을 제조한다. 여기서 산소공급원의 역할을 하는 것은 무엇인가?

> **해설**

산소공급원은 산소가 들어있는 물질을 찾으면 된다.
질산칼륨(KNO_3)은 제1류 위험물로서 좋은 산소공급원이다.

> **정답** 질산칼륨

---

32 지정과산화물을 저장하는 옥내저장창고의 창 높이는 몇 m 이상으로 해야 하는가?

> **해설**

지정과산화물을 옥내저장창고에 저장할 경우
- 저장창고는 150m² 이내마다 격벽으로 완전하게 구획할 것
- 저장창고의 출입구에는 60분+방화문·60분 방화문을 설치할 것
- 저장창고의 창은 바닥면으로부터 2m 이상의 높이에 두되, 하나의 벽면에 두는 창의 면적의 합계를 해당 벽면의 면적의 1/80 이내로 하고, 하나의 창의 면적을 0.4m² 이내로 할 것

> **정답** 2m 이상

33 NaH의 지정수량과 물과 반응할 때 발생하는 가스를 쓰시오.

해설

NaH(수소화나트륨) – 제3류 위험물 중 금속의 수소화물
- 지정수량 : 300kg
- 반응식 : $NaH + H_2O \rightarrow NaOH + H_2$

정답 수소

34 트라이나이트로페놀의 지정수량을 쓰시오.

해설

트라이나이트로톨루엔, 트라이나이트로페놀 – 제5류 위험물 중 나이트로화합물 1종

정답 10kg

35 과염소산나트륨 2mol이 분해할 때 발생되는 산소의 mol수는 얼마인가?

해설

과염소산나트륨($NaClO_4$)의 분해반응식 : $NaClO_4 \rightarrow NaCl + 2O_2$
2mol이 분해하였다고 했으므로 $2NaClO_4 \rightarrow 2NaCl + 4O_2$

정답 4mol

36 과산화수소와 과염소산의 분해반응식을 쓰시오.

(1) 과산화수소의 분해반응식

(2) 과염소산의 분해반응식

해설
- 과산화수소의 분해반응식 : $2H_2O_2 \rightarrow 2H_2O + O_2$
- 과염소산의 열분해반응식 : $HClO_4 \rightarrow HCl + 2O_2$

정답 (1) $2H_2O_2 \rightarrow 2H_2O + O_2$
(2) $HClO_4 \rightarrow HCl + 2O_2$

37 다음 [보기]에서 제5류 위험물에 적합한 소화기를 모두 찾아 쓰시오(단, 3가지가 모두 적응성이 없으면 "해당없음"이라고 쓰시오).

[보기]
기계포소화기, 분말소화기, 이산화탄소소화기

해설
제5류 위험물은 냉각소화를 한다. 그러므로, 수계소화기인 기계포소화기만 해당된다.

정답 기계포소화기

38 $KClO_3$의 완전 열분해반응식을 쓰시오.

해설
염소산칼륨($KClO_3$)의 열분해반응식 : $2KClO_3 \rightarrow 2KCl + 3O_2$

정답 $2KClO_3 \rightarrow 2KCl + 3O_2$

39 벤젠과 아세톤의 수용성 유무와 지정수량을 쓰시오.

해설

종류	벤젠	아세톤
품명	제1석유류	제1석유류
지정수량	200L(비수용성)	400L(수용성)
비중	0.95	0.79

정답
- 벤젠은 비수용성이고 지정수량은 200L이다.
- 아세톤은 수용성이고 지정수량은 400L이다.

40 다음 [보기]의 위험물에 대한 다음 물음에 답하시오.

[보기]
이황화탄소, 톨루엔, 아세트산

(1) 물과 섞이지 않고 바닥에 가라앉는 물질은?

(2) 물 위에 뜨는 물질은?

(3) 물과 섞이는 물질은?

해설
- 이황화탄소는 바닥에 가라앉으므로 비중이 1보다 크다.
- 톨루엔은 물 위에 뜨므로 비중이 1보다 작다.
- 아세트산은 물에 용해되므로 수용성 물질이다.

종류	이황화탄소	톨루엔	아세트산
품명	특수인화물	제1석유류	제2석유류
비중	1.26	0.86	1.05
수용성 유무	비수용성(물속에 저장)	비수용성	수용성

정답 (1) 이황화탄소
(2) 톨루엔
(3) 아세트산

41 제6류 위험물을 옥외탱크저장소에서 저장할 때 방유제의 용량은 최대탱크 용량의 몇 % 이상으로 해야 하는가?

해설

옥외탱크저장소에서의 방유제의 용량
- 탱크가 1기일 때 : 탱크용량의 110% 이상(인화성이 없는 액체위험물은 100% 예 제6류 위험물)
- 탱크가 2기 이상일 때 : 탱크 중 용량이 최대인 것의 110% 이상(인화성이 없는 액체위험물은 100%)
※ 제6류 위험물을 저장한다고 하였으니 인화성이 없는 액체위험물이다. 따라서 100% 이상이다.

정답 100% 이상

42 옥외탱크저장소에 지정수량의 500배를 저장하는 질산의 옥외탱크저장소 2기가 있다. 다음 물음에 답하시오.

(1) 탱크 상호 간에 확보해야 할 보유공지를 쓰시오.
(2) 질산의 화학식
(3) (2)에 해당하는 물질의 지정수량
(4) (2)에 해당하는 물질의 제6류 위험물로서의 비중

해설

옥외탱크저장소의 보유공지

저장 또는 취급하는 위험물의 최대수량	공지의 너비
지정수량의 500배 이하	3m 이상
지정수량의 500배 초과 1,000배 이하	5m 이상
지정수량의 1,000배 초과 2,000배 이하	9m 이상
지정수량의 2,000배 초과 3,000배 이하	12m 이상
지정수량의 3,000배 초과 4,000배 이하	15m 이상
지정수량의 4,000배 초과	해당 탱크의 수평단면의 최대지름(가로형인 경우에는 긴 변)과 높이 중에서 큰 것과 같은 거리 이상. 다만, 30m 초과인 경우에는 30m 이상으로 할 수 있고, 15m 미만인 경우에는 15m 이상으로 해야 한다.

- 제6류 위험물을 저장 또는 취급하는 옥외저장탱크는 표의 규정에 의한 보유공지의 1/3 이상의 너비로 할 수 있다. 이 경우 보유 공지의 너비는 1.5m 이상이 되어야 한다.
- 제6류 위험물을 저장 또는 취급하는 옥외저장탱크를 동일 구내에 2개 이상 인접하여 설치하는 경우 그 인접하는 방향의 보유공지는 표의 규정에 의하여 산출된 너비의 1/3 × 1/3 이상의 너비로 할 수 있다. 이 경우 보유공지의 너비는 1.5m 이상이 되어야 한다.

따라서 지정수량의 500배일 경우 보유공지는 $3m \times \frac{1}{3} \times \frac{1}{3}$ = 약 0.33m이지만 최소 1.5m 이상이 되어야 하므로 정답은 1.5m가 된다.
질산의 화학식은 HNO₃, 제6류 위험물로 지정수량은 300kg, 비중은 1.49이다.

정답 (1) 1.5m 이상
  (2) HNO_3
  (3) 300kg
  (4) 비중이 1.49 이상

43 "물기엄금"을 표시해야 하는 주의사항 게시판의 규격과 색상을 쓰시오.

(1) 규격

(2) 바탕 색상

(3) 문자 색상

해설
"물기엄금" 게시판의 규격
- 한 변의 길이가 0.3m 이상, 다른 한 변의 길이가 0.6m 이상인 직사각형
- 바탕 색상은 청색, 문자 색상은 백색이다.

정답 (1) 한 변의 길이가 0.3m 이상, 다른 한 변의 길이가 0.6m 이상인 직사각형
  (2) 청색
  (3) 백색

44 과염소산($HClO_4$)과 염화바륨($BaCl_2$)을 반응시킬 때 발생하는 유해가스의 명칭을 쓰시오.

해설
과염소산은 제6류 위험물로 혼재 가능한 위험물 유별은 제1류이다.
과염소산($HClO_4$)과 염화바륨($BaCl_2$)의 반응식 : $2HClO_4 + BaCl_2 \rightarrow Ba(ClO_4)_2 + 2HCl$
이때 발생하는 유해한 기체는 염화수소(HCl)이다.

정답 염화수소

45 제4류 위험물인 에틸렌글라이콜에 대해 다음 물음에 답하시오.

(1) 품명

(2) 지정수량

[해설]

에틸렌글라이콜

화학식	품명	지정수량	비중	인화점	착화점
CH_2OHCH_2OH	제3석유류	4,000L(수용성)	1.11	120℃	398℃

[정답] (1) 제3석유류

(2) 4,000L

46 황의 연소반응식을 쓰시오.

[해설]

제2류 위험물에서 황의 지정수량은 100kg이다.

황의 연소반응식 : $S + O_2 \rightarrow SO_2$

[정답] $S + O_2 \rightarrow SO_2$

47 위험물안전관리법령에 따른 옥내저장소의 기준에서 단층 건물에 염소산나트륨을 저장하고자 할 때 (   ) 안에 적당한 말을 쓰시오.

> • 단층 건물의 저장 창고의 처마 높이는 (   )m 미만으로 하고, 하나의 바닥면적은 (   )m² 이하로 해야 한다.
> • 저장창고의 벽, 기둥 및 바닥은 (   )구조로 하고, 출입구에는 (   ) 또는 (   )을 설치해야 한다.

해설

옥내저장소
- 저장창고는 지면에서 처마까지의 높이가 6m 미만인 단층 건물로 하고 그 바닥을 지반면보다 높게 해야 한다.
- 다음과 같은 위험물을 저장하고자 할 때 저장창고의 바닥면적은 1,000m² 이하로 한다.
  - 제1류 위험물 중 아염소산염류, 염소산염류, 과염소산염류, 무기과산화물, 그 밖에 지정수량이 50kg인 위험물
  - 제3류 위험물 중 칼륨, 나트륨, 알킬알루미늄, 알킬리튬, 황린(지정수량 20kg), 그 밖에 지정수량이 10kg인 위험물
  - 제4류 위험물 중 특수인화물, 제1석유류, 알코올류
  - 제5류 위험물 중 지정수량이 10kg인 위험물
  - 제6류 위험물
- 저장창고의 벽, 기둥 및 바닥은 내화구조로 하고, 보와 서까래는 불연재료로 해야 한다.
- 저장창고의 출입구에는 60분+방화문·60분 방화문 또는 30분 방화문을 설치하되, 연소의 우려가 있는 외벽에 있는 출입구에는 수시로 열 수 있는 자동폐쇄식의 60분+방화문 또는 60분 방화문을 설치해야 한다.

정답 6, 1,000, 내화, 60분+방화문·60분 방화문, 30분 방화문

48 위험물제조소의 외벽과 안전거리를 30m 이상으로 두어야 하는 종류 2가지만 쓰시오.

해설

제조소의 안전거리

건축물의 종류	안전거리
7,000V 초과 35,000V 이하의 특고압가공전선	3m 이상
35,000V 초과의 특고압가공전선	5m 이상
주거용으로 사용되는 것	10m 이상
가스시설	20m 이상
학교, 병원, 극장, 복지시설 등	30m 이상
지정문화유산, 천연기념물	50m 이상

정답 학교, 병원

49 위험물 운반 시 제4류 위험물인 톨루엔과 같이 운반할 수 있는 위험물의 유별을 2가지만 쓰시오.

해설
제4류 위험물은 운반 시 제2류, 제3류, 제5류 위험물과 혼재가 가능하다.

정답 제2류, 제3류

50 물의 어는점을 강화하여 한랭지에서 사용할 수 있는 소화기는 무엇인가?

해설
강화액소화기 : 물에 탄산칼륨을 녹여 어는점을 −25∼−30℃ 정도로 낮춘 소화기로서 겨울철이나 추운지방에서 사용할 수 있는 소화기이다.

정답 강화액소화기

51 제6류 위험물을 금속제 드럼용기에 2가지로 구분하여 적재할 경우 적재높이를 최대한 몇 m까지 겹쳐 쌓을 수 있는가?

(1) 기계에 의하여 하역하는 구조로 된 용기만을 겹쳐 쌓는 경우
(2) 그 밖의 경우

해설
옥내저장소, 옥외저장소의 적재높이
- 기계에 의하여 하역하는 구조로 된 용기만을 겹쳐 쌓는 경우 : 6m 이하
- 제4류 위험물 중 제3석유류, 제4석유류, 동식물유류를 수납하는 용기만을 겹쳐 쌓는 경우 : 4m 이하
- 그 밖의 경우 : 3m 이하

정답 (1) 6m 이하
(2) 3m 이하

52 지하저장탱크의 탱크전용실과 지하저장탱크 사이에 채워야 하는 물질과 규격을 쓰시오.

해설

지하탱크저장소의 탱크전용실
- 탱크전용실은 지하의 가장 가까운 벽, 피트, 가스관 등의 시설물 및 대지경계선으로부터 0.1m 이상 떨어진 곳에 설치할 것
- 지하저장탱크와 탱크전용실 안쪽과의 사이는 0.1m 이상의 간격을 유지할 것
- 탱크의 주위에는 마른 모래 또는 습기 등에 의하여 응고되지 않는 입자지름 5mm 이하의 마른 자갈분을 채워야 한다.

정답 입자지름 5mm 이하의 마른 자갈분

53 위험물안전관리법령상 저장소의 종류를 쓰시오.

해설

제조소 등에는 제조소, 저장소, 취급소가 있다.
저장소에는 옥내저장소, 옥내탱크저장소, 옥외저장소, 옥외탱크저장소, 지하탱크저장소, 이동탱크저장소, 간이탱크저장소, 암반탱크저장소가 있다.

정답 옥내저장소, 옥내탱크저장소, 옥외저장소, 옥외탱크저장소, 지하탱크저장소, 이동탱크저장소, 간이탱크저장소, 암반탱크저장소

54 지하탱크저장소의 지하탱크에는 과충전 방지장치를 해야 하는데 과충전 방지조치를 할 수 있는 방법 한 가지만 쓰시오.

해설

과충전 방지장치
- 탱크용량을 초과하는 위험물이 주입될 때 자동으로 그 주입구를 폐쇄하거나 위험물의 공급을 자동으로 차단하는 방법
- 탱크용량의 90%가 찰 때 경보음을 울리는 방법

정답 탱크용량의 90%가 찰 때 경보음을 울리는 방법

55 제조소에서 제1류 위험물인 알칼리금속의 과산화물을 저장하고자 할 때 게시판의 주의사항을 쓰시오.

> **해설**

위험물의 종류	주의사항	게시판의 색상
• 제1류 위험물 중 알칼리금속의 과산화물 • 제3류 위험물 중 금수성 물질	물기엄금	청색바탕에 백색문자

> **정답** 물기엄금

56 위험물을 저장 및 취급하는 수량이 지정수량의 20배 이하인 경우 제 몇 종 판매취급소인가?

> **해설**

제1종 판매취급소	제2종 판매취급소
지정수량의 20배 이하	지정수량의 40배 이하

> **정답** 제1종 판매취급소

57 컨테이너식 이동저장탱크의 맨홀, 주입구 뚜껑의 두께는 얼마 이상으로 해야 하는가?

> **해설**
> **컨테이너식 이동저장탱크의 이동저장탱크, 맨홀, 주입구 뚜껑의 두께** : 6mm[해당 탱크의 지름 또는 장축(긴 지름)이 1.8m 이하인 것은 5mm] 이상의 강판

> **정답** 6mm 이상

58 염소산칼륨($KClO_3$)과 이산화망가니즈(MnO_2)를 혼합하면 어떠한 현상이 일어나는지 쓰시오.

> **해설**
> **염소산칼륨의 분해반응식** : $2KClO_3 \rightarrow 2KCl + 3O_2$
> 이산화망가니즈는 정촉매로 쓰인다.
> • 정촉매 : 반응속도를 촉진시키는 물질
> • 부촉매 : 반응속도를 줄이는 물질
>
> **정답** 염소산칼륨이 염화칼륨과 산소로 분해된다.

59 이동저장탱크의 측면틀의 최외측과 탱크의 최외측을 연결하는 직선은 수평면에 대한 내각이 몇 도(°) 이상이 되도록 해야 하는가?

해설
- 측면틀의 최외측과 탱크의 최외측을 연결하는 직선(최외측선)이 수평면에 대한 내각이 75° 이상이 되도록 할 것
- 탱크 상부의 네 모퉁이에 해당 탱크의 전단 또는 후단으로부터 각각 1m 이내의 위치에 설치할 것

정답 75°

60 벤젠은 물로 소화할 수 없고, 이황화탄소는 물로 소화할 수 있다. 그 이유를 물리적인 특성으로 벤젠과 이황화탄소를 비교하여 설명하시오.

해설

종류	화학식	지정수량	비중	인화점
벤젠	C_6H_6	200L	0.95	−11℃
이황화탄소	CS_2	50L	1.26	−30℃

- 벤젠은 비수용성 물질로 물에 녹지 않는다.
- 이황화탄소는 물에 녹지 않는다.

정답 벤젠은 비중이 1보다 작아 물에 뜨며 유증기가 발생하여 불이 붙는다.
그러나 이황화탄소는 비중이 1보다 커서 물에 가라앉아 유증기가 발생하지 않는다.

61 제조소에 질소(불활성 기체)를 봉입하여 취급해야 하는 위험물을 다음 [보기]에서 모두 고르시오.

[보기]
알킬알루미늄, 황린, 탄화알루미늄, 알킬리튬, 탄화칼슘, 칼륨

해설
불활성가스 봉입장치
- 알킬알루미늄 등을 취급하는 설비에는 불활성 기체를 봉입하는 장치를 갖출 것
- 아세트알데하이드 등을 취급하는 설비에는 불활성 기체 또는 수증기를 봉입하는 장치를 갖출 것

정답 알킬알루미늄, 알킬리튬

62 방유제에 대해 다음 ( ) 안에 적당한 숫자를 쓰시오.

> 방유제의 용량은 방유제 안에 설치된 탱크가 하나일 때에는 그 탱크 용량의 (　　)% 이상, 2기 이상일 때에는 그 탱크 중 용량이 최대인 것의 용량의 (　　)% 이상으로 할 것

해설

옥외탱크저장소에서의 방유제의 용량
- 탱크가 1기일 때 : 탱크 용량의 110% 이상(인화성이 없는 액체위험물은 100% 예 제6류 위험물)
- 탱크가 2기 이상일 때 : 탱크 중 용량이 최대인 것의 110% 이상(인화성이 없는 액체위험물은 100%)

정답 110, 110

63 제2류 위험물인 적린을 다층 옥내저장소에 저장할 때, 하나의 저장창고의 바닥면적의 합계는 몇 m² 이하로 해야 하는가?

해설

다층 건물 옥내저장소의 기준
- 적용대상인 위험물 : 제2류 위험물(인화성 고체는 제외), 제4류 위험물(인화점이 70℃ 미만인 위험물은 제외)
- 설치기준
  - 저장창고는 각 층의 바닥을 지면보다 높게 하고 바닥면으로부터 상층의 바닥(상층이 없는 경우에는 처마)까지의 높이를 6m 미만으로 해야 한다.
  - 하나의 저장창고의 바닥면적 합계는 1,000m² 이하로 해야 한다.
  - 저장창고의 벽, 기둥, 바닥, 보는 내화구조로 하고, 계단은 불연재로 한다. 그리고 연소의 우려가 있는 외벽은 출입구 외에는 개구부를 두지 않는 벽으로 한다.

정답 1,000m² 이하

64 주유취급소에 있는 고정급유설비에 직접 접속하는 지하저장탱크의 용량은 몇 L 이하로 해야 하는가?

해설
주유취급소 탱크의 용량
- 자동차 등에 주유하기 위한 고정주유설비에 직접 접속하는 전용탱크로서 50,000L 이하의 것
- 고정급유설비에 직접 접속하는 전용탱크로서 50,000L 이하의 것
- 보일러 등에 직접 접속하는 전용탱크로서 10,000L 이하의 것
- 자동차 등을 점검·정비하는 작업장 등(주유취급소 안에 설치된 것에 한한다)에서 사용하는 폐유, 윤활유 등의 위험물을 저장하는 탱크로서 용량(2기 이상 설치하는 경우에는 각각 용량의 합계를 말한다)이 2,000L 이하인 탱크
- 고정주유설비 또는 고정급유설비에 직접 접속하는 3기 이하의 간이탱크. 다만, 국토의 계획 및 이용에 관한 법률에 의한 방화지구 안에 위치하는 주유취급소의 경우는 제외한다.

정답 50,000L 이하

65 옥내저장소에서 액체위험물을 취급할 때는 바닥에 어떠한 설비를 설치해야 하는가?

해설
집유설비는 액체위험물 유출 시 다른 곳으로 새거나 유증기가 증발하지 않게 액체위험물을 모으는 설비이다.

정답 집유설비

66 옥내저장소에서 제1류 위험물인 알칼리금속의 과산화물을 저장하고자 할 때 바닥은 어떤 구조로 해야 하는가?

해설
제1류 위험물 중 알칼리금속의 과산화물은 물과 반응하여 산소를 발생시킨다. 따라서 물과 접촉을 막기 위하여 물이 스며 나오거나 스며들지 않는 구조로 해야 된다.

정답 물이 스며 나오거나 스며들지 않는 구조

67 위험물안전관리법령상 옥내저장소의 기준 대해 다음 ( ) 안에 적당한 말을 쓰시오.

> 출입구에는 ( ) 또는 ( )을(를) 설치하되, 연소의 우려가 있는 외벽에 설치하는 출입구에는 수시로 열 수 있는 ( )을(를) 설치해야 한다.

해설
옥내저장소의 출입구에는 60분+방화문·60분 방화문 또는 30분 방화문을 설치하되, 연소의 우려가 있는 외벽에 설치하는 출입구에는 수시로 열 수 있는 자동폐쇄식의 60분+방화문 또는 60분 방화문을 설치해야 한다.

정답 60분+방화문·60분 방화문, 30분 방화문, 자동폐쇄식의 60분+방화문 또는 60분 방화문

68 옥외저장소에서 844,800L의 윤활유를 저장할 때의 보유공지 너비는 얼마로 해야 하는지 쓰시오.

해설
옥외저장소의 보유공지

저장 또는 취급하는 위험물의 최대수량	공지의 너비
지정수량의 10배 이하	3m 이상
지정수량의 10배 초과 20배 이하	5m 이상
지정수량의 20배 초과 50배 이하	9m 이상
지정수량의 50배 초과 200배 이하	12m 이상
지정수량의 200배 초과	15m 이상

윤활유는 제4류 위험물 중 제4석유류이므로 보유공지의 1/3으로 할 수 있다.
윤활유의 지정수량은 6,000L이다.

지정수량의 배수를 계산하면, $\frac{844,800}{6,000} = 140.8$이 나온다.

따라서 공지의 너비는 12m 이상으로 해야 하지만 제4석유류이므로 보유공지의 1/3 이상으로 할 수 있기 때문에 4m 이상이 된다.

정답 4m 이상

69 다음 설명에 대한 물음에 답하시오.

(1) 가연물이 가열할 때 점화원과 직접적인 접촉 없이 연소가 시작되는 온도를 무엇이라 하는지 쓰시오.

(2) 액체위험물이 가연성 증기를 발생하는 온도로서 점화원과 접촉 시 연소를 하는 온도는 무엇이라 하는지 쓰시오.

해설
- 점화원 없이 불이 붙는 온도를 발화점이라고 한다.
- 인화점은 점화원을 접촉하였을 때 불이 붙을 수 있는 최저의 온도를 말한다.

정답 (1) 발화점
　　　(2) 인화점

70 과산화벤조일에 대한 다음 물음에 알맞은 답을 쓰시오.

(1) 위험물안전관리법령상 품명을 쓰시오.
(2) 지정수량을 쓰시오.
(3) 물에 대한 용해 여부를 쓰시오.

해설
과산화벤조일

화학식	품명	지정수량
$(C_6H_5CO)_2O_2$	제5류 위험물 중 유기과산화물	100kg

물에 대한 용해성은 없다.

정답 (1) 유기과산화물
　　　(2) 100kg
　　　(3) 용해되지 않는다.

71 과산화수소는 위험물안전관리법령상 농도가 몇 중량퍼센트(wt%) 이상을 제6류 위험물로 보는지 쓰시오.

> **해설**
> **제6류 위험물이 되는 조건**
> • 과산화수소 : 농도가 36wt% 이상인 것
> • 질산 : 비중이 1.49 이상인 것
>
> **정답** 36wt% 이상인 것

72 옥외탱크저장소에 설치하는 방유제의 높이가 1m를 넘는 경우, 방유제 및 간막이 둑의 안팎에는 방유제 내에 출입하기 위한 계단 또는 경사로를 약 몇 m마다 설치해야 하는지 쓰시오.

> **해설**
> **옥외탱크저장소의 방유제** : 높이가 1m를 넘을 경우 계단 또는 경사로를 50m마다 설치해야 된다.
>
> **정답** 50m마다

73 옥내저장소에서 위험물을 지정수량의 50배 초과 200배 이하로 저장할 때 공지의 너비는 얼마 이상으로 해야 하는지 쓰시오(단, 벽, 기둥 및 바닥이 내화구조로 된 건축물이다).

> **해설**
> **옥내저장소의 보유공지** : 옥내저장소의 주위에는 저장 또는 취급하는 위험물의 최대수량에 따라 다음의 표에 의한 너비의 공지를 보유해야 한다.
>
> | 위험물의 최대수량 | 공지의 너비 | |
> | --- | --- | --- |
> | | 내화구조 | 그 밖의 건축물 |
> | 지정수량의 5배 초과 10배 이하 | 1m 이상 | 1.5m 이상 |
> | 지정수량의 20배 초과 50배 이하 | 3m 이상 | 5m 이상 |
> | 지정수량의 50배 초과 200배 이하 | 5m 이상 | 10m 이상 |
> | 지정수량의 200배 초과 | 10m 이상 | 15m 이상 |
>
> **정답** 5m 이상

74 염소산칼륨의 지정수량을 쓰시오.

해설
염소산칼륨(KClO₃) – 제1류 위험물 중 염소산염류, 지정수량 50kg, 위험등급 I

정답 50kg

75 옥외저장소에서 위험물과 위험물이 아닌 물품을 함께 저장하는 경우 상호 간의 거리는 몇 m 이상 간격을 두어야 하는가?

해설
- 옥내저장소 또는 옥외저장소에서 위험물과 위험물이 아닌 물품을 함께 저장하는 경우, 상호 간에는 1m 이상의 간격을 두어야 한다.
- 옥내저장소에서 동일 품명의 위험물이라 할지라도 자연발화할 우려가 있는 위험물 또는 재해가 현저하게 증대할 우려가 있는 위험물을 다량 저장하는 경우에는 지정수량의 10배 이하마다 구분하여 상호 간의 0.3m 이상의 간격을 두어야 한다.

정답 1m 이상

76 과산화수소에 아이오딘화칼륨 용액을 넣으니 기포가 발생하였다. 다음 물음에 답하시오.

(1) 아이오딘화칼륨의 용도를 쓰시오.
(2) 과산화수소가 분해되어 발생하는 가스를 쓰시오.

해설
과산화수소의 분해를 촉진시키는 역할(촉매)을 하는 물질은 크게 이산화망가니즈(MnO_2)와 아이오딘화칼륨(KI, 옥화칼륨이라고도 부른다)이 있다.
과산화수소의 분해반응식 : $2H_2O_2 \rightarrow 2H_2O + O_2$

정답 (1) 정촉매
(2) 산소

77 질산을 갈색병에 저장하는 이유를 쓰시오.

해설
질산은 햇빛에 의해 분해되므로 갈색병에 보관한다.

정답 질산은 직사광선에 의해 분해되어 적갈색의 NO_2가 발생하기 때문에 갈색병에 저장한다.

78 위험물안전관리법령상 옥내저장소에서 용기에 수납하여 저장하는 위험물의 온도가 몇 ℃를 넘지 않도록 해야 하는가?

해설
옥내저장소에서는 용기에 수납하여 저장하는 위험물의 온도가 55℃를 넘지 않도록 필요한 조치를 강구해야 한다.

정답 55℃

79 클로로벤젠의 증기비중은 얼마인지 쓰시오(단, 염소의 원자량은 35.5이다).

해설
- 클로로벤젠(C_6H_5Cl) : 제2석유류, 비수용성, 지정수량 1,000L
- 클로로벤젠의 분자량 : $(12 \times 6) + (1 \times 5) + 35.5 = 112.5$
- 클로로벤젠의 증기비중 = $\dfrac{112.5}{29} = 3.88$

정답 3.88

80 다이에틸에터의 증기비중을 구하시오.

[해설]

다이에틸에터($C_2H_5OC_2H_5$) – 제4류 위험물 중 특수인화물, 지정수량 50L, 위험등급 I
다이에틸에터의 분자량은 74이다. 공기의 평균 분자량은 29이다.

따라서 증기비중은 $\dfrac{74}{29} = 2.55$가 된다.

[정답] 2.55

81 과염소산칼륨의 열분해반응식을 쓰시오.

[해설]

과염소산칼륨의 열분해반응식 : $KClO_4 \rightarrow KCl + 2O_2$

[정답] $KClO_4 \rightarrow KCl + 2O_2$

82 이황화탄소에 대해 다음 물음에 답하시오.

(1) 증기비중은 얼마인가?
(2) 이황화탄소를 저장하는 옥외저장탱크의 벽 및 바닥의 두께는 얼마인가?

[해설]

이황화탄소(CS_2)의 증기비중
C의 원자량 12, S의 원자량 32
- CS_2의 분자량 = 76
- 증기비중 = $\dfrac{76}{29} = 2.62$

※ 이황화탄소의 옥외저장탱크는 벽 및 바닥의 두께가 0.2m 이상이어야 한다.

[정답] (1) 2.62
(2) 0.2m 이상

83 위험물제조소의 환기설비에 대해 다음 물음에 알맞은 답을 쓰시오.

(1) 환기는 어떠한 방식으로 해야 하는가?

(2) 바닥면적이 150m²일 때 급기구의 크기는 몇 cm² 이상으로 해야 하는가?

해설

제조소의 환기설비
- 환기는 자연배기방식으로 한다.
- 급기구는 해당 급기구가 설치된 실의 바닥면적 150m²마다 1개 이상으로 하되 급기구의 크기는 800cm² 이상으로 할 것. 다만, 바닥면적 150m² 미만인 경우에는 다음의 크기로 할 것

바닥면적	급기구의 면적
60m² 미만	150cm² 이상
60m² 이상 90m² 미만	300cm² 이상
90m² 이상 120m² 미만	450cm² 이상
120m² 이상 150m² 미만	600cm² 이상

정답 (1) 자연배기방식
(2) 800cm² 이상

84 과산화수소와 하이드라진의 반응식을 쓰시오.

해설
- 과산화수소(H_2O_2) - 제6류 위험물, 지정수량 300kg, 위험등급 I
- 하이드라진(N_2H_4) - 제4류 위험물 중 제2석유류(수용성), 지정수량 2,000L, 위험등급 III
∴ 과산화수소와 하이드라진의 반응식 : $2H_2O_2 + N_2H_4 \rightarrow 4H_2O + N_2$

정답 $2H_2O_2 + N_2H_4 \rightarrow 4H_2O + N_2$

85 옥외저장소에서 제6류 위험물을 금속제 용기에 저장할 경우, 선반의 높이는 몇 m를 초과하면 안되는지 쓰시오.

해설

옥외저장소에서 위험물을 수납한 용기를 선반에 저장하는 경우 6m를 초과하여 저장하지 않아야 한다.

정답 6m

86 옥외저장탱크의 보유공지에 대해 ( ) 안에 알맞은 숫자를 쓰시오.

저장 또는 취급하는 위험물의 최대수량	공지의 너비
지정수량의 500배 이하	( )m 이상
지정수량의 500배 초과 1,000배 이하	( )m 이상
지정수량의 1,000배 초과 2,000배 이하	9m 이상
지정수량의 2,000배 초과 3,000배 이하	( )m 이상
지정수량의 3,000배 초과 4,000배 이하	( )m 이상

해설

저장 또는 취급하는 위험물의 최대수량	공지의 너비
지정수량의 500배 이하	3m 이상
지정수량의 500배 초과 1,000배 이하	5m 이상
지정수량의 1,000배 초과 2,000배 이하	9m 이상
지정수량의 2,000배 초과 3,000배 이하	12m 이상
지정수량의 3,000배 초과 4,000배 이하	15m 이상
지정수량의 4,000배 초과	해당 탱크의 수평단면의 최대지름(가로형인 경우에는 긴 변)과 높이 중에서 큰 것과 같은 거리 이상. 다만, 30m 초과인 경우에는 30m 이상으로 할 수 있고, 15m 미만인 경우에는 15m 이상으로 해야 한다.

정답 3, 5, 12, 15

87 이황화탄소를 물속에 저장하는 이유를 쓰시오.

해설
이황화탄소는 비중이 1.26이고 물에 녹지 않는다. 그리고 제4류 위험물로 인화성이 큰 액체위험물이다. 하지만, 이황화탄소는 물에 녹지 않고 비중이 물보다 커서 물속에 가라앉는다. 그래서 가연성 증기가 발생되지 않아 안전하다.

정답 물에 녹지 않고 물보다 비중이 크므로 물속에서 가연성 증기의 발생이 억제된다.

88 다음 [보기]의 시약을 각각 물과 반응시켰을 때, 다음 물음에 답하시오.

[보기]
시약(A) : 오산화인(P_2O_5)
시약(B) : 마그네슘(Mg)
시약(C) : 과산화나트륨(Na_2O_2)
시약(D) : 적린(P)

(1) 산소를 생성시키는 시약은?

(2) (1)의 시약의 지정수량을 쓰시오.

해설

과산화나트륨

- 특징

화학식	분자량	지정수량	비중	분해온도
Na_2O_2	78	50kg(무기과산화물)	2.8	460℃

- 과산화나트륨과 물의 반응식 : $2Na_2O_2 + 2H_2O \rightarrow 4NaOH + O_2$ + 발열

정답 (1) 시약(C)의 과산화나트륨
(2) 50kg

89 흑색화약의 원료에서 산소공급원이 되는 제1류 위험물은 무엇인가?

해설

흑색화약은 질산칼륨(KNO_3), 황, 숯가루를 혼합하여 제조한다. 여기서 산소공급원은 산소가 포함되어 있는 질산칼륨이다.

정답 질산칼륨

90 옥외탱크저장소의 방유제는 옥외저장탱크의 지름에 따라 탱크 옆판으로부터 일정한 거리를 유지해야 한다. 다음 (   ) 안에 알맞은 숫자를 쓰시오(단, 인화점이 200℃ 이상인 위험물을 저장 또는 취급하는 것은 제외한다).

(1) 탱크의 지름이 15m 미만일 경우 탱크 높이의 (   ) 이상
(2) 탱크의 지름이 15m 이상일 경우 탱크 높이의 (   ) 이상

해설
- 지름이 15m 미만인 경우에는 탱크 높이의 1/3 이상
- 지름이 15m 이상인 경우에는 탱크 높이의 1/2 이상

정답 (1) 1/3
         (2) 1/2

91 질산암모늄이 물과 반응할 때 어떤 반응을 하는지 쓰시오.

해설
질산암모늄은 물과 반응할 때 흡열반응을 한다.
흡열반응 : 반응 후에 생성되는 물질의 화학에너지가 반응 전의 물질보다 커서 부족한 에너지를 흡수하면서 일어나는 화학반응이다. 이러한 흡열반응이 끝나면 그 물질의 온도는 처음보다 내려가게 된다.

정답 흡열반응

92 옥내저장소에서 염소산나트륨 249,000kg를 저장할 때 하나의 바닥면적 몇 m² 이하로 해야 하는가?

해설

위험물을 저장하는 창고의 종류	기준면적
① 제1류 위험물 중 지정수량 50kg인 위험물 ② 제3류 위험물 중 지정수량 10kg인 위험물과 황린 ③ 제4류 위험물 중 특수인화물, 제1석유류, 알코올류 ④ 제5류 위험물 중 지정수량 10kg인 위험물 ⑤ 제6류 위험물	1,000m² 이하
①~⑤ 외의 위험물을 저장하는 창고	2,000m² 이하
위의 전부에 해당하는 위험물을 내화구조의 격벽으로 완전히 구획된 실에 각각 저장하는 창고(①~⑤의 위험물을 저장하는 실의 면적은 500m²를 초과할 수 없다)	1,500m² 이하

정답 1,000m² 이하

93 위험물안전관리법령상 옥외저장탱크의 주위에는 저장 또는 취급하는 위험물의 최대수량에 따라 옥외저장탱크의 측면으로부터 일정한 너비의 공지를 두어야 한다. 다음 수량에 따른 공지의 너비를 쓰시오.

저장 또는 취급하는 위험물의 최대수량	공지의 너비
지정수량의 500배 초과 1,000배 이하	( )m 이상
지정수량의 ( )배 초과 ( ) 이하	12m 이상

해설

저장 또는 취급하는 위험물의 최대수량	공지의 너비
지정수량의 500배 이하	3m 이상
지정수량의 500배 초과 1,000배 이하	5m 이상
지정수량의 1,000배 초과 2,000배 이하	9m 이상
지정수량의 2,000배 초과 3,000배 이하	12m 이상
지정수량의 3,000배 초과 4,000배 이하	15m 이상
지정수량의 4,000배 초과	해당 탱크의 수평단면의 최대지름(가로형인 경우에는 긴 변)과 높이 중에서 큰 것과 같은 거리 이상. 다만, 30m 초과인 경우에는 30m 이상으로 할 수 있고, 15m 미만인 경우에는 15m 이상으로 해야 한다.

정답 5, 2,000, 3,000

94 제1석유류 중 분자량이 78이고, 증기는 마취성이 있는 물질의 명칭은 무엇인가?

해설
벤젠

화학식	지정수량	분자량	비중	인화점	연소범위
C_6H_6	200L	78	0.95	−11℃	1.4~8.0%

벤젠은 무색, 투명하고 방향성이 있는 액체이며 유독성이다.

정답 벤젠

95 아이오딘값에 대한 다음 물음에 답하시오.

(1) 아이오딘값의 정의를 쓰시오.

(2) 아이오딘값에 따라 동식물유류를 3가지로 구분하시오.

해설
아이오딘값의 정의는 유지 100g에 부가되는 아이오딘의 g수이다.

동식물유의 구분

구분	아이오딘값	종류
건성유	130 이상	해바라기유, 동유, 아마인유, 정어리기름, 들기름
반건성유	100~130	채종유, 목화씨기름, 참기름, 콩기름
불건성유	100 이하	야자유, 동백유, 올리브유

정답 (1) 유지 100g에 부가되는 아이오딘의 g수
(2) 건성유, 반건성유 불건성유

96 위험물제조소와 고압가스시설에서 안전거리는 몇 m 이상으로 해야 하는가?

해설

건축물의 종류	안전거리
7,000V 초과 35,000V 이하의 특고압가공전선	3m 이상
35,000V 초과의 특고압가공전선	5m 이상
주거용으로 사용되는 것	10m 이상
가스시설	20m 이상
학교, 병원, 극장, 복지시설 등	30m 이상
지정문화유산, 천연기념물	50m 이상

정답 20m 이상

97 옥내저장소에서 제5류 위험물 중 유기과산화물을 저장하는 경우에 하나의 바닥면적은 몇 m^2 이하로 해야 하는지 쓰시오.

해설

위험을 저장하는 창고의 종류	기준면적
① 제1류 위험물 중 지정수량 50kg인 위험물 ② 제3류 위험물 중 지정수량 10kg인 위험물과 황린 ③ 제4류 위험물 중 특수인화물, 제1석유류, 알코올류 ④ 제5류 위험물 중 지정수량 10kg인 위험물 ⑤ 제6류 위험물	1,000m^2 이하
①~⑤ 외의 위험물을 저장하는 창고	2,000m^2 이하
위의 전부에 해당하는 위험물을 내화구조의 격벽으로 완전히 구획된 실에 각각 저장하는 창고 (①~⑤의 위험물을 저장하는 실의 면적은 500m^2를 초과할 수 없다)	1,500m^2 이하

정답 2,000m^2 이하

98 적린과 황린의 공통적인 연소생성물은 무엇인지 화학식으로 쓰시오.

해설

- 적린의 연소반응식 : $4P + 5O_2 \rightarrow 2P_2O_5$
- 황린의 연소반응식 : $P_4 + 5O_2 \rightarrow 2P_2O_5$
- ※ 황화인(삼황화인, 오황화인, 칠황화인)의 연소반응식
    삼황화인 : $P_4S_3 + 8O_2 \rightarrow 2P_2O_5 + 3SO_2$
    오황화인 : $2P_2S_5 + 15O_2 \rightarrow 2P_2O_5 + 10SO_2$
    칠황화인 : $P_4S_7 + 12O_2 \rightarrow 2P_2O_5 + 7SO_2$

정답 P_2O_5

---

99 이동저장탱크에 있는 위험물을 주입할 때에는 접지를 해야 한다. 다음 물음에 답하시오.

(1) 접지를 하는 이유를 쓰시오.

(2) 이동저장탱크에 접지도선을 설치해야 하는 위험물의 품명을 쓰시오.

해설

정전기 발생을 방지하기 위해 접지를 한다.
제4류 위험물 중 특수인화물, 제1석유류, 제2석유류는 정전기 발생의 우려가 있기 때문에 접지를 해야 한다.

정답 (1) 정전기 발생을 방지하기 위하여
(2) 특수인화물, 제1석유류, 제2석유류

---

100 아세톤에 대해 다음 물음에 답하시오.

(1) 아세톤의 품명은 무엇인가?

(2) 아세톤의 증기비중을 구하시오.

해설

명칭	화학식	품명	지정수량	비점	분자량
아세톤	CH_3COCH_3	제1석유류	400L(수용성)	56℃	58

증기비중은 분자량을 공기의 평균 분자량으로 나눠준다.

공기의 평균 분자량은 약 29이므로 아세톤의 증기비중은 $\frac{58}{29} = 2$가 된다.

정답 (1) 제1석유류
(2) 2

101 특수인화물을 운송하는 차량의 운반용기가 있는 곳은 어떤 덮개를 사용해야 하는지 쓰시오.

해설

적재 위험물에 따른 피복 기준
- 차광성이 있는 것으로 피복
  제1류 위험물, 제3류 위험물 중 자연발화성 물질, 제4류 위험물 중 특수인화물, 제5류 위험물, 제6류 위험물
- 방수성이 있는 것으로 피복
  제1류 위험물 중 알칼리금속의 과산화물, 제2류 위험물 중 철분·마그네슘·금속분, 제3류 위험물 중 금수성 물질

정답 차광성이 있는 것

102 아연, 마그네슘, 금 중에서 이온화 경향이 가장 큰 금속에 대하여 다음 물음에 답하시오.

(1) 물과의 반응식

(2) 염산과의 반응식

해설
- 이온화 경향 : 금속이 액체, 특히 물과 접촉하였을 때 양이온이 되고자 하는 경향을 말한다. 아연, 마그네슘, 금 중에서는 마그네슘의 이온화 경향이 가장 크다.
- 순서 : K > Ca > Na > Mg > Zn > Fe > Co > Pb > (H) > Cu > Hg > Ag > Au
- 마그네슘과 물의 반응식 : $Mg + 2H_2O \rightarrow Mg(OH)_2 + H_2$
- 마그네슘과 염산의 반응식 : $Mg + 2HCl \rightarrow MgCl_2 + H_2$

정답 (1) $Mg + 2H_2O \rightarrow Mg(OH)_2 + H_2$
(2) $Mg + 2HCl \rightarrow MgCl_2 + H_2$

103 질산과 황산이 담긴 시약병에 글리세린을 반응시켜 생성되는 담황색 액체에 대하여 다음 물음에 답하시오.

(1) 이 물질의 명칭을 쓰시오.

(2) 이 물질의 화학식을 쓰시오.

(3) 이 물질의 지정수량을 쓰시오.

해설

나이트로글리세린[$C_3H_5(ONO_2)_3$] - 제5류 위험물 중 질산에스터류 1종, 지정수량 10kg

나이트로글리세린은 글리세린에 질산과 황산의 혼산을 반응시켜 만든다.

$$C_3H_5(OH)_3 + 3HNO_3 \xrightarrow{c-H_2SO_4} C_3H_5(ONO_2)_3 + 3H_2O$$

정답 (1) 나이트로글리세린
(2) $C_3H_5(ONO_2)_3$
(3) 10kg

104 주유취급소에 있는 지하저장탱크에 대해 다음 물음에 답하시오.

(1) 지면으로부터 탱크 상단까지의 거리는 몇 m 이상으로 해야 하는가?

(2) 탱크전용실의 벽 및 바닥의 두께는 몇 m 이상으로 해야 하는가?

(3) 탱크전용실 안쪽 면과 지하탱크까지의 거리는 몇 m 이상으로 해야 하는가?

해설

지하탱크저장소의 설치기준

- 탱크전용실은 지하의 가장 가까운 벽·피트·가스관 등의 시설물 및 대지경계선으로부터 0.1m 이상 떨어진 곳에 설치하고, 지하저장탱크과 탱크전용실 안쪽과의 사이는 0.1m 이상의 간격을 유지하도록 하며, 해당 탱크의 주위에는 마른 모래 또는 습기 등에 응고되지 않는 입자지름 5mm 이하의 마른 자갈분을 채워야 한다.
- 지하저장탱크의 윗부분은 지면으로부터 0.6m 이상 아래에 있어야 한다.
- 지하탱크를 2기 이상 인접하여 설치할 때의 상호거리는 1m 이상으로 해야 한다(단, 탱크 용량의 합계가 지정수량의 100배 이하일 경우에는 0.5m 이상으로 한다).
- 탱크 전용실의 벽·바닥 및 뚜껑의 두께는 0.3m 이상의 철근콘크리트로 한다.

정답 (1) 0.6m 이상
(2) 0.3m 이상
(3) 0.1m 이상

105 옥외저장소에 인화성 고체를 15ton 저장하고 있다. 이때 보유공지는 몇 m 이상으로 해야 하는지 쓰시오.

해설

옥외저장소의 보유공지

저장 또는 취급하는 위험물의 최대수량	공지의 너비
지정수량의 10배 이하	3m 이상
지정수량의 10배 초과 20배 이하	5m 이상
지정수량의 20배 초과 50배 이하	9m 이상
지정수량의 50배 초과 200배 이하	12m 이상
지정수량의 200배 초과	15m 이상

인화성 고체는 제2류 위험물, 지정수량 1,000kg이다.
15ton은 15,000kg이므로 지정수량의 15배이다. 따라서 공지의 너비는 5m 이상으로 하면 된다.

정답 5m 이상

106 과망가니즈산칼륨과 글리세린을 반응시키면 불이 붙는다. 두 물질의 유별을 각각 쓰시오.

해설

과망가니즈산칼륨과 글리세린을 반응시키면 연기가 나며 불이 붙는다.
과망가니즈산칼륨은 제1류 위험물 중 과망가니즈산염류에 해당하며, 글리세린은 제4류 위험물 중 제3석유류에 해당하는 물질이다.
과망가니즈산칼륨과 글리세린의 반응식 : $14KMnO_4 + 4C_3H_5(OH)_3 \rightarrow 7K_2CO_3 + 7Mn_2O_3 + 5CO_2 + 16H_2O$

정답 제1류 위험물, 제4류 위험물

107 다음 물질 중 운반 시 톨루엔과 혼재가 가능한 위험물을 모두 고르시오.

> 과산화나트륨, 과산화수소, 질산, 황

해설

운반 시 혼재 가능한 위험물

구분	제1류	제2류	제3류	제4류	제5류	제6류
제1류		×	×	×	×	○
제2류	×		×	○	○	×
제3류	×	×		○	×	×
제4류	×	○	○		○	×
제5류	×	○	×	○		×
제6류	○	×	×	×	×	

따라서 제4류 위험물은 제2, 3, 5류 위험물과 혼재가 가능하다.
- 과산화나트륨 : 제1류 위험물
- 과산화수소 : 제6류 위험물
- 질산 : 제6류 위험물
- 황 : 제2류 위험물

정답 황

108 염소산칼륨과 황산이 반응할 때의 생성물에 대한 다음 물음에 답하시오.

(1) 생성되는 유독성 기체의 명칭을 쓰시오.

(2) (1)에 해당하는 기체의 화학식을 쓰시오.

해설

염소산칼륨과 황산의 반응식 : $4KClO_3 + 4H_2SO_4 \rightarrow 4KHSO_4 + 4ClO_2 + 2H_2O + O_2$

생성되는 기체는 이산화염소(ClO_2)이다.

정답 (1) 이산화염소
(2) ClO_2

109 제조소에 [보기]의 주의사항이 적힌 게시판이 부착되어 있다. 각각의 물질에 해당하는 주의사항을 고르시오.

> [보기]
> 화기엄금, 물기엄금, 화기주의, 물기주의

(1) 철분

(2) 나이트로글리세린

(3) 과산화나트륨

(4) 인화성 고체

해설
- 철분(제2류 위험물) : 화기주의
- 나이트로글리세린(제5류 위험물) : 화기엄금
- 과산화나트륨(제1류 위험물) : 물기엄금
- 인화성 고체(제2류 위험물) : 화기엄금

정답 (1) 화기주의
(2) 화기엄금
(3) 물기엄금
(4) 화기엄금

110 다층 옥내저장소에서 각 층의 높이는 몇 m 미만으로 해야 하는지 쓰시오.

해설
다층 건물의 옥내저장소의 저장창고 : 각 층을 바닥의 지면보다 높게 하고, 바닥면으로부터 상층의 바닥(상층이 없는 경우에는 처마까지)까지의 높이는 6m 미만으로 해야 한다.

정답 6m 미만

111 위험물제조소에서 하이드록실아민 900kg을 취급할 때 보유공지는 얼마 이상으로 해야 하는지 쓰시오.

해설

제조소의 보유공지

지정수량의 배수	공지의 너비
지정수량의 10배 이하	3m 이상
지정수량의 10배 초과	5m 이상

하이드록실아민(제2종)은 제5류 위험물에 속하며 지정수량은 100kg이다.
900kg을 취급한다면 지정수량의 9배이며, 공지의 너비는 3m 이상으로 하면 된다.

정답 3m 이상

112 제2종 판매취급소에 대한 다음 물음에 답하시오.

(1) 벽, 기둥 및 바닥은 무슨 구조로 해야 하는지 쓰시오.
(2) 천장의 재질은 무엇으로 해야 하는지 쓰시오.

해설

제2종 판매취급소의 벽, 기둥, 바닥 및 보는 내화구조로 해야 하며, 천장은 불연재료로 해야 한다.

정답 (1) 내화구조
(2) 불연재료

113 이황화탄소에 대해 다음 물음에 답하시오.

(1) 이황화탄소의 품명은?

(2) 이황화탄소의 지정수량은?

(3) 이황화탄소 1mol이 완전 연소할 때 필요한 공기의 부피(L)를 구하시오(단, 표준상태이고 공기 중 산소의 양은 21%이다).

해설

물질명	화학식	품명	인화점	연소범위	비중
이황화탄소	CS_2	특수인화물	-30℃	1.0~50%	1.26

이황화탄소의 연소반응식 : $CS_2 + 3O_2 \rightarrow CO_2 + 2SO_2$

이황화탄소 1mol이 연소할 때 3mol의 산소가 필요하다. 표준상태에서 기체 1mol의 부피는 22.4L이다. 따라서 3mol의 산소(O_2)의 부피는 67.2L가 되며,

공기 중 산소의 부피는 21%이므로 $67.2 \times \dfrac{100}{21} = 320L$가 된다.

정답 (1) 특수인화물
(2) 50L
(3) 320L

114 벤젠, 에틸알코올, 다이에틸에터, 물이 담긴 비커에 과산화수소를 각각 첨가할 때 다음 물음에 답하시오.

(1) 과산화수소는 어느 물질에 녹지 않는가?

(2) 과산화수소의 농도를 조절시켜 안정화시킬 수 있는 물질은 무엇인가?

해설

과산화수소는 물, 에터 및 알코올에 녹으나 벤젠, 석유 등에는 녹지 않는다.
과산화수소는 수용액의 농도가 36wt% 이상인 경우에는 위험물로 취급하고, 농도가 60wt% 이상인 것은 충격에 의해 폭발적으로 분해한다.

정답 (1) 벤젠
(2) 인산, 요산

115 주유취급소에 대해 다음 물음에 답하시오.

(1) 주유취급소의 공지는 얼마인가?

(2) "주유 중 엔진정지" 게시판의 바탕색과 문자색

해설
주유취급소는 너비 15m 이상, 길이 6m 이상의 주유공지를 보유해야 한다.
주유취급소에서는 "위험물 주유취급소"라는 표시를 한 표지, 방화에 관하여 필요한 사항을 게시한 게시판 및 황색 바탕에 흑색 문자로 "주유 중 엔진정지"라는 표시를 한 게시판을 설치해야 한다.

정답 (1) 너비 15m 이상, 길이 6m 이상
(2) 황색 바탕에 흑색 문자

116 황, 마그네슘, 금 중에 온수와 반응 시 수소를 생성하는 물질은?

해설
마그네슘과 물의 반응식 : $Mg + 2H_2O \rightarrow Mg(OH)_2 + H_2$

정답 마그네슘

117 위험물안전관리법령상 옥외저장소의 선반에 관한 설치기준 2가지를 쓰시오.

해설
옥외저장소 선반의 설치기준
- 선반의 높이는 6m를 초과하지 않을 것
- 선반은 불연재료로 만들고 견고한 지반면에 고정할 것
- 선반은 해당 선반 및 그 부속설비의 자중·저장하는 위험물의 중량·풍하중·지진의 영향 등에 의하여 생기는 응력에 대하여 안전할 것
- 선반에는 위험물을 수납하는 용기가 쉽게 낙하하지 않는 조치를 강구할 것

정답 선반의 높이는 6m를 초과하지 않을 것, 선반은 불연재료로 만들고 견고한 지반면에 고정할 것

118 인화칼슘과 물의 반응식을 쓰시오.

해설

인화칼슘(Ca_3P_2) – 제3류 위험물 중 칼슘의 인화물, 지정수량 300kg, 위험등급 Ⅲ

인화칼슘과 물의 반응식 : $Ca_3P_2 + 6H_2O \rightarrow 3Ca(OH)_2 + 2PH_3$

유독성의 포스핀 가스가 생성된다.

정답 $Ca_3P_2 + 6H_2O \rightarrow 3Ca(OH)_2 + 2PH_3$

119 옥외저장탱크의 대기밸브부착 통기관의 작동압력과 밸브 없는 통기관의 지름 기준을 쓰시오.

(1) 대기밸브부착 통기관의 작동압력을 쓰시오.

(2) 밸브 없는 통기관의 지름은 얼마 이상으로 해야 하는가?

해설

옥외저장탱크의 외부구조 및 설비(위험물안전관리법 시행규칙 별표 6)

옥외저장탱크 중 압력탱크(최대상용압력이 부압 또는 정압 5kPa을 초과하는 탱크를 말한다) 외의 탱크(제4류 위험물의 옥외저장탱크에 한한다)에 있어서는 밸브 없는 통기관 또는 대기밸브부착 통기관을 다음에 정하는 바에 의하여 설치해야 하고, 압력탱크에 있어서는 별표 4 Ⅷ 제4호의 규정에 의한 안전장치를 설치해야 한다.

- 밸브 없는 통기관
  - 지름은 30mm 이상일 것
  - 끝부분은 수평면보다 45° 이상 구부려 빗물 등의 침투를 막는 구조로 할 것
  - 인화점이 38℃ 미만인 위험물만을 저장 또는 취급하는 탱크에 설치하는 통기관에는 화염방지장치를 설치하고, 그 외의 탱크에 설치하는 통기관에는 40메시(mesh) 이상의 구리망 또는 동등 이상의 성능을 가진 인화방지장치를 설치할 것. 다만, 인화점이 70℃ 이상인 위험물만을 해당 위험물의 인화점 미만의 온도로 저장 또는 취급하는 탱크에 설치하는 통기관에는 인화방지장치를 설치하지 않을 수 있다.
  - 가연성의 증기를 회수하기 위한 밸브를 통기관에 설치하는 경우에 있어서는 해당 통기관의 밸브는 저장탱크에 위험물을 주입하는 경우를 제외하고는 항상 개방되어 있는 구조로 하는 한편, 폐쇄하였을 경우에 있어서는 10kPa 이하의 압력에서 개방되는 구조로 할 것. 이 경우 개방된 부분의 유효단면적은 777.15mm^2 이상이어야 한다.
- 대기밸브부착 통기관
  - 5kPa 이하의 압력 차이로 작동할 수 있을 것

정답 (1) 5kPa 이하
(2) 30mm 이상

120 글리세린에 대한 다음 물음에 답하시오.

(1) 몇 가 알코올인가?

(2) 품명과 지정수량을 쓰시오.

해설

물질명	화학식	품명	지정수량	비중	분자량
글리세린	$C_3H_5(OH)_3$	제3석유류	4,000L(수용성)	1.26	92

OH기가 3개이므로 3가 알코올이다.

정답 (1) 3가 알코올
　　　(2) 제3석유류, 4,000L

121 인화성 고체를 제조하는 공장에 표시해야 할 주의사항 게시판에 대해 다음 물음에 답하시오.

(1) 주의사항 표시내용을 쓰시오.

(2) 바탕색을 쓰시오.

(3) 문자색을 쓰시오.

해설

제2류 위험물 중 인화성 고체를 취급하는 제조소에 설치하는 주의사항 : 적색 바탕에 백색 문자로 "화기엄금"이라 표시해야 한다.

정답 (1) 화기엄금
　　　(2) 적색
　　　(3) 백색

122 위험물안전관리법에서 제조소와 35,000V를 초과하는 특고압전선과의 안전거리는 몇 m 이상으로 해야 하는가?

해설

제조소와의 안전거리

건축물의 종류	안전거리
7,000V 초과 35,000V 이하의 특고압가공전선	3m 이상
35,000V 초과의 특고압가공전선	5m 이상
주거용으로 사용되는 것	10m 이상
가스시설	20m 이상
학교, 병원, 극장, 복지시설 등	30m 이상
지정문화유산, 천연기념물	50m 이상

정답 5m 이상

123 위험물제조소에서 휘발유를 4,000L 제조할 때 지정수량 배수와 보유공지를 쓰시오.

해설

휘발유(가솔린)는 제4류 위험물 중 제1석유류에 속하며, 지정수량은 200L이다.
따라서 4,000L를 제조한다고 하였을 때 지정수량의 20배를 취급하는 경우이므로 5m 이상이 된다.

보유공지

지정수량의 배수	공지의 너비
지정수량의 10배 이하	3m 이상
지정수량의 10배 초과	5m 이상

정답 20배, 5m 이상

124 이황화탄소, 에탄올 중 물과 섞이지 않는 물질에 대해 다음 물음에 답하시오.

(1) 화학식

(2) 연소반응식

해설

이황화탄소(CS_2) - 지정수량 50L

분자량	비점	인화점	비중	착화점	연소범위
76	46℃	-30℃	1.26	90℃	1.0~50%

- 무색, 투명한 액체, 불순물이 있을 시 황색을 띤다.
- 물에 녹지 않는다.
- 알코올, 벤젠, 에터 등 유기용매에 녹는다.
- 증기는 유독하다.
- 물에 녹지 않고 비중이 1보다 커서 물속에 저장한다.
- 연소반응식 : $CS_2 + 3O_2 \rightarrow CO_2 + 2SO_2$
- 물(고온)과의 반응식 : $CS_2 + 2H_2O \rightarrow CO_2 + 2H_2S$

정답 (1) CS_2
  (2) $CS_2 + 3O_2 \rightarrow CO_2 + 2SO_2$

125 다음 [보기]의 위험물에 대한 다음 물음에 답하시오.

[보기]
- 메틸알코올
- 에틸알코올
- 프로필알코올
- 부틸알코올

(1) 위 물질 중 탄소수가 가장 많은 물질은?

(2) 위험물안전관리법령상 알코올류에 해당하지 않는 물질은?

해설

물질명	메틸알코올	에틸알코올	프로필알코올	부틸알코올
시성식	CH_3OH	C_2H_5OH	C_3H_7OH	C_4H_9OH
품명	알코올류	알코올류	알코올류	제2석유류

정답 (1) 부틸알코올
  (2) 부틸알코올

126 칼륨에 대한 다음 물음에 답하시오.

(1) CO_2와의 반응식

(2) 저장 시 사용하는 보호액

해설

칼륨(K, Potassium) – 원자량 39, 지정수량 10kg
- 은백색의 광택이 있는 무른 경금속이다.
- 불꽃색은 보라색이다.
- 석유 속에 넣어 저장한다(산소, 수분과의 접촉방지).
- 물과의 반응식 : $2K + 2H_2O \rightarrow 2KOH + H_2$
- 연소반응식 : $4K + O_2 \rightarrow 2K_2O$
- 에탄올과의 반응식 : $2K + 2C_2H_5OH \rightarrow 2C_2H_5OK + H_2$
- 이산화탄소(CO_2)와의 반응식 : $4K + 3CO_2 \rightarrow 2K_2CO_3 + C$

※ CO_2는 칼륨과 반응하므로 소화약제로 사용할 수 없다.

정답 (1) $4K + 3CO_2 \rightarrow 2K_2CO_3 + C$
　　　 (2) 석유

127 리튬과 물의 반응식을 쓰고, 두 물질이 반응 시 온도가 올라가는 반응을 무엇이라고 하는지 쓰시오.

(1) 리튬과 물의 반응식

(2) 온도가 올라가는 반응

해설

리튬은 물과 만나 수소를 발생시킨다(발열반응).

리튬과 물의 반응식 : $2Li + 2H_2O \rightarrow 2LiOH + H_2$

정답 (1) $2Li + 2H_2O \rightarrow 2LiOH + H_2$
　　　 (2) 발열반응

128 제1종 판매취급소의 배합실에 대한 다음 물음에 답하시오.

(1) 출입문의 설치기준
(2) 출입구 문턱의 높이

해설

판매취급소의 기준(제1종 판매취급소)
- 제1종 판매취급소는 건축물의 1층에 설치
- 게시판 : "위험물 판매취급소"라는 표시를 한 표지, 그 외는 제조소와 동일
- 제1종 판매취급소의 용도로 사용되는 건축물의 부분은 내화구조 또는 불연재료로 하고, 판매취급소로 사용되는 부분과 다른 부분과의 격벽은 내화구조
- 보, 천장 : 불연재료
- 제1종 판매취급소의 용도로 사용하는 부분에 상층이 있는 경우에 있어서는 그 상층의 바닥을 내화구조로 하고, 상층이 없는 경우에 있어서는 지붕을 내화구조 또는 불연재료로 할 것
- 제1종 판매취급소의 용도로 사용하는 부분의 창 및 출입구에는 60분+방화문·60분 방화문 또는 30분 방화문을 설치할 것
- 제1종 판매취급소의 용도로 사용하는 부분의 창 또는 출입구에 유리를 이용하는 경우에는 망입유리로 할 것
- 위험물을 배합하는 실의 기준
  - 바닥면적은 $6m^2$ 이상 $15m^2$ 이하
  - 내화구조 또는 불연재료로 된 벽으로 구획할 것
  - 바닥은 위험물이 침투하지 않는 구조로 하여 적당한 경사를 두고 집유설비를 할 것
  - 출입구에는 수시로 열 수 있는 자동폐쇄식의 60분+방화문 또는 60분 방화문을 설치할 것
  - 출입구 문턱의 높이는 바닥면으로부터 0.1m 이상으로 할 것
  - 내부에 체류한 가연성의 증기 또는 가연성의 미분을 지붕 위로 방출하는 설비를 할 것

정답 (1) 수시로 열 수 있는 자동폐쇄식의 60분+방화문 또는 60분 방화문
(2) 0.1m 이상

129 이동탱크저장소의 측면틀에 대한 ( ) 안의 알맞은 답을 넣으시오.

> 탱크 뒷부분의 입면도에 있어서 측면틀의 최외측과 탱크의 최외측을 연결하는 직선의 수평면에 대한 내각이 ( )° 이상이 되도록 하고, 최대수량의 위험물을 저장한 상태에 있을 때의 해당 탱크중량의 중심점과 측면틀의 최외측을 연결하는 직선과 그 중심점을 지나는 직선 중 최외측선과 직각을 이루는 직선과의 내각이 ( )° 이상이 되도록 할 것

해설

측면틀 부착기준 : 탱크 뒷부분의 입면도에 있어서 측면틀의 최외측과 탱크의 최외측을 연결하는 직선의 수평면에 대한 내각이 75° 이상이 되도록 하고, 최대수량의 위험물을 저장한 상태에 있을 때의 해당 탱크중량의 중심점과 측면틀의 최외측을 연결하는 직선과 그 중심점을 지나는 직선 중 최외측선과 직각을 이루는 직선과의 내각이 35° 이상이 되도록 할 것

정답 75, 35

130 주유취급소의 건축물 중 창에 대한 다음 물음에 답하시오.

(1) 창문은 어떤 유리로 사용해야 하는지 쓰시오.

(2) 창은 밀폐형, 개방형 중 어느 것으로 사용해야 하는지 쓰시오.

해설

건축물 등의 구조(위험물안전관리법 시행규칙 별표 13) : 주유취급소에 설치하는 건축물 등은 다음의 규정에 의한 위치 및 구조의 기준에 적합해야 한다.

- 건축물, 창 및 출입구의 구조는 다음의 기준에 적합하게 할 것
  - 건축물의 벽·기둥·바닥·보 및 지붕을 내화구조 또는 불연재료로 할 것. 다만, Ⅴ 제2호에 따른 면적의 합이 500m²를 초과하는 경우에는 건축물의 벽을 내화구조로 해야 한다.
  - 창 및 출입구(Ⅴ 제1호 다목 및 라목의 용도에 사용하는 부분에 설치한 자동차 등의 출입구를 제외한다)에는 방화문 또는 불연재료로 된 문을 설치할 것. 이 경우 Ⅴ 제2호에 따른 면적의 합이 500m²를 초과하는 주유취급소로서 하나의 구획실의 면적이 500m²를 초과하거나 2층 이상의 층에 설치하는 경우에는 해당 구획실 또는 해당 층의 2면 이상의 벽에 각각 출입구를 설치해야 한다.
- Ⅴ 제1호 바목의 용도에 사용하는 부분은 개구부가 없는 내화구조의 바닥 또는 벽으로 해당 건축물의 다른 부분과 구획하고 주유를 위한 작업장 등 위험물취급장소에 면한 쪽의 벽에는 출입구를 설치하지 않을 것

- 사무실 등의 창 및 출입구에 유리를 사용하는 경우에는 망입유리 또는 강화유리로 할 것. 이 경우 강화유리의 두께는 창에는 8mm 이상, 출입구에는 12mm 이상으로 해야 한다.
- 건축물 중 사무실 그 밖의 화기를 사용하는 곳(Ⅴ 제1호 다목 및 라목의 용도에 사용하는 부분을 제외한다)은 누설한 가연성의 증기가 그 내부에 유입되지 않도록 다음의 기준에 적합한 구조로 할 것
  - 출입구는 건축물의 안에서 밖으로 수시로 개방할 수 있는 자동폐쇄식으로 할 것
  - 출입구 또는 사이통로의 문턱의 높이를 15cm 이상으로 할 것
  - 높이 1m 이하의 부분에 있는 창 등은 밀폐시킬 것

정답 (1) 망입유리 또는 강화유리
     (2) 밀폐형

131 이동탱크저장소는 내부에 일정 용량마다 칸으로 구분을 해놓는다. 다음 물음에 답하시오.

(1) 이동탱크저장소 내에는 무엇을 설치해야 하는가?

(2) 탱크의 총 용량이 20,000L일 때 (1)의 장치는 몇 개 설치해야 하는가?

해설
이동저장탱크의 구조
- 이동저장탱크의 두께 : 3.2mm 이상의 강철판
- 압력탱크 외의 탱크 : 70kPa의 압력으로 10분간 수압시험
- 최대상용압력의 1.5배의 압력으로 10분간 수압시험
- 내부에 4,000L 이하마다 3.2mm 이상의 강철판으로 칸막이를 설치해야 한다.
- 칸막이로 구획된 각 부분마다 맨홀과 안전장치 및 방파판을 설치해야 한다.

정답 (1) 칸막이
     (2) 4개

132 인화점에 대해 설명하시오.

해설
가연성 증기를 발생할 수 있는 최저의 온도를 인화점이라 한다.

정답 가연성 증기를 발생할 수 있는 최저의 온도

133 위험물제조소에서 유기과산화물 300kg, 하이드록실아민 900kg, 질산에스터 100kg을 취급할 때의 보유공지를 쓰시오.

해설

제조소의 보유공지 : 위험물을 취급하는 건축물 그 밖의 시설의 주위에는 그 취급하는 위험물의 최대수량에 따라 다음 표에 의한 너비의 공지를 보유해야 한다.

취급하는 위험물의 최대수량	공지의 너비
지정수량의 10배 이하	3m 이상
지정수량의 10배 초과	5m 이상

품명	유기과산화물	하이드록실아민	질산에스터
지정수량	10kg	100kg	10kg

유기과산화물은 지정수량의 30배, 하이드록실아민은 지정수량의 9배, 질산에스터는 지정수량의 10배를 취급하고 있다. 따라서 전부 합하면 49배가 되고, 지정수량의 10배 초과이므로 공지의 너비는 5m 이상으로 해야 한다.

정답 5m 이상

※ 지정수량 개정으로 현재 출제기준에 맞지 않음

134 마그네슘분의 연소반응식과 이산화탄소의 반응식을 쓰시오.

(1) 연소반응식

(2) 이산화탄소와의 반응식

해설

마그네슘(Mg) – 제2류 위험물, 지정수량 500kg

- 온수와의 반응식 : $Mg + 2H_2O \rightarrow Mg(OH)_2 + H_2$
- 마그네슘의 연소반응식 : $2Mg + O_2 \rightarrow 2MgO$
- 이산화탄소와의 반응식 : $Mg + CO_2 \rightarrow MgO + CO$

※ CO_2와 Mg이 반응하면 일산화탄소를 발생시키므로 소화약제로 적절하지 않다.

정답 (1) $2Mg + O_2 \rightarrow 2MgO$
(2) $Mg + CO_2 \rightarrow MgO + CO$

135 다음 [보기]에 대한 다음 물음에 답하시오.

[보기]
- 에틸알코올
- 메틸알코올
- 아세톤
- 다이에틸에터
- 가솔린

(1) 에틸알코올과 아세톤의 완전 연소반응식을 쓰시오.

(2) [보기]의 물질 중 지정수량이 같은 것을 모두 쓰시오.

해설

물질명	에틸알코올	메틸알코올	아세톤	다이에틸에터	가솔린
품명	알코올류	알코올류	제1석유류	특수인화물	제1석유류
지정수량	400L	400L	400L(수용성)	50L	200L

정답 (1) 에틸알코올의 연소반응식 : $C_2H_5OH + 3O_2 \rightarrow 2CO_2 + 3H_2O$
아세톤의 연소반응식 : $CH_3COCH_3 + 4O_2 \rightarrow 3CO_2 + 3H_2O$
(2) 에틸알코올, 메틸알코올, 아세톤

136 과염소산($HClO_4$)에 대한 다음 물음에 답하시오.

(1) 과염소산은 물과 반응 시 어떤 반응을 하는지 쓰시오.

(2) $HClO$, $HClO_2$, $HClO_3$, $HClO_4$의 물질을 산성의 세기가 큰 것부터 쓰시오.

해설

과염소산($HClO_4$) – 지정수량 300kg

분자량	융점	비중	비점
100.5	−112℃	1.76	39℃

- 무색의 액체로 유동성이 있다.
- 염소산염류 중에서 산성이 가장 세다.
- 물과 접촉하면 심하게 발열한다.
- 흡습성이 우수하여 탈수제로 사용된다.
- 공기 중에 방치하면 분해한다.
- 용기는 내산성 용기를 사용한다.
- 가연물과 격리하여 저장해야 한다.
- 분해반응식 : $HClO_4 \rightarrow HCl + 2O_2$
- 산성의 세기 : $HClO_4 > HClO_3 > HClO_2 > HClO$

정답 (1) 발열반응
(2) $HClO_4 > HClO_3 > HClO_2 > HClO$

137 트라이나이트로톨루엔이 분해할 때 발생하는 기체의 종류는 몇 가지인가?

해설

트라이나이트로톨루엔[$C_6H_2CH_3(NO_2)_3$] – 제5류 위험물 중 나이트로화합물
- 담황색의 주상 결정, 폭약으로 쓰인다.
- 충격에는 민감하지 않으나, 타격에 폭발한다.
- 물에 녹지 않는다.
- 벤젠, 에터, 아세톤 등에 녹는다.
- 분해반응식 : $2C_6H_2CH_3(NO_2)_3 \rightarrow 12CO + 5H_2 + 3N_2 + 2C$
  여기서, CO, H_2, N_2는 기체이다.

정답 3가지

138 과염소산나트륨을 물, 아세톤, 에틸알코올, 에터에 각각 넣었을 때 어느 물질에 녹지 않는지 쓰시오.

해설

과염소산나트륨($NaClO_4$) – 제1류 위험물 중 과염소산염류, 지정수량 50kg
- 분해온도는 약 400℃이다.
- 조해성이 있어 습기에 주의해야 한다.
- 물, 에틸알코올, 아세톤에 녹는다(물은 위험물이 아니다).
- 에터에는 녹지 않는다.

물질	아세톤	에틸알코올	에터(다이에틸에터)
품명	제1석유류	알코올류	특수인화물
지정수량	400L(수용성)	400L	50L

정답 에터

139 다이에틸에터의 과산화물을 검출할 때 사용하는 시약의 이름과 비율을 쓰시오.

해설

다이에틸에터는 공기와 장기간 접촉 시 과산화물을 생성하므로 취급에 주의해야 한다. 과산화물은 10% 아이오딘화칼륨 용액을 넣어 검출한다.

정답 10% 아이오딘화칼륨 용액

140 위험물안전관리법상 취급소의 종류 4가지를 쓰시오.

정답 일반취급소, 주유취급소, 판매취급소, 이송취급소

141 주유취급소에서 경유를 주입할 때, 다음 물음에 답하시오.

(1) 경유 주유설비의 1회 연속주유량은 몇 L 이하로 해야 하는가?
(2) 경유 주유설비의 주유시간 상한은 얼마인가?

해설
셀프용 고정주유설비의 기준
- 주유호스의 끝부분에 수동개폐장치를 부착한 주유노즐을 설치할 것. 다만, 수동개폐장치를 개방한 상태로 고정시키는 장치가 부착된 경우에는 다음의 기준에 적합해야 한다.
  - 주유작업을 개시함에 있어서 주유노즐의 수동개폐장치가 개방상태에 있는 때에는 해당 수동개폐장치를 일단 폐쇄시켜야만 다시 주유를 개시할 수 있는 구조로 할 것
  - 주유노즐이 자동차 등의 주유구로부터 이탈된 경우 주유를 자동적으로 정지시키는 구조일 것
- 주유노즐은 자동차 등의 연료탱크가 가득 찬 경우 자동적으로 정지시키는 구조일 것
- 주유호스는 200kg 이하의 하중에 의하여 깨져 분리되거나 이탈되어야 하고, 깨져 분리되거나 이탈된 부분으로부터의 위험물 누출을 방지할 수 있는 구조일 것
- 휘발유와 경유 상호 간 오인에 의한 주유를 방지할 수 있는 구조일 것
- 1회의 연속주유량 및 주유시간의 상한을 미리 설정할 수 있는 구조일 것. 이 경우 주유량의 상한은 휘발유는 100L 이하, 경유는 600L 이하로 하며, 주유시간의 상한은 휘발유 4분, 경유 12분 이하로 한다.

정답 (1) 600L
(2) 12분

142 제조소의 배출설비에 대한 다음 물음에 답하시오.

(1) 배출설비의 배출구는 지면에서 몇 m 이상에 설치해야 하는가?

(2) 국소방식의 배출설비 배출능력은 1시간당 용적의 몇 배 이상으로 해야 하는가?

해설

배출설비

- 국소방식으로 설치
- 배풍기(오염된 공기를 뽑아내는 통풍기), 배출덕트(공기배출통로), 후드 등을 이용하여 강제적으로 배출하는 것으로 해야 한다.
- 배출능력은 1시간당 배출장소 용적의 20배 이상. 단, 전역방식의 경우에는 바닥면적 $1m^2$당 $18m^3$ 이상
- 배출설비의 급기구는 높은 곳에 설치, 구리망 등으로 인화방지망 설치
- 배출설비의 배출구는 지상 2m 이상의 연소의 우려가 없는 장소에 설치하고 화재 시 자동으로 폐쇄되는 방화댐퍼(화재 시 연기 등을 차단하는 장치)를 설치
- 배풍기는 강제배기방식

정답 (1) 2m 이상
(2) 20배 이상

143 옥외저장소안에 제4류 위험물을 저장할 때의 기준에 대한 다음 ( ) 안에 알맞은 말을 쓰시오.

(1) 인화성 고체, 제1석유류 또는 알코올류는 저장 또는 취급하는 장소에는 해당 위험물을 적당한 온도로 유지하기 위한 (   ) 등을 설치해야 한다.

(2) 제1석유류 또는 알코올류를 저장 또는 취급하는 장소의 주위에는 배수구 및 집유설비를 설치해야 한다. 이 경우 제1석유류를 저장 또는 취급하는 장소에 있어서는 집유설비에 (   )를 설치해야 한다.

해설

인화성 고체, 제1석유류 또는 알코올류의 옥외저장소의 특례

- 인화성 고체, 제1석유류 또는 알코올류는 저장 또는 취급하는 장소에는 해당 위험물을 적당한 온도로 유지하기 위한 살수설비 등을 설치해야 한다.
- 제1석유류 또는 알코올류를 저장 또는 취급하는 장소의 주위에는 배수구 및 집유설비를 설치해야 한다. 이 경우 제1석유류(온도 20℃의 물 100g에 용해되는 양이 1g 미만인 것에 한한다)를 저장 또는 취급하는 장소에 있어서는 집유설비에 유분리장치를 설치해야 한다.

정답 (1) 살수설비
(2) 유분리장치

144 제4류 위험물 중 제1석유류, 제2석유류, 제3석유류, 제4석유류를 구분하는 기준이 되는 점을 무엇이라 하는가?

해설
- 제1석유류의 조건 : 1기압에서 인화점이 21℃ 미만
- 제2석유류의 조건 : 1기압에서 인화점이 21℃ 이상 70℃ 미만
- 제3석유류의 조건 : 1기압에서 인화점이 70℃ 이상 200℃ 미만
- 제4석유류의 조건 : 1기압에서 인화점이 200℃ 이상 250℃ 미만

정답 인화점

145 칼슘과 물의 반응 시 나오는 가스의 완전 연소반응식을 쓰시오.

해설
칼슘(Ca) – 제3류 위험물 중 알칼리토금속, 지정수량 50kg, 위험등급 Ⅱ
칼슘은 물과 만나 수소가스를 발생한다.
- 칼슘과 물의 반응식 : $Ca + 2H_2O \rightarrow Ca(OH)_2 + H_2$
- 수소의 연소반응식 : $2H_2 + O_2 \rightarrow 2H_2O$

정답 $2H_2 + O_2 \rightarrow 2H_2O$

146 밸브 없는 통기관에 대한 다음 물음에 답하시오.

(1) 구부리는 각도는 얼마인가?
(2) 구부려서 설치하는 이유를 쓰시오.

해설
통기관을 구부린 이유는 빗물 등의 침투를 막기 위해서 구부린다.

정답 (1) 45°
(2) 빗물 등의 침투를 막기 위하여

147 염소산나트륨에 대한 다음 물음에 답하시오.

(1) 품명을 쓰시오.

(2) 지정수량을 쓰시오.

(3) 염소산나트륨은 연소의 3요소 중 무엇에 해당하는지 쓰시오.

> **해설**
>
> **염소산나트륨($NaClO_3$) – 제1류 위험물 중 염소산염류, 지정수량 50kg, 위험등급 I**
> 염소산나트륨의 열분해반응식 : $2NaClO_3 \rightarrow 2NaCl + 3O_2$
> 제1류 위험물은 산화성 고체로 매우 좋은 산소공급원이다.
>
> **정답** (1) 염소산염류
> (2) 50kg
> (3) 산소공급원

148 아세톤, 등유, 경유, 벤젠, 톨루엔, 자일렌 중 질산과 황산을 나이트로화하여 트라이나이트로톨루엔을 생성하는 물질에 대하여 다음 물음에 답하시오.

(1) 물질명을 쓰시오.

(2) 화학식을 쓰시오.

(3) 완전 연소반응식을 쓰시오.

> **해설**
> • 아세톤(CH_3COCH_3) – 제4류 위험물 중 제1석유류(수용성), 지정수량 400L, 위험등급 II
> • 등유 – 제4류 위험물 중 제2석유류, 지정수량 1,000L, 위험등급 III
> • 경유 – 제4류 위험물 중 제2석유류, 지정수량 1,000L, 위험등급 III
> • 벤젠 – 제4류 위험물 중 제1석유류, 지정수량 200L, 위험등급 II
> • 톨루엔 – 제4류 위험물 중 제1석유류, 지정수량 200L, 위험등급 II
> • 자일렌 – 제4류 위험물 중 제2석유류, 지정수량 1,000L, 위험등급 III
> ※ 트라이나이트로톨루엔(TNT)은 톨루엔을 원료로 하여 질산과 황산을 반응시켜 제조한다.
>
> **정답** (1) 톨루엔
> (2) $C_6H_5CH_3$
> (3) $C_6H_5CH_3 + 9O_2 \rightarrow 7CO_2 + 4H_2O$

149 제조소에 설치되어 있는 게시판에 대한 다음 물음에 답하시오.

(1) 주의사항 중 물기엄금의 바탕색과 문자색을 쓰시오.

(2) 제2류 위험물 중 "화기엄금"의 주의사항을 표시해야 하는 품명을 쓰시오.

해설

표지 및 게시판
- 제조소에는 보기 쉬운 곳에 "위험물 제조소"라는 표시를 한 표지를 설치해야 한다.
  - 표지는 한 변의 길이가 0.3m 이상, 다른 한 변의 길이가 0.6m 이상인 직사각형으로 할 것
  - 표지의 바탕은 백색으로, 문자는 흑색으로 할 것
- 제조소에는 보기 쉬운 곳에 방화에 관하여 필요한 사항을 게시한 게시판을 설치해야 한다.
  - 게시판은 한 변의 길이가 0.3m 이상, 다른 한 변의 길이가 0.6m 이상인 직사각형으로 할 것
  - 게시판에는 저장 또는 취급하는 위험물의 유별·품명 및 저장최대수량 또는 취급최대수량, 지정수량의 배수 및 안전관리자의 성명 또는 직명을 기재할 것
  - 게시판의 바탕은 백색으로, 문자는 흑색으로 할 것
  - 게시판 외에 저장 또는 취급하는 위험물에 따라 주의사항을 표시한 게시판을 설치할 것
    ⓐ 제1류 위험물 중 알칼리금속의 과산화물과 이를 함유한 것 또는 제3류 위험물 중 금수성 물질에 있어서는 "물기엄금"
    ⓑ 제2류 위험물(인화성 고체는 제외)에 있어서는 "화기주의"
    ⓒ 제2류 위험물 중 인화성 고체, 제3류 위험물 중 자연발화성 물질, 제4류 위험물 또는 제5류 위험물에 있어서는 "화기엄금"
  - "물기엄금"을 표시하는 것에 있어서는 청색 바탕에 백색 문자로, "화기주의" 또는 "화기엄금"을 표시하는 것에 있어서는 적색 바탕에 백색 문자로 할 것

정답 (1) 청색 바탕에 백색 문자
(2) 인화성 고체

150 추운지방에서 사용할 수 있도록 설계된 소화기에 대해 다음 물음에 답하시오.

(1) 소화기의 이름은 무엇인가?

(2) (1)의 소화기에 첨가하는 물질을 쓰시오.

해설

강화액소화기 : 물의 어는점을 탄산칼륨(K_2CO_3)을 이용해 낮추어 소화능력을 향상시키고, 특히 추운지방에서 사용할 수 있도록 만든 소화기이다.

정답 (1) 강화액소화기
(2) 탄산칼륨(K_2CO_3)

151 이동탱크차량에 대한 다음 물음에 답하시오.

(1) 이동탱크저장소의 옥외 상치장소는 화기를 취급하는 장소 또는 인근의 건축물로부터 얼마 이상의 거리를 확보해야 하는지 쓰시오.

(2) 인근의 건축물이 1층인 경우 얼마 이상의 거리를 확보해야 하는지 쓰시오.

해설

이동탱크저장소의 상치장소
- 옥외 : 인근의 건축물로부터 5m 이상(건축물이 1층인 경우에는 3m 이상)
- 옥내 : 벽·바닥·보·서까래 및 지붕이 내화구조 또는 불연재료로된 건축물의 1층에 설치

정답 (1) 5m 이상
　　　(2) 3m 이상

152 위험물안전관리법령에 따른 판매취급소의 배합실 출입구 문턱은 바닥면으로부터 몇 m 이상으로 해야 하는지 쓰시오.

해설

판매취급소의 기준(제1종 판매취급소)
- 제1종 판매취급소는 건축물의 1층에 설치
- 게시판 : "위험물 판매취급소"라는 표시를 한 표지, 그 외는 제조소와 동일
- 제1종 판매취급소의 용도로 사용되는 건축물의 부분은 내화구조 또는 불연재료로 하고, 판매취급소로 사용되는 부분과 다른 부분과의 격벽은 내화구조
- 보, 천장 : 불연재료
- 제1종 판매취급소의 용도로 사용하는 부분에 상층이 있는 경우에 있어서는 그 상층의 바닥을 내화구조로 하고, 상층이 없는 경우에 있어서는 지붕을 내화구조 또는 불연재료로 할 것
- 제1종 판매취급소의 용도로 사용하는 부분의 창 및 출입구에는 60분+방화문·60분 방화문 또는 30분 방화문을 설치할 것
- 제1종 판매취급소의 용도로 사용하는 부분의 창 또는 출입구에 유리를 이용하는 경우에는 망입유리로 할 것
- 위험물을 배합하는 실의 기준
    - 바닥면적은 $6m^2$ 이상 $15m^2$ 이하
    - 내화구조 또는 불연재료로 된 벽으로 구획할 것
    - 바닥은 위험물이 침투하지 않는 구조로 하여 적당한 경사를 두고 집유설비를 할 것
    - 출입구에는 수시로 열 수 있는 자동폐쇄식의 60분+방화문 또는 60분 방화문을 설치할 것
    - 출입구 문턱의 높이는 바닥면으로부터 0.1m 이상으로 할 것
    - 내부에 체류한 가연성의 증기 또는 가연성의 미분을 지붕 위로 방출하는 설비를 할 것

정답 0.1m 이상

153 옥내저장소에 윤활유가 들어있는 드럼통을 2단으로 쌓으려고 한다. 다음 물음에 답하시오.

(1) 용기만을 겹쳐 쌓는 경우 몇 m를 초과하지 않아야 하는지 쓰시오.

(2) 적절한 조치를 취하면 윤활유와 함께 저장할 수 있는 위험물의 유별을 쓰시오.

(3) 함께 저장하기 위해 취해야 하는 적절한 조치사항을 쓰시오.

해설

윤활유는 제4류 위험물 중 제4석유류에 속한다.

저장의 기준

- 옥내저장소 또는 옥외저장소에 있어서 다음의 위험물을 저장하는 경우로서 위험물을 유별로 정리하여 저장하는 한편, 서로 1m 이상의 간격을 두는 경우에는 함께 저장할 수 있다.
  - 제1류 위험물(알칼리금속의 과산화물 또는 이를 함유한 것을 제외한다)과 제5류 위험물을 저장하는 경우
  - 제1류 위험물과 제6류 위험물을 저장하는 경우
  - 제1류 위험물과 제3류 위험물 중 자연발화성 물질(황린 또는 이를 함유한 것에 한한다)을 저장하는 경우
  - 제2류 위험물 중 인화성 고체와 제4류 위험물을 저장하는 경우
  - 제3류 위험물 중 알킬알루미늄 등과 제4류 위험물(알킬알루미늄 또는 알킬리튬을 함유한 것에 한한다)을 저장하는 경우
  - 제4류 위험물 중 유기과산화물 또는 이를 함유하는 것과 제5류 위험물 중 유기과산화물 또는 이를 함유한 것을 저장하는 경우
  - ※ 제3류 위험물 중 황린 그 밖에 물속에 저장하는 물품과 금수성 물질은 동일한 저장소에서 저장하지 않아야 한다.
- 옥내저장소에서 동일 품명의 위험물이더라도 자연발화할 우려가 있는 위험물 또는 재해가 현저하게 증대할 우려가 있는 위험물을 다량 저장하는 경우에는 지정수량의 10배 이하마다 구분하여 상호간 0.3m 이상의 간격을 두어 저장해야 한다.
- 옥내저장소에서 위험물을 저장하는 경우에는 다음의 규정에 의한 높이를 초과하여 용기를 겹쳐 쌓지 않아야 한다.
  - 기계에 의하여 하역하는 구조로 된 용기만을 겹쳐 쌓는 경우 : 6m
  - 제4류 위험물 중 제3석유류, 제4석유류 및 동식물유류를 수납하는 용기만을 겹쳐 쌓는 경우 : 4m
  - 그 밖의 경우 : 3m
- 옥내저장소에서는 용기에 수납하여 저장하는 위험물의 온도가 55℃를 넘지 않도록 필요한 조치를 강구해야 한다.

정답 (1) 4m
(2) 제2류 위험물
(3) 서로 1m 이상의 간격을 두는 경우

154 벤젠, 톨루엔, 아세톤 중 물에 녹는 물질에 대한 다음 물음에 답하시오.

(1) 화학식을 쓰시오.

(2) 지정수량을 쓰시오.

(3) 품명을 쓰시오.

해설

물질	벤젠	톨루엔	아세톤
화학식	C_6H_6	$C_6H_5CH_3$	CH_3COCH_3
품명	제1석유류	제1석유류	제1석유류
수용성 유무	비수용성	비수용성	수용성
지정수량	200L	200L	400L

정답 (1) CH_3COCH_3
(2) 400L
(3) 제1석유류

155 메틸알코올, 에틸알코올, 프로필알코올, 부틸알코올 중 알코올류에 해당하지 않는 물질은 무엇이며, 그 이유를 쓰시오.

(1) 위 물질 중 알코올류가 아닌 것은 무엇인가?

(2) 그 이유를 쓰시오.

해설
알코올류에는 메틸알코올, 에틸알코올, 프로필알코올이 있다.
알코올류의 정의
"알코올류"라 함은 1분자를 구성하는 탄소원자의 수가 1개부터 3개까지인 포화1가 알코올(변성알코올을 포함한다)을 말한다. 다만, 다음의 하나에 해당하는 것은 제외한다.
• 1분자를 구성하는 탄소원자의 수가 1개 내지 3개의 포화1가 알코올의 함유량이 60wt% 미만인 수용액
• 가연성 액체량이 60wt% 미만이고 인화점 및 연소점(태그개방식인화점측정기에 의한 연소점을 말한다)이 에틸알코올 60wt% 수용액의 인화점 및 연소점을 초과하는 것
※ 여기서 부틸알코올(C_4H_9OH)은 제4류 위험물 중 제2석유류(비수용성)로 탄소수가 4개이므로 알코올류에 해당하지 않는다.

정답 (1) 부틸알코올
(2) 탄소의 수가 4개이므로 알코올류에 해당하지 않는다.

156 주유취급소의 현수식 고정주유설비에 대한 다음 물음에 답하시오.

(1) 현수식 고정주유설비 주유관의 길이를 쓰시오.

(2) 현수식 고정주유설비 주유관으로부터 지면까지의 거리를 쓰시오.

해설

고정주유설비의 위치·구조 및 설비의 기준

- 주유취급소에는 자동차 등의 연료탱크에 직접 주유하기 위한 고정주유설비를 설치해야 한다.
- 주유취급소의 고정주유설비 또는 고정급유설비는 하나의 탱크만으로부터 위험물을 공급받을 수 있도록 하고, 다음의 기준에 적합한 구조로 해야 한다.
  - 펌프기기는 주유관 끝부분에서의 최대배출량이 제1석유류의 경우에는 분당 50L 이하, 경유의 경우에는 분당 180L 이하, 등유의 경우에는 분당 80L 이하인 것으로 할 것
  - 이동저장탱크의 상부를 통하여 주입하는 고정급유설비의 주유관에는 해당 탱크의 밑 부분에 달하는 주입관을 설치하고, 그 배출량이 분당 80L를 초과하는 것은 이동저장탱크에 주입하는 용도로만 사용할 것
  - 고정주유설비 또는 고정급유설비는 난연성 재료로 만들어진 외장을 설치할 것
- 고정주유설비 또는 고정급유설비의 주유관의 길이(끝부분의 개폐밸브를 포함한다)는 5m(현수식의 경우에는 지면 위 0.5m의 수평면에 수직으로 내려 만나는 점을 중심으로 반경 3m) 이내로 하고 그 끝부분에는 축적된 정전기를 유효하게 제거할 수 있는 장치를 설치해야 한다.
- 고정주유설비 또는 고정급유설비는 다음의 기준에 적합한 위치에 설치해야 한다.
  - 고정주유설비의 중심선을 기점으로 하여 도로경계선까지 4m 이상, 부지경계선·담 및 건축물의 벽까지 2m(개구부가 없는 벽까지는 1m) 이상의 거리를 유지하고, 고정급유설비의 중심선을 기점으로 하여 도로경계선까지 4m 이상, 부지경계선 및 담까지 1m 이상, 건축물의 벽까지 2m(개구부가 없는 벽까지는 1m) 이상의 거리를 유지할 것
  - 고정주유설비와 고정급유설비의 사이에는 4m 이상의 거리를 유지할 것

정답 3m 이내, 0.5m

157 주유취급소의 셀프용 고정주유설비에 대한 다음 물음에 답하시오.

(1) 휘발유의 1회 연속주유상한은 몇 L 이하로 해야 하는지 쓰시오.

(2) 휘발유의 주유시간 상한은 몇 분 이하로 해야 하는지 쓰시오.

해설
- **셀프용 고정주유설비의 기준** : 1회의 연속주유량 및 주유시간의 상한을 미리 설정할 수 있는 구조일 것. 이 경우 주유량의 상한은 휘발유는 100L 이하, 경유는 600L 이하로 하며, 주유시간의 상한은 휘발유 4분 이하, 경유 12분 이하로 한다.
- **셀프용 고정급유설비의 기준** : 1회의 연속급유량 및 급유시간의 상한을 미리 설정할 수 있는 구조일 것. 이 경우 급유량의 상한은 100L 이하, 급유시간의 상한은 6분 이하로 한다.

정답 (1) 100L
(2) 4분

158 아닐린의 구조식을 그리시오.

해설
- 아닐린의 구조식 : (벤젠고리에 NH_2)
- 나이트로벤젠의 구조식 : (벤젠고리에 NO_2)

정답 (벤젠고리에 NH_2)

159 탄화알루미늄과 물의 반응식을 쓰시오.

해설

탄화알루미늄(Al_4C_3) – 제3류 위험물 중 알루미늄의 탄화물, 지정수량 300kg, 위험등급Ⅲ

탄화알루미늄과 물의 반응식 : $Al_4C_3 + 12H_2O \rightarrow 4Al(OH)_3 + 3CH_4$

정답 $Al_4C_3 + 12H_2O \rightarrow 4Al(OH)_3 + 3CH_4$

160 위험물안전관리법령상 판매취급소에서 배합할 수 있는 위험물의 품명(A, B)을 쓰시오.

> 판매취급소에서는 도료류, 제1류 위험물 중 (A) 및 (A)만을 함유한 것, (B) 또는 인화점이 38℃ 이상인 제4류 위험물을 배합실에서 배합하는 경우 외에는 위험물을 배합하거나 옮겨 담는 작업을 하지 않아야 한다.

해설

판매취급소에서의 취급기준

- 판매취급소에서는 도료류, 제1류 위험물 중 염소산염류 및 염소산염류만을 함유한 것, 황 또는 인화점이 38℃ 이상인 제4류 위험물을 배합실에서 배합하는 경우 외에는 위험물을 배합하거나 옮겨 담는 작업을 하지 않을 것
- 위험물은 위험물안전관리법 시행규칙 별표 19 Ⅰ의 규정에 의한 운반용기에 수납한 채로 판매할 것
- 판매취급소에서 위험물을 판매할 때에는 위험물이 넘치거나 비산하는 계량기(액용되를 포함한다)를 사용하지 않을 것

정답 A : 염소산염류, B : 황

CHAPTER 04

2014년 제1회 과년도 기출복원문제

※ 실기 필답형 문제는 수험자의 기억에 의해 복원된 것입니다. 실제 시행문제와 상이할 수 있음을 알려드립니다.

01 위험물안전관리법령에서 정한 정전기를 유효하게 제거하기 위하여 공기 중의 상대습도의 규정은 몇 % 이상으로 하는지 쓰시오.(4점)

해설
정전기 제거설비
- 공기 중의 상대습도를 70% 이상으로 할 것
- 접지를 할 것
- 공기를 이온화할 것

정답 70%

02 다음 [보기]에서 수용성인 물질에 해당하는 것을 모두 골라 쓰시오.(4점)

[보기]
아세톤, 휘발유, 벤젠, 이황화탄소, 프로필알코올, 사이클로헥세인, 아세트산

해설
제4류 위험물 중 수용성 물질 유무를 확인하는 것으로서, 수용성 물질은 아세톤, 프로필알코올, 아세트산이고, 휘발유, 벤젠, 이황화탄소, 사이클로헥세인은 비수용성 물질이다.

정답 아세톤, 프로필알코올, 아세트산

03 위험물안전관리법령에서 정하는 위험물은 지정수량의 몇 배를 1소요단위로 하는지 쓰시오.(3점)

해설
소요단위 산정방법 : 위험물은 지정수량의 10배를 1소요단위로 한다.

정답 10배

04 위험물안전관리법에서 제4류 위험물을 제조하는 위험물제조소와 고등교육법에서 정하고 있는 학교와의 거리에서는 몇 m 이상의 안전거리를 확보해야 하는지 쓰시오.(3점)

해설
제조소의 안전거리 : 건축물의 외벽 또는 공작물의 외측으로부터 해당 제조소의 외벽 또는 이에 상당하는 공작물의 외측까지의 수평거리이다.

건축물의 종류	안전거리
7,000V 초과 35,000V 이하의 특고압가공전선	3m 이상
35,000V 초과의 특고압가공전선	5m 이상
주거용으로 사용되는 것	10m 이상
가스시설	20m 이상
학교, 병원, 극장, 복지시설 등	30m 이상
지정문화유산, 천연기념물	50m 이상

정답 30m

05 질산이 햇빛에 의해 서서히 분해되었을 때 발생하는 유독성 갈색증기의 화학식을 쓰시오.(4점)

해설
질산의 분해반응식 : $4HNO_3 \rightarrow 2H_2O + 4NO_2 + O_2$
적갈색의 증기는 NO_2이다.

정답 NO_2

06
탄소가 완전 연소할 때의 연소반응식으로 쓰고, 탄소 12kg이 완전 연소하는 데 필요한 산소의 양은 750mmHg, 30℃를 기준으로 몇 m³인지 구하시오.(6점)

해설

부피를 구하는 문제에서는 우선 반응식부터 알아야 한다.
$C + O_2 \rightarrow CO_2$, 탄소 1mol이 반응하기 위해서는 O_2 1mol이 필요하다.
따라서, 탄소 12kg이 완전 연소하기 위해서는 O_2 32kg이 필요하다.
이상기체 상태방정식을 이용해서 문제를 풀어보면
$PV = \frac{W}{M}RT$, $V = \frac{WRT}{PM}$

여기서, V : 부피(m³), M : 분자량(O_2, 32), W : 무게(O_2의 무게 32kg),
R : 기체상수(0.08205L·atm/mol·K), T : 절대온도(K, 30℃이므로 303K)
위의 숫자를 모두 대입해서 풀어보면
$$\therefore V = \frac{32 \times 0.08205 \times 303}{\frac{750}{760} \times 32} = 25.19 \text{m}^3$$

정답 반응식 : $C + O_2 \rightarrow CO_2$
부피 : 25.19m³

07
옥외탱크저장소를 강철판으로 제작하고자 할 때 강철판의 두께는 얼마 이상으로 해야 하는지 쓰시오(단, 특정옥외저장탱크와 준특정옥외탱크는 제외한다).(3점)

해설

옥외저장탱크, 이동탱크저장소, 지하탱크저장소의 강철판의 두께 : 3.2mm 이상

정답 3.2mm

08 다음 각 물질이 물과 반응할 때 가연성 가스를 발생한다. 이때의 반응식을 쓰시오. (6점)

(1) 탄화칼슘

(2) 칼륨

(3) 탄화알루미늄

해설

- 탄화칼슘의 물의 반응식 : $CaC_2 + 2H_2O \rightarrow Ca(OH)_2 + C_2H_2$
- 칼륨과 물의 반응식 : $2K + 2H_2O \rightarrow 2KOH + H_2$
- 탄화알루미늄과 물의 반응식 : $Al_4C_3 + 12H_2O \rightarrow 4Al(OH)_3 + 3CH_4$

정답
(1) $CaC_2 + 2H_2O \rightarrow Ca(OH)_2 + C_2H_2$
(2) $2K + 2H_2O \rightarrow 2KOH + H_2$
(3) $Al_4C_3 + 12H_2O \rightarrow 4Al(OH)_3 + 3CH_4$

09 다음 각 화재에 해당하는 표시색상을 쓰시오. (3점)

(1) A급 화재

(2) C급 화재

해설

화재의 종류에 따른 색상

구분	종류	표시색상
일반화재	A급	백색
유류화재	B급	황색
전기화재	C급	청색
금속화재	D급	무색

정답
(1) 백색
(2) 청색

10 위험물안전관리법령에 근거하여 위험물제조소 등에 설치해야 하는 경보설비의 종류 중 2가지를 쓰시오.(4점)

해설
경보설비의 종류
- 자동화재탐지설비
- 비상방송설비
- 비상경보설비
- 확성장치

위 4가지 중에 2가지를 쓰면 된다.

정답 비상경보설비, 확성장치

11 다음 제2류 위험물의 지정수량을 쓰시오.(4점)

(1) 황화인

(2) 철분

해설
제2류 위험물의 지정수량

유별	성질	품명	지정수량	위험등급
제2류	가연성 고체	황화인, 적린, 황	100kg	II
		철분, 금속분, 마그네슘	500kg	III
		그 밖에 행정안전부령으로 정하는 것	100kg 또는 500kg	II, III
		인화성 고체	1,000kg	III

정답 (1) 100kg
　　　(2) 500kg

12 제1류 위험물인 질산칼륨 1mol 중의 질소함량은 약 몇 wt%인가?(단, K의 원자량은 39이다) (4점)

해설
- 질산칼륨의 화학식 : KNO_3
- 질산칼륨의 분자량 : K(39), N(14), O_3(16×3), 39 + 14 + 48 = 101
- 질산칼륨 1mol 중의 질소의 함량 : $\frac{14}{101} \times 100(\%)$ = 13.86%

정답 13.86wt%

13 다음과 같은 화학식에 해당하는 제5류 위험물의 명칭을 쓰시오.(3점)

$$C_6H_2OH(NO_2)_3$$

해설
트라이나이트로페놀(피크르산)의 화학식이다.

정답 트라이나이트로페놀(피크르산)

14 에틸알코올이 1차 산화하였을 때 생성되는 물질로서 특수인화물에 해당하는 것을 시성식으로 쓰시오.(4점)

해설
에틸알코올의 산화과정 : 에틸알코올 → 아세트알데하이드(1차) → 아세트산(초산, 2차)
1차 산화할 경우 아세트알데하이드로 되며, 시성식은 CH_3CHO이다.

정답 CH_3CHO

CHAPTER 04 2014년 제2회 과년도 기출복원문제

※ 실기 필답형 문제는 수험자의 기억에 의해 복원된 것입니다. 실제 시행문제와 상이할 수 있음을 알려드립니다.

01 과염소산칼륨 1분자가 완전 열분해할 경우에 산소는 몇 mol이 발생하는가?(3점)

해설

과염소산칼륨의 분해반응식 : $KClO_4 \rightarrow KCl + 2O_2$
산소 2mol이 나온다.

정답 2mol

02 연면적 500m² 이상인 제조소 및 일반취급소에 설치해야 하는 경보설비의 종류를 쓰시오. (3점)

해설

제조소 및 일반취급소에 자동화재탐지설비만을 설치해야 되는 경우
- 연면적 500m² 이상인 것
- 옥내에서 지정수량의 100배 이상을 취급하는 것

정답 자동화재탐지설비

03 [보기]의 위험물을 지정수량이 큰 것에서부터 작은 순서대로 나열하시오.(4점)

[보기]
아염소산염류, 아이오딘산염류, 다이크로뮴산염류, 철분, 황화인

해설

종류	아염소산염류	아이오딘산염류	다이크로뮴산염류	철분	황화인
지정수량	50kg	300kg	1,000kg	500kg	100kg

정답 다이크로뮴산염류 > 철분 > 아이오딘산염류 > 황화인 > 아염소산염류

04
500g의 탄산가스를 표준상태에서 소화기로 방출할 경우 부피는 약 몇 L인지 구하시오.(5점)

해설

이상기체 상태방정식을 이용해서 풀이한다.

$$PV = \frac{W}{M}RT, \quad V = \frac{WRT}{PM}$$

표준상태이므로 1기압, 0℃이다.

0℃를 절대온도로 환산하면 273K가 되므로 식에 대입하면 다음과 같다.

$$\therefore V = \frac{500 \times 0.08205 \times 273}{1 \times 44} = 254.54 \text{L}$$

정답 254.54L

05
원자량이 약 24이고, 은백색의 광택이 나는 가벼운 금속이며, 산과 작용하여 수소를 발생하는 제2류 위험물의 물질명을 쓰고, 그 물질과 염산과의 화학반응식을 쓰시오.(5점)

(1) 물질명

(2) 화학반응식

해설

마그네슘

• 특징

화학식	분자량	지정수량	비중
Mg	24.3	500kg	1.74

• 염산과의 반응식 : $Mg + 2HCl \rightarrow MgCl_2 + H_2$

정답 (1) 마그네슘

(2) $Mg + 2HCl \rightarrow MgCl_2 + H_2$

06
탄화칼슘이 물과 반응하였을 때 생성되는 물질을 모두 쓰시오.(3점)

해설

탄화칼슘과 물의 반응식 : $CaC_2 + 2H_2O \rightarrow Ca(OH)_2 + C_2H_2$

탄화칼슘은 물과 반응하여 수산화칼슘과 아세틸렌을 생성한다.

정답 수산화칼슘, 아세틸렌

07 탄산수소칼륨이 열에 의해 분해되었을 때의 1차 열분해반응식을 쓰고, 100kg의 탄산수소칼륨이 완전분해해서 발생되는 이산화탄소의 양은 몇 m^3인지 1기압, 100℃를 기준으로 구하시오.(6점)

(1) 열분해반응식

(2) 이산화탄소의 양(계산과정, 답)

해설

탄산수소칼륨은 제2종 분말소화약제이다.
- 분해반응식 : $2KHCO_3 \rightarrow K_2CO_3 + CO_2 + H_2O$
- 계산식 풀이과정

2mol의 탄산수소칼륨이 분해하였을 때 1mol의 이산화탄소가 발생한다.

따라서, 100kg의 탄산수소칼륨이 분해하였을 때 발생하는 이산화탄소의 양을 계산하면 우선 $KHCO_3$의 분자량을 계산한다. K의 원자량은 39, H는 1, C는 12, O는 16으로 계산하면 분자량은 100이 나온다. 100kg은 1mol에 해당하는 양이니 발생하는 이산화탄소는 22kg이 된다. 그러므로 이상기체 상태방정식을 이용해서 풀어보면

$$PV = \frac{W}{M}RT, \quad V = \frac{WRT}{PM}$$

여기서, P(압력) : 1atm
T(절대온도) : 373K
W(무게) : 22kg
M(분자량) : 44kg

$$\therefore V = \frac{22 \times 0.08205 \times 373}{1 \times 44} = 15.30 m^3$$

정답 (1) $2KHCO_3 \rightarrow K_2CO_3 + CO_2 + H_2O$

(2) $15.30 m^3$

$$\therefore V = \frac{22 \times 0.08205 \times 373}{1 \times 44} = 15.30 m^3$$

08 아닐린에 대한 다음 각 물음에 답하시오.(6점)

(1) 위험물안전관리법령상 해당하는 품명을 쓰시오.

(2) 지정수량을 쓰시오.

(3) 분자량을 구하시오(계산과정, 답).

해설

물질명	화학식	품명	지정수량	비중	인화점
아닐린	$C_6H_5NH_2$	제4류 위험물 중 제3석유류	2,000L(비수용성)	1.02	70℃

C의 원자량 12, H의 원자량 1, N의 원자량 14
전부 합하여 계산하면 분자량은 $(12 \times 6) + (1 \times 5) + 14 + (1 \times 2) = 93$이 나온다.

정답 (1) 제4류 위험물 중 제3석유류
(2) 2,000L
(3) $(12 \times 6) + (1 \times 5) + 14 + (1 \times 2) = 93$

09 위험물제조소 또는 취급소의 건축물에서 외벽이 내화구조로 된 것과 외벽이 내화구조가 아닌 것은 각각 연면적 몇 m^2를 소요단위 1단위로 하는지 쓰시오.(4점)

(1) 외벽이 내화구조로 된 것

(2) 외벽이 내화구조가 아닌 것

해설
1소요단위 기준
- 제조소 또는 취급소
  - 외벽이 내화구조인 것 : 연면적 $100m^2$
  - 외벽이 내화구조가 아닌 것 : 연면적 $50m^2$
- 저장소
  - 외벽이 내화구조인 것 : 연면적 $150m^2$
  - 외벽이 내화구조가 아닌 것 : $75m^2$
- 위험물은 지정수량의 10배

정답 (1) $100m^2$
(2) $50m^2$

10 다음 종별 분말소화약제의 주성분으로 사용되는 물질을 화학식으로 쓰시오. (6점)

(1) 제1종 분말소화약제
(2) 제2종 분말소화약제
(3) 제3종 분말소화약제

해설

분말소화약제의 종류

종류	주성분	적응화재	분말의 색
제1종 분말	$NaHCO_3$	B, C급	백색
제2종 분말	$KHCO_3$	B, C급	담회색
제3종 분말	$NH_4H_2PO_4$	A, B, C급	담홍색
제4종 분말	$KHCO_3 + (NH_2)_2CO$	B, C급	회백색

정답
(1) $NaHCO_3$
(2) $KHCO_3$
(3) $NH_4H_2PO_4$

11 위험물을 운반할 때 위험물안전관리법령상 제6류 위험물과 혼재할 수 없는 위험물은 제 몇 류 위험물인지 모두 쓰시오(단, 운반하고자 하는 위험물은 지정수량의 10배 이상이다). (3점)

해설

유별을 달리하는 위험물의 혼재기준(위험물안전관리법 시행규칙 별표 19)

구분	제1류	제2류	제3류	제4류	제5류	제6류
제1류		×	×	×	×	○
제2류	×		×	○	○	×
제3류	×	×		○	×	×
제4류	×	○	○		○	×
제5류	×	○	×	○		×
제6류	○	×	×	×	×	

정답 제2류 · 제3류 · 제4류 · 제5류 위험물

12 다음 ( ) 안에 알맞은 색상을 쓰시오. (4점)

> 지정수량 이상의 위험물을 차량으로 운반할 때에는 차량에 표지를 설치해야 한다. 표지의 바탕색은 ( )으로 하고, ( )의 반사도료 그 밖의 반사성이 있는 재료로 "위험물"이라고 표시해야 한다.

해설
지정수량 이상의 위험물을 차량으로 운반하는 경우 해당 차량에 다음의 기준에 의한 표지를 설치해야 한다.
- 한 변의 길이가 0.3m 이상, 다른 한 변의 길이가 0.6m 이상인 직사각형의 판으로 할 것
- 바탕은 흑색으로 하고 황색의 반사도료 그 밖의 반사성이 있는 재료로 "위험물"이라고 표시할 것
- 표지는 차량의 전면 및 후면의 보기 쉬운 곳에 내걸 것

정답 흑색, 황색

13 다음 [보기]에서 제4류 위험물 중 제2석유류에 대한 설명이다. 옳은 것을 모두 선택하여 그 번호를 쓰시오. (3점)

> [보기]
> ㉠ 중유와 경유가 해당한다.
> ㉡ 등유와 크레오소트유가 해당된다.
> ㉢ 1기압에서 인화점이 70℃ 이상 200℃ 미만인 것을 말한다.
> ㉣ 1기압에서 인화점이 200℃ 이상 250℃ 미만인 것을 말한다.
> ㉤ 도료류 그 밖의 물품에 있어서 가연성 액체량이 40wt% 이하이면서 인화점이 40℃ 이상인 동시에 연소점이 60℃ 이상인 것은 제외한다.
> ㉥ 수용성 액체의 지정수량은 2,000L, 비수용성 액체는 1,000L이다.

해설
- 중유와 크레오소트유는 제3석유류에 해당한다.
- 제2석유류는 1기압에서 인화점이 21℃ 이상 70℃ 미만인 것을 말한다.
- 제2석유류는 도료류 그 밖의 물품에 있어서 가연성 액체량이 40wt% 이하이면서 인화점이 40℃ 이상인 동시에 연소점이 60℃ 이상인 것은 제외한다.
- 제2석유류의 지정수량은 비수용성일 경우 1,000L, 수용성일 경우 2,000L이다.

정답 ㉤, ㉥

CHAPTER 04
2014년 제4회 과년도 기출복원문제

※ 실기 필답형 문제는 수험자의 기억에 의해 복원된 것입니다. 실제 시행문제와 상이할 수 있음을 알려드립니다.

01 제1류 위험물 중 자극성의 짠맛이 나는 무색(백색)의 결정분말로서 비중은 약 2.1, 열분해온도는 약 400℃, 분자량은 101이며 흑색화약의 제조나 금속열처리제 등의 용도로 쓰이는 물질의 물질명을 쓰시오.(3점)

해설
질산칼륨(KNO_3)은 초석이라고도 부르며, 황과 숯가루와 혼합하여 흑색화약을 제조할 때 쓰인다.

정답 질산칼륨(KNO_3)

02 옥내탱크저장소의 옥내저장탱크 상호 간의 간격은 최소 몇 m 이상의 간격을 유지해야 하는가?(3점)

해설
옥내저장탱크 간의 간격은 0.5m 이상을 유지해야 한다.

정답 0.5m

03 위험물안전관리법령상 제조소 등의 소화설비 중 옥내소화전의 개폐밸브 및 호스접속구는 바닥면으로부터 몇 m 이하의 높이에 설치해야 하는가?(3점)

해설
옥내소화전의 개폐밸브 및 호스접속구는 바닥면으로부터 1.5m 이하에 설치해야 한다.

정답 1.5m 이하

04 위험물안전관리법령상 제3류 위험물 중 위험등급 I 에 해당하는 품명을 3가지만 쓰시오. (3점)

해설
제3류 위험물 중 위험등급 I 에 해당하는 물질은 칼륨, 나트륨, 알킬알루미늄, 알킬리튬, 황린이다.

정답 칼륨, 나트륨, 황린

05 다음 각 물질의 연소반응식을 쓰시오. (6점)

(1) 삼황화인

(2) 알루미늄분

(3) 황

해설
- 삼황화인의 연소반응식 : $P_4S_3 + 8O_2 \rightarrow 2P_2O_5 + 3SO_2$
- 알루미늄분의 연소반응식 : $4Al + 3O_2 \rightarrow 2Al_2O_3$
- 황의 연소반응식 : $S + O_2 \rightarrow SO_2$

정답
(1) $P_4S_3 + 8O_2 \rightarrow 2P_2O_5 + 3SO_2$
(2) $4Al + 3O_2 \rightarrow 2Al_2O_3$
(3) $S + O_2 \rightarrow SO_2$

06 다음의 할론번호에 해당하는 화학식을 각각 쓰시오. (6점)

(1) 할론 2402

(2) 할론 1211

(3) 할론 104

해설
- 할론 2402 : $C_2F_4Br_2$
- 할론 1211 : CF_2ClBr
- 할론 104 : CCl_4

정답
(1) $C_2F_4Br_2$
(2) CF_2ClBr
(3) CCl_4

07 클로로벤젠의 화학식과 위험물안전관리법령에서 정한 지정수량과 품명을 쓰시오.(6점)

(1) 화학식

(2) 지정수량

(3) 품명

해설

화학식	품명	지정수량	비중	인화점
C_6H_5Cl	제2석유류	1,000L(비수용성)	1.11	27℃

정답 (1) C_6H_5Cl
(2) 1,000L
(3) 제2석유류

08 제2종 분말소화약제의 주성분을 쓰고 1차 열분해반응식을 쓰시오.(5점)

(1) 주성분

(2) 열분해반응식

해설
- 제2종 분말소화약제 : 탄산수소칼륨(중탄산칼륨, $KHCO_3$)
- 분해반응식 : $2KHCO_3 \rightarrow K_2CO_3 + CO_2 + H_2O$

정답 (1) 탄산수소칼륨(중탄산칼륨, $KHCO_3$)
(2) $2KHCO_3 \rightarrow K_2CO_3 + CO_2 + H_2O$

09
위험물안전관리법령상 제2류 위험물과 함께 적재하여 운반할 수 있는 위험물은 제 몇 류 위험물인지 모두 쓰시오(단, 각 위험물은 지정수량의 10배인 경우이다).(4점)

해설

유별을 달리하는 위험물의 혼재기준(위험물안전관리법 시행규칙 별표 19)

구분	제1류	제2류	제3류	제4류	제5류	제6류
제1류		×	×	×	×	○
제2류	×		×	○	○	×
제3류	×	×		○	×	×
제4류	×	○	○		○	×
제5류	×	○	×	○		×
제6류	○	×	×	×	×	

정답 제4류 위험물, 제5류 위험물

10
탄화알루미늄이 물과 반응할 때 발생하는 가스를 화학식으로 쓰시오.(4점)

해설

탄화알루미늄과 물의 반응식 : $Al_4C_3 + 12H_2O \rightarrow 4Al(OH)_3 + 3CH_4$

정답 CH_4

11
나이트로화합물 중 폭약의 폭발력의 표준이 되는 물질이며 톨루엔과 혼산(질산+황산)하여 나이트로화시켜 만드는 화합물의 구조식을 쓰시오.(4점)

해설

트라이나이트로톨루엔(TNT)의 구조식

$$\begin{array}{c} CH_3 \\ O_2N \diagup \diagdown NO_2 \\ | \quad | \\ \diagdown \diagup \\ NO_2 \end{array}$$

정답

$$\begin{array}{c} CH_3 \\ O_2N \diagup \diagdown NO_2 \\ | \quad | \\ \diagdown \diagup \\ NO_2 \end{array}$$

12 위험물안전관리법령상 알코올류의 정의에 대한 설명이다. ( ) 안에 적당한 말을 쓰시오.(4점)

"알코올류"라 함은 1분자를 구성하는 탄소원자의 수가 ( )개부터 ( )개까지인 포화 ( )가 알코올(변성알코올 포함)을 말한다.

해설
제4류 위험물 중 알코올류는 1분자를 구성하는 탄소원자의 수가 1개부터 3개까지인 포화 1가 알코올을 말한다.

정답 1, 3, 1

13 위험물안전관리법령에서 정한 방법으로 그림과 같은 저장탱크의 내용적을 구하시오(단, 그림에서 표기된 수치의 단위는 m이다).(4점)

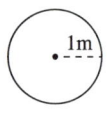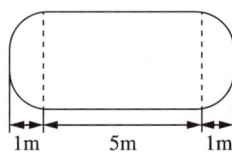

해설
원통형 탱크의 내용적 구하는 공식

$$내용적 = \pi r^2 \left(l + \frac{l_1 + l_2}{3}\right)$$
$$= \pi \times (1)^2 \times \left(5 + \frac{1+1}{3}\right)$$
$$= 17.80 \text{m}^3$$

정답 17.80m³

CHAPTER 04
2014년 제5회 과년도 기출복원문제

PART 02 위험물기능사 실기

※ 실기 필답형 문제는 수험자의 기억에 의해 복원된 것입니다. 실제 시행문제와 상이할 수 있음을 알려드립니다.

01 다음 위험물의 시성식을 쓰시오.(6점)

(1) 글리세린

(2) 아닐린

(3) 에틸알코올

해설

글리세린	아닐린	에틸알코올
$C_3H_5(OH)_3$	$C_6H_5NH_2$	C_2H_5OH

정답 (1) $C_3H_5(OH)_3$
(2) $C_6H_5NH_2$
(3) C_2H_5OH

02 다이에틸에터에 대하여 다음 각 물음에 답하시오.(6점)

(1) 인화점을 쓰시오.

(2) 연소범위를 쓰시오.

(3) 위험물안전관리법령상의 품명을 쓰시오.

해설

다이에틸에터

품명	화학식	인화점	착화점	비중	비점	연소범위
특수인화물	$C_2H_5OC_2H_5$	$-40℃$	$180℃$	0.7	$34℃$	$1.7 \sim 48\%$

정답 (1) $-40℃$
(2) $1.7 \sim 48\%$
(3) 특수인화물

03
다음 위험물저장소에 [보기]와 같이 위험물이 저장되어 있다. 전체적으로 위험물에 대한 지정수량의 배수를 계산하시오.(5점)

[보기]
다이에틸에터 100L, 이황화탄소 150L, 아세톤 200L, 휘발유 400L

(1) 계산과정

(2) 답

해설

다이에틸에터	이황화탄소	아세톤	휘발유
특수인화물	특수인화물	제1석유류	제1석유류
50L	50L	400L(수용성)	200L(비수용성)

정답 (1) $\dfrac{100}{50} + \dfrac{150}{50} + \dfrac{200}{400} + \dfrac{400}{200} = 7.5$

(2) 7.5

04
삼황화인의 연소반응식을 쓰시오.(4점)

해설

삼황화인의 연소반응식 : $P_4S_3 + 8O_2 \rightarrow 2P_2O_5 + 3SO_2$

정답 $P_4S_3 + 8O_2 \rightarrow 2P_2O_5 + 3SO_2$

05
분말소화약제인 $NH_4H_2PO_4$ 115g이 열분해했을 때 몇 g의 HPO_3를 얻는지 화학반응식을 구하고 계산하시오(단, P의 원자량은 31이다).(4점)

해설

제3종 분말소화약제($NH_4H_2PO_4$)의 분자량을 먼저 구한다.

N의 원자량은 14, H의 원자량은 1, P의 원자량은 31, O의 원자량은 16 × 4이므로 총합은 115가 나온다.

다시 말해서 $NH_4H_2PO_4$ 1mol이 분해하였을 때 발생하는 HPO_3의 양을 구하는 문제이다.

$NH_4H_2PO_4$의 분해반응식 : $NH_4H_2PO_4 \rightarrow HPO_3 + NH_3 + H_2O$

$NH_4H_2PO_4$ 1mol이 분해하였을 때 1mol의 HPO_3가 발생된다.

따라서, HPO_3의 1mol에 대한 분자량을 구하면 된다.

HPO_3의 분자량 : 80g

정답 • $NH_4H_2PO_4 \rightarrow HPO_3 + NH_3 + H_2O$

• HPO_3의 양 : 80g

06 위험물안전관리법령상 제3석유류의 인화점의 범위는 1기압 기준으로 얼마인지 쓰시오.(3점)

해설

제4류 위험물의 기준
- 특수인화물 : 1기압에서 발화점이 100℃ 이하, 인화점이 −20℃ 이하이고 비점이 40℃ 이하인 것
- 제1석유류 : 1기압에서 인화점이 21℃ 미만인 것
- 제2석유류 : 1기압에서 인화점이 21℃ 이상 70℃ 미만인 것
- 제3석유류 : 1기압에서 인화점이 70℃ 이상 200℃ 미만인 것
- 제4석유류 : 1기압에서 인화점이 200℃ 이상 250℃ 미만인 것

정답 70℃ 이상 200℃ 미만

07 위험물제조소에 설치하는 건축물의 외벽구조에 따라 1소요단위는 연면적 몇 m²에 해당하는지 각각 쓰시오.(4점)

해설

1소요단위 기준
- 제조소 또는 취급소
  - 외벽이 내화구조인 것 : 연면적 $100m^2$
  - 외벽이 내화구조가 아닌 것 : 연면적 $50m^2$
- 저장소
  - 외벽이 내화구조인 것 : 연면적 $150m^2$
  - 외벽이 내화구조가 아닌 것 : $75m^2$
- 위험물은 지정수량의 10배

정답 외벽이 내화구조인 것 : 연면적 $100m^2$
외벽이 내화구조가 아닌 것 : 연면적 $50m^2$

08 제5류 위험물인 나이트로글리세린의 화학식을 쓰시오.(3점)

해설

나이트로글리세린의 화학식 : $C_3H_5(ONO_2)_3$

정답 $C_3H_5(ONO_2)_3$

09
유기과산화물을 옥내저장소에 저장하기 위하여 저장창고를 신축하고자 한다. 이때 하나의 저장창고의 면적은 얼마 이하로 해야 하는가?(3점)

해설

옥내저장소의 저장창고 면적

저장하는 위험물의 종류	기준면적
(1) 제1류 위험물 중 아염소산염류, 염소산염류, 과염소산염류, 무기과산화물, 그 밖에 지정수량이 50kg인 위험물 (2) 제3류 위험물 중 칼륨, 나트륨, 알킬알루미늄, 알킬리튬, 황린(지정수량 20kg), 그 밖에 지정수량이 10kg인 위험물 (3) 제4류 위험물 중 특수인화물, 제1석유류, 알코올류 (4) 제5류 위험물 중 지정수량이 10kg인 위험물 (5) 제6류 위험물	1,000m^2 이하
(1)~(5) 위험물 외의 위험물을 저장하는 창고	2,000m^2 이하
위의 전부에 해당하는 위험물을 내화구조의 격벽으로 완전히 구획된 실에 각각 저장하는 창고 ((1)~(5)의 위험물을 저장하는 실의 면적은 500m^2를 초과할 수 없다)	1,500m^2 이하

정답 1,000m^2

10
금속칼륨과 물의 반응식을 쓰시오.(4점)

해설

칼륨과 물의 반응식 : $2K + 2H_2O \rightarrow 2KOH + H_2$

정답 $2K + 2H_2O \rightarrow 2KOH + H_2$

11
과산화칼슘이 염산과 반응할 경우 생성되는 과산화물을 쓰시오.(4점)

해설

과산화칼슘과 염산의 반응식 : $CaO_2 + 2HCl \rightarrow CaCl_2 + H_2O_2$

정답 H_2O_2

12 위험물안전관리법령상 고인화점 위험물이란 무엇인지 쓰시오.(3점)

해설
인화점이 100℃ 이상인 제4류 위험물을 고인화점 위험물이라 부른다.

정답 인화점이 100℃ 이상인 제4류 위험물이다.

13 지정수량의 25배가 되는 제2류 위험물을 저장하는 옥외저장소의 보유공지 너비는 몇 m 이상으로 해야 하는가?(단, 수출·입 하역장소 외의 경우이다)(3점)

해설
옥외저장소의 보유공지

저장 또는 취급하는 위험물의 최대수량	공지의 너비
지정수량의 10배 이하	3m 이상
지정수량의 10배 초과 20배 이하	5m 이상
지정수량의 20배 초과 50배 이하	9m 이상
지정수량의 50배 초과 200배 이하	12m 이상
지정수량의 200배 초과	15m 이상

※ 제4류 위험물 중 제4석유류와 제6류 위험물을 저장 또는 취급하는 옥외저장소의 보유공지는 위 표에 의한 공지 너비의 $\frac{1}{3}$ 이상의 너비로 할 수 있다.

정답 9m

14 제6류 위험물을 취급하는 위험물제조소에 설치하는 주의사항에 관한 게시판에 기재해야 할 내용은 무엇인지 쓰시오(단, 위험물안전관리법령상 주의사항 게시판 설치가 필요 없는 경우에는 "필요 없음"으로 쓰시오).(3점)

해설
제1류 위험물 중 알칼리금속의 과산화물 외의 위험물과 제6류 위험물을 취급하는 제조소에는 주의사항을 설치할 필요가 없다.

정답 필요 없음

CHAPTER 04
2015년 제1회 과년도 기출복원문제

PART 02 위험물기능사 실기

※ 실기 필답형 문제는 수험자의 기억에 의해 복원된 것입니다. 실제 시행문제와 상이할 수 있음을 알려드립니다.

01 이산화탄소소화기로 이산화탄소를 25℃, 1기압의 대기 중에 1kg을 방출할 때 부피로 몇 L가 되는지 구하시오.(5점)

해설

이산화탄소(CO_2)의 분자량은 44이다.

이상기체 상태방정식을 이용하면

$$PV = \frac{W}{M}RT, \quad V = \frac{WRT}{PM}$$

여기서, 무게(W) : 1,000g(1kg)　　　기체상수(R) : 0.08205
　　　　절대온도(T) : 298K　　　　압력(P) : 1atm
　　　　분자량(M) : 44g

$$\therefore V = \frac{1,000 \times 0.08205 \times 298}{1 \times 44} = 555.70\text{L}$$

정답 555.70L

02 제1종 판매취급소에서 저장 및 취급하는 위험물은 지정수량의 몇 배 이하로 하는가?(4점)

해설

- 제1종 판매취급소 : 지정수량의 20배 이하의 위험물을 저장 또는 판매
- 제2종 판매취급소 : 지정수량의 40배 이하의 위험물을 저장 또는 판매

정답 20배

03 위험물안전관리법령상 다음 품명의 지정수량을 쓰시오. (4점)

(1) 염소산염류

(2) 아이오딘산염류

해설
- 제1류 위험물 중 아염소산염류, 염소산염류, 과염소산염류, 무기과산화물 : 50kg
- 제1류 위험물 중 브로민산염류, 질산염류, 아이오딘산염류 : 300kg

정답 (1) 50kg
　　　(2) 300kg

04 트라이에틸알루미늄 화재일 때 주수소화하면 연소 및 폭발의 위험성이 증대된다. 다음 물음에 답하시오. (6점)

(1) 물과의 반응식

(2) 물음 (1)에서 발생하는 기체의 완전 연소반응식

해설
- 트라이에틸알루미늄 : $(C_2H_5)_3Al$
- 트라이에틸알루미늄과 물의 반응식 : $(C_2H_5)_3Al + 3H_2O \rightarrow Al(OH)_3 + 3C_2H_6$
- 에테인의 연소반응식 : $2C_2H_6 + 7O_2 \rightarrow 4CO_2 + 6H_2O$

정답 (1) $(C_2H_5)_3Al + 3H_2O \rightarrow Al(OH)_3 + 3C_2H_6$
　　　(2) $2C_2H_6 + 7O_2 \rightarrow 4CO_2 + 6H_2O$

05 다음 분말소화약제의 열분해반응식을 쓰시오.(6점)

(1) (　　　) → K_2CO_3 + (　　) + (　　)

(2) (　　　) → HPO_3 + (　　) + (　　)

> **해설**
>
> **분말소화약제의 열분해반응식**
> - 제1종 분말소화약제 : $2NaHCO_3 \rightarrow Na_2CO_3 + CO_2 + H_2O$
> - 제2종 분말소화약제 : $2KHCO_3 \rightarrow K_2CO_3 + CO_2 + H_2O$
> - 제3종 분말소화약제 : $NH_4H_2PO_4 \rightarrow HPO_3 + NH_3 + H_2O$
>
> **정답** (1) $2KHCO_3 \rightarrow K_2CO_3 + CO_2 + H_2O$
> (2) $NH_4H_2PO_4 \rightarrow HPO_3 + NH_3 + H_2O$

06 운반 시 제6류 위험물과 혼재 가능한 위험물의 종류를 모두 쓰시오(단, 지정수량의 10배를 초과한다).(4점)

> **해설**
>
> **유별을 달리하는 위험물의 혼재기준(위험물안전관리법 시행규칙 별표 19)**
>
> | 구분 | 제1류 | 제2류 | 제3류 | 제4류 | 제5류 | 제6류 |
> |---|---|---|---|---|---|---|
> | 제1류 | | × | × | × | × | ○ |
> | 제2류 | × | | × | ○ | ○ | × |
> | 제3류 | × | × | | ○ | × | × |
> | 제4류 | × | ○ | ○ | | ○ | × |
> | 제5류 | × | ○ | × | ○ | | × |
> | 제6류 | ○ | × | × | × | × | |
>
> **정답** 제1류 위험물

07
다음 [보기]에서 설명하는 제3류 위험물의 명칭을 쓰고 물과 반응할 경우 화학반응식을 쓰시오. (6점)

[보기]
- ㉠ 적갈색의 고체이다.
- ㉡ 산 및 물과 반응한다.
- ㉢ 지정수량은 300kg이다.
- ㉣ 물과 반응하면 인화수소를 발생한다.
- ㉤ 비중은 2.5이다.

(1) 위험물의 명칭

(2) 물과의 반응식

해설

물과 반응하여 인화수소를 발생한다고 하였으므로 인이 들어가는 물질을 생각하면 된다.
- 인화칼슘 : Ca_3P_2
- 인화칼슘과 물의 반응식 : $Ca_3P_2 + 6H_2O \rightarrow 3Ca(OH)_2 + 2PH_3$

정답 (1) 인화칼슘
(2) $Ca_3P_2 + 6H_2O \rightarrow 3Ca(OH)_2 + 2PH_3$

08
TNT의 분자량을 구하시오.(4점)

(1) 계산과정

(2) 답

해설

트라이나이트로톨루엔(TNT)
- TNT의 분자식 : $C_6H_2CH_3(NO_2)_3$
- C의 원자량 12, H의 원자량 1, N의 원자량 14, O의 원자량 16, 계수를 전부 더하면
 $(12 \times 7) + (1 \times 5) + (14 \times 3) + (16 \times 6) = 227$

정답 (1) $(12 \times 7) + (1 \times 5) + (14 \times 3) + (16 \times 6) = 227$
(2) 227

09 다음 [보기] 중 물보다 무겁고 비수용성인 물질을 모두 쓰시오(단, 해당하는 물질이 없으면 "해당없음"이라고 쓰시오).(4점)

> [보기]
> 아세트산, 나이트로벤젠, 에틸렌글라이콜, 글리세린, 이황화탄소

해설

물질	아세트산	나이트로벤젠	에틸렌글라이콜	글리세린	이황화탄소
품명	제2석유류	제3석유류	제3석유류	제3석유류	특수인화물
비중	1.05	1.2	1.11	1.26	1.26
지정수량	2,000L (수용성)	2,000L (비수용성)	4,000L (수용성)	4,000L (수용성)	50L (비수용성)

비중이 1보다 큰 물질은 물보다 무겁다.

정답 나이트로벤젠, 이황화탄소

10 다음 위험물의 화학식을 쓰시오.(4점)

(1) 염소산칼슘
(2) 질산마그네슘
(3) 과망가니즈산나트륨
(4) 다이크로뮴산칼륨

해설
- 염소산칼슘 : $Ca(ClO_3)_2$
- 질산마그네슘 : $Mg(NO_3)_2$
- 과망가니즈산나트륨 : $NaMnO_4$
- 다이크로뮴산칼륨 : $K_2Cr_2O_7$

정답 (1) $Ca(ClO_3)_2$
(2) $Mg(NO_3)_2$
(3) $NaMnO_4$
(4) $K_2Cr_2O_7$

11 과염소산나트륨이 400℃로 가열하여 분해할 경우 열분해반응식과 발생하는 기체의 명칭을 쓰시오.(4점)

(1) 열분해반응식

(2) 발생하는 기체

해설

과염소산나트륨의 열분해반응식 : $NaClO_4 \rightarrow NaCl + 2O_2$
발생하는 기체는 산소이다.

정답 (1) $NaClO_4 \rightarrow NaCl + 2O_2$
(2) 산소

12 에틸알코올과 나트륨이 반응할 때 화학반응식과 발생하는 기체를 쓰시오.(4점)

(1) 화학반응식

(2) 발생하는 기체

해설

에틸알코올과 나트륨의 반응식 : $2Na + 2C_2H_5OH \rightarrow 2C_2H_5ONa + H_2$
발생하는 기체는 수소이다.
※ 에틸알코올과 칼륨의 반응식 : $2K + 2C_2H_5OH \rightarrow 2C_2H_5OK + H_2$

정답 (1) $2Na + 2C_2H_5OH \rightarrow 2C_2H_5ONa + H_2$
(2) 수소

CHAPTER 04

2015년 제2회 과년도 기출복원문제

PART 02 위험물기능사 실기

※ 실기 필답형 문제는 수험자의 기억에 의해 복원된 것입니다. 실제 시행문제와 상이할 수 있음을 알려드립니다.

---

01 2mol의 염소산나트륨이 고온에서 완전히 열분해하였을 때 생성되는 산소의 부피는 표준상태를 기준으로 몇 L인지 구하시오.(4점)

해설

염소산나트륨의 열분해반응식 : $2NaClO_3 \rightarrow 2NaCl + 3O_2$

2mol의 염소산나트륨이 열분해하면 3mol의 산소가 발생한다.
표준상태에서 기체 1mol의 부피는 22.4L이므로
3mol의 부피는 22.4L × 3 = 67.2L가 된다.

정답 67.2L

---

02 위험물안전관리법령상 옥내저장소에서 동일 품명의 위험물이더라도 자연발화할 우려가 있는 위험물을 다량 저장하는 경우에는 지정수량의 10배 이하마다 구분하여 상호 간 몇 m 이상의 간격을 두어야 하는가?(3점)

해설

옥내저장소에서는 동일 품명의 위험물이더라도 자연발화할 우려가 있는 위험물 또는 재해가 현저하게 증대할 우려가 있는 위험물을 다량 저장할 경우에는 지정수량의 10배 이하마다 상호 간 0.3m 이상의 간격을 두어 저장해야 한다.

정답 0.3m

03
증기비중이 약 3.5인 유동성 액체로 가열하면 폭발할 수 있으며, 강한 산성을 나타내는 제6류 위험물의 화학식을 쓰시오.(3점)

해설
제6류 위험물에는 3가지가 있다.
과염소산, 과산화수소, 질산
이 중 증기비중이 3.5인 물질은 과염소산($HClO_4$)이다.
※ Cl의 원자량 : 약 35.5

정답 $HClO_4$

04
다음 (   ) 안에 적당한 말을 쓰시오.(3점)

"(   )"이라 함은 이황화탄소, 다이에틸에터, 그 밖의 1기압에서 발화점이 100℃ 이하인 것 또는 인화점이 영하 20℃ 이하이고, 비점이 40℃ 이하인 것을 말한다.

해설
특수인화물에 대한 설명이다.

정답 특수인화물

05
위험물안전관리법령상 위험물을 취급함에 있어서 정전기가 발생할 우려가 있는 설비에는 정전기를 유효하게 제거할 수 있는 설비를 설치해야 한다. 이에 해당하는 방법 3가지를 쓰시오.(6점)

해설
정전기 제거설비
- 접지를 할 것
- 공기 중의 상대습도를 70% 이상으로 할 것
- 공기를 이온화할 것

정답
- 접지를 할 것
- 공기 중의 상대습도를 70% 이상으로 할 것
- 공기를 이온화할 것

06 위험물안전관리법령에서 구분하는 위험물 취급소 4가지를 쓰시오.(4점)

해설

취급소
- 일반취급소
- 주유취급소
- 이송취급소
- 판매취급소

정답 일반취급소, 주유취급소, 이송취급소, 판매취급소

07 황린이 연소할 때의 완전 연소반응식을 쓰시오.(4점)

해설

황린의 연소반응식 : $P_4 + 5O_2 \rightarrow 2P_2O_5$

※ 적린(제2류 위험물)의 연소반응식 : $4P + 5O_2 \rightarrow 2P_2O_5$

정답 $P_4 + 5O_2 \rightarrow 2P_2O_5$

08 제3종 분말소화약제의 열분해반응식을 쓰시오.(4점)

해설

제3종 분말소화약제($NH_4H_2PO_4$)의 열분해반응식 : $NH_4H_2PO_4 \rightarrow HPO_3 + NH_3 + H_2O$

정답 $NH_4H_2PO_4 \rightarrow HPO_3 + NH_3 + H_2O$

09 위험물안전관리법령상 위험물제조소의 환기설비에 대하여 다음 물음에 답하시오.(4점)

(1) 환기는 어떤 방식으로 해야 하는가?

(2) 바닥면적이 150m²일 때 급기구의 크기는 얼마 이상으로 해야 하는가?

해설

제조소의 환기설비

- 환기는 자연배기방식으로 한다.
- 급기구는 해당 급기구가 설치된 실의 바닥면적 150m²마다 1개 이상으로 하되 급기구의 크기는 800cm² 이상으로 한다. 다만, 바닥면적 150m² 미만인 경우에는 다음의 크기로 한다.

바닥면적	급기구의 면적
60m² 미만	150cm² 이상
60m² 이상 90m² 미만	300cm² 이상
90m² 이상 120m² 미만	450cm² 이상
120m² 이상 150m² 미만	600cm² 이상

정답 (1) 자연배기방식

(2) 800cm²

10 제4류 위험물로서 인화점이 4℃인 물질로서 진한 황산과 진한 질산으로 나이트로화시켰을 때 TNT를 생성하는 물질을 쓰시오.(4점)

해설

TNT는 트라이나이트로톨루엔이며, 톨루엔($C_6H_5CH_3$)에 H_2SO_4와 HNO_3의 혼산을 이용하여 나이트로화하여 만든다.

정답 톨루엔

11 다음 물질 중 제 3석유류에 해당하는 것을 모두 선택하여 기호를 쓰시오.(4점)

- ㉠ 클로로벤젠
- ㉡ 아세트산
- ㉢ 폼산
- ㉣ 나이트로톨루엔
- ㉤ 글리세린
- ㉥ 나이트로벤젠

해설

구분	클로로벤젠	아세트산	폼산	나이트로톨루엔	글리세린	나이트로벤젠
품명	제2석유류	제2석유류	제2석유류	제3석유류	제3석유류	제3석유류
지정수량	1,000L	2,000L	2,000L	2,000L	4,000L	2,000L
수용성 유무	비수용성	수용성	수용성	비수용성	수용성	비수용성

정답 ㉣, ㉤, ㉥

12 위험물안전관리법령에서 판매취급소의 구분에 대하여 ( ) 안에 알맞은 숫자를 쓰시오.(4점)

(1) 제1종 판매취급소 : 저장 또는 취급하는 위험물의 수량이 지정수량의 ( )배 이하인 판매취급소

(2) 제2종 판매취급소 : 저장 또는 취급하는 위험물의 수량이 지정수량의 ( )배 이하인 판매취급소

해설
- 제1종 판매취급소 : 지정수량의 20배 이하를 저장 또는 취급
- 제2종 판매취급소 : 지정수량의 40배 이하를 저장 또는 취급

정답 (1) 20
(2) 40

13 질산암모늄을 가열하면 질소, 수증기, 산소로 분해가 되는 열분해반응식을 쓰시오.(4점)

해설
질산암모늄(NH_4NO_3)의 열분해반응식 : $2NH_4NO_3 \rightarrow 2N_2 + 4H_2O + O_2$

정답 $2NH_4NO_3 \rightarrow 2N_2 + 4H_2O + O_2$

14 제4류 위험물로서 분자량이 58이고, 일광에 의해 분해하여 과산화물을 생성하고 피부 접촉 시 탈지작용을 나타내는 물질에 대하여 다음 각 물음에 답하시오.(4점)

(1) 이 물질의 화학식을 쓰시오.

(2) 이 물질의 지정수량을 쓰시오.

해설

아세톤(CH_3COCH_3) : 다이메틸케톤

제4류 위험물 중 제1석유류(수용성)로 지정수량은 400L이고, 피부에 닿으면 탈지작용을 한다.

정답 (1) CH_3COCH_3

(2) 400L

CHAPTER 04
2015년 제4회 과년도 기출복원문제

※ 실기 필답형 문제는 수험자의 기억에 의해 복원된 것입니다. 실제 시행문제와 상이할 수 있음을 알려드립니다.

01 위험물 저장탱크의 내용적(m^3)을 구하시오(단, r은 1m, l_1은 0.4m, l_2는 0.5m, l은 5m이다). (5점)

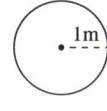 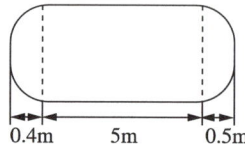

해설

원통형 탱크의 내용적 구하는 공식

$$내용적 = \pi r^2 \left(l + \frac{l_1 + l_2}{3} \right)$$
$$= \pi \times (1)^2 \times \left(5 + \frac{0.4 + 0.5}{3} \right) = 16.65 m^3$$

정답 $16.65 m^3$

02 위험물안전관리법령상 제4류 위험물 중 특수인화물의 위험등급은 무엇인지 쓰시오. (4점)

해설

위험등급 I 에 해당하는 위험물
- 제1류 위험물 중 지정수량 50kg인 물질
- 제3류 위험물 중 지정수량 10kg 또는 20kg인 물질
- 제4류 위험물 중 특수인화물(50L)
- 제5류 위험물 중 지정수량 10kg인 물질
- 제6류 위험물

정답 위험등급 I

03 트라이나이트로톨루엔 200kg이 완전 분해할 때 발생하는 질소의 부피(m^3)를 구하시오(단, 0℃, 1기압이다).(5점)

해설
트라이나이트로톨루엔(TNT)
- TNT[$C_6H_2CH_3(NO_2)_3$]의 분해반응식 : $2C_6H_2CH_3(NO_2)_3 \rightarrow 2C + 3N_2 + 5H_2 + 12CO$
- TNT의 분자량 : 227
  C의 원자량 12, H의 원자량 1, N의 원자량 14, O의 원자량 16
  ∴ $(12 \times 6) + (1 \times 2) + 12 + (1 \times 3) + \{[14 + (16 \times 2)] \times 3\} = 227$
- 2mol의 TNT가 분해할 경우 질소(N_2)는 3mol이 발생한다.

정답 $29.60m^3$

분해반응식을 보고 계산하면
2mol × 227(TNT의 분자량) = 454일 때 3mol × 28(N_2의 분자량) = 84가 나오므로
$454 : 84 = 200 : x$, $x = \dfrac{84 \times 200}{454} = 37$

따라서, TNT 200kg이 분해하면 37kg의 질소가 발생한다.
이상기체 상태방정식을 이용하면
$PV = \dfrac{W}{M}RT$, $V = \dfrac{WRT}{PM}$

여기서, P : 1기압(1atm)
M : 28kg(N_2의 분자량)
W : 37kg
R : 기체상수(0.08205L·atm/mol·K)
T : 273K(0℃)

위 숫자를 전부 대입하면
∴ $V = \dfrac{37 \times 0.08205 \times 273}{1 \times 28} = 29.60m^3$

04 위험물안전관리법령상 제조소에서는 지정수량의 몇 배 이상을 취급할 때 피뢰침을 설치해야 하는지 쓰시오(단, 제6류 위험물을 취급하는 제조소는 제외한다).(4점)

해설
피뢰설비 : 지정수량의 10배 이상의 위험물을 취급하는 제조소(제6류 위험물을 취급하는 위험물제조소는 제외한다)에는 피뢰침을 설치해야 한다. 다만, 제조소의 주위의 상황에 따라 안전상 지장이 없는 경우에는 피뢰침을 설치하지 않을 수 있다.

정답 10배

05 다음 각 분말소화약제의 화학식을 쓰시오.(6점)

(1) 제1종 분말소화약제

(2) 제2종 분말소화약제

(3) 제3종 분말소화약제

해설

유별을 달리하는 위험물의 혼재기준(위험물안전관리법 시행규칙 별표 19)

종류	주성분	적응화재	분말의 색
제1종 분말	$NaHCO_3$	B, C급	백색
제2종 분말	$KHCO_3$	B, C급	담회색
제3종 분말	$NH_4H_2PO_4$	A, B, C급	담홍색
제4종 분말	$KHCO_3+(NH_2)_2CO$	B, C급	회백색

정답 (1) $NaHCO_3$
(2) $KHCO_3$
(3) $NH_4H_2PO_4$

06 위험물안전관리법령상 제4류 위험물을 운송하는 때 반드시 위험물안전카드를 휴대해야 하는 위험물 품명 2가지를 쓰시오.(4점)

해설
제4류 위험물 중 특수인화물, 제1석유류를 운송하는 경우에는 위험물안전카드를 휴대해야 한다.

정답 특수인화물, 제1석유류

07 제2류 위험물 중 삼황화인(P_4S_3)의 연소반응식을 쓰시오.(4점)

해설
삼황화인의 연소반응식 : $P_4S_3 + 8O_2 \rightarrow 2P_2O_5 + 3SO_2$

※ 연소 시 오산화인을 생성하는 물질
- 적린(4P) + $5O_2 \rightarrow 2P_2O_5$
- 황린(P_4) + $5O_2 \rightarrow 2P_2O_5$

정답 $P_4S_3 + 8O_2 \rightarrow 2P_2O_5 + 3SO_2$

08 위험물안전관리법령상 제3류 위험물 중 자연발화성 물질의 운반용기 외부에 표시해야 하는 주의사항을 모두 쓰시오. (3점)

해설
- 자연발화성 물질은 공기 중에 방치할 경우 발화의 위험이 있다.
- 자연발화성 물질의 주의사항 : 화기엄금, 공기접촉엄금

정답 화기엄금, 공기접촉엄금

09 다음에 설명하는 제6류 위험물의 화학식과 지정수량을 쓰시오. (4점)

(1) Cu 등과 반응할 수 있고, 물과 혼합할 경우 발열을 하고, 분자량은 약 63이다.

(2) 분자량은 약 34이며, 이산화망가니즈(MnO_2)와 접촉할 때 산소를 발생한다.

해설
제6류 위험물

종류	분자량	지정수량	물과 접촉 시
과염소산($HClO_4$)	100.5	300kg	발열 반응
과산화수소(H_2O_2)	34	300kg	물에 녹음
질산(HNO_3)	63	300kg	발열 반응

정답 (1) 화학식 : HNO_3, 지정수량 : 300kg
(2) 화학식 : H_2O_2, 지정수량 : 300kg

10 제1류 위험물인 과망가니즈산칼륨에서 망가니즈의 산화수를 구하시오. (4점)

해설
과망가니즈산칼륨($KMnO_4$) 산화수 구하기
$KMnO_4$에서 Mn의 산화수를 구하려면
K와, O_4의 산화수를 구한 다음, 전체 산화수의 합이 0이 되도록 Mn의 산화수를 구한다.
K : +1, O : -2, O가 4개 있으므로 $(-2) \times 4 = -8$
따라서, $(+1) + (-8) = -7$이 나오고, Mn이 +7이 되어야 전체의 합이 0이 된다.

정답 +7

11 위험물안전관리법령에서 정한 브로민산염류와 질산염류의 지정수량을 합하면 얼마인지 쓰시오. (3점)

해설
제1류 위험물 중 브로민산염류, 질산염류, 아이오딘산염류의 지정수량은 300kg이다.
∴ 지정수량의 합 = 300kg + 300kg = 600kg

정답 600kg

12 황, 나프탈렌의 연소형태를 쓰시오. (3점)

해설
- 고체의 연소형태 4가지 : 표면연소, 분해연소, 증발연소, 자기연소
- 증발연소 : 고체를 가열할 때 열분해가 일어나지는 않으나, 고체가 액체로, 액체가 기체로 변화하여 그 기체가 연소하는 형태이다.

정답 증발연소

13 위험물 유별 중 외부의 산소공급 없이 스스로 연소할 수 있는 위험물은 몇 류인지 쓰시오. (3점)

해설
제5류 위험물(자기반응성 물질) : 물질 자체에 산소를 포함하고 있어서 외부의 산소공급 없이 스스로 연소할 수 있다.

정답 제5류 위험물

14 위험물안전관리법령상 다이크로뮴산염류를 저장하는 옥내저장소의 경우 하나의 저장창고 바닥면적은 몇 m² 이하로 해야 하는지 쓰시오.(3점)

해설

위험물을 저장하는 창고의 종류	기준면적
(1) 제1류 위험물 중 지정수량 50kg인 위험물 (2) 제3류 위험물 중 지정수량 10kg인 위험물과 황린 (3) 제4류 위험물 중 특수인화물, 제1석유류, 알코올류 (4) 제5류 위험물 중 지정수량 10kg인 위험물 (5) 제6류 위험물	1,000m² 이하
(1)~(5) 외의 위험물을 저장하는 창고	2,000m² 이하
위의 전부에 해당하는 위험물을 내화구조의 격벽으로 완전히 구획된 실에 각각 저장하는 창고 ((1)~(5)의 위험물을 저장하는 실의 면적은 500m²를 초과할 수 없다)	1,500m² 이하

※ 다이크로뮴산염류는 제1류 위험물 중 지정수량이 1,000kg인 위험물이다.

정답 2,000m²

2015년 제5회 과년도 기출복원문제

CHAPTER 04 | PART 02 위험물기능사 실기

※ 실기 필답형 문제는 수험자의 기억에 의해 복원된 것입니다. 실제 시행문제와 상이할 수 있음을 알려드립니다.

01 탄소의 완전 연소반응식을 쓰고, 12kg의 탄소가 완전 연소할 경우 필요한 산소의 부피(m^3)를 구하시오(단, 750mmHg, 30℃이다).(6점)

해설

탄소(C)의 완전 연소반응식 : $C + O_2 \rightarrow CO_2$

탄소 1mol이 연소할 경우 산소분자 1mol이 필요하다.

다시 말해서 탄소(C) 12g이 완전 연소하기 위해서는 산소(O_2) 32g이 필요하다.

단위를 바꾸면 탄소 12kg이 완전 연소하기 위해서는 32kg이 필요하고, 부피를 구하기 위해 필요한 값인 무게(W)는 32kg이다.

이상기체 상태방정식을 이용해서 풀어보면

$$PV = \frac{W}{M}RT, \quad V = \frac{WRT}{PM}$$

여기서, 압력(P) : $\frac{750}{760}$

무게(W) : 32kg

산소의 분자량(M) : 32

온도(T) : 303K

$$\therefore V = \frac{32 \times 0.08205 \times 303}{\frac{750}{760} \times 32} = 25.19m^3$$

정답 연소반응식 : $C + O_2 \rightarrow CO_2$
산소의 부피 : 25.19m^3

02 다음 설명하는 물질에 대해서 물음에 답하시오. (4점)

- 지정수량은 2,000L이고, 수용성이다.
- 분자량은 약 60이고, 녹는점은 약 16.7℃, 증기비중은 약 2.07이다.
- 알칼리금속, 강산화제와의 접촉을 피하여 보관해야 한다.

(1) 이 물질이 완전 연소할 때 생성되는 물질 2가지의 화학식을 쓰시오.

(2) 아연(Zn)과 이 물질과 반응할 때 생성되는 가연성 가스를 쓰시오.

해설

초산(CH_3COOH)

- 특징
  - 자극성 냄새와 신맛이 나는 무색투명한 액체이다.
  - 피부와 접촉하면 수포상의 화상을 입는다.
  - 식초는 초산의 3~5%의 수용액이다.
- 연소반응식 : $CH_3COOH + 2O_2 \rightarrow 2H_2O + 2CO_2$
- 아연과의 반응식 : $2CH_3COOH + Zn \rightarrow (CH_3COO)_2Zn + H_2$

정답 (1) H_2O, CO_2

(2) H_2

03 옥내탱크저장소의 위치, 구조 및 설비 기준에서 제2류 위험물 중 어떤 것을 저장할 때 탱크전용실을 건축물에 1층 또는 지하층에만 설치해야 하는가?(2가지만 쓰시오)(4점)

해설

옥내탱크저장소에서 탱크전용실을 건축물의 1층 또는 지하층에 설치해야 되는 위험물

- 제2류 위험물 중 황화인, 적린, 덩어리 상태의 황
- 제3류 위험물 중 황린
- 제6류 위험물 중 질산

정답 황화인, 적린

04 고체의 연소형태 4가지를 쓰시오. (4점)

해설

고체의 연소형태
- 표면연소 : 열분해에 의해 가연성 가스를 발생하지 않고 물질 자체가 연소
- 분해연소 : 열분해의 의해 발생된 가연성 가스가 연소
- 증발연소 : 고체 물질을 가열하면 액체로, 다시 액체가 기체로 변화하여 그 기체가 연소
- 자기연소(내부연소) : 물질 자체에 산소를 포함하고 있어서 자체적으로 연소

정답 표면연소, 분해연소, 증발연소, 자기연소

05 옥외저장탱크의 방유제에 대하여 다음 물음에 답하시오.(6점)

(1) 방유제의 높이는?
(2) 방유제 안에 설치할 수 있는 휘발유 저장탱크의 수는 몇 기 이하인가?(단, 방유제 내에 다른 위험물저장탱크는 없다)

해설

옥외저장탱크의 방유제
- 방유제의 높이는 0.5m 이상 3m 이하로 할 것
- 옥외탱크저장소의 방유제에 계단을 설치해야 되는 경우 : 높이가 1m를 넘을 경우 계단 또는 경사로를 50m마다 설치해야 된다.
- 방유제의 면적은 80,000m² 이하
- 옥외탱크저장소에서의 방유제의 용량
  - 탱크가 1기일 때 : 탱크용량의 110%(인화성이 없는 액체위험물은 100% 예 제6류 위험물) 이상
  - 탱크가 2기 이상일 때 : 탱크 중 용량이 최대인 것의 110%(인화성이 없는 액체위험물은 100%) 이상
- 방유제 내에 설치하는 옥외저장탱크의 수는 10기 이하로 할 것(단, 방유제 내에 설치하는 모든 옥외저장탱크의 용량이 20만L 이하이고, 위험물의 인화점이 70℃ 이상 200℃ 미만인 경우에는 20기 이하)

정답 (1) 0.5m 이상 3m 이하
(2) 10기

06 제2종 분말소화약제인 탄산수소칼륨($KHCO_3$) 200kg이 약 190℃에서 열분해되었을 때의 분해반응식을 쓰고, 탄산수소칼륨이 분해할 때 발생하는 탄산가스(CO_2)의 부피(m^3)를 구하시오(단, 1기압, 100℃이며, 칼륨의 원자량은 39이다).(5점)

해설
- 탄산수소칼륨의 1차 열분해반응식(190℃에서 분해) : $2KHCO_3 \rightarrow K_2CO_3 + CO_2 + H_2O$
- 탄산수소칼륨의 2차 열분해반응식(약 590℃에서 분해) : $2KHCO_3 \rightarrow K_2O + 2CO_2 + H_2O$
- 부피 계산식
 탄산수소칼륨의 분자량을 구하면 100g이 나온다.
 $39 + 1 + 12 + (16 \times 3) = 100$
 2mol의 $KHCO_3$가 분해했을 때 1mol의 CO_2가 나오므로
 200kg의 $KHCO_3$가 분해하면 44kg의 CO_2가 나온다.
 이상기체 상태방정식을 이용하면
 $PV = \frac{W}{M}RT, \quad V = \frac{WRT}{PM}$
 여기서, 압력(P) : 1atm   분자량(M) : 44kg
        무게(W) : 44kg   절대온도(T) : 373K
 $\therefore V = \frac{44 \times 0.08205 \times 373}{1 \times 44} = 30.60 m^3$

정답 분해반응식 : $2KHCO_3 \rightarrow K_2CO_3 + CO_2 + H_2O$
 부피 : $V = \frac{44 \times 0.08205 \times 373}{1 \times 44} = 30.60 m^3$

07 제3종 분말소화약제가 열분해하면서 생성되는 물질 중 하나로 화재면에 소화약제 방출 시 가연물 표면에 부착성 막을 만들어 산소와의 접촉을 차단하는 역할을 하는 물질은 무엇인가?(3점)

해설
- 제3종 분말소화약제의 열분해반응식 : $NH_4H_2PO_4 \rightarrow HPO_3 + NH_3 + H_2O$
- HPO_3(메타인산) : 무색 투명한 유리상 고체로 고체에 대한 부착력이 커서 부착성 막을 만들어 산소와의 접촉을 막는다.

정답 메타인산

08 인화칼슘이 물과 반응할 때 생성되는 물질을 쓰시오.(4점)

해설
인화칼슘과 물의 반응식 : $Ca_3P_2 + 6H_2O \rightarrow 3Ca(OH)_2 + 2PH_3$
수산화칼슘(소석회), 포스핀(인화수소) 가스가 생성된다.

정답 수산화칼슘, 포스핀

09 다음 물질의 지정수량을 쓰시오.(6점)

(1) 다이에틸에터
(2) 아세톤
(3) 에틸알코올

해설

구분	다이에틸에터	아세톤	에틸알코올
지정수량	50L	400L(수용성)	400L
품명	특수인화물	제1석유류	알코올류

정답
(1) 50L
(2) 400L
(3) 400L

10 과산화벤조일의 구조식을 그리고 분자량을 구하시오.(5점)

해설
과산화벤조일(벤조일퍼옥사이드)의 화학식 : $(C_6H_5CO)_2O_2$
$[\{(12 \times 6) + (1 \times 5) + 12 + 16\} \times 2] + (16 \times 2) = 242$

정답 구조식 :

분자량 : 242

11 다음 제3류 위험물의 물과의 반응식을 쓰시오.(4점)

(1) 칼륨

(2) 탄화칼슘

[해설]
- 칼륨과 물의 반응식 : $2K + 2H_2O \rightarrow 2KOH + H_2$
- 탄화칼슘과 물의 반응식 : $CaC_2 + 2H_2O \rightarrow Ca(OH)_2 + C_2H_2$

[정답] (1) $2K + 2H_2O \rightarrow 2KOH + H_2$
(2) $CaC_2 + 2H_2O \rightarrow Ca(OH)_2 + C_2H_2$

12 위험물안전관리법령상 물분무 등 소화설비 중 제5류 위험물의 화재 발생 시 적응성이 있는 소화설비 2가지를 쓰시오.(4점)

[해설]
제5류 위험물에 적응성이 있는 소화설비는 물분무소화설비, 포소화설비이다.
물분무 등 소화설비 : 물분무소화설비, 포소화설비, 불활성가스소화설비, 할로젠화합물소화설비, 분말소화설비

[정답] 물분무소화설비, 포소화설비

CHAPTER 04
2016년 제1회 과년도 기출복원문제

PART 02 위험물기능사 실기

※ 실기 필답형 문제는 수험자의 기억에 의해 복원된 것입니다. 실제 시행문제와 상이할 수 있음을 알려드립니다.

01 나트륨에 대하여 다음 물음에 답하시오.(6점)

(1) 물과 반응할 때 발생하는 기체의 화학식을 쓰시오.

(2) 완전 연소반응식을 쓰시오.

해설
- 나트륨과 물의 반응식 : $2Na + 2H_2O \rightarrow 2NaOH + H_2$
- 나트륨의 완전 연소반응식 : $4Na + O_2 \rightarrow 2Na_2O$

정답 (1) H_2
(2) $4Na + O_2 \rightarrow 2Na_2O$

02 이황화탄소 76g이 완전 연소하면 몇 L의 기체가 발생하는지 구하시오(단, 표준상태이다).(5점)

해설
이황화탄소의 완전 연소반응식 : $CS_2 + 3O_2 \rightarrow CO_2 + 2SO_2$
CS_2의 분자량은 76이다.
문제에서 76g이 완전 연소하였다고 하면 CS_2 1mol이 반응한 것이며,
발생하는 기체는 1mol의 CO_2, 2mol의 SO_2, 총 3mol의 기체가 발생한다.
표준상태에서의 기체 1mol의 부피는 22.4L이므로,
∴ 22.4L × 3 = 67.2L

정답 67.2L

03 BTX에 대하여 다음 물음에 답하시오. (5점)

(1) BTX가 무엇의 약자인지 해당 물질의 명칭을 쓰시오.

(2) BTX 중 T에 해당하는 물질의 구조식을 쓰시오.

해설

- BTX의 특징

약자	B	T	X		
명칭	Benzene	Toluene	o-Xylene	m-Xylene	p-Xylene
화학식	C_6H_6	$C_6H_5CH_3$	$C_6H_4(CH_3)_2$	$C_6H_4(CH_3)_2$	$C_6H_4(CH_3)_2$
분자량	78	92	106	106	106
구조식					

- 톨루엔의 구조식

정답 (1) 벤젠(Benzene), 톨루엔(Toluene), 자일렌(Xylene)

(2)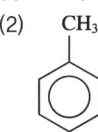

04 다음 각 위험물의 화학식을 쓰시오. (4점)

(1) 아이오딘산칼륨

(2) 과망가니즈산칼륨

해설

물질	품명	지정수량	화학식
아이오딘산칼륨	제1류 아이오딘산염류	300kg	KIO_3
과망가니즈산칼륨	제1류 과망가니즈산염류	1,000kg	$KMnO_4$

정답 (1) KIO_3

(2) $KMnO_4$

05 왕수는 어떤 물질과 어떤 물질의 혼합물인지 배합비율과 그 혼합물질을 쓰시오. (4점)

해설
왕수는 진한 질산과 진한 염산의 혼합산이다.
부피비율로 질산 1부피와 염산 3부피를 혼합하여 제조한다.

정답 혼합물 : 진한 질산과 진한 염산
배합비율 : 진한 질산 : 진한 염산 = 1 : 3

06 0℃, 1기압에서 질산칼륨 202g이 열분해할 경우 생성되는 산소의 부피(L)를 구하시오. (5점)

해설
질산칼륨의 열분해반응식 : $2KNO_3 \rightarrow 2KNO_2 + O_2$
KNO_3의 분자량 : $39 + 14 + (16 \times 3) = 101$
2mol의 질산칼륨이 분해할 때 1mol의 산소가 발생한다.
따라서, 202g이 열분해하면 산소(O_2) 32g이 발생한다.
그러므로, 이상기체 상태방정식을 이용하여 풀이한다.

$PV = \dfrac{W}{M}RT, \ V = \dfrac{WRT}{PM}$

여기서, 압력(P) : 1atm
　　　　분자량(M) : 32g
　　　　무게(W) : 32g
　　　　절대온도(T) : 273K

$\therefore V = \dfrac{32 \times 0.08205 \times 273}{1 \times 32} = 22.4L$

※ 다른 풀이방법
　표준상태에서 기체 1mol의 부피는 22.4L이다.
　따라서, 202g이 분해했을 때 산소 1mol이 나오므로
　이상기체 상태방정식을 이용하지 않아도 22.4L가 나오는 것을 알 수 있다.

정답 22.4L

07 제조소 또는 일반취급소에서 취급하는 제4류 위험물의 최대수량의 합이 지정수량의 24만배 이상 48만배 미만일 경우 화학소방자동차의 대수 및 자체소방대원의 수는 몇 명인지 쓰시오.(3점)

해설

자체소방대에 두는 화학소방자동차 및 인원

사업소의 구분	화학소방자동차	자체 소방대원의 수
제조소 또는 일반취급소에서 취급하는 제4류 위험물의 최대수량의 합이 지정수량의 3,000배 이상 12만배 미만인 사업소	1대	5인
제조소 또는 일반취급소에서 취급하는 제4류 위험물의 최대수량의 합이 지정수량의 12만배 이상 24만배 미만인 사업소	2대	10인
제조소 또는 일반취급소에서 취급하는 제4류 위험물의 최대수량의 합이 지정수량의 24만배 이상 48만배 미만인 사업소	3대	15인
제조소 또는 일반취급소에서 취급하는 제4류 위험물의 최대수량의 합이 지정수량의 48만배 이상인 사업소	4대	20인
옥외탱크저장소에 저장하는 제4류 위험물의 최대수량이 지정수량의 50만배 이상인 사업소	2대	10인

정답 화학소방자동차의 대수 : 3대
자체소방대원의 수 : 15인

08 고체가연물의 연소형태 4가지를 쓰시오.(4점)

해설

고체의 연소형태
- 표면연소 : 열분해에 의해 가연성 가스를 발생하지 않고 물질 자체가 연소
- 분해연소 : 열분해에 의해 발생된 가연성 가스가 연소
- 증발연소 : 고체 물질을 가열하면 액체로, 다시 액체가 기체로 변화하여 그 기체가 연소
- 자기연소(내부연소) : 물질 자체에 산소를 포함하고 있어서 자체적으로 연소

정답 표면연소, 분해연소, 증발연소, 자기연소

09 나이트로셀룰로스는 건조한 상태에 보관하면 폭발의 위험성이 커서 저장 시 어떤 물질을 첨가하는데 이때 사용하는 물질 중 1가지만 쓰시오.(4점)

해설
나이트로셀룰로스는 건조한 상태에서 폭발하거나 마찰에 의해서 발화하기 쉬운 매우 불안정한 물질이므로 물, 알코올로 습윤시켜 안정화한다.

정답 물

10 분자량이 92, 비중은 1.26이며, 단맛이 나는 무색의 액체로 3가 알코올이며, 제3석유류에 속하는 물질에 대한 다음 물음에 답하시오.(4점)

(1) 명칭
(2) 구조식

해설
제4류 위험물 중 제3석유류 수용성 물질인 글리세린에 대한 설명이다.
글리세린의 화학식 : $C_3H_5(OH)_3$

정답 (1) 글리세린
(2)
```
        H   H   H
        |   |   |
    H − C − C − C − H
        |   |   |
        OH  OH  OH
```

11 위험물안전관리법령상 운반을 할 때 제6류 위험물과 혼재 가능한 유별을 쓰시오(단, 지정수량의 10배를 운반한다).(4점)

해설
유별을 달리하는 위험물의 혼재기준(위험물안전관리법 시행규칙 별표 19)

구분	제1류	제2류	제3류	제4류	제5류	제6류
제1류		×	×	×	×	○
제2류	×		×	○	○	×
제3류	×	×		○	×	×
제4류	×	○	○		○	×
제5류	×	○	×	○		×
제6류	○	×	×	×	×	

정답 제1류 위험물

12 위험물안전관리법령상 위험물은 지정수량의 몇 배를 1소요단위로 하는가?(4점)

해설

1소요단위 기준
- 제조소 또는 취급소
  - 외벽이 내화구조인 것 : 연면적 $100m^2$
  - 외벽이 내화구조가 아닌 것 : 연면적 $50m^2$
- 저장소
  - 외벽이 내화구조인 것 : 연면적 $150m^2$
  - 외벽이 내화구조가 아닌 것 : $75m^2$
- 위험물은 지정수량의 10배

정답 10배

13 오황화인의 완전 연소반응식을 쓰시오.(3점)

해설

오황화인의 완전 연소반응식 : $2P_2S_5 + 15O_2 \rightarrow 2P_2O_5 + 10SO_2$

정답 $2P_2S_5 + 15O_2 \rightarrow 2P_2O_5 + 10SO_2$

CHAPTER 04
2016년 제2회 과년도 기출복원문제

※ 실기 필답형 문제는 수험자의 기억에 의해 복원된 것입니다. 실제 시행문제와 상이할 수 있음을 알려드립니다.

01 위험물안전관리법령상 다음 각 품명에 해당하는 지정수량을 쓰시오. (6점)

(1) 아염소산염류

(2) 다이크로뮴산염류

(3) 아이오딘산염류

[해설]

제1류 위험물의 지정수량

품명	지정수량	위험등급
아염소산염류, 염소산염류, 과염소산염류, 무기과산화물	50kg	I
브로민산염류, 질산염류, 아이오딘산염류	300kg	II
과망가니즈산염류, 다이크로뮴산염류	1,000kg	III

[정답] (1) 50kg

(2) 1,000kg

(3) 300kg

02 위험물 저장탱크의 용량이 520L이고, 내용적이 600L일 때 탱크의 공간용적(L)을 구하시오. (5점)

[해설]

탱크의 용량 = 내용적 − 공간용적

따라서, 공간용적 = 내용적 − 용량 = 600L − 520L = 80L

[정답] 80L

03 위험물안전관리법령상 위험물의 운반에 관한 기준에서 사이안화수소(HCN)의 운반용기의 외부에 표시해야 하는 주의사항을 쓰시오. (3점)

해설

사이안화수소(HCN)는 제4류 위험물이다.

운반용기 외부의 표시사항

유별	품명	주의사항
제1류 위험물	알칼리금속의 과산화물	화기·충격주의, 물기엄금, 가연물접촉주의
	그 밖의 것	화기·충격주의, 가연물접촉주의
제2류 위험물	철분, 금속분, 마그네슘	화기주의, 물기엄금
	인화성 고체	화기엄금
	그 밖의 것	화기주의
제3류 위험물	자연발화성 물질	화기엄금, 공기접촉엄금
	금수성 물질	물기엄금
제4류 위험물	전부	화기엄금
제5류 위험물	전부	화기엄금, 충격주의
제6류 위험물	전부	가연물접촉주의

정답 화기엄금

04 방향족 탄화수소인 BTX를 구성하는 물질 중 "T"에 해당하는 물질의 분자량은 얼마인지 쓰시오. (3점)

해설

BTX는 벤젠(B), 톨루엔(T), 자일렌(X)을 말한다.
톨루엔($C_6H_5CH_3$)의 분자량은 C의 원자량 12, H의 원자량은 1이므로 계수를 합하여 계산하면 92가 나온다.
※ 벤젠의 분자량 : 78, 자일렌의 분자량 : 106

정답 92

05 제2종 분말소화약제의 주성분을 화학식으로 쓰시오. (3점)

해설

유별을 달리하는 위험물의 혼재기준(위험물안전관리법 시행규칙 별표 19)

종류	주성분	적응화재	분말의 색
제1종 분말	$NaHCO_3$	B, C급	백색
제2종 분말	$KHCO_3$	B, C급	담회색
제3종 분말	$NH_4H_2PO_4$	A, B, C급	담홍색
제4종 분말	$KHCO_3+(NH_2)_2CO$	B, C급	회백색

정답 $KHCO_3$

06 다음 각 물질은 몇 가 알코올인가? (3점)

(1) 에틸렌글라이콜

(2) 글리세린

(3) 에틸알코올

해설

알코올의 가수는 (-OH)기의 개수를 보면 된다.

물질	에틸렌글라이콜	글리세린	에틸알코올
화학식	CH_2OHCH_2OH	$C_3H_5(OH)_3$	C_2H_5OH

에틸렌글라이콜에는 2개, 글리세린에는 3개, 에틸알코올에는 1개가 있다.

따라서, 에틸렌글라이콜은 2가 알코올, 글리세린은 3가 알코올, 에틸알코올은 1가 알코올이다.

정답 (1) 2가 알코올

　　　(2) 3가 알코올

　　　(3) 1가 알코올

07 나트륨이 물과 반응할 때 생성되는 물질을 모두 쓰시오. (4점)

해설

나트륨과 물의 반응식 : $2Na + 2H_2O \rightarrow 2NaOH + H_2$

생성되는 물질은 수산화나트륨과 수소

정답 수산화나트륨, 수소

08 표준상태에서 탄소 100g을 완전 연소시키려면 몇 L의 산소가 필요한지 구하시오.(4점)

해설

탄소의 연소반응식 : $C + O_2 \rightarrow CO_2$

탄소 1mol이 완전 연소하려면 산소분자(O_2) 1mol이 필요하다.

탄소 12g이 연소할 때 산소분자 32g이 필요하므로,

100g이 연소할 때는 $x = \dfrac{32g}{12g} \times 100g = 266.67g$이 필요하다.

이상기체 상태방정식을 이용해서 풀이하면

$PV = \dfrac{W}{M}RT$, $V = \dfrac{WRT}{PM}$

여기서, 압력(P) : 1atm, 산소(O_2)의 분자량 : 32g, 무게(W) : 266.7g

절대온도(T) : 273K

$\therefore V = \dfrac{266.67 \times 0.08205 \times 273}{1 \times 32} = 186.67L$

※ 표준상태일 때 간단하게 계산하는 방법

표준상태일 때 기체 1mol의 부피는 22.4L이다.

따라서, 바로 계산하면, 부피 = $\dfrac{100g}{12g} \times 22.4L = 186.67L$

정답 186.67L

09 제1류 위험물 중 흑색화약의 원료로 사용되며, 고온에서 열분해하여 산소를 방출하는 물질의 열분해반응식을 쓰시오.(4점)

해설

• 흑색화약의 원료는 질산칼륨, 황, 숯가루이다. 이 중 제1류 위험물에 속하는 물질은 질산칼륨이다.
• 질산칼륨의 열분해반응식 : $2KNO_3 \rightarrow 2KNO_2 + O_2$

정답 $2KNO_3 \rightarrow 2KNO_2 + O_2$

10 화재의 종류를 다음 표와 같이 구분할 때 빈칸을 모두 채우시오.(4점)

급수	구분	표시색상
B급	(1)	(2)
(3)	일반화재	(4)
(5)	(6)	청색

해설

화재의 종류에 따른 색상

구분	급수	표시색상
일반화재	A급	백색
유류화재	B급	황색
전기화재	C급	청색
금속화재	D급	무색

정답
- (1) 유류화재
- (2) 황색
- (3) A급
- (4) 백색
- (5) C급
- (6) 전기화재

11 고체의 연소형태 4가지를 쓰시오.(4점)

해설

고체의 연소형태
- 표면연소 : 열분해에 의해 가연성 가스를 발생하지 않고 물질 자체가 연소
  예 코크스, 목탄, 금속분 등
- 분해연소 : 열분해에 의해 발생된 가연성 가스가 연소
  예 종이, 목재, 플라스틱 등
- 증발연소 : 고체 물질을 가열하면 액체로, 다시 액체가 기체로 변화하여 그 기체가 연소
  예 황, 나프탈렌 등
- 자기연소(내부연소) : 물질 자체에 산소를 포함하고 있어서 자체적으로 연소
  예 제5류 위험물 등

정답 표면연소, 분해연소, 증발연소, 자기연소

12 톨루엔 400L, 아세톤 1,200L, 등유 2,000L를 같은 장소에 저장하려고 했을 때 지정수량 배수의 총합을 구하시오.(4점)

해설

물질	톨루엔	아세톤	등유
지정수량	200L	400L(수용성)	1,000L
품명	제1석유류	제1석유류	제2석유류

지정수량의 배수의 합

$$\frac{400}{200} + \frac{1,200}{400} + \frac{2,000}{1,000} = 7$$

정답 7

13 다음 물질 중에서 비중이 물보다 큰 것을 모두 쓰시오.(4점)

톨루엔, 에틸렌글라이콜, 글리세린, 아세톤, 나이트로벤젠

해설

물질	톨루엔	에틸렌글라이콜	글리세린	아세톤	나이트로벤젠
비중	0.86	1.11	1.26	0.79	1.20
품명	제1석유류	제3석유류	제3석유류	제1석유류	제3석유류
지정수량	200L	4,000L	4,000L	400L	2,000L

물의 비중은 1이다. 따라서 1보다 큰 물질을 전부 고르면 된다.

정답 에틸렌글라이콜, 글리세린, 나이트로벤젠

14 위험물안전관리법령상 휘발유, 등유의 경우 주유취급소의 고정주유설비 또는 고정급유설비의 펌프기기는 주유관 끝부분에서의 최대 배출량은 각각 분당 몇 L 이하이어야 하는지 쓰시오(단, 이동저장탱크에 주입하는 경우는 제외한다).(4점)

(1) 휘발유

(2) 등유

해설

주유취급소의 고정주유설비 및 고정급유설비의 주유관 끝부분에서의 분당 최대 배출량
- 제1석유류 : 50L/min 이하
- 경유 : 180L/min 이하
- 등유 : 80L/min 이하

※ 휘발유는 제4류 위험물 중 제1석유류 비수용성 물질이다.

정답 (1) 50L/min 이하
(2) 80L/min 이하

CHAPTER 04

2016년 제4회 과년도 기출복원문제

PART 02 위험물기능사 실기

※ 실기 필답형 문제는 수험자의 기억에 의해 복원된 것입니다. 실제 시행문제와 상이할 수 있음을 알려드립니다.

---

01 위험물안전관리법령상 압력탱크 외의 이동저장탱크에 실시하는 수압시험은 몇 kPa의 압력으로 10분간 실시해야 하는가? (3점)

해설

이동저장탱크의 수압시험 기준
- 압력탱크 : 최대상용압력의 1.5배의 압력으로 10분간 수압시험을 실시하여 새거나 변형되지 않아야 한다.
- 압력탱크 외의 탱크 : 70kPa의 압력으로 10분간 수압시험을 실시하여 새거나 변형되지 않아야 한다.

정답 70kPa

---

02 다음 표의 위험물에 대하여 빈칸에 알맞은 답을 적으시오. (6점)

물질	시성식	품명
에탄올	(1)	(2)
에틸렌글라이콜	(3)	(4)
글리세린	(5)	(6)

해설
- 에탄올(C_2H_5OH) : 제4류 위험물 중 알코올류
- 에틸렌글라이콜(CH_2OHCH_2OH) : 제4류 위험물 중 제3석유류
- 글리세린[$C_3H_5(OH)_3$] : 제4류 위험물 중 제3석유류

정답
(1) C_2H_5OH (2) 알코올류
(3) CH_2OHCH_2OH (4) 제3석유류
(5) $C_3H_5(OH)_3$ (6) 제3석유류

03 옥외저장소에 과산화수소를 저장하려고 할 때 최대수량이 3,000kg이라면 보유공지는 몇 m 이상이어야 하는지 쓰시오. (3점)

해설

옥외저장소의 보유공지

저장 또는 취급하는 위험물의 최대수량	공지의 너비
지정수량의 10배 이하	3m 이상
지정수량의 10배 초과 20배 이하	5m 이상
지정수량의 20배 초과 50배 이하	9m 이상
지정수량의 50배 초과 200배 이하	12m 이상
지정수량의 200배 초과	15m 이상

※ 제4류 위험물 중 제4석유류와 제6류 위험물을 저장 또는 취급하는 옥외저장소의 보유공지는 표에 의한 공지 너비의 1/3 이상의 너비로 할 수 있다.

과산화수소의 지정수량은 300kg이다.

최대수량이 3,000kg이면 지정수량의 배수는 $\frac{3,000}{300}$ = 10이므로 10배가 된다.

지정수량의 10배 이하일 때 보유공지는 3m이지만 제6류 위험물은 보유공지의 1/3로 할 수 있으므로 1m가 된다.

정답 1m

04 위험물안전관리법령상 제4류 위험물에 속하는 제1석유류, 제2석유류, 제3석유류, 제4석유류를 분류하는 기준은 무엇인지 쓰시오. (3점)

해설

제4류 위험물이 되는 조건
- 특수인화물 : 이황화탄소, 다이에틸에터, 그 밖에 1기압에서 인화점이 −20℃ 이하이고 비점이 40℃ 이하인 것 또는 발화점이 100℃ 이하인 것
- 제1석유류 : 아세톤, 휘발유, 그 밖에 1기압에서 인화점이 21℃ 미만인 것
- 제2석유류 : 등유, 경유, 그 밖에 1기압에서 인화점이 21℃ 이상 70℃ 미만인 것
- 제3석유류 : 중유, 크레오소트유, 그 밖에 1기압에서 인화점이 70℃ 이상 200℃ 미만인 것
- 제4석유류 : 기어유, 실린더유, 그 밖에 1기압에서 인화점이 200℃ 이상 250℃ 미만인 것
- 알코올류 : 탄소의 수가 1~3개까지의 포화 1가 알코올
- 동식물유류 : 동물의 지육 또는 식물의 종자나 과육으로부터 추출한 것으로 1기압에서 인화점이 250℃ 미만인 것

※ 제1석유류부터 제4석유류까지는 인화점으로 구분한다.

정답 인화점

05 다음 [보기]에서 각 물음에 해당하는 위험물을 선택하여 그 번호를 쓰시오.(6점)

[보기]
㉠ 벤젠　　　　　　　　　　　㉡ 이황화탄소
㉢ 아세톤　　　　　　　　　　㉣ 아세트알데하이드
㉤ 아세트산

(1) 비수용성 물질은?

(2) 인화점이 가장 낮은 물질은?

(3) 비점이 가장 높은 물질은?

해설

물질	벤젠	이황화탄소	아세톤	아세트알데하이드	아세트산
품명	제1석유류	특수인화물	제1석유류	특수인화물	제2석유류
수용성 여부	비수용성	비수용성	수용성	수용성	수용성
인화점	-11℃	-30℃	-18.5℃	-40℃	40℃
비점	79℃	46℃	56℃	21℃	118℃

정답 (1) ㉠, ㉡
　　　 (2) ㉣
　　　 (3) ㉤

06 수소화리튬을 약 400℃로 가열하면 분해되는데 이때 생성되는 물질 2가지를 화학식으로 쓰시오.(4점)

해설

수소화리튬(LiH)의 분해반응식 : $2LiH \rightarrow 2Li + H_2$
리튬(Li)과 수소(H_2)가 생성된다.

정답 리튬, 수소

07 위험물안전관리법령에서 정하는 할로젠간화합물의 지정수량을 쓰시오. (3점)

해설
할로젠간화합물은 제6류 위험물에 속한다. 할로젠간화합물은 할로젠족 원소(F, Cl, Br, I)의 화합물을 말한다. BrF_5, IF_5 등이 있다.
할로젠간화합물은 제6류 위험물에 속하며 제6류 위험물 모두 지정수량은 300kg이다.

정답 300kg

08 무수크로뮴산의 열분해반응식을 쓰시오. (4점)

해설
무수크로뮴산(CrO_3)
- 삼산화크로뮴이라고도 한다. 제1류 위험물이고, 지정수량은 300kg이다.
- 열분해반응식 : $4CrO_3 \rightarrow 2Cr_2O_3 + 3O_2$

정답 $4CrO_3 \rightarrow 2Cr_2O_3 + 3O_2$

09 다음 [보기]의 물질 중 연소의 3요소가 될 수 없는 물질을 모두 고르시오. (4점)

[보기]
벤젠, 공기, 질소, 이산화탄소, 황, 산소, 헬륨, 성냥불

해설
- 연소의 3요소는 가연물, 산소공급원, 점화원이다.
- [보기] 중 연소의 3요소에 해당하는 물질은 다음과 같다.
  - 가연물 : 벤젠, 황
  - 산소공급원 : 공기, 산소
  - 점화원 : 성냥불

따라서, 질소, 이산화탄소, 헬륨은 연소의 3요소에 속하지 않는 물질이다.

정답 질소, 이산화탄소, 헬륨

10 TNT의 구조식을 나타내시오. (3점)

해설
TNT의 구조식

$$\underset{NO_2}{\underset{|}{\overset{CH_3}{\underset{O_2N}{\bigcirc}}}NO_2}$$

정답

$$\underset{NO_2}{\underset{|}{\overset{CH_3}{\underset{O_2N}{\bigcirc}}}NO_2}$$

11 위험물안전관리법령상 판매취급소의 정의에 대해 다음 ( ) 안에 알맞은 수치를 쓰시오. (4점)

(1) 제1종 판매취급소 : 저장 또는 취급하는 위험물의 수량이 지정수량의 ( )배 이하인 판매취급소

(2) 제2종 판매취급소 : 저장 또는 취급하는 위험물의 수량의 지정수량의 ( )배 이하인 판매취급소

해설
- 제1종 판매취급소 : 지정수량의 20배 이하의 위험물을 저장 또는 판매
- 제2종 판매취급소 : 지정수량의 40배 이하의 위험물을 저장 또는 판매

정답 (1) 20
(2) 40

12 227g의 나이트로글리세린이 완전히 폭발·분해되었을 때 몇 L의 기체가 발생하는지 구하시오(단, 기체의 부피는 표준상태를 기준으로 구한다).(5점)

해설

나이트로글리세린의 분해반응식 : $4C_3H_5(ONO_2)_3 \rightarrow 12CO_2 + 10H_2O + 6N_2 + O_2$
4mol의 나이트로글리세린이 분해하면 12mol의 이산화탄소, 10mol의 수증기, 6mol의 질소, 1mol의 산소, 총 29mol의 기체가 발생한다.
표준상태에서의 기체 1mol의 부피는 22.4L이고, 나이트로글리세린의 분자량을 구하면
$(12 \times 3) + (1 \times 5) + [(16 \times 3) + 14] \times 3 = 227$이 나온다.
나이트로글리세린의 분자량은 227이고, 4mol의 나이트로글리세린이 분해한다고 했으므로
$\therefore \dfrac{29}{4} \times 22.4L = 162.4L$

정답 162.4L

13 다음은 위험물안전관리법령에서 정한 탱크 용적 산정기준에 관한 내용 중 (   ) 안에 알맞은 수치를 쓰시오.(4점)

> 위험물을 저장 또는 취급하는 탱크의 용량은 해당 탱크 내용적에서 공간용적을 뺀 용적으로 한다. 탱크의 공간용적은 탱크의 내용적의 100분의 (   ) 이상 100분의 (   ) 이하의 용적으로 한다. 다만, 소화설비(소화약제 방출구를 탱크 안의 윗부분에 설치하는 것에 한한다)를 설치하는 탱크의 공간용적은 해당 소화설비의 소화약제 방출구 아래의 (   )m 이상 (   )m 미만 사이의 면으로부터 윗부분의 용적으로 한다.

해설

탱크의 공간용적은 탱크 내용적의 $\dfrac{5}{100}$ 이상 $\dfrac{10}{100}$ 이하의 용적으로 한다.
다만, 소화설비를 설치하는 탱크의 공간용적은 해당 소화설비의 소화약제 방출구 아래의 0.3m 이상 1m 미만 사이의 면으로부터 윗부분의 용적으로 한다.

정답 5, 10, 0.3, 1

14 오황화인이 물과 반응할 때 생성되는 유독가스를 쓰시오.(3점)

해설

오황화인과 물의 반응식 : $P_2S_5 + 8H_2O \rightarrow 5H_2S + 2H_3PO_4$
유독가스는 황화수소(H_2S)이다.

정답 황화수소

CHAPTER 04
2016년 제5회 과년도 기출복원문제

PART 02 위험물기능사 실기

※ 실기 필답형 문제는 수험자의 기억에 의해 복원된 것입니다. 실제 시행문제와 상이할 수 있음을 알려드립니다.

01 제6류 위험물 중 다음의 성질을 가지는 물질의 화학식을 쓰시오. (3점)

- 분자량은 100.5이다.
- 비중은 1.76이다.
- 증기비중은 3.5이다.

해설
과염소산($HClO_4$)에 대한 설명으로 제6류 위험물이며, 지정수량은 300kg이다.

정답 $HClO_4$

02 질산과 황산의 혼산으로 톨루엔을 나이트로화해서 만드는 제5류 위험물에 속하는 물질은 무엇인지 쓰시오. (3점)

해설
$C_6H_5CH_3 + 3HNO_3 \xrightarrow{C-H_2SO_4} C_6H_2CH_3(NO_2)_3 + 3H_2O$

트라이나이트로톨루엔은 톨루엔에 질산과 황산을 반응시켜 제조한다.

정답 트라이나이트로톨루엔

03 피크르산(트라이나이트로페놀)의 구조식을 쓰시오. (4점)

해설

$$\text{피크르산 구조식: } 2,4,6-\text{트라이나이트로페놀} \quad C_6H_2(NO_2)_3OH$$

피크르산은 제5류 위험물 중 나이트로화합물에 속한다.

정답

$$C_6H_2(OH)(NO_2)_3$$

04 위험물안전관리법령상 간이저장탱크의 용량은 몇 L 이하로 해야 하는가? (3점)

해설

간이저장탱크의 구조 및 설치기준
- 하나의 간이탱크저장소에 설치할 수 있는 간이저장탱크의 수 : 3기 이하
- 간이탱크저장소의 최대용량 : 600L 이하
- 간이저장탱크의 두께 : 3.2mm 이상의 강철판
- 밸브 없는 통기관의 지름 : 25mm 이상
- 지면으로부터 통기관까지의 높이 : 1.5m 이상
- 수압시험 : 70kPa의 압력으로 10분간 실시하여 새거나 변형되지 않아야 한다.

정답 600L

05
위험물제조소는 고등교육법에서 정하는 학교와는 몇 m 이상의 안전거리를 두어야 하는지 쓰시오. (3점)

해설

제조소 등의 안전거리

건축물의 종류	안전거리
7,000V 초과 35,000V 이하의 특고압가공전선	3m 이상
35,000V 초과의 특고압가공전선	5m 이상
주거용으로 사용되는 것	10m 이상
가스시설	20m 이상
학교, 병원, 극장, 복지시설 등	30m 이상
지정문화유산, 천연기념물	50m 이상

정답 30m

06
탄산수소나트륨 소화약제가 1차적으로 열분해되는 화학반응식을 쓰시오. (5점)

해설

탄산수소나트륨($NaHCO_3$)
- 제1종 분말소화약제이다.
- 열분해반응식 : $2NaHCO_3 \rightarrow Na_2CO_3 + CO_2 + H_2O$

정답 $2NaHCO_3 \rightarrow Na_2CO_3 + CO_2 + H_2O$

07
할로젠화합물 소화약제 중 할론 1211의 화학식을 쓰시오. (4점)

해설

할로젠화합물 소화약제를 물어보는 문제가 나오면
C, F, Cl, Br을 생각하고 숫자를 붙여서 계수를 계산하면 된다.
할론 1211은 C가 1개, F가 2개, Cl이 1개, Br이 1개이므로 CF_2ClBr이 된다.
※ 할론 1301 : CF_3Br, 할론 2402 : $C_2F_4Br_2$

정답 CF_2ClBr

08 분말소화약제에 대하여 다음 물음에 답하시오.(3점)

(1) 인산염류 등을 주성분으로 하는 것

(2) 탄산수소칼륨과 요소의 혼합물

(3) 탄산수소나트륨을 주성분으로 하는 것

해설

분말소화약제의 종류

종류	주성분	적응화재	분말의 색
제1종 분말	$NaHCO_3$	B, C급	백색
제2종 분말	$KHCO_3$	B, C급	담회색
제3종 분말	$NH_4H_2PO_4$	A, B, C급	담홍색
제4종 분말	$KHCO_3+(NH_2)_2CO$	B, C급	회백색

- 인산염류가 있는 약제는 제3종 분말소화약제이다.
- 탄산수소칼륨이 있는 약제는 제2종 분말소화약제이다.
- 탄산수소나트륨을 주성분으로 하는 분말소화약제는 제1종 분말소화약제이다.
- 요소가 있는 약제는 제4종 분말소화약제이다.

정답 (1) 제3종 분말소화약제
   (2) 제4종 분말소화약제
   (3) 제1종 분말소화약제

09 금속칼륨이 다음 물질과 반응할 때의 반응식을 쓰시오.(6점)

(1) 칼륨과 물의 반응식

(2) 칼륨과 에탄올의 반응식

해설

- 칼륨과 물의 반응식 : $2K + 2H_2O \rightarrow 2KOH + H_2$
- 칼륨과 에탄올의 반응식 : $2K + 2C_2H_5OH \rightarrow 2C_2H_5OK + H_2$

정답 (1) $2K + 2H_2O \rightarrow 2KOH + H_2$
   (2) $2K + 2C_2H_5OH \rightarrow 2C_2H_5OK + H_2$

10 제4류 위험물을 저장하는 이동탱크저장소에서 이동저장탱크는 내부에 몇 L 이하마다 3.2mm 이상의 강철판으로 된 칸막이를 설치해야 하는가?(3점)

해설
이동탱크저장소에서는 그 내부에 4,000L마다 3.2mm 이상의 강철판 또는 이와 동등 성능 이상이 있는 것으로 칸막이를 설치해야 한다.

정답 4,000L

11 위험물안전관리법령상 다음의 각 위험물의 지정수량을 쓰시오.(6점)

(1) K_2O_2

(2) $KClO_3$

(3) CrO_3

해설

물질	과산화칼륨	염소산칼륨	무수크로뮴산
품명	무기과산화물	염소산염류	크로뮴의 산화물
지정수량	50kg	50kg	300kg

정답 (1) 50kg
(2) 50kg
(3) 300kg

12 다음 [보기]의 소화설비 중 위험물안전관리법령상 제6류 위험물에 적응성이 있는 소화설비를 모두 골라 기호를 쓰시오(단, 적응성이 있는 소화설비가 없을 경우에는 "해당없음"이라고 쓰시오). (4점)

[보기]
㉠ 옥내소화전설비　　　　　　　　㉡ 불활성가스소화설비
㉢ 할로젠간화합물소화설비　　　　㉣ 탄산수소염류의 분말소화설비
㉤ 포소화설비

해설
제6류 위험물은 주수소화를 한다.
- 제6류 위험물에 적응성이 있는 소화설비 : 옥내소화전설비, 옥외소화전설비, 스프링클러설비, 물분무소화설비, 포소화설비, 인산염류분말소화설비
- 제6류 위험물에 적응성이 없는 소화설비 : 불활성가스소화설비, 할로젠간화합물소화설비, 탄산수소염류 등의 분말소화설비

정답 ㉠, ㉤

13 2mol의 염소산칼륨이 완전 열분해될 때 생성되는 산소는 몇 g인지 구하시오. (4점)

해설
염소산칼륨의 분해반응식 : $2KClO_3 \rightarrow 2KCl + 3O_2$
2mol의 염소산칼륨이 완전 분해하면 3mol의 산소분자가 생성된다.
따라서, O_2의 분자량이 32이므로 (3 × 32) = 96이 나온다.

정답 96g

14 위험물안전관리법령상 제1류 위험물 중 알칼리금속의 과산화물의 운반용기 외부에 표시해야 할 주의사항을 모두 쓰시오.(4점)

해설

운반용기 외부의 표시사항

유별	품명	주의사항
제1류 위험물	알칼리금속의 과산화물	화기·충격주의, 물기엄금, 가연물접촉주의
	그 밖의 것	화기·충격주의, 가연물접촉주의
제2류 위험물	철분, 금속분, 마그네슘	화기주의, 물기엄금
	인화성 고체	화기엄금
	그 밖의 것	화기주의
제3류 위험물	자연발화성 물질	화기엄금, 공기접촉엄금
	금수성 물질	물기엄금
제4류 위험물	전부	화기엄금
제5류 위험물	전부	화기엄금, 충격주의
제6류 위험물	전부	가연물접촉주의

정답 화기·충격주의, 물기엄금, 가연물접촉주의

CHAPTER 04
2017년 제1회 과년도 기출복원문제

PART 02 위험물기능사 실기

※ 실기 필답형 문제는 수험자의 기억에 의해 복원된 것입니다. 실제 시행문제와 상이할 수 있음을 알려드립니다.

01 금속분 중 아연분에 대하여 다음 물음에 답하시오. (5점)

(1) 물과의 반응식
(2) 염산과 반응할 때 발생하는 기체

해설
- 아연(Zn)과 물의 반응식 : $Zn + 2H_2O \rightarrow Zn(OH)_2 + H_2$
- 아연과 염산의 반응식 : $Zn + 2HCl \rightarrow ZnCl_2 + H_2$

정답
(1) $Zn + 2H_2O \rightarrow Zn(OH)_2 + H_2$
(2) H_2

02 과산화나트륨과 이산화탄소가 반응할 때, 과산화나트륨과 물이 반응할 때 공통적으로 생성되는 물질의 화학식을 쓰시오. (3점)

해설
과산화나트륨
- 이산화탄소와의 반응식 : $2Na_2O_2 + 2CO_2 \rightarrow 2Na_2CO_3 + O_2$
- 물과의 반응식 : $2Na_2O_2 + 2H_2O \rightarrow 4NaOH + O_2$
∴ 공통적으로 생성되는 물질은 산소(O_2)이다.

정답 O_2

03 탄화칼슘 1mol과 물 2mol이 반응할 때 생성되는 기체명과 그 기체의 부피(L)를 구하시오(단, 표준상태이다).(5점)

해설
- 탄화칼슘과 물의 반응식 : $CaC_2 + 2H_2O \rightarrow Ca(OH)_2 + C_2H_2$
- 탄화칼슘 1mol과 물 2mol이 반응하면, 1mol의 수산화칼슘과 1mol의 아세틸렌가스가 생성된다. 표준상태에서의 기체 1mol의 부피는 22.4L이므로 정답은 22.4L가 된다.

정답 아세틸렌, 22.4L

04 위험물안전관리법령상 제5류 위험물의 운반용기 외부에 표시해야 할 주의사항을 모두 쓰시오. (4점)

해설
운반용기 외부의 표시사항

유별	품명	주의사항
제1류 위험물	알칼리금속의 과산화물	화기·충격주의, 물기엄금, 가연물접촉주의
	그 밖의 것	화기·충격주의, 가연물접촉주의
제2류 위험물	철분, 금속분, 마그네슘	화기주의, 물기엄금
	인화성 고체	화기엄금
	그 밖의 것	화기주의
제3류 위험물	자연발화성 물질	화기엄금, 공기접촉엄금
	금수성 물질	물기엄금
제4류 위험물	전부	화기엄금
제5류 위험물	전부	화기엄금, 충격주의
제6류 위험물	전부	가연물접촉주의

정답 화기엄금, 충격주의

05 위험물제조소에는 "위험물제조소"라는 표시를 한 표지를 설치할 때의 기준에 대해 다음 물음에 답하시오. (6점)

(1) 표지의 크기
(2) 표지의 바탕색과 문자색

> **해설**
> **표지의 규격** : 한 변의 길이가 0.3m 이상, 다른 한 변의 길이가 0.6m 이상 백색바탕에 흑색문자로 "위험물제조소"라고 적힌 표지를 게시한다.
>
> **정답** (1) 한 변의 길이가 0.3m 이상, 다른 한 변의 길이가 0.6m 이상
> (2) 바탕색 : 백색, 문자색 : 흑색

06 위험물안전관리법령상 이동탱크저장소의 이동저장탱크의 두께는 몇 mm 이상이어야 하는가? (3점)

> **해설**
> • 이동저장탱크는 3.2mm 이상의 강철판으로 만든다.
> • 옥내탱크저장소와 옥외탱크저장소, 이동탱크저장소, 간이탱크저장소도 3.2mm 이상의 강철판으로 제작한다.
>
> **정답** 3.2mm

07 이황화탄소의 완전 연소반응식을 쓰시오. (4점)

> **해설**
> 이황화탄소의 완전 연소반응식 : $CS_2 + 3O_2 \rightarrow CO_2 + 2SO_2$
>
> **정답** $CS_2 + 3O_2 \rightarrow CO_2 + 2SO_2$

08 탄소 100kg을 완전 연소시킬 때 필요한 공기의 부피(m^3)를 구하시오(단, 표준상태이고, 공기의 구성성분은 질소 79%, 산소 21%로 계산한다).(5점)

해설
- 탄소의 완전 연소반응식 : $C + O_2 \rightarrow CO_2$
- 탄소(C) 1mol이 완전 연소하려면 산소(O_2) 1mol이 필요하다.
  ※ $1,000L = 1m^3$이고, $1,000g = 1kg$이다.
  표준상태에서 기체 1mol의 부피는 22.4L이고, 무게단위가 kg이므로 $22.4m^3$로 계산하면 된다.
  탄소 12kg이 완전 연소할 때 $22.4m^3$의 산소가 필요하므로 100kg이 완전 연소할 때는
  $12 : 22.4 = 100 :$ 필요한 산소의 양(x), $x = \dfrac{22.4 \times 100}{12} = 186.67$
  문제에서 필요한 공기의 양을 구하라고 하였으므로 공기 중의 산소양을 계산하면,
  $\therefore \dfrac{100}{21} \times 186.67 = 888.90m^3$

정답 $888.90m^3$

09 제4류 위험물 중 위험등급 I, II에 해당하는 품명을 구분하여 쓰시오.(4점)

해설
- 제4류 위험물 중 위험등급 I에 해당하는 품명은 특수인화물이다.
- 제4류 위험물 중 위험등급 II에 해당하는 품명은 제1석유류, 알코올류다.
- 제4류 위험물 중 위험등급 III에 해당하는 품명은 제2석유류, 제3석유류, 제4석유류, 동식물유류이다.

정답 위험등급 I : 특수인화물
위험등급 II : 제1석유류, 알코올류

10 제1종, 제2종, 제3종 분말소화약제의 화학식을 쓰시오. (3점)

해설

분말소화약제의 종류

종류	주성분	적응화재	분말의 색
제1종 분말	$NaHCO_3$	B, C급	백색
제2종 분말	$KHCO_3$	B, C급	담회색
제3종 분말	$NH_4H_2PO_4$	A, B, C급	담홍색
제4종 분말	$KHCO_3+(NH_2)_2CO$	B, C급	회백색

정답 제1종 분말소화약제 : $NaHCO_3$
제2종 분말소화약제 : $KHCO_3$
제3종 분말소화약제 : $NH_4H_2PO_4$

11 나트륨과 에틸알코올의 반응식을 쓰시오. (4점)

해설

나트륨과 에틸알코올의 반응식 : $2Na + 2C_2H_5OH \rightarrow 2C_2H_5ONa + H_2$

정답 $2Na + 2C_2H_5OH \rightarrow 2C_2H_5ONa + H_2$

12 다음 물질의 화학식을 쓰시오. (5점)

(1) 에틸렌글라이콜

(2) 초산메틸

(3) 피리딘

해설

물질	에틸렌글라이콜	초산메틸	피리딘
화학식	CH_2OHCH_2OH	CH_3COOCH_3	C_5H_5N
품명	제3석유류	제1석유류	제1석유류
지정수량	4,000L	200L	400L

정답 (1) CH_2OHCH_2OH
(2) CH_3COOCH_3
(3) C_5H_5N

13 위험물안전관리법령상 위험물은 지정수량의 몇 배를 1소요단위로 하는가?(4점)

해설

1소요단위 기준
- 제조소 또는 취급소
  - 외벽이 내화구조인 것 : 연면적 $100m^2$
  - 외벽이 내화구조가 아닌 것 : 연면적 $50m^2$
- 저장소
  - 외벽이 내화구조인 것 : 연면적 $150m^2$
  - 외벽이 내화구조가 아닌 것 : $75m^2$
- 위험물은 지정수량의 10배

정답 10배

CHAPTER 04

2017년 제2회 과년도 기출복원문제

※ 실기 필답형 문제는 수험자의 기억에 의해 복원된 것입니다. 실제 시행문제와 상이할 수 있음을 알려드립니다.

01 위험물제조소에서 제5류 위험물을 취급할 때 주의사항 게시판에 대해 다음 물음에 답하시오. (6점)

(1) 바탕색은 무엇으로 해야 하는가?

(2) 문자색은 무엇으로 해야 하는가?

(3) 주의사항을 쓰시오.

해설
제조소 등에서의 제5류 위험물에 대한 주의사항은 적색 바탕에 백색의 문자로 "화기엄금"이라고 적힌 게시판을 설치해야 한다.

정답 (1) 적색
(2) 백색
(3) 화기엄금

02 다음 각 위험물의 지정수량을 쓰시오.(6점)

(1) $C_2H_5OC_2H_5$

(2) CH_3CHCH_3OH

(3) 동식물유

해설

물질	다이에틸에터	아이소프로필알코올	동식물유
화학식	$C_2H_5OC_2H_5$	CH_3CHCH_3OH	–
품명	특수인화물	알코올류	동식물유
지정수량	50L	400L	10,000L

정답 (1) 50L
(2) 400L
(3) 10,000L

03 과산화나트륨과 물의 반응식을 쓰시오.(4점)

해설

과산화나트륨과 물의 반응식 : $2Na_2O_2 + 2H_2O \rightarrow 4NaOH + O_2$

정답 $2Na_2O_2 + 2H_2O \rightarrow 4NaOH + O_2$

04 제3류 위험물 중 위험등급Ⅲ에 속하는 품명의 지정수량을 쓰시오.(4점)

해설

제3류 위험물 중 위험등급Ⅲ에 속하는 품명은 금속의 수소화물, 금속의 인화물, 칼슘 또는 알루미늄의 탄화물이고, 지정수량은 300kg이다.

정답 품명 : 금속의 수소화물, 금속의 인화물, 칼슘 또는 알루미늄의 탄화물
지정수량 : 300kg

05 위험물안전관리법령상 지하저장탱크 2기를 인접하게 설치하려고 할 때 상호 간의 간격은 얼마 이상으로 해야 하는가?(단, 전체 탱크의 지정수량 합은 200배이다)(3점)

해설

지하저장탱크 상호 간의 간격은 1m 이상으로 해야 한다(단, 모든 지하저장탱크 용량의 합계가 지정수량의 100배 이하일 경우에는 0.5m 이상으로 할 수 있다).

정답 1m

06 다음 [보기]의 물질 중 질산에스터류에 속하는 물질을 모두 고르시오.(4점)

[보기]
㉠ 트라이나이트로톨루엔 ㉡ 나이트로셀룰로스
㉢ 나이트로글리세린 ㉣ 테트릴
㉤ 질산메틸 ㉥ 피크르산

해설

물질	트라이나이트로톨루엔	나이트로셀룰로스	나이트로글리세린	테트릴	질산메틸	피크르산
품명	나이트로화합물	질산에스터류	질산에스터류	나이트로화합물	질산에스터류	나이트로화합물

정답 ㉡, ㉢, ㉤

07 다음 [보기]의 설명 중 과염소산에 대한 내용으로 옳은 것을 모두 고르시오.(4점)

[보기]
㉠ 분자량은 약 78이다.
㉡ 분자량은 약 63이다.
㉢ 무색의 액체이다.
㉣ 짙은 푸른색을 나타내는 액체이다.
㉤ 농도가 36wt% 미만인 것은 위험물에 해당하지 않는다.
㉥ 열분해 시 유독한 염화수소를 발생한다.

해설

과염소산

화학식	분자량	융점	지정수량	증기비중	물과 접촉 시
$HClO_4$	100.5	−112℃	300kg	3.5	발열반응

- 무색의 유동성이 있는 액체로 공기 중에서 분해하고 가열하면 폭발한다.
- 염소산 중에서 가장 강한 산이다.
- 과염소산의 열분해반응식 : $HClO_4 \rightarrow HCl + 2O_2$

정답 ㉢, ㉥

08 다음 [보기]에 나오는 물질들의 품명을 쓰시오. (6점)

[보기]
㉠ 아세트알데하이드
㉡ 아닐린
㉢ 톨루엔

해설

물질	아세트알데하이드	아닐린	톨루엔
품명	특수인화물	제3석유류	제1석유류
지정수량	50L	2,000L(비수용성)	200L

정답
㉠ : 특수인화물
㉡ : 제3석유류
㉢ : 제1석유류

09 적린이 연소할 때 생성되는 흰색의 연기는 무엇인지 그 물질의 화학식을 쓰시오. (3점)

해설

적린의 연소반응식 : $4P + 5O_2 \rightarrow 2P_2O_5$

오산화인(P_2O_5)이 생성된다.

정답 P_2O_5

10 과산화수소 1,200kg, 질산 600kg, 과염소산 900kg을 같은 장소에 저장하려고 한다. 위험물 지정수량 배수의 총합은 얼마인지 구하시오. (4점)

해설

종류	분자량	지정수량	물과 접촉 시
과염소산($HClO_4$)	100.5	300kg	발열반응
과산화수소(H_2O_2)	34	300kg	물에 녹음
질산(HNO_3)	63	300kg	발열반응

배수를 계산하면, $\dfrac{1,200}{300} + \dfrac{900}{300} + \dfrac{600}{300} = 9$

정답 9

11 알루미늄분이 고온의 물과 반응할 때 수소를 발생하는 반응식을 쓰시오.(4점)

[해설]
알루미늄과 물의 반응식 : $2Al + 6H_2O \rightarrow 2Al(OH)_3 + 3H_2$

[정답] $2Al + 6H_2O \rightarrow 2Al(OH)_3 + 3H_2$

12 A, B, C급 화재에 적응성이 있는 분말소화약제의 열분해반응식을 쓰시오.(4점)

[해설]
분말소화약제의 종류

종류	주성분	적응화재	분말의 색
제1종 분말	$NaHCO_3$	B, C급	백색
제2종 분말	$KHCO_3$	B, C급	담회색
제3종 분말	$NH_4H_2PO_4$	A, B, C급	담홍색
제4종 분말	$KHCO_3+(NH_2)_2CO$	B, C급	회백색

제3종 분말소화약제
- A, B, C급 화재에 적응성이 있다.
- 제3종 분말소화약제의 열분해반응식 : $NH_4H_2PO_4 \rightarrow NH_3 + HPO_3 + H_2O$

[정답] $NH_4H_2PO_4 \rightarrow NH_3 + HPO_3 + H_2O$

13 톨루엔을 진한 질산과 진한 황산의 혼산으로 나이트로화시키면 탈수작용이 일어난 후 어떠한 물질이 생성되는지 쓰시오.(3점)

[해설]

$$C_6H_5CH_3 + 3HNO_3 \xrightarrow{c-H_2SO_4} C_6H_2CH_3(NO_2)_3 + 3H_2O$$

트라이나이트로톨루엔은 톨루엔에 질산과 황산을 반응시켜 제조한다.
톨루엔에 질산과 황산을 이용해 나이트로화시키면 트라이나이트로톨루엔과 물이 생성되고, 탈수되면 물이 제거되므로 트라이나이트로톨루엔이 남는다.

[정답] 트라이나이트로톨루엔

CHAPTER 04
2017년 제3회 과년도 기출복원문제

PART 02 위험물기능사 실기

※ 실기 필답형 문제는 수험자의 기억에 의해 복원된 것입니다. 실제 시행문제와 상이할 수 있음을 알려드립니다.

---

01 이동탱크저장소에 접지도선을 설치해야 하는 제4류 위험물에 해당하는 품명을 모두 쓰시오. (5점)

해설
이동탱크저장소의 위치·구조 및 설비의 기준에서 제4류 위험물 중 특수인화물, 제1석유류, 제2석유류의 이동탱크저장소에는 접지도선을 설치해야 한다.

정답 특수인화물, 제1석유류, 제2석유류

---

02 다음 ( )안에 알맞은 답을 쓰시오. (4점)

> 옥내소화전은 제조소 등의 건축물의 층마다 해당 층의 각 부분에서 하나의 호스접속구까지의 수평거리가 ( )m 이하가 되도록 설치할 것. 이 경우 옥내소화전은 각 층의 출입구 부근에 ( )개 이상 설치해야 한다.

정답 25, 1

---

03 아세트알데하이드 등 또는 다이에틸에터의 저장기준에 대해 다음 ( ) 안에 알맞은 답을 쓰시오. (5점)

(1) 보냉장치가 있는 이동저장탱크에 저장하는 아세트알데하이드 등 또는 다이에틸에터 등의 온도는 해당 위험물의 ( ) 이하로 유지할 것

(2) 보냉장치가 없는 이동저장탱크에 저장하는 아세트알데하이드 등 또는 다이에틸에터 등의 온도는 ( )℃ 이하로 유지할 것

해설
아세트알데하이드 등 또는 다이에틸에터의 저장기준
- 보냉장치가 있는 이동저장탱크에 저장하는 아세트알데하이드 등 또는 다이에틸에터 등의 온도는 해당 위험물의 비점 이하로 유지할 것
- 보냉장치가 없는 이동저장탱크에 저장하는 아세트알데하이드 등 또는 다이에틸에터 등의 온도는 40℃ 이하로 유지할 것

정답 비점, 40

04 수소화나트륨이 물과 반응하면 수소를 발생한다. 이때의 반응식을 쓰시오.(4점)

해설

수소화나트륨
- 제3류 위험물, 금속의 수소화물, 지정수량 300kg
- 수소화나트륨의 H와 물의 H 하나가 결합하여 H_2를 만든다.

정답 $NaH + H_2O \rightarrow NaOH + H_2$

05 옥내탱크저장소에서 제6류 위험물을 취급하고자 한다. 다음 물음에 답하시오.(5점)

(1) 옥내저장탱크와 탱크전용실 벽과의 사이 및 옥내저장탱크 상호 간에는 몇 m 이상의 간격을 유지해야 하는가?(단, 탱크의 점검 및 보수에 지장이 없는 경우는 제외한다)

(2) 옥내저장탱크의 용량은 지정수량의 몇 배 이하이어야 하는가?

해설

기준에 따라 배수는 제6류 위험물이므로 40배 이하일 것

옥내탱크저장소의 기준
- 위험물을 저장 또는 취급하는 옥내탱크는 단층 건축물에 설치된 탱크전용실에 설치할 것
- 옥내저장탱크와 탱크전용실의 벽과의 사이 및 옥내저장탱크의 상호 간에는 0.5m 이상의 간격을 유지할 것. 다만, 탱크의 점검 및 보수에 지장이 없는 경우에는 그렇지 않다.
- 옥내탱크저장소에는 보기 쉬운 곳에 "위험물 옥내탱크저장소"라는 표시를 한 표지와 방화에 관하여 필요한 사항을 게시한 게시판을 설치해야 한다.
- 옥내저장탱크의 용량(동일한 탱크전용실에 옥내저장탱크를 2 이상 설치하는 경우에는 각 탱크의 용량의 합계를 말한다)은 지정수량의 40배(제4석유류 및 동식물유류 외의 제4류 위험물에 있어서 해당 수량이 20,000L를 초과할 때에는 20,000L) 이하일 것

정답 (1) 0.5m 이상
(2) 40배 이하

06
다음 [보기]의 위험물 중 제1석유류에 해당하는 물질을 모두 고르시오.(3점)

> [보기]
> 아세트산, 아세톤, 클로로벤젠, 등유, 의산, 에틸벤젠

해설
아세트산(초산), 클로로벤젠, 등유, 의산(폼산) : 제2석유류

정답 아세톤, 에틸벤젠

07
황 32g을 완전 연소시킬 때 27℃에서 몇 L의 SO_2가 생성되는가?(단, 황의 원자량은 32이다) (5점)

해설
황의 연소반응식은 $S + O_2 \rightarrow SO_2$이다. 황의 원자량은 32g이고 황 1mol이 연소할 때 이산화황(SO_2) 1mol이 나오게 된다. 이산화황의 분자량은 64g이고, 이상기체 상태방정식을 이용하여 계산하면

$$\therefore V = \frac{64 \times 0.082 \times 300}{1 \times 64} = 24.6$$

정답 24.6L

08
다음 할론번호에 해당하는 소화약제의 화학식을 쓰시오.(4점)

(1) 할론 2402

(2) 할론 1211

해설
해당 자리수에 있는 원소를 숫자만큼 더해주면 된다. 따라서 2402는 $C_2F_4Br_2$, 1211은 CF_2ClBr이 된다.

할론소화약제의 숫자에 따른 화학식

첫째자리	C	셋째자리	Cl
둘째자리	F	넷째자리	Br

정답 (1) $C_2F_4Br_2$
(2) CF_2ClBr

09 다음 분말소화약제의 주성분을 화학식으로 쓰시오. (4점)

(1) 제1종 분말소화약제   (2) 제2종 분말소화약제

(3) 제3종 분말소화약제

> **해설**
> **분말소화약제의 종류**
>
> | 종류 | 주성분 | 적응화재 | 분말의 색 |
> |---|---|---|---|
> | 제1종 분말 | $NaHCO_3$ | B, C급 | 백색 |
> | 제2종 분말 | $KHCO_3$ | B, C급 | 담회색 |
> | 제3종 분말 | $NH_4H_2PO_4$ | A, B, C급 | 담홍색 |
> | 제4종 분말 | $KHCO_3 + (NH_2)_2CO$ | B, C급 | 회백색 |

> **정답** (1) $NaHCO_3$ (2) $KHCO_3$
> (3) $NH_4H_2PO_4$

10 제6류 위험물을 운반할 때 운반용기 외부에 표시해야 하는 주의사항을 모두 쓰시오. (3점)

> **정답** 가연물접촉주의

11 위험물안전관리법령상 운반 시 제4류 위험물과 함께 적재하여 운반하여도 가능한 유별을 모두 쓰시오. (4점)

> **해설**
> **유별을 달리하는 위험물의 혼재기준(위험물안전관리법 시행규칙 별표 19)**
>
> | 구분 | 제1류 | 제2류 | 제3류 | 제4류 | 제5류 | 제6류 |
> |---|---|---|---|---|---|---|
> | 제1류 | | × | × | × | × | ○ |
> | 제2류 | × | | × | ○ | ○ | × |
> | 제3류 | × | × | | ○ | × | × |
> | 제4류 | × | ○ | ○ | | ○ | × |
> | 제5류 | × | ○ | × | ○ | | × |
> | 제6류 | ○ | × | × | × | × | |
>
> ※ 학습 시 245, 34, 61로 암기한다. 같이 있는 숫자끼리 혼재 가능하다.

> **정답** 제2류 위험물, 제3류 위험물, 제5류 위험물

12 벤젠에 대한 물음에 알맞을 답을 하시오.(5점)

(1) 연소반응식을 쓰시오.

(2) 지정수량을 쓰시오.

(3) 분자량을 구하시오.

해설

벤젠(C_6H_6)

분자량	인화점	융점	비점	연소범위
78	-11℃	7.0℃	79℃	1.4~8.0%

- 지정수량 200L
- 무색, 투명의 방향성 액체이다.
- 유독성 물질이다(발암물질).
- 물에 녹지 않는다.
- 대부분의 유기용매와 유지, 고무 등을 녹인다.
- 톨루엔, 자일렌과 함께 BTX라고 불리며 독성은 벤젠 > 톨루엔 > 자일렌 순서이다.
- 정전기 발생에 주의해야 한다.
- 벤젠의 연소반응식 : $2C_6H_6 + 15O_2 \rightarrow 12CO_2 + 6H_2O$
- 벤젠의 구조식

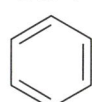

정답 (1) $2C_6H_6 + 15O_2 \rightarrow 12CO_2 + 6H_2O$
(2) 200L
(3) 78

13 다음 위험물질의 시성식을 쓰시오.(4점)

(1) 메틸에틸케톤(MEK)

(2) 톨루엔

(3) 의산메틸

해설

- 메틸에틸케톤($CH_3COC_2H_5$, MEK) : 제1석유류 비수용성, 지정수량 200L
- 톨루엔($C_6H_5CH_3$) : 제1석유류 비수용성, 지정수량 200L
- 의산메틸($HCOOCH_3$) : 제1석유류 수용성, 지정수량 400L

정답 (1) $CH_3COC_2H_5$
(2) $C_6H_5CH_3$
(3) $HCOOCH_3$

CHAPTER 04

2018년 제1회 과년도 기출복원문제

PART 02 위험물기능사 실기

※ 실기 필답형 문제는 수험자의 기억에 의해 복원된 것입니다. 실제 시행문제와 상이할 수 있음을 알려드립니다.

01 아닐린에 대하여 다음 물음에 답하시오.(4점)

(1) 품명을 쓰시오.

(2) 지정수량을 쓰시오.

해설

물질명	화학식	품명	지정수량	비중	인화점
아닐린	$C_6H_5NH_2$	제4류 위험물 중 제3석유류	2,000L(비수용성)	1.02	70℃

정답 (1) 제3석유류
(2) 2,000L

02 칼륨과 나트륨에 대해서 [보기] 중에서 두 위험물의 공통점을 모두 찾아 쓰시오.(4점)

[보기]
㉠ 무른 금속이다.
㉡ 에틸알코올과 반응하면 수소를 발생한다.
㉢ 물과 반응하면 불연성 기체를 발생한다.
㉣ 흑색을 띤다.
㉤ 저장 시 보호액 속에 넣어 보관한다.

해설

칼륨(K, Potassium) – 원자량 39, 지정수량 10kg

- 은백색의 광택이 있는 무른 경금속이다.
- 불꽃색은 보라색이다.
- 석유 속에 넣어 저장한다(산소, 수분의 접촉방지).
- 물과의 반응식 : $2K + 2H_2O \rightarrow 2KOH + H_2$
- 연소반응식 : $4K + O_2 \rightarrow 2K_2O$
- 에탄올과의 반응식 : $2K + 2C_2H_5OH \rightarrow 2C_2H_5OK + H_2$
- 이산화탄소(CO_2)와의 반응식 : $4K + 3CO_2 \rightarrow 2K_2CO_3 + C$
※ CO_2와 칼륨은 서로 반응하므로 소화약제로 사용할 수 없다.

나트륨(Na, Sodium) - 원자량 23, 지정수량 10kg
- 기본적인 특성과 반응식은 K와 매우 비슷하다.
- 은백색의 무른 경금속이다.
- 불꽃색은 노란색이다.
- 석유 속에 저장한다.
- 물과의 반응식 : $2Na + 2H_2O \rightarrow 2NaOH + H_2$
- 에탄올과의 반응식 : $2Na + 2C_2H_5OH \rightarrow 2C_2H_5ONa + H_2$
- 연소반응식 : $4Na + O_2 \rightarrow 2Na_2O$

정답 ㉠, ㉡, ㉢

03 표에 나오는 화학식을 가지는 위험물에 대해 빈칸에 알맞은 답을 모두 채우시오. (6점)

화학식	물질명	지정수량
NH_4ClO_4		
$KMnO_4$		
$K_2Cr_2O_7$		

정답
- NH_4ClO_4 : 과염소산암모늄, 50kg
- $KMnO_4$: 과망가니즈산칼륨, 1,000kg
- $K_2Cr_2O_7$: 다이크로뮴산칼륨, 1,000kg

04 이동탱크저장소의 방파판은 두께를 얼마 이상으로 해야 하는가? (3점)

해설

이동저장탱크의 구조
- 이동저장탱크는 그 내부에 4,000L 이하마다 3.2mm 이상의 강철판 또는 이와 동등 이상의 강도, 내열성 및 내식성이 있는 금속성의 칸막이를 설치해야 한다.
- 방파판은 두께 1.6mm 이상의 강철판으로 한다.
- 방호틀은 두께 2.3mm 이상의 강철판으로 하고 정상부분은 부속장치보다 50mm 이상 높게 하거나 이와 동등 성능이 있는 것으로 한다.

정답 1.6mm

05 질산칼륨(KNO_3) 1mol 중의 질소의 함량은 약 몇 wt%인지 구하시오(단, K의 원자량은 39이다).(4점)

> **해설**
> KNO_3의 분자량을 구한 다음에 질소 원자량의 함유량을 계산한다.
> KNO_3의 분자량 = 39 + 14 + (16×3) = 101
> 질소의 함량 $= \dfrac{14}{101} \times 100(\%) = 13.86\%$

> **정답** 13.86wt%

06 다음에 나오는 할론번호에 따른 화학식을 쓰시오.(4점)

(1) Halon 1011

(2) Halon 1211

> **해설**
> 할로젠화합물 소화약제를 물어보는 문제가 나오면 C, F, Cl, Br을 생각하고 숫자를 붙여서 계수를 계산하면 된다.
> 할론 1211은 C가 1개, F가 2개, Cl이 1개, Br이 1개이므로 CF_2ClBr이 된다.
> ※ 할론 1301 : CF_3Br, 할론 2402 : $C_2F_4Br_2$, 할론 1011 : CH_2ClBr

> **정답** (1) CH_2ClBr
> (2) CF_2ClBr

07 위험물안전관리법령상 운반 시 제6류 위험물과 혼재 가능한 위험물을 모두 쓰시오.(3점)

> **해설**
> 유별을 달리하는 위험물의 혼재기준(위험물안전관리법 시행규칙 별표 19)

구분	제1류	제2류	제3류	제4류	제5류	제6류
제1류		×	×	×	×	○
제2류	×		×	○	○	×
제3류	×	×		○	×	×
제4류	×	○	○		○	×
제5류	×	○	×	○		×
제6류	○	×	×	×	×	

> **정답** 제1류 위험물

08 위험물제조소에 방유제 2개가 있다. 하나의 용량은 200m³이고, 다른 하나는 100m³일 경우 방유제의 용량은 몇 m³ 이상으로 해야 하는가?(4점)

해설

위험물취급탱크(위험물제조소)
- 옥외에 있는 위험물취급탱크로서 액체위험물(이황화탄소 제외)을 취급하는 것의 주위에는 방유제를 설치할 것
  - 하나의 취급탱크 주위에 설치하는 방유제의 용량은 해당 탱크 용량의 50% 이상
  - 2 이상의 취급탱크 주위에 하나의 방유제를 설치하는 경우에 방유제의 용량은 탱크 중 용량이 최대인 것의 50%에 나머지 탱크용량 합계의 10%를 가산한 양 이상
- 옥내에 있는 위험물취급탱크(용량이 지정수량의 1/5 미만인 것은 제외)
  - 탱크에 수납할 수 있는 위험물의 양을 전부 수용할 수 있어야 함
  - 하나의 방유턱 안에 2 이상의 탱크가 있는 경우 : 최대인 탱크의 용량

따라서, 둘 중 큰 것(200m³)의 50%와 작은 것(100m³)의 10%를 더한 용량을 구하면 된다.
∴ 100m³ + 10m³ = 110m³

정답 110m³

09 제6류 위험물에 대한 다음 물음에 답하시오.(4점)

(1) 피부에 닿으면 노랗게 변하는 현상인 크산토프로테인 반응을 일으키는 제6류 위험물의 물질명과 화학식을 쓰시오.
(2) 증기비중이 약 3.5이고 물과 접촉 시 발열반응을 일으키는 제6류 위험물의 물질명과 화학식을 쓰시오.

해설

크산토프로테인반응 : 단백질 발색반응의 하나로 단백질을 함유한 물질 소량에 진한 질산 1cm³ 정도를 넣어 끓이면 황색으로 된다. 냉각시킨 후 암모니아 또는 알칼리를 첨가하면 등황색으로 변한다.

정답 (1) 질산, HNO_3
(2) 과염소산, $HClO_4$

10 위험물안전관리법령상 제4류 위험물 중 제2석유류에 속하며, 지정수량은 1,000L이고 분자량은 104이며, 에틸벤젠을 탈수소화할 때 나오는 물질의 물질명을 쓰시오.(3점)

해설
스타이렌($C_6H_5CHCH_2$, 비닐벤젠) – 지정수량 1,000L
- 무색의 액체 상태이고, 독특한 냄새를 가진다.
- 물에 거의 녹지 않고, 에탄올, 에터, 이황화탄소 등에 녹는다.
- 중합시키면 폴리스타이렌을 만든다.
- 독성이 있으므로 취급 시 주의한다.
- 벤젠고리에서 수소 1개를 비닐기로 치환한 구조를 가지고 있다
- 에틸벤젠에 철, 아연, 칼슘 또는 마그네슘 같은 물질을 넣어 탈수소화하여 만든다.

정답 스타이렌(스티렌)

11 제6류 위험물의 외부용기에 표시해야 하는 주의사항은 무엇인가?(3점)

해설
운반용기 외부의 표시사항

유별	품명	주의사항
제1류 위험물	알칼리금속의 과산화물	화기·충격주의, 물기엄금, 가연물접촉주의
	그 밖의 것	화기·충격주의, 가연물접촉주의
제2류 위험물	철분, 금속분, 마그네슘	화기주의, 물기엄금
	인화성 고체	화기엄금
	그 밖의 것	화기주의
제3류 위험물	자연발화성 물질	화기엄금, 공기접촉엄금
	금수성 물질	물기엄금
제4류 위험물	전부	화기엄금
제5류 위험물	전부	화기엄금, 충격주의
제6류 위험물	전부	가연물접촉주의

정답 가연물접촉주의

12 ABC분말소화약제의 분해반응식을 쓰시오.(4점)

해설

제3종 분말소화약제의 열분해반응식 : $NH_4H_2PO_4 \rightarrow NH_3 + HPO_3 + H_2O$

정답 $NH_4H_2PO_4 \rightarrow NH_3 + HPO_3 + H_2O$

13 위험물의 운반에 관한 기준에서 위험물의 성질에 따른 수납률을 쓰시오.(3점)

(1) 고체위험물

(2) 액체위험물

해설

- 수납률
  - 고체위험물은 운반용기 내용적의 95% 이하의 수납률로 수납할 것
  - 액체위험물은 운반용기 내용적의 98% 이하의 수납률로 수납하되, 55℃의 온도에서 누설되지 않도록 충분한 공간용적을 유지하도록 할 것
- 자연발화성 물질 중 알킬알루미늄 등은 운반용기의 내용적의 90% 이하의 수납률로 수납하되, 50℃의 온도에서 5% 이상의 공간용적을 유지하도록 할 것

정답 (1) 내용적의 95% 이하
(2) 내용적의 98% 이하

14 위험물탱크 시험자가 갖추어야 할 장비를 각각 2가지 이상 적으시오.(6점)

(1) 필수장비

(2) 필요한 경우에 두는 장비

> **해설**
> **탱크시험자의 기술능력 · 시설 및 장비**
> - 기술능력
>   - 필수인력
>   ⓐ 위험물기능장, 위험물산업기사 또는 위험물기능사 중 1명 이상
>   ⓑ 비파괴검사기술사 1명 이상 또는 초음파비파괴검사, 자기비파괴검사 및 침투비파괴검사별로 기사 또는 산업기사 각 1명 이상
>   - 필요한 경우에 두는 인력
>   ⓐ 충·수압시험, 진공시험, 기밀시험 또는 내압시험의 경우 : 누설비파괴검사기사·산업기사 또는 기능사
>   ⓑ 수직·수평도시험의 경우 : 측량 및 지형공간정보기술사·기사·산업기사 또는 측량기능사
>   ⓒ 방사선투과시험의 경우 : 방사선비파괴검사기사 또는 산업기사
>   ⓓ 필수 인력의 보조 : 방사선비파괴검사, 초음파비파괴검사, 자기비파괴검사 또는 침투비파괴검사기능사
> - 시설 : 전용사무실
> - 장비
>   - 필수장비 : 자기탐상시험기, 초음파두께측정기 및 다음 ㉠ 또는 ㉡ 중 어느 하나
>   ⓐ 영상초음파시험기
>   ⓑ 방사선투과시험기 및 초음파시험기
>   - 필요한 경우에 두는 장비
>   ⓐ 충·수압시험, 진공시험, 기밀시험 또는 내압시험의 경우 : 진공능력 53kPa 이상의 진공누설시험기, 기밀시험장치(안전장치가 부착된 것으로서 가압능력 200kPa 이상, 감압의 경우에는 감압능력 10kPa 이상, 감도 10Pa 이하의 것으로서 각각의 압력 변화를 스스로 기록할 수 있는 것)
>   ⓑ 수직·수평도시험의 경우 : 수직·수평도측정기
>   ※ 비고 : 둘 이상의 기능을 함께 가지고 있는 장비를 갖춘 경우에는 각각의 장비를 갖춘 것으로 본다.
>
> **정답** (1) 자기탐상시험기, 초음파두께측정기
> (2) 진공누설시험기, 기밀시험장치

CHAPTER 04
2018년 제2회 과년도 기출복원문제

※ 실기 필답형 문제는 수험자의 기억에 의해 복원된 것입니다. 실제 시행문제와 상이할 수 있음을 알려드립니다.

01 다음 제1류 위험물의 화학식을 쓰시오.(4점)

(1) 과염소산칼륨

(2) 과산화칼륨

(3) 아염소산나트륨

(4) 브로민산칼륨

정답 (1) $KClO_4$
(2) K_2O_2
(3) $NaClO_2$
(4) $KBrO_3$

02 탄화칼슘이 고온에서 질소와 반응하여 석회질소를 생성하는 화학반응식을 쓰시오.(3점)

정답 $CaC_2 + N_2 \rightarrow CaCN_2 + C$

03 햇빛에 의해 4mol의 질산이 완전 분해하여 산소 1mol을 발생하였다. 이때 같이 발생하는 유독성 기체와 분해반응식을 쓰시오.(5점)

(1) 발생하는 기체

(2) 분해반응식

해설

질산(HNO_3) – 제6류 위험물, 지정수량 300kg, 위험등급 Ⅰ

분자량	융점	비점
63	-42℃	122℃

- 부식성이 크고, 강한 산화성을 지닌다.
- 물과 접촉하면 심하게 발열한다.
- 분해하면 적갈색의 이산화질소가 생성된다.
  $4HNO_3 \rightarrow 4NO_2 + 2H_2O + O_2$

정답 (1) 이산화질소
(2) $4HNO_3 \rightarrow 4NO_2 + 2H_2O + O_2$

04 위험물안전관리법령에서는 정전기를 유효하게 제거하기 위해 공기 중 상대습도를 몇 % 이상으로 하도록 규정하고 있는지 쓰시오.(3점)

해설

정전기 제어설비
- 접지를 한다.
- 공기 중의 상대습도를 70% 이상으로 한다.
- 공기를 이온화한다.

정답 70% 이상

05 분말소화약제인 탄산수소칼륨이 약 190℃에서 열분해되었을 때의 분해반응식을 쓰고, 200kg의 탄산수소칼륨이 분해하였을 때 발생하는 탄산가스는 몇 m³인지 1기압, 200℃를 기준으로 구하시오(단, 칼륨의 원자량은 39이다).(5점)

해설

제2종 분말소화약제($KHCO_3$)의 열분해반응식 : $2KHCO_3 \rightarrow K_2CO_3 + CO_2 + H_2O$

2mol의 탄산수소칼륨이 열분해하면 1mol의 CO_2가 나온다.

따라서, 이상기체 상태방정식을 이용하여

$PV = \dfrac{W}{M}RT, \quad V = \dfrac{WRT}{PM}$

여기서, V : 부피(m³), M : 분자량(CO_2, 44), W : 무게(CO_2의 무게 44kg),
  R : 기체상수(0.08205L·atm/mol·K), T : 절대온도(K, 200℃이므로 473K)

위의 숫자를 모두 대입해서 풀어보면

∴ $V = \dfrac{44 \times 0.08205 \times 473}{1 \times 44} = 38.81 m^3$

정답
- 반응식 : $2KHCO_3 \rightarrow K_2CO_3 + CO_2 + H_2O$
- 발생하는 가스의 양 : 38.81m³

06 다음 ( ) 안에 위험물안전관리법령에 따른 알맞은 품명을 쓰시오.(3점)

( )(이)라 함은 이황화탄소, 다이에틸에터, 그 밖에 1기압에서 발화점이 100℃ 이하인 것 또는 인화점이 −20℃ 이하이고 비점이 40℃ 이하인 것을 말한다.

정답 특수인화물

07
분자량이 약 58, 인화점이 약 −37℃이고 비점이 약 34℃인 무색의 휘발성 액체로서 저장 시 불활성 기체를 봉입해야 하는 제4류 위험물의 명칭과 화학식을 쓰시오.(4점)

해설

산화프로필렌(CH_3CHCH_2O) – 지정수량 50L

분자량	비 점	인화점	착화점	비중
58	35℃	−37℃	449℃	0.82

- 무색의 휘발성 액체이다.
- 물, 알코올, 벤젠 등에 잘 녹는다.
- 구리, 은, 수은, 마그네슘과 접촉 시 폭발성 물질인 아세틸레이트를 생성하므로 취급 시 주의해야 한다.

정답 산화프로필렌(CH_3CHCH_2O)

08
제3종 분말소화약제가 열분해하여 메타인산, 암모니아, 물을 생성하는 열분해반응식을 쓰시오.(4점)

정답 $NH_4H_2PO_4 \rightarrow NH_3 + HPO_3 + H_2O$

09
알루미늄분에 대해 다음 각 물음에 답하시오.(6점)

(1) 흰 연기를 내면서 연소하는 완전 연소반응식을 쓰시오.
(2) 염산과 반응하며 수소가스를 발생하는 화학반응식을 쓰시오.
(3) 위험물안전관리법령상의 품명을 쓰시오.

해설

알루미늄분(Al) – 금속분, 지정수량 500kg

- 은백색의 무른 금속으로 연성과 전성이 크다.
- 양쪽성 물질로 산, 알칼리와 반응하여 수소를 발생한다.
  - $2Al + 6HCl \rightarrow 2AlCl_3 + 3H_2$
  - $2Al + 2KOH + 2H_2O \rightarrow 2KAlO_2 + 3H_2$
- 온수와의 반응식 : $2Al + 6H_2O \rightarrow 2Al(OH)_3 + 3H_2$
- 분진 폭발의 위험이 있다.
- 연소반응식 : $4Al + 3O_2 \rightarrow 2Al_2O_3$

정답
(1) $4Al + 3O_2 \rightarrow 2Al_2O_3$
(2) $2Al + 6HCl \rightarrow 2AlCl_3 + 3H_2$
(3) 금속분

10 주유취급소에 설치한 "주유 중 엔진정지" 표시를 한 게시판의 바탕색과 문자색을 각각 쓰시오. (4점)

해설
주유취급소의 표지 및 게시판
- "위험물 주유취급소"라는 표시를 한 표지
- 황색 바탕에 흑색 문자로 "주유 중 엔진정지"라는 표시를 한 게시판
- 규격은 제조소와 동일

정답 바탕색은 황색, 문자색은 흑색

11 위험물안전관리법령상 지정과산화물 옥내저장소의 저장창고 기준에 대해 다음 각 물음에 답하시오. (6점)

(1) 창은 바닥면으로부터 몇 m 이상의 높이에 두어야 하는지 쓰시오.
(2) 하나의 창의 면적은 몇 m^2 이내로 해야 하는지 쓰시오.
(3) 하나의 벽면에 설치하는 창의 면적의 합계를 그 벽면 면적의 몇 분의 몇 이내가 되도록 해야 하는지 쓰시오.

해설
지정과산화물(제5류 위험물 중 유기과산화물)에 따른 옥내저장소의 특례
- 저장창고는 150m^2 이내마다 격벽으로 완전하게 구획할 것
  ※ 격벽
    - 두께 30cm 이상의 철근콘크리트조 또는 철골철근콘크리트조
    - 두께 40cm 이상의 보강콘크리트블록조
- 출입구에는 60분+방화문·60분 방화문을 설치할 것
- 창은 바닥면으로부터 2m 이상의 높이에 두되, 하나의 벽면에 두는 창의 면적의 합계를 해당 벽면의 면적의 1/80 이내로 하고, 하나의 창의 면적을 0.4m^2 이내로 할 것

정답 (1) 2m
(2) 0.4m^2
(3) 1/80

12

위험물안전관리법령상 이동탱크저장소에 의해 제4류 위험물을 운송하는 경우 반드시 위험물안전카드를 휴대해야 하는 위험물의 품명 2가지를 쓰시오.(4점)

해설

운송에 관한 기준
- 이동탱크저장소에 의해 위험물을 운송하는 자 : 국가기술자격자 또는 안전교육을 받은 자
- 위험물안전카드를 휴대해야 하는 위험물 : 제4류 위험물 중 특수인화물, 제1석유류, 제1·2·3·5·6류 위험물
- 운전자를 2명 이상으로 해야 하는 경우
  - 일반도로에서 200km 이상에 걸쳐 운송할 때
  - 고속국도에서 340km 이상에 걸쳐 운송할 때
- 운전자를 1명으로 할 수 있는 경우
  - 운송 중에 2시간 이내마다 20분 이상씩 휴식하는 경우
  - 운송책임자가 동승할 경우
  - 제2류·제3류(칼슘 또는 알루미늄의 탄화물에 한함)·제4류(특수인화물 제외) 위험물을 운송할 경우
- 운송책임자의 감독·지원을 받아 운송해야 하는 위험물 : 알킬알루미늄, 알킬리튬

정답 특수인화물, 제1석유류

13

피크르산(또는 트라이나이트로페놀)과 트라이나이트로톨루엔의 구조식을 각각 나타내시오.(4점)

정답 피크르산 구조식

$$\begin{array}{c} OH \\ O_2N \diagup \diagdown NO_2 \\ | \quad | \\ \diagdown \diagup \\ NO_2 \end{array}$$

트라이나이트로톨루엔 구조식

$$\begin{array}{c} CH_3 \\ O_2N \diagup \diagdown NO_2 \\ | \quad | \\ \diagdown \diagup \\ NO_2 \end{array}$$

CHAPTER 04
2018년 제3회 과년도 기출복원문제

※ 실기 필답형 문제는 수험자의 기억에 의해 복원된 것입니다. 실제 시행문제와 상이할 수 있음을 알려드립니다.

---

01 고체의 연소형태 4가지를 쓰시오.(4점)

해설

고체의 연소형태
- 표면연소 : 열분해에 의해 가연성 가스를 발생하지 않고 물질 자체가 연소
  예 코크스, 목탄, 금속분 등
- 분해연소 : 열분해에 의해 발생된 가연성 가스가 연소
  예 종이, 목재, 플라스틱 등
- 증발연소 : 고체 물질을 가열하면 액체로 다시 액체가 기체로 변화하여 그 기체가 연소
  예 황, 나프탈렌 등
- 자기연소(내부연소) : 물질 자체에 산소를 포함하고 있어서 자체적으로 연소
  예 제5류 위험물 등

정답 표면연소, 분해연소, 증발연소, 자기연소

---

02 삼산화크로뮴의 열분해반응식을 쓰시오.(4점)

해설
제1류 위험물이고, 크로뮴의 산화물로 지정수량은 300kg이다.

정답 $4CrO_3 \rightarrow 2Cr_2O_3 + 3O_2$

---

03 탄화알루미늄과 물의 반응식을 쓰시오.(4점)

해설
제3류 위험물이고, 알루미늄의 탄화물로 지정수량은 300kg이다.

정답 $Al_4C_3 + 12H_2O \rightarrow 4Al(OH)_3 + 3CH_4$

04 제5류 위험물 중 지정수량이 200kg인 품명 4가지를 쓰시오.(4점)

정답 나이트로화합물, 나이트로소화합물, 아조화합물, 다이아조화합물
※ 지정수량 개정으로 현재 출제기준에 맞지 않음

05 다이에틸에터의 완전 연소반응식을 쓰시오.(4점)

정답 $C_2H_5OC_2H_5 + 6O_2 \rightarrow 4CO_2 + 5H_2O$

06 제6류 위험물인 질산이 위험물이 되기 위한 비중 조건을 쓰시오.(4점)

해설
질산(HNO_3)

분자량	융점	비점
63	−42℃	122℃

질산은 비중이 1.49 이상일 때 위험물로 취급한다.

정답 비중이 1.49 이상일 경우

07 다음 [보기]의 위험물 중 위험물안전관리법령상 포소화설비에 적응성이 없는 것을 모두 쓰시오(단, 모두 적응성이 있을 경우 "해당없음"이라고 쓰시오).(3점)

[보기]
철분, 인화성 고체, 황린, 알킬알루미늄, 트라이나이트로톨루엔

해설
소화설비의 적응성

소화설비의 구분			건축물·그 밖의 공작물	전기설비	제1류 위험물		제2류 위험물			제3류 위험물		제4류 위험물	제5류 위험물	제6류 위험물
					알칼리금속 과산화물 등	그 밖의 것	철분·금속분·마그네슘 등	인화성 고체	그 밖의 것	금수성 물품	그 밖의 것			
옥내소화전 또는 옥외소화전설비			○			○		○	○		○		○	○
스프링클러설비			○			○		○	○		○	△	○	○
물분무 등 소화설비	물분무소화설비		○	○		○		○	○		○	○	○	○
	포소화설비		○			○		○	○		○	○	○	○
	불활성가스소화설비			○				○				○		
	할로젠화합물소화설비			○				○				○		
	분말 소화 설비	인산염류 등	○	○		○		○	○			○		○
		탄산수소염류 등		○	○		○	○		○		○		
		그 밖의 것			○		○			○				
대형·소형 수동식 소화기	봉상수(棒狀水)소화기		○			○		○	○		○		○	○
	무상수(霧狀水)소화기		○	○		○		○	○		○		○	○
	봉상강화액소화기		○			○		○	○		○		○	○
	무상강화액소화기		○	○		○		○	○		○	○	○	○
	포소화기		○			○		○	○		○	○	○	○
	이산화탄소소화기			○				○				○		△
	할로젠화합물소화기			○				○				○		
	분말 소화기	인산염류소화기	○	○		○		○	○			○		○
		탄산수소염류소화기		○	○		○	○		○		○		
		그 밖의 것			○		○			○				
기타	물통 또는 수조		○			○		○	○		○		○	○
	건조사				○	○	○	○	○	○	○	○	○	○
	팽창질석 또는 팽창진주암				○	○	○	○	○	○	○	○	○	○

정답 철분, 알킬알루미늄

08 다음 [보기]의 제2류 위험물을 착화온도가 낮은 것부터 높은 순서대로 쓰시오.(5점)

[보기]
삼황화인, 황, 적린, 마그네슘

해설

물질명	삼황화인	황	적린	마그네슘
착화점	약 100℃	약 232℃	약 260℃	약 650℃

정답 삼황화인, 황, 적린, 마그네슘

09 표준상태에서 1mol의 아세톤이 완전 연소하기 위해 필요한 산소의 부피는 몇 L인지 구하시오.(4점)

해설

명칭	화학식	품명	지정수량	비점	분자량
아세톤	CH_3COCH_3	제1석유류	400L(수용성)	56℃	58

아세톤의 연소반응식 : $CH_3COCH_3 + 4O_2 \rightarrow 3CO_2 + 3H_2O$

따라서, 표준상태에서 1mol의 아세톤이 완전 연소하기 위해서는 4mol의 산소(O_2)가 필요하다. 표준상태에서 기체 1mol의 부피는 22.4L이므로

22.4L × 4 = 89.6L

정답 89.6L

10 다음 각 위험물을 시성식으로 쓰시오.(4점)

(1) 아닐린

(2) 스타이렌

(3) 아세톤

(4) 아세트알데하이드

해설
- 아닐린 : $C_6H_5NH_2$, 제4류 위험물 중 제3석유류
- 스타이렌 : $C_6H_5CHCH_2$, 제4류 위험물 중 제2석유류
- 아세톤 : CH_3COCH_3, 제4류 위험물 중 제1석유류
- 아세트알데하이드 : CH_3CHO, 제4류 위험물 중 특수인화물

정답 (1) 아닐린 : $C_6H_5NH_2$
  (2) 스타이렌 : $C_6H_5CHCH_2$
  (3) 아세톤 : CH_3COCH_3
  (4) 아세트알데하이드 : CH_3CHO

11 다음 설명에 해당하는 분말소화약제의 주성분을 각각 화학식으로 쓰시오.(4점)

(1) 열분해 시 메타인산이 소화작용을 한다.

(2) 기름화재에 사용하면 비누화 현상이 일어난다.

해설
분말소화약제의 종류

종류	주성분	적응화재	분말의 색
제1종 분말	$NaHCO_3$	B, C급	백색
제2종 분말	$KHCO_3$	B, C급	담회색
제3종 분말	$NH_4H_2PO_4$	A, B, C급	담홍색
제4종 분말	$KHCO_3+(NH_2)_2CO$	B, C급	회백색

제3종 분말소화약제의 열분해반응식 : $NH_4H_2PO_4 \rightarrow NH_3 + HPO_3 + H_2O$

정답 (1) $NH_4H_2PO_4$
  (2) $NaHCO_3$

12 위험물안전관리법령상 제4류 위험물을 취급하는 제조소에서 지정수량의 몇 배 이상일 경우에 자체소방대를 설치해야 하는지 쓰시오.(3점)

해설

자체소방대를 설치해야 하는 사업소
- 제4류 위험물의 최대수량의 합이 지정수량의 3,000배 이상을 취급하는 제조소 또는 일반취급소(다만, 보일러로 위험물을 소비하는 일반취급소는 제외)
- 제4류 위험물의 최대수량이 지정수량의 50만배 이상을 저장하는 옥외탱크저장소

자체소방대에 두는 화학소방자동차 및 인원

사업소의 구분	화학소방자동차	자체소방대원의 수
제조소 또는 일반취급소에서 취급하는 제4류 위험물의 최대수량의 합이 지정수량의 3,000배 이상 12만배 미만인 사업소	1대	5인
제조소 또는 일반취급소에서 취급하는 제4류 위험물의 최대수량의 합이 지정수량의 12만배 이상 24만배 미만인 사업소	2대	10인
제조소 또는 일반취급소에서 취급하는 제4류 위험물의 최대수량의 합이 지정수량의 24만배 이상 48만배 미만인 사업소	3대	15인
제조소 또는 일반취급소에서 취급하는 제4류 위험물의 최대수량의 합이 지정수량의 48만배 이상인 사업소	4대	20인
옥외탱크저장소에 저장하는 제4류 위험물의 최대수량이 지정수량의 50만배 이상인 사업소	2대	10인

정답 3,000배

13 위험물안전관리법령상 위험등급Ⅱ에 해당하는 제4류 위험물의 품명 2가지를 쓰시오.(4점)

해설
- 제4류 위험물 중 위험등급Ⅰ에 해당하는 품명은 특수인화물이다.
- 제4류 위험물 중 위험등급Ⅱ에 해당하는 품명은 제1석유류, 알코올류이다.
- 제4류 위험물 중 위험등급Ⅲ에 해당하는 품명은 제2석유류, 제3석유류, 제4석유류, 동식물유류이다.

정답 제1석유류, 알코올류

14 위험물안전관리법령상 위험물의 운반에 관한 기준에 따르면 적재하는 위험물의 성질에 따라 일광의 직사 또는 빗물의 침투를 방지하기 위하여 유효하게 피복하는 등의 기준에 따른 조치를 해야 한다. 다음 위험물에는 어떠한 조치를 해야 하는가?(4점)

(1) 제5류 위험물

(2) 제6류 위험물

(3) 제2류 위험물 중 철분

해설

적재 위험물에 따른 피복기준

- 차광성이 있는 것으로 피복 : 제1류 위험물, 제3류 위험물 중 자연발화성 물질, 제4류 위험물 중 특수인화물, 제5류 위험물, 제6류 위험물
- 방수성이 있는 것으로 피복 : 제1류 위험물 중 알칼리금속의 과산화물, 제2류 위험물 중 철분·마그네슘·금속분, 제3류 위험물 중 금수성 물질

정답 (1) 차광성이 있는 것으로 피복할 것

(2) 차광성이 있는 것으로 피복할 것

(3) 방수성이 있는 것으로 피복할 것

CHAPTER 04

2018년 제4회 과년도 기출복원문제

※ 실기 필답형 문제는 수험자의 기억에 의해 복원된 것입니다. 실제 시행문제와 상이할 수 있음을 알려드립니다.

01 톨루엔 92g을 완전 연소시키는 데 필요한 공기는 몇 L인지 구하시오(단, 표준상태이고 공기 중 산소는 21vol%이다).(4점)

해설

톨루엔($C_6H_5CH_3$)의 연소반응식 : $C_6H_5CH_3 + 9O_2 \rightarrow 7CO_2 + 4H_2O$

톨루엔의 분자량이 92이므로 톨루엔 92g(1mol)을 연소할 때 산소는 9mol이 필요하게 된다.
표준상태에서 산소 1mol의 부피는 22.4L이고 9mol의 부피는 201.6L가 된다.
필요한 공기의 양을 구하라고 했으니 201.6을 0.21로 나누어 주면 960L가 나온다.

정답 960L

02 다음 위험물을 수납한 운반용기 외부에 표시해야 하는 주의사항을 모두 쓰시오.(6점)

(1) 제4류 위험물
(2) 제5류 위험물
(3) 제6류 위험물

해설

운반용기 외부의 표시사항

유별	품명	주의사항
제1류 위험물	알칼리금속의 과산화물	화기·충격주의, 물기엄금, 가연물접촉주의
	그 밖의 것	화기·충격주의, 가연물접촉주의
제2류 위험물	철분, 금속분, 마그네슘	화기주의, 물기엄금
	인화성 고체	화기엄금
	그 밖의 것	화기주의
제3류 위험물	자연발화성 물질	화기엄금, 공기접촉엄금
	금수성 물질	물기엄금
제4류 위험물	전부	화기엄금
제5류 위험물	전부	화기엄금, 충격주의
제6류 위험물	전부	가연물접촉주의

정답 (1) 화기엄금
(2) 화기엄금, 충격주의
(3) 가연물접촉주의

03 페놀을 진한황산에 녹이고 이것을 질산에 작용시켜 만드는 제5류 위험물의 명칭, 지정수량과 화학식을 쓰시오.(6점)

해설
제5류 위험물 중 나이트로화합물 1종에 속하는 트라이나이트로페놀[$C_6H_2OH(NO_2)_3$]은 페놀(C_6H_5OH)에 질산과 황산의 혼산을 반응시켜 제조한다.

정답 명칭 : 트라이나이트로페놀
지정수량 : 10kg
화학식 : $C_6H_2OH(NO_2)_3$

04 취급하는 위험물의 최대수량이 지정수량의 20배인 경우 위험물 제조소의 보유공지 너비는 몇 m 이상이어야 하는지 쓰시오.(3점)

해설
제조소의 보유공지 : 위험물을 취급하는 건축물 그 밖의 시설의 주위에는 그 취급하는 위험물의 최대수량에 따라 다음 표에 의한 너비의 공지를 보유해야 한다.

취급하는 위험물의 최대수량	공지의 너비
지정수량의 10배 이하	3m 이상
지정수량의 10배 초과	5m 이상

정답 5m 이상

05 다음 그림과 같은 원형 위험물 저장탱크의 내용적은 몇 m³인지 구하시오(단, r은 1m, l은 3m, l_1, l_2는 1.5m이다).(4점)

해설
원통형 탱크의 내용적 구하는 공식

$$내용적 = \pi r^2 \left(l + \frac{l_1 + l_2}{3}\right)$$
$$= \pi \times (1)^2 \times \left(3 + \frac{1.5 + 1.5}{3}\right)$$
$$= 12.566 \fallingdotseq 12.57 \text{m}^3$$

정답 12.57m³

06 위험물제조소 건축물의 외벽 구조에 따라 연면적 몇 m²가 1소요단위에 해당하는지 각각 쓰시오. (4점)

(1) 외벽이 내화구조인 것
(2) 외벽이 내화구조가 아닌 것

해설
1소요단위 기준
- 제조소 또는 취급소
  - 외벽이 내화구조 : 연면적 100m²
  - 외벽이 내화구조가 아닌 것 : 연면적 50m²
- 저장소
  - 외벽이 내화구조 : 연면적 150m²
  - 외벽이 내화구조가 아닌 것 : 75m²
- 위험물은 지정수량의 10배

정답 (1) 100m²
(2) 50m²

07
위험물안전관리법령에서는 유별 위험물의 성질을 정의하고 있다. 다음 [보기]의 물질 중 산화성 고체위험물에 해당하는 것을 모두 선택하여 쓰시오. (3점)

[보기]
산화칼슘, 리튬, 질산암모늄, 과산화나트륨, 과산화벤조일

해설
- 산화칼슘은 칼슘의 산화물로 위험물에 해당하지 않는다.
- 리튬은 제3류 위험물 중 알칼리금속에 해당한다.
- 질산암모늄은 제1류 위험물 중 질산염류에 해당한다.
- 과산화나트륨은 제1류 위험물 중 무기과산화물에 해당한다.
- 과산화벤조일은 제5류 위험물 중 유기과산화물에 해당한다.
※ 제1류 위험물을 산화성 고체로 정의한다.

정답 질산암모늄, 과산화나트륨

08
위험물안전관리법령에서 정한 제3석유류의 정의이다. ( ) 안에 알맞은 용어 또는 수치를 쓰시오. (5점)

"제3석유류라 함은 ( ), ( ) 그 밖에 1기압에서 인화점이 ( )℃ 이상 ( )℃ 미만인 것을 말한다. 다만, 도료류 그 밖의 물품은 가연성 액체량이 ( )wt% 이하인 것은 제외한다."

해설
제4류 위험물의 정의
- "특수인화물"이라 함은 이황화탄소, 다이에틸에터 그 밖에 1기압에서 발화점이 100℃ 이하인 것 또는 인화점이 -20℃ 이하이고 비점이 40℃ 이하인 것을 말한다.
- "제1석유류"라 함은 아세톤, 휘발유 그 밖에 1기압에서 인화점이 21℃ 미만인 것을 말한다.
- "알코올류"라 함은 1분자를 구성하는 탄소원자의 수가 1개부터 3개까지인 포화1가 알코올(변성알코올을 포함한다)을 말한다. 다만, 다음의 하나에 해당하는 것은 제외한다.
  - 1분자를 구성하는 탄소원자의 수가 1개 내지 3개의 포화1가 알코올의 함유량이 60wt% 미만인 수용액
  - 가연성 액체량이 60wt% 미만이고 인화점 및 연소점(태그개방식 인화점 측정기에 의한 연소점을 말한다)이 에틸알코올 60wt% 수용액의 인화점 및 연소점을 초과하는 것

- "제2석유류"라 함은 등유, 경유 그 밖에 1기압에서 인화점이 21℃ 이상 70℃ 미만인 것을 말한다. 다만, 도료류 그 밖의 물품에 있어서 가연성 액체량이 40wt% 이하이면서 인화점이 40℃ 이상인 동시에 연소점이 60℃ 이상인 것은 제외한다.
- "제3석유류"라 함은 중유, 크레오소트유 그 밖에 1기압에서 인화점이 70℃ 이상 200℃ 미만인 것을 말한다. 다만, 도료류 그 밖의 물품은 가연성 액체량이 40wt% 이하인 것은 제외한다.
- "제4석유류"라 함은 기어유, 실린더유 그 밖에 1기압에서 인화점이 200℃ 이상 250℃ 미만의 것을 말한다. 다만, 도료류 그 밖의 물품은 가연성 액체량이 40wt% 이하인 것은 제외한다.
- "동식물유류"라 함은 동물의 지육(枝肉 : 머리, 내장, 다리를 잘라 내고 아직 부위별로 나누지 않은 고기를 말한다) 등 또는 식물의 종자나 과육으로부터 추출한 것으로서 1기압에서 인화점이 250℃ 미만인 것을 말한다. 다만, 법 제20조 제1항의 규정에 의하여 행정안전부령으로 정하는 용기기준과 수납·저장기준에 따라 수납되어 저장·보관되고 용기의 외부에 물품의 통칭명, 수량 및 화기엄금(화기엄금과 동일한 의미를 갖는 표시를 포함한다)의 표시가 있는 경우를 제외한다.

정답 중유, 크레오소트유, 70, 200, 40

09 제3종 분말소화약제의 주성분을 쓰고, 적응 가능한 화재를 모두 쓰시오.(6점)

해설

분말소화약제의 종류

종류	주성분	적응화재	분말의 색
제1종 분말	$NaHCO_3$	B, C급	백색
제2종 분말	$KHCO_3$	B, C급	담회색
제3종 분말	$NH_4H_2PO_4$	A, B, C급	담홍색
제4종 분말	$KHCO_3+(NH_2)_2CO$	B, C급	회백색

※ 제3종 분말소화약제는 인산암모늄(제1인산암모늄)이다.

정답 주성분 : 인산암모늄
　　　적응 가능한 화재 : A, B, C급

10 경유 1,500L, 중유 1,000L, 에틸알코올 400L, 다이에틸에터 250L를 저장하고 있다. 각 물질의 지정수량 배수의 총합은 얼마인지 구하시오.(4점)

해설

각 물질의 지정수량
- 경유(제2석유류 비수용성) : 1,000L
- 중유(제3석유류 비수용성) : 2,000L
- 에틸알코올(알코올류) : 400L
- 다이에틸에터(특수인화물) : 50L

따라서, $\dfrac{1,500}{1,000} + \dfrac{1,000}{2,000} + \dfrac{400}{400} + \dfrac{250}{50} = 8$

정답 8

11 질산이 피부에 닿으면 노란색으로 변하는데 이것을 화학적으로 무슨 반응이라 하는지 쓰시오.(4점)

해설

질산은 단백질과 크산토프로테인반응을 하여 노란색으로 변한다.

※ 크산토프로테인반응 : 단백질 검출 반응의 하나로서 아미노산 또는 단백질에 진한 질산을 가하여 가열하면 황색이 되고, 냉각하여 염기성으로 되게 하면 등황색을 띤다.

정답 크산토프로테인반응

12 동식물유류는 아이오딘값을 기준으로 하여 건성유, 반건성유, 불건성유로 나눈다. 다음 동식물유류를 구분하는 아이오딘값의 일반적인 범위를 쓰시오.(6점)

(1) 건성유

(2) 반건성유

(3) 불건성유

해설

아이오딘값의 정의는 유지 100g에 부가되는 아이오딘의 g수이다.

동식물유의 구분

구분	아이오딘값	종류
건성유	130 이상	해바라기유, 동유, 아마인유, 정어리기름, 들기름
반건성유	100~130	채종유, 목화씨기름, 참기름, 콩기름
불건성유	100 이하	야자유, 동백유, 올리브유

정답 (1) 130 이상

(2) 100~130

(3) 100 이하

CHAPTER 04
2019년 제1회 과년도 기출복원문제

※ 실기 필답형 문제는 수험자의 기억에 의해 복원된 것입니다. 실제 시행문제와 상이할 수 있음을 알려드립니다.

01 칼륨과 탄산가스의 반응식을 쓰시오.(4점)

해설
칼륨(K)과 탄산가스(CO_2)의 반응식 : $4K + 3CO_2 \rightarrow 2K_2CO_3 + C$
따라서, 칼륨의 화재 시에는 이산화탄소소화기를 사용해서는 안 된다.

정답 $4K + 3CO_2 \rightarrow 2K_2CO_3 + C$

02 제2류와 제5류 위험물과 혼재가 가능한 위험물은 제 몇 류 위험물인지 쓰시오.(3점)

해설
유별을 달리하는 위험물의 혼재기준(위험물안전관리법 시행규칙 별표 19)

구분	제1류	제2류	제3류	제4류	제5류	제6류
제1류		×	×	×	×	○
제2류	×		×	○	○	×
제3류	×	×		○	×	×
제4류	×	○	○		○	×
제5류	×	○	×	○		×
제6류	○	×	×	×	×	

정답 제4류 위험물

03 제조소에서 정전기가 발생할 우려가 있는 설비에서 정전기를 유효하게 제거할 수 있는 방법 3가지를 쓰시오.(6점)

해설
정전기 제어설비
- 접지를 할 것
- 공기 중의 상대습도를 70% 이상으로 할 것
- 공기를 이온화할 것

정답
- 접지를 할 것
- 공기 중의 상대습도를 70% 이상으로 할 것
- 공기를 이온화할 것

04 옥내탱크저장소에서 다음의 경우에 상호 간의 간격은 몇 m 이상을 유지해야 하는지 쓰시오.(4점)

(1) 옥내저장탱크과 탱크전용실 벽과의 사이
(2) 옥내저장탱크의 상호 간의 간격

해설
옥내탱크저장소의 설치기준
- 옥내탱크는 탱크전용실에 설치할 것
- 옥내저장탱크와 탱크전용실의 벽과의 사이 및 옥내저장탱크의 상호 간에는 0.5m 이상의 간격을 유지
- 옥내탱크저장소에는 "위험물 옥내탱크저장소"라는 표시를 한 표지와 방화에 관하여 필요한 사항을 게시한 게시판을 설치
- 옥내저장탱크의 용량(동일한 탱크전용실에 옥내저장탱크를 2 이상 설치하는 경우에는 각 탱크의 용량의 합계를 말한다)은 지정수량의 40배(제4석유류 및 동식물유류 외의 제4류 위험물에 있어서 해당 수량이 20,000L를 초과할 때에는 20,000L) 이하로 한다.

정답 (1) 0.5m
(2) 0.5m

05 위험물안전관리법령에서 규정하는 인화성 고체의 정의를 쓰시오.(4점)

해설
인화성 고체는 고형 알코올 그 밖에 1기압에서 인화점이 섭씨 40도(40℃) 미만인 고체를 말한다.

정답 고형 알코올 그 밖에 1기압에서 인화점이 섭씨 40도(40℃) 미만인 고체

06 제4류 위험물 중 벤젠핵의 수소 1개가 아민기 1개와 치환된 것의 화학식을 쓰시오.(3점)

해설
아민기는 $-NH_2$가 붙어 있는 작용기를 말한다.
따라서 벤젠(C_6H_6)에 수소 하나가 아민기로 치환된 물질은 아닐린($C_6H_5NH_2$)이 된다.
아닐린은 제4류 위험물 중 제3석유류에 해당하는 물질이다.

정답 $C_6H_5NH_2$

07 다음 [보기]에서 불건성유를 모두 선택하여 쓰시오.(4점)

[보기]
해바라기유, 아마인유, 피마자유, 야자유, 올리브유

해설
- 건성유 : 아마인유, 들기름, 정어리기름, 동유, 해바라기유 등
- 반건성유 : 채종유, 참기름, 콩기름 등
- 불건성유 : 올리브유, 야자유, 동백유, 피마자유 등

정답 피마자유, 야자유, 올리브유

08
위험물안전관리법령에 따라 주유취급소의 위험물 취급기준에 대해 다음 ( ) 안에 알맞은 온도를 쓰시오. (3점)

> "자동차 등에 인화점 ( )℃ 미만의 위험물을 주유할 때에는 자동차 등의 원동기를 정지시킬 것. 다만, 연료탱크에 위험물을 주유하는 동안 방출되는 가연성 증기를 회수하는 설비가 부착된 고정주유설비에 의하여 주유하는 경우에는 그렇지 않다."

해설

주유취급소에서의 취급기준
- 자동차 등에 인화점 40℃ 미만의 위험물을 주유할 때에는 자동차 등의 원동기를 정지시킬 것
- 이동저장탱크에 급유할 때에는 고정급유설비를 사용하여 직접 급유할 것

정답 40

09
제5류 위험물인 나이트로글리세린의 화학식을 쓰시오. (3점)

해설

나이트로글리세린[$C_3H_5(ONO_2)_3$] – 제5류 위험물 중 질산에스터류, 위험등급 I

정답 $C_3H_5(ONO_2)_3$

10
이황화탄소 10kg이 모두 증기가 된다면 1기압 100℃에서 몇 L가 되는지 구하시오. (4점)

해설

이황화탄소의 분자량은 76이다.
이상기체 상태방정식을 이용하여,

$PV = \dfrac{W}{M}RT, \ V = \dfrac{WRT}{PM}$

W는 10kg이므로, g단위로 바꾸어 주면 10,000g이 된다.

$\therefore V = \dfrac{10,000 \times 0.08205 \times 373}{1 \times 76} = 4,026.93$

정답 4,026.93L

11 과산화수소가 분해되어 산소를 발생하는 화학반응식을 쓰시오.(3점)

해설
과산화수소(H_2O_2)의 분해반응식 : $2H_2O_2 \rightarrow 2H_2O + O_2$

정답 $2H_2O_2 \rightarrow 2H_2O + O_2$

12 다음의 소화방법은 연소의 3요소 중에서 어떠한 것을 제거 또는 통제하여 소화하는 것인지 쓰시오.(4점)

(1) 제거소화

(2) 질식소화

해설
- 제거소화 : 가연물을 없애서 소화하는 방법
- 질식소화 : 공기 중 산소의 농도를 낮추어 소화하는 방법

정답 (1) 가연물
      (2) 산소공급원

13 다음 제1류 위험물의 지정수량을 각각 쓰시오.(4점)

(1) 브로민산염류

(2) 다이크로뮴산염류

(3) 무기과산화물

(4) 아염소산염류

해설
제1류 위험물의 지정수량
- 지정수량이 50kg : 아염소산염류, 염소산염류, 과염소산염류, 무기과산화물
- 지정수량이 300kg : 질산염류, 브로민산염류, 아이오딘산염류, 크로뮴의 산화물
- 지정수량이 1,000kg : 과망가니즈산염류, 다이크로뮴산염류

정답 (1) 300kg   (2) 1,000kg
      (3) 50kg   (4) 50kg

14 염소산칼륨 1kg이 고온에서 완전히 열분해할 때의 반응식을 쓰고, 이때 발생하는 산소는 몇 g인지 구하시오. (6점)

해설
- 염소산칼륨의 열분해반응식 : $2KClO_3 \rightarrow 2KCl + 3O_2$
- 염소산칼륨의 분자량 : 122.5

비례식을 이용하여 계산하면 2분자의 염소산칼륨이 분해하면 3분자의 산소분자가 나오므로
$2 \times 122.5 : 96 = 1,000 : x$
$\therefore x = 391.84g$

정답 391.84g

CHAPTER 04

2019년 제2회 과년도 기출복원문제

PART 02 위험물기능사 실기

※ 실기 필답형 문제는 수험자의 기억에 의해 복원된 것입니다. 실제 시행문제와 상이할 수 있음을 알려드립니다.

01 과산화수소를 저장할 때에 분해를 막기 위하여 넣어주는 안정제의 종류 2가지를 쓰시오. (4점)

> **해설**
> 과산화수소는 분해하여 물과 산소가 된다. 이러한 성질을 억제하기 위한 안정제로 인산(H_3PO_4), 요산($C_5H_4N_4O_3$)을 첨가하여 보관한다.
>
> **정답** 인산, 요산

02 제4류 위험물을 저장하는 옥내저장소의 연면적이 450m²이고 외벽은 내화구조가 아닐 때, 소화설비의 소요단위는 얼마인지 쓰시오. (4점)

> **해설**
> **1소요단위 기준**
> - 제조소 또는 취급소
>   - 외벽이 내화구조 : 연면적 100m²
>   - 외벽이 내화구조가 아닌 것 : 연면적 50m²
> - 저장소
>   - 외벽이 내화구조 : 연면적 150m²
>   - 외벽이 내화구조가 아닌 것 : 75m²
> - 위험물은 지정수량의 10배
>
> 저장소이고 내화구조가 아닌 것의 1소요단위는 75m²이므로,
> ∴ 450 ÷ 75 = 6
>
> **정답** 6

03 위험물은 그 운반용기 외부에 위험물안전관리법령에서 정하는 사항을 표시하여 적재해야 한다. 위험물운반용기 외부에 표시해야 할 사항 중 3가지만 쓰시오.(5점)

해설
운반용기 외부의 표시사항
- 위험물의 품명, 위험등급, 화학명 및 수용성("수용성" 표시는 제4류 위험물의 수용성인 것에 한함)
- 위험물의 수량
- 수납하는 위험물에 따른 주의사항

유별	품명	주의사항
제1류 위험물	알칼리금속의 과산화물	화기·충격주의, 물기엄금, 가연물접촉주의
	그 밖의 것	화기·충격주의, 가연물접촉주의
제2류 위험물	철분, 금속분, 마그네슘	화기주의, 물기엄금
	인화성 고체	화기엄금
	그 밖의 것	화기주의
제3류 위험물	자연발화성 물질	화기엄금, 공기접촉엄금
	금수성 물질	물기엄금
제4류 위험물	전부	화기엄금
제5류 위험물	전부	화기엄금, 충격주의
제6류 위험물	전부	가연물접촉주의

정답 품명, 위험등급, 화학명 및 수용성, 위험물의 수량, 수납하는 위험물의 주의사항

04 옥외저장탱크의 철판 두께는 얼마 이상으로 해야 하는지 쓰시오.(3점)

해설
옥외저장탱크, 옥내저장탱크, 이동저장탱크의 본체 두께는 3.2mm 이상의 강철판으로 해야 한다.

정답 3.2mm 이상

05 위험물안전관리법령상 위험물 취급소의 종류 4가지를 쓰시오.(4점)

해설
취급소
- 일반취급소
- 이송취급소
- 주유취급소
- 판매취급소

정답 일반취급소, 주유취급소, 이송취급소, 판매취급소

06 벤젠의 증기비중을 구하시오(단, 공기의 분자량은 29이다).(4점)

해설
벤젠(C_6H_6)의 분자량은 78이다.

$$증기비중 = \frac{물질의\ 분자량}{공기의\ 평균분자량}$$

$$= \frac{78}{29} = 2.69$$

정답 2.69

07 다음 할로젠화합물의 할론번호를 쓰시오.(6점)

(1) CF_3Br

(2) CF_2ClBr

(3) $C_2F_4Br_2$

해설
할로젠 원소인 C – F – Cl – Br의 순서에 맞게 숫자를 붙이면 된다.

정답 (1) 1301
(2) 1211
(3) 2402

08 아이오딘값의 정의를 쓰시오.(3점)

해설

아이오딘값의 정의는 유지 100g에 부가되는 아이오딘의 g수이다.

동식물유의 구분

구분	아이오딘값	종류
건성유	130 이상	해바라기유, 동유, 아마인유, 정어리기름, 들기름
반건성유	100~130	채종유, 목화씨기름, 참기름, 콩기름
불건성유	100 이하	야자유, 동백유, 올리브유

정답 유지 100g에 부가되는 아이오딘의 g수

09 다음 제5류 위험물의 구조식을 쓰시오.(4점)

(1) 트라이나이트로톨루엔

(2) 트라이나이트로페놀

정답

(1)
$$\underset{O_2N}{\overset{CH_3}{\diagup}}\underset{NO_2}{\diagdown}$$
(벤젠 고리에 CH₃, 2,4,6-위치에 NO₂)

(2)
$$\underset{O_2N}{\overset{OH}{\diagup}}\underset{NO_2}{\diagdown}$$
(벤젠 고리에 OH, 2,4,6-위치에 NO₂)

10 제3류 위험물인 황린에 대한 다음 물음에 답하시오.(6점)

(1) 저장을 위해 사용하는 보호액을 쓰시오.

(2) 수산화칼륨수용액과 반응할 때 발생하는 맹독성의 가스를 쓰시오.

(3) 지정수량을 쓰시오.

해설

황린(P_4) – 제3류 위험물, 지정수량 20kg, 위험등급 Ⅰ

- 담황색의 고체이다.
- 증기는 공기보다 무겁고 맹독성이다.
- 물에 녹지 않아 물속에 저장한다(pH 9인 물속에 저장).
- 공기를 차단한 상태에서 260℃로 가열하면 적린(P)으로 변한다.
- 발화점이 34℃로 낮아 자연발화의 위험이 있다.
- 연소반응식 : $P_4 + 5O_2 \rightarrow 2P_2O_5$
- 알칼리용액과 반응하여 포스핀가스를 발생한다.
  $P_4 + 3KOH + 3H_2O \rightarrow 3KH_2PO_2 + PH_3$
- 백린이라고도 부르며, 매우 위험한 살상력을 지닌다(취급주의).

정답 (1) pH 9인 물
(2) 포스핀가스
(3) 20kg

11 제2류 위험물 중 지정수량이 100kg인 것 2가지를 쓰시오.(4점)

해설

제2류 위험물의 지정수량

- 황화인, 적린, 황 : 100kg
- 철분, 마그네슘, 금속분 : 500kg
- 인화성 고체 : 1,000kg

정답 적린, 황

12 칼륨과 이산화탄소의 반응식을 쓰시오.(4점)

해설
※ 칼륨은 이산화탄소와 반응하므로 소화약제로 사용할 수 없다.

정답 $4K + 3CO_2 \rightarrow 2K_2CO_3 + C$

13 나이트로글리세린 제조방법을 설명하시오.(4점)

해설
나이트로글리세린[$C_3H_5(ONO_2)_3$] – 제5류 위험물 중 질산에스터류, 위험등급 I
- 무색, 투명한 액체 상태이다.
- 글리세린에 진한 질산과 황산의 혼산을 반응시켜 제조한다.
- 고체 상태에서는 둔감하나(융점 2.8℃), 액체 상태에서는 충격, 마찰에 위험하다.
- 다공성 물질에 흡수시켜 다이너마이트 제조에 쓰인다.
- 독성이 있으므로 취급에 주의를 요한다.
- 분해반응식 : $4C_3H_5(ONO_2)_3 \rightarrow 12CO_2 + 10H_2O + 6N_2 + O_2$

정답 글리세린($C_3H_5(OH)_3$)에 진한 질산(HNO_3)과 황산(H_2SO_4)의 혼산을 반응시켜 제조한다.

CHAPTER 04
2019년 제3회 과년도 기출복원문제

PART 02 위험물기능사 실기

※ 실기 필답형 문제는 수험자의 기억에 의해 복원된 것입니다. 실제 시행문제와 상이할 수 있음을 알려드립니다.

---

01 산화프로필렌 200L, 벤즈알데하이드 1,000L, 아크릴산 4,000L를 저장하고 있을 경우 각각의 지정수량 배수의 합은 얼마인지 계산하시오. (4점)

해설
- 산화프로필렌 – 특수인화물, 지정수량 50L
- 벤즈알데하이드 – 제2석유류(비수용성), 지정수량 1,000L
- 아크릴산 – 제2석유류(수용성), 지정수량 2,000L

$$\therefore \frac{200}{50} + \frac{1,000}{1,000} + \frac{4,000}{2,000} = 7배$$

정답 7배

---

02 제2종 분말소화약제인 탄산수소칼륨의 열분해반응식을 쓰시오. (4점)

해설
각 종 분말소화약제의 열분해반응식
- 제1종 분말소화약제 : $2NaHCO_3 \rightarrow Na_2CO_3 + CO_2 + H_2O$
- 제2종 분말소화약제 : $2KHCO_3 \rightarrow K_2CO_3 + CO_2 + H_2O$
- 제3종 분말소화약제 : $NH_4H_2PO_4 \rightarrow HPO_3 + NH_3 + H_2O$
- 제4종 분말소화약제 : $2KHCO_3 + (NH_2)_2CO \rightarrow K_2CO_3 + 2NH_3 + 2CO_2$

정답 $2KHCO_3 \rightarrow K_2CO_3 + CO_2 + H_2O$

---

03 위험물 운송 시 운송책임자의 감독, 지원을 받아야 하는 위험물 2가지를 쓰시오. (4점)

해설
운송책임자의 감독, 지원을 받아 운송해야 하는 위험물 : 알킬알루미늄, 알킬리튬, 알킬알루미늄 또는 알킬리튬을 함유하는 물질

정답 알킬알루미늄, 알킬리튬

04 아세트알데하이드의 완전 연소반응식을 쓰시오.(4점)

해설

아세트알데하이드(CH_3CHO) – 제4류 위험물 중 특수인화물, 지정수량 50L, 위험등급 I

분자량	비점	인화점	착화점	비중	연소범위
44	21℃	-40℃	185℃	0.78	4.0~60%

- 무색, 투명, 자극성의 액체이다.
- 산화하면 아세트산이 된다.
  ※ 산화 순서 : 에틸알코올 → 아세트알데하이드 → 아세트산(초산)
- 구리, 은, 수은, 마그네슘과 접촉 시 폭발성 물질인 아세틸레이트를 생성하므로 취급 시 주의해야 한다.
- 비점이 매우 낮아(-21℃) 상온에서 취급에 주의해야 한다.
- 아세트알데하이드의 연소반응식 : $2CH_3CHO + 5O_2 \rightarrow 4CO_2 + 4H_2O$

정답 $2CH_3CHO + 5O_2 \rightarrow 4CO_2 + 4H_2O$

05 위험물안전관리법령상 다음 각 위험물의 운반용기 외부에 표시해야 하는 주의사항을 모두 쓰시오.(6점)

(1) 제1류 위험물 중 알칼리금속의 과산화물
(2) 제2류 위험물 중 금속분
(3) 제5류 위험물

해설

운반용기 외부의 표시사항

유별	품명	주의사항
제1류 위험물	알칼리금속의 과산화물	화기·충격주의, 물기엄금, 가연물접촉주의
	그 밖의 것	화기·충격주의, 가연물접촉주의
제2류 위험물	철분, 금속분, 마그네슘	화기주의, 물기엄금
	인화성 고체	화기엄금
	그 밖의 것	화기주의
제3류 위험물	자연발화성 물질	화기엄금, 공기접촉엄금
	금수성 물질	물기엄금
제4류 위험물	전부	화기엄금
제5류 위험물	전부	화기엄금, 충격주의
제6류 위험물	전부	가연물접촉주의

정답 (1) 화기·충격주의, 물기엄금, 가연물접촉주의
　　　 (2) 화기주의, 물기엄금
　　　 (3) 화기엄금, 충격주의

06 동식물유류의 분류 기준이 되는 아이오딘값의 범위를 쓰시오.(5점)

(1) 건성유

(2) 반건성유

(3) 불건성유

해설

아이오딘값의 정의는 유지 100g에 부가되는 아이오딘의 g수이다.

동식물유의 구분

구분	아이오딘값	종류
건성유	130 이상	해바라기유, 동유, 아마인유, 정어리기름, 들기름
반건성유	100~130	채종유, 목화씨기름, 참기름, 콩기름
불건성유	100 이하	야자유, 동백유, 올리브유

정답 (1) 130 이상
(2) 100~130
(3) 100 이하

07 위험물안전관리법령상 위험물 제조소의 환기설비 기준에서 바닥면적 130m²인 곳에 설치된 급기구 면적은 얼마 이상으로 해야 하는지 쓰시오.(3점)

해설

제조소의 환기설비

- 자연배기방식
- 급기구는 해당 급기구가 설치된 실의 바닥면적 150m²마다 1개 이상으로 하되, 급기구의 크기는 800cm² 이상으로 할 것. 다만, 바닥면적이 150m² 미만인 경우에는 다음의 크기로 해야 한다.

바닥면적	급기구의 면적
60m² 미만	150cm² 이상
60m² 이상 90m² 미만	300cm² 이상
90m² 이상 120m² 미만	450cm² 이상
120m² 이상 150m² 미만	600cm² 이상

- 급기구는 낮은 곳에 설치하고 가는 눈의 구리망 등으로 인화방지망을 설치
- 환기구는 지붕 위 또는 지상 2m 이상의 높이에 회전식 고정벤틸레이터 또는 루프팬방식(Roof Fan : 지붕에 설치하는 배기장치)으로 설치

정답 600cm² 이상

08 인화칼슘와 물이 반응할 때 생성되는 물질 2가지를 화학식으로 쓰시오.(4점)

해설

인화칼슘(Ca_3P_2) – 제3류 위험물 중 칼슘의 인화물, 지정수량 300kg, 위험등급 Ⅲ
- 적갈색의 괴상 고체(덩어리 상태)이다.
- 알코올과 에터에는 녹지 않는다.
- 물, 산과 반응하여 유독성의 포스핀가스를 발생한다.
  $Ca_3P_2 + 6H_2O \rightarrow 3Ca(OH)_2 + 2PH_3$

정답 $Ca(OH)_2$, PH_3

09 위험물안전관리법령에서 정한 이동탱크저장소의 관한 내용이다. ( ) 안에 알맞은 수치를 쓰시오.(4점)

"옥외에 있는 상치장소는 화기를 취급하는 장소 또는 인근의 건축물로부터 ( )m 이상(인근의 건축물이 1층인 경우에는 ( )m 이상)의 거리를 확보해야 한다. 다만, 하천의 공지나 수면, 내화구조 또는 불연재료의 담 또는 벽 그 밖에 이와 유사한 것에 접하는 경우를 제외한다."

해설

이동탱크저장소의 상치장소
- 옥외 : 인근의 건축물로부터 5m 이상(건축물이 1층인 경우에는 3m 이상)
- 옥내 : 벽·바닥·보·서까래 및 지붕이 내화구조 또는 불연재료로 된 건축물의 1층에 설치

정답 5, 3

10 하나의 옥내저장탱크 전용실에 2개의 옥내저장탱크를 설치할 경우 상호 간의 사이는 얼마 이상의 간격을 유지해야 하는지 쓰시오.(3점)

해설

옥내탱크저장소의 설치 기준
- 옥내탱크는 탱크전용실에 설치할 것
- 옥내저장탱크와 탱크전용실의 벽과의 사이 및 옥내저장탱크의 상호 간에는 0.5m 이상의 간격을 유지
- 옥내탱크저장소에는 "위험물 옥내탱크저장소"라는 표시를 한 표지와 방화에 관하여 필요한 사항을 게시한 게시판을 설치
- 옥내저장탱크의 용량(동일한 탱크전용실에 옥내저장탱크를 2 이상 설치하는 경우에는 각 탱크의 용량의 합계를 말한다)은 지정수량의 40배(제4석유류 및 동식물유류 외의 제4류 위험물에 있어서 해당 수량이 20,000L를 초과할 때에는 20,000L) 이하로 한다.

정답 0.5m

11 제2류 위험물 중 Al, Fe, Zn을 이온화 경향이 가장 큰 것부터 순서대로 쓰시오.(4점)

해설

- 이온화 경향 : 금속이 수용액에서 전자를 잃고 양이온이 되고자 하는 성질을 말한다.
- 큰 것부터 작은 것을 순서대로 나열하면
  칼륨(K) > 칼슘(Ca) > 나트륨(Na) > 마그네슘(Mg) > 알루미늄(Al) > 아연(Zn) > 철(Fe) > 니켈(Ni) > 주석(Sn) > 납(Pb) > [수소(H)] > 구리(Cu) > 수은(Hg) > 은(Ag) > 백금(Pt) > 금(Au)의 순서이다.

정답 Al, Zn, Fe

12 자일렌의 이성질체 중 m-자일렌의 구조식을 쓰시오.(3점)

해설

자일렌[$C_6H_4(CH_3)_2$] - 제4류 위험물 중 제2석유류(비수용성) 지정수량 1,000L, 위험등급 Ⅲ
- 물에 녹지 않고 유기용제에 녹는다.
- 방향성을 띠며 독성은 BTX 중에서 가장 낮다.
- 자일렌은 메틸기(CH_3)결합 위치에 따라 o-자일렌, m-자일렌, p-자일렌 3가지로 구분한다.

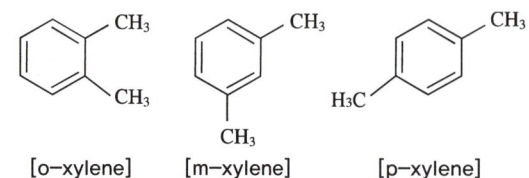

[o-xylene]　　[m-xylene]　　[p-xylene]

정답

(m-xylene 구조식)

13 부착성이 뛰어난 메타인산을 만들어 화재 시 소화능력이 좋은 소화약제로, ABC 소화약제라고 하는 이 약제의 주성분을 화학식으로 쓰시오.(3점)

해설

제3종 분말소화약제인 인산암모늄($NH_4H_2PO_4$)은 열분해에 의해 생성된 메타인산(HPO_3)이 부착성 좋은 막을 형성하여 질식효과로 인해 소화를 하고 물(H_2O)은 냉각효과로 인해 소화를 한다.

정답 $NH_4H_2PO_4$

14 위험물안전관리법령에서 정의하는 자기반응성 물질에 대해 다음 (　) 안에 알맞은 용어를 쓰시오.(4점)

> "자기반응성 물질"이라 함은 고체 또는 액체로서 (　)의 위험성 또는 (　)의 격렬함을 판단하기 위하여 고시로 정하는 시험에서 고시로 정하는 성질과 상태를 나타내는 것을 말한다."

해설

"자기반응성 물질"이라 함은 고체 또는 액체로서 폭발의 위험성 또는 가열분해의 격렬함을 판단하기 위하여 고시로 정하는 시험에서 고시로 정하는 성질과 상태를 나타내는 것을 말한다.

정답 폭발, 가열분해

CHAPTER 04
2020년 제1회 과년도 기출복원문제

※ 실기 필답형 문제는 수험자의 기억에 의해 복원된 것입니다. 실제 시행문제와 상이할 수 있음을 알려드립니다.

01 적린의 연소반응식을 쓰고 이때 발생하는 기체의 색상을 쓰시오.(5점)

해설
적린(P) – 제2류 위험물, 지정수량 100kg, 위험등급 Ⅱ
- 연소할 때 흰 연기를 내는 오산화인을 발생한다.
- 연소반응식 : $4P + 5O_2 \rightarrow 2P_2O_5$

정답 $4P + 5O_2 \rightarrow 2P_2O_5$, 흰색

02 이산화탄소 1kg을 소화기로 방출할 때의 부피는 약 몇 L인지 구하시오(단, 표준상태이다).(5점)

해설
이상기체 상태방정식을 이용하여, 이산화탄소의 부피를 구하면
$$PV = \frac{W}{M}RT, \quad V = \frac{WRT}{PM}$$
여기서, 표준상태이므로 온도는 0℃, 1기압(atm)이 된다.
무게(W) = 1,000g, 분자량(M) = 44g
$$\therefore V = \frac{1,000 \times 0.08205 \times 273}{1 \times 44} = 509.08L$$

정답 509.08L

03 제1류 위험물인 과망가니즈산칼륨($KMnO_4$)의 분해반응식을 쓰고, 과망가니즈산칼륨 1mol이 분해할 때 발생하는 산소량(g)을 구하시오.(5점)

> **해설**
> 과망가니즈산칼륨($KMnO_4$) – 제1류 위험물, 과망가니즈산염류, 지정수량 1,000kg, 위험등급Ⅲ
> 열분해반응식 : $2KMnO_4 \rightarrow K_2MnO_4 + MnO_2 + O_2$
> 2mol의 과망가니즈산칼륨이 분해할 때 산소는 1mol이 나오므로 1mol의 과망가니즈산칼륨이 분해할 때는 0.5mol의 산소가 나오게 되며, 0.5mol의 산소의 양은 16g이다.

> **정답** $2KMnO_4 \rightarrow K_2MnO_4 + MnO_2 + O_2$
> 16g

04 TNT의 분자량을 구하시오.(4점)

> **해설**
> 트라이나이트로톨루엔(TNT) – 제5류 위험물, 나이트로화합물, 위험등급 Ⅰ
> - 화학식 : $C_6H_2CH_3(NO_2)_3$
> - 분자량 : C가 총 7개, 수소가 5개, 질소가 3개, 산소가 6개이므로
> $(12 \times 7) + (1 \times 5) + (14 \times 3) + (16 \times 6) = 227$

> **정답** 227

05 간이소화용구의 능력단위 내용이다. ( ) 안에 알맞은 값을 쓰시오.(5점)

소화설비	용량	능력단위
마른모래(삽 1개 포함)	50L	( )
팽창질석(삽 1개 포함)	160L	( )
소화전용(轉用)물통	8L	( )

해설

소화설비의 능력단위

소화설비	용량	능력단위
소화전용(轉用)물통	8L	0.3
수조(소화전용물통 3개 포함)	80L	1.5
수조(소화전용물통 6개 포함)	190L	2.5
마른모래(삽 1개 포함)	50L	0.5
팽창질석 또는 팽창진주암(삽 1개 포함)	160L	1.0

정답 (1) 0.5
  (2) 1.0
  (3) 0.3

06 위험물안전관리법령상 소요단위에 대하여 ( ) 안에 알맞은 답을 순서대로 쓰시오.(6점)

제조소		저장소	
내화구조	내화구조가 아닌 것	내화구조	내화구조가 아닌 것
연면적 ( )m²	연면적 ( )m²	연면적 ( )m²	연면적 ( )m²
위험물은 지정수량의 ( )배			

해설

1소요단위의 기준

- 제조소 또는 취급소
  - 외벽이 내화구조 : 연면적 100m²
  - 외벽이 내화구조가 아닌 것 : 연면적 50m²
- 저장소
  - 외벽이 내화구조 : 연면적 150m²
  - 외벽이 내화구조가 아닌 것 : 연면적 75m²
- 위험물 : 지정수량의 10배

정답 100, 50, 150, 75, 10

07 다음 [보기]의 위험물 중 물보다 무겁고 수용성으로 분류되는 물질을 모두 고르시오. (5점)

[보기]
아세톤, 아크릴산, 이황화탄소, 클로로벤젠, 글리세린, 톨루엔

해설

물질	품명	수용성 유무	비중
아세톤	제1석유류	수용성	0.79
아크릴산	제2석유류	수용성	1.1
이황화탄소	특수인화물	비수용성	1.26
클로로벤젠	제2석유류	비수용성	1.11
글리세린	제3석유류	수용성	1.26
톨루엔	제1석유류	비수용성	0.87

정답 아크릴산, 글리세린

08 탄화칼슘에 대해 다음 물음에 답하시오. (6점)

(1) 지정수량은 얼마인가?

(2) 탄화칼슘과 물의 반응에서 생성되는 물질을 모두 쓰시오.

(3) 탄화칼슘이 고온에서 질소와 반응하는 반응식을 쓰시오.

해설

탄화칼슘(CaC_2) – 제3류 위험물, 칼슘의 탄화물, 지정수량 300kg, 위험등급 Ⅲ
- 탄화칼슘과 물의 반응식 : $CaC_2 + 2H_2O \rightarrow Ca(OH)_2 + C_2H_2$(아세틸렌)
- 탄화칼슘과 질소의 반응식(약 700℃ 이상) : $CaC_2 + N_2 \rightarrow CaCN_2 + C + 74.6(kcal)$

정답 (1) 300kg
(2) 수산화칼륨, 아세틸렌
(3) $CaC_2 + N_2 \rightarrow CaCN_2 + C$

09 질산에 대한 다음 물음에 답하시오.(5점)

(1) 분해반응식을 쓰시오.

(2) 제6류 위험물에 해당하는 기준을 쓰시오.

해설

질산(HNO_3) - 제6류 위험물, 지정수량 300kg, 위험등급 I

- 분해반응식 : $4HNO_3 \rightarrow 4NO_2 + 2H_2O + O_2$
- 제6류 위험물이 되는 조건
  - 과산화수소 : 수용액의 농도가 36wt% 이상인 경우
  - 질산 : 비중이 1.49 이상인 것

정답 (1) $4HNO_3 \rightarrow 4NO_2 + 2H_2O + O_2$
(2) 비중이 1.49 이상

10 그림에 나와 있는 위험물 저장탱크의 내용적(m^3)을 구하시오(단, r은 1m, l은 3m, l_1과 l_2는 1.5m이다).(5점)

 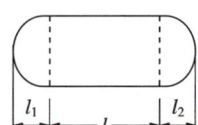

해설

원통형 탱크의 내용적 구하는 공식

$$\text{내용적} = \pi r^2 \left(l + \frac{l_1 + l_2}{3} \right)$$

$$= \pi \times (1)^2 \times \left(3 + \frac{1.5 + 1.5}{3} \right)$$

$$= 12.566 ≒ 12.56 m^3$$

정답 $12.56 m^3$

11 소화약제로 쓰이는 할로젠화합물의 화학식을 쓰시오.(5점)

(1) 할론 1211

(2) 할론 1301

(3) 할론 2402

해설

- 할로젠화합물 소화약제의 특징
  - 질식, 냉각, 부촉매효과에 의해 소화된다.
  - 독성이 있으므로 밀폐된 곳에서 장시간 사용하면 위험할 수 있다.
- 할론번호 표시방법 : 할론 ○○○○의 화학식을 쓰라고 하는 문제가 많이 나오므로 각각 원자의 순서를 알고 있어야 한다. 나오는 숫자대로 원자의 수를 채우면 된다.
  - 첫 번째 자리 : 탄소(C)
  - 두 번째 자리 : 플루오린(F)
  - 세 번째 자리 : 염소(Cl)
  - 네 번째 자리 : 브로민(Br)

할론번호	화학식
Halon 1301	CF_3Br
Halon 2402	$C_2F_4Br_2$
Halon 1211	CF_2ClBr
Halon 104(0)	CCl_4

정답 (1) CF_2ClBr
(2) CF_3Br
(3) $C_2F_4Br_2$

12 제4류 위험물인 메탄올의 분자량과 증기비중을 쓰시오.(5점)

해설

메틸알코올(CH_3OH) – 제4류 위험물, 알코올류, 지정수량 400L, 위험등급 II

- 무색, 투명한 액체 상태이고 휘발성이 있다.
- 물, 에터 등에 잘 녹는다.
- 독성이 있어 실명하거나 생명을 잃을 수도 있다.
- 산화하면 폼알데하이드가 되고 최종적으로 산화하면 폼산이 된다.

  $CH_3OH \rightarrow HCHO \rightarrow HCOOH$

※ 분자량은 32가 되고 증기비중은 $\frac{32}{29} = 1.10$이 나온다.

정답 분자량 : 32, 증기비중 : 1.10

13 다음 동식물유류의 아이오딘값의 범위를 각각 쓰시오.(5점)

(1) 건성유

(2) 반건성유

(3) 불건성유

해설

구분	아이오딘값	불포화도	종류
건성유	130 이상	크다.	해바라기유, 들기름, 정어리기름, 아마인유 등
반건성유	100~130	보통	참기름, 쌀겨기름, 콩기름, 옥수기름 등
불건성유	100 이하	작다.	피마자유, 야자유, 올리브유 등

정답 (1) 130 이상
  (2) 100~130
  (3) 100 이하

14 아연에 대한 다음 물음에 답하시오.(5점)

(1) 아연과 물의 반응식을 쓰시오.

(2) 아연이 염산과 반응할 때 생성되는 기체의 명칭을 쓰시오.

해설

아연(Zn) - 제2류 위험물, 금속분, 지정수량 500kg, 위험등급 Ⅲ
- 은백색의 분말이다.
- 물 또는 산과 반응하면 수소를 발생한다.
  - 물과의 반응식 : $Zn + 2H_2O \rightarrow Zn(OH)_2 + H_2$
  - 산과의 반응식 : $Zn + 2HCl \rightarrow ZnCl_2 + H_2$

정답 (1) $Zn + 2H_2O \rightarrow Zn(OH)_2 + H_2$
  (2) 수소

15 다음 제1류 위험물의 지정수량을 쓰시오.(5점)

(1) 염소산염류

(2) 질산염류

(3) 과망가니즈산염류

해설

제1류 위험물의 지정수량
- 아염소산염류, 염소산염류, 과염소산염류, 무기과산화물 : 50kg
- 브로민산염류, 질산염류, 아이오딘산염류 : 300kg
- 과망가니즈산염류, 다이크로뮴산염류 : 1,000kg

정답 (1) 50kg
(2) 300kg
(3) 1,000kg

16 위험물안전관리법령에서 정한 위험물의 운반용기 수납기준에 대해 다음 ( ) 안에 알맞은 답을 쓰시오.(4점)

(1) 액체위험물은 운반용기 내용적의 (   )% 이하의 수납률로 수납한다.
(2) 고체위험물은 운반용기 내용적의 (   )% 이하의 수납률로 수납한다.

해설

수납률
- 고체위험물은 운반용기 내용적의 95% 이하의 수납률로 수납할 것
- 액체위험물은 운반용기 내용적의 98% 이하의 수납률로 수납하되, 55℃의 온도에서 누설되지 않도록 충분한 공간용적을 유지하도록 할 것
- 자연발화성물질 중 알킬알루미늄 등은 운반용기의 내용적의 90% 이하의 수납률로 수납하되, 50℃의 온도에서 5% 이상의 공간용적을 유지하도록 할 것

정답 (1) 98, (2) 95

17 위험물안전관리법령상 알코올류에 관한 정의에 대해 다음 ( ) 안에 알맞은 답을 쓰시오. (5점)

> "알코올류"라 함은 1분자를 구성하는 탄소원자의 수가 ( )개부터 ( )개까지인 포화1가 알코올(변성알코올 포함)을 말한다.
> 다만, 다음에 해당하는 것은 제외한다.
> 가. 1분자를 구성하는 탄소원자의 수가 1개 내지 3개의 포화1가 알코올의 함유량이 ( )wt% 미만인 수용액
> 나. 가연성 액체량이 ( )wt% 미만이고 인화점 및 연소점이 에틸알코올 ( )wt% 수용액의 인화점 및 연소점을 초과하는 것

해설
알코올류
1분자를 구성하는 탄소원자의 수가 1개부터 3개까지인 포화1가 알코올(변성알코올 포함)을 말한다. 다만, 다음에 해당하는 것은 제외한다.
가. 1분자를 구성하는 탄소원자의 수가 1개 내지 3개의 포화1가 알코올의 함유량이 60wt% 미만인 수용액
나. 가연성 액체량이 60wt% 미만이고 인화점 및 연소점이 에틸알코올 60wt% 수용액의 인화점 및 연소점을 초과하는 것

정답 1, 3, 60, 60, 60

18 다음 물질이 물과 반응할 때 생성되는 가스의 명칭을 쓰시오.(6점)

(1) 칼륨

(2) 인화칼슘

(3) 탄화알루미늄

(4) 탄화칼슘

해설
- 칼륨과 물의 반응식 : $2K + 2H_2O \rightarrow 2KOH + H_2$
- 인화칼슘과 물의 반응식 : $Ca_3P_2 + 6H_2O \rightarrow 3Ca(OH)_2 + 2PH_3$
- 탄화알루미늄과 물의 반응식 : $Al_4C_3 + 12H_2O \rightarrow 4Al(OH)_3 + 3CH_4$
- 탄화칼슘과 물의 반응식 : $CaC_2 + 2H_2O \rightarrow Ca(OH)_2 + C_2H_2$

정답 (1) 수소   (2) 포스핀
   (3) 메테인   (4) 아세틸렌

19 다음 설명하는 물질의 명칭과 구조식을 쓰시오.(4점)

(1) 제5류 위험물에 속하며 나이트로화합물이다.
(2) 독성이 있다.
(3) 황색의 침상결정이다.

해설

트라이나이트로페놀[$C_6H_2OH(NO_2)_3$, 피크르산] – 제5류 위험물, 나이트로화합물, 위험등급 I
- 황색의 침상 결정이다.
- 독성이 있으므로 주의해야 한다.
- 냉수에 조금 녹고 온수에 잘 녹는다. 알코올, 에터 등 유기용제에 녹는다.
- 단독으로 있을 경우 안정하나 가연물과의 혼합물은 폭발 위험이 있다.
- 구조식

$$\begin{array}{c} OH \\ O_2N \underset{NO_2}{\bigcirc} NO_2 \end{array}$$

정답 트라이나이트로페놀(피크르산)

$$\begin{array}{c} OH \\ O_2N \underset{NO_2}{\bigcirc} NO_2 \end{array}$$

20. 위험물안전관리법령에 따른 이동탱크저장소에 대한 다음 물음에 답하시오. (5점)

(1) 탱크 내부에 칸막이를 설치해야 한다. 칸막이의 두께는 얼마인가?

(2) 방파판의 두께는 얼마인가?

(3) 방호틀의 두께는 얼마인가?

해설

이동저장탱크의 구조
- 이동저장탱크의 두께 : 3.2mm 이상의 강철판
- 압력탱크 외의 탱크 : 70kPa의 압력으로 10분간 수압시험
- 최대상용압력의 1.5배의 압력으로 10분간 수압시험
- 내부에 4,000L 이하마다 3.2mm 이상의 강철판으로 칸막이를 설치해야 한다.
- 칸막이로 구획된 각 부분마다 맨홀과 안전장치 및 방파판을 설치해야 한다.
  - 방파판
    ⓐ 두께 1.6mm 이상의 강철판
    ⓑ 하나의 구획부분에 2개 이상의 방파판을 이동탱크저장소 진행방향과 평행으로 설치
- 측면틀 및 방호틀을 설치해야 한다.
  - 측면틀
    ⓐ 이동저장탱크가 사고 등으로 인해 전도할 경우 이동저장탱크 및 부속장치의 손상을 막을 수 있게 하는 장치
    ⓑ 탱크상부의 네 모퉁이에 해당 탱크의 전단 또는 후단으로부터 각각 1m 이내의 위치에 설치할 것
  - 방호틀
    ⓐ 이동저장탱크가 전복하게 될 경우 탱크 상부 또는 부속장치가 손상되는 것을 방지하기 위한 장치
    ⓑ 두께 2.3mm 이상의 강철판으로 할 것
    ⓒ 정상부분은 부속장치보다 50mm 이상 높게 하거나 이와 동등 이상의 성능이 있는 것으로 할 것

정답
(1) 3.2mm 이상
(2) 1.6mm 이상
(3) 2.3mm 이상

CHAPTER 04
2020년 제2회 과년도 기출복원문제

PART 02 위험물기능사 실기

※ 실기 필답형 문제는 수험자의 기억에 의해 복원된 것입니다. 실제 시행문제와 상이할 수 있음을 알려드립니다.

01 다음 각 위험물의 완전 연소반응식을 쓰시오.(6점)

(1) 다이에틸에터

(2) 이황화탄소

(3) 메틸에틸케톤(MEK)

해설
- 다이에틸에터($C_2H_5OC_2H_5$)의 연소반응식 : $C_2H_5OC_2H_5 + 6O_2 \rightarrow 4CO_2 + 5H_2O$
  다이에틸에터는 C, H, O로만 구성되어 있기 때문에 연소생성물은 CO_2와 H_2O가 나오게 된다. 따라서 양변의 C수와 H수를 맞추어 준 다음에 O의 수를 맞추면 된다.
- 이황화탄소(CS_2)의 연소반응식 : $CS_2 + 3O_2 \rightarrow CO_2 + 2SO_2$
  이황화탄소는 C와 S로 구성되어 있고, 연소생성물은 CO_2와 SO_2가 된다. 나머지 계수를 맞추어 주면 된다.
- 메틸에틸케톤($CH_3COC_2H_5$)의 연소반응식 : $2CH_3COC_2H_5 + 11O_2 \rightarrow 8CO_2 + 8H_2O$

정답
(1) $C_2H_5OC_2H_5 + 6O_2 \rightarrow 4CO_2 + 5H_2O$
(2) $CS_2 + 3O_2 \rightarrow CO_2 + 2SO_2$
(3) $2CH_3COC_2H_5 + 11O_2 \rightarrow 8CO_2 + 8H_2O$

02 다음 [보기]에 나오는 물질을 산의 세기가 큰 것부터 작은 순으로 쓰시오.(4점)

[보기]
$HClO$, $HClO_2$, $HClO_3$, $HClO_4$

정답 $HClO_4$, $HClO_3$, $HClO_2$, $HClO$

03 칼륨과 물이 반응할 때의 반응식을 쓰고 이때 생성되는 기체의 명칭을 쓰시오.(5점)

> **해설**

칼륨(K, Potassium) – 제3류 위험물, 원자량 39, 지정수량 10kg, 위험등급 Ⅰ
- 은백색의 광택이 있는 무른 경금속이다.
- 불꽃색은 보라색이다.
- 석유 속에 넣어 저장한다(산소, 수분과의 접촉방지).
- 물과의 반응식 : $2K + 2H_2O \rightarrow 2KOH + H_2$
- 연소반응식 : $4K + O_2 \rightarrow 2K_2O$
- 에탄올과의 반응식 : $2K + 2C_2H_5OH \rightarrow 2C_2H_5OK + H_2$
- 이산화탄소(CO_2)와는 반응하므로 소화약제로 사용할 수 없다.
  $4K + 3CO_2 \rightarrow 2K_2CO_3 + C$

> **정답** $2K + 2H_2O \rightarrow 2KOH + H_2$, 수소

04 다음 각 분말소화약제의 화학식을 쓰시오.(5점)

(1) 제1종 분말소화약제

(2) 제2종 분말소화약제

(3) 제3종 분말소화약제

> **해설**

분말소화약제의 종류

종류	주성분	적응화재	분말의 색
제1종 분말	$NaHCO_3$	B, C급	백색
제2종 분말	$KHCO_3$	B, C급	담회색
제3종 분말	$NH_4H_2PO_4$	A, B, C급	담홍색
제4종 분말	$KHCO_3+(NH_2)_2CO$	B, C급	회백색

각 종 분말소화약제의 열분해반응식
- 제1종 분말소화약제 : $2NaHCO_3 \rightarrow Na_2CO_3 + CO_2 + H_2O$
- 제2종 분말소화약제 : $2KHCO_3 \rightarrow K_2CO_3 + CO_2 + H_2O$
- 제3종 분말소화약제 : $NH_4H_2PO_4 \rightarrow HPO_3 + NH_3 + H_2O$
- 제4종 분말소화약제 : $2KHCO_3 + (NH_2)_2CO \rightarrow K_2CO_3 + 2NH_3 + 2CO_2$

> **정답** (1) $NaHCO_3$
> (2) $KHCO_3$
> (3) $NH_4H_2PO_4$

05
염소산칼륨($KClO_3$) 1kg이 고온에서 완전히 열분해할 때 발생하는 산소의 질량(g)과 표준상태에서의 부피(L)을 구하시오(단, K의 원자량은 39이고, Cl의 원자량은 35.5이다).(5점)

해설

염소산칼륨($KClO_3$) – 제1류 위험물, 염소산염류, 지정수량 50kg, 위험등급 I

열분해반응식 : $2KClO_3 \rightarrow 2KCl + 3O_2$

$KClO_3$의 분자량은 122.5g이다.

비례식을 이용하여 계산하면

2×122.5g의 염소산칼륨이 열분해하였을 때 3mol의 산소가 발생한다.

이때 산소의 질량은 96g이 된다. 1,000g(1kg)이 분해하였을 때는 391.84g이 나온다.

이상기체 상태방정식을 이용하여 산소의 부피를 구하면

$$PV = \frac{W}{M}RT, \quad V = \frac{WRT}{PM}$$

$$\therefore V = \frac{391.84 \times 0.08205 \times 273}{1 \times 32} = 274.28$$

정답 산소의 질량 : 391.84g
산소의 부피 : 274.28L

06
나이트로글리세린이 분해·폭발하면 이산화탄소, 수증기, 질소, 산소가 발생한다. 나이트로글리세린 1kmol이 완전히 분해·폭발될 때 생성되는 기체의 총 부피(m^3)를 구하시오(단, 표준상태이다).(5점)

해설

나이트로글리세린[$C_3H_5(ONO_2)_3$] – 제5류 위험물, 질산에스터류, 위험등급 I

분해반응식 : $4C_3H_5(ONO_2)_3 \rightarrow 12CO_2 + 10H_2O + 6N_2 + O_2$

나이트로글리세린 4mol이 분해할 때 생성되는 기체의 총 몰수는 29mol이 나온다(12mol의 CO_2, 10mol의 H_2O, 6mol의 N_2, 1mol의 O_2).

분해할 때 고온이므로 물은 수증기가 되기 때문에 기체로 봐야 한다.

따라서, 4mol의 나이트로글리세린이 분해할 때 29가 나오게 되고 1mol이 분해하였을 때는 $\frac{29}{4}$ mol의 기체가 나오게 된다.

표준상태에서 기체 1mol의 부피는 22.4L이고 1kmol의 경우에는 단위환산을 하면 $22.4m^3$이 된다.

따라서, $22.4m^3 \times \frac{29}{4} = 162.4m^3$

정답 $162.4m^3$

07 다음 [보기]에서 설명하는 위험물의 명칭을 쓰시오. (4점)

[보기]
(1) 지정수량이 300kg이다.
(2) 물과 반응하여 아세틸렌가스를 발생한다.
(3) 회백색의 괴상 상태이다.

해설

탄화칼슘(CaC_2) - 제3류 위험물, 칼슘의 탄화물, 지정수량 300kg, 위험등급 Ⅲ
- 카바이드라고도 부른다.
- 회색의 괴상 고체이다.
- 물과 반응하여 아세틸렌가스를 발생한다.
  $CaC_2 + 2H_2O \rightarrow Ca(OH)_2 + C_2H_2$
※ 아세틸렌은 구리와 반응하여 폭발성인 금속 아세틸레이트를 생성하므로 주의해야 한다.
  $C_2H_2 + 2Cu \rightarrow Cu_2C_2 + H_2$

정답 탄화칼슘

08 위험물안전관리법령의 운반에 관한 기준에서 다음 각 위험물의 운반용기 외부에 표시해야 하는 주의사항을 모두 쓰시오. (6점)

(1) 황린   (2) 과산화벤조일
(3) 아세톤   (4) 마그네슘

해설

운반용기 외부의 표시사항

유별	품명	주의사항
제1류 위험물	알칼리금속의 과산화물	화기·충격주의, 물기엄금, 가연물접촉주의
	그 밖의 것	화기·충격주의, 가연물접촉주의
제2류 위험물	철분, 금속분, 마그네슘	화기주의, 물기엄금
	인화성 고체	화기엄금
	그 밖의 것	화기주의
제3류 위험물	자연발화성 물질	화기엄금, 공기접촉엄금
	금수성 물질	물기엄금
제4류 위험물	전부	화기엄금
제5류 위험물	전부	화기엄금, 충격주의
제6류 위험물	전부	가연물접촉주의

정답 (1) 화기엄금, 공기접촉엄금   (2) 화기엄금, 충격주의
       (3) 화기엄금   (4) 화기주의, 물기엄금

09 다음 [보기]의 물질 중에서 위험등급이 Ⅰ인 물질을 모두 찾아 쓰시오.(4점)

> [보기]
> 에틸알코올, 메틸에틸케톤, 이황화탄소, 아세트알데하이드, 다이에틸에터, 톨루엔, 가솔린

해설
- 에틸알코올 : 알코올류
- 메틸에틸케톤 : 제1석유류
- 이황화탄소 : 특수인화물
- 아세트알데하이드 : 특수인화물
- 다이에틸에터 : 특수인화물
- 톨루엔 : 제1석유류
- 가솔린(휘발유) : 제1석유류

※ 제4류 위험물 중 위험등급이 Ⅰ인 품명은 특수인화물이다. 제1석유류와 알코올류는 위험등급Ⅱ이다.

정답 이황화탄소, 아세트알데하이드, 다이에틸에터

10 다음 [보기]에서 제4류 위험물의 정의에 대해 ( ) 안에 알맞은 답을 쓰시오.(5점)

> [보기]
> "특수인화물"이라 함은 이황화탄소, 다이에틸에터 그 밖에 1기압에서 발화점이 섭씨 (   )도 이하인 것 또는 인화점이 섭씨 영하 (   )도 이하이고 비점이 섭씨 (   )도 이하인 것을 말한다.

해설
제4류 위험물이 되는 조건
- 특수인화물
  - 1기압에서 발화점이 100℃ 이하인 것
  - 인화점이 -20℃ 이하이고, 비점이 40℃ 이하인 것
- 제1석유류 : 아세톤, 휘발유 그 밖에 1기압에서 인화점이 21℃ 미만인 것
- 알코올류 : 1분자를 구성하는 탄소원자의 수가 1개부터 3개까지인 포화1가 알코올(변성알코올 포함)을 말한다. 다만, 다음에 해당하는 것은 제외한다.
  - 1분자를 구성하는 탄소원자의 수가 1개 내지 3개의 포화1가 알코올의 함유량이 60wt% 미만인 수용액
  - 가연성 액체량이 60wt% 미만이고 인화점 및 연소점이 에틸알코올 60wt% 수용액의 인화점 및 연소점을 초과하는 것
- 제2석유류 : 등유, 경유 그 밖에 1기압에서 인화점이 21℃ 이상 70℃ 미만인 것

- 제3석유류 : 중유, 크레오소트유 그 밖에 1기압에서 인화점이 70℃ 이상 200℃ 미만인 것
- 제4석유류 : 기어유, 실린더유 그 밖에 1기압에서 인화점이 200℃ 이상 250℃ 미만인 것
- 동식물유류 : 동물의 지육(枝肉 : 머리, 내장, 다리를 잘라 내고 아직 부위별로 나누지 않은 고기를 말한다) 또는 식물의 종자나 과육으로부터 추출한 것으로 1기압에서 인화점이 250℃ 미만인 것

정답 100, 20, 40

11 1kg의 탄소가 완전 연소하는 데 필요한 산소의 양은 몇 L인지 구하시오(단, 750mmHg, 25℃이다).(5점)

해설

탄소의 연소반응식 : $C + O_2 \rightarrow CO_2$

탄소 1mol(12g)이 연소할 때 산소도 1mol(32g) 필요하게 된다.

비례식을 이용하여 풀어보면 탄소 1kg(1,000g)이 연소할 때는 산소 2,666.67g을 필요로 하게 된다.

이상기체 상태방정식을 이용하여, 산소의 부피를 구하면

$$PV = \frac{W}{M}RT, \; V = \frac{WRT}{PM}$$

$$\therefore V = \frac{2,666.67 \times 0.08205 \times 298}{\frac{750}{760} \times 32} = 2,064.74\text{L}$$

정답 2,064.74L

12 BrF_5을 6,000kg 저장할 경우 소요단위를 구하시오.(5점)

해설

오불화브로민(BrF_5) - 제6류 위험물, 할로젠간화합물, 지정수량 300kg

위험물은 지정수량의 10배를 1소요단위로 한다.

BrF_5의 지정수량은 300kg이므로 6,000kg일 때 2소요단위가 된다.

정답 2소요단위

13 아세트산 2mol이 연소할 때 생성되는 이산화탄소의 몰수를 구하시오.(4점)

해설

아세트산(CH_3COOH) – 제4류 위험물, 제2석유류, 지정수량 2,000L(수용성)
- 무색 투명한 액체, 초산이라고 부른다.
- 물에 잘 녹으며, 융점이 16.7℃로, 온도가 낮아져서 고체 상태가 되면 빙초산이라고 한다.
- 연소반응식 : $CH_3COOH + 2O_2 \rightarrow 2CO_2 + 2H_2O$
- ∴ 아세트산 1mol이 연소할 때 이산화탄소가 2mol이 생성되므로, 2mol이 연소할 때는 4mol이 생성된다.

정답 4mol

14 옥내탱크저장소에서 다음의 각 물음에 대한 알맞은 답을 쓰시오(단, 탱크의 점검 및 보수에 지장이 없는 경우는 제외한다).(6점)

(1) 옥내저장탱크와 탱크전용실 벽과의 사이의 간격은 얼마인가?

(2) 옥내저장탱크의 상호 간의 간격은 얼마인가?

(3) 에탄올을 저장할 경우 탱크의 최대 용량은 얼마인가?

해설

옥내탱크저장소의 설치기준
- 옥내탱크는 탱크전용실에 설치할 것
- 옥내저장탱크와 탱크전용실의 벽과의 사이 및 옥내저장탱크의 상호 간에는 0.5m 이상의 간격을 유지
- 옥내탱크저장소에는 "위험물 옥내탱크저장소"라는 표시를 한 표지와 방화에 관하여 필요한 사항을 게시한 게시판을 설치
- 옥내저장탱크의 용량(동일한 탱크전용실에 옥내저장탱크를 2 이상 설치하는 경우에는 각 탱크의 용량의 합계를 말한다)은 지정수량의 40배(제4석유류 및 동식물유류 외의 제4류 위험물에 있어서 해당 수량이 20,000L를 초과할 때에는 20,000L) 이하로 한다.
- ※ 에탄올의 지정수량이 400L이므로 400L의 40배인 16,000L가 최대 용량이 된다.

정답 (1) 0.5m 이상
　　　 (2) 0.5m 이상
　　　 (3) 16,000L

15 다음 빈칸을 알맞게 채우시오. (6점)

물질명	화학식	지정수량(kg)
과염소산칼륨	(1)	(2)
질산칼륨	(3)	(4)
과망가니즈산칼륨	(5)	(6)

정답 (1) $KClO_4$
(2) 50kg
(3) KNO_3
(4) 300kg
(5) $KMnO_4$
(6) 1,000kg

16 다음 각 위험물의 시성식을 쓰시오. (5점)

(1) 다이에틸에터

(2) 사이안화수소

(3) 피리딘

(4) 에틸알코올

(5) 에틸렌글라이콜

해설
- 다이에틸에터($C_2H_5OC_2H_5$) – 특수인화물
- 사이안화수소(HCN) – 제1석유류, 수용성
- 피리딘(C_5H_5N) – 제1석유류, 수용성
- 에틸알코올(C_2H_5OH) – 알코올류
- 에틸렌글라이콜(CH_2OHCH_2OH) – 제3석유류, 수용성

정답 (1) $C_2H_5OC_2H_5$
(2) HCN
(3) C_5H_5N
(4) C_2H_5OH
(5) CH_2OHCH_2OH

17 다음 각 위험물의 연소반응식을 쓰시오.(5점)

(1) 삼황화인

(2) 황

(3) 알루미늄

> **해설**
> - 삼황화인(P_4S_3)의 연소반응식 : $P_4S_3 + 8O_2 \rightarrow 2P_2O_5 + 3SO_2$
>   인(P)의 연소생성물은 P_2O_5이고 황의 연소생성물은 SO_2이다. 양변의 계수를 맞추어 준다.
> - 황(S)의 연소반응식 : $S + O_2 \rightarrow SO_2$
> - 알루미늄(Al)의 연소반응식 : $4Al + 3O_2 \rightarrow 2Al_2O_3$
>   알루미늄은 3가 양이온이고 산소는 2가 양이온이므로 두 물질이 결합하면 Al_2O_3가 나온다. 나머지 계수를 맞추어 준다.

> **정답**
> (1) $P_4S_3 + 8O_2 \rightarrow 2P_2O_5 + 3SO_2$
> (2) $S + O_2 \rightarrow SO_2$
> (3) $4Al + 3O_2 \rightarrow 2Al_2O_3$

18 위험물안전관리법령상 유별을 달리하는 위험물의 혼재기준에서 다음 위험물이 지정수량 이상일 때 혼재가 가능한 위험물은 무엇인지 모두 쓰시오.(5점)

(1) 제1류 위험물

(2) 제2류 위험물

(3) 제4류 위험물

> **해설**
> 유별을 달리하는 위험물의 혼재기준(위험물안전관리법 시행규칙 별표 19)
>
> | 구분 | 제1류 | 제2류 | 제3류 | 제4류 | 제5류 | 제6류 |
> |---|---|---|---|---|---|---|
> | 제1류 | | × | × | × | × | ○ |
> | 제2류 | × | | × | ○ | ○ | × |
> | 제3류 | × | × | | ○ | × | × |
> | 제4류 | × | ○ | ○ | | ○ | × |
> | 제5류 | × | ○ | × | ○ | | × |
> | 제6류 | ○ | × | × | × | × | |

> **정답**
> (1) 제6류 위험물
> (2) 제4류 위험물, 제5류 위험물
> (3) 제2류 위험물, 제3류 위험물, 제5류 위험물

19 질산에틸 5kg, 셀룰로이드 150kg, 피크르산 100kg을 저장하려고 한다. 지정수량 배수의 총합을 구하시오.(5점)

해설
- 질산에틸 – 제5류 위험물, 질산에스터류, 지정수량 개정 중, 위험등급 Ⅰ
- 셀룰로이드 – 제5류 위험물, 질산에스터류 2종, 지정수량 100kg, 위험등급 Ⅱ
- 피크르산 – 제5류 위험물, 나이트로화합물 1종, 지정수량 10kg, 위험등급 Ⅱ

정답 정답 없음
※ 지정수량 개정으로 인해 정답 없음

20 원자량이 약 24이고, 은백색의 광택이 나는 금속이며 산과 작용하여 수소를 발생하는 제2류 위험물의 명칭을 쓰고, 그 물질과 염산의 화학반응식을 쓰시오.(5점)

해설
마그네슘(Mg) – 제2류 위험물, 지정수량 500kg, 위험등급 Ⅲ
- 은백색의 광택이 있는 금속이다.
- 원자량은 약 24.3이다.
- 물, 산과 반응하여 수소를 발생한다.
- 분진폭발의 위험이 있다.
- CO_2와는 반응하므로 소화약제로 사용하면 안 된다.
- 할로젠원소 및 강산화제와 혼합 시 약간의 가열, 충격 등에 의해 폭발, 발화한다.
- 마그네슘의 반응식
  $Mg + 2H_2O \rightarrow Mg(OH)_2 + H_2$
  $Mg + 2HCl \rightarrow MgCl_2 + H_2$

정답 마그네슘, $Mg + 2HCl \rightarrow MgCl_2 + H_2$

CHAPTER 04
2020년 제3회 과년도 기출복원문제

PART 02 위험물기능사 실기

※ 실기 필답형 문제는 수험자의 기억에 의해 복원된 것입니다. 실제 시행문제와 상이할 수 있음을 알려드립니다.

01 다음 물질에 대한 물음에 알맞은 답을 쓰시오.(4점)

(1) 과염소산의 화학식

(2) 질산의 화학식

해설
- 과염소산($HClO_4$) : 제6류 위험물, 지정수량 300kg
- 질산(HNO_3) : 제6류 위험물, 300kg

정답 (1) $HClO_4$
(2) HNO_3

02 다음 위험물의 명칭과 지정수량을 쓰시오.(5점)

(1) $K_2Cr_2O_7$

(2) $KMnO_4$

(3) KNO_3

해설
- 다이크로뮴산칼륨($K_2Cr_2O_7$) : 제1류 위험물, 지정수량 1,000kg, 위험등급Ⅲ
- 과망가니즈산칼륨($KMnO_4$) : 제1류 위험물, 지정수량 1,000kg, 위험등급Ⅲ
- 질산칼륨(KNO_3) : 제1류 위험물, 지정수량 300kg, 위험등급Ⅱ

정답 (1) 다이크로뮴산칼륨, 1,000kg
(2) 과망가니즈산칼륨, 1,000kg
(3) 질산칼륨, 300kg

03 이황화탄소 76g이 완전 연소할 때 발생하는 기체의 부피(L)는 얼마인지 구하시오(단, 표준상태이다). (5점)

해설

이황화탄소의 연소반응식 : $CS_2 + 3O_2 \rightarrow CO_2 + 2SO_2$

이산화탄소와 이산화황은 기체이다. 따라서 이황화탄소 1mol이 연소할 때 발생하는 기체의 총 부피는 3mol이 된다. 표준상태에서 기체 1mol의 부피는 22.4L이므로 22.4L×3 = 67.2L가 된다.

정답 67.2L

04 다음 화학식을 보고 물질의 명칭을 쓰시오. (5점)

(1) C_6H_5Cl

(2) CH_3COCH_3

(3) $CH_3COOC_2H_5$

해설

- 클로로벤젠(C_6H_5Cl) : 제2석유류 비수용성
- 아세톤(CH_3COCH_3) : 제1석유류 수용성
- 초산에틸($CH_3COOC_2H_5$) : 제1석유류 비수용성

정답 (1) 클로로벤젠
(2) 아세톤
(3) 초산에틸

05 다음 위험물질의 지정수량을 쓰시오.(5점)

(1) 황 (2) 알루미늄분
(3) 금속분 (4) 황화인
(5) 인화성 고체

해설
제2류 위험물의 지정수량
- 황화인, 적린, 황 : 100kg
- 철분, 금속분, 마그네슘 : 500kg
- 인화성 고체 : 1,000kg

정답 (1) 100kg (2) 500kg
(3) 500kg (4) 100kg
(5) 1,000kg

06 다음 위험물질의 증기비중을 구하시오(단, 공기의 평균 분자량은 29이다).(6점)

(1) 초산
(2) 글리세린
(3) 에틸알코올

해설
- 초산(CH_3COOH, 아세트산) : 분자량 60, 증기비중 $= \dfrac{60}{29} = 2.07$
- 글리세린[$C_3H_5(OH)_3$] : 92, 증기비중 $= \dfrac{92}{29} = 3.17$
- 에틸알코올(C_2H_5OH) : 분자량 46, 증기비중 $= \dfrac{46}{29} = 1.59$

정답 (1) 2.07
(2) 3.17
(3) 1.59

07 다음 [보기]의 위험물에 대한 물음에 알맞은 답을 쓰시오.(5점)

> [보기]
> 아세톤, 벤젠, 아세트알데하이드, 초산, 이황화탄소

(1) 수용성 물질을 모두 쓰시오.

(2) 인화점이 가장 낮은 물질을 쓰시오.

(3) 발화점이 가장 낮은 물질을 쓰시오.

해설
특수인화물을 제외한 나머지 품명에 속하는 물질의 착화점은 대부분 높다.
- 아세톤(CH_3COCH_3) : 제1석유류 수용성, 지정수량 400L, 인화점 −18.5℃
- 벤젠(C_6H_6) : 제1석유류 비수용성, 지정수량 200L, 인화점 −11℃
- 아세트알데하이드(CH_3CHO) : 특수인화물, 지정수량 50L, 인화점 −40℃, 착화점 약 185℃
- 초산(CH_3COOH, 아세트산) : 제2석유류 수용성, 지정수량 2,000L, 인화점 40℃
- 이황화탄소(CS_2) : 특수인화물, 지정수량 50L, 인화점 −30℃, 착화점 약 90℃

정답 (1) 아세톤, 아세트알데하이드, 초산
 (2) 아세트알데하이드
 (3) 이황화탄소

08 다음에 나오는 물질이 물과 반응하였을 때 생성되는 기체의 명칭을 쓰시오.(4점)

(1) 탄화칼슘

(2) 탄화알루미늄

해설
탄화칼슘
- 물과 반응하여 아세틸렌가스를 발생한다.
 − 반응식 : $CaC_2 + 2H_2O \rightarrow Ca(OH)_2 + C_2H_2$
- 물과 반응하여 메테인가스를 발생한다.
 − 반응식 : $Al_4C_3 + 12H_2O \rightarrow 4Al(OH)_3 + 3CH_4$

정답 (1) 아세틸렌
 (2) 메테인

09 위험물안전관리법령에서 정한 판매취급소의 기준에 대한 물음에 알맞은 답을 하시오. (5점)

(1) 저장 또는 취급하는 위험물의 수량이 지정수량의 20배 이하인 판매취급소는 제 몇 종 판매취급소라 하는가?

(2) (1)의 판매취급소 배합실의 바닥면적 기준은?

(3) (1)의 판매취급소 출입구 문턱의 높이는?

해설

판매취급소의 구분
- 제1종 판매취급소 : 저장 또는 취급하는 위험물의 수량이 20배 이하
- 제2종 판매취급소 : 저장 또는 취급하는 위험물의 수량이 40배 이하

판매취급소의 기준(제1종 판매취급소)
- 제1종 판매취급소는 건축물의 1층에 설치
- 게시판 : "위험물 판매취급소"라는 표시를 한 표지, 그 외는 제조소와 동일
- 제1종 판매취급소의 용도로 사용되는 건축물의 부분은 내화구조 또는 불연재료로 하고, 판매취급소로 사용되는 부분과 다른 부분과의 격벽은 내화구조
- 보, 천장 : 불연재료
- 제1종 판매취급소의 용도로 사용하는 부분에 상층이 있는 경우에 있어서는 그 상층의 바닥을 내화구조로 하고, 상층이 없는 경우에 있어서는 지붕을 내화구조 또는 불연재료로 할 것
- 제1종 판매취급소의 용도로 사용하는 부분의 창 및 출입구에는 60분+방화문·60분 방화문 또는 30분 방화문을 설치할 것
- 제1종 판매취급소의 용도로 사용하는 부분의 창 또는 출입구에 유리를 이용하는 경우에는 망입유리로 할 것
- 위험물을 배합하는 실의 기준
  - 바닥면적은 $6m^2$ 이상 $15m^2$ 이하
  - 내화구조 또는 불연재료로 된 벽으로 구획할 것
  - 바닥은 위험물이 침투하지 않는 구조로 하여 적당한 경사를 두고 집유설비를 할 것
  - 출입구에는 수시로 열 수 있는 자동폐쇄식의 60분+방화문 또는 60분 방화문을 설치할 것
  - 출입구 문턱의 높이 : 0.1m 이상
  - 내부에 체류한 가연성의 증기 또는 가연성의 미분을 지붕 위로 방출하는 설비를 할 것

정답 (1) 제1종 판매취급소
 (2) $6m^2$ 이상 $15m^2$ 이하
 (3) 0.1m 이상

10 메테인이 50%, 에테인이 30%, 프로페인이 20%로 혼합되어 있는 가스 연소하한을 구하시오(단, 메테인의 연소범위는 5.0~15%, 에테인의 연소범위는 3.0~12.4%, 프로페인의 연소범위는 2.1~9.5%이다).(5점)

해설
르샤틀리에 공식을 이용하여 계산한다.
혼합가스의 폭발한계
$$L_m = \frac{100}{\frac{V_1}{L_1} + \frac{V_2}{L_2} + \frac{V_3}{L_3} + \cdots}$$
여기서, L_m : 혼합가스의 폭발한계(하한값, 상한값)
$V_1, V_2, V_3, \cdots$: 가연성 가스의 부피(%)
$L_1, L_2, L_3, \cdots$: 가연성 가스의 폭발하한값 또는 상한값(%)

위 식을 이용하여 값을 대입하면, $L_m = \dfrac{100}{\frac{50}{5} + \frac{30}{3} + \frac{20}{2.1}} = 3.39$가 나온다.

정답 3.39%

11 다음 위험물질의 연소반응식을 쓰시오.(6점)

(1) 삼황화인

(2) 적린

(3) 황

해설
인의 연소생성물은 P_2O_5(오산화인)이고, 황의 연소생성물은 SO_2(이산화황)이다. 삼황화인의 화학식은 P_4S_3로 산소와 결합하여 인과 황의 연소생성물을 만든다.
- 삼황화인의 연소반응식 : $P_4S_3 + 8O_2 \rightarrow 2P_2O_5 + 3SO_2$
- 적린의 연소반응식 : $4P + 5O_2 \rightarrow 2P_2O_5$
- 황의 연소반응식 : $S + O_2 \rightarrow SO_2$

정답
(1) $P_4S_3 + 8O_2 \rightarrow 2P_2O_5 + 3SO_2$
(2) $4P + 5O_2 \rightarrow 2P_2O_5$
(3) $S + O_2 \rightarrow SO_2$

12 다음 [보기]의 제1류 위험물질이 물과 반응하였을 때 공통적으로 생성되는 기체는 무엇인지 쓰시오. (4점)

[보기]
과산화나트륨, 과산화칼륨

해설
- 무기과산화물 중 알칼리금속의 과산화물 : 과산화칼륨(K_2O_2), 과산화나트륨(Na_2O_2)
- 과산화칼륨과 물의 반응식 : $2K_2O_2 + 2H_2O \rightarrow 4KOH + O_2 +$ (발열)
- 과산화나트륨과 물의 반응식 : $2Na_2O_2 + 2H_2O \rightarrow 4NaOH + O_2 +$ (발열)

정답 산소(O_2)

13 다음 각 시설과 제조소와의 안전거리를 쓰시오. (5점)

(1) 노인복지시설
(2) 고압가스시설
(3) 지정문화유산

해설
제조소의 안전거리 : 건축물의 외벽 또는 공작물의 외측으로부터 해당 제조소의 외벽 또는 이에 상당하는 공작물의 외측까지의 수평거리

건축물의 종류	안전거리
사용전압 7,000V 초과 35,000V 이하의 특고압가공전선	3m 이상
사용전압 35,000V 초과의 특고압가공전선	5m 이상
주거용으로 사용되는 것(제조소가 설치된 부지 내에 있는 것을 제외)	10m 이상
고압가스, 액화석유가스, 도시가스를 저장 또는 취급하는 시설	20m 이상
학교, 병원, 극장, 공연장, 영화상영관, 복지시설, 어린이집, 성매매 피해자를 위한 지원시설, 정신건강증진시설, 가정폭력피해자 보호시설 등	30m 이상
지정문화유산, 천연기념물 등	50m 이상

정답
(1) 30m 이상
(2) 20m 이상
(3) 50m 이상

14
다음 [보기]의 물질에서 질산에스터류에 해당하는 물질을 모두 고르시오. (5점)

> [보기]
> 나이트로글리세린, 나이트로셀룰로스, 트라이나이트로페놀, 과산화메틸에틸케톤

해설
- 나이트로글리세린, 나이트로셀룰로스 : 질산에스터류
- 트라이나이트로페놀 : 나이트로화합물
- 과산화메틸에틸케톤 : 유기과산화물

정답 나이트로글리세린, 나이트로셀룰로스

15
위험물안전관리법령상 옥외탱크저장소에 관한 기준에 대한 다음 물음에 답하시오. (5점)

(1) 탱크의 두께는 얼마 이상으로 해야 하는가?
(2) 밸브 없는 통기관의 지름은 얼마 이상으로 해야 하는가?

해설
- 옥외저장탱크는 특정옥외저장탱크 및 준특정옥외저장탱크 외에는 두께 3.2mm 이상의 강철판 또는 소방청장이 정하여 고시하는 규격에 적합한 재료로 한다.
- 밸브 없는 통기관의 지름은 30mm 이상으로 하고 끝부분은 수평면보다 45° 이상 구부려 빗물 등의 침투를 막는 구조로 한다.

정답 (1) 3.2mm 이상
(2) 30mm 이상

16
비중이 0.79인 에틸알코올 200mL와 비중이 1.0인 물 150mL를 섞은 혼합물에서 에틸알코올의 함유량(wt%)을 계산하고, 위험물질에 속하는지 판정하시오. (5점)

해설
함유량에서 wt%가 나왔기 때문에 무게를 구해야 한다.
- 비중 = 질량 / 부피, 질량 = 부피 × 비중
  - 에틸알코올의 무게 : $200 \times 0.79 = 158$
  - 물의 무게 : $150 \times 1.0 = 150$

에틸알코올과 물의 무게가 308이므로, 에틸알코올의 함유량은 $\frac{158}{308} \times 100(\%) = 51.30(\%)$이 된다.

- 알코올류의 정의에서 가연성 액체량이 60wt% 미만일 경우에 위험물에서 제외되므로 위의 혼합물은 위험물이 아니다.

정답 51.30wt%, 위험물이 아니다.

17 다음 품명의 위험물들을 운반할 경우 운반용기 외부에 표시해야 할 주의사항을 모두 쓰시오. (6점)

(1) 제6류 위험물

(2) 황린

(3) 인화성 고체

해설

운반용기 외부의 표시사항
- 품명 · 위험등급 · 화학명 및 수용성(제4류 위험물 중 수용성인 것에 한함)
- 위험물의 수량
- 수납하는 위험물에 따른 주의사항

유별	품명	주의사항
제1류 위험물	알칼리금속의 과산화물	화기 · 충격주의, 물기엄금, 가연물접촉주의
	그 밖의 것	화기 · 충격주의, 가연물접촉주의
제2류 위험물	철분, 금속분, 마그네슘	화기주의, 물기엄금
	인화성 고체	화기엄금
	그 밖의 것	화기주의
제3류 위험물	자연발화성 물질	화기엄금, 공기접촉엄금
	금수성 물질	물기엄금
제4류 위험물	전부	화기엄금
제5류 위험물	전부	화기엄금, 충격주의
제6류 위험물	전부	가연물접촉주의

※ 황린은 자연발화성 물질이므로 화기엄금, 공기접촉엄금을 표시한다.

정답 (1) 가연물접촉주의
(2) 화기엄금, 공기접촉엄금
(3) 화기엄금

18 위험물안전관리법령에 따른 하이드록실아민 등을 취급하는 제조소의 특례기준에 대해 다음 빈칸에 알맞은 답을 채우시오.(5점)

> (1) 하이드록실아민 등을 취급하는 설비에는 하이드록실아민 등의 (　) 및 (　)의 상승에 의한 위험한 반응을 방지하기 위한 조치를 강구할 것
> (2) 하이드록실아민 등을 취급하는 설비에는 (　) 등의 혼입에 의한 위험한 반응을 방지하기 위한 조치를 강구할 것

해설
- 하이드록실아민 등을 취급하는 설비에는 하이드록실아민 등의 온도 및 농도의 상승에 의한 위험한 반응을 방지하기 위한 조치를 강구할 것
- 하이드록실아민 등을 취급하는 설비에는 철이온 등의 혼입에 의한 위험한 반응을 방지하기 위한 조치를 강구할 것

정답 (1) 온도, 농도
　　　 (2) 철이온

19 나이트로글리세린에 대한 다음 물음에 알맞을 답을 하시오.(5점)

(1) 제조할 때 글리세린과 반응시켜야 하는 제6류 위험물을 쓰시오.
(2) 규조토에 나이트로글리세린을 흡수시킨 물질로, 폭약으로 쓰이는 물질을 쓰시오.

해설
- 나이트로글리세린은 글리세린에 질산과 황산의 혼산을 반응시켜 제조한다. 위의 2가지 물질 중 제6류 위험물에 해당하는 물질은 질산이다.
- 나이트로글리세린을 규조토에 흡수시킨 물질을 다이너마이트라고 한다.
※ 황산은 위험물에 해당하지 않는다.

정답 (1) 질산
　　　 (2) 다이너마이트(Dynamite)

20 위험물안전관리법령상 소화난이도등급 I 에 해당하는 제조소의 연면적 기준을 쓰시오. (5점)

해설

소화난이도등급 I 에 해당하는 제조소 등(위험물안전관리법 시행규칙 별표 17)

제조소 등의 구분	제조소 등의 규모, 저장 또는 취급하는 위험물의 품명 및 최대수량 등
제조소 일반취급소	연면적 1,000m² 이상인 것
	지정수량의 100배 이상인 것(고인화점위험물만을 100℃ 미만의 온도에서 취급하는 것 및 제48조의 위험물을 취급하는 것은 제외)
	지반면으로부터 6m 이상의 높이에 위험물 취급설비가 있는 것(고인화점위험물만을 100℃ 미만의 온도에서 취급하는 것은 제외)
	일반취급소로 사용되는 부분 외의 부분을 갖는 건축물에 설치된 것(내화구조로 개구부 없이 구획된 것, 고인화점위험물만을 100℃ 미만의 온도에서 취급하는 것 및 별표 16 X의 2의 화학실험의 일반취급소는 제외)
주유취급소	별표 13 V 제2호에 따른 면적의 합이 500m²를 초과하는 것
옥내저장소	지정수량의 150배 이상인 것(고인화점위험물만을 저장하는 것 및 제48조의 위험물을 저장하는 것은 제외)
	연면적 150m²를 초과하는 것(150m² 이내마다 불연재료로 개구부 없이 구획된 것 및 인화성 고체 외의 제2류 위험물 또는 인화점 70℃ 이상의 제4류 위험물만을 저장하는 것은 제외)
	처마높이가 6m 이상인 단층 건물의 것
	옥내저장소로 사용되는 부분 외의 부분이 있는 건축물에 설치된 것(내화구조로 개구부 없이 구획된 것 및 인화성 고체 외의 제2류 위험물 또는 인화점 70℃ 이상의 제4류 위험물만을 저장하는 것은 제외)
옥외탱크저장소	액표면적이 40m² 이상인 것(제6류 위험물을 저장하는 것 및 고인화점위험물만을 100℃ 미만의 온도에서 저장하는 것은 제외)
	지반면으로부터 탱크 옆판의 상단까지 높이가 6m 이상인 것(제6류 위험물을 저장하는 것 및 고인화점위험물만을 100℃ 미만의 온도에서 저장하는 것은 제외)
	지중탱크 또는 해상탱크로서 지정수량의 100배 이상인 것(제6류 위험물을 저장하는 것 및 고인화점위험물만을 100℃ 미만의 온도에서 저장하는 것은 제외)
	고체위험물을 저장하는 것으로서 지정수량의 100배 이상인 것
옥내탱크저장소	액표면적이 40m² 이상인 것(제6류 위험물을 저장하는 것 및 고인화점위험물만을 100℃ 미만의 온도에서 저장하는 것은 제외)
	바닥면으로부터 탱크 옆판의 상단까지 높이가 6m 이상인 것(제6류 위험물을 저장하는 것 및 고인화점위험물만을 100℃ 미만의 온도에서 저장하는 것은 제외)
	탱크전용실이 단층 건물 외의 건축물에 있는 것으로서 인화점 38℃ 이상 70℃ 미만의 위험물을 지정수량의 5배 이상 저장하는 것(내화구조로 개구부 없이 구획된 것은 제외한다)
옥외저장소	덩어리 상태의 황을 저장하는 것으로서 경계표시 내부의 면적(2 이상의 경계표시가 있는 경우에는 각 경계표시의 내부의 면적을 합한 면적)이 100m² 이상인 것
	별표 11 Ⅲ의 위험물을 저장하는 것으로서 지정수량의 100배 이상인 것
암반탱크저장소	액표면적이 40m² 이상인 것(제6류 위험물을 저장하는 것 및 고인화점위험물만을 100℃ 미만의 온도에서 저장하는 것은 제외)
	고체위험물만을 저장하는 것으로서 지정수량의 100배 이상인 것
이송취급소	모든 대상

정답 (연면적) 1,000m² 이상인 것

CHAPTER 04

PART 02 위험물기능사 실기

2021년 제1회 과년도 기출복원문제

※ 실기 필답형 문제는 수험자의 기억에 의해 복원된 것입니다. 실제 시행문제와 상이할 수 있음을 알려드립니다.

01 다음 각 물질의 구조식을 그리시오. (5점)

(1) 트라이나이트로페놀(피크르산)

(2) 트라이나이트로톨루엔

해설

- 트라이나이트로페놀(피크르산)은 제5류 위험물 중 나이트로화합물에 속한다.

$$\underset{\underset{NO_2}{|}}{\underset{|}{O_2N}} \!\!\!\! \diagdown \!\!\! \overset{OH}{\underset{}{\bigcirc}} \!\!\! \diagup \!\!\!\! NO_2$$

- 트라이나이트로톨루엔은 제5류 위험물 중 나이트로화합물에 속한다.

$$\underset{\underset{NO_2}{|}}{\underset{|}{O_2N}} \!\!\!\! \diagdown \!\!\! \overset{CH_3}{\underset{}{\bigcirc}} \!\!\! \diagup \!\!\!\! NO_2$$

정답

(1) 피크르산 구조식 (OH, 3개의 NO₂기)

(2) TNT 구조식 (CH₃, 3개의 NO₂기)

02 제4류 위험물 중 분자량이 약 58이고, 일광에 의해 분해하여 과산화물을 생성하고, 피부 접촉 시 탈지작용이 일어나는 물질에 대해 다음 물음에 답하시오.(4점)

(1) 화학식을 쓰시오.

(2) 지정수량을 쓰시오.

해설
아세톤(CH_3COCH_3, 다이메틸케톤) - 제4류 위험물, 제1석유류, 지정수량 400L(수용성)
- 무색의 휘발성 액체이다.
- 피부에 접촉하면 탈지작용을 한다.
- 공기와 접촉하면 과산화물을 생성하므로 갈색병에 저장한다.
- 구조식

$$H-\underset{\underset{H}{|}}{\overset{\overset{H}{|}}{C}}-\underset{}{\overset{\overset{O}{\|}}{C}}-\underset{\underset{H}{|}}{\overset{\overset{H}{|}}{C}}-H$$

정답 (1) CH_3COCH_3
(2) 400L

03 다음 탱크의 내용적을 계산하는 식을 쓰시오.(5점)

(1) 원통형, 횡으로 설치하는 탱크

 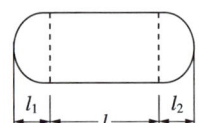

(2) 종으로 설치하는 탱크

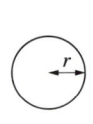 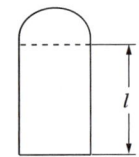

정답 (1) $\pi r^2 \left(l + \dfrac{l_1 + l_2}{3} \right)$
(2) $\pi r^2 l$

04
위험물안전관리법령상 운반 시 다음 위험물과 같이 적재하여 운반하여도 되는 위험물은 제 몇 류 위험물인지 모두 쓰시오(단, 지정수량의 10배인 경우이다).(5점)

(1) 제4류 위험물

(2) 제5류 위험물

(3) 제6류 위험물

해설

유별을 달리하는 위험물의 혼재기준(위험물안전관리법 시행규칙 별표 19)

구분	제1류	제2류	제3류	제4류	제5류	제6류
제1류		×	×	×	×	○
제2류	×		×	○	○	×
제3류	×	×		○	×	×
제4류	×	○	○		○	×
제5류	×	○	×	○		×
제6류	○	×	×	×	×	

정답 (1) 제2류 위험물, 제3류 위험물, 제5류 위험물
　　　(2) 제2류 위험물, 제4류 위험물
　　　(3) 제1류 위험물

05
다음 위험물에 대하여 품명과 지정수량을 쓰시오.(5점)

(1) $(C_6H_5CO)_2O_2$

(2) $C_6H_2CH_3(NO_2)_3$

해설

- 과산화벤조일[$(C_6H_5CO)_2O_2$] – 제5류 위험물, 유기과산화물 2종, 지정수량 100kg
  – 무색, 무취의 분말 또는 결정
- 트라이나이트로톨루엔[$C_6H_2CH_3(NO_2)_3$] – 제5류 위험물, TNT(나이트로화합물, 1종), 지정수량 10kg
  – 담황색의 주상 결정
  – 충격에는 둔감하나 타격에 의해 폭발한다.

정답 (1) 유기과산화물, 100kg
　　　(2) 나이트로화합물, 10kg

06 다음 위험물에 대하여 품명과 지정수량을 쓰시오.(4점)

(1) 위험물주유취급소 게시판의 바탕색과 글자색을 쓰시오.

(2) 주유 중 엔진정지 표지판의 바탕색과 글자색을 쓰시오.

[해설]

주유취급소의 표지 및 게시판
- "위험물 주유취급소"라는 표시를 한 표지
- 황색 바탕에 흑색 문자로 "주유 중 엔진정지"라는 표시를 한 게시판
- 규격은 제조소와 동일(바탕색은 흰색, 글자색은 검정)

[정답] (1) 백색(흰색), 흑색(검정색)
　　　　 (2) 황색, 흑색

07 에틸알코올과 칼륨에 대한 다음 물음에 알맞은 답을 쓰시오.(5점)

(1) 에틸알코올과 칼륨이 반응할 때의 반응식을 쓰시오.

(2) 에틸알코올 92g과 칼륨 78g이 반응할 때 생성되는 수소의 부피(L)를 구하시오(단, 표준상태이다).

[해설]
- 에틸알코올(C_2H_5OH) - 제4류 위험물, 알코올류, 지정수량 400L
- 칼륨(K) - 제3류 위험물, 지정수량 10kg

칼륨과 에틸알코올의 반응식 : $2K + 2C_2H_5OH \rightarrow 2C_2H_5OK + H_2$

에틸알코올의 분자량 : 46

칼륨의 원자량 : 39

위 반응식에서 2mol의 칼륨(분자량 78g)과 2mol의 에틸알코올(92g)이 반응하여 수소 2g(1mol)이 나왔으므로 생성되는 수소의 부피는 표준상태에서 22.4L가 된다.

※ 표준상태(0℃, 1atm)에서 기체 1mol의 부피는 22.4L이다.

[정답] (1) $2K + 2C_2H_5OH \rightarrow 2C_2H_5OK + H_2$
　　　　 (2) 22.4L

08
제4류 위험물 중 벤젠의 위험도(H)를 구하시오(벤젠의 연소범위는 1.4~8.0%이다).(5점)

해설

위험도 = $\dfrac{\text{연소범위상한} - \text{연소범위하한}}{\text{연소범위하한}}$

벤젠의 위험도는 1.4~8.0%이므로, 식에 수치를 대입하면 $\dfrac{8.0 - 1.4}{1.4} = 4.71$

따라서, 위험도는 4.71이다.

정답 4.71

09
다음 제1류 위험물의 지정수량을 쓰시오.(5점)

(1) $K_2Cr_2O_7$

(2) K_2O_2

(3) $KMnO_4$

(4) $KClO_3$

(5) KNO_3

해설
- $K_2Cr_2O_7$ - 다이크로뮴산염류, 지정수량 1,000kg
- K_2O_2 - 무기과산화물, 지정수량 50kg
- $KMnO_4$ - 과망가니즈산염류, 지정수량 1,000kg
- $KClO_3$ - 염소산염류, 지정수량 50kg
- KNO_3 - 질산염류, 지정수량 300kg

정답
(1) 1,000kg
(2) 50kg
(3) 1,000kg
(4) 50kg
(5) 300kg

10 다음 제2류 위험물의 연소반응식을 쓰시오.(5점)

(1) 삼황화인

(2) 오황화인

해설
황화인은 황과 인의 화합물로 제2류 위험물에 속한다.
연소반응식은 황의 연소생성물인 SO_2, 인의 연소생성물인 P_2O_5를 넣어서 완성한다.
$P_4S_3 + 8O_2 \rightarrow 2P_2O_5 + 3SO_2$
$2P_2S_5 + 15O_2 \rightarrow 2P_2O_5 + 10SO_2$

정답 (1) $P_4S_3 + 8O_2 \rightarrow 2P_2O_5 + 3SO_2$
(2) $2P_2S_5 + 15O_2 \rightarrow 2P_2O_5 + 10SO_2$

11 다음 분말소화약제의 열분해반응식을 쓰시오.(5점)

(1) $NaHCO_3$

(2) $NH_4H_2PO_4$

해설
분말소화약제의 열분해반응식
- 제1종 분말소화약제(탄산수소나트륨, $NaHCO_3$)
  $2NaHCO_3 \rightarrow Na_2CO_3 + CO_2 + H_2O$
- 제2종 분말소화약제(탄산수소칼륨, $KHCO_3$)
  $2KHCO_3 \rightarrow K_2CO_3 + CO_2 + H_2O$
- 제3종 분말소화약제(인산암모늄, $NH_4H_2PO_4$)
  $NH_4H_2PO_4 \rightarrow NH_3 + HPO_3 + H_2O$

정답 (1) $2NaHCO_3 \rightarrow Na_2CO_3 + CO_2 + H_2O$
(2) $NH_4H_2PO_4 \rightarrow NH_3 + HPO_3 + H_2O$

12 위험물안전관리법령에 따른 위험물의 유별 저장·취급에 관한 기준에 대하여 다음 (   ) 안에 알맞은 답을 쓰시오.(5점)

(1) (   ) 위험물은 가연물과의 접촉·혼합이나 분해를 촉진하는 물품과의 접근 또는 과열·충격·마찰 등을 피하는 한편, 알칼리금속의 과산화물 및 이를 함유하는 것에 있어서는 물과의 접촉을 피해야 한다.

(2) (   ) 위험물은 산화제와의 접촉·혼합이나 불티·불꽃·고온체와의 접근 또는 과열을 피하는 한편, 철분·금속분·마그네슘 및 이를 함유한 것에 있어서는 물이나 산과의 접촉을 피하고 인화성 고체에 있어서는 함부로 증기를 발생시키지 않아야 한다.

(3) (   ) 위험물 중 자연발화성 물질에 있어서는 불티·불꽃 또는 고온체와의 접근·과열 또는 공기와의 접촉을 피하고, 금수성 물질에 있어서는 물과의 접촉을 피해야 한다.

(4) (   ) 위험물은 불티·불꽃·고온체와의 접근 또는 과열을 피하고, 함부로 증기를 발생시키지 않아야 한다.

(5) (   ) 위험물은 가연물과의 접촉·혼합이나 분해를 촉진하는 물품과의 접근 또는 과열을 피해야 한다.

해설

위험물의 유별 저장·취급의 공통기준(중요기준)

㉠ 제1류 위험물은 가연물과의 접촉·혼합이나 분해를 촉진하는 물품과의 접근 또는 과열·충격·마찰 등을 피하는 한편, 알칼리금속의 과산화물 및 이를 함유한 것에 있어서는 물과의 접촉을 피해야 한다.

㉡ 제2류 위험물은 산화제와의 접촉·혼합이나 불티·불꽃·고온체와의 접근 또는 과열을 피하는 한편, 철분·금속분·마그네슘 및 이를 함유한 것에 있어서는 물이나 산과의 접촉을 피하고 인화성 고체에 있어서는 함부로 증기를 발생시키지 않아야 한다.

㉢ 제3류 위험물 중 자연발화성 물질에 있어서는 불티·불꽃 또는 고온체와의 접근·과열 또는 공기와의 접촉을 피하고, 금수성 물질에 있어서는 물과의 접촉을 피해야 한다.

㉣ 제4류 위험물은 불티·불꽃·고온체와의 접근 또는 과열을 피하고, 함부로 증기를 발생시키지 않아야 한다.

㉤ 제5류 위험물은 불티·불꽃·고온체와의 접근이나 과열·충격 또는 마찰을 피해야 한다.

㉥ 제6류 위험물은 가연물과의 접촉·혼합이나 분해를 촉진하는 물품과의 접근 또는 과열을 피해야 한다.

㉦ ㉠ 내지 ㉥의 기준은 위험물을 저장 또는 취급함에 있어서 해당 각 호의 기준에 의하지 않는 것이 통상인 경우는 해당 각 호를 적용하지 않는다. 이 경우 해당 저장 또는 취급에 대하여는 재해의 발생을 방지하기 위한 충분한 조치를 강구해야 한다.

정답 (1) 제1류   (2) 제2류
(3) 제3류   (4) 제4류
(5) 제6류

13 다음 [보기]를 보고 다음 물음에 알맞은 답을 쓰시오.(5점)

[보기]
마그네슘, 삼황화인, 황린, 알루미늄분, 적린, 오황화인, 황, 나트륨

(1) 물과 반응하여 수소가 발생하는 물질을 모두 쓰시오.

(2) 제2류 위험물을 모두 쓰시오.

(3) 주기율표에서 1족에 해당하는 물질을 모두 쓰시오(단, 없으면 '해당없음'이라고 표기하시오).

해설
- 제2류 위험물 중 철분, 금속분, 마그네슘은 물과 반응하여 수소를 생성한다.
- 제3류 위험물 중 칼륨, 나트륨은 물과 반응하여 수소를 생성한다.

물질명	마그네슘	삼황화인	황린	알루미늄분	적린	오황화인	황	나트륨
품명	제2류	제2류	제3류	제2류	제2류	제2류	제2류	제3류
인화점	500kg	100kg	20kg	500kg	100kg	100kg	100kg	10kg

정답 (1) 마그네슘, 알루미늄분, 나트륨
(2) 마그네슘, 삼황화인, 알루미늄분, 적린, 오황화인, 황
(3) 나트륨

14 다음 물질의 소요단위를 구하시오.(5점)

(1) 질산 90,000kg

(2) 아세트산 20,000L

해설
위험물은 지정수량의 10배를 1소요단위로 한다.
질산은 제6류 위험물로 지정수량은 300kg이다.
아세트산은 제4류 위험물 중 제2석유류 수용성 물질로 지정수량은 2,000kg이다.

질산의 소요단위 $= \dfrac{90,000}{300 \times 10} = 30$

아세트산의 소요단위 $= \dfrac{20,000}{2,000 \times 10} = 1$

정답 (1) 30
(2) 1

15 다음 [보기]의 위험물을 보고 다음 물음에 알맞은 답을 쓰시오.(6점)

> [보기]
> 탄화알루미늄, 칼슘, 탄화칼슘, 탄화리튬, 수소화칼슘

(1) 물과 반응 시 메테인을 생성하는 물질을 쓰시오.

(2) (1)의 물질이 물과 반응하는 반응식을 쓰시오.

해설

각 물질의 물과의 반응식

- 탄화알루미늄 : $Al_4C_3 + 12H_2O \rightarrow 4Al(OH)_3 + 3CH_4$
- 칼슘 : $Ca + 2H_2O \rightarrow Ca(OH)_2 + H_2$
- 탄화칼슘 : $CaC_2 + 2H_2O \rightarrow Ca(OH)_2 + C_2H_2$
- 탄화리튬 : $Li_2C_2 + 2H_2O \rightarrow 2LiOH + C_2H_2$
- 수소화칼슘 : $CaH_2 + 2H_2O \rightarrow Ca(OH)_2 + 2H_2$

정답 (1) 탄화알루미늄

(2) $Al_4C_3 + 12H_2O \rightarrow 4Al(OH)_3 + 3CH_4$

16 다음 물질 중 명칭과 화학식이 잘못 쓰인 것은 무엇인지 쓰고 알맞게 고치시오(단, 없으면 "없음"이라고 쓰시오).(4점)

(1) 벤젠 C_6H_6

(2) 톨루엔 $C_6H_2CH_3$

(3) 아세트알데하이드 CH_3CHO

(4) 메틸알코올 CH_3OH

해설

톨루엔($C_6H_5CH_3$) - 제4류 위험물 중 제1석유류

- 무색 투명한 방향성의 액체
- 물에 불용이고, 알코올, 아세톤에 녹는다.

정답 톨루엔, $C_6H_5CH_3$

17 제2류 위험물인 적린(P)에 대한 다음 물음에 답하시오. (5점)

(1) 지정수량을 쓰시오.

(2) 연소할 때 발생하는 기체의 명칭을 쓰시오.

(3) 제3류 위험물 중 동소체 관계를 갖는 물질의 명칭을 쓰시오.

해설

적린(P) - 제2류 위험물, 지정수량 100kg, 위험등급 Ⅱ
- 황린의 동소체로 암적색의 분말상태이다.
- 물, 알코올, 이황화탄소에 녹지 않는다.
- 공기 중에 방치하면 자연발화의 위험은 없으나 260℃ 이상에서 발화하고 400℃ 이상에서는 승화한다.
- 연소반응식 : $4P + 5O_2 \rightarrow 2P_2O_5$

※ 황린(P_4) - 제3류 위험물, 지정수량 20kg, 위험등급 Ⅰ

정답 (1) 100kg
(2) 오산화인
(3) 황린

18 다음 [보기]의 위험물을 인화점이 낮은 것부터 높은 순서대로 쓰시오. (5점)

[보기]
나이트로벤젠, 아세톤, 에틸알코올, 아세트산

해설

물질명	나이트로벤젠	아세톤	에틸알코올	아세트산
품명	제3석유류	제1석유류	알코올류	제2석유류
인화점	88℃	-18.5℃	13℃	40℃

※ 인화점을 정확히 모르더라도 품명에 따라 분류하면 된다.

정답 아세톤 < 에틸알코올 < 아세트산(초산) < 나이트로벤젠

19 마그네슘 1mol이 연소할 경우 134.7kcal의 열량을 발생한다. 다음 물음에 답하시오.(6점)

(1) 마그네슘의 연소반응식을 쓰시오.

(2) 4mol의 마그네슘이 연소할 경우 발생하는 총 열량을 구하시오.

해설

마그네슘(Mg) - 제2류 위험물, 지정수량 500kg, 위험등급 Ⅲ

- 은백색의 광택이 있는 금속
- 물이나 산과 반응하여 수소를 발생시킨다.
- 고온에서 질소와 반응하여 질화마그네슘을 생성한다.

    $3Mg + N_2 \rightarrow Mg_3N_2$

- 가열하면 연소한다.

    $2Mg + O_2 \rightarrow 2MgO$

마그네슘 1mol이 연소할 경우 134.7kcal의 열량이 발생한다고 하였으니, 4mol이 연소할 경우에는 1mol의 열량값의 4배를 구해주면 된다.

∴ 134.7 × 4 = 538.8

정답 (1) $2Mg + O_2 \rightarrow 2MgO$

(2) 538.8kcal

20 위험물안전관리법령상 위험물의 운반에 관한 기준에서, 다음 유별을 운반할 때 운반용기 외부에 표시해야 하는 주의사항을 모두 쓰시오(단, 없으면 '해당없음'이라고 쓰시오).(6점)

(1) 제2류 위험물 중 인화성 고체
(2) 제4류 위험물
(3) 제6류 위험물

해설

운반용기 외부의 표시사항
- 위험물의 품명·위험등급·화학명 및 수용성("수용성" 표시는 제4류 위험물로서 수용성인 것에 한한다)
- 위험물의 수량
- 수납하는 위험물에 따른 주의사항

유별	품명	주의사항
제1류 위험물	알칼리금속의 과산화물	화기·충격주의, 물기엄금, 가연물접촉주의
	그 밖의 것	화기·충격주의, 가연물접촉주의
제2류 위험물	철분, 금속분, 마그네슘	화기주의, 물기엄금
	인화성 고체	화기엄금
	그 밖의 것	화기주의
제3류 위험물	자연발화성 물질	화기엄금, 공기접촉엄금
	금수성 물질	물기엄금
제4류 위험물	전부	화기엄금
제5류 위험물	전부	화기엄금, 충격주의
제6류 위험물	전부	가연물접촉주의

정답 (1) 화기엄금
(2) 화기엄금
(3) 가연물접촉주의

CHAPTER 04
2021년 제2회 과년도 기출복원문제

※ 실기 필답형 문제는 수험자의 기억에 의해 복원된 것입니다. 실제 시행문제와 상이할 수 있음을 알려드립니다.

01 제5류 위험물인 다음 각 물질의 시성식을 쓰시오.(5점)

(1) 질산메틸

(2) 트라이나이트로톨루엔

(3) 나이트로글리세린

정답 (1) CH_3ONO_2
　　　(2) $C_6H_2CH_3(NO_2)_3$
　　　(3) $C_3H_5(ONO_2)_3$

02 제4류 위험물인 사이안화수소에 대하여 다음 물음에 답하시오.(5점)

(1) 시성식

(2) 증기비중

(3) 품명

해설
사이안화수소(HCN) - 제4류 위험물, 제1석유류, 지정수량 400L(수용성)
• 증기는 공기보다 가볍다.
• 독성이 매우 강하므로 취급에 주의한다.
∴ 분자량은 27이므로 증기비중은 $\frac{27}{29} = 0.93$ 이다.

정답 (1) HCN
　　　(2) 0.93
　　　(3) 제1석유류

03 다음 할로젠화합물 소화약제의 화학식을 쓰시오. (5점)

(1) 할론 1211

(2) 할론 1301

(3) 할론 2402

(4) 할론 1011

해설

할로젠화합물 소화약제를 물어보는 문제가 나오면 C, F, Cl, Br을 적고 밑에 숫자를 붙여서 계수를 계산해주면 된다.

예를 들어 할론 1211은 C가 1개, F가 2개, Cl이 1개, Br이 1개이므로 CF_2ClBr이 된다.

※ 할론 1301 : CF_3Br, 할론 2402 : $C_2F_4Br_2$

※ 메테인(CH_4), 에테인(C_2H_6)에 할로젠 원소들이 치환된 화합물이므로 할론 1011 같은 경우에는 수소자리 2개만 치환됐으므로 화학식은 CH_2ClBr이 된다.

정답 (1) CF_2ClBr
(2) CF_3Br
(3) $C_2F_4Br_2$
(4) CH_2ClBr

04 위험물안전관리법령상 제1류 위험물로 흑자색의 결정을 띠고, 물·알코올과 반응하면 보라색으로 변하고, 분자량이 158인 물질에 대하여 다음 물음에 알맞은 답을 쓰시오. (5점)

(1) 명칭

(2) 화학식

(3) 열분해반응식

해설

과망가니즈산칼륨($KMnO_4$) – 제1류 위험물, 지정수량 1,000kg, 분자량 158, 위험등급Ⅲ

• 흑자색의 결정이다.
• 물에 녹으며, 용해하면 진한 보라색을 띤다.
• 3%의 수용액은 살균제로 쓰인다.
• 분해반응식 : $2KMnO_4 \rightarrow K_2MnO_4 + MnO_2 + O_2$

정답 (1) 과망가니즈산칼륨
(2) $KMnO_4$
(3) $2KMnO_4 \rightarrow K_2MnO_4 + MnO_2 + O_2$

05 다음 설명에 해당하는 제6류 위험물의 물질명과 화학식을 쓰시오.(4점)

(1) 피부에 접촉 시 크산토프로테인 반응이 일어난다.

(2) 증기비중이 약 3.47이고, 가열 시 폭발우려가 있고 물과 반응 시 발열한다.

해설
- 질산

화학식	분자량	융점	지정수량	비중	물과 접촉 시
HNO_3	63	-42℃	300kg	약 1.49	발열 반응

- 흡습성이 강하다.
- 진한 질산을 가열하면 적갈색의 증기(NO_2)가 발생한다.
  $4HNO_3 \rightarrow 4NO_2 + 2H_2O + O_2$
- 질산은 단백질과 크산토프로테인 반응을 하여 노란색(황색)으로 변한다.
- 진한질산은 Co, Fe, Ni, Cr, Al을 부동태화한다.

- 과염소산

화학식	분자량	융점	지정수량	증기비중	물과 접촉 시
$HClO_4$	100.5	-112℃	300kg	약 3.5	발열 반응

- 무색의 유동성이 있는 액체로 공기 중에서 분해하고 가열하면 폭발한다.
- 염소산 중에서 가장 강한 산이다.
- 과염소산의 열분해반응식 : $HClO_4 \rightarrow HCl + 2O_2$
- 증기비중 $= \dfrac{100.5}{29} = 3.47$

정답 (1) 질산(HNO_3)
(2) 과염소산($HClO_4$)

06 다음 [보기]에서 설명하는 위험물에 대하여 다음 물음에 알맞은 답을 쓰시오.(5점)

> [보기]
> - 분자량은 약 104.2이고, 지정수량이 1,000L인 제2석유류
> - 비점은 약 146℃이고 인화점은 약 32℃이다.
> - 에틸벤젠을 탈수소화 처리하여 얻을 수 있다.

(1) 명칭

(2) 화학식

(3) 위험등급

해설

스타이렌($C_6H_5CH=CH_2$) – 제4류 위험물, 제2석유류, 지정수량 1,000L

- 물에 불용, 알코올, 에터에 녹는다.
- 비중은 0.81, 비점은 약 146℃, 인화점은 약 32℃, 착화점은 약 490℃이다.

정답 (1) 스타이렌
(2) $C_6H_5CHCH_2$
(3) 위험등급Ⅲ

07 제1종 분말소화약제에 대하여 다음 물음에 알맞은 답을 쓰시오.(6점)

(1) 1차 열분해반응식을 쓰시오.

(2) 제1종 분말소화약제가 분해하여 200m³의 이산화탄소를 발생할 때 필요한 탄산수소나트륨은 표준상태에서 몇 kg이 필요한지 구하시오.

해설

분말소화약제의 종류

종류	주성분	적응화재	분말의 색
제1종 분말	$NaHCO_3$	B, C급	백색
제2종 분말	$KHCO_3$	B, C급	담회색
제3종 분말	$NH_4H_2PO_4$	A, B, C급	담홍색
제4종 분말	$KHCO_3+(NH_2)_2CO$	B, C급	회백색

제1종 분말소화약제의 열분해반응식 : $2NaHCO_3 \rightarrow Na_2CO_3 + CO_2 + H_2O$

2mol의 탄산수소나트륨이 열분해 하였을 때, 1mol의 이산화탄소가 생성된다.
표준상태에서 기체 1mol의 부피는 22.4L이고, 문제에서 kg단위가 나왔으므로 부피를 m³으로 보정하여 계산하면 된다.

탄산수소나트륨($NaHCO_3$)의 분자량은 84kg이므로, 2×84kg이 분해할 때 이산화탄소 $22.4m^3$이 나온다. 따라서 이산화탄소 $200m^3$를 만들기 위해 필요한 $NaHCO_3$의 부피는 비례식을 이용하여 계산한다.

2×84kg : $22.4m^3$ = $x$kg : $200m^3$

∴ x = 1,500kg

정답 (1) $2NaHCO_3 \rightarrow Na_2CO_3 + CO_2 + H_2O$
  (2) 1,500kg

08
위험물안전관리법령에서 정한 위험물의 운반에 관한 기준에서 다음 위험물이 지정수량 10배 이상일 때 혼재가 불가능한 위험물은 무엇인지 모두 쓰시오.(5점)

(1) 제2류 위험물

(2) 제5류 위험물

(3) 제6류 위험물

해설
유별을 달리하는 위험물의 혼재기준(위험물안전관리법 시행규칙 별표 19)

구분	제1류	제2류	제3류	제4류	제5류	제6류
제1류		×	×	×	×	○
제2류	×		×	○	○	×
제3류	×	×		○	×	×
제4류	×	○	○		○	×
제5류	×	○	×	○		×
제6류	○	×	×	×	×	

정답 (1) 제1류 위험물, 제3류 위험물, 제6류 위험물
  (2) 제1류 위험물, 제3류 위험물, 제6류 위험물
  (3) 제2류 위험물, 제3류 위험물, 제4류 위험물, 제5류 위험물

09 위험물저장소 중 옥외저장탱크의 방유제에 대하여 다음 각 물음에 답하시오.(5점)

(1) 방유제의 높이는 몇 m 이상, 몇 m 이하로 해야 하는가?

(2) 방유제의 면적은 몇 m² 이하로 해야 하는가?

(3) 방유제에 설치할 수 있는 휘발유 저장탱크의 수는 몇 기 이하인가?
(단, 방유제 내에 다른 위험물 저장탱크는 없다)

해설

옥외탱크저장소의 방유제

- 방유제의 용량
  - 탱크가 1기일 때 : 탱크용량의 110%이상(인화성이 없는 액체위험물은 100%)
  - 탱크가 2기 이상일 때 : 탱크 중 용량이 최대인 것의 110% 이상(인화성이 없는 액체위험물은 110%)
- 방유제의 높이 : 0.5m 이상 3m 이하
- 방유제 내의 면적 : 80,000m² 이하
- 방유제 내에 설치하는 옥외저장탱크의 수는 10(방유제 내에 설치하는 모든 옥외저장탱크의 용량이 200,000L 이하이고, 해당 옥외저장탱크에 저장 또는 취급하는 위험물의 인화점이 70℃ 이상 200℃ 미만인 경우에는 20)기 이하로 할 것. 다만, 인화점이 200℃ 이상인 위험물을 저장 또는 취급하는 옥외저장탱크에 있어서는 그렇지 않다.
- 방유제 외면의 $\frac{1}{2}$ 이상은 자동차 등이 통행할 수 있는 3m 이상의 노면폭을 확보한 구내도로(옥외저장탱크가 있는 부지내의 도로를 말한다)에 직접 접하도록 할 것

정답 (1) 0.5m 이상 3m 이하
(2) 80,000m²
(3) 10기 이하

10 다음 그림에 나와 있는 탱크의 내용적을 계산하는 공식을 쓰시오. (5점)

 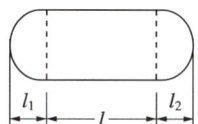

해설
원통형 탱크의 내용적 구하는 공식

 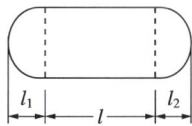

내용적 $= \pi r^2 \left(l + \dfrac{l_1 + l_2}{3} \right)$

정답 내용적 $= \pi r^2 \left(l + \dfrac{l_1 + l_2}{3} \right)$

11 다음 물질의 연소형태를 물질의 상태에 맞게 쓰시오. (5점)

(1) 마그네슘분

(2) 황

(3) 나이트로셀룰로스

해설
고체의 연소형태
- 표면연소 : 가연성 가스를 발생하지 않고 물질 자체가 연소하는 현상
  예 목탄, 코크스, 숯, 금속분 등
- 분해연소 : 열분해에 의해 발생된 가연성 가스가 연소하는 현상
  예 종이, 석탄, 목재, 플라스틱
- 증발연소 : 고체를 가열하여 고체가 액체로, 그 액체가 계속 가열되어 기체로 변화하여 그 기체가 연소하는 현상
  예 황, 나프탈렌, 왁스, 파라핀 등
- 자기연소 : 물질 자체에 산소를 포함하고 있는 물질이 연소하는 현상
  예 제5류 위험물 등

액체의 연소형태
- 증발연소 : 액체를 가열하여 액체가 증기가 되어 증기가 연소하는 현상
  예 휘발유, 등유, 경유, 아세톤 등 제4류 위험물
- 액적연소 : 액체의 입자를 안개상으로 분출하여 연소하는 현상
  예 벙커 C유 등

기체의 연소형태
- 확산연소 : 연료가스와 공기가 혼합되면서 연소하는 형태
- 예혼합연소 : 밀폐된 장소에 산소와 가연성 가스가 혼합되어 있을 때 점화원에 의해 점화되어 폭발적으로 연소하는 현상
- 폭발연소 : 가연성 가스와 산소를 미리 혼합하여 연소하는 현상

정답 (1) 표면연소
 (2) 증발연소
 (3) 자기연소

12 다음 [보기]의 물질 중 위험물안전관리법령상 제1석유류에 속하는 물질을 모두 쓰시오.(4점)

[보기]
아세트산, 아세톤, 의산, 클로로벤젠, 에틸벤젠, 등유

해설

아세트산	아세톤	의산	클로로벤젠	에틸벤젠	등유
제2석유류	제1석유류	제2석유류	제2석유류	제1석유류	제2석유류

에틸벤젠($C_6H_5C_2H_5$) - 제4류 위험물, 제1석유류, 지정수량 200L
- 무색의 방향성 액체
- 인화점은 약 15℃이고, 인체에 유해하다.

정답 아세톤, 에틸벤젠

13 위험물안전관리법령상 다음 각 위험물의 지정수량을 쓰시오.(5점)

(1) K_2O_2 (2) $KClO_3$

(3) CrO_3

해설

화학식	K_2O_2	$KClO_3$	CrO_3
품명	무기과산화물	염소산염류	크로뮴의 산화물
지정수량	50kg	50kg	300kg

정답 (1) 50kg
 (2) 50kg
 (3) 300kg

14 벤젠 30kg이 연소할 때 필요한 공기의 부피(m^3)를 구하시오(단, 표준상태이고, 공기 중 산소의 부피는 21%이다).(5점)

해설

벤젠의 연소반응식 : $2C_6H_6 + 15O_2 \rightarrow 12CO_2 + 6H_2O$

벤젠의 분자량은 78이므로, 벤젠 2×78kg이 연소할 때 생성되는 산소의 부피는 15×22.4m^3, 즉 벤젠 156kg이 연소할 때 필요한 산소의 부피는 336m^3이 된다. 비례식을 이용하여 벤젠 30kg이 연소할 때 필요한 산소의 부피를 계산하면

156 : 336 = 30 : x

x값은 64.62m^3이 나오고, 공기 중 산소의 부피는 21%라고 했으므로 부피는

∴ 64.62m^3 ÷ 0.21 = 307.71

정답 307.71m^3

15 제3류 위험물인 황린에 대하여 다음 물음에 알맞은 답을 쓰시오.(6점)

(1) 황린의 동소체인 제2류 위험물을 쓰시오.

(2) 황린의 동소체인 이 물질의 제조방법을 쓰시오.

(3) (1)에서 언급한 이 물질의 연소반응식을 쓰시오.

해설

황린(P_4) - 제3류 위험물, 지정수량 20kg, 위험등급 I

- 담황색의 고체이다.
- 증기는 공기보다 무겁고 맹독성이다.
- 물에 녹지 않아 물속에 저장한다(pH 9인 물속에 저장).
- 공기를 차단한 상태에서 260℃로 가열하면 적린(P)으로 변한다.
- 발화점이 34℃로 낮아 자연발화의 위험이 있다.
- 연소반응식 : $P_4 + 5O_2 \rightarrow 2P_2O_5$
- 알칼리용액과의 반응식 : $P_4 + 3KOH + 3H_2O \rightarrow 3KH_2PO_2 + PH_3$
  반응 시 포스핀 가스가 발생한다.

정답 (1) 적린

(2) 황린을 공기를 차단한 상태에서 260℃로 가열하면 적린(P)으로 변한다.

(3) $4P + 5O_2 \rightarrow 2P_2O_5$

16 옥내탱크저장소에서 경유를 저장하고자 한다. 다음 물음에 답하시오.(5점)

(1) 옥내저장탱크와 탱크전용실 벽과의 사이 거리는 몇 m 이상의 간격을 유지해야 하는지 쓰시오.

(2) 옥내저장탱크 상호 간의 거리는 몇 m 이상의 간격을 유지해야 하는지 쓰시오.

(3) 경유를 저장하는 탱크의 최대저장 용량을 쓰시오.

해설

옥내탱크저장소 설치기준
- 옥내탱크는 탱크전용실에 설치할 것
- 옥내저장탱크와 탱크전용실의 벽과의 사이 및 옥내저장탱크의 상호 간에는 0.5m 이상의 간격을 유지
- 옥내탱크저장소에는 "위험물 옥내탱크저장소"라는 표시를 한 표지와 방화에 관하여 필요한 사항을 게시한 게시판을 설치
- 옥내저장탱크의 용량(동일한 탱크전용실에 옥내저장탱크를 2 이상 설치하는 경우에는 각 탱크의 용량의 합계를 말한다)은 지정수량의 40배(제4석유류 및 동식물유류 외의 제4류 위험물에 있어서 해당 수량이 20,000L를 초과할 때에는 20,000L) 이하로 한다.

정답 (1) 0.5m
         (2) 0.5m
         (3) 20,000L

17 Fe 1kg을 완전 연소시키는 데 필요한 산소의 부피는 몇 L인지 [보기]의 반응식을 이용하여 구하시오(단, Fe의 원자량은 55.85이고, 표준상태이다).(5점)

[보기]
철의 연소반응식 : $4Fe + 3O_2 \rightarrow 2Fe_2O_3$

해설

주어진 반응식을 보면 4mol의 철이 연소할 때 3mol의 산소를 필요로 한다.
따라서 식을 세워보면
4×55.85g이 연소할 때 산소 3×22.4L를 필요로 하고, 비례식을 세워보면
$4 \times 55.85 : 3 \times 22.4 = 1,000 : x$
구하고자 하는 산소의 부피는 x값을 구해주면 된다.
∴ $x = 300.81$

정답 300.81L

18 다음은 위험물안전관리법령에서 정한 제2류 위험물의 정의이다. ( ) 안에 알맞은 용어 또는 수치를 쓰시오.(5점)

(1) '가연성 고체'라 함은 고체로서 화염에 의한 (　　)의 위험성 또는 (　　)의 위험성을 판단하기 위하여 고시로 정하는 시험에서 고시로 정하는 성질과 상태를 나타내는 것을 말한다.

(2) '인화성 고체'라 함은 (　　) 그 밖에 1기압에서 인화점이 (　　)℃ 미만인 고체를 말한다.

(3) 황은 순도가 (　　)wt% 이상인 것을 말한다.

> **해설**
> **제2류 위험물의 정의** : "가연성 고체"라 함은 고체로서 화염에 의한 발화의 위험성 또는 인화의 위험성을 판단하기 위하여 고시로 정하는 시험에서 고시로 정하는 성질과 상태를 나타내는 것을 말한다.
> **제2류 위험물이 되는 조건**
> - 황 : 순도가 60wt% 이상인 것을 말한다. 이 경우 순도측정에 있어서 불순물은 활석 등 불연성물질과 수분에 한한다.
> - 철분 : 철의 분말로서 53μm의 표준체를 통과하는 것이 50wt% 미만인 것은 제외한다.
> - 금속분 : 알칼리금속·알칼리토금속·철 및 마그네슘 외의 금속의 분말(구리분·니켈분 제외)로서 150μm의 체를 통과하는 것이 50wt% 미만인 것은 제외
> - 마그네슘 : 2mm의 체를 통과하지 않는 덩어리 상태의 것이거나 지름 2mm 이상의 막대 모양의 것은 제외한다.
> - "인화성 고체"라 함은 고형알코올 그 밖에 1기압에서 인화점이 40℃ 미만인 고체를 말한다.
>
> **정답** (1) 발화, 인화
> (2) 고형알코올, 40
> (3) 60

19 위험물안전관리법령상의 동식물유류에 대한 설명이다. 다음 물음에 알맞은 답을 쓰시오.(5점)

(1) 유지 중의 불포화지방산의 이중결합의 수를 나타내는 수치로 이 값이 높은 것은 이중결합이 많은 것을 의미한다. 불포화지방산의 측정 기준으로 하는 이것은 무엇인지 쓰시오.

(2) 다음 물질은 동식물유류에서 어떻게 구분이 되는지 쓰시오.

　　• 야자유　　　　　　　　• 아마인유

해설

- **아이오딘값** : 아이오딘값은 100g의 유지가 흡수하는 아이오딘의 g수이다. 아이오딘값은 유지 중의 불포화지방산의 이중결합의 수를 나타내는 수치로 아이오딘값이 높은 것은 이중결합이 많은 것을 의미한다. 따라서 아이오딘값이 높은 기름은 일반적으로 산화되기 쉬운 것으로 추정된다. 식물유를 아이오딘값의 대소에 따라 분류하는 것은 꽤 오래전부터 행하여졌으며, 이 경우 아이오딘값이 130 이상의 것을 건성유, 100~130의 것을 반건성유, 100 이하의 것을 불건성유라고 한다.
- 동식물유류의 구분

구분	아이오딘값	불포화도	종류
건성유	130 이상	크다.	해바라기유, 들기름, 정어리기름, 아마인유 등
반건성유	100~130	보통	참기름, 쌀겨기름, 콩기름, 옥수수기름 등
불건성유	100 이하	작다.	피마자유, 야자유, 올리브유 등

정답 (1) 아이오딘값
　　　 (2) 야자유 : 불건성유, 아마인유 : 건성유

20 다음 물질이 물과 반응하여 생성되는 가연성의 기체의 명칭을 쓰시오(단, 없으면 '해당없음'이라고 쓰시오).

(1) 트라이에틸알루미늄

(2) 과산화칼슘

(3) 메틸리튬

해설

다음 위험물과 물의 반응식

- 트라이에틸알루미늄[$(C_2H_5)_3Al$]과 물의 반응식 : $(C_2H_5)_3Al + 3H_2O \rightarrow Al(OH)_3 + 3C_2H_6$
- 과산화칼슘과 물의 반응식 : $2CaO_2 + 2H_2O \rightarrow 2Ca(OH)_2 + O_2$
  산소는 가연성 기체가 아니다.
- 메틸리튬과 물의 반응식 : $CH_3Li + H_2O \rightarrow LiOH + CH_4$

정답 (1) 에테인
　　　 (2) 해당없음
　　　 (3) 메테인

CHAPTER 04
2021년 제3회 과년도 기출복원문제

※ 실기 필답형 문제는 수험자의 기억에 의해 복원된 것입니다. 실제 시행문제와 상이할 수 있음을 알려드립니다.

01 불활성 기체소화약제인 IG-541의 구성 성분과 비율을 쓰시오. (5점)

[해설]
불활성 기체소화약제의 구성
- IG-01 : Ar 100%
- IG-100 : N_2 100%
- IG-55 : N_2 50%, Ar 50%
- IG-541 : N_2 52%, Ar 40%, CO_2 8%

[정답] N_2 52%, Ar 40%, CO_2 8%

02 위험물안전관리법령상 지정수량이 500kg인 품명 2가지를 쓰시오. (4점)

[해설]
제2류 위험물 중 철분, 금속분, 마그네슘은 지정수량이 500kg이다.

[정답] 철분, 금속분

03 위험물안전관리법령상 위험등급 I에 해당하는 제3류 위험물의 품명 3가지를 쓰시오. (4점)

[해설]
- 제3류 위험물 중 칼륨, 나트륨, 알킬알루미늄, 알킬리튬 : 지정수량 10kg, 위험등급 I
- 제3류 위험물 중 황린 : 지정수량 20kg, 위험등급 I

[정답] 칼륨, 나트륨, 황린

04 위험물안전관리법령에 따른 제조소와 다음 시설과의 안전거리는 몇 m 이상인지 쓰시오.(5점)

(1) 사용전압이 10,000V인 특고압가공전선

(2) 고압가스시설

(3) 병원

해설

제조소의 안전거리 : 제조소는 건축물의 외벽 또는 이에 상당하는 공작물의 외측으로부터 해당 제조소의 외벽 또는 이에 상당하는 공작물의 외측까지의 사이에 수평거리(이하"안전거리"라 한다)를 두어야 한다.

- 사용전압이 7,000V 초과 35,000V 이하의 특고압가공전선 : 3m
- 사용전압이 35,000V를 초과하는 특고압가공전선 : 5m
- 건축물 그 밖의 공작물로서 주거용으로 사용되는 것 : 10m
- 고압가스, 액화석유가스 또는 도시가스를 저장 또는 취급하는 시설 : 20m
- 학교·병원·극장 그 밖에 다수인을 수용하는 시설 : 30m
- 지정문화유산 및 천연기념물 등 : 50m

정답 (1) 3m 이상
(2) 20m 이상
(3) 30m 이상

05 메탄올에 대한 다음 물음에 알맞은 답을 하시오.(5점)

(1) 메탄올의 완전 연소반응식을 쓰시오.

(2) 메탄올 32g이 완전 연소할 때 필요한 산소의 양(g)은 얼마인지 계산하시오.

해설

메탄올(CH_3OH)

- 제4류 위험물 중 알코올류, 지정수량 400L, 위험등급 Ⅱ
- 메탄올의 완전 연소반응식 : $2CH_3OH + 3O_2 \rightarrow 2CO_2 + 4H_2O$

따라서 메탄올 1mol(=32g)이 연소할 때는 1.5mol의 산소가 필요하고 산소 1.5mol의 무게는 1.5mol × 32g/mol = 48g이 된다.

정답 (1) $2CH_3OH + 3O_2 \rightarrow 2CO_2 + 4H_2O$
(2) 48g

06 에틸알코올에 대한 다음 물음에 알맞은 답을 하시오. (6점)

(1) 에틸알코올과 칼륨의 반응식을 쓰시오.

(2) (1)의 반응에서 생성된 기체의 명칭을 쓰시오.

(3) (1)의 반응에서 생성된 기체의 연소반응식을 쓰시오.

해설

- 에탄올과 칼륨의 반응식 : $2K + 2C_2H_5OH \rightarrow 2C_2H_5OK + H_2$
- 수소의 연소반응식 : $2H_2 + O_2 \rightarrow 2H_2O$

정답 (1) $2K + 2C_2H_5OH \rightarrow 2C_2H_5OK + H_2$
(2) 수소
(3) $2H_2 + O_2 \rightarrow 2H_2O$

07 다음 [보기]의 물질들이 열분해할 때 공통적으로 생성되는 기체의 명칭을 쓰시오. (5점)

[보기]
과산화칼륨, 질산칼륨, 염소산칼륨, 과망가니즈산칼륨

해설
제1류 위험물은 열분해하여 산소를 발생시키고 다른 물질을 산화시켜 연소에 도움을 주는 것이 공통적인 특징이다.

정답 산소

08 제6류 위험물 품명에 따른 위험물이 되기 위한 조건을 적으시오. (4점)

(1) 과산화수소

(2) 질산

정답 (1) 과산화수소는 그 농도가 36wt% 이상인 것
(2) 질산은 그 비중이 1.49 이상인 것

09
다음 [보기]의 물질 중 제3석유류에 해당하는 물질을 모두 찾아 쓰시오.(5점)

> [보기]
> 나이트로벤젠, 트라이나이트로톨루엔, 클로로벤젠, 벤젠, 글리세린, 폼산, 나이트로톨루엔

해설
- 나이트로벤젠, 글리세린, 나이트로톨루엔 : 제3석유류
- 트라이나이트로톨루엔 : 제5류 위험물 중 나이트로화합물
- 벤젠 : 제1석유류
- 클로로벤젠, 폼산(의산) : 제2석유류

정답 나이트로벤젠, 글리세린, 나이트로톨루엔

10
제1류 위험물 중 지정수량이 1,000kg이고, 물에 용해하면 진한 보라색을 띠는 물질에 대해 다음 물음에 알맞을 답을 하시오.(6점)

(1) 화학식

(2) 품명

(3) 위험등급

해설
과망가니즈산칼륨($KMnO_4$)
- 제1류 위험물 중 과망가니즈산염류, 지정수량 1,000kg, 위험등급Ⅲ
- 흑자색의 결정이다.
- 물에 녹으며, 용해하면 진한 보라색을 띤다.
- 3%의 수용액은 살균제로 쓰인다.
- 분해반응식 : $2KMnO_4 \rightarrow K_2MnO_4 + MnO_2 + O_2$
- 묽은황산과의 반응식 : $4KMnO_4 + 6H_2SO_4 \rightarrow 2K_2SO_4 + 4MnSO_4 + 6H_2O + 5O_2$
- 진한황산과의 반응식 : $2KMnO_4 + H_2SO_4 \rightarrow K_2SO_4 + 2HMnSO_4$

정답 (1) $KMnO_4$
(2) 과망가니즈산염류
(3) 위험등급Ⅲ

11 다음 유별에 따른 운반용기 외부에 표시해야 하는 주의사항을 모두 쓰시오. (5점)

(1) 제4류 위험물

(2) 제5류 위험물

(3) 제6류 위험물

해설

운반용기 외부의 표시사항
- 품명·위험등급·화학명 및 수용성(제4류 위험물 중 수용성인 것에 한함)
- 위험물의 수량
- 수납하는 위험물에 따른 주의사항

유별	품명	주의사항
제1류 위험물	알칼리금속의 과산화물	화기·충격주의, 물기엄금, 가연물접촉주의
	그 밖의 것	화기·충격주의, 가연물접촉주의
제2류 위험물	철분, 금속분, 마그네슘	화기주의, 물기엄금
	인화성 고체	화기엄금
	그 밖의 것	화기주의
제3류 위험물	자연발화성 물질	화기엄금, 공기접촉엄금
	금수성 물질	물기엄금
제4류 위험물	전부	화기엄금
제5류 위험물	전부	화기엄금, 충격주의
제6류 위험물	전부	가연물접촉주의

정답
(1) 화기엄금
(2) 화기엄금, 충격주의
(3) 가연물접촉주의

12 BTX 중의 하나이며, 벤젠의 수소 1개를 메틸기(CH₃)로 치환한 물질에 대하여 다음 물음에 알맞은 답을 하시오.(5점)

(1) 명칭

(2) 지정수량

(3) 증기비중을 구하시오.

해설

톨루엔($C_6H_5CH_3$)

분자량	인화점	비중	비점
92	4℃	0.86	110℃

- 제4류 위험물 중 제1석유류 비수용성, 지정수량 200L, 위험등급 Ⅱ
- 무색, 투명한 방향성 액체이다(벤젠과 특성 비슷).
- 벤젠에 메틸기가 붙어 있는 형태이다(메틸벤젠으로도 불린다).
- 증기는 마취성이 있다.
- TNT의 원료로 쓰인다.
- 구조식

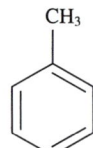

- 증기비중 = $\dfrac{92}{29}$ = 3.17

정답 (1) 톨루엔

(2) 200L

(3) 3.17

13 제4류 위험물 중 부동액의 원료로 쓰이고, 2가 알코올이며, 인화점이 약 120℃인 물질에 대해 다음 물음에 알맞은 답을 하시오.(6점)

(1) 명칭을 쓰시오.

(2) 지정수량을 쓰시오.

(3) 구조식을 그리시오.

> **해설**
>
> 에틸렌글라이콜(CH_2OHCH_2OH)
>
> | 분자량 | 비중 | 인화점 | 비점 | 착화점 |
> |---|---|---|---|---|
> | 62 | 1.1 | 120℃ | 198℃ | 398℃ |
>
> - 제3석유류 수용성, 지정수량 4,000L
> - 2가 알코올이다.
> - 물, 알코올, 아세톤 등에 녹는다.
> - 이황화탄소, 사염화탄소, 벤젠에 녹지 않는다.
> - 부동액, 냉매의 원료로 사용된다.
> - 단맛이 나며 독성이 있다.
> - 구조식
>
> ```
>     H  H
>     |  |
> H − C − C − H
>     |  |
>     OH OH
> ```
>
> **정답** (1) 에틸렌글라이콜
> (2) 4,000L
> (3)
> ```
>     H  H
>     |  |
> H − C − C − H
>     |  |
>     OH OH
> ```

14 제5류 위험물인 나이트로셀룰로스는 건조할 경우 위험성이 증가한다. 이를 방지하기 위해 저장 시 습윤시켜야 하는데, 이때 사용되는 물질 2가지를 쓰시오.(5점)

> **해설**
>
> 나이트로셀룰로스($C_{24}H_{36}N_8O_{38}$)
> - 제5류 위험물 중 질산에스터류
> - 물에 녹지 않고 아세톤에 녹는다.
> - 건조상태에 있으면 발화의 위험이 있다.
> - 물 또는 알코올로 습윤시켜서 저장한다(알코올 30%).
>
> **정답** 물, 알코올

15 황화인에 속하는 물질 3가지를 화학식으로 쓰시오. (4점)

정답 P_4S_3, P_2S_5, P_4S_7

16 황린에 대한 다음 물음에 알맞은 답을 하시오. (6점)

(1) 연소반응식을 쓰시오.

(2) 저장방법을 쓰시오.

(3) 동소체 관계에 있는 제2류 위험물의 명칭을 쓰시오.

해설

황린(P_4)
- 지정수량 20kg
- 순수한 것은 백색, 일반적으로 담황색의 고체로 존재한다.
- 증기는 공기보다 무겁고 맹독성이다.
- 물에 녹지 않아 물속에 저장한다(pH 9인 물속에 저장).
- 공기를 차단한 상태에서 260℃로 가열하면 적린(P)으로 변한다.
- 발화점이 34℃로 낮아 자연발화의 위험이 있다.
- 연소반응식 : $P_4 + 5O_2 \rightarrow 2P_2O_5$
- 알칼리용액과 반응하여 포스핀 가스를 발생할 위험이 있다.
  - 반응식 : $P_4 + 3KOH + 3H_2O \rightarrow 3KH_2PO_2 + PH_3$
- 백린이라고도 부르며, 매우 위험한 살상력을 지닌다(취급주의).
※ 포스핀(PH_3) : 가연성, 맹독성 기체로 인화수소라고도 불린다.

정답 (1) $P_4 + 5O_2 \rightarrow 2P_2O_5$
(2) pH 9인 물속에 저장
(3) 적린

17 위험물안전관리법령상 옥내저장소에 대한 다음 물음에 알맞은 답을 하시오. (5점)

(1) 지면에서 처마까지의 높이는 몇 m 미만으로 해야 하는가?
(2) 휘발유를 저장할 경우 하나의 저장창고 바닥면적은?

해설

- 옥내저장소의 저장창고
  - 독립된 건축물로 할 것(건물이 저장창고로만 쓰여야 한다)
  - 지면에서 처마까지의 높이는 6m 미만인 단층 건물로 하고 바닥은 지면보다 높아야 한다.
- 하나의 저장창고의 바닥면적

위험을 저장하는 창고의 종류	기준면적
ⓐ 제1류 위험물 중 지정수량 50kg인 위험물(아염소산염류, 염소산염류, 과염소산염류, 무기과산화물) ⓑ 제3류 위험물 중 지정수량 10kg(칼륨, 나트륨, 알킬알루미늄, 알킬리튬)인 위험물과 황린 ⓒ 제4류 위험물 중 특수인화물, 제1석유류, 알코올류 ⓓ 제5류 위험물 중 지정수량 10kg인 위험물 ⓔ 제6류 위험물	1,000m² 이하
ⓐ~ⓔ외의 위험물을 저장하는 창고	2,000m² 이하
위의 전부에 해당하는 위험물을 내화구조의 격벽으로 완전히 구획된 실에 각각 저장하는 창고(ⓐ~ⓔ의 위험물을 저장하는 실의 면적은 500m²를 초과할 수 없다)	1,500m² 이하

※ 휘발유는 제1석유류이므로 하나의 저장창고 바닥면적은 1,000m² 이하여야 한다.

정답 (1) 6m 미만
(2) 1,000m² 이하

18 다음 [그림]과 같은 탱크의 내용적을 구하는 식을 적으시오.(5점)

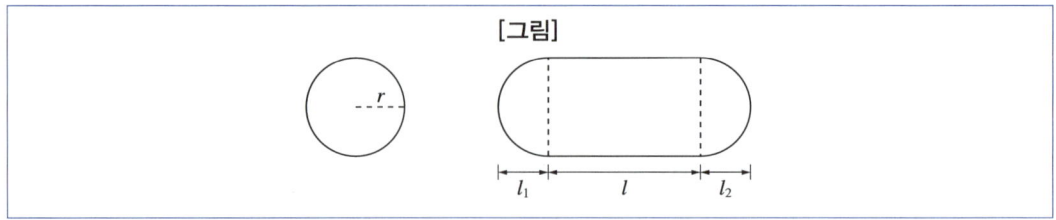

해설
원통형 탱크의 내용적 구하는 공식

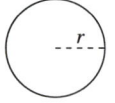 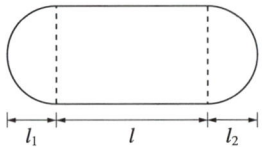

내용적 $= \pi r^2 \left(l + \dfrac{l_1 + l_2}{3} \right)$

정답 내용적 $= \pi r^2 \left(l + \dfrac{l_1 + l_2}{3} \right)$

19 다음 [보기]의 물질들의 지정수량 배수의 총합을 계산하시오.(5점)

[보기]
아세톤 1,200L, 휘발유 400L, 등유 2,000L, 경유 1,000L

해설
각 물질의 지정수량 배수를 구한 다음 더해주면 된다.
- 아세톤의 지정수량 : 400L(제1석유류 수용성)
- 휘발유의 지정수량 : 200L(제1석유류 비수용성)
- 등유, 경유의 지정수량 : 1,000L(제2석유류 비수용성)

$\therefore \dfrac{1,200}{400} + \dfrac{400}{200} + \dfrac{2,000}{1,000} + \dfrac{1,000}{1,000} = 8$

정답 8배

20 다음 [보기]의 물질 중 인화점이 가장 낮은 것과 높은 물질을 차례대로 쓰시오.(5점)

> [보기]
> 아세트산, 사이안화수소, 이황화탄소, 글리세린, 벤젠

해설
- 아세트산, 글리세린 : 제2석유류
- 사이안화수소, 벤젠 : 제1석유류
- 이황화탄소 : 특수인화물
- 글리세린 : 제3석유류

※ 제4류 위험물의 품명은 인화점에 의해 구분되기 때문에 대부분 특수인화물의 인화점이 가장 낮고 석유류의 넘버(숫자)가 올라갈수록 인화점이 높아진다.

정답 이황화탄소, 글리세린

CHAPTER 04

2021년 제4회 과년도 기출복원문제

※ 실기 필답형 문제는 수험자의 기억에 의해 복원된 것입니다. 실제 시행문제와 상이할 수 있음을 알려드립니다.

01 다음 위험물질의 연소반응식을 쓰시오. (5점)

(1) 삼황화인

(2) 오황화인

해설

황화인
- 제2류 위험물, 지정수량 100kg
- 황과 인의 화합물로, 연소 시에 황의 연소생성물인 이산화황과 인의 연소생성물인 오산화인이 나온다. 우항에 두 물질을 쓰고 계수를 맞춰주면 된다.
  - 삼황화인의 연소반응식 : $P_4S_3 + 8O_2 \rightarrow 2P_2O_5 + 3SO_2$
  - 오황화인의 연소반응식 : $2P_2S_5 + 15O_2 \rightarrow 2P_2O_5 + 10SO_2$

정답 (1) $P_4S_3 + 8O_2 \rightarrow 2P_2O_5 + 3SO_2$

(2) $2P_2S_5 + 15O_2 \rightarrow 2P_2O_5 + 10SO_2$

02 피리딘에 대한 다음 물음에 답하시오. (5점)

(1) 증기비중을 구하시오.

(2) 구조식을 그리시오.

해설

피리딘의 분자량은 $(12 \times 5) + (1 \times 5) + 14 = 79$이다.

∴ 증기비중은 $\frac{79}{29} = 2.72$

피리딘(C_5H_5N)
- 제1석유류 수용성, 지정수량 400L
- 무색의 액체이다.
- 물에 녹아 수용액 상태에서도 인화의 위험이 있으므로 취급 시 주의해야 한다.
- 독성이 있다.
- 인화점은 16℃이다.

• 구조식

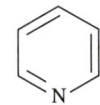

정답 (1) 2.72

(2)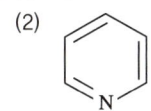

03 다음 위험물질의 화학식을 쓰시오.(5점)

(1) 과망가니즈산칼륨

(2) 과산화칼슘

(3) 염소산암모늄

해설
- 과망가니즈산칼륨($KMnO_4$) : 제1류 위험물, 지정수량 1,000kg, 위험등급Ⅲ
- 과산화칼슘(CaO_2) : 제1류 위험물, 지정수량 50kg, 위험등급Ⅰ
- 염소산암모늄(NH_4ClO_3) : 제1류 위험물, 지정수량 50kg, 위험등급Ⅰ

정답 (1) $KMnO_4$

(2) CaO_2

(3) NH_4ClO_3

04 나트륨에 대한 다음 물음에 답하시오.(5점)

(1) 물과의 반응식을 쓰시오.

(2) (1)의 반응에서 생성되는 기체의 연소반응식을 쓰시오.

해설
- 나트륨과 물의 반응식 : $2Na + 2H_2O \rightarrow 2NaOH + H_2$(가연성 가스, 수소)
- 수소의 연소반응식 : $2H_2 + O_2 \rightarrow 2H_2O$(물)

정답 (1) $2Na + 2H_2O \rightarrow 2NaOH + H_2$

(2) $2H_2 + O_2 \rightarrow 2H_2O$

05 황에 대한 다음 물음에 알맞은 답을 하시오. (6점)

(1) 연소반응식을 쓰시오.

(2) 황은 순도가 얼마 이상일 때 위험물로 간주하는지 쓰시오.

(3) 순도 측정에 있어서 불순물에 해당하는 것 한 가지만 쓰시오.

해설
- 황의 연소반응식 : $S + O_2 \rightarrow SO_2$
- 황의 정의 : 순도가 60wt% 이상인 것을 말한다. 이 경우 순도 측정에 있어서 불순물은 활석 등 불연성 물질과 수분에 한한다.

정답 (1) $S + O_2 \rightarrow SO_2$
(2) 60wt%(중량퍼센트)
(3) 수분

06 다음 반응식의 빈칸을 완성하시오. (4점)

$$(\quad) + 2H_2O \rightarrow Ca(OH)_2 + C_2H_2$$

해설
탄화칼슘(CaC_2)
- 제3류 위험물, 지정수량 300kg, 위험등급Ⅲ
- 카바이드라고도 부른다.
- 회색의 괴상 고체이다.
- 카바이드와 물의 반응식 : $CaC_2 + 2H_2O \rightarrow Ca(OH)_2 + C_2H_2$(아세틸렌 가스)

정답 CaC_2

07 위험물안전관리법령상 각 항목에 대한 1소요단위 기준을 쓰시오.(5점)

(1) 제조소의 외벽이 내화구조가 아닌 경우

(2) 저장소의 외벽이 내화구조가 아닌 경우

(3) 제조소의 외벽이 내화구조인 경우

(4) 저장소의 외벽이 내화구조인 경우

해설

1소요단위의 기준
- 제조소 또는 취급소
  - 외벽이 내화구조 : 연면적 $100m^2$
  - 외벽이 내화구조가 아닌 것 : 연면적 $50m^2$
- 저장소
  - 외벽이 내화구조 : 연면적 $150m^2$
  - 외벽이 내화구조가 아닌 것 : 연면적 $75m^2$
- 위험물 : 지정수량의 10배

정답 (1) 연면적 $50m^2$ (2) 연면적 $75m^2$
(3) 연면적 $100m^2$ (4) 연면적 $150m^2$

08 0℃, 1기압에서 탄소 100kg을 연소시키려고 한다. 필요한 공기의 양(m^3)을 구하시오(단, 공기 중의 산소의 양은 21(vol%)이다).(5점)

해설

이상기체 상태방정식을 이용하여 계산한다.

$PV = \dfrac{W}{M}RT$

탄소의 연소반응식은 $C + O_2 \rightarrow CO_2$이고, 탄소 1mol이 연소할 때 산소 1mol을 필요로 한다. 따라서, 탄소 12kg이 반응할 때 산소 32kg을 필요로 하므로 비례식을 이용하여 계산하면,

12kg : 32kg = 100kg : $x$kg

∴ $x = 266.67$kg

$V = \dfrac{WRT}{PM}$

여기서, 무게(W) : 266.67kg 압력(P) : 1atm
 산소의 분자량(M) : 32kg 온도(T) : 273K

∴ $V = \dfrac{266.67 \times 0.082 \times 273}{1 \times 32} = 186.55$

이것은 산소의 부피이고 문제에서 공기의 양을 구하라고 했으니, 산소의 부피 값을 0.21로 나누어 준다.

∴ 186.55/0.21 = 888.34m³

정답 888.34m³

09 아세트알데하이드 등의 저장기준에 대한 물음에 답하시오.(5점)

(1) 옥외저장탱크·옥내저장탱크 또는 지하저장탱크 중 압력탱크에 저장 시 온도를 쓰시오.

(2) 보냉장치가 있는 이동저장탱크에 저장 시 온도를 쓰시오.

(3) 보냉장치가 없는 이동저장탱크에 저장 시 온도를 쓰시오.

해설
- 옥외저장탱크·옥내저장탱크 또는 지하저장탱크 중 압력탱크 외의 탱크에 저장 시 온도
  - 산화프로필렌·다이에틸에터 : 30℃ 이하
  - 아세트알데하이드 : 15℃ 이하
- 옥외저장탱크·옥내저장탱크 또는 지하저장탱크 중 압력탱크에 저장 시 온도 : 아세트알데하이드 등, 다이에틸에터 등 : 40℃ 이하
- 보냉장치가 있는 이동저장탱크에 저장 시 온도 : 비점 이하
- 보냉장치가 없는 이동저장탱크에 저장 시 온도 : 40℃ 이하

정답 (1) 40℃ 이하
(2) 비점 이하
(3) 40℃ 이하

10 간이탱크저장소의 밸브 없는 통기관의 기준 3가지를 쓰시오.(6점)

해설
밸브 없는 통기관
- 통기관의 지름은 25mm 이상으로 할 것
- 통기관은 옥외에 설치하되, 그 끝부분의 높이는 지상 1.5m 이상으로 할 것
- 통기관의 끝부분은 수평면에 대하여 아래로 45° 이상 구부려 빗물 등이 침투하지 않도록 할 것
- 가는 눈의 구리망 등으로 인화방지장치를 할 것. 다만, 인화점 70℃ 이상의 위험물만을 해당 위험물의 인화점 미만의 온도로 저장 또는 취급하는 탱크에 설치하는 통기관에 있어서는 그렇지 않다.

정답 (1) 통기관의 지름은 25mm 이상으로 할 것
(2) 통기관은 옥외에 설치하되, 그 끝부분의 높이는 지상 1.5m 이상으로 할 것
(3) 통기관의 끝부분은 수평면에 대하여 아래로 45° 이상 구부려 빗물 등이 침투하지 않도록 할 것

11 다음 [보기]의 품명들을 저장할 때 지정수량 배수의 총합을 계산하시오.(4점)

[보기]
질산에스터류 100kg, 하이드록실아민 200kg, 유기과산화물 20kg

해설
제5류 위험물의 지정수량
- 유기과산화물, 질산에스터류 : 10kg
- 나이트로화합물, 나이트로소화합물, 아조화합물, 다이아조화합물, 하이드라진유도체 : 200kg
- 하이드록실아민, 하이드록실아민염류 : 100kg

$\therefore \dfrac{100}{10} + \dfrac{200}{100} + \dfrac{20}{10} = 14$

정답 14배
※ 지정수량 개정으로 인해 정답 없음

12 다음 [보기]에서 설명하는 위험물에 대한 알맞은 답을 쓰시오.(5점)

> [보기]
> - 산화성 고체이다.
> - 흑색화약의 원료로 쓰인다.
> - 분해 온도는 약 400℃이다.

(1) 위험물안전관리법령상 품명을 쓰시오.

(2) 위험등급을 쓰시오.

(3) 위 물질의 분해반응식을 쓰시오.

해설

질산칼륨(KNO_3)
- 제1류 위험물 중 질산염류, 지정수량 300kg, 위험등급Ⅱ, 분자량 101
- 무색 또는 백색의 결정 또는 분말 형태이다.
- 물, 글리세린에 녹는다.
- 알코올에는 녹지 않는다.
- 가연물과의 접촉은 매우 위험하다.
- 흑색화약(황, 숯가루, 질산칼륨을 혼합), 유리청정제 등에 쓰인다.
- 질산칼륨의 분해반응식 : $2KNO_3 \rightarrow 2KNO_2 + O_2$

정답 (1) 질산염류
(2) 위험등급Ⅱ
(3) $2KNO_3 \rightarrow 2KNO_2 + O_2$

13 주유취급소의 기준에 따른 고정주유설비 또는 고정급유설비의 펌프기기에서의 토출량 기준을 쓰시오.(5점)

(1) 휘발유

(2) 경유

(3) 등유

해설

주유취급소의 고정주유설비 또는 고정급유설비 : 펌프기기는 주유관 끝부분에서의 최대배출량이 제1석유류의 경우에는 분당 50L 이하, 경유의 경우에는 분당 180L 이하, 등유의 경우에는 분당 80L 이하인 것으로 할 것. 다만, 이동저장탱크에 주입하기 위한 고정급유설비의 펌프기기는 최대배출량이 분당 300L 이하인 것으로 할 수 있으며, 분당 배출량이 200L 이상인 것의 경우에는 주유설비에 관계된 모든 배관의 안지름을 40mm 이상으로 해야 한다.

정답 (1) 50L 이하
 (2) 180L 이하
 (3) 80L 이하

14 과산화수소 90wt%, 1kg을 10wt%로 만들기 위해서는 물을 몇 kg을 넣어야 하는지 쓰시오. (5점)

해설

순도가 90wt%이므로 1kg 중 과산화수소는 0.9kg, 물은 0.1kg으로 구성되어 있다.

이것을 계산하면 $\dfrac{0.9(\text{과산화수소의 양})}{0.9(\text{과산화수소의 양}) + 0.1(\text{물의 양})} \times 100(\%) = 90\text{wt}\%$

과산화수소의 양은 0.9kg으로 변하지 않기 때문에 10wt%가 나오게끔 식을 세워보면,

$\dfrac{0.9}{0.9 + 0.1 + x(\text{추가시킬 물의 양})} \times 100(\%) = 10\text{wt}\%$

따라서 $\dfrac{90}{1+x} = 10 \rightarrow x = 8$이 되므로, 추가해야 할 물의 양은 8kg이다.

정답 8kg

15 아세트산의 시성식과 증기비중을 구하시오.(5점)

(1) 시성식

(2) 증기비중

해설

초산(CH₃COOH, 아세트산)

- 제2석유류 수용성, 지정수량 2,000L
- 초산의 분자량은 60이고, 증기비중 $\frac{60}{29} = 2.07$

정답 (1) CH₃COOH

(2) 2.07

16 1기압, 30℃의 상태에서 아세톤의 증기밀도(g/L)를 계산하시오.(5점)

해설

이상기체 상태방정식을 변환시켜 구할 수 있다.

밀도는 질량을 부피로 나눈 값이고, 밀도 = $\frac{W}{V}$로 나타낼 수 있다.

$PV = \frac{W}{M}RT$, $V = \frac{WRT}{PM}$ 이 식을 이용해 $\frac{W}{V}$로 변환시켜주면 된다.

이항하여 정리하면 $\frac{W}{V}$(밀도) = $\frac{PM}{RT}$가 되고 이 식에 수치를 대입한다.

∴ 밀도 = $\frac{1 \times 58}{0.082 \times 303} = 2.33$

정답 2.33(g/L)

17 트라이나이트로톨루엔에 대해 다음 물음에 답하시오. (5점)

(1) 지정수량

(2) 물에 대한 용해 여부

(3) TNT 제조에 필요한 제1석유류에 해당하는 물질의 화학식

해설

트라이나이트로톨루엔[$C_6H_2CH_3(NO_2)_3$]

- 제5류 위험물 중 나이트로화합물 1종, 지정수량 10kg
- 담황색의 주상 결정이다.
- 물에 녹지 않고 가열하면 알코올에는 녹는다. 벤젠, 에터, 아세톤에 녹는다.
- 충격에는 둔감하나 타격에 의해 폭발한다.
- 톨루엔에 질산과 황산의 혼산을 반응시켜 제조한다.
- 분해반응식 : $2C_6H_2CH_3(NO_2)_3 \rightarrow 12CO + 3N_2 + 5H_2 + 2C$
- 구조식

$$\underset{NO_2}{\underset{|}{\overset{CH_3}{\underset{|}{\bigcirc}}}}$$ (2,4,6-trinitrotoluene: O_2N, NO_2, NO_2 치환)

정답

(1) 10kg

(2) 녹지 않는다(불용).

(3) $C_6H_5CH_3$

18 질산에 대한 물음에 알맞은 답을 하시오.(5점)

(1) 질산을 이용한 단백질 검출 반응을 무엇이라 하는지 쓰시오.

(2) 질산이 분해할 때 발생시키는 적갈색의 증기의 명칭을 쓰시오.

해설

질산(HNO_3)

분자량	융점	비중	비점
63	-42℃	1.51	122℃

- 제6류 위험물, 300kg
- 휘발성의 액체이다.
- 부식성이 크고 강한 산화성을 지닌다.
- 물과 접촉하면 심하게 발열한다.
- 분해반응식 : $4HNO_3 \rightarrow 4NO_2 + 2H_2O + O_2$
- 질산 질산은 Fe, Co, Ni, Al 등을 부동태화 시킨다.
- 단백질과 반응하면 황색(노란색)으로 변한다(크산토프로테인반응).
- ※ 부동태 : 금속표면에 산화피막을 입혀 내식성을 높이는 일
- ※ 크산토프로테인 반응(잔토프로테인 반응) : 단백질 검출 반응, 단백질에 진한 질산을 가해 가열하면 황색이 된다.

정답 (1) 크산토프로테인 반응(잔토프로테인 반응)
(2) 이산화질소

19 다음 동식물유류를 분류하는 아이오딘값의 기준을 쓰시오.(5점)

(1) 건성유

(2) 불건성유

해설

동식물유류의 종류

구분	아이오딘값	불포화도	종류
건성유	130 이상	크다.	해바라기유, 들기름, 정어리기름, 아마인유 등
반건성유	100~130	보통	참기름, 쌀겨기름, 콩기름, 옥수수기름 등
불건성유	100 이하	작다.	피마자유, 야자유, 올리브유 등

정답 (1) 130 이상
(2) 100 이하

20 제조소의 기준에 따른 환기설비 급기구에 대한 빈칸을 완성하시오. (5점)

바닥면적	급기구의 면적
( ) 미만	150cm² 이상
60m² 이상 90m² 미만	( ) 이상
( ) 이상 ( ) 미만	450cm² 이상
120m² 이상 150m² 미만	( ) 이상

해설

환기설비

- 자연배기방식
- 급기구는 해당 급기구가 설치된 실의 바닥면적 150m²마다 1개 이상으로 하되, 급기구의 크기는 800cm² 이상으로 할 것. 다만 바닥면적이 150m² 미만인 경우에는 다음의 크기로 해야 한다.

바닥면적	급기구의 면적
60m² 미만	150cm² 이상
60m² 이상 90m² 미만	300cm² 이상
90m² 이상 120m² 미만	450cm² 이상
120m² 이상 150m² 미만	600cm² 이상

- 급기구는 낮은 곳에 설치하고 가는 눈의 구리망 등으로 인화방지망을 설치
- 환기구는 지붕 위 또는 지상 2m 이상의 높이에 회전식 고정벤틸레이터 또는 루프팬 방식으로 설치

정답

바닥면적	급기구의 면적
60m² 미만	150cm² 이상
60m² 이상 90m² 미만	300cm² 이상
90m² 이상 120m² 미만	450cm² 이상
120m² 이상 150m² 미만	600cm² 이상

CHAPTER 04
2022년 제1회 과년도 기출복원문제

※ 실기 필답형 문제는 수험자의 기억에 의해 복원된 것입니다. 실제 시행문제와 상이할 수 있음을 알려드립니다.

01 아닐린에 대하여 다음 각 물음에 알맞은 답을 쓰시오.(5점)

(1) 품명을 쓰시오.

(2) 지정수량을 쓰시오

(3) 분자량을 쓰시오.

해설

아닐린($C_6H_5NH_2$)
- 제4류 위험물 중 제3석유류, 지정수량 2,000L(비수용성), 인화점 70℃
- 무색 또는 갈색을 띠며 기름성의 액체이다.
- 독성이 있으므로 취급에 주의한다.
- 물에는 약간 녹고 알코올, 벤젠, 에터 등에 녹는다.
- 구조식

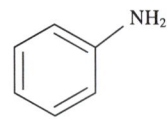

정답 (1) 제3석유류
(2) 2,000L
(3) 93

02
제1류 위험물인 과산화칼륨에 대하여 다음 물음에 알맞은 답을 쓰시오(단, 해당사항이 없으면 '해당없음'이라고 표기한다).(6점)

(1) 과산화칼륨과 물의 반응식

(2) 과산화칼륨과 이산화탄소의 반응식

해설
- 과산화칼륨의 분해반응식 : $2K_2O_2 \rightarrow 2K_2O + O_2$
- 과산화칼륨과 물의 반응식 : $2K_2O_2 + 2H_2O \rightarrow 4KOH + O_2 +$ 발열
- 과산화칼륨과 이산화탄소의 반응식 : $2K_2O_2 + 2CO_2 \rightarrow 2K_2CO_3 + O_2$
- 과산화칼륨과 염산의 반응식 : $K_2O_2 + 2HCl \rightarrow 2KCl + H_2O_2$

정답
(1) $2K_2O_2 + 2H_2O \rightarrow 4KOH + O_2$
(2) $2K_2O_2 + 2CO_2 \rightarrow 2K_2CO_3 + O_2$

03
경유 600L, 중유 200L, 등유 300L, 톨루엔 400L를 보관하고 있다. 위험물안전관리법령상 각 위험물 지정수량 배수의 총합을 구하시오.(5점)

해설
- 등유와 경유의 지정수량 : 1,000L(제2석유류 비수용성)
- 중유의 지정수량 : 2,000L(제3석유류 비수용성)
- 톨루엔의 지정수량 : 200L(제1석유류 비수용성)

따라서, 지정수량/물질의 양을 계산하여 합산하면,

$$\therefore \frac{600}{1,000} + \frac{200}{2,000} + \frac{300}{1,000} + \frac{400}{200} = 3$$

정답 3배

04 위험물안전관리법령에 따른 위험물을 취급하는 제조소의 보유공지 너비에 대하여 다음 물음에 알맞은 보유공지 너비를 쓰시오.(5점)

(1) 지정수량 5배 이하

(2) 지정수량 10배 이하

(3) 지정수량 100배 이하

해설

저장 또는 취급하는 위험물의 최대수량	공지의 너비
지정수량의 10배 이하	3m 이상
지정수량의 10배 초과	5m 이상

정답 (1) 3m
   (2) 3m
   (3) 5m

05 질산이 햇빛에 의해 완전히 분해할 경우 다음 물음에 알맞은 답을 쓰시오.(5점)

(1) 분해반응식

(2) 생성되는 유독성 기체의 명칭

해설
질산
- 제6류 위험물, 지정수량 300kg
- 분해반응식 : $4HNO_3 \rightarrow 4NO_2 + 2H_2O + O_2$

정답 (1) $4HNO_3 \rightarrow 4NO_2 + 2H_2O + O_2$
   (2) 이산화질소

06 다음에서 설명하는 물질에 대하여 알맞은 답을 쓰시오.(5점)

- 폼알데하이드의 주재료로 사용된다.
- 독성이 있고 마셨을 경우 실명의 위험이 있다.
- 비점 65℃, 비중 0.79, 인화점 11℃

(1) 연소반응식

(2) 위험등급

(3) 구조식

해설

메틸알코올(CH_3OH)

- 목정, 인화점 약 11℃, 제4류 위험물 중 알코올류, 지정수량 400L
- 무색, 투명한 액체 상태이고 휘발성이 있다.
- 물, 에터 등에 잘 녹는다.
- 독성이 있어 실명하거나(약 20g 흡입 시) 생명을 잃을 수도 있다(약 30g 이상 흡입 시).
- 산화하면 폼알데하이드가 되고 최종적으로 산화하면 폼산이 된다.
- 반응식 : $CH_3OH \rightarrow HCHO \rightarrow HCOOH$
- 구조식

$$\begin{array}{c} H \\ | \\ H-C-O-H \\ | \\ H \end{array}$$

정답 (1) $2CH_3OH + 3O_2 \rightarrow 2CO_2 + 4H_2O$
(2) 위험등급 Ⅱ
(3)
$$\begin{array}{c} H \\ | \\ H-C-O-H \\ | \\ H \end{array}$$

07 다음 [보기]에서 비중이 물보다 큰 것을 모두 고르시오.(4점)

[보기]
클로로벤젠, 이황화탄소, 산화프로필렌, 글리세린, 피리딘

해설

물질명	클로로벤젠	이황화탄소	산화프로필렌	글리세린	피리딘
비중	1.1	1.26	0.82	1.26	0.99

정답 클로로벤젠, 이황화탄소, 글리세린

08 이황화탄소 20kg이 모두 증기가 된다면 3기압, 120℃에서 몇 L가 되는지 구하시오.(5점)

해설

이상기체 상태방정식을 이용하면,

$PV = \dfrac{W}{M}RT$, $V = \dfrac{WRT}{PM}$

여기서, 무게(W) : 20,000g, 압력(P) : 3atm, 온도(T) : 393K

$\therefore V = \dfrac{20,000 \times 0.082 \times 393}{3 \times 76} = 2,826.84\text{L}$

정답 2,826.84L

09 다음 할로젠화합물의 Halon 번호를 쓰시오.(5점)

(1) CF_3Br

(2) CF_2ClBr

(3) $C_2F_4Br_2$

해설

할로젠화합물 소화약제를 물어보는 문제가 나오면, C, F, Cl, Br을 생각하고 숫자를 붙여서 계수를 계산해주면 된다. 할론 1211은 C가 1개, F가 2개, Cl이 1개, Br이 1개이므로, CF_2ClBr이 된다.

예) 할론 1301 : CF_3Br

  할론 2402 : $C_2F_4Br_2$

정답 (1) 1301
  (2) 1211
  (3) 2402

10 제2류 위험물인 적린에 대하여 다음 물음에 알맞은 답을 쓰시오.(5점)

(1) 연소반응식

(2) 생성되는 기체의 명칭

해설

적린(P)
- 지정수량 100kg
- 황린(제3류 위험물, P_4)과는 동소체이다.
- 착화점은 260℃이다.
- 물, 알코올, 이황화탄소, 에터, 암모니아 등에 녹지 않는다.
- 산화제와 혼합하면 발화의 위험이 있다.
- 연소반응식 : $4P + 5O_2 \rightarrow 2P_2O_5$(오산화인)

정답 (1) $4P + 5O_2 \rightarrow 2P_2O_5$
(2) 오산화인

11 위험물안전관리법령상 이동탱크저장소의 기준이다. 다음 (   )안에 알맞은 답을 쓰시오.(5점)

(1) 이동저장탱크는 그 내부에 (   )L 이하마다 (   )mm 이상의 강철판 또는 이와 동등 이상의 강도·내열성 및 내식성이 있는 금속성의 것으로 칸막이를 설치해야 한다.

(2) 칸막이로 구획된 부분의 용량이 (   )L 미만인 부분에는 방파판을 설치하지 않을 수 있다.

(3) 안전장치는 상용압력이 20kPa 이하인 탱크에 있어서는 20kPa 이상 (   )kPa 이하의 압력에서 상용압력이 20kPa를 초과하는 탱크에 있어서는 상용압력의 (   )배 이하의 압력에서 작동하는 것으로 할 것

해설

이동저장탱크의 구조
- 이동저장탱크의 두께 : 3.2mm 이상의 강철판
- 압력탱크 외의 탱크 : 70kPa의 압력으로 10분간 수압시험
- 최대상용압력의 1.5배의 압력으로 10분간 수압시험
- 내부에 4,000L 이하마다 3.2mm 이상의 강철판으로 칸막이를 설치해야 한다.
- 칸막이로 구획된 각 부분마다 맨홀과 다음의 기준에 의한 안전장치 및 방파판을 설치해야 한다. 다만, 칸막이로 구획된 부분의 용량이 2,000L 미만인 부분에는 방파판을 설치하지 않을 수 있다.
  – 이동저장탱크의 안전장치 : 상용압력이 20kPa 이하인 탱크에 있어서는 20kPa 이상 24kPa 이하의 압력에서, 상용압력이 20kPa를 초과하는 탱크에 있어서는 상용압력의 1.1배 이하의 압력에서 작동하는 것으로 할 것
  – 방파판

- ⓐ 두께 1.6mm 이상의 강철판
- ⓑ 하나의 구획 부분에 2개 이상의 방파판을 이동탱크저장소 진행방향과 평행으로 설치
- 측면틀
  - ⓐ 이동저장탱크가 사고 등으로 인해 전도할 경우 이동저장탱크 및 부속장치의 손상을 막을 수 있게 하는 장치
  - ⓑ 탱크상부의 네 모퉁이에 해당 탱크의 전단 또는 후단으로부터 각각 1m 이내의 위치에 설치할 것
  - ⓒ 탱크뒷부분의 입면도에 있어서 측면틀의 최외측과 탱크의 최외측을 연결하는 직선의 수평면에 대한 내각이 75° 이상이 되도록 한다.
- 방호틀
  - ⓐ 이동저장탱크가 전복하게 될 경우 탱크 상부 또는 부속장치가 손상되는 것을 방지하기 위한 장치
  - ⓑ 두께 2.3mm 이상의 강철판으로 할 것
  - ⓒ 정상 부분은 부속장치보다 50mm 이상 높게 하거나 이와 동등 이상의 성능이 있는 것으로 할 것

정답 (1) 4,000, 3.2
(2) 2,000
(3) 24, 1.1

12 제4류 위험물인 다이에틸에터에 대하여 다음 물음에 알맞은 답을 쓰시오. (6점)

(1) 증기비중을 구하시오.
(2) 과산화물의 생성여부를 확인하는 방법을 간단히 설명하시오.
(3) 지정수량을 쓰시오.

해설
다이에틸에터의 분자량 : 약 74

$$\therefore 증기비중은 \frac{물질의\ 분자량}{공기의\ 평균\ 분자량} = \frac{74}{29} = 2.55$$

다이에틸에터($C_2H_5OC_2H_5$)
- 에터, 제4류 위험물 중 특수인화물, 지정수량 50L
- 공기와 장기간 접촉 시 과산화물을 생성하므로 갈색병에 저장해야 한다.
  ※ 과산화물 생성 방지법 : 40mesh의 구리망을 넣어준다.
- 과산화물의 검출 방법은 10% 아이오딘화칼륨(KI) 용액을 이용한다. 검출 시에는 황색으로 변한다.
- 과산화물 제거시약으로는 황산제일철 또는 환원철을 사용한다.

정답 (1) 2.55
(2) 10% 아이오딘화칼륨 용액에 넣어 황색으로 변하는지 확인한다.
(3) 50L

13 나트륨에 대하여 다음 물음에 알맞은 답을 쓰시오.(5점)

(1) 나트륨과 물의 반응식

(2) 나트륨 1kg이 물과 반응할 경우 생성되는 가스의 부피(m^3)를 구하시오(단, 표준상태).

해설
- 나트륨(Na, Sodium)
  - 원자량 23, 지정수량 10kg
  - 물과의 반응식 : $2Na + 2H_2O \rightarrow 2NaOH + H_2$
  - 에탄올과의 반응식 : $2Na + 2C_2H_5OH \rightarrow 2C_2H_5ONa + H_2$
  - 연소반응식 : $4Na + O_2 \rightarrow 2Na_2O$
- 나트륨 2mol이 반응할 때 수소 1mol이 나오므로, 2×23kg이 반응할 때 2kg이 나오게 된다. 비례식을 이용하여 무게(W)를 구하면, 46kg : 2kg = 1kg : $x$kg
  ∴ $x = 0.0435$kg

이상기체 방정식을 이용하여 풀이하면

$$PV = \frac{W}{M}RT, \quad V = \frac{WRT}{PM}$$

여기서, 무게(W) : 0.0435kg
　　　　수소(H_2)의 분자량 : 2kg
　　　　온도(T) : 273K(=0℃, 표준상태)
　　　　압력(P) : 1atm(표준상태)

∴ $V = \dfrac{0.0435 \times 0.082 \times 273}{1 \times 2} = 0.49$

정답 (1) $2Na + 2H_2O \rightarrow 2NaOH + H_2$
　　　(2) $0.49m^3$

14 제2류 위험물 중 마그네슘에 대하여 다음 각 물음에 알맞은 답을 쓰시오.(5점)

(1) 마그네슘의 연소반응식

(2) 마그네슘 1mol이 연소할 경우 필요한 산소의 부피(L)를 구하시오(단, 표준상태).

해설
- 마그네슘(Mg)
  - 지정수량 500kg
  - 상온 상태의 물에서는 안정한 편이나 온수와 반응하며 수소를 발생한다.
    (반응식 : $Mg + 2H_2O \rightarrow Mg(OH)_2 + H_2$)
  - 연소 시 폭발한다.
    (반응식 : $2Mg + O_2 \rightarrow 2MgO$)
  - 이산화탄소와는 반응하므로 소화약제로 사용할 수 없다.
    (반응식 : $Mg + CO_2 \rightarrow MgO + CO$)
- 마그네슘 2mol 연소 시 산소 1mol을 필요로 한다. 표준상태에서 기체 1mol의 부피는 22.4L이고, 마그네슘 1mol이 연소할 때 산소 0.5mol을 필요로 하므로 0.5mol의 부피는 11.2L가 된다.

정답 (1) $2Mg + O_2 \rightarrow 2MgO$
(2) 11.2L

15 위험물안전관리법령상 다음 각 위험물의 운반용기 외부에 표시해야 하는 주의사항을 모두 쓰시오.(5점)

(1) 제1류 위험물 중 알칼리금속의 과산화물

(2) 제2류 위험물 중 철분, 금속분, 마그네슘

(3) 제3류 위험물 중 자연발화성 물질

(4) 제4류 위험물

(5) 제6류 위험물

해설

수납하는 위험물에 따른 주의사항

유별	품명	주의사항
제1류 위험물	알칼리금속의 과산화물	화기·충격주의, 물기엄금, 가연물접촉주의
	그 밖의 것	화기·충격주의, 가연물접촉주의
제2류 위험물	철분, 금속분, 마그네슘	화기주의, 물기엄금
	인화성 고체	화기엄금
	그 밖의 것	화기주의
제3류 위험물	자연발화성 물질	화기엄금, 공기접촉엄금
	금수성 물질	물기엄금
제4류 위험물	전부	화기엄금
제5류 위험물	전부	화기엄금, 충격주의
제6류 위험물	전부	가연물접촉주의

정답 (1) 화기·충격주의, 물기엄금, 가연물접촉주의 (2) 화기주의, 물기엄금
(3) 화기엄금, 공기접촉엄금 (4) 화기엄금
(5) 가연물접촉주의

16 다음 원통형 탱크의 내용적(m^3)을 구하시오(단, r : 1m, l_1 : 0.4m, l_2 : 0.5m, l : 5m이다).(4점)

해설

원통형 탱크의 내용적 구하는 공식

$$\text{내용적} = \pi r^2 \left(l + \frac{l_1 + l_2}{3} \right)$$
$$= \pi \times 1^2 \times \left(5 + \frac{0.4 + 0.5}{3} \right) = 16.65 m^3$$

정답 $16.65 m^3$

17 제4류 위험물인 에틸알코올에 대하여 다음 물음에 알맞은 답을 쓰시오.(5점)

(1) 1차 산화하였을 때 생성되는 특수인화물의 명칭을 쓰시오.
(2) (1)에서 생성되는 물질이 다시 공기 중에서 산화할 경우 생성되는 제2석유류의 명칭을 쓰시오.
(3) 에틸알코올의 연소범위가 3.1~27.7%일 경우 위험도를 구하시오.

해설

• 에틸알코올의 산화순서 : 에틸알코올 → 아세트알데하이드 → 초산(아세트산)

• 위험도 $H = \dfrac{U-L}{L}$

∴ $\dfrac{27.7 - 3.1}{3.1} = 7.94$

정답 (1) 아세트알데하이드
(2) 초산
(3) 7.94

18
위험물안전관리법령에 따른 소화설비 적응성에 관한 내용이다. 다음 물분무소화설비의 적응성이 있는 경우 빈칸에 O표를 하시오. (5점)

소화설비의 구분 \ 대상물의 구분	건축물·그 밖의 공작물	전기설비	제1류 위험물 알칼리금속 과산화물 등	제1류 위험물 그 밖의 것	제2류 위험물 철분·금속분·마그네슘 등	제2류 위험물 인화성 고체	제2류 위험물 그 밖의 것	제3류 위험물 금수성 물품	제3류 위험물 그 밖의 것	제4류 위험물	제5류 위험물	제6류 위험물
물분무소화설비												

해설
소화설비의 적응성

소화설비의 구분			건축물·그 밖의 공작물	전기설비	알칼리금속 과산화물 등	그 밖의 것	철분·금속분·마그네슘 등	인화성 고체	그 밖의 것	금수성 물품	그 밖의 것	제4류 위험물	제5류 위험물	제6류 위험물
옥내소화전 또는 옥외소화전설비			O			O		O	O		O		O	O
스프링클러설비			O			O		O	O		O	△	O	O
물분무 등 소화설비	물분무소화설비		O	O		O		O	O		O	O	O	O
	포소화설비		O			O		O	O		O	O	O	O
	불활성가스소화설비			O				O				O		
	할로젠화합물소화설비			O				O				O		
	분말 소화 설비	인산염류 등	O	O		O		O	O			O		O
		탄산수소염류 등		O	O		O	O		O		O		
		그 밖의 것			O		O			O				

정답 해설 표 참조

19 제3류 위험물인 탄화알루미늄에 대하여 다음 물음에 알맞은 답을 쓰시오.(5점)

(1) 탄화알루미늄이 물과 반응하는 반응식을 쓰시오.

(2) (1)에서 생성되는 가스의 연소반응식을 쓰시오.

해설

- 탄화알루미늄(Al_4C_3)
  - 제3류 위험물 중 알루미늄의 탄화물, 지정수량 300kg
  - 알루미늄은 물과 반응하여 수산화알루미늄을 만들고, 남은 수소는 탄소와 반응하여 포화탄화수소 중 하나인 메테인을 만든다.
- 탄소와 수소로만 이루어진 물질의 연소생성물은 이산화탄소와 물이다.

정답 (1) $Al_4C_3 + 12H_2O \rightarrow 4Al(OH)_3 + 3CH_4$

(2) $CH_4 + 2O_2 \rightarrow CO_2 + 2H_2O$

20 위험물안전관리법령상 이동탱크저장소에 의한 위험물의 운송 시 준수해야 하는 기준이다. ( ) 안에 알맞은 답을 쓰시오.(5점)

위험물운송자는 장거리(고속국도에 있어서는 ( )km 이상, 그 밖의 도로에 있어서는 ( )km 이상을 말한다)에 걸치는 운송을 하는 때에는 2명 이상의 운전자로 할 것. 다만, 다음에 해당하는 경우에는 그렇지 않다.
(1) 운송책임자를 동승시킨 경우
(2) 운송하는 위험물이 제2류 위험물·제3류 위험물 또는 ( ) 위험물인 경우
(3) 운송 도중에 ( )시간 이내마다 ( )분 이상씩 휴식하는 경우

해설

운송책임자의 감독 및 지원 방법과 운송 시 준수해야 하는 사항

- 운송책임자의 감독 또는 지원의 방법
  - 운송책임자가 이동탱크저장소에 동승하여 운송 중인 위험물의 안전확보에 관하여 운전자에게 필요한 감독 또는 지원을 하는 방법. 다만, 운전자가 운송책임자의 자격이 있는 경우에는 운송책임자의 자격이 없는 자가 동승할 수 있다.
  - 운송의 감독 또는 지원을 위하여 마련한 별도의 사무실에 운송책임자가 대기하면서 다음의 사항을 이행하는 방법
    ⓐ 운송경로를 미리 파악하고 관할 소방관서 또는 관련 업체에 대한 연락체계를 갖추는 것
    ⓑ 이동탱크저장소의 운전자에 대하여 수시로 안전확보 상황을 확인하는 것
    ⓒ 비상시의 응급처치에 관하여 조언을 하는 것
    ⓓ 그 밖에 위험물의 운송 중 안전확보에 관하여 필요한 정보를 제공하고 감독 또는 지원하는 것

- 이동탱크저장소에 의한 위험물의 운송 시에 준수해야 하는 기준은 다음과 같다.
  - 위험물운송자는 운송의 개시 전에 이동저장탱크의 배출밸브 등의 밸브와 폐쇄장치, 맨홀 및 주입구의 뚜껑, 소화기 등의 점검을 충분히 실시할 것
  - 위험물운송자는 장거리(고속국도에 있어서는 340km 이상, 그 밖의 도로에 있어서는 200km 이상을 말한다)에 걸치는 운송을 하는 때에는 2명 이상의 운전자로 할 것. 다만, 다음에 해당하는 경우에는 그렇지 않다.
    ⓐ 운송책임자를 동승시킨 경우
    ⓑ 운송하는 위험물이 제2류 위험물·제3류 위험물(칼슘 또는 알루미늄의 탄화물과 이것만을 함유한 것에 한한다) 또는 제4류 위험물(특수인화물을 제외한다)인 경우
    ⓒ 운송 도중에 2시간 이내마다 20분 이상씩 휴식하는 경우
  - 위험물운송자는 이동탱크저장소를 휴식·고장 등으로 일시 정차시킬 때에는 안전한 장소를 택하고 해당 이동탱크저장소의 안전을 위한 감시를 할 수 있는 위치에 있는 등 운송하는 위험물의 안전확보에 주의할 것
  - 위험물운송자는 이동저장탱크로부터 위험물이 현저하게 새는 등 재해발생의 우려가 있는 경우에는 재난을 방지하기 위한 응급조치를 강구하는 동시에 소방관서 그 밖의 관계기관에 통보할 것
  - 위험물(제4류 위험물에 있어서는 특수인화물 및 제1석유류에 한한다)을 운송하게 하는 자는 별지 제48호 서식의 위험물안전카드를 위험물운송자로 하여금 휴대하게 할 것
  - 위험물운송자는 위험물안전카드를 휴대하고 해당 카드에 기재된 내용에 따를 것. 다만, 재난 그 밖의 불가피한 이유가 있는 경우에는 해당 기재된 내용에 따르지 않을 수 있다.

정답 340, 200, 제4류, 2, 20

CHAPTER 04
2022년 제2회 과년도 기출복원문제

PART 02 위험물기능사 실기

※ 실기 필답형 문제는 수험자의 기억에 의해 복원된 것입니다. 실제 시행문제와 상이할 수 있음을 알려드립니다.

01 자일렌의 이성질체 3가지에 대한 명칭과 구조식을 쓰시오.(5점)

[해설] 자일렌은 벤젠에 메틸기 2개가 붙어 있는 물질이다. 메틸기가 붙는 위치에 따라 명칭이 달라진다.

[정답]

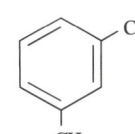　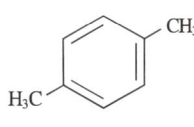　[구조식 p-자일렌]

[o-자일렌]　　[m-자일렌]　　[p-자일렌]

02 할로젠화합물 소화약제에 대하여 할론 번호를 쓰시오.(5점)

(1) $C_2F_4Br_2$

(2) CF_2ClBr

(3) CH_3I

[해설] 할로젠화합물 소화약제를 물어보는 문제가 나오면 C, F, Cl, Br을 생각하고 숫자를 붙여서 계수를 계산해주면 된다. 할론 1211은 C가 1개, F가 2개, Cl이 1개, Br이 1개이므로 CF_2ClBr이 된다. CH_3I의 경우, 5번째 자리에 숫자를 써주면 된다.

예 할론 1301 : CF_3Br

　　할론 2402 : $C_2F_4Br_2$

[정답] (1) 2402
　　　　(2) 1211
　　　　(3) 10001

03 1kg의 탄산가스를 표준상태에서 소화기로 방출할 경우 부피는 약 몇 L인지 구하시오.(5점)

해설

이상기체 상태방정식을 이용해서 풀이하면

$PV = \dfrac{W}{M}RT, \; V = \dfrac{WRT}{PM}$

여기서, 무게(W) : 1,000g
　　　　온도(T) : 273K(0℃, 표준상태)
　　　　압력(P) : 1atm
　　　　이산화탄소(탄산가스)의 분자량 : 44

∴ $V = \dfrac{1{,}000 \times 0.082 \times 273}{1 \times 44} = 508.77\text{L}$

정답 508.77L

04 다음 보기 중 수용성 물질을 골라 번호로 쓰시오.(5점)

[보기]	
(1) 아이소프로필알코올	(2) 벤젠
(3) 사이클로헥세인	(4) 피리딘
(5) 아세톤	(6) 아세트산

해설

알코올류에 해당하는 물질은 물에 잘 녹는다. 벤젠, 사이클로헥세인은 제1석유류 비수용성 물질이고, 피리딘과 아세톤은 제1석유류 수용성 물질이며, 아세트산은 제2석유류 수용성 물질이다.

정답 (1), (4), (5), (6)

05 위험물안전관리법령에 따른 1가에서 3가의 알코올 중 알코올류에 해당하지 않는 조건 2가지를 쓰시오. (5점)

해설
알코올류에 해당하는 조건 : 1분자를 구성하는 탄소 원자의 수가 1개부터 3개까지인 포화1가 알코올(변성 알코올을 포함한다). 다만, 다음에 해당하는 것은 제외한다.
- 1분자를 구성하는 탄소 원자의 수가 1개 내지 3개의 포화1가 알코올의 함유량이 60wt% 미만인 수용액
- 가연성 액체량이 60wt% 미만이고 인화점 및 연소점(태그개방식인화점측정기에 의한 연소점을 말한다)이 에틸알코올 60wt% 수용액의 인화점 및 연소점을 초과하는 것

정답
(1) 1분자를 구성하는 탄소 원자의 수가 1개 내지 3개의 포화1가 알코올의 함유량이 60wt% 미만인 수용액
(2) 가연성 액체량이 60wt% 미만이고 인화점 및 연소점이 에틸알코올 60wt% 수용액의 인화점 및 연소점을 초과하는 것

06 다음 위험물의 연소반응식을 쓰시오. (5점)

(1) 삼황화인
(2) 오황화인

해설
인의 연소생성물은 오산화인이고 황의 연소생성물은 이산화황이다. 연소는 산소와 결합하는 산화반응이고 반응물과 생성물의 계수를 맞추어주면 된다.

정답
(1) $P_4S_3 + 8O_2 \rightarrow 2P_2O_5 + 3SO_2$
(2) $2P_2S_5 + 15O_2 \rightarrow 2P_2O_5 + 10SO_2$

07 위험물안전관리법령에서 정한 제6류 위험물인 질산, 과염소산, 과산화수소의 공통적인 특성에 대하여 다음 [보기]에서 틀린 부분을 찾아 고치시오.(5점)

[보기]
(1) 산화성 액체이다.
(2) 유기화합물이다.
(3) 물에 잘 녹는다.
(4) 물보다 가볍다.
(5) 불연성이다.

해설
제6류 위험물은 탄소를 포함하고 있지 않은 무기화합물이다. 따라서 불연성이다.

정답 (2) 무기화합물이다.
(4) 물보다 무겁다.

08 다음 제5류 위험물에 대하여 화학식을 쓰시오.(5점)

(1) 과산화벤조일

(2) 트라이나이트로페놀

(3) 나이트로글라이콜

정답 (1) $(C_6H_5CO)_2O_2$
(2) $C_6H_2OH(NO_2)_3$
(3) $C_2H_4(ONO_2)_2$

09

위험물안전관리법령상 이동탱크저장소의 기준이다. 다음 ( )안에 알맞은 답을 쓰시오.(5점)

- 탱크(맨홀 및 주입관의 뚜껑을 포함한다)는 두께 ( )mm 이상의 강철판
- 압력탱크(최대상용압력이 46.7kPa 이상인 탱크를 말한다) 외의 탱크는 ( )kPa의 압력으로, 압력탱크는 최대상용압력의 ( )배의 압력으로 각각 10분간의 수압시험을 실시하여 새거나 변형되지 않을 것
- 이동저장탱크는 그 내부에 ( )L 이하마다 ( )mm 이상의 강철판 또는 이와 동등 이상의 강도·내열성 및 내식성이 있는 금속성의 것으로 칸막이를 설치해야 한다.

해설

- 이동저장탱크의 구조 기준
  - 탱크(맨홀 및 주입관의 뚜껑을 포함한다)는 두께 3.2mm 이상의 강철판 또는 이와 동등 이상의 강도·내식성 및 내열성이 있다고 인정하여 소방청장이 정하여 고시하는 재료 및 구조로 위험물이 새지 않게 제작할 것
  - 압력탱크(최대상용압력이 46.7kPa 이상인 탱크를 말한다) 외의 탱크는 70kPa의 압력으로, 압력탱크는 최대상용압력의 1.5배의 압력으로 각각 10분간의 수압시험을 실시하여 새거나 변형되지 않을 것. 이 경우 수압시험은 용접부에 대한 비파괴시험과 기밀시험으로 대신할 수 있다.
- 이동저장탱크는 그 내부에 4,000L 이하마다 3.2mm 이상의 강철판 또는 이와 동등 이상의 강도·내열성 및 내식성이 있는 금속성의 것으로 칸막이를 설치해야 한다. 다만, 고체인 위험물을 저장하거나 고체인 위험물을 가열하여 액체 상태로 저장하는 경우에는 그렇지 않다.
- 위의 규정에 의한 칸막이로 구획된 각 부분마다 맨홀과 안전장치 및 방파판을 설치해야 한다.

정답 3.2, 70, 1.5, 4,000, 3.2

10 다음 분말소화약제의 1차 분해반응식을 쓰시오.(6점)

(1) $KHCO_3$

(2) $NH_4H_2PO_4$

해설

각종 분말소화약제의 열분해반응식

- 제1종 분말소화약제
  - 1차 분해반응식(270℃) : $2NaHCO_3 \rightarrow Na_2CO_3 + CO_2 + H_2O$
  - 2차 분해반응식(850℃) : $2NaHCO_3 \rightarrow Na_2O + 2CO_2 + H_2O$
- 제2종 분말소화약제
  - 1차 분해반응식(190℃) : $2KHCO_3 \rightarrow K_2CO_3 + CO_2 + H_2O$
  - 2차 분해반응식(590℃) : $2KHCO_3 \rightarrow K_2O + 2CO_2 + H_2O$
- ※ 제1종, 제2종 분말소화약제의 분해반응식 문제에서 온도에 대한 언급이 없으면 1차를 쓰도록 한다.
- 제3종 분말소화약제
  - 1차 분해반응식(190℃) : $NH_4H_2PO_4 \rightarrow NH_3 + H_3PO_4$
  - 2차 분해반응식(215℃) : $2H_3PO_4 \rightarrow H_2O + H_4P_2O_7$
  - 3차 분해반응식(300℃) : $H_4P_2O_7 \rightarrow H_2O + 2HPO_3$
  - ∴ 최종 분해반응식 : $NH_4H_2PO_4 \rightarrow HPO_3 + NH_3 + H_2O$
- ※ 제3종 분해반응식 문제에서 온도에 대한 언급이 없으면 합산반응식을 쓰도록 한다.
- ※ 문제에서 1차 분해반응식을 쓰라고 하였으니 제1종에서는 1차, 제3종에서는 190℃에서의 반응식을 쓰면 된다.

정답 (1) $2KHCO_3 \rightarrow K_2CO_3 + CO_2 + H_2O$
(2) $NH_3 + H_3PO_4$

11 [보기]의 위험물을 발화점이 낮은 순서에서 높은 순서로 나열하시오.(4점)

[보기]
다이에틸에터, 이황화탄소, 휘발유, 아세톤

해설

- 다이에틸에터의 발화점 : 180℃
- 이황화탄소의 발화점 : 약 90℃
- 휘발유의 발화점 : 약 280~456℃
- 아세톤의 발화점 : 465℃

정답 이황화탄소, 다이에틸에터, 휘발유, 아세톤

12
아세트알데하이드 50L, 이황화탄소 150L, 아세톤 200L, 벤젠 200L를 저장 및 취급할 경우 지정수량 배수의 총합을 구하시오. (5점)

해설
- 아세트알데하이드와 이황화탄소의 지정수량 : 50L(특수인화물)
- 아세톤의 지정수량 : 400L(제1석유류 수용성)
- 벤젠의 지정수량 : 200L(제1석유류 비수용성)

정답 5.5배

13
위험물안전관리법령상 위험물제조소에 설치하는 주의사항 게시판의 바탕색과 글자색을 알맞게 쓰시오. (5점)

(1) 인화성 고체

(2) 금수성물질

해설

제조소의 표지 및 게시판
- 제조소에는 보기 쉬운 곳에 "위험물 제조소"라는 표시를 한 표지를 설치해야 한다.
  - 표지는 한 변의 길이가 0.3m 이상, 다른 한 변의 길이가 0.6m 이상인 직사각형으로 할 것
  - 표지의 바탕은 백색으로, 문자는 흑색으로 할 것
- 제조소에는 보기 쉬운 곳에 방화에 관하여 필요한 사항을 게시한 게시판을 설치해야 한다.
  - 게시판은 한 변의 길이가 0.3m 이상, 다른 한 변의 길이가 0.6m 이상인 직사각형으로 할 것
  - 게시판에는 저장 또는 취급하는 위험물의 유별·품명 및 저장최대수량 또는 취급 최대수량, 지정수량의 배수 및 안전관리자의 성명 또는 직명을 기재할 것
  - 게시판의 바탕은 백색으로, 문자는 흑색으로 할 것
  - 게시판 외에 저장 또는 취급하는 위험물에 따라 주의사항을 표시한 게시판을 설치할 것
    ⓐ 제1류 위험물 중 알칼리금속의 과산화물과 이를 함유한 것 또는 제3류 위험물 중 금수성물질에 있어서는 "물기엄금"
    ⓑ 제2류 위험물(인화성 고체는 제외)에 있어서는 "화기주의"
    ⓒ 제2류 위험물 중 인화성 고체, 제3류 위험물 중 자연발화성 물질, 제4류 위험물 또는 제5류 위험물에 있어서는 "화기엄금"
  - "물기엄금"을 표시하는 것에 있어서는 청색 바탕에 백색 문자로, "화기주의" 또는 "화기엄금"을 표시하는 것에 있어서는 적색 바탕에 백색 문자로 할 것

정답 (1) 적색, 백색
   (2) 청색, 백색

14 다음 [보기]에서 건성유, 반건성유, 불건성유로 구분하여 쓰시오.(5점)

[보기]
아마인유, 들기름, 참기름, 야자유, 동유

해설

동식물유류의 종류

구분	아이오딘값	불포화도	종류
건성유	130 이상	크다.	해바라기유, 들기름, 정어리기름, 아마인유 등
반건성유	100~130	보통	참기름, 쌀겨기름, 콩기름, 옥수수기름 등
불건성유	100 이하	작다.	피마자유, 야자유, 올리브유 등

정답
- 건성유 : 아마인유, 들기름, 동유
- 반건성유 : 참기름
- 불건성유 : 야자유

15 다음 제2류 위험물에 대하여 알맞은 답을 쓰시오.(5점)

- 주기율표 상의 2족 원소로 분류된다.
- 은백색의 무른 경금속이다.
- 비중은 1.74이고 녹는점은 약 650℃이다.

(1) 연소반응식

(2) 물과 반응하여 수소가 생성되는 반응식

해설

마그네슘(Mg)
- 지정수량 500kg
- 은백색의 경금속이다.
- 분말 상태일 경우 분진폭발의 위험이 있다.
- 물과의 반응식 : $Mg + 2H_2O \rightarrow Mg(OH)_2 + H_2$
- 연소반응식 : $2Mg + O_2 \rightarrow 2MgO$
- 이산화탄소와의 반응식 : $Mg + CO_2 \rightarrow MgO + CO$

정답
(1) $2Mg + O_2 \rightarrow 2MgO$
(2) $Mg + 2H_2O \rightarrow Mg(OH)_2 + H_2$

16 제4류 위험물인 아세톤에 대하여 다음 물음에 알맞은 답을 쓰시오.(5점)

(1) 연소반응식

(2) 표준상태에서 아세톤 1kg이 연소할 경우 필요한 공기량(m^3)을 구하시오(단, 산소의 농도는 21vol% 이다)

해설
아세톤은 탄소, 수소 그리고 산소로 구성된 물질이므로 연소 시 이산화탄소와 물이 나오게 된다. 그 다음에 양쪽의 계수를 맞추어 주면 된다.
표준상태는 0℃, 1기압(atm)이므로, 표준상태에서 기체 1mol의 부피는 22.4L가 된다. 문제에서 kg 단위로 나왔으므로 L를 m^3로 단위 변환시켜서 비례식을 이용하여 계산한다. 아세톤 1mol의 분자량은 58이고 아세톤 1mol이 연소하려면 산소 4mol을 필요로 한다.
따라서 $58kg : 4 \times 22.4m^3 = 1kg : x\,m^3$
∴ $x = 1.54m^3$
아세톤 1kg이 연소하려면, 산소 $1.54m^3$이 필요하고 공기 중의 산소의 양은 21%이므로,
∴ $1.54 \div 0.21 ≒ 7.33m^3$

정답 (1) $CH_3COCH_3 + 4O_2 \rightarrow 3CO_2 + 3H_2O$
(2) $7.33m^3$

17 다음 위험물에 대하여 시성식과 지정수량을 쓰시오.(5점)

(1) 클로로벤젠

(2) 벤젠

(3) 에틸알코올

해설
- 클로로벤젠 : 제2석유류 비수용성
- 벤젠 : 제1석유류 비수용성
- 에틸알코올 : 알코올류

정답 (1) C_6H_5Cl, 1,000L
(2) C_6H_6, 200L
(3) C_2H_5OH, 400L

18 제4류 위험물 중 위험등급Ⅱ에 해당하는 위험물안전관리법령상 품명을 2가지 쓰시오.(4점)

해설

제4류 위험물
- 위험등급Ⅰ : 특수인화물
- 위험등급Ⅱ : 제1석유류, 알코올류
- 위험등급Ⅲ : 제2석유류, 제3석유류, 제4석유류, 동식물유류

정답 제1석유류, 알코올류

19 다음은 위험물안전관리법령에서 정한 탱크의 용적산정 기준에 관한 내용이다. ( )에 알맞은 수치를 쓰시오.(5점)

> 위험물을 저장 또는 취급하는 탱크의 용량은 해당 탱크 내용적에서 공간용적을 뺀 용적으로 한다. 탱크의 공간용적은 탱크 내용적의 100분의 ( ) 이상 100분의 ( ) 이하의 용적으로 한다. 다만, 소화설비(소화약제 방출구를 탱크 안의 윗부분에 설치하는 것에 한한다)를 설치하는 탱크의 공간용적은 해당 소화설비의 소화약제 방출구 아래의 ( )m 이상 ( )m 미만 사이의 면으로부터 윗부분의 용적으로 한다.

해설

탱크의 내용적 및 공간용적(위험물안전관리에 관한 세부기준 제25조)
- 탱크의 공간용적은 탱크의 내용적의 100분의 5 이상 100분의 10 이하의 용적으로 한다. 다만, 소화설비(소화약제 방출구를 탱크 안의 윗부분에 설치하는 것에 한한다)를 설치하는 탱크의 공간용적은 해당 소화설비의 소화약제방출구 아래의 0.3m 이상 1m 미만 사이의 면으로부터 윗부분의 용적으로 한다.
- 암반탱크에 있어서는 해당 탱크 내에 용출하는 7일간의 지하수의 양에 상당하는 용적과 해당 탱크의 내용적의 100분의 1의 용적 중에서 보다 큰 용적을 공간용적으로 한다.

정답 5, 10, 0.3, 1

20 위험물안전관리법령에 대하여 다음 물음에 알맞은 답을 쓰시오.(6점)

(1) 정기점검은 연간 몇 회 이상을 실시하는지 쓰시오.

(2) 대리자 지정은 며칠을 초과할 수 없는지 쓰시오.

(3) 안전관리자 선임신고는 며칠 이내에 해야 하는지 쓰시오.

(4) 제조소 등 설치자의 지위승계는 며칠 이내에 누구에게 신고해야 하는지 쓰시오.

해설
- 정기점검은 연 1회 이상 실시한다.
- 위험물안전관리자
  - 선임신고 : 소방본부장 또는 소방서장에게 신고
  - 해임 또는 퇴직 시 : 30일 이내에 재선임
  - 선임신고기간 : 14일 이내
  - 안전관리자가 여행, 질병, 기타 사유 등으로 직무 수행이 불가능 시 : 대리자 지정 가능(기간은 30일을 초과할 수 없음)
  - 미선임 : 1,500만원 이하의 벌금
  - 선임신고태만 : 500만원 이하의 과태료
- 제조소 등 설치자의 지위승계 : 제조소 등 설치자의 지위를 승계한 자는 승계한 날부터 30일 이내에 시·도지사에게 신고해야 한다.

정답 (1) 1회
(2) 30일
(3) 14일
(4) 30일, 시·도지사

CHAPTER 04
2022년 제3회 과년도 기출복원문제

PART 02 위험물기능사 실기

※ 실기 필답형 문제는 수험자의 기억에 의해 복원된 것입니다. 실제 시행문제와 상이할 수 있음을 알려드립니다.

01 제2종 분말소화약제에 대한 다음 물음에 답하시오. (5점)

(1) 1차 분해반응식

(2) 주성분의 화학식을 쓰시오.

해설

제2종 분말소화약제($KHCO_3$)

- 1차 분해반응식(190℃) : $2KHCO_3 \rightarrow K_2CO_3 + CO_2 + H_2O$
- 2차 분해반응식(590℃) : $2KHCO_3 \rightarrow K_2O + 2CO_2 + H_2O$

정답 (1) $2KHCO_3 \rightarrow K_2CO_3 + CO_2 + H_2O$
　　　(2) $KHCO_3$

02 다음 물질의 구조식을 그리시오. (5점)

(1) 트라이나이트로톨루엔

(2) 피크르산

해설

트라이나이트로톨루엔[$C_6H_2CH_3(NO_2)_3$]

- 구조식

$$\underset{NO_2}{\underset{|}{\underset{\bigcirc}{O_2N\diagup\diagdown NO_2}}}\hspace{-2em}\overset{CH_3}{\overset{|}{}}$$

트라이나이트로페놀[$C_6H_2OH(NO_2)_3$, 피크르산]

- 구조식

$$\underset{NO_2}{\underset{|}{\underset{\bigcirc}{O_2N\diagup\diagdown NO_2}}}\hspace{-2em}\overset{OH}{\overset{|}{}}$$

정답 (1)

O$_2$N—C$_6$H$_2$(CH$_3$)(NO$_2$)—NO$_2$ (2,4,6-트라이나이트로톨루엔)

(2)

O$_2$N—C$_6$H$_2$(OH)(NO$_2$)—NO$_2$ (2,4,6-트라이나이트로페놀)

03 아세톤에 대한 다음 물음에 답하시오. (5점)

(1) 시성식을 쓰시오.

(2) 유별을 쓰시오.

(3) 증기비중을 구하시오.

해설

아세톤(CH$_3$COCH$_3$) — 제1석유류, 수용성, 지정수량 400L

분자량	인화점	비중	증기비중	연소범위
58	−18.5℃	0.79	2	2.5~12.8%

$\therefore$ 증기비중 $= \dfrac{58}{29} = 2$

정답 (1) CH$_3$COCH$_3$
(2) 제1석유류
(3) 2

04 다음 물질의 화학식을 쓰시오. (5점)

(1) 염소산나트륨

(2) 과망가니즈산나트륨

(3) 다이크로뮴산칼륨

정답 (1) NaClO$_3$
(2) NaMnO$_4$
(3) K$_2$Cr$_2$O$_7$

05 산화프로필렌 200L, 벤즈알데하이드 1,000L, 아크릴산 4,000L를 저장하고 있을 경우 각각의 지정수량 배수의 합은 얼마인가?(4점)

해설
- 산화프로필렌(CH_3CHCH_2O) : 특수인화물, 지정수량 50L
- 벤즈알데하이드(C_6H_5CHO) : 제2석유류 비수용성, 지정수량 1,000L
- 아크릴산($CH_2CHCOOH$) : 제2석유류 수용성, 지정수량 2,000L

$$\therefore \frac{200}{50} + \frac{1,000}{1,000} + \frac{4,000}{2,000} = 7$$

정답 7배

06 위험물안전관리법령상 위험물제조소 등에 설치해야 하는 경보설비의 종류 3가지를 쓰시오. (5점)

해설
- 경보설비의 종류 : 단독경보형감지기, 비상경보설비, 시각경보기, 자동화재탐지설비, 비상방송설비, 자동화재속보설비, 통합감시시설, 누전경보기, 가스누설경보기
- 제조소 등별로 설치해야 하는 경보설비의 종류 : 지정수량 10배 이상을 저장 취급하는 것에는 자동화재탐지설비, 비상경보설비, 확성장치, 비상방송설비 중 1종 이상을 설치해야 한다.

정답 자동화재탐지설비, 비상경보설비, 비상방송설비

07 이산화탄소 6kg이 25℃, 1atm에서의 부피는 몇 L가 되는가?(5점)

해설

이상기체 상태방정식을 이용하여 부피 관련 식으로 변형시킨다.

$$PV = \frac{WRT}{M} \rightarrow V = \frac{WRT}{PM}$$

여기서, 무게(W) : 6kg 이산화탄소의 분자량(M) : 44kg
   압력(P) : 1atm 온도(T) : 298K

$$\therefore V = \frac{6 \times 0.082 \times 298}{1 \times 44} = 3.3321818 \, m^3$$

구하고자 하는 부피의 단위가 L이므로 1,000을 곱해주면 3,332.18L가 된다.

정답 3,332.18L

08 위험물안전관리법령상 다음 위험물의 운반용기 외부에 표시해야 하는 주의사항을 모두 쓰시오. (6점)

(1) 제1류 위험물 중 염소산염류
(2) 제5류 위험물 중 나이트로화합물
(3) 제6류 위험물 중 과산화수소

해설
운반용기 외부의 표시사항

유별	품명	주의사항
제1류 위험물	알칼리금속의 과산화물	화기·충격주의, 물기엄금, 가연물접촉주의
	그 밖의 것	화기·충격주의, 가연물접촉주의
제2류 위험물	철분, 금속분, 마그네슘	화기주의, 물기엄금
	인화성 고체	화기엄금
	그 밖의 것	화기주의
제3류 위험물	자연발화성 물질	화기엄금, 공기접촉엄금
	금수성 물질	물기엄금
제4류 위험물	전부	화기엄금
제5류 위험물	전부	화기엄금, 충격주의
제6류 위험물	전부	가연물접촉주의

정답 (1) 화기·충격주의, 가연물접촉주의
   (2) 화기엄금, 충격주의
   (3) 가연물접촉주의

09 위험물안전관리법령상 다음 주어진 품명에 대한 인화점의 기준을 쓰시오. (5점)

(1) 제1석유류

(2) 제2석유류

(3) 제3석유류

해설

- 제1석유류 : 아세톤, 휘발유 그 밖에 1기압에서 인화점이 21℃ 미만인 것
- 제2석유류 : 등유, 경유 그 밖에 1기압에서 인화점이 21℃ 이상 70℃ 미만인 것
- 제3석유류 : 중유, 크레오소트유 그 밖에 1기압에서 인화점이 70℃ 이상 200℃ 미만인 것
- 제4석유류 : 기어유, 실린더유 그 밖에 1기압에서 인화점이 200℃ 이상 250℃ 미만인 것

정답 (1) 1기압에서 21℃ 미만인 것
(2) 1기압에서 21℃ 이상 70℃ 미만인 것
(3) 1기압에서 70℃ 이상 200℃ 미만인 것

10 질산 4mol이 분해하였을 때 반응식에 대한 다음 물음에 답하시오. (5점)

(1) 생성되는 물질 중 유독성 기체의 명칭을 쓰시오.

(2) 질산의 분해반응식을 쓰시오.

해설

질산(HNO_3)

- 제6류 위험물, 지정수량 300kg, 위험등급 Ⅰ
- 질산이 분해하면 적갈색의 증기(이산화질소, NO_2)가 생성된다.
- 분해반응식 : $4HNO_3 \rightarrow 4NO_2 + 2H_2O + O_2$

정답 (1) 이산화질소
(2) $4HNO_3 \rightarrow 4NO_2 + 2H_2O + O_2$

11 황에 대한 다음 물음에 답하시오.(5점)

(1) 연소반응식을 쓰시오.

(2) 고온하에서 수소와의 반응식을 쓰시오.

> **해설**
> **황(S)**
> - 제2류 위험물, 지정수량 100kg, 위험등급 II
> - 연소반응식 : $S + O_2 \rightarrow SO_2$
> - 황은 고온하에서 다음 물질들과 반응한다.
> - 기타반응식
>   - $S + H_2 \rightarrow H_2S$
>   - $S + Fe \rightarrow FeS$
>   - $2S + C \rightarrow CS_2$
>
> **정답** (1) $S + O_2 \rightarrow SO_2$
> (2) $S + H_2 \rightarrow H_2S$

12 다음 물질과 물과의 반응식에서 생성되는 가연성 기체의 명칭을 쓰시오(단, 없으면 '없음'이라고 쓰시오).(5점)

(1) 트라이메틸알루미늄 (2) 트라이에틸알루미늄

(3) 황린 (4) 수소화리튬

(5) 철분

> **해설**
> - 트라이메틸알루미늄과 물의 반응식 : $(CH_3)_3Al + 3H_2O \rightarrow Al(OH)_3 + 3CH_4$
> - 트라이에틸알루미늄과 물의 반응식 : $(C_2H_5)_3Al + 3H_2O \rightarrow Al(OH)_3 + 3C_2H_6$
> - 황린은 물과 반응하지 않음
> - 수소화리튬과 물의 반응식 : $LiH + H_2O \rightarrow LiOH + H_2$
> - 철분과 물의 반응식 : $2Fe + 6H_2O \rightarrow 2Fe(OH)_3 + 3H_2$
>
> **정답** (1) 메테인 (2) 에테인
> (3) 없음 (4) 수소
> (5) 수소

13 칼륨이 다음 물질과 반응할 때의 반응식을 쓰시오.(5점)

(1) 물

(2) 에틸알코올

해설
칼륨의 반응식
- 물과의 반응식 : $2K + 2H_2O \rightarrow 2KOH + H_2$
- 연소반응식 : $4K + O_2 \rightarrow 2K_2O$
- 에탄올과의 반응식 : $2K + 2C_2H_5OH \rightarrow 2C_2H_5OK + H_2$
- 이산화탄소(CO_2)와의 반응식 : $4K + 3CO_2 \rightarrow 2K_2CO_3 + C$

정답 (1) $2K + 2H_2O \rightarrow 2KOH + H_2$
(2) $2K + 2C_2H_5OH \rightarrow 2C_2H_5OK + H_2$

14 옥내저장소의 연면적이 450m²일 경우 소요단위를 계산하시오(단, 내화구조가 아니다).(4점)

해설
저장소의 1소요단위 기준 : $75m^2$(내화구조일 경우 $150m^2$)

$\therefore \dfrac{450}{75} = 6$

정답 6소요단위

15 에틸알코올에 대한 다음 물음에 답하시오.(6점)

(1) 1차 산화물의 명칭을 쓰시오.

(2) (1)의 물질에 대한 연소반응식을 쓰시오.

(3) 2차 산화물의 명칭을 쓰시오.

해설
- 에틸알코올의 산화 단계 : C_2H_5OH(에탄올) $\rightarrow CH_3CHO$(아세트알데하이드) $\rightarrow CH_3COOH$(초산)
에탄올이 산화하면 아세트알데하이드가 되고 최종적으로 산화하면 아세트산이 된다.
- 아세트알데하이드의 연소반응식 : $2CH_3CHO + 5O_2 \rightarrow 4CO_2 + 4H_2O$

정답 (1) 아세트알데하이드
(2) $2CH_3CHO + 5O_2 \rightarrow 4CO_2 + 4H_2O$
(3) 초산(아세트산)

16 다음 그림과 같은 탱크의 내용적은 몇 m³인지 계산하시오. (5점)

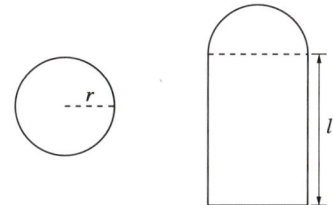

해설
원통형 탱크의 내용적 구하는 공식
내용적 $= \pi \times r^2 \times l$

정답 $\pi r^2 l$

17 다음 [보기]에서 설명하는 제1류 위험물에 대한 물음에 답하시오. (6점)

[보기]
- 강산화제이다.
- 분자량은 101, 분해온도는 400℃이다.
- 숯가루, 황을 혼합하여 흑색화약을 제조하는데 쓰인다.

(1) 화학식을 쓰시오
(2) 위험등급을 쓰시오.
(3) 분해반응식을 쓰시오.

해설
질산칼륨(KNO_3)
- 제1류 위험물 중 질산염류, 지정수량 300kg, 위험등급Ⅱ
- 무색 또는 백색의 결정 또는 분말 형태이다.
- 물, 글리세린에 녹는다.
- 알코올에는 녹지 않는다.
- 가연물과의 접촉은 매우 위험하다.
- 흑색화약(황, 숯가루, 질산칼륨을 혼합), 유리청정제 등에 쓰인다.
- 질산칼륨의 분해반응식 : $2KNO_3 \rightarrow 2KNO_2 + O_2$

정답 (1) KNO_3
(2) 위험등급Ⅱ
(3) $2KNO_3 \rightarrow 2KNO_2 + O_2$

18 다음 물질의 지정수량을 쓰시오.(5점)

(1) 황화인

(2) 적린

(3) 철분

해설
- 황화인, 적린, 황 : 제2류 위험물, 지정수량 100kg, 위험등급Ⅱ
- 철분, 금속분, 마그네슘 : 제2류 위험물, 지정수량 500kg, 위험등급Ⅲ

정답 (1) 100kg
      (2) 100kg
      (3) 500kg

19 다음 [보기]의 위험물 중 비수용성인 물질을 모두 고르시오(단 없으면 '없음'이라고 쓰시오). (5점)

[보기]
이황화탄소, 산화프로필렌, 아세톤, 등유, 초산

해설
- 이황화탄소와 등유는 물에 녹지 않는다.
- 산화프로필렌은 물에 녹으나 특수인화물은 수용성 유무에 따른 지정수량의 차이는 없다.
- 아세톤(제1석유류)과 초산(제2석유류)은 수용성 물질이다.

정답 이황화탄소, 등유

20 제4류 위험물 중 위험등급이 Ⅱ인 품명을 모두 쓰시오.(4점)

해설
제4류 위험물
- 위험등급Ⅰ : 특수인화물
- 위험등급Ⅱ : 제1석유류, 알코올류
- 위험등급Ⅲ : 제2석유류, 제3석유류, 제4석유류, 동식물유류

정답 제1석유류, 알코올류

CHAPTER 04

2023년 제1회

PART 02 위험물기능사 실기

과년도 기출복원문제

※ 실기 필답형 문제는 수험자의 기억에 의해 복원된 것입니다. 실제 시행문제와 상이할 수 있음을 알려드립니다.

01 다음 위험물의 지정수량을 쓰시오.(5점)

(1) 황화인

(2) 황

(3) 적린

(4) 마그네슘

(5) 철분

해설

제2류 위험물의 지정수량

품명	지정수량
황화인, 적린, 황	100kg
철분, 금속분, 마그네슘	500kg
인화성 고체	1,000kg

정답
(1) 100kg
(2) 100kg
(3) 100kg
(4) 500kg
(5) 500kg

02 다음 그림에 나온 탱크의 내용적(m³)을 구하시오(단, r은 1m, l은 3m, l_1, l_2는 1.5m이다).
(5점)

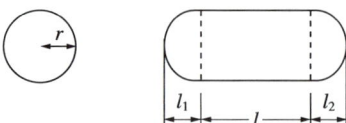

해설
원통형 탱크의 내용적 구하는 공식

$$내용적 = \pi r^2 \left(l + \frac{l_1 + l_2}{3} \right)$$

$$= \pi \times 1^2 \times \left(3 + \frac{1.5 + 1.5}{3} \right) = 12.566 ≒ 12.57 \text{m}^3$$

정답 12.57m³

03 위험물안전관리법령상 게시판에 대한 물음에 알맞은 답을 하시오.(5점)

(1) "화기엄금" 주의사항 게시판의 바탕색과 글자색을 쓰시오.

(2) "주유 중 엔진정지" 표지판의 바탕색과 글자색을 쓰시오.

정답 (1) 적색, 백색
(2) 황색, 흑색

04 다음 위험물의 구조식을 그리시오. (5점)

(1) 질산메틸

(2) TNT

(3) 피크르산

정답

(1)
```
    H   O
    |   ||
H - C - O - N - O
    |
    H
```

(2)
```
       CH₃
   O₂N    NO₂

       NO₂
```

(3)
```
       OH
   O₂N    NO₂

       NO₂
```

05 위험물안전관리법령상 제2석유류에 대한 정의이다. 다음 ( ) 안에 알맞은 답을 쓰시오. (5점)

등유, 경유, 그 밖에 1기압에서 인화점이 섭씨 ( )도 이상 ( )도 미만인 것을 말한다. 다만 도료류, 그 밖의 물품에 있어서 가연성 액체량이 ( )중량퍼센트 이하이면서 인화점이 섭씨 ( )도 이상인 동시에 연소점이 ( ) 이상인 것은 제외한다.

해설

제4류 위험물 중 제2석유류의 정의

"제2석유류"라 함은 등유, 경유 그 밖에 1기압에서 인화점이 섭씨 21도 이상 70도 미만인 것을 말한다. 다만, 도료류 그 밖의 물품에 있어서 가연성 액체량이 40중량퍼센트 이하이면서 인화점이 섭씨 40도 이상인 동시에 연소점이 섭씨 60도 이상인 것은 제외한다.

정답 21, 70, 40, 40, 60

06 제6류 위험물인 과산화수소에 대하여 물음에 알맞은 답을 쓰시오. (5점)

(1) 과산화수소가 분해하여 물과 산소가 발생하는 반응식을 쓰시오.

(2) 과산화수소 100g이 열분해할 때 생성되는 산소의 질량(g)을 구하시오.

해설
- 과산화수소(H_2O_2)의 분해반응식 : $2H_2O_2 \rightarrow 2H_2O + O_2$
- 과산화수소의 분해반응식을 참조하여 $2 \times 34g$이 분해할 때 발생하는 산소의 양(O_2)은 32g이다.
  비례식을 이용하여 계산하면 $68g : 32g = 100g : xg$
  따라서 $x = 47.06g$이 나온다.

정답 47.06g

07 다음 [보기]에 나온 위험물을 인화점이 낮은 것부터 높은 순서대로 쓰시오. (5점)

> [보기]
> 클로로벤젠, 메틸알코올, 나이트로벤젠, 산화프로필렌

해설
- 클로로벤젠 : 제2석유류, 인화점 27℃
- 메틸알코올 : 알코올류, 인화점 11℃
- 나이트로벤젠 : 제3석유류, 인화점 88℃
- 산화프로필렌 : 특수인화물, 인화점 -37℃
※ 일반적으로 제4류 위험물의 지정수량이 많아질수록 인화점이 높아지는 경향이 있다.

정답 산화프로필렌 > 메틸알코올 > 클로로벤젠 > 나이트로벤젠

08 위험물안전관리법령상 옥외저장소에 저장할 수 있는 제4류 위험물의 품명 3가지를 쓰시오. (5점)

해설
옥외저장소에 저장할 수 있는 위험물
- 제2류 위험물 중 황, 인화성 고체(단, 인화점이 0℃ 이상)
- 제4류 위험물(단, 인화점이 0℃ 이상)
  따라서 제4류 위험물 중 제1석유류(인화점이 0℃ 이상인 물질), 알코올류, 제2석유류, 제3석유류, 제4석유류, 동식물유류를 저장할 수 있다.
※ 특수인화물은 옥외저장소에 저장할 수 없다.

정답 제2석유류, 제3석유류, 제4석유류

09
동식물유류는 아이오딘값을 기준으로 건성유, 반건성유, 불건성유로 나눈다. 다음 동식물유류를 구분하는 아이오딘값의 범위를 쓰시오.(5점)

(1) 건성유

(2) 반건성유

(3) 불건성유

해설

동식물유류의 종류

구분	아이오딘값	불포화도	종류
건성유	130 이상	크다.	해바라기유, 들기름, 정어리기름, 아마인유 등
반건성유	100~130	보통	참기름, 쌀겨기름, 콩기름, 옥수수기름 등
불건성유	100 이하	작다.	피마자유, 야자유, 올리브유 등

정답 (1) 130 이상
(2) 100~130
(3) 100 이하

10
위험물안전관리법령상 제조소 등의 환기설비에 관한 내용이다. 다음 ( ) 안에 알맞은 답을 쓰시오.(5점)

(1) 환기설비는 ( )방식으로 할 것

(2) 급기구는 해당 급기구가 설치된 실의 바닥면적 ( )m^2마다 1개 이상으로 하되, 급기구의 크기는 ( )cm^2 이상으로 할 것

(3) 환기구는 지붕 위 또는 지상 ( )m 이상의 높이에 회전식 고정벤틸레이터 또는 ( )방식으로 설치할 것

해설

환기설비의 기준

- 자연배기방식
- 급기구는 해당 급기구가 설치된 실의 바닥면적 150m^2마다 1개 이상으로 하되, 급기구의 크기는 800cm^2 이상으로 할 것. 다만 바닥면적이 150m^2 미만인 경우에는 다음의 크기로 해야 한다.

바닥면적	급기구의 면적
60m^2 미만	150cm^2 이상
60m^2 이상 90m^2 미만	300cm^2 이상
90m^2 이상 120m^2 미만	450cm^2 이상
120m^2 이상 150m^2 미만	600cm^2 이상

- 급기구는 낮은 곳에 설치하고 가는 눈의 구리망 등으로 인화방지망을 설치
- 환기구는 지붕 위 또는 지상 2m 이상의 높이에 회전식 고정벤틸레이터 또는 루프팬방식으로 설치

정답 자연배기, 150, 800, 2, 루프팬

11 제1류 위험물에 대하여 다음 물음에 알맞은 답을 쓰시오.(5점)

(1) 과산화마그네슘과 염산의 반응식을 쓰시오.

(2) 과산화마그네슘과 물의 반응식을 쓰시오.

(3) 과산화마그네슘의 열분해반응식을 쓰시오.

정답 (1) $MgO_2 + 2HCl \rightarrow MgCl_2 + H_2O_2$
     (2) $2MgO_2 + 2H_2O \rightarrow 2Mg(OH)_2 + O_2$
     (3) $2MgO_2 \rightarrow 2MgO + O_2$

12 나이트로글리세린에 대하여 다음 물음에 알맞은 답을 쓰시오.(5점)

(1) 나이트로글리세린의 분해반응식에서 ( ) 안에 알맞은 수를 적으시오.
$4C_3H_5(ONO_2)_3 \rightarrow ($ $)CO_2 + 10H_2O + ($ $)N_2 + O_2$

(2) 나이트로글리세린 2mol이 분해할 경우 생성되는 CO_2의 질량(g)을 구하시오.

(3) 나이트로글리세린 90.8g이 분해할 때 생성되는 산소의 질량(g)을 구하시오.

해설
- 나이트로글리세린의 분해반응식 : $4C_3H_5(ONO_2)_3 \rightarrow 12CO_2 + 10H_2O + 6N_2 + O_2$
- 나이트로글리세린 : 이산화탄소 = 1 : 3의 비율로 반응하므로, 나이트로글리세린 2mol 반응 시 이산화탄소는 6mol이 생성된다. 이산화탄소 1mol의 질량은 44g이므로, 6mol의 질량은 6mol × 44g/mol = 264g이 된다.
- 나이트로글리세린 1mol의 질량은 227g이므로 나이트로글리세린 90.8g에 해당하는 몰수는 90.8g ÷ 227g/mol = 0.4mol이 된다.
나이트로글리세린 : 산소 = 4 : 1의 비율로 반응하므로, 나이트로글리세린 0.4mol 반응 시 0.1mol의 산소가 생성되며 이때의 산소의 양은 3.2g가 된다.

정답 (1) 12, 6
     (2) 264g
     (3) 3.2g

13
비중이 0.79인 에틸알코올 200mL와 비중이 1.0인 물 150mL를 섞은 혼합물에서 에틸알코올의 함유량(wt%)을 계산하고, 위험물질에 속하는지 판정하시오.(5점)

해설
함유량에서 wt%가 나왔기 때문에 무게를 구해야 한다.
- 비중 = 질량 / 부피, 질량 = 부피 × 비중
  - 에틸알코올의 무게 : 200 × 0.79 = 158
  - 물의 무게 : 150 × 1.0 = 150

에틸알코올과 물의 무게가 308이므로, 에틸알코올의 함유량은 $\frac{158}{308} \times 100(\%) ≒ 51.30(\%)$이 된다.
- 알코올류의 정의에서 가연성 액체량이 60wt% 미만일 경우에 위험물에서 제외되므로 위의 혼합물은 위험물이 아니다.

정답 51.30wt%, 위험물이 아니다.

14
아세트알데하이드에 대하여 물음에 알맞은 답을 쓰시오.(5점)

(1) 지정수량과 품명을 쓰시오.

(2) 아래에서 설명하는 것 중 맞는 것을 모두 고르시오.
   ① 에탄올의 산화 과정에서 생성된다.
   ② 무색 투명한 액체로 자극적인 냄새가 난다.
   ③ 구리, 은, 마그네슘 용기에 저장한다.
   ④ 물, 에터, 에탄올에 잘 녹고 고무를 녹이는 성질이 있다.

(3) 보냉장치가 없는 이동저장탱크에 저장하는 아세트알데하이드 등의 온도는 (   )℃ 이하로 유지할 것

해설
아세트알데하이드(CH_3CHO) – 지정수량 50L, 특수인화물

분자량	비점	인화점	착화점	비중	연소범위
44	21℃	-40℃	185℃	0.78	4~60%

- 무색, 투명하며 자극성의 액체이다.
- 산화하면 아세트산이 된다.
※ 산화순서 : 에틸알코올 → 아세트알데하이드 → 아세트산(초산)
- 구리, 은, 수은, 마그네슘과 접촉 시 폭발성 물질인 아세틸라이드를 생성하므로 취급 시 주의해야 한다.

- 비점이 매우 낮아(21℃) 상온에서 취급 시 주의해야 한다.
- 펠링반응, 은거울반응을 한다.
- 물, 에터, 에탄올에 잘 녹는다.
- 이동저장탱크에 저장하는 경우 보냉장치가 있는 경우 비점 이하로 저장시켜야 하고, 보냉장치가 없는 경우에는 40℃ 이하로 저장시켜야 한다.

정답 (1) 50L, 특수인화물
(2) ①, ②, ④
(3) 40

15 [보기]의 설명 중 과염소산에 대한 내용으로 옳은 것을 모두 선택하여 그 번호를 쓰시오.(5점)

[보기]
(1) 분자량은 약 78이다.
(2) 분자량은 약 63이다.
(3) 무색의 액체이다.
(4) 짙은 푸른색을 나타내는 액체이다.
(5) 농도가 36wt% 미만인 것은 위험물에 해당하지 않는다.
(6) 가열분해 시 유독한 염화수소(HCl) 가스를 발생한다.

해설

과염소산($HClO_4$) – 지정수량 300kg

분자량	융점	비중	비점
100.5	−112℃	1.76	39℃

- 무색의 액체로 유동성이 있다.
- 염소산염류 중에서 산성이 가장 세다.
- 물과 접촉하면 심하게 발열한다.
- 흡습성이 우수하여 탈수제로 사용된다.
- 공기 중에 방치하면 분해한다.
- 용기는 내산성 용기를 사용한다.
- 가연물과 격리하여 저장해야 한다.
- 물과 작용하여 6종의 고체수화물을 만든다.
- 분해반응식 : $HClO_4 \rightarrow HCl + 2O_2$

정답 (3), (6)

16 [보기]의 위험물에 대하여 다음 물음에 알맞은 답을 화학식으로 쓰시오(단, 없으면 "해당없음" 이라고 쓰시오).(5점)

> [보기]
> 질산암모늄, 질산칼륨, 과산화나트륨, 삼산화크로뮴, 염소산칼륨

(1) 이산화탄소와 반응하는 물질을 쓰시오.

(2) 흡습성이 있고 분해 시 흡열반응하는 물질 한가지를 쓰시오.

(3) 비중이 2.32로 이산화망가니즈를 촉매로 하여 가열 시 산소가 발생하는 물질을 쓰시오.

해설
- 제1류 위험물 중 무기과산화물에 속하는 과산화나트륨은 이산화탄소와 반응한다.
  $2Na_2O_2 + 2CO_2 \rightarrow 2Na_2CO_3 + O_2$
- 흡열반응을 하는 대표적인 물질은 질산암모늄이다.
- 염소산칼륨의 분해반응식 : $2KClO_3 \rightarrow 2KCl + 3O_2$

정답 (1) 과산화나트륨
(2) 질산암모늄
(3) 염소산칼륨

17 표준상태에서 메탄올 80kg이 완전 연소할 때, 필요한 공기의 양(m^3)을 구하시오(단, 공기 중 산소의 양은 21vol%이다).(5점)

해설
메틸알코올의 연소반응식 : $2CH_3OH + 3O_2 \rightarrow 2CO_2 + 4H_2O$
2몰의 메탄올이 완전 연소하려면 3mol의 산소가 필요하다.
메탄올의 분자량은 32g이고, kg 단위로 바꿔서 비례식을 만든다.
$2 \times 32kg : 3 \times 22.4m^3 = 80kg : x\,m^3$
$\therefore x = 84m^3$
공기 중 산소의 양이 21%이므로, $84 \div 0.21 = 400m^3$이 나오게 된다.

정답 $400m^3$

18 다음 위험물의 완전 연소반응식을 쓰시오(단, 연소하지 않으면 "해당없음"이라고 쓰시오).(5점)

(1) 황린

(2) 삼황화인

(3) 나트륨

(4) 과산화마그네슘

(5) 질산

해설
황린, 삼황화인, 나트륨은 연소하고 제1류, 제6류 위험물인 과산화마그네슘, 질산은 연소하지 않는다.

정답 (1) $P_4 + 5O_2 \rightarrow 2P_2O_5$
(2) $P_4S_3 + 8O_2 \rightarrow 2P_2O_5 + 3SO_2$
(3) $4Na + O_2 \rightarrow 2Na_2O$
(4) 해당없음
(5) 해당없음

19 다음 [보기]의 위험물에 대하여 다음 물음에 알맞은 답을 쓰시오.(5점)

[보기]
염소산나트륨, 질산암모늄, 과산화나트륨, 칼륨, 과망가니즈산칼륨, 아세트산

(1) 다음 보기의 위험물 중 이산화탄소와 반응하는 물질의 명칭을 쓰시오.

(2) (1)의 물질 중에서 제3류 위험물에 해당하는 물질이 이산화탄소와 반응하는 반응식을 쓰시오.

해설
과산화나트륨, 칼륨은 이산화탄소와 반응하기 때문에 소화약제로 사용할 수 없다.

정답 (1) 과산화나트륨, 칼륨
(2) $4K + 3CO_2 \rightarrow 2K_2CO_3 + C$

20 위험물안전관리법령상 이동탱크저장소의 측면틀에 대하여 물음에 알맞은 답을 쓰시오.(5점)

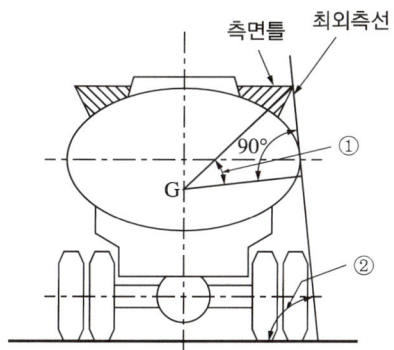

(1) ①의 각도를 쓰시오.
(2) ②의 각도를 쓰시오.

해설

이동탱크저장소 측면틀의 기준
- 탱크 뒷부분의 입면도에 있어서 측면틀의 최외측과 탱크의 최외측을 연결하는 직선(이하 "최외측선" 이라 한다)의 수평면에 대한 내각이 75° 이상이 되도록 하고, 최대수량의 위험물을 저장한 상태에 있을 때의 해당 탱크중량의 중심점과 측면틀의 최외측을 연결하는 직선과 그 중심점을 지나는 직선중 최외측선과 직각을 이루는 직선과의 내각이 35° 이상이 되도록 할 것
- 외부로부터 하중에 견딜 수 있는 구조로 할 것
- 탱크상부의 네 모퉁이에 해당 탱크의 전단 또는 후단으로부터 각각 1m 이내의 위치에 설치할 것
- 측면틀에 걸리는 하중에 의하여 탱크가 손상되지 않도록 측면틀의 부착 부분에 받침판을 설치할 것

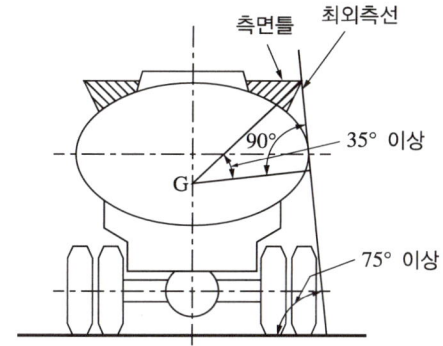

정답 (1) 35° 이상
(2) 75° 이상

CHAPTER 04

2023년 제2회 과년도 기출복원문제

※ 실기 필답형 문제는 수험자의 기억에 의해 복원된 것입니다. 실제 시행문제와 상이할 수 있음을 알려드립니다.

---

01 [보기]의 위험물을 인화점이 낮은 것부터 높은 순서대로 쓰시오.(5점)

[보기]
나이트로벤젠, 아세트알데하이드, 에틸알코올, 아세트산

해설

물질명	품명	인화점
나이트로벤젠	제3석유류	88℃
아세트알데하이드	특수인화물	−40℃
에틸알코올	알코올류	13℃
아세트산(초산)	제2석유류	40℃

정답 아세트알데하이드 < 에틸알코올 < 아세트산 < 나이트로벤젠

---

02 다음 [보기]의 물질 중 불건성유를 모두 선택하여 쓰시오(단, 없으면 "없음"이라고 쓸 것).(5점)

[보기]
야자유, 아마인유, 해바라기유, 피마자유, 올리브유

해설

구분	아이오딘값	불포화도	종류
건성유	130 이상	크다.	해바라기유, 들기름, 정어리기름, 아마인유 등
반건성유	100~130	보통	참기름, 쌀겨기름, 콩기름, 옥수수기름 등
불건성유	100 이하	작다.	피마자유, 야자유, 올리브유 등

정답 피마자유, 야자유, 올리브유

03 위험물안전관리법령상 이동탱크저장소에 대하여 다음 물음에 알맞은 답을 쓰시오. (5점)

(1) 이동탱크저장소 내부에 설치하는 칸막이의 두께 기준을 쓰시오.

(2) 이동탱크저장소 내부에 설치하는 칸막이는 몇 L 이하마다 설치해야 하는지 쓰시오.

(3) 이동탱크저장소 내부에 설치하는 방파판의 두께 기준을 쓰시오.

해설

이동저장탱크의 구조
- 이동저장탱크의 두께 : 3.2mm 이상의 강철판
- 압력탱크 외의 탱크 : 70kPa의 압력으로 10분간 수압시험
- 최대상용압력의 1.5배의 압력으로 10분간 수압시험
- 내부에 4,000L 이하마다 3.2mm 이상의 강철판으로 칸막이를 설치해야 한다.
- 칸막이로 구획된 각 부분마다 맨홀과 안전장치 및 방파판을 설치해야 한다.
※ 방파판
  - 두께 1.6mm 이상의 강철판
  - 하나의 구획 부분에 2개 이상의 방파판을 이동탱크저장소 진행방향과 평행으로 설치

정답 (1) 3.2mm 이상
(2) 4,000L 이하
(3) 1.6mm 이상

04 다음 위험물의 시성식을 쓰시오. (5점)

(1) 질산에틸

(2) 트라이나이트로벤젠

(3) 다이나이트로아닐린

해설
트라이나이트로벤젠은 제5류 나이트로화합물에 속하며, 벤젠에 나이트로기 3개가 붙은 물질이다.
2, 4-다이나이트로아닐린은 제5류 나이트로화합물에 속하며, 아닐린에 나이트로기 2개가 붙은 물질이다.
※ 3, 5-다이나이트로아닐린은 비위험물이며 2, 4-다이나이트로아닐린과 시성식은 같지만 구조식이 다르다.

정답 (1) $C_2H_5ONO_2$
(2) $C_6H_3(NO_2)_3$
(3) $C_6H_3NH_2(NO_2)_2$

05 제2류 위험물인 아연에 대하여 다음 물음에 알맞은 답을 쓰시오. (5점)

(1) 고온의 물과 반응식을 쓰시오.

(2) 황산과의 반응식을 쓰시오.

(3) 산소와의 반응식을 쓰시오.

해설

아연분(Zn) – 제2류 위험물, 금속분, 지정수량 500kg, 위험등급 Ⅲ
- 은백색의 분말이다.
- 물 또는 산과 반응한다.
- 분말 상태에서 점화원을 접촉하면 연소한다.

정답 (1) $Zn + 2H_2O \rightarrow Zn(OH)_2 + H_2$
(2) $Zn + H_2SO_4 \rightarrow ZnSO_4 + H_2$
(3) $2Zn + O_2 \rightarrow 2ZnO$

06 위험물안전관리법령에 따라 옥내저장소에 황린을 저장하고자 한다. 다음 물음에 알맞은 답을 쓰시오. (5점)

(1) 옥내저장소의 바닥면적을 쓰시오.

(2) 위험등급을 쓰시오.

(3) 황린과 함께 저장할 수 있는 위험물의 유별을 쓰시오.

해설

- 옥내저장소 하나의 저장창고의 바닥면적

위험물을 저장하는 창고의 종류	기준면적
① 제1류 위험물 중 지정수량 50kg인 위험물 ② 제3류 위험물 중 지정수량 10kg인 위험물과 황린 ③ 제4류 위험물 중 특수인화물, 제1석유류, 알코올류 ④ 제5류 위험물 중 지정수량 10kg인 위험물 ⑤ 제6류 위험물	1,000m² 이하
①~⑤ 외의 위험물을 저장하는 창고	2,000m² 이하
위의 전부에 해당하는 위험물을 내화구조의 격벽으로 완전히 구획된 실에 각각 저장하는 창고 (①~⑤의 위험물을 저장하는 실의 면적은 500m²를 초과할 수 없다)	1,500m² 이하

- 황린(P_4) – 제3류 위험물, 지정수량 20kg, 위험등급 I
- 저장의 기준(옥내저장소 또는 옥외저장소에 있어서 서로 1m 이상의 간격을 두는 경우에는 유별을 달리하는 위험물을 저장한 경우)
  - 제1류 위험물(알칼리금속의 과산화물 또는 이를 함유한 것을 제외한다)과 제5류 위험물을 저장하는 경우
  - 제1류 위험물과 제6류 위험물을 저장하는 경우
  - 제1류 위험물과 제3류 위험물 중 자연발화성 물질(황린 또는 이를 함유한 것에 한한다)을 저장하는 경우
  - 제2류 위험물 중 인화성 고체와 제4류 위험물을 저장하는 경우
  - 제3류 위험물 중 알킬알루미늄 등과 제4류 위험물(알킬알루미늄 또는 알킬리튬을 함유한 것에 한한다)을 저장하는 경우
  - 제4류 위험물 중 유기과산화물 또는 이를 함유하는 것과 제5류 위험물 중 유기과산화물 또는 이를 함유한 것을 저장하는 경우

정답 (1) 1,000m² 이하
(2) 위험등급 I
(3) 제1류 위험물

07

톨루엔 9.2g을 완전 연소시키는 데 필요한 공기는 몇 L인지 구하시오(단, 표준상태이며 공기 중 산소는 21vol%이다). (5점)

해설

톨루엔($C_6H_5CH_3$) – 제4류 위험물, 제1석유류, 분자량 92

톨루엔의 완전 연소반응식 : $C_6H_5CH_3 + 9O_2 \rightarrow 7CO_2 + 4H_2O$

톨루엔 1mol이 연소할 때 산소 9mol이 필요하다.

톨루엔 1mol의 분자량은 92g이고 9.2g은 0.1mol에 해당하므로 0.9mol의 산소가 필요하다.

따라서 0.9 × 22.4L = 20.16L, 공기 중 산소는 21%이므로 20.16 ÷ 0.21 = 96L가 된다.

정답 96L

08 [보기]의 내용에 해당하는 제4류 위험물에 대하여 다음 물음에 답을 쓰시오.(5점)

[보기]
(1) 분자량 76
(2) 비점 46℃
(3) 비중 1.26
(4) 콘크리트 수조 속에 저장한다.
(5) 연소 시 푸른빛을 낸다.

(1) 명칭을 쓰시오.

(2) 시성식을 쓰시오.

(3) 품명을 쓰시오.

(4) 지정수량을 쓰시오.

(5) 위험등급을 쓰시오.

해설

이황화탄소(CS_2) - 지정수량 50L

분자량	비점	인화점	비중	착화점	연소범위
76	46℃	-30℃	1.26	90℃	1.0~50%

- 무색, 투명한 액체이며 불순물이 있을 시 황색을 띤다.
- 알코올, 벤젠, 에터 등 유기용매에 녹는다.
- 물에 녹지 않고, 비중이 1보다 커서 물속에 저장한다.
- 연소반응식 - 연소 시 파란 불꽃을 낸다.
  $CS_2 + 3O_2 \rightarrow CO_2 + 2SO_2$
- 물(고온, 약 150℃ 이상)과의 반응식
  $CS_2 + 2H_2O \rightarrow CO_2 + 2H_2S$
- 증기는 유독하다.

정답 (1) 이황화탄소
(2) CS_2
(3) 특수인화물
(4) 50L
(5) 위험등급 I

09 위험물안전관리법령에서 정한 위험물의 운반에 관한 기준에서 다음에 나온 위험물이 지정수량 이상일 때 혼재가 가능한 위험물을 모두 쓰시오.(5점)

(1) 제1류 위험물

(2) 제2류 위험물

(3) 제3류 위험물

(4) 제4류 위험물

(5) 제5류 위험물

해설

유별을 달리하는 위험물의 혼재기준(위험물안전관리법 시행규칙 별표 19)

위험물의 구분	제1류	제2류	제3류	제4류	제5류	제6류
제1류		×	×	×	×	○
제2류	×		×	○	○	×
제3류	×	×		○	×	×
제4류	×	○	○		○	×
제5류	×	○	×	○		×
제6류	○	×	×	×	×	

※ 245, 34, 61로 암기한다. 같이 있는 숫자끼리 혼재 가능하다.

정답 (1) 제6류 위험물

(2) 제4류 위험물, 제5류 위험물

(3) 제4류 위험물

(4) 제2류 위험물, 제3류 위험물, 제5류 위험물

(5) 제2류 위험물, 제4류 위험물

10 제3류 위험물인 탄화칼슘에 대하여 다음 물음에 알맞은 답을 쓰시오.(5점)

(1) 탄화칼슘이 물과 반응하여 생성되는 기체의 완전 연소반응식을 쓰시오.

(2) 탄화칼슘을 취급하는 제조소에 설치해야 하는 주의사항 게시판의 바탕색과 문자색을 쓰시오.

해설

탄화칼슘(CaC_2) – 제3류 위험물, 금수성 물질, 지정수량 300kg, 위험등급Ⅲ

- 탄화칼슘과 물의 반응식 : $CaC_2 + 2H_2O \rightarrow Ca(OH)_2 + C_2H_2$(아세틸렌)
  아세틸렌(C_2H_2)의 연소반응식 : $2C_2H_2 + 5O_2 \rightarrow 4CO_2 + 2H_2O$
- 탄화칼슘은 금수성 물질이므로 "물기엄금"이라고 적힌 게시판을 부착해야 한다. "물기엄금"을 표시하는 것에 있어서는 청색 바탕에 백색 문자로, "화기주의" 또는 "화기엄금"을 표시하는 것에 있어서는 적색 바탕에 백색 문자로 할 것

정답 (1) $2C_2H_2 + 5O_2 \rightarrow 4CO_2 + 2H_2O$
  (2) 바탕색 : 청색
    문자색 : 백색

11 다음 위험물의 지정수량을 각각 쓰시오.(5점)

(1) 염소산염류

(2) 질산염류

(3) 다이크로뮴산염류

해설

제1류 위험물의 종류

성질	품명	지정수량	위험등급
산화성 고체	아염소산염류	50kg	Ⅰ
	염소산염류		
	과염소산염류		
	무기과산화물		
	브로민산염류	300kg	Ⅱ
	질산염류		
	아이오딘산염류		
	과망가니즈산염류	1,000kg	Ⅲ
	다이크로뮴산염류		
	그 밖에 행정안전부령으로 정하는 것	50kg, 300kg, 1,000kg	Ⅰ, Ⅱ, Ⅲ

정답 (1) 50kg
  (2) 300kg
  (3) 1,000kg

12 제2종 분말소화약제인 탄산수소칼륨 소화약제에 대하여 다음 물음에 알맞은 답을 쓰시오. (5점)

(1) 190℃에서 분해되는 반응식을 쓰시오.

(2) 탄산수소칼륨 200kg이 분해할 경우 생성되는 이산화탄소의 부피(m^3)를 구하시오(단, 1기압이며 200℃이다).

해설

제2종 분말소화약제

- 1차 분해반응식(190℃)

  $2KHCO_3 \rightarrow K_2CO_3 + CO_2 + H_2O$

- 2차 분해반응식(590℃)

  $2KHCO_3 \rightarrow K_2O + 2CO_2 + H_2O$

탄산수소칼륨($KHCO_3$)의 분자량은 100이다. 위 반응식에 따라 2mol의 탄산수소칼륨이 분해할 때 1mol의 이산화탄소가 생성된다. 따라서 200kg이 분해할 때 이산화탄소 1mol이 나오고 그 부피는 22.4m^3이 된다.

온도를 보정해주면 $V = 22.4m^3 \times \dfrac{473K}{273K} = 38.81m^3$ 이 나오게 된다.

정답 (1) $2KHCO_3 \rightarrow K_2CO_3 + CO_2 + H_2O$
(2) 38.81m^3

13 다음 [표]의 빈칸을 채우시오. (5점)

물질명	화학식	품명
에탄올		알코올류
에틸렌글라이콜		
	$C_3H_5(OH)_3$	

정답

물질명	화학식	품명
에탄올	C_2H_5OH	알코올류
에틸렌글라이콜	$C_2H_4(OH)_2$	제3석유류
글리세린	$C_3H_5(OH)_3$	제3석유류

14 [보기]의 물질을 보고 다음 물음에 알맞은 답을 쓰시오(단, 두가지가 포함되면 모두 쓰시오). (5점)

> [보기]
> 염소산칼륨, 적린, 질산나트륨, 아세톤, 과산화수소, 철분

(1) 차광성 덮개로 덮어야 하는 위험물을 모두 쓰시오.

(2) 방수성 덮개로 덮어야 하는 위험물을 모두 쓰시오.

해설

적재하는 위험물의 성질에 따른 조치

- 차광성이 있는 것으로 피복
  - 제1류 위험물
  - 제3류 위험물 중 자연발화성 물질
  - 제4류 위험물 중 특수인화물
  - 제5류 위험물
  - 제6류 위험물
- 방수성이 있는 것으로 피복
  - 제1류 위험물 중 알칼리금속의 과산화물
  - 제2류 위험물 중 철분·금속분·마그네슘
  - 제3류 위험물 중 금수성 물질

정답 (1) 염소산칼륨, 질산나트륨, 과산화수소
(2) 철분

15 [보기]에서 설명하는 위험물에 대하여 다음 물음에 알맞은 답을 쓰시오.(5점)

> [보기]
> (1) 제4류 위험물
> (2) 분자량 60
> (3) 지정수량 2,000L
> (4) 저장 시 강산화제, 알칼리금속의 접촉을 금한다.

(1) 연소할 경우 생성되는 물질 2가지를 쓰시오.

(2) Zn과 반응할 경우 생성되는 가연성 기체의 명칭을 쓰시오.

(3) 해당 물질의 수용성, 비수용성 여부를 쓰시오.

해설
초산(CH_3COOH, 아세트산) – 수용성, 지정수량 2,000L, 인화점 40℃
- 무색, 투명한 액체 상태이고 자극성 향이 난다.
- 물에 잘 녹으며 융점(어는점)이 16.2℃로 고체 상태가 되면 빙초산이라고 한다.
- 초산의 3~5%의 수용액을 식초라고 한다.
- 피부와 접촉하면 화상의 위험이 있으므로 취급 시 주의해야 한다.
- 저장용기는 내산성 용기를 사용한다.
- 일부 금속과 반응하여 수소를 발생시킨다.

정답 (1) 이산화탄소, 물
 (2) 수소
 (3) 수용성

16 그림과 같은 위험물 저장탱크의 내용적은 몇 m³인지 구하시오(단, r은 3m, l_1, l_2는 0.5m, l은 5m이다).(5점)

 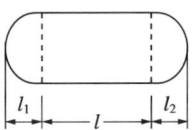

해설
원통형 탱크의 내용적 구하는 공식

$$\text{내용적} = \pi r^2 \left(l + \frac{l_1 + l_2}{3} \right)$$

$$= \pi \times 3^2 \times \left(5 + \frac{0.5 + 0.5}{3} \right) = 150.796 \fallingdotseq 150.80 \text{m}^3$$

정답 150.80m³

17 다음 위험물의 연소반응식을 쓰시오.(5점)

(1) 아세트알데하이드

(2) 벤젠

(3) 메탄올

정답 (1) $2CH_3CHO + 5O_2 \rightarrow 4CO_2 + 4H_2O$
(2) $2C_6H_6 + 15O_2 \rightarrow 12CO_2 + 6H_2O$
(3) $2CH_3OH + 3O_2 \rightarrow 2CO_2 + 4H_2O$

18 위험물안전관리법령에 따른 소화설비 적응성에 관한 내용이다. 다음 제2류 위험물의 화재 발생 시 소화설비의 적응성이 있는 경우 빈칸에 ○표를 하시오.(5점)

소화설비의 구분		대상물의 구분	건축물 · 그 밖의 공작물	전기설비	제1류 위험물		제2류 위험물			제3류 위험물		제4류 위험물	제5류 위험물	제6류 위험물
					알칼리금속 과산화물 등	그 밖의 것	철분 · 금속분 · 마그네슘 등	인화성 고체	그 밖의 것	금수성 물품	그 밖의 것			
옥내소화전 또는 옥외소화전설비														
스프링클러설비														
물분무 등 소화설비	물분무소화설비													
	포소화설비													
	불활성가스소화설비													
	할로젠화합물소화설비													

해설

소화설비의 적응성

소화설비의 구분			대상물의 구분	건축물·그 밖의 공작물	전기설비	제1류 위험물		제2류 위험물			제3류 위험물		제4류 위험물	제5류 위험물	제6류 위험물
						알칼리금속 과산화물 등	그 밖의 것	철분·금속분·마그네슘 등	인화성고체	그 밖의 것	금수성물품	그 밖의 것			
옥내소화전설비 또는 옥외소화전설비				○			○		○	○		○		○	○
스프링클러설비				○			○		○	○		○	△	○	○
물분무 등 소화설비	물분무소화설비			○	○		○		○	○		○	○	○	○
	포소화설비			○			○		○	○		○	○	○	○
	불활성가스소화설비				○				○				○		
	할로젠화합물소화설비				○				○				○		
	분말 소화 설비	인산염류 등		○	○		○		○	○			○		○
		탄산수소염류 등			○	○		○	○			○	○		
		그 밖의 것				○		○				○			

정답 해설 표 참조

19 비중이 1.45이고 농도가 80wt%인 질산용액 1L에 대하여 다음 물음에 알맞은 답을 쓰시오. (5점)

(1) HNO_3의 질량(g)을 구하시오.

(2) 이 물질을 10wt%(중량퍼센트)로 만들려면 물 몇 g을 첨가해야 하는지 구하시오.

해설

질산용액이 1L가 있고 비중이 1.45이므로 1.45kg으로 기준을 잡고 농도 80wt%를 계산하면 질산의 질량은 1.45 × 0.8 = 1.16kg = 1,160g이 된다.
1,450g 중 질산 1,160g과 물 290g이 있는 상태이다. 질산용액의 농도를 10wt%로 만드려면 질산 : 물 = 1 : 9의 비율로 만들어 주면 되고, 질산의 양이 1,160g이므로 물의 양을 10,440g으로 맞추어 넣으면 된다. 이미 물이 290g이 있었으므로 첨가해야 할 물의 양은 10,440-290 = 10,150g이 된다.

정답 (1) 1,160g
(2) 10,150g

20 위험물안전관리법령에서 정한 지하탱크저장소의 기준에 대해 알맞은 답을 쓰시오. (5점)

(1) 지면에서부터 통기관의 높이를 쓰시오.

(2) 지하저장탱크 윗부분과 지면까지의 거리를 쓰시오.

(3) 지하저장탱크의 두께는 얼마 이상으로 해야 하는지 쓰시오.

(4) 지하저장탱크와 탱크전용실과의 거리를 쓰시오.

(5) 탱크의 주위에 채워야 하는 물질을 쓰시오.

해설

지하탱크저장소의 설치기준
- 지면하에 설치된 탱크전용실에 설치
- 탱크전용실은 지하의 가장 가까운 벽·피트·가스관 등의 시설물 및 대지경계선으로부터 0.1m 이상 떨어진 곳에 설치
- 지하저장탱크와 탱크전용실의 안쪽과의 사이는 0.1m 이상의 간격을 유지
- 해당 탱크의 주위에 마른 모래 또는 습기 등에 의하여 응고되지 않는 입자지름 5mm 이하의 마른 자갈분을 채워야 한다.
- 지하저장탱크의 윗부분은 지면으로부터 0.6m 이상 아래에 있어야 한다.
- 지하저장탱크를 2 이상 인접해 설치하는 경우에는 그 상호 간에 1m(해당 2 이상의 지하저장탱크의 용량의 합계가 지정수량의 100배 이하인 때에는 0.5m) 이상의 간격을 유지해야 한다.
- 지하저장탱크의 두께 : 3.2mm 이상의 강철판
- 밸브 없는 통기관은 지하저장탱크의 윗부분에 연결하고 지상 4m 위에 설치한다.

정답 (1) 4m 이상
 (2) 0.6m 이상
 (3) 3.2mm 이상
 (4) 0.1m 이상
 (5) 마른 모래 또는 습기 등에 의하여 응고되지 않는 입자지름 5mm 이하의 마른 자갈분

CHAPTER 04
2023년 제4회 과년도 기출복원문제

※ 실기 필답형 문제는 수험자의 기억에 의해 복원된 것입니다. 실제 시행문제와 상이할 수 있음을 알려드립니다.

01 가솔린, 아세톤, 톨루엔, 벤젠의 인화점을 낮은 것부터 높은 순으로 쓰시오.(5점)

해설

물질명	품명	인화점
가솔린	제1석유류	−43℃
아세톤	제1석유류(수용성)	−18.5℃
톨루엔	제1석유류	4℃
벤젠	제1석유류	−11℃

정답 가솔린 < 아세톤 < 벤젠 < 톨루엔

02 방향족 탄화수소인 BTX에 대하여 다음 각 물음에 답하시오.(5점)

(1) BTX는 무엇의 약자인지 각각 쓰시오.

(2) T에 해당하는 물질의 구조식을 그리시오.

해설

B : Benzene, T : Toluene, X : Xylene
벤젠과 톨루엔은 제1석유류이고, 자일렌은 제2석유류이다.

정답 (1) B : Benzene, T : Toluene, X : Xylene

(2)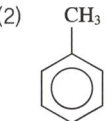

03 아연에 대하여 다음 물음에 알맞은 답을 쓰시오. (5점)

(1) 아연과 물의 반응식을 쓰시오.

(2) 아연과 염산이 반응할 때 생성되는 기체의 명칭을 쓰시오.

해설

아연(Zn)의 반응식
- 물과의 반응식 : $Zn + 2H_2O \rightarrow Zn(OH)_2 + H_2$
- 염산과의 반응식 : $Zn + 2HCl \rightarrow ZnCl_2 + H_2$

정답 (1) $Zn + 2H_2O \rightarrow Zn(OH)_2 + H_2$
   (2) 수소

04 제3류 위험물인 탄화알루미늄에 대하여 다음 물음에 알맞은 답을 쓰시오. (5점)

(1) 탄화알루미늄이 물과 반응하는 반응식을 쓰시오.

(2) (1)에서 생성되는 기체의 연소반응식을 쓰시오.

해설

탄화알루미늄은 금수성 물질로 물과 반응하여 가연성 가스인 메테인을 생성한다. 메테인은 가연성 가스로 연소한다.
- 탄화알루미늄(Al_4C_3)과 물의 반응식 : $Al_4C_3 + 12H_2O \rightarrow 4Al(OH)_3 + 3CH_4$
- 메테인의 연소반응식 : $CH_4 + 2O_2 \rightarrow CO_2 + 2H_2O$

정답 (1) $Al_4C_3 + 12H_2O \rightarrow 4Al(OH)_3 + 3CH_4$
   (2) $CH_4 + 2O_2 \rightarrow CO_2 + 2H_2O$

05 다음 [보기]의 물질에 대하여 산성의 세기가 작은 것부터 센 것 순으로 쓰시오. (5점)

[보기]
$HClO, HClO_2, HClO_3, HClO_4$

해설

염소산에서 산소의 개수가 많아질수록 산성의 세기가 세진다.

정답 $HClO < HClO_2 < HClO_3 < HClO_4$

06 다음 분말소화약제의 주성분을 화학식으로 쓰시오.(5점)

(1) 제1종 분말소화약제
(2) 제2종 분말소화약제
(3) 제3종 분말소화약제

해설

분말소화약제의 종류

종류	주성분	적응화재	분말의 색
제1종 분말	$NaHCO_3$	B, C급	백색
제2종 분말	$KHCO_3$	B, C급	담회색
제3종 분말	$NH_4H_2PO_4$	A, B, C급	담홍색
제4종 분말	$KHCO_3+(NH_2)_2CO$	B, C급	회백색

정답
(1) $NaHCO_3$
(2) $KHCO_3$
(3) $NH_4H_2PO_4$

07 위험물안전관리법령에서 정한 그림과 같은 탱크의 내용적을 구하시오(단, r은 1m, l_1, l_2는 1.5m, l은 5m이다).(5점)

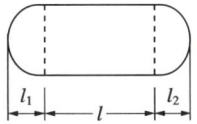

해설

원통형 탱크의 내용적 구하는 공식

$$내용적 = \pi r^2 \left(l + \frac{l_1 + l_2}{3} \right)$$
$$= \pi \times 1^2 \times \left(5 + \frac{1.5 + 1.5}{3} \right) = 18.849 \fallingdotseq 18.85 m^3$$

정답 $18.85 m^3$

08 다음 [보기]는 제4류 위험물에 대한 내용이다. 물음에 알맞은 답을 쓰시오.(5점)

[보기]
(1) 인화점이 -37℃, 비점이 35℃이다.
(2) 저장용기는 구리, 마그네슘, 수은으로 된 용기를 사용할 수 없다.
(3) 흡입할 경우 유해한 성분으로 인해 폐수종의 위험이 있다.
(4) 무색 투명한 수용성의 액체이다.

(1) 명칭을 쓰시오.

(2) 지정수량을 쓰시오.

(3) 보냉장치가 없는 이동저장탱크에 해당 물질을 저장할 경우 해당 위험물의 온도는 몇 ℃ 이하로 유지해야 하는지 쓰시오.

해설

산화프로필렌(CH_3CHCH_2O) - 지정수량 50L

분자량	비점	인화점	착화점	비중
58	35℃	-37℃	약 449℃	0.82

- 무색의 휘발성 액체이다.
- 물, 알코올, 벤젠 등에 잘 녹는다.
- 구리, 은, 수은, 마그네슘과 접촉 시 폭발성 물질인 아세틸라이드를 생성하므로 취급 시 주의해야 한다.
- 이동저장탱크에 저장 시 보냉장치가 있는 경우에는 비점 이하로, 보냉장치가 없는 경우에는 40℃ 이하로 유지해야 한다.

정답 (1) 산화프로필렌
(2) 50L
(3) 40℃ 이하

09 [보기] 위험물의 품명을 지정수량이 작은 것부터 큰 것 순으로 나열하시오.(5점)

[보기]
칼륨, 과망가니즈산염류, 알칼리토금속, 나이트로화합물, 금속의 인화물, 철분

해설

품명	유별	지정수량	위험등급
칼륨	제3류 위험물	10kg	I
과망가니즈산염류	제1류 위험물	1,000kg	III
알칼리토금속	제3류 위험물	50kg	II
나이트로화합물	제5류 위험물	100kg	II
금속의 인화물	제3류 위험물	300kg	III
철분	제2류 위험물	500kg	III

정답 칼륨 < 알칼리토금속 < 나이트로화합물 < 금속의 인화물 < 철분 < 과망가니즈산염류

10 비중이 0.8인 메틸알코올 200L가 완전 연소할 때, 다음 물음에 알맞은 답을 쓰시오.(5점)

(1) 필요한 이론산소량(kg)을 구하시오.

(2) 생성되는 이산화탄소의 부피(L)를 구하시오.

해설

- 메틸알코올의 완전 연소반응식 : $2CH_3OH + 3O_2 \rightarrow 2CO_2 + 4H_2O$

  비중이 0.8인 메틸알코올 200L의 무게는 $0.8 \times 200 = 160kg$이 된다.

  메틸알코올의 분자량은 32이고 연소반응식에 따라 $2 \times 32kg$이 연소할 때 산소는 $3 \times 32kg$이 필요하게 된다.

  $2 \times 32kg(64kg) : 3 \times 32kg(96kg) = 160kg : x\,kg$

  $\therefore x = \dfrac{96 \times 160}{64} = 240kg$

- 메탄올의 완전 연소반응식을 이용하여 이산화탄소의 부피를 구해보면, 2mol의 메탄올이 완전 연소하면 2mol의 이산화탄소가 생성된다.

  $2 \times 32kg : 2 \times 22.4m^3 : 160kg : x\,m^3$

  $\therefore x = \dfrac{44.8 \times 160}{64} = 112m^3$

  $1m^3 = 1,000L$이므로 $112m^3$를 L로 바꿔주면 112,000L가 된다.

정답 (1) 240kg

(2) 112,000L

11 다음 위험물의 저장량이 지정수량의 이상일 때 혼재해서는 안 되는 위험물을 모두 쓰시오(단, 지정수량의 10배 이상이다).(5점)

(1) 제2류 위험물

(2) 제3류 위험물

(3) 제4류 위험물

(4) 제5류 위험물

(5) 제6류 위험물

해설

유별을 달리하는 위험물의 혼재기준(위험물안전관리법 시행규칙 별표 19)

위험물의 구분	제1류	제2류	제3류	제4류	제5류	제6류
제1류		×	×	×	×	○
제2류	×		×	○	○	×
제3류	×	×		○	×	×
제4류	×	○	○		○	×
제5류	×	○	×	○		×
제6류	○	×	×	×	×	

※ 245, 34, 61로 암기한다. 같이 있는 숫자끼리 혼재 가능하다.

정답 (1) 제1류 위험물, 제3류 위험물, 제6류 위험물
(2) 제1류 위험물, 제2류 위험물, 제5류 위험물, 제6류 위험물
(3) 제1류 위험물, 제6류 위험물
(4) 제1류 위험물, 제3류 위험물, 제6류 위험물
(5) 제2류 위험물, 제3류 위험물, 제4류 위험물, 제5류 위험물

12 옥외탱크저장소에 휘발유를 저장하고자 한다. 이때 옥외저장탱크의 방유제에 대하여 다음 각 물음에 답하시오. (5점)

(1) 높이를 쓰시오.

(2) 두께를 쓰시오.

(3) 지하매설 깊이를 쓰시오.

(4) 방유제 내의 면적을 쓰시오.

(5) 방유제 내에 설치하는 탱크 수를 쓰시오.

해설
옥외저장탱크의 방유제(이황화탄소는 제외)
- 탱크가 하나인 때 : 탱크 용량의 110% 이상[인화성이 없는 액체위험물일 경우 100%(제6류 위험물)]
- 2기 이상인 때 : 둘 중 용량이 최대인 것의 110% 이상[인화성이 없는 액체위험물일 경우 100%(제6류 위험물)]
- 방유제의 높이 : 0.5m 이상, 3m 이하, 두께 0.2m 이상, 지하매설 깊이 1m 이상으로 할 것
- 방유제 내의 면적은 8만m^2 이하로 할 것
- 방유제 내의 설치하는 옥외저장탱크의 수는 10(방유제 내에 설치하는 모든 옥외저장탱크의 용량이 20만L 이하이고, 해당 옥외저장탱크에 저장 또는 취급하는 위험물의 인화점이 70℃ 이상 200℃ 미만인 경우에는 20) 이하로 할 것. 다만, 인화점이 200℃ 이상인 위험물을 저장 또는 취급하는 옥외저장탱크에 있어서는 그렇지 않다.
- 방유제 외면의 1/2 이상은 자동차 등이 통행할 수 있는 3m 이상의 노면폭을 확보한 구내도로에 직접 접하도록 할 것
- 방유제는 옥외저장탱크의 지름에 따라 탱크 옆판으로부터 다음에 정하는 거리를 유지
  - 지름이 15m 미만인 경우에는 탱크 높이의 1/3 이상
  - 지름이 15m 이상인 경우에는 탱크 높이의 1/2 이상
- 간막이의 둑은 흙 또는 철근콘크리트로 할 것
- 방유제 내부에 고인 물을 외부로 배출하기 위한 배수구를 설치, 또한 이를 개폐하는 밸브 등을 방유제의 외부에 설치할 것
- 계단 및 경사로 : 높이가 1m를 넘는 방유제 및 간막이 둑의 안팎에는 방유제 내에 출입하기 위한 계단 또는 경사로를 50m마다 설치할 것

정답
(1) 0.5m 이상, 3m 이하
(2) 0.2m 이상
(3) 1m 이상
(4) 80,000m^2 이하
(5) 10기 이하

13 다음에 나오는 위험물이 물과 반응하였을 때 생성되는 기체의 명칭을 쓰시오(단, 없으면 "해당없음"으로 표기하시오).(5점)

(1) 과산화나트륨

(2) 과염소산나트륨

(3) 질산나트륨

(4) 과망가니즈산칼륨

(5) 브로민산칼륨

> **해설**
> 위 물질들은 전부 제1류 위험물에 속한다. 무기과산화물을 제외한 나머지 물질은 물과 반응하지 않는다. 무기과산화물은 물과 반응하여 산소를 방출한다.

정답 (1) 산소
(2) 해당없음
(3) 해당없음
(4) 해당없음
(5) 해당없음

14 위험물안전관리법령상 알코올류의 관한 정의에 대한 내용이다. 다음 ( ) 안에 알맞은 수치를 쓰시오.(5점)

> "알코올류"라 함은 1분자를 구성하는 탄소원자의 수가 1개부터 ( )개까지인 포화 ( )가 알코올(변성알코올을 포함한다)을 말한다. 단, 다음 중 어느 하나에 해당하는 것은 제외한다.
> (1) 1분자를 구성하는 탄소원자의 수가 1개 내지 3개의 포화 1가 알코올의 함유량이 ( )중량퍼센트 미만인 수용액
> (2) 가연성 액체량이 ( )중량퍼센트 미만이고 인화점 및 연소점이 에틸알코올 ( )중량퍼센트 수용액의 인화점 및 연소점을 초과하는 것

> **해설**
> **알코올류** : 1분자를 구성하는 탄소원자의 수가 1개부터 3개까지인 포화1가 알코올(변성알코올을 포함한다)을 말한다. 다만, 다음에 해당하는 것은 제외한다.
> • 1분자를 구성하는 탄소원자의 수가 1개 내지 3개의 포화1가 알코올의 함유량이 60중량퍼센트 미만인 수용액
> • 가연성 액체량이 60중량퍼센트 미만이고 인화점 및 연소점(태그개방식인화점측정기에 의한 연소점을 말한다)이 에틸알코올 60중량퍼센트 수용액의 인화점 및 연소점을 초과하는 것

정답 3, 1, 60, 60, 60

15 다음 위험물의 연소반응식을 쓰시오.(5점)

(1) 삼황화인

(2) 오황화인

해설
황화인은 연소하여 이산화황과 오산화인을 생성한다.

정답 (1) $P_4S_3 + 8O_2 \rightarrow 2P_2O_5 + 3SO_2$
(2) $2P_2S_5 + 15O_2 \rightarrow 2P_2O_5 + 10SO_2$

16 다음 [보기]의 위험물에 대하여 위험등급에 따라 각각 구분하시오(단, 없으면 "해당없음"이라고 표기하시오).(5점)

[보기]
아염소산염류, 염소산염류, 과염소산염류, 황화인, 적린, 황, 질산에스터류

(1) Ⅰ등급

(2) Ⅱ등급

(3) Ⅲ등급

정답 (1) 아염소산염류, 염소산염류, 과염소산염류, 질산에스터류
(2) 황화인, 적린, 황
(3) 해당없음

17 불연성기체 10wt%와 탄소 90wt%로 이루어진 물질이 1kg이 있다. 위 물질이 완전 연소할 때 필요한 산소의 부피(L)를 구하시오.(5점)

해설
탄소의 연소반응식 : $C + O_2 \rightarrow CO_2$, 탄소 1mol이 연소하기 위해서는 산소 1mol이 필요하다. 불연성기체는 연소하지 않으므로 탄소 90wt%의 무게를 계산하면 $0.9 \times 1,000g(1kg) = 900g$이 나온다. 900g은 탄소의 원자량(12)으로 나누면 75mol이 되며, 탄소와 산소는 1 : 1의 비율로 반응한다. 따라서, 탄소 75mol이 연소할 때 필요한 산소의 부피는 $22.4L \times 75 = 1,680L$가 된다.

정답 1,680L

18 위험물안전관리법령상 위험물을 운송하는 경우 위험물안전관리카드를 휴대해야 하는 위험물의 유별 3가지를 쓰시오(단, 위험물의 유별에 품명이 구분되는 경우 품명까지 적으시오).(5점)

> [해설]
> 위험물(제4류 위험물에 있어서는 특수인화물 및 제1석유류에 한한다)을 운송하게 하는 자는 별지 제48호 서식의 위험물안전카드를 위험물운송자로 하여금 휴대하게 할 것. 따라서, 제1류, 제2류, 제3류, 제5류, 제6류 위험물을 운송할 때는 위험물안전카드를 휴대해야 하고, 제4류의 경우에는 특수인화물과 제1석유류를 운송할 때에 한한다.

> [정답] 제1류 위험물, 제2류 위험물, 제3류 위험물

19 위험물안전관리법령상 위험물의 운반에 관한 기준이다. 다음에 나오는 항목을 보고 운반용기 외부에 표시해야 하는 주의사항을 모두 쓰시오(단, 없으면 "해당없음"이라고 표기하시오).(5점)

(1) 제2류 위험물 중 인화성 고체

(2) 제4류 위험물

(3) 제5류 위험물

> [해설]
> **운반용기 외부의 표시사항**
> - 품명·위험등급·화학명 및 수용성(제4류 위험물 중 수용성인 것에 한함)
> - 위험물의 수량
> - 주의사항
>   - 제1류 위험물
>   ⓐ 알칼리금속의 과산화물 : 화기·충격주의, 물기엄금, 가연물접촉주의
>   ⓑ 그 밖의 것 : 화기·충격주의, 가연물접촉주의
>   - 제2류 위험물
>   ⓐ 철분·금속분·마그네슘 : 화기주의, 물기엄금
>   ⓑ 인화성 고체 : 화기엄금
>   ⓒ 그 밖의 것 : 화기주의
>   - 제3류 위험물
>   ⓐ 자연발화성 물질 : 화기엄금, 공기접촉엄금
>   ⓑ 금수성 물질 : 물기엄금
>   - 제4류 위험물 : 화기엄금
>   - 제5류 위험물 : 화기엄금, 충격주의
>   - 제6류 위험물 : 가연물접촉주의

> [정답] (1) 화기엄금
> (2) 화기엄금
> (3) 화기엄금, 충격주의

20 과염소산칼륨 50kg이 완전 분해할 경우 다음 물음에 알맞은 답을 쓰시오(단, 0℃, 1기압이다).
(5점)

(1) 생성되는 산소의 부피(m^3)를 구하시오.

(2) 생성되는 산소의 질량(kg)을 구하시오.

해설

과염소산칼륨의 분해반응식 : $KClO_4 \rightarrow KCl + 2O_2$

- 과염소산($KClO_4$)의 분자량은 138.5이고 과염소산 1mol이 분해하면 산소 2mol이 나온다.
  비례식을 이용하여 산소의 부피를 구한다.
  $138.5\text{kg} : 2 \times 22.4\text{m}^3 : 50\text{kg} : x\text{m}^3$
  $\therefore x = \dfrac{44.8 \times 50}{138.5} = 16.173 ≒ 16.17\text{m}^3$

- 위와 같은 방식으로 비례식을 이용하여 산소의 질량을 구한다.
  $138.5\text{kg} : 2 \times 32\text{kg} : 50\text{kg} : x\text{kg}$
  $\therefore x = \dfrac{64 \times 50}{138.5} = 23.104 ≒ 23.10\text{kg}$

정답 (1) 16.17m^3
(2) 23.10kg

CHAPTER 04

2024년 제1회 과년도 기출복원문제

PART 02 위험물기능사 실기

※ 실기 필답형 문제는 수험자의 기억에 의해 복원된 것입니다. 실제 시행문제와 상이할 수 있음을 알려드립니다.

01 표준상태에서 1kg의 황이 완전 연소하기 위해 필요한 공기의 부피[L]는 얼마인가?(단, 황의 분자량은 32이고, 공기 중의 산소는 21% 존재한다)(5점)

해설

황의 연소반응식 : $S + O_2 \rightarrow SO_2$

황 32g이 연소하기 위해서 산소 32g이 필요하다. 산소 32g은 1몰이고 표준상태에서 기체 1몰의 부피는 22.4L가 된다. 비례식을 이용하여 황 1,000g(1kg)이 연소할 때 필요한 산소의 부피를 구하면 32 : 22.4 = 1,000 : x, x = 700이 나오게 된다. 이 값을 0.21로 나누어 주면 필요한 공기의 부피가 나온다.

정답 3,333.33L

02
위험물안전관리법령에 따른 판매취급소의 시설기준에 관한 내용이다. 다음 물음에 알맞은 답을 쓰시오. (5점)

(1) 제1종 판매취급소는 저장 또는 취급하는 위험물의 수량이 지정수량의 (　) 이하인 판매 취급소를 말한다.

(2) 위험물의 배합하는 실의 면적을 쓰시오.

(3) 출입구 문턱의 높이는 바닥면으로부터 몇 m 이상으로 하여야 하는지 쓰시오.

해설
판매취급소의 구분
- 제1종 판매취급소 : 저장 또는 취급하는 위험물의 수량이 20배 이하
- 제2종 판매취급소 : 저장 또는 취급하는 위험물의 수량이 40배 이하

판매취급소의 기준(제1종 판매취급소)
(1) 제1종 판매취급소는 건축물의 1층에 설치
(2) 게시판 : "위험물 판매취급소"라는 표시를 한 표지, 그 외는 제조소와 동일
(3) 제1종 판매취급소의 용도로 사용되는 건축물의 부분은 내화구조 또는 불연재료로 하고, 판매취급소로 사용되는 부분과 다른 부분과의 격벽은 내화구조
(4) 보, 천장 : 불연재료
(5) 제1종 판매취급소의 용도로 사용하는 부분에 상층이 있는 경우에 있어서는 그 상층의 바닥을 내화구조로 하고, 상층이 없는 경우에 있어서는 지붕을 내화구조 또는 불연재료로 할 것
(6) 제1종 판매취급소의 용도로 사용하는 부분의 창 및 출입구에는 60분+방화문·60분 방화문 또는 30분 방화문을 설치할 것
(7) 제1종 판매취급소의 용도로 사용하는 부분의 창 또는 출입구에 유리를 이용하는 경우에는 망입유리로 할 것
(8) 위험물을 배합하는 실의 기준
　① 바닥면적은 $6m^2$ 이상 $15m^2$ 이하
　② 내화구조 또는 불연재료로 된 벽으로 구획할 것
　③ 바닥은 위험물이 침투하지 아니하는 구조로 하여 적당한 경사를 두고 집유설비를 할 것
　④ 출입구에는 수시로 열 수 있는 자동폐쇄식의 60분+방화문 또는 60분 방화문을 설치할 것
　⑤ 출입구 문턱의 높이 : 0.1m 이상
　⑥ 내부에 체류한 가연성의 증기 또는 가연성의 미분을 지붕 위로 방출하는 설비를 할 것

정답
(1) 20배
(2) 바닥면적 $6m^2$ 이상 $15m^2$ 이하
(3) 0.1m 이상

03 위험물안전관리법령에서 정한 자체소방대 설치에 관한 기준이다. 빈칸에 알맞은 답을 쓰시오. (5점)

사업소의 구분	화학소방자동차	자체 소방대원의 수
제조소 또는 일반취급소에서 취급하는 제4류 위험물의 최대수량의 합이 지정수량의 3천배 이상 12만배 미만인 사업소	1대	(1)
제조소 또는 일반취급소에서 취급하는 제4류 위험물의 최대수량의 합이 지정수량의 12만배 이상 24만배 미만인 사업소	2대	10인
제조소 또는 일반취급소에서 취급하는 제4류 위험물의 최대수량의 합이 지정수량의 24만배 이상 48만배 미만인 사업소	3대	(2)
제조소 또는 일반취급소에서 취급하는 제4류 위험물의 최대수량의 합이 지정수량의 48만배 이상인 사업소	(3)	20인
옥외탱크저장소에 저장하는 제4류 위험물의 최대수량이 지정수량의 50만배 이상인 사업소	(4)	(5)

해설

자체소방대

① 설치하여야 하는 사업소 : 제4류 위험물을 취급하는 최대수량의 합이 지정수량 3천배 이상인 제조소 또는 일반취급소, 제4류 위험물을 저장하는 최대수량이 지정수량의 50만배 이상

자체소방대에 두는 화학소방자동차 및 인원(제18조 제3항 관련)

사업소의 구분	화학소방자동차	자체 소방대원의 수
제조소 또는 일반취급소에서 취급하는 제4류 위험물의 최대수량의 합이 지정수량의 3천배 이상 12만배 미만인 사업소	1대	5인
제조소 또는 일반취급소에서 취급하는 제4류 위험물의 최대수량의 합이 지정수량의 12만배 이상 24만배 미만인 사업소	2대	10인
제조소 또는 일반취급소에서 취급하는 제4류 위험물의 최대수량의 합이 지정수량의 24만배 이상 48만배 미만인 사업소	3대	15인
제조소 또는 일반취급소에서 취급하는 제4류 위험물의 최대수량의 합이 지정수량의 48만배 이상인 사업소	4대	20인
옥외탱크저장소에 저장하는 제4류 위험물의 최대수량이 지정수량의 50만배 이상인 사업소	2대	10인

※ 비고 : 화학소방자동차에는 행정안전부령으로 정하는 소화능력 및 설비를 갖추어야 하고, 소화활동에 필요한 소화약제 및 기구(방열복 등 개인장구를 포함한다)를 비치하여야 한다.

정답 (1) 5인
 (2) 15인
 (3) 4대
 (4) 2대
 (5) 10인

04 다음 제4류 위험물의 증기밀도를 구하시오(1기압, 30℃이다).(5점)

(1) 에틸알코올

(2) 톨루엔

해설

증기밀도 $\left(\dfrac{W}{V}\right) = \dfrac{PM}{RT}$ 이므로, 각 항에 수치를 대입하면 된다.

(1) 에틸알코올(C_2H_5OH)의 분자량 : 46

에틸알코올의 증기밀도 $= \dfrac{1 \times 46}{0.08205 \times 303} = 1.85$

(2) 톨루엔($C_6H_5CH_3$)의 분자량 : 92

톨루엔의 증기밀도 $= \dfrac{1 \times 92}{0.08205 \times 303} = 3.70$

정답 (1) 1.85g/L
(2) 3.7g/L

05 다음 [보기]의 물질을 보고 물음에 알맞은 답을 쓰시오.(5점)

[보기]
황린, 철분, 황화인, 질산암모늄, 질산, 과산화칼륨, 이황화탄소

(1) 차광성 덮개로 덮어야 하는 위험물을 모두 쓰시오.

(2) 방수성 덮개로 덮어야 하는 위험물을 모두 쓰시오.

해설

적재하는 위험물의 성질에 따른 조치

- 차광성이 있는 것으로 피복
  - 제1류 위험물
  - 제3류 위험물 중 자연발화성 물질
  - 제4류 위험물 중 특수인화물
  - 제5류 위험물
  - 제6류 위험물
- 방수성이 있는 것으로 피복
  - 제1류 위험물 중 알칼리금속의 과산화물
  - 제2류 위험물 중 철분·금속분·마그네슘
  - 제3류 위험물 중 금수성물질

정답 (1) 황린, 질산암모늄, 질산, 과산화칼륨, 이황화탄소
(2) 철분, 과산화칼륨

06 나이트로글리세린에 대하여 다음 물음에 알맞은 답을 쓰시오.(5점)

(1) 구조식을 그리시오.

(2) 품명을 쓰시오.

(3) 고온에서 폭발·분해하여 이산화탄소, 수증기, 질소, 산소를 생성하는 반응식을 쓰시오.

해설

나이트로글리세린[$C_3H_5(ONO_2)_3$] - 분자량 227

(1) 무색, 투명한 액체상태이다.
(2) 글리세린에 진한 질산과 황산의 혼산을 반응시켜 제조한다.
(3) 다공성 물질에 흡수시켜 다이너마이트 제조에 쓰인다.
(4) 분해반응식 : $4C_3H_5(ONO_2)_3 \rightarrow 12CO_2 + 0H_2O + 6N_2 + O_2$

정답 (1)
```
      H   H   H
      |   |   |
  H - C - C - C - H
      |   |   |
     OH  OH  OH
```
(2) 질산에스터류
(3) $4C_3H_5(ONO_2)_3 \rightarrow 12CO_2 + 10H_2O + 6N_2 + O_2$

07 다음 반응식을 완성하시오.(5점)

(1) $2K_2O_2 \rightarrow 2K_2O +$ _____

(2) $2K_2O_2 + 2H_2O \rightarrow 4KOH +$ _____

(3) $K_2O_2 + 2CH_3COOH \rightarrow 2CH_3COOK +$ _____

해설

(1) 과산화칼륨의 열분해반응식 : $2K_2O_2 \rightarrow 2K_2O + O_2$
(2) 과산화칼륨과 물의 반응식 : $2K_2O_2 + 2H_2O \rightarrow 4KOH + O_2$
(3) 과산화칼륨과 초산의 반응식 : $K_2O_2 + 2CH_3COOH \rightarrow 2CH_3COOK + H_2O_2$

정답 해설에 있는 반응식을 참조하여 빈칸을 채우면 된다.

08 철분과 묽은 염산의 반응에 대한 물음에 알맞은 답을 하시오.(5점)

(1) 반응식을 쓰시오.

(2) 생성되는 기체의 명칭을 쓰시오.

해설

철분(Fe) – 지정수량 500kg

(1) 은백색의 분말이다. 산화되면 황갈색으로 변한다.
(2) 산소와의 친화력이 강해 쉽게 산화한다. 예 철이 녹슨다.
(3) 물 또는 산과 반응해 수소가스를 발생한다.

철분과 물의 반응식 : $2Fe + 6H_2O \rightarrow 2Fe(OH)_3 + 3H_2$

철분과 산의 반응식 : $Fe + 2HCl \rightarrow FeCl_2 + H_2$

정답 (1) $Fe + 2HCl \rightarrow FeCl_2 + H_2$
(2) 수소

09 다음 위험물이 물과 반응했을 때 발생하는 가연성 기체의 명칭을 쓰시오(단, 없으면 '해당없음'이라고 쓰시오).(5점)

(1) 사이안화수소

(2) 인화칼슘

(3) 염소산칼륨

(4) 과염소산칼륨

(5) 트라이에틸알루미늄

해설

(1) 사이안화수소(HCN)는 물에 녹는 수용성 물질이다.
(2) 인화칼슘과 물의 반응식 : $Ca_3P_2 + 6H_2O \rightarrow 3Ca(OH)_2 + 2PH_3$
(3) 염소산칼륨과 과염소산칼륨은 물과 반응하지 않는다.
(4) 트라이에틸알루미늄과 물의 반응식 : $(C_2H_5)_3Al + 3H_2O \rightarrow Al(OH)_3 + 3C_2H_6$

정답 (1) 해당없음
(2) 포스핀
(3) 해당없음
(4) 해당없음
(5) 에테인

10 알루미늄의 화재에 물을 사용하여 소화하면 안 되는 이유를 설명하시오. (5점)

> **해설**
> 알루미늄은 물과 반응하여 가연성 가스인 수소를 발생시킨다. 따라서 알루미늄의 화재에 물을 사용하면 오히려 화재가 확대될 우려가 있다.
>
> **정답** 알루미늄은 물과 반응하여 가연성 가스인 수소를 발생시키기 때문이다.

11 알코올류의 산화과정에 대한 내용이다. 다음 물음에 알맞은 답을 쓰시오. (5점)

(1) 메탄올이 산화되어 생성되는 알데하이드의 화학식을 쓰시오.

(2) (1)에서 생성되는 물질이 산화되어 생성되는 카르복실기의 화학식을 쓰시오.

(3) (2)에서 생성되는 물질의 지정수량을 쓰시오.

(4) 에탄올이 산화되어 생성되는 알데하이드의 명칭을 쓰시오.

(5) (4)에서 생성되는 물질의 품명을 쓰시오.

> **해설**
> (1) 메탄올이 산화하면 폼알데하이드가 되고 최종적으로 산화하면 폼산이 된다.
> $CH_3OH \rightarrow HCHO \rightarrow HCOOH$
> (2) 에탄올이 산화하면 아세트알데하이드가 되고 최종적으로 산화하면 아세트산(초산)이 된다.
> $C_2H_5OH \rightarrow CH_3CHO \rightarrow CH_3COOH$
>
> **정답** (1) HCHO
>   (2) HCOOH
>   (3) 2,000L
>   (4) 아세트알데하이드
>   (5) 제2석유류(수용성)

12 다음 그림과 같은 원형 위험물 저장탱크의 내용적은 몇 m³인지 구하시오(단, r은 3m, l은 3m, l_1, l_2는 0.5m이다).(5점)

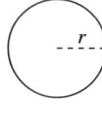
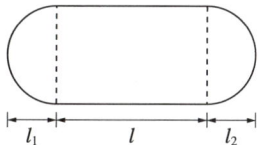

해설
양쪽이 볼록한 원형탱크의 내용적을 구하는 식

내용적 $= \pi r^2 \left(l + \dfrac{l_1 + l_2}{3} \right)$

따라서, 내용적은 $\pi \times 3^2 \times \left(3 + \dfrac{0.5 + 0.5}{3} \right) = 94.247$

반올림하면 94.25가 나온다.

정답 94.25m³

13 다음 제3류 위험물에 대하여 지정수량을 쓰시오.(5점)

(1) 나트륨

(2) 칼륨

(3) 수소화나트륨

(4) 알킬리튬

(5) 칼슘의 탄화물

해설

물질	나트륨	칼륨	수소화나트륨	알킬리튬	칼슘의 탄화물
지정수량	10kg	10kg	300kg	10kg	300kg

정답 (1) 10kg
(2) 10kg
(3) 300kg
(4) 10kg
(5) 300kg

14 다음 설명하는 인화성 액체의 화학식으로 적으시오. (5점)

(1) 제2석유류(수용성)로 16℃에서 결빙하며, 신맛이 나는 분자량이 60인 물질

(2) 벤젠에 수소원자 한 개를 나이트로기로 치환한 물질

(3) 3가 알코올이며, 지정수량이 4,000L인 단맛이 나는 물질

해설

- 초산(CH_3COOH, 아세트산) – 수용성, 지정수량 2,000L, 인화점 40℃
  - 무색, 투명한 액체 상태이고 자극성 향이 난다.
  - 물에 잘 녹으며 융점(어는점)이 16.2℃로 고체 상태가 되면 빙초산이라고 한다.
  - 초산의 3~5%의 수용액을 식초라고 한다.
  - 피부와 접촉 하면 화상의 위험이 있으므로 취급 시 주의해야 한다.
  - 저장용기는 내산성 용기를 사용한다.
- 나이트로벤젠($C_6H_5NO_2$) – 제3석유류(비수용성), 지정수량 2,000L
  - 아닐린의 제조 원료이다.
  - 독성이 강하므로 취급에 주의한다.
- 글리세린($C_3H_5(OH)_3$)

분자량	비중	인화점	비점	착화점
92	1.26	160℃	182℃	370℃

  - 3가 알코올이다.
  - 무색 또는 엷은 노란색, 무취이며 점성이 있다.
  - 물에 녹고 이황화탄소, 벤젠, 에터에 녹지 않는다.
  - 독성이 없고 가소제, 감미료, 화장품제조, 과자제조, 약물제조 등 다양하게 쓰인다.
  - 글리세린의 구조식

$$\begin{array}{c} \text{H H H} \\ | \ | \ | \\ \text{H}-\text{C}-\text{C}-\text{C}-\text{H} \\ | \ | \ | \\ \text{OH OH OH} \end{array}$$

정답 (1) 아세트산
(2) 나이트로벤젠
(3) 글리세린

15 다음 물음에 알맞은 답을 쓰시오.(5점)

(1) 에틸알코올과 나트륨의 반응식을 쓰시오.

(2) 에틸알코올 46g이 나트륨과 반응하여 생성되는 기체의 부피(L)를 구하시오(단, 1기압 20℃이다).

해설

- 에틸알코올과 나트륨의 반응식 : $2Na + 2C_2H_5OH \rightarrow 2C_2H_5ONa + H_2$
- 에틸알코올의 분자량은 46이다. 따라서 반응식을 이용하여 생성되는 수소의 양을 계산하면 2×46g의 에틸알코올이 나트륨과 반응하면 2g의 수소가 생성된다. 문제 조건에서 46g의 에틸알코올이 반응한다고 했으니 생성되는 수소는 1g이 된다.
  이상기체방정식을 이용하여 부피를 구한다.
  $V = \dfrac{WRT}{PM}$, $V = \dfrac{1 \times 0.08205 \times 293}{1 \times 2} = 12.02$

정답 12.02L

16 다음 할론번호에 해당하는 할로젠화합물 소화약제의 화학식을 쓰시오.(5점)

(1) 할론 1301

(2) 할론 2402

(3) 할론 1211

해설

할론번호 표시방법 : 할론 ○○○○의 화학식을 쓰라고 하는 문제가 많이 나오므로 각각 원자의 순서를 알고 있어야 한다. 나오는 숫자대로 원자의 수를 채우면 된다.

- 첫 번째 자리 : 탄소(C)
- 두 번째 자리 : 플루오르(F)
- 세 번째 자리 : 염소(Cl)
- 네 번째 자리 : 브로민(Br)

할론번호	화학식
Halon 1301	CF_3Br
Halon 2402	$C_2F_4Br_2$
Halon 1211	CF_2ClBr
Halon 104(0)	CCl_4

정답 (1) CF_3Br
(2) $C_2F_4Br_2$
(3) CF_2ClBr

17 위험물안전관리법령에서 정한 제4류 위험물의 정의에 대하여 다음 빈칸에 알맞은 답을 쓰시오.(5점)

(1) "특수인화물"(이)라 함은 이황화탄소, 다이에틸에터 그 밖에 1기압에서 발화점이 (　　)℃ 이하인 것
(2) "제1석유류"라 함은 아세톤, 휘발유 그 밖에 1기압에서 인화점이 (　　)℃ 미만인 것
(3) "제3석유류"라 함은 중유, 클레오소트유 그 밖에 1기압에서 인화점이 (　　)℃ 이상 (　　)℃ 미만인 것을 말한다.

해설

제4류 위험물의 조건
- 특수인화물 : 이황화탄소, 다이에틸에터 그 밖에 1기압에서 발화점이 100℃ 이하인 것 또는 인화점이 -20℃ 이하이고 비점이 40℃ 이하인 것
- 제1석유류 : 아세톤, 휘발유 그 밖에 1기압에서 인화점이 21℃ 미만인 것
- 알코올류 : 1분자를 구성하는 탄소원자의 수가 1개부터 3개까지인 포화1가 알코올(변성알코올을 포함한다)
  다만, 다음의 하나에 해당하는 것은 제외한다.
  - 1분자를 구성하는 탄소원자의 수가 1개 내지 3개의 포화1가 알코올의 함유량이 60wt% 미만인 수용액
  - 가연성 액체량이 60wt% 미만이고 인화점 및 연소점(태그개방식인화점측정기에 의한 연소점을 말한다. 이하 같다)이 에틸알코올 60wt% 수용액의 인화점 및 연소점을 초과하는 것
- 제2석유류 : 등유, 경유 그 밖에 1기압에서 인화점이 21℃ 이상 70℃ 미만인 것
  다만, 도료류 그 밖의 물품에 있어서 가연성 액체량이 40wt% 이하이면서 인화점이 40℃ 이상인 동시에 연소점이 60℃ 이상인 것은 제외한다.
- 제3석유류 : 중유, 클레오소트유 그 밖에 1기압에서 인화점이 70℃ 이상 200℃ 미만인 것
  다만, 도료류 그 밖의 물품은 가연성 액체량이 40wt% 이하인 것은 제외한다.
- 제4석유류 : 기어유, 실린더유 그 밖에 1기압에서 인화점이 200℃ 이상 250℃ 미만의 것
  다만 도료류 그 밖의 물품은 가연성 액체량이 40wt% 이하인 것은 제외한다.
- 동식물유류 : 동물의 지육 등 또는 식물의 종자나 과육으로부터 추출한 것으로서 1기압에서 인화점이 250℃ 미만인 것을 말한다.

정답 (1) 100
　　　 (2) 21
　　　 (3) 70, 200

18
제6류 위험물을 저장하고 있는 옥내저장소에 대한 내용이다. [보기]에서 틀린 것을 찾아 바르게 고치시오(단, 없으면 "해당없음"이라고 적으시오).(5점)

[보기]
(1) 안전거리를 두지 않아도 된다.
(2) 저장창고의 바닥면적은 2,000m² 이하로 한다.
(3) 지붕은 내화구조로 할 수 있다.
(4) 지정수량 10배 이상은 피뢰침을 설치하지 않아도 된다.

해설

- 옥내저장소의 하나의 저장창고의 바닥면적

위험물을 저장하는 창고의 종류	기준면적
① 제1류 위험물 중 지정수량 50kg인 위험물 ② 제3류 위험물 중 지정수량 10kg인 위험물과 황린 ③ 제4류 위험물 중 특수인화물, 제1석유류, 알코올류 ④ 제5류 위험물 중 지정수량 10kg인 위험물 ⑤ 제6류 위험물	1,000m² 이하
①~⑤ 외의 위험물을 저장하는 창고	2,000m² 이하
위의 전부에 해당하는 위험물을 내화구조의 격벽으로 완전히 구획된 실에 각각 저장하는 창고 (①~⑤의 위험물을 저장하는 실의 면적은 500m²를 초과할 수 없다)	1,500m² 이하

- 저장창고의 지붕 : 폭발력이 위로 방출될 정도의 가벼운 불연재료로 하고 천장을 만들지 아니한다.
※ 내화구조로 할 수 있는 경우 : 제2류 위험물(인화성 고체 제외), 제6류 위험물
※ 난연재료 또는 불연재료로 할 수 있는 경우 : 제5류 위험물

정답 (1) 해당없음
(2) 2,000m² 이하 → 1,000m² 이하
(3) 해당없음
(4) 해당없음

19
다음 [보기]의 위험물에 대하여 안전관리법령상의 위험등급을 구분하여 쓰시오.(5점)

[보기]
무기과산화물, 질산염류, 아닐린, 하이드라진, 다이크로뮴산염류,
아염소산염류, 과염소산칼륨, 클로로벤젠

(1) Ⅰ등급

(2) Ⅱ등급

(3) Ⅲ등급

정답 (1) 무기과산화물, 아염소산염류, 과염소산칼륨
(2) 질산염류
(3) 아닐린, 하이드라진, 다이크로뮴산염류, 클로로벤젠

20 위험물안전관리법에서 정한 위험물취급자격자에 관한 기준이다. 다음 빈칸에 알맞은 답을 쓰시오. (5점)

위험물취급자격자의 구분	취급할 수 있는 위험물
	모든 위험물
	제4류 위험물
소방공무원 경력자(소방공무원으로 근무한 경력이 3년 이상인 자)	

해설

위험물취급자격자의 자격(제11조 제1항 관련)

위험물취급자격자의 구분	취급할 수 있는 위험물
위험물기능장, 위험물산업기사, 위험물기능사의 자격을 취득한 사람	모든 위험물
안전관리자교육이수자	제4류 위험물
소방공무원 경력자(소방공무원으로 근무한 경력이 3년 이상인 자)	제4류 위험물

정답 해설을 참조하여 빈칸을 채워 넣는다.

CHAPTER 04

PART 02 위험물기능사 실기

2024년 제2회

과년도 기출복원문제

※ 실기 필답형 문제는 수험자의 기억에 의해 복원된 것입니다. 실제 시행문제와 상이할 수 있음을 알려드립니다.

01 다음 빈칸에 제조소 등의 명칭을 쓰시오. (5점)

저장소의 종류	취급소의 종류
옥내저장소	주유취급소
옥외저장소	이송취급소
옥외탱크저장소	
지하탱크저장소	

정답

저장소의 종류	취급소의 종류
옥내저장소	주유취급소
옥외저장소	이송취급소
옥외탱크저장소	판매취급소
지하탱크저장소	일반취급소
옥내탱크저장소	
이동탱크저장소	
간이탱크저장소	
암반탱크저장소	

02 다음 탱크의 내용적을 계산하는 식을 쓰시오.(5점)

(1)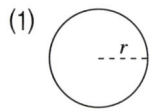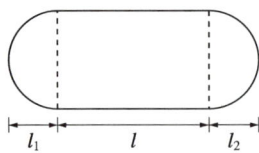

(2)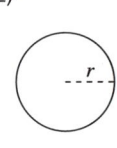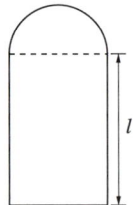

해설

- 횡으로 설치된 원통형 탱크의 내용적 계산식

  내용적 $= \pi r^2 \left(l + \dfrac{l_1 + l_2}{3} \right)$

- 종으로 설치한 탱크의 내용적 계산식

  내용적 $= \pi r^2 l$

정답
- 내용적 $= \pi r^2 \left(l + \dfrac{l_1 + l_2}{3} \right)$
- 내용적 $= \pi r^2 l$

03 다음 [보기]에서 설명하는 제4류 위험물에 대하여 물음에 알맞은 답을 쓰시오.(5점)

[보기]
- 무색의 액체이다.
- 지정수량은 약 200L이다.
- 증기비중은 약 2.5이다.
- 비중은 약 0.8이다.
- 부틸알코올을 탈수소화 처리하여 얻을 수 있다.

(1) 명칭을 쓰시오

(2) 화학식을 쓰시오.

(3) 제1류 위험물과 혼재 가능 여부를 쓰시오.

해설
메틸에틸케톤($CH_3COC_2H_5$, MEK) – 지정수량 200L
- 무색의 액체로 휘발성이 강하다.
- 인화점은 –7℃이다.
- 물, 알코올, 에터 등에 녹는다.
  ※ 물에 어느 정도 녹으나 위험성에 따라 비수용성으로 분류한다.
- 피부에 닿으면 탈지작용을 하므로 취급 시 주의하여야 한다.
  ※ 부틸알코올(C_4H_9OH)에서 수소를 뺀 화학식을 계산하면 MEK가 나온다.

정답 (1) 메틸에틸케톤
　　　 (2) $CH_3COC_2H_5$
　　　 (3) 불가능하다.

04 다음 위험물의 시성식을 적으시오.(5점)

(1) 트라이나이트로톨루엔

(2) 트라이나이트로페놀

(3) 다이나이트로벤젠

정답 (1) $C_6H_2CH_3(NO_2)_3$
　　　 (2) $C_6H_2OH(NO_2)_3$
　　　 (3) $C_6H_4(NO_2)_2$

05 다음 물질이 물과 반응할 때 생성되는 인화성가스의 명칭을 쓰시오.(5점)

(1) 수소화칼륨

(2) 리튬

(3) 인화알루미늄

(4) 탄화리튬

(5) 탄화알루미늄

해설
- 수소화칼륨과 물의 반응식 : $KH + H_2O \rightarrow KOH + H_2$
- 리튬과 물의 반응식 : $2Li + 2H_2O \rightarrow 2LiOH + H_2$
- 인화알루미늄과 물의 반응식 : $AlP + 3H_2O \rightarrow Al(OH)_3 + PH_3$
- 탄화리튬과 물의 반응식 : $Li_2C_2 + 2H_2O \rightarrow 2LiOH + C_2H_2$
- 탄화알루미늄과 물의 반응식 : $Al_4C_3 + 12H_2O \rightarrow 4Al(OH)_3 + 3CH_4$

정답 (1) 수소
　　　(2) 수소
　　　(3) 포스핀
　　　(4) 아세틸렌
　　　(5) 메테인

06
위험물안전관리법령상 다음 각 위험물의 운반용기 외부에 표시해야 하는 주의사항을 모두 쓰시오.(5점)

(1) 과산화수소
(2) 아세톤
(3) 과산화벤조일
(4) 마그네슘
(5) 황린

해설

운반용기 외부의 표시사항 중 주의사항
- 제1류 위험물
  - 알칼리금속의 과산화물 : 화기·충격주의, 물기엄금, 가연물접촉주의
  - 그 밖의 것 : 화기·충격주의, 가연물접촉주의
- 제2류 위험물
  - 철분·금속분·마그네슘 : 화기주의, 물기엄금
  - 인화성 고체 : 화기엄금
  - 그 밖의 것 : 화기주의
- 제3류 위험물
  - 자연발화성 물질 : 화기엄금, 공기접촉엄금
  - 금수성 물질 : 물기엄금
- 제4류 위험물 : 화기엄금
- 제5류 위험물 : 화기엄금, 충격주의
- 제6류 위험물 : 가연물접촉주의

정답
(1) 가연물접촉주의
(2) 화기엄금
(3) 화기엄금, 충격주의
(4) 화기주의, 물기엄금
(5) 화기엄금, 공기접촉엄금

07 다음 그림은 위험물안전관리법령상 주유취급소에 설치하여야 하는 주의사항 표지이다. 다음 물음에 알맞은 답을 쓰시오.(5점)

| 위험물제조소 | 화기엄금 | 주유 중 엔진정지 |

(1) 게시판의 크기를 쓰시오.

(2) "위험물제조소" 게시판의 바탕색과 글자색을 쓰시오.

(3) "화기엄금" 게시판의 바탕색과 글자색을 쓰시오.

(4) "주유중엔진정지" 게시판의 바탕색과 글자색을 쓰시오.

정답 (1) 한 변의 길이가 0.3m 이상, 다른 한 변의 길이가 0.6m 이상인 직사각형
  (2) 백색, 흑색
  (3) 적색, 백색
  (4) 황색, 흑색

08 다음 위험물이 연소할 경우 생성되는 모든 물질을 화학식으로 쓰시오(단, 없으면 "없음"이라고 쓰시오).(5점)

(1) 적린

(2) 오황화인

(3) 칠황화인

(4) 황린

(5) 황

해설
- 적린의 연소반응식 : $4P + 5O_2 \rightarrow 2P_2O_5$
- 오황화인의 연소반응식 : $2P_2S_5 + 15O_2 \rightarrow 2P_2O_5 + 10SO_2$
- 칠황화인의 연소반응식 : $P_4S_7 + 12O_2 \rightarrow 2P_2O_5 + 7SO_2$
- 황린의 연소반응식 : $P_4 + 5O_2 \rightarrow 2P_2O_5$
- 황의 연소반응식 : $S + O_2 \rightarrow SO_2$

정답 (1) P_2O_5
  (2) P_2O_5, SO_2
  (3) P_2O_5, SO_2
  (4) P_2O_5
  (5) SO_2

09 다음 위험물에 대하여 소요단위 합을 구하시오. (5점)

[보기]
- 아염소산나트륨 250kg
- 과산화칼륨 500kg
- 질산칼륨 1,500kg
- 다이크로뮴산칼륨 5,000kg

해설

각 물질별 지정수량

물질명	아염소산나트륨	과산화칼륨	질산칼륨	다이크로뮴산칼륨
지정수량	50kg	50kg	300kg	1,000kg

소요단위 합 $= \dfrac{250}{50} + \dfrac{500}{50} + \dfrac{1,500}{300} + \dfrac{5,000}{1,000} = 25$

정답 25배

10 위험물안전관리법령에서 정한 위험물의 운반에 관한 기준에서 다음 위험물이 지정수량 이상일 때 혼재가 가능한 위험물은 무엇인지 모두 쓰시오(단, 지정수량 10배의 위험물을 혼재하는 경우이다). (5점)

(1) 제3류 위험물

(2) 제5류 위험물

(3) 제6류 위험물

해설

유별을 달리하는 위험물의 혼재기준(위험물안전관리법 시행규칙 별표 19)

구분	제1류	제2류	제3류	제4류	제5류	제6류
제1류		×	×	×	×	○
제2류	×		×	○	○	×
제3류	×	×		○	×	×
제4류	×	○	○		○	×
제5류	×	○	×	○		×
제6류	○	×	×	×	×	

비고
1. "×"표시는 혼재할 수 없음을 표시한다.
2. "○"표시는 혼재할 수 있음을 표시한다.
3. 이 표는 지정수량의 $\dfrac{1}{10}$ 이하의 위험물에 대하여는 적용하지 아니한다.

정답
(1) 제4류 위험물, 제5류 위험물
(2) 제2류 위험물, 제4류 위험물
(3) 제1류 위험물

11 금속칼륨에 대하여 다음 물음에 알맞은 답을 쓰시오.(5점)

(1) 자연발화할 경우의 반응식을 쓰시오.

(2) 물과의 반응식을 쓰시오.

(3) 저장할 경우 사용하는 보호액 1가지를 쓰시오.

해설

칼륨(K, Potassium) - 원자량 39, 지정수량 10kg
- 은백색의 광택이 있는 무른 경금속이다.
- 불꽃색은 보라색이다.
- 석유 속에 넣어 저장한다(산소, 수분과의 접촉 방지).
- 물과의 반응식 : $2K + 2H_2O \rightarrow 2KOH + H_2$
- 연소반응식 : $4K + O_2 \rightarrow 2K_2O$
- 에탄올과의 반응식 : $2K + 2C_2H_5OH \rightarrow 2C_2H_5OK + H_2$
- 이산화탄소와의 반응식 : $4K + 3CO_2 \rightarrow 2K_2CO_3 + C$

※ 이산화탄소(CO_2)와 칼륨은 서로 반응하므로 소화약제로 사용할 수 없다.

정답 (1) $4K + O_2 \rightarrow 2K_2O$

(2) $2K + 2H_2O \rightarrow 2KOH + H_2$

(3) 석유

12 다음 [보기]에서 설명하는 위험물에 대하여 각 물음에 알맞은 답을 쓰시오. (5점)

[보기]
- 분자량은 76이다.
- 콘크리트 수조 속에 저장한다.
- 인화점은 0℃ 이하이다.

(1) 화학식을 쓰시오.

(2) 벽 및 바닥의 두께(m)를 쓰시오.

(3) 연소반응식을 쓰시오.

해설

이황화탄소(CS_2) – 지정수량 50L

분자량	비점	인화점	비중	착화점	연소범위
76	46℃	-30℃	1.26	약 90~100℃	1~50%

- 무색, 투명한 액체, 불순물이 있을 시 황색을 띤다.
- 물에 녹지 않는다.
- 알코올, 벤젠, 에터 등 유기용매에 녹는다.
- 증기는 유독하다
- 물에 녹지 않고 비중이 1보다 커서 물속에 저장한다.
- 연소반응식 : $CS_2 + 3O_2 \rightarrow CO_2 + 2SO_2$
  ※ 연소 시 파란 불꽃을 낸다.
- 물(고온, 약 150℃ 이상)과의 반응식 : $CS_2 + 2H_2O \rightarrow CO_2 + 2H_2S$
  ※ 이황화탄소의 옥외저장탱크 : 벽 및 바닥의 두께가 0.2m 이상인 철근콘크리트 수조에 넣어 보관

정답 (1) CS_2
(2) 0.2m
(3) $CS_2 + 3O_2 \rightarrow CO_2 + 2SO_2$

13 다음 [보기]에서 설명하는 위험물에 대하여 다음 각 물음에 답을 하시오. (5점)

> [보기]
> • 저장 및 취급 시 분해를 막기 위해 분해안정제인 인산과 요산 등을 사용한다.
> • 산화제 및 환원제가 될 수 있다.

(1) 화학식을 쓰시오.

(2) 농도가 (   )wt% 이상인 것에 한한다.

(3) 완전분해반응식을 쓰시오.

해설

제6류 위험물의 기준
• 과산화수소는 그 농도가 36중량퍼센트(wt%) 이상인 것
• 질산은 그 비중이 1.49 이상인 것

과산화수소(H_2O_2) – 지정수량 300kg
• 무색의 액체 상태이고 점성이 있다.
• 물에 매우 잘 녹으며 알코올, 에터에 녹는다.
• 벤젠에 녹지 않는다.
• 정촉매인 이산화망가니즈(MnO_2)하에서 분해하여 H_2O와 O_2를 생성한다.
• 농도가 60중량퍼센트(wt%) 이상일 경우 충격에 의해 폭발적으로 분해한다.
• 안정제로 인산(H_3PO_4), 요산($C_5H_4N_4O_3$) 등을 사용한다.
• 분해반응식 : $2H_2O_2 \rightarrow 2H_2O + O_2$
• 하이드라진과의 반응식 : $2H_2O_2 + N_2H_4 \rightarrow 4H_2O + N_2$
  ※ 하이드라진과 반응하면 분해폭발한다.
• 일광에 의해 분해하므로 갈색병에 넣어 보관한다.
• 분해력이 뛰어나므로 용기는 구멍이 뚫린 마개를 사용하여야 한다.
• 3% 농도의 수용액은 소독제로 사용한다.

정답 (1) H_2O_2
(2) 36
(3) $2H_2O_2 \rightarrow 2H_2O + O_2$

14 에틸알코올 100g이 나트륨과 반응할 경우 생성되는 수소의 질량(g)을 구하시오.(5점)

해설

에틸알코올과 나트륨의 반응식 : $2Na + 2C_2H_5OH \rightarrow 2C_2H_5ONa + H_2$

에틸알코올의 분자량 : 46

따라서 92g의 에틸알코올이 46g의 나트륨(나트륨의 원자량은 23)과 반응하면 2g의 수소가 발생한다.

비례식을 이용하여 계산하면 $92 : 2 = 100 : x$

∴ $x = 2.173$이 나온다.

정답 2.17g

15 인화점이 4℃이고, 진한질산, 진한황산 나이트로화시켜 TNT를 제조하는 이 위험물에 대하여 다음 물음에 알맞은 답을 쓰시오.(5점)

(1) 구조식을 그리시오.

(2) 품명을 쓰시오.

(3) 위험등급을 쓰시오.

해설

트라이나이트로톨루엔($C_6H_2CH_3(NO_2)_3$) - 나이트로화합물

- 담황색의 침상결정이다.
- 물에 녹지 않고 가열하면 알코올에는 녹는다. 벤젠, 에터, 아세톤에 녹는다.
- 충격에는 둔감하나 타격에 의해 폭발한다.
- 톨루엔에 질산과 황산의 혼산을 반응시켜 제조한다.
- 분해반응식 : $2C_6H_2CH_3(NO_2)_3 \rightarrow 12CO + 3N_2 + 5H_2 + 2C$
- 트라이나이트로톨루엔의 구조식

```
      CH₃
   ┌──┴──┐
O₂N─┤     ├─NO₂
   └──┬──┘
      NO₂
```

정답 (1)
```
      CH₃
   ┌──┴──┐
O₂N─┤     ├─NO₂
   └──┬──┘
      NO₂
```

(2) 나이트로화합물

(3) Ⅰ

16 표준상태에서 삼황화인 1몰에 완전 연소할 경우 필요한 공기의 양(L)을 구하시오(단, 공기 중의 산소는 21% 존재한다).(5점)

> 해설
> - 삼황화인의 완전연소반응식 : $P_4S_3 + 8O_2 \rightarrow 2P_2O_5 + 3SO_2$
> - 1몰의 삼황화인이 완전연소할 경우 필요한 산소는 8몰이다.
> - 표준상태에서 산소 1몰의 부피는 22.4L이고 8몰의 양은 22.4 × 8 = 179.2L이다.
> - 필요한 공기의 양을 구해야 되기 때문에 179.2 / 0.21 = 853.33이 나온다.
>
> 정답 853.33L

17 분말소화약제의 종별에 따른 종류 중 다음 물음에 알맞은 분말소화약제의 주성분을 화학식으로 쓰시오.(5점)

(1) 제1종 분말소화약제

(2) 제2종 분말소화약제

(3) 제3종 분말소화약제

> 해설
>
> | 종류 | 주성분 | 적응화재 | 분말의 색 |
> |---|---|---|---|
> | 제1종 분말 | $NaHCO_3$ | B, C급 | 백색 |
> | 제2종 분말 | $KHCO_3$ | B, C급 | 담회색 |
> | 제3종 분말 | $NH_4H_2PO_4$ | A, B, C급 | 담홍색 |
> | 제4종 분말 | $KHCO_3 + (NH_2)_2CO$ | B, C급 | 회백색 |
>
> 정답 (1) $NaHCO_3$
> (2) $KHCO_3$
> (3) $NH_4H_2PO_4$

18 다음 [표]의 빈칸에 위험물의 명칭과 지정수량을 쓰시오. (5점)

화학식	명칭	지정수량(kg)
	과망가니즈산칼륨	
NH_4ClO_4		50kg
	다이크로뮴산칼륨	

정답

화학식	명칭	지정수량(kg)
$KMnO_4$	과망가니즈산칼륨	1,000kg
NH_4ClO_4	과염소산암모늄	50kg
$K_2Cr_2O_7$	다이크로뮴산칼륨	1,000kg

19 위험물안전관리법령에서 정한 제4류 위험물의 정의에 대하여 다음 빈칸에 알맞은 답을 쓰시오. (5점)

(1) "제1석유류"라 함은 아세톤, 휘발유 그 밖에 1기압에서 인화점이 (　)℃ 미만인 것을 말한다.
(2) "제2석유류"라 함은 등유, 경유 그 밖에 1기압에서 인화점이 (　)℃ 이상 (　)℃ 미만인 것을 말한다.
(3) "제3석유류"라 함은 중유, 클레오소트유 그 밖에 1기압에서 인화점이 (　)℃ 이상 (　)℃ 미만인 것을 말한다.

해설

제4류 위험물의 조건

- 특수인화물 : 이황화탄소, 다이에틸에터 그 밖에 1기압에서 발화점이 섭씨 100℃ 이하인 것 또는 인화점이 섭씨 영하 20℃ 이하이고 비점이 섭씨 40℃ 이하인 것
- 제1석유류 : 아세톤, 휘발유 그 밖에 1기압에서 인화점이 섭씨 21℃ 미만인 것
- 알코올류 : 1분자를 구성하는 탄소원자의 수가 1개부터 3개까지인 포화1가 알코올(변성알코올을 포함한다)

  다만, 다음의 하나에 해당하는 것은 제외한다.
    - 1분자를 구성하는 탄소원자의 수가 1개 내지 3개의 포화1가 알코올의 함유량이 60wt% 미만인 수용액
    - 가연성 액체량이 60wt% 미만이고 인화점 및 연소점(태그개방식인화점측정기에 의한 연소점을 말한다)이 에틸알코올 60wt% 수용액의 인화점 및 연소점을 초과하는 것
- 제2석유류 : 등유, 경유 그 밖에 1기압에서 인화점이 섭씨 21℃ 이상 70℃ 미만인 것

  다만, 도료류 그 밖의 물품에 있어서 가연성 액체량이 40wt% 이하이면서 인화점이 섭씨 40℃ 이상인 동시에 연소점이 섭씨 60℃ 이상인 것은 제외한다.
- 제3석유류 : 중유, 클레오소트유 그 밖에 1기압에서 인화점이 섭씨 70℃ 이상 섭씨 200℃ 미만인 것

  다만, 도료류 그 밖의 물품은 가연성 액체량이 40wt% 이하인 것은 제외한다.
- 제4석유류 : 기어유, 실린더유 그 밖에 1기압에서 인화점이 섭씨 200℃ 이상 섭씨 250℃ 미만의 것

  다만, 도료류 그 밖의 물품은 가연성 액체량이 40wt% 이하인 것은 제외한다.
- 동식물유류 : 동물의 지육 등 또는 식물의 종자나 과육으로부터 추출한 것으로서 1기압에서 인화점이 섭씨 250℃ 미만인 것을 말한다.

정답 21, 21, 70, 70, 200

20 과산화칼륨 1몰이 이산화탄소와 반응하는 경우 생성되는 산소의 부피는 표준상태에서 몇 L인지 구하시오.(5점)

해설

과산화칼륨과 이산화탄소의 반응식 : $2K_2O_2 + 2CO_2 \rightarrow 2K_2CO_3 + O_2$

2몰의 과산화칼륨이 이산화탄소와 반응할 때 1몰의 산소가 발생한다.

따라서 1몰의 과산화칼륨이 이산화탄소와 반응하면 0.5몰의 산소가 발생한다.

표준상태에서 기체 1몰의 부피는 22.4L이고 0.5몰의 부피는 11.2L가 된다.

정답 11.2L

CHAPTER 04
2024년 제3회 과년도 기출복원문제

PART 02 위험물기능사 실기

※ 실기 필답형 문제는 수험자의 기억에 의해 복원된 것입니다. 실제 시행문제와 상이할 수 있음을 알려드립니다.

01 다음 제4류 위험물의 구조식을 그리시오.(5점)

(1) 벤젠

(2) 나이트로벤젠

(3) 아닐린

정답

(1) 벤젠 구조식

(2) 나이트로벤젠 구조식 (NO_2)

(3) 아닐린 구조식 (NH_2)

02 제1류 위험물인 염소산칼륨에 대한 물음에 알맞은 답을 쓰시오(단, 없으면 "해당없음"이라고 쓰시오).(5점)

(1) 열분해 반응식을 쓰시오.

(2) 물과의 반응식을 쓰시오.

(3) 연소 반응식을 쓰시오.

해설

염소산칼륨($KClO_3$)은 제1류 위험물 중 염소산염류로 지정수량 50kg, 위험등급 I이다.
- 열분해하여 산소를 발생시킨다.
  $2KClO_3 \rightarrow 2KCl + 3O_2$
- 화재 시 물로 소화를 한다.
- 제1류 위험물은 연소하지 않는다.(불연성)

정답 (1) $2KClO_3 \rightarrow 2KCl + 3O_2$
(2) 해당없음
(3) 해당없음

03 다음 위험물의 연소반응식을 쓰시오.(5점)

(1) 삼황화인

(2) 오황화인

해설

황화인은 연소하여 오산화인과 이산화황을 생성한다.
- 삼황화인의 연소반응식
  $P_4S_3 + 8O_2 \rightarrow 2P_2O_5 + 3SO_2$
- 오황화인의 연소반응식
  $2P_2S_5 + 15O_2 \rightarrow 2P_2O_5 + 10SO_2$

정답 (1) $P_4S_3 + 8O_2 \rightarrow 2P_2O_5 + 3SO_2$
(2) $2P_2S_5 + 15O_2 \rightarrow 2P_2O_5 + 10SO_2$

04 다음 그림을 보고 물음에 알맞은 답을 쓰시오.(5점)

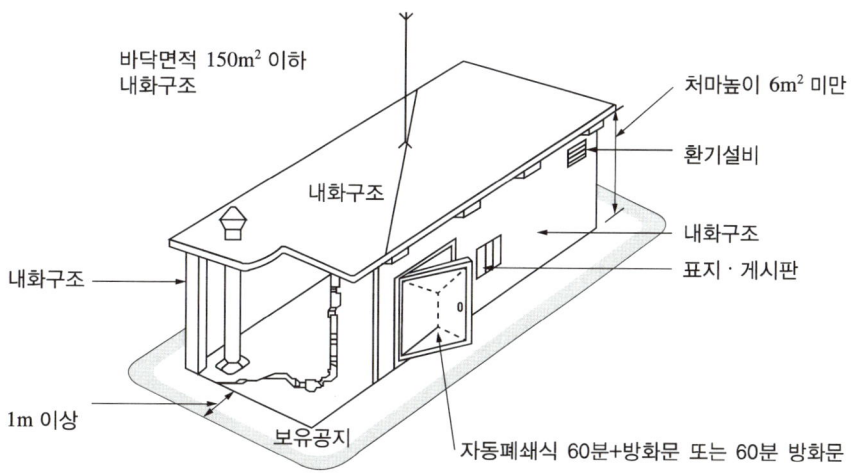

(1) 그림에서 보여주는 해당 시설의 명칭을 쓰시오.
(2) 해당 시설에 저장할 수 있는 위험물의 최대지정수량 배수를 쓰시오.
(3) 저장창고 지면에서 처마까지의 높이를 쓰시오.

해설
소규모 옥내저장소의 특례
- 지정수량의 50배 이하인 소규모의 옥내저장소중 저장창고의 처마높이가 6m 미만인 것
  - 저장창고의 주위에는 다음 표에 정하는 너비의 공지를 보유할 것

저장 또는 취급하는 위험물의 최대수량	공지의 너비
지정수량의 5배 이하	
지정수량의 5배 초과 20배 이하	1m 이상
지정수량의 20배 초과 50배 이하	2m 이상

- 하나의 저장창고 바닥면적은 150㎡ 이하로 할 것
- 저장창고는 벽·기둥·바닥·보 및 지붕을 내화구조로 할 것
- 저장창고의 출입구에는 수시로 개방할 수 있는 자동폐쇄방식의 60분+방화문 또는 60분 방화문을 설치할 것
- 저장창고에는 창을 설치하지 아니할 것

정답
(1) 소규모옥내저장소
(2) 50배
(3) 6m 미만

05 위험물안전관리법령상 위험물을 취급함에 있어서 정전기가 발생할 우려가 있는 설비에는 법령에서 정하는 방법으로 정전기를 유효하게 제거할 수 있는 설비를 설치하여야 한다. 이에 해당하는 방법 3가지를 쓰시오. (5점)

해설
위험물 제조소 등에서 설치해야 할 정전기 제거설비
- 접지에 의한 방법
- 공기 중의 상대습도를 70% 이상으로 하는 방법
- 공기를 이온화 하는 방법

정답
- 접지
- 공기 중의 상대습도를 70% 이상으로 한다.
- 공기를 이온화한다.

06 과산화수소에 대해 다음 물음에 알맞은 답을 쓰시오. (5점)

(1) 분해반응식을 쓰시오.

(2) 하이드라진과 반응하여 질소와 물이 생성되는 반응식을 쓰시오.

해설
- 분해반응식
  $2H_2O_2 \rightarrow 2H_2O + O_2$
- 하이드라진과의 반응하면 분해폭발한다.
  $2H_2O_2 + N_2H_4 \rightarrow 4H_2O + N_2$

정답
(1) $2H_2O_2 \rightarrow 2H_2O + O_2$
(2) $2H_2O_2 + N_2H_4 \rightarrow 4H_2O + N_2$

07 위험물안전관리법령에서 정한 자체소방대 설치에 관한 기준이다. 다음 빈칸에 알맞은 답을 쓰시오. (5점)

사업소의 구분	화학소방자동차	자체 소방대원의 수
제조소 또는 일반취급소에서 취급하는 제4류 위험물의 최대수량의 합이 지정수량의 3천배 이상 12만배 미만인 사업소	1대	(1)
제조소 또는 일반취급소에서 취급하는 제4류 위험물의 최대수량의 합이 지정수량의 12만배 이상 24만배 미만인 사업소	(2)	10인
제조소 또는 일반취급소에서 취급하는 제4류 위험물의 최대수량의 합이 지정수량의 24만배 이상 48만배 미만인 사업소	3대	(3)
제조소 또는 일반취급소에서 취급하는 제4류 위험물의 최대수량의 합이 지정수량의 48만배 이상인 사업소	(4)	20인
옥외탱크저장소에 저장하는 제4류 위험물의 최대수량이 지정수량의 50만배 이상인 사업소	(5)	10인

※ 비고 : 화학소방자동차에는 행정안전부령으로 정하는 소화능력 및 설비를 갖추어야 하고, 소화활동에 필요한 소화약제 및 기구(방열복 등 개인장구를 포함한다)를 비치하여야 한다.

해설

자체소방대

설치하여야 하는 사업소 : 제4류 위험물을 취급하는 최대수량의 합이 지정수량 3천배 이상인 제조소 또는 일반취급소, 제4류 위험물을 저장하는 최대수량이 지정수량의 50만배 이상

자체소방대에 두는 화학소방자동차 및 인원(제18조 제3항 관련)

사업소의 구분	화학소방자동차	자체 소방대원의 수
제조소 또는 일반취급소에서 취급하는 제4류 위험물의 최대수량의 합이 지정수량의 3천배 이상 12만배 미만인 사업소	1대	5인
제조소 또는 일반취급소에서 취급하는 제4류 위험물의 최대수량의 합이 지정수량의 12만배 이상 24만배 미만인 사업소	2대	10인
제조소 또는 일반취급소에서 취급하는 제4류 위험물의 최대수량의 합이 지정수량의 24만배 이상 48만배 미만인 사업소	3대	15인
제조소 또는 일반취급소에서 취급하는 제4류 위험물의 최대수량의 합이 지정수량의 48만배 이상인 사업소	4대	20인
옥외탱크저장소에 저장하는 제4류 위험물의 최대수량이 지정수량의 50만배 이상인 사업소	2대	10인

※ 비고 : 화학소방자동차에는 행정안전부령으로 정하는 소화능력 및 설비를 갖추어야 하고, 소화활동에 필요한 소화약제 및 기구(방열복 등 개인장구를 포함한다)를 비치하여야 한다.

정답
(1) 5인
(2) 2대
(3) 15인
(4) 4대
(5) 2대

08 다음 [보기]의 위험물에 대하여 위험등급에 따라 각각 구분하시오(단, 해당 없으면 "해당없음"이라고 표기하시오).(5점)

[보기]
황화인, 적린, 황린, 제1석유류, 브로민산염류, 질산, 과망가니즈산염류

(1) Ⅰ 등급

(2) Ⅱ 등급

(3) Ⅲ 등급

해설

물질명	황화인	적린	황린	제1석유류	브로민산염류	질산	과망가니즈산염류
위험등급	Ⅱ	Ⅱ	Ⅰ	Ⅱ	Ⅱ	Ⅰ	Ⅲ

정답 (1) 황린, 질산
(2) 황화인, 적린, 제1석유류, 브로민산염류
(3) 과망가니즈산염류

09 위험물안전관리법령에서 정한 제4류 위험물의 정의에 대하여 다음 빈칸에 알맞은 답을 쓰시오. (5점)

(1) "제1석유류"라 함은 아세톤, 휘발유 그 밖에 (   )기압에서 인화점이 (   )℃ 미만인 것을 말한다.
(2) "제3석유류"라 함은 중유, 크레오소트유 그 밖에 1기압에서 인화점이 (   )℃ 이상 (   )℃ 미만인 것을 말한다. 다만, 도료류 그 밖의 물품은 가연성 액체량이 (   )wt% 이하인 것은 제외한다.

해설

제4류 위험물의 조건
- 특수인화물 : 이황화탄소, 다이에틸에터 그 밖에 1기압에서 발화점이 100℃ 이하인 것 또는 인화점이 -20℃ 이하이고 비점이 40℃ 이하인 것
- 제1석유류 : 아세톤, 휘발유 그 밖에 1기압에서 인화점이 21℃ 미만인 것
- 알코올류 : 1분자를 구성하는 탄소원자의 수가 1개부터 3개까지인 포화1가 알코올(변성알코올을 포함한다)
다만, 다음의 하나에 해당하는 것은 제외한다.
  - 1분자를 구성하는 탄소원자의 수가 1개 내지 3개의 포화1가 알코올의 함유량이 60wt% 미만인 수용액
  - 가연성 액체량이 60wt% 미만이고 인화점 및 연소점(태그개방식인화점측정기에 의한 연소점을 말한다. 이하 같다)이 에틸알코올 60wt% 수용액의 인화점 및 연소점을 초과하는 것

- 제2석유류 : 등유, 경유 그 밖에 1기압에서 인화점이 21℃ 이상 70℃ 미만인 것
  다만, 도료류 그 밖의 물품에 있어서 가연성 액체량이 40wt% 이하이면서 인화점이 40℃ 이상인 동시에 연소점이 60℃ 이상인 것은 제외한다.
- 제3석유류 : 중유, 클레오소트유 그 밖에 1기압에서 인화점이 70℃ 이상 200℃ 미만인 것
  다만, 도료류 그 밖의 물품은 가연성 액체량이 40wt% 이하인 것은 제외한다.
- 제4석유류 : 기어유, 실린더유 그 밖에 1기압에서 인화점이 200℃ 이상 250℃ 미만의 것
  다만 도료류 그 밖의 물품은 가연성 액체량이 40wt% 이하인 것은 제외한다.
- 동식물유류 : 동물의 지육 등 또는 식물의 종자나 과육으로부터 추출한 것으로서 1기압에서 인화점이 250℃ 미만인 것을 말한다.

정답 (1) 1, 21
(2) 70, 200, 40

10
위험물안전관리법령에 따른 옥외탱크저장소와의 안전거리에 관한 내용이다. 제조소와 다음 각 시설과의 안전거리를 쓰시오.(5점)

(1) 30,000V의 특고압가공전선

(2) 학교

(3) 병원

(4) 주택

(5) 지정문화유산 및 천연기념물 등

해설

제조소의 안전거리 : 제조소는 건축물의 외벽 또는 이에 상당하는 공작물의 외측으로부터 당해 제조소의 외벽 또는 이에 상당하는 공작물의 외측까지의 사이에 수평거리(이하 "안전거리"라 한다)를 두어야 한다.
- 7,000V 초과 35,000V 이하의 특고압가공전선 : 3m 이상
- 35,000V를 초과하는 특고압가공전선 : 5m 이상
- 건축물 그 밖의 공작물로서 주거용으로 사용되는 것 : 10m 이상
- 고압가스, 액화석유가스 또는 도시가스를 저장 또는 취급하는 시설 : 20m 이상
- 학교·병원·극장 그 밖에 다수인을 수용하는 시설 : 30m 이상
- 지정문화유산 및 천연기념물 등 : 50m 이상

정답 (1) 3m 이상
(2) 30m 이상
(3) 30m 이상
(4) 10m 이상
(5) 50m 이상

11 금속나트륨 57.5g이 완전연소할 때 필요한 공기의 부피[L]를 계산하시오(단, 표준상태, Na의 원자량은 23, 공기 중 산소는 21% 존재한다).(5점)

> **해설**
> **나트륨의 연소반응식** : $4Na + O_2 \rightarrow 2Na_2O$
> 4몰의 Na이 연소할 때 1몰의 산소가 필요하다.
> 따라서 $(4 \times 23) : 22.4 = 57.5 : x$, 57.5g의 나트륨이 연소할 때 필요한 산소의 부피(L)를 계산하면 x값은 14L가 나온다. 14L는 4몰의 나트륨이 연소할 때 필요한 산소의 부피이고 문제에서 필요한 공기의 부피를 구하라고 했으니 14L를 0.21로 나누어 주면 답이 나온다.
>
> **정답** 66.67L

12 위험물안전관리에 관한 세부기준에서 정의한 이동저장탱크의 외부도장 색상이다. 다음 빈칸에 알맞은 답을 쓰시오.(5점)

유별	도장색상
제1류 위험물	(1)
제2류 위험물	(2)
제3류 위험물	(3)
제5류 위험물	(4)
제6류 위험물	(5)

> **해설**
> 위험물안전관리에 관한 세부기준(제109조) – 이동저장탱크 외부도장
>
> | 유별 | 도장색상 |
> |---|---|
> | 제1류 위험물 | 회색 |
> | 제2류 위험물 | 적색 |
> | 제3류 위험물 | 청색 |
> | 제5류 위험물 | 황색 |
> | 제6류 위험물 | 청색 |
>
> ※ 비고
> 1. 탱크의 앞면과 뒷면을 제외한 면적의 40% 이내에 면적은 다른 유별의 색상 외의 색상으로 도장하는 것이 가능하다.
> 2. 제4류에 대해서는 도장의 색상 제한이 없으나 적색을 권장한다.
>
> ※ 참고(알킬알루미늄 등을 저장하는 이동탱크저장소의 특례기준)
> 1. 이동저장탱크는 그 외면을 적색으로 도장하는 한편, 백색문자로서 동판의 양측면 및 경판에 주의사항을 표시할 것(제3류 위험물 중 알킬알루미늄 등은 적색으로 도장한다.)
>
> **정답** (1) 회색 (2) 적색
> (3) 청색 (4) 황색
> (5) 청색

13 다음 [보기]에 있는 물질을 보고 아래 나와 있는 위험물의 보호액에 해당하는 것을 모두 고르시오
(단, 없으면 "해당없음"이라고 쓰시오).(5점)

[보기]
경유, 염산, 물, 유동파라핀, 에틸알코올

(1) 황린

(2) 트라이에틸알루미늄

(3) 칼륨

해설
- 황린은 물속에 보관한다.
- 알킬알루미늄은 불활성 가스를 봉입하여 보관한다.
- 칼륨, 나트륨은 등유, 경유, 유동파라핀 안에 보관한다.

정답 (1) 물
　　　 (2) 해당없음
　　　 (3) 경유, 유동파라핀

14 다음 위험물의 명칭을 쓰시오.(5점)

(1) $CH_3COC_2H_5$

(2) C_6H_5Cl

(3) $HCOOC_2H_5$

정답 (1) 메틸에틸케톤(MEK)
　　　 (2) 클로로벤젠
　　　 (3) 의산에틸

15 다음 제3류 위험물의 품명에 대하여 지정수량을 알맞게 쓰시오. (5점)

(1) 알칼리금속(칼륨 및 나트륨 제외)

(2) 알칼리토금속

(3) 금속의 수소화물

(4) 금속의 인화물

(5) 칼슘 또는 알루미늄의 탄화물

해설

제3류 위험물의 종류

성질	품명	지정수량	위험등급
자연발화성 및 금수성물질	칼륨, 나트륨	10kg	I
	알킬알루미늄, 알킬리튬		
	황린	20kg	
	알칼리금속(칼륨 및 나트륨 제외) 및 알칼리토금속	50kg	II
	유기금속화합물(알킬알루미늄 및 알킬리튬 제외)		
	금속의 수소화물	300kg	III
	금속의 인화물		
	칼슘 또는 알루미늄의 탄화물		
	그 밖에 행정안전부령이 정하는 것	10kg, 20kg, 50kg, 300kg	I, II, III

정답 (1) 50kg

(2) 50kg

(3) 300kg

(4) 300kg

(5) 300kg

16 다음 위험물이 물과 반응할 경우 생성되는 기체의 명칭을 쓰시오(단, 없으면 "해당없음"이라고 쓰시오).(5점)

(1) 과산화나트륨

(2) 질산나트륨

(3) 마그네슘

(4) 과염소산칼륨

(5) 수소화칼륨

해설
- 질산염류, 과염소산염류는 물로 소화를 한다.
- 과산화나트륨과 물의 반응식 : $2NaO_2 + 2H_2O \rightarrow 4NaOH + O_2$
- 마그네슘과 물의 반응식 : $Mg + 2H_2O \rightarrow Mg(OH)_2 + H_2$
- 수소화칼륨과 물의 반응식 : $KH + H_2O \rightarrow KOH + H_2$

정답 (1) 해당없음
(2) 산소
(3) 수소
(4) 해당없음
(5) 수소

17 제2종 분말소화약제에 대해 물음에 알맞은 답을 쓰시오.(5점)

(1) 탄산수소칼륨의 1차 분해반응식을 쓰시오.

(2) 탄산수소칼륨 100kg이 완전분해할 경우 생성되는 이산화탄소의 부피(m^3)를 구하시오(단, 1기압, 100℃이다).

해설
제2종 분말소화약제
- $2KHCO_3 \rightarrow K_2CO_3 + CO_2 + H_2O$ – 1차 분해반응식(약 190℃)
- $2KHCO_3 \rightarrow K_2O + 2CO_2 + H_2O$ – 2차 분해반응식(약 590℃)
- 탄산수소칼륨($KHCO_3$)의 분자량은 100이다.
- 2몰의 탄산수소칼륨(200kg)이 분해할 때 1몰의 이산화탄소(44kg)가 발생하기 때문에 비례식을 이용하여 1몰의 탄산수소칼륨이 분해할 때 생성되는 이산화탄소의 양을 계산하면 22kg이 나온다.
- 이상기체상태방정식을 이용하여 부피를 계산한다.

$$V = \frac{22 \times 0.08205 \times 373}{1 \times 44} = 15.30$$

정답 (1) $2KHCO_3 \rightarrow K_2CO_3 + CO_2 + H_2O$
(2) $15.3m^3$

18 옥외저장탱크의 주위에는 저장 또는 취급하는 위험물의 최대수량에 따라 옥외저장탱크 측면으로부터 해당 너비의 공지를 보유해야 한다. 다음 물음에 알맞은 보유공지를 쓰시오.(5점)

(1) 지정수량 3,500배 제4류 위험물

(2) 지정수량 3,500배 제5류 위험물

(3) 지정수량 3,500배 제6류 위험물

해설

옥외탱크저장소의 보유공지

저장 또는 취급하는 위험물의 최대수량	보유 공지
지정수량의 500배 이하	3m 이상
지정수량의 500배 초과 1,000배 이하	5m 이상
지정수량의 1,000배 초과 2,000배 이하	9m 이상
지정수량의 2,000배 초과 3,000배 이하	12m 이상
지정수량의 3,000배 초과 4,000배 이하	15m 이상
지정수량의 4,000배 초과	해당 탱크의 수평단면의 최대지름(횡형인 경우에는 긴변)과 높이 중에서 큰 것과 같은 거리 이상. 다만, 30m 초과인 경우에는 30m 이상으로 할 수 있고, 15m 미만인 경우에는 15m 이상으로 하여야 한다.

1) 제6류 위험물 외의 위험물을 저장 또는 취급하는 옥외저장탱크(지정수량의 4,000배를 초과하여 저장 또는 취급하는 옥외저장탱크를 제외)를 동일한 방유제 안에 2개 이상 인접하여 설치하는 경우 : 보유공지의 1/3 이상(최소 3m 이상)

2) 제6류 위험물을 저장 또는 취급하는 옥외저장탱크 : 보유공지의 1/3 이상(최소 1.5m 이상)

3) 제6류 위험물을 저장 또는 취급하는 옥외저장탱크를 동일구 내에 2개 이상 인접하여 설치하는 경우 : 보유공지의 1/3 × 1/3(최소 1.5m 이상)

(1), (2)는 3,500배이므로 15m 이상이고, (3)은 제6류 위험물이기 때문에 15m × 1/3 = 5m 이상으로 한다.

정답 (1) 15m 이상
  (2) 15m 이상
  (3) 5m 이상

19 다음 그림과 같은 위험물 탱크의 용량(m³)을 구하시오(단, a는 2m, b는 1.5m, r은 3m, l_1, l_2는 0.3m이다.)(단, 탱크의 공간용적은 내용적의 100분의 5로 한다).(5점)

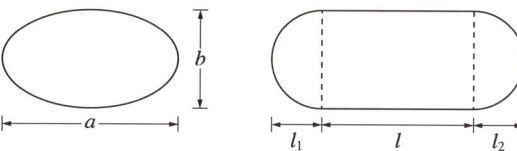

해설

양쪽이 볼록한 타원형 탱크의 내용적을 구하는 식

내용적 $= \dfrac{\pi ab}{4}\left(\ell + \dfrac{\ell_1+\ell_2}{3}\right)$

따라서, 내용적은 $\dfrac{\pi \times 2 \times 1.5}{4} \times \left(3 + \dfrac{0.3+0.3}{3}\right) = 7.539$

반올림 하여 7.54m^3가 된다.

탱크의 용량 = 내용적 − 공간용적

따라서, $7.54 \times 0.95 = 7.16$이 된다.

정답 7.16m^3

20 위험물안전관리법에 따른 제2류 위험물의 품명 및 지정수량에 대한 내용이다. 다음 [표]에서 잘못된 부분을 찾아 수정하시오.(5점)

유별	성질	품명	지정수량
제2류	가연성 고체	1. 황화인	100kg
		2. 황린	100kg
		3. 황	100kg
		4. 철분	500kg
		5. 금속분	500kg
		6. 마그네슘	500kg
		7. 그 밖에 행정안전부령으로 정하는 것 8. 1.부터 7.까지의 어느 하나에 해당하는 위험물을 하나 이상 함유한 것	100kg 또는 500kg
		9. 인화성 고체	500kg

해설

정답 (1) 2. 황린 → 2. 적린
　　　(2) 9. 인화성 고체의 지정수량 500kg → 1,000kg

우리 인생의 가장 큰 영광은 결코 넘어지지 않는 데 있는 것이 아니라
넘어질 때마다 일어서는 데 있다.

– 넬슨 만델라 –

PART **03**

최근 기출복원문제

CHAPTER 01　2025년 필기
최근 기출복원문제

CHAPTER 02　2025년 실기
최근 기출복원문제

위험물기능사

www.sdedu.co.kr

CHAPTER 01

2025년 제1회 필기 최근 기출복원문제

PART 03 최근 기출복원문제

---

01 제2류 위험물인 철분이 염산과 반응할 때 생성되는 물질은?

① 수소   ② 염소
③ 아르곤   ④ 산화철

해설
철분과 산의 반응식 : Fe + 2HCl → $FeCl_2$ + H_2

---

02 제6류 위험물을 운반할 때, 운반용기 외부에 표시해야 할 주의사항은?

① 화기주의
② 물기엄금
③ 가연물접촉주의
④ 공기접촉엄금

해설
운반용기 외부의 표시사항
- 품명·위험등급·화학명 및 수용성(제4류 위험물 중 수용성인 것에 한함)
- 위험물의 수량
- 주의사항
  - 제1류 위험물
    ⓐ 알칼리금속의 과산화물 : 화기·충격주의, 물기엄금, 가연물접촉주의
    ⓑ 그 밖의 것 : 화기·충격주의, 가연물접촉주의
  - 제2류 위험물
    ⓐ 철분·금속분·마그네슘 : 화기주의, 물기엄금
    ⓑ 인화성고체 : 화기엄금
    ⓒ 그 밖의 것 : 화기주의
  - 제3류 위험물
    ⓐ 자연발화성 물질 : 화기엄금, 공기접촉엄금
    ⓑ 금수성 물질 : 물기엄금
  - 제4류 위험물 : 화기엄금
  - 제5류 위험물 : 화기엄금, 충격주의
  - 제6류 위험물 : 가연물접촉주의

---

03 제조소에 설치하는 환기설비에는 급기구를 설치해야 한다. 제조소의 바닥면적이 100m^2일 경우 급기구의 면적은 얼마 이상으로 해야 하는가?

① 150cm^2 이상
② 300cm^2 이상
③ 450cm^2 이상
④ 600cm^2 이상

해설
- 급기구는 해당 급기구가 설치된 실의 바닥면적 150m^2마다 1개 이상으로 하되, 급기구의 크기는 800cm^2 이상으로 할 것. 다만 바닥면적이 150m^2 미만인 경우에는 다음의 크기로 하여야 한다.

바닥면적	급기구의 면적
60m^2 미만	150cm^2 이상
60m^2 이상 90m^2 미만	300cm^2 이상
90m^2 이상 120m^2 미만	450cm^2 이상
120m^2 이상 150m^2 미만	600cm^2 이상

- 급기구는 낮은 곳에 설치하고 가는 눈의 구리망 등으로 인화방지망을 설치
- 환기구는 지붕 위 또는 지상 2m 이상의 높이에 회전식 고정벤틸레이터 또는 루프팬방식으로 설치

정답 1 ① 2 ③ 3 ③

04 제조소 내부에 지정된 장소에 흡연장소를 설치할 수 있다. 이 곳에 설치해야 하는 소화설비로 옳은 것은?

① 마른모래 50L 이상
② 소형수동식소화기 1개 이상
③ 대형수동식소화기 1개 이상
④ 투척용소화기 1개 이상

해설
제조소 등의 관계인은 흡연장소를 지정하는 경우에는 다음 방법에 따른 화재예방 조치를 해야 한다.
• 흡연장소는 구획된 실로 하되, 가연성의 증기 또는 미분이 실내에 체류하거나 실내로 유입되는 것을 방지하기 위한 구조 또는 설비를 갖출 것
• 소형수동식소화기(이에 준하는 소화설비를 포함한다)를 1개 이상 비치할 것

05 다음 물질 중 물과 접촉하였을 때 가장 위험한 상황을 만드는 것은?

① 탄화칼슘   ② 나이트로글리세린
③ 질산   ④ 인화성 고체

해설
물과 반응하여 아세틸렌가스를 발생한다.
반응식 : $CaC_2 + 2H_2O \rightarrow Ca(OH)_2 + C_2H_2$

06 다음 중 자연발화를 일으키는 요인이 아닌 것은?

① 열전도율이 클 것
② 표면적이 넓을 것
③ 주위의 온도가 높을 것
④ 밀폐구조일 것

해설
자연발화를 일으키는 요인
• 열전도율이 적을 것
• 표면적이 넓은 것
• 주위의 온도가 높을 것
• 습도가 높을 것

07 위험물의 유별과 성질을 잘못 연결한 것은?

① 제1류 – 가연성 고체
② 제3류 – 자연발화성 및 금수성 물질
③ 제5류 – 자기반응성 물질
④ 제6류 – 산화성 액체

해설
제1류 위험물은 산화성 고체이다.

08 지정수량의 몇 배 이상의 위험물을 취급하는 제조소에는 피뢰침을 설치해야 하는가?(단, 제6류 위험물은 취급하지 않는다)

① 5배   ② 10배
③ 20배   ④ 50배

해설
피뢰설비 : 지정수량의 10배 이상의 위험물을 취급하는 제조소(제6류 위험물을 취급하는 위험물제조소를 제외한다)에는 피뢰침을 설치하여야 한다.

09 제2류 위험물 중 지정수량이 잘못 연결된 것은?

① 황 – 100kg
② 적린 – 500kg
③ 금속분 – 500kg
④ 인화성고체 – 1,000kg

해설
• 황화인, 적린, 황의 지정수량은 100kg이다.
• 철분, 금속분, 마그네슘의 지정수량은 500kg이다.

10 위험물안전관리법령에서 정한 자동화재탐지설비에 대한 기준으로 틀린 것은? (단, 원칙적인 경우에 한한다)

① 경계구역은 건축물 그 밖의 공작물의 2개 이상의 층에 걸치지 아니하도록 할 것
② 하나의 경계구역의 면적은 500m² 이하로 할 것
③ 하나의 경계구역의 한 변 길이는 50m 이하로 할 것
④ 자동화재탐지설비에는 비상전원을 설치할 것

> **해설**
> **자동화재탐지설비의 설치기준**
> - 자동화재탐지설비의 경계구역은 건축물 그 밖의 공작물의 2개 이상의 층에 걸치지 아니하도록 할 것. 다만, 하나의 경계구역의 면적이 500m² 이하이면서 해당 경계구역이 2개의 층에 걸치는 경우이거나 계단·경사로·승강기의 승강로 그 밖에 이와 유사한 장소에 연기감지기를 설치하는 경우에는 그러하지 아니하다.
> - 하나의 경계구역의 면적 : 600m² 이하(단, 해당 건축물 그 밖의 공작물의 주요한 출입구에서 그 내부의 전체를 볼 수 있는 경우에 있어서는 그 면적을 1,000m² 이하)
> - 한 변의 길이 : 50m 이하(광전식분리형 감지기를 설치할 경우에는 100m 이하)
> - 자동화재탐지설비의 감지기는 지붕 또는 벽의 옥내에 면한 부분에 유효하게 화재의 발생을 감지할 수 있도록 설치할 것
> - 자동화재탐지설비에는 비상전원을 설치할 것

11 위험물을 취급함에 있어서 정전기를 유효하게 제거하기 위한 설비를 설치하고자 한다. 공기 중의 상대 습도를 몇 % 이상 되게 하여야 하는가?

① 60 ② 70
③ 80 ④ 90

> **해설**
> **정전기 제거법**
> - 접지에 의한 방법
> - 공기 중의 상대습도를 70% 이상으로 하는 방법
> - 공기를 이온화 하는 방법

12 소화기의 사용방법으로 잘못된 것은?

① 소화약제에 맞는 적응화재에 사용할 것
② 성능에 따라 방출거리 내에서 사용할 것
③ 바람을 마주보며 소화할 것
④ 양옆으로 비로 쓸 듯이 방사할 것

> **해설**
> 바람을 마주보며 소화기를 사용하면 소화약제가 화재면에 닿기 힘들고 자신에게 소화약제가 돌아올 우려가 있기 때문에 바람을 등지고 사용해야 한다.

13 톨루엔의 저장 및 취급 시 주의사항에 대한 설명으로 틀린 것은?

① 피부와의 접촉을 주의해야 하므로 보호구를 착용한다.
② 정전기에 의한 화재의 위험이 있기 때문에 주의한다.
③ 통풍이 잘되는 서늘하고 어두운 곳에 저장한다.
④ 증기는 공기보다 가벼워 높은 곳에 체류하므로 환기에 주의한다.

해설
톨루엔의 분자량은 92이고, 공기의 평균 분자량 29이다. 공기보다 무겁기 때문에 누출 시 증기는 낮은 곳에 체류하기 때문에 바닥과 가까운 부분을 환기해야 한다.

14 제4류 위험물 중 제1석유류에 속하는 것은?

① 에틸렌글라이콜
② 글리세린
③ 아세톤
④ 아세트알데하이드

해설
아세톤은 제4류 위험물 중 제1석유류(수용성)에 속한 물질이다.

15 CaC_2의 지정수량은 얼마인가?

① 10kg   ② 50kg
③ 100kg   ④ 300kg

해설
탄화칼슘의 지정수량은 300kg이다.

16 지정수량 이상의 위험물을 차량으로 운반할 경우에는 차량이 "위험물"이라는 표지를 부착해야 한다. 이 표지의 바탕색과 글자색으로 알맞은 것은?

① 백색, 흑색
② 흑색, 황색
③ 백색, 적색
④ 황색, 흑색

해설
"위험물" 표지는 흑색바탕에 황색의 반사도료로 표기해야 한다.

17 제6류 위험물인 할로젠간화합물의 지정수량은?

① 100kg
② 300kg
③ 500kg
④ 1,000kg

해설
제6류 위험물은 종류에 상관없이 모든 물질의 지정수량이 300kg이다.

13 ④ 14 ③ 15 ④ 16 ② 17 ②

18 불활성 기체 소화약제 IG-55의 구성성분 2가지를 옳게 나타낸 것은?

① 질소, 수소
② 질소, 아르곤
③ 이산화탄소, 아르곤
④ 질소, 아르곤

해설
불활성 기체소화약제의 구성
- IG-01 : Ar 100%
- IG-100 : N_2 100%
- IG-55 : N_2 50%, Ar 50%
- IG-541 : N_2 52%, Ar 40%, CO_2 8%

19 질산은 단백질과 반응하면 황색으로 변하게 된다. 이 반응을 무엇이라 하는가?

① 잔토프로테인반응
② 아이오도폼반응
③ 펠링반응
④ 은거울반응

해설
질산(HNO_3) – 제6류 위험물, 지정수량 300kg
※ 단백질과 반응하면 황색(노란색)으로 변하는 반응을 크산토프로테인반응(잔토프로테인반응)이라 한다.

20 옥외탱크저장소의 옥외저장탱크는 얼마 이상 두께의 강철판으로 제작해야 하는가?

① 1.6mm ② 2.3mm
③ 3.2mm ④ 6mm

해설
탱크의 두께는 3.2mm 이상으로 한다(지하저장탱크, 간이탱크, 이동저장탱크 동일).

21 금속분의 화재 시 물을 이용한 소화가 안 되는 이유로 가장 옳은 것은?

① 산소가 발생하기 때문에
② 염소가 발생하기 때문에
③ 질소가 발생하기 때문에
④ 수소가 발생하기 때문에

해설
금속의 분말은 물과 반응하여 가연성 가스인 수소를 발생시키기 때문에 소화약제로 사용 시 오히려 폭발의 위험이 생긴다.

22 소화전용물통 8L의 능력단위는 얼마인가?

① 0.1 ② 0.3
③ 0.5 ④ 1.0

해설
소화설비의 능력단위

소화설비	용량	능력단위
소화전용(轉用)물통	8L	0.3
수조(소화전용물통 3개 포함)	80L	1.5
수조(소화전용물통 6개 포함)	190L	2.5
마른 모래(삽 1개 포함)	50L	0.5
팽창질석 또는 팽창진주암 (삽 1개 포함)	160L	1.0

정답 18 ② 19 ① 20 ③ 21 ④ 22 ②

23 과염소산칼륨의 일반적인 성질에 대한 설명 중 틀린 것은?

① 강한 산화제이다.
② 불연성 물질이다.
③ 향긋한 냄새가 나는 노란색 결정이다.
④ 가열하여 완전 분해시키면 산소를 발생한다.

해설
- 과염소산칼륨($KClO_4$)은 제1류 위험물이며, 산화제이다.
- 제1류 위험물 중 몇몇 물질을 제외한 나머지 물질은 백색 또는 무색 투명하다.
※ 색을 띠는 대표적인 물질 : 과망가니즈산칼륨(보라색), 과산화나트륨(황백색), 다이크로뮴산칼륨(등적색)

24 수소화칼륨의 소화약제로 적당하지 않은 것은?

① 물
② 건조사
③ 팽창질석
④ 팽창진주암

해설
수소화칼륨(KH)은 제3류 위험물 중 금수성 물질에 속하므로 물을 이용한 소화는 불가하다.

25 트라이나이트로톨루엔의 작용기에 해당하는 것은?

① -NO
② $-NO_2$
③ $-NO_3$
④ $-NO_4$

해설
트라이나이트로톨루엔의 구조식

$$\begin{array}{c} CH_3 \\ O_2N \diagup \diagdown NO_2 \\ \diagdown NO_2 \end{array}$$

트라이나이트로톨루엔은 톨루엔에 $-NO_2$(나이트로기)가 3개 붙어있는 물질이다.

26 아닐린에 대한 설명으로 옳은 것은?

① 무색의 기름상 액체이다.
② 인화점이 0℃ 이하여서 상온에서 인화의 위험이 높다.
③ 알코올, 벤젠 등에 녹지 않는다.
④ 증기는 공기와 혼합하여 인화, 폭발의 위험은 없는 안정한 상태가 된다.

해설
아닐린($C_6H_5NH_2$) - 제3석유류, 지정수량 2,000L, 인화점 70℃
- 무색 또는 갈색을 띠며 기름상의 액체이다.
- 독성이 있으므로 취급에 주의한다.
- 물에는 약간 녹고 알코올, 벤젠, 에터 등에 녹는다.

27 탄화칼슘을 습한 공기 중에 보관하면 위험한 이유로 가장 옳은 것은?

① 폭발성 가스인 아세틸렌이 생성될 수 있으므로
② 폭발성 가스인 에틸렌이 생성될 수 있으므로
③ 분진폭발의 위험성이 증가하기 때문에
④ 독성가스인 포스핀이 발생하기 때문에

해설
물과 반응하여 아세틸렌가스를 발생한다.
탄화칼슘과 물의 반응식 : $CaC_2 + 2H_2O \rightarrow Ca(OH)_2 + C_2H_2$(아세틸렌)

28 다음 중 제3류 위험물에 속하는 물질은?

① 과아이오딘산
② 질산구아니딘
③ 염소화규소화합물
④ 할로젠간화합물

해설
③ 염소화규소화합물 – 제3류 위험물
① 과아이오딘산 – 제1류 위험물
② 질산구아니딘 – 제5류 위험물
④ 할로젠간화합물 – 제6류 위험물

29 불활성가스소화설비의 기준에서 이산화탄소 저압용기 내부의 온도는 얼마 이상, 얼마 이하로 유지해야 하는가?

① −30℃ 이상, −28℃ 이하
② −20℃ 이상, −18℃ 이하
③ −10℃ 이상, −8℃ 이하
④ 0℃ 이상, 8℃ 이하

해설
이산화탄소 저압용기의 기준
• 저장용기에 액면계 및 압력계 설치
• 저장용기에 2.3MPa 이상의 압력 및 1.9MPa 이하의 압력에서 작동하는 압력경보장치 설치
• 저장용기 내부 온도를 −20℃ 이상, −18℃ 이하로 유지

30 고인화점 위험물이란 인화점이 얼마 이상인 제4류 위험물을 말하는가?

① 70℃   ② 100℃
③ 200℃   ④ 250℃

해설
고인화점 위험물: 인화점이 100℃ 이상인 제4류 위험물

31 할로젠화합물 소화약제의 소화효과에 해당하지 않는 것은?

① 부촉매효과
② 냉각효과
③ 질식효과
④ 유화효과

해설
할로젠화합물 소화기는 할로젠화합물을 소화약제로 사용하는 소화기로 할론 1301, 할론 2402 등이 있다.
특성
• 부촉매효과에 의해 소화된다(질식, 냉각의 효과도 있다).
• 독성이 있는 물질도 있기 때문에 밀폐된 곳에서 장시간 사용하면 위험할 수 있다.
• 전기 부도체이므로 전기화재에 적응성이 있다.

32 다음 [보기] 물질의 공통특성이 아닌 것은?

[보기]
등유, 경유, 초산, 클로로벤젠

① 가연성 물질이다.
② 지정수량은 1,000L이다.
③ 인화의 위험이 있다.
④ 물질 자체에 탄소를 포함하고 있다.

해설
모두 제2석유류에 해당하는 물질로, 초산은 수용성 물질이기 때문에 지정수량이 2,000L가 된다.

정답 28 ③ 29 ② 30 ② 31 ④ 32 ②

33 2가 알코올이며, 부동액으로 사용되는 물질의 지정수량은 얼마인가?

① 400L
② 1,000L
③ 2,000L
④ 4,000L

해설
에틸렌글라이콜(CH_2OHCH_2OH) – 제3석유류, 수용성, 지정수량 4,000L

분자량	비중	인화점	비점	착화점
62	1.1	129℃	198℃	398℃

- 2가 알코올이다.
- 물, 알코올, 아세톤 등에 녹는다.
- 이황화탄소, 사염화탄소, 벤젠에 녹지 않는다.
- 부동액, 냉매의 원료로 사용된다.
- 단맛이 나며 독성이 있다.

34 고온체의 색깔이 휘적색일 경우의 온도는 약 몇 ℃ 정도인가?

① 520
② 850
③ 950
④ 1,300

해설
연소 온도별 색깔의 종류

색깔	담암적색	암적색	적색	휘적색	황적색	백적색	휘백색
온도(℃)	520	700	850	950	1,100	1,300	1,500

35 삼황화인, 오황화인의 공통적인 특성이 아닌 것은?

① 연소생성물이 같다.
② 물과 반응한다.
③ 이황화탄소에 녹는다.
④ 지정수량이 같다.

해설
삼황화인은 물에 녹지 않고, 오황화인은 물에 의해 분해된다.
오황화인과 물의 반응식 : $P_2S_5 + 8H_2O \rightarrow 5H_2S + 2H_3PO_4$

36 다음 중 증기의 밀도가 가장 큰 것은?

① 이황화탄소   ② 벤젠
③ 톨루엔   ④ 에틸알코올

해설
분자량이 클수록 증기의 밀도도 커진다. 위 물질 중 톨루엔의 분자량(92)이 제일 크기 때문에 증기밀도도 가장 크다.

37 다음 중 자연발화의 위험성이 가장 큰 물질은?

① 아마인유   ② 야자유
③ 올리브유   ④ 피마자유

해설
건성유는 자연발화의 위험이 크다.
동식물유류의 종류

구분	아이오딘값	불포화도	종류
건성유	130 이상	크다.	해바라기유, 들기름, 정어리기름, 아마인유 등
반건성유	100~130	보통	참기름, 쌀겨기름, 콩기름, 옥수수기름 등
불건성유	100 이하	작다.	피마자유, 야자유, 올리브유 등

38. 다음 중 나이트로글리세린을 규조토에 흡수시켜 제조한 물질은?

① 흑색화약
② 안포폭약
③ 다이너마이트
④ 연화약

해설
나이트로글리세린($C_3H_5(ONO_2)_3$)
- 무색, 투명한 액체상태이다.
- 글리세린에 진한 질산과 황산의 혼산을 반응시켜 제조한다.
- 다공성 물질에 흡수시켜 다이너마이트 제조에 쓰인다.
- 분해반응식 : $4C_3H_5(ONO_2)_3 \rightarrow 12CO_2 + 10H_2O + 6N_2 + O_2$

39. 위험물 제조소 등에서 위험물저장소에 해당하지 않는 것은?

① 옥외탱크저장소
② 지하탱크저장소
③ 간이저장소
④ 옥내저장소

해설
간이저장소는 없고, 간이탱크저장소가 있다.
위험물저장소
옥내저장소, 옥내탱크저장소, 옥외저장소, 옥외탱크저장소, 지하탱크저장소, 이동탱크저장소, 간이탱크저장소, 암반탱크저장소

40. 이황화탄소 1몰이 연소할 때 생성되는 독성 기체 물질의 부피는 표준상태에서 얼마인가?

① 22.4L
② 44.8L
③ 67.2L
④ 134.4L

해설
이황화탄소
- 연소반응식 : $CS_2 + 3O_2 \rightarrow CO_2 + 2SO_2$(연소 시 파란 불꽃을 낸다)
- 2가지 생성물질 중 독성이 있는 물질은 이산화황(SO_2)이다.
- 1mol의 이황화탄소가 연소하면 2mol의 이산화황이 생성된다.

41. 소화설비 중 스프링클러설비의 장점이 아닌 것은?

① 화재의 초기 진압에 효율적이다.
② 소화약제를 쉽게 구할 수 있다.
③ 자동으로 화재를 감지하고 소화할 수 있다.
④ 다른 소화설비보다 구조가 간단하고 시설설치비가 적다.

해설
스프링클러설비는 물을 이용한 소화설비이고, 화재 초기에 소화에 효과가 있다. 단, 소화설비가 복잡하고 시공비가 많이 드는 단점이 있다.

정답 38 ③ 39 ③ 40 ② 41 ④

42 제4류 위험물인 다이에틸에터는 보관 중에 과산화물이 생성될 우려가 있다. 과산화물 생성 여부를 확인하는 검출시약으로 쓰이는 물질은?

① 황산제일철 ② 10% KI용액
③ 환원철   ④ 아세틸레이트

해설
- 다이에틸에터는 공기와 장기간 접촉 시 과산화물을 생성하므로 갈색병에 저장해야 한다.
    ※ 과산화물 생성 방지법 : 40mesh의 구리망을 넣어준다.
- 과산화물의 검출 방법은 10% 아이오딘화칼륨(KI) 용액을 이용한다. 검출 시에는 황색으로 변한다.
- 과산화물 제거시약으로는 황산제일철 또는 환원철을 사용한다.

43 위험물의 지정수량이 잘못된 것은?

① $(C_2H_5)_3Al$: 10kg
② Mg : 500kg
③ NaH : 50kg
④ Al_4C_3 : 300kg

해설

물질	$(C_2H_5)_3Al$	Mg	NaH	Al_4C_3
지정수량	10kg	500kg	300kg	300kg

44 제3류 위험물인 나트륨, 칼륨 등을 보호액 속에 보관해야 하는 이유는?

① 햇빛을 차단하기 위하여
② 인화하는 것을 막기 위하여
③ 공기와 접촉을 막기 위하여
④ 운반 시 충격을 적게 하기 위하여

해설
나트륨, 칼륨은 공기와의 접촉을 차단해야 되기 때문에 보호액(등유, 경유, 유동파라핀) 속에 보관한다. 또한, 보호액 속에 있으면 수분과의 접촉도 차단된다.

45 위험물제조소 옥외시설의 바닥에는 얼마 이상 높이의 턱을 설치해야 하는가?

① 0.1m 이상
② 0.15m 이상
③ 0.2m 이상
④ 0.3m 이상

해설
옥외시설의 바닥
- 바닥의 둘레에 높이 0.15m 이상의 턱을 설치
- 바닥은 위험물이 스며들지 아니하는 재료 사용, 턱이 있는 쪽이 낮게 경사지게 설치하고 최저부에 집유설비를 해야 한다.
- 위험물(온도 20℃의 물 100g에 용해되는 양이 1g 미만인 것에 한한다)을 취급하는 설비에 있어서는 해당 위험물이 직접 배수구에 흘러들어가지 아니하도록 집유설비에 유분리장치를 설치할 것

46 위험물을 운반용기에 담아 옮기려고 한다. 액체 위험물을 담은 운반용기의 수납율은 얼마 이하로 해야 하는가?

① 90% ② 95%
③ 98% ④ 99%

해설
운반용기의 수납율
- 고체위험물 : 운반용기 내용적의 95% 이하의 수납율
- 액체위험물 : 운반용기 내용적의 98% 이하의 수납율로 수납하되, 55℃에서 누설되지 아니하도록 충분한 공간용적을 유지하도록 할 것
- 액체위험물 중 알킬알루미늄 등 : 운반용기의 내용적의 90% 이하의 수납율로 수납하되, 50℃의 온도에서 5% 이상의 공간용적을 유지하도록 할 것

47 시약(고체)의 명칭이 불투명한 시약병의 내용물을 확인하려고 뚜껑을 열어 시계접시에 소량을 담아놓고 공기 중에 햇빛을 받는 곳에 방치하던 중 시계접시에서 갑자기 연소현상이 일어났다. 다음 물질 중 이 시약의 명칭으로 예상할 수 있는 것은?

① 황 ② 황린
③ 황화인 ④ 적린

해설
자연발화에 관한 내용이다. 자연발화성 물질은 제3류 위험물인 황린(P_4)이다.

48 염소산염류 150kg, 질산염류 600kg, 과망가니즈산염류 1,000kg를 저장하고 있는 경우 지정수량의 몇 배가 보관되어 있는가?

① 5배 ② 6배
③ 7배 ④ 8배

해설
- 염소산염류의 지정수량 : 50kg
- 질산염류의 지정수량 : 300kg
- 과망가니즈산염류의 지정수량 : 1,000kg

$\frac{150}{50} + \frac{600}{300} + \frac{1,000}{1,000} = 6$

49 다음 위험물의 저장창고에 화재가 발생하였을 때 주수에 의한 소화가 오히려 더 위험한 것은?

① 염소산나트륨 ② 질산암모늄
③ 인화칼슘 ④ 아세톤

해설
인화칼슘은 금수성 물질로 물과 반응하여 포스핀을 발생시킨다.
$Ca_3P_2 + 6H_2O \rightarrow 3Ca(OH)_2 + 2PH_3$
포스핀은 가연성이자 독성가스이다.

50 옥외탱크저장소 중 정기검사 대상이 되는 용량 기준은 얼마 이상인가?

① 10만L ② 30만L
③ 50만L ④ 100만L

해설
정기검사의 대상인 제조소 등 : 액체위험물을 저장 또는 취급하는 50만L 이상의 옥외탱크저장소

51 '온도가 일정할 때, 기체의 부피는 압력에 반비례한다'는 어떤 법칙에 관한 설명인가?

① 보일의 법칙
② 샤를의 법칙
③ 보일-샤를의 법칙
④ 헨리의 법칙

해설
- 보일의 법칙 : 온도가 일정할 때 기체의 부피는 압력에 반비례한다.
- 샤를의 법칙 : 압력이 일정할 때 기체의 부피는 절대온도(T)에 비례한다.
- 보일-샤를의 법칙 : 기체의 부피는 압력에 반비례하고, 절대온도에 비례한다.

정답 47 ② 48 ② 49 ③ 50 ③ 51 ①

52 건조사와 같은 것으로 가연물을 덮어 불을 끄는 방법은 소화의 원리 중 어느 소화에 해당하는가?

① 제거소화　② 질식소화
③ 냉각소화　④ 부촉매소화

해설
마른모래(건조사)로 가연물의 표면을 덮어 공기와의 접촉을 차단하는 것은 질식소화에 해당한다.

53 흑색화약의 원료로 사용되는 위험물의 유별을 옳게 나타낸 것은?

① 제1류, 제5류
② 제2류, 제6류
③ 제1류, 제2류
④ 제3류, 제4류

해설
흑색화약의 원료 : 질산칼륨(제1류), 황(제2류), 검은색을 내는 숯가루(비위험물)

54 다음 중 비중이 1보다 큰 물질은?

① 아세톤　② 글리세린
③ 벤젠　④ 아세트알데하이드

해설

물질	아세톤	글리세린	벤젠	아세트알데하이드
비중	0.79	1.26	0.88	0.78

55 위험물안전관리법령상 이송취급소 설치기준에서 배관을 지하에 매설할 경우 안전거리 기준으로 잘못된 것은?

① 건축물과의 거리는 1.5m 이상
② 지하가 및 터널과의 거리는 10m 이상
③ 수도법에 의한 수도시설과의 거리는 100m 이상
④ 배관의 외면과 지표면과의 거리는 산이나 들에 있어서는 0.9m 이상

해설
이송취급소의 배관
- 지하매설 : 배관은 다음의 규정에 의한 안전거리를 둘 것
  - 건축물 : 1.5m 이상
  - 지하가 및 터널 : 10m 이상
  - 수도법에 의한 수도시설 : 300m 이상
  - 배관은 그 외면으로부터 다른 공작물에 대하여 0.3m 이상의 거리를 보유
  - 배관은 적절한 깊이로 매설
  - 배관의 외면과 지표면과의 거리는 산이나 들에 있어서는 0.9m 이상, 그 밖의 지역에 있어서는 1.2m 이상
- 도로 밑 매설
  - 배관은 그 외면으로부터 도로의 경계에 대하여 1m 이상의 안전거리를 둘 것
  - 배관은 그 외면으로부터 다른 공작물에 대하여 0.3m 이상의 거리를 보유
- 지상설치
  - 철도 또는 도로의 경계선 : 25m 이상
  - 병원, 영화관 복지시설 등 : 45m 이상
  - 문화재 : 65m 이상
  - 가스시설 : 35m 이상
  - 도시공원 : 45m 이상
  - 연면적 1,000m² 이상 숙박, 위락시설 : 45m 이상
  - 1일 평균 20,000명 이상 이용하는 기차역 또는 버스터미널 : 45m 이상
  - 수도법에 의한 수도시설 : 300m 이상
  - 주택 : 25m 이상

56 나이트로벤젠과 아닐린의 공통점이 아닌 것은?

① 지정수량이 같다.
② 물질을 이루는 원소의 성분이 같다.
③ 독성이 있다.
④ 화재의 위험성이 있다.

해설
- 아닐린($C_6H_5NH_2$), 나이트로벤젠($C_6H_5NO_2$)은 둘 다 제3석유류 비수용성이다.
- 제4류 위험물로 화재의 위험이 있고, 독성이 있는 것이 공통점이나 물질을 이루는 원소의 성분은 다르다.

57 아세톤의 증기 비중은 약 얼마인가?

① 1
② 1.52
③ 2
④ 2.62

해설
- 아세톤(CH_3COCH_3)의 분자량 = 58
- 공기의 평균 분자량 = 29
- 증기비중 = $\frac{58}{29}$ = 2

58 품명이 알칼리금속에 해당하는 물질의 지정수량은?(단, 알칼리금속 중 칼륨, 나트륨은 제외한다)

① 10kg
② 50kg
③ 100kg
④ 500kg

해설
제3류 위험물의 종류

성질	품명	지정수량	위험등급
자연발화성 및 금수성 물질	칼륨, 나트륨	10kg	I
	알킬알루미늄, 알킬리튬		
	황린	20kg	
	알칼리금속(칼륨 및 나트륨 제외) 및 알칼리토금속	50kg	II
	유기금속화합물(알킬알루미늄 및 알킬리튬 제외)		
	금속의 수소화물	300kg	III
	금속의 인화물		
	칼슘 또는 알루미늄의 탄화물		
	그 밖에 행정안전부령이 정하는 것	10kg, 20kg, 50kg, 300kg	I, II, III

59 이동탱크저장소를 옥외에 상치하려고 한다. 인근의 건축물과는 얼마 이상의 거리를 두어야 하는가?(단, 건축물이 1층인 경우이다)

① 1m 이상
② 2m 이상
③ 3m 이상
④ 5m 이상

해설

이동탱크저장소의 상치장소
- 옥외 : 인근의 건축물로부터 5m 이상(건축물이 1층인 경우에는 3m)
- 옥내 : 벽·바닥·보·서까래 및 지붕이 내화구조 또는 불연재료로 된 건축물의 1층에 설치

60 자체소방대 설치기준에 따르면, 제4류 위험물을 40만배 취급하는 제조소에서 보유해야 하는 화학소방자동차의 대수는?

① 1대 ② 2대
③ 3대 ④ 4대

해설

자체소방대를 설치해야 하는 사업소
- 제4류 위험물을 취급하는 최대수량의 합이 지정수량 3천배 이상인 제조소 또는 일반취급소
- 제4류 위험물을 저장하는 최대수량이 지정수량의 50만배 이상

자체소방대에 두는 화학소방자동차 및 인원(위험물안전관리법 시행령 별표 8)

사업소의 구분	화학소방자동차	자체소방대원의 수
제조소 또는 일반취급소에서 취급하는 제4류 위험물의 최대수량의 합이 지정수량의 3천배 이상 12만배 미만인 사업소	1대	5인
제조소 또는 일반취급소에서 취급하는 제4류 위험물의 최대수량의 합이 지정수량의 12만배 이상 24만배 미만인 사업소	2대	10인
제조소 또는 일반취급소에서 취급하는 제4류 위험물의 최대수량의 합이 지정수량의 24만배 이상 48만배 미만인 사업소	3대	15인
제조소 또는 일반취급소에서 취급하는 제4류 위험물의 최대수량의 합이 지정수량의 48만배 이상인 사업소	4대	20인
옥외탱크저장소에 저장하는 제4류 위험물의 최대수량이 지정수량의 50만배 이상인 사업소	2대	10인

2025년 제2회 필기 최근 기출복원문제

01 다음 물질의 화재 시 물을 사용할 경우 위험성이 커지는 것은?

① 황린
② 과산화수소
③ 인화알루미늄
④ 염소산나트륨

해설
인화알루미늄(AlP)은 물과 반응하여 가연성 가스인 포스핀(PH_3)을 생성한다.
AlP + $3H_2O$ → $Al(OH)_3$ + PH_3

02 고체의 연소형태에 속하지 않는 것은?

① 표면연소
② 액적연소
③ 증발연소
④ 자기연소

해설
- 고체의 연소형태 : 표면연소, 분해연소, 증발연소, 자기연소
- 기체의 연소형태 : 확산연소, 폭발연소, 예혼합연소
※ 액적연소는 액체의 연소형태 중 하나이다.

03 위험물안전관리법령에 따른 위험물제조소와의 안전거리 기준에 대한 설명으로 틀린 것은?

① 학교와의 안전거리는 30m 이상으로 한다.
② 병원과의 안전거리는 30m 이상으로 한다.
③ 지정문화유산과의 안전거리는 30m 이상으로 한다.
④ 극장과의 안전거리는 30m 이상으로 한다.

해설
제조소의 안전거리 : 제조소는 건축물의 외벽 또는 이에 상당하는 공작물의 외측으로부터 해당 제조소의 외벽 또는 이에 상당하는 공작물의 외측까지의 사이에 수평거리(이하 "안전거리"라 한다)를 두어야 한다.
- 사용전압이 7,000V 초과 35,000V 이하의 특고압가공전선 : 3m
- 사용전압이 35,000V를 초과하는 특고압가공전선 : 5m
- 건축물 그 밖의 공작물로서 주거용으로 사용되는 것 : 10m
- 고압가스, 액화석유가스 또는 도시가스를 저장 또는 취급하는 시설 : 20m
- 학교·병원·극장 그 밖에 다수인을 수용하는 시설 : 30m
- 지정문화유산 및 천연기념물 등 : 50m

정답 1 ③ 2 ② 3 ③

04 위험물 운반자로 선임된 자는 일정한 주기에 따라 실무교육을 받아야 한다. 교육시간은 얼마인가?

① 24시간 ② 8시간
③ 4시간   ④ 2시간

해설
- 위험물 안전관리자, 위험물운송자, 탱크시험자의 기술인력의 교육시간 : 8시간 이내
- 위험물운반자의 교육시간 : 4시간

05 다음 중 옥외저장소에서 저장할 수 있는 위험물은?

① 질산   ② 염소산칼륨
③ 가솔린 ④ 적린

해설
옥외저장소에 저장할 수 있는 위험물
- 제2류 위험물 중 황, 인화성 고체(인화점이 0℃ 이상인 것에 한함)
- 제4류 위험물 중 제1석유류(인화점이 0℃ 이상인 것에 한함), 알코올류, 제2석유류, 제3석유류, 제4석유류 동식물유류
- 제6류 위험물

06 드라이아이스의 화학식은?

① H_2O ② CO_2
③ HPO_3 ④ $NH_4H_2PO_4$

해설
드라이아이스는 이산화탄소의 고체 상태를 말한다.

07 1기압에서 인화점이 70℃인 물질은 제 몇 석유류에 해당하는가?

① 제1석유류
② 제2석유류
③ 제3석유류
④ 제4석유류

해설
인화점 기준에 따른 분류

품명	기준
제1석유류	1기압에서 인화점이 21℃ 미만인 것
제2석유류	1기압에서 인화점이 21℃ 이상 70℃ 미만인 것
제3석유류	1기압에서 인화점이 70℃ 이상 200℃ 미만인 것
제4석유류	1기압에서 인화점이 200℃ 이상 250℃ 미만인 것

08 어떤 위험물 2개를 동소체인지 알아보려고 한다. 가장 효과적인 실험방법은?

① 육안으로 확인한다.
② 연소생성물을 조사해본다.
③ 물에 녹여서 색을 관찰한다.
④ 살짝 찍어 맛을 본다.

해설
위험물 중 대표적인 동소체 관계에 있는 물질
- 제2류 위험물인 황(단사황, 사방황, 고무상황), 제2류 위험물인 적린과 제3류 위험물인 황린이다.
- 동소체 관계에 있는 물질은 연소생성물이 같기 때문에 연소생성물을 조사하면 동소체 관계를 확인해 볼 수 있다.

09 다음 중 물을 사용하는 소화설비가 아닌 것은?

① 옥내소화전설비
② 스프링클러소화설비
③ 포소화설비
④ 이산화탄소소화설비

해설
옥내소화전설비, 스프링클러소화설비는 물을 이용하고, 포소화설비는 물과 포액을 이용한다.

10 다음 중 점화원의 역할을 할 수 없는 것은?

① 마찰열   ② 기화열
③ 정전기   ④ 산화열

해설
물질이 기화할 때 주위로부터 흡수하는 기화열은 점화원이 될 수 없다.

11 황린을 저장할 때 물 속에 저장하는 이유로 가장 올바른 것은?

① 공기와의 접촉을 차단하기 위해서
② 가연성 증기 발생을 억제하기 위해서
③ 물에 가라앉기 때문에
④ 공기와 반응하여 피막을 형성하기 때문에

해설
황린은 자연발화성 물질이므로 공기와의 접촉을 차단해야 한다.

12 포소화설비의 고정식 포 방출구 중 고정지붕구조(CRT)가 아닌 것은?

① Ⅰ형
② Ⅱ형
③ Ⅲ형
④ 특형

해설
Ⅰ, Ⅱ, Ⅲ, Ⅳ형은 고정지붕구조이고, 특형은 부상지붕구조(FRT)이다.

13 메틸알코올의 일반적인 특성으로 잘못된 것은?

① 물에 잘 녹는다.
② 지정수량은 400L이다.
③ 독성이 없다.
④ 제4류 위험물에 속한다.

해설
메틸알코올(CH_3OH)은 독성이 매우 강해서 약 30g 이상 마실 경우 사망할 수도 있다.

14 염소산나트륨($NaClO_3$)의 저장 방법으로 잘못된 것은?

① 공기와 접촉하면 위험성이 커지므로 밀폐된 장소에 보관한다.
② 가연물과의 접촉을 피하여 저장한다.
③ 통풍이 잘 되는 냉암소에 보관한다.
④ 철제 용기는 부식의 우려가 있기 때문에 저장용기로 적합하지 않다.

해설
밀폐된 장소에서 보관할 경우에 저장소 온도가 높아질 우려가 있기 때문에 통풍이 잘 되는 장소에 보관하는 것이 좋다.

15 다음 물질 중에서 물에 녹지 않는 것은?

① 과염소산　② 글리세린
③ 삼황화인　④ 아세톤

해설
삼황화인은 이황화탄소, 질산, 알칼리에 녹고 물, 염산, 황산에 녹지 않는다.

16 제4종 분말소화약제는 어느 화재에 적응성이 있는가?

① A, B급 화재
② B, C급 화재
③ C, D급 화재
④ A, B, C급 화재

해설
- 제1종, 제2종, 제4종 : B, C급 화재에 적응성이 있다.
- 제3종 분말소화약제 : A, B, C급 화재에 적응성이 있다.

17 0℃, 1atm에서 CO_2 44g의 부피는 얼마가 되는가?

① 11.2L
② 22.4L
③ 44.8L
④ 67.2L

해설
- 표준상태(0℃, 1atm)에서 기체 1몰(mol)의 부피는 22.4L이다.
- 이산화탄소 1몰의 무게는 44g이므로 부피는 22.4L가 된다.

18 비점이 약 1,336℃이고, 물과 반응하여 수소를 발생시키는 물질의 명칭은 무엇인가?

① 마그네슘
② 나트륨
③ 리튬
④ 칼슘

해설
리튬(Li)의 비점은 약 1,336℃이고, 물과 반응하여 수소를 발생시킨다.
$2Li + 2H_2O \rightarrow 2LiOH + H_2$

정답 14 ① 15 ③ 16 ② 17 ② 18 ③

19 위험물안전관리법령에 따른 유별 저장·취급 공통 기준에서 가연물과의 접촉·혼합이나 분해를 촉진하는 물품과의 접근 또는 과열을 피해야 하는 물질의 유별은?

① 제1류 위험물
② 제3류 위험물
③ 제5류 위험물
④ 제6류 위험물

해설
유별 저장·취급의 공통기준
- 제1류 위험물은 가연물과의 접촉·혼합이나 분해를 촉진하는 물품과의 접근 또는 과열·충격·마찰 등을 피하는 한편, 알칼리금속의 과산화물 및 이를 함유한 것에 있어서는 물과의 접촉을 피해야 한다.
- 제2류 위험물은 산화제와의 접촉·혼합이나 불티·불꽃·고온체와의 접근 또는 과열을 피하는 한편, 철분·금속분·마그네슘 및 이를 함유한 것에 있어서는 물이나 산과의 접촉을 피하고 인화성 고체에 있어서는 함부로 증기를 발생시키지 아니해야 한다.
- 제3류 위험물 중 자연발화성 물질에 있어서는 불티·불꽃 또는 고온체와의 접근·과열 또는 공기와의 접촉을 피하고, 금수성 물질에 있어서는 물과의 접촉을 피해야 한다.
- 제4류 위험물은 불티·불꽃·고온체와의 접근 또는 과열을 피하고, 함부로 증기를 발생시키지 아니해야 한다.
- 제5류 위험물은 불티·불꽃·고온체와의 접근이나 과열·충격 또는 마찰을 피해야 한다.
- 제6류 위험물은 가연물과의 접촉·혼합이나 분해를 촉진하는 물품과의 접근 또는 과열을 피해야 한다.

20 제5류 위험물의 특성인 자기반응성 물질을 가장 잘 나타낸 설명은?

① 물과의 반응성이 뛰어나다.
② 표면연소를 하는 고체 물질이다.
③ 외부의 도움없이 스스로 반응하여 연소한다.
④ 인화의 위험성이 크기 때문에 점화원과의 접촉을 주의해야 한다.

해설
자기반응성 물질이란 물질 자체에 산소를 포함하고 있어서 외부로부터의 산소공급 없이 연소 또는 폭발을 일으키는 반응성이 매우 큰 물질이다.

21 다음 단위의 값이 다른 하나는?

① 1atm
② 760mmHg
③ 10.332mH$_2$O
④ 101.325Mpa

해설
1기압(1atm) = 760mmHg
= 10.332mH$_2$O
= 101.325KPa
= 0.101325MPa

22 다음 중 위험등급 I 의 위험물이 아닌 것은?

① 무기과산화물 ② 적린
③ 나트륨   ④ 과산화수소

해설
적린(P)은 제2류 위험물이고 지정수량 100kg, 위험등급 II 이다.

정답 19 ④ 20 ③ 21 ④ 22 ②

23
위험물안전관리자를 해임한 때에는 해임한 날로부터 며칠 이내에 위험물안전관리자를 다시 선임하여야 하는가?

① 7일　　② 14일
③ 30일　　④ 60일

해설
위험물안전관리자
- 선임권자 : 제조소 등의 관계인
- 해임하거나 퇴직 시 : 30일 이내에 다시 선임
- 선임신고 : 선임한 날부터 14일 이내에 소방본부장 또는 소방서장에게 신고
- 대리자 지정 : 30일을 초과할 수 없음

24
무색의 액체로 융점이 -112℃이고 물과 접촉하면 심하게 발열하는 제6류 위험물은?

① 과산화수소
② 과염소산
③ 질산
④ 오플루오르화아이오딘

해설
과염소산($HClO_4$) : 지정수량 300kg

분자량	융점	비중	비점
100.5	-112℃	1.76	39℃

- 무색의 액체로 유동성이 있다.
- 염소산염류 중에서 산성이 가장 세다.
- 물과 접촉하면 심하게 발열한다.

25
액화 이산화탄소 44g이 0℃, 2atm에서 방출되어 모두 기체가 되었다. 방출된 기체상의 이산화탄소 부피는 약 몇 L인가?

① 11.2L　　② 22.4L
③ 44.8L　　④ 89.6L

해설
이상기체상태방정식을 이용하여 계산한다.
$$V = \frac{WRT}{PM}$$
$$V = \frac{44 \times 0.082 \times 273}{2 \times 44} ≒ 11.2L$$

26
팽창진주암(삽 1개 포함)의 능력단위 1은 용량이 몇 L인가?

① 100　　② 120
③ 140　　④ 160

해설
소화설비의 능력단위(위험물안전관리법 시행규칙 별표 17)

소화설비	용량	능력단위
소화전용(轉用)물통	8L	0.3
수조(소화전용물통 3개 포함)	80L	1.5
수조(소화전용물통 6개 포함)	190L	2.5
마른 모래(삽 1개 포함)	50L	0.5
팽창질석 또는 팽창진주암(삽 1개 포함)	160L	1.0

27
다음 중 물과의 반응성이 가장 낮은 것은?

① 인화아연
② 질산칼륨
③ 트라이에틸알루미늄
④ 과산화칼륨

해설
질산칼륨의 소화 시 물을 사용한다.

28 위험물안전관리법령상 운반 시 혼재할 수 없는 위험물은?(단, 위험물은 지정수량의 1/10을 초과하는 경우이다)

① 적린과 황린
② 질산염류와 질산
③ 칼륨과 특수인화물
④ 유기과산화물과 황

해설
- 적린(제2류)과 황린(제3류)은 운반 시 서로 혼재할 수 없다.
- 제2류 위험물은 제4류, 제5류 위험물과 혼재 가능하다.

29 위험물안전관리법령에 의한 위험물에 속하지 않는 것은?

① CaC_2 ② S
③ P_2O_5 ④ K

해설
오산화인(P_2O_5)은 인의 연소생성물로 위험물에 해당하지 않는다.

30 금속염을 불꽃반응 실험을 한 결과 노란색의 불꽃이 나타났다. 이 금속염에 포함된 금속은 무엇인가?

① Ca   ② K
③ Na   ④ Li

해설
- 나트륨의 불꽃색 : 노란색
- 칼륨의 불꽃색 : 보라색
- 리튬의 불꽃색 : 빨간색

31 다음 중 가연물이 고체 덩어리보다 분말 가루일 때 화재 위험성이 큰 이유로 가장 옳은 것은?

① 공기와의 접촉면적이 크기 때문이다.
② 열전도율이 크기 때문이다.
③ 흡열반응을 하기 때문이다.
④ 활성화에너지가 크기 때문이다.

해설
같은 양이라고 했을 때 덩어리 상태일 때보다 가루 상태가 되면 공기와 닿는 면적이 크게 증가하기 때문에 화재위험성이 커진다.

32 위험물안전관리법령에 따른 피난설비의 기준에서 다음 ( ) 안에 알맞은 용어는?

> 주유취급소 중 건축물의 2층 이상의 부분을 점포, 휴게음식점 또는 전시장의 용도로 사용하는 것에 있어서는 해당 건축물의 2층 이상으로부터 주유취급소의 부지 밖으로 통하는 출입구와 해당 출입구로 통하는 통로, 계단 및 출입구에 ( )을(를) 설치하여야 한다.

① 피난사다리
② 경보기
③ 유도등
④ CCTV

33 위험물제조소에서 국소방식의 배출설비 배출능력은 1시간당 배출장소 용적의 몇 배 이상인 것으로 하여야 하는가?

① 5배　　② 10배
③ 15배　　④ 20배

해설
배출설비
- 국소방식으로 설치
- 배풍기·배출덕트·후드 등을 이용하여 강제적으로 배출
- 배출능력은 1시간당 배출장소 용적의 20배 이상. 단, 전역방식의 경우에는 바닥면적 1m²당 18m³ 이상
- 배출설비의 급기구는 높은 곳에 설치, 구리망 등으로 인화방지망 설치
- 배출설비의 배출구는 지상 2m 이상의 연소의 우려가 없는 장소에 설치하고 화재 시 자동으로 폐쇄되는 방화댐퍼를 설치
- 배풍기는 강제배기방식

34 제4류 위험물을 저장 및 취급하는 위험물제조소에 설치한 "화기엄금" 게시판의 색상으로 올바른 것은?

① 적색바탕에 흑색문자
② 흑색바탕에 적색문자
③ 백색바탕에 적색문자
④ 적색바탕에 백색문자

해설
제조소에는 저장 또는 취급하는 위험물에 따라 주의사항을 표시한 게시판을 설치할 것
- 제1류 위험물 중 알칼리금속의 과산화물과 이를 함유한 것 또는 제3류 위험물 중 금수성 물질에 있어서는 "물기엄금"
- 제2류 위험물(인화성 고체는 제외)에 있어서는 "화기주의"
- 제2류 위험물 중 인화성 고체, 제3류 위험물 중 자연발화성 물질, 제4류 위험물 또는 제5류 위험물에 있어서는 "화기엄금"
- "물기엄금"을 표시하는 것에 있어서는 청색바탕에 백색문자로, "화기주의" 또는 "화기엄금"을 표시하는 것에 있어서는 적색바탕에 백색문자로 할 것

35 제4류 위험물 중 증기는 공기보다 가볍고 독성이 강한 물질의 명칭은?

① 사이안화수소
② 벤젠
③ 사이클로헥세인
④ 피리딘

해설
제4류 위험물 중 유증기가 공기보다 가벼운 물질은 사이안화수소(HCN)밖에 없다.

36 Li, Na, K의 공통적인 특성이 아닌 것은?

① 알칼리금속이다.
② 제3류 위험물이다.
③ 지정수량은 10kg이다.
④ 물과 반응하여 가연성 가스를 발생시킨다.

해설
- 리튬, 나트륨, 칼륨은 알칼리금속으로 모두 제3류 위험물에 속하며, 물과 반응하여 가연성 가스인 수소를 발생시킨다.
- 지정수량 : 나트륨(10kg), 칼륨(10kg), 리튬(50kg)

37 아세틸렌의 위험도는 얼마인가?

① 5.33　　② 17.75
③ 31.4　　④ 49

해설
아세틸렌의 연소범위는 2.5~81%이다.

위험도(H) = $\dfrac{U-L}{L}$

여기서, U : 폭발 상한계(%)
　　　　L : 폭발 하한계(%)

∴ $\dfrac{81-2.5}{2.5}$ = 31.4

정답 33 ④　34 ④　35 ①　36 ③　37 ③

38 Halon 1011의 화학식은?

① CCl₄ ② CF₃Br
③ CF₂ClBr ④ CH₂ClBr

해설
할론번호 표시방법 : 할론 ○○○○의 화학식을 쓰라고 하는 문제가 많이 나오므로 각각 원자의 순서를 알고 있어야 한다. 나오는 숫자대로 원자의 수를 채우면 된다.
- 첫 번째 자리 : 탄소(C)
- 두 번째 자리 : 플루오린(F)
- 세 번째 자리 : 염소(Cl)
- 네 번째 자리 : 브로민(Br)

할론번호	화학식
Halon 1301	CF₃Br
Halon 2402	C₂F₄Br₂
Halon 1211	CF₂ClBr
Halon 1040	CCl₄

※ 메테인(CH₄), 에테인(C₂H₆)에 할로젠 물질을 치환한 소화약제로 탄소가 1개이면 4자리, 2개이면 6자리가 채워져야 된다. 할로젠 원소가 들어가지 않은 자리에는 그대로 H가 있다
예 할론 1011의 화학식은 CH₂ClBr이다.

39 위험물안전관리법령에 따른 지하저장탱크의 과충전방지장치 중 경보음을 울리는 방법은 용량의 얼마 이상이 넘을 경우 울리게 되는가?

① 80% ② 85%
③ 90% ④ 95%

해설
과충전방지장치
- 탱크용량을 초과하는 위험물이 주입될 때 자동으로 그 주입구를 폐쇄하거나 위험물의 공급을 자동으로 차단하는 방법
- 탱크용량의 90%가 찰 때 경보음을 울리는 방법

40 옥외저장소에 덩어리 상태의 황을 저장하려고 한다. 하나의 경계표시 내부의 면적은 얼마 이하로 해야 하는가?

① 10m²
② 50m²
③ 100m²
④ 200m²

해설
옥외저장소에 덩어리 상태의 황만을 지반면에 설치한 경계표시 안쪽에서 저장 또는 취급하는 것
- 하나의 경계표시의 내부 면적 : 100m² 이하
- 2 이상의 경계표시를 설치하는 경우에 각각의 경계표시 내부의 면적을 합산한 면적 : 1,000m² 이하
- 경계표시 : 불연재료로 하고 높이는 1.5m 이하
- 경계표시에는 황이 넘치거나 비산하는 것을 방지하기 위한 천막 등을 고정하는 장치를 설치, 장치는 경계표시의 길이 2m마다 1개 이상 설치

41 할로젠화합물소화설비에서 할론 1301의 방사압력은 몇 MPa 이상으로 해야하는가?

① 0.1
② 0.2
③ 0.5
④ 0.9

해설
할로젠화합물소화설비의 기준(세부기준 제135조)
- 방사압력
  - 할론 2402 : 0.1MPa 이상
  - 할론 1211 : 0.2MPa 이상
  - 할론 1301 : 0.9MPa 이상
- 방사시간
  - 할론 2402, 할론 1211, 할론 1301 : 30초 이내

정답 38 ④ 39 ③ 40 ③ 41 ④

42 무색 결정상태로 물에 용해 시 흡열반응하는 제1류 위험물의 명칭은?

① 과산화나트륨
② 아염소산칼륨
③ 질산암모늄
④ 과망가니즈산칼륨

해설

질산암모늄(NH_4NO_3)
- 무색의 결정이다.
- 물, 알코올에 녹는다.
- 물에 녹을 때 흡열반응을 한다.
  ※ 흡열반응 : 반응이 일어나면 주위의 열을 흡수하는 반응으로, 반응 시 주변의 온도가 낮아진다.
- 분해반응식
  - 가열 시 : $NH_4NO_3 \rightarrow N_2O + 2H_2O$
  - 폭발분해 시 : $2NH_4NO_3 \rightarrow 2N_2 + O_2 + 4H_2O$

43 방향족에 속하며, 3가지의 이성질체를 가지고 있는 물질의 화학식은?

① $C_6H_4(CH_3)_2$
② $C_6H_5CH_3$
③ C_6H_6
④ $CH_3COC_2H_5$

해설

자일렌[$C_6H_4(CH_3)_2$] - 지정수량 1,000L
- 물에 녹지 않고 유기용제에 녹는다.
- 방향성을 띠며 독성은 BTX 중에서 가장 낮다.
- 자일렌은 메틸기(CH_3) 결합 위치에 따라 o-자일렌, m-자일렌, p-자일렌 3가지로 구분한다.

44 다음 중 제5류 위험물에 속하지 않는 것은?

① 염산하이드록실아민
② 질산구아니딘
③ 하이드라진
④ 테트릴

해설

하이드라진(N_2H_4) - 제4류 위험물 수용성, 지정수량 2,000L, 인화점 38℃
- 맹독성의 가연성 액체이다.
- 물, 알코올에 녹는다.
- 각종 유도체, 시약, 농약, 로켓연료 등 다양하게 사용된다.
- 약 180℃로 가열하면 분해한다.
  $2N_2H_4 \rightarrow 2NH_3 + N_2 + H_2$

45 위험물안전관리법령에 따른 주유취급소의 기준에서 주유원 간이대기실의 바닥면적 기준은?

① $2.5m^2$ 이하
② $5m^2$ 이하
③ $7.5m^2$ 이하
④ $10m^2$ 이하

해설

주유취급소의 위치·구조 및 설비의 기준(위험물안전관리법 시행규칙 별표 13)
주유원 간이대기실은 다음의 기준에 적합할 것
- 불연재료로 할 것
- 바퀴가 부착되지 아니한 고정식일 것
- 차량의 출입 및 주유작업에 장애를 주지 않는 위치에 설치할 것
- 바닥면적이 $2.5m^2$ 이하일 것(다만, 주유공지 및 급유공지 외의 장소에 설치하는 것은 그러하지 아니하다)

46 제4류 위험물의 옥외저장탱크에 설치하는 밸브 없는 통기관은 직경이 얼마 이상인 것으로 설치해야 되는가?(단, 압력탱크는 제외한다)

① 10mm
② 20mm
③ 30mm
④ 40mm

해설
통기관의 직경은 30mm 이상으로 한다(간이저장탱크의 경우는 25mm 이상).

47 위험물안전관리법령상 제4류 위험물에 적응성이 있는 소화기가 아닌 것은?

① 이산화탄소소화기
② 봉상강화액소화기
③ 포소화기
④ 인산염류분말소화기

해설
봉상강화액소화기는 물이 주성분이므로 제4류 위험물에 적응성이 없다.

48 리튬과 물의 반응 생성물로 옳은 것은?

① 수소, 수소화리튬
② 수소, 수산화리튬
③ 메테인, 수소화리튬
④ 메테인, 수산화리튬

해설
리튬은 물과 반응하여 수소를 발생한다.
반응식 : $2Li + 2H_2O \rightarrow 2LiOH$(수산화리튬) $+ H_2$ (수소)

49 제4류 위험물의 일반적인 성질에 대한 설명 중 옳은 것은?

① 대부분 유기화합물이다.
② 고체 상태이다.
③ 대부분 물보다 무겁다.
④ 대부분 물에 녹기 쉽다.

해설
제4류 위험물은 가연성으로 대부분의 물질이 유기화합물이다. 또한 상온에서 액체상태이다.

50 위험물안전관리법령상 연면적이 450m² 인 저장소의 소요단위는?(단, 건축물의 외벽은 내화구조이다)

① 3
② 4.5
③ 6
④ 9

해설
내화구조이기 때문에 1단위의 기준은 150m²이 되고, 450m²은 3단위이다.
1소요단위의 기준
• 제조소 또는 취급소
 - 외벽이 내화구조 : 연면적 100m²
 - 외벽이 내화구조가 아닌 것 : 연면적 50m²
• 저장소
 - 외벽이 내화구조 : 연면적 150m²
 - 외벽이 내화구조가 아닌 것 : 연면적 75m²
• 위험물 : 지정수량의 10배

정답 46 ③ 47 ② 48 ② 49 ① 50 ①

51 위험물안전관리법령상 옥내소화전설비의 기준에 따르면 펌프를 이용한 가압송수 장치에서 펌프의 토출량은 옥내소화전의 설치개수가 가장 많은 층에 대해 해당 설치개수(5개 이상은 경우에는 5개)에 얼마를 곱한 양 이상이 되도록 하여야 하는가?

① 80L/min
② 130L/min
③ 260L/min
④ 450L/min

해설
소화전설비의 비교표

구분	수평거리	방수압력	방수량(1분당)	수원의 수량
옥내소화전	25m 이하	350 kPa	260L	설치개수 × 7.8m³ (설치개수가 5개 이상인 경우에는 5개)
옥외소화전	40m 이하	350 kPa	450L	설치개수 × 13.5m³ (설치개수가 4개 이상인 경우는 4개)
스프링클러	1.7m 이하	100 kPa	80L	설치개수 × 2.4m³

52 위험물안전관리법령상 옥내탱크저장소의 기준에서 옥내저장탱크 상호간에는 몇 m 이상의 간격을 유지하여야 하는가?

① 0.3   ② 0.5
③ 0.7   ④ 1.0

해설
옥내탱크저장소 설치기준(단층 건축물에 설치하는 경우)
• 옥내탱크는 단층 건축물에 설치된 탱크전용실에 설치할 것
• 옥내저장탱크와 탱크전용실의 벽과의 사이 및 옥내저장탱크의 상호간에는 0.5m 이상의 간격을 유지
• 옥내탱크저장소에는 "위험물 옥내탱크저장소"라는 표시를 한 표지와 방화에 관하여 필요한 사항을 게시한 게시판을 설치
• 옥내저장탱크의 용량(동일한 탱크전용실에 옥내저장탱크를 2 이상 설치하는 경우에는 각 탱크의 용량의 합계를 말한다)은 지정수량의 40배(제4석유류 및 동식물유류 외의 제4류 위험물에 있어서 해당 수량이 20,000L를 초과할 때에는 20,000L) 이하로 한다.

53 제4류 위험물인 클로로벤젠의 지정수량으로 옳은 것은?

① 200L   ② 400L
③ 1,000L   ④ 2,000L

해설
클로로벤젠(C_6H_5Cl)은 제2석유류 비수용성 물질이다.

54 공기 중의 산소농도를 한계산소량 이하로 낮추어 연소를 중지시키는 소화방법은?

① 화학소화
② 냉각소화
③ 제거소화
④ 질식소화

> [해설]
> 공기 중의 산소의 농도를 21%에서 15% 이하로 낮추면 소화가 되는데, 이를 질식소화라고 한다.

55 다음은 위험물안전관리법령에서 정의한 동식물유류에 관한 내용이다. ( )에 알맞은 수치는?

> 동물의 지육 등 또는 식물의 종자나 과육으로부터 추출한 것으로써 1기압에서 인화점이 ( )℃ 미만인 것을 말한다.

① 21
② 70
③ 200
④ 250

> [해설]
> **동식물유류** : 동물의 지육 등 또는 식물의 종자나 과육으로부터 추출한 것으로서 1기압에서 인화점이 250℃ 미만인 것을 말한다.

56 그림과 같은 위험물 저장탱크의 내용적은 약 몇 m³인가?

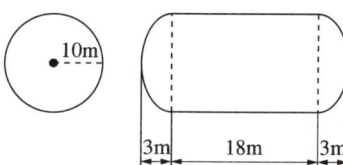

① 4,623
② 6,283
③ 7,692
④ 8,789

> [해설]
> **횡으로 설치된 원통형 탱크**
>
>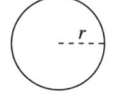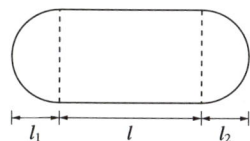
>
> • 내용적 = $\pi r^2 \left(l + \dfrac{l_1 + l_2}{3} \right)$
>
> 수치를 대입해서 계산을 하면,
> $10 \times 10 \times \pi \times \left(18 + \dfrac{3+3}{3} \right) = 6,283.1 m^3$이 된다.

57 저장소에 보관되었던 벤젠이 유출되어 미상의 점화원에 의해 착화되어 화재가 발생하였다면 이 화재의 분류로 옳은 것은?

① A급 화재
② B급 화재
③ C급 화재
④ D급 화재

> [해설]
> 벤젠은 제4류 위험물이고 인화성이 매우 뛰어난 물질이다. 이 물질에 화재가 발생하면 유류(B급)화재로 봐야 한다.

정답 54 ④ 55 ④ 56 ② 57 ②

58 다음 중 위험등급Ⅲ에 해당하는 물질은?

① 황
② 염소산나트륨
③ 탄화칼슘
④ 나이트로글리세린

해설
탄화칼슘은 제3류 위험물이고, 지정수량은 300kg이다. 제3류 위험물에서 지정수량 300kg인 물질은 위험등급Ⅲ에 해당한다.

59 이동저장탱크로부터 아세트알데하이드 등을 꺼낼 때에는 동시에 얼마 이하의 압력으로 불활성의 기체를 봉입해야 하는가?

① 10kPa   ② 100kPa
③ 200kPa ④ 1,000kPa

해설
알킬알루미늄 등 및 아세트알데하이드 등의 취급 기준
- 알킬알루미늄 등의 제조소 또는 일반취급소에 있어서 알킬알루미늄 등을 취급하는 설비에는 불활성의 기체를 봉입할 것
- 알킬알루미늄 등의 이동탱크저장소에 있어서 이동저장탱크로부터 알킬알루미늄 등을 꺼낼 때에는 동시에 200kPa 이하의 압력으로 불활성의 기체를 봉입할 것
- 아세트알데하이드 등의 제조소 또는 일반취급소에 있어서 아세트알데하이드 등을 취급하는 설비에는 연소성 혼합기체의 생성에 의한 폭발의 위험이 생겼을 경우에 불활성의 기체 또는 수증기를 봉입할 것
- 아세트알데하이드 등의 이동탱크저장소에 있어서 이동저장탱크로부터 아세트알데하이드 등을 꺼낼 때에는 동시에 100kPa 이하의 압력으로 불활성의 기체를 봉입할 것

60 제2류 위험물의 공통적인 특성으로 옳은 것은?

① 산화성
② 수용성
③ 환원성
④ 폭발성

해설
제2류 위험물은 가연물이고 산소를 끌어당기는 성질이 매우 세며, 이를 환원성이라고 한다.
제1류, 제6류 위험물의 특성은 산화성이다.

CHAPTER 02

2025년 제1회 실기 최근 기출복원문제

※ 실기 필답형 문제는 수험자의 기억에 의해 복원된 것입니다. 실제 시행문제와 상이할 수 있음을 알려드립니다.

01 이산화탄소 1kg을 대기 중으로 방출할 때 발생하는 부피(L)를 구하시오(단, 1기압, 30℃이다).(5점)

해설

이상기체상태방정식을 이용하여 $V = \dfrac{WRT}{PM}$

$V = \dfrac{1,000 \times 0.082 \times 303}{1 \times 44} = 564.68$L가 나온다.

정답 564.68L

02 탄화칼슘에 대해 다음 물음에 답하시오.(5점)

(1) 지정수량은 얼마인가?
(2) 물과 반응할 때 생성되는 물질을 모두 쓰시오.
(3) 고온에서 질소와 반응하여 석회질소를 생성하는 반응식을 쓰시오.

해설

탄화칼슘(CaC_2)
- 카바이드라고도 부른다.
- 회색의 괴상 고체이다.
- 물과 반응하여 아세틸렌가스를 발생한다.
- 물과의 반응식 : $CaC_2 + 2H_2O \rightarrow Ca(OH)_2 + C_2H_2$
- 질소와의 반응식(약 700℃ 이상) : $CaC_2 + N_2 \rightarrow CaCN_2 + C$
  ※ $CaCN_2$: 공식 명칭은 사이안아마이드화칼슘이며, 석회질소로 불린다.
- 탄화칼슘은 고온에서 질소와 직접반응하여 탄소 하나를 떼어놓는다.

정답 (1) 300kg
(2) 수산화칼슘, 아세틸렌
(3) $CaC_2 + N_2 \rightarrow CaCN_2 + C$

03 다음 위험물의 지정수량을 쓰시오.(5점)

(1) 톨루엔

(2) 피리딘

(3) 클로로벤젠

(4) 의산메틸

(5) 아이소프로필알코올

해설
- 톨루엔 – 제1석유류 비수용성
- 피리딘 – 제1석유류 수용성
- 클로로벤젠 – 제2석유류 비수용성
- 의산메틸 – 제1석유류 수용성
- 아이소프로필알코올 – 알코올류

정답
(1) 200L
(2) 400L
(3) 1,000L
(4) 400L
(5) 400L

04 탄소 100kg이 완전 연소할 때 필요한 공기의 양(m^3)을 구하시오.(5점)

해설
- 탄소의 연소반응식 : $C + O_2 \rightarrow CO_2$
- 탄소 1mol(12g)이 연소할 때 필요한 산소의 부피는 1mol(22.4L)이 된다.

kg에 대응하는 부피의 단위는 m^3이고, 12kg의 탄소가 연소할 때 필요한 산소의 부피는 $22.4m^3$이 된다.

비례식을 이용하여 12kg : $22.4m^3$ = 100kg : $x m^3$

x = 186.666666m^3이 나오게 된다.

이것은 필요한 산소의 양으로 문제에서 공기의 양을 구하라고 했으니 산소의 양을 0.21로 나누어 주면 정답이 된다.

$$\therefore \frac{186.666666}{0.21} = 888.89m^3$$

정답 $888.89m^3$

05
염소산칼륨 1mol이 분해할 때 생성되는 산소의 부피(L)를 구하시오(단, 750mmHg, 27℃이다).(5점)

해설

염소산칼륨의 분해반응식 : $2KClO_3 \rightarrow 2KCl + 3O_2$

2mol의 염소산칼륨이 분해할 때 3mol의 산소가 발생하니, 1mol이 분해할 경우에는 1.5mol의 산소가 발생한다.

산소 1mol의 무게는 32g이고 32g × 1.5 = 48g이 된다.

이상기체상태방정식을 이용하여 $V = \dfrac{WRT}{PM}$

$V = \dfrac{48 \times 0.082 \times 300}{\dfrac{750}{760} \times 32} = 37.39L$

정답 37.39L

06
위험물안전관리법령상 위험물 운반에 관한 기준에서 다음 물질에 대한 운반용기 외부에 표시해야 하는 주의사항을 모두 쓰시오.(5점)

(1) 인화성 고체

(2) 철분

(3) 적린

해설

운반용기 외부의 표시사항

- 품명·위험등급·화학명 및 수용성(제4류 위험물 중 수용성인 것에 한함)
- 위험물의 수량
- 수납하는 위험물에 따른 주의사항

유별	품명	주의사항
제1류 위험물	알칼리금속의 과산화물	화기·충격주의, 물기엄금, 가연물접촉주의
	그 밖의 것	화기·충격주의, 가연물접촉주의
제2류 위험물	철분·금속분·마그네슘	화기주의, 물기엄금
	인화성고체	화기엄금
	그 밖의 것	화기주의
제3류 위험물	자연발화성 물질	화기엄금, 공기접촉엄금
	금수성 물질	물기엄금
제4류 위험물	전부	화기엄금
제5류 위험물	전부	화기엄금, 충격주의
제6류 위험물	전부	가연물접촉주의

정답 (1) 화기엄금

(2) 화기주의, 물기엄금

(3) 화기주의

07 다음 각 물질의 연소형태를 보기에서 골라 쓰시오. (5점)

[보기]
표면연소, 분해연소, 증발연소, 내부연소, 확산연소, 예혼합연소

(1) 파라핀

(2) 석탄

(3) 금속의 분말

해설

고체의 연소형태
- 표면연소 : 가연성 가스를 발생하지 않고 물질 자체가 연소하는 현상
  예 목탄, 코크스, 숯, 금속분 등
- 분해연소 : 열분해에 의해 발생된 가연성 가스가 연소하는 현상
  예 종이, 석탄, 목재, 플라스틱
- 증발연소 : 고체를 가열하여 고체가 액체로, 그 액체가 계속 가열되어 기체로 변화하여 그 기체가 연소하는 현상
  예 황, 나프탈렌, 왁스, 파라핀 등
- 자기연소 : 물질 자체에 산소를 포함하고 있는 물질이 연소하는 현상
  예 제5류 위험물 등

위 물질들은 전부 고체이고, 확산연소와 예혼합연소는 기체의 연소형태에 해당한다.

정답 (1) 파라핀 – 증발연소
(2) 석탄 – 분해연소
(3) 금속의 분말 – 표면연소

08 피크르산에 대한 물음에 알맞은 답을 하시오.(5점)

(1) 구조식을 그리시오.

(2) 1mol이 분해할 때 약 229kcal의 열량이 발생한다. 피크르산 1kg이 분해할 때 생성되는 열량(kcal)은 약 얼마인가?

해설

피크르산[$C_6H_2OH(NO_2)_3$]의 분자량은 229이다.

따라서 1mol(229g)의 피크르산이 분해할 때 229kcal의 열량이 발생한다고 하면, 1kg(1,000g)의 피크르산이 분해하면 1,000kcal의 열량이 발생하게 된다.

229g : 229kcal = 1,000g : x kcal,

$x = 1,000$ kcal

정답 (1)

피크르산 구조식: 벤젠고리에 OH(상단), 2,6 위치에 NO_2 (O_2N, NO_2), 4 위치에 NO_2

(2) 1,000kcal

09 다음 위험물들이 물과 반응할 때의 반응식을 적으시오(단, 반응하지 않으면 '해당없음'이라고 쓰시오).(5점)

(1) 수소화칼륨 (2) 마그네슘
(3) 과망가니즈산칼륨 (4) 톨루엔
(5) 과산화수소

해설

각 물질과 물과의 반응식

- 물과 반응하여 수소가스를 발생한다.
  $KH + H_2O \rightarrow KOH + H_2$
- 상온상태의 물에서는 안정한 편이나 온수와 반응하며 수소를 발생한다.
  $Mg + 2H_2O \rightarrow Mg(OH)_2 + H_2$
- 반응하지 않는다.
- 반응하지 않는다.
- 반응하지 않는다.

정답 (1) $KH + H_2O \rightarrow KOH + H_2$ (2) $Mg + 2H_2O \rightarrow Mg(OH)_2 + H_2$
(3) 해당없음 (4) 해당없음
(5) 해당없음

10 다음 물질의 화학식과 주어진 상온에서 물질의 상태를 쓰시오.(5점)

(1) 나이트로글리세린

(2) 다이나이트로톨루엔

해설

나이트로글리세린[$C_3H_5(ONO_2)_3$]
- 무색, 투명한 액체상태이다.
- 글리세린에 진한 질산과 황산의 혼산을 반응시켜 제조한다.
- 다공성 물질에 흡수시켜 다이너마이트 제조에 쓰인다.
- 분해반응식 : $4C_3H_5(ONO_2)_3 \rightarrow 12CO_2 + 10H_2O + 6N_2 + O_2$

다이나이트로톨루엔($C_6H_3CH_3(NO_2)_2$) : 황색의 결정상태이다(고체).

정답 (1) $C_3H_5(ONO_2)_3$, 액체
   (2) $C_6H_3CH_3(NO_2)_2$, 고체

11 위험물안전관리법령에 따른 위험물의 운반에 관한 기준에서 제6류 위험물을 운반할 때 혼재가 불가능한 위험물의 유별을 모두 쓰시오(단, 지정수량의 10배 이상이다).(5점)

해설

운반 시 유별을 달리하는 위험물의 혼재기준(위험물안전관리법 시행규칙 별표 19)

위험물의 구분	제1류	제2류	제3류	제4류	제5류	제6류
제1류		×	×	×	×	○
제2류	×		×	○	○	×
제3류	×	×		○	×	×
제4류	×	○	○		○	×
제5류	×	○	×	○		×
제6류	○	×	×	×	×	

비고
1. "×" 표시는 혼재할 수 없음을 표시한다.
2. "○" 표시는 혼재할 수 있음을 표시한다.
3. 이 표는 지정수량의 $\frac{1}{10}$ 이하의 위험물에 대하여는 적용하지 아니한다.

※ 245, 34, 61로 암기한다. 같이 있는 숫자끼리 혼재 가능하다.

정답 제2류 위험물, 제3류 위험물, 제4류 위험물, 제5류 위험물

12 다음 [보기]의 위험물들 지정수량 배수의 총합을 구하시오.(5점)

> [보기]
> 아염소산나트륨 25kg, 질산칼륨 90kg, 과산화칼륨 10kg, 아이오딘산칼륨 300kg

해설
각 물질의 지정수량은 아래 표와 같다.

아염소산나트륨	질산칼륨	과산화칼륨	아이오딘산칼륨
50kg	300kg	50kg	300kg

지정수량 배수의 총합은 $\frac{25}{50} + \frac{90}{300} + \frac{10}{50} + \frac{300}{300} = 2$배

정답 2배

13 위험물안전관리법령에 따른 주유취급소의 특례기준에서 셀프용 고정주유설비의 설치기준에 대해 다음 [보기]의 빈칸에 알맞은 수치를 넣으시오.(5점)

> [보기]
> • 주유호스는 (   )kg 중 이하의 하중에 의해 깨져 분리되거나 이탈되어야 하고, 깨져 분리되거나 이탈된 부분으로부터의 위험물 누출을 방지할 수 있는 구조일 것
> • 1회의 연속주유량 및 주유시간의 상한을 미리 설정할 수 있는 구조일 것. 이 경우 연속주유량 및 상한은 다음과 같다.
>   – 휘발유는 (   )L 이하, (   )분 이하로 할 것
>   – 경유는 (   )L 이하, (   )분 이하로 할 것

해설
• 주유노즐은 자동차 등의 연료탱크가 가득 찬 경우 자동적으로 정지시키는 구조일 것
• 주유호스는 200kg중 이하의 하중에 의하여 깨져 분리되거나 이탈되어야 하고, 깨져 분리되거나 이탈된 부분으로부터의 위험물 누출을 방지할 수 있는 구조일 것
• 휘발유와 경유 상호간의 오인에 의한 주유를 방지할 수 있는 구조일 것
• 1회의 연속주유량 및 주유시간의 상한을 미리 설정할 수 있는 구조일 것. 이 경우 연속주유량 및 주유시간의 상한은 다음과 같다.
  – 휘발유는 100L 이하, 4분 이하로 할 것
  – 경유는 600L 이하, 12분 이하로 할 것

정답 200, 100, 4, 600, 12

14 제2류 위험물인 황에 대해 다음 물음에 답을 하시오.(5점)

(1) 연소반응식을 쓰시오.

(2) 위험물이 되기 위한 조건 중 순도는 몇 wt%(중량퍼센트) 이상으로 해야 하는가?

(3) 순도 측정에 있어서 여러 가지 불순물이 있다. 이 중 한 가지만 적으시오.

해설

황이 되는 조건 : 순도가 60wt% 이상인 것을 말한다. 이 경우 순도측정에 있어서 불술문은 활석 등 불연성 물질과 수분에 한한다.

황(S) – 지정수량 100kg

- 황의 종류 : 결정상태에 따라 단사황, 사방황, 고무상황으로 분류한다.
- 황색의 분말 또는 결정 상태이다.
- 물에 녹지 않고 알코올에 약간 녹는다.
- 이황화탄소에 녹는다(고무상황은 녹지 않는다).
- 분말 상태일 때 분진 폭발의 위험이 있다.
- 전기 부도체 이므로 정전기에 주의해야 한다.
- 연소 반응식 : $S + O_2 \rightarrow SO_2$

정답 (1) $S + O_2 \rightarrow SO_2$
(2) 60wt%
(3) 활석

15 다음 [보기]의 물질을 산성의 세기가 큰 것부터 작은 순서대로 나열하시오.(5점)

[보기]
$HClO_4$, $HClO_3$, $HClO_2$, $HClO$

해설

염소산의 여러 종류들은 산소의 개수가 많을수록 산의 강도가 세진다.

산성의 세기 : $HClO_4 > HClO_3 > HClO_2 > HClO$

정답 $HClO_4$, $HClO_3$, $HClO_2$, $HClO$

16 다음 각 위험물의 연소반응식을 쓰시오. (5점)

(1) 메틸에틸케톤   (2) 이황화탄소

(3) 아세트알데하이드

해설

MEK와 아세트알데하이드는 탄소와 수소 그리고 수소로만으로 이루어져 있기 때문에 완전연소할 때 이산화탄소와 물이 생성된다.

- 메틸에틸케톤의 완전연소반응식 : $2CH_3COC_2H_5 + 11O_2 \rightarrow 8CO_2 + 8H_2O$
- 이황화탄소의 완전연소반응식 : $CS_2 + 3O_2 \rightarrow CO_2 + 2SO_2$(연소 시 파란불꽃을 낸다)
- 아세트알데하이드의 완전연소반응식 : $2CH_3CHO + 5O_2 \rightarrow 4CO_2 + 4H_2O$

정답 (1) $2CH_3COC_2H_5 + 11O_2 \rightarrow 8CO_2 + 8H_2O$ (2) $CS_2 + 3O_2 \rightarrow CO_2 + 2SO_2$
(3) $2CH_3CHO + 5O_2 \rightarrow 4CO_2 + 4H_2O$

17 다음 [보기]의 설명에 해당하는 물질에 대한 물음에 알맞을 답을 하시오. (5점)

[보기]
- 무색투명한 액체상태이다.
- 독성이 있기 때문에 흡입할 경우 실명의 위험이 있다.
- 비중은 0.79, 인화점은 약 11℃이다.

(1) 위 물질의 시성식을 쓰시오.
(2) 위 물질이 최종적으로 산화하면 어떤 물질이 되는가?
(3) 위 물질은 아이오도폼 반응을 하는가?

해설

메틸알코올(CH_3OH) - 목정, 인화점 약 11℃

- 무색, 투명한 액체 상태이고 휘발성이 있다.
- 물, 에터 등에 잘 녹는다.
- 독성이 있어 실명하거나(약 20g 흡입 시) 생명을 잃을 수도 있다(약 30g이상 흡입 시).
- 산화하면 폼알데하이드가 되고 최종적으로 산화하면 폼산(의산)이 된다.

  $CH_3OH \rightarrow HCHO \rightarrow HCOOH$

- 메탄올의 구조식

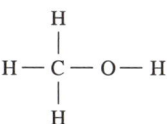

※ 아이오도폼 반응을 하는 알코올은 에틸알코올이다.

정답 (1) CH_3OH (2) 의산(폼산, 개미산)
(3) 반응하지 않는다.

18 다음 [보기]를 보고 제2석유류에 해당하는 것을 모두 고르시오.(5점)

[보기]
㉠ 중유, 경유가 있다.
㉡ 등유, 크레오소트유가 있다.
㉢ 인화점이 70℃ 이상, 200℃ 미만이다.
㉣ 인화점이 200℃ 이상, 250℃ 미만이다.
㉤ 가연성 액체량이 40wt% 이하이면서 인화점이 40℃ 이상인 동시에 연소점이 60℃ 이상인 것은 제외한다.
㉥ 수용성은 2,000L이고, 비수용성은 1,000L이다.

해설
- 제2석유류의 기준 : 등유, 경유 그 밖에 1기압에서 인화점이 21℃ 이상 70℃ 미만인 것. 다만, 도료류 그 밖의 물품에 있어서 가연성 액체량이 40wt% 이하이면서 인화점이 40℃ 이상인 동시에 연소점이 60℃ 이상인 것은 제외한다.
- 중유는 제3석유류이다.

정답 ㉤, ㉥

---

19 위험물안전관리법령상 위험물제조소에 대한 다음 물음에 알맞은 답을 하시오.(5점)

(1) 지정수량 10배를 취급할 때 보유공지의 너비는 최소 얼마로 해야 하는가?
(2) 근처 학교와의 안전거리는 얼마 이상으로 해야 하는가?
(3) 안전거리기준을 적용하지 않는 유별은 무엇인가?

해설
보유공지 : 위험물을 취급하는 건축물 그 밖의 시설의 주위에는 그 취급하는 위험물의 최대수량에 따라 다음 표에 의한 너비의 공지를 보유하여야 한다.

취급하는 위험물의 최대수량	공지의 너비
지정수량의 10배 이하	3m 이상
지정수량의 10배 초과	5m 이상

제조소의 안전거리 : 제조소(제6류 위험물을 취급하는 제조소를 제외한다)는 건축물의 외벽 또는 이에 상당하는 공작물의 외측으로부터 해당 제조소의 외벽 또는 이에 상당하는 공작물의 외측까지의 사이에 수평거리(이하 "안전거리"라 한다)를 두어야 한다.
- 사용전압이 7,000V 초과 35,000V 이하의 특고압가공전선 : 3m
- 사용전압이 35,000V를 초과하는 특고압가공전선 : 5m
- 건축물 그 밖의 공작물로서 주거용으로 사용되는 것 : 10m
- 고압가스, 액화석유가스 또는 도시가스를 저장 또는 취급하는 시설 : 20m
- 학교·병원·극장 그 밖에 다수인을 수용하는 시설 : 30m
- 지정문화유산 및 천연기념물 등 : 50m

정답 (1) 3m 이상   (2) 30m
       (3) 제6류 위험물

20 위험물안전관리법령에 따른 지하탱크저장소의 기준이다. 다음 ( ) 안에 알맞은 답을 쓰시오.(5점)

> 지하저장탱크는 용량에 따라 다음 표에 정하는 기준에 적합하게 ( ) 또는 동등 이상의 성능이 있는 금속재질로 완전용입용접 또는 양면겹침 이음용접으로 틈이 없도록 만드는 동시에, 압력탱크(최대상용압력이 ( )kPa 이상인 탱크를 말한다.) 외의 탱크에 있어서는 ( )kPa의 압력으로, 압력탱크에 있어서는 최대상용압력의 1.5배의 압력으로 각각 ( )분간 수압시험을 실시하여 새거나 변형되지 아니하여야 한다. 이 경우 수압시험은 소방청장이 정하여 고시하는 기밀시험과 ( )시험을 동시에 실시하는 방법으로 대신할 수 있다.

해설

지하저장탱크는 용량에 따라 다음 표에 정하는 기준에 적합하게 (강철판) 또는 동등 이상의 성능이 있는 금속재질로 완전용입용접 또는 양면겹침 이음용접으로 틈이 없도록 만드는 동시에, 압력탱크(최대상용압력이 (46.7)kPa 이상인 탱크를 말한다) 외의 탱크에 있어서는 (70)kPa의 압력으로, 압력탱크에 있어서는 최대상용압력의 1.5배의 압력으로 각각 (10)분간 수압시험을 실시하여 새거나 변형되지 아니하여야 한다. 이 경우 수압시험은 소방청장이 정하여 고시하는 기밀시험과 (비파괴)시험을 동시에 실시하는 방법으로 대신할 수 있다.

정답 강철판, 46.7, 70, 10, 비파괴

CHAPTER 02

2025년 제2회 실기 최근 기출복원문제

※ 실기 필답형 문제는 수험자의 기억에 의해 복원된 것입니다. 실제 시행문제와 상이할 수 있음을 알려드립니다.

01 다음 물질의 연소반응식을 쓰시오. (5점)

(1) 톨루엔

(2) 이황화탄소

(3) 벤젠

[해설]
- 톨루엔과 벤젠은 탄소와 수소만으로 이루어져 있기 때문에 연소생성물은 CO_2와 H_2O가 나온다.
- 반응물과 생성물의 계수를 잘 맞춰주면 된다.

[정답] (1) $C_6H_5CH_3 + 9O_2 \rightarrow 7CO_2 + 4H_2O$
 (2) $CS_2 + 3O_2 \rightarrow CO_2 + 2SO_2$
 (3) $2C_6H_6 + 15O_2 \rightarrow 12CO_2 + 6H_2O$

02 다음 물질의 시성식을 쓰시오. (5점)

(1) 아이오딘산칼륨

(2) 삼산화크로뮴

(3) 과망가니즈산칼륨

(4) 과염소산나트륨

(5) 다이크로뮴산암모늄

[정답] (1) KIO_3
 (2) CrO_3
 (3) $KMnO_4$
 (4) $NaClO_4$
 (5) $(NH_4)_2Cr_2O_7$

03
다음 [보기]의 위험물 중 칼륨과 반응하여 가연성 기체를 생성하는 물질을 모두 골라 반응식을 쓰시오.(5점)

[보기]
물, 에틸알코올, 경유, 이산화탄소, 산소

해설
칼륨과 반응하여 가연성 기체를 생성하는 물질은 물과 에틸알코올이다.
각 물질과 칼륨과의 반응식
- 물과의 반응식 : $2K + 2H_2O \rightarrow 2KOH + H_2$
- 에틸알코올과의 반응식 : $2K + 2C_2H_5OH \rightarrow 2C_2H_5OK + H_2$
- 경유와는 반응하지 않는다(보호액으로 쓰임).
- 이산화탄소와의 반응식 : $4K + 3CO_2 \rightarrow 2K_2CO_3 + C$
- 산소와의 반응식(연소반응식) : $4K + O_2 \rightarrow 2K_2O$

정답
- 물, 반응식 : $2K + 2H_2O \rightarrow 2KOH + H_2$
- 에틸알코올, 반응식 : $2K + 2C_2H_5OH \rightarrow 2C_2H_5OK + H_2$

04
제1종 분말소화약제인 탄산수소나트륨에 대한 물음에 알맞은 답을 하시오.(5점)

(1) 1차 열분해 반응식을 쓰시오(약 270℃).

(2) 탄산수소나트륨이 열분해하여 이산화탄소 200m³가 생성되기 위해 필요한 탄산수소나트륨의 질량(kg)을 구하시오(단, 표준상태이다).

해설
제1종 분말소화약제
- 1차 분해반응식(270℃) : $2NaHCO_3 \rightarrow Na_2CO_3 + CO_2 + H_2O$
- 2차 분해반응식(850℃) : $2NaHCO_3 \rightarrow Na_2O + 2CO_2 + H_2O$

탄산수소나트륨의 분자량은 84이고, 2mol의 탄산수소나트륨이 분해하면 1mol의 이산화탄소가 발생한다.
비례식을 이용하여 계산하면 2×84kg : 22.4m³ : x kg : 200m³

$x = \dfrac{2 \times 84 \times 200}{22.4} = 1,500$이 나온다.

정답 1,500kg

05 다음 [표]의 빈칸에 들어갈 알맞은 답을 쓰시오.(5점)

명칭	아세톤	에틸알코올	(㉠)	다이에틸에터	이황화탄소
시성식	(㉡)	C_2H_5OH	CH_3COOH	(㉢)	CS_2
품명	제1석유류	(㉣)	제2석유류	특수인화물	(㉤)

해설

명칭	아세톤	에틸알코올	(초산)	다이에틸에터	이황화탄소
시성식	(CH_3COCH_3)	C_2H_5OH	CH_3COOH	($C_2H_5OC_2H_5$)	CS_2
품명	제1석유류	(알코올류)	제2석유류	특수인화물	(특수인화물)

정답
㉠ 초산(아세트산) ㉡ CH_3COCH_3
㉢ $C_2H_5OC_2H_5$ ㉣ 알코올류
㉤ 특수인화물

06 다음 [보기]의 제2류 위험물을 착화온도가 낮은 것에서 높은 순서대로 나열하시오.(5점)

[보기]
삼황화인, 적린, 마그네슘

해설
각 물질의 착화점
- 삼황화인(P_4S_3) : 약 100℃
- 적린(P) : 260℃
- 마그네슘 : 약 482℃

정답 삼황화인, 적린, 마그네슘

07 위험물안전관리법령에 따른 위험물의 정의에 대해 빈칸에 알맞은 답을 쓰시오.(5점)

"특수인화물"이라 함은 (   ), 다이에틸에터 그 밖에 1기압에서 (   )이 100℃ 이하인 것 또는 인화점이 영하 (   )℃ 이하이고, 비점이 (   )℃ 이하인 것

해설
위험물안전관리법 시행령 [별표 1]의 12.
"특수인화물"이라 함은 이황화탄소, 다이에틸에터 그 밖에 1기압에서 발화점이 100℃ 이하인 것 또는 인화점이 영하 20℃ 이하이고 비점이 40℃ 이하인 것을 말한다.

정답 이황화탄소, 발화점, 20, 40

08 다음에 해당하는 위험물의 운반용기 외부에 표시해야 하는 주의사항을 모두 쓰시오.(5점)

(1) 제1류 위험물 중 알칼리금속의 과산화물

(2) 제2류 위험물 중 금속분

(3) 제3류 위험물 중 자연발화성 물질

(4) 제5류 위험물

(5) 제6류 위험물

해설

운반용기 외부의 표시사항

- 품명·위험등급·화학명 및 수용성(제4류 위험물 중 수용성인 것에 한함)
- 위험물의 수량
- 주의사항
  - 제1류 위험물
    ⓐ 알칼리금속의 과산화물 : 화기·충격주의, 물기엄금, 가연물접촉주의
    ⓑ 그 밖의 것 : 화기·충격주의, 가연물접촉주의
  - 제2류 위험물
    ⓐ 철분·금속분·마그네슘 : 화기주의, 물기엄금
    ⓑ 인화성고체 : 화기엄금
    ⓒ 그 밖의 것 : 화기주의
  - 제3류 위험물
    ⓐ 자연발화성 물질 : 화기엄금, 공기접촉엄금
    ⓑ 금수성 물질 : 물기엄금
  - 제4류 위험물 : 화기엄금
  - 제5류 위험물 : 화기엄금, 충격주의
  - 제6류 위험물 : 가연물접촉주의

정답 (1) 화기·충격주의, 물기엄금, 가연물접촉주의
(2) 화기주의, 물기엄금
(3) 화기엄금, 공기접촉엄금
(4) 화기엄금, 충격주의
(5) 가연물접촉주의

09 트라이나이트로톨루엔에 대한 물음에 알맞은 답을 쓰시오.(5점)

(1) 아세톤, 벤젠에 용해되는지 여부를 쓰시오.

(2) 지정수량은 얼마인가?(제5류 위험물 1종으로 분류한다)

(3) TNT 제조 원료 2가지를 쓰시오.

해설

트라이나이트로톨루엔[($C_6H_2CH_3(NO_2)_3$)]
- 물에 녹지 않고 가열하면 알코올에는 녹는다. 벤젠, 에터, 아세톤에 녹는다.
- 톨루엔에 질산과 황산의 혼산을 반응시켜 제조한다.
※ 제5류 위험물의 지정수량은 1종은 10kg, 2종은 100kg으로 구분한다.

정답 (1) 용해된다(녹는다).
(2) 10kg
(3) 톨루엔, 질산

10 제1류 위험물인 과산화칼륨과 과산화나트륨의 공통적인 성질에 대한 물음에 알맞은 답을 하시오.(5점)

(1) 지정수량은 얼마인가?

(2) 분해했을 때 생성되는 기체의 명칭을 적으시오.

(3) 물과 반응했을 때 생성되는 기체의 명칭을 적으시오.

해설

제1류 위험물 중 무기과산화물의 지정수량은 50kg이다.

과산화나트륨(Na_2O_2) - 분자량 78
- 순수한 것은 백색분말, 보통은 황백색 분말이다.
- 물에는 녹고 알코올에 녹지 않는다.
- 과산화나트륨의 열분해반응식 : $2Na_2O_2 \rightarrow 2Na_2O + O_2 + 발열$
- 과산화나트륨과 물의 반응식 : $2Na_2O_2 + 2H_2O \rightarrow 4NaOH + O_2 + 발열$

과산화칼륨(K_2O_2) - 분자량 110
- 무색 또는 오렌지 색의 분말형태이다.
- 에탄올에 녹는다.
- 피부에 접촉하면 부식의 위험이 있어 취급에 주의를 요한다.
- 과산화칼륨의 분해반응식 : $2K_2O_2 \rightarrow 2K_2 + O_2$
- 과산화칼륨과 물의 반응식 : $2K_2O_2 + 2H_2O \rightarrow 4KOH + O_2 + 발열$

정답 (1) 50kg
(2) 산소
(3) 산소

11

다음 [보기]의 위험물 중 위험등급 I 인 물질을 모두 찾아 쓰시오.(5점)

[보기]
아세톤, 이황화탄소, 다이에틸에터, 산화프로필렌, 메틸알코올, 가솔린, 메틸에틸케톤

해설
[보기]의 물질은 전부 제4류 위험물이다.
제4류 위험물 중 특수인화물은 위험등급 I, 제1석유류, 알코올류는 위험등급 II이다.
위 물질 중 특수인화물은 이황화탄소, 다이에틸에터, 산화프로필렌이다.

정답 황화탄소, 다이에틸에터, 산화프로필렌

12

질산에 대한 다음 물음에 답을 하시오.(5점)

(1) 직사에 의해 분해했을 때 발생하는 유독성의 기체는 무엇인가?

(2) (1)에 따른 분해반응식을 적으시오.

해설
질산(HNO_3) - 300kg

분자량	융점	비중	비점
63	-42℃	1.49 이상	122℃

- 휘발성의 액체이다.
- 부식성이 크고 강한 산화성을 지닌다.
- 물과 접촉하면 심하게 발열한다.
- 황, 목탄분, 탄소 등의 물질과 혼합하면 폭발의 위험이 있다.
- 피부에 접촉하면 화상을 입으므로 취급 시 주의해야 한다.
- 직사광선에 의해 분해하므로 빛을 차단하여 보관한다.
- 금(Au), 백금(Pt) 등을 제외한 대부분의 금속을 부식시킨다.
- 분해하면 적갈색의 증기(이산화질소, NO_2)가 생성된다.
- 분해반응식 : $4HNO_3 \rightarrow 4NO_2 + 2H_2O + O_2$

정답 (1) 이산화질소
(2) $4HNO_3 \rightarrow 4NO_2 + 2H_2O + O_2$

13 옥내저장소의 연면적이 450m²일 때 소요단위는 얼마인가?(단, 외벽은 내화구조가 아니다)(5점)

해설

1소요단위의 기준

- 제조소 또는 취급소
  - 외벽이 내화구조 : 연면적 100m²
  - 외벽이 내화구조가 아닌 것 : 연면적 50m²
- 저장소
  - 외벽이 내화구조 : 연면적 150m²
  - 외벽이 내화구조가 아닌 것 : 연면적 75m²
- 위험물 : 지정수량의 10배
- ∴ 저장소의 소요단위에서 외벽이 내화구조가 아닌 것은 75m²를 1소요단위 기준으로 본다.
  450/75 = 6이 나온다.

정답 6

14 옥내탱크저장소의 통기관의 기준에 대해 빈칸에 알맞은 수치를 쓰시오.(5점)

> 통기관의 끝부분은 건축물의 창·출입구 등의 개구부로부터 (   )m 이상 떨어진 옥외의 장소에 지면으로부터 (   )m 이상의 높이로 설치하되, 인화점이 (   )℃ 미만인 위험물의 탱크에 설치하는 통기관에 있어서는 부지경계선으로부터 (   )m 이상 거리를 둘 것. 다만, 고인화점 위험물만을 (   )℃ 미만의 온도로 저장 또는 취급하는 탱크에 설치하는 통기관은 그 끝부분을 탱크전용실 내에 설치할 수 있다.

해설

옥내탱크저장소의 설치기준 중 통기관

- 밸브 없는 통기관
  - 통기관의 끝부분은 건축물의 창·출입구 등의 개구부로부터 1m 이상 떨어진 옥외의 장소에 지면으로부터 4m 이상의 높이로 설치하되, 인화점이 40℃ 미만인 위험물의 탱크에 설치하는 통기관에 있어서는 부지경계선으로부터 1.5m 이상 거리를 둘 것. 다만, 고인화점 위험물만을 100℃ 미만의 온도로 저장 또는 취급하는 탱크에 설치하는 통기관은 그 끝부분을 탱크전용실 내에 설치할 수 있다.
  - 통기관은 가스 등이 체류할 우려가 있는 굴곡이 없도록 할 것

정답 1, 4, 40, 1.5, 100

15 아닐린에 대한 다음 각 물음에 알맞은 답하시오.(5점)

(1) 위험물안전관리법령상의 품명

(2) 지정수량

(3) 시성식

해설

아닐린($C_6H_5NH_2$) – 제4류 위험물, 제3석유류(비수용성), 지정수량 2,000L, 인화점 70℃
- 무색 또는 갈색을 띠며 기름성의 액체이다.
- 독성이 있으므로 취급에 주의한다.
- 물에는 약간 녹고 알코올, 벤젠, 에터 등에 녹는다.
- 아닐린의 구조식

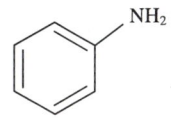

정답 (1) 제3석유류(비수용성)
(2) 2,000L
(3) $C_6H_5NH_2$

16 제5류 위험물인 트라이나이트로페놀(피크르산)의 구성성분 중 질소의 함유량은 약 몇 wt%인지 계산하시오.(5점)

해설

트라이나이트로페놀[$C_6H_2OH(NO_2)_3$]의 분자량을 계산하면 229가 나온다.
이중 질소는 3분자가 있고 질소의 분자량 합은 42가 된다.

$\dfrac{14 \times 3}{229} \times 100\text{wt}\% = 18.34\text{wt}\%$

정답 18.34wt%

17 위험물안전관리법령에 따른 제2류 위험물의 품명 및 지정수량이다. 빈칸에 알맞은 답을 넣으시오. (5점)

위험물			지정수량
유별	성질	품명	
제2류	가연성 고체	황화인	100kg
		적린	(㉠)kg
		(㉡)	100kg
		철분	500kg
		금속분	(㉢)kg
		마그네슘	500kg
		(㉣)	(㉤)kg

해설

위험물			지정수량
유별	성질	품명	
제2류	가연성 고체	황화인	100kg
		적린	(100)kg
		(황)	100kg
		철분	500kg
		금속분	(500)kg
		마그네슘	500kg
		(인화성고체)	(1,000)kg

정답
㉠ 100
㉡ 황
㉢ 500
㉣ 인화성 고체
㉤ 1,000

18 다음 [보기]의 물질에 대한 물음에 답을 하시오.(5점)

[보기]
$CH_3COC_2H_5$, $CH_3(CH_2)_4CH_3$, $C_6H_5C_2H_5$

(1) [보기]의 물질의 명칭을 순서대로 적으시오.
(2) [보기]의 물질 중 제1석유류에 해당하는 물질을 모두 고르시오(단, 없으면 "해당없음"이라고 쓰시오).

해설

물질명	화학식	품명	지정수량
메틸에틸케톤	$CH_3COC_2H_5$	제1석유류	200L
노말헥세인	$CH_3(CH_2)_4CH_3$	제1석유류	200L
에틸벤젠	$C_6H_5C_2H_5$	제1석유류	200L

정답 (1) 메틸에틸케톤(MEK), 노말헥세인(n-헥세인), 에틸벤젠
(2) $CH_3COC_2H_5$, $CH_3(CH_2)_4CH_3$, $C_6H_5C_2H_5$

19 다음 [보기]에서 황린에 대한 설명 중 옳은 것을 모두 찾아 번호를 쓰시오(단, 없으면 '해당없음'이라고 쓰시오).(5점)

[보기]
㉠ 무색, 무취의 백색 분말상태이다.
㉡ 물에 녹는다.
㉢ 포스핀의 생성을 방지하기 위해 pH가 약 5인 물속에 저장한다.
㉣ 연소생성물은 황화인이다.
㉤ 지정수량은 10kg이다.

해설
황린(P_4) - 제3류 위험물, 지정수량 20kg
- 순수한 것은 백색, 일반적으로 담황색의 고체로 존재한다(마늘 냄새가 난다).
- 증기는 공기보다 무겁고 맹독성이다.
- 물에 녹지 않아 물 속에 저장한다(pH 9인 물속에 저장).
- 공기를 차단한 상태에서 260℃로 가열하면 적린(P)으로 변한다.
- 발화점이 34℃로 낮아 자연발화의 위험이 있다.
- 연소반응식 : $P_4 + 5O_2 \rightarrow 2P_2O_5$(오산화인)
- 알칼리용액과 반응하여 포스핀가스를 발생할 위험이 있다.
  $P_4 + 3KOH + 3H_2O \rightarrow 3KH_2PO_2 + PH_3$
※ 포스핀(PH_3) : 가연성, 맹독성 기체로 인화수소라고도 불린다.

정답 해당없음

20 위험물제조소의 환기설비 기준에서 바닥면적이 300m²일 경우 다음 물음에 알맞은 답을 적으시오.(5점)

(1) 위험물제조소의 환기설비에서 환기는 어떤 방식으로 해야 하는가?
(2) 급기구는 몇 개 이상 설치해야 하는가?

해설

제조소의 환기설비
- 환기는 자연배기방식으로 한다.
- 급기구는 해당 급기구가 설치된 실의 바닥면적 150m²마다 1개 이상으로 하되, 급기구의 크기는 800cm² 이상으로 할 것. 다만 바닥면적이 150m² 미만인 경우에는 다음의 크기로 하여야 한다.

바닥면적	급기구의 면적
60m² 미만	150cm² 이상
60m² 이상 90m² 미만	300cm² 이상
90m² 이상 120m² 미만	450cm² 이상
120m² 이상 150m² 미만	600cm² 이상

- 급기구는 낮은 곳에 설치하고 가는 눈의 구리망 등으로 인화방지망을 설치한다.
- 환기구는 지붕 위 또는 지상 2m 이상의 높이에 회전식 고정벤틸레이터 또는 루프팬 방식(Roof Fan : 지붕에 설치하는 배기장치)으로 설치

정답 (1) 자연배기방식
(2) 2개

CHAPTER 02
2025년 제3회 실기 최근 기출복원문제

※ 실기 필답형 문제는 수험자의 기억에 의해 복원된 것입니다. 실제 시행문제와 상이할 수 있음을 알려드립니다.

01 다음 물질의 구조식을 그리시오.(5점)

(1) 트라이나이트로톨루엔

(2) 트라이나이트로페놀

정답 (1)

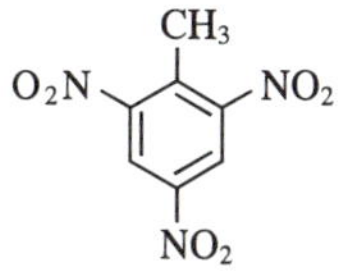

O_2N-benzene ring with CH_3 at top, NO_2 at 2,4,6 positions

(2)

O_2N-benzene ring with OH at top, NO_2 at 2,4,6 positions

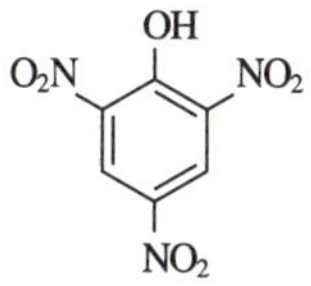

02 다음 물질이 물과 반응할 때 생성되는 기체 중 가연성의 성질을 가진 것을 쓰시오(단, 없으면 "해당없음"이라고 쓰시오).(5점)

(1) 트라이에틸알루미늄

(2) 과산화나트륨

(3) 메틸리튬

해설
- 트라이에틸알루미늄과 물의 반응식 : $(C_2H_5)_3Al + 3H_2O \rightarrow Al(OH)_3 + 3C_2H_6$
- 과산화나트륨과 물의 반응식 : $2Na_2O_2 + 2H_2O \rightarrow 4NaOH + O_2 + 발열$
- 메틸리튬과 물의 반응식 : $CH_3Li + H_2O \rightarrow LiOH + CH_4$

정답 (1) 에테인(에탄)
(2) 해당없음
(3) 메테인(메탄)

03 다음 [보기]에 나와있는 염소산나트륨의 분해반응식을 완성하시오. (5점)

> [보기]
> 2( ) → ( )NaCl + ( )O$_2$

해설
염소산나트륨의 열분해반응식 : $2NaClO_3 \rightarrow 2NaCl + 3O_2$

정답 NaClO$_3$, 2, 3

04 적린에 대한 다음 물음에 답을 하시오.

(1) 연소반응식을 쓰시오.
(2) 적린 124kg이 연소할 때 필요한 산소의 부피(m^3)를 구하시오. (단, 표준상태로 적린의 원자량은 31이다)

해설
적린의 연소반응식 : $4P + 5O_2 \rightarrow 2P_2O_5$
적린의 원자량은 31이고 4P는 124가 된다. 반응식을 참조하여 바로 계산하면 된다.
4P(124kg)가 연소할 때 필요한 산소는 5O$_2$가 되고, 표준상태에서 기체 1몰의 부피는 22.4m^{3}이므로 $5 \times 22.4m^3 = 112m^3$이 나온다.

정답 (1) $4P + 5O_2 \rightarrow 2P_2O_5$
(2) 112m^3

05 황에 대한 물음에 답을 하시오. (5점)

(1) 연소반응식을 쓰시오.

(2) (1)에서 생성되는 유독가스의 명칭을 쓰시오.

해설

황의 연소반응식 : $S + O_2 \rightarrow SO_2$(이산화황)

정답 (1) $S + O_2 \rightarrow SO_2$
　　　(2) 이산화황

06 아세트알데하이드의 산화, 환원에 대한 물음에 알맞은 답을 하시오. (5점)

(1) 산화하여 초산이 생성되는 반응식

(2) 환원하여 에틸알코올이 되는 반응식

해설

에틸알코올(C_2H_5OH)이 1차 산화하면 아세트알데하이드(CH_3CHO)가 되고, 2차 산화하면 초산(CH_3COOH)이 된다. 환원은 그 반대이다. 문제에서 반응물질과 생성물질이 주어졌기 때문에 계수만 잘 맞춰주면 된다.

정답 (1) $2CH_3CHO + O_2 \rightarrow 2CH_3COOH$
　　　(2) $CH_3CHO + H_2 \rightarrow C_2H_5OH$

07 다음 [보기]에서 설명하는 제4류 위험물에 대해 물음에 알맞은 답을 하시오. (5점)

[보기]
- 분자량은 약 58이다.
- 피부에 닿으면 탈지작용을 한다.
- 직사에 의해 분해하여 과산화물을 생성한다.

(1) 이 물질의 시성식을 쓰시오.

(2) 이 물질의 지정수량은 얼마인가?

해설

아세톤(CH_3COCH_3) - 수용성, 지정수량 400L

분자량	인화점	비중	증기비중	연소범위
58	-18℃	0.79	2	2.5~12.8%

- 무색의 휘발성 액체이다.
- 물에 매우 잘 녹는다.
- 피부에 접촉하면 탈지작용을 한다.
- 공기와 접촉하면 과산화물을 생성하므로 갈색병에 저장한다.
- 아이오딘폼반응을 한다.

정답 (1) CH_3COCH_3
(2) 400L

08 위험물안전관리법령에 따른 제조소 등의 게시판 기준에서 아래 주의사항 표지에 맞는 바탕색과 문자색을 쓰시오. (5점)

(1) 화기엄금   (2) 주유 중 엔진정지

(3) 위험물 제조소

해설
- "물기엄금"을 표시하는 것에 있어서는 청색바탕에 백색문자로, "화기주의" 또는 "화기엄금"을 표시하는 것에 있어서는 적색바탕에 백색문자로 한다.
- 주유취급소에 부착하는 '주유 중 엔진정지' 표지는 황색 바탕에 흑색문자로 표기한다.
- 표지 및 게시판 : 제조소에는 보기 쉬운 곳에 "위험물 제조소"라는 표시를 한 표지를 설치해야 한다.
  - 표지는 한 변의 길이가 0.3m 이상, 다른 한 변의 길이가 0.6m 이상인 직사각형으로 할 것
  - 표지의 바탕은 백색으로, 문자는 흑색으로 할 것

정답 (1) 적색 바탕, 백색 문자   (2) 황색 바탕, 흑색 문자
(3) 백색 바탕, 흑색 문자

09 제6류 위험물의 위험물이 될 수 있는 조건을 쓰시오.(5점)

(1) 과산화수소

(2) 질산

해설
- 과산화수소는 그 농도가 36wt%(중량퍼센트) 이상인 것
- 질산은 그 비중이 1.49 이상인 것
※ 과염소산은 위험물의 기준은 별도로 없다.

정답 (1) 과산화수소는 그 농도가 36wt%(중량퍼센트) 이상인 것
(2) 질산은 그 비중이 1.49 이상인 것

10 타원형 탱크의 내용적(m^3)을 구하시오.(5점)

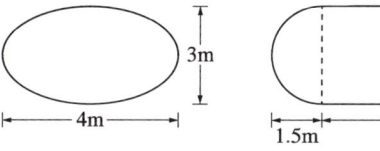

해설
양쪽이 볼록한 탱크의 내용적을 구하는 식

내용적 = $\dfrac{\pi ab}{4}\left(l + \dfrac{l_1 + l_2}{3}\right)$

따라서, 내용적은 $\dfrac{\pi \times 4 \times 3}{4}\left(6 + \dfrac{1.5 + 1.5}{3}\right) = 65.97$

정답 $65.97 m^3$

11 화재의 종류에 따른 분류 중 급수에 대한 물음에 답하시오. (5점)

(1) B급 화재는 무슨 화재인가?

(2) 일반화재의 급수는?

(3) 전기화재의 급수는?

해설

화재의 분류에 따른 표시색상

급수	종류	표시색
A급	일반화재	백색
B급	유류화재	황색
C급	전기화재	청색
D급	금속화재	무색

- 일반화재 : 일반가연물의 화재로 목재, 종이, 천 등 연소 후 재를 남기는 화재이다.
  예 종이, 목재, 섬유류 등
- 유류화재 : 유류(휘발유, 등유 등)의 화재로 연소 후 재를 남기지 않는 화재이다.
  예 제4석유류, 기름 등
- 전기화재 : 전기적 원인에 의한 화재로 단락, 접촉불량, 과부하, 혼촉 등이 원인이다.
  예 합선, 과전, 누전, 전기 불꽃 등
- 금속화재 : 금속의 화재로 일반적으로 칼륨, 나트륨 등 자연발화의 위험이 있는 금속과 마그네슘, 알루미늄 등 금속 분말의 폭발로 인한 화재를 말한다.
  예 칼륨, 나트륨, 마그네슘

정답 (1) 유류화재
(2) A급
(3) C급

12 위험물안전관리법에서 정한 용어의 정의에 대해 빈칸에 알맞은 말을 넣으시오.(5점)

(1) "위험물"이라 함은 ( ) 또는 ( ) 등의 성질을 가지는 것으로서 대통령령이 정하는 물품을 말한다.

(2) "( )"이라 함은 위험물의 종류별로 위험성을 고려하여 대통령령이 정하는 수량으로서 제조소 등의 설치허가 등에 있어서 최저의 기준이 되는 수량을 말한다.

해설
정의(위험물안전관리법 제2조)
- 위험물 : 인화성 또는 발화성 등의 성질을 가지는 것으로서 대통령령이 정하는 물품
- 지정수량 : 위험물의 종류별로 위험성을 고려하여 대통령령이 정하는 수량으로서 제조소 등의 설치허가 등에 있어서 최저의 기준이 되는 수량
- 제조소 : 위험물을 제조할 목적으로 지정수량 이상의 위험물을 취급하기 위하여 허가를 받은 장소
- 저장소 : 지정수량 이상의 위험물을 저장하기 위한 대통령령이 정하는 장소
- 취급소 : 지정수량 이상의 위험물을 제조외의 목적으로 취급하기 위한 대통령령이 정하는 장소
- 제조소 등 : 제조소·저장소·취급소

정답 (1) 인화성, 발화성
(2) 지정수량

13 위험물안전관리법령에 따른 "제3석유류"의 정의에 대해 빈칸에 알맞은 답을 넣으시오.(5점)

"제3석유류"라 함은 ( ), ( ), 그 밖에 1기압에서 인화점이 ( )℃ 이상 ( )℃ 미만인 것을 말한다. 다만, 도료류 그 밖의 물품은 가연성 액체량이 ( )wt% 이하인 것은 제외한다.

해설
제3석유류 : 중유, 크레오소트유 그 밖에 1기압에서 인화점이 70℃ 이상 200℃ 미만인 것. 다만, 도료류 그 밖의 물품은 가연성 액체량이 40wt% 이하인 것은 제외한다.

정답 중유, 크레오소트유, 70, 200, 40

14 다음 유별의 위험물을 운반용기에 수납하여 운반할 경우 운반용기 수납율은 내용적의 얼마 이하로 유지해야 하는가?(5점)

(1) 제1류 위험물
(2) 제2류 위험물
(3) 제4류 위험물
(4) 제6류 위험물

해설

운반용기의 수납율
- 고체위험물 : 운반용기 내용적의 95% 이하의 수납율
- 액체위험물 : 운반용기 내용적의 98% 이하의 수납율로 수납하되, 55℃에서 누설되지 않도록 충분한 공간용적을 유지하도록 할 것
- 액체위험물 중 알킬알루미늄 등 : 운반용기의 내용적의 90% 이하의 수납율로 수납하되, 50℃의 온도에서 5% 이상의 공간용적을 유지하도록 할 것

※ 제1류 위험물(산화성 고체) : 95% 이하
　제2류 위험물(가연성 고체) : 95% 이하
　제4류 위험물(인화성 액체) : 98% 이하
　제6류 위험물(산화성 액체) : 98% 이하

정답 (1) 95%
　　　(2) 95%
　　　(3) 98%
　　　(4) 98%

15 아염소산칼륨 50kg, 질산칼륨 600kg, 과산화마그네슘 100kg을 저장할 때의 지정수량 배수의 총합을 계산하시오.(5점)

해설
- 아염소산칼륨의 지정수량 : 50kg
- 질산칼륨의 지정수량 : 300kg
- 과산화마그네슘의 지정수량 : 50kg

∴ 배수의 총합 = $\dfrac{50}{50} + \dfrac{600}{300} + \dfrac{100}{50} = 5$배

정답 5배

---

16 다음 [보기]의 내용 중 제4류 위험물의 일반적인 특징에 해당하는 것을 고르시오(단, 없으면 "해당 없음"이라고 쓰시오).(5점)

[보기]
㉠ 비중은 1보다 작고 물에 불용인 물질이 많다.
㉡ 가연성 물질이다.
㉢ 전기부도체로서 정전기축적이 용이하다.
㉣ 증기비중은 공기보다 무거워 발생하는 증기는 바닥으로 가라앉는다.
㉤ 위험물 화재 시 연소 확대의 위험이 있다.

해설
일반적인 성질
- 인화성이 매우 뛰어나므로 유증기 발생에 주의한다.
- 대부분 물에 녹지 않고 물보다 가볍다.
- 대부분 증기비중은 공기보다 무거워 누출 시 바닥으로 가라앉아 폭발 또는 연소의 위험이 있다.
- 소량 누출 시에도 연소 폭발의 위험이 있다.

정답 ㉠, ㉡, ㉢, ㉣, ㉤

17 나이트로글리세린의 분해반응식을 쓰시오.(5점)

정답 $4C_3H_5(ONO_2)_3 \rightarrow 12CO_2 + 10H_2O + 6N_2 + O_2$

18 다음 [보기]에서 설명하는 물질에 대한 아래 물음에 답을 하시오.(5점)

> [보기]
> - 제3류 위험물에 속한다.
> - 위험등급은 Ⅲ이다.
> - 비중은 약 2.36이고 녹는점은 약 2,100℃이다.
> - 물과 반응하여 가연성 가스인 메테인(CH_4)을 생성한다.

(1) 이 물질의 화학식을 쓰시오.

(2) 물과의 반응식을 쓰시오.

(3) 품명을 쓰시오.

해설
탄화알루미늄(Al_4C_3) - 제3류 위험물 중 칼슘 또는 알루미늄의 탄화물, 지정수량 300kg, 위험등급 Ⅲ
- 황색의 결정 또는 분말이다.
- 물과의 반응식 : $Al_4C_3 + 12H_2O \rightarrow 4Al(OH)_3 + 3CH_4$(메테인가스)

정답 (1) Al_4C_3
(2) $Al_4C_3 + 12H_2O \rightarrow 4Al(OH)_3 + 3CH_4$
(3) 칼슘 또는 알루미늄의 탄화물

19 위험물안전관리법령에 따른 간이탱크저장소의 기준이다. 다음 빈칸에 알맞은 답을 넣으시오.(5점)

(1) 간이저장탱크의 용량은 (   )L 이하여야 한다.

(2) 간이저장탱크는 두께 (   )mm 이상의 강판으로 흠이 없도록 제작해야 하며, 70kPa의 압력으로 (   )분간의 (   )을 실시하여 새거나 변형되지 아니해야 한다.

(3) 간이저장탱크에는 밸브 없는 통기관 또는 (   )통기관을 설치해야 한다.

해설
간이탱크저장소의 설치기준
- 하나의 간이탱크저장소에 설치하는 간이저장탱크의 수 : 3기 이하
- 동일한 품질의 위험물의 간이저장탱크의 수 : 2 이상 설치하지 않는다.
- 표지 및 게시판 : "위험물간이탱크저장소"라는 표시와 나머지는 제조소의 기준과 동일
- 탱크의 주위에 너비 1m 이상의 공지를 둔다. 전용실 안에 설치하는 경우에는 탱크와 전용실 벽과의 사이에 0.5 이상의 간격 유지
- 간이저장탱크의 용량 : 600L 이하
- 두께 : 3.2mm 이상의 강판
- 수압시험 : 70kPa의 압력으로 10분간의 수압시험
- 밸브 없는 통기관
  - 지름 : 25mm 이상
  - 통기관은 옥외에 설치, 선단의 높이는 지상 1.5m 이상
  - 선단은 수평면에 대하여 아래로 45° 이상 구부려 빗물 등이 침투하지 않도록 할 것
  - 가는 눈의 구리망 등으로 인화방지장치를 할 것
- ※ 간이저장탱크에는 밸브없는 통기관 또는 대기밸브부착통기관을 설치해야 한다.

정답
(1) 600
(2) 3.2, 10, 수압시험
(3) 대기밸브부착

20 위험물안전관리법령에 따른 제조소에 설치하는 배관 기준이다. 빈칸에 알맞은 답을 넣으시오.(5점)

> [보기]
> - 배관의 재질은 (㉠) 그 밖에 이와 유사한 금속성으로 하여야 한다.
> - 배관은 내압시험을 실시하여 누설 또는 그 밖의 이상이 없는 것으로 해야 한다.
>   - 불연성 액체를 이용하는 경우에는 최대상용압력의 (㉡)배 이상
>   - 불연성 기체를 이용하는 경우에는 최대상용압력의 (㉢)배 이상
> - 배관을 지상에 설치하는 경우에는 지진·풍압·지반침하 및 온도변화에 안전한 구조의 지지물에 설치하되, 지면에 닿지 않하도록 하고 배관의 외면에 부식방지를 위한 (㉣)을 하여야 한다.

해설
- 배관의 재질은 강관 그 밖에 이와 유사한 금속성으로 하여야 한다.
- 배관은 다음 각 목의 구분에 따른 압력으로 내압시험을 실시하여 누설 또는 그 밖의 이상이 없는 것으로 해야 한다.
  - 불연성 액체를 이용하는 경우에는 최대상용압력의 1.5배 이상
  - 불연성 기체를 이용하는 경우에는 최대상용압력의 1.1배 이상
- 배관을 지상에 설치하는 경우에는 지진·풍압·지반침하 및 온도변화에 안전한 구조의 지지물에 설치하되, 지면에 닿지 않하도록 하고 배관의 외면에 부식방지를 위한 도장을 하여야 한다. 다만, 불변강관 또는 부식의 우려가 없는 재질의 배관의 경우에는 부식방지를 위한 도장을 아니할 수 있다.

정답
㉠ 강관
㉡ 1.5
㉢ 1.1
㉣ 도장

참 / 고 / 문 / 헌

- 이덕수, 2023 위험물기능장 실기, 시대에듀

- 이덕수, 2025 위험물기능장 필기, 시대에듀

- 줌달, 제6판 일반화학, 자유아카데미

- 화학백과, 대한화학회

얼마나 많은 사람들이
책 한 권을 읽음으로써
인생에 새로운 전기를 맞이했던가.

− 헨리 데이비드 소로 −

위험물기능사 필기+실기 한권으로 끝내기

개정3판2쇄 발행	2026년 01월 05일 (인쇄 2025년 12월 23일)
초 판 발 행	2023년 01월 05일 (인쇄 2022년 11월 11일)
발 행 인	박영일
책 임 편 집	이해욱
편 저	조현욱
편 집 진 행	윤진영 · 김지은
표지디자인	권은경 · 길전홍선
편집디자인	정경일
발 행 처	(주)시대고시기획
출 판 등 록	제10-1521호
주 소	서울시 마포구 큰우물로 75 [도화동 538 성지 B/D] 9F
전 화	1600-3600
팩 스	02-701-8823
홈 페 이 지	www.sdedu.co.kr
I S B N	979-11-434-0042-0(13570)
정 가	36,000원

※ 저자와의 협의에 의해 인지를 생략합니다.
※ 이 책은 저작권법의 보호를 받는 저작물이므로 동영상 제작 및 무단전재와 배포를 금합니다.
※ 잘못된 책은 구입하신 서점에서 바꾸어 드립니다.

더 이상의 **위험물** 시리즈는 없다!

시대에듀

명쾌하다!
상세한 풀이로 완벽하게 익힐 수 있으니까!

친절하다!
핵심 내용을 쉽게 설명하고 있으니까!

핵심을 뚫는다!
시험 유형에 적합한 문제를 다루니까!

알차다!
꼭 알아야 할 내용을 담고 있으니까!

시대에듀가 신뢰와 책임의 마음으로 수험생 여러분에게 다가갑니다.

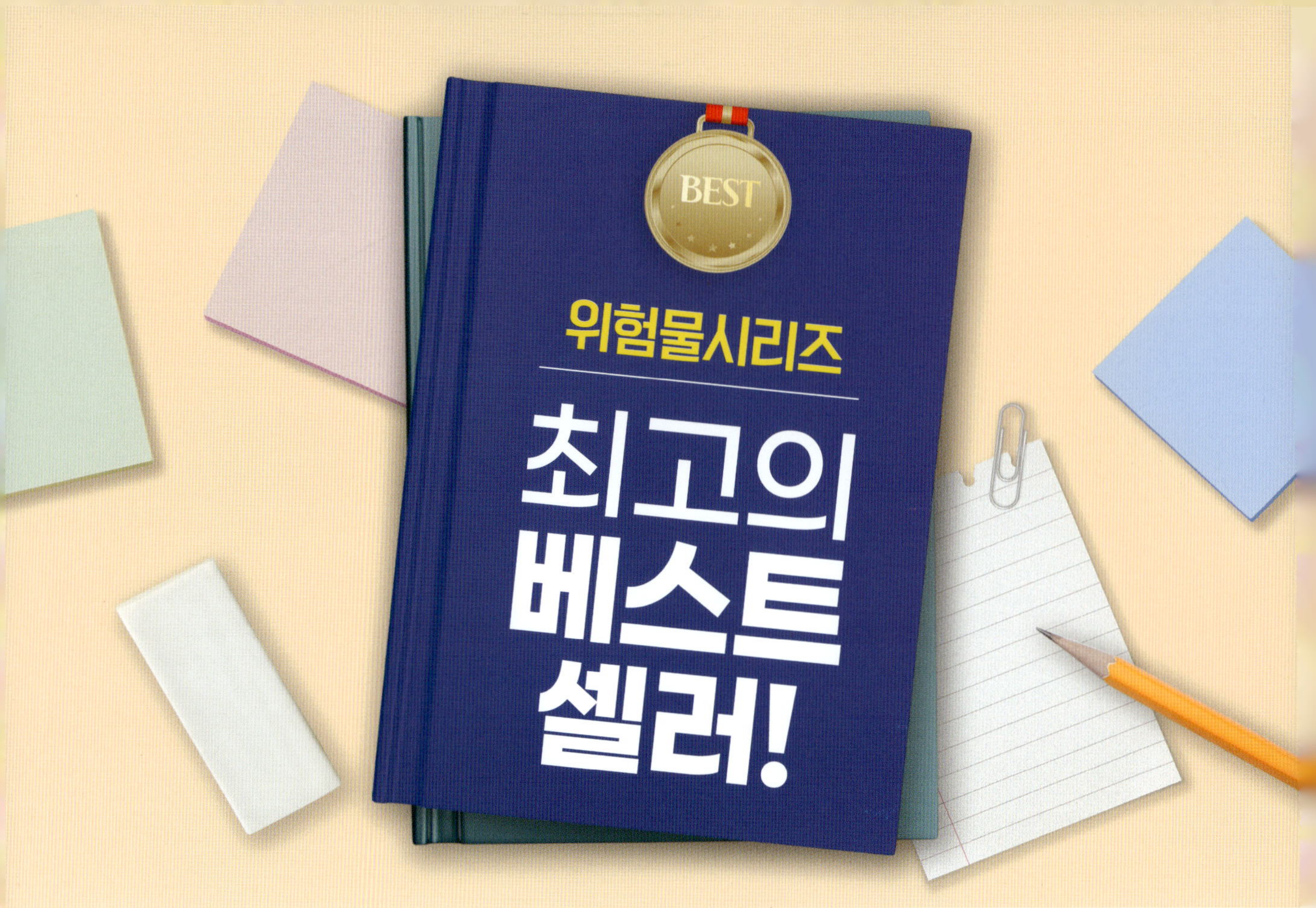

위험물시리즈
최고의 베스트셀러!

위험물기능장 필기
한권으로 끝내기
4×6배판 / 정가 42,000원

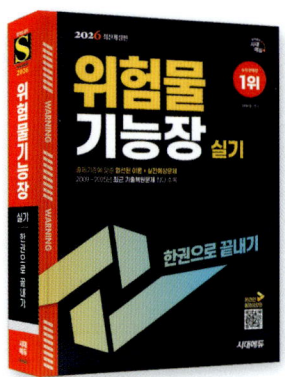

위험물기능장 실기
한권으로 끝내기
4×6배판 / 정가 40,000원

위험물기능사 필기+실기
한권으로 끝내기
4×6배판 / 정가 36,000원

※ 도서의 구성 및 이미지와 가격은 변경될 수 있습니다.

| 오랜 실무와 강의 경험을 바탕으로 한 저자의 **노하우** 제시 | 2026년 시험 대비를 위한 **최신 개정 법령** 반영 | 핵심을 꿰뚫는 예상문제와 상세한 해설로 **효율적으로 학습** 가능 | 10개년 이상 과년도 + 최근 **기출복원문제 최다** 수록 |

시대에듀 위험물 도서리스트

위험물기능장

위험물기능장 필기	4×6배판 / 42,000원
위험물기능장 실기	4×6배판 / 40,000원

위험물산업기사

Win-Q 위험물산업기사 필기	별판 / 28,000원
Win-Q 위험물산업기사 실기	별판 / 29,000원

위험물기능사

Win-Q 위험물기능사 필기	별판 / 26,000원
Win-Q 위험물기능사 실기	별판 / 26,000원
위험물기능사 필기+실기	4×6배판 / 36,000원

※ 도서의 가격은 변동될 수 있습니다.